Kulturdenkmäler in Hessen Wiesbaden II – Die Villengebiete

Bundesrepublik Deutschland

Denkmaltopographie Bundesrepublik Deutschland

Kulturdenkmäler in Hessen
Wiesbaden II – Die Villengebiete

Herausgegeben vom
Landesamt für Denkmalpflege Hessen

Sigrid Russ

2., erweiterte Auflage

vieweg

Das Ziel der Denkmaltopographie ist die Erfassung der Kulturdenkmäler in Wort, Bild und Plan. Nach §2 des HDSchG in der Fassung vom 5. 9. 1986 (GVBl. I S. 270) sind Kulturdenkmäler schutzwürdige Sachen, Sachgesamtheiten oder Sachteile, an deren Erhaltung aus künstlerischen, wissenschaftlichen, technischen, geschichtlichen oder städtebaulichen Gründen ein öffentliches Interesse besteht. Gesamtanlagen sind Straßen-, Platz- und Ortsbilder einschließlich der mit ihnen verbundenen Pflanzen, Frei- und Wasserflächen, soweit an ihrer Erhaltung aus künstlerischen oder geschichtlichen Gründen ein öffentliches Interesse besteht.

Die Denkmaltopographie „Wiesbaden II – Die Villengebiete" ist Denkmalbuch im Sinne von §9 Abs. 1 HDSchG.

Kulturdenkmal nach §2 Abs. 1 HDSchG

Kulturdenkmal nach §2 Abs. 1 HDSchG (großflächige Sachgesamtheit)

Kulturdenkmal nach §2 Abs. 2 Nr. 1 HDSchG (Bereich der Gesamtanlage)

Kulturdenkmal nach §2 Abs. 1 oder §2 Abs. 2 Nr. 1 HDSchG (öffentliche Grünanlage und landwirtschaftlich genutzte Fläche)

Kulturdenkmal nach §2 Abs. 1 oder §2 Abs. 2 Nr. 1 HDSchG (Wasserfläche)

Gemarkungsgrenze

Bearbeitungsgrenze

Grenze der Gesamtanlage

VII Nummer der Gesamtanlage

Reproduktion:
Industriedienst Reproduktion GmbH & Co., 6200 Wiesbaden

Kartographie:
Karto-Studio Sturm + Dinges, 6000 Frankfurt

Satz und Druck:
Druckerei Schanze GmbH, 3500 Kassel

Fotodokumentation:
Christine Krienke und Günther Kilian,
Landesamt für Denkmalpflege Hessen (s. Abbildungsnachweis)

Die Villen des Titelbildes photographierte Christine Krienke

Redaktion und Layout:
Sigrid Russ, Landesamt für Denkmalpflege Hessen

Additional material to this book can be downloaded from http://extras.springer.com.

CIP-Titelaufnahme der Deutschen Bibliothek

Denkmaltopographie Bundesrepublik Deutschland. –
2., erweiterte Aufl. – Braunschweig; Wiesbaden: Vieweg.
Auch in weiteren Verl. unter diesem Titel Veröff. für d. jeweiligen Bundesländer
Kulturdenkmäler in Hessen.
Wiesbaden.
2. Villengebiete. – 1996

Kulturdenkmäler in Hessen / hrsg. vom Landesamt für Denkmalpflege Hessen. – 2., erweiterte Auflage – Braunschweig; Wiesbaden: Vieweg.
(Denkmaltopographie Bundesrepublik Deutschland)
NE: Hessen / Landesamt für Denkmalpflege
Wiesbaden
2. Die Villengebiete / Sigrid Russ. – 1996
ISBN 978-3-663-12205-0 ISBN 978-3-663-12204-3 (eBook)
DOI 10.1007/978-3-663-12204-3
NE: Russ, Sigrid [Mitverf.]

1. Auflage 1988
2., erweiterte Auflage 1996

Ursprünglich erschienen bei Friedr. Vieweg & Sohn, Verlagsgesellschaft mbH, Braunschweig/Wiesbaden, 1996
Softcover reprint of the hardcover 2nd edition 1996

ISBN 978-3-663-12205-0

NIEDERSACHSEN
NORDRHEIN-WESTFALEN
Landkreis Kassel
Kassel
Landkreis
Waldeck-
Frankenberg
Werra-Meißner-Kreis
Regierungsbezirk
DDR
Schwalm-Eder-Kreis
Kassel
Landkreis
Hersfeld-Rotenburg
Landkreis Marburg-Biedenkopf
Regierungsbezirk
Lahn-Dill-Kreis
Vogelsbergkreis
Landkreis Gießen
Gießen
Landkreis Fulda
Landkreis
Limburg-Weilburg
Wetteraukreis
Hochtaunus-
kreis
Main-Kinzig-Kreis
RHEINLAND-
Rheingau-Taunus-
Kreis
Wiesbaden
Main-Taunus-
Kreis
Regierungsbezirk
Frankfurt
am Main
Offenbach a.M.
Landkreis
Offenbach
Landkreis
Groß-
Gerau
Darmstadt
Landkreis
Darmstadt
Darmstadt-
Dieburg
BAYERN
Odenwald-
kreis
Landkreis Bergstraße
PFALZ
BADEN-
WÜRTTEMBERG

Geleitwort

„Die Schönheit Wiesbadens beruht in der Harmonie von Stadtbild und Landschaft, seiner einzigartigen Lage und dem erstaunlichen Reichtum seiner Architektur". – Besser als mit diesem Satz unseres „Stadtkonservators" – so meine ich – kann man die jetzt vorliegende „Denkmaltopographie" Wiesbadens nicht umreißen. Eine umfassende Darstellung, in drei Bänden gegliedert, gibt einen Überblick über Einzelobjekte, Gesamtanlagen und Parks und macht einen Baustil deutlich, der in dieser Dichte wohl nirgendwo sonst erhalten ist.

Die „Topographie" ist Teil eines Gemeinschaftswerkes der Bundesländer, die vorliegende Ausgabe entstand unter der Obhut des Hessischen Landeskonservators. Ein wissenschaftliches Werk, das aber zugleich Eingang finden sollte bei allen, denen unsere Stadt, ihre baugeschichtliche Entwicklung und ihr „Flair" am Herzen liegen.

Dieser Band der Denkmaltopographie ist die erste, in sich abgeschlossene Bestandsaufnahme der Wiesbadener Villengebiete, die hinsichtlich ihrer künstlerischen und städtebaulichen Bedeutung ihresgleichen suchen. Er wird in der geschichtlichen Darstellung unserer Stadt einen festen Platz einnehmen.

Achim Exner
Oberbürgermeister

Vorwort

Von der Gründung der Denkmalpflege als staatliche Institution an hat man die zentrale Bedeutung der systematischen Erfassung aller Kulturdenkmäler erkannt. So erhielt der erste Konservator der Kulturdenkmäler im Königreich Preußen 1843 ebenso diesen Auftrag, wie die ab 1891 in den preußischen Landesteilen eingesetzten Provinzialkonservatoren, darunter für den Regierungsbezirk Wiesbaden Ferdinand Luthmer, der bis 1921 sein sechsbändiges Werk über die „Bau- und Kunstdenkmäler des Regierungsbezirks Wiesbaden" herausbrachte.
Dem damaligen Denkmalbegriff in Preußen entsprechend enthält dieses erste Inventarwerk hauptsächlich Burgen, Schlösser, Palais und Rathäuser. Von den im vorliegenden Band dargestellten Bauten ist von wenigen Ausnahmen abgesehen keiner behandelt, viele waren noch gar nicht erbaut. Mehr als 70 Jahre sind vergangen, bevor die Kulturdenkmäler der Stadt Wiesbaden erneut durch die staatliche Denkmalpflege eine systematische Behandlung erfuhren. In diesen 70 Jahren wandelte sich die Einschätzung des Historismus durch die Kunstwissenschaft, den Städtebau und die öffentliche Meinung zweimal entscheidend. Zwar galt die Stadt seit ihrer weitgehenden Neuschöpfung im 19. Jahrhundert stets als eine der schönsten in Deutschland, ihre Bauten des Historismus aber fielen wie in allen Gebieten Europas dem Vorurteil des unschöpferischen Nachahmens und der Stilmischung zum Opfer. Es waren die Schüler der großen Architekten des Historismus, die die Kunst ihrer Lehrer verächtlich machen mußten, um den neuen Architekturströmungen – wie sie von der Darmstädter Mathildenhöhe und später dem Bauhaus ausgingen – den Weg zu bereiten.
Erst als die millionenfache Vervielfältigung des Internationalen Stils beim Wiederaufbau nach dem Zweiten Weltkrieg die Eigenart und Unverwechselbarkeit der Städte zu zerstören drohte, wurden die künstlerischen, städtebaulichen und umweltprägenden Qualitäten des Historismus neu entdeckt. War noch 1963 mit dem von der Stadt Wiesbaden in Auftrag gegebenen Buch „Das neue Wiesbaden" von Ernst May der Totalabriß der wichtigsten Stadtgebiete des Historismus widerspruchslos vorgeschlagen worden, so vollzog sich ab 1970 in der Presse, in öffentlichen Vorträgen, Diskussionen und schließlich auch in den kommunalpolitischen Entscheidungen Jahr für Jahr eine wachsende Wertschätzung jenes großartigen baulichen Erbes, das der Historismus im Gesamtkunstwerk dieser Stadt hinterlassen hat.
Das Hessische Denkmalschutzgesetz vom 23. 9. 1974 erhob mit seiner Rechtsverordnung die Anlage zur Ortssatzung der Landeshauptstadt Wiesbaden vom 22. 6. 1972 in den Rang eines vorläufigen Denkmälerverzeichnisses und wurde damit zur Rechtsgrundlage für die Verhinderung weiterer Abbrüche. Da diese Liste wie auch die in der Folge vorgenommenen Überarbeitungen nur auf flüchtigen Besichtigungen des Äußeren beruhten, war die Auswahl der Kulturdenkmäler vielfach willkürlich nach dem ersten optischen Eindruck ohne Kenntnis der Innenräume und ohne archivalische Forschung.
Als Grundlage für die förmliche Unterschutzstellung nach dem Denkmalschutzgesetz konnte diese provisorische Liste auf die Dauer nicht ausreichen, zumal auch klare Abgrenzungen der Gesamtanlagen und jegliche Begründung des Denkmalwertes fehlten. Da das bis dahin als System der Erfassung geltende Großinventar einen viel zu langen Zeitraum in Anspruch genommen hätte, entwickelte die Vereinigung der Landesdenkmalpfleger als Publikationsform die Denkmaltopographie in der Bundesrepublik Deutschland und Richtlinien, die nach dem Beschluß der Ständigen Konferenz der Kultusminister vom 28. 5. 1980 in allen Bundesländern angewandt werden sollen. Diese verpflichten die Bundesländer vor allem zur einheitlichen Gestaltung des Kartenwerkes; beim Katalog der Kulturdenkmäler ist es jedem Bundesland überlassen, wie ausführlich er ausfällt. Wenn sich Hessen für die bisher ausführlichste Behandlung der einzelnen Kulturdenkmäler entschieden hat, so deshalb, weil damit nicht nur die Voraussetzungen für die Unterschutzstellung geschaffen werden, sondern auch die praktische Arbeit aller am Denkmalschutz beteiligten Personen, Institutionen und Behörden auf eine bessere Grundlage gestellt werden soll. Der jetzt vorliegende Band Wiesbaden II geht jedoch in bezug auf die Erforschung und Würdigung der Gesamtanlagen und Kulturdenkmäler weit über das bisher in Hessen gewählte Maß hinaus. Da mit Frau Dr. Sigrid Russ eine schon durch ihre Dissertation ausgewiesene Spezialistin für die Baukunst des Historismus gewonnen werden konnte, wurde die Chance der ersten wissenschaftlichen Erforschung des hochbedeutenden Denkmälerbestandes genutzt.
Das Ergebnis hat die Richtigkeit dieser Entscheidung bestätigt, auch wenn damit eine gewisse Zeitverzögerung in Kauf genommen und die Grenze zum Großinventar überschritten werden mußte.
Im einleitenden Kapitel über die Stadtgestalt und Stadtentwicklung wird nach einem Abriß der Geschichte dann – dem Schwerpunkt des Denkmälerbestandes aus Landhäusern und Villen entsprechend – das 19. und 20. Jh. eingehend charakterisiert. Dieser Stadtbaugeschichte im großen folgt dann bei der Behandlung jeder Gesamtanlage eine sorgfältige Abgrenzung und Flächenbeschreibung sowie die historisch-städtebauliche und baukünstlerische Würdigung. Auch die Begründung des Denkmalwertes der einzelnen Kulturdenkmäler ist ungewöhnlich gründlich und ausführlich, weswegen auch das bisher übliche Rasterschema von Bild, Lageplan und kurzer Begründung aufgegeben werden mußte. Die Archivforschung erbrachte für viele Baudenkmäler erstmals das genaue Erbauungsdatum sowie die Namen der Bauherren und Architekten.
Damit ist dieser Band die erste systematische wissenschaftliche Bearbeitung des Villenbestandes in Wiesbaden und eine wertvolle Grundlage für die Kunstwissenschaft.
Der Landeshauptstadt Wiesbaden danke ich herzlich für die finanzielle Hilfe bei der Herausgabe dieses Bandes, dem ich eine möglichst große Verbreitung wünsche.

Professor Dr. Gottfried Kiesow
Landeskonservator

Vorbemerkung

Der vorliegende Band erfaßt die Kulturdenkmäler der offenen Bebauung der Gemarkung Wiesbaden – Innenstadt und damit vor allem die historischen Villengebiete. Zum Bearbeitungsgebiet gehören auch die großen öffentlichen Grünanlagen – sie stehen meist in engem Zusammenhang mit dem Villenbau – sowie mehrere Friedhöfe.

Die Erfassung der Kulturdenkmäler erfolgt in Texten, Photographien und Karten, die einander ergänzen. Die Kulturdenkmäler werden damit eindeutig und im Rahmen ihres topographischen Umfeldes dargestellt. Der systematischen Erfassung vorangestellt ist eine Darstellung der Stadtentwicklungsgeschichte mit dem Schwerpunkt auf dem Werdegang der Villengebiete.

Die Betrachtung von Stadtgestalt und Stadtentwicklung in Verbindung mit den topographischen Gegebenheiten bestimmt die Methode des Vorgehens. Für den reichen Bestand an Kulturdenkmälern ergab sich eine Einteilung in zwölf meist großflächige Gesamtanlagen (Kulturdenkmäler nach § 2 Abs. 2 Nr. 1 HDSchG). Als Gesamtanlage I wird das große Östliche Villengebiet an den Anfang gestellt. Die weitere Erfassung erfolgt von Norden nach Westen und Süden, also im umgekehrten Uhrzeigersinn.

Jeweils im Anschluß an die Darstellung einer Gesamtanlage werden die Einzeldenkmäler und Sachgesamtheiten (Kulturdenkmäler nach § 2 Abs. 1 HDSchG), die sich im Bereich der Gesamtanlagen befinden, dokumentiert, und zwar in alphabetischer Reihenfolge der Adressen bzw. Orte (Straßen, Plätze, Grünanlagen, Friedhöfe).

Die wenigen Einzeldenkmäler, die außerhalb der Gesamtanlagen liegen, werden, um den topographischen Zusammenhang zu wahren, im Anschluß an die jeweils benachbarte Gesamtanlage angeführt. Sie erscheinen in alphabetischer Reihenfolge mit den Einzeldenkmälern und Sachgesamtheiten der Gesamtanlage. Die Kulturdenkmäler in Außenbereichen der Gemarkung Wiesbaden – Innenstadt werden unter einer eigenen Rubrik an den Schluß gestellt.

Zum schnellen Nachschlagen von Adressen bzw. Orten dient ein Ortsverzeichnis im Anhang, das Straßen, Plätze, Grünanlagen, Friedhöfe u. a. alphabetisch auflistet. Ein anschließendes Objektverzeichnis registriert namentlich bekannte Kulturdenkmäler.

Die kartographische Darstellung der zwölf Gesamtanlagen erfolgt im Maßstab 1:10000, die der Einzeldenkmäler und Sachgesamtheiten im Maßstab 1:5000. Die Kulturdenkmäler in den Außenbereichen sind im Maßstab 1:5000 kartiert. Alle Karten oder Kartenausschnitte in diesem Band sind genordet. Die Erläuterung der Farben und Zeichen befindet sich auf Seite IV des Bandes. Ein Übersichtsplan über das gesamte Bearbeitungsgebiet ist dem Band beigefügt.

Die den Einzeldenkmälern und Sachgesamtheiten in der Regel vorangestellten Daten wurden zum größten Teil aus den Bauakten des Städtischen Tiefbauamts ermittelt, da die Hochbauakten durch Kriegseinwirkung mit wenigen Ausnahmen verloren sind. Systematisch geführt werden die Tiefbauakten seit Beginn der 1880er Jahre mit Inangriffnahme der allgemeinen Kanalisation. Im Zusammenhang mit der vorher üblichen Grubenentwässerung stehende Aktenvermerke finden sich gelegentlich schon seit den 1870er Jahren, vereinzelt auch früher.

Aus den Bauanträgen ließen sich Datum und Auftraggeber – dieser oft mit Berufsbezeichnung – entnehmen. Das beigefügte Planmaterial trägt in der Regel die Unterschrift des Architekten, wobei gerade bei besonders aufwendigen Villenbauten nicht auszuschließen ist, daß ein bauleitender Architekt unterzeichnete, der Entwurf aber aus einem auswärtigen Büro stammt. Auch muß der Auftraggeber nicht identisch mit dem Bauherrn sein. Weiterführende Hinweise gab hier der Städtische Denkmalpfleger Herr Berthold Bubner, dem ich auch für die gemeinsamen Diskussionen über den Wiesbadener Villenbau danken möchte.

Dank sagen möchte ich an dieser Stelle allen, die zum Entstehen des Bandes beigetragen haben: so für immer freundliche und hilfsbereite Unterstützung bei meinen Nachforschungen besonders Herrn Günter Mischewski und seinen Mitarbeitern – vor allem Frau Margit Spiegel – vom Wiesbadener Stadtarchiv und Herrn Dr. Günther Kleineberg von der Sammlung Nassauischer Altertümer im Museum Wiesbaden, ebenso Frau Adelheid Arefi von der Hessischen Landesbibliothek sowie Herrn Dr. Hartmut Heinemann und Herrn Dr. Winfried Schüler vom Hessischen Hauptstaatsarchiv in Wiesbaden.

Die Möglichkeit zu einer rationellen Durchsicht der Akten im Städtischen Tiefbauamt ist Herrn Hans Ross und Herrn Lothar Hoffmann zu verdanken, Frau Wanda Beck und ihren Mitarbeiterinnen im Städtischen Katasteramt die schnelle Erfassung der Katasterdaten.

Für die freundliche Hilfe bei der nicht ganz unproblematischen Erfassung der Wassergewinnungsstollen danke ich Herrn Klaus Kopp von den Wiesbadener Stadtwerken ESWE, Herrn Georg Buschmann für die Unterstützung in Fragen der Sepulkralkultur.

Dank schulde ich für Auskünfte und Informationen sowie die großzügige Versorgung mit Dokumentationsmaterial vielen Villeneigentümern und Villenbewohnern. Stellvertretend möchte ich Frau Gretel Baumgart-Buttersack nennen und Herrn Horst Raule.

Durch immer engagierte Mitarbeit trug Frau Karin Hauptmann vom Industriedienst Wiesbaden auch dazu bei, daß während der Drucklegung der Überblick nicht verlorenging, Herr Jochen Peter vom Vieweg-Verlag gab wertvolle Tips zum Layout, dafür meinen Dank.

Nicht zuletzt gilt mein Dank den Kollegen und Kolleginnen vom Landesamt für Denkmalpflege Hessen für tatkräftige Mitarbeit und Anregungen: Herrn Dr. Christoph Mohr für die gemeinsamen Begehungen und Herrn Dr. Hans Teubner für die Satzkorrekturen. Frau Annemarie Sander erledigte die Schreibarbeiten und half beim Korrigieren. Grundrisse zeichneten Frau Clarissa Bollmann, Frau Henriette Reisinger und Frau Gabriele Schönborn. Mit viel Einsatz erstellte Frau Christine Krienke mit Frau Veronika Walter (Labor) einen Großteil der Fotodokumentation.

Wiesbaden, Januar 1988 Sigrid Russ

Inhaltsverzeichnis

Topographische Karte von Wiesbaden

M 1:200000

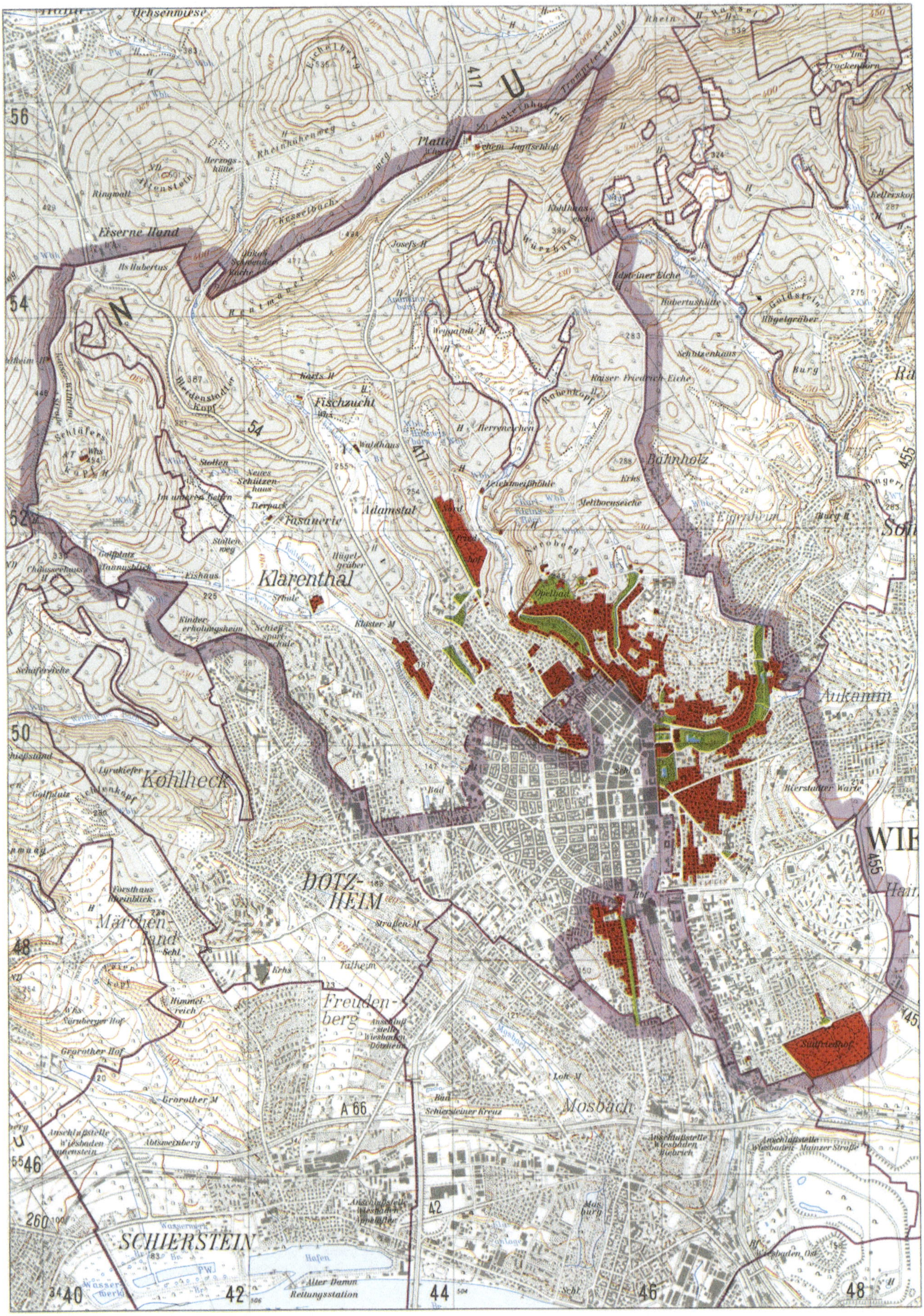

Übersichtskarte mit Abgrenzung des Bearbeitungsgebiets und Kartierung der Kulturdenkmäler

M 1:50000

Stadt Wiesbaden, Luftbild aus südwestlicher Richtung

Stadt Wiesbaden, Luftbild aus Richtung Süden

Wiesbaden – Stadtgestalt und Stadtentwicklung

„Am südlichen Ende des Taunusgebirges,
in nächster Nähe des prächtigen Rheinstromes,
liegt in einer Talmulde malerisch hingezaubert Wiesbaden."
(Residenzstadt Wiesbaden, 1913)

Zur landschaftlichen Lage der Stadt

Die schöne landschaftliche Lage Wiesbadens ist oft beschrieben worden. Die Stadt liegt in den waldreichen südlichen Vorhöhen des Taunusgebirges in einer weiten, klimageschützten Mulde. Zum nahe gelegenen Rhein gibt es nur eine Talverbindung. Vor dem Bau des neuen Hauptbahnhofes (1904 – 1906) und der Verbreiterung des Gleiskörpers wurde sie vom Salzbach und dem Mühlgraben begleitet. Die weiteren Taleinschnitte im großen Bogen von Nordosten bis Nordwesten werden gern mythisierend mit den fünf Fingern der Hand eines Riesen verglichen: das vom Rambach durchflossene Sonnenberger Tal, das Dambachtal, das Nerotal mit dem Schwarzbach, das Walkmühltal mit dem Kesselbach und das Wellritztal mit dem Wellritzbach.

Das geschlossen bebaute Stadtzentrum erstreckt sich vor allem in der relativ flachen Niederung der Mulde, während die ringsum ansteigenden Hanglagen und die sie trennenden Täler mit Villen bebaut sind. Das oft beschriebene Bild von einem das Zentrum umgebenden Villenkranz ist jedoch nicht ganz zutreffend, denn von der Villenbebauung ausgenommen bleibt der mäßiger ansteigende Westhang. Mit dem nach Südosten abfallenden Hangrücken ist er geschlossen bebaut, womit die westliche und südliche Stadterweiterung mit Wohngebieten jenseits der Ringstraße fortgesetzt wird. Die Außenstadtbezirke – alte, ehemals selbständige Gemeinden – liegen teilweise in den nördlichen Ausläufern des Beckens, teilweise jenseits der langgestreckten Höhenrücken, die die Mulde umschließen. Einige Vororte liegen an Rhein und Main, die das Stadtgebiet an der südlichen und südöstlichen Grenze berühren. Zwischen Rhein und Taunus sind die Stadtteile ohne sichtbare Trennung zu einer einheitlichen Bebauung zusammengewachsen, dagegen sind die östlichen Vororte zum Teil durch ausgedehnte landwirtschaftlich genutzte Flächen von der Innenstadt getrennt. Mit seinen Vororten zählt Wiesbaden heute rund 270.000 Einwohner.

Der Schwerpunkt der im folgenden dargestellten Entwicklungsgeschichte der Stadt liegt, dem Bearbeitungsgebiet des Bandes entsprechend, auf dem Werdegang der Villengebiete mit den Parkanlagen und des Kurbezirks. Aspekte der Wirtschaftsgeschichte, Politik und Sozialgeschichte werden mit einbezogen. Eine kurze Zusammenfassung der älteren Stadtgeschichte wird vorangestellt, um vor allem die Tradition des Kurbetriebes aufzuzeigen und um den Bezug zu älteren im Bearbeitungsgebiet liegenden Baudenkmalen, wie z. B. den Überresten des Klosters Klarenthal, herzustellen.

Aquis Mattiacis
(Inschrift am Kurhausgiebel)

Das römische Wiesbaden

Castrum und vicus

Die Entstehung Wiesbadens fällt in die Zeit der römischen Eroberungskriege in Gallien und Germanien. Während der Chattenkriege unter Caligula entstanden um 40 n. Chr. als vorgeschobener Posten des Brückenkopfes Mainz die ersten militärischen Anlagen um den heutigen Mauritiusplatz im Stadtzentrum. Im Jahr 69 n. Chr. wurde die Niederlassung von den in das Gebiet zwischen Rhein, Main und unterer Lahn vorgedrungenen Chatten und Mattiakern - beide germanische Volksstämme - gänzlich zerstört. Zum Bau eines in Stein errichteten Kastells auf dem Heidenberg (Kastellstraße) kam es, als Domitian 83 - 86 n. Chr. einen erneuten Feldzug gegen die Chatten unternahm. Schon vorher gab es dort temporäre Lager, die, wie auch das neue Kastell, nicht nur zur Verteidigung des Brückenkopfes dienten, sondern auch die Taunusübergänge als Straßenverbindungen nach Norden überwachten. Unter dem Schutz des Kastells und besonders nach Errichtung des Limes entwickelte sich das römische Wiesbaden zu einer blühenden Niederlassung, die mit Einrichtung der Zivilverwaltung 121/122 n. Chr. als Aquae Mattiacae zum Vorort der civitas (Gau) Mattiacorum aufstieg. Spätestens in dieser Zeit wurde das Kastell aufgelassen, die Truppen wurden direkt am Limes stationiert, das Kastell selbst später als Steinbruch benutzt.
Eigentlichen Stadtcharakter hat das zu Füßen des Heidenberges sich ausbreitende Wiesbaden in der Römerzeit nicht gehabt. Weder besaß es eine selbständige Stadtverwaltung noch eine eigene Gerichtsbarkeit und bestand rechtlich nur als vicus (Marktflecken). Seine allerdings bis Rom bekannte Bedeutung als zivile Niederlassung verdankte es vor allem den Thermen und der damit verbundenen Bedeutung als Heilbad.

Die Thermen

Die heißen Quellen, die erstmals Plinius in seiner Naturgeschichte als die „Mattiakischen Quellen jenseits des Rheins" erwähnte, hatten mit ihrer heilkräftigen Wirkung schon lange vor der Römerzeit ihre Anziehung ausgeübt. Bereits für das Ende des Paläolithikums weisen Fundstücke aus der Adlerquelle eine Verehrung des wirkungsvollen Wassers nach. Und von der jüngeren Steinzeit bis in die späte Latènezeit reichen zahllose Zeugnisse, die auf mehr oder weniger bedeutende Siedlungen schon ca. 4000 v. Chr. im Stadtgebiet hindeuten. Eine Siedlungskontinuität ist jedoch erst mit den Römern nachweisbar. Schon die Wahl des Standortes für die ersten römischen Befestigungsanlagen unter Caligula dürfte auf das Vorhandensein der Heilquellen zurückzuführen sein. Frühe Ziegelstempel der 22. Legion zeugen von massiv gebauten Thermen bereits aus der Mitte des 1. Jahrhunderts. Die Bedeutung als Heilbad nicht nur für das Legionslager im benachbarten Mainz, sondern auch für den Truppenkörper aus dem Kommandobereich der dort stationierten legio XXII PRPF dokumentieren Grabsteine mit entsprechenden Inschriften. Die Verehrung einer Quellgöttin Diana Mattiaca ist durch Weihgeschenke nachweisbar.
Die Konzentration der Quellen in der Gegend um Schützenhof und Kochbrunnen dürfte die eher ungewöhnliche Ansiedlung in der Niederung erklären. Daß die Lage im Zentrum der Taunusmulde auch wettergeschützt ist, wird als Begründung gern mit angeführt.
Wenn nach Auflassung des Kastells die Thermen die eigentliche wirtschaftliche Basis des Ortes darstellten, so spielte auch der Handel im vicus eine nicht unbedeutende Rolle. Die Kaufleute der civitas schlossen sich zu einer Zunft zusammen, die in Wiesbaden ihr Versammlungshaus - schola genannt - errichtete.

Niedergang

Eine auf Kur und Handel basierende lange und friedliche Entwicklung nahm durch den Alemanneneinfall 259/60 ein jähes Ende. Die Römer wurden auf das linke Rheinufer zurückgedrängt, Wiesbaden stark zerstört. Die Zahl der Einwohner - eine Mischbevölkerung, die zum größten Teil nicht aus eigentlichen Römern bestand, wenn auch viele sich civis romanus nennen durften - ging zurück. Die Bedeutung des Ortes nahm erheblich ab. Zwar war er in den 80er Jahren des 3. Jahrhunderts noch einmal voll in römischer Hand, womit sich neues Leben entfaltete, doch Mitte des 4. Jahrhunderts rückten die Alemannen erneut vor. Der Gegenschlag der Römer erfolgte 369 unter Valentinian, der nach Wiesbaden zog, um dort den Buccinobantenkönig Makrian, einen Nachfolger Randos, auszuheben.
Seit 364 n. Chr. war Wiesbaden im Zuge der Neubefestigung der Rheingrenze unter Valentinian zum Mittelpunkt eines ausgedehnten römisch besetzten Areals geworden. Dabei kam es zum Bau einer imposanten Befestigungsanlage, der sogenannten Heidenmauer, die von Norden nach Süden den vicus durchschnitt und heute auf eine Länge von ca. 500 m nachweisbar ist. Die Mauer verlief vom Heidenberg über den

Das neue Kurhaus von Friedrich von Thiersch

Schulberg herab, machte in der Langgasse einen leichten Knick und ist damit wieder in Höhe des Chores der Marktkirche zu verfolgen. Stattliche Reste der Befestigung mit einem Halbrundturm des Streckenabschnitts Schulberg – Coulinstraße – Am Römertor sind heute im Stadtbild Wiesbadens die einzigen steinernen Zeugen aus der Römerzeit. Beim Anlegen der Coulinstraße 1903 wurden die Mauerreste an dieser Stelle durchbrochen und vom damaligen Stadtbaumeister Felix Genzmer durch den Bau eines römisch erscheinenden Viadukts in die malerische Stadtgestalt des 19. Jahrhunderts mit einbezogen.
Rücksichtslos durchschnitt die Befestigungsmauer in ihrem Verlauf das Badeviertel, wobei der größte Teil der Badeanlagen vor der Mauer blieb. Der noch für die 1. Hälfte des 3. Jahrhunderts belegte Betrieb der Thermen muß damit wohl zum Erliegen gekommen sein.
Die letzte Erwähnung Wiesbadens in der römischen Geschichtsschreibung war der schon geschilderte Versuch Valentinians, 369 n. Chr. von Mainz aus den Alemannenfürsten Makrian gefangenzunehmen, ein erfolgloses Unternehmen. Noch bis gegen Ende des 5. Jahrhunderts sollte die römische Herrschaft dauern. Bereits seit Mitte des 4. Jahrhunderts hatten sich Alemannen dauerhaft im Stadtbereich niedergelassen. 406 n. Chr. zogen die Burgunder auf ihrem Vormarsch an und über den Rhein durch das Gebiet. Ende des 5. Jahrhunderts schließlich wurde Wiesbaden und seine Umgebung nach den Siegen Chlodwigs über Römer und Alemannen von den Franken besetzt.

Aquis Mattiacis

„Fontibus Mattiacis“ erinnerte fast 1300 Jahre später die Inschrift am Portikus des von Christian Zais 1808–10 errichteten alten Kurhauses an die römischen Ursprünge der Stadt. Der die Baustile der Antike idealisierende Klassizismus suchte ganz bewußt diesen Traditionsbezug. Mit der monumentalen Giebelinschrift am Portikus des neuen Kurhauses wurde er am Anfang des 20. Jahrhunderts mit „Aquis Mattiacis“ in vergoldeten Lettern weithin sichtbar wiederaufgenommen.

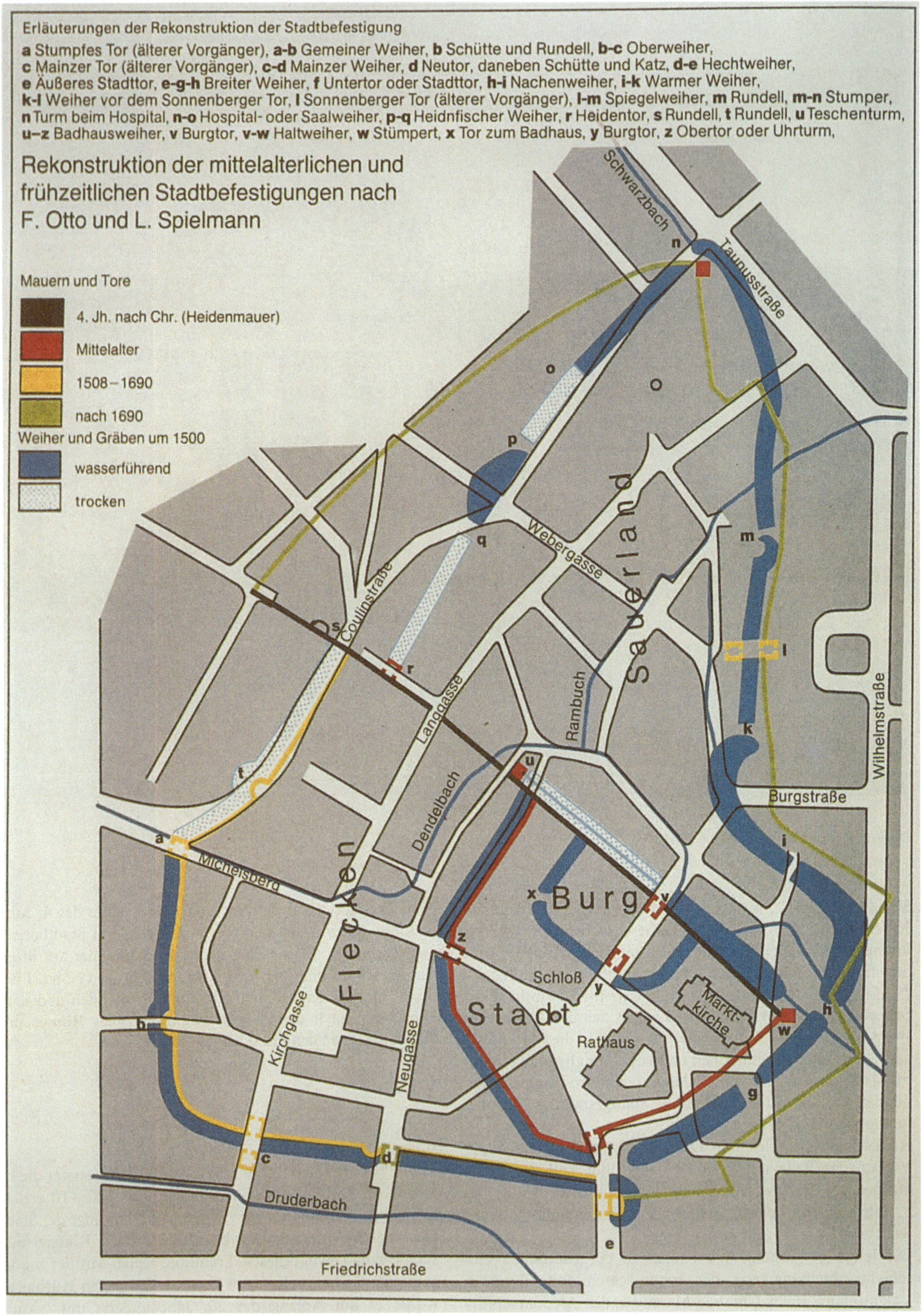

Rekonstruktion der mittelalterlichen und frühneuzeitlichen Stadtbefestigung von Wilfried Schüler (nach F. Otto und C. Spielmann)

... ad castrum, quod moderno tempore Wisibada vocatur.
(Einhard, 829)

Wiesbaden im Mittelalter

Regia curtis

Nach der letzten römerzeitlichen Nachricht zum Jahr 369 und Inschriften von Grabsteinen des 5. Jahrhunderts, die auch vom Bestehen einer christlichen Gemeinde zeugen, setzen die schriftlichen Quellen über Wiesbaden für fast 400 Jahre aus. Grabungen zufolge muß der Ort jedoch weiterbestanden haben. Es ist anzunehmen, daß die Ruinen der römischen Bäder wenigstens teilweise ausgebaut und benutzt worden sind.

Erstes mittelalterliches Zeugnis ist ein 829 verfaßter Reisebericht Einhards, der zudem erstmals den deutschen Ortsnamen „Wisibada" nennt. Nach verschiedenen Namensformen wie Wisibadum (965), Wisibad (1123) findet sich schon seit 1218 die Schreibweise „Wisbaden". Unter den verschiedenen Herleitungen ist die Deutung als „Wiesenbad" wahrscheinlich. Einhard – Staatsmann, Baumeister und Biograph Karls des Großen – kam anläßlich der Überführung der Reliquien der hll. Marcellinus und Petrus im Jahr 828 über Wiesbaden. Ein weiterer Aufenthalt ist für das Jahr 829 mit einer Übernachtung belegt. Im obenerwähnten Bericht bezeichnet er den Ort – wohl von den damals noch stattlichen Resten römischer Befestigung ausgehend – als „castrum". Tatsächlich aber hatte er den Status einer „regia curtis", als einer der königlichen Verwaltungs- und Wirtschaftshöfe, wie sie in fränkischer Zeit als unbefestigte Niederlassung im ganzen Land verstreut lagen.

Der Wiesbadener Königshof, dessen Lage wohl mit Recht zwischen vorderer Saalgasse und Kaiser-Friedrich-Bad vermutet wird, verwaltete den Grundbesitz des Königs als Organisationsmittelpunkt eines seit 819 bestehenden einheitlichen Bezirks mit der Bezeichnung Königssondergau. Mit dem Gebiet zwischen den Grenzbächen Kriftel und Walluf gehörten auch die ausgedehnten Waldungen nördlich der Stadt, der „Zur Höhe" genannte Reichsforst, zum Gaubereich.

Die Kaiserbesuche/Imperatoris civitas

909 erscheint in den Urkunden erstmals der Begriff „Grafschaft". Der erste zweifelsfrei bezeugte Graf des Königssondergaus, Eberhard, dürfte wohl mit dem Konradiner Eberhard von Franken, dem Bruder König Konrads I., gleichzusetzen sein.

Die 1952 beim Wiederaufbau des im 2. Weltkrieg zerstörten Kavalierhauses am Schloßplatz zutage getretenen Fundamente einer frühmittelalterlichen Turmburg (heute überbaut) stammen vermutlich aus den 20er oder 30er Jahren des 10. Jahrhunderts. Zwei Schenkungsurkunden für das Mauritiuskloster in Magdeburg – die zweite schriftliche Quelle nach Einhards Bericht – zeugen vom Besuch Kaiser Ottos I. in der mittelalterlichen Siedlung. Anziehungspunkt für den Kaiser, der sich auf der Reise von seiner Pfalz in Ingelheim nach Magdeburg befand, mußte die Wiesbadener Mauritiuskirche gewesen sein, hatte er sich den hl. Mauritius doch zum speziellen Schutzpatron seiner Ostpolitik wie des gesamten Reiches erkoren und u. a. 937 das Magdeburger Mauritiuskloster geweiht. Besteht die Annahme zu Recht, daß der zweite Bau der Mauritiuskirche am 16. 4. 965 geweiht wurde (der erste entstand im späten 8. Jahrhundert) und daß dieser festliche Akt den Anlaß zum kaiserlichen Besuch gab, so hat sich Otto I. mehrere Tage in Wiesbaden aufgehalten.

Über einen möglichen Aufenthalt Kaiser Friedrich Barbarossas, der 1184 bei Erbenheim, das Wiesbaden heute eingemeindet ist, das Reichsfest feierte, schweigen die Quellen. Ein weiterer belegter Kaiserbesuch fällt in das Jahr 1236, als Friedrich II. mit seiner dritten Gemahlin, Isabella von England, das Pfingstfest – sein letztes auf deutschem Boden – in der kleinen Reichsstadt Wiesbaden, ab 1242 als „imperatoris civitas" bezeichnet, feierte.

Die Grafen von Nassau/König Adolf von Nassau

Ob und wann eine regelrechte Stadtrechtverleihung erfolgte, ist nicht überliefert. Zu erforschen bliebe auch, wann die Grafen von Nassau, die um 1200 auf der Bildfläche erschienen, mit dem königlichen Hof zu Wiesbaden belehnt worden sind. Bei der nassauischen Erbteilung von 1255 gehörte ihnen die Stadt Wiesbaden noch nicht. Erst dem Grafen und späteren deutschen König Adolf von Nassau dürfte es gelungen sein, sie zum Lehen zu erhalten, wobei ihm die Aufgabe zufiel, seine Herrschaft gegen die mächtigen Rivalen, den Erzbischof von Mainz und die aggressiven Herren von Eppstein, zu behaupten. Schon einmal, im Jahre 1242, war das an der Seite Friedrichs II. stehende Wiesbaden von einem Eppsteiner und zugleich Mainzer Erzbischof, Siegfried III., zerstört worden. Zwei weitere Zerstörungen durch die Eppsteiner folgten 1282 und 1419.

Während der nur wenige Jahre dauernden Herrschaft König Adolfs von Nassau, in die auch die Gründung des Klosters Klarenthal fiel, hielt sich dieser häufiger in Wiesbaden auf.

Eine sich damals anbahnende Hausmachtspolitik der Nassauer, die die Grundlage zu einem machtgebietenden Staatswesen im mittelrheinischen Raum hätte werden können, wurde durch den frühen Tod Adolfs in der Schlacht bei Göllheim vereitelt. Wiesbadens Chance, damit aus dem Schatten der mächtigen Nachbarn Mainz und Frankfurt zur größeren Bedeutung aufzusteigen, war damit die Basis genommen.

Befestigung/Badebetrieb

Tatsächlich blieb Wiesbaden während des ganzen Mittelalters eine kleine Landstadt, deren Ummauerung sich noch im 15. Jahrhundert auf den engeren städtischen Bereich um die Burg beschränkte. 1508 begann man auch den westlich daran anschließenden Flecken, bislang nur durch Wälle und Gräben geschützt, mit einer Mauer zu umgeben, während das nördlich anschließende Sauerland nicht vor 1690 befestigt wurde. Erst 1740 schließlich konnte der Mauerring geschlossen werden.

Im Sauerland, das sich nördlich der Heidenmauer, die das Rückgrat der alten Stadtbefestigung bildete, erstreckte, befanden sich auch die Badeanlagen. Nach langem Schweigen über ihr Vorhandensein wurden sie erst im ersten Drittel des 13. Jahrhunderts wieder erwähnt. In beiden Quellen handelt es sich um Wunderheilungen im Zusammenhang mit der hl. Elisabeth. Über die Verhältnisse im 14. Jahrhundert gibt es eine berühmt gewordene Schilderung des Badebetriebes von Heinrich von Langenstein, die sich streng moralisierend an den freien Gepflogenheiten störte. Von da an gibt es eine überlieferungsgeschichtliche Kontinuität des bäuerlich-bürgerlichen Badebetriebes, den Einheimische und Fremde bestritten.

Da die Stadt im Dreißigjährigen Krieg völlig zerstört wurde, zeugen vom mittelalterlichen Wiesbaden im engeren Stadtbereich nur mehr alte Straßen- und Flurnamen wie Burgstraße, Saalgasse oder Königsstuhl. Das heute zur Gemarkung Innenstadt gehörende Klarenthal mit den Überresten des ehemaligen Klarissenklosters befindet sich weit außerhalb der Stadt. Näher und durch Kurpark und Kuranlage frühzeitig im 19. Jahrhundert als beliebtes Ausflugsziel zu Fuß zu erreichen, liegt die Sonnenberger Burg. Freilich kann sie wie auch die aus dem 11. Jahrhundert stammende St. Nikolaus-Kirche in Bierstadt erst nach der späten Eingemeindung der Orte für die Stadtgeschichte in Anspruch genommen werden.

Ansicht von Wiesbaden aus Daniel Meissners Thesaurus Philopoliticus, um 1624

... ein elendes Städtchen
mit engen Gassen.
(Christian Hirschfeld,
Theorie der Gartenkunst, 1785)

Von der Reformation bis zur Gründung des Herzogtums

Reformation und Bauernkrieg

Reformation und Übergang zur evangelischen Glaubenslehre verliefen in Wiesbaden friedlich und ohne Zwang. Bis zum Dreißigjährigen Krieg blieb sie das alleinige öffentliche Bekenntnis. Schließlich trat Graf Philipp der Altherr selbst zum lutherischen Glauben über; schon 1543 hatte er den ersten evangelischen Pfarrer berufen.
Indessen kam es in Wiesbaden im Zuge der Bauernkriege wohl noch im Mai 1525 zum offenen Aufruhr. Dem Landesherrn wurden die Abgaben verweigert, Beamte bedroht, die Geistlichen vorübergehend aus ihren Ämtern vertrieben. Die Reaktion war hart. Die Stadt büßte ihre 1393 und 1411 verbrieften Freiheiten ein. Erst 1566 unter Graf Philipp dem Jungherrn gab Kaiser Ferdinand I. die meisten dieser Rechte zurück.

Brandkatastrophen/Erste Stadtansicht

In der Zwischenzeit – 1547 und 1561 – war die Stadt von zwei verheerenden Feuersbrünsten heimgesucht worden. Von den Brandkatastrophen waren auch die meisten der Badhäuser betroffen, die zusammen mit den Gewerbebetrieben und vor allem den zahlreichen, meist bescheidenen bäuerlichen Gehöften das Ortsbild prägten. Im Jahre 1605 erschien die erste Stadtansicht in einer Federzeichnung von Wilhelm Dillich. In künstlerischer Verdichtung werden die für nahezu zwei Jahrhunderte charakteristischen Orientierungspunkte auf engstem Raum, umgeben von der Stadtmauer, zusammengestellt. Dazu gehören das 1596 von Graf Johann Ludwig neugebaute Schloß, die alte Stadtkirche St. Mauritius (1850 abgebrannt) und der Uhrturm (1873 abgerissen). Erst 1610 wurde der Bau des „Alten Rathauses“ vollendet, das als eines der wenigen Gebäude vor 1800, wenngleich 1828 im Geist des Klassizismus überformt, heute an die ältere Vergangenheit Wiesbadens erinnert.

Dreißigjähriger Krieg

Der wenige Jahre später ausbrechende Dreißigjährige Krieg hat Wiesbaden schwer betroffen. Nach Truppen der katholischen Liga – im Frühjahr und Sommer 1630 war das Hauptquartier des zur Armee Tillys gehörenden Generals von

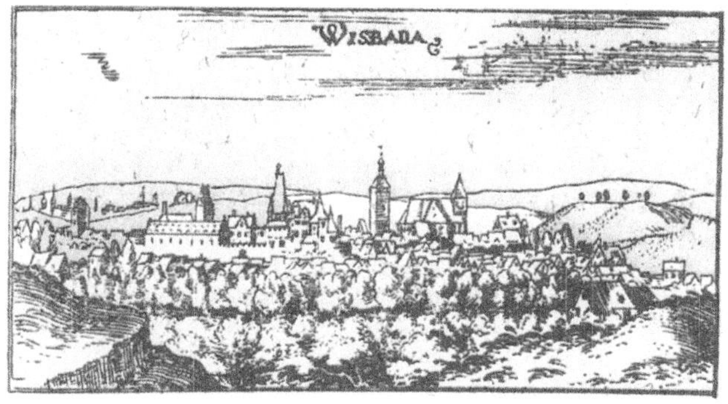

Ansicht von Wiesbaden.
Nachdruck der Federzeichnung von Dilich in Hessische Chronica, 1605

Pappenheim in Wiesbaden und Erbenheim – lagen ab 1630 hauptsächlich schwedische Verbände in der Stadt. 1635 geriet Wiesbaden für etwa zehn Jahre unter die Herrschaft des Mainzer Kurfürsten; der vertriebene Graf Johann von Nassau-Idstein floh nach Straßburg. Die Bevölkerungszahl war schließlich von über 200 steuerpflichtigen Einwohnern im Jahre 1606 auf ganze 51 Bürger gesunken.

Der Badebetrieb/Weitere Stadtansichten

Nichts von den Verwirrungen und Verwüstungen des Krieges verraten indessen zwei 1624 und 1646 entstandene Stadtansichten aus Meissners „Schatzkästlein“ und Merians „Topographia Hassiae“. Gerade die Darstellung Merians ist gegenüber dem oben beschriebenen Blatt Dillichs sehr viel differenzierter und genauer im architektonischen Detail. Neben Mauritiuskirche, Uhrturm und Burgbezirk sind das Quellenviertel mit dem auch schon am unteren Bildrand genannten Badhaus Rose und der Kochbrunnen gewichtig ins Bild gerückt, womit das sonst nicht allzu attraktive Landstädtchen deutlich als Kurort vorgestellt wird. Dabei kann der Bekanntheitsgrad nicht unerheblich gewesen sein, denn kein Geringerer als der kaiserliche Feldherr Graf Tilly selbst suchte Wiesbaden 1628 zur Kur auf. Um diese Zeit liegen auch die Anfänge einer speziellen Badeliteratur über Wiesbaden. Schon 1610/11 erschien von Michael Caspar Lundorf „Wißbadisches Wiesenbrünnlein“, 1617 folgte in lateinischer und 1636 in deutscher Sprache Philipp Webers „Beschreibung der Bäder zu Wiesbaden“, 1637 veröffentlichte Ludwig von Hoerningk seine Schrift „Wißbad oder Beschreibung der Wißbadischen Bäder“.

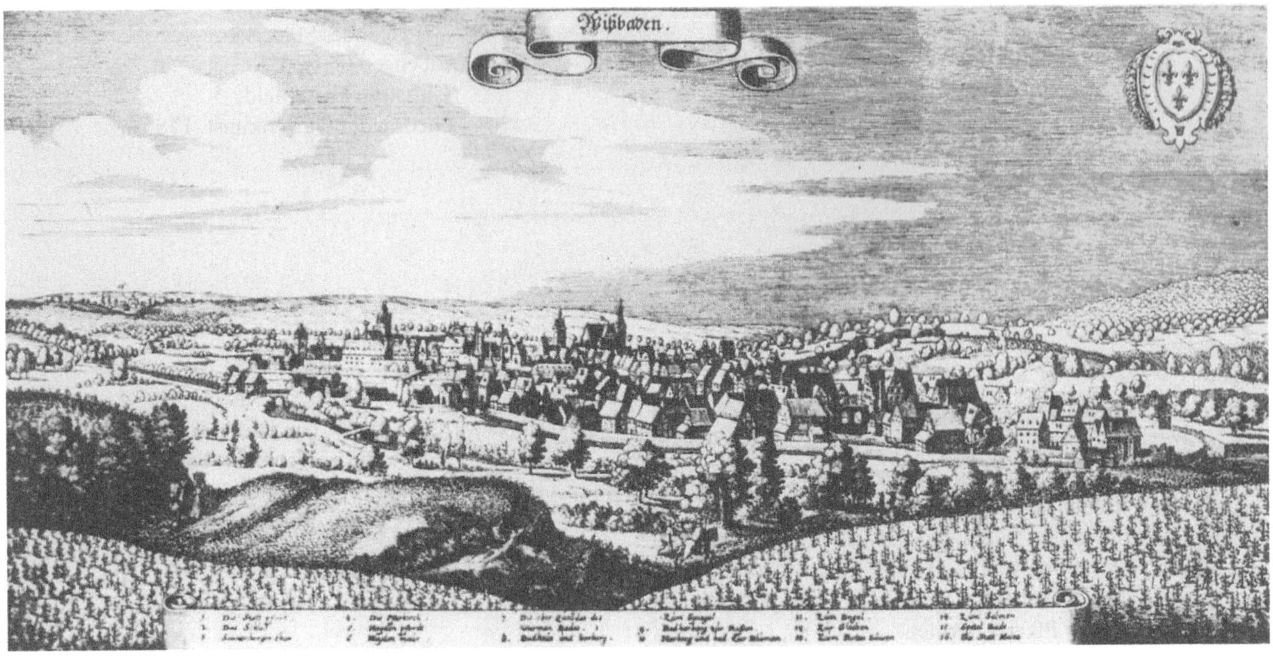

Ansicht von Wiesbaden, Kupferstich aus Matthäus Merian, Topographia Hassiae, 1646

Fürst Georg August

Eine neue Ära brach für die Stadt mit der Regierungszeit des Fürsten Georg August Samuel von Nassau-Idstein an. 1688 wurde auf Betreiben Georg Augusts der von Kaiser Karl IV. 1366 den nassauischen Grafen verliehene, aber von ihnen nicht geführte Fürstentitel erneuert und damit den Grafen von Nassau-Idstein, Nassau-Usingen und Nassau-Weilburg zuerkannt. Zum Regierungsprogramm des Fürsten gehörte eine gezielte Wiederaufbau- und Siedlungspolitik, die Wiesbaden einen städtischen Charakter verleihen sollte. Ein schon 1690 erlassenes „Privilegium für Anbauer zu Idstein und Wiesbaden" sicherte neu Zugezogenen für 15 Jahre die Befreiung von allen Gemeindelasten zu. Bauland und Baumaterialien sollten kostenlos zur Verfügung gestellt werden, Einheimische wurden zum Bau von Häusern angehalten. Zu den städtebaulichen Maßnahmen gehörte die Begradigung von Baufluchten und Straßen sowie die teilweise Erneuerung und Erweiterung der Stadtmauer. Schon 1688 hatte der Fürst vor dem unteren Stadttor im Süden (heute im Bereich der vorderen Bahnhofstraße) den Herrengarten anlegen lassen, der vor allem für Fremde gedacht war und als ein erster Kurgarten anzusprechen ist. Auch aufgrund der abseitigen Lage ließ seine anfangs große Beliebtheit im Laufe der Zeit stark nach. 1776 trat an seine Stelle der Neue Herrengarten vor dem Sonnenberger Tor in unmittelbarer Nähe des Wiesenbrunnens, der etwa am östlichen Ende der heutigen Theaterkolonnade lag und, obwohl er nur normales kaltes Süßwasser führte, ein beliebter Anziehungspunkt für die Kurgäste war. Gleichzeitig wurde der dorthin führende Weg verschönert.

In die Regierungszeit Georg Augusts fällt auch der Bau des Biebricher Schlosses, der 1701 mit der Errichtung eines kleinen Gartenhauses für die Fürstin Henriette Dorothea begann. Die späte Vollendung hat der 1721 verstorbene Fürst nicht mehr erlebt. Nicht schon dessen Nachfolger, sondern erst der 1734 zur Regierung gelangte Fürst Karl Wilhelm aus der Usinger Linie verlegte seine Residenz nach Biebrich, wo er nach dem Bau beider Seitenflügel 1744 seinen Einzug hielt. Noch im selben Jahr ließ er im Klarenthaler Grund ein Jagdschlößchen, die Fasanerie, errichten.

Mit der Verlegung der Residenz nach Biebrich wurde das benachbarte Wiesbaden, wo der Fürst über ausgedehnte Besitzungen verfügte, die Platz für die ihm nachfolgende Verwaltung boten, Regierungssitz von Nassau-Usingen. Regierung und Kanzlei bezogen das bereits um 1700 umgebaute Neue Schloß am Marktplatz, die Hofkammer konnte im ehemaligen Marstall untergebracht werden. In den wenigen noch erhaltenen Bürgerhäusern der Wagemannstraße wie dem Haus Cetto von 1728 (Nrn. 5 – 7) lebt ein Eindruck des barocken Wiesbaden fort. Die Stadt zählte damals 2 000 Einwohner, immerhin doppelt soviel wie noch im Jahr 1690. Der bescheidene Kurbetrieb war zwischenzeitlich nicht vernachlässigt worden. 1781 erließ der Stadtrat eine Verordnung zur Regelung des Badebetriebes, wobei besonders auf Sitte und Ordnung abgehoben wurde sowie auf die Vermeidung von Unfällen.

Eine gleichzeitige Stadtansicht – ein 1780 entstandener Kupferstich von Heinrich H. Cöntgen aus Mainz – zeigt das von Wiesen, Wald und Weinbergen umgebene Städtchen mit dem Neuen Herrengarten; östlich des alten Herrengartens ist noch die Pletzmühle zu sehen (Ecke Frankfurter und Wilhelmstraße), die als eine der zahlreichen Mühlen in Stadt und Umgebung der Anlage des Warmen Dammes weichen mußte.

Mag aus heutiger nostalgischer Sicht die Darstellung Cöntgens auch idyllisch und reizvoll erscheinen, so urteilte ein prominenter Zeitgenosse, der weitgereiste Theoretiker der Gartenbaukunst und Weltmann Christian Hirschfeld 1785 nach einem Besuch in Wiesbaden ganz anders: „Wiesbaden liegt in einer niedrigen Ebene und in einer Gegend, die keine besonderen Annehmlichkeiten in sich faßt, sondern sie erst in der Nachbarschaft und in einiger Entfernung gegen den Rhein hin suchen muß. Auch fehlt es hier an schattigen Spaziergängen und an merkwürdigen Anstalten zu anständigen öffentlichen Vergnügungen. Wiesbaden ist ein elendes Städtchen mit engen Gassen."

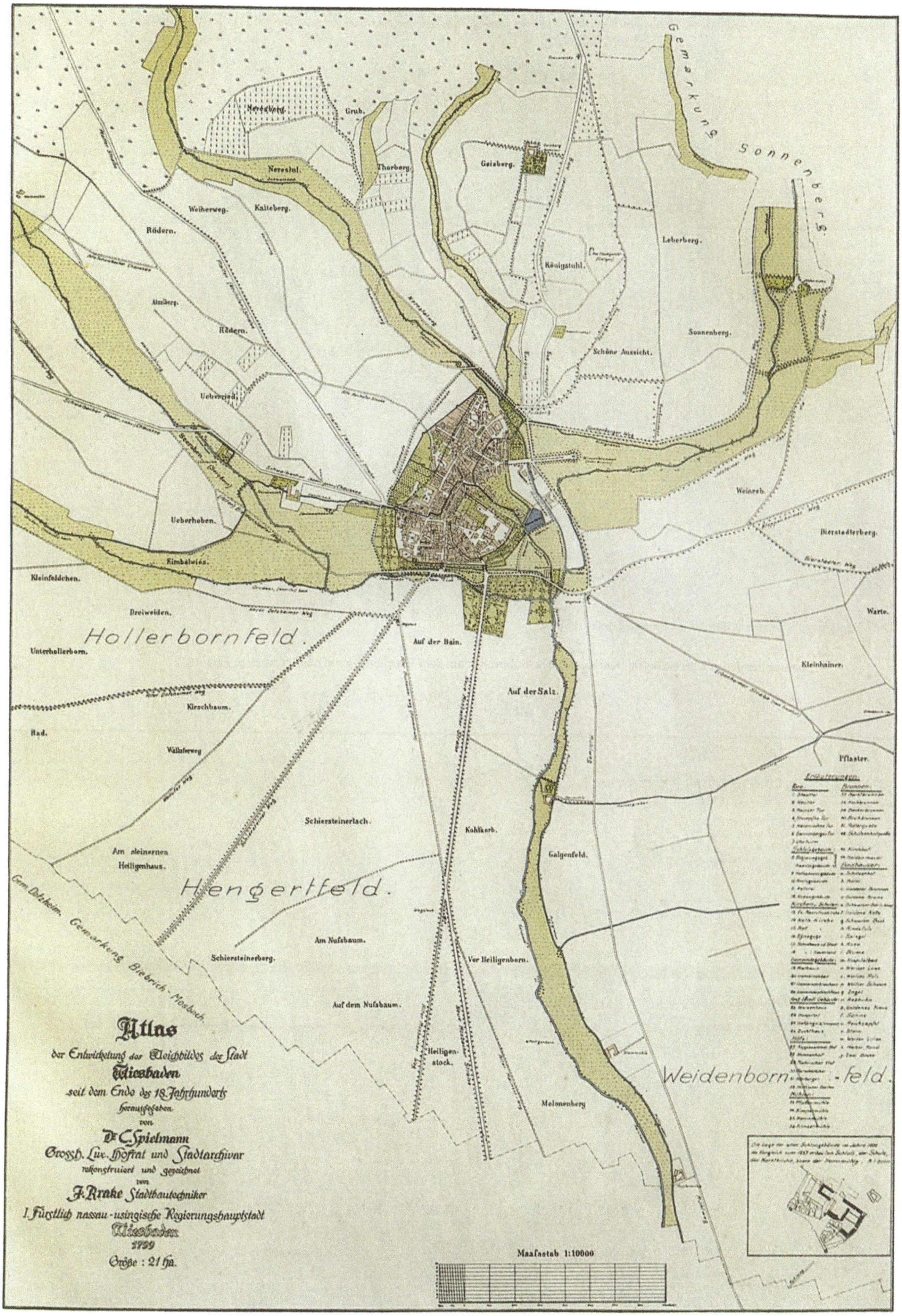

Stadtplan von 1799 aus dem historischen Stadtatlas von Spielmann/Krake (ohne Maßstab verkleinert)

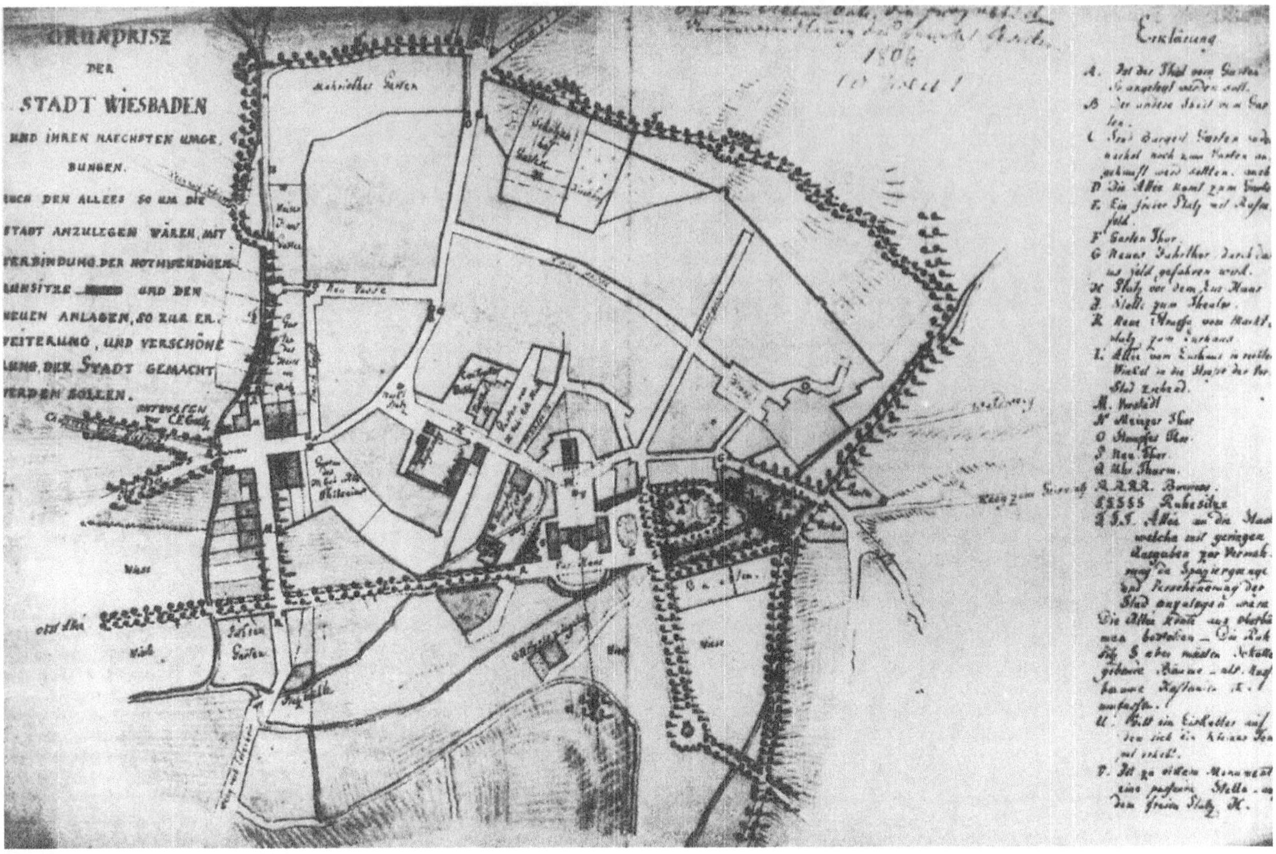

Die Neuplanung Wiesbadens durch Carl Florian Goetz, 1806

Planung des neuen Kurbezirks mit Kurhaus und Schloßprojekt auf dem Warmen Damm durch Christian Zais, 1812

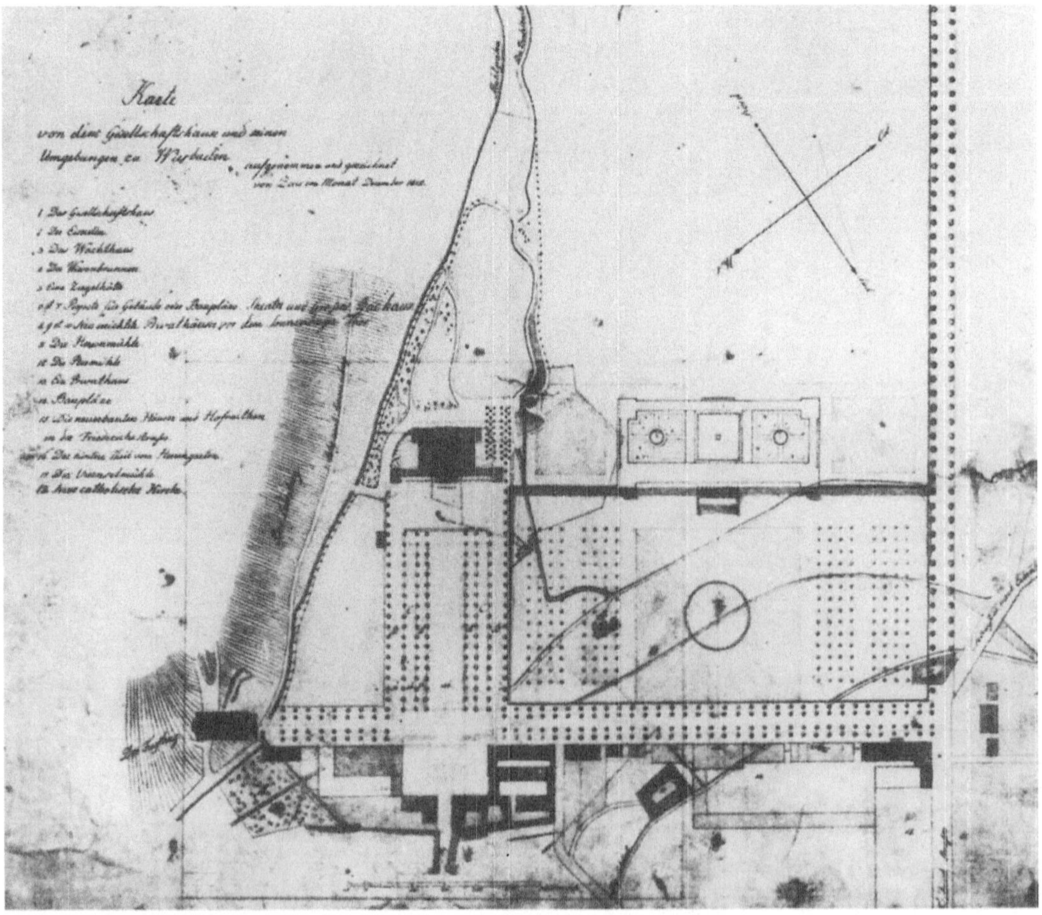

... eine der modernsten Städte
in Teutschland ...
(Ludwig Boclo, 1815)

Wiesbaden im 19. Jahrhundert

Hauptstadt des Herzogtums und angehendes Modebad

Kaum mehr als 40 Jahre waren nach Hirschfelds vernichtendem Urteil vergangen, als der Wiesbadener Ludwig Boclo 1815 niederschreiben konnte: „Wiesbaden hat in der neuesten Zeit durch etliche neu angelegte, äußerst schöne Straßen, sehr gewonnen – fährt man fort, so wird es eine der modernsten Städte in Teutschland werden ..."

Der Anfang einer städtebaulichen Entwicklung, die Wiesbaden innerhalb so kurzer Zeit einen repräsentativen Charakter verlieh und es zu einem der führenden Luxus- und Modebäder Europas werden ließ, wird gern mit dem bedeutungsvollen Jahr 1806 angegeben. Durch den Beitritt zum Rheinbund war Nassau durch napoleonische Gnaden zum Herzogtum aufgestiegen und Wiesbaden wurde zur neuen Landeshauptstadt erhoben. Als Oberhaupt der walramischen Linie erhielt Fürst Friedrich von Nassau-Usingen den Herzogstitel. Im Vorgriff auf das Aussterben der Usinger Linie vereinte er mit seinem Vetter Fürst Friedrich Wilhelm von Nassau-Weilburg die beiden nach dem Reichsdeputationshauptschluß 1803 wesentlich vergrößerten Fürstentümer zu einem 1816 schließlich auch territorial abgerundeten Kleinstaat.

Den Maßnahmen zur Erweiterung und Verschönerung der Stadt war jedoch schon 1803 eine Bekanntmachung vorausgegangen, die anläßlich der territorialen Vergrößerung der nassauischen Fürstentümer den eigentlichen Auftakt zur baulichen Neugestaltung Wiesbadens gegeben hatte. So sollten neue Gebäude errichtet werden, Verwaltungsgebäude und Wohnhäuser, wobei als Bauwillige für letztere „In- und Ausländer" angesprochen wurden. Wesentliche Voraussetzung für das städtebauliche Vorhaben war die Schleifung der obsolet gewordenen Stadtbefestigung, ein Großunternehmen, das 1817 mit dem Fall des Stumpfen Tores am Michelsberg abgeschlossen war.

Bausachverständiger der ersten Stunde war Carl Florian Goetz (geb. 1763 in Ottweiler, gest. 1829 in Wiesbaden), der noch im August 1803 vom Inspektor zum Baudirektor befördert wurde. Zu seinen Verdiensten für die Stadt gehören vor allem die Erweiterung vor dem ehemaligen Mainzer Tor mit Anlage und Bebauung der Friedrichstraße und des Schillerplatzes. Eine weitere bauliche Verdichtung im engen und verwinkelten Altstadtkern wußte er zu verhindern.

1806 legte Goetz eine erste Gesamtkonzeption für einen 1804 von der Regierung in Auftrag gegebenen „Generalplan über die Vergrößerung und Verschönerung der Stadt" vor. Projektiert sind darin bereits als Allee die Wilhelmstraße und die Friedrichstraße. Wie ausgeführt, begrenzen die beiden im rechten Winkel aufeinanderstoßende Straßen auf zwei Seiten geradlinig das Gassengewirr der Altstadt. Kleinlich nehmen sich im Vergleich dazu die Promenadenwege aus, die in der Goetzschen Planung bei unregelmäßigem Verlauf die übrige Altstadt umziehen. An Großzügigkeit fehlt es auch bei der den größten Umfang im Plan einnehmenden Projektion eines neuen Kurbezirks. Den Anschluß an das Quellenviertel und die darum gruppierten Badhäuser im Zentrum suchend, plante Goetz ein „Conversations- oder Gesellschaftshaus" südlich des als Kurgarten zu erweiternden Neuen Herrengartens, also in unmittelbarem Anschluß an das altstädtische Gefüge.

Das Kurhausprojekt

Vorschläge zum Bau eines Kurhauses (damals neben Gesellschafts- oder Conversationshaus auch Kursaal genannt) hatte es schon in der 2. Hälfte des 18. Jahrhunderts gegeben. Konkret wurde das Vorhaben jedoch erst nach dem 1802 abgeschlossenen Vertrag mit Michael Hyenlein über eine sechsjährige Pacht des Glücksspiels. Der Pächter verpflichtet sich darin in einem Zusatz: „. . . daß derselbe darauf bedacht sein wird, seinem mündlichen Erbieten gemäß einen anständigen öffentlichen Versammlungsort für die Fremden und Kurgäste in hiesiger Stadt unfehlbar während der Pachtzeit einzurichten". 1805 stellte der von Hyenlein an der Spielbank beteiligte Oberstleutnant von Fechenbach bei der Regierung Antrag auf finanzielle Unterstützung für das geplante Bauvorhaben. Das für beide Seiten schwierige Finanzierungsproblem suchte man schließlich durch die Bildung einer Kurhausaktiengesellschaft zu lösen, wobei mangels Absatz ein großer Teil der Aktien von der Staatskasse übernommen wurden. Nicht nur von privater, sondern auch von staatlicher Seite hatte man schließlich begriffen, was zu tun war, um Wiesbaden gegenüber damals bereits äußerst beliebten Modebädern – Aachen, Pyrmont oder im engeren Umkreis Schwalbach oder Ems – konkurrenzfähig zu machen.Noch spielte das in Zukunft immer eifersüchtig beobachtete Baden-Baden als Kurort keine bedeutende Rolle, während das bei Hanau liegende hessische Wilhelmsbad bereits im 18. Jahrhundert auch durch seinen fürstlichen Park die mannigfaltigsten Attraktionen zu bieten hatte: so inmitten einer romantisch-sentimentalen Parkszenerie eine gotische Einsiedlerklause mit holzgeschnitzten Eremiten, eine ägyptische Pyramide, eine Schweizer Teufelsbrücke über einer Schlucht, ein Karussell und anderes mehr. Das damals übliche schwärmerische Erleben solch künstlicher Natur- und

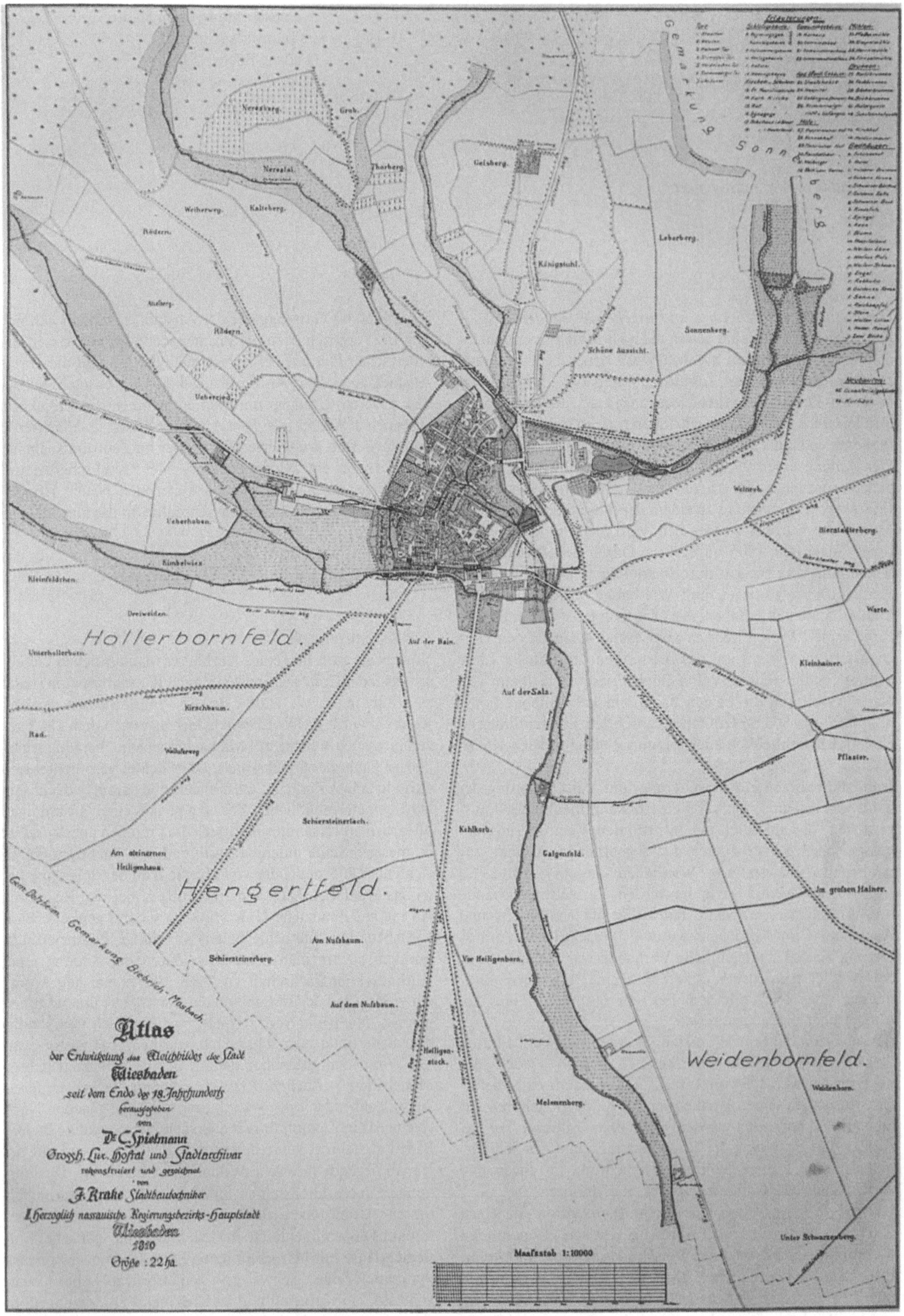

Stadtplan von 1810 aus dem historischen Stadtatlas von Spielmann/Krake (ohne Maßstab verkleinert)

Ansicht von Wiesbaden, Gouache (anonym), um 1810

Geschichtsbilder hat viele Ursachen, die mit den gesellschaftlichen und politischen Umwälzungen der Zeit zusammenhängen. Es spiegelt sich darin auch die gesellschaftliche Realitätsflucht der Epoche, die das Modebad als eine Art künstliches Paradies und damit als Refugium entdeckte. Während das Bürgertum seit der französischen Revolution unaufhaltsam die wirtschaftliche und politische Macht gewann, suchte der damit seinen Funktionen enthobene Adel das Heil in der Verweigerung und im Aufsuchen vermeintlich besserer Welten. Für die Aristokratie übernahm das elegante Bad zudem „weitgehend die Funktion der fürstlichen Sommerresidenz". „Sie verleben dort die Saison", heißt es in einem zeitgenössischen Bericht, „weil es zu Hause nichts mehr zu thun gibt - keine Bälle, keine Soiréen, keine Routs, keine Konzerte -". Der Kurort wird zum gesellschaftlichen Treffpunkt, wohin sich auch der zu Geld und Bildung gekommene Bürger begibt, der dem Adel als Vorbild nacheiferte, aber auch seinerseits begann, im Modebad einen poetisch verklärten Rückzugsort zu sehen vor einer als prosaisch grau empfundenen Welt von Politik und Erwerb. Staatlicher und privater Unternehmergeist, der die Bedürfnisse der Kurgesellschaft nüchtern einzuschätzen wußte, sollte die historische Stadtgestalt Wiesbadens wesentlich prägen.

Die städtebauliche Ära Christian Zais'/Der Kurhausbau

Der Weinbrenner-Schüler Christian Zais aus Cannstatt bei Stuttgart wurde im Frühjahr 1805 als Landbaumeister ins benachbarte Hofheim berufen. Vermutlich erfolgte die im Juli vorgenommene Versetzung und Beförderung zum Bauinspektor nach Wiesbaden bereits im Hinblick auf das Kurhausprojekt. Einem die Gründung der Aktiengesellschaft ankündigenden Publicandum von 1807 war als Kupferstich

Erster Entwurf für das Kurhaus von Christian Zais, Kupferstich von 1807

Ansicht des alten Kurhauses, Kupferstich, um 1815

ein erster Kurhausentwurf von Zais beigefügt. Als zu virtuos dürfte dieses erste Projekt mit spannungsvoll im Halbkreis geschwungenen Kolonnaden und flach abschließendem Portikus am Mittelpavillon abgelehnt worden sein. Denn – edle Einfalt, stille Größe – zur Ausführung kam ein 1808 vorgelegter Alternativentwurf, der nun in schlichter Geradlinigkeit und, soweit es die Schulung am Villenbau Palladios zuließ, bei orthodoxer Antikenrezeption einen Mittelpavillon mit ionischem Portikus mit Dreiecksgiebel durch Kolonnaden mit kleineren Eckpavillons verband. „Fontibus Mattiacis" prangte denn auch zur Erinnerung an den römischen Ursprung Wiesbadens in vergoldeten Lettern die Giebelinschrift, als 1810 der Bau vollendet stand.

Für Zais stand fest, daß Wiesbaden nur durch eine durchgreifende städtebauliche Neuplanung als Badeort aufzuwerten war. Schon die Wahl des Bauplatzes für das neue Kurhaus zeigt sicheres Gespür für die Zeichen der Zeit: Nicht „treuherzige Anbiederung" war gefragt, sondern eine im Kurort ein „Reservat des Heils" suchende Gesellschaft forderte Abgeschlossenheit und Distanz. In beträchtlicher Entfernung zur Stadtgrenze, am reizvollen Ort des Wiesenbrunnens östlich vom ehemaligen Sonnenberger Tor, entstand somit der Neubau, die als unschön empfundene Altstadt und damit alles Alltägliche und Banale überhaupt durch lange Alleen entlang einer weiten Rasenfläche hinter sich zurücklassend.

„Den Freunden der Baukunst wird der große Cursaal ... Vergnügungen und Muster gewähren", befand Goethe, der sich 1814 und 1815 in Wiesbaden zur Kur aufhielt. Enthusiastisch und damit der allgemeinen Reaktion näher dichtete der mit ihm befreundete Frankfurter Diplomat und Schriftsteller Isaac von Gerning:

„Hellas würdig und Roms Pallas-Hygea geweiht.
Pestums Hallen voll Pracht, von Marmorsäulen gestützt,
Bajäs Reize sind hier wonneberauschend vereint."

Vor allem die Gestaltung der Innenräume muß die Besucher als eine Art antike Illusionswelt mit Begeisterung erfüllt haben. Festlich steigerte die Architektur den Eindruck von außen nach innen. Dorischen Säulen in den Kolonnaden folgten ionische am Portikus und schließlich korinthische in Marmor mit vergoldeten Kapitellen im großen Saal.

Wiesbaden hatte seine erste Sehenswürdigkeit, und es wird immer zu bedauern bleiben, daß das Zais'sche Kurhaus 1906 dem Kurhausneubau von Friedrich von Thiersch geopfert werden mußte.

Zweiter und ausgeführter Kurhausentwurf von Christian Zais, 1808

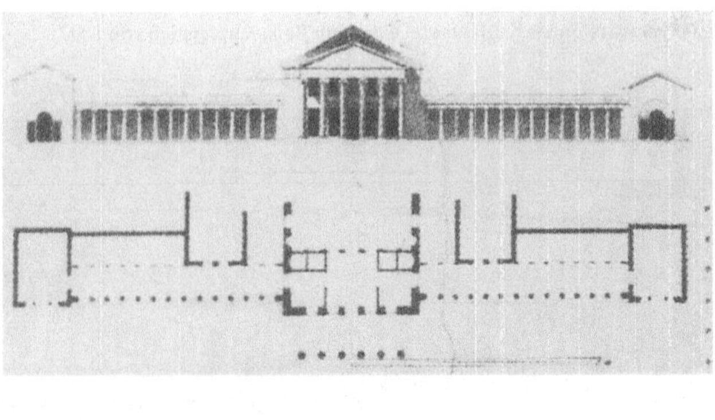

Panorama von Wiesbaden, Gouache von Johann Jacob Siegmund, um 1835

Plan des Kurbezirks mit Kurpark und Park des Palais von Hagen, um 1830

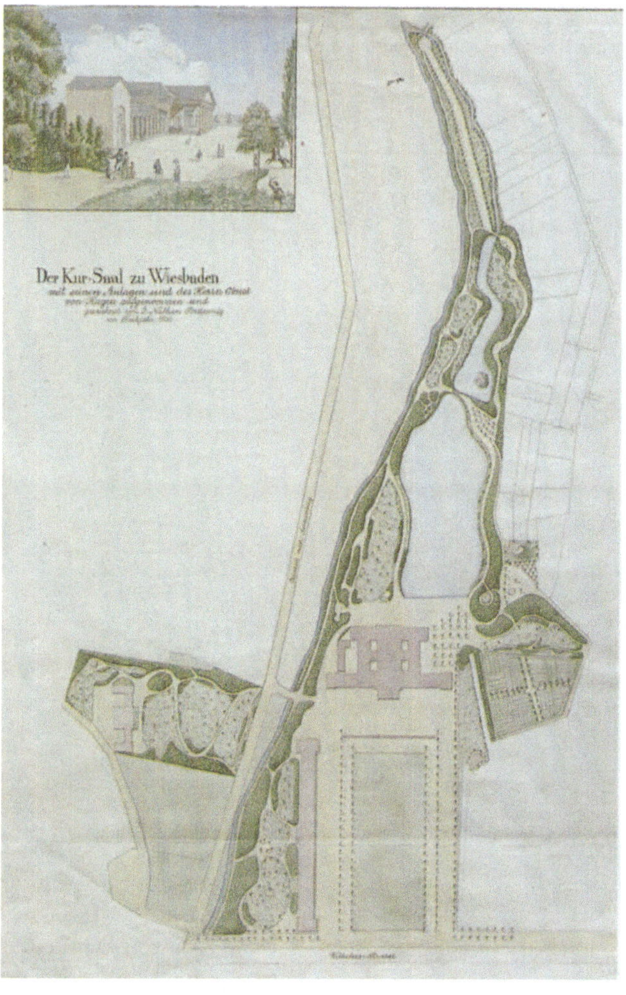

Der Kurpark

Unmittelbar öffnete sich der fast den ganzen Mittelpavillon auch in der Höhe einnehmende große Saal auf der Rückseite zum Kurpark, den Hofgärtner Schweitzer 1810 – 1812 anlegte. Kunstvoll natürlich gestaltete Rasenflächen und Gehölzgruppen umgaben neben einigen altertümlichen Bosketts einen langgezogenen Weiher, der so dicht an das Kurhaus heranreichte, „daß sich dessen Rückfront in gesteigerter Monumentalität darin spiegelte". Ein Reflex des Schönen und im moralphilosophischen Verständnis des Idealismus damit auch Wahren und Guten, dessen Erleben den lustwandelnden Besucher durch Läuterung den Zustand paradiesischer Unschuld wiedergewinnen lassen und damit in die Lage versetzen sollte, ganz arglos und spielerisch die Anmut der Parklandschaft zu genießen.

Noch fehlte der Inszenierung das Sensationelle, immer Neue und Abwechslungsreiche, wie es für die spätere Zeit charakteristisch wurde. Vielmehr schildern damalige Ansichten des anfänglich auch sehr viel kleineren Parks eine von empfindsamem Naturgefühl und stiller Beschaulichkeit getragene Idylle: Wasservögel und Boote belebten den Weiher und auf einem Hügel stand, poetisch einen Eiskeller tarnend, eine Sennhütte; bald kam ein kleiner Pavillon hinzu.

Das Amüsement

Daß sich im ganzen neuen Kurbereich nicht eine einzige Heilquelle befand, zeigt, wie sekundär die medizinische Kur beim Badeaufenthalt war. Während schon die Pächter des Glücksspiels beim Zustandekommen des Kurhausbaus eine wichtige Rolle spielten, bestätigt das erwähnte Publicandum: „Gesellschaftliche Unterhaltung und abwechselnde Vergnügungen sind unleugbare Hauptbedürfnisse jeder Badeanstalt. Sie tragen zur Wiederherstellung der Leidenden vorzüglich bei und werden daher allgemein jedem Badeort gewünscht. Daß ein freundliches, nur den Vergnügungen der Kurgäste gewidmetes und ausschließlich hierzu eingerichtetes Gebäude diesen Zweck vorzüglich befördert, ist allgemein anerkannt".

Gerade im Modebad des 19. Jahrhunderts, als welches Wiesbaden im Entstehen begriffen war, wurde im Laufe des Jahrhunderts das gesellschaftliche Ereignis im verbindenden Erlebnis des „Amüsement" zum eigentlichen Inhalt des Badeaufenthalts. Bürger, Landadel und Aristokratie ergingen sich als ein Publikum von Privatleuten im Park wie in den diversen Räumlichkeiten des Kurhauses: Spielsäle, Tanz- und Konzertsaal, Billardsaal, Speisesäle, Cafés, Konversationszimmer, Lesekabinette. In dieser Öffentlichkeit tonangebend war trotz zunehmender Emanzipation des Bürgertums weiterhin die Aristokratie. Erst ihr Besuch kürte einen Badeort zum Modebad und zog die anderen Gesellschaftsschichten nach sich.

Der Kurplatz

Entsprechend ehrgeizig waren die weiteren Pläne von Zais. In einem Bebauungsplan von klassizistischer Weiträumigkeit projektierte er das Kurhaus in streng axialer Ausrichtung auf einen an drei Seiten von repräsentativen Gebäuden geschlossenen Platz vor dem Sonnenberger Tor. Unter anderem sollten die Baulichkeiten ein vornehmes Badehotel und ein Theater aufnehmen. Durch „Barrières" gedachte Zais den von ihm als autark geplanten Kurbezirk gegen allen störenden Verkehr der „Alleestraße" (später Wilhelmstraße) abzuschließen. Denkmäler „zum glorwürdigen Andenken der beiden letztverstorbenen hochseligen Souverains von Nassau" sollten ihn zusätzlich schmücken, die Alleestraße selbst sollte im Norden durch eine katholische Kirche am Cansteinberg einen angemessenen Abschluß finden, im Süden in Höhe der einmündenden Friedrichstraße durch ein entsprechend aufwendiges querstehendes Gebäude.

Der Plan kam nicht zur Ausführung. Abgelehnt wurde auch das als endgültige Nobilitierung des neuen gesellschaftlichen Forums projizierte Residenzschloß auf dem 1805/06 trockengelegten Warmen Damm, das die herzogliche Hofhaltung in die exclusive Abgeschlossenheit einer besseren Welt zu integrieren suchte. Zu diesem Zeitpunkt dachte der Herzog noch nicht daran, seine Residenz vom Biebricher Schloß in die Stadt zu verlegen.

Für die Ablehnung des großzügigen Projekts im ganzen, dem freilich eine gewisse kalte Idealität eignet, wurde die nicht gerade blühende Wirtschaftslage ins Feld geführt. Tatsächlich dürfte sie mehr noch auf Unverständnis und mangelnde Vorausschau, ja auf eine in Zukunft häufiger zu beobachtende Kleinlichkeit zurückzuführen sein.

Zais, der von der Ablehnung angeblich zutiefst getroffen war, ergriff daraufhin als Bauherr und Geschäftsmann gleicher-

Der ehemalige Theaterplatz (heute Kaiser-Friedrich-Platz) mit dem Hotel zu den Vier Jahreszeiten, Stahlstich um 1865

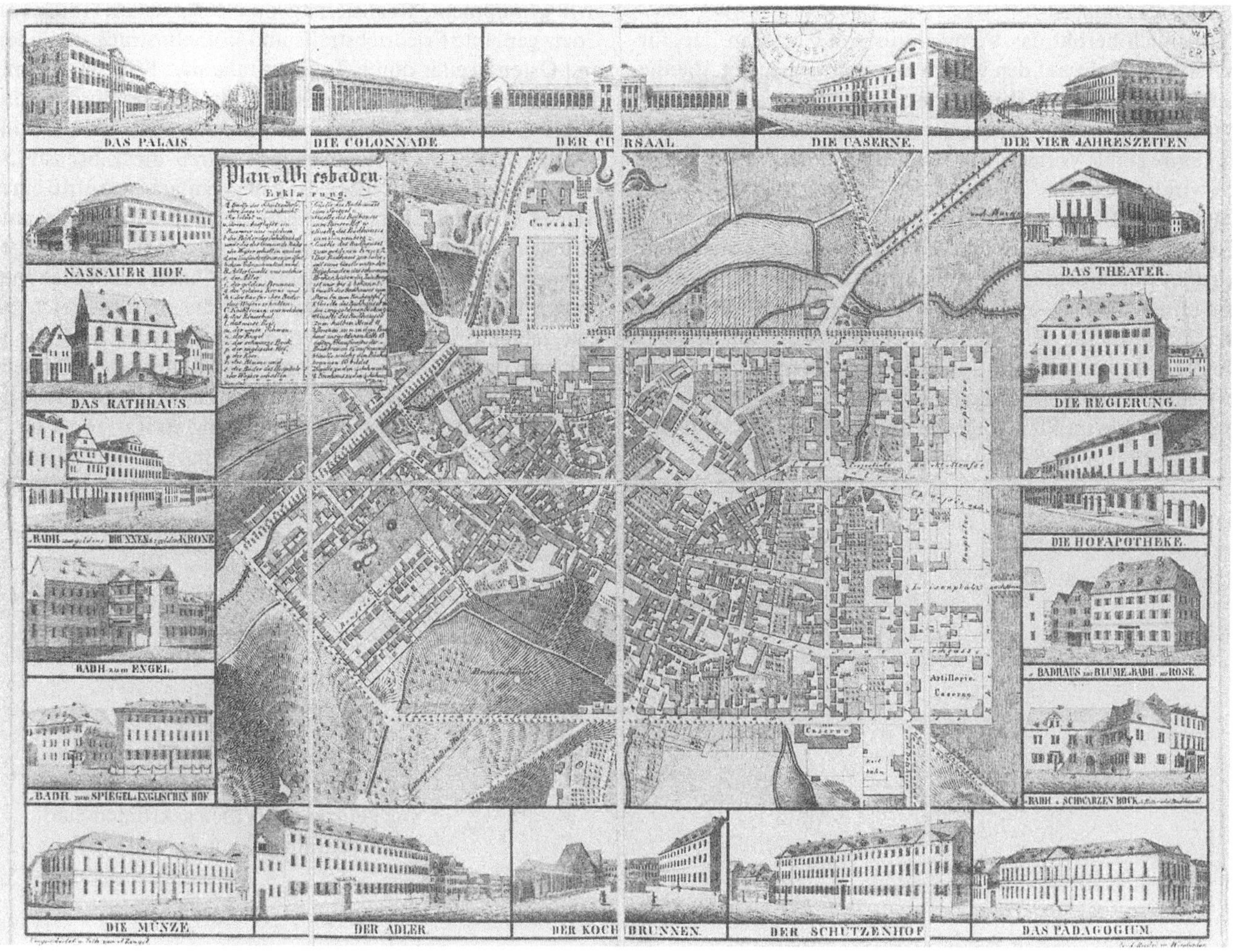

Stadtplan mit dem Zais'schen Fünfeck umgeben von den bedeutenden Gebäuden der Stadt, 1838

maßen die Initiative, um sein Lebenswerk wenigstens in Teilen zu retten. Für den Platz vor dem Sonnenberger Tor entwarf er jetzt „2 zweistöckige ganz ordinaire Häuser", die gemäß den für die Stadterweiterung erlassenen Modellvorschriften mit Baufreiheiten und Prämien bedacht wurden. 1810 entstand als erstes sein eigenes Wohnhaus, während gleichzeitig die Wilhelmstraße als doppelte Allee angelegt

Der ehemalige Theaterplatz (heute Kaiser-Friedrich-Platz) mit dem alten Theater

wurde. Ein Jahr später folgte das Badhaus „Nassauer Hof". Beide flankierten mit Ausrichtung der Frontseiten zum Kurhaus den alten Stadtausgang, der 1812 mit Abriß des Stadttores endgültig seinen altertümlichen Charakter verlor.

In der Diskussion um die weitere Bebauung des Platzes mit einem Badhaus und Theater erklärte sich Zais, um von anderer Seite vorgetragenen Lösungen vorzugreifen, schließlich bereit, auf eigene Kosten bei herzoglichen Privilegien ein modernes Badhaus nach seinem Entwurf zu errichten – der Bau des nachmalig so berühmten Hotels „Zu den Vier Jahreszeiten". 1820 im Todesjahr von Zais fast fertiggestellt, schloß das über 23 Achsen langgestreckte Gebäude mit seiner neunachsigen Schmalseite den Platz im Süden, während gegenüber 1825 – 1827 nach Plänen des Baurats Heinrich J. Zengerle ein Theater entstand. Durch elegante Torbögen wurden die Lücken zum Nassauer Hof wie zum Zais'schen Wohnhaus geschlossen und der Platz damit doch noch zu saalartiger Wirkung gebracht.

Keines der Gebäude blieb erhalten, sei es, daß sie den Bomben des 2. Weltkrieges zum Opfer fielen oder schon vorher aufgegeben wurden wie das 1905 – 1907 durch den Neubau von Thiersch ersetzte Kurhaus. Geblieben ist jedoch die städtebauliche Dimension des Bezirks, die in ihrer Großzügigkeit bis heute den Ansprüchen der seitdem in einem damals nicht entfernt vorhergesehenen Ausmaß gewachsenen Stadt genügt.

Das Straßenfünfeck

Tatsächlich beruht das Vermächtnis von Christian Zais für Wiesbaden nicht auf den beiden einzigen Gebäuden, die die Zeiten überdauert haben – das Erbprinzenpalais in der Wilhelmstraße und das Schenksche Haus, Friedrichstr. 32 –, sondern auf der Vorgabe von Strukturen, die vor allem in der Verwirklichung des sogenannten Fünfeckprogramms den Stadtgrundriß bis heute prägen. 1818 legte Zais einen Stadterweiterungsplan vor, der die Umschließung der winkligen Altstadt durch gerade, als Alleen angelegte Straßen projektiert. Ein ästhetisch einheitlicher Prospekt neu zu erstellender Gebäude auf der Straßeninnenseite sollte die aus der Sicht des Klassizismus als unschön empfundene Innenstadt mit einer allseitig befriedigenden architektonischen Kulisse umgeben. Wie im Plan vorgesehen, erfolgte die sofort in Angriff genommene Realisierung durch die schon 1805 von Goetz geplante Friedrichstraße und Wilhelmstraße im Süden und Osten, weiter durch Taunusstraße und Röderstraße mit der anschließenden Schwalbacher Straße im Norden und Westen. Die damit beschriebene Grundform – ab 1825 im Süden parallel zur Friedrichstraße durch die Luisenstraße erweitert – gleicht mit fünf Ecken dem einfachen Aufriß eines Hauses. Dem Reißbrett klassizistischer Stadtplanung entsprungen, überwinden die in idealer Geradlinigkeit durchgezogenen Straßen am Heidenberg einen ihnen kaum mehr gemäßen Höhenunterschied. Dafür bot die ringsum geschlossene gerade Einfassung im Vergleich zu anderen Stadterweiterungen der Zeit nicht nur den Vorteil klarer Übersichtlichkeit, sondern auch die Voraussetzung zu nicht nur segmentförmiger, sondern allseitiger Ausdehnung im Raster.

Prachtvoller Eindruck dieser sonderbaren, auf all ihren umliegenden Anhöhen von glänzenden Villen gekrönten Stadt.
(K. A. Varnhagen von Ense, 1868)

Die ersten Landhäuser

In seinem umfangreichen Gutachten zum 1818 vorgelegten Stadterweiterungsplan geht Zais nach einer den alten Stadtkern umkreisenden Gesamtschau über zum „Abhang beim Sonnenberger Weg", heute Sonnenberger Straße. „Nur zum Bau von Landhäusern" sei dieser Hang geeignet, wobei seine romantischen Vorstellungen einer arkadischen Villenlandschaft vom selben gesellschaftlichen Exclusivitätsanspruch ausgehen, der auch der Planung des Kurbezirks zugrunde lag: „Es würde ganz der Natur und Bestimmung der Anlagen am Gesellschaftshaus entgegen sein, auf diesem mittägigen Abhang, der den Anlagen ihren schönsten Reiz gibt, das Aufbauen gemeiner bürgerlicher Häuser zu gestatten, indem diejenigen, welche diese Anlagen besuchen, ein erhöhtes Leben und besseres Daseyn genießen und empfinden und nicht in gemeine Scenen eingeführt seyn wollen, welche ihnen durch solche Niederlassungen überall begegnen würden." So solle der Verkehrsweg nach Sonnenberg auch über den Geisberg umgeleitet werden, da dergleichen öffentliche Anlagen „hier außer der gewöhnlichen Erholung noch den höheren Zweck haben, dem Leidenden und Wiedergenesenden und überhaupt dem edlern Teil des Publicums ein Ruhe- und Erholungsort zu seyn". Wenn sich keine Bauliebhaber für Landhäuser im angezeigten Stil fänden, dürfe die Anhöhe ihre natürliche Bestimmung dadurch am besten erfüllen, daß sie zu den Gartenanlagen des Kurhauses gezogen und durch Baumpartien, Ruheplätze, Wege unter anderem verschönert würde. Das gleiche gelte für den Bereich zwischen Wilhelmstraße und Bierstadter Berg. „Reich an Wasser und von fruchtbarstem Boden", sei sie noch die einzige Umgebung der Stadt, die sich zu „nützlichen und zugleich schönen Gartenanlagen" eigne. Er habe sie deshalb in Gärten mit zugehörigen Garten- und Landhäusern eingeteilt, „jedoch nur in der Voraussetzung, daß keine höhere Bestimmung für diesen herrlichen Platz vorläge", womit Zais wieder auf seinen alten Plan, am Warmen Damm das herzogliche Residenzschloß zu bauen, abhebt.

Den Ausführungen zum Sonnenberger Hang war der Aufriß zu einem Landhaus für den Herzogl. Nass. Kammerherrn von Hagen beigefügt. Das sogenannte Palais von Hagen, das 1824 – 1827 oberhalb des Sonnenberger Wegs errichtet wurde, steht mit dem 1824 am benachbarten Cansteinberg gebauten Landhaus des Anwalts Bermbach am Anfang des Wiesbadener Villenbaus. Während der kurzen Zeit seines Bestehens – schon 1840 wurde das Palais von Hagen „wegen seines Ausblicks auf den Rhein und Main" vom Hofmarschallamt erworben und dann auf Abbruch versteigert, um dem Palais der Herzoginwitwe Pauline Platz zu machen – fehlt der herrschaftliche Bau auf kaum einer Vedute der Stadt. Ins Elegante übersetzt, gleicht er mit mittlerem Kubus und anschließenden Seitenflügeln mit Durchfahrten und abschließenden Pavillons dem 1822 in Weilburg von Friedrich Ludwig Schrumpf errichteten Palais von Dungern. Beiden gemeinsam ist die Inspiration durch den palladianischen Villenbau. Auf den Veduten nicht mit Sicherheit auszumachen ist dagegen das genannte Landhaus

Ansicht von Wiesbaden, Aquarell von Reinermann (Sohn), 1828

Bermbach, ein somit wohl im Vergleich sehr bescheiden vorzustellender Bau.

Das Baugesuch von Hagens gab 1824 den Anstoß zur Eröffnung einer neuen Baulinie entlang dem Sonnenberger Weg, der gleichzeitig als Chaussee ausgebaut wurde. Doch die erwartete Folge weiterer Landhausbauten blieb zunächst aus, bis sich um 1840 die Bauszene zu ändern begann.

Wie anschaulichst aus dem historischen Kartenwerk zur Stadtentwicklung von Spielmann/Krake hervorgeht, das 1912 erschien und auf Grundlage der im 2. Weltkrieg zum größten Teil verlorenen Wiesbadener Bauakten zusammengestellt worden war, gab es 1843 bereits über zwei Dutzend Landhäuser. Die entsprechende Übersichtskarte verzeichnet in minuziösen Hausfiguren bei genauer Grundstücksbegrenzung bereits 15 Landhäuser für den Osten, jenseits des Warmen Damms und am Kurpark, an der Frankfurter Straße und entlang dem Mühlweg, der späteren Mainzer Straße. Hinzu kommen rund zehn weitere Landhäuser im Norden, vor allem oberhalb der Sonnenberger Straße, damals noch Sonnenberger Weg, sowie am Geisberg und vereinzelt in der als Weg zum Nerotal fortgesetzten hinteren Taunusstraße. Ein Anfang war inzwischen auch im Westen gemacht worden, und zwar jenseits der Schwalbacher Straße und an der ehemaligen Schwalbacher Chaussee als Vorläuferin der Emser Straße, wo an dem sie begleitenden Dendelbach noch drei Mühlen im Gang waren. Die Konzeption einer allseitigen Villenbebauung im Grüngürtel um die Innenstadt begann sich abzuzeichnen. Noch blieb das Nerotal unbebaut, ebenso der Süden, wo die Innenstadtbebauung mit der Adolfsallee erst gegen 1870 den von der Biebricher Allee erschlossenen Hangrücken erreichte.

Von der jeweiligen Distanz zum Kurbezirk mit Kurhaus und Kurpark scheinen die Qualität, Größe und Stattlichkeit der Landhäuser sowie die Dimension der Gartengrundstücke abhängig gewesen zu sein. Parkartige Ausmaße bis zu ca. 5.000 m² erreichten die Grundstücke im Osten; der Zuschnitt war hier unregelmäßig. Die besonders aufwendigen und frei im Inneren der gärtnerischen Anlagen situierten Gebäude ließen sich hohe Staatsbeamte und Militärs errichten, so Ministerialkanzleidirektor Freiherr von Dungern an der späteren Paulinenstraße, Oberstleutnant von Rettberg

Das Palais von Hagen

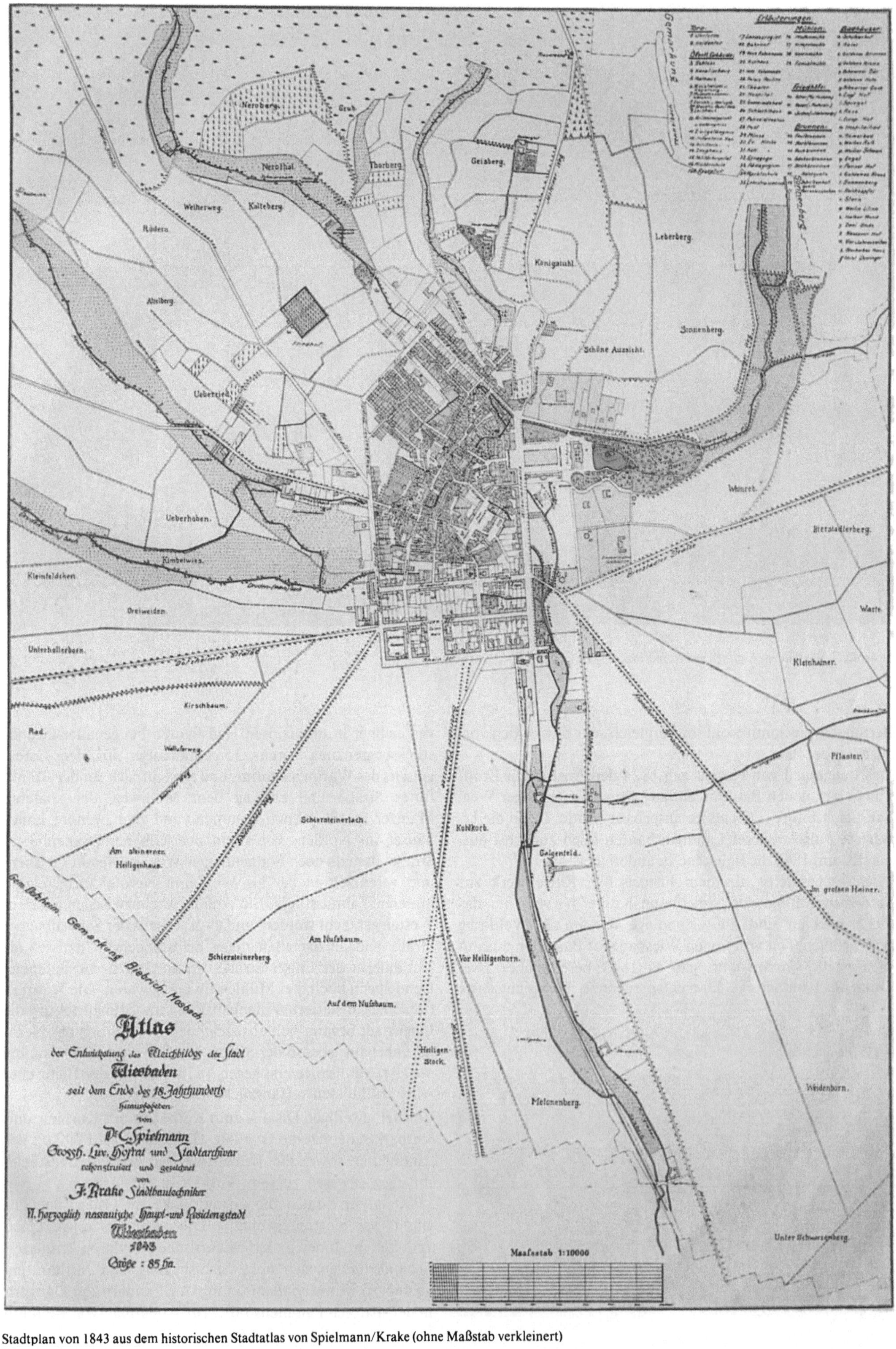

Stadtplan von 1843 aus dem historischen Stadtatlas von Spielmann/Krake (ohne Maßstab verkleinert)

Promenadenplatz im Kurpark mit Blick auf Villen der Sonnenberger Straße, kolorierter Stahlstich von Ludwig Rohbock, um 1850

am Warmen Damm, damals noch mit Ziegelei und Pletzmühle, Freiherr von Erath 1843 an der späteren Parkstraße und Generalmajor und Herzoglicher Kammerherr Freiherr von Nauendorff 1846 an der ein Jahr vorher eröffneten Paulinenstraße. Da das Ministerium im Oktober 1842 entgegen dem Gutachten des Baumeisters Karl Boos genehmigte, daß der im spitzen Winkel vorspringende städtische Zimmererplatz an der Mündung der Bierstadter Straße zur Anlage von Landhäusern versteigert wurde, konnte die 1845 eröffnete Paulinenstraße nicht, wie geplant, in gerader Richtung zum Mühlweg durchgeführt werden.

Mehrere höhere Beamte, als erster Regierungsrat von Trapp, siedelten sich am Mühlweg (seit 1860 Mainzer Straße) an. Die Parzellierung erfolgte hier mit der Tendenz zur rechtwinkligen Begrenzung. Mit ca. 600 m² besonders bescheidene Ausmaße erreichten die vier 1840 – 1842 von Eisenbahnarchitekt Robert Jahn in Höhe der ehemaligen Neumühle errichteten Häuser, entsprechend einfache kleine Landhäuser, die nur ein unterschiedlich schmaler Vorgartenstreifen vom Weg trennte.

Ebenso oder noch bescheidener waren die ersten Häuser an der späteren Emser Straße im Nordwesten, wo neben anderen der Maurermeister Querfeld eine Anzahl Landhäuser erstellte. In unregelmäßigen kleinen Grundstücken liegend, dürften sie eher den Charakter von Gartenhäusern gehabt haben. Zu den ersten Eigentümern gehörten die Oppositionsführer der nassauischen Stände, die Prokuratoren Friedrich Lang und Karl Braun. Vergleichbar waren die Anfänge des Landhausbaus am Geisberg, während an dem schon von Zais für den Landhausbau vorgeschlagenen Hang oberhalb von Wilhelmstraße und Sonnenberger Weg und somit im Bereich des Kurbezirks auf relativ schmalen, besonders langen Hanggrundstücken stattlichere Landhäuser in unterschiedlich weit zurückgesetzter Lage entstanden. Hier wohnten u. a. Regierungsrat von Roeßler und der Prokurator und nachmalige Staatsminister August Hergenhahn.

In den die Wiesbadener Stadtentwicklung der 1840er Jahre betreffenden Quellenschriften fällt auf, daß statt von „Villa" fast ausnahmslos von „Landhaus" bzw. „Landhäusern" die Rede ist. Ein offensichtlich ganz konkreter Sprachgebrauch, da die ersten Gebäude außerhalb der sich als geschlossener Komplex präsentierenden Stadt in wirklich ländlicher Umgebung entstanden. In den großen Städten wie Frankfurt oder Berlin wurde mit zunehmender baulicher Verdichtung und der Bildung von Villenvierteln die Bezeichnung „Landhaus" um diese Zeit schon durch den allgemeineren Begriff „Villa" abgelöst. Er schließt auch die „villa urbana" als die Stadtvilla in Antike und Renaissance mit ein. In Wiesbaden blieb „Landhaus" trotz rasch wachsender Bebauungsdichte bis in die 1860er Jahre gebräuchlich. Der damals im ganzen ländliche Charakter des im Rahmen seiner idyllischen Umgebung überschaubaren Kurortes mag ein Grund dafür gewesen sein.

Ansicht von Wiesbaden, rechts Villen der Mainzer Straße, Stahlstich um 1860

Das neue Stadtschloß als Impuls für den Landhausbau

Das erneute und eigentliche Einsetzen des Landhausbaus um 1840 fällt zusammen mit dem Neubau des herzoglichen Schlosses, das nach dem Entwurf von Georg Moller 1837 bis 1841 inmitten des inzwischen erheblich veränderten Stadtkerns am Marktplatz entstand. Eingegliedert in die bestehende Straßenfront konnte es mit dem schon 1826 als Geschäftsgebäude errichteten Kavaliershaus, das seit 1841 als Verwaltungsgebäude diente, zu einem im ganzen repräsentativen Prospekt zusammengeschlossen werden.

Der bereits von Zais – wenn auch an anderem Ort – geplante Bau eines Stadtschlosses und die damit verbundene Verlegung der herzoglichen Hofhaltung von Biebrich nach Wiesbaden verliehen dem gesellschaftlichen Forum des aufblühenden Modebads einen aristokratischen Background von Dauer. Nicht nur dem vornehmen Badegast wurde damit mehr als zuvor der geeignete Anreiz und Rahmen geboten, sondern auch denjenigen, die Wiesbaden als ständigen Wohnsitz wählten, sei es in unmittelbar herzoglichen oder staatlichen Diensten, als freie Unternehmer oder als Privatiers. Die genannten gesellschaftlichen Gruppen standen von nun an als Eigentümer und Erbauer von Landhäusern an vorderster Stelle.

Die Entwicklung als Kurort, aber auch die wachsende Bedeutung als Wohnstadt ließ Wiesbaden rasch anwachsen. Von 9.000 Einwohnern im Jahr 1835 stieg die Zahl bis 1850 auf 14.000 und bis 1865 auf über 26.000. In dieser Spanne der insgesamt relativ stärksten Bevölkerungszunahme war Wiesbaden zum bei weitem häufigst besuchten nassauischen Kurort geworden. Um 1820 wurden jährlich ca. 4.000 Kurgäste gezählt, bis 1866 rund 15.000, ja bis zu 20.000 Besucher. Nicht mitgerechnet die noch höhere Zahl an „Passanten“; das waren Durchreisende und Tagesgäste vor allem aus den Nachbarstädten Mainz und Frankfurt und aus dem Rheingau, in der Saison täglich bis zu über 2.000 Personen. Unbedingte Voraussetzung für diesen Besucherstrom war der Anschluß der Stadt an das Eisenbahnnetz mit dem Bau des ersten Bahnhofs im Jahr 1839.

Das von Georg Moller entworfene Stadtschloß

Das Leben ein Tanz

Mit dem Bau des Paulinenschlößchens, das sich die Herzoginwitwe Pauline an Stelle des Palais von Hagen oberhalb von Sonnenberger Weg und Kurbezirk errichten ließ, bezog 1843 erstmals ein Mitglied der herzoglichen Familie die entstehenden Villengebiete. Das Schlößchen „im maurischen Alhambrastil“ (im 2. Weltkrieg zerstört, später abgeräumt) brachte mit der damit verbundenen Aufwertung der Hanglage einen zusätzlichen Impuls für den Landhausbau und wirkte als weitere Attraktion für das Bade- und Gesellschaftsleben. Orientalisches Flair war groß in Mode. So wird berichtet, daß die beiden Kolonnaden, die inzwischen ganz entgegen den Absichten von Zais das Bowling-Green säumten und damit die architektonische Verbindung zum Wilhelmsplatz schufen, eine Reihe von Kaufläden aufnahmen, darunter

Platz vor dem Kurhaus, am Hang im Hintergrund das Paulinenschlößchen, kolorierter Stahlstich um 1860

viele, „die den Basars der großen Städte, dem Maidan in Isphahan nicht unähnlich, zur Zierde gereichen würden". Ein maurischer Kiosk ragte im nun auch vergrößerten Kurpark zwischen den Gehölzen hervor; 1852 sollte die Sennhütte über dem Eiskeller durch einen chinesischen Pavillon ersetzt werden. Entsprechend stilecht war die musikalische Untermalung. Mehrmals in der Woche spielte das Kurorchester türkische Musik. Zu besonderen Anlässen – und die waren häufig – gab es chinesische Blumenfeuerwerke mit anschließender bengalischer Beleuchtung. Als schließlich 1857 auf dem Bowling-Green die nachts illuminierten Kaskadenbrunnen rauschten, wurde dieses Spektakel als „wahrhaft feenhaft" genossen.

Eine noch größere Faszination muß freilich vom Hazard-Spiel ausgegangen sein. Rechtzeitig vor dem 1837 verhängten Spielverbot in Frankreich waren im Kurhaus große Umbauten und Neumöblierungen in Angriff genommen worden. „Roulette, Trente et Quarante und Pharao in erweitertem Spiel beherrschten jetzt Leben und Denken der herbeigereisten eleganten Welt, die, vom Zauber jener Leidenschaft des Unbeständigen hingerissen, weniger denn je an eine Badekur dachte." Was die Badekur anbelangte, mußte sich der Kurgast nach der erst 1822 erfolgten Einführung der Trinkkur am Kochbrunnen im Quellenviertel bis nach 1853 mit einer provisorischen hölzernen Wandelhalle und einem zusätzlich aufgebauten Zelt begnügen: „keine geeignete Bühne", um „Das Leben ein Tanz" zu inszenieren, wie Wetzler in seiner 1843 erschienenen Schrift „Patriotische Wünsche eines Wiesbadeners für das Gedeihen und Fortblühen dieses Kurorts" anmerkt.

Zu den von Abenteuer und Glücksversprechen des Hazard Faszinierten gehörte auch Dostojewskij, wobei man sich streitet, ob sein berühmtes Romanwerk „Der Spieler" in Wiesbaden oder Baden-Baden spielt. Dostojewskij erschien im Gefolge der unter den Kurgästen zahlreichen Russen, die

Das Paulinenschlößchen um 1940

nach der Heirat Herzog Adolfs mit der russischen Großfürstin Elisabeth eine größere Kolonie zu bilden begannen. Die zum Gedenken an die früh verstorbene Elisabeth 1849 bis 1855 von Philipp Hoffmann erbaute Griechische Kapelle auf dem Neroberg, die mit ihren fünf vergoldeten Kuppeln das Stadtbild überragt, diente fortan der schon bestehenden orthodoxen Gemeinde als Gotteshaus. Benachbart entstand gleichzeitig ein separater russischer Friedhof. Für den Bau einer anglikanischen Kirche für die ebenfalls bereits existierende englische Gemeinde wurde schon im März 1844 ein Ausschuß gegründet. 1863 – 1865 wurde der Bau am Warmen Damm schließlich verwirklicht.

Engländer und Holländer bildeten damals gegenüber Russen und Franzosen den zahlenmäßig größten Anteil an ausländischen Kurgästen. Schon 1843 hieß es, „Wiesbaden hat einen europäischen oder Weltruf". Die unbedingte Mehrzahl der Gäste waren jedoch Deutsche, darunter die meisten aus Süddeutschland und den Hansestädten. Eine Zählung der Fremden verzeichnet für die Jahre 1858 – 1862 im jährlichen Durchschnitt: 11.769 Deutsche, 1.889 Engländer, 1.512 Holländer und Belgier, 1.272 Franzosen, 1.235 Russen, 484 Amerikaner, 236 Polen, 201 Schweden, 152 Österreicher, 151 Schweizer, 127 Italiener, 121 Dänen und Schleswig-Holsteiner, 49 Spanier, 120 Griechen, Türken, Armenier, Afrikaner und andere.

Viele der Gäste verbrachten nicht nur Tage oder mehrere Wochen, sondern regelmäßig die gesamte Sommersaison im Bad, ein kleinerer Kreis auch vor späterer Einführung der Winterkur mit gelegentlichen Unterbrechungen das ganze Jahr. Zum längeren Aufenthalt, meist mit Familie und Personal, dienten Hotelsuiten oder auch Villen, die seit den 40er Jahren zu einem Teil von Bauunternehmern zum Verkauf oder zur Vermietung errichtet wurden. 1865 waren unter den temporär Zugelassenen allein 20 Rentner, in der damaligen Bedeutung des Wortes Privatleute, die ihr Vermögen durch Kapitalertrag und Immobilienspekulation mehrten und somit in der Lage waren, den Wohnort unabhängig von Produktionsstätten zu wählen. Die für die kapitalistische Wirtschaftsstruktur des 19. Jahrhunderts charakteristische Gruppe der Rentner spielte in Wiesbaden als Bauherr, Käufer und Mieter von Villen sowie im Grundstückshandel eine zunehmend bedeutende Rolle.

1852 begegnet zum ersten Mal das Prädikat „Weltkurstadt". Das kosmopolitische Stelldichein wurde von einer Flut internationaler Veröffentlichungen über Wiesbaden und seine balneologischen Einrichtungen begleitet. Immerhin suchte ein Fünftel der Kurgäste einen Badearzt auf, wobei die rheumatischen Erkrankungen, dicht gefolgt von nervösen Leiden, ein Drittel der zu lindernden Beschwerden ausmachten. Der Kuriosität halber sei erwähnt, daß rheumakranke Pferde Heilung in eigens für sie eingerichteten Pferdebädern finden konnten.

Die Griechische Kapelle, Lithographie von Albert, um 1855

Ansicht von Wiesbaden, Lithographie von Michael Sachs, um 1865

Weiterer Villenbau

Die beiden folgenden Übersichtskarten bei Spielmann/Krake zeigen die Ausdehnung Wiesbadens im Weichbild von 1857 und 1868. Den größten Zuwachs an Landhäusern erlebte bis 1857 mit 140 % das östliche Villengebiet. Um das Doppelte stieg die Zahl auf der Nordseite, und auch im anfangs kaum bebauten Westen standen inzwischen an die 20 Gebäude.

Innerhalb des weiträumigen östlichen Villengebiets wurde die exklusive parknahe Lage als „Grünes Viertel" zu einem Begriff, ein Stadtteilname, der die Integration des in seinen Grenzen nicht genau definierten Gebiets in das städtische Gefüge anzeigt. Begeistert schrieb 1857 eine Besucherin, daß diese „herrliche Vorstadt" geschmackvoller, mit Anlagen umgebener Villen dem Bade „die Vorzüge eines ländlichen Aufenthaltes neben dem der eleganten Weltstadt" verleihe.

Mit ein Grund für das auch weiterhin rasche Anwachsen des gesamten östlichen Villengebiets – 1868 standen dort schon über 100 Villen – war in Verbindung mit dem verhältnismäßig moderaten Geländegefälle die vorhandene verkehrliche Erschließung durch die beiden großen Radialwege, die Bierstadter und Frankfurter Straße sowie durch die ebene, weil quer zur Hangneigung laufenden Mainzer Straße. Durch Anwendung des noch zu erörternden Enteignungsverfahrens und gefördert durch die Aktivitäten des Bauunternehmers Hammelmann erreichte der Landhausbau gerade in der Mainzer Straße, dem ehemaligen Mühlweg, eine bemerkenswerte Dichte. Abgesehen von den schon erwähnten Jahn'schen Projekten lag die durchschnittliche Größe der meist langgestreckten und rechtwinklig begrenzten Gartengrundstücke bei durchschnittlich 1500 m². Die Häuser wurden bei straßenparalleler Front und unterschiedlichem Abstand zur Straße in der vorderen Grundstückshälfte plaziert; hinter dem Haus erstreckte sich der Garten.

Vergleichbare Dimensionen bei allerdings etwas kleineren Grundstücken erreichte der Landhausbau rechtsseitig der Bierstadter Straße, wo, durch Enteignungen begünstigt, allein der Architekt und Bauunternehmer Kochendörfer neun Häuser errichtete. Die unterhalb der Felsenkeller-Brauerei in großem Park um 1855 erbaute Villa Knoop mit Orangerie und Reithalle (nach 1900 abgeräumt bei vorangegangener sukzessiver Aufteilung des Grundes) bildete dort noch eine Ausnahme. Der herrschaftliche Besitz suchte den Anschluß an das „Grüne Viertel" links der Bierstadter Straße, wo der Grund in vergleichbarer Hanghöhe bereits vergeben und be-

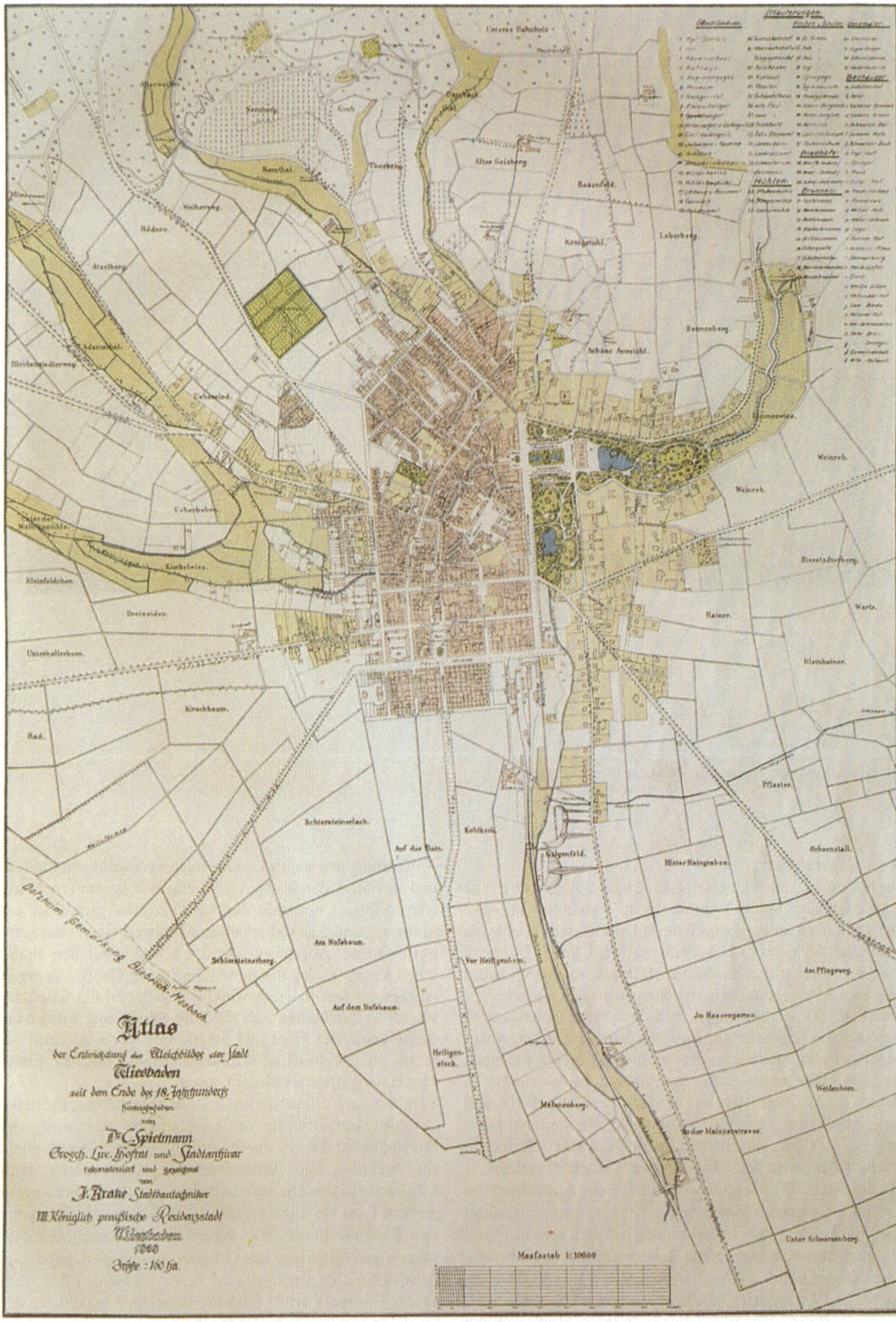

Stadtplan von 1868 aus dem historischen Stadtatlas von Spielmann/Krake (ohne Maßstab verkleinert)

Blick über die hintere Taunusstraße (ehemals Elisabethenstraße) in das Nerotal mit der „Grub", Gouache von Julius Recher, 1868

baut war. Fast vis à vis lag Zimmermann's Schlößchen, wobei es sich um das ehemalige Palais von Hagen handelte, das sich der Gastwirt Zimmermann nach der Versteigerung im Jahr 1840 Stück für Stück hatte abtragen und an dieser Stelle, im Bauantrag als „Acker in der Nähe des Kurhauses" bezeichnet, wiederaufbauen lassen. An seinen Park schlossen sich vor allem hangaufwärts weitere große Villengärten an, während eine bereits einsetzende Verdichtung gerade im parknahen Bereich von Paulinen- und Parkstraße schon zu Grundstücksteilungen bis auf ca. 1500 m² führte.
Ein sprunghafter Anstieg des Villenbaus mit ca. 70 Gebäuden im Jahr 1868 fand inzwischen auch im Norden statt. Auch im Nerotal standen um 1868 schon um die 20 Villen, mitgerechnet einige aufwendigere Landhäuser an der Elisabethenstraße, heute der hintere Abschnitt der Taunusstraße. Gleichzeitig wurde der Landhausbau mit rund 20 Gebäuden an der Emser Straße fortgesetzt, während der ursprüngliche Plan, auch das Gebiet westlich der Schwalbacher Straße mit Landhäusern zu bebauen, Anfang der 60er Jahre aufgegeben worden war. Vor allem landwirtschaftliche Betriebe sollten dorthin umziehen, um „so die der Kurindustrie nachteiligen Umstände, namentlich das Ausfahren von Mist und Jauche durch die Straßen der Stadt zu beseitigen". Die somit isoliert an der Schwalbacher Straße gelegenen Landhäuser standen in gleich weitem Abstand parallel zur Straße. Die zu beobachtende Tendenz zur Fluchtlinienbildung zeigte sich vereinzelt auch in den anderen Villengebieten. Bei insgesamt jedoch relativ freier Anordnung der Gebäude in nassauischer Zeit – also bis 1866 – verringerte sich zusehends der Abstand zur Straße zugunsten eines großen rückwärtigen Gartens und der Ausbildung eines schmalen Vorgartens.

Neben den vielen im privaten Auftrag gebauten Villen ist weiterhin eine beträchtliche Zahl an bauunternehmerischen Projekten auffallend, Villen, die offensichtlich als Spekulationsobjekte auf Vorrat errichtet wurden, um dann vermietet oder verkauft zu werden. So heißt es in einem Bauantrag für ein Landhaus: „Täglich treffen mehr Fremde hier ein, welche ... sich bleibend bei uns niederlassen, wenn ihnen passende Wohnungen offeriert werden. Wiesbaden ist auf diese Weise im Aufblühen begriffen wie wohl gegenwärtig keine andere deutsche Stadt." Von über 120 Villenbewohnern, die das Wiesbadener Adreßbuch von 1857 verzeichnet, ist in mehr als 30 Fällen als Berufsbezeichnung „Rentner" angegeben, die Mehrzahl der Namen haben Adelsprädikat. Bis zum Jahr 1868 hatte sich die Zahl der Villen mehr als verdoppelt, die Anzahl an Rentnern unter den Eigentümern und Mietern verdreifacht. An sonstigen Berufsbezeichnungen überwiegen beim bürgerlichen Villenbewohner neben höheren Beamten Anwalt, Arzt, Kaufmann, Hotelier, Fabrikant. Viele wohnen zur Miete, darunter auch Adlige in staatlichen Diensten – Militär, Verwaltung, herzoglicher Hof. Der Anteil an Ausländern unter den Dauermietern ist als gering einzustufen; auffallend ist das häufigere Vorkommen von Namen osteuropäischer Adelsfamilien.
Das mit Villen bebaute Areal nahm 1868 zusammengenommen bereits eine ebenso große Fläche ein wie das historische Fünfeck, als der Bereich innerhalb des Straßenfünfecks mit südlicher Erweiterung. Als theoretische Maßgabe für die städtebauliche Entwicklung spielte der Generalbebauungsplan von Karl Boos eine wichtige Rolle.
Besonderer Beliebtheit erfreute sich hier die an Kurpark und Kuranlagen entlangführende Sonnenberger Straße, die jetzt

auch rechtsseitig bebaut wurde. Weitere Schwerpunkte entwickelten sich an Adolfsberg und Geisberg sowie im Dambachtal und an der Kapellenstraße, letztere als Steinhohlweg vor dem Kapellenbau (1849 – 1855) oberhalb der geschlossenen Bebauung noch ohne Baulinie und mit sehr schlichtem Haustyp.

Der Generalbebauungsplan von Karl Boos

Für die städtebauliche Entwicklung genügte bis zur Jahrhundertmitte im wesentlichen der Bebauungsplan von Christian Zais. Als Baurat hatte bei der „Feststellung der Pläne über das hiesige Bauwesen" seit 1842 der Weinbrenner-Schüler Karl Boos mitgewirkt. Boos oblag auch die Planung „über die Errichtung von Landhäusern und Gartenanlagen in der Umgebung der Stadt". Gemeinsam mit von Dungern entwarf er auch dessen Landhaus am Warmen Damm.

Nach 1850 forderte der sprunghafte Anstieg der Einwohnerzahl und damit der wachsende Mangel an Wohnungen neue Richtlinien für eine sinnvolle Erweiterung. 1856 wurde der zuständige Kreisbaumeister Philipp Hoffmann von der herzoglichen Regierung mit einem entsprechenden Gutachten beauftragt. Im Sinne von Zais spricht er sich darin grundsätzlich für „eine schöne und imposante Gesamtentwicklung des erweiterten Ganzen" aus, „sowohl bey Anblick der Stadt in der Entfernung als im Inneren selbst". Sein Projekt, das u. a. die Fortsetzung des innerstädtischen Straßenrasters bis hin zu einer hinter dem Warmen Damm geplanten Nord-Süd-Achse vorsah, fand im Ministerium nicht das gewünschte Echo. Der inzwischen zum Oberbaurat avancierte Karl Boos sah sich daraufhin zu einem eigenen Gutachten veranlaßt, das er schon kurze Zeit später, am 22. März 1856, vorlegen konnte. Seine Vorstellung stützt sich auf den in fünf Punkte gegliederten Charakter der Stadt: 1. als Kurstadt, 2. als „beliebter Aufenthalt und Ansiedlungsort wohlhabender Fremder", 3. als Residenzstadt und Sitz der Verwaltung und öffentlicher Einrichtungen, 4. als Garnisonstadt, 5. als Gewerbestadt auf der Basis der genannten Funktionen. Am 7. April genehmigte der Herzog einen auf dem Gutachten basierenden Generalbebauungsplan, der auf eine Zeitspanne von neun Jahren angelegt war. Das Ministerium formulierte daraufhin die Aufgaben, und zwar an erster Stelle die Errichtung von Landhäusern. Erst an zweiter Stelle folgt der innere Ausbau der Stadt.

Boos fordert grundsätzlich, „die ländliche Umgebung der Stadt" nicht nur zu erhalten, sondern auch zu verschönern und zu erweitern. Angestrebt wird ein harmonischer Übergang von gestalteter Stadtlandschaft zur umgebenden Agrarlandschaft und freien Natur. Beste Voraussetzung dazu erfülle das Gebiet rechts der Wilhelmstraße zwischen Rheinstraße und Kurhaus mit dem Warmen Damm, wo sich „eine unbeschränkte Fernsicht" böte. „Jede straßenartige Bebauung, welche dieses Terrain nach irgendeiner Seite begrenzt, wird ihm den Charakter der Ländlichkeit nicht bloß

Ansichtskarte vom Dambachtal, um 1910

„Souvenir de Wiesbade", Sammelansicht mit mittlerem Panorama der Stadt, um 1850

nehmen, sondern die Curanlagen, welche gerade nach dieser Seite einer Erweiterung bedürfen, beengend abschließen."
Konkret zur Landhausbebauung heißt es im erhaltenen Kommentar (das Planmaterial ist verschollen): „Was diese betrifft, so bieten sich nach allen Seiten der Stadt in größter Nähe und in weiterer Entfernung noch viele passende und schöne Lagen dar." Als besonders attraktiv werden die den Kuranlagen nahen Plätze beschrieben, „die Ostseite von Wiesbaden sowie der südliche Abhang des Taunus längs und hinter der Sonnenberger Chaussee bis hinauf zu dem alten Geisberge". Da ausreichend Bauplätze vorhanden seien, lege eine sinnvolle Planung die Nutzung bereits bestehender Wege nahe, wobei aus verkehrlichen Gründen die Entfernung zur Stadt nicht zu groß sein sollte. Für die Plazierung der Landhäuser fordert Boos gerade für den Mühlweg (Mainzer Straße), daß sich zukünftige Bauten nach der bereits „im allgemeinen angedeuteten Anordung" zu orientieren hätten, wobei ihnen „eine parallele Richtung mit dem Weg zu geben sei". Zur Errichtung von Landhäusern „in geraden Alignements" böte sich zudem „das Feld vis à vis der Schwalbacher Straße" an; „die einzuhaltende Flucht" sei durch das bereits bestehende Landhaus vorgegeben. Gemeint ist das Terrain links der Schwalbacher Straße, das seit Beginn der 60er Jahre geschlossen bebaut wurde.
Die Eröffnung einer neuen Baulinie kündigte Boos für den Nordhang über dem Kurpark an, die ab den späten 50er Jahren mit Landhäusern bebaute Roeßlerstraße. Als besondere Qualität dieser sehr steilen Straße wird die „schönste Fernsicht" gepriesen, wie überhaupt im Bebauungsplan der „freie Blick" zugunsten einer schönen Aussicht bei der Anordnung der Gebäude immer wieder eine wichtige Rolle spielt.
Das von Boos als „im Interesse der Bauenden und des betheiligten, nach Wahrung suchenden Publicums" als „unerläßlich" empfohlene Enteignungsverfahren begründete er mit der notwendigen Aufteilung des Bodens in „angemessene Streifen" im Rahmen „förmlicher Baulinien". Das Ministerium selbst entschied, daß Enteignungen „besonders am Mühlweg, zwischen Bierstadter Weg und Frankfurter Chaussee sowie gegenüber der Schwalbacher Straße" durchgeführt werden sollten, vermutlich auch entlang und oberhalb der Sonnenberger Straße. Festzusetzen sei „im Interesse und zum Schutz des Grundbesitzers" eine „Bautiefe sowie eine gewisse Breite oder Länge des Platzes am Wege", die vor Enteignung geschützt seien. Der „Nachtheil" größerer Entfernung von der Stadt solle durch „die Vortheile" eines größeren Gartens aufgewogen werden; entsprechend kleiner dürften die stadtnahen Grundstücke sein. Die von Boos vorgenommene Charakterisierung der Parzellen als „Streifen" enthält einen Hinweis auf besondere Tiefe der Grundstücke. Tatsächlich erreichten sie eine geradezu extreme Länge oberhalb der Sonnenberger Straße, wo sie bis an den noch nicht bebau-

General-Plan der Stadt und Umgebung Wiesbaden. Angefertigt von Geometer Kolb mit neuen Entwürfen von Gartendirektor Thelemann zu Biebrich. 1862.

ten Vorgängerweg der nachmaligen Schönen Aussicht reichten und an der Westseite der Mainzer Straße, wo der Salzbach die hintere Grenze bildete. Vorausgegangen war die schmale Streifengliederung der Felder aufgrund fortgesetzter Besitzteilung (Realteilung) des vorher landwirtschaftlich genutzten Bodens. Von Boos wird die „höchste Bautiefe" auf 300' festgesetzt bei „relativer Breite", für welche das 1 1/2-fache und 3-fache der Hauslänge als kleinstes und größtes Maß angegeben wird. „Ein Landhaus von 50' würde hiernach eine Terrainbreite von nicht weniger als 75' u. nicht mehr als 150' in Anspruch nehmen können und das halte ich für angemessen." Richtlinien für die Gestaltung der Gebäude gibt der Bebauungsplan nicht.

198 × 235,5 cm. Museum Wiesbaden, Sammlung Nassauischer Altertümer.

Der Generalbebauungsplan von Carl Friedrich Thelemann

1862, nach fast siebenjähriger Laufzeit des Generalplans von Karl Boos, beauftragte der Herzog den Biebricher Gartendirektor Carl Friedrich Thelemann mit einem „General-Plan der Stadt und Umgebung Wiesbaden". Thelemann, der 1846 von St. Petersburg, wo er als Obergärtner im Botanischen Garten tätig war, in nassauische Dienste berufen worden war, hatte schon 1855/56 den Kurpark umgestaltet und 1859/60 die Parkanlage Warmer Damm an der Wilhelmstraße geschaffen. Sein Plan sollte sowohl die bereits bestehenden Gärten und Landhäuser aufnehmen als auch diejenigen Flächen, welche sich auf den Wegen nach Sonnenberg und Bierstadt als besonders geeignet zur Landhausbebauung anböten. Geometer Kolb fertigte für Thelemann insgesamt sechs farbig angelegte Kartenexemplare im großen Maßstab (1:1.500').

Die den gesamten Stadtbereich mit den projektierten Erweiterungen wiedergebende Darstellung bedient sich unterschiedlicher Gestaltungsmittel. Zum größten Teil summarisch und dabei linear und flächig ist der innerstädtische Bereich gekennzeichnet, während die Villengebiete im Gegensatz dazu malerisch-plastisch angelegt sind. Die Erfassung beschränkt sich auf das östliche Villengebiet, das mit dem Warmen Damm und verbunden durch den Kurpark und Kuranlage mit dem Gebiet oberhalb der Sonnenberger Straße zu einem großen Bereich zusammmengefaßt wird. Hinzu kommen mit gleicher Kennzeichnung lediglich vereinzelte kleine Bereiche an Adolfsberg und Geisberg sowie im spitzwinklig projektierten Mündungsbereich von Emser und Platter Straße. Der Luisenplatz und der Hang vor dem nassauischen Palais am Schulberg sind die einzigen ebenfalls malerisch behandelten Orte im Rahmen des kaum Grünflächen aufweisenden historischen Fünfecks.

Insgesamt nehmen bei Thelemann die malerisch angelegten Gebiete mit den nach außen projektierten Erweiterungen ein etwa gleich großes Areal ein wie die flächig linear gekennzeichneten. Dabei bleibt zu berücksichtigen, daß die Landhausbebauung im Norden, Nordwesten und Westen der Stadt als hier sekundäre von der besonderen Kennzeichnung ausgenommen wird, die Villengebiete zusammengenommen somit auf eine größere Fläche angelegt sind als das erweiterte Fünfeck mit der im strengen Straßenraster geplanten Südstadt. Schon bestehende und im Bau befindliche Landhäuser sind durchweg im Umriß eingezeichnet und mit dem Namen des jeweiligen Eigentümers versehen, hinzu kommen in diversen Umrißformen die gedachten Gebäude. Die Hausfiguren heben sich in ihrer hellroten Färbung von den dominierenden Grüntönen ab; blau sind die Wasserflächen angelegt. Die plastisch abgestufte Farbigkeit vermittelt erstaunliche Genauigkeit im einzelnen. Innerhalb der bestehenden Bebauung sind die Parzellengrenzen durch dunkelgrüne Pinselstriche naturhaft unregelmäßig wiedergegeben, Sträucher, Bäume oder anderen Bewuchs anzeigend. Charakteristisch für die Villengärten – bestehende und projektierte – sind gekurvte Wege und asymmetrische Grünflächen mit Gehölzgruppen. Im Erweiterungsgebiet wird zumal in den völlig neu ausgewiesenen Flächenabschnitten ganz auf eine Begrenzung der Parzellen verzichtet, vielmehr erscheinen diese Bereiche wie bebaute Grünanlagen mit unregelmäßigem Wegenetz und entsprechend mannigfaltigen Beet- und Rasenformen. Die Dimension der zu bebauenden Flächen ist durch die verschiedenen Winkel bei Einmündung und Kreuzung der Straßen ganz unterschiedlich. Die Projektion der Straßen selbst erfolgt in Bindung an die alten Radialwege und die schon bestehende Erschließung wie auch bei der südlichen Stadterweiterung rationell geradlinig. Fließend vollzieht sich der Übergang zu den Parkanlagen Warmer Damm, Kurpark und Kuranlagen, auch letztere von Thelemann gestaltet oder projektiert. Mit ihren gewundenen und ineinander verschlungenen Wegen bei immer organischer Form der Rasenflächen geben die Parks das Prinzip des Villengartens vor. Dieser ist Landschaftspark im kleinen, wobei sich im Plan die Villa zum Garten ähnlich verhält wie das Kurhaus zum Kurpark.

Wie die Karte veranschaulicht, geht die Idee Thelemanns noch weiter. Das Ensemble aller Villengärten erscheint selbst als riesiger Landschaftspark, in dem die Villen wie eine Überzahl an Parkstaffagen das Bild einer kunstvoll inszenierten Villenlandschaft vermitteln. Die Rhythmen bilden sich im Verhältnis von Bebauung zur Grünfläche und deren Einbindung in das Netz der Parkwege und Straßen. Die Straßen sind durch ihre meist alleeartige Gestaltung und die Transparenz der Garteneinfriedungen durch filigrane Gitter auf niedrigen Sockelmauern einbezogen in das Bild vom Villenpark, das sein Herzstück in den großen Grünanlagen hat, um am Rande überzugehen in die umgebende Agrar- und Naturlandschaft der die Kessellage Wiesbadens bildenden Taunusausläufer.

Mit der Phantasie eines Landschaftsmalers

Die Vergabe des Planungsauftrages an Thelemann zeigt, daß die offensichtlich vorrangige Gestaltung und Erweiterung der Villengebiete dem Gartenbaukünstler anheimgestellt wurde. Das von der Theorie des englischen Landschaftsgartens kommende „malerische" Bildungsprinzip, die „picturesque variety" mit ihren abwechselnden Bildern und Überraschungseffekten in kunstvoll inszenierter Natur, wurde, nicht ohne es mit dem Nützlichen einer pragmatischen verkehrlichen Erschließung zu verbinden, als ästhetisches Idealbild vorgestellt und – wie die Wirklichkeit bis heute zu zeigen vermag – im Prinzip auch realisiert.

Für „die Wege der Umgebung" hatte der oben zitierte J. E. Wetzler bereits 1843 gefordert, diese „mit der Phantasie eines Landschaftsmalers in ein System" zu bringen. Tatsächlich scheint malerische Phantasie inzwischen das ganze Stadtbild geprägt zu haben. Überragende Akzente setzten im Stadtinneren nunmehr die beiden neugotischen Hauptkirchen, die evangelische Marktkirche am kulissenhaft geschlossenen Marktplatz (Karl Boos, 1853 – 63) und die katholische Bonifatiuskirche am Luisenplatz (Ph. Hoffmann, 1849 – 1866). Das schon geschilderte Bild vielfältiger Abwechslung im Kurzentrum – dazu gehörten u. a. die bei Nacht illuminierten Kaskadenbrunnen vor dem Kurhaus, die große Fontäne im Kurhausweiher (ebenfalls mit Illumination), ein maurischer Kiosk, ein chinesischer Pavillon – wurde 1863 durch die nach dem Muster englischer „chapels" gebaute Anglikanische Kirche bereichert. Am Rande des Warmen Damm errichtet, erscheint sie selbst wie eine Parkstaffage. Als Versatzstück in einem Landschaftsgarten beschreibt Pevsner den kleinen Aussichtstempel auf dem Neroberg. Eine vergleichbare Wirkung hat die benachbart liegende Griechische Kapelle, die mit ihren vergoldeten Kuppeln vor dem schwarzen Hintergrund der eigens angepflanzten Tannen märchenhaft aufstrahlt. Zur Schaffung einer Blickachse vom Monopteros zur Kapelle wurde eigens eine Schneise in den dazwischenliegenden Wald geschlagen.

Die Vorstellung von einem überdimensionalen Landschaftsgarten bestimmt auch die Ziele des 1843 begründeten „Vereins zur Verschönerung der Umgebung Wiesbadens". Der 1844 vom Verein vorgelegte „Plan zu einer zusammenhängenden Anlage" basiert auf den gartentheoretischen Aufzeichnungen des Fürsten Pückler-Muskau. Er berücksichtigt den Charakter der die Stadt umgebenden Landschaft in ihrem Wechsel von Berg, Wald, Wiesental und Agrarland. „Unsere Aufgabe ist es, jeden dieser Teile nach seiner Eigentümlichkeit zu behandeln und hervorzuheben. Die Fahrwege des ausgebauten Landes wären daher mit Bäumen zu beschatten, die Täler mit Fußpfaden zu durchschlängeln, die Aussichten auf den Bergen zugänglich zu machen und durch die Wälder Laubgänge und Fußpfade zu ziehen."

Die Umgebung der Stadt und ihre Sehenswürdigkeiten

Der Verschönerungsverein legte ab Mitte der 40er Jahre zur Ergänzung schon bestehender Promenadenwege zahlreiche ineinandergreifende Wege an, die er auch unterhielt: so auf die Platte und zum Neroberg, zur Fasanerie, zum Bahnholz oder zu bedeutenden Naturdenkmalen. Dabei wurden Brükken und Stege gebaut, stimmungsvolle Baumgruppen gepflanzt, Bänke aufgestellt und Wegweiser postiert.

Die Verlängerung des Spazierwegs durch das vordere Nerotal „mit seinem rauschenden Bergwasser" führte zur legendären Höhle des Räubers Leichtweiß, die der Verschönerungsverein ebenso zur Besichtigung hatte herrichten lassen wie die seit 1828 konservierte Burgruine in Sonnenberg. Die Burgruine zählte zu den „Kuretablissements", und die Kurhausaktienkasse finanzierte die Unterhaltung einer baumbestandenen Promenade vom Kurpark über die Blumenwiese und Dietenmühle. Erst ab den 70er Jahren wurde das seitliche Gelände des am Rambach entlangführenden Weges abschnittsweise in eine englische Parkanlage verwandelt, die

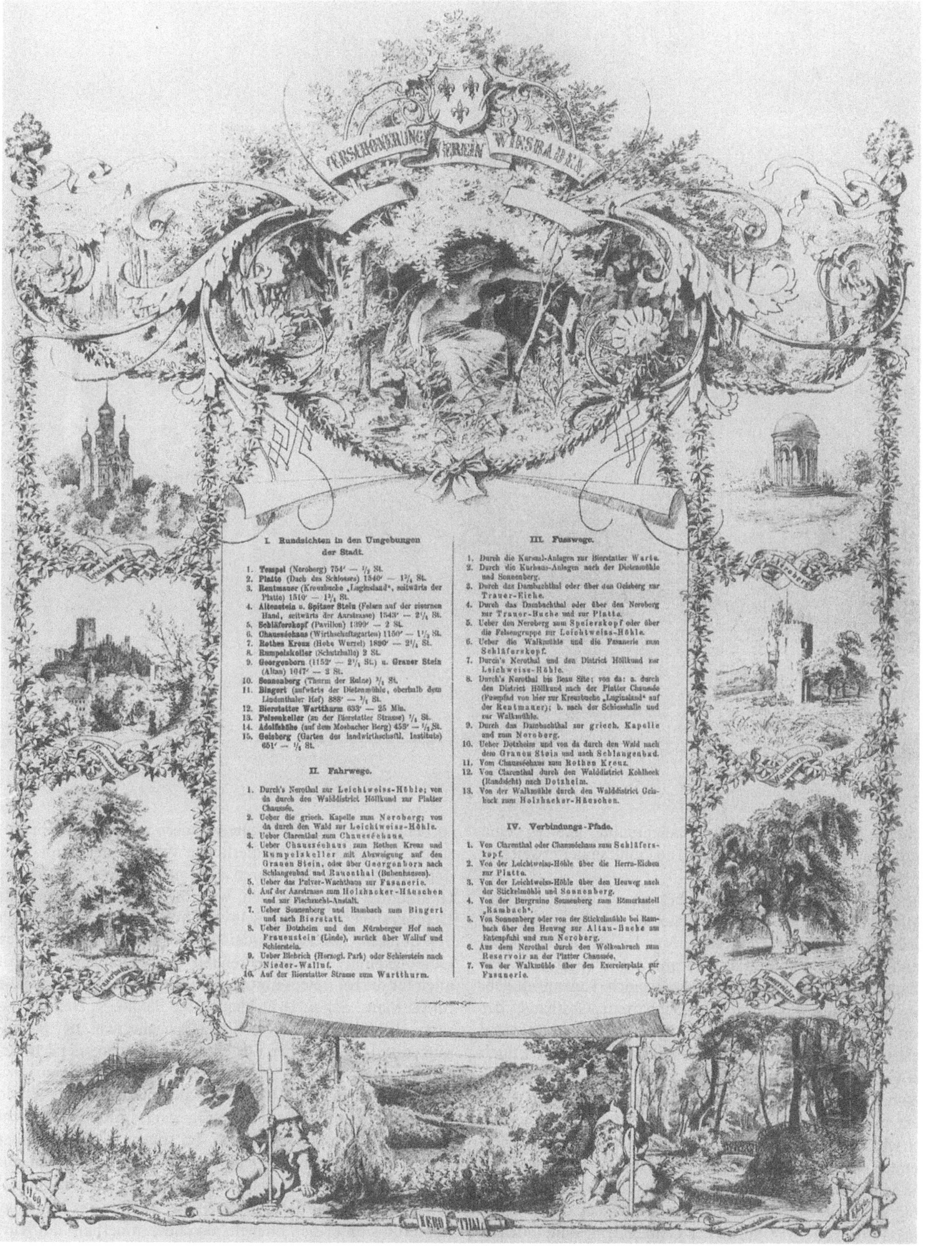

Verschönerungs Verein Wiesbaden

I. Rundsichten in den Umgebungen der Stadt.

1. **Tempel** (Neroberg) 754′ — 1/2 St.
2. **Platte** (Dach des Schlosses) 1540′ — 1 3/4 St.
3. **Rentmauer** (Kreuzbuche „Luginsland", seitwärts der Platte) 1510′ — 1 3/4 St.
4. **Altenstein u. Spitzer Stein** (Felsen auf der eisernen Hand, seitwärts der Aarstrasse) 1543′ — 2 1/4 St.
5. **Schläferskopf** (Pavillon) 1390′ — 2 St.
6. **Chausséehaus** (Wirthschaftsgarten) 1150′ — 1 1/2 St.
7. **Rothes Kreuz** (Hohe Wurzel) 1890′ — 2 1/4 St.
8. **Rumpelskeller** (Schutzhalle) 2 St.
9. **Georgenborn** (1152′ — 2 1/4 St.) u. **Grauer Stein** (Altan) 1047′ — 2 St.
10. **Sonnenberg** (Thurm der Ruine) 3/4 St.
11. **Bingert** (aufwärts der Dietenmühle, oberhalb dem Lindenthaler Hof) 888′ — 3/4 St.
12. **Bierstatter Wartthurm** 833′ — 25 Min.
13. **Felsenkeller** (an der Bierstatter Strasse) 1/4 St.
14. **Adolfshöhe** (auf dem Mosbacher Berg) 453′ — 1/2 St.
15. **Geisberg** (Garten des landwirthschaftl. Instituts) 651′ — 1/2 St.

II. Fahrwege.

1. Durch's Nerothal zur Leichtweiss-Höhle; von da durch den Walddistrict Höllkund zur Platter Chaussée.
2. Ueber die griech. Kapelle zum Neroberg; von da durch den Wald zur Leichtweiss-Höhle.
3. Ueber Clarenthal zum Chausséehaus.
4. Ueber Chausséehaus zum Rothen Kreuz und Rumpelskeller mit Abzweigung auf den Grauen Stein, oder über Georgenborn nach Schlangenbad und Rauenthal (Bubenhausen).
5. Ueber das Pulver-Wachthaus zur Fasanerie.
6. Auf der Aarstrasse zum Holzhacker-Häuschen und zur Fischzucht-Anstalt.
7. Ueber Sonnenberg und Rambach zum Bingert und nach Bierstatt.
8. Ueber Dotzheim und den Nürnberger Hof nach Frauenstein (Linde), zurück über Walluf und Schierstein.
9. Ueber Biebrich (Herzogl. Park) oder Schierstein nach Nieder-Walluf.
10. Auf der Bierstatter Strasse zum Wartthurm.

III. Fusswege.

1. Durch die Kursaal-Anlagen zur Bierstatter Warte.
2. Durch die Kurhaus-Anlagen nach der Dietenmühle und Sonnenberg.
3. Durch das Dambachthal oder über den Geisberg zur Trauer-Eiche.
4. Durch das Dambachthal oder über den Neroberg zur Trauer-Buche und zur Platte.
5. Ueber den Neroberg zum Speierskopf oder über die Felsengruppe zur Leichtweiss-Höhle.
6. Ueber die Walkmühle und die Fasanerie zum Schläferskopf.
7. Durch's Nerothal und den District Höllkund zur Leichweiss-Höhle.
8. Durch's Nerothal bis Beau Site; von da: a. durch den District Höllkund nach der Platter Chaussée (Fusspfad von hier zur Kreuzbuche „Luginsland" auf der Rentmauer); b. nach der Schiesshalle und zur Walkmühle.
9. Durch das Dambachthal zur griech. Kapelle und zum Neroberg.
10. Ueber Dotzheim und von da durch den Wald nach dem Grauen Stein und nach Schlangenbad.
11. Vom Chausséehaus zum Rothen Kreuz.
12. Von Clarenthal durch den Walddistrict Kohlheck (Rundsicht) nach Dotzheim.
13. Von der Walkmühle durch den Walddistrict Geisbeck zum Holzhacker-Häuschen.

IV. Verbindungs-Pfade.

1. Von Clarenthal oder Chausséehaus zum Schläferskopf.
2. Von der Leichtweiss-Höhle über die Herrn-Eichen zur Platte.
3. Von der Leichtweiss-Höhle über den Heuweg nach der Stickelmühle und Sonnenberg.
4. Von der Burgruine Sonnenberg zum Römerkastell „Rambach".
5. Von Sonnenberg oder von der Stickelmühle bei Rambach über den Heuweg zur Altan-Buche am Entenpfuhl und zum Neroberg.
6. Aus dem Nerothal durch den Wolkenbruch zum Reservoir an der Platter Chaussée.
7. Von der Walkmühle über den Exercierplatz zur Fasanerie.

Informationsblatt des Verschönerungs-Vereins Wiesbaden, 1869

Sammelansicht mit mittlerem Panorama der Stadt, um 1865

spätere Kuranlage. An der Dietenmühle gab es eine Restauration mit Tanzmusik; ab 1861 eine später erweiterte Kaltwasserheilanstalt.

Die Dietenmühle – der Mühlenbetrieb wurde 1864 eingestellt – gehörte ebenso zu den beliebten Ausflugszielen wie der Neue Hof Geisberg (vgl. Ahornweg 1a/1b/1c) mit Schießstand, Kegelbahn und Billard, Fasanerie und Fischzucht, das Chausseehaus, die Walkmühle, wo es auch Tanzmusik gab, das Jagdschloß Platte mit benachbartem Gasthaus, der Neroberg mit Restauration oder die im Nerotal gelegene Beausite. Wegen ihrer schönen Aussicht erfreute sich auch die Gaststätte auf der vor Biebrich gelegenen Adolphshöhe besonderer Beliebtheit, ebenso die Felsenkeller am Riederberg und an der Bierstadter Straße, letztere mit Brauereibetrieb.

Beraten durch Carl Friedrich Thelemann legte das herzogliche Ministerium selbst größte Sorgfalt auf Anlage und Erhaltung schattiger Wege. Nach einer Verfügung des Verwaltungsamtes von 1858 durfte der Gemeinderat ohne höchste Genehmigung weder in der Stadt noch in deren Umgebung eine Änderung an den Baumpflanzungen vornehmen.

Die Verschönerung und Bereicherung der näheren Umgebung der Stadt sollte Wiesbaden als Kurort noch attraktiver machen. Sie kam jedoch nicht nur den in erster Linie angesprochenen Kurgästen zugute, sondern auch den Einheimischen. Vor allem die sommerlichen Vergnügungen mit Tanz und Essen im Freien waren allgemein beliebt. Zahlreiche Genrebilder der Zeit zeigen, wie eine langsam zunehmende Demokratisierung des gesellschaftlichen Lebens jetzt auch den unteren Gesellschaftsschichten erlaubte, an öffentlichen Geselligkeiten und Festesfreuden teilzunehmen. Das galt auch für die bei freiem Eintritt veranstalteten Mittwochsbälle im Kurhaus. Schon 1831 klagten die Pächter: „Der Schlossergesell, der Schneidergesell, der Schacherjude, der Stiefelputzer und der Kutscher, alle eilten, den blauen oder schwarzen Frack über das schmutzige oder schweißige Hemd zu werfen, um den Freiball im Kurhaus mitzumachen." Ihren Vorschlag, die Wiesbadener Bürger nur mit Abonnement zulassen, lehnte der Herzog ab. So trugen die Veranstalter Sorge, daß mit den sogenannten Réunionen und den aus Konzert und Ball bestehenden Soiréen exklusive Veranstaltungen geboten wurden, auf denen die „Hochtories" des Kurpublikums unter sich blieben, also noch innerhalb des Kurpublikums eine Auswahl stattfand. Im glanzvollen Interieur des Ballsaals wurde der ungetrübte „schöne Schein" (Nietzsche) bereitwillig für das Sein genommen, die kunstvoll malerische Natur von Parklandschaft und Umgebung als „das Mutterherz der Natur" selbst genossen, dem man sich

Die Wilhelmstraße beim Kaiserbesuch, Ansichtskarte um 1900

gerade im Badeort – so der Kurarzt Dr. Peez – so nahe fühlte. Das seelenvolle Naturleben der Romantik hatte sich gewandelt zum Genuß von Natur als einer malerisch abwechslungsreichen Kulisse. Anziehend im einzelnen wirkte das kunstvoll inszenierte landschaftliche oder bauliche Ereignis, während im ganzen der „stimmungsvolle Gesamteindruck“ ausschlaggebend war. Bezeichnend ist die Einrichtung besonderer Aussichtsplätze wie des Monopteros' auf dem Neroberg. Sie garantierten den beeindruckenden, ja überwältigenden Blick, der mit schwärmerischem, wenn nicht rauschhaftem Erleben einherging und am Detail nicht festgehalten sein mochte. Besonderer Beliebtheit erfreute sich der Rundblick, welcher als „Panorama“ zu einem charakteristischen Epochenbegriff wurde. Panoramaansichten von Wiesbaden und seiner Umgebung zeigten bald auch die Bildpostkarten. Ihnen zugehörig ist das Phänomen der bis heute beliebten Sammelansichten, die im sensationellen Ausschnitt der Nahaufnahme die Glanzlichter vereinen.

Königin aller Bäderstädte

1866 – Wiesbaden wird preußisch

So schmerzlich für Nassau die durch Preußen erfolgte Annexion nach dem 1866 an der Seite Österreichs verlorenen deutschen Bruderkrieg gewesen sein mochte, für Wiesbaden begann erneut eine Ära großer Prosperität. Ja das preußische Wiesbaden – jetzt mit Kassel als Sitz des Regierungspräsidiums der durch die Siegermacht neu geschaffenen Provinz Hessen–Nassau – erscheint heute den meisten als Inbegriff der Stadtgeschichte, zumal mehr als alle Zeugnisse nassauischer Ära es die kaiserzeitliche Bebauung ist, die das Stadtbild bis heute nachhaltig prägt. Der Vorliebe des preußischen Herrscherhauses für Wiesbaden und dem wirtschaftlichen Aufschwung der Gründerjahre in Verbindung mit einem nüchtern vorsorgenden Management der städtischen Verwaltung verdankte die immer größer werdende Weltkurstadt eine nochmalige Steigerung ihres Rufs bis hin zur „Königin der Bäderstädte“ und schließlichen Überrundung der immer eifersüchtig beobachteten Konkurrentin Baden-Baden.

Innerhalb der städtischen Verwaltung spielten schon im Personenkult der Zeit Carl von Ibell und Ferdinand Hey'l eine besondere Rolle.

Während seiner 30jährigen Amtszeit (1883 – 1913) als Oberbürgermeister war alles Bestreben des erzkonservativen Ibell – in den Chroniken als „aufgeklärter Monarch“ der Kommu-

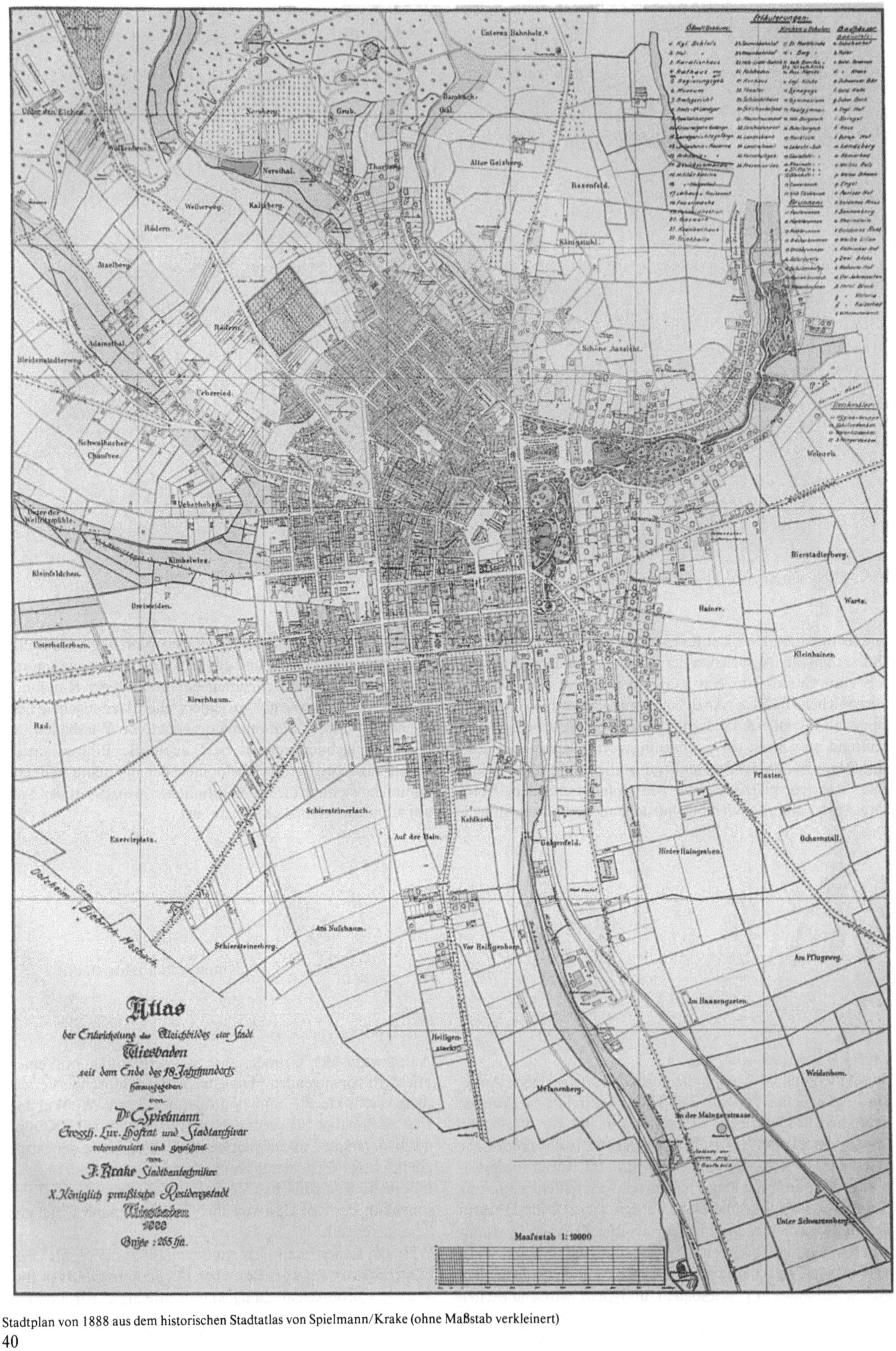

Stadtplan von 1888 aus dem historischen Stadtatlas von Spielmann/Krake (ohne Maßstab verkleinert)

Prunkzelt für Kaiser Wilhelm II. anläßlich der Einweihung des Kaiser-Friedrich-Denkmals, 1897

nalpolitik bezeichnet und von Wilhelm II. eher scherzhaft der „Prachtliebende" genannt – darauf gerichtet, die Exklusivität des Ortes zu wahren. So galt sein vorrangiges Interesse der weiteren Entwicklung Wiesbadens als Kurstadt und Wohnsitz wohlhabender Fremder bei gezieltem Blick auf die Kapitalrentner, die mit den wirtschaftlichen Voraussetzungen der Gründerjahre mehr denn je Wiesbaden bevölkerten. Die Industrie in den am Rhein gelegenen Nachbarorten war Ibell buchstäblich ein Greuel. Sein deklarierter Verzicht auf Industrie- und Gewerbeansiedlung im Stadtgebiet, der sich für die Zukunft als so folgenschwer erweisen sollte, verhinderte unter Ibell auch die erst nach dem 1. Weltkrieg erfolgte Eingemeindung Biebrichs.

Die Ziele Ibells voll unterstützend, ersann Ferdinand Hey'l als Leiter der Kurverwaltung (1873 – 1897) die notwendigen Methoden und damit die Attraktionen, um Wiesbaden für das internationale Publikum noch anziehender zu machen. Seine besonderen Fähigkeiten zur gekonnten Inszenierung von Badeleben und Ambiente verdankte der ehemalige Schauspieler nicht zuletzt seiner Karriere am Theater. Nur noch übertroffen von der großen Oper, wurde die Theaterbühne in der 2. Hälfte des 19. Jahrhunderts zum intensivsten Medium visueller Eindrücke. Vollends entstand in der Dichte der Bühnenbilder die Welt des „schönen Scheins" als sinnlich erfahrbare Ersatzwelt für nicht gelebte Sehnsüchte und verneinte Realität. Diese Illusion auf die Szene des Bades zu übertragen, war die von Hey'l erkannte und gekonnt gelöste Aufgabe.

Selbst im Kriegsjahr 1870 erfaßten die Listen 30.000 Fremde, im Verhältnis zu rund 35.000 Einwohnern. Nach Kriegsende und erfolgter Reichsgründung stieg die Zahl auf eine Rekordsumme von 55.246 Besuchern, zumal die seit 1866 eingeführte Winterkur immer mehr Anhänger fand und der Unterhaltungswert der Stadt ständig stieg.

Das verständliche Fernbleiben der Franzosen in dieser Zeit wirkte sich empfindlich auf die Einnahmen der Spielbank aus, die bei allgemeinem Spielverbot in Preußen Ende des Jahres 1872 jedoch auch in Wiesbaden schließen mußte. Die dadurch verlorenen Einnahmen konnten zum Teil durch die von Hey'l eingeführte Kurtaxe ersetzt werden. Die bisher privatwirtschaftlich betriebenen „Kuretablissements" waren zum 1. Januar 1873 in städtischen Besitz übergegangen. Neben Kurhaus und Kolonnaden, Kurpark und Kuranlagen gehörten dazu außer der Burgruine Sonnenberg Grundbesitz in Äckern und Wiesen nebst Wasserleitungen.

Das Theater wurde mit der Annexion 1866 dem preußischen König unterstellt. Die Hohenzollernherrscher besuchten regelmäßig die meist erstklassig besetzten Aufführungen in Schauspiel und Oper. Neben dem Königlichen Hoftheater gab es ab 1892 das private Residenztheater mit späterem Neubau in der Luisenstraße (kriegszerstört). 1867 kam Wilhelm I. zum ersten Mal nach Wiesbaden und danach zu alljährlichen Kuraufenthalten von 1871 – 1884. Kronprinz Friedrich Wilhelm und seine Familie weilten mehrmals längere Zeit zur Kur. Und ebenso wie sein Großvater zeigte Kaiser Wilhelm II. eine besondere Vorliebe für die Stadt. Für

Die Wilhelmstraße, Ansichtskarte von 1904

Das neue Rathaus von Georg von Hauberrisser, Ansichtskarte um 1905

Der Kochbrunnen mit Wandelhalle von Wilhelm Bogler, Ansichtskarte um 1905

Das Neue Hoftheater von Fellner und Helmer, Ansichtskarte von 1908

Der neue Hauptbahnhof von Fritz Klingholz, Ansichtskarte von 1907

seine jährlichen Besuche von einigen Tagen bevorzugte er den Mai; ihm zu Ehren wurden 1896 die bis heute bestehenden Maifestspiele eingerichtet. Sehr viel mehr als alle herzogliche Hofhaltung des ehemaligen Duodezfürstentums es jemals vermocht hatte, schufen die Kaiserbesuche den glanzvollen gesellschaftlichen Rahmen, der zahlreiche gekrönte Häupter und in deren Gefolge die ganze Hierarchie des Adels und weite Kreise des Bürgertums anzog.
Nach dem Motto: „Wer Vieles bringt, wird jedem etwas bringen" befaßt sich die Wiesbadener Montagszeitung 1883 (Nov./Dez.) in fortgesetzten Artikeln mit der Frage: „Was bietet Wiesbaden auf, um die fashionable Welt nach hier zu ziehen, im Verhältnis zu den Concurrenz-Badeorten?" Deklarierte Ziele sind, im Rahmen von „Pracht und Eleganz" auf ständige Abwechslung in den Vergnügungen zu sinnen. Höchstes Gebot war und blieb das „Amüsement" oder „Divertissement", und die Verwaltung trug Sorge, dieses ohne Einbrüche zu gewährleisten. Im Genuß des stimmungsvollen Gesamteindrucks der gebotenen Szenerie war der Gast Akteur und Zuschauer zugleich. Ein gesellschaftliches Spektakel, in dem der Zaungast aus den unteren Bevölkerungsschichten als Akklamateur eine nicht ganz unbedeutende Rolle spielte. Nach Meyer's Enzyklopädie hielten sich im Jahre 1895 rund 100.000 Kurgäste in Wiesbaden auf.

Die Entwicklung zur Großstadt

Als Wiesbaden zwischen 1850 und 1865 mit Ansteigen der Einwohnerzahl auf 26.177 die relativ stärkste Bevölkerungszunahme erlebte, war die nach 1866 eintretende Entwicklung zur Großstadt noch nicht abzusehen. Das weitere Wachstum läßt sich an den Einwohnerzahlen wie folgt ablesen: 1870 = 35.450, 1880 = 52.238, 1890 = 64.670, 1900 = 86.111. Mit Überschreiten der Grenze von 100.000 Einwohnern im Jahre 1905 erreichte der Kur- und Wohnort den Großstadtstatus.
Vorrangige Aufgabe weiterer städtebaulicher Planung war der Wohnungsbau. Noch in den 60er Jahren wurden die im Süden und Westen im Anschluß an das historische Fünfeck angelegten Wohngebiete geschlossener Bauweise im Raster erweitert. Der 1871 im Zuge des wirtschaftlichen Aufschwungs nach dem gewonnenen Krieg gegen Frankreich genehmigte Bebauungsplan des Stadtbaumeisters Alexander Fach projektierte ihre Fortsetzung bis zu der von ihm geplanten, aber erst ab 1894 verwirklichten Ringstraße. Der große Börsenkrach von 1873 ließ die mit dem lebhaften Wohnungsbauwesen verbundene Spekulationswelle vorübergehend verebben. Im folgenden Jahrzehnt schritt die Ausdehnung des städtischen Weichbildes nur langsam voran. Wesentliche Verbesserungen der Infrastruktur brachten die 1870 fertiggestellte allgemeine Wasserleitung und die nach der Typhusepidemie von 1885 zügig durchgeführte Kanalisation der Stadt.
Mit Überwindung der wirtschaftlichen Stagnation erfuhr das Stadtinnere eine erneute Aufwertung durch neue öffentliche Großbauten, mit welchen sich bekannte Architektennamen verbinden: so das neue Rathaus von Georg von Hauberrisser am Marktplatz (1883 - 1887), die Kochbrunnenanlage von Wilhelm Bogler am Kranzplatz (1887 - 1890), dann das neue Hoftheater von Fellner und Helmer (1892 - 1894), der Kurhaus-Neubau von Friedrich von Thiersch an der Stelle des alten Kurhauses (1904 - 1907), der Zentralbahnhof von Fritz Klingholz am Ring (1904 - 1906). Weitere mächtige Akzente wurden durch neue Kirchenbauten gesetzt: 1877 - 1879 entstand im Bergkirchenviertel die Bergkirche von Johannes Otzen, der 1892 - 1894 als großartigen Point de vue der Rheinstraßenachse auch die Ringkirche erbaute. 1904 bis 1907 folgten die Maria-Hilf-Kirche an der Platter Straße von Diözesanbaumeister Max Meckel aus Freiburg und die Lutherkirche in der Mosbacher Straße von Friedrich Pützer (1908 - 1911).
Zur „europäischen Heilanstalt im kolossalsten Style" - so die Vorstellung der ehrgeizigen Betreiber des Kurwesens - gehörten zudem prächtige Hotelneubauten und luxuriöse Badehäuser wie das 1895 eröffnete Augusta-Viktoria-Bad im östlichen Villengebiet an Frankfurter und Viktoriastraße (kriegszerstört) und das 1913 eröffnete Kaiser-Friedrich-Bad.
Der sich vollziehende Wandel zu einem großstädtischen Stadtbild zeichnete sich schließlich in der repräsentativen Ringstraßenbebauung ab sowie in Dimension und Gestaltung neuer Wohngebiete jenseits des Rings, wo allein in den Jahren 1903 - 1907 Bauunternehmer 1.000 Mietwohngebäude in 50 neuen Straßenzügen erstellten. „Aus der Residenz der Prunk und Pomp meidenden Herzöge von Nassau war die Szenerie einer ausgeschmückten Kaiserstadt geworden." Sie wäre unvollständig beschrieben ohne die zahlreichen temporären Dekorationsarchitekturen - Triumphbögen, Zelte, Tribünen - die an Festtagen vor allem an der Wilhelmstraße und im Kurbezirk einen bühnenhaft-theatralischen Effekt erzeugten.
Nach 1900 gewannen auch die sportlichen Einrichtungen immer mehr an Bedeutung. Nur in Superlativen spricht eine 1913 vom städtischen Verkehrsbüro herausgegebene Informationsbroschüre über „Vorzüge und Bedeutung Wiesbadens als Wohnsitz" von den gebotenen Möglichkeiten. Als „eine der schönsten Rennbahnen Deutschlands" wird die Galopprennbahn in Erbenheim gepriesen (heute Flugplatzgelände), als einer der „bedeutendsten Golfplätze des Kontinents" der ebenfalls nach 1900 angelegte Golfplatz am Chausseehaus „in einem prachtvollen Wiesenthal inmitten schöner Waldungen". Als „vorbildlich gepflegt und unterhalten" galten die Tennisplätze an der Blumenwiese in den Kuranlagen, die in den 90er Jahren angelegt wurden. Laut Baedeker lebten damals in Wiesbaden die meisten Millionäre Deutschlands. Als „Millionärshügel" bezeichneten die Wiesbadener den Villenhang im Osten.

Der Bebauungsplan von Alexander Fach

Durch den weiteren Zuzug bemittelter Schichten, die auch durch die relativ geringe Gemeindesteuer (125%) gefördert wurden, stieg der Bedarf an Wohnungen der gehobenen und höchsten Qualität. Im gleichen Maß wie das geschlossen bebaute Stadtgebiet dehnten sich die Villengebiete aus; schließlich nahmen sie mehr als die Hälfte der bebauten Stadtfläche ein. In der Spanne von 1868 - 1900 hat sich die Zahl mit nunmehr rund 350 Villen im Osten fast vervierfacht, ebenso im Norden mit jetzt rund 220 Villen, wobei eine beträchtliche Anzahl von Villen in Kurhaus- und Kurparknähe als Pensionen genutzt wurde und bei der Zählung auch kleine Hotels mit Villencharakter Berücksichtigung fanden. Im Nerotal stieg die Anzahl von 23 Gebäuden auf über 110, im Nordwesten entlang der Emser Straße und Walkmühlstraße mit Seitenstraßen von 40 auf rund 140. Neu erschlossen wurde nach 1870 das südliche Villengebiet entlang und seitlich der Biebricher Allee mit an die 70 Villen im Jahr 1900. Nach dem historischen Stadtatlas betragen die Zuwachsraten in den verschiedenen Villengebieten im einzelnen:

östliches Villengebiet: 1868 – 1879 = 65%, 1879 – 1888 = 32%, 1888 – 1900 = 57%;

nördliches Villengebiet: 1868 – 1879 = 87%, 1879 – 1888 = 22%, 1888 – 1900 = 35%;

Nerotal: 1868 – 1879 = 74%, 1879 – 1888 = 98%, 1888 – 1900 = 44%;

nordwestliches Villengebiet: 1868 – 1879 = 50%, 1879 bis 1888 = 67%, 1888 – 1900 = 36%;

südliches Villengebiet: hier standen 1879 drei Gebäude und bis 1888 rund 20, 1888 bis 1900 stieg die Anzahl um 242%.

Für die städtebaulichen Strukturen der Villengebiete war bis in die 90er Jahre der im Zusammenhang mit dem Ringstraßenprojekt angesprochene Bebauungsplan von Fach richtungweisend.

Alexander Fach, der von 1863 – 1873 amtierte, war der erste Stadtbaumeister Wiesbadens. Die selbständige Planungshoheit gegenüber dem Land erlangte die Kommune im Jahr 1860, also noch in nassauischer Zeit. Um die spezifischen Interessen als Weltkurstadt noch erfolgreicher wahrnehmen zu können, waren auf Betreiben von Gemeinderat und Bürgerausschuß zähe Verhandlungen um dieses Privileg vorausgegangen.

Die von Fach projektierte Ringstraße beschreibt – wie später auch ausgeführt – einen weiten Bogen vom Westen der Stadt über ihren Süden nach Osten. Den auseinanderstrebenden Stadterweiterungen (vor allem der geschlossenen Bebauung im Südwesten) sollte damit eine klare Richtung und Grenze gegeben werden. Den Ring als Kreis durchzuziehen, verbot allein schon die zu hügelige Geländebeschaffenheit im nördlichen Bereich, zumal diese dem weiteren Villenbau bis zu einem gewissen Grad selbst Richtung und Grenze wies. In den geplanten Erweiterungsgebieten der geschlossenen Bebauung im weiten südwestlichen Segment wird das bestehende Straßennetz durchweg geradlinig und wenn möglich rechtwinklig bis zum Bogen der Ringperipherie fortgesetzt. Dasselbe gilt für das östliche Villengebiet, das vom Ring bis hin zur Bierstadter Straße umschlossen wird. Idealer Rechtwinkligkeit steht hier freilich mehrfach der Verlauf der alten Radialwege entgegen, ebenso die Führung neuen Straßen vorangegangener Feldwege. Selbst den steilen Hang zwischen Bierstadter Straße und der gekurvt verlaufenden Parkstraße suchte Fach auf dem Reißbrett zu gliedern. Im lebhaften Gegensatz dazu steht die organisch unregelmäßige Wegeführung der Parkanlagen, die offensichtlich anderen ästhetischen Prämissen folgt als der Städtebau. Die schon bei Thelemann 1862 projektierte Erweiterung des Warmen Damms über die Frankfurter Straße hinaus greift Fach im optischen Sinne auf, doch erschließt er das breite, von vereinzelten Villen bebaute Gebiet städtebaulich. Über ein Rondell knickt die über die Wilhelmstraße verlängerte Luisenstraße Richtung Bierstadter Straße ab, während in Nord-Süd-Richtung, dem Verlauf des zu verrohrenden Salzbachs folgend, die Kleine Wilhelmstraße geplant ist. Das sternförmige Bild wird durch einen Stichweg in südöstlicher Richtung verstärkt. Das 1876 als Wilhelms-Platz verwirklichte Rondell, der nachmalige städtebaulich besonders reizvolle Bismarck-Platz, mußte 1966 moderner Verkehrsplanung weichen; das große Bismarck-Denkmal in seiner Mitte wurde als Torso in die Nerotal-Anlage transloziert.

Alexander Fach folgten als Stadtbaumeister 1873 Ulrich Hane und 1874 – 1876 Wilhelm Schultz. Der 1875 erfolgte Erlaß des preußischen Fluchtliniengesetzes schuf zum ersten

Luftbild mit Wilhelmstraße und Bismarck-Platz (zum Bismarck-Denkmal s. unter Nerotal-Anlage), 1934

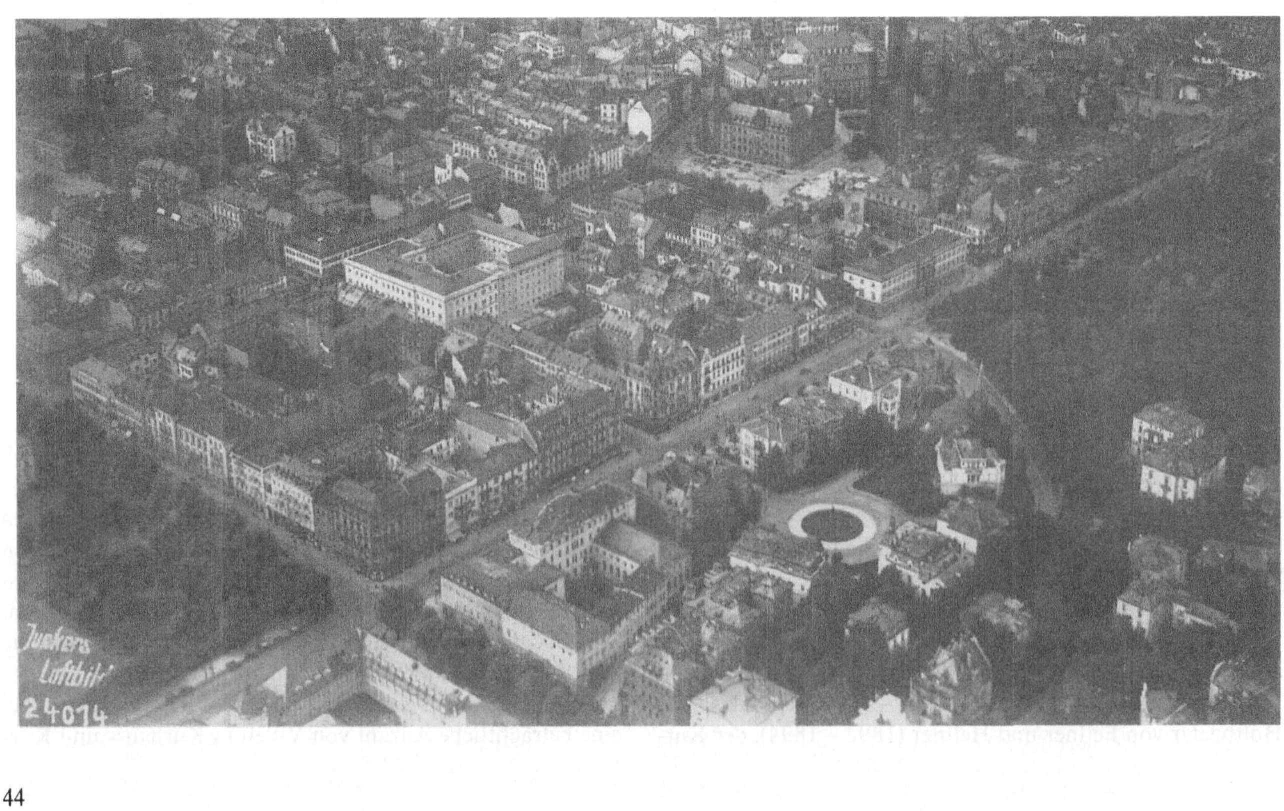

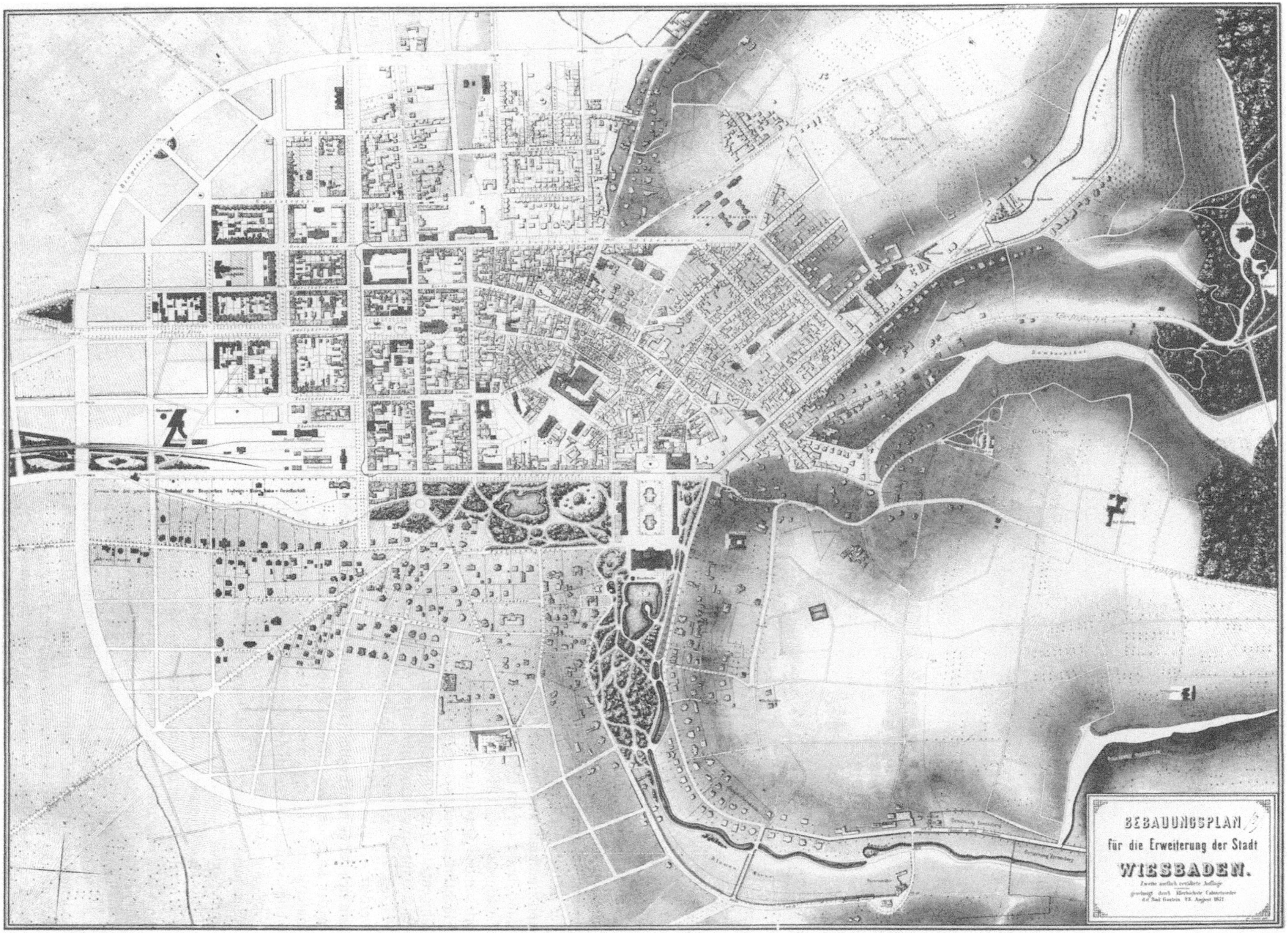

Bebauungsplan für die Erweiterung der Stadt Wiesbaden, zweite amtlich revidierte Auflage des Bebauungsplanes von Alexander Fach von 1871

Die Tennisplätze an der Blumenwiese (Kuranlagen), Ansichtskarte um 1910

Mal eine straffe gesetzliche Grundlage für die öffentliche und private Bautätigkeit. Weitgehend wurde damit die Aufsicht über die städtebauliche Entwicklung einer Stadt in die Hände der Selbstverwaltung gelegt. Die Festsetzung der Straßen- und Baufluchtlinien erfolgte jetzt durch den Gemeindevorstand, und zwar im Einvernehmen mit der Gemeinde unter Zustimmung der Ortspolizeibehörde. Ein von der Stadt zu erlassendes Ortsstatut kann nach § 12 des preußischen Fluchtliniengesetzes verbieten, daß in noch nicht anbaufähigen Straßen Wohngebäude errichtet werden. Andererseits kann eine Baugenehmigung an solchen Straßen und Plätzen von bestimmten Bedingungen abhängig gemacht werden.

Sah sich der Gartenkünstler Thelemann 1862 durchaus noch in der Lage, den zukünftigen Villenbau vorwiegend unter malerischen und rhythmischen Gesichtspunkten zu entwerfen, mit dem Fluchtliniengesetz wurde die schon durch Boos angestrebte Regelmäßigkeit von Landhäusern „im Alignement" planmäßig. Ein Ende fand damit auch das immer noch vereinzelt praktizierte freie oder wilde Bauen abseits ausgewiesener Baulinien. Von der Straße trennte die Villen bald nurmehr ein Vorgartenstreifen von letztlich nicht mehr als 2 m, gemessen am weitest vorspringenden Bauglied: Altane, Veranden, Balkone. Der eigentliche Hausgarten wurde endgültig auf die Rückseite verlegt, während auch seitlich mit zunehmender Nachfrage und entsprechend steigenden Bodenpreisen im Schnitt nicht mehr als schmale Streifen im Rahmen des vorgeschriebenen Bauwichs von 5 m verblieben. Die damit besiegelte Verstädterung der Villa gab ihr eine neue ästhetische Dimension, die erst im Bild des Straßenraums volle Wirksamkeit entfaltete und mit diesem zusammen das Villenviertel als städtebauliches Phänomen des 19. Jahrhunderts konstituierte. Selten wurden auf Allseitigkeit angelegte Villen in großen Gartengrundstücken gebaut. Vielmehr konzentrierte sich bei in der Regel dichter Abfolge der Gebäude der ganze vom Bewohner gewünschte Gestaltungsreichtum zunehmend auf die zur Straße orientierte Fassade, unverkennbar dessen Machtanspruch und Besitzerstolz demonstrierend. Der Gestaltungsvielfalt sind im Historismus der Kaiserzeit keine Grenzen mehr gesetzt. Doch nicht nur Stile wechseln ab und vermischen sich bis hin zu Überfülle, ja zum Phantastischen, sondern mit ihnen auch die Baumaterialien zu einem Bild größter Varietät. Hinter

Die Pferderennbahn in Wiesbaden-Erbenheim (heute Flugplatzgelände), Ansichtskarte um 1910

Blick über Villen der vorderen Viktoriastraße in Richtung Nordwesten, um 1900

dieser nachgeraden Reizüberflutung steht als höchstes Gebot die pittoreske, malerische Qualität des Erscheinungsbildes, das kunstvolle Arrangement von Farbe und Form, das als stimmungsvoller Gesamteindruck wirken sollte und wahrgenommen werden wollte. Wesentlich am Zustandekommen der Impression ist das alle möglichen Härten mildernde und ausgleichende Grün der Gärten beteiligt und gerade das Grün der Vorgärten hinter den fast immer transparent gestalteten Einfriedungen mit dekorativ verzierten Gittern auf niedrigen Sockelmauern. Aus der Perspektive häufig wechselnder Geländebeschaffenheit verbindet sich der Bewuchs der Gärten mit dem Grün der vorzugsweise mit Linden alleeartig angelegten Straßen, wodurch heute mit üppig und mächtig werdender alter Bepflanzung mehr denn je der Eindruck eines parkartigen Ambiente erweckt wird. Der von den Zeitgenossen bereitwillig akzeptierte „schöne Schein" vermag durchaus darüber hinwegzutäuschen, daß prosaischste Boden- und Immobilienspekulation mit Billigung einer nüchtern kalkulierenden Stadtverwaltung das Bauvorgehen bestimmte. Die wenigen noch bestehenden Großgrundstücke wurden mehrfach unterteilt, kleinere halbiert, um auf Rückgrundstücken weitere Bauplätze zu erschließen. Wesentlich am Baugeschäft beteiligt war die mehrfach zitierte Gruppe der Rentner. So gehörten weite Areale am Osthang dem Rentner Julius Seyd, der diese in den 90er Jahren nacheinander parzellierte und nach dessen Frau die Alwinenstraße benannt ist, deren Bau er vermutlich initiierte. Ähnlich verhielt es sich bei der Alexandrastraße. Noch größerer Grundbesitz am Osthang war in den Händen der seit den 50er Jahren in Wiesbaden ansässigen Familie von Knoop. Ihre um diese Zeit gebaute Villa an der Bierstadter Straße – sie wurde bereits erwähnt – war damals eine der aufwendigsten der Stadt. Das große Grundstück wurde schon vor der nach 1900 erfolgten Niederlegung der Villa verkleinert. Der Verkauf weiteren Grundbesitzes führte zur Gründung der nach Mitgliedern der Knoop'schen Familie benannten Theodoren- und Juliusstraße.

Der Bebauungsplan von Alexander Fach gab lange Zeit Richtlinien vor. Erst um 1900 wurde das Ringstraßenprojekt in Angriff genommen. Nach den beiden schon genannten Nachfolgern als Stadtbaumeister übernahmen das Amt von 1877 – 83 Johannes Lemcke und von 1883 – 1893 Louis Israel. Keiner von ihnen hat städtebaulich innovativ gewirkt, bis 1894 Felix Genzmer das Amt übernahm.

Hotel auf dem Neroberg mit dem Aussichtsturm, Luftbild von 1935

Die Ära Felix Genzmer

Felix Genzmer, der sein Studium an den technischen Hochschulen in Hannover und Stuttgart absolviert hatte, war Stadtbaumeister in Hagen, bevor er sich 1893 mit Erfolg in Wiesbaden um dieses Amt bewarb. 1901 wurde er vom Stadtbaumeister zum Königlichen Hofbaurat befördert. 1903 folgte er einem Ruf als Professor an die Technische Hochschule in Berlin-Charlottenburg. Bekannt wurde er dort vor allem durch seine städtebaulichen Vorträge wie durch die Teilnahme an städtebaulichen Wettbewerben, vor allem für Groß-Berlin (1911). Dabei verband er Vorstellungen eines künstlerischen Städtebaus mit den Erfordernissen moderner Großstadtplanung vor allem in praktisch-hygienischer Hinsicht. Als Städtebauer war Genzmer in Wiesbaden einer der wenigen, die großzügige Gruppierungen zusammenhängender Gebäude mit platzbildender Wirkung vornahmen. Als Architekt verstand er es gleichzeitig, den durch die Flut historischer Stilanleihen immer beliebiger werdenden Histo-

Die Platanenallee der Wilhelmstraße, Ansichtskarte um 1905

rismus durch die Verbindung von Gestalt und Funktion mit neuem Leben zu erfüllen. Seine besondere Vorliebe für farbige Wirkung – Zeitgenossen nannten ihn den „farbenfreudigen Genzmer" – ging frühzeitig Hand in Hand mit dem Sinn für Materialgerechtigkeit, eine im Laufe des 19. Jahrhunderts vergessene Prämisse von Architektur, die erst mit dem Jugendstil und schließlich dem Deutschen Werkbund wieder Geltung gewann.

Für das Stadtbild Wiesbadens hat Genzmer prägend gewirkt. Neben zahlreichen privaten Wohnhäusern gehen auf ihn mehrere Großbauten zurück, darunter das Theaterfoyer (1901/02), die Gutenberg-Schule (1900 – 1905), die Blücher-Schule (1897 fertiggestellt) und die Schloßplatz-Schule (1898 bis 1901, im Krieg zerstört und abgeräumt). Er erweiterte das Neroberg-Hotel und gab dem Turm seine als Wahrzeichen über Wiesbaden charakteristische Gestalt. Gerade im Zusammenhang mit den Schulbauten kam es zu neuen malerischen Platzanlagen, oder der bestehende Platz gewann wie der Schloßplatz an räumlicher Qualität und Geschlossenheit. Dabei blieb es nicht bei vereinzelten Maßnahmen, sondern als Vertreter des künstlerischen oder malerischen Städtebaus, wie er von dem Wiener Camillo Sitte theoretisch begründet wurde (1899 erschien Sittes Buch „Der Städtebau nach seinen künstlerischen Grundsätzen"), suchte Genzmer das gesamte Stadtbild im Sinne harmonischer Farb- und Formwirkung in Übereinstimmung zu bringen. Dazu gehörten die alleeartige Begrenzung der Straßen in Verbindung mit Vorgärten oder die Schaffung der Parkanlage im Nerotal und die Erweiterung des Nordfriedhofes ebenso wie die Möblierung von Straßen und Plätzen mit pittoresken Kleinbauten wie Kiosken oder Toilettenhäuschen, Kandelabern, Litfaßsäulen, Bänken. Trottoirs wurden mit ornamentiertem Kleinpflaster versehen, abzweigende Straßen mit steilem Anstieg erhielten stimmungsvoll Stützmauern in Verbindung mit Treppenanlagen. Eine besonders malerische Treppenanlage verbindet die Langgasse mit der Coulinstraße im Zusammenhang mit dem ebenfalls von Genzmer erbauten Römertor-Viadukt im Anschluß an die antike Heidenmauer. Die ganz kulissenhafte Wirkung des Römertors ist Teil der dichten Impression, des stimmungsvollen Gesamteindrucks farbiger Form, der keine Einbrüche im Stadtbild, das als organisches Wesen begriffen wird, mehr zulassen möchte.

Phantasie, Großzügigkeit und Sinn für Schönheit, ja Luxus befähigten Genzmer zur Vollendung der Stadtgestalt im Sinne des 19. Jahrhunderts und der daran geknüpften Geschichte Wiesbadens als hochelegantes Modebad. Die Idylle von einst – Wetzler hatte 1843 empfohlen, sie „mit der Phantasie eines Landschaftsmalers" zu gestalten – begann großstädtisches Flair anzunehmen. Zu Boulevards wandelten sich die Straßen, allen voran die Wilhelmstraße mit ihren Hotels, Geschäften und Straßencafés, dem Theater und den Kuranlagen. Während der Amtszeit Genzmers, die zusammentraf mit der Ära des wilhelminischen Pomps, kam es zum Theaterneubau, den Fellner & Helmer durchführten, und der Wettbewerb zum Kurhausneubau wurde ausgeschrieben, den Friedrich von Thiersch gewann. Pompöse Neubauten ließen sich die First-class-Hotels Nassauer Hof und Rose errichten, der Schwarze Bock wurde aufgestockt und überformt. Mit repräsentativen Wohn- und Geschäfts-

Blick über die Schöne Aussicht zum Neroberg, 1942

gebäuden entstand die Ringstraßenbebauung, und mit großzügiger Planung wurde der Bau neuer Wohnviertel jenseits des südwestlichen Ringbogens in Angriff genommen.
Die Villengebiete gewannen unter Genzmer vor allem an Parkanlagen (Nerotal, Erweiterung der Kuranlage, Paulinenhang, Langenbeckplatz) und an kleinen öffentlichen Grünflächen im Rahmen von Erweiterung und Korrekturen des Straßennetzes. Wie auch für die geschlossen zu bebauenden Wohngebiete wurden neue Straßen nicht mehr nach dem Rastersystem geplant oder angelegt, sondern nach Maßgaben des künstlerischen Städtebaus unregelmäßig malerisch. Gekurvte Wege galten nicht nur als abwechslungsreich, sondern sollten das oft steile Gefälle der Hanglagen mit verkehrlich erträglicher Steigung erschließen. Gutes Beispiel für eine derart durchgeführte Neuplanung ist die in Serpentinen geführte Rosselstraße. Auch geradlinig begonnene Wege wurden bei Fortsetzung gekurvt weitergeführt. So noch im letzten Abschnitt die Lessingstraße, die dadurch wohl ganz aus ästhetischer Überlegung in Bogenform mit Überqueren der Frankfurter Straße den Anschluß an die Langenbeckstraße findet.

Der Bebauungsplan von Reinhold Baumeister

Der unter Genzmer vorgenommenen und geplanten Erweiterung des Straßennetzes ging ein 1894 von Professor Reinhold Baumeister aus Karlsruhe erstellter allgemeiner Bebauungsplan voraus. Über Baumeisters Intentionen gibt ein von ihm erstelltes und veröffentlichtes Gutachten Auskunft, welchem ein Übersichtsplan beigefügt ist. Das erwähnte „detaillierte Kartenmaterial“ gilt als verschollen.
An der bisherigen Stadterweiterung – nach dem letzten allgemeinen Bebauungsplan von Fach meist auf Fluchtlinienplänen für kleinere und voneinander getrennt liegende Baugebiete beruhend – kritisiert Baumeister die meist ohne Rücksicht auf die Topographie durchgeführte geometrische Regelmäßigkeit, ja den Schematismus. Auch die Ringstraße, die Baumeister bis zur Parkstraße durchzog, sei auf dem Reißbrett entstanden, „ohne zugleich die Gefälle zu berücksichtigen, welche dieselbe auf dem wellenförmigen Gelände annehmen würde“.
Zukünftige Planung empfiehlt Baumeister als „organisches Ganzes auszubilden und im weiteren Umkreis allen Neubauten solche Stellungen anzuweisen, daß nach und nach ein befriedigendes Straßennetz entsteht“. Grundsätzlich zu vermeiden sei die „unterschiedslose Erscheinung aller Straßen ohne natürliche Abstufung in Haupt- und Nebenstraßen“ und damit ein „langweiliger architektonischer Eindruck“. Langweilig seien auch „Verlängerungen des Verkehrs, welchem keine abkürzenden Linien geboten werden“. Als „befriedigend“ empfindet er „Diagonalstraßen, auch in gefächerter Form, ringförmige Verbindungen“ und gekurvte Wege, dazu Fußwege, auch als Treppenwege „als kurze Verbindung“, platzartige Erweiterungen von Kreuzungen und ebenso auflockernde Grünflächen. Vorgärten sind bei Baumeister für sämtliche neuen Straßen geplant, „bei den

DIE STADTERWEITERUNG WIESBADEN
Anlage zum Gutachten des Herrn Professor Baumeister - Karlsruhe.
Wiesbadener Stadtwald
Gemarkung Dotzheim
Gemarkung Biebrich - Mosbach
Kurpark
Maßstab 1:10000

schmalen, um Baumreihen zu ermöglichen, bei den breiten, um den schönen Eindruck zu erhöhen". Vorschwebendes Ziel ist, „allmählich ein zusammenhängendes Netz schattiger Fußwege über das ganze Erweiterungsgebiet zustande zu bringen. Schon die breiten Straßen mit Mittelpromenaden stehen untereinander in gutem Zusammenhang und lassen sich aus der Innenstadt an mehreren Punkten erreichen. Und die Radialstraßen aufs Land hinaus, nach Norden bis zum Walde, sollten ebenfalls, soweit noch nicht geschehen, mit Bäumen versehen werden, um Geschäfts- und Spaziergänge angenehm zu machen." „Abwechslung", „Kurzweil" contra „Langweiligkeit", „gute Perspektive" sind immer wiederkehrende, dem künstlerischen Städtebau zugehörende Begriffe der Ausführungen.

Im einzelnen beschäftigt sich Baumeister nach der problematischen Erschließung der Höhenrücken mit den baupolizeilichen Vorschriften. Die besonderen Vorschriften für die Villenviertel hätten nicht verhindern können, „daß hier und da schon Baulichkeiten in unerfreulicher Weise zusammengedrängt und hoch gestreckt werden, wie überall derselbe und deshalb auch ein verhältnismäßig hoher Grad von Ausnützbarkeit des Bodens vorausgesetzt und zugelassen ist" Eine „Abstufung von innen nach außen" sei insofern gerechtfertigt, als „die bestehenden Bodenwerte ebenfalls von innen nach außen abnehmen". Grundsätzlich sollte für die Villengebiete „mehr Sicherheit gegen bauliche Verdichtung erteilt werden ... als die bisherigen Vorschriften gewähren. Indessen stelle man sich nicht lauter vornehme Villen als Zukunftsbild der ganzen Umgebung vor. Es müssen auch den Klassen von geringerer Wohlhabenheit die Vorteile recht weiträumiger Bauweise und der Nähe der unberührten Natur zuteil werden ...". Unter den genannten Vorzügen offener Bauweise, die den gesundheitlichen, aber auch ästhetischen Aspekt berücksichtigen, ist wörtlich von der dadurch gebotenen „Gelegenheit zu malerischer Architektur" die Rede. Baumeister, der wie C. Sitte zu den Begründern des wissenschaftlichen Städtebaus gehört, gilt nicht als Vertreter der künstlerisch-malerischen Richtung. Im Gegenteil warnt er in seinem 1902 erschienenen zweiten Buch „Städtebaupläne in alter und neuer Zeit" vor einer Überbetonung des Schönen gegenüber dem Zweckmäßigen. Den Vorrang haben auf jeden Fall soziale und damit verbunden technische und praktische Gesichtspunkte. Gleichwohl lassen sich in Baumeisters Schriften genügend Belege finden, wo er die Bedeutung künstlerisch-gestalterischer Fragen im Städtebau voll anerkennt, ja zusammen mit der Notwendigkeit landschaftlichen Bauens propagiert. In diesem Sinne wurde auch der Auftrag für Wiesbaden ausgeführt, der – wollte man dem besonderen Status der Stadt gerecht werden – sowieso eine Verschiebung der Maßstäbe forderte.

Ein nachfolgender Bebauungsplan von Genzmer ist nicht bekannt und wurde allem Anschein nach auch nicht erstellt. Als dieser 1894 sein Amt als Stadtbaumeister antrat, dürfte ihm vielmehr mit dem Baumeister'schen Konzept ein annehmbarer Bebauungsplan vorgelegen haben, den er grundsätzlich auch befolgte. Bei der Erweiterung des Straßennetzes hat er nach Vergleich mit dem Übersichtsplan gerade für die Villengebiete nur weniger wörtlich übernommen. Hingegen war es sein Verdienst, das von Baumeister nüchtern Reflektierte ins Künstlerische umgesetzt zu haben.

Bebauungsplan für die Stadt Wiesbaden von Reinhold Baumeister von 1894

Stadtplan von 1910 aus dem historischen Stadtatlas von Spielmann/Krake (ohne Maßstab verkleinert)

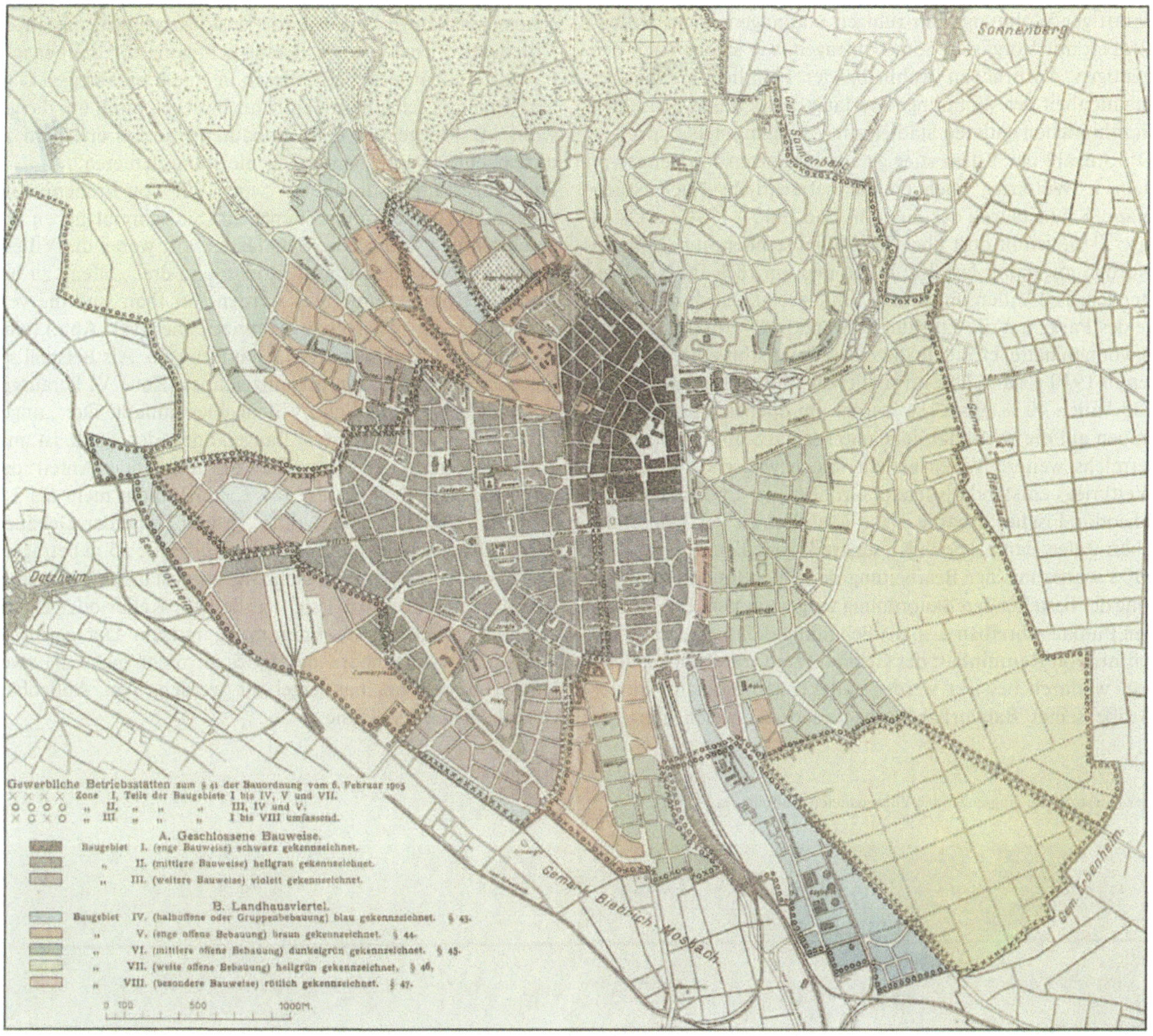

Bebauungsplan für die Stadt Wiesbaden von Karl Frobenius, Reproduktion nach Der Städtebau 3. 1906.

Die Verwaltung der Großstadt / Der Villenbau vor dem 1. Weltkrieg / Der Frobenius-Plan

In der von Camillo Sitte mitbegründeten Zeitschrift „Der Städtebau“erschien 1906 ein Kommentar des Wiesbadener Stadtbaurats Karl Frobenius zu einem von ihm 1905 erstellten Generalbebauungssplan. Ausgehend von dem außerordentlich raschen und anhaltenden Wachstum Wiesbadens begreift Frobenius die Erweiterung der geschlossen bebauten Wohngebiete als vorrangige Aufgabe. Ganz allgemein reflektiert er die Problematik der Stadterweiterung auf der Grundlage des vorangegangenen Generalplans von Baumeister, diesen als richtungsweisend anerkennend. Nach Diskussion von Struktur und Ausdehnung Wiesbadens widmet er einen größeren Abschnitt den in das Stadtgebiet hineinführenden Tälern sowie den mit diesen verbundenen Grünanlagen und Spazierwegen. Neben dem ansprechenden Erscheinungsbild sei ihr „Hauptzweck“, die Luftzufuhr für die Stadt zu gewährleisten, was nur dann „optimal“ möglich sei, „wenn sie nicht von enggeschlossenen Häuserreihen umgeben sind“. Zu empfehlen sei statt dessen, den für diese Lagen geeigneten bisher auch ausschließlich vorzufindenden Villenbau derart weiterzuführen, „daß unmittelbar an die Anlagen die vornehmeren Villen mit größeren Gartenflächen gelegt würden, so daß sie gewissermaßen als Erweiterung der Anlagen dienen, während unter ihnen kleinere Landhäuser mit kleineren Gärten den Berghang hinaufklettern“. Das südliche Villengebiet empfiehlt er trotz der Nähe zum neuen Hauptbahnhof, die es für geschlossene Wohnbebauung geeigneter mache, als solches zu erhalten, „einmal weil es bereits ziemlich stark mit Landhäusern bebaut ist, vor allem aber wegen der schönen Aussicht auf den Taunus“.

Maßstab für die weitere Stadtentwicklung insgesamt bleibt für Frobenius die einseitig auf Kur und Fremdenverkehr ausgerichtete Wirtschaftsstruktur der Stadt. In seinem Generalplan wird wohl ein letztes Mal in dieser Ausschließlichkeit zusammengefaßt: „Wiesbaden ist eine Bade- und Fremdenstadt, deren Erwebsleben auf die Heranziehung wohlhabender Fremder zu dauerndem oder vorübergehendem Aufenthalt angewiesen ist. Es liegt somit unter anderem im öffentlichen Interesse, durch geeignete Einrichtungen in Gegenwart und in Zukunft für das Vorhandensein einer größeren Anzahl derartiger Wohnungen in ruhigen und angenehmen Villenstraßen mit Vorgärten Sorge zu tragen, wie solche nach den heutigen Ansprüchen wohlhabender Familien an die Beschaffenheit der Wohnungen verlangt werden und denselben in zahlreichen anderen Städten zur Verfügung stehen. pp."

Die Anzahl der Villen stieg gerade im letzten Jahrzehnt vor dem 1. Weltkrieg noch einmal beträchtlich. Nach Spielmann/Krake betrug der Zuwachs von 1900 – 1910 im Osten fast 50 %, womit dort über 500 Villen standen, um 29 % im Norden mit damit fast 300 Villen und um 18 % im Nordwesten (ca. 160 Villen im ganzen). Im Nerotal, das durch Anlage des Parks um die Jahrhundertwende an Attraktivität sehr gewonnen hatte, erreichte die Zuwachsrate mit etwa 175 Villen in 1910 sogar 52 %, im südlichen Villengebiet mit an die 100 Villen 40 %. Bis 1914 wurden im offensichtlichen Vertrauen auf die wirtschaftliche und soziale Stabilität des Kaiserreichs weitere Villen erstellt. Noch während des ersten Weltkriegs entstand als letzter Großbau der Epoche das von Theodor Fischer erbaute Neue Museum an der Friedrich-Ebert-Allee, damals noch Kaiserstraße geheißen.

1905 wurde mit der Bearbeitung der Fluchtlinien eine Prüfung der bestehenden Bauordnung vorgenommen. Die einzelnen Punkte schreiben u. a. die Bebauungsdichte und das Verhältnis von Rauminhalt der Gebäude zur Grundstücksfläche vor, wodurch bewirkt werden sollte, „daß niemand in der Größe seines Bauvorhabens behindert, zu gleich aber gezwungen ist, wenn er durch Anlage eines größeren mehrgeschossigen Bauwerks, etwa zu Pensionszwecken, mitten im Villenviertel eine gewisse Beeinträchtigung für die benachbarten Landhäuser schafft, diesen in einem parkartigen Garten, den er zu seinem großen Haus hinlegen muß, um die gewünschte Menge von cbm umbauten Raumes errichten zu dürfen, eine entsprechende Gegenleistung zu bieten".

Die „abgestufte Bauordnung" wird 1906 von Frobenius im genannten Artikel mitveröffentlicht. Sie schreibt neben der geschlossenen fünf offene Bauklassen vor, wobei die Villengebiete in zwei „halboffene" Zonen und drei „offen" zu bebauende Bereiche unterteilt werden. Im Plan sind die verschiedenen Zonen farblich gekennzeichnet (vgl. Abb.), eine Tabelle gibt die notwendigen Erläuterungen. Als Beispiel sei hier die mit dunkelgrün gekennzeichnete Zone VI herausgenommen, die das östliche Villengebiet umfaßt. Der „ungefähre Anteil am gesamten Baugelände" der Stadt ist mit 14 % angegeben. Der „größte zu bebauende Anteil der Grundstücksfläche" beträgt 1/4, „jedoch nicht mehr als 3,0 cbm für 1 qm Baufläche". Die „größte Höhe der Gebäude (bis zur Dachtraufe)" darf an der Straßenseite 15 m betragen, „sonst das 1,75fache des Nachbargrenzabstandes". Maximal sind drei Geschosse zulässig, „außerdem Keller oder Dachgeschoß", beide als Wohnraum zu nutzen. Der geringste Abstand zum Nachbarn beträgt 5 m; nicht mehr als zwei Häuser dürfen aneinandergebaut werden. Am Außenbau ist Holzfachwerk zulässig.

Der Kurbezirk mit angrenzenden Villengebieten, Luftbild um 1935

Villen auf der Nordseite des Nerotals, Ansichtskarte um 1905

Der Stübben-Plan
Wenn die bauliche Entwicklung auch unverändert fortschritt, wurde noch vor Ausbruch des Krieges und seinen wirtschaftlichen, sozialen und politischen Folgen die einseitige Ausrichtung des Frobenius-Plans als starker Mangel empfunden. Mit dem Entwurf eines neuen Generalplans wurde 1912 Joseph Stübben beauftragt, der als der bedeutendste Städteplaner Preußens in wilhelminischer Zeit gilt. Während seiner Tätigkeit als Stadtbaurat in Köln (1881 bis 1898), wo er zusammen mit Karl F. W. Henrici den Wettbewerb um die Stadterweiterung gewonnen hatte, veröffentlichte Stübben 1890 das Standardwerk „Der Städtebau“ als ein Band des „Handbuchs der Architektur“. Von 1904 bis 1920 war Stübben Technischer Rat beim Preußischen Finanzministerium in Berlin und Vorsitzender der Kgl. Kommission für die Stadterweiterung in Posen. Der von außen kommende Stübben erkannte klar, daß Wiesbaden als Großstadt nur durch Ansiedlung von Industrie, Gewerbe und Handel eine Überlebenschance hatte. „Das Geldverdienen und Geldausgeben soll also nicht ganz voneinander getrennt werden“, resümiert Stübben in einem am 9. Juni 1917 im Wiesbadener Kurhaus gehaltenen Vortrag, mit dem er seinen 1915 fertiggestellten Plan kommentierte. Unbedingtes Novum seines Programms ist die Eingemeindung der noch selbständigen Vororte Sonnenberg, Rambach, Bierstadt, Erbenheim, Biebrich, Schierstein, Dotzheim. Mit allen Mitteln – wie es scheint – hatte sich bisher der Magistrat unter seinem 1913 amtierenden Oberbürgermeister von Ibell Eingemeindungsplänen vor allem der Rheingemeinden widersetzt – Biebrichs als schon bedeutender Industriestadt und Schiersteins, wo laut Stübben „die Vorbedingung der kommerziellen und industriellen Entwicklung gegeben ist“. Und tatsächlich sollte es noch bis Mitte der 20er Jahre dauern, bis es von dieser Seite hieß, Wiesbaden müsse „Anschluß an den Rhein finden, um das am Rhein gelegene Industrie- und Hafengelände in großzügiger Form zu erschließen“.

Die Eingemeindung der im Nordosten und Osten gelegenen Vororte Sonnenberg und Bierstadt – sie erfolgte ebenfalls erst nach Mitte der 20er Jahre – sollte vor allem der Entwicklung Wiesbadens als Wohnstadt dienen. Schon waren sie durch Villenbau entlang der Verbindungsstraßen mit der Innenstadt zusammengewachsen. Auch entlang der Biebricher Allee reihten sich inzwischen die Villen mit nur kurzer Unterbrechung von Ort zu Ort. Allerdings sah Stübben vor allem für die Villengebiete im Norden und Osten eine Entwicklung voraus, die sich in diesem Umfang bei weitem nicht erfüllen sollte. Noch waren die Folgen des 1. Weltkrieges nicht abzusehen.

Gerade im Zusammenhang mit den Eingemeindungen und dem Ausbau von Industrie und Handel ist weiterer Hauptpunkt des Programms die Erweiterung des Verkehrsnetzes auf der Straße, der Schiene und zu Wasser. Erst nach ausführlicher Erörterung neu zu erschließender Eisenbahnwege, insbesondere des Güterverkehrs, wendet sich Stübben in Verbindung mit der besonderen landschaftlichen Lage der Stadt den Grünflächen zu. „Daß diese natürlichen Schönheiten nicht bloß zu erhalten, zu pflegen und für die Annehmlichkeit des Wohnens und des Aufenthalts zu verwerten sind, versteht sich von selbst. Es ist auch bisher geschehen.“ Vor-

Das neue Kurhaus, Ansichtskarte von ca. 1910

rangig betrachtet er sie freilich unter ihrem hygienischen Wert und zitiert ein während des Krieges in Frankreich erschienenes Buch, „Comment reconstruire nos cités détruites", in welchem der deutsche Städtebau des 19. Jahrhunderts im allgemeinen als vorbildlich beschrieben wird (Beispiel Köln), wobei Wiesbaden in hygienischer Hinsicht an erster Stelle stehe. Stübben, der das Wiesbadener Modell auch in seinem städtebaulichen Handbuch als „besonders lehrreich" beschreibt, spezifiziert: „Durch das Tal der Kuranlagen und das Nerotal, deren Parkgestaltung und Bebauung" sei Wiesbaden „für Deutschland vorbildlich geworden. Das Vorbild wird in mehreren anderen Tälern Wiesbadens bereits befolgt und soll in erweiterter Form im ganzen Stadtbezirk zur Anwendung gelangen." Was die zahlreichen natürlichen Wasserläufe anbelangt, so sollen sie in den Tälern erhalten werden „und durch passende landschaftliche Behandlung, durch Bildung von Teichen und dergleichen zur Verschönerung benutzt" werden. Zur Anlage von Sport- und Spielplätzen, von Ruhesitzen und Denkmälern böten die Wiesen- und Parkflächen reichlich Gelegenheit.
Spätestens der folgende Hauptprogrammpunkt, die öffentlichen Gebäude betreffend, zeigt, daß technische, soziale und praktische Maßgaben des Städtebaus, wie Stübben sie bekanntermaßen vertritt, von künstlerischen nicht zu trennen sind, zumal nach den Kölner Erfahrungen an der Seite Henricis. So fordert er für die der Großstadt notwendigen öffentlichen Großbauten nicht nur eine „zweckmäßige" sondern auch „künstlerisch wirksame Einordnung" in das Stadtbild, „möglichst mit öffentlichen Plätzen in Verbindung", „einzeln oder in Gruppen" und eben derart, „daß sie die künstlerischen Schwerpunkte der Stadt bilden".
Zum Sinn und Zweck eines Generalbebauungsplans einer Stadt hielt Stübben einleitend fest, daß er „nicht zur förmlichen Feststellung und Verwirklichung" bestimmt sei, „aber er soll die übersichtliche Grundlage für die Bearbeitung und Beschlußfassung bezüglich der Einzelpläne bilden und muß deshalb in allen Punkten auf die genaue Ortskenntnis und die Erforschung der wirklichen Bedürfnisse sich stützen". Die letztlich maßgebende Bauordnung Wiesbadens – vom Kgl. Polizeipräsidenten 1905 unter Frobenius erlassen und seither mehrfach ergänzt – akzeptiert er als „ein fortschrittliches Werk"; sie „entspricht im allgemeinen den Bedürfnissen der Stadt". Sein eigener Plan für Wiesbaden war auf 20 Jahre angelegt.

Die Aura des Kaiserhauses

Als 1907 das neue Kurhaus von Friedrich von Thiersch vollendet stand, war es für Kaiser Wilhelm II., wie er selbst in seiner Ansprache zur Eröffnung beteuerte, „das schönste in der Welt". Wen außer Kranken und Ärzten interessierte es schon, daß dieses neue „Zentrum äußerster Prachtentfal-

tung" wie schon der Vorgängerbau über keinerlei Kureinrichtung verfügte? Mehr denn je bedeutete Kur der Aufenthalt in jenen künstlichen Paradiesen, die alle prosaische Außenwelt und kalte Realität in einem wahren Rausch ästhetischer Sensationen vergessen ließen. Zu den Höhepunkten des Kurlebens gehörten die zu Ehren des Kaisers und seiner Familie veranstalteten Bälle, Bankette und Empfänge ebenso wie Blumenkorsos und nächtliche Illuminationen mit Feuerwerk. Wilhelm II. nahm an Lawn-Tennis-Turnieren teil, besuchte Ruderregatten am Rhein oder nahm dort die Parade einer Torpedoboot-Flottille ab. Unter der „Huldigung von Tausenden" fanden seine Ausritte statt oder die Ausfahrten der kaiserlichen Familie u. a. über die mit Blumen und Flaggen festlich geschmückte Wilhelmstraße.
Bei der Besichtigung des neuen Kurhauses soll sich Wilhelm II. demonstrativ geweigert haben, die Südhalle mit den Fresken Fritz Erlers zu betreten. Der von ihm apodiktisch verdammte Jugendstil vermochte sich in Wiesbaden denn auch nie wirklich durchzusetzen. Eher noch – und vor allem als Dekorationsjugendstil – in den geschlossen bebauten Wohnvierteln vertreten, findet sich kaum eine Villa in der Stadt, die mit Recht als Jugendstilbau zu bezeichnen wäre. Geschmacklich ganz am Kaiserhaus orientiert, bevorzugte der konservative Villenbewohner im Rahmen von Repräsentation und Herrschaftsattitüde vor allem barocke und klassizistische Historismen.
Deklariertes „Lieblingstheater" des Kaisers, der während seiner Aufenthalte das von den Nassauern erbaute Stadtschloß bewohnte, war das neue Wiesbadener Hoftheater. Er nahm am 16. 10. 1894 an den Eröffnungsfeierlichkeiten teil und trug die Kosten der alljährlich veranstalteten Kaiserfestspiele oder Maifestspiele. Als Gegenleistung verlangte er nicht nur bei der Programmgestaltung die Erfüllung seiner persönlichen Wünsche, sondern er nahm auch Einfluß auf die künstlerische Gestaltung der Aufführungen. Insgesamt 100 davon hat er erlebt. „Angetan wie ein Pfau" und „huldvoll strahlend" nahm er in der Hofloge – selbst acteur – die begeisterten Ovationen des Publikums entgegen.
Als Zuschauer zog ihn das phantastische Bühnengeschehen gerade der großen Opernwerke selbst in seinen Bann, bedeutete doch seiner Zeit die Illusionsbühne des 19. Jahrhunderts eine letzte Steigerung aller kunstvollen Inszenierung glanzvoller, poetischer, ja paradiesischer Welten. Das Spektrum optischer und akustischer Sensationen weitete sich durch den Zauber berauschender Düfte. So erfüllte Weihrauch den Zuschauerraum, als sich zu den Klängen des Zauberhorns aus dem „Oberon" am 5. Juli 1914 das letzte Mal im Frieden der Vorhang senkte. Mit dem 1. Weltkrieg endet als geschichtliche Epoche das 19. Jahrhundert.

Wiesbaden im 20. Jahrhundert

...das ganze offizielle Paris in Wiesbaden.
(Zeitungsmeldung)

Zwischen den beiden Kriegen

Von den wirtschaftlichen Folgen des 1. Weltkriegs, dem Untergang der Monarchie und der politischen und gesellschaftlichen Neuordnung wurde Wiesbaden zwangsläufig besonders schwer getroffen. Von dem vormals in der Stadt akkumulierten Privatvermögen von rund 2 Milliarden Goldmark war weniger als eine halbe Milliarde übriggeblieben. Katastrophal wirkte sich auf die Volkswirtschaft wie auf den Einzelnen die enorme Schuldenlast der nach dem Versailler Vertrag zu leistenden Reparationszahlungen aus, nicht weniger schwer neben dem verlorenen Kolonialbesitz die Landabtretung an die Siegermächte mit dem damit verbundenen Verlust an Industrie, Rohstoffquellen und landwirtschaftlichem Großgrundbesitz. Hinzu kamen schwere Einbußen durch die Beschlagnahmung des Auslandsvermögens und nicht zuletzt durch ungeheure Summen, die in die Kriegsanleihen geflossen waren.
Der bisher im Rahmen der Wiesbadener Stadtplanung nicht diskutierte Mangel an Landwirtschaft führte während des Krieges zu größten Versorgungsschwierigkeiten. 1928 wurden mit Eingemeindung landwirtschaftlich starker Vororte wie Naurod, Heßloch, Kloppenheim unter anderen die notwendigen Konsequenzen daraus gezogen. Als schwere Notlage wirkte sich erstmalig nach dem Krieg und im Zuge zunehmender Arbeitslosigkeit das Fehlen der Industrie aus. Die Stadt war zu größter Sparsamkeit gezwungen. „Mehr als zwei Drittel des Gesamtzuschusses aller Verwaltungen" gingen an das Wohlfahrtsamt, an zweiter Stelle standen die Schulen mit fast einem Fünftel der Zuschüsse.
Die Bautätigkeit kam zunächst fast ganz zum Erliegen. Um so mehr blühte gerade in den ersten Jahren nach dem Krieg der Immobilienhandel. Nahezu ein Drittel aller Wiesbadener Hausgrundstücke wechselte zwischen Kriegsende und 1921 den Besitzer. 1919/20 wurden allein 84 kleinere und 78 größere Villen umgesetzt, 1920/21 waren es 124 kleinere und 137 größere Villen. Stark am Geschäft beteiligt waren außer den Kriegsgewinnlern valutastarke Ausländer, wobei die Preisgebote „die gemeinen Grundstückstückswerte teilweise

Das Opelbad auf dem Neroberg, Luftbild um 1935

schon um ein mehrfaches überstiegen". Insgesamt ging über ein Viertel der Wiesbadener Gebäude in ausländischen Besitz über, darunter neben Villen und Mietshäusern auch etliche Hotels.

Kurleben und Fremdenverkehr erlebten 1921 und 1922 mit einer neuen Rekordzahl von 168.923 Gästen einen enormen Aufschwung, um mit dem Jahr 1923 durch Grenzsperren, Stillstand der Eisenbahn und schließlich den völligen Zusammenbruch der deutschen Währung einen um so größeren Rückschlag zu erleiden. Seine schwerste Krise erlebte der Kurbetrieb während der ersten Kriegsmonate. Wegen der formellen Zugehörigkeit Wiesbadens zum Festungsbereich Mainz mußten schon mit dem ersten Mobilmachungstag sämtliche Ausländer, auch die Angehörigen der neutralen und Deutschland günstig gesinnten Länder, die Stadt verlassen. Viele deutsche Kurgäste reisten ebenfalls ab. Gegenüber 1914 mit insgesamt 132.470 Kurfremden (1913 waren es noch 192.108) wurden 1915 immer noch 95.352 Besucher gezählt, 1916: 103.908, 1917: 84.794, 1918: 93.139. Viele von ihnen waren verwundete und kranke Heeresangehörige, denen Heilung und Erholung zu bringen die Kurstadt als patriotische Pflicht betrachtete.

Den tiefsten Stand brachte mit 67.712 Fremden das Jahr 1919, wofür die Verkehrsbeschränkungen der ersten Nachkriegsmonate und das oft rücksichtslose Verhalten der Besatzer eine Rolle spielten. Allerdings war schon deren Unterbringung mit Schwierigkeiten verbunden. Allein 14 Hotels waren von der Militärverwaltung beschlagnahmt worden, dazu Gasthäuser, Pensionen und Sanatorien; andere mußten der einheimischen Verwaltung zunutze gemacht werden, so daß letztlich kaum mehr als 50 % der ehemaligen Kapazität zur Verfügung standen. Die in ausländischen Besitz übergegangenen Hotels und Pensionen verlangten bald Zahlung in fremder Währung. Privatzimmer, die in bisher nicht gekannten Mengen einen neuen Wirtschaftsfaktor im Fremdenverkehr darstellten, wurden bevorzugt an Devisenbringer vermietet. Im Rechnungsjahr 1922/23 war der Anteil an deutschen Besuchern von 81.498 auf 60.000 zurückgegangen, während die Anzahl der Gäste aus dem Ausland von 72.618 auf 108.912 stieg.

Besonders beliebt war Wiesbaden bei den Franzosen, die bis 1925 bei hartem Regiment mit dem 30. Armeekorps die Besatzungstruppe stellten. Selbst ihr Oberbefehlshaber, der berüchtigte Deutschenhasser General Mordacq, soll erstaunt gewesen sein „über die Schönheit dieser Kurstadt, die so malerisch auf den sieben Hügeln liegt, die sich um die Thermalquellen gruppieren". Und aus einer „französischen Zeitung" wird zitiert, daß sich im Frühling 1921 „das ganze offizielle Paris nicht mehr in Paris, sondern in Wiesbaden" aufgehalten habe.

In die Zeit der wirtschaftlichen Krisen der Nachkriegsjahre fällt die Umwandlung eines Großteils der Wiesbadener Einfamilienvillen – und Einfamilienvillen waren ca. 85 % des gesamten Bestandes – in Mietetagen. Gerade bei aufwendigen Treppenhäusern oder Treppenhallen führte dies nicht immer zu zufriedenstellenden Lösungen, wie noch heute z. B. die oft störenden Trennwände auf zu engen Wendepodesten zeigen. Sahen sich viele Eigentümer gezwungen, ihre Villen ganz zu verkaufen, rückten andere nunmehr mit ihren Familien auf einer Etage zusammen oder fanden sich nicht selten im ehemals den Dienstboten vorbehaltenen Dachgeschoß wieder, um beide Hauptgeschosse vermieten zu können. Wie aus den Adreßbüchern der Zeit hervorgeht, müssen auch auf die Dauer viele Einzelzimmer an Alleinstehende vermietet worden sein, nicht selten Mieter mit honorigen Namen mit Adelsprädikat.

Bis Juni 1930 wurden ca. 70 Villen von Besatzungsmitgliedern bewohnt. 1925 wurde die französische Besatzung von der britischen Rheinarmee abgelöst, die ihr Hauptquartier nach Wiesbaden verlegte. 1929 – 1930 folgte die Interalliierte Rheinlandkommission mit einem französischen Bataillon als Ehrenwache nach.

Einem Überangebot an Luxuswohnungen auf der einen Seite stand, verstärkt durch den Anspruch der Besatzungsangehörigen, ein großer Mangel an kleinen und durchschnittlichen Wohnungen gegenüber. Mit kommunaler Förderung wurden 1926 verschiedene große Siedlungsprojekte verwirklicht. Von privater Seite initiierte Siedlungsbaugesellschaften bauten u. a. kleine Einfamilienhäuser, zumeist als Doppelhäuser an der Lahnstraße und Fasaneriestraße.

1932 kam es im Rahmen eines Arbeitsbeschaffungsprogramms zum Bau des Opelbads am Neroberg, der durch eine großzügige Stiftung des in Wiesbaden ansässigen Industriellen Wilhelm von Opel finanziert wurde. Die hervorragende Plazierung oberhalb des städtischen Weinbergs mit Blick über die ganze Stadt und über den Rhein und die dem Ort so gut angepaßte Gestaltung im Geist des Neuen Bauens machen das Freibad bis heute zu einem der schönsten Deutschlands. „Ein eigenartiger Zauber ruht auf diesem Bade“, führte Oberbürgermeister Schulte in altbekannter Weise 1934 anläßlich der Eröffnungsfeierlichkeiten aus, „ein Zauber, der jeden Besucher in seinen Bann schlägt und der mit magnetischer Kraft immer neue Besucher aus allen Teilen Deutschlands, ja aus allen Teilen der Welt anziehen wird.“ Als gegenüber den Thermalquellen zusätzlicher „Kurfaktor“ mit „propagandistischer Wirkung“ sollte das neue Bad der Erholung und dem Sport dienen. Wiesbaden folgte damit dem Beispiel der damals allgemeinen Förderung von Gesundheitspflege und Leibesübungen. Während zum Schwimmen noch die Strandbäder in Biebrich und Schierstein dienten, wurde bereits 1920 das Luft- und Sonnenbad Unter den Eichen eröffnet. 1924 konnte eine neue Tennisanlage im Nerotal eingeweiht werden und um dieselbe Zeit entstanden mehrere Sportplätze, darunter das große Stadion an der Frankfurter Straße.

Wilhelm von Opel, der sich nach dem 1. Weltkrieg mit seiner

Siedlungsbau „Eigene Scholle“ an der Fasaneriestraße

Villa Weinbergstr. 27 (1985 abgebrochen)

Villa Lanzstr. 23 von Karl Lehr

Villa Herzogsweg 4 von Karl Lehr

Familie in Wiesbaden niederließ, dürfte für den im konservativen Wiesbaden überraschenden Baustil des Opelbades mitverantwortlich gewesen sein. Er selbst bezog eine große historistische Villa in der oberen Steubenstraße (s. Steubenstr. 34). Neue Villen – Villa jetzt im Sinne eines anspruchsvollen Einfamilienhauses – wurden in Wiesbaden in den 20er und 30er Jahren nur wenige gebaut. Neben mehreren Villen der am Frühklassizismus orientierten konservativen Richtung entstanden ganz vereinzelt einige moderne Villen in der Art des Bauhauses: so das schöne Gebäude Herzogweg 4, von dem Wiesbadener Architekten Johann W. Lehr 1927 für den aus Essen-Bredeney stammenden Generaldirektor Franz Hoffmann erstellt, oder drei ebenfalls von Lehr stammende kleinere Villen in der benachbarten Lanzstraße. Für das Ehepaar Harnischmacher (Erdal-Werke, Mainz) baute Marcel Breuer 1932 eine Villa auf der Schönen Aussicht. Im 2. Weltkrieg zerstört, wurde sie durch einen ebenfalls von Breuer entworfenen Neubau 1954/55 ersetzt (s. Schöne Aussicht 53). Ebenfalls ein Fabrikant (Blendax-Werke, Mainz) baute sich um 1933 eine Strömungen der sich anbahnenden Architektur des Nationalsozialismus aufnehmende Villa in der Weinbergstraße; vergleichbare Gebäude kamen gerade in der Weinbergstraße hinzu.

Am Neroberg, aber auch am Osthang, an der Sonnenberger Straße und auf der Biebricher Höhe hatte der Villenbau bereits bis 1914 die Grenzen des Weichbildes der Stadt so gut wie erreicht. Sehr viel mehr Bauplätze standen noch im Norden und Nordosten zu Verfügung, wo die Bebauung jedoch erst mit dem Einfamilienhausbau der 50er Jahre eine konsequente Fortsetzung finden sollte.

Bis nach dem 2. Weltkrieg bildete ein nach den Eingemeindungen von 1926 und 1928 von Professor Hermann Jansen von der Technischen Hochschule Berlin-Charlottenburg, wo Felix Genzmer lehrte, erstellter Generalbebauungsplan die Grundlage aller weiteren städtischen Planungen. Neue Probleme stellte nicht nur die Tatsache, daß sich das Stadtgebiet durch den Ortszuwachs um das Fünffache vergrößert hatte; auch der ständig lebhafter werdende motorisierte Verkehr, der bereits begann, das ganze Leben zu beeinflussen, stellte den Städtebau vor völlig neue Aufgaben. Fortschrittliches Ziel der verkehrlichen Planung war, „den unerwünschten Fern- und Durchgangsverkehr von der Stadt abzuhalten. Entlang der Ausfallstraßen sollte keine Bebauung mehr geduldet und hierdurch verhindert werden, daß die Stadt mit ihren Vororten baulich zusammenwächst." Ausgehend von der schönen Lage der Stadt und der ihr angepaßten städtebaulichen Gliederung bleibt weiterhin gestalterischer Grundsatz, „eine Harmonie zwischen Bebauung und Landschaft zu erhalten, und zwar dadurch, daß die Baugebiete in einzelne Bereiche gegen das Außengebiet abgegrenzt werden und zwischen den Baugebieten die Landschaft erhalten wird".

An folgenden städtebaulichen Neuerungen ist die 1932 entstandene Reisinger-Anlage zu erwähnen und der von Paul Bonatz beratene Ausbau der Alten Kolonnade zur Brunnenkolonnade mit allen Einrichtungen zur Trinkkur (1937 beendet). In den ersten Jahren des Dritten Reiches – am 12. 3. 1933 errang die NSDAP die absolute Mehrheit in der Stadtverordnetenversammlung, am 30. 12. 1933 wurde der Magistrat aufgelöst – starteten Kurverwaltung und „Neuer Kurverein" eine umfangreiche Werbekampagne für Wiesbaden. Die wirkungsvollen Attraktionen der Kaiserzeit wie historische Festzüge und Blumenkorsos wurden wiederbelebt, ein Rheingauer Weinfest veranstaltet, und in der Reichshauptstadt warben Wiesbadener Blumenmädchen für den Fremdenverkehr. Schließlich wurde erstmalig der Werbefilm eingesetzt, um mit musikalisch untermalten und eindrucksvoll kommentierten Streifen neue Gäste anzuziehen.

Der Erfolg zeigte sich mit wieder 92.506 Kurfremden im Jahr 1933 und mit der neuen Rekordzahl von 154.075 Gästen im Jahr 1937, darunter wieder ein hoher Anteil an Ausländern von 40.595 Personen. Erstmals 1938 konnte wieder ein städtischer Haushalt ohne Fehlbeträge vorgelegt werden. Der letzte Friedenshaushalt 1939 war mit rund 30 Millionen Reichsmark ausgeglichen.

Trotz allgemeinen, schon nach 1923 erfolgten Steuererhöhungen erfreute sich Wiesbaden immer noch des niedrigsten Zuschlags zur Einkommensteuer und blieb damit ein beliebter Wohnort für Reiche und Wohlhabende. Hochelegant soll auch zwischen den Kriegen der Rahmen des gesellschaftlichen Lebens gewesen sein, berichtet, nicht ohne ins Schwärmen zu geraten, die heute ältere Generation, sich erinnernd, daß die Wilhelmstraße um das Hotel Vier Jahreszeiten mit Holz gepflastert war, um lästigen Verkehrslärm zu dämpfen. Die damals ältere Generation der gehobenen Gesellschaftsschichten zelebrierte, so gut es Realität und aktuelles Gebot zuließen, weiterhin den Lebensstil der untergegangenen Epoche. „In inzwischen völlig verstaubtem Gewande" – wie ein moderner Kritiker anmerkte – wurde im Theater noch immer der „Oberon" gespielt. „Die Herren der französischen Besatzung liebten ihn sehr, und die Vorstellungen machten noch immer ausverkaufte Häuser ... Erst als das Bühnenhaus des Wiesbadener Theaters im Jahre 1923 ausbrannte und damit auch die ganze Wandeldekoration des ‚Oberon' in Flammen aufging, verschwand das Überbleibsel aus einer längst überholten Zeit für immer." Hier allerdings irrte der Kritiker. Für die Wiederaufnahme des Werkes in den Spielplan 1931 wurde die Wandeldekoration nach der alten Vorlage neu hergestellt.

Doppelvilla Lanzstr. 25/27 von Karl Lehr

Rettet unsere Stadt – jetzt!
(Aufruf der Bürgerinitiative)

Die hessische Landeshauptstadt

Daß Wiesbaden von den Bombardements des 2. Weltkriegs so gut wie verschont geblieben sei, wie landläufig nicht nur von Außenstehenden, sondern auch von später Zugezogenen angenommen wird, entspricht nicht den Tatsachen. Von insgesamt 66 Luftangriffen auf das größere Stadtgebiet sind 28 als schwer einzustufen. Der verheerende Angriff in der Nacht des 2. Februar 1945 forderte über 500 Todesopfer, fast 400 Menschen wurden verwundet, Tausende waren obdachlos. Läßt sich der Grad der Zerstörung auch nicht mit dem Schicksal der Nachbarstädte Frankfurt und Mainz vergleichen, die zu etwa einem Drittel zerstörte Innenstadt bot an vielen Orten ein Bild trostloser Verwüstung. Besonders schwer betroffen war der Stadtkern mit dem Bereich um den Schloßplatz, fast dem Erdboden gleich das Quellenviertel mit seinen Traditionshotels wie dem berühmten „Vier Jahreszeiten“. Von Bombenschäden verschont blieben weder das Kurhaus noch die Kolonnaden und das Theater; Ruinen waren das Paulinenschlößchen über der Sonnenberger Straße und das pompöse Augusta-Viktoria-Bad an der Frankfurter Straße (beide abgeräumt). Gerade in näherer Umgebung der genannten Großbauten wurden durch den Bombenhagel die alten Villen erheblich in Mitleidenschaft gezogen. Andere wurden mehr vereinzelt wie auch zufällig Ziel von Spreng- und Brandbomben sowie von in großer Zahl schon 1944 abgeworfenen Minengleitbomben. Erhebliche Schäden verursachten die bei Explosion ausgelösten Druckwellen, die schwere Haustüren aus ihren Rahmen drückten und zahllose Fensterscheiben zu Bruch gehen ließen, darunter viele der großformatigen dekorativen und farbenfreudigen Treppenhausfenster. Nach Kriegsende wurde ein Teil der zerstörten Villen in kurzer Zeit vereinfacht wiederaufgebaut, andere abgeräumt, um Neubauten des Wiederaufbaus Platz zu machen. Im Zuge von Aufräumung, Abriß und Wiederaufbau ging vieles verloren, was aus heutiger Sicht zu retten gewesen wäre. Mangelnde Wertschätzung des kulturellen Erbes einer noch jungen Vergangenheit war freilich nur eine der in der schweren Nachkriegszeit dafür verantwortlich zu machenden Ursachen.

Durch die in Relation zu anderen deutschen Großstädten immer noch geringen Kriegsschäden und den zügig in Angriff genommenen Wiederaufbau behielt die Stadt ihre Anziehungskraft auf Fremde und Zuzugswillige. Die amerikanische Militärregierung wählte sie zu ihrem Standort, und

Bombenschäden in der oberen Humboldtstraße

kurze Zeit später wurde Wiesbaden Hauptstadt des auf Beschluß der Besatzungsmacht vom 8. Oktober 1945 gebildeten Landes Groß-Hessen. Der Zuwachs beziffert sich allein für den Zeitraum von 1946 – 1950 und für die Gemarkung Innenstadt von 105.364 Einwohnern auf 126.188, für das gesamte Stadtgebiet von 187.097 auf 220.741 Einwohner. Die Zahl der Flüchtlinge aus den Ostgebieten betrug 1946 fast 11.000, 1951 war sie auf 22.730 gestiegen.

Erneut und entschiedener als zwischen den Kriegen wandelte sich nach 1945 der Charakter der Stadt. In einem sonderbaren Widerspruch sollte in Zukunft der alte Glanz der historischen Stadtkulisse zum nüchternen Erwerbsleben einer modernen Behördenstadt stehen. Auf der großen Illusionsbühne von einst, die – man erinnere sich an die Worte von Zais – „dem edleren Teil der Menschheit" als poetisches Refugium vor einer als abstoßend empfundenen Wirklichkeit diente, wurde und wird seitdem mehr oder weniger selbstverständlich Prosa gespielt.

Zwar war Wiesbaden zuerst als Residenz der Nassauer, dann als Regierungsbezirk einer preußischen Provinz schon über ein Jahrhundert Verwaltungsstadt, doch überwog bei weitem die Bedeutung als Kurort und exklusive Wohnstadt, die auch das Stadtbild prägte. Dieses begann merklich neue Züge anzunehmen. 1953 entstand am noch unbebauten oberen Nordhang im Weichbild des Villenviertels das erste Gebäude des Bundeskriminalamtes mit einer bald ausgedehnten Wohnsiedlung. Eine Wohnsiedlung für das 1956 jenseits des Gustav-Stresemann-Rings erbauten Statistischen Bundesamtes schließt unmittelbar an das östliche Villengebiet an. In der unteren Lessingstraße selbst wurde das neue städtische Finanzamt errichtet, und in der Friedrich-Ebert-Allee folgten neben dem zweiflügeligen Hochhaus des Innenministeriums das Finanzministerium und das Hauptzollamt.

Parallel zur Ansiedlung der staatlichen Verwaltung kam es zum Bau zahlreicher Büro- und Geschäftshäuser der freien Wirtschaft, und das zum Teil auch in den vormals reinen Wohnanlagen der Villengebiete, wo sie hier und da neue Akzente setzen. Endgültig kündet das den Lauf der Wilhelmstraße machtvoll überragende Hochhaus der Raiffeisen- und Volksbankenversicherungen am Kureck von einer neuen Ära der Stadtgeschichte. Wenige Schritte davon entfernt behauptet sich nicht weniger machtvoll das Kurhaus als Zeuge einer anderen und vergangenen gesellschaftlichen Wirklichkeit.

Im Erwerbsleben des modernen Wiesbaden sind nur noch wenige mit der Kur beschäftigt. Nie mehr hat die Stadt auch nur annähernd die Bedeutung als das führende Weltbad von einst wieder erreicht. An die Stelle von Kur als rauschendem gesellschaftlichem Ereignis ist die medizinische Indikation getreten, an Stelle der von der Kurverwaltung so umworbenen „fashionable world" der Patient der Sozialversicherung und der Landesversicherungsanstalten. Im allgemeinen Fremdenverkehr tritt der Kurgast kaum mehr in Erscheinung. Neue Bedeutung gewann Wiesbaden inzwischen als Kongreßstadt und Einkaufszentrum. Dabei ist es dank seiner städtebaulichen Schönheit und dem Reiz der umgebenden Landschaft attraktive Wohnstadt und beliebter Alterssitz geblieben.

Wie der gesamte Altbau wurden auch die historischen Villen nach dem Krieg in ihrer Wohnqualität lange Zeit gering geschätzt. Bei allgemein verbreiteter Ablehnung des historistischen Bau- und Ausstattungsstils zählte um so mehr der sich anbahnende Standard des Neubaus. Bei weitem nicht alle

Blick auf den Osthang über die Reisinger-Anlage, 1971

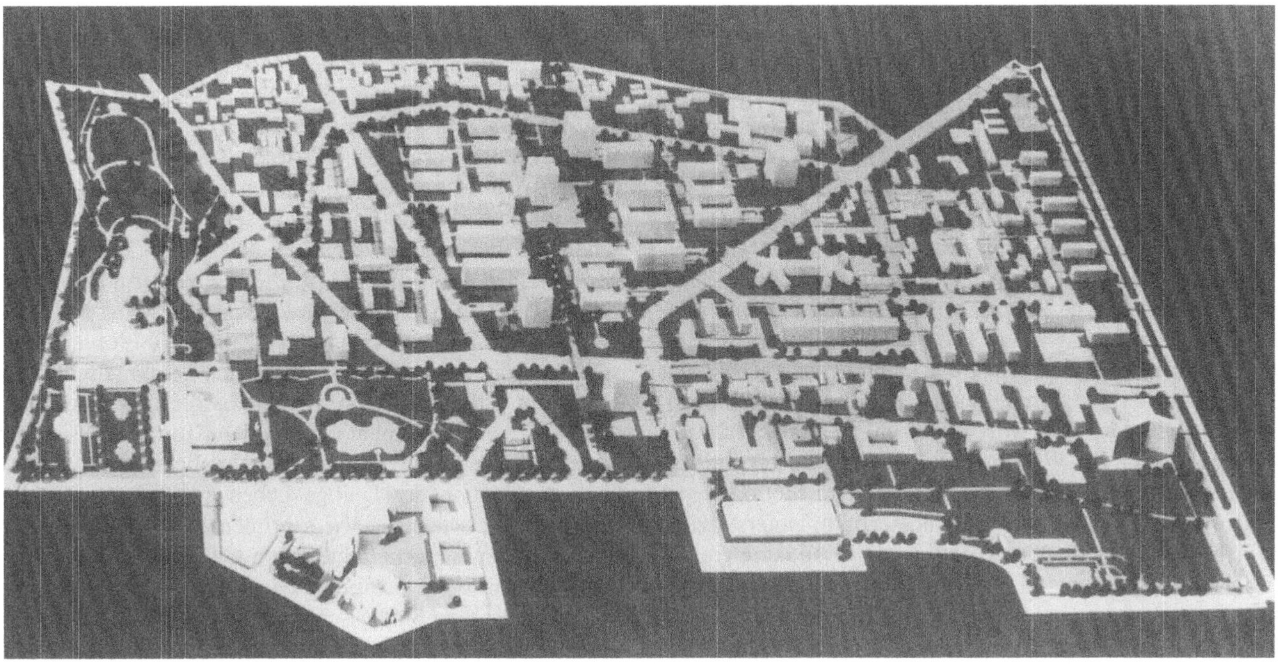

Modellaufnahme der Neuplanung von Ernst May aus Das neue Wiesbaden, Wiesbaden o. J.

Villen verfügten über eine Zentralheizung, Badezimmer wurden meist erst später und anfangs oft notdürftig eingebaut. Mit wachsendem Wohlstand des Wirtschaftswunders waren Abrisse an der Tagesordnung. Die Ersatzbauten sind in den seltensten Fällen erfreulich, aber sie brachten die gewünschte Rendite.

Utopisch muten heute Planungsgedanken der 60er Jahre an, als die städtischen Gremien ernsthaft den totalen Abriß des östlichen Villengebietes erwogen. Als Projekt „City-Ost" sollte der weite Hangbereich nach einem 1961 von Ernst May in Angriff genommenen Plan zum Innenstadt-Erweiterungsgebiet ausgebaut werden. Bei direkter verkehrlicher Anbindung an den Frankfurter Westen durch eine S-Bahnlinie sah der Bebauungsplan 10 – 20geschossige Bürohäuser vor, um weiterem Zuzug privatwirtschaftlicher Verwaltung allen Anreiz zu bieten. Ernst May, der eine „Gesamtstadtplanung" – wie er meinte – im Sinne einer „einwandfreien Lösung für heutige Ansprüche" vorlegte, begriff seine Aufgabe als Städtebauer vorrangig als eine technische. Um gemäß den Zielen der Finanzpolitik der immer noch industrieschwachen Stadt das Steueraufkommen zu erhöhen, sei der reibungslose Ablauf der Wirtschaft zu gewährleisten. „Die Priorität hatten ökonomische Faktoren. Die Planungen wurden nur durch ihre Kosten eingeschränkt, nicht durch andere Gesichtspunkte wie soziale Folgen und Konsequenzen für die Stadtstruktur und das Stadtbild."

Zusammen mit dem May-Plan war von der Technischen Hochschule Zürich ein ebenso technoider „Gesamtverkehrsplan" für ein „autogerechtes" Wiesbaden ausgearbeitet worden, der u. a. große Tangenten und die Mainzer Straße als vierspurige Schnellstraße mit einer Brücke über den Kurpark vorsah. Ersten Ansätzen zur Verwirklichung fiel das städtebaulich besonders reizvolle Bismarckplatz-Rondell zwischen Wilhelmstraße und Frankfurter Straße zum Opfer. Hier und oberhalb der Friedrich-Ebert-Allee zeigten sich durch Eliminierung des hinteren Abschnitts der Kleinen Wilhelmstraße und den Bau eines Hochhauses bald die ersten Maßnahmen von Abriß und Neugestaltung.

Zunächst in seinen Grundlagen akzeptiert und 1963 vom Magistrat Wiesbadens sogar in Buchform veröffentlicht, wurde der May-Plan 1966 erneut in den verantwortlichen Gremien beraten mit dem Ergebnis, „die reine Tertiärnutzung durch eine gesunde Mischung von Wohnungen und Büros" zu ersetzen und das alte Straßennetz beizubehalten. An diesem Konzept orientierte sich der am 23. 10. 1969 bestätigte Flächennutzungsplan.

Erster Protest seitens der Bevölkerung erhob sich angesichts der Zeichen hemmungsloser Spekulationsaktivitäten. Die vorher bei 200,– bis 400,– DM/m² gelegenen Grundstücks-

Die Villa Viktoriastr.5 nach der mutwilligen Zerstörung

preise kletterten quasi über Nacht auf 1000,– bis 1400,– DM/m². Villen, die unter Denkmalschutz standen, wurden abgebrochen, obwohl die Genehmigung ausdrücklich versagt worden war, andere systematisch zerstört und dem Verfall preisgegeben. Vieles an wertvoller Innenausstattung ging verloren. Auf dem Grundstück der Villa Viktoriastr. 5, die später rekonstruiert werden mußte, etablierte sich ein Autofriedhof. „Andere Taktiken der systematischen Zerstörung und Verwahrlosung, um Abbruchgenehmigungen zu erhalten und Häuser zu entmieten, waren vorgetäuschte Hausbesetzungen“ und die Vergabe von Wohnungen an unseriöse Mieter.

Mit zunehmender Empörung der Öffentlichkeit wuchs das Bedürfnis nach Aufklärung, zumal das Beispiel im nördlichen Villengebiet und vor allem im Nerotal Schule zu machen begann. Die Wiesbadener Jungsozialisten organisierten eine Unterschriftensammlung unter dem Motto „Rettet unsere Stadt – jetzt“ und begründeten mit Unterstützung weiterer Kreise eine außerordentlich aktive und erfolgreiche Bürgerinitiative. Am 5. 11. 1971 wurde in der Stadtverordnetenversammlung ein letztes Mal die May'sche Planung diskutiert und im Anschluß von einer breiten Mehrheit endgültig abgelehnt. Die folgende Kommunalwahl brachte der stärksten Fraktion einen Stimmanteil von über 50%. Als einer der Wortführer der Bürgerinitiative übernahm Jörg Jordan das neu begründete Stadtentwicklungsdezernat. Als oberstes Ziel zukünftiger Entwicklung sollte in Zukunft die Wohnfunktion der Innenstadt mit ihren Villengebieten gelten.

Als Wiesbaden 1978 als Landes- und Bundessieger der Großstädte aus dem Wettbewerb „Stadtgestalt und Denkmalschutz im Städtebau“ hervorging, erschien eine vom Dezernat zusammengestellte Dokumentation der „Stadterhaltungspolitik“. Wiesbaden wird darin als hervorragendes Stadtdenkmal des 19. Jahrhunderts vorgestellt; Aufgabe des Denkmalschutzes sei es, dieses Stadtdenkmal zu erhalten. Als „unabdingbar“ für Charakter und Flair der Stadt gelte es, die Villenbebauung zu bewahren. „Diese Erkenntnis“, heißt es weiter, „kann nicht darüber hinwegtäuschen, daß Städtebau mit Villen unzeitgemäß ist. Die Villen sind entstanden aus den Ersparnissen von Menschen, oft ganzen Generationen, die ihr Vermögen in Wiesbaden verzehren konnten, ohne sparen zu müssen. Die Villen waren von Anfang an ‚unwirtschaftlich‘ und konnten es sein.“ Zu besserer Wirtschaftlichkeit sei der gewerblichen Nutzung „– was bereits in bedenklicher Weise geübt wird –“ der Umbau zu eher rentablen Mietshäusern vorzuziehen.

Es ist hier nicht der Ort, um im einzelnen die Probleme aufzuführen, die eine Erhaltung durch den Denkmalschutz erschweren. Tatsächlich zeigt die Praxis die unterschiedlichsten Wege vom nicht mehr akzeptablen Kompromiß bis zum besten Beispiel, Bauwerke und städtebauliche Strukturen der Vergangenheit in das heutige Leben zu integrieren. Über politische Zielsetzungen wie sentimentale Nostalgie hinaus bezweifelt heute niemand mehr den kulturhistorischen Wert der Villen, ihre hervorragende Qualität als Dokument einer großen Epoche der Stadtgeschichte. Immer noch anzutreffenden Vorbehalten gegen ihre ästhetische Qualität ist entgegenzuhalten, daß sie, um verstanden zu werden, an den Wertmaßstäben ihrer eigenen Zeit gemessen werden müssen. Die Vielfalt der malerischen Gestaltung, Form- und Materialreichtum, das Schaffen von Bezügen, Blickpunkten, Rhythmen wie letztlich einer organischen landschaftsbezogenen Einheit überzeugen inzwischen auch den modernen Architekten und Städtebauer. Dem oft spielerisch anmutenden Umgang mit historischen Formen verdankt die sich ihrer Traditionen erinnernde zeitgenössische Architektur wertvolle Anregungen. Der Verlust von Tradition, mitverursacht durch Kriegszerstörung und Neugestaltung der Städte, evoziert die Suche nach unserer kulturellen Vergangenheit. Ihre Bewußtheit ermöglicht, Gegenwart zu verstehen und Zukunft zu antizipieren.

Ansicht von Wiesbaden über die Reisinger-Anlage Richtung Norden, um 1975

Gesamtanlage I: Östliches Villengebiet

Alwinenstraße 1 – 25; 2 – 28
Amselberg 3 – 9; 2 – 6
Augustastraße 1 – 11
Beethovenstraße 7 – 9, 21; 8 – 14
Bierstadter Straße 1 – 23; 2 – 16, 32 – 46
Bingertstraße 1 – 11; 10 – 18
Blumenstraße 1 – 11; 2 – 10
Bodenstedtstraße 3 – 7; 2 – 4, 12
Erathstraße 15
Frankfurter Straße 1 – 5, 17a; 2 – 28, 32, 36
Grünweg 4
Gustav-Freytag-Straße 1 – 33; 2 – 24
Heßstraße 3 – 9; 2
Hildastraße 12 – 18
Humboldtstraße 1 – 17; 2 – 18, 24 – 26
Juliusstraße 3 – 5; 2 – 8
Kleine Frankfurter Straße 1 – 5; 6
Kuranlage (Parkanlage in Verlängerung des Kurparks)
Kurbezirk mit Kurhaus, Brunnenkolonnade, Theaterkolonnade, Theater, Bowling-Green, Kurpark
Langenbeckplatz 3 – 5
Langenbeckplatz (Grünanlage)
Langenbeckstraße 3
Lessingstraße 1 – 13; 4 – 18
Lortzingstraße 3 – 9
Mainzer Straße 15 – 21, 27, 35; 2 – 10, 46/48, 62 – 66
Martinstraße 11 – 17; 10 – 16
Parkstraße 13 – 59, 65 – 69, 89 – 91; 18 – 46
Parkweg 2 – 4
Paulinenstraße 1 – 11; 2 – 4
Rheinstraße 1; 4
Rosenstraße 1 – 9; 2 – 12
Schellingstraße 1; 2 – 6
Schubertstraße 1
Solmsstraße 1 – 3
Sophienstraße 3; 4
Steubenstraße 3 – 11
Theodorenstraße 3 – 11; 4 – 8
Uhlandstraße 3 – 21; 4 – 20
Viktoriastraße 1 – 49; 4 – 20
Warmer Damm
Wilhelmstraße 9 – 19

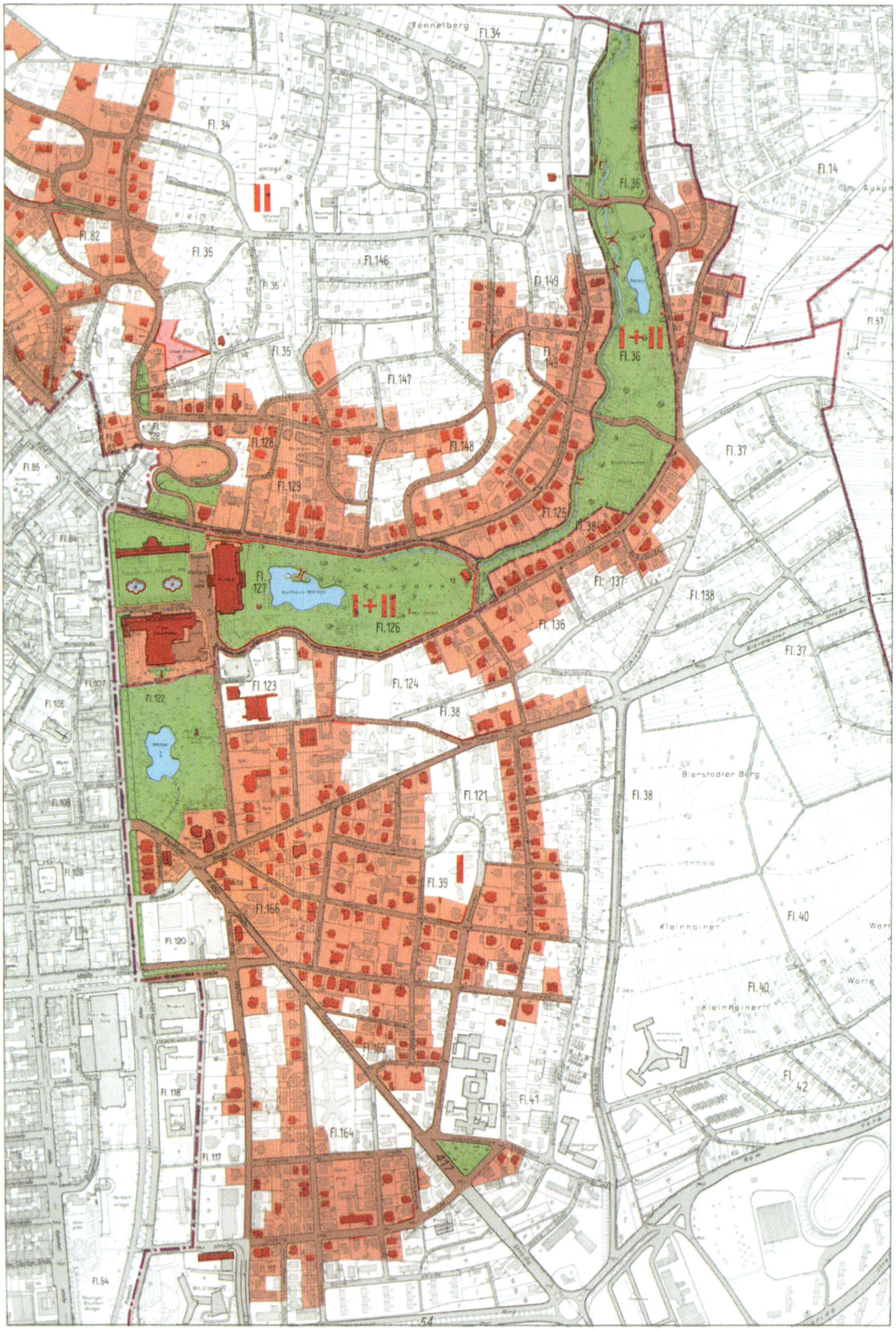

Gesamtanlage I: Östliches Villengebiet

M 1:10000

Luftaufnahme der Gesamtanlage I/Östliches Villengebiet von Westen

Blick über die Theaterkolonnade aus Richtung Norden

Äußere Abgrenzung der Gesamtanlage

Die Gesamtanlage umfaßt das weite Villengebiet östlich von Wilhelmstraße und Warmem Damm und jenseits der Friedrich-Ebert-Allee. Sie wird im Weichbild klar umgrenzt vom Gustav-Stresemann-Ring im Süden und dem Moltkering mit anschließender Fichtestraße im Osten. Die Fortsetzung bildet die Parkstraße, Abschnitte der Bingertstraße, Schellingstraße und des Amselbergs werden miteinbezogen. Die nördliche Grenze überquert die Kuranlage in Höhe der Danziger Straße. Den weiteren Grenzverlauf bildet westlich der am Rand der Kuranlagen verlaufende Chaisenweg und ab der Joseph-von-Lauff-Straße die Sonnenberger Straße.

Fläche der Gesamtanlage

Innerhalb der angegebenen Grenzen ist die Fläche der Gesamtanlage von unregelmäßiger Gestalt. Grundsätzlich wurde sie überall dort ausgewiesen, wo die historische Bebauung von Straßen und auch ganzen Bereichen mit den Grünanlagen von der ehemaligen Gesamtgestalt des Villengebiets zeugen und Stadtbaugeschichte wie Architektur und Wohnkultur des 19. und beginnenden 20. Jahrhunderts im Rahmen des Städtebaus der vergangenen Epochen zur Anschauung bringen. Integriert sind auch die zugehörigen Straßen selbst, in wenigen Fällen über die Bebauung der Gesamtanlage hinaus, wenn sie in ihrer historischen Gestalt unverändert weiterlaufen und charakteristisch im Straßennetz sind.

Die Gesamtanlage umfaßt das durch Bierstadter Straße, Frankfurter Straße und Uhlandstraße gebildete Dreieck nahezu flächendeckend, ebenso das nördlich anschließende Quartier Paulinenstraße, Steubenstraße, Rosenstraße. Der historischen Bebauung gut angepaßte Neubauten können in die Gesamtanlage miteinbezogen werden, so beispielsweise auch das anstelle des ehemaligen Kreishauses um 1950 als Hotel gebaute Verwaltungsgebäude der Firma Didier (Lessingstr. 16/18). Aufgrund von Störungen durch mangelhafte Ersatzbauten vor allem, schließen sich kleinere, in sich dichte Bereiche über „Brücken" oder mit Unterbrechungen an die Kerngebiete an. Dabei bleibt der optische Zusammenhang immer gewahrt. Wo dieser sich aufzulösen beginnt, bleiben vereinzelte Kulturdenkmale aus der Gesamtanlage ausgeklammert.

Weite Bereiche der Gesamtanlage werden von öffentlichen Grünanlagen eingenommen. Dazu gehört neben Kurpark und Kuranlage auch der kurz nach 1890 angelegte Langenbeckplatz mit seiner charakteristischen Dreiecksform. Die Einbeziehung der Grünanlagen ist sinnvoll, da sie – wie im folgenden dargestellt – zum städtebaulichen Konzept des 19. Jahrhunderts gehören. Die schwierige Grenzziehung im Parkbereich erfolgt entlang der Sonnenberger Straße und dem Chaisenweg nicht im Sinne einer Zäsur. Vielmehr verbinden die Parkanlagen, wie noch zu zeigen sein wird, mit ihrer Randbebauung das östliche Villengebiet mit dem nördlichen Villengebiet zu einem organischen städtebaulichen Ganzen. Kurpark und Kuranlage sind für Genese und Gestalt beider Villengebiete wesentlich und werden daher auch in beide Gesamtanlagen miteinbezogen.

Blick von Südwesten, im Vordergrund die Mainzer Straße

Unterteilung der Gesamtanlage
Zur besseren Übersicht läßt sich die großflächige Gesamtanlage in die Sektoren Ia, Ib, Ic unterteilen. Eine sinnvolle Einteilung ermöglicht der radiale Verlauf der vom Stadtzentrum ausgehenden Hauptachsen im Viertel, der Bierstadter Straße und Frankfurter Straße. Während die Bierstadter Straße um 1820 aus dem alten Kloppenheimer Weg hervorging, ersetzte die um 1800 angelegte Neue Frankfurter Chaussee um 1840 endgültig die ehemals weiter östlich geführte Erbenheimer Chaussee. Beide Straßen waren auch im 19. Jahrhundert die Hauptverkehrswege im Viertel.

Topographie und Straßennetz
Die Gesamtanlage erstreckt sich von der Wilhelmstraße, dem Kurbezirk und Warmen Damm ausgehend über den Osthang der Stadt bis zu etwa zwei Dritteln seiner Höhe. Der weite, zunächst mäßig, dann steiler ansteigende Hangrücken ist Ausläufer der Taunusabhänge, die von Tälern durchzogen das im Kessel gelegene Wiesbaden umgeben. Als eine der beiden Hauptachsen im Viertel folgt die Bierstadter Straße dem Anstieg des Hanges in nur wenig nach Nordosten versetzter Richtung. Auf der Nordseite der Bierstadter Straße fällt das Gelände steil zum Tal des Rambachs ab, wo Kurpark und Kuranlage mit der Sonnenberger Straße als Talweg und dem Chaisenweg die zuerst westlich, dann nördlich verlaufende Begrenzung der Gesamtanlage bilden. In südöstlicher Richtung führt schräg zur Hangneigung als zweite Hauptachse die von der Wilhelmstraße ausgehende Frankfurter Straße. Den unteren Hangrücken entlang läuft von der Frankfurter Straße ausgehend die den zweiten Abschnitt der westlichen Grenze der Gesamtanlage beschreibende Mainzer Straße nach Süden.

Die heute zwischen Rheinstraße und Lessingstraße verkehrsberuhigte Mainzer Straße war seit ihrem Entstehen aus dem Mühlweg (um 1850) bis in jüngere Zeit südliche Ausfallstraße. Mit der aus dem „Idsteiner Weg über die Dörfer“ mit einigen Korrekturen im Verlauf hervorgegangenen Parkstraße und der Bierstadter Straße (ehemals Kloppenheimer Weg) gehört die Mainzer Straße zu den historisch gewachsenen Wegen im östlichen Villengebiet. Als Neueröffnung wurde um 1800 die Neue Frankfurter Chaussee und nachmalige Frankfurter Straße angelegt, die ab 1840 die alte Erbenheimer Chaussee ersetzte. Alle anderen Straßen der Gesamtanlage entstanden innerhalb der durch die vier Radialstraßen gebildeten Grundeinteilung neu im Zuge der Villenbebauung zwischen 1840 und 1914.

Die Eröffnung neuer Straßen geschah mit zunehmender Bebauungsdichte sukzessive von Westen nach Osten, also von innen nach außen. Die Disposition der Wege erfolgte nicht nach einem generellen städtebaulichen Konzept, zumal eine Ausdehnung im schließlichen Umfang von 1914 bis weit in die zweite Hälfte des 19. Jahrhunderts nicht vorauszusehen war. Richtungsweisend wirkten vielmehr mehrere aufeinanderfolgende Generalbebauungspläne: 1856 von Carl Boos, 1862 von Carl Friedrich Thelemann, 1871 von Alexander Fach, 1894 von Reinhold Baumeister, 1905 von Karl Frobenius.

Das historische Straßennetz ist weitgehend unversehrt erhalten. Kennzeichnend für seine Anordnung ist das Bemühen, die durch die Radialwege gebildeten Sektoren in der Tradition klassizistischer Rasterplanung rechtwinklig zu gliedern. Streng teilte Fach 1871 in seinem Projekt das gesamte Gebiet bis zur bereits damals geplanten Ringstraße in rechtwinklige Quartiere ein. Dabei wurde der meist gradlinige Verlauf bestehender Feldwege mehrfach in die Planung einbezogen, ebenso Grenzlinien von Gärten und Feldgrundstücken. Gewünscht war die Bildung rechtwinkliger, mit dem Rücken aneinanderstoßender Parzellen, die das Errichten von Villen im „Alignement" (Boos, 1856) ermöglichten. In einigen Fällen erschließen Stichwege tiefer liegende Baugrundstücke, die in der Regel jedoch erst durch spätere Verdichtung entstanden. Nur wenige Straßen weisen Biegungen auf, um die streckenweise schwierige Geländesituation zu bewältigen. Erst ab Mitte der 90er Jahre, als Felix Genzmer Stadtbaumeister wurde, zeigt sich in den Randbereichen der Gesamtanlage die Tendenz zu mehr unregelmäßiger, gekurvter Wegeführung im Sinne eines neu propagierten künstlerischen Städtebaus. Die enge Schleife der Theodorenstraße entstand erst in den 50er Jahren des 20. Jahrhunderts.

Historisch-städtebauliche und baukünstlerische Qualität

Das östliche Villengebiet ist ein Stadtgebiet von seltener städtebaulicher Geschlossenheit. Es umfaßt weite bebaute Flächen und großzügige öffentliche Grünanlagen mit dem Kurbezirk. Das historische Straßennetz ist nahezu ungestört erhalten und vermittelt im straßenräumlichen Eindruck mit der reichen Substanz historischer Villenbebauung, den dazugehörigen Gärten und der Straßengestaltung ein dichtes Bild städte baulicher Kultur des 19. Jahrhunderts.

Innerhalb der durchweg qualitätvollen historischen Bebauung ist die Villa des Historismus in einem breitgefächerten Spektrum vom Spätklassizismus nassauischer Zeit bis zum Neoklassizismus des ausgehenden Kaiserreichs repräsentiert. Die baukünstlerische Vielfalt schafft bis heute ein Erscheinungsbild von hoher wahrnehmungspsychologischer Qualität. Immer wieder anders geartete Gebäude von meist unregelmäßiger, motivreicher Gestalt beleben das Straßen- und Stadtbild. Entscheidend am Zustandekommen der pittoresken Gesamtwirkung beteiligt ist die außerordentliche Materialvielfalt, welche in Korrespondenz mit dem Grün der Gärten, Straßen und Parks lebhafte farbige Werte hervorbringt: Villen aus Werkstein wechseln ab mit Häusern in Ziegeln oder Putz; die Dächer decken Schiefer oder Ziegel, letztere zum Teil bunt glasiert; im Detail gibt es Holz, viel schmückendes Eisen und Ornamentglasscheiben.

Das beim Villenbewohner zugrundeliegende Bedürfnis nach ebenso pittoresker wie unverwechselbarer, individueller Gestaltung des Hauses betrifft auch die Einfriedung der Gärten. Niedrige Sockelmauern aus Naturstein oder Ziegeln mit immer wieder variierter Ornamentik der meist geschmiedeten Gitter und Tore begrenzen die Vorgärten zur Straße in transparenter Weise. Wesentlich ist dem Erleben historistischer Architektur und Stadtgestalt der städtebauliche Gesamteindruck und zwar im Sinne einer auf Stimmungswerte zielenden Ästhetik. Im hohen Maß war der Architekt und Stadtplaner damaliger Zeit für städtebauliche Zusammenhänge sensibilisiert. Die ab der Jahrhundertmitte größtenteils in der Flucht errichteten Villen sind bei meist unterschiedlicher Urheberschaft rhythmisch einander zugeordnet, Eckgebäude übernehmen die Funktion von Merkzeichen, Schwerpunkte im überwiegend geraden Straßenverlauf werden gesetzt, Straßenräume werden durch axial bezogene Gebäude der Querstraßen geschlossen oder durch Nebenräume erweitert, schließlich der Straßenverlauf an topographisch geeignetem Ort akzentuiert. Ein malerisches Gesamtbild zu schaffen bleibt oberstes Gebot. Doch erst das Zusammenwirken von Architektur, Villengarten und Einfriedung mit dem öffentlichen Straßenraum und schließlich den Parkanlagen und Grünflächen schafft den gewünschten Erlebnisraum Villenviertel, dem Kategorien wie Aussicht und Blickbezug selbstverständlich zugehören.

Für das harmonische synoptische Zusammenspiel kommt der historischen Bepflanzung der Villengärten mit Gehölzgruppen, Solitärbäumen und Blumenschmuck eine bedeutende Rolle zu. Härten ausgleichend und Grenzen verschmelzend korrespondiert das Gartengrün mit dem Baumbestand der meist alleeartig gestalteten Straßen. Besonders eindrucksvoll vollzieht sich der Übergang von der bebauten Fläche zu den öffentlichen Parkanlagen, wo in romantisierender Zusammensicht ebenso großzügige wie einmalige städtebauliche Situationen geschaffen wurden.

Panorama von Wiesbaden, Stich nach einer Zeichnung von A. Ditzler, um 1845

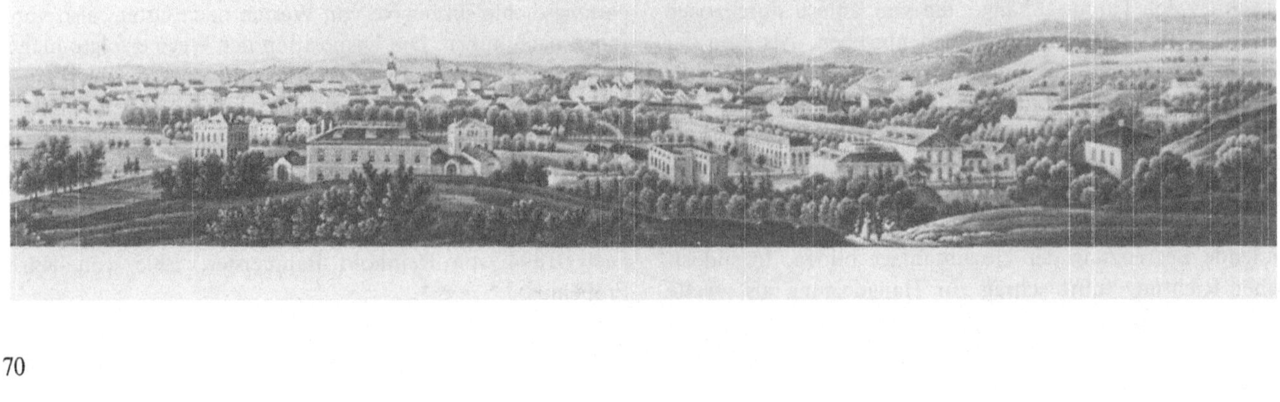

Ansicht von Wiesbaden, Lithographie von Michael Sachs, um 1863

Für eine derartige Konzeption ist bezeichnend, daß 1862 mit der Erstellung eines neuen Generalbebauungsplanes der Biebricher Gartendirektor Carl Friedrich Thelemann beauftragt wurde. Thelemann projektierte das gesamte östliche Villengebiet und daran anschließend den Bereich nördlich von Kurpark und Kurhaus als eine Art bebauten Landschaftspark, wie es 1818 schon Christian Zais in seiner Vorstellung einer möglichen Bebauung des Gebiets vorgeschwebt haben mußte. Fließend sind die Übergänge zu den öffentlichen Grünanlagen mit ihrem kunstvoll malerischen Naturbild in der Tradition englischer Landschaftsparks.

Thelemann war seit 1852 für den 1810 mit dem neuen Gesellschaftshaus angelegten Kurgarten verantwortlich, legte 1859/60 den Warmen Damm an und projektierte bereits die Kuranlagen als den Kurpark fortsetzenden Landschaftspark. 1862 hielt er den Zustand von Kurpark und Warmem Damm in seinem Generalbebauungsplan fest. Im Umfang hat sich seither wenig geändert, während die unregelmäßige Wegeführung gerade beim Kurpark mehrfach neu organisiert wurde (vgl. Kurbezirk, Kurpark) und damit im Zusammenhang die Modellierung des Geländes und Größe und Form der Weiher. Im Verlauf des späteren 19. Jahrhunderts erfolgte Veränderungen der gärtnerischen Gestaltung durch eine Art Überbepflanzung mit plastischen Beeten und vielen exotischen Gewächsen, z. T. in Kübeln, wurden nach dem 1. Weltkrieg zugunsten weiter Grünflächen eliminiert. Leider fielen dieser und späteren Reformen auch die zahlreichen Parkstaffagen zum Opfer, die, als Bauten oder Naturereignisse inszeniert, für das sich mit Vorliebe im Genuß des Phantastischen, Außergewöhnlichen ergehende Publikum von außergewöhnlicher Bedeutung waren. Ein authentisches Bild des Geschmacks der späten historistischen Phase vermittelt ein Gemälde des Bowling-Greens mit Kurhaus von Karl Keim.

Das sich vor dem Kurhaus erstreckende Bowling-Green mit den beiden Schalenbrunnen von G. J. Gerth wird im Zusammenhang mit dem Kurbezirk (Kurhaus, Brunnen- und Theaterkolonnade) genauer betrachtet.

Abschließend sei festgehalten, daß einer derartigen „mit der Phantasie eines Landschaftsmalers" (J. E. Wetzler 1843) geschaffenen Stadtgestalt Aussicht und Blickbezüge – wie schon oben angedeutet – notwendige Kategorien sind. Gerade die schöne Aussicht im Sinne des abwechslungsreichen Panoramas, das für sich schon eine Schöpfung des 19. Jahrhunderts ist, galt als Qualität der Hanglage des östlichen Villengebiets und erklärt auch deren Beliebtheit. Waren es für die unteren Lagen oft markante architektonische Motive oder Bilder der Landschaftsparks, bot sich dem Betrachter mit ansteigender Höhe das eindrucksvolle Panorama der ganzen Stadt mit Innenstadt, Hanglagen und der sie umgebenden freien Taunuslandschaft. Um die Freihaltung der Blickachsen wurde gegen Bauunternehmer wie Baubehörden seitens der Hauseigentümer freilich auch damals oft hartnäckig gekämpft (vgl. im Hess. Hauptstaatsarchiv Wiesbaden u. a. die Korrespondenz unter Abt. 211, Nr. 14238).

Alwinenstraße, Nr. 20 ff.

Bierstadter Straße, Nr. 36 ff.

Kreuzung Bierstadter/Frankfurter Straße

Kreuzung Bierstadter/Gustav-Freytag-Straße

Blumenstraße, Nr. 11 abwärts

Frankfurter Straße, Höhe Nr. 28

Frankfurter Straße, Nrn. 1 u. 2

Kreuzung Frankfurter/Mainzer Straße

Kreuzung Gustav-Freytag-/Uhlandstraße

Kreuzung Frankfurter/Humboldtstraße

Parkstraße über die Kuranlage

Parkstraße an der Dietenmühle

Kreuzung Park-/Heßstraße

Paulinenstraße, Nr. 1 ff.

Uhlandstraße, Nr. 18 ff.

Viktoriastraße, Nr. 41 ff.

Kuranlage

Warmer Damm

Blick von Südwesten, im Vordergrund die sog. Jahn'schen Häuser in der hinteren Mainzer Straße

Dokument der Stadtbaugeschichte und Stadtentwicklung

Das östliche Villengebiet entwickelte sich seit etwa 1840 in den Hanglagen jenseits von Wilhelmstraße und Warmem Damm und oberhalb der Bahnlinie, die parallel zur Mainzer Straße ab der Rheinstraße Richtung Süden verlief. Während gerade entlang der Mainzer Straße zunächst bescheidenere Landhäuser u. a. durch den Architekten und Bauunternehmer Jahn errichtet wurden, entstanden in unmittelbarer Nähe von Kurpark und Warmem Damm anspruchsvollere Landhäuser z. B. hoher nassauischer Staatsbeamter und Militärs wie des Staatsministers Emil Freiherr von Dungern, des Herzoglichen Kammerherrn und Generalmajors Freiherr von Nauendorff, des Oberstleutnant von Rettberg.

Für das engere Gebiet im Bereich der Parkanlagen wurde in den 1850er Jahren der Begriff „Grünes Viertel" geprägt. Vermutlich beinhaltet er den Gegensatz zur kaum Begrünung aufweisenden innerstädtischen Zone. Eine genaue Grenzziehung für das „Grüne Viertel" läßt sich nicht vornehmen. Der Umgang mit der Bezeichnung läßt jedoch vermuten, daß sie mit zunehmender Ausdehnung des Kerngebiets an Paulinenstraße, Gartenstraße (heute Steubenstraße), unterer Parkstraße und Frankfurter Straße für den Osthang zumindest in nassauischer Zeit allgemein gebräuchlich war.

Das „Grüne Viertel" ist sukzessive in dem zu einem großen Ganzen zusammengewachsenen östlichen Villengebiet aufgegangen. Im Erleben der geschilderten historischen Dichte des östlichen Villengebiets als einem bis heute in hohem Maße ansprechenden Wohngebiet wird Stadtgeschichte anschaulich vermittelt.

Wenn spätere Verdichtung und eine Anzahl historischer und neuerer Ersatzbauten die zeitlichen Dimensionen auch vielfach vermischt haben, sind die Strukturen baugeschichtlicher Entwicklung dennoch bis heute nachvollziehbar. Gerade in der Nähe des Warmen Damm, in der unteren Parkstraße, Bierstadter Straße und Frankfurter Straße zeugen eine ganze Reihe spätklassizistischer Landhäuser von den Anfängen des Viertels in nassauischer Zeit. Zuerst wurde vor allem an den Radialwegen gebaut und nach Bebauung der Blumenstraße erst 1892 mit der Uhlandstraße die zweite Querstraße eröffnet. Als letzte Querstraße führt die Alwinenstraße mit angrenzenden Nebenstraßen durch den eklektizistischen Stilpluralismus ihrer Bauten intensiv den Zeitpunkt vor Augen, wo die weite Ausdehnung der östlichen Villenbebauung mit Ausbruch des 1. Weltkriegs ihr Ende fand. Die hier im Durchschnitt kleiner dimensionierten Grundstücke und Gebäude geben Auskunft über zunehmende Knappheit des Bodens, die im Laufe der Zeit enorm gestiegenen Bodenpreise sowie über den Zuzug im Viertel. Die Zuwachsrate an Villen beträgt für das gesamte Gebiet: 1843–1857 = 140%, 1857–1868 = 280%, 1868–1879 = 65%, 1879–1888 = 32%, 1888–1900 = 57%, 1900–1910 = 47%.

Die in der spät bebauten Alwinenstraße meist bescheideneren Villen sind auch Ausdruck einer gewissen sozialen

Umstrukturierung im Viertel. Die Villa im Grünen ist nicht mehr alleiniges Privileg von Aristokratie und Großbürgertum. Davon zeugt auch die jetzt größere Anzahl an Doppelvillen und vor allem die gerade in den oberen Hanglagen vermehrt auftretende Mietetagenvilla von meist dreieinhalb Geschossen gegenüber den üblichen zweieinhalb Geschossen der Einfamilienvilla. Die Einfamilienvilla – in den meisten Fällen bereits nach dem 1. Welkrieg zum Mietetagenhaus umorganisiert – ist der meistverbreitete Typus im Viertel.

Die weite Ausdehnung des Gebiets sowie die hohe Qualität des Villenbaus steht in unmittelbarem Zusammenhang mit der Bedeutung Wiesbadens als Kurstadt und „Ansiedlungsort für wohlhabende Fremde“ (Boos 1856). Die gesamte Stadtplanung des 19. Jahrhunderts seit Christian Zais ist vorrangig auf diese beiden Faktoren gestellt. Noch ausdrücklich zitiert Karl Frobenius in seinem Generalbebauungsplan von 1906: „Wiesbaden ist eine Bade- und Fremdenstadt, deren Erwerbsleben auf die Heranziehung wohlhabender Fremder zu dauerndem oder vorübergehendem Aufenthalt angewiesen ist.“

In unmittelbarem Anschluß an die Kur- und Parkanlagen bot das östliche Villengebiet der von Stadt- und Kurverwaltung anzusprechenden „fashionable world“ – wie der beliebte Begriff zur Charakterisierung der gehobenen Gesellschaftsschicht lautete – die gewünschten Wohnverhältnisse. Und das heißt im damaligen Verständnis von Adel und Finanzaristokratie exklusive Abgeschiedenheit von der nicht lebenswerten Prosa einer erwerbsorientierten und zunehmend industrialisierten Alltagswelt. „Mit der Phantasie eines Landschaftsmalers“ (Wetzler 1843) sollte der freilich schon durch den Kurstadtcharakter außergewöhnliche Wohnort gestaltet sein, zum sich Ergehen im ständigen Genuß eines stimmungsvollen Gesamteindrucks. 1857 urteilte eine Besucherin: „Diese herrliche Vorstadt geschmackvoller, mit Anlagen umgebener Villen verleiht dem Bade die Vorzüge eines ländlichen Aufenthalts neben dem der eleganten Weltstadt“. Die wenigen Gewerbebetriebe östlich der Wilhelmstraße, die Pletzmühle und eine Ziegelhütte, mußten schon bei Anlage des Warmen Damms den neuen Vorhaben weichen. Bestehen blieb lediglich die 1850 begründete Felsenkeller Bierbrauerei mit Ausflugslokal in der Bierstadter Straße (vgl. im Katalog der Kulturdenkmale Alwinenstr. 3).

Charakteristisch spiegelt die Vielfalt der historischen Villenbebauung die kosmopolitische Situation am Ort. Vor allem weitet sich das Spektrum mit der Preußischwerdung Nassaus und in der folgenden Gründer- und Kaiserzeit durch den starken Zuzug von Kapitalrentnern aus dem ganzen Reich und nicht selten aus dem europäischen Osten und den westlichen Nachbarländern. Kennzeichnend für den Wiesbadener Villenbau ist die fast durchweg konservative Baugesinnung. Während der Jugendstil im östlichen Villengebiet so gut wie nicht vorkommt, ist die altertümelnd renaissancistische oder gotisierende Bauweise noch bis nach 1900 anzutreffen. Der einstigen unprätentiös heiteren Ästhetik nassauischen Landhausbaus steht schließlich der Pomp einer vorrangig auf Repräsentation gestellten Zeit unter den Hohenzollernkaisern gegenüber, als Wiesbaden als „Königin

Das von L. Modrow entworfene Augusta-Viktoria-Bad und das Hotel Kaiserhof (beide kriegszerstört)

der Bäder" eine Ära unvergleichlicher Prosperität erlebte. Damals zählte Wiesbaden stolz die meisten Goldmarkmillionäre im Deutschen Reich und wurde der Osthang „Millionärshügel" genannt.

Das östliche Villengebiet wäre freilich nur unzureichend beschrieben, ohne Erwähnung seines Anteils an kleinen Hotels, Kurpensionen und balneologischen Einrichtungen. Auch die Pensionen hatten Villencharakter und trugen Namen wie Villa Stolzenfels, Villa Eden oder Villa Florence. Die kleineren Hotels im Viertel wurden der Villenbebauung angepaßt. Das großartige Viktoriabad, das anstelle des heutigen Sternhotels zwischen Frankfurter Straße und Viktoriastraße stand, fiel den Bomben des 2. Weltkriegs zum Opfer. Erhalten ist die um 1890 erbaute Kaltwasserheilanstalt Dietenmühle in der hinteren Parkstraße (vgl. Parkstr. 44/46 im Katalog der Kulturdenkmale). Sie unterliegt heute ebenso einer anderen Nutzung wie die meisten der ehemaligen Kurpensionen und Hotels.

Alwinenstraße

1890 zur Erweiterung des östlichen Villengebiets eröffnet. Benannt nach Alwine Seyd, Frau des Bauunternehmers Josef Seyd.

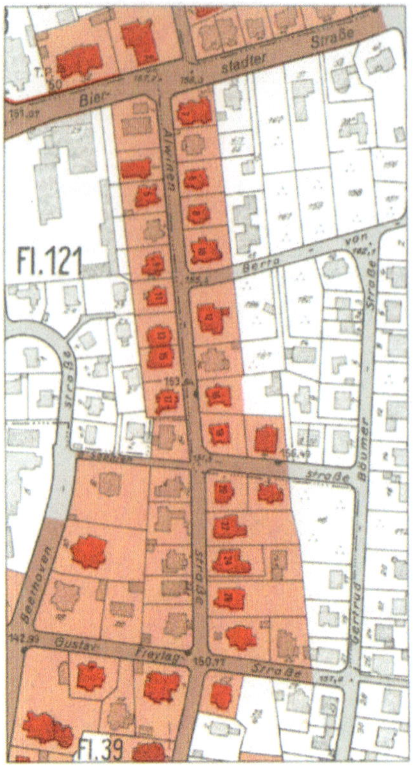

Alwinenstr. 2/Bierstadter Str. 31
Doppelvilla
Fl. 38 Flst. 495/62; 496/62

Bauantrag: 8. 4. 1893
Antragsteller: Gebr. Wendenius
Architekt: Wilhelm Wendenius

Durch Risalite und altanartige Vorbauten pittoresk gegliederter Baukörper mit städtebaulich markantem Eckturm über polygonalem Grundriß. Die barockisierende Zwiebelhaube mit Laterne und Wetterfahne überragt das vielgestaltige Dach mit seiner abschliessenden Galerie. Renaissancistisch altertümelnd wirken die hohen, zur Bierstadter Straße mit einmündender Bodenstedtstraße ausgerichteten Frontispize. Sie stimmen stilistisch überein mit dem üppigen beschlagwerkartigen Dekor im Bereich der Fenstereinfassungen. Die Holzkonstruktion der seitlichen Veranda und des zur Alwinenstraße orientierten Wintergartens dagegen vermittelt ländliches Flair. Durch unterschiedliche und z. T. falsche Behandlung erscheinen die beiden Doppelhaushälften nicht als gewünschte Einheit. Die Konzentration der gestalterischen Mittel liegt auf der rechten Gebäudehälfte als unmittelbar auf die Ecksituation bezogen. Der Eckturm ist von selten intaktem Erhaltungszustand. Im Verlauf der Bierstadter Straße figuriert er als Erkennungszeichen nach Erreichen der Anhöhe und signalisiert die abzweigende Nebenstraße. Bei Alwinenstraße 2 ist die Einfriedung aus Ziegelmauer bzw. -pfosten mit Dekoreisenteilen größtenteils erhalten.
Kulturdenkmal aus städtebaulichen und künstlerischen Gründen.

Alwinenstr. 3
Fl. 121 Flst. 18/30

Erbaut: um 1860
Umbau: 1891, Antrag durch Schreinermeister Philipp Moog und August Willms, Privatier.
Ausführender: Heinrich Wollmerscheidt

Aus dem landhausartigen Restaurationsgebäude der benachbarten Felsenkeller-Bierbrauerei (1982 abgeräumt) hervorgegangene Mietetagenvilla. Der giebelständig zur Straße stehende rechteckige Baukörper mit Satteldach hat seine schlichte spätklassizistische Gliederung behalten. Als Ausdruck der pittoresken Bauweise der 90er Jahre erfolgte die Anlage eines rechteckigen Diagonalturms im Cottage-Stil. Modern muten seine großen Fenster in EG und 1. OG an. Auch der gußeiserne Balkonvorbau über gemauertem Sockel wurde 1891 angefügt und auf der gegenüberliegenden Seite ein Trakt für das Treppenhaus vorgebaut. Als Kopfbau der rechten Bebauungsfolge der Alwinenstraße ist die Villa auch in unmittelbarer Nähe der Straßenkreuzung Bierstadter Straße von städtebaulicher Bedeutung. Der wertvolle alte Baumbestand im Garten vermittelt eine parkartige Atmosphäre. Sehr störend erfolgte der Anbau der Garagen.
Kulturdenkmal aus künstlerischen, stadtbaugeschichtlichen und städtebaulichen Gründen.

Alwinenstr. 5
Fl. 121 Flst. 18/31

Bauantrag: 7. 9. 1891
Antragsteller: Adolf Lautz, Architekt
Architekt: ders.

Kubische Ziegelvilla mit flachem abgewalmtem Dach, die durch asymmetrische Risalitgliederung zu malerischer Wirkung gebracht wird. In der Blickachse der gerade eingemündeten Alwinenstraße behauptet sich der Eckrisalit mit polygonalem Balkonvorbau in Sandstein als städtebaulich ansprechendes Motiv. Die Ländlichkeit evozierenden Satteldächer der Risalite verbinden sich pittoresk mit der renaissancistischen Formgebung. Ganz italienisierend wirken die friesartig im Mezzanin verlaufenden Felder mit Sgraffiti vortäuschenden Motiven zwischen metopenhaften Fenstern. Ebenfalls ein Sgraffito-Motiv gliedert die fensterlose Wand des nördlichen Risalits. Im ganzen beeindruckt die Geschlossenheit des Entwurfs. Die Originaleinfriedung mit Ziegelmauer und -pfosten und Eisengitter und -tor ist erhalten.
Kulturdenkmal aus künstlerischen und städtebaulichen Gründen.

Alwinenstr. 6
Fl. 38 Flst. 365/62

Bauantrag: 23. 8. 1900
Antragsteller: Fritz Arens, Architekt
Architekt: ders.

Eine der bescheidener dimensionierten Villen der Alwinenstraße mit pittoresker Fassadengestaltung bei vorwiegend der Gotik entlehnten Stilmerkmalen. Eine malerische Besonderheit des Gebäudes ist die steinerne Maßwerkbrüstung des über seine ganze Breite verlaufenden Altans. Gegenüber einer gewissen Zartgliedrigkeit im ganzen erscheint sie als plastisches Element. Die erhöhte Lage der Villa in Verbindung mit dem auf die Blickachse der Straße bezogenen Erkermotiv begründet ihre städtebauliche Qualität. In der Reihe der Villen der 90er Jahre ist der Bau der einzige im gotisierenden Stil. Als solcher ist er ein anschauliches Beispiel für die freie Verfügbarkeit der historischen Baustile im Rahmen des Stilpluralismus der Epoche. Von der ursprünglichen Einfriedung mit hoher Stützmauer ist das zierliche Eisengitter nebst Tor erhalten.
Kulturdenkmal aus künstlerischen und städtebaulichen Gründen.

Alwinenstr. 8
Fl. 38 Flst. 329

Bauantrag: 12. 9. 1896
Antragsteller: Franz Woas, Regierungsbaumeister
Architekt: ders.

Besonders verspielter Villenbau mit seitlichem Turm mit Belvederegeschoß, das Dach in Landhausmanier mit farbig glasierten Ziegeln und Gaupen im Schweizerhausstil. Die Fassade mit stark plastischer Gliederung vor planen Wandflächen ist mit Orientierung an Renaissance, Barock und Rokoko durchaus auf pomphafte Wirkung angelegt. Selten ist der durch Verschachtelung schräg angelegte Eingang unter einem sphärischen Bogenmotiv. Die Stilklitterung wie die Verbindung unterschiedlichst besetzter Motive ist beispielhaft für die späte eklektizistische Phase des Historismus. Die Evokation ländlich idyllischer Werte tritt vor dem Repräsentationshabitus zurück, der auf Häufung feudalistischer Stilzitate beruht. Letzteres gilt auch für die aufwendige Einfriedung: eine hohe Stützmauer aus Naturstein und Ziegel, darüber eine Balustrade bzw. Dekorgitter. Im Eingangsbereich des Gartens, seitlich der Treppe, finden sich Reste der ursprünglichen grottenartigen Gestaltung.
Kulturdenkmal aus künstlerischen und baugeschichtlichen Gründen.

Alwinenstr. 9
Fl.121 Flst. 18/33

Bauantrag: 20. 4. 1891
Antragsteller: Moog & Willms
Architekt: Karl Schultze
Inschrift: „Villa Johanna" an der Eingangsseite

Villa im spätklassizistischen Modus in der Tradition der Berliner Schinkel-Schule. Durch Zurücknahme einer Gebäudeecke und Einstellung eines Turmes mit Belvedere erinnert sie an Villen von Persius. Für die 90er Jahre eine bemerkenswerte retardierende Architektur, die für den konservativen Geschmack der Käuferschicht (die Villa wurde von Bauunternehmern zum Verkauf erstellt) symptomatisch ist. Aus der Plastizität der Gliederung wie bestimmten barockisierenden Formen (Loggiabrüstung im EG, Dachgaupe) wird die späte Bauzeit freilich ersichtlich. Dem Eingang wurde ca. 10 Jahre später ein kunstvoller Windfang mit Jugendstilverglasung vorgebaut. Die wertvolle Innenausstattung der Räume im Neorenaissance-Stil ist gut erhalten. Städtebaulich ist die Villa für die Blickachse der schräg gegenüber einmündenden Bertha-von-Suttner-Straße von Bedeutung.
Kulturdenkmal aus künstlerischen, baugeschichtlichen und städtebaulichen Gründen.

Alwinenstr. 10
Fl. 38 Flst. 163

Bauantrag: 19. 7. 1904
Antragsteller: Franz Berger
Architekt: ders.

Durch Risalitbildung und polygonalen Eckturm unregelmäßig gegliederter Villenkubus zu 2½ Geschossen über hohem Ziegelsockel. Der Eindruck pittoresker Vielgestalt wird neben den unterschiedlichen Fensterformen durch Balkone, einen Verandavorbau (auf der Rückseite) oder Motive wie Lukarnen verstärkt. Im Rahmen der Wandflächengliederung durch verschiedene Putzqualitäten ist die Tendenz zur großzügigen, zusammenfassenden Form festzustellen. Im Ornament zeigt sich vielfach ein Zug zur Reduktion, auch in der Gestaltung der Balkongitter. Das durch seine Größe in der Kette der bescheidener dimensionierten Villen der Alwinenstraße auffallende Eckgebäude repräsentiert den um 1900 an Bedeutung gewinnenden Typus der Mietetagenvilla. Zusammen mit der Nr. 12 (vgl.) flankiert der Bau die Einmündung der Bertha-von-Suttner-Straße in bereichsprägender Weise. Mit dem roten Ziegelsockel des Putzbaus korrespondiert die Ziegelmauer der Einfriedung mit ihren künstlerisch wertvollen Jugendstilgittern. Das Gartentor wie die über eine Freitreppe zu erreichende Eingangstür ist erhalten.
Kulturdenkmal aus künstlerischen und städtebaulichen Gründen.

Alwinenstr. 11
Fl. 121 Flst. 18/34

Bauantrag: 8. 9. 1890
Antragsteller: J. Seyd, Rentner
Architekt: Schellenberg & Jacobi

Asymmetrisch gegliederte Villa in spätklassizistischer Tradition mit vorkragendem Dach im Schweizerhausstil. Besonderer Schmuck des Gebäudes ist der repräsentative Balkonvorbau, der den seitlichen Risalit körperhaft akzentuiert. Seine schmiedeeisernen Gitter mit Blumenhalterung sind von hervorragender Qualität. In der Blickachse der Bertha-von-Suttner-Straße signalisiert die Villa die Ästhetik des historistischen Straßenraums. Sie wäre unvollständig ohne ihren Vorgarten und die Einfriedung beschrieben: ein zeittypisches Dekoreisengitter mit geschmiedeten Rankenmotiven und das entsprechende Tor.
Kulturdenkmal aus künstlerischen und städtebaulichen Gründen.

Alwinenstr. 12
Fl. 38 Flst. 188

Bauantrag: 8. 4. 1893
Antragsteller: Franz Berger
Architekt: ders.

Als Eckgebäude und Typus der großen Mietetagenvilla städtebauliches Pendant zur Alwinenstr. 10 (vgl.). In der durch Risalite und Ecktürme gegliederten Anlage des Baukörpers und der daraus resultierenden pittoresken Dachlandschaft sowie in der Varietät der Fensterformen zeigt sich die gemeinsame Urheberschaft. Stilistisch orientierte sich Berger hier mehr an altertümelnden Formen bei grundsätzlich konservativerem Gesamtkonzept mit symmetrischer Fassade. Für die Zeit charakteristisch ist das landhausartige Dach auf Holzkonsolen. Das Gebäude zeichnet sich durch einen guten Erhaltungszustand besonders im Dachbereich aus. Im ornamentalen Detail tauchen vegetabilische Jugendstilformen auf. So vor allem in den Schmiedeeisenarbeiten wie bei Eingangsüberdachung, Treppengeländer, Türgitter. Auch die Einfriedung zieren gliedernde Motive des Jugendstils. Bis auf das Tor ist sie mit ihren mächtigen Pfosten erhalten. Die Innenausstattung bewahrt u. a. wertvolle historisierende Stuckdecken.
Kulturdenkmal aus künstlerischen und städtebaulichen Gründen.

Alwinenstr. 13/15
Doppelvilla
Fl. 121 Flst. 18/35; 18/36

Bauantrag: März 1892
Antragsteller: Schellenberg & Hanson
Architekt: Alfred Schellenberg

Die Doppelvilla verwendet einen Reihenhaustyp norddeutscher bzw. englischer Herkunft. Markant sind jeweils zwei spitzgieblige Risalite. Der rechte und schmalere nimmt das Treppenhaus auf. Vorherrschend ist ein gotisierender Zug; dazu treten in beliebter Stilmischung barockisierende Balkone oder ein spätklassizistischer Verandavorbau, im 1. OG mit zierlicher eiserner Überdachungskonstruktion in der dekorativen Art des Manierismus. Ziel der Gestaltung ist das pittoreske Erscheinungsbild, der reiche Gesamteindruck. Dabei war auch beim Doppelhaus die einfache Wiederholung nicht gewünscht. Im einzelnen beeindruckt bei den gut erhaltenen Bauten die feine Versprossung der Treppenhausfenster, die auf der rechten Seite noch die farbigen Gläser im Rand des Bogenfeldes aufweisen. Auch die renaissancistischen Eingangstüren sind mit ihren Überdachungen original. Das Bild wird vervollständigt durch die in beiden Teilen erhaltene Einfriedung: eine Ziegelmauer mit hohen, gotisierend überdachten Pfosten, Dekorgitter und Tore mit dekorativem Aufsatz.
Kulturdenkmal aus künstlerischen und siedlungsgeschichtlichen Gründen.

Alwinenstr. 16
Fl. 38 Flst. 335/62

Bauantrag: 5. 3. 1898
Antragsteller: Franz Berger, Architekt
Architekt: ders.

Kleinere Villa mit Mansarddach, die durch einen eckigen Diagonalturm mit barockisierendem Helm einen wirkungsvollen pittoresken Akzent erhält. Als Motiv ist der Turm für die Abseite mit Veranda im EG und für die straßenseitige Fassade gleichermaßen wirksam. Die Hauptfassade gliedert zudem ein altanartiger Vorbau mit überdachtem Balkon in gewünschter vielgestaltiger Weise. Seine rote Sandsteinbalustrade ist wie die Sandsteineinfassungen der Fenster von starker Plastizität. Die Rustizierung des als Beletage gekennzeichneten EG dürfte als reliefierter Hintergrund zu ergänzen sein. Ebenso die Eckrustizierung des Turms. Einen anschaulichen Vergleich bietet die ebenfalls von F. Berger stammende Villa Alwinenstr. 12 (vgl.). Die Einfriedung mit Ziegelmauer und -pfosten und ornamentiertem Eisengitter wurde z. T. vereinfachend erneuert.
Kulturdenkmal aus künstlerischen Gründen.

Alwinenstr. 17
Fl.121 Flst. 18/37

Bauantrag: 13. 4. 1891
Antragsteller: J. Seyd, Rentner
Architekt: Karl Schultze

Bewegt gegliederter Villenbau, den Karl Schultze für den Bauunternehmer Seyd in einem strengeren spätklassizistischen Modus erbaute als die Villa Alwinenstr. 9 (vgl.). Angesprochen wurde damit eine betont konservative Käuferschicht, die vermutlich auf den Traditionsbezug zur Berliner Schule Wert legte. Schultze handhabt die mit der Stilwahl vorgegebenen Möglichkeiten mit großer Sicherheit. Die straßenseitige Fassade gliedern ein seitlicher Risalit und ein Portikus im Rücksprung. Zum Tal mit Wirkung für die Südseite ist ein Diagonalrisalit angeschoben. Im EG wurde leider die Spundierung des Putzes eliminiert. Die elegante Gliederung im 1. OG mit Beletagecharakter rahmt die Fensterachsen durch Pilaster; die Fenster sind mit einer gradlinigen Verdachung versehen, ihre Brüstungen sind verlängernd betont. Auf der Eingangsseite wird die fensterlose Wandfläche im 1. OG durch ein Medaillon nach Thorwaldsen geziert. Die Einfriedung mit einfachem Eisengitter ist z. T. original erhalten.
Kulturdenkmal aus künstlerischen Gründen.

Alwinenstr. 18
Fl. 38 Flst. 62/1

Bauantrag: 20. 10. 1890
Antragsteller: Gustav Panthel, Schlossermeister
Architekt: Schellenberg & Jacobi

Barockisierender Villenkubus mit französischem Einschlag, der in seinem preziösen Charakter Palaisvorstellungen evoziert. Die beiden straßenseitigen Fassaden sind symmetrisch auf die risalitartige Gestaltung der abgefasten Ecke bezogen, die sich diagonal zum Straßenraum Alwinenstraße orientiert. Als Eckbau ist die Villa das Pendant zur ähnlich angelegten Alwinenstr. 20 (vgl.), die vom selben Architekturbüro stammt. Die beiden Villen flankieren, barocken Flügelbauten vergleichbar, die Einmündung der Sophienstraße. Beeindruckend ist die Geschlossenheit des Entwurfs. Die stark plastische Gliederung gipfelt in der pompösen Einfassung des Ovalfensters im Eckgiebel des Mansarddaches. Im Rahmen des üppigen Dekors stehen Details wie die ganz organisch aufgefaßten Dachfenster (Zinkverblendung) für die Sorgfalt des Entwurfs. Bedauerlich die in jüngster Zeit erfolgte Modernisierung der Einfriedung. (Zu ihrem ursprünglichen Erscheinungsbild vgl. die Einfriedung Alwinenstr. 20).
Kulturdenkmal aus städtebaulichen und künstlerischen Gründen.

Alwinenstr. 20
Fl. 39 Flst. 117/16

Bauantrag: 12. 8. 1890
Antragsteller: Heinrich See, Rentner
Architekt: Schellenberg & Jacobi
Umbau: 1913 Antragstellung

Auf Diagonalsicht angelegte Villa in Ecklage, städtebauliches Pendant zur Alwinenstr. 18 (vgl.) bei gleicher kubischer Konzeption und ursprünglich barockisierender Gestaltung mit französischem Einschlag. Einen Eindruck der ehemals üppigen Ornamentik vermittelt der Frontispizdekor über dem Eckrisalit. 1913 erfolgte der Umbau mit zeittypischer Tendenz zu klassizisierender Einfachheit. Ein durch Säulen gegliederter Vorbau mit Exedra wurde dem Mittelrisalit angefügt, wodurch die zur Alwinenstraße orientierte Seite größeres Gewicht erhält. Auch das Innere wurde 1913 im neoklassizistischen Stil erneuert. Sehr gut erhalten ist das Entree mit Marmorinkrustation vor der vertäfelten großen Diele mit Übergang ins Treppenhaus. Die Einfriedung aus der Erbauungszeit zeichnet sich durch eine polygonale Mauerwange mit liegendem Ovalfenster aus, die mit Betonung der diagonalen Blickachse malerisch im Straßenbild wirkt. Der Vorgarten läßt die Anlage von vor dem 1. Weltkrieg erkennen.
Kulturdenkmal aus städtebaulichen Gründen und durch den befriedigend gelösten Umbau und die Werte der Innenausstattung auch wegen der künstlerischen Bedeutung.

Alwinenstr. 22
Fl. 39 Flst. 16/5

Bauantrag: 29. 7. 1892
Antragsteller: Josef Wittmann
Architekt: ders.

Durch den Beaux-Arts-Stil inspirierte Villa mit der für den folgenden Abschnitt der Alwinenstraße typischen Tiefenerstreckung bei relativ schmaler Fassade. Dabei entsteht durch Staffelung der Baumassen im Bild des Straßenraums ein fast würfelförmiger Eindruck. Die wohlproportionierte Fassade mit Rustizierung und renaissancistischer Gliederung (bei Verwendung präfabrizierter Teile) ist von stark plastischer Qualität im Vergleich zu den nur durch Fensterachsen unterbrochenen Langseiten. Besonders dekorativ wirkt das Glasdach über der Terrasse im EG mit lebhafter ornamentierter Eisenkonstruktion. Das ganz auf Fassadenwirksamkeit angelegte Gebäude repräsentiert die sog. Reihenvilla, die als freistehendes Wohnhaus im Grünen nur mehr den vorgeschriebenen Abstand zum Nachbargebäude einhält. Von der Einfriedung sind das ornamentierte Stabgitter und die hohen Sandsteinpfosten erhalten. Die Tore sind erneuert.
Kulturdenkmal aus künstlerischen und baugeschichtlichen Gründen.

Alwinenstr. 24
Wohnhaus des Joseph von Lauff
Fl. 39 Flst. 16/2

Bauantrag: 5. 11. 1892
Antragsteller: Joseph Wittmann
Architekt: ders.

Die ebenfalls von Wittmann auch als Bauunternehmer erstellte Villa variiert den Typ der kleineren Villa im Beaux-Arts-Stil mit der Konzentration aller Schmuckform auf die Fassade. Im ganzen üppiger ist die sandsteinverkleidete Fassade gegliedert. Vor allem der zur Villa Nr. 22 (vgl.) spiegelbildlich angeordnete Risalit ist durch den Balkonvorbau mit steinernen Balustraden besonders ausdrucksstark. Die qualitätvolle Ornamentik ist z. T. skulptiert. Die üppige Rahmung der Giebelfenster besteht aus skulptierten Haustein vortäuschender Zinkblechverkleidung. Der Renaissancecharakter des Gebäudes bleibt auch in der über eine seitliche Freitreppe zu erreichenden Haustür gewahrt. Die schwere Einfriedung mit hohen Sandsteinpfosten, Tür, Tor und Gitter in geschmiedetem Eisen ist erhalten und unterstreicht den Aspekt des Dekorativen.

Die Villa bewohnte von 1901–1923 der Dichter Joseph von Lauff. Im EG ist eine Gedenktafel mit reliefiertem Portrait und entsprechender Inschrift angebracht.
Kulturdenkmal aus künstlerischen und historischen Gründen als Wohnhaus einer bedeutenden Persönlichkeit.

Alwinenstr. 26
Fl. 39 Flst. 284/16

Bauantrag: 1. 11. 1900
Antragsteller: H. Gräfinghoff
Architekt: Adolf Lautz
Umbau: 1906 Verandavorbau

Orangefarbene Ziegelvilla mit Sandsteingliederung, die durch Staffelung der Baumasse trotz ihrer Tiefe zur Straßenseite eher als konzentrierter Kubus in Erscheinung tritt (vgl. Nr. 22 u. 24). Als einziges Ziegelgebäude in der Reihe dokumentiert sie Beliebigkeit und pittoreske Qualität historischen Villenbaus. Formen des Spätklassizismus und der Renaissance verbinden sich zu einem pluralistischen Modus in der Tradition der 80er Jahre. Eine gewisse Zierlichkeit der Gliederung, die auch der spätere Balkonvorbau wahrt, scheint das große Volumen der Villa zu leugnen. Wie bei den Nachbarvillen Nr. 22 und 24 ist der Eingang seitlich zurückgesetzt. Das hohe Sockelgeschoß bedingt die Anlage einer Freitreppe. Die Eingangsverdachung ist gut erhalten. Die Einfriedung mit Ziegelmauer und -pfosten und schlichtem Stabgitter ist in Teilen reduziert.
Kulturdenkmal aus künstlerischen Gründen.

Alwinenstr. 28
Fl. 39 Flst. 159/16

Bauantrag: 2. 5. 1896
Antragsteller: J. de Fries, Rentner
Architekt:

Villa in spätklassizistischem Modus, die mit ihrem großartigen Belvedere als Eckbau eine markante Position im Straßenbild einnimmt. Die zweiteilige Fassadengliederung zur Alwinenstraße schafft eine nur leichte Asymmetrie durch Vorziehen der linken Fensterachse und ihre Betonung durch einen altanartigen Vorbau mit Balkon für das 1. OG. Sehr schlicht erscheint gerade im Verhältnis zu den dreiteiligen Fenstern mit großzügiger tektonischer Einfassung das flache Schieferwalmdach mit seinen einfachen Dachgaupen. Im Ganzen dominiert der Zug zur streng kubischen Gestalt, die dem Gebäude einen hoheitsvollen Habitus verleiht. Die betont konservative Stilgebung perpetuiert den Spätklassizismus (vgl. Alwinenstr. 9 u. 17), während gleichzeitig das wilhelminische Neobarock als Epochenstil figuriert.
Kulturdenkmal aus städtebaulichen und künstlerischen Gründen.

Augustastraße

1884 zur Erweiterung des östlichen Villengebiets eröffnet. Benannt nach Kaiserin Augusta, Gemahlin Kaiser Wilhelms I.

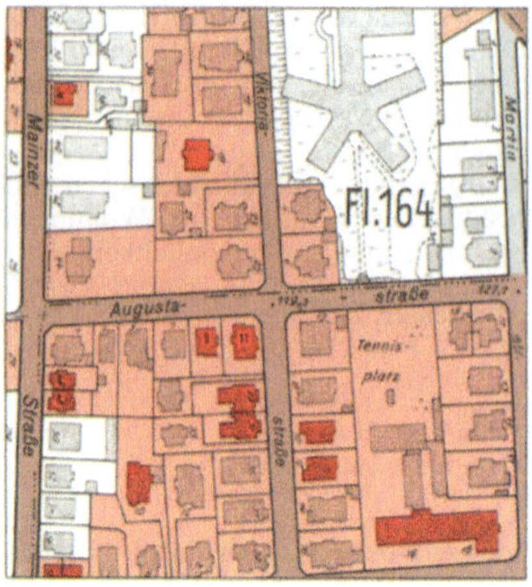

Augustastr. 9
Fl. 41 Flst. 434/144

Bauantrag: 19. 6. 1891
Antragsteller: Wilhelm Runge
Architekt: ders.

Villa in klassizistischer Tradition mit asymmetrischer Fassade. Mit turmartig überhöhtem Risalit erscheint sie als letzter Ausläufer der Turmvilla der Schinkel-Schule (Persius, Strack). Die Plastizität der Gliederung mit markanter Eckrustika und körperhaft empfundenem Verandavorbau zeigen die Brechung durch die Rezeption der italienischen Renaissance-Architektur in den 70er Jahren. Allein das Turmgeschoß mit seiner eher graphischen Gliederung bewahrt die strengere Form der Vorläufer. Charakteristisch für die 90er Jahre ist die Konzentration von Gliederung und Dekor auf die straßenseitige Ansicht. Die aufgrund der dichten Bebauung kaum sichtbaren Abseiten sind nur in ihrer ersten Fensterachse durchgestaltet. Im ganzen ein repräsentativer Entwurf, der gegenüber der vorwiegend altdeutschen und neobarocken Bauweise der Zeit die Beliebigkeit in der Wahl der Baustile vor Augen führt. Im Inneren beeindruckt eine Eichentreppe mit gedrechseltem Geländer. Die Räume bewahren die originale Ausstattung mit Deckenstuck u. a. Die ursprüngliche Einfriedung – in Bogenform angelegte Gitterabschnitte zwischen Gußpfosten – ist größtenteils erhalten.

Kulturdenkmal aus künstlerischen Gründen und wegen der bereichsprägenden Bedeutung in der durch Neubauten stark veränderten Straße aus städtebaulichen und stadtbaugeschichtlichen Gründen.

Augustastr. 11
Fl. 41 Flst. 475/145

Bauantrag: 17. 3. 1890
Antragsteller: Wilhelm Runge
Architekt: ders.

Markante Mietetagenvilla in Ecklage zu 3½ Geschossen in strengen Formen des Spätklassizismus. Bei hoher Grundstücksausnutzung figuriert als Eckmotiv des ansonsten geschlossenen Kubus eine Einziehung mit doppelgeschossigem Verandavorbau. Wie bei der ebenfalls von Runge erbauten benachbarten Doppelvilla Viktoriastr. 29/31 (vgl.) sind die Veranden im EG und 1. OG mit Gittern versehen, im 2. OG mit einer Balustrade. Die wohlproportionierte Mietetagenvilla weist eine für die Bauzeit untypische Strenge der Formen auf, wobei Dekor im Bereich der Fenster u. a. einer Renovierung zum Opfer fiel. Unpassend ist der in jüngerer Zeit aufgebrachte Rauhputz. Die schlichte Einfriedung ist erhalten. Kulturdenkmal aus städtebaulichen und künstlerischen Gründen.

Beethovenstraße

1896 zur Erweiterung des östlichen Villengebietes angelegt. Benannt nach dem Komponisten Ludwig van Beethoven.

Beethovenstr. 7
Sachteil Einfriedung
Fl. 39 Flst. 288/10

Denkmalwert ist die das Eckgrundstück umziehende Einfriedung der durch einen Neubau ersetzten ehemaligen Villa. Wie die von Langrod gebaute Villa entstand die Einfriedung 1905/06 im Zuge des Neoklassizismus. Besonders wertvoll ist das auf niedrigen Sockelsteinen verlaufende Schmiedeeisengitter: kräftige Quadrateisenstäbe in der Form barocker Jagdspieße werden durch ein breites Flacheisenband unterhalb der quastenbesetzten Spitzen zusammengehalten. Schwere Akzente setzen zur Betonung der Ecke pyramidal endende Sandsteinpfosten mit Triglyphen- und Guttae-Dekor. Die längeren Gitterabschnitte werden zudem durch geschmiedete Pfosten befestigt, die mit ihren empirehaften Lyramotiven eine besonders feine kunsthandwerkliche Arbeit sind.

Beethovenstr. 10
Fl. 39 Flst. 299/11

Bauantrag: 27. 4. 1908
Antragsteller: Heinrich Kirchhoff, Essen/Ruhr
Architekt: Paul Dietzsch, BDA, Essen/Ruhr

Eine der großen Villen am Osthang, die erhöht in parkartigem Grundstück liegt. Der Baustil, ein am Louis-Seize orientierter Neoklassizismus, steht unter dem Einfluß der Secession. Die Anlage der Villa ist bei Mischung traditioneller und umkonventioneller Motive unregelmäßig. Die zum Straßenraum gerichtete Fassade wahrt mit dominierendem Risalit mit Exedra den herrschaftlichen Repräsentationsanspruch reicher historistischer Villenarchitektur. Die ehemals offene Exedra gewährte den unmittelbaren Zugang zum Garten, wie er auch auf der Rückseite durch den dort niedrigen Sockel möglich ist. Halbkreisförmig ist auch ein Annex der Nordseite, der einen Teil des Vestibüls aufnimmt. Ihm vorgesetzt ist ein streng antikisierender Portikus. Seine Säulen sind wie auch die der Pergola der Terrasse im 1. OG in hellem Sandstein ausgeführt. Die Wandflächen sind rauh verputzt. Eine Pergola auf hohen Pfosten überhöhte ursprünglich auch die Einfriedungsmauer. Im Eingangsbereich mit geschmiedetem Gartentor wurde sie rekonstruiert. Der hier starke Geländeanstieg ermöglichte die Anlage einer mit Mosaiken geschmückten Grottenwand in Anlehnung an Vorbilder der Renaissance. Im Inneren sind die wertvollen Raumausstattungen (Marmorverkleidung, Wandvertäfelung, Stuckdecken, Parkettböden) gut erhalten.
Die Villa ist Kulturdenkmal wegen ihrer künstlerischen Qualität und aufgrund der exponierten Lage und der darauf beruhenden Wirkung für das Ortsbild.

Beethovenstr. 10, histor. Aufnahme, 1910

Beethovenstr. 14
◁ FL. 39 Flst. 26/3

Bauantrag: 30. 5. 1896
Antragsteller: E. Bartling, Rentner, Stadtrat
Architekt: Franz Berger

Prunkvolle wilhelminische Werksteinvilla mit einer verwirrenden Vielfalt architektonischer Motive und Ornamentformen in bester handwerklicher Qualität. Der stilistische Eklektizismus sucht seine Vorbilder vor allem im Barock und der französischen Renaissance. Unverkennbares Merkmal des schweren kubischen Baukörpers ist der in die Nordwest-Ecke eingestellte Turm. Zwischen seinem polygonalen EG und dem 1. OG vermittelt auf elegante Weise ein mehrfach gebogter Balkon. Die auffallend schlanke Zwiebelhaube mit langgezogener Laternenzwiebel und hoher Wetterfahne überragt die schmiedeeiserne Galerie des Pyramidenstumpfdaches. Die beiden Mittelrisalite mit hohem, geschweiftem Frontispiz besetzen die Hauptfassaden des durch den Eckturm auf malerische Diagonalansicht angelegten Gebäudes. Der seitliche Risalit mit Portikus nimmt das Treppenhaus auf, der vordere ist mit repräsentativem Verandavorbau (ehemals offen) unmittelbar auf den Straßenraum orientiert. Dem herrschaftlichen Habitus der Villa ent-

spricht auch die wertvolle geschmiedete Einfriedung in barockisierenden Formen. Die Sandsteinpfosten des Gitters sind erhalten; die Torpfosten wurden erneuert. Im Garten mit alten Solitärbäumen steht ein neobarocker Pavillon in Holzkonstruktion an höchster Stelle des zur Straße abfallenden Geländes.
Kulturdenkmal aus künstlerischen Gründen und wegen der bereichsprägenden Wirkung mit städtebaulicher Bedeutung.

Beethovenstr. 21
Fl. 165 Flst. 25

Bauantrag: 27. 6. 1901
Antragsteller: H. Sommerhof, Rentner
Architekt: Friedrich Stamm, Maurermeister und Bauunternehmer

In dem weitgehend durch Neubauten veränderten Bild der unteren Beethovenstraße eine städtebaulich besonders reizvolle Eckvilla des Historismus der Jahrhundertwende. Den diagonalen Bezug zum Straßenraum schafft ein turmartiger Risalit (heute leider ohne Kuppel). In eleganter Bogenform ist um den abgerundeten Risalit ein Balkon mit besonders edlem Schmiedeeisengitter im Bandelwerkstil geführt. Ein ähnliches Gitter mit diademhaft höherer Mitte ziert auch den rechtwinkligen Balkon des zur Beethovenstraße ausgerichteten Seitenrisalits. In der identisch strukturierten Fassade der Schubertstraße setzt ein Erker im 1. OG einen massiveren Akzent. Stilistisch ist die sehr französisch anmutende Villa an den Epochen Louis XV und Louis XVI orientiert. Der Jugendstil blieb bis auf das übergroße Treppenhausfenster im Norden am Außenbau ohne Einfluß. Die Einfriedung – auf niedriger Ziegelmauer ein relativ einfaches Stabgitter mit Zierformen zwischen den beiden oberen Parallelschienen – ist mit dazugehörigem Gartentor erhalten.
Kulturdenkmal wegen der künstlerischen und städtebaulichen Bedeutung.

Bierstadter Straße

1834–38 chausseemäßiger Ausbau des 1818 in seiner Führung korrigierten Vizinalweges nach Bierstadt. Erste Landhausbebauung um 1850.

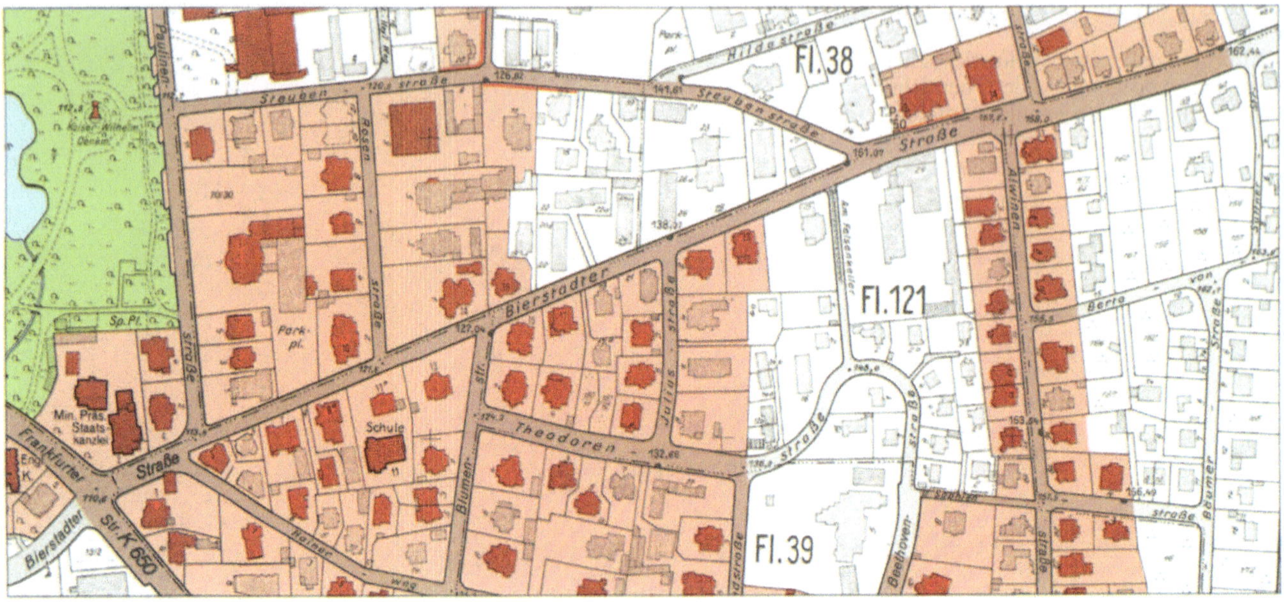

Bierstadter Str. 1
Fl. 166 Flst. 20

Erbaut: im Kern gegen 1845 von Richard Goerz
Umbau: 1876 Antrag des Albert Charlier, Fabrikbesitzer, auf „Bauveränderungen am Stallgebäude"
1896 Antrag von H. W. Pfahler auf Erneuerung der Einfriedung

Die in prominenter Lage an der Kreuzung zweier wichtiger Verkehrswege mit Ausrichtung zur Wilhelmstraße situierte Villa wurde von der Familie von Erath als eines der ersten Landhäuser der Stadt errichtet. Der spätklassizistische Kubus mit eingeschossigen Seitenflügeln wurde in den 80er Jahren im Neorenaissancestil malerisch überformt. Ein mehr pittoreskes Erscheinungsbild entstand durch Schaffung einer neuen asymmetrischen Front sowie die Reduktion des linken Seitenflügels auf die Vorhalle, während der rechte ganz wegfiel. Der mit dem malerischen Bildungsprinzip verbundenen plastischen Qualität wurde durch Anfügung von Säulen, Balustraden, Gesimsen und Ornamentik entsprochen, die zusammen ein lebhaftes Lichtspiel verursachen. Die Modernisierung erfolgte auch im Inneren.
Aus der ersten Bauphase ist ein die Einfriedung zur Gustav-Freytag-Straße markierendes Kutscherhaus erhalten. An einen zur Straße querstehenden niedrigeren Seitenflügel schließt ein 2geschossiger Trakt mit flachem Walmdach T-förmig an. Das kleine Gebäude mit heute verputztem Fachwerkobergeschoß markiert die Einmündung der Gustav-Freytag-Straße. Gleichzeitig signalisiert es die ehemals biedermeierliche Villenbebauung der unteren Bierstadter Straße.
Villa und Remise sind mit Einfriedung Kulturdenkmal aus künstlerischen und stadtbaugeschichtlichen Gründen.
Lit.: Landhaus bei Wiesbaden, in: Allgemeine Bauzeitung 1845.

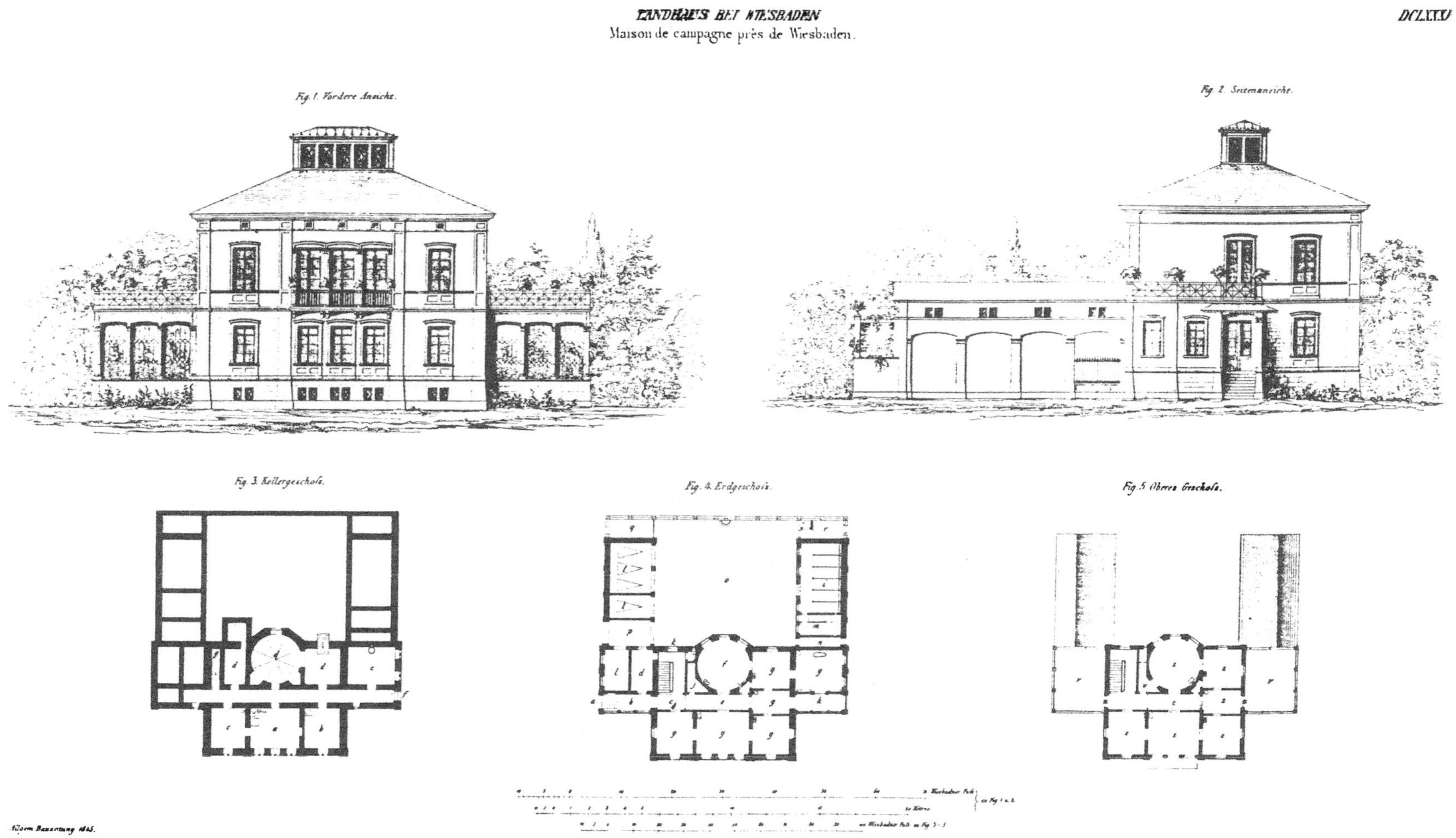

Villa von Erath aus Allgemeine Bauzeitung 1845

Bierstadter Straße 2
Ehemals Hotel Oranien
Fl. 122 Flst. 46/2

Bauantrag: 5. 5. 1891
Antragsteller: Albrecht Götz, Rentner
Architekt: Schellenberg & Jacobi

Der langgestreckte Baukörper liegt mit seiner südlichen Schmalseite exponiert im Straßenbild. Die Mittelachse der dreiteiligen Fassade springt vor und wird durch Balkone und neben der dekorierten Dachgaupe vor allem durch das feudale palladieske Portal betont. Der im ganzen spätklassizistisch-renaissancistische Gestaltungsmodus wird auf der langen westlichen Garten- und Hauptseite durch Säulengliederung u. a. ins Barocke umgedeutet. Barockisierend wirken auch die Balkons auf Volutenkonsolen mit ihren kunstvoll geschmiedeten Korbgeländern. Gleichmäßige Größe und Verteilung lassen auf die ursprüngliche Nutzung des Gebäudes als Hotel schließen.
Kulturdenkmal aus künstlerischen Gründen und als markantes Gebäude in exponierter Lage an der weiträumigen Kreuzung Frankfurter und Bierstadter Straße.

Bierstadter Str. 3
Fl. 166 Flst. 19

Bauantrag: 29. 10. 1892
Antragsteller: P. Amschler, Privatier
Architekt: Friedrich Rock

Städtebaulich markantes Eckgebäude, das der spitzwinkligen Form des Grundstücks bei hoher Ausnutzung charakteristisch angepaßt ist. Zur Kreuzung und Freifläche ist ein risalitartig überhöhter Trakt orientiert, dem im EG vor abgefaster Ecke ein polygonal vorspringender Altan angefügt ist. Die Fassade zur Bierstadter Straße gliedert ein seitlicher Risalit mit Verandavorbau. Zur Gustav-Freytag-Straße dominiert ein Loggiamotiv mit weiter Bogenöffnung, wobei auch auf dieser Langseite die beiden letzten Achsen mit Risalitwirkung akzentuiert werden. In der eklektischen Stilgebung des reizvollen Entwurfs dominieren barocke Formen bei starker Plastizität von Gliederung und Dekor. Im Inneren beeindruckt ein prunkvolles Treppenhaus im Stil Louis XVI. Ornamentierte Stahlträger mit Marmorstufen bestimmen das Bild der Treppe. Angeblich befinden sich unter der Tapete der ornamental gerahmten Wandfelder Malereien.
Kulturdenkmal aus städtebaulichen und künstlerischen Gründen.

Bierstadter Str. 7
Fl. 166 Flst. 15

Bauantrag: 11. 11. 1893
Antragsteller: Otto Pfaff, Rentner
Architekt: Karl Schultze
Umbau: 1922 Antrag auf bauliche Veränderung zur Nutzung als Hotel (Hotel Riviera)

Die ehemalige Mietetagenvilla mit späterer Nutzung als Hotel – heute Sitz einer Behörde – ist im Rahmen des Wiesbadener Villenbaus der 90er Jahre ungewöhnlich großvolumig. Der mit seinen konservativen Entwürfen in der Tradition des Spätklassizismus hervortretende K. Schultze entwarf auch hier einen im ganzen symmetrisch geordneten Baukörper. Zwei turmartige Eckrisalite, konsequente Axialität bei durchgehend rechteckigen Fenstereinschnitten und gleichmäßig verteilte Balkons mit Balustraden sind charakteristisch für die hochrepräsentative Anlage. Dabei mischt die stilistische Spätphase vor allem Anleihen bei der römischen Renaissance und beim Barock. Letzteres markant in den Kolossalpilastern der Eckrisalite. Durchgängig in der Dekoration ist das Prinzip organischer Plastizität. Sie bewirkt, verstärkt durch lebhafte Lichtwirkung, einen malerischen Gesamteindruck, trotz Regelmäßigkeit der Gliederung. Von dieser weicht allein der seitliche Altan ab, dem sich ein weiterer Altan als Portikus anschließt. Außerordentlich qualitätvoll ist die bronzene Eingangstür mit vegetabilischer Jugendstilornamentik (um 1900).
Kulturdenkmal aus künstlerischen und städtebaulichen Gründen von starker Wirkung für den Bereich.

Bierstadter Str. 9
Fl. 166 Flst. 9/1

Bauantrag: 18. 6. 1906
Antragsteller: Dr. W. Cuntz
Architekt: Hermann Reichwein

Als Rückgebäude errichtete kleinere Villa, längsrechteckig mit Mansarddach und diversen Dachaufbauten: Zwerchhaus, zwerchhausartige Gaupen, rückwärtiges Turmgeschoß. Die Front wird durch ein Zwerchhaus mit steilem Schweif-Knickgiebel akzentuiert. Die Motive der Dekorationsarchitektur und der Ornamentik nehmen durch die Secession umgedeutete Formen des Louis-Seize auf. Zur Belebung der Wandflächen wurden im Sinne des Jugendstils unterschiedliche Putzqualitäten verwandt: Kammputz im EG und Spritzputz im 1. OG. In den Putz eingedrückte quadratische Motive zeugen als ahistorische Zierform von der Suche nach einer neuen Ornamentik. Für den qualitätvollen Entwurf ist die Ambivalenz zwischen modernen und konservativen historistischen Strömungen kennzeichnend.
Kulturdenkmal aus künstlerischen Gründen.

Bierstadter Str. 9a
Fl. 166 Flst. 8

Bauantrag: 13. 4. 1905
Antragsteller: Dr. Wilhelm Cantz, Sanitätsrat
Architekt: Friedrichs & Lücke, Wiesbaden/ Hannover, Bauleitung: E. Didion

Große $3^1/_2$geschossige Mietetagenvilla, die bei extremer Tiefe das relativ schmale Grundstück hoch ausnützt. Die Schmalseite ist zur Straße als repräsentative Fassade gestaltet. Im Gegensatz zu den schlichten Langseiten häufen sich hier in der giebelständigen Gesamtanlage wie in den Fensterbildungen Formen des Louis XVI. Vorbildlich war jedoch nicht die Feudalarchitektur, sondern das Bürgerhaus der evozierten Epoche. Hinzu kommen Errungenschaften des Jugendstils: so die Schaffung harmonischer Formübergänge, die unprätentiöse Gliederung der Wandflächen durch unterschiedliche Putzqualitäten, die diversen Formen der Fenster und deren Zusammenfassung zu Gruppen sowie die offensichtliche Funktion des seitlich eingestellten Trakts als Stiegenhaus. In der Verbindung secessionistischer Bauweise mit Zügen historistischer Repräsentationsarchitektur liegt der ortstypische Charakter des reizvollen Entwurfs. Kulturdenkmal aus künstlerischen Gründen.

Bierstadter Str. 11
Fritz-Gansberg-Schule
Fl. 166 Flst. 7

Bauantrag: 15. 2. 1896
Antragsteller: Fräulein M. Schaus, Vorsteherin
Architekt: Karl Martin
Inschrift: „1832“ im linken Frontispiz, „1896“ im rechten Frontispiz

Nach Grundstücksteilung wurde die Schule auf dem ehemaligen Parkgelände der Villa Nr. 13 (vgl.) als Rückgebäude errichtet. Sie war ursprünglich private Lehranstalt eines 1832 gegründeten Töchter-Instituts; seit 1929 dient sie als öffentliche Grundschule des Viertels. Im Bauantrag wird der Entwurf im Stil der nordischen Renaissance als Villa bezeichnet: ein großer querrechteckiger Baukörper in pittoresk gefälliger Anordnung mit lebhaft roten Sandsteingliedern vor hellen Putzflächen. Mit seinem dazu ehemals rustizierten Sockel und den sehr viel reicheren Dachaufbauten gibt sich das Gebäude in seiner eigentlichen Funktion tatsächlich kaum zu erkennen (man vergleiche hier Doppelvillen der Zeit), sondern gliedert sich, ohne als Störfaktor zu wirken, in die Villenbebauung des Hanges ein. Der für die 90er Jahre retardierende Renaissancestil dürfte auch in der Bauaufgabe seine Erklärung finden.
Kulturdenkmal aus künstlerischen und stadtbaugeschichtlichen Gründen.

Bierstadter Str. 11a
Fl. 166 Flst. 7

Erbaut: um 1855

Graziöses Landhaus der ersten Bauphase des Viertels, die im Gegensatz zu den frühen Landhäusern der Gustav-Freytag-Straße mit der Hauptansicht zum Straßenraum orientiert ist. Die Anlage mit dreiteiliger Fassade und polygonalem Mittelrisalit hat ihre Vorbilder in der Maison de Plaisance der Régence und des Louis XVI (F. Blondel). François Cuvilliés hat diesen Typus meisterhaft in Deutschland vertreten (Schloß Falkenlust bei Brühl, 1729–1737). Der Bau ist damit ein frühes Beispiel für die Rezeption des Rokoko, das in der Theorie stets mit Frankreich in Verbindung gebracht wurde und daher in Deutschland bis zur Reichsgründung keine Popularität gewann. Freilich erfolgt die Evokation des Dix-huitième hier in der Brechung durch den Spätklassizismus. Sie gibt dem Gebäude seinen eigenen biedermeierlichen Reiz. Wie auch die Nr. 13 (vgl.) wurde es vermutlich von Bauunternehmer Kochendörfer errichtet. Die Einfriedung – auf niedriger Ziegelmauer ein einfaches Ziereisengitter – stammt vermutlich aus den 90er Jahren. Kulturdenkmal aus künstlerischen und historischen Gründen.

Bierstadter Str. 13
Fl. 166 Flst. 44/1

Erbaut: um 1850

Biedermeierlich schlichtes Landhaus aus nassauischer Zeit mit zwerchhausartig überhöhtem Mittelrisalit. Mit seinen profilierten Bogenfenstern – die Profile elegant bis zu den Gesimsen herabgeführt – ist der Entwurf vom Rundbogenstil beeinflußt, wie er in Wiesbaden gleichzeitig vor allem durch C. Boos und Ph. Hoffmann vertreten wurde. Der geradezu karge Eindruck dürfte dabei allerdings auf formalen Reduktionen beruhen. Vor allem der

Altan wurde stark vereinfacht rekonstruiert; vermutlich hatte er ursprünglich gußeiserne Stützen und Gitter, die die Ästhetik anmutig belebten. Denkbar ist auch, daß der obere Freisitz ehemals als Balkon konstruiert war. Ganz im Sinne einer bewußten Einfachheit des durch flache Lisenen gegliederten Baukörpers ist der Giebelkontur, der sich um die Lisenen verkröpft. Wie auch beim Nachbarhaus Nr. 11a (vgl.) liegt der Eingang auf der Rückseite; die Hauptansicht ist zur Straße ausgerichtet. Die Einfriedung mit einfachstem Spießgitter und Tor (Pfosten erneuert) ist dem Entwurf zugehörig.
Kulturdenkmal aus künstlerischen und stadtbaugeschichtlichen Gründen.

△

Bierstadter Str. 14
Fl. 123 Flst. 103/26 ▷

Bauantrag: 15. 9. 1876
Antragsteller: A. Haniel, Rentner
Architekt: Alfred Schellenberg

Eine der großen Villen der Stadt, die mit ihrer antikisierenden Höhenstaffelung in der Tradition der Berliner Schinkel-Schule (Strack) steht. Der tektonische Aufbau deutet den spätklassizistischen Modus renaissancistisch um. Wesentliches Gestaltungsprinzip ist die malerisch wirkende Plastizität: im Sockel als tiefe parallele Nutung, im EG eine ebenso das Lagernde betonende Putzrustika von starkem Korn, im 1. OG gekuppelte Pilaster zwischen den Rundbogenrahmungen der rechteckigen Fenster. Die Bogenfelder schmücken antikisierende Köpfe. Markantestes Motiv des Entwurfs ist der Eckrisalit mit portikusartigem OG als hoher Loggia und Belvedere. Im EG mit Altan wird die Mittelachse von einer ädikulagerahmten Nische mit antikisierendem Standbild eingenommen. Die Hauptansicht ist mit großer städtebaulicher Wirkung für die Rosenstraße zum Villenpark und damit zu Tal und Stadt orientiert. Zur Bierstadter Straße erscheint der Bau mehr kubisch geschlossen. Dem hier niedrig wirkenden Eckrisalit ist ein eingeschossiger, im flachen Polygon gebrochener Anbau vorgesetzt, vermutlich der ehemalige Wintergarten. Im Inneren ist die Raumaufteilung unverändert. Elegant wirkt das Treppenhaus mit zweiarmig beginnender und einspurig repetierender Treppe (vgl. Stadtschloß von Moller) mit gußeisernem Geländer. Die Gliederung der Wände wiederholt mit Blendarkaden zwischen Doppelpilastern das System am Außenbau. Zur Villa gehört eine stilistisch angepaßte Remise von 1898. Sie steht mit der Villa auf einer feudalen Terrasse mit symmetrisch angelegter Treppe zum Park, die eine Grottennische integriert. Die alte spätklassizistische Einfriedung ist wohlerhalten.
Kulturdenkmal aus künstlerischen und städtebaulichen Gründen.
Lit.: Wiener Bauindustrie – Zeitung 7. 1890.

Bierstadter Str. 15
Fl. 121 Flst. 169/11

Bauantrag: 9. 9. 1909
Antragsteller: Karl Kähler, Architekt
Architekt: ders.

Besonders markante neoklassizistische Villa in Ecklage mit Ausbildung je einer Fassade zu beiden Straßenseiten. Der schmaleren Eingangsseite ist in der Mittelachse ein Portikus vorgebaut. Die breite dreiteilige Hauptansicht schließt an die Villenbebauung der Blumenstraße an mit gleichzeitiger Wirkung für die Blickachse der ansteigenden Bierstadter Straße. Charakteristisch ist die geradezu zyklopische Werksteinrustika an den Kanten von Hauptbaukörper und Mittelrisalit. Allzu leicht muten dagegen die sich nach oben verjüngenden Säulen mit Schaftringen an, die jedoch ihrerseits mit der

Fenstergliederung im 1. OG harmonieren. Die Ornamentik in den Bogenzwickeln ist, wie auch die anderen Motive, in Muschelkalk skulptiert. Bemerkenswert ist die Rahmung des Giebelfensters in Form zweier Putten mit dem goldenen Vlies. Der kubische Baukörper wird von einem besonders schönen roten Ziegelmansarddach gedeckt. Von der Einfriedung ist die die Ecke umziehende Mauer mit ihren Pfosten erhalten.
Kulturdenkmal aus künstlerischen und städtebaulichen Gründen.

Bierstadter Str. 16
Fl. 123 Flst. 22/1

Bauantrag: 4. 7. 1896
Antragsteller: Frau Oberst Graeff
Architekt: Karl Schultze

In der Blickachse der gegenüber einmündenden Blumenstraße erfüllt die Villa die Funktion eines Point de vue und begrenzt den Straßenraum nach Norden. Die beiden im 1. OG gekoppelten Fensterachsen der Fassade werden auf der linken Seite risalitartig vorgezogen: eine asymmetrische Gliederung nach spätklassizistischem Muster, wobei der relativ geschlossene Kubus stilistisch der französischen Renaissance verpflichtet ist. Vergleichbar der benachbarten Haniel-Villa Nr. 14 ist dem seitlichen Risalit ein polygonaler Vorbau (hier nur flacher) angefügt. Elegant setzt sich sein Balustradenmotiv in der Fensterbrüstung der zurückliegenden Achse fort. Ganz auf plastisch malerische Wirkung ist die Einfassung der Fenster im 1. OG bedacht, mit beinahe vollrunden Säulen bei mächtig vortretenden Blattkonsolen und verkröpftem Überdachungsgesims. In gleicher Weise haptisch wirken die Plastizität der Eckrustika mit Diamantquadern im EG, die Dachkonsolen oder das die Gaupen überhöhende Muschelrelief in kräftig profilierten Bogen. Beide durchgestalteten Seitenansichten sind wie die Hauptansicht mit altanartigen Annexen versehen. Der westliche nimmt den Eingang auf. Die Rück- und Gartenseite erhält ihr Gesicht durch einen gußeisernen Verandavorbau mit sehr schöner Windschutzverglasung im Jugendstil. Das Treppenhaus der ehemaligen Einfamilienvilla ist aufwendig in Marmor und Stuck im Rokokostil ausgestattet. Die Einfriedung mit hohen Ziegelpfosten ist in vereinfachter Form erhalten.
Kulturdenkmal aus künstlerischen und städtebaulichen Gründen.

Bierstadter Str. 17
Fl. 121 Flst. 173/11

Bauantrag: 24. 6. 1912
Antragsteller: Freifrau von Seckendorf
Architekt: Alfred Schellenberg

Längsrechteckiger Villenbau, der mit seiner Breitseite in der Blickachse der ansteigenden Bierstadter Straße steht. Die neoklassizistische Fassadengestaltung mit kolossaler Pilasterordnung bezieht Stilanleihen aus dem Louis-Seize. Dazu harmoniert das hohe Mansarddach mit angeschweiftem Segmentgiebel über den beiden mittleren Achsen der Westseite. Auch die im ganzen reicher gestaltete straßenseitige Ansicht verwendet das zwerchhausartige Giebelmotiv: hier als Frontispiz des seitlichen Risalits mit einem von der Serliana inspirierten polygonalen Erker. Über einem Fußwalm bekrönt der Erker die in den beiden Hauptgeschossen flach ausgebogte Fensterachse mit kannelierter Sandsteingliederung. Aus Sandstein ist auch die Brüstung des Balkonovals im EG sowie die Struktur des seitlichen Hauptfensters. Der darüberliegende Balkon weist als leichteres Element ein secessionistisch anmutendes Eisengitter auf. Zum Entwurf gehört eine talseitig an den Sockel gebaute Garage.
Kulturdenkmal aus künstlerischen und städtebaulichen Gründen.

Bierstadter Str. 23
Fl. 121 Flst. 142/15

Bauantrag: 26. 4. 1910
Antragsteller: Dr. Landohr
Architekt: Heinz Berg

Abschließender Bau in der Reihe der kubischen neoklassizistischen Villen mit Mansarddach im Verlauf der Bierstadter Straße. Die straßenseitige Hauptansicht ist mit einer zusätzlichen Blindachse Richtung Westen nur scheinbar symmetrisch. Imposant ist der feudale Risalit mit gesprengtem Gebälk des hohen antikisierenden Giebels mit ornamentiertem Giebelfeld. Die durch ionische Säulen (Kapitelle z. T. verschalt) dreigeteilte Fensterachse im OG ist elegant vorgewölbt, die Sockelzone darunter gerade geführt. Die Eingangssituation mit original erhaltener Rundbogentür wird durch Tonnenverdachung auf kannelierten Säulen und flankierende Ovalfenster in ornamentierten Feldern repräsentativ gestaltet. In der Ornamentik dominieren Zopfgebilde, auch in Form von Festons. Besonders reizvoll ist die ganz organisch aufgefaßte barockisierende Freitreppe mit rundem, geschwungenem Handlauf in Bronze. Die allseitig anspruchsvoll gestaltete Villa hat auf der rückwärtigen Gartenseite einen großen, lichten Wintergarten.
Kulturdenkmal aus künstlerischen Gründen.

Bierstadter Str. 31/Alwinenstr. 2
Doppelvilla
Fl. 38 Flst. 496/62; 495/62

S. Alwinenstr. 2

Bierstadter Str. 32
Fl. 38 Flst. 619/54

Bauantrag: 12. 11. 1903
Antragsteller: Christian Beckel
Architekt: Heinrich Dörr, Wiesbaden
Inschrift: „Villa Margot" über dem großen Mittelfenster auf stuckiertem Band

Im Straßenbild markantes herrschaftliches Wohnhaus, das in Dimension und Ausstattung beispielhaft die Wandlung des Bautyps Villa zum repräsentativen zweispännigen Mietshaus im Grünen veranschaulicht. Der pittoresk historisierende Entwurf gliedert den mächtigen querrechteckigen Baukörper in der Hauptansicht mit zwei unterschiedlich gestalteten Ecktrakten und einem leicht aus der Mittelachse gerückten Treppenhausrisalit. Relativ modern im Verhältnis zur insgesamt eher kleinteilig eklektizistischen Formgebung wirkt das hohe Risalitfenster mit seiner im oberen Abschnitt erhaltenen Zierverglasung. Unverkennbar ist hier der Einfluß des Jugendstils, der allenthalben in Ornament und Linienführung durchscheint und auch die Gliederung durch verschiedene Putzsorten (Kammputz im 1. und 2. OG) begründet. Während die straßenseitige Fassade durch die vielen Rundbogen eher romanisch-mittelalterliche Formvorstellungen evoziert, ist die zu Hang und Park orientierte Nordansicht durch einen weiten ausschwingenden Verandavorbau eher von neobarocker Wirkung. Ein besonders schönes Detail am Bau ist die elegante baldachinartige Verdachung am Haupteingang: ein Glas-Eisendach auf polierten Granitsäulen. Die geschmiedete Ornamentik wie auch die Kapitellbildung ahmt frühmittelalterliche Formen nach. In der Art vegetabilischer Flechtbandmotive keltischen Ursprungs sind auch die schweren Gitter der wertvollen Einfriedung gestaltet. Sie sitzen über bogenförmig vertieften Abschnitten, die durch hohe, stilistisch angepaßte Pfosten getrennt werden.
Kulturdenkmal aus künstlerischen Gründen und wegen der städtebaulich prominenten Erscheinung zur Süd- und Nordseite.

Bierstadter Str. 34
Fl. 38 Flst. 620/54

Bauantrag:	4. 8. 1904
Antragsteller:	Christian Beckel, Hotelier (Besitzer des ehemaligen Hotels Metropole, Wilhelmstr. 8)
Architekt:	Heinrich Dörr
Inschrift:	„Anno 1905" in der Kartusche des Eckerkers, „Villa Bodenstedt" auf der Eingangsseite in stuckiertem Relief mit dem Portrait Friedrich Bodenstedts

Die ungewöhnlich große Mietetagenvilla ist in Dimension und anspruchsvollem Habitus ein Pendant zur Nachbarvilla Nr. 32 (vgl.). Im Gegensatz zu deren Geschlossenheit gliedert sich der Baukörper in zwei L-förmig aneinandergefügte Flügel. Im Knick entsteht eine hofartige Situation mit besonders großer Motivdichte: vor dem Eingang ein tonnengewölbter Portikus mit Porphyrsäulen, der Treppenhausrisalit mit großzügiger Durchfensterung und Schaugiebel, Loggien, schließlich ein Diagonalerker, turmartig barockisierend überkuppelt. Stilistisch ist der relativ strenge Entwurf vorwiegend am Louis XVI orientiert, und zwar in Brechung durch den Jugendstil. Der Neoklassizismus der Phase schlägt sich dabei in der traditionellen Dreiteilung der straßenseitigen Fassade nieder. Stärker der frühmittelalterlichen Formenwelt verpflichtet, auch mit Einfluß des Jugendstils, ist die außergewöhnliche individuelle und wertvolle geschmiedete Einfriedung der Villa. Beeindruckend sind vor allem die hohen, räumlich gebildeten Schmiedeeisenpfosten des Bogentores. Zur steil abfallenden Bodenstedtstraße ist eine hohe Stützmauer in Ziegel- und Bruchsteinmauerwerk – mit geschmiedeten Brüstungssegmenten versehen – von straßenbildprägender Qualität.
Kulturdenkmal aus künstlerischen Gründen und wegen der städtebaulichen Bedeutung. So gibt der Bau der Straßenecke ihr unverwechselbares Gepräge und fungiert gleichzeitig als Point de vue für die gegenüber einmündende Alwinenstraße. Als Wohnhaus des 1902 in Wiesbaden verstorbenen Dichters Friedrich Bodenstedt Kulturdenkmal auch wegen der historischen Bedeutung (vgl. Bodenstedtstraße; Nerotal, Bodenstedt-Denkmal).

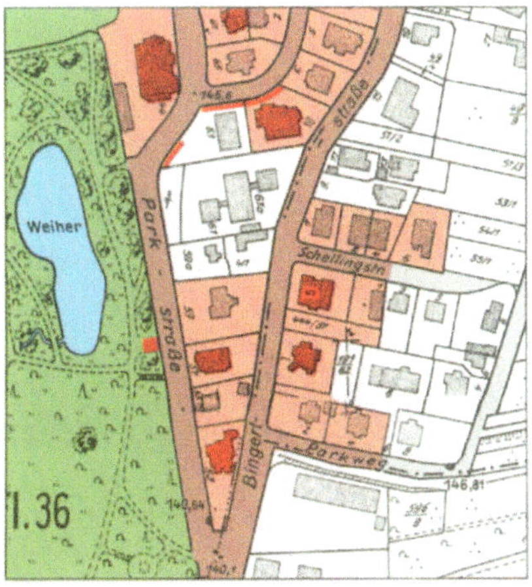

Bingertstraße

Um 1895 zur Erweiterung des östlichen Villengebiets eröffnet. Führt in ihrer Fortsetzung auf die Anhöhe Bingert.

Bingertstraße 1
Fl. 14 Flst. 62/8

Erbaut: um 1895

Auf Diagonalansicht angelegte Villa von bereichsprägender Wirkung auch mit Bezug auf die Blickachsen zwischen den Villen Parkstr. 53 und 55. Dominierend im pittoresken Erscheinungsbild ist der Eckturm mit schiefergedeckter Zwiebelhaube. Die beiden Schauseiten werden durch seitliche Risalite gegliedert, die durch die Walmnase im Giebel einen ländlichen Akzent erhalten. In diesem Sinne ist auch die hölzerne Veranda der Südseite gestaltet, wie der Bau insgesamt durch die unprätentiöse, frisch wirkende Materialwahl – rote Ziegel gegen weiße Putzflächen – eine zeitgemäße landhausartige Note erhält. Der englische „cottage-style“ beeinflußt hier einen historistischen Entwurf in der Tradition der 80er Jahre mit wilhelminisch neobarocken Zügen (Zwiebelhaube). Das schlichte Eisengitter der Einfriedung ist erhalten.
In ihrer einprägsamen malerischen Gestalt ist die Villa Kulturdenkmal aus künstlerischen und städtebaulichen Gründen.

Bingertstr. 5
Fl. 14 Flst. 413/57

Erbaut: um 1895
Umbau: 1935 Umwandlung zur Mietetagenvilla

Der großvolumige Villenkubus nutzt das Eckgrundstück bis auf schmale Vorgartenstreifen entlang der Straßen und einem entsprechendem Zugang auf der südlichen Eingangsseite. Der Garten auf der Rückseite erstreckte sich ehemals bis zum Remisengebäude, heute Schellingstraße 1. Der Renaissance-, Barock- und Rokokoformen mischende Entwurf mit steilem Mansarddach steht in der späten Tradition der durch die Pariser Académie des Beaux-Arts tradierten Stilrichtung. Das differenzierte Relief der Putzgliederung und der Dekormotive kommt nach kürzlich erfolgter Renovierung der Fassaden mit Freilegung von alten Anstrichen wieder voll zur Geltung und verleiht dem Gebäude seine vornehme Note. Durch ihre massive Geschlossenheit behauptet die Villa ihre städtebauliche Position in der Ecklage. In der Blickachse der Bingertstraße fördert die Einziehung der talseitigen Ecke die für die gewünschte malerische Wirkung der Villengebiete fruchtbare Diagonalsicht. Kulturdenkmal aus künstlerischen und städtebaulichen Gründen.

Bingertstr. 10
Weißes Haus
Fl. 36 Flst. 373/4

Bauantrag: 21. 2. 1901
Antragsteller: Josef Beitscher, Architekt
Architekt: ders.

Ehemals in parkartig großem Grundstück gelegene herrschaftliche Villa mit heller Sandsteinverkleidung und reichem, skulptiertem Dekor. Insbesondere der Dekor in Verbindung mit den Gliederungsmotiven folgt dem reinsten figuralen und vegetabilischen Jugendstil französisch-belgischer Herkunft. Im Sinne organischer Bildungen des Jugendstils sind Formzusammenhänge angestrebt, ohne daß dadurch eine kompositionsbedingte Ganzheit entstehen würde. Vielmehr steht der durch zahlreiche Annexe u. a. pittoresk gestaltete Baukörper auch mit seiner orthodoxen Achsigkeit durchaus noch in der Tradition des Historismus und repräsentiert den ortstypischen Kompromiß in der Rezeption des Jugendstils. Das gilt auch für die hervorragende Innenausstattung. Neben ausgezeichneter Jugendstilornamentik im feinsten flach reliefierten Deckenstuck oder Wandfriesen gibt es Räume mit gotisierendem oder antikisierendem Dekor. Mehr renaissancistisch wirkt die mit Jugendstilmotiven freilich reichlich versehene eichene Treppenhalle. Von der wertvollen Einfriedung mit grotesken, maskenbekrönten Pfosten sind die beiden Torpfosten des ehemaligen Nebeneingangs in der Parkstraße erhalten, ebenso die Bruchsteinmauer entlang der Bingertstraße. Der historische Name „Weißes Haus“ dürfte sich nur auf die äußere Farbgebung beziehen.
Kulturdenkmal aus künstlerischen Gründen und wegen der hohen handwerklichen Qualität.
Lit.: Villa Weißes Haus in Wiesbaden, in: Der Architekt 10. 1904, S. 26 f.

Reproduktion aus Der Architekt 10. 1904

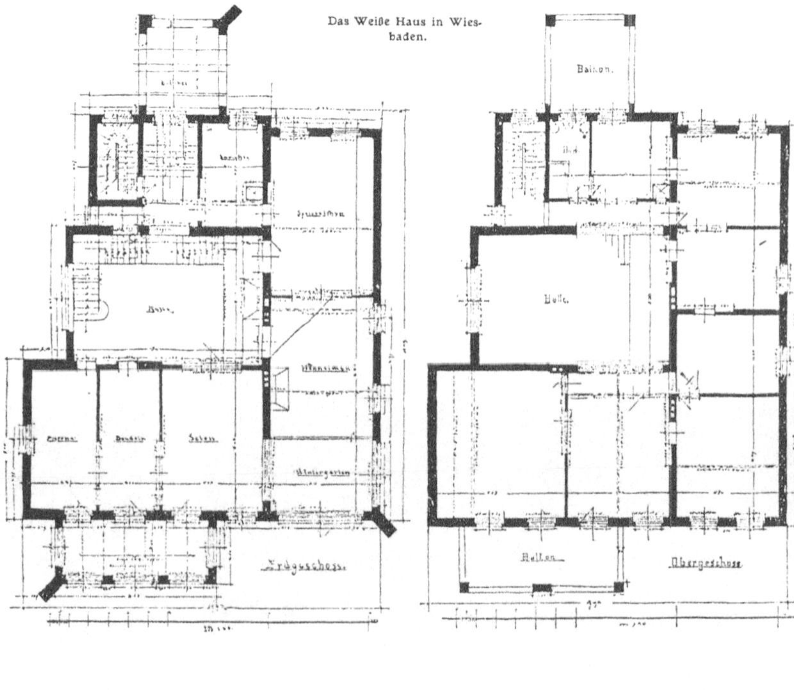

Blumenstraße

Um 1865 zur Erweiterung des östlichen Villengebiets angelegt. Phantasiename.

Blumenstraße 1
Fl. 166 Flst. 2

Erbaut: um 1876

Blockhafter Villenbau in Anlehnung an die italienische Renaissance. Der zur Straße querrechteckige Baukörper ist an den Kanten durch Rustika und Pilaster markant gefaßt. Die Hauptansicht ist symmetrisch dreigeteilt. Die risalitartige Betonung der 3 zusammengezogenen Mittelachsen erfolgt durch Pilastergliederung und Verkröpfung in Gesims und Gebälk. Eine Mittelgaupe mit seitlicher Attika hat Frontispiz-Funktion. Vorgestellt ist eine Veranda mit tuskischen Säulen. Letztere in kanonisch hierarchischer Unterordnung unter die korinthischen Pilaster im 1. OG. Aus Tonelementen besteht die antikisierende Kandelaberornamentik in den Lünetten der Rundbogenfenster und -tür. Balkongitter und Einfriedungsgitter nebst Tor und Pfosten wurden um 1900 qualitätvoll erneuert.
Die kunstvoll durchstilisierte Villa ist Kulturdenkmal aus künstlerischen Gründen und zudem bedeutend durch ihre Lage seitlich der Einmündung der Theodorenstraße.

Blumenstr. 2
Fl. 121 Flst. 129/11

Bauantrag: 21.8.1909
Antragsteller: Fritz Lohmann
Architekt: Karl Kähler

Eine der großen neoklassizistischen Villen Kählers in Ecklage in direkter Nachbarschaft zu der ebenfalls von ihm gebauten Villa Bierstadter Str. 15 (vgl.). Der kubische Baukörper mit reicher Sandsteingliederung und rotem, hohem Mansarddach beherrscht souverän die Situation an der Ecke Theodorenstraße. Zu den beiden Straßenseiten wendet er sich mit einem durch Kolossalpilaster gegliederten Mittelrisalit. Der andeutungsweise gesprengte Segmentgiebel, Kapitelle und Zopfdekor u. a. beziehen sich stilistisch auf das vorrevolutionäre 18. Jahrhundert als letzte Feudalepoche des Absolutismus. Entsprechend herrschaftlich ist der Anspruch des zeittypischen Entwurfs, wobei Repräsentationsanspruch und zeitgenössisch moderne Formen der Wohnkultur verbunden werden konnten.
Die Villa ist Kulturdenkmal aus künstlerischen und städtebaulichen Gründen, auch im Rahmen eines neoklassizistischen Ensembles zusammen mit der Nachbarvilla.

Blumenstraße 3/5
Doppelvilla
Fl. 166 Flst. 3; 4

Bauantrag: 4.8.1904
Antragsteller: Hermann Reichwein, Architekt
Architekt: ders.

Die beiden unterschiedlich gestalteten Doppelhaushälften bilden einen Baukörper von asymmetrisch pittoresker Konzeption. Zur linken Seite dominiert der seitliche Risalit mit flachem polygonalem Vorbau und hohem spätbarockem Giebel; rechts bildet ein polygonaler Eckturm mit hoher Kuppel das gestalterische Äquivalent. Altane im Erdgeschoß schaffen zusätzlich ein bewegtes Erscheinungsbild. Mit der stilistischen Orientierung am späten 18. Jahrhundert und dem Zopfstil dokumentiert die Villa die erneute bzw. latente historistische Richtung nach und neben dem Jugendstil. Der Jugendstil selbst blieb dabei nicht ohne Einfluß. In diesem Sinne sind auch in den Entwurf der Einfriedung secessionistische Züge eingegangen.
Kulturdenkmal aus künstlerischen Gründen.

△
Blumenstr. 4
Fl. 39 Flst. 273/1

Erbaut: um 1875

Die besonders schöne und reiche spätklassizistische Villa zeichnet sich auch durch ihren besonders guten Erhaltungszustand aus. Die von der Straße weiter zurückgesetzte, freie Lage im Garten vermittelt etwas von der Poesie des klassizistischen Villenideals. Symptomatisch für die Erbauungszeit ist freilich die Ausbildung einer repräsentativen Fassade mit Orientierung zur Straße. Zur Straße ist mit dem Mittelrisalit auch ein mäßig tiefer Verandavorbau (später um ein Geschoß aufgestockt) ausgerichtet, der seinen antikisierenden Vasenschmuck bewahrt. Die im Risalitbereich konzentrierte Formdichte gipfelt im Giebelrelief mit einer differenziert gestalteten mythologischen Gruppe: von Hippokampen flankiert vermutlich Thetis darstellend. Giebelprofil und Kranzgesims sind wie alle Glieder und Ornamentik am Gebäude fein gebildet. Die Fenster wahren noch den Originalzustand, an den Seiten mit einer ionisierenden Halbsäule am Mittelpfosten. Das ursprüngliche schlichte Einfriedungsgitter ist erhalten. Durch Verlegung der ehemals an der Ecke situierten Einfahrt kam es zur Veränderung im Eingangsbereich.
Kulturdenkmal aus künstlerischen Gründen.

Blumenstr. 7/Gustav-Freytag-Str. 9
Doppelvilla
Fl. 166 Flst. 32; 31

Bauantrag: 29. 4. 1884
Antragsteller: Ernst A. Stein, Architekt
Architekt: ders.

Große herrschaftliche Mietetagenvilla des renaissancistischen Spätklassizismus in der Tradition der Schinkel-Schule. Zur Blumenstraße bildet der langgestreckte Baukörper zwei in sich symmetrische Fassaden bei geringer Abweichung im Detail. Der Ecklage wird durch eine weitere, asymmetrische Fassade zur Gustav-Freytag-Straße mit besonders schönem antikischem Loggiarisalit entsprochen. Bei sonst strenger axialer Gebundenheit schafft der Diagonalrisalit auf der Gegenseite den räumlichen Bezug zur Blickachse der Straße und leitet über zur Rück- und Eingangsseite, die beim Eckbau, im Gegensatz zur anderen Haushälfte, durchgestaltet ist. Der reiche Gesamteindruck des Gebäudes wird durch wertvolle Details wie die gußeisernen Veranda- oder Loggiageländer mitbestimmt. In Teilen ist die Originaleinfriedung mit einfachem Spießgitter und Sandsteinpfosten erhalten.
Kulturdenkmal aus künstlerischen Gründen und wegen der städtebaulich bereichsprägenden Wirkung.

Blumenstr. 8
Fl. 39 Flst. 3

Erbaut: im Kern um 1860
Umbau: Antrag von 1909 durch Albert Sturm

Im Kern spätklassizistische Villa, die 1909/1910 in großzügiger Weise neoklassizistisch überformt und erweitert wurde. Zu den Erweiterungen gehört der hohe Ecktrakt zur Gustav-Freytag-Straße, der zusammen mit dem anschließenden doppelgeschossigen Verandavorbau das moderne asymmetrische Erscheinungsbild begründet. Zudem stellt der Ecktrakt in der Diagonalsicht ein gestalterisches Äquivalent zum Mittelrisalit der dreiteiligen Hauptfassade dar. Ganz im Geschmack der Zeit erhielt der Risalit einen Segmentgiebelabschluß sowie eine Säulenexedra im EG. Ein kleiner Vorbau mit Portikus wurde an der nördlichen Eingangsseite angefügt. Ornamentik und die dekorativen architektonischen Glieder am Bau gehen klassizisierend auf das Louis-Seize zurück. Zur Villa mit parkartigem Garten gehört eine besonders wertvolle Einfriedung aus Eisenspießen in der Art des 18. Jahrhunderts, dazu das passende Tor zwischen hohen Pfosten.
Der elegante, herrschaftliche Bau mit beeindruckendem Detailreichtum ist Kulturdenkmal aus künstlerischen Gründen.

Blumenstraße 10
Fl. 39 Flst. 36

Erbaut: gegen 1865

Schlichte, wohlproportionierte Villa des nassauischen Spätklassizismus, in der sich Züge ländlicher Bauweise (Krüppelwalm u. a.) mit antikisierenden, repräsentativen Formen mischen (Risalitattika). Die mit Akanthusmotiven reich dekorierten gußeisernen Geländer der dem Mittelrisalit vorgestellten Veranda (Ständer erneuert) sind der aufwendigste Schmuck am Gebäude. Gliederung und Ornamentik sind ansonsten streng rational. Lisenen, im 1. OG zu Pilastern umgedeutet,

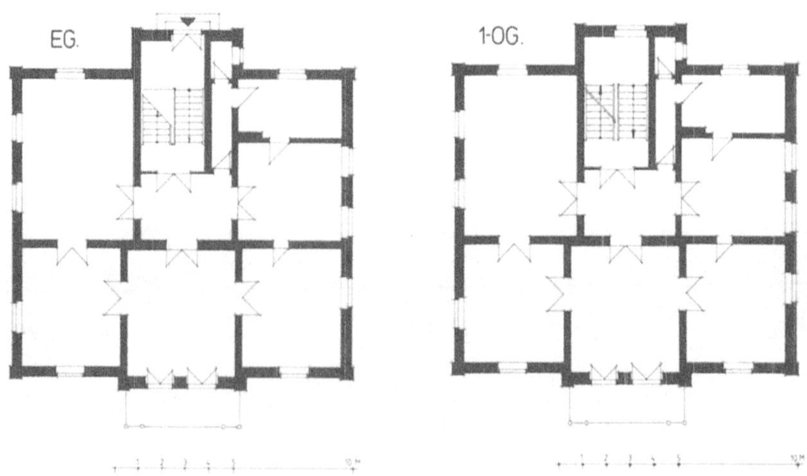

rahmen Baukörper und Risalit. Rosetten unterhalb des Kranzgesimses bezeichnen genau die Mitte der Fensterachsen. Geradlinig und geometrisierend sind die Verdachungen der Beletage-Fenster angelegt. Die heitere und klare Wirkung des Entwurfs beruht auf den ausgewogenen Maßverhältnissen und dem Gegensatz fein-plastischer Profile zu glatten Wandflächen, der auch farblich zum Ausdruck gebracht wird. Kennzeichnend für die relativ frühe Bauzeit ist die zurückgesetzte und erhöhte Lage des Hauses, wobei der auf der Rückseite gelegene Eingang durch einen gebogten Weg erreicht wird. Das einfache Spießgitter der Einfriedung ist erhalten.
Die sehr gut erhaltene Villa ist Kulturdenkmal aus künstlerischen Gründen.

Blumenstr. 11
Fl. 166 Flst. 35

Erbaut: ca. 1872
Umbau: 1903 Neubau der Remise
1908 durch Karl Kähler

Die spätklassizistische Villa ist vor allem für den Raum der Humboldtstraße von prägender Wirkung. Hier kommt ihre nach Vorbildern der Schinkel-Schule (Hitzig, Strack) gestaffelte Anlage mit turmartigem Eckrisalit voll zur Geltung. Die Wände im EG werden durch waagrechte Nutung strukturiert, im 1. OG und Turmgeschoß sind sie glatt geputzt und stoßen scharfkantig aufeinander. Die Gliederung ist von verhaltener Plastizität. Sehr elegant wirkt die tiefliegende Brüstung der Fenster im 1. OG, die flachen rahmenden Pilaster und der mit feinem Profil stärker hervorstehende Verdachungsgiebel. In der Blickachse der hier endenden Blumenstraße erscheint der Bau primär kubisch geschlossen, dabei auch wohlproportioniert. 1908/09 wurden u. a. der Wintergarten auf der Südseite angefügt und der zum Norden liegende Eingang verändert. Zudem entstand im Villengarten ein romantisierender Remisenbau mit Fachwerkgiebel und -drempel mit Einfluß des Jugendstils. Der Gartenzaun mit Spießgitter in Bogenform ist spätklassizistisch. Für das Gesamtbild wesentlich ist der parkartige alte Baumbestand des Gartens.
Kulturdenkmal aus künstlerischen und städtebaulichen Gründen.

Bodenstedtstraße

Seit den 60er Jahren zur Erweiterung des östlichen Villengebiets als Weg angelegt und seit 1890 straßenmäßig befestigt. Benannt nach dem Dichter Friedrich Bodenstedt, der 1892 in Wiesbaden verstarb. Längere Zeit wohnte er in der Bierstadter Str. 34, Ecke Bodenstedtstraße (vgl.).

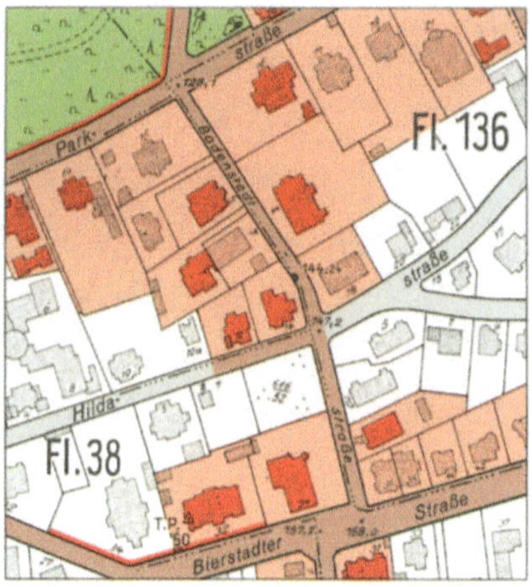

Bodenstedtstraße 2
Fl. 136 Flst. 5

Erbaut: 1874/75 für Otto Freytag, Rentner
Umbau: 1910 durch Karl Kähler, vor allem im Inneren

Musterbeispiel einer wohlproportionierten spätklassizistischen Villa mit 3teiligen, symmetrischen Fassaden. Aufgrund der Ecklage bildet der durch Hang und Anhebung des Geländes erhöht über dem Kurpark liegende Villenkubus zwei Schauseiten: zu Park und Parkstraße über hoher Stützmauer mit terrainbedingt flachem Mittelrisalit, zur Gartenseite und Bodenstedtstraße mit körperhaft vortretendem Mittelrisalit, beide Risalite zu 3 Achsen mit zeittypischem Verandavorbau. Gegenüber der organisch-plastischen Qualität von Gliedern und Ornament vor durchgehend spundierten Wandflächen ist die Attika mit antikisierendem Giebel in ihrem zarten Relief mehr graphisch aufgefaßt. Nicht mehr die Regel für die 70er Jahre ist der unmittelbare Zugang zum Garten. 1910 erfolgte die repräsentative Neugestaltung der Eingangssituation mit Vorfahrt und verglastem Vordach. Im Inneren wurde eine zeittypische Treppenhalle nach englischem Vorbild geschaffen, eichenvertäfelt, mit Kamin und wandfestem Mobiliar im Stil Louis-Seize. Ebenso wurden die angrenzenden Repräsentationsräume dem Zeitgeschmack angepaßt. Zur Villa gehört eine im Winkel gebaute Remise von ansprechender Proportion und Formgebung. Im Garten ist die ehemalige Anlage mit Terrassierung, Springbrunnen und Wegeführung noch gut zu erkennen. Zum Vergleich dient ein in der Tiefbauakte archivierter Plan zur Kanalisation des Brunnens. Die Baumriesen in dem als Abbreviatur des Landschaftsparks angelegten Garten setzen ihn in unmittelbaren Bezug zu den Kuranlagen. Bis auf den 1910 mit flankierenden Mauerwangen aufwendig erneuerten Torbereich stammt die Einfriedung mit einfachem Spießgitter zwischen Gußpfosten aus der ersten Bauphase.
Kulturdenkmal aus künstlerischen Gründen und wegen der städtebaulichen Bedeutung für Straßenraum und Parkanlage.

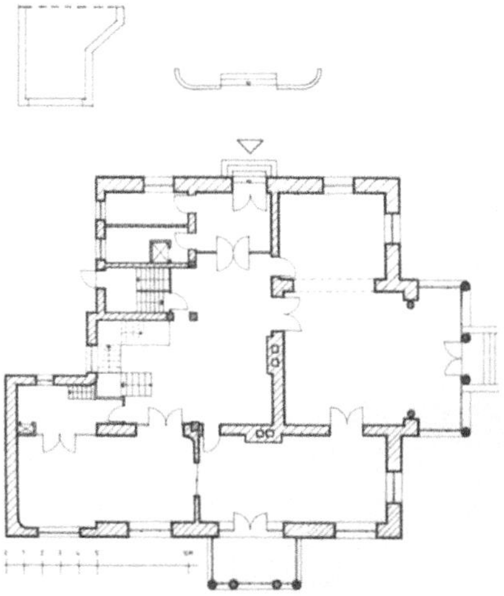

Bodenstedtstr. 2, Kanalisationsplan von 1910

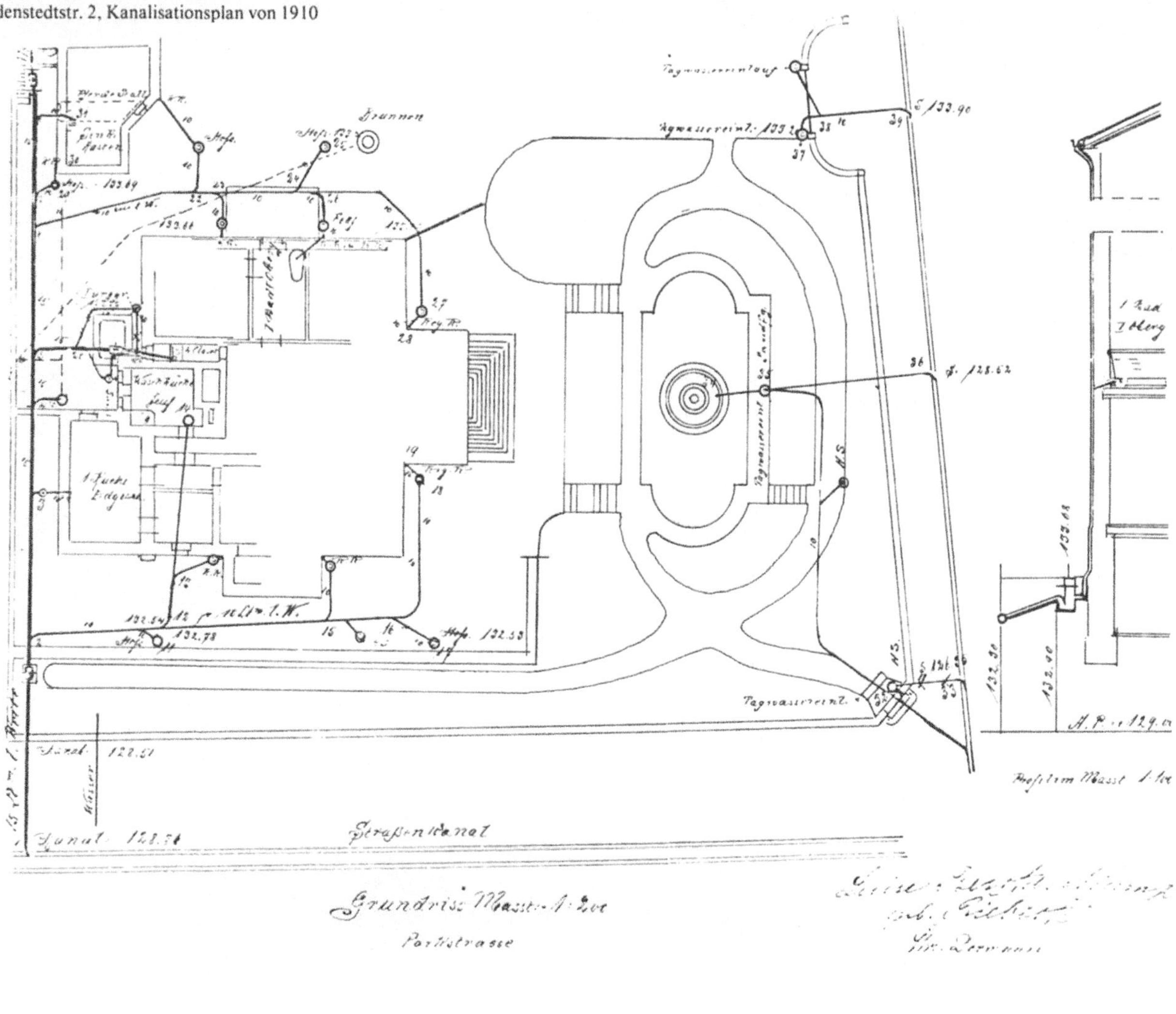

Bodenstedtstraße 4
Fl. 136 Flst. 6

Erbaut: gegen 1875

Auf Allseitigkeit angelegter spätklassizistischer Villenkubus in parkartigem Garten mit wertvollem altem Baumbestand. Die zum Garten orientierte Eingangsseite ist symmetrisch konzipiert. Die äußeren Achsen mit weit vorgezogenen Verandavorbauten rahmen die tiefer gelegene mittlere Fenstergruppe mit seitlichen Ochsenaugen. Die Rundfenster sind mit gußeisernen Radgittern versehen; sehr qualitätvolle Gußeisengitter mit blütenverzierten Traillen oder Radmotiven mit Löwenkopfnaben finden sich an der linken Veranda (EG) und Loggia der Südseite. Bei den Verandabrüstungen (1. OG) werden in Stein filigrane Muster der Gußtechnik nachgeahmt. Entgegen der sonst herrschenden Symmetrie ist in nördlicher Richtung über 3 Achsen (Blendarkaden zur Gartenseite) ein kleiner Saalbau angefügt, vermutlich als Tanz- bzw. Festsaal. Er ist unmittelbar mit dem großen Vestibül und dem Treppenaufgang verbunden, der prachtvoll im Régence- und Rokokostil stuckiert ist (musizierende Putten, Musikinstrumente u. a.). Wertvoller Bestand der kostbaren Innenausstattung fiel der Spekulation um das Gebäude und damit verbundener mutwilliger Zerstörung zum Opfer. Als eine der großen herrschaftlichen Villen der frühen 70er Jahre ist das Gebäude mit Einfriedung Kulturdenkmal aus künstlerischen Gründen.

Bodenstedtstraße 5
Fl. 124 Flst. 59/12

Bauantrag: 3. 8. 1899
Antragsteller: Sigmund Langrod, Architekt
Architekt: ders.

Pompöse Mietetagenvilla des wilhelminischen Neobarock, in den sich eklektizistisch Formen des Louis XVI u. a. mischen. Der durch Risalite, Verandavorbauten, Balkone und Diagonalerkerturm (leider heute ohne bekrönende Zwiebelhaube) gegliederte Baukörper evoziert barocke Bewegtheit und räumlich expansive Qualität. Der fruchtbare Blickwinkel wird durch das Eckmotiv in der Diagonalen erschlossen. Die verwirrende Fülle der Einzelformen schafft mit dem mehrschichtigen Relief von Wandgliederung und Ornamentik das nach wie vor in der historistischen Villenarchitektur gewünschte malerische Erscheinungsbild. Außen wie innen ist die Villa in einem guten Erhaltungszustand. Im Stuckdekor von Entree und Treppenhaus treten vereinzelt Jugendstilformen auf, wie am Außenbau vor allem in den kunstvollen, individuell gefertigten Balkongittern. Auch das Gitter und

Tor der Einfriedung nebst Torpfosten sind durch die Secession beeinflußt. Kulturdenkmal aus künstlerischen Gründen und wegen der städtebaulichen Bedeutung nahe der Kreuzung Parkstraße.

Bodenstedtstraße 7
Fl. 124 Flst. 13/4

Bauantrag: 30. 9. 1903
Antragsteller: Carl Gotthard
Architekt: Jakob Martin

Nach Teilung des erstmals in den 60er Jahren bebauten Grundstücks wurde die altertümelnd pittoreske Villa auf der rückwärtigen Parzelle errichtet. Wegen der Zusetzung der straßenseitigen Ansicht durch einen störenden Anbau der 50er Jahre dominiert ein weit vorgezogener Nordrisalit mit polygonalem Vorbau, an den seitlich ein mächtiger gotisierender Portikus mit Freitreppe anschließt: eine pompöse Eingangssituation mit schwarzer polierter Marmorsäule auf hoher Basis u. a. Gegenüber der insgesamt eklektizistisch altertümelnden Formgebung am Außenbau überrascht die in Eisen und Glas ausgeführte Jugendstil-Eingangstür. Der Jugenstil beherrscht auch die in nahezu allen Details erhaltene Ausstattung des Prunktreppenhauses. Die Wände zieren u. a. stuckierte Flachreliefs von Rheinburgen. Eine unbedingte Rarität ist der noch original erhaltene rote Samthandlauf des kunstvoll geschmiedeten Geländers der weißen Marmortreppe zum 1. OG. Von der aufwendigen Ausstattung der Wohnräume sind u. a. wertvolle farbig glasierte Majolikaöfen zu erwähnen oder die Kuriosität eines um das Steigrohr in der Toilette stuckierten Baumstamms, die Laubkrone als Decke. Zur Villa gehört eine Remise. Ein schweres schmiedeeisernes Gartentor scheint erst später von der Straße an die Parzellengrenze versetzt worden zu sein.
Kulturdenkmal aus künstlerischen Gründen.

Bodenstedtstraße 12
Fl. 136 Flst. 43/16
Bauantrag: 23. 12. 1895
Antragsteller: Jesnitzer, Rentner
Architekt: Sigmund Langrod

Rokokohaft preziöse Villa der wilhelminischen Ära mit zierlichem Erscheinungsbild zur Straße, aber großem, in die Tiefe orientiertem Volumen. In der Hauptansicht – frontal oder in der Blickachse der Straße – dominiert das die Hanglage reflektierende Turmmotiv mit Zwiebelhaube. Als Hauptakzent daneben die phantasievolle Rahmung der Fenstertür im 1. OG mit barockisierend geschwungenem Balkon mit Korbgitter auf mächtiger Maskenkonsole. Die üppige Ornamentik, vorwiegend in Formen des 18. Jahrhunderts, aber auch renaissancistisch, bildet eine weitere Reliefschicht vor der kräftigen Nutung der Wände. Der Baukörper selbst bricht nicht rechtwinklig um, sondern es wird bei Verkröpfung des Kranzgesimses durch Vor- und Rücksprünge organische Qualität suggeriert. Der an Details außerordentlich reiche Bau wahrt u. a. die kunstvolle Schmiedeeisenkonstruktion seiner gläsernen Eingangsverdachung. Von der Einfriedung ist die Ziegelmauer nebst Pfosten und einem flachen gebogten Gitter erhalten. Rückwärtig steht ein Remisenbau.
Kulturdenkmal aus künstlerischen und städtebaulichen Gründen wegen der bereichsprägenden Wirkung.

Erathstraße

1875 zur Verdichtung des „Grünen Viertels" eröffnet. Benannt nach dem ehemaligen Grundeigentümer Freiherr von Erath.

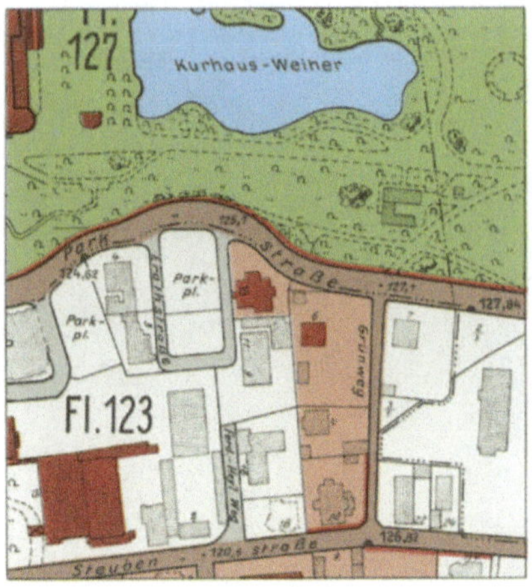

Erathstr. 15
Fl. 123 Flst. 10/9

Bauantrag: 19. 7. 1875
Antragsteller: Heinrich Hammelmann, Tünchermeister, Rentner
Architekt: Scheidt

Mit der Hauptschauseite zu Parkstraße und Kurpark orientierter Villenkubus im Stil der oberitalienischen Renaissance. Kennzeichnend ist die strenge, großmaßstäbliche Gestaltung des flachgedeckten Baukörpers. In der Gliederung kommt die Wertigkeit der 3 Geschosse deutlich zum Ausdruck. Als Piano nobile ist das 1. OG mit seinen Ädikula-Fenstern gekennzeichnet. Vollplastisch tritt die architektonische Rahmung vor die durch Nutung malerisch behandelten Wandflächen. Im Straßenraum an exponierter Stelle liegend, nimmt der Bau durch zweistöckige Balkonvorbauten Bezug auf alle drei Blickrichtungen. Gleichzeitig wird durch die mächtigen kastenartigen Vorbauten ein gesteigerter Repräsentationsanspruch manifest. Das Grundstück umgibt eine schlichte spätklassizistische Einfriedung mit gußeisernen Pfosten.
Kulturdenkmal aus städtebaulichen und künstlerischen Gründen.

Frankfurter Straße

1808 als Neue Erbenheimer Chaussee entstanden. Nach Eliminierung der Alten Erbenheimer Straße um 1840 noch Erbenheimer Chaussee bis 1860/61, dann Frankfurter Straße. Ab ca. 1840 Villenbau.

Frankfurter Str. 1
Villa Clementine
Fl. 120 Flst. 174/1

Erbaut: 1878-1882 von Georg Friedrich Fürstchen für Ernst Mayer, Fabrikant aus Mainz. Benannt nach dessen Frau Clementine Mayer

Inschrift: „Villa Clementine" im Belvedere der Nordseite

Großbürgerliche Villa im Stil einer an Th. v. Hansen orientierten Neorenaissance. Die prominente Ecklage bedingt die Ausbildung zweier repräsentativer Fassaden. Deren symmetrische Anlage mit Mittelrisalit mit portikusartigem Belvedere schaffen vor allem in Richtung Warmer Damm ein pathetisches Erscheinungsbild. Überraschend wirken gegenüber den Hauptschauseiten die einfache Behandlung der Südseite sowie die verschachtelte Konzeption der an der Kleinen Wilhelmstraße gelegenen Eingangsseite. Im Inneren wurden Treppenhaus und Beletage nach einer Phase starken Verfalls von

der Stadt als Eigentümer zur Nutzung für kulturelle Veranstaltungen restauriert. Die in ihren Hauptansichten mit Sandstein verkleidete Villa beherrscht das Ortsbild an der Straßenkreuzung; sie bietet ein adäquates Pendant zum diagonal gegenüberliegenden Erbprinzenpalais (Zais) sowie einen malerischen Point de vue in den diversen Blickachsen des Warmen Dammes.
Kulturdenkmal aus künstlerischen und städtebaulichen Gründen.

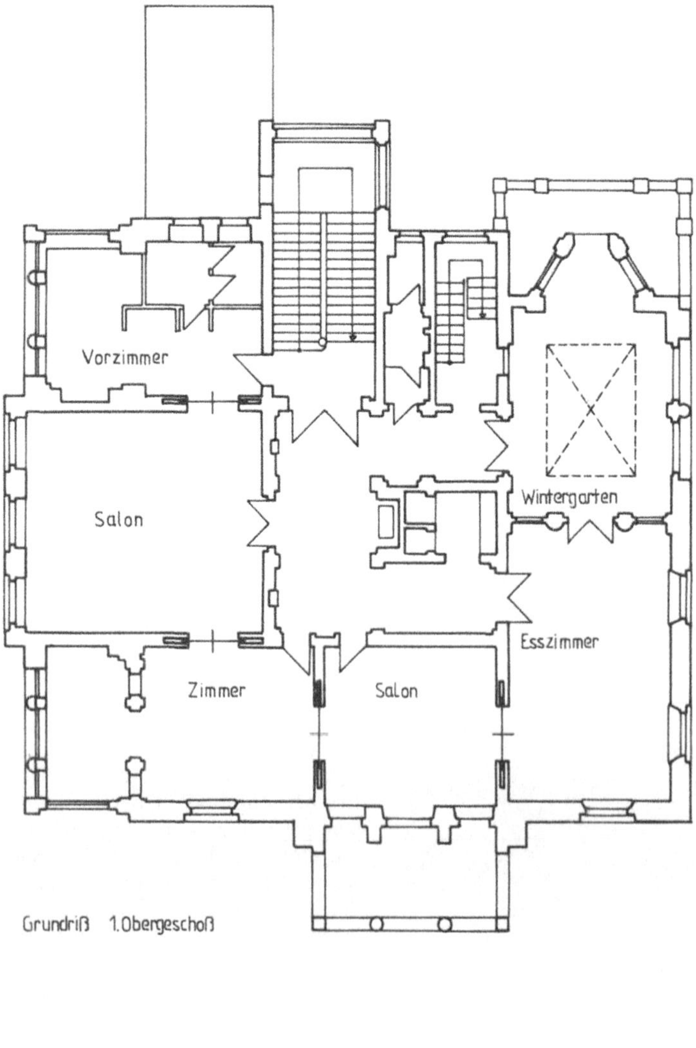

Grundriß 1.Obergeschoß

Frankfurter Str. 2
Fl. 122 Flst. 46/2

Erbaut: im Kern 1840/41 als Landhaus des Freiherrn von Rettberg
Umbau: um 1870

3½geschossige Villa in Anlehnung an die italienische Renaissance als Überformung und Vergrößerung eines schlichten klassizistischen Kubus. Die dem Zeitgeschmack entsprechende Umstilisierung des ehemals 2½geschossigen Baus erfolgte bei Wahrung der Fünfachsigkeit durch Applikation einer plastischen Gliederung. Die Rustizierung im EG – Körperhaftigkeit und Schwere evozierend – wird im 1. OG als Eckverzahnung fortgeführt. Gekoppelte Eckpilaster vermitteln den Eindruck zunehmender Leichtigkeit im aufgestockten 2. OG. Volumen und Massivität des Gebäudes werden schließlich durch die beiden doppelstöckigen Vorbauten erhöht, die zudem die Hauptseiten im Sinne einer repräsentativen Fassadenwirkung akzentuieren. Das Umbaukonzept ist elegant und streng bei sparsam verwandtem Dekor. Zur Villa gehörten ehemals zwei die Position von Flügelbauten einnehmende Remisen. Die noch erhaltene – mit Rundbogenfenstern im EG wie die Villa – wurde gegen 1900 aufgestockt. Die in der zweiten Bauphase erneuerte Einfriedung mit großem zweiflügeligem Schmiedeeisentor zwischen hohen Sandsteinpfosten ist gut erhalten.
Kulturdenkmal aus künstlerischen und stadtbaugeschichtlichen Gründen.

Villa von Rettberg aus einer franz. Bauzeitschrift um 1845

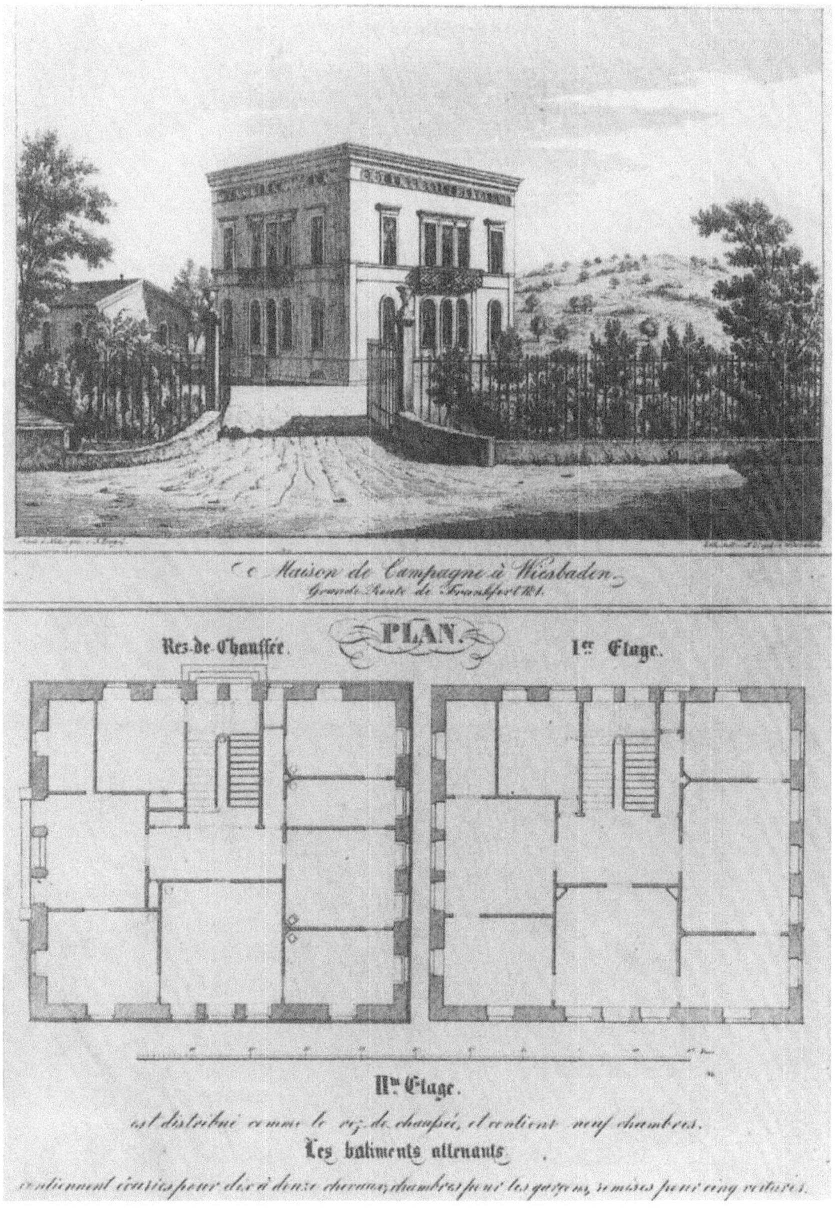

Frankfurter Str. 3
Anglikanische Kirche
Fl. 120 Flst. 139/20

Erbaut: 1863–65 von Theodor Goetz
1887/1888 Chor und seitlicher Turm
1945 Kriegszerstörung
bis 1950 Wiederaufbau
1966 Brand und Wiederherstellung

Eine englische Gemeinde bestand in Wiesbaden seit den 30er Jahren. 1844 bildete sich ein Ausschuß für den Bau einer eigenen Kirche; eine Opposition innerhalb der Gemeinde wandte sich dagegen. 1860 wurde die nassauische Regierung durch drei Vertreter der Gemeinde um kostenfreie Überlassung eines Bauplatzes gebeten. 1862 wurde dem Gesuch durch Überlassung von drei Parzellen, einer städtischen, einer privaten und einer dominialen, entsprochen. Die nach dem Vorbild englischer „chapels" konzipierte neogotische Kirche wird durch die Lage an der Frankfurter Straße, gegenüber dem Warmen Damm, dem Kurbereich mit Anschluß an das „Grüne Viertel" integriert. Umgeben von Villen und vis-à-vis dem Landschaftspark setzt sie innerhalb des pittoresken Gesamtkonzepts einen besonders reizvollen romantisierenden Akzent. Die zierliche rote Backsteinarchitektur – zunächst ein dreijochiger Saalbau mit Satteldach – zeigt den größten Formenreichtum in den erst 1887/88 angefügten Teilen, Chorpolygon und Viereckturm mit spitzem, zwischen Wimpergen aufsteigendem Helm. Im Inneren sind das Triumphkreuz, der Taufstein und ein Tafelbild erhalten.
Kulturdenkmal aus künstlerischen, städtebaulichen und stadtbaugeschichtlichen Gründen.

Frankfurter Str. 6
Fl. 166 Flst. 21

Erbaut: gegen 1868

Mit nur geringem Abstand zur Straße errichtete Mietetagenvilla mit Orientierung nach Westen. Der elegante spätklassizistische Bau ist asymmetrisch konzipiert. Hauptmotiv der Front ist ein durch seinen Dreiecksgiebel die Traufhöhe überragender Risalit. Er

scheidet zwei Gebäudehälften, von denen die linke ursprünglich den Eingang aufnahm (später auf die Risalitseite verlegt). Der rechten Achse mit repräsentativen Fensterdreiergruppen ist ein doppelgeschossiger Altan vorgebaut. Das gußeiserne Gitter im 2. OG (ehemals wohl auch in den anderen Geschossen) verdient wie auch das Balkongitter der Südseite mit seinen Radmotiven mit Portraitköpfchen in den Naben besondere Beachtung. Desgleichen die seltenen Brüstungsgitter der Fenster. Auf der Rückseite der Villa wurde in den 80er Jahren im rechten Winkel ein langgestreckter Flügel angebaut und bei dieser Gelegenheit der Eingang an die Nahtstelle zwischen Altbau und Neubau verlegt. Die Einfriedung der ersten Bauphase, ein einfaches Flacheisengitter, ist mit dazugehörigem Tor erhalten.
Kulturdenkmal aus künstlerischen Gründen und wegen der städtebaulichen Wirkung im Raum der unteren Frankfurter Straße.

Frankfurter Str. 18
Fl. 166 Flst. 36

Erbaut: um 1865

Auf einem Rückgrundstück gelegene schlichte nassauisch-spätklassizistische Villa; die lisenengegliederte Fassade mit überhöhtem Mittelrisalit mit einfachem Giebelabschluß. Ansätze zu malerisch plastischer Bildung finden sich in den Rahmungsmotiven der Fenster und vor allem in der körperhaft empfundenen und dabei dekorativ belebten Gestaltung des Verandavorbaus. Selten ist dessen filigrane Steinbrüstung im 1. OG, den Zierformen von Gußeisen nachempfunden. Im Vergleich zur Villa Frankfurter Str. 32 (vgl.) tendiert der Entwurf stärker zum Malerischen. Grundsätzlich ist er Ausdruck einer konservativen und unprätentiösen Baugesinnung und Beispiel für die Tradierung des Klassizismus sowie die Bemühungen, diesen zeitgemäß zu adaptieren.
Kulturdenkmal aus künstlerischen Gründen; auch vermittelt das stadtbaugeschichtlich bedeutende Gebäude einen Eindruck von der Bebauung der Frankfurter Straße vor preußischer Zeit.

Frankfurter Str. 24
Fl. 165 Flst. 2

S. Humboldtstr. 3

Frankfurter Str. 28
Ehemaliges Hotel Nizza
Fl. 165 Flst. 9

Bauantrag: 30. 5. 1903
Antragsteller: Gustav Ritscher
Architekt: Emil Schott, Gesundheitsingenieur und Architekt

Aufgrund der ursprünglichen Funktion als Hotel auffallend großvolumiges Gebäude mit Orientierung der Schmalseite zur Frankfurter Straße. Von der Fassade mit gestaffeltem Risalit leitet eine Rundung organisch zur Langseite über. Mit ihren beiden malerisch gestalteten Risaliten, den dazwischenliegenden verglasten Veranden sowie dem ebenfalls rund geführten Eckmotiv der Gegenseite, dazu zahlreichen pittoresken Details, bietet sie einen Anblick von größter Diversität. Das Gestaltungsprinzip formvereinheitlichender Züge im Sinne des Jugendstils ist dabei nicht konsequent durchgehalten. Formal widerspricht Ideen des Jugendstils auch die Sandsteingliederung, die zumal in ihren bossierten und ornamentierten Teilen altdeutsche Assoziationen weckt. Hinzu kommt die Betonung diverser Historismen, z. B. im Hauptgiebel der Schmalseite. Der durch

seinen Formenreichtum außergewöhnliche Entwurf stellt sich somit als eine ortstypische Verbindung alter und neuer Formen dar. Im Inneren ist von ganz besonderem Wert das aufwendig im Jugendstil gestaltete Treppenhaus mit geschmiedetem Gitter in vegetabilischen Formen (Mohnblüten u. a.) und phantasiereichem Stuckdekor bei z. T. verspiegelten Wänden. Dagegen sind die Aufenthaltsräume im Sockelgeschoß überraschend einfach ausgestattet.
Der Bau verdient eine gesonderte Betrachtung im Rahmen des Hotelbaus im 19. bzw. frühen 20. Jahrhundert. Mit seinen hervorragenden handwerklichen Details ist er Kulturdenkmal aus künstlerischen Gründen und aufgrund der exponierten Lage wegen der städtebaulichen Bedeutung. Lit.: M. E. Lintbrecht, Wiesbadener Neubauten, in: Deutsche Bauhütte 10. 1906.

Frankfurter Str. 32
Fl. 165 Flst. 34

Erbaut: gegen 1865

Schlichtes spätklassizistisches Landhaus mit überhöhtem Mittelrisalit mit anschließendem Dreiecksgiebel. In zurückgesetzter Lage ist das Gebäude schräg zur Straße nach Westen orientiert. Der spröde Charme des durch Rechtwinkligkeit bestimmten Entwurfs mit Lisenengliederung der Fassade gewinnt durch das Rundbogenfenster im Giebel und vor allem die gußeiserne Veranda nebst Balkon malerische Qualität. Der ländliche Charakter wird durch die hölzernen Klappläden wirksam unterstrichen. Sehr reizvoll ist auch die filigrane Holzkonstruktion der Überdachung des seitlich gelegenen Eingangs. Die Einfriedung mit Ziegelmauer wahrt ihr spätklassizistisches in Bogenform geführtes Gitter.
Die Villa ist Kulturdenkmal aus künstlerischen Gründen und als Zeugnis der nassauischen Ära wegen der stadtbaugeschichtlichen Bedeutung.

Frankfurter Str. 36
Fl. 165 Flst. 36/2

Erbaut: 1874 für Knauer, Rentner

Asymmetrisch angelegte Villa mit flachem Diagonalrisalit und quadratischem Eckturm. Die zurückhaltende tektonische Gliederung entspricht der flächigen Behandlung der Wandfelder bei feiner Spundierung des Putzes. Vergleichbar differenziert gebildet sind die antikisierenden Friese im Bereich der Gesimse. Formen der italienischen Renaissance zeigen die plastischeren Details wie Kniekonsolen, Balusterbrüstung oder Fensterlünetten. Nach Frankreich verweist dagegen das Pyramidenstumpfdach des Eckturms. Grundsätzlich dominiert in Umriß und Detail das malerische Prinzip. Im einzelnen besticht der farbig verglaste Windschutz über dem Freisitz an der Nordwestecke. Zur Villa gehört eine besonders reizvolle rote Backsteinremise mit antikisierenden Portraitmedaillons über den heute umgewandelten Torbögen.
In ihrer erhöhten Lage am Eingang der Schubertstraße erfüllt die künstlerisch wertvolle Villa auch eine städtebauliche Funktion.

Gustav-Freytag-Straße

Entstand aus dem ehemaligen Hainerweg (unterer Abschnitt bis Blumenstraße) und dessen Verlängerung. 1885 nach dem deutschen Dichter, Publizisten und Kulturhistoriker Gustav Freytag benannt, der seit 1881 in der Nr. 18 wohnte und 1895 dort verstarb (vgl.). Einsetzen der Landhausbebauung am Hainerweg um 1860 bei sukzessiver Fortsetzung.

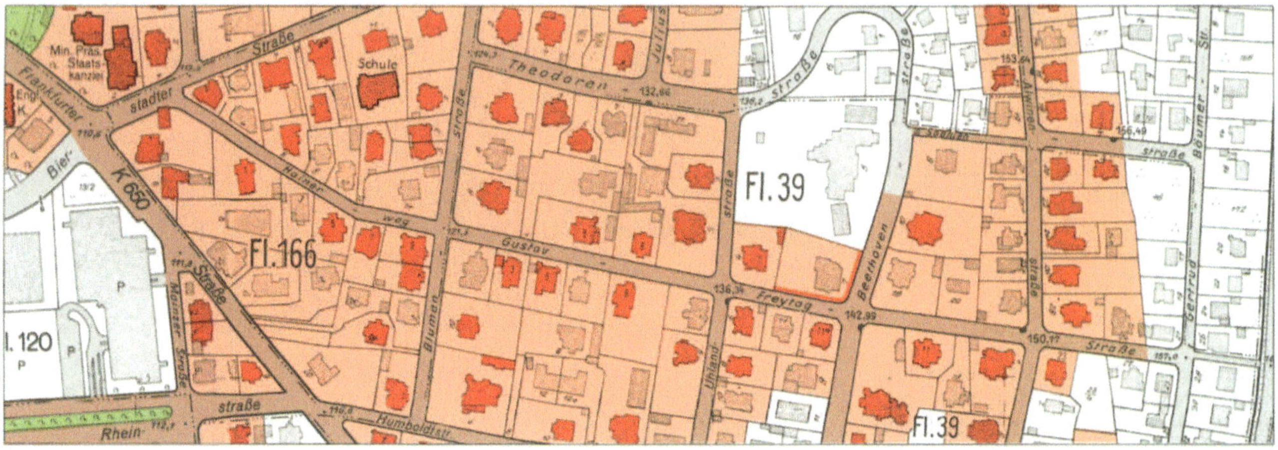

Gustav-Freytag-Str. 1
Fl. 66 Flst. 22

Erbaut: ca. 1860
Umbau: 1878, 1882

Spätklassizistische Villa, die mit ihrer Langseite zu Garten und Stadt orientiert ist. Erst 1885 erfolgte die Aufwertung der 3achsigen Straßenseite zur Fassade durch Vorsetzen einer Veranda mit Balkon im 1. OG. Auch das die Mittelachse risalitartig betonende Giebelmotiv dürfte später sein. Die ehemalige Hauptseite akzentuiert in ihrer zurückgesetzten Mitte ein exedraartiger Vorbau. Die Gliederung des Gebäudes mit schlichter Rahmung der Fenster ist von fast spartanischer Strenge, wie sie den landhausartigen Villentypus nassauischer Zeit kennzeichnet. Die gekoppelten Fenster des Mezzanin im höheren Seitenflügel wahren ihre niedrigen Gußeisengitter. Dem Gebäude fehlen die zur Belebung und Gliederung der Flächen wie zur Unterstreichung des Landhauscharakters wichtigen Fensterläden. Zur Villa gehört eine Remise in einfacher ländlicher Bauweise (vermutlich überputztes Fachwerk). Die spätklassizistische Einfriedung ist mit Tor gut erhalten. Zwischen gußeisernen Pfosten sind die Stäbe in Bogenform gefaßt.
Kulturdenkmal aus künstlerischen und stadtbaugeschichtlichen Gründen als eine der ältesten Villen der Straße.

Gustav-Freytag-Str. 5
Fl. 66 Flst. 27

Erbaut: um 1870
Umbau: 1885 Antrag auf Anbau einer Veranda

Spätklassizistische Villa mit dreiteiliger Fassade zur Straße, zur Talseite mit polygonalem Vorbau, an den 1885 eine doppelgeschossige Veranda in Gußeisenkonstruktion angefügt wurde. In ihrer unregelmäßigen Anlage zeigt die Westseite im Ansatz bereits malerische Züge, während die nach Norden gerichtete straßenseitige Fassade streng symmetrisch konzipiert ist. Durch das Fehlen der Klappläden treten die scharfkantig aneinanderstoßenden Wandflächen in einen in dieser Form nicht beabsichtigten Gegensatz zu mehr organisch körperhaften Elementen: so der säulengestützte Verandavorbau mit Balusterbrüstung oder die das weit vorgezogene Dach stützenden Blattkonsolen. Durchaus plastisch aufgefaßt ist auch das antikisierende Ornament über der Fenstertür im 1. OG neben den schlichten Überdachungsmotiven der seitlichen Achsen. In der Gliederung dominiert die Horizontale, überragt vom Dreiecksgiebel des Risalits mit Apollonkopf im tiefliegenden Giebelfeld. Zu den wertvollen Details am Bau gehört die schöne Haustür aus der Erbauungszeit. Die spätklassizistische Einfriedung mit den typischen gebogten Gitterabschnitten zwischen Gußpfosten ist wohlerhalten.
Die Villa ist Kulturdenkmal aus künstlerischen Gründen. Mit ihrer Orientierung zur Straße steht sie gegenüber den ältesten Villen in Viertel und Straße am Anfang einer neuen Phase im Villenbau.

Gustav-Freytag-Str. 6
Fl. 166 Flst. 52/12

Bauantrag: 12. 11. 1893
Antragsteller: Otto Pfaff, Rentner
Architekt: –

Romantisierende Villa im gotischen Stil, die mit ihrer pittoresk verschachtelten Bauweise mit dem formalen Anspruch durchaus den wirtschaftlichen Aspekt (hohe Ausnutzung) verbindet. Für den Entwurf spielt die Wirkung im Straßenbild eine entscheidende Rolle. Ganz auf die Blickachse ausgerichtet ist der seitliche Risalit des vorderen Flügels mit hohem dekorativen Frontispiz sowie die risalitartige Bildung der linken Fensterachse mit spektakulären Türöffnungen zu Balkon und Terrasse. Ganz im roten Sandstein der Gliederung ist der burgenhafte Erkerturm auf der Ecke ausgeführt, der mit gotisierender Ornamentik reich geziert ist. Zum rückwärtigen, rechtwinklig anstoßenden Flügel mit Turmgeschoß vermittelt ein altanartiger Vorbau mit Loggia im EG, die Loggia mit kunst-

vollem Maßwerkbogen. In die gotisierende Stilisierung des Baus sind auch die z. T. in ihrer ursprünglichen Form erhaltenen Fenster mit einbezogen. In ihrem Gestaltungsreichtum erscheint die Villa vor dem Hintergrund historistischen Schloßbaus. Dem Anspruch des Äußeren entspricht die gut erhaltene Innenausstattung. Die Einfriedung mit neogotischen Gittern und gotisierenden Torpfosten ist stilistisch angepaßt.
Kulturdenkmal aus künstlerischen und städtebaulichen Gründen.

Gustav-Freytag-Str. 7
Fl. 166 Flst. 30

Bauantrag: 8. 4. 1884
Antragsteller: Major Carl von Scheven
Architekt: Ernst A. Stein

Rote Ziegelvilla mit plastischer Sandsteingliederung im nordischen Neorenaissancestil. Die unregelmäßige Anlage mit seitlichem Risalit und Erkertürmchen ist typisch für die altertümelnde, pittoreske Bauweise der 80er Jahre. Die Repräsentationsmotive, wie der hohe Schaugiebel, sind ganz bewußt bürgerlichen Vorläufern entlehnt (Patrizierhäuser in Deutschland und den Niederlanden). Mit der Anlehnung an die als bürgerlicher Epochenstil begriffene Renaissance glaubte man zu einem der Zeit angemessenen Baustil zu finden. Durch den hohen Giebel sowie den Eckerkerturm mit wohlerhaltenem Polygonalhelm mit Laterne artikuliert sich das Gebäude städtebaulich. In der Nachbarschaft der spätklassizistischen Putzvillen verdichtet sie die Qualität des Straßenbildes im Sinne malerischer Diversität. Wertvolle Details am Bau verstärken den Eindruck gestalterischen Reichtums. So die kunstvollen Schmiedeeisenteile am Balkon, als Dachgalerie oder in Form der vorzüglich gearbeiteten Laterne an der Hausecke. Reizvoll sind die farbigen Bleiglasoberlichter am Erkerturm. Seltenheitswert haben die Schiebeläden im EG. Die Einfriedung ist mit Ziegelmauer und -pfosten sowie Ziergitter und -tor gut erhalten. Im Vorgarten und Eingangsbereich ist die ursprüngliche Gestaltung mit Hecken und Steingarten nachzuvollziehen.
Kulturdenkmal aus künstlerischen und städtebaulichen Gründen.

Gustav-Freytag-Str. 9/Blumenstr. 7
Doppelvilla
Fl. 166 Flst. 31; 32

S. Blumenstr. 7

Gustav-Freytag-Str. 12
Fl. 166 Flst. 54/6

Bauantrag: 24. 9. 1904
Antragsteller: Hermann Reichwein
Architekt: ders.

Im Zuge zunehmender Verdichtung auf zurückliegendem Grundstück errichtetes längsrechteckiges, giebelständiges Gebäude. Als Haustyp ist es in seiner strengen, relativ modernen Konzeption ein Unikat unter den Wiesbadener Villen. Bei aller ungewöhnlichen Schlichtheit, die zweifellos durch die zurückgesetzte Lage mitbedingt wird, verzichtet der Bau jedoch nicht auf eine zur Straße orientierte Fassade. Deren Gliederung mit seitlicher Auswölbung und Balkon, das Giebelfeld landhausartig mit Fachwerk, vermeidet alles Historisierende. Für die Gestaltung wesentlich sind vielmehr die unterschiedlichen Materialien, deren Qualität und Farbe: rote Ziegel im hohen Sockel, der Kammputz in den beiden Hauptgeschossen, Fachwerk. Als besonderes Ziermotiv wirkt die seltene blechgestanzte Jugendstilornamentik der Balkonbrüstung mit dazu passender Halterung für Blumenschmuck. Der Balkon selbst wölbt sich organisch aus der Wandfläche heraus, ganz im Sinne

des Jugendstils. Im Gegensatz zur Fassade steht die nüchtern funktionale Behandlung der Langseiten. Ein Tor zwischen hohen Pfosten – beides im Secessionsstil – schließt den zum Haus führenden Stichweg zur Straße hin ab. Die zwischen Jugendstil und Werkbund stehende Villa ist Kulturdenkmal aus künstlerischen und stadtbaugeschichtlichen Gründen.

Gustav-Freytag-Str. 13
Fl. 39 Flst. 169/35

Bauantrag: 3. 8. 1899
Antragsteller: Josef Breuning, Rentner
Architekt: Karl Schultze

Orangetonige Ziegelvilla mit gelblicher Sandsteingliederung und reichem skulptiertem Dekor. Stilistisch steht der Bau mit seiner unregelmäßigen Anlage und der Materialqualität in der Tradition der Neorenaissance der 80er Jahre. Hinzu treten zeittypische barockisierende Züge wie in dem äußerst dekorativen Giebelkontur oder den Steinmetzarbeiten. Auch die vermittelnde Form zwischen polygonalem Risalitvorbau und Diagonalrisalit ist als Neuerung zu werten, ebenso der Verzicht auf geschoßtrennende Gesimse mit der Tendenz zum großzügigen vertikalen Duktus. Besonders reizvoll ist das verdachte Palladio-Motiv der Fenstertür im 1. OG. Groteske Putten in den Bogenzwickeln reichen Rosengirlanden und Früchte zur Mitte, die durch einen Maskenkeilstein mit Hermeskopf pathetisch betont wird. Als weibliches Pendant stützt eine Maskenkonsole die den Giebelkämpfer tragende Säule.
Kulturdenkmal aus künstlerischen Gründen, auch wegen der städtebaulich wirkungsvollen Einfügung ins Straßenbild.

Gustav-Freytag-Str. 15
Fl. 39 Flst. 166/34

Bauantrag: 8. 8. 1898
Antragsteller: H. Wachendorff, Fabrikant
Architekt: Paul A. Jacobi
Inschrift: „W" und „1899" in der Fensterbrüstung des Zwerchhauses der straßenseitigen Fassade

Besonders schöne, pittoreske Werksteinvilla mit der in Wiesbaden um 1900 vermehrt auftretenden Längsstreckung bei relativ geringer straßenseitiger Breite des Grundstücks. Dabei läßt die Rhythmik der Massenverteilung den Baukörper in der Blickachse der Straße eher als konzentrierten Kubus in Erscheinung treten. Das Proportionsverhältnis zu den Nachbarvillen ist somit stimmig. Im hervorragenden Entwurf des für Wiesbaden besonders namhaften Architekten (Jacobi baute u. a. das Palasthotel im Kurviertel) verbinden sich unterschiedliche Strömungen: so die pittoreske historistische Bauweise (additives Prinzip) mit Tendenzen des Jugendstils (Formverschleifung) unter Einfluß der englischen Cottage-Architektur (ländliche Motive). Dazu kommt die materialgerechte Behandlung der Werkstoffe, wobei die handwerkliche Qualität bis hin zum kleinsten Detail der Verarbeitung sehr gut ist. Der Anbau einer Garage und das Zurücksetzen des Gartentores bedingten Veränderungen der im größten Abschnitt original erhaltenen Einfriedung.
Kulturdenkmal aus künstlerischen Gründen.

Gustav-Freytag-Str. 18
Gustav-Freytag-Haus
Fl. 39 Flst. 5/1

Erbaut: um 1868
Inschrift: Gedenktafel am Torpfosten der Einfriedung: „In diesem Haus wohnte der Dichter Gustav Freytag von 1881–1895. Er starb hier am 30. 4. 1895."

Spätklassizistische Villa mit zur Stadt- und Talseite orientierter Fassade in symmetrischer Dreiteilung. Dem relativ breiten Mittelrisalit des zur Gartenseite orientierten Baukörpers akzentuiert ein Verandavorbau mit dorischen Säulen. Die Brüstung des darüberliegenden Freisitzes schmücken dekorative gußeiserne Brüstungselemente, die in ihrer Plastizität ein Äquivalent zu den massiven Pfosten darstellen. Als wohlerhaltene Details beeindrucken die antikisierenden Vasen (Kelchkratere) auf den Eckpfosten des Balkons. Die Bauzier ist ansonsten schlicht – im Giebel ein von Fabeltieren flankierter Apollonkopf –, wobei die Kranzgesimsornamentik eliminiert worden sein dürfte. Die Fenster weisen insgesamt ihre alte Kreuzteilung auf, Klappläden wären zu ergänzen. Gegenüber den Villen der Folgezeit – vor allem ab der 80er Jahre – ist der niedrige Sockel auffallend. Die Villa steht damit in einem direkteren Bezug zu ihrem parkartigen Garten, auf den sie ausgerichtet ist. Der Garten war vermutlich über eine Freitreppe vom Freisitz im EG aus zugänglich. Besonders wertvoll ist er u. a. durch eine Reihe riesiger Kastanien. Zur Villa gehört eine stilistisch entsprechende Remise. Auf der Straßenseite ist die alte Einfriedung mit einfachem Eisengitter erhalten.
Kulturdenkmal aus künstlerischen und historischen Gründen. (S. auch Kurpark, Gustav-Freytag-Denkmal).

Gustav-Freytag-Str. 19
Fl. 39 Flst. 291/29

Bauantrag: 25. 3. 1889
Antragsteller: Heinrich Ulrich
Architekt: Hermann Frorath
Umbau: 1904. Antrag auf „bauliche Veränderung" von Consul Hermann Burandt mit Architekt P. A. Jacobi

Der 1904 beantragte Umbau der Villa kommt einer völligen Überformung gleich. Dabei wurde der Baukörper um seine letzte Achse erweitert. Trotz der ungewöhnlichen Länge erscheint er in der straßenseitigen Ansicht durch geschickte Verteilung der Baumassen und die reich gestaltete Fassade von konzentrierterer Form. Die umfassende Veränderung erfolgte in einem klassizisierenden Neobarock mit starken Anklängen an den Jugendstil. Letzterer äußert sich im ornamentalen Detail wie in der grundsätzlichen Tendenz zur organischen Verschleifung der zahlreichen architektonischen Motive. Der dadurch zustande kommende Eindruck expandierender Räumlichkeit aus dem Inneren scheint das konvex gewölbte Fenster im EG der straßenseitigen Fassade, eine besonders seltene, wertvolle Detailform, zu bedingen. Der opulente Wintergartenanbau im Osten ist einer der größten und schönsten der Stadt. Die 1904 durchweg modernisierte Innenausstattung ist gut erhalten. Neu eingebaut wurde eine eichenholzvertäfelte Treppenhalle. Die Villa ist einer der wenigen Großbauten dieser Spätphase im Viertel, die sich zu neueren Formen bekennen.
Kulturdenkmal aus künstlerischen und stadtbaugeschichtlichen Gründen.

Gustav-Freytag-Str. 20
Fl. 39 Flst. 45/10

Bauantrag: 14. 5. 1877
Antragsteller: C. H. Grün, Zimmermeister
Architekt: –

Schlichter spätklassizistischer Villenkubus zu 2½ Geschossen mit flachem Walmdach. Die zur Straße orientierte Fassade ist symmetrisch gegliedert mit mittlerem Wintergartenvorbau im EG, darauf ein Freisitz für das 1. OG. Die beiden Mittelachsen sind bei insgesamt 4 Achsen in der Front risalitartig vorgezogen und werden im Dachbereich von einer Gaupe mit Attikacharakter überhöht. Auffallend ist die Schmucklosigkeit der Fassaden, wobei Ornamentik in den Brüstungsfeldern der Fenster sowie im Zusammenhang mit ehemaligen Fensterverdachungen eliminiert worden sein dürfte. Der auf der Rückseite gelegene Eingang bewahrt die originale Haustür.
Als eine der ältesten Villen der Gustav-Freytag-Straße ist der wohlproportionierte Bau Kulturdenkmal aus stadtbaugeschichtlichen und künstlerischen Gründen. Formal tradiert er den frühen Wiesbadener Villenbau.

Gustav-Freytag-Str. 23
Fl. 39 Flst. 148/28

Bauantrag: 30. 5. 1901
Antragsteller: Sigmund Langrod, Architekt
Architekt: ders.

Prominenter Eckbau, der in seiner Gesamtgestalt wie im Detail den Entwurf der ein Jahr später von Langrod gebauten Villa Gustav-Freytag-Str. 33 vorwegnimmt. Im Bereich des zwerchhausartigen Dachaufbaus u. a. zeichnet sich der Bau dabei durch größere Intaktheit aus. Er wirkt im ganzen historisierender, wenngleich auch hier modernere Züge unverkennbar sind: Tendenz zur zusammenschließenden Form, Verzicht auf strenge Axialität zur Schaffung commoderer Innenräume (Stellwände). Weniger vom Jugendstil beeinflußt sind hier die Fachwerkformen, vielmehr dominieren spätbarocke Bildungen mit genasten s-förmigen Hölzern. Die pittoreske Dachpartie mit ihrem ländlichen Stimmungswert überragt die weiterhin auf Repräsentation angelegten Hauptgeschosse mit erheblicher Fernwirkung. Einen städtebaulichen Akzent setzt vor allem die turmartige Hauptecke, während der talseitige Polygonalturm mit ins Dach eingezogenem Helm den Bezug zur Blickachse der Straße aufnimmt.
Kulturdenkmal aus künstlerischen und städtebaulichen Gründen.

Gustav-Freytag-Str. 27
Fl. 39 Flst. 163/25

Bauantrag: 31. 7. 1897
Antragsteller: Prinz Solms-Braunfels
Architekt: Wilhelm Köster

Großartige Villa des späten Historismus in beharrlicher Verfolgung des durch die Schinkel-Schule geprägten Ideals der Berliner Villa. Der Spätklassizismus erscheint hier in der Brechung durch Renaissance und Barock. Charakteristisch ist die stark

plastische Hausteingliederung von malerischer, alle Härten ausgleichender Licht-Schatten-Wirkung. Mit herrschaftlicher Geste wendet sich das Gebäude mit seinem Mittelrisalit zum Straßenraum. Den Bezug zur Blickachse im Straßenverlauf nimmt ein Diagonalrisalit mit pompösem Balkonmotiv im 1. OG auf. Beeindruckend ist die historische Vollständigkeit bis in Details wie bekrönende Vasen, Giebelakroterien oder die ehemals obligate Fahnenstange. Die Originaleinfriedung mit zwei schweren Toren zwischen hohen Sandsteinpfosten (zur Ein- und Ausfahrt der Wagen) ist erhalten. Gitter und Gittertore sind mit geschmiedetem Dekor versehen. Der Garten mit wertvollem altem Baumbestand ist in seiner ursprünglichen Anlage kaum gestört. Für die Geschichte des Villengartens ist er ein bedeutendes Beispiel.
Kulturdenkmal aus künstlerischen und städtebaulichen Gründen.

Gustav-Freytag-Str. 33 ▷
Fl. 39 Flst. 368/23

Bauantrag: 30. 11. 1902
Antragsteller: Wolfgang Büdingen
Architekt: Sigmund Langrod

Besonders pittoreske Villa mit steilem zwerchhausartigem Aufbau über der zur Straßenkreuzung orientierten Ecke. Letztere erfährt eine zusätzliche Betonung durch einen doppelgeschossigen Diagonalerker. Die beiden den Straßen parallel laufenden Ansichten werden durch risalitartige Behandlung der mittleren Fensterachse akzentuiert, auf der Westseite mit abschließendem Zwerchhaus und Krüppelwalm. Das Fachwerkmotiv wiederholt sich friesartig auf der Nordseite. Die Originalität des Entwurfs beruht auf der Verbindung historistischer Gestaltung mit Formen des Jugendstils. Gegen den auf additiver Bauweise beruhenden altertümelnden Burgencharakter mit Ausbildung zweier repräsentativer Schauseiten steht die Großflächigkeit der geputzten Wände bei Vermeidung eines axialen Schematismus. Der Erker zeigt Ansätze organischer Formverschleifung mit dem Versuch zu neuer Ornamentfindung. Besonders reizvoll sind die grünen Butzenscheiben in den Oberlichtern der Fenster, die wie alle Fenster am Bau ihre individuellen Originalformen wahren. Zahlreich sind die wertvollen Details am Bau vom skulptierten Ornament (heller Sandstein) bis hin zur Blumenhalterung an den Fenstern im vielgestaltigen Dachbereich. Im Treppenhaus mit dekorativer Verkachelung und kunstvollem Schmiedeeisengeländer dominiert in der Ornamentik der Jugendstil. Die neogotische Eingangstür ist unversehrt. Zur Villa gehört ein kunstvolles Einfriedungsgitter mit schönen geschmiedeten Pfosten.
Kulturdenkmal aus künstlerischen Gründen und wegen der städtebaulichen Bedeutung. Für den Straßenraum Alwinenstraße bildet die Villa den südlichen Abschluß und gleichzeitig mit bereichsprägender Wirkung den Abschluß der historischen Villen der Gustav-Freytag-Straße Zum Entwurf vgl. Gustav-Freytag-Straße 23.

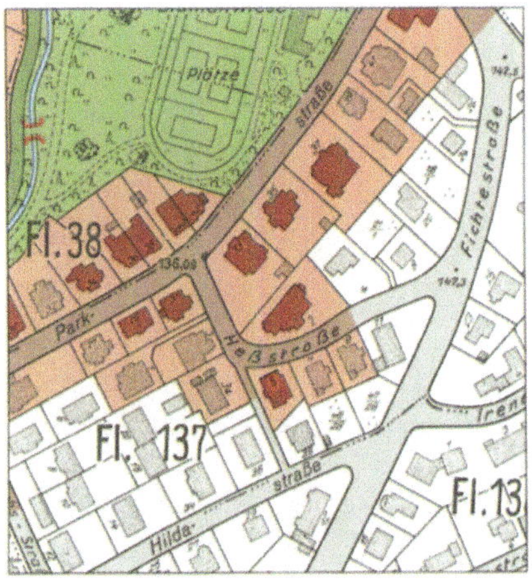

Heßstraße

1891 zur Erweiterung des östlichen Villengebiets eröffnet. Benannt nach dem um die Stadt verdienten Dr. Philipp Hess (1846–1874).

Heßstr. 2
Fl. 137 Flst. 22/1

Bauantrag: 11.4.1901
Antragsteller: Jakob Stuber, Ziegeleibesitzer
Architekt: August Meyer

Besonders pittoreske großvolumige Ziegel-Sandstein-Villa mit unregelmäßigem, der Dreiecksform des Grundstücks angepaßtem Plan. Der in der Innenseite der unteren Straßenkurve gelegene Bau bildet zur Heßstraße 2 Schauseiten aus. Die schmalere Fassade Richtung Süden mit schlankem Erkerturm vor abgefaster Ecke, daneben ein seitlicher Risalit mit Verandavorbau im EG und Balkon im Frontispiz. Ein weiterer Risalit akzentuiert, ebenso mit Verandavorbau und Balkon, die nach Osten orientierte Langseite. Bemerkenswert ist der für die Bauzeit bereits stark retardierende renaissancistische Baustil, der in seiner konservativen Haltung für die Situation am Ort freilich bezeichnend ist. Die in ihrem außerordentlichen Detailreichtum bis zur Wetterfahne auf dem Helm des Erkerturms gut erhaltene Villa ist Kulturdenkmal aus künstlerischen Gründen, auch in ihrer bereichsprägenden Eigenschaft nicht zuletzt für die Blickachse der Fichtestraße. Die historische Einfriedung mit stilistisch adäquatem Eisengitter zeichnet sich durch besonders reich geschmiedete Tore neobarocker Art aus.

Heßstr. 5
Fl. 137 Flst. 23

Bauantrag: 3.2.1902
Antragsteller: Franz M. Fabry, Architekt
Architekt: Fabry & Eichholz

Durch die Lage im Scheitelpunkt der ansteigenden Straßenkurve besonders augenfälliger Villenbau von künstlerisch reizvoller Gestaltung. Zur Straße wird der Villengarten durch eine hohe Natursteinmauer abgestützt. Darüber erhebt sich der zur Straße schmalere Baukörper mit Betonung vertikaler Formzusammenhänge zu situationsüberragender Gestalt. Unterschiedliche malerische Motive mit gotisierender Tendenz schaffen ein pittoreskes Gesamtbild. Charakteristisch für die Front ist ein dem seitlichen Risalit vorgestellter polygonaler Vorbau mit dekorativem Stuckfries über den drei Fensterachsen. Die vorwiegend gotisierende Stilgebung ist vom Jugendstil beeinflußt.
Die an der Einmündung eines Verbindungsweges zur Hildastraße gelegene Villa ist Kulturdenkmal aus künstlerischen und städtebaulichen Gründen.

Hildastraße

1883 zur Erweiterung des östlichen Villengebiets eröffnet. Benannt nach der Frau des Erbgroßherzogs von Baden, Tochter des Großherzogs von Luxemburg.

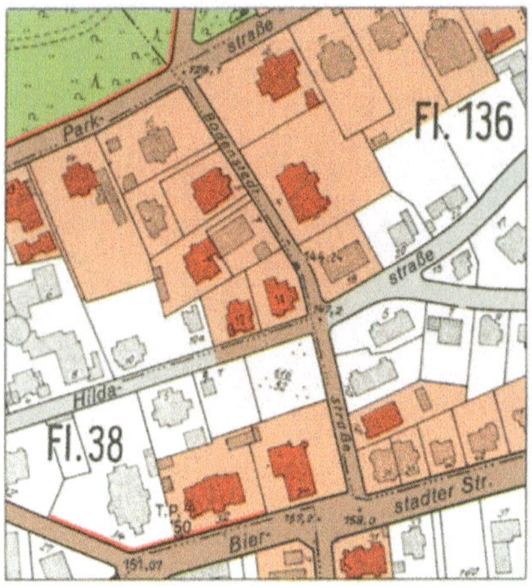

Hildastr. 12
Fl. 124 Flst. 13/3

Bauantrag: 10. 11. 1890
Antragsteller: Dr. C. Meurer, Augenarzt
Architekt: Adolf Lautz

Schlichte, vornehme Villa im Stil der italienischen Renaissance. Der durch Vor- und Rücksprünge übersichtlich gegliederte Kubus mit Flachdach stellt stilistisch den für die Bauzeit größtmöglichen Gegensatz zur Nachbarvilla Nr. 14 (vgl.) dar. Die stilistische Beliebigkeit in der Spätphase des Historismus kommt beispielhaft zum Ausdruck. Dabei beruht die Stilwahl auf dem Individualitätsanspruch des Bauherrn und der auf Repräsentation angelegten Villenarchitektur des Historismus überhaupt. Städtebaulich kommt es zu der gewünschten malerischen Varietät im Straßenbild der Villenviertel. Selten in der Gliederung der Wandflächen ist die durchgehende parallel laufende Nutung bei Verzicht auf das geschoßtrennende Gesims zwischen EG und 1. OG. Elegant davor die ebenfalls gradlinige Einfassung der Fenster und zur Straßenseite das Portal. Von größerer Schmuckfreudigkeit ist der strenge Entwurf im Mezzanin mit einem Fries in Schablonenmalerei nach Motiven der italienischen Renaissance.
Kulturdenkmal aus künstlerischen Gründen.

Hildastraße 14
Fl. 124 Flst. 13/2

Bauantrag: 29. 9. 1890
Antragsteller: Julius Stomps
Architekt: Hermann Frorath

Wilhelminische Dekorationsarchitektur von seltener Prachtentfaltung in exponierter Ecklage. Die unterschiedlichsten Formzitate aus Renaissance und Barock sind aufgeboten, um den gewünschten Eindruck malerischer Überfülle unter dem Aspekt des Repräsentativen zu gewährleisten. Der Betrachtung unwesentlich war die bloße Vortäuschung massiver Materialien – Werkstein vorgebende Bauglieder wie Säulen, Fensterüberdachungen, Diamantquader u. a. sind aus Ersatzmaterial industriell gefertigt oder aufgeputzt –, solange der Schein der Echtheit gewahrt blieb. Mit Verständnis für die hierarchische Abfolge der Formzitate und sichere Proportionierung im ganzen gelang ein in sich schlüssiger, die Epoche repräsentierender Entwurf. Gestalterischer Schwerpunkt ist der überkuppelte Eckrisalit als letzte Steigerung der gestaffelten, die extreme Hanglage reflektierenden Dachaufteilung. Zur Straßenecke hin verringert sich das Bauvolumen, wodurch ein zur Bepflanzung geeigneter Freiraum im Sinne malerischen Städtebaus geschaffen wird. Die Einfriedung ist historisch; besonders schön ist die Stützmauer aus Ziegeln und Bruchstein entlang der Bodenstedtstraße.
Kulturdenkmal aus künstlerischen und städtebaulichen Gründen.

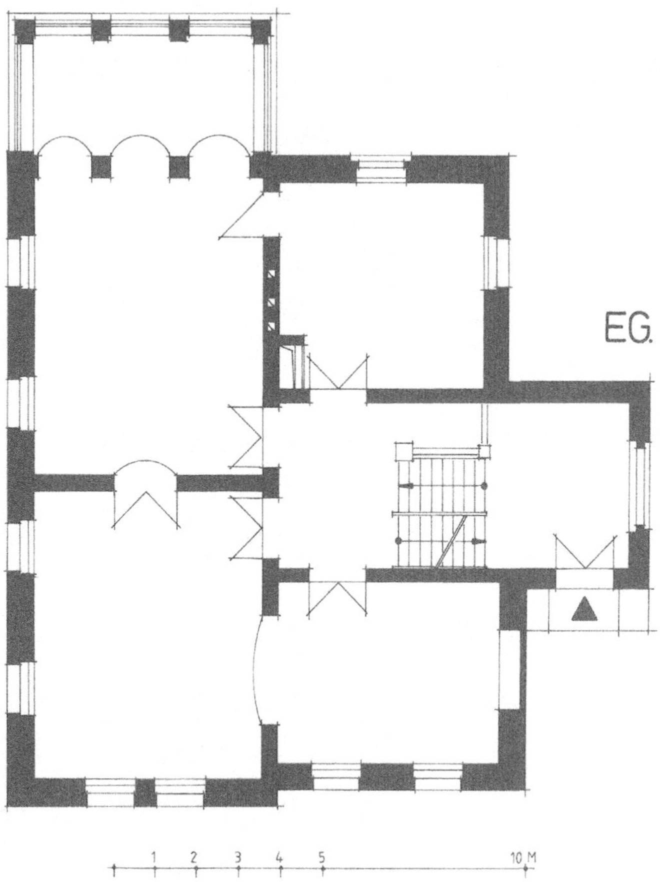

Humboldtstraße

1871 zur Erweiterung des östlichen Villengebiets eröffnet. Benannt nach dem Naturforscher Alexander von Humboldt.

Humboldtstr. 1
Fl. 165 Flst. 1

Bauantrag: 25. 6. 1892
Antragsteller: Hermann Reichwein
Architekt: ders.
Inschrift: „Villa Humboldt" über dem Eingang

Die Villa auf spitz zulaufendem Eckgrundstück, das von einem kunstvoll ornamentierten Schmiedeeisengitter umzogen wird, ist von bereichsprägender Wirkung. Der besonders pittoreske Bau vertritt beispielhaft den Landhaustypus der 90er Jahre, in dem sich altertümelnde Züge mit Motiven ländlicher Bauweise unter englischem Einfluß mischen. Die Ästhetik des Entwurfs wirkt durch den Kontrast von rotem Sandstein und dem dunklen Holz des Fachwerks zu hellen Putzflächen. In seinen beiden Hauptgeschossen ganz in rotem Sandstein ist der Diagonalturm (mit z. T. geätzten Fensterscheiben) ausgeführt, der im Bild der Straßenkreuzung dominiert. Die beiden anschließenden Hauptfassaden sind durch ihre spitzen, hohen Fachwerkgiebel der risalitartigen Hauptachse markant. Sie evozieren, wie auch die bemerkenswerten Steinfensterkreuze, spätmittelalterliche Formvorstellungen. Dazu durchaus nicht als Widerspruch empfunden wurde die barockisierende Gestalt des Balkons als Anleihe bei der parallel laufenden neobarocken (wilhelminischen) Strömung. Kulturdenkmal aus künstlerischen und städtebaulichen Gründen.

Humboldtstr. 3/Frankfurter Str. 24
Fl. 165 Flst. 2

Bauantrag: 7. 10. 1887
Antragsteller: C. Fritzweiler, Rentner
Architekt: Hermann Reichwein
Inschrift: „1900" im Wappenfeld des südlichen Treppenhaustrakts
Umbau: 1956, Antrag auf Anbau eines Treppenhauses, Teilung der Wohnungen

Die kubische Mietetagenvilla mit kantigen Veranda- bzw. Wintergartenvorbauten hatte ursprünglich nur den südlichen Eingang und zählte zur Frankfurter Straße. Ein Treppenhausumbau erfolgte 1900 mit Auswirkung auf die Ostseite. Organische Ornamentformen in der Mischung von wilhelminischem Barock und Jugendstil kennzeichnen die zweite Bauphase der im italienisierenden Neorenaissancestil entworfenen Villa. Die kunstvoll vergitterten Balkons seitlich des Treppentrakts gehören ebenso dazu wie der gläserne Windfang vor dem Eingang oder die Überformung des westlichen Balkons im 2. OG mit schöner Jugendstilverglasung. Die Ausstattung des Treppen-

Humboldtstr. 1 während der Nutzung als Pension, 1910

hauses ist durch Qualität und guten Erhaltungszustand hervorragend: die Treppe mit weißen Marmorstufen, das geschmiedete Geländer in der naturalistischen Form von Eichenlaub und mit originalen Handläufen, dazu die Wandverkleidung mit Spiegeln u. a. und als unbedingte Rarität das farbige Dachfenster mit dem Motiv einer fliegenden Ente. Das EG soll 1945 der Stadtkommandant der US-Streitkräfte bewohnt haben. Die Einfriedung aus eisernen Spießen mit geflammten Enden ist zur Humboldtstraße und auf der Rückseite (dort in einfacherer Form ausgeführt) erhalten.
Kulturdenkmal aus künstlerischen Gründen.

Humboldtstr. 5
Fl. 165 Flst. 3

Bauantrag: 23. 3. 1891
Antragsteller: Hermann Reichwein
Architekt: ders.

Mächtige Mietetagenvilla, die den spätklassizistischen Typus mit turmartigem Eckrisalit renaissancistisch umdeutet. Dem Volumen und Relief des Eckmotivs bleibt die übrige Baumasse untergeordnet. Daneben setzt der doppelgeschossige Verandavorbau einen weiteren Akzent, durch den die Straßenfront einen repräsentativen Fassadencharakter erhält. Weitaus bescheidener sind die Seiten gebildet – im Osten mit dem Eingang, im Westen durch 2 Balkons im Neobarock-Modus gegliedert –, während die von der Straße nicht einsehbare Rückseite kaum mehr einen Gestaltungsanspruch erhebt. Um so üppiger erscheint der Formreichtum der Fassade mit präfabrizierter (Verdachungsmotive der Fenster) und stuckierter Ornamentik. Die Dekorvielfalt wird durch die geschmiedeten Balkongitter ergänzt. Der vordere obere Balkon erweist sich mit seinem edlen Glasdach als stimmungsvolles Detail. Das Ziergitter der Einfriedung ist erhalten.
Kulturdenkmal aus künstlerischen Gründen und wegen seiner städtebaulich markanten Wirkung im Straßenbild.

Humboldtstr. 6
Fl. 39 Flst. 63/37

Bauantrag: 4. 12. 1888
Antragsteller: Moritz Simon, Weinhändler
Architekt: Alfred Schellenberg
Umbau: 1905, Antrag auf einen „Aufbau"
1909, Antrag des Otto von Küster auf „Umbau und Vergrößerung des Landhauses" durch den Architekten Sigmund Langrod.

Die äußerst qualitätvolle Vergrößerung und Überformung der Villa im Jahr 1909 lassen die ursprüngliche Anlage kaum mehr erkennen. Der Umbau erfolgte im Louis-XVI-Klassizismus, wie er für die letzte Historismusphase vor dem 1. Weltkrieg typisch ist. Hinzugefügt wurde fast das gesamte Volumen der Gartenseite: polygonaler Eckturm, zurückliegende Achsen mit Loggia, Risalit und Wintergarten. Der Kernbau mit Walmdach und Stichbogenfenstern wird hinter dem Wintergarten sichtbar. Seine Höhe läßt auf den „Aufbau" von 1905 schließen. Die Rück- und Eingangsseite wurde im EG vorgezogen und ein repräsentatives Portal geschaffen. Im Inneren brachte die Neuerung u. a. eine feudale Treppenhalle mit weitläufiger Treppe mit Brüstung in Marmor im Anschluß an ein Vestibül. Seitlich davon liegt ein neoklassizistischer Festsaal, eine Raumform, die nur die reichsten Villen der Stadt aufweisen. Größe und Anspruch der sehr gut erhaltenen Villa entsprechend ist die Einfriedung. Das parkartige Grundstück in Ecklage umzieht eine niedrige Mauer mit massivem Gitter. Die Enden markieren hohe Mauerabschnitte im Stil des fortgeschrittenen 18. Jahrhunderts mit Pfosten und Portikus bei Eingang und Einfahrt. Den Einfahrtsweg ziert ein dekoratives Kleinpflaster mit seitlichen weißen Bändern. Seitlich der Villa steht ein stilistisch angepaßtes Kutscherhaus. Im parkartigen Garten wertvoller alter Baumbestand.
Kulturdenkmal aus künstlerischen Gründen.

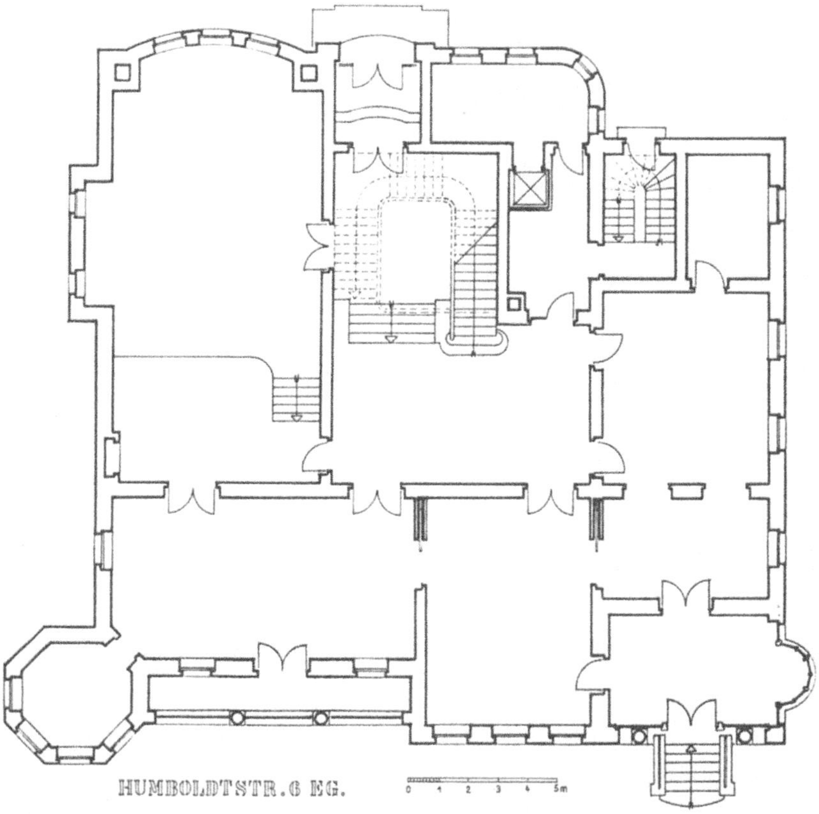

Humboldtstr. 7/9
Doppelvilla
Fl. 165 Flst. 4; 5

Bauantrag: 16. 3. 1892
Antragsteller: Ernst Baumgärtner, Privatier
Architekt: Karl Schultze

Großräumige Mietetagenvilla als 3½geschossiges Doppelhaus im Neorenaissancestil. Der mächtige querrechteckige Block mit Mansarddach wird durch Aneinanderfügung zweier identischer Kuben mit symmetrischen Fassaden gebildet. Frontispizartig ist die Gaupe über den betonten Mittelachsen gebildet, die mit ihrem Verandavorbau Risalitcharakter haben. Neben dem Prinzip nach oben sich steigernder Dekorfülle ist die Gestaltung der nicht überdachten Fenstertürgruppe im 2. OG besonders prächtig: mit Pilastergliederung der drei Achsen, über den rechteckigen Laibungen halbkreisförmige Bögen mit üppigen Füllungsmotiven. Balusterbrüstung und ornamentiertes Konsolgesims mit Rosetten vervollständigen den herrschaftlichen Anspruch, der das Gebäude im ganzen kennzeichnet. Unter den verschiedenartigen, von Renaissance, Manierismus und Barock inspirierten Schmuckdetails sind auch die fast vollplastischen Portraitmedaillons im abschließenden Fries zu erwähnen. Seitlich sind nur noch die beiden ersten Achsen mit dem Eingang (sehr schöne Verdachung) durchgestaltet. Der folgende zurückgesetzte Trakt ist wie auch die nicht einsehbare Rückseite als nebensächlich behandelt. Dem Gebäude erhalten blieben das aufwendige Einfriedungsgitter, dessen Ziegelmauer mit Sandsteinabdeckung sowie die hohen Sandsteinpfosten der Tore. Die Tore selbst wurden vereinfacht.
Kulturdenkmal aus künstlerischen Gründen.

Humboldtstr. 10

Fl. 39 Flst. 30

Erbaut: um 1872

Schlichter spätklassizistischer Kubus mit flachem Walmdach, der mit seiner Hauptseite mit mittlerem Vorbau zu Garten und Stadt orientiert ist. Der Eingang liegt auf der entgegengesetzten Langseite, die Schmalseite läuft mit zwei Achsen parallel zur Straße. Das attikaartige OG mit Öffnung des Hauptgesimses dürfte eine Veränderung der 50er Jahre dieses Jahrhunderts sein. Der scharfkantige Baukörper wird in seinen Wandflächen im EG durch feine durchlaufende Nutung gegliedert, der Sockel ist durch groben Putzbewurf rustiziert. Die Wand des 1. OG der Straßenseite wird durch geritzte Konturen in hohe Felder mit eingezogenen Ecken unterteilt. Die Felder werden von den Fenstern überschnitten, die hier in ihrer ganzen Schönheit erhalten blieben: im Fensterkreuz mit dekorativen Hermenpfeilern als Mittelpfosten, im Brüstungsfeld edler Stuckdekor im Empirestil, unter der gradlinigen Überdachung ein geometrisierendes Motiv. Die Klappläden sind unverzichtbares Merkmal des landhausartigen Typus. Von der Einfriedung ist das schlichte Eisenspießgitter mit gebogtem Querband überkommen.
Kulturdenkmal aus künstlerischen Gründen.

Humboldtstr. 11a

Fl. 165 Flst. 7

Bauantrag: 10. 7. 1876
Antragsteller: Ferdinand Seulberger, Zimmermeister
Architekt: ders.
Umbau: 1890, Anbau durch Alfred Schellenberg

Schlichte spätklassizistische Villa mit wohlproportionierter straßenseitiger Fassade als Hauptansicht. Die Gliederung des kubischen Baukörpers ist allseitig asymmetrisch angelegt. Zur Straße dominiert der seitliche Risalit mit antikisierendem Giebel, auf der West- und Südseite dominiert ein mächtiger Ecktrakt mit Turmgeschoß, während im Osten zum großen Garten der turmartig überhöhte Eingangs- bzw. Treppenrisalit den Hauptakzent setzt. Erst später – vermutlich mit Errichtung des stilistisch angepaßten Anbaus in der Längsachse – wurde ein zweiter Eingang zur Erschließung des EG in der Vorderfront geschaffen. Eine besondere Zierde des im EG genuteten, im OG glatt geputzten Gebäudes ist der feine gliedernde Dekor: u. a. stuckierte Adler mit ausgebreiteten Flügeln in den Brüstungsfeldern der Fenster.
Die Villa ist mit Einfriedung Kulturdenkmal aus künstlerischen Gründen.

Humboldtstr. 14

Fl. 39 Flst. 209/29

Bauantrag: 25. 6. 1903
Antragsteller: Josef Massenez
Architekt: Paul A. Jacobi

Burgenhafte Villa des späten Historismus in künstlerisch und handwerklich hervorragender Qualität. Das außergewöhnlich pittoreske Erscheinungsbild beruht auf dem additiven Gestaltungsprinzip des Historismus. Als modernes Element tritt die Tendenz zur Verschleifung der einzelnen Bauglieder hinzu in Verbindung mit der Schaffung großer Formenzusammenhänge. Modern ist auch die unbedingt materialgerechte Behandlung der Baustoffe, die, wie häufig bei Jacobi, in vielen Nuancen zum Ausdrucksmittel werden. So hier vor allem der Sandstein, glatt poliert in den Wandflächen, als Bossenquader, Maßwerkbrüstung oder als kunstvoll gearbeitetes Relief, dazu Holz, schweres Schmiedeeisen und nicht zuletzt die farbig glasierten Ziegel der phantastisch bewegten Dachlandschaft. Zu den zahlreichen wertvollen Details gehört auch die figürliche Skulptur: märchenhafte Motive wie Zwerge, ein Frosch (Froschkönig) oder im Tympanon über dem Eingang das Dornröschen; ein ikonologischer Ansatz mit dem Inhalt Märchenburg. Die auf Allseitigkeit angelegte Villa besitzt eine prachtvolle Innenausstattung. Trotz Aufteilung zu Teileigentum blieb sie nahezu vollständig erhalten. Auch hier beeindrucken die Materialien, vor allem Holz, aber auch Majolika, Marmor, Stuck. Die Einfriedung ist mit schwerem Mauersockel, mächtigen Pfosten mit Wellenbanddekor und geschmiedeten Gittern mit frühmittelalterlichem Flechtbandornament und Rankenwerk dem Niveau der Villa angemessen.
Kulturdenkmal aus künstlerischen und technischen Gründen und wegen der städtebaulichen Bedeutung für das Straßenbild.
Lit.: M. E. Lintbrecht, Wiesbadener Neubauten, in: Deutsche Bauhütte 10. 1906.

Humboldtstr. 15
Fl. 165 Flst. 8

Bauantrag: 18. 3. 1893
Antragsteller: Chr. Stein, Steinhauermeister und Bauunternehmer
Architekt: Carl von Roeßler

Großvolumige kubische Villa mit Pyramidenstumpfdach in Anlehnung an die Beaux-Arts-Renaissance. Die Wandflächen zeigen bei durchgehender Rustizierung ein unterschiedlich starkes Relief. Davor hebt sich die dekorreiche Einfassung der Fenster ihrerseits plastisch ab: ein Prinzip malerischer Fassadengestaltung, das erheblich auf dem Spiel von Licht und Schatten beruht. Die Hauptschauseite – symmetrisch mit Mittelrisalit, davor eine massive Veranda – orientiert von Roeßler zur Uhlandstraße. Die der Humboldtstraße parallelen Seiten gliedert er durch Vorziehen zweier Achsen. Talwärts ist bei asymmetrischer Anlage ein Risalit ausgebildet, dem ein mächtiger Vorbau mit Freisitz im 1. OG wie auf der Gegenseite angefügt ist. In ihrer massiven, plastischen Gestalt und dem Dekorreichtum steht die Villa bei allen französischen Anleihen unverkennbar für den in den 90er Jahren beliebten Modus des Historismus in Deutschland. Von der die Ecke umziehenden Originaleinfriedung sind Gitter und Tor erhalten.
Kulturdenkmal aus künstlerischen Gründen auch als Eckgebäude mit bereichsprägender Wirkung.

Humboldtstr. 24
Fl. 39 Flst. 138/27

Bauantrag: 7. 5. 1898
Antragsteller: W. Bind, Bauunternehmer
Architekt: Wilhelm Rehbold

Markante, großvolumige Villa in Ecklage zu 2½ Geschossen über hangseitig hohem Sockelgeschoß. Die Ecklösung hat malerischen Turmcharakter: Ein polygonaler Risalit wird bei durchgehender Traufe von einem ebenfalls polygonalen Dacherker überhöht, wobei letzterer ursprünglich eine aufwendigere und höhere Verdachung gehabt haben dürfte. Die straßenparallele Fassade wird in der Humboldtstraße von einem mächtigen säulengestützten Verandavorbau beherrscht, im DG eine Gaupe mit Frontispizcharakter, wodurch im ganzen ein risalitartiger Eindruck entsteht. Ein wenig vorspringender Mittelrisalit mit steilem, reich dekoriertem Frontispiz gliedert die Beethovenstraßen-Fassade. Bei hier geringerer Breite des Vorgartens sind im EG und 1. OG Balkons angebracht. Der in Ziegeln und Sandstein mit Verwendung präfabrizierter Dekorglieder nach Neorenaissance-Modus gestaltete Bau ist Kulturdenkmal aus künstlerischen und städtebaulichen Gründen. Zur Villa gehört eine qualitätvolle Einfriedung mit breiten, ornamentierten Schmiedeeisenpfosten als Stützglieder des Gitters nebst entsprechendem Tor.

Humboldtstraße 26
Fl. 39 Flst. 137/26

Bauantrag: 21. 3. 1896
Antragsteller: Dr. Carl von Ibell, Oberbürgermeister
Architekt: –

Stattliche Villa mit orangefarbener Ziegelverblendung und plastischen Sandsteingliedern. Die Stilgebung ist bei asymmetrisch pittoresker Anlage ganz der Neorenaissance verpflichtet. Besonders aufwendig ist der straßenseitige Risalit gestaltet: im EG mit erkerartiger Auslucht, darauf ein Freisitz mit phantasievollem Rankengitter für das 1. OG, der üppig dekorierte rundbogige Frontispiz mit übergiebeltem Bekrönungsmotiv. Zu der in ihrem Detailreichtum gut erhaltenen Villa gehört eine sehr qualitätvolle Einfriedung mit in Bögen konstruierter Stützmauer in Ziegeln und Naturstein mit darüber verlaufendem geschmiedetem Gitter, dazu passend zwischen hohen Pfosten das Gartentor. Neben ihrer baukünstlerischen Qualität ist die von dem ehemaligen Oberbürgermeister (1883–1913) Carl von Ibell erbaute Villa Kulturdenkmal aus stadtgeschichtlichen und künstlerischen Gründen. In der Stilwahl kommt das bürgerliche Selbstverständnis des konservativen Bauherrn zum Ausdruck.

Humboldtstr. 29
Fl. 41 Fülst. 190

Bauantrag: 7. 3. 1901
Antragsteller: Phil. Haßelbach, Tünchermeister
Architekt: Ludwig Euler
Umbau: 1906 Antrag des Consuls Otto Prüsse auf „Blumenfenster" und „Türöffnung". 1907 Antrag auf eine Terrasse

Großvolumige Villa im englischen Stil mit reicher Kalksandsteinverblendung in prominenter Ecklage. Die pittoreske Anlage mit burgenhaften Zügen sucht die unterschiedlichsten architektonischen Motive unter ihrer mächtigen Dachhaube zu vereinen. Die englische „home and castle"-Idee findet darin ihren Ausdruck. Stärkstes historisierendes Moment sind neben Elementen wie Eckturm und wehrgangartigem Portikus die Steinfenster im Tudorstil mit feiner Profilierung. Die Unregelmäßigkeit in Größe und Anordnung läßt auf Dispositionen im Innenraum schließen. Ländliches Flair vermitteln Motive wie die zwerchhausartige Überhöhung der Hauptfensterachse der Nordseite mit Krüppelwalmverdachung und differenziertem Fachwerk (Queen Anne). Symptomatisch für die eklektizistische Bauweise der Zeit ist die Verbindung so heterogener Motive wie des Zwerchhauses mit der darunter elegant gewölbten Fensterachse. Bei Euler ein gekonntes Spiel mit den Formen mit dem Anliegen, ein pittoreskes Erscheinungsbild zu schaffen,

Durch seine unverwechselbare Gestalt ist das Gebäude ortsbildprägend. Es gehört eine wertvolle alte Einfriedung mit schweren geschmiedeten Gittern dazu. Der Eingangsweg ist durch ein ornamentiertes Kleinpflaster gefestigt. Kulturdenkmal aus künstlerischen und städtebaulichen Gründen.

das gleichzeitig die Wohnqualität des Inneren projiziert. Das Haus wurde als Einfamilienvilla großen Zuschnitts konzipiert. Nach dem 1. Weltkrieg erfolgte die Aufteilung in Etagenwohnungen, wobei die ehemalige Nebentreppe zur Haupttreppe umfunktioniert wurde. Trotz der Umgestaltung sind wertvolle Ausstattungselemente erhalten, z. B. kunstvolle Kamine und Öfen in Majolika, Vertäfelung, Stuckdekor.

Humboldtstr. 32
Fl. 39 Flst. 23/11

Bauantrag: 1. 5. 1912
Antragsteller: Brauns-Drege
Architekt: Heinz Berg

In ihrer querrechteckigen Anlage wohlproportionierte neoklassizistische Villa mit sandsteinverblendeter Fassade. Die Fassade ist mit zwei seitlichen Risaliten symmetrisch konzipiert. Von der strengen Regelmäßigkeit weicht die aus der Mitte versetzte Lage des Eingangs ab. Mit seiner portikusartigen Rahmung und Freitreppe mit Brüstung ist die Eingangssituation repräsentativ, wie das Gesamtkonzept der Fassade auf Repräsentation angelegt ist. Dabei eignet ihr eine vornehme Schlichtheit, die durch weitgehenden Verzicht auf Ornamentik gekennzeichnet ist. Um so stärker kommt die Qualität des sandhellen Verblendermaterials zum Ausdruck, in feiner Quadrierung oder kanneliert wie bei den Risalitpilastern. Die ehemalige Einfamilienvilla wurde in jüngerer Zeit in mehrere Wohneinheiten aufgeteilt. Dabei fanden wertvolle Teile der Innenausstattung Berücksichtigung und wurde u. a. die alte eichenvertäfelte Halle mit schwerer Holzdecke und farbig verglasten Fenstern im EG erhalten. Bei relativ bescheidenem Maßstab schafft die Villa einen moderaten Übergang von der älteren historischen Bebauung des Hanges zu den angrenzenden modernen Einfamilienhäusern der Gertrud-Bäumer-Straße. Sie ist Kulturdenkmal aus künstlerischen Gründen.

Juliusstraße

1907 nach Auflassung der von Knoopschen Besitzungen angelegt. Benannt nach dem Freiherrn Julius von Knoop.

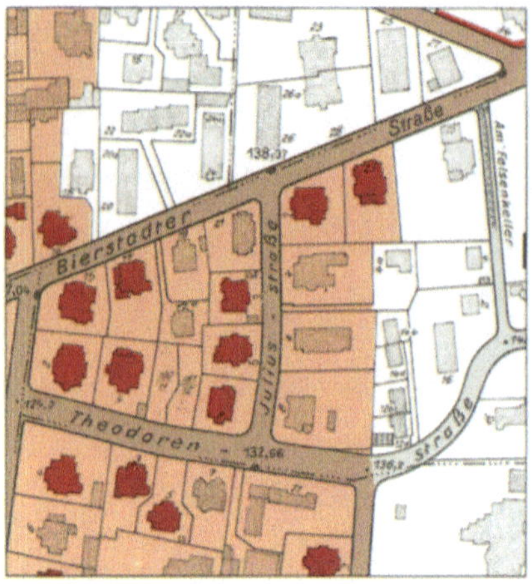

Juliusstr. 2
Fl. 121 Flst. 145/15

Bauantrag: 25. 6. 1907
Antragsteller: H. Tigler, Rentner
Architekt: Sigmund Langrod

Mächtiger neoklassizistischer Villenkubus in Ecklage. Der rustizierte Sokkel ist ebenso wie die ausdrucksvolle Gliederung in gelblichem Sandstein ausgeführt. Die repräsentative Hauptansicht mit Mittelrisalit und hohem Schweifgiebel ist von prägnanter Wirkung für die Blickachse der Bierstadter Straße. Charakteristisch sind die unterschiedlichsten Fensterformen (mit senkrechten Sprossen in den Oberlichtern) mit der Tendenz zur besonders großen und breiten Öffnung. Klar durch ihre profilierten Gewände bzw. Unterteilungen strukturiert, stehen die Fenster vor den auffallend planen Wandflächen, die verschiedentlich durch z. T. in den Putz geritzte klassizisierende Reliefmotive oder lisenenartige Streifen strukturiert werden. Unter den wertvollen Details am Haus ist auch die originale Bronze-Hausnummer im Zopfstil erwähnenswert. Interessant ist die niedrige Granitsockelmauer der Einfriedung, die entlang der ansteigenden Bierstadter Straße in Bogenform abgetreppt ist. Ans Nachbargrundstück Juliusstr. 4 schließt ein stilistisch entsprechender originaler Garagenbau an (Tor erneuert).
Kulturdenkmal aus künstlerischen und städtebaulichen Gründen, wobei die Villa als städtebaulich starker Akzent die Einmündung der Querstraße anzeigt.

Juliusstr. 3
Fl. 121 Flst. 172/12

Bauantrag: 22. 4. 1912
Antragsteller: Dr. E. Bender
Architekt: Wilhelm Lücke

In Entwurf und Ausführung hervorragender Villenkubus des Neoklassizismus. Die symmetrische Hauptansicht gewinnt durch die differenziert in Putz aufgebrachte Hausteinstruktur besondere Qualität. Das den Mittelrisalit überhöhende Zwerchhaus dominiert in seiner strengen geometrischen Form vor dem leicht geschwungenen Mansarddach. Das Giebelfeld mit liegendem Ovalfenster ist reich ornamentiert, wobei die relativ flachen Reliefs auch im Bereich der Fenster von EG und 1. OG vom Louis-Seize inspiriert sind. Mit Orientierung am fortgeschrittenen 18. Jahrhundert sind auch die Oberlichter der Fenster versproßt oder im Risalit und seitlichen Erker im gleichen Raster bleiverglast und mit kunstvollen Dekorscheiben versehen. Selten ist die Form der secessionistischen Einfriedung mit Kunststeinpfosten und Kunststeinbalustrade. Im Vorgarten finden sich Reste einer ehemaligen Grottenanlage mit darin integrierter Treppe zum Souterrain. Der seitlich gelegene Haupteingang mit original erhaltener Haustür führt über eine Freitreppe in synthetischem Stein mit kunstvollem Geländer. Die weitestgehend erhaltene Villa ist Kulturdenkmal aus künstlerischen und technischen Gründen.

Juliusstr. 5
Fl. 121 Flst. 171/12

Bauantrag: 30. 10. 1911
Antragsteller: Max Liebmann, Rechtsanwalt
Architekt: Wilhelm Lücke

Als Entwurf desselben Architekten maßstäblich und proportional dem Nachbarhaus Nr. 3 (vgl.) entsprechender neoklassizistischer Villenkubus von hoher Qualität. Durch den breiteren Mittelrisalit bei nur einachsigen Seiten dominiert stärker das hier durch ionische Säulen verkörperte kolossale Gliederungsprinzip. Eher spätbarock ist dazu die Giebelform des auch hier zurückgesetzten Risalitwerchhauses empfunden. Der Plastizität der architektonischen Glieder wirkt die graphisch geometrisierende Ornamentik entgegen. Formal entsprechend dazu ist das Motiv der Oberlichtversprossung der Fenster, im EG in seltenem Rhombenmuster. Unter den wertvollen Details des gut erhaltenen Baus sind die schmiedeeisernen Blumenkastenhalterungen an den EG-Fenstern zu erwähnen. Der Eingang liegt hier auf der rechten Seite. Zur Villa gehört die Einfriedung mit secessionistischem Gitter, die Pfosten mit dekorativen Spiralformen.
Kulturdenkmal aus künstlerischen Gründen.

Kleine Frankfurter Straße

Um 1860 zur Erweiterung des östlichen Villengebiets als eine Seitenstraße der Frankfurter Straße angelegt.

Kleine Frankfurter Str. 3
Fl. 165 Flst. 31/2

Erbaut: um 1865
Umbau: 1875 stellt Otto Schultz, Oberst a. D., den Antrag auf „Anbau von Veranda und Wintergarten"

Mit 4achsiger Front zum Tal orientiertes Landhaus von schlichter, unprätentiöser Gestaltung. Im Verhältnis zur Langseite mit überhöhtem Mittelrisalit und abschließendem Dreiecksgiebel umfaßt die straßenparallele giebelständige Schmalseite 3 Achsen. Das 1. OG wird durch das einfache Überdachungsmotiv der Fenster gegenüber EG und DG ausgezeichnet. Ansonsten bleibt der ehemals glattgeputzte, scharfkantig-kubische Bau so gut wie schmucklos. Das Fehlen der durchaus als Schmuckform figurierenden Fensterläden ist bedauerlich. Der im nassauischen Spätklassizismus vielfach abgewandelte Typus findet sich hier in seiner einfachsten Form. Für die erste Bebauungsphase des Viertels ist er von stadtbaugeschichtlicher Bedeutung und somit Kulturdenkmal.

Kleine Frankfurter Str. 5
Fl. 165 Flst. 30/1

Erbaut: um 1860

Auffallend schmaler, langer Baukörper zu 2½ Geschossen mit Satteldach auf Holzkonsolen und Giebelgespärre. Als schlichteste Art des Landhauses verkörpert es den Typus des Wochenend- und Sommerhauses bei Hauptwohnsitz in der Innenstadt. Mit der Langseite zu Garten und Tal bzw. Stadt orientiert, war der Bau mit seiner zur Breite beachtlichen Höhe ehemals weithin sichtbar. Die giebelständige Straßenseite zeigt im DG das in der Zeit beliebte Motiv gekuppelter Rundbogenfenster. Die übrigen Fenster sind einfach rechteckig, auf der 5achsigen Langseite mit Profil und geradem Verdachungsmotiv im 1. OG. Leider wurden die Fenster einflügelig erneuert und fehlen die dem Erscheinungsbild notwendigen Klappläden.
Kulturdenkmal aus stadtbaugeschichtlichen Gründen.

Kleine Frankfurter Str. 6
Fl. 165 Flst. 12/1

Erbaut: um 1860

Schlichtes spätklassizistisches Landhaus mit 6achsiger Langseite zu Tal und Garten, die schmale straßenparallele Seite zu drei Achsen. Der Baukörper ist unregelmäßig gegliedert, wobei zweimal ein einachsiger flachgedeckter Abschnitt mit einem giebelständigen abwechselt. Lisenen akzentuieren die Kanten; den giebelständigen Abschnitt gliedern sie in der glattgeputzten Fläche als umlaufendes Band. Malerisch ist dem Inneren ein gußeiserner Verandavorbau angefügt, der im EG vermutlich erst nachträglich durch dreiteilige Fenster geschlossen wurde. Sein filigranes Gitterwerk mit leicht orientalisierendem Anklang weist besonders differenzierte Palmettenmotive am oberen Freisitz auf. Die Pfosten des Geländers tragen auf kannelierten Säulen Blumenschalen; ein Erscheinungsbild von seltener Vollständigkeit. Auch der auf der Rückseite gelegene Eingang mit antikisierend ornamentierter Originaltür hat einen gußeisernen Vorbau als Windfang.
Als Typus der frühen, bescheidenen Land- bzw. Gartenhäuser ist das Gebäude aus stadtbaugeschichtlichen Gründen Kulturdenkmal. Ebenso aus künstlerischen Gründen, nicht zuletzt wegen des ihm eigenen Charmes.

Gegenüber dem Kurplatz öffnet sich die Wilhelmstraße im großartigen Prospekt der um das Rechteck des Bowling-Greens angelegten Gebäudegruppe von Kurhaus und Kolonnaden. Die gesamte Anlage ist mit dem an die Theaterkolonnade gebauten Theater und Foyerbau sowie dem an das Kurhaus anschließenden Kurpark Kulturdenkmal im Sinne der Sachgesamtheit aus künstlerischen und geschichtlichen Gründen. Stadtplanerische und baukünstlerische Qualität sind in gleicher Weise hervorragend. Die historische Bedeutung ist stadtbaugeschichtlich und stadtgeschichtlich begründet bei internationalem Rang als einstigem kosmopolitischem Zentrum der ehemaligen Weltkurstadt.

Geschichte
Der Ort wurde bereits gegen Ende des 18. Jahrhunderts für den Kurbetrieb erschlossen, als Fürst Carl Wilhelm eine Promenadenallee zum ehemals hier gelegenen Wiesenbrunnen anlegen ließ. Als 1805 die Spielpächter Hyenlein und Oberstleutnant von Fechenbach als Vertreter eines Aktienkonsortiums bei der Regierung den Antrag auf finanzielle Beihilfe zum Bau eines „Gesellschaftshauses" stellten, war Christian Zais neuer Bauinspektor der Stadt. Im Rahmen des ihm übertragenen Kurhausprojektes entwickelte er ein städtebauliches Konzept, das Wiesbaden ein völlig neues Gesicht geben sollte. Zais' Vorstellung eines neuen Kurbezirks in exklusiver Abgeschlossenheit außerhalb des Stadtkerns mit seinen Badehäusern und dem Kochbrunnen entschied den Streit um den Standort. Seine Wahl fiel auf den landschaftlich ansprechenden Ausläufer des von Sonnenberg kommenden Tales im Osten der Stadt. Der Wiesenbrunnen wurde verlegt, die Promenadenallee mußte dem 1808–10 durchgeführten Kurhausprojekt weichen. Denselben Platz wie das heutige Kurhaus einnehmend, war der Bau in strenger Axialität auf den damals erst projektierten Wilhelmsplatz (heute Kurplatz) ausgerichtet. Er bestand aus einem mittleren Saalbau mit vorgestelltem Portikus mit ionischen Säulen, an den sich zu beiden Seiten lange Kolonnaden mit dorischen Säulen anschlossen, die Eckpavillons mit Portalen im Palladiomotiv begrenzten.

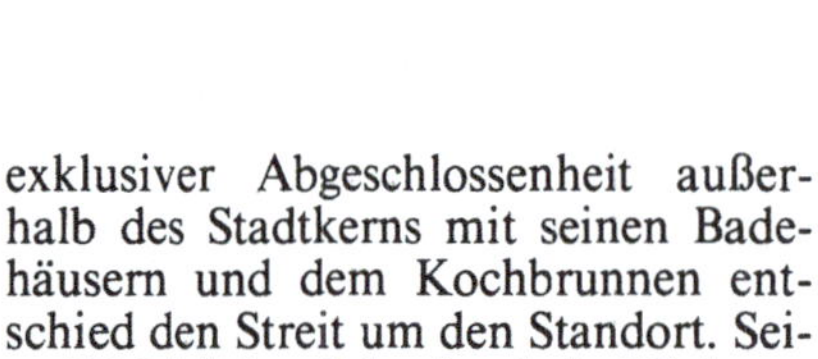

Vor dem Kurhaus wurde das zunächst allerdings nur aus einem Kleeacker bestehende Bowling-Green mit seitlich je 3 Baumreihen angelegt. Hinter dem Kurhaus entstand 1810–12 der erste Kurpark mit großem, dicht an das Haus heranreichendem Weiher. 1810 plante Zais bereits die Wilhelmstraße und 1818 legte er den Stadterweiterungsplan vor, in welchem er sein „Fünfeckprogramm" mit der Umschließung des alten Stadtkerns durch repräsentative Straßenprospekte erläuterte. Die Wandlung des vormals noch bescheidenen kleinen Badeortes zum vornehmen Weltbad hatte begonnen.

Zur Sachgesamtheit gehören im einzelnen:

Kurhaus
Fl. 127 Flst. 1/4

Bowling-Green
Fl. 127 Flst. 1/3

Brunnenkolonnade
Fl. 127 Flst. 1/3

Theaterkolonnade
Fl. 122 Flst. 4/4

Theater und Foyerbau
Fl. 122 Flst. 4/4

Kurpark
Fl. 125; 126; 127 Flst. 1/1; 1/6; 4/1

Ein untrennbares städtebauliches Ensemble bilden das Kurhaus, das längsrechteckig sich davor erstreckende Bowling-Green und die Kolonnaden. Die das Bowling-Green mit den seitlichen Alleebäumen rahmenden Kolonnaden sind dem Kurhaus rechtwinklig zugeordnet. An die Rückseite des Kurhauses schließt der Kurpark an.

Ansicht von Wiesbaden über den Kurpark, um 1835

Plan der Stadt Wiesbaden, 1826

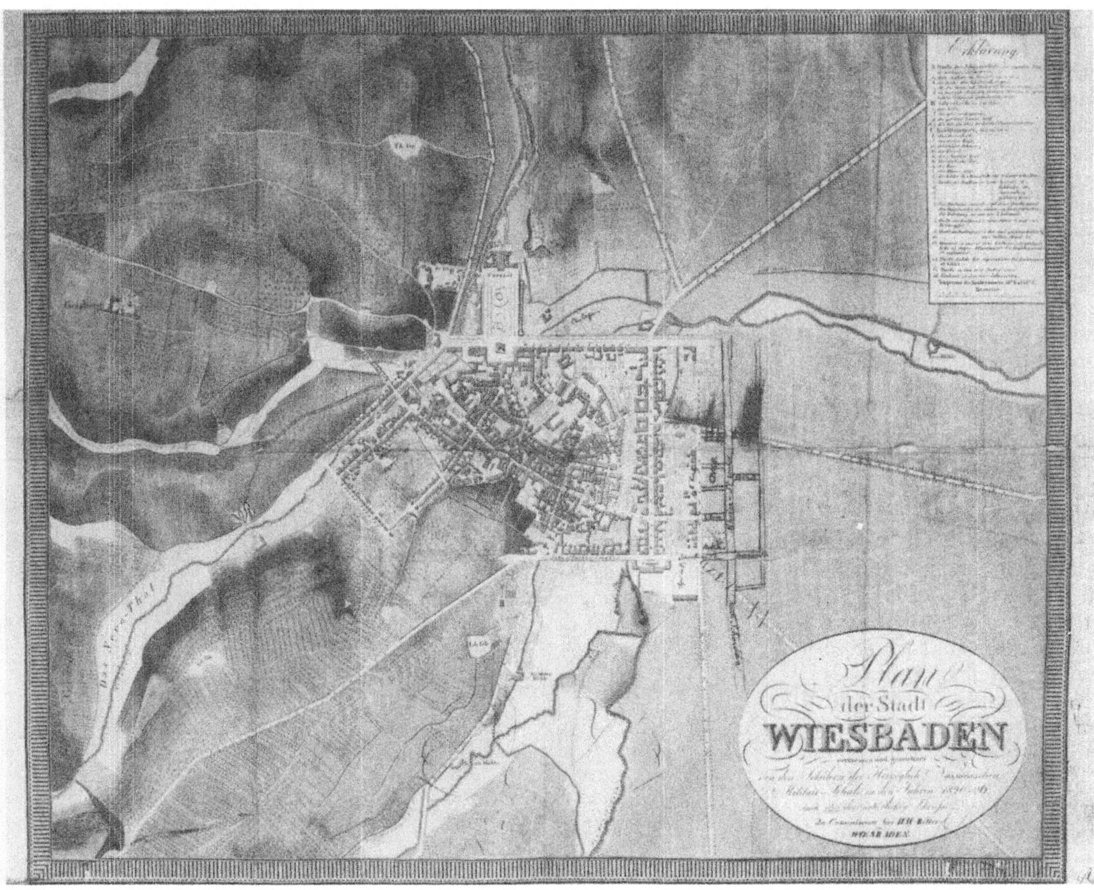

Kurbezirk, 1953

Kurhaus
Fl. 127 Flst. 1/4

Erbaut: 1905–1907
Architekt: Friedrich von Thiersch

Der Bau ersetzte das räumlich und optisch den Ansprüchen der wilhelminischen Ära nicht mehr genügenden Kurhaus von Zais, das eingangs beschrieben wird. Die Grundfläche des Neubaus ist um ein Viertel größer, das Volumen erheblich vergrößert.
Ein 1897 von der Stadt veranstalteter Wettbewerb für den Kurhausneubau blieb ohne befriedigendes Ergebnis. Ende 1902 erhielt F. v. Thiersch, der zur Jury gehört hatte, den Auftrag. Das Projekt beinhaltete ausdrücklich die „Wiedervorführung" des zum Abriß aufgegebenen klassizistischen Vorgängers. Am 11. Mai 1907 eröffnete Kaiser Wilhelm II. das fertiggestellte Kurhaus, das er begeistert als „das schönste... der Welt" bezeichnete. Tatsächlich schuf Thiersch einen monumentalen Prachtbau im neoklassizistischen Zeitstil, der in seiner Großartigkeit ganz dem auf Repräsentation und pompöse Selbstinszenierung gestellten Lebensgefühl der wilhelminischen Oberschicht entsprach. Der ganze Bau ist aus hellem Sandstein errichtet und reich mit skulptiertem Schmuck versehen. Im Zentrum des breitgelagerten 2geschossigen Baukörpers erhebt sich über tempelartigem Portikus eine mächtige gläserne Kuppel. Das Grundkonzept ist

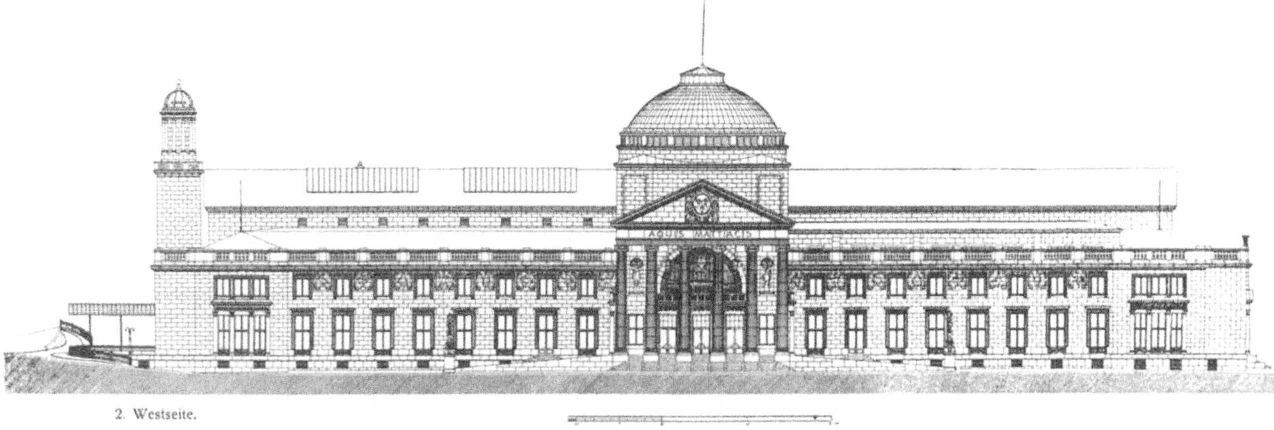

2. Westseite.

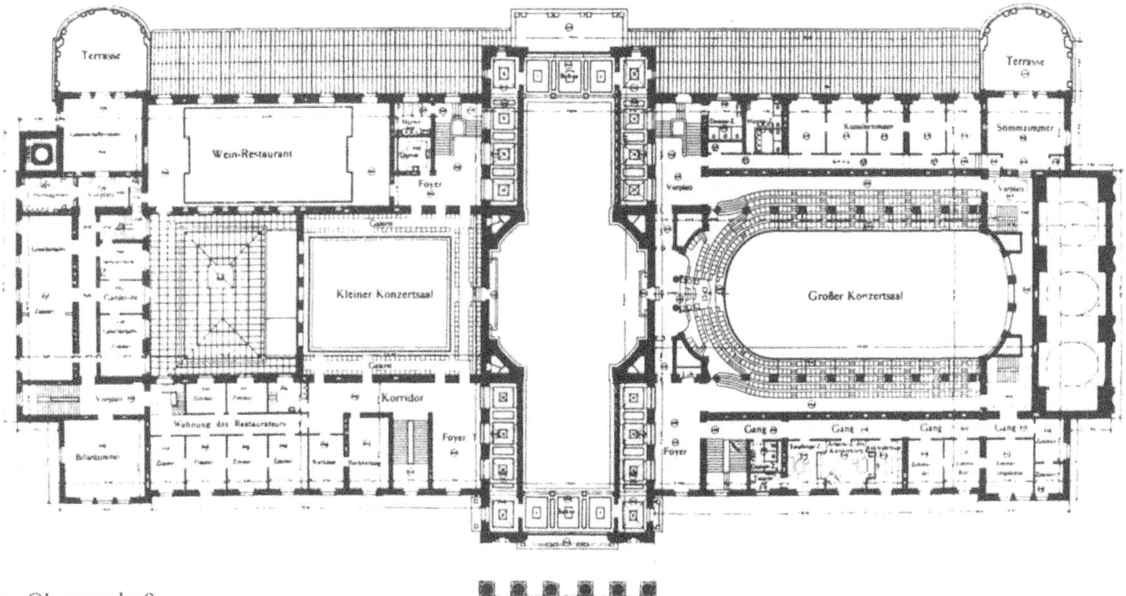

3. Erstes Obergeschoß.

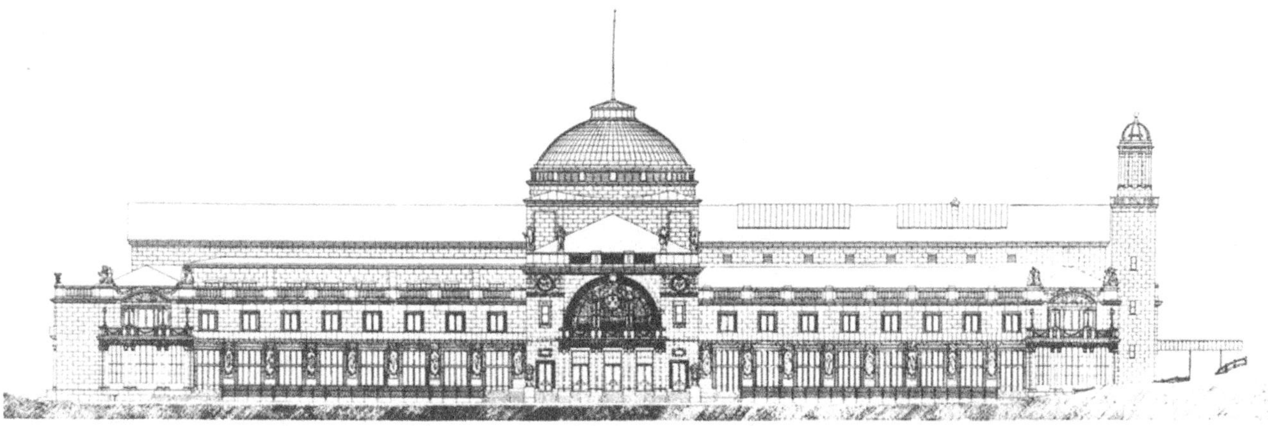

1. Ostseite.

Reproduktionen nach Architektonische Rundschau 1907.10.

eine geschickte Umsetzung des alten Kurhauses in einen größeren Maßstab. Wie die neoklassizistische Formensprache im Ganzen nimmt das Portikusmotiv mit seinen ionischen Säulen direkt Bezug auf den Vorgängerbau. Elemente des ehemaligen großen Saales wurden in den „Kleinen Konzertsaal" integriert. In einem gewissen Gegensatz zum herrschaftlichen Repräsentationsanspruch der streng durchstilisierten Vorderansicht ten-diert die dem Kurpark zugewandte Seite mit großen überdachten Terrassen (heute rechts geschlossen) zu freierer Formgebung mit Anleihen beim Jugendstil. Besonders reizvoll ist die Gestaltung der Wandpfeiler der Terrassenseite mit bemalten Mosaikplatten, die Musen darstellend. Sie stammen von Wilhelm Koeppen, einem Schüler Franz von Stucks, und sind ganz dem Jugendstil verpflichtet. Die überaus prachtvolle Innenausstattung in allen Spielarten historistischer Interieurgestaltung ist aufgrund der Zerstörungen durch den 2. Weltkrieg nur in Teilen erhalten. Zu den hervorragenden Details am Außenbau gehören die beiden den Portikus seitlich der Auffahrtsrampen flankierenden Bronzekandelaber in der antikisierenden Formensprache des Manierismus.

Bowling-Green
Fl. 127 Flst. 1/3

Das sich vor dem Kurhaus erstreckende Bowling-Green geht auf die Planung von Christian Zais zurück und wurde vom Hofgärtner Schweitzer angelegt. Die langgestreckte, beidseitig von Doppelalleen begleitete Rasenfläche – bis 1818 allerdings nicht mehr als ein Kleeacker – sollte dem Kurhaus die nötige Distanz zum städtischen Zentrum verschaffen. Rahmende Kolonnaden waren von Zais nicht vorgesehen. 1855 entstanden in der Mittelachse die beiden barockisierend geformten Bassins mit den vom Bildhauer J. J. Gerth geschaffenen Kaskaden aus 3 übereinander stehenden Schalen. Die bis dahin ungestörte Rasenfläche wurde mit Rabatten versehen. Mit der Einfriedung des Kurparks erhielt auch das B.-G. eine Einfriedung. Nach erneuten gärtnerischen Umgestaltungen, schließlich im üppigsten Stil der wilhelminischen Zeit, wurde nach dem 1. Weltkrieg die einfache Rasenfläche wiederhergestellt und dabei die Einfriedung eliminiert.

Bowling-Green um 1885, Reproduktion nach einem Ölbild von Karl Keim

Brunnenkolonnade
Ehemals „Alte Kolonnade "
Fl. 127 Flst. 1/3

Erbaut: 1826–27
Architekt: Heinrich J. Zengerle, Baurat

Das Bowling-Green auf der Nordseite säumend, stellt die Kolonnade die bauliche Verbindung zwischen Kurhaus und Wilhelmstraße her. Die in der Art einer antiken Stoa errichtete Wandelhalle diente zur Aufnahme von Buden und Ständen, die sich vor dem Kurhaus etabliert hatten, um den Kurgästen Waren anzubieten. Die über einem Stufenunterbau errichtete lange Flucht dorischer Säulen mit strengem Metopen- und Triglyphen-Fries über dem Architrav schließt einen auf der Rückseite halbrund vortretenden Mittelsaal ein und wird von Eckpavillons mit weiten Rundbogentüren gerahmt. Der Bau der Kolonnade weicht von der Planung Zais' ab, der sich das Kurhaus in erhabener Distanz vom Stadtinneren wünschte. Gleichwohl kam es durch die Klarheit der Gliederung im Sinne klassizistischer Idealgestalt zu einer ästhetisch befriedigenden Lösung.

Theaterkolonnade
Ehemals „Neue Kolonnade"
Fl. 122 Flst. 4/4

Erbaut: 1838 - 1839
Architekt: Karl Faber, Baurat

Die „Neue Kolonnade" wurde ca. 10 Jahre später als symmetrisches Pendant zur „Alten Kolonnade" geschaffen. Beide Kolonnaden rahmen seitlich der inzwischen auf eine Reihe reduzierten Alleebäume das Bowling-Green. Auch die „Neue Kolonnade" diente als Bazar. Erst mit dem Neubau des Theaters (1892-94), das an die Rückfront der Kolonnade angebaut wurde, entstand der Mittelpavillon mit Säulenportikus als repräsentativer Theaterzugang.

Theaterkolonnade mit Verkaufsständen und Läden, um 1890

Theater
Fl. 122 Flst. 4/4

Erbaut: 1892-94
Architekt: Fellner und Helmer Planung, Bauleitung durch Hermann Helmer

1827 ließ Herzog Wilhelm von Nassau durch den Landbaumeister Wolff aus Dillenburg an der Stelle, wo heute der Nassauer Hof steht, ein Theater bauen. 1839 wurde es vom Hof übernommen und nach der Annexion Nassaus durch Preußen von der Stadt mit einer Dotation des preußischen Hofes weitergeführt. 1891 wurde von der Stadt ein Wettbewerb für den Bau eines neuen Stadt- und Hoftheaters ausgeschrieben. Die Wiener Architektengemeinschaft Fellner und Helmer ging als Sieger daraus hervor. Es war ihr 23. Theaterbau. Nach vorausgegangenen langen und heftigen Auseinandersetzungen um den Standort war die Wahl auf den Warmen Damm gefallen. Der Neubau sollte unmittelbar an die Neue Kolonnade (vgl. Theaterkolonnade) anschließen und dort sollte auch der Eingang sein, doch durfte dem Kurhaus keine konkurrierende Fassade entstehen. Der Lauf der Kolonnade wurde in der Mitte durch einen vor ihre Front tretenden Portikus unterbrochen, während als Schauseiten Seiten- und Rückfront des auf eine Terrasse gestellten Baus ausgebildet wurden. Die Rückfront mit Ausrichtung zum Warmen Damm erhielt als Hauptfassade das markante hochstehende Portikusmotiv, zu dem 2 Rampen hinaufführen. Die Bühnenhauswände werden durch kolossale Pilaster mit korinthischen Kapitellen gegliedert. Der Schwerpunkt der Seitenansicht ist der Bühnenbau. Zwei einachsige Risalite mit bekrönenden Quadrigen rahmen den 6achsigen Bühnenbau mit Hauptgeschoß, Mezzanin und OG bei kolossaler Säulengliederung. Ein kuppelartiges Haubendach überwölbt den mächtigen Bühnenturm als ein pompöser Abschluß des machtvollen neobarocken Baus. Der Widerspruch zwischen der tatsächlichen Funktion der Theaterrückseite und ihrer Ausbildung als Schau- und Eingangsseite wurde von den Zeitgenossen durchaus nicht als störend empfunden. Vorrangig war die ästhetisch befriedigende Lösung des äußeren Erscheinungsbildes als Teil einer dichten und stimmungsvollen Szenerie.
Der von der Kolonnade über ein großes Vestibül zu betretende Zuschauerraum hat einen durchgehenden Logenrang mit mittlerer Staatsloge und zwei Balkonränge. Vor den Logenrängen laufen zwei Estradenreihen entlang; das Proszenium ist einteilig. Der Wiesbadener Maler Kaspar Kögler schuf ein illusionistisches Deckengemälde, das im Krieg zerstört wurde und inzwischen rekonstruiert ist.

Reproduktion nach Architektonische Rundschau 1907.10.

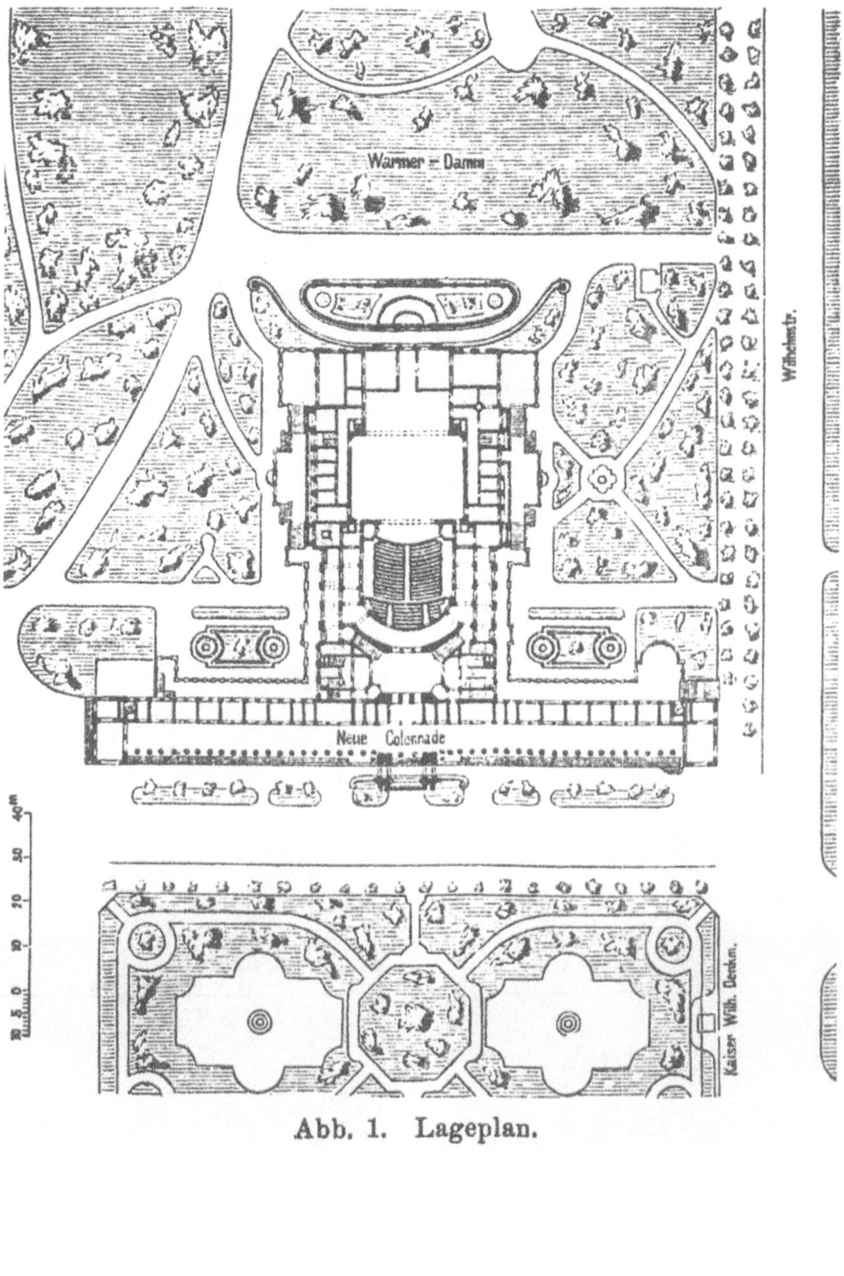

Abb. 1. Lageplan.

W
V

Theaterfoyer
Fl.122 Flst. 4/4

Erbaut: 1902
Architekt: Felix Genzmer, Stadtbaumeister

Das mit verschwenderischer Pracht ausgestattete Foyer ist eines der architektonischen Hauptwerke Genzmers. Daß der Theaterneubau nicht über ein Foyer verfügte – als Versammlungsort für das Publikum diente das Vestibül –, wurde als starker Mangel empfunden. Genzmer fügte seinen Anbau der Ostseite an; durch Umbauung ist er heute dem Blick entzogen. Der pompöse überkuppelte Außenbau im wilhelminischen Neobarockstil erinnert – bei allerdings sehr üppiger Dekoration – in Aufbau und Gliederung an die Schönbornkapelle von Balthasar Neumann in Würzburg. Der ebenfalls überkuppelte Portikus ist nach Osten orientiert. Als Dekorationsstil „par exellence" verbreitet das Rokoko im Inneren festlichen Glanz. Alle Form ist in einer mehrschichtigen und dicht geschlossenen Hülle farblich in Übereinstimmung gebracht. Im Bouquet der Farbtöne dominieren Nilgrün, Rosa und Elfenbein. Die Gliederung mit zwei in Bögen geöffneten Rängen reflektiert den Zuschauerraum. Wie aus Logen konnte das Publikum von hier aus seine eigene Inszenierung genießen oder sich über die beiden prunkvoll gebogenen Treppen hinab begeben und selbst daran teilnehmen. Der Selbstdarstellung einer der Repräsentation und dem Scheinhaften verschriebenen Gesellschaftsschicht war der geeignete Rahmen gegeben.

Kurpark
Fl. 126 Flst. 1/2; 4/1
Fl. 127 Flst. 1/6

Der Kurpark erstreckt sich zwischen Sonnenberger Straße und Parkstraße vom Kurhaus bis zur Joseph-Lauff-Straße. Die erste Anlage entstand 1810-12 durch Hofgärtner Schweitzer in unmittelbarem Anschluß an den Kurhausneubau. Das Areal war um etwa die Hälfte kleiner als der schließliche Umfang. Das Zentrum bildete ein langgezogener, bis dicht an das Kurhaus heranreichender Weiher, der in kunstvoll natürlicher Anordnung von Bosketts und baumbepflanzten Rasenflächen (lawns) umgeben war. 1838 kam es anläßlich der Neuvergabe der Kurhaus- und Spielpacht zu einer dabei zur Bedingung gemachten Erweiterung und Verschönerung des Kurgartens. Der Weiher wurde verkürzt und erhielt seine Insel: Die Parkanlage wurde nach dem Vorbild englischer Landschaftsgärten umgestaltet. 1855/56 erfolgte eine zweite große Umgestaltung durch den Biebricher Gartenbaudirektor Carl Friedrich Thelemann, der auch den Warmen Damm anlegte (vgl.). Der Park wurde auf den heutigen Umfang vergrößert und durch ein irreguläres Wegenetz erschlossen. 75 Wagen und ca. 30 Karren Waldsteine zur Bildung von Felsgruppen wurden angefahren. Der abermals verkürzte Weiher erhielt seine große Fontäne; Kähne, Gondeln und Eskimobarken belebten sein pittoreskes Bild mit zum Teil grottenhafter Uferbefestigung. Das im ganzen durch Staffagebauten – darunter ein chinesischer Pavillon und ein maurischer Kiosk – romantisierend verdichtete Bild gewünschter vielfältiger Abwechslung wurde 1873 durch einen Wasserfall auf der kleinen Insel des Weihers bereichert. Gleichzeitig erhielt der zwischen Kurhausrückseite und Weiher sich erstreckende Konzert- und Promenadenplatz eine aufwendigere Beleuchtung durch Gaslaternen. Im Zuge der Neuorganisation der Kur durch den 1873 berufenen Kurdirektor Ferdinand Hey'l (vgl. Ferdinand-Hey'l-Denkmal) wurde der bis dahin allseits offene Platz eingezäunt und blieb damit dem Kartenpublikum reserviert. Zu einer letzten großen Umwandlung kam es im Rahmen des Kurhausneubaus (1905–1907). Dabei wurde das gesamte Wegenetz neu geordnet. 3 ineinandergreifende Ringwege bilden seitdem die Grundstruktur.

Zur Sachgesamtheit gehören als Teile des Kurparks:

Einfriedung

Kassenpavillon
Fl. 127 Flst. 1/6

Säulenmonument
Fl. 127 Flst. 1/6

Konzertmuschel
Fl. 127 Flst. 1/6

Gustav-Freytag-Denkmal
Fl. 125 Flst. 1/1

Ferdinand-Hey'l-Denkmal
Fl. 126 Flst. 4/1

Laternen

Parkbänke

Weihergeländer
Fl. 127 Flst. 1/6

Befestigung der Weiherinsel
Fl. 127 Flst. 1/6

Brückengeländer
Fl. 127 Flst. 1/6

Der Kurgarten mit Kurhaus, um 1828

Plan des Kurbezirks mit Kurpark , 1830

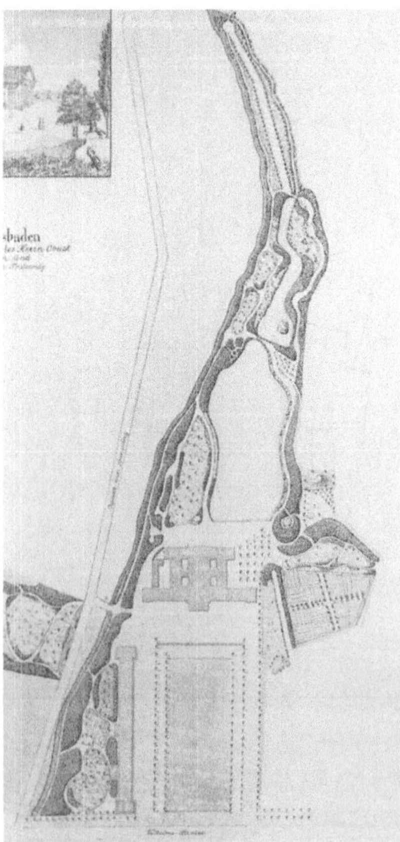

Der chinesische Pavillon, 1965

Einfriedung

Mit zu den ersten Maßnahmen des Kurdirektors Ferdinand Hey'l gehörte die 1873 vorgenommene Umzäunung des Parks und damit seine Reservierung für das Kartenpublikum. In weiten Strecken ist die erste Einfriedung – gebogte Gitterabschnitte mit pfeilartig zugespitzten Spießen zwischen gußeisernen Pfosten – erhalten: so entlang der Parkstraße von der gegenüberliegenden Einmündung der Erathstraße bis kurz vor den hinteren Eingang und in der Sonnenberger Straße von der Einmündung des Leberbergs bis in Höhe der Villa Nr. 32.

Die ersten Erneuerungen erfolgten in den 90er Jahren in Form gleich hoher Eisenspießgitter – die Spieße z. T. gedreht und mit flammenden Enden – zwischen runden Pfosten mit gußeiserner Lilienbekrönung: so im Bereich des hinteren Eingangs und entlang der Sonnenberger Straße bis hin zum Leberberg.

Eine dritte Stufe entstand im Rahmen des Kurhausneubaus und der damit erfolgten Modernisierung des Parks um 1907. Erneuert wurden die Abschnitte im vorderen Bereich zwischen Haupteingang und Erathstraße im Süden und entlang der Sonnenberger Straße bis zur Villa Nr. 32. Die neue Form steht unter dem Einfluß der Secession: schlichte Eisenspießgitter mit Ovalmotiven zwischen oberer Längsverbindung und dazu parallelem Abschluß, die gebogten Pfosten mit übereinandergeordneten sphärischen Dreiecken und Kreisabschluß. In der Sonnenberger Straße ist aufgrund der seitlichen Rampe die Einfriedungsführung in diesem Abschnitt doppelt. Leider ist das historische Parktor am Haupteingang, das ebenfalls um 1907 erneuert wurde, in neuerer Zeit ersetzt worden.

Kassenpavillon
Fl. 127 Flst.1/6

Der elegante kleine Sandsteinpavillon seitlich des Haupteingangs entstand im Rahmen des Kurhausneubaus um 1907 im Stil des Neoklassizismus. Das verschieferte Zeltdach wird von 3 auf einem Stufenunterbau stehenden Ecksäulen getragen. Die kleine Kassiererzelle ist in die Ecke gerückt, so daß vor beiden Fensterseiten ein überdachter Zugang entsteht, der linke ehemals mit unmittelbarem Durchgang zum Park (heute durch ein Gitter zugesetzt).

Konzertmuschel
Fl. 127 Flst. 1/6

Gleichzeitig mit dem Kurhausneubau entstand auf der Südseite des zwischen Kurhaus und Weiher gelegenen Promenaden- und Konzertplatzes eine neue Konzertmuschel. Sie ersetzte einen schlichten Ständerbau mit Satteldach von 1883/84, dem selbst ein Musiktempel auf der Nordseite des Promenadenplatzes von 1875 voranging. Die angeschweifte Bogenform der weitgespannten kassettierten Halbkuppel ist mit ihren geometrisierten Voluten der Secession verpflichtet. Der Bogen lagert auf mächtigen Eckpfeilern, die auf ihrer Vorderseite höchst dekorativ mit Reliefs Blumen und Früchte in Körben tragender Frauen versehen sind. Die wohl als Floren zu deutenden überlebensgroßen Figuren gehen auf antike Vorbilder zurück. Überraschend ist die Ähnlichkeit mit den Viktorien der Karthagischen Triumphalreliefs aus dem 2. Jh. n. Chr., die 1894 aufgefunden wurden und seitdem Gegenstand archäologischer Diskussion waren. Die im Steingußverfahren hergestellten Reliefs sind in Muschelkalk skulptierten Arbeiten täuschend ähnlich.

Promenadenkonzert im Kurpark, um 1900

Säulenmonument
Fl. 127 Flst. 1/6

Im Eingangsbereich des Kurparks sind auf der rechten Seite zwei ionische Säulen mit Gebälkfragment aufgestellt, darauf in römischen Zahlen die Inschrift MDCCCX. Als Überrest vom alten Kurhausportikus figuriert das Motiv seit Abriß des Zais'schen Vorgängers und Kurhausneubau als romantisierend empfundenes Ruinenmonument.

Laternen

In der Parkanlage befinden sich verschiedene Typen von historischen Laternen:

Typ 1
Bogenlaternen der 90er Jahre beleuchten noch vielfach die Wege. Hohe gußeiserne Balustersäulen tragen mit Ranken aus Rundeisen verzierte bogenförmige Aufsätze mit Ampel.

Typ 2
1881 erhielt der Konzert- und Promenadenplatz elektrische Beleuchtung mit 14 Laternen entlang der Längsseiten, darunter aufwendige mehrarmige Kandelaber. Sie wurden vermutlich mit dem Kurhausneubau um 1907 durch neue, schlichtere Beleuchtungskörper ersetzt: kannelierte gußeiserne Balustersäulen mit bekrönendem Pinienzapfen tragen in symmetrischer Anordnung an waagrechten Bügeln zwei Ampeln.

Typ 3
Als um 1907 ein modernes Brüstungsgitter an der Westseite des Weihers angebracht wurde (vgl.), entstanden auch die großen Laternen, deren hohe Steinsockel den Lauf des Geländers unterbrechen. Die Eckstreben der an Obelisken erinnernden hohen geschmiedeten Ständer werden durch Kreis- und Ovalformen und einander kreuzende Bogenstäbe miteinander verbunden. Die durch eine zweidimensionale Palmettenform überhöhte Spitze ist von einem auf Bügeln aufgehängten Eisenreif umgeben, von dem 6 Ampeln herabhängen. Wie auch das Brüstungsgeländer sind die Laternen dem Secessionsstil verpflichtet. In Übereinstimmung mit allen Eisenteilen am neuen Kurhaus sind sie weiß lackiert.

Weihergeländer
Fl. 127 Flst. 1/6

Die dem Konzert- und Promenadenplatz zugewandte Seite des Weihers erhielt bei der Parkneugestaltung um 1907 ein neues Brüstungsgitter im Secessionsstil. Die geschmiedeten Pfosten werden durch wellenförmige Stäbe mit abschließendem Kreismotiv gegliedert. Die dazwischen laufenden schlichten Spießgitter sind kniehoch. Im Gegensatz zum Quadrateisen von Gitter und Pfosten ist der Handlauf aus rundem Eisenrohr.

Befestigung der Weiherinsel
Fl. 127 Flst. 1/6

Die 1837/38 vom Gärtner Rintz aus Frankfurt angelegte Insel ist an ihren Uferrändern durch mächtiges Felsgestein befestigt. Der grottenhafte Eindruck entsprach ganz dem romantisierenden Naturverständnis des im Park verwirklichten Landschaftsgartenkonzepts.

Brückengeländer
Fl. 127 Flst.1/6

Spätklassizistisches Brückengeländer (70er Jahre) aus geschmiedeten und gegossenen Teilen an der Brücke zur Weiherinsel. Zwischen runden Gußpfosten mit Pinienzapfenknauf verläuft das Geländer mit quadratischen Feldern, gebildet aus gedrehten seitlichen Spießen und den beiden Längsverbindungen. Diagonale Kreuzstäbe mit Mittelrosette sowie ein kleineres Quadrat füllen das Feld. Rosetten füllen den Abstand zwischen der oberen Längsverbindung und dem Handlauf.

Parkbänke

Die Vielfalt an unterschiedlich gestalteten Bänken muß ehemals groß gewesen sein. Auch diese Details belebten das gewünschte Bild der „picturesque variety“ im Park. 1830 schrieb der um die Gestaltung von Kurpark und Kuranlagen verdiente Wiesbadener Generaldomänendirektor von Roeßler nach einer Reise nach Aachen und Spa: „Hier [in Spa] und in Aachen fand ich die Sitte, den Bänken in den öffentlichen Anlagen so verschiedenartige Formen zu geben, daß durchaus keine der anderen gleicht... Diese Abwechslung in den Formen der Bänke läßt sich leicht nachahmen.“
Verblieben sind 2 historische Typen:

Typ 1
Im Parkbereich wurden auf dem Konzert- und Promenadenplatz sowie am Gustav-Freytag-Denkmal oder auch vereinzelt am Wegrand wieder historische Bänke aufgestellt. Der pittoreske Typ besteht aus einem gußeisernen Gestell in naturalistischer Nachbildung von Astwerk. Sitzfläche und Rücklehne sind aus Holz. Weitere Bänke dieses Typs stehen in den Alleewegen am Bowling-Green vor dem Kurhaus.

Typ 2
Mit Neueinrichtung des Konzert- und Promenadenplatzes um 1907 wurden vor der Konzertmuschel neue Bänke aufgestellt, die in reicher Anzahl am Ort erhalten sind. Es sind elegant geschwungene weiß gestrichene Lattenbänke mit Flacheisengestellen mit Rankendekor.

Ferdinand-Hey'l-Denkmal
Fl. 126 Flst. 4/1

Das Denkmal des Kurdirektors Ferdinand Hey'l (geb. 1830 in Koblenz, gest. 1897 in Wiesbaden) wurde 1907 (Enthüllung am 7. Oktober 1907) am großen Ringweg des Kurparks in Höhe der Einmündung des mittleren Ringweges aufgestellt. Die weiße Marmorbüste auf neobarockem Granitsockel mit Stufenunterbau ist ein Werk des Berliner Bildhauers Hugo Berwald, eines Schülers von Fritz Schaper, der für Wiesbaden das Gustav-Freytag-Denkmal im Kurpark schuf (vgl.). Die realistisch erfaßte Portraitbüste zeigt Hey'l in seinem letzten Lebensjahrzehnt. Der als sehr gebildet und weltmännisch geschilderte Hey'l war von Beruf Schauspieler. 1873 wurde er Kurdirektor und behielt dieses Amt bis zu seinem Tod 1897. Seiner Umsicht ist es vor allem zu verdanken, daß Wiesbaden nach dem endgültigen Verbot des Glücksspiels (1872) die entsprechende Umstellung des Kurbetriebs ohne Verluste gelang. Er erkannte die Notwendigkeit, die entstandene Lücke durch Förderung des gesellschaftlichen Lebens zu kompensieren und veranlaßte aus diesem Grund auch die Renovierung des Kurhauses. Auf seine Initiative entstand ein zu hoher Leistung befähigtes Kurorchester, er veröffentlichte einen ausführlichen Stadtführer mit mehrmals wiederholter Auflage und begründete ein Badeblatt; schließlich war er entscheidend am Zustandekommen des Nationaldenkmals auf dem Niederwald bei Rüdesheim beteiligt. Auf dem Wiesbadener Nordfriedhof erhielt er ein Ehrengrab.

Gustav-Freytag-Denkmal
Fl. 125 Flst. 1/1

Das im Kurpark am großen Ringweg nahe dem Osteingang gelegene Denkmal des Dichters, Publizisten und Kulturhistorikers Gustav Freytag wurde 1904/05 (Enthüllung 28. 5. 1905) von dem Berliner Bildhauer Fritz Schaper geschaffen. Ab 1878 hielt sich Freytag den Winter über in Wiesbaden auf, die Sommermonate verbrachte er vor allem auf seinem Landgut Siebleben bei Gotha. 1881 kaufte er eine Villa am Hainerweg, der ab der Blumenstraße ihm zu Ehren anläßlich des 70. Geburtstages in Gustav-Freytag-Straße umbenannt wurde, später im ganzen Verlauf (vgl. Gustav-Freytag-Str. 18). Freytag starb in diesem Haus am 30. 4. 1895. Der Leichnam wurde nach Siebleben zur Beisetzung in der Familiengruft überführt.

Das Denkmal ehrt den Dichter mit einem überlebensgroßen weißen Marmorstandbild, das ihn als reifen Mann in Anzug und Mantel zeigt, in der linken Hand eines seiner Werke. Das Standbild steht auf einem hohen Sockel mit der schlichten Inschrift: „Gustav/Freytag/1816-1895." Geschwungene Mauerwangen verbinden den aus Muschelkalk gefertigten Sockel über zwei Pfosten mit seitlich angrenzenden Balustraden, die in flacher C-Form einen Platz ausgrenzen. Die Endpostamente der ebenfalls aus Muschelkalk bestehenden Balustrade sind mit marmornen Puttengruppen besetzt, die rechte mit Schriftrolle und Theatermaske als Hinweis auf die Bühnenstücke des Dichters, links zwei in einem Buch lesende Putten. Eine in gegenläufiger C-Form geschwungene Treppe in der Mitte des Denkmals umschließt ein Auffangbecken für einen delphinköpfigen Wasserspeier mit Muschelschale im Denkmalsockel (heute stillgelegt). Der Realismus der Dichterstatue steht in einem gewissen Widerspruch zu der sonst an spätbarocker Formensprache orientierten Anlage.

Kuranlage
Fl. 36 Flst. 9/1, 36/6, 38/1, 41/1, 42, 43/1
Fl. 37 Flst. 192/19
Fl. 38 Flst. 130
Fl. 125 Flst. 1/3

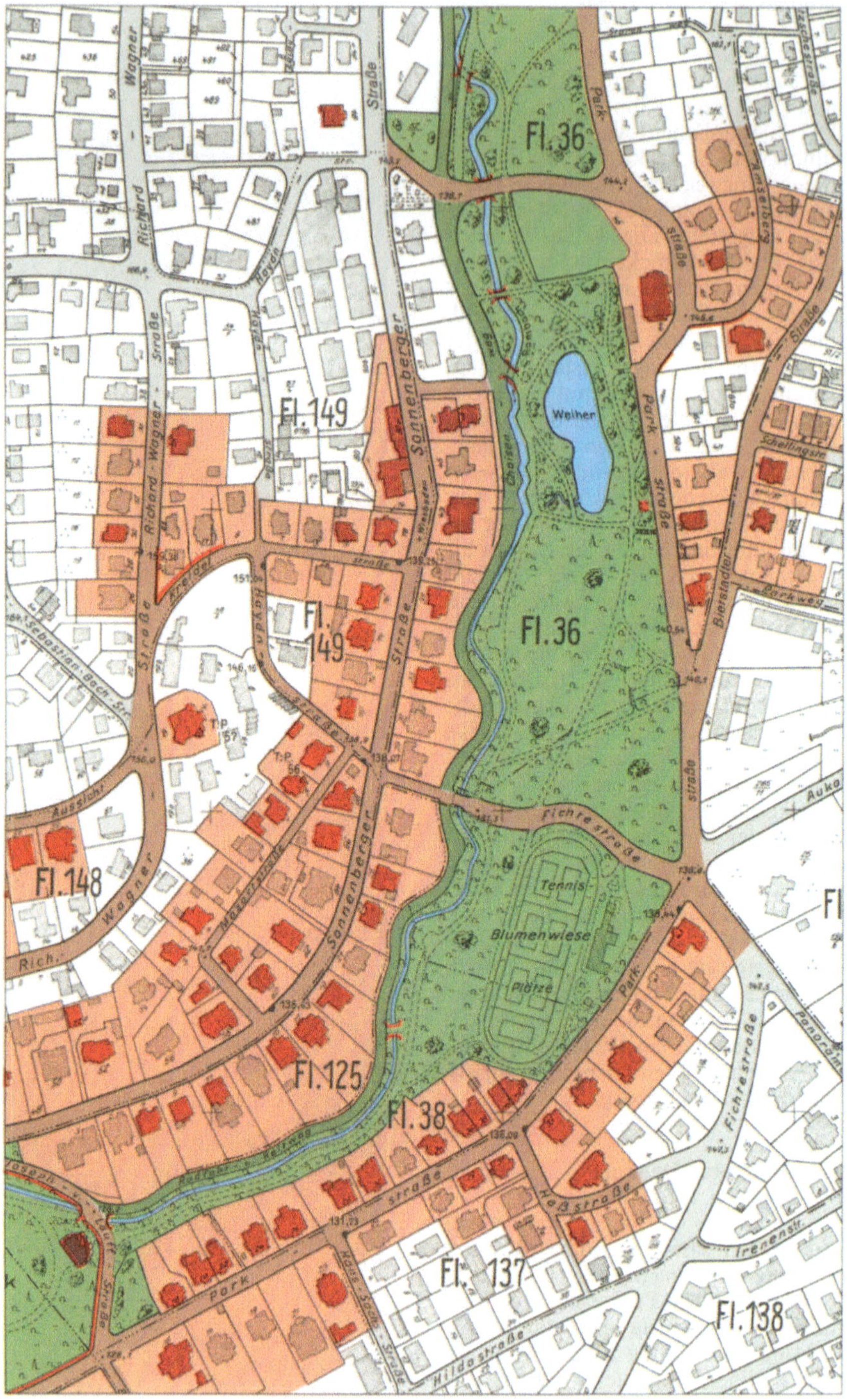

Die Gestaltung der sich vom Ende des Kurparks bis nach Sonnenberg ziehenden Kuranlagen als Landschaftspark erfolgte sukzessive. Schon 1816 wurde der am Rambach entlang führende Weg auf Betreiben des Generaldomänendirektors von Roeßler mit Kastanien alleeartig bepflanzt. Zunächst bis zur Dietenmühle durchgeführt, erreichte der Weg 1827 die Sonnenberger Burgruine (Konservierung ab 1828), die zu den beliebten Attraktionen für die Kurgäste zählte. 1838-40 mußte die Kastanienallee einer mehr malerischen Gestaltung des Bachbettes mit nunmehr mit Bäumen bepflanzten Böschungen weichen. 1879 wurde das Gelände um die Ausflugsgaststätte und Kaltwasserheilanstalt Dietenmühle (1864 Einstellung des Mühlenbetriebes; Kaltwasserheilanstalt seit 1861) als kleiner Landschaftspark mit weicher Modellierung des Geländes, einem nierenförmigen Teich und unregelmäßiger Wegeführung angelegt. 1888 entstand ein zweiter Parkabschnitt an der Blumenwiese, die um 1900 ihre Tennisplätze erhielt. In den 90er Jahren wurden beide Parkabschnitte miteinander verbunden.
Erst nach 1910 folgte im wesentlichen der Bereich jenseits der inzwischen leider abgeräumten Dietenmühlen-Gaststätte bis hin zur Verengung des ehemaligen Wiesentales und darüber hinaus – z. T. als nur schmaler Streifen – bis zur Burgruine. Im Zuge der verschiedenen Entstehungsphasen wurde das Bett des Rambaches, um einem idealisierten Naturbild im Sinne der Landschaftspark-Idee zu entsprechen, streckenweise verlegt und erweitert und in einigen Abschnitten grottenhaft gefaßt. Der Parkanfang bleibt schon aufgrund der Bebauung auf die beiden das Bachbett säumenden Wege beschränkt. Die Bepflanzung in Verbindung mit dem Grün der angrenzenden Gärten vermittelt gleichwohl die Illusion parkartiger Weite in unmittelbarer Fortsetzung des Kurparks. Überhaupt findet die Kuranlage wegen der beiderseits

Dietenmühle mit Restauration, um 1825

angrenzenden Villengebiete nirgends eine definitive Grenze. Allmählich vollzieht sich der Übergang von der unbebauten in die bebaute Zone als Realisierung einer städtebaulichen Idee vom bebauten Landschaftspark.
Die Kuranlage ist Teil der Gesamtanlage I, östliches Villengebiet (vgl.) sowie der Gesamtanlage II, nördliches Villengebiet (vgl.).

Kulturdenkmale
Im Bereich der Kuranlage befinden sich bauliche Anlagen, die aus künstlerischen und historischen Gründen Kulturdenkmale sind.

Die Rambach-Brücken

1. Straßenbrücke J.-von-Lauff-Straße
Fl. 125 Flst. 1/3

Gußeiserne Pfosten stützen ein geschmiedetes Eisengeländer mit quadratischen Feldern, darin in Kreisen eingeschlossen jeweils ein Vierpaßmotiv.

2. Höhe der Blumenwiese
Fl. 38 Flst. 130

Spätklassizistisches Brückengeländer aus gegossenen und geschmiedeten Eisenteilen. Gedrehte Eisenstäbe bilden mit der waagrechten Führung ein quadratisches Grundraster. Die Quadrate

Ehemaliges Kurhotel der Kaltwasserheilanstalt Dietenmühle, s. auch Parkstr. 44

1.

2.

3.

4.

5.

6.

werden durch diagonale Kreuzstäbe mit verbindendem Innenquadrat gefüllt. Die Mitte ziert eine gußeiserne Rosette. Weitere gußeiserne Rosetten füllen den Abstand zwischen der oberen Längsverbindung und dem dazu parallel laufenden Handlauf.

3. In Höhe Weiherende
Fl. 36 Flst. 36/6

Nach 1900 entstandenes secessionistisches Geländer aus Flacheisen- und Quadrateisenteilen zwischen steinernen Außenpfosten. Quadrateisenstäbe mit flachgeklopften Spitzen füllen die einzelnen Felder zwischen den eisernen Pfosten mit gestanzten Ovalmotiv. Die Pfosten werden durch eine Längsverbindung aus gestanztem Eisenblech verbunden. Darüber liegt der Handlauf.

4. In Höhe Weiherende
Fl. 36 Flst. 36/6

Wie Nr. 3, vgl.

5. Straßenbrücke An der Dietenmühle
Fl. 36 Flst. 2/4

Jugendstilbrücke aus Quadrateisen-und Flacheisenteilen zwischen steinernen Außenpfosten. Das Geländer bildet eine Reihe lyraartiger Motive aus jeweils 3 Mittelstäben und dazu symmetrisch gebogten Flacheisen. Der breite Mittelpfosten besteht aus 5 mittleren Stäben mit überhöhtem Bogenmotiv. Der Handlauf darüber ist vegetabilisch geschwungen.

6. Jenseits An der Dietenmühle
Fl. 36 Flst. 9/1

Wie Nr. 3, vgl.

Hermann-Rauch-Pavillon
Fl. 37 Flst. 43/1

Der laut Plakette dem Gründer des ehemaligen Wiesbadener Residenztheaters und langjährigen Kurdirektor Dr. Hermann Rauch gewidmete Pavillon wurde 1935 seitlich der südlichen Weiherspitze, der Parkstraße benachbart, errichtet. Vor einer festgemauerten Rückwand tragen 4 Pfeiler und eine tuskische Säule das auf pergolaartigen Unterzügen ruhende Flachdach. Pfeiler und Säule stehen auf einer niedrigen Bruchsteinmauer, die auch den Zugang rahmt. Der Pavillon ist Kulturdenkmal aus stadtgeschichtlichen Gründen.

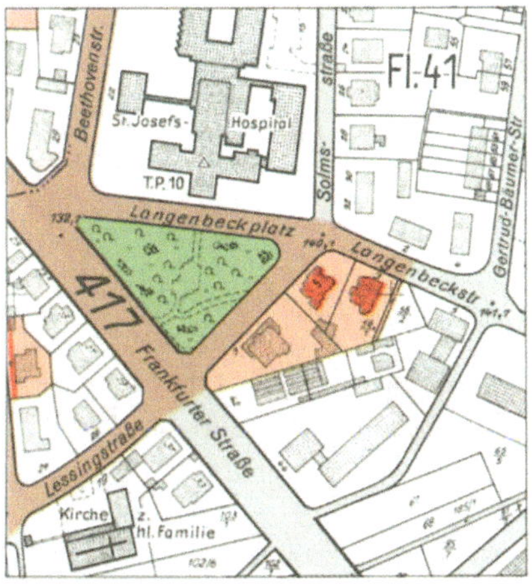

Langenbeckplatz

Nach dem Bau des St. Joseph-Hospitals 1889–91 angelegt und rechtsseitig mit Villen bebaut. Benannt nach dem 1887 in Wiesbaden verstorbenen Gerneralarzt Kaiser Wilhelms I., Wirkl. Geh.-Rat Dr. von Langenbeck.

Langenbeckstraße

S. Langenbeckplatz

Langenbeckplatz 5
Fl. 41 Flst. 921/56

Bauantrag: 16. 4. 1912
Antragsteller: Georg Flächer, Rentner
Architekt: Wilhelm Lücke

Qualitätvoller Villenbau der letzten Historismusphase. Deutlich ist die Tendenz zur Vereinfachung der Form bei nur wenigen ornamentalen Details, letztere im Zopfstil in Steinguß als Lünettenmotive der rundbogig gefaßten Rechteckfenster im EG. Der kubische Baukörper ist durch Vor- und Rücksprünge sowie die Anfügung zweier ausluchtartiger Vorbauten asymmetrisch aufgelockert. Das hohe Ziegelwalmdach wirkt durch ein Zwerchhaus und Gaupen mit Zwerchhauscharakter pittoresk. Der relativ strengen Gliederung mit Betonung der Vertikalen entspricht die nur senkrechte Versprossung der Fensteroberlichter. Aus schlichten senkrechten Gitterstäben zwischen pyramidal gestuften Pfosten besteht auch die Einfriedung. Ein Gartenpavillon in Holzkonstruktion steht – der Tradition der Berliner „Neugierden“ folgend – direkt am Straßenrand. Kulturdenkmal aus künstlerischen Gründen.

Langenbeckstr. 3
Fl. 41 Flst. 922/56

Bauantrag: 30. 11. 1908
Antragsteller: Georg Flächer, Rentner
Architekt: Wilhelm Lücke

Villenkubus im Louis-Seize-Stil mit hohem Mansarddach mit Zwerchhäusern nach 3 Seiten. Zwischen repräsentativer Eingangs- und Straßenseite vermittelt das flach gewölbte Erker-Eck-Motiv im EG. Einen weiteren Akzent setzt der rechteckige Vorbau der linken Fensterachse mit Balkon im 1. OG. Unter den zahlreichen wertvollen Details sind die steinernen Blumenschalen (Muschelkalk) auf den Balkonpfosten bzw. dem vorderen Zwerchhausgiebel zu erwähnen, wie auch die vielfach geätzten Fensterscheiben oder die stilechte Versprossung der Fensteroberlichter. Trotz der Häufung von Einzelmotiven kommt es zu einem klaren, wohlproportionierten Erscheinungsbild. Innerhalb der Entwicklung der Wiesbadener Villa des Historismus stellt der Bau einen Endpunkt dar. Im Weichbild der Stadt markiert er die äußerste Grenze der Villenbebauung bis 1914. Besonders wertvoll ist die Einfriedung. In Gitter und Tor dominieren secessionistische Spiralformen, während die sich nach oben verjüngenden Steinpfosten mit Puttenmotiven in ovalen Feldern im Stil des fortgeschrittenen 18. Jahrhunderts verziert sind. Kulturdenkmal aus künstlerischen und stadtbaugeschichtlichen Gründen.

Lessingstraße

1892 zur Erweiterung des östlichen Villengebiets angelegt. Benannt nach dem deutschen Klassiker Gotthold Ephraim Lessing.

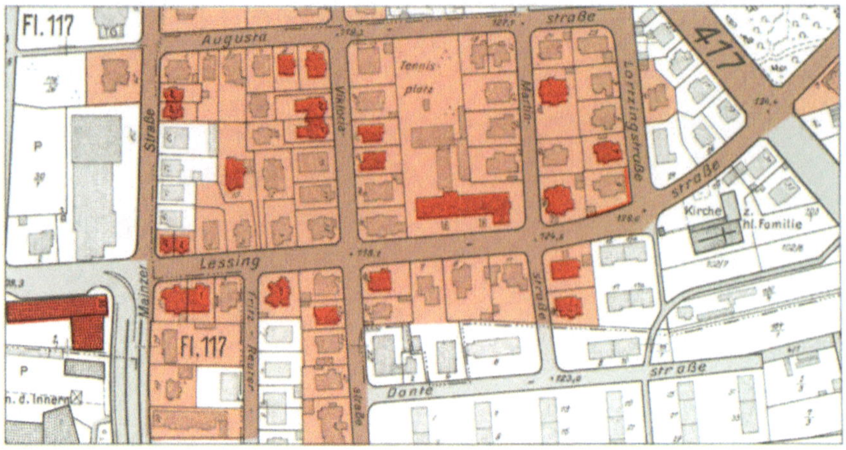

Lessingstr. 1/Mainzer Str. 60
Doppelvilla
Fl. 117 Flst. 93/38 ; 38/1

Bauantrag: 12. 10. 1895
Antragsteller: Heinrich Hartmann, Bauunternehmer
Architekt: Fritz Hartmann

Mächtige Doppelvilla mit langgestrecktem Baukörper aus 2 nahezu identischen Hälften. Die Erstreckung über 3½ Geschosse kennzeichnet die Mietetagenvilla. EG und 1. OG sind als Hauptetagen nahezu gleichwertig gebildet. Der Mittelrisalit mit barockisierendem Frontispiz gewinnt jeweils durch Verandavorbauten an Volumen. Die linke bewahrt noch die originale Glasverdachung des Balkons im 3. OG. Insgesamt kennzeichnet die wilhelminische Dekorationsarchitektur ein üppiges ornamentales Relief. In zeittypischer eklektizistischer Weise werden Renaissanceformen mit vorwiegend barocken Motiven gemischt. Der Front zur Lessingstraße an aufwendiger Gestaltung vergleichbar ist die Schmalseite zur Mainzer Straße. Wie auch die gegenüberliegende Doppelvilla Mainzer Str. 58/Lessingstr. 2 (vgl.) verzichtet der Bau auf eine prägnante Ecklösung. Am Eingang zur Lessingstraße und durch die Neuanlage des Bereichs die Grenze zum östlichen Villengebiet markierend, ist er von städtebaulicher Bedeutung. Zudem ist die Villa Kulturdenkmal aus künstlerischen Gründen.

Lessingstr. 4 / Mainzer Str. 58
Doppelvilla
Fl. 41 Flst. 560/134 ; 559/134

Bauantrag: 9. 9. 1893
Antragsteller: Frau Christian Birk, Witwe
Architekt: Karl Schultze

Nach völliger Neugestaltung des ersten Abschnitts der Lessingstraße markiert das Eckgebäude zusammen mit der gegenüberliegenden Doppelvilla Lessingstr. 2/Mainzer Str. 60 (vgl.) den Beginn ihrer historischen Bebauung. Der langgestreckte Bau wird durch ein schlichtes Walmdach bei durchgehender Traufe und Hauptgesims als Einheit erfaßt. Die Gliederung der langen Hauptseite verbindet zwei symmetrische Hälften mit jeweils mittigem Verandavorbau. Die wertvollen schmiedeeisernen Korbgitter der Balkone im 1. OG sind wie die Elemente der Dekorationsarchitektur barock empfunden.

Dazu kommen in zeittypischer Stilmischung vorwiegend Formen der Renaissance. Charakteristisch sind das starke Relief der Wandgliederung und die noch üppigere Bildung der Fensterrahmungen mit originellen Portraitköpfchen zwischen Voluten. Die Einfriedung der Lessingstr. 4 ist in Form eines einfachen Eisengitters erhalten. Kulturdenkmal aus städtebaulichen und künstlerischen Gründen.

△

Lessingstr. 5
Fl. 41 Flst. 623/142 ▷

Bauantrag: 4. 6. 1897
Antragsteller: Christian Dähne
Architekt: ders.
Inschrift: „1898“ im Frontispiz zur Lessingstraße

Das Ortsbild beherrschender Villenbau in ockerfarbenem Ziegel mit heller Sandsteingliederung. Den großvolumigen Kubus in Ecklage gliedern zu beiden Straßenseiten seitliche Risalite; den unmittelbaren Eckbezug nimmt ein turmartiger Diagonalrisalit mit barockisierendem Schieferhelm auf. Spätgotik und Renaissance bieten die stilistischen Bezüge für eine durch und durch altertümelnde Dekorationsarchitektur. Ihr Schwerpunkt liegt im überaus reich gestalteten Eckmotiv, ein weiterer Akzent in der Risalitbildung mit mächtigen Verandavorbauten. Indiz für die Spätzeit sind die oberhalb des Kämpfers versproßten Fenster. Der Jugendstil macht sich in verschiedenen vegetabilischen Ziermotiven bemerkbar. Ein Detail, das den Anspruch künstlerischer Bildung bis in die kleinste Einzelform zeigt, ist das geschmiedete Hausnummernschildchen mit gotischen Vierpässen. Als Entwurf von großer Geschlossenheit zeigt der Bau bis in seine Details (Turmhelm, Dachgaupen) einen selten guten Erhaltungszustand. Von der Originaleinfriedung ist das geschmiedete Eisengitter erhalten. Die Stelen zeigen Jugendstilformen.

Kulturdenkmal aus künstlerischen und städtebaulichen Gründen.

Lessingstr. 10
Fl. 41 Flst. 943/138

Bauantrag: 3. 8. 1899
Antragsteller: F. Eschenbrenner, Kaufmann
Architekt: Albert Wolff
Inschrift: „erbaut 1900“, über der Balkontür im 1.OG

Pittoreske Villa in ockerfarbenen Ziegeln und roter Sandsteingliederung, die mit zunehmender baulicher Verdichtung auf einem Rückgrundstück errichtet wurde. Verwinkelte Anlage und Dekorationsarchitektur vermitteln ein altdeutsches Erscheinungsbild. Die zur Lessingstraße gerichtete Seite weist vor allem im Bereich des Diagonalerkers und der üppig verzierten Fensterrahmungen vorzügliche Steinmetzarbeiten im Renaissancestil auf. Die fensterlose östliche Eingangsseite wird durch ein reliefiertes Wappenmotiv in reichem Rahmen gegliedert. Der Bau repräsentiert mit seinem retardierenden Renaissancemodus die für Wiesbaden charakteristische konservative Architekturgesinnung. Der Jugendstil macht sich nur unterschwellig, in den Portraitmedaillons oberhalb der Fenster z. B., bemerkbar.

Die im ganzen wohlerhaltene Villa ist Kulturdenkmal aus künstlerischen Gründen.

Lessingstr. 13
Fl. 41 Flst. 933/168

Bauantrag: 24. 2. 1905
Antragsteller: Krawinkel & Wiederspahn
Architekt: Theodor Wiederspahn

Eine der wenigen Villen im Viertel, die für ihre Zeit als modern zu bezeichnen ist. Unverkennbar ist der Einfluß des Darmstädter Jugendstils und der in ihn eingegangenen englischen Landhausarchitektur. Charakteristisch ist die Asymmetrie der Anlage mit der zur linken Seite tief heruntergeführten Giebellinie. Der städtebaulichen Situation an der Straßenkreuzung wird durch die turmartige Betonung der Ecke entsprochen. Neben diesem pittoresken Aspekt sucht das mächtige Mansardgiebeldach den gesamten Baukörper als Einheit zu fassen. Für die Wirkung des Entwurfs wesentlich sind die verschiedenen Baumaterialien: Schiefer im Dachbereich mit den Giebelflächen, Putz der Wände und schwere Sandstein-Bossen im Sokkel. Die glatten Putzflächen werden durch die diversen und unkonventionellen Fenstereinschnitte gegliedert. Bei aller Abkehr vom Historismus traditioneller Prägung bekunden sich in Giebelkontur, Ovalfenster und den giebelabfangenden Säulen u. a. Züge des Louis-Seize, das für die letzte Historismusphase vor dem 1. Weltkrieg kennzeichnend ist. Die ursprüngliche Einfriedung, bestehend aus einem einfachen Eisengitter auf halbhoher Mauer und Gittertor mit geometrischem Muster, ist erhalten.
Kulturdenkmal aus künstlerischen und städtebaulichen Gründen.

Lessingstr. 16–18
Verwaltungsgebäude der Didier-Werke
Fl. 41 Flst. 154/1

Erbaut: 1950–51 von Ludwig Minner

Zweiflügeliger Blockbau auf L-förmigem Grundriß. Der zur Lessingstraße parallellaufende lange Hauptflügel umfaßt bei 20 Achsen 3 Vollgeschosse und ein zurückgesetztes Obergeschoß mit flachem Walmdach. Der kürzere Seitenflügel schließt über 4 Vollgeschossen mit einem Walmdach ab. Ein archaisierender Portikus als repräsentatives Hauptportal nimmt die Mitte der langen Achsreihung ein, die durch einen breiten seitlichen Wandstreifen gleichzeitig Mitte der straßenseitigen Front ist. Durch anspruchsvolle Muschelkalkverblendung verstärkte blockhafte Schwere in Verbindung mit der strengen Axialität bei Ausbildung einer klassischen Beletage durch heruntergezogene Fenster signalisiert der Bau die faschistoide Architekturgesinnung der 30er und 40er Jahre. Motive wie die Lisenengliederung im EG, der zum Monumentalen tendierende Portikus oder die rechteckigen Profile der Fenstergewände und die Fensterteilungen verstärken den Eindruck, wobei gerade das zurückgesetzte Obergeschoß Minners Orientierung am italienischen Neoklassizismus der frühen 40er Jahre anzeigt. Auch relativiert der penthausartige Abschluß den Herrschaftsanspruch der für die Entstehungszeit voll retardierenden Architektur. Identisch mit dem Gebäude ist die Einfriedung in Form eines Mauerstreifens aus archaisierenden Bossenquadern mit Betonung der Eingänge durch aufgesetzte Kugeln.
Der repräsentative, gut gestaltete Bau sollte der Firma Didier nur vorübergehend als Verwaltungsgebäude dienen und dann mit der möglichen Nutzung als Hotel verkauft werden. Er ist Kulturdenkmal als Dokument für die Anfänge des Wiederaufbaus in der Bundesrepublik, wobei der retardierende Baustil in Wiesbaden Tradition bewahrt.

Lortzingstraße

1903 zur Erweiterung des östlichen Villengebietes angelegt. Benannt nach dem Komponisten Albert Lortzing.

Lortzingstr. 7
Fl. 41 Flst. 944/166

Bauantrag: 28. 1. 1905
Antragsteller: Krawinkel & Wiederspahn
Architekt: Theodor Wiederspahn

In der asymmetrisch gestalteten Villa mit weit vorgezogenem seitlichem Risalit verbinden sich konservative mit modernen Strömungen. Markante rote Sandsteingliederung vor hellen glatten Putzflächen vermittelt im Sinne einer werkstoffgerechten Materialwirkung den Eindruck archaischer Schwere. Hinzu kommt die Tendenz zur großzügigen übergreifenden Form und dabei zur Reduktion der Detailformen. Dennoch sind historische Assoziationen nicht vermieden (so im Erker der Front oder der seitlichen Rundbogenapsis), wodurch ein altertümlicher Eindruck entsteht. Letztlich überwiegen das malerische Gestaltungsprinzip und der Repräsentationscharakter der Fassade. Innerhalb der zum Deutschen Werkbund führenden Wege in der Architektur stellt die Villa eine für den Wiesbadener Villenbau aufschlußreiche Kompromißlösung dar.
Kulturdenkmal aus künstlerischen und baugeschichtlichen Gründen.

Lortzingstr.9
Einfriedung
Fl. 41 Flst. 945/169

Entstehungszeit: ca. 1903

Während die Villa die Erfordernisse eines Kulturdenkmals nicht in allen Teilen erfüllt, ist die Einfriedung als Sachteil Kulturdenkmal aus künstlerischen und technischen Gründen.
Über einer niedrigen Ziegelmauer mit Werksteinabdeckung verläuft ein teils aus geschmiedeten, teils aus vorfabrizierten Elementen gefügtes Eisengitter. Bei geraden Quadratstäben und gedrehten im Wechsel sind die Zwischenräume mit Kreis- und Rankenmotiven u. a. gefüllt. Die naturalistisch gebildeten Blattranken zwischen den beiden oberen Flacheisenschienen kehren am Tor wieder. Zu dessen besonders aufwendiger Gestaltung mit barockisierendem Amortissement fanden Quadrateisen (einfach und gedreht), Rundeisen (zur Bildung von Ranken und bandelwerkartigen Motiven) sowie Flacheisen (als Verstrebung) Anwendung. Sehr reich wirkt der Dekor durch die geschmiedeten Rosetten oder spiralförmig gedrehten oder mit Knospen versehenen Rankenenden. Das zweiflügelige Tor ist in Sandsteinpfosten verankert. Mit quadratischer Manschette und Haubenabschluß wird ein in den 90er Jahren verbreiteter Typus paraphrasiert. Modern im Anklang an den geometrischen Jugendstil sind die Kannelüren auf ihrer Vorderseite.

Mainzer Straße

Ca. 1850 aus dem seit dem 16. Jahrhundert bestehenden Mühlweg (seit ca. 1830 Kassler Weg) zunächst als Mainzer Landstraße hervorgegangen. 1842 erste Landhausbebauung.

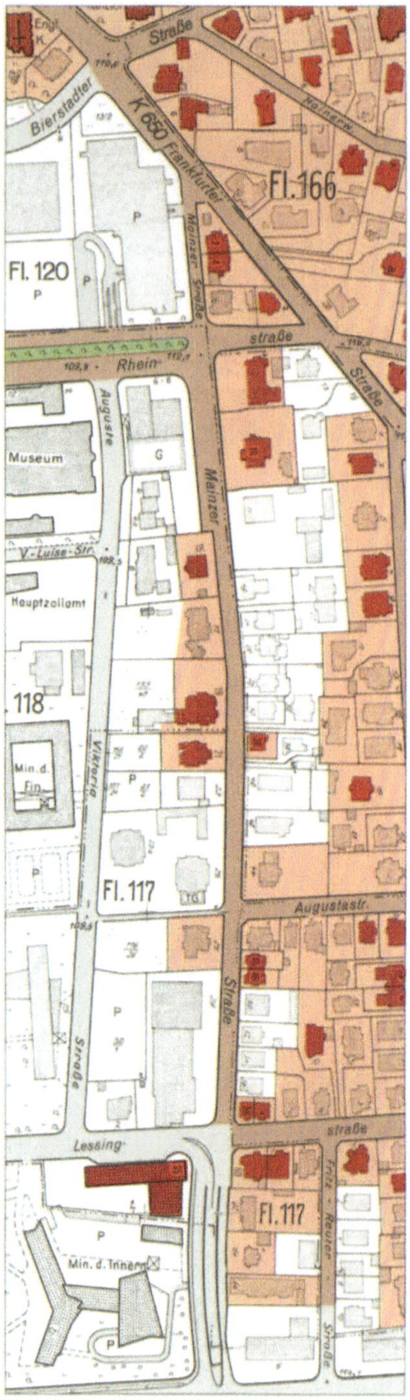

Mainzer Str. 2/4

Doppelvilla

Fl. 120 Flst. 198/36 ; 37

Erbaut: 1869/70

Umbau: 1887 Antrag auf „4 stehende Dachfenster" durch den Königlichen Kammerherrn Baron von Lüttwitz

Inschrift: „Villa Sana" im Portikus

Wohlproportionierte spätklassizistische Doppelvilla in exponierter Ecklage bei spitzwinklig zulaufendem Grundstück. Bereichsprägend erscheint in der Blickachse der Frankfurter Straße die schmale Front mit risalitartigem Verandavorbau mit repräsentativem Belvedere im 1. OG. Der Entwurf steht in der Tradition der Schinkel-Schule (vgl. Persius, Villa Tieck, Potsdam-Sanssouci, 1845; Lucae, Villa Heckmann, Berlin, um 1862). Mit leichter Asymmetrie ist die Eingangsseite gebildet, in der Nr. 4 mit kleiner Loggia im 1. OG. Besonders qualitätvoll ist die den Proportionen des Gebäudes sowie der feinen Spundierung der Wandflächen entsprechend zierliche Ornamentik, vor allem auch in den Rahmungen der noch originalen Haustüren. Ein Fragment der ursprünglichen schlichten Einfriedung ist im Eingangsbereich erhalten. In Zusammensicht mit den benachbarten Gebäuden bildet die souverän und heiter erscheinende Villa den Angelpunkt eines durch den alten Baumbestand atmosphärisch verdichteten historischen Ensembles.

Kulturdenkmal aus künstlerischen und städtebaulichen Gründen.

Mainzer Str. 8
Fl. 164 Flst. 3

Erbaut: 1842/43 durch Jahn
Umbau: 1879 Antrag auf Umbau für den Rentner Eduard Freiherr von Bromme durch den Architekten Euler, 1897 Erhöhung der Seitenflügel, 1908 Anbau eines Wintergartens durch Christian Dähne, 1922 bauliche Veränderungen durch A. H. Hess, Regierungsbaumeister

Nach Spielmann/Krake handelt es sich um eine der 6 Villen, die der Architekt und Bauunternehmer Jahn 1842/43 an der Mainzer Straße (ehemals Mühlweg) errichten ließ. Trotz mehrfacher baulicher Veränderungen bestimmt der biedermeierlich klassizistische Kernbau zu 5 Achsen mit Mittelrisalit bis heute das Erscheinungsbild. Kennzeichnend für die Ästhetik sind die klaren, schlichten Formen mit von Rundbogenfenstern und feinen Gesimsen gegliederten Wandflächen. Zur Villa gehört ein baulich verändertes, ebenfalls mit Rundbogenfenstern versehenes Kutscherhaus. Die mehrfachen, formal gut angepaßten Veränderungen sind Dokument zunehmender Unwirtschaftlichkeit der großen Einfamilienvilla und des Wandels zur Nutzung als Mietshaus im Grünen.
Als eines der frühen Landhäuser ist der Bau Kulturdenkmal aus stadtbaugeschichtlichen Gründen. Ebenso ist er durch die Lage des Bauplatzes im Knie der unteren Rheinstraße von bereichsprägender Wirkung.

Mainzer Str. 10
Fl. 164 Flst. 4

Bauantrag: 19. 8. 1913
Antragsteller: Paul Seifert
Architekt: Ludwig von Heemskerck

Laut Bauantrag erfolgte der „Neubau eines Landhauses“ als Überformung eines kleineren spätklassizistischen Vorgängerbaus (ca. 1860). Der elegante wie strenge neoklassizistische Entwurf ist konsequent im neuen Stil durchgeführt. Die symmetrisch angelegte Fassade besticht durch ihre klaren, regelmäßigen Formen. Besonders schön ist die halbkreisförmige Exedra als Wintergarten bei harmonischer Proportion zu Risalit und Segmentbogen des Risalitgiebels über einer Attika. Eklatant ist der weitgehende Verzicht auf das Ornament. Dagegen leicht verspielt wirkt die Haustür mit Schnitzereien nach Louis-Seize-Motiven. Zur Villa gehört ein stilistisch entsprechendes Kutscherhaus. Die Einfriedung mit einfachem Eisengitter (im Gegensatz zum Balkongitter im 1. OG ohne die secessionistischen Spiralformen) ist gut erhalten.
Kulturdenkmal aus künstlerischen Gründen.

Mainzer Str. 15
Fl. 118 Flst. 45/1

Erbaut: gegen 1845 für Regierungsrat Trapp, vermutlich von Jahn, Architekt und Bauunternehmer

Bei dem schlichten Kubus handelt es sich um eines der ersten Landhäuser im Osten der Stadt und entlang der Mainzer Straße, damals noch Mühlweg. Mit seiner Hauptseite ist der 5achsige Bau zu 2 Geschossen mit Mezzanin zum Garten und damit zu Tal und Stadt orientiert. Eine 2geschossige gußeiserne Verandakonstruktion vor flachem Mittelrisalit sorgt für die notwendigen Freisitze. In seiner spröden Klarheit steht der Typus für den schlichten nassauischen Klassizismus, wie er in Wiesbaden heimisch war.
Leider fehlen die den ländlichen Charakter unterstreichenden Fensterläden, die gleichzeitig Schmuckform bedeuten. Im Inneren beeindruckt eine schöne Holztreppe mit Gußeisengeländer, das als seltenes Motiv Portraitköpfchen an den einzelnen Traillen aufweist. Die einfache Einfriedung mit gebogten Spießgitterabschnitten steht in vollem Einklang zu der in ihrem sparsamen Umgang mit dem Ornament reizvollen Architektur.
Kulturdenkmal aus künstlerischen und stadtbaugeschichtlichen Gründen.

Mainzer Str. 19
Fl. 118 Flst. 80/48

Bauantrag: 3. 7. 1897
Antragsteller: G. Dieterich, Düsseldorf
Architekt: Kayser & v. Groszheim, Berlin
Inschrift: „A. dom. 1898“ über der Eingangstür; „compesce mentem MCMLXXIX. I. A. Schroth“ im rechten Risalit der Gartenseite

Großartige pittoreske Villa im englischen Landhausstil, wie er in den 90er Jahren in Deutschland Verbreitung fand. Der vielfach verschachtelte Bau wirkt besonders beeindruckend durch das außerordentlich divers gebildete Dachgeschoß mit den unterschiedlichsten, Ländlichkeit evozierenden Giebelformen in Fachwerk. Herrenhausmäßig repräsentativ sind dagegen die beiden Hauptgeschosse, ganz in Werkstein (Flächen Tuffstein, Glieder Sandstein) mit z. T. kunstvoll skulptierten Steinen ausgeführt. Malerisch ist der farbige Zusammenklang von grautonigem Stein, Fachwerk und dem roten Ziegelbelag der Verdachung. Seitlich zum Garten weist der auf Allseitigkeit angelegte Bau einen der Villenarchitektur quasi unerläßlichen Verandavorbau auf. Die für das äußere Bild charakteristischen Formen der englischen Spätgotik (Tudorstil) sind auch in der Innenausstattung vorherrschend. Die aufwendigst gestalteten Räume sind meist eichenvertäfelt mit Decken in Holz oder feinem Stuck, dazu besonders schöne Kamine bzw. Öfen in Kalksandstein, Marmor oder Majolika. Das schwere geschmiedete Gitter der Einfriedung mit mächtigem Tor ist der Architektur adäquat.
Die sehr gut erhaltene Villa ist Kulturdenkmal aus künstlerischen Gründen und auch als Schöpfung eines der großen Berliner Architekturbüros der Zeit. Denkmalwert ist sie auch wegen der handwerklichen Qualität der Steinmetz- und Zimmermannsarbeiten. Lit.: Berliner Architekturwelt 2. 1900, S. 52.

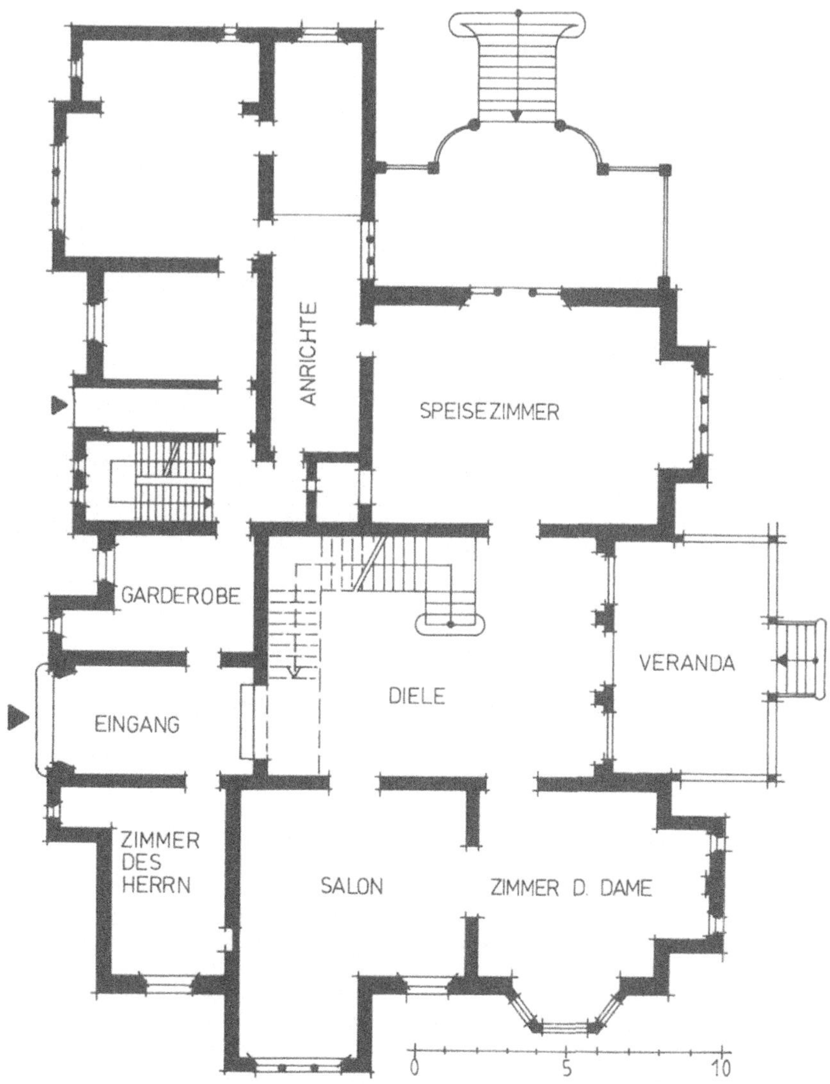
ANRICHTE
SPEISEZIMMER
GARDEROBE
VERANDA
DIELE
EINGANG
ZIMMER
DES
HERRN
SALON
ZIMMER D. DAME
0
5
10

Mainzer Str. 21
Fl. 118 Flst. 20/1

Bauantrag: 14. 2. 1885
Antragsteller: Werner Hauptmann
Architekt: Alfred Schellenberg

An der durch die Pariser École des Beaux-Arts vertretenen französischen Neorenaissance orientierten Villa charakteristisch ist das gradlinig konstruierte Mansarddach mit reich ornamentierter Rahmung der Fenster. Die in Form eines Pyramidenstumpfes überhöhte Mitte akzentuiert mit entsprechend aufwendigem Fenster die mittleren Achsen der Front. Der klassischen Ordnung folgen die Säulen der Veranda und Wandgliederung am Freisitz im 1. OG. Zu den wohlerhaltenen Details am Bau gehören die profilierten Fensterkreuze. Das Treppenhaus mit schönem Gußeisengeländer bewahrt die originale Linkrusta-Wandverkleidung im Régencestil. Der Eingang ist mit einem Glasdach auf dekorativen geschmiedeten Stützen versehen.
Die in die Grundstückstiefe orientierte Villa ist Kulturdenkmal aus künstlerischen Gründen.

Mainzer Str. 35
Altes Finanzamt
Fl. 117 Flst. 34/3

Erbaut: 1952–1954 vom Staatsbauamt Wiesbaden unter Leitung von Aldolph Möreke und Reinhold Hoffmann

Der schlanke, langgestreckte Skelettbau mit Flachdach beeindruckt durch Leichtigkeit und Klarheit der Formgebung, beides Ausdruck der Möglichkeiten des Stahlbetonbaus und kennzeichnend für die erste Wiederaufbauphase der frühen 50er Jahre. Beeindruckend ist die 5achsige gläserne Schmalseite zur Mainzer Straße mit vollem Einblick in das Haupttreppenhaus mit weiter, freitragender Wendeltreppe bei ebenso leicht und elegant wirkenden Podesten. Die zur Lessingstraße parallelen Langseiten umfassen bei einer Höhe von 5 Geschossen 26 Fensterachsen. Im Bereich des Treppenhauses ist die Front mit bruchrauhem westfälischem Schiefer mit hellgrünen Klinkerstreifen verkleidet. Dem weiten, verglasten Eingangsausschnitt ist ein ansteigendes Vordach auf schrägen Stützen vorgestellt. Auf der Gegenseite schließt ein leicht konzipierter eingeschossiger Anbau zu 6 weiten Achsen als ehemalige Kassenhalle an.
Die jeweils äußere obere Ecke der Langseiten ziert die Darstellung des „Vogel Phönix" von Martin Freyer, ein für die 50er Jahre charakteristisches stark abstrahierendes Motiv aus weißem Stahlrohrgestänge mit Rundstahlornamenten und bunten Dreiecken aus Kunststoff. Die geschlossene Westfassade ist nur im obersten Geschoß im Bereich des Sitzungssaales verglast. Zu den sorgfältig ausgesuchten Details innen wie außen gehören u. a. die Mosaiksäulen im Kassenraum, davon eine mit würfelförmiger Uhr, die an den Säulen im Haupttreppenhaus an einem Ring angebrachten Beleuchtungskörper im asymmetrischen Stil der Zeit oder beziehungsvoll die Griffe an der rahmenlosen Glastür des Eingangs in Form von Markstücken. Die für die 50er Jahre unverzichtbare Kunst am Bau dokumentiert in der Eingangshalle ein aus Stahlrohr graphisch-abstrahierend gestaltetes Motiv mit dem hessischen Löwen Das die Architektur der ersten Hälfte der 50er Jahre beispielhaft repräsentierende Gebäude wurde vom Land Hessen nach seiner Entstehung als vorbildlich ausgezeichnet. Es ist Kulturdenkmal aus künstlerischen und städtebaulichen Gründen. Am Rande des östlichen Villengebiets gelegen, ist es von guter städtebaulicher Wirkung an der Straßenkreuzung, ohne – dank seiner Leichtigkeit – Maßstäbe grob zu verletzen. Der Bau gab den Auftakt zur von Verwaltungsbauten bestimmten Bebauung von Gustav-Stresemann-Ring und Friedrich-Ebert-Allee, welcher er im Stadtbild zuzuordnen ist.

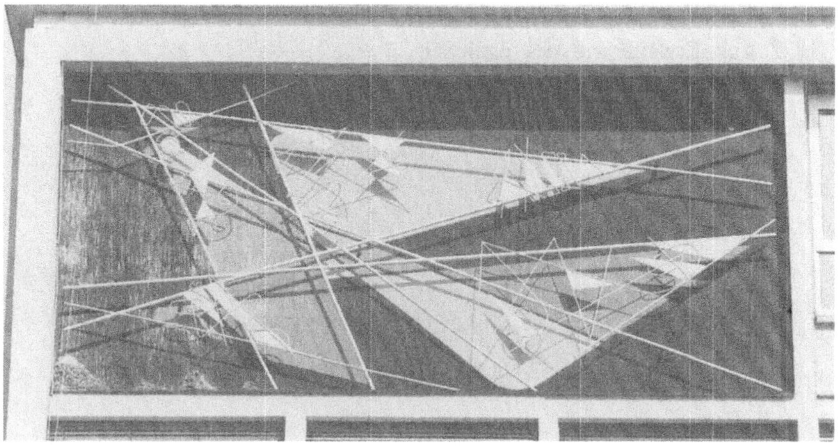

Mainzer Str. 36
Fl. 164 Flst. 30

Erbaut: um 1860

Spätklassizistischer Villenkubus zu 4 Achsen, der als einer der frühen Bauten der Mainzer Straße noch ganz den schlichten nassauischen Klassizismus repräsentiert. In der Front wird die Akzentuierung der beiden Mittelachsen lediglich durch einen großen Balkon und die größere Dachgaupe vorgenommen. Ebenso wie auf der nach Westen orientierten Straßenseite sind die Fenster auch auf den Seiten in beiden Geschossen mit der gleichen einfachen Rahmung versehen. Kaum merklich ist der Ansatz zu vermehrter Plastizität im Sinne eines moderneren, auf malerische Werte gerichteten Geschmacks. Obwohl die Villa mit ihrem

typischen Flachdach in ihrer Authentizität mehrfach gestört ist (Klappläden fehlen, störender eloxierter Verandaanbau im Süden u. a.), bleibt sie ein bedeutendes Dokument des noch nassauischen Villenbaus in Wiesbaden, wie er ehemals das Gesicht der Straße prägte. Kulturdenkmal aus stadtbaugeschichtlichen Gründen und wegen der künstlerischen Aussage.

Mainzer Str. 46/48
Doppelvilla
Fl. 41 Flst. 966/134; 316/134

Bauantrag: 4. 9. 1886
Antragsteller: Frau Christian Birk, Witwe
Architekt: A.von der Heydt

Individueller Entwurf einer Doppelvilla in der Mischung von Renaissancestil und alpenländischer Bauweise. Im seitlichen Risalit bildet der weit vorgezogene hölzerne Giebel ein auf Stützen ruhendes repräsentatives Bogenmotiv. Die Bogenfelder sind mit Puttenmotiven in der Art der italienischen Renaissance bemalt, wobei es sich um allegorische Darstellungen von Sommer und Winter handeln könnte. Insgesamt beeindrucken die pittoreske Materialvielfalt und der Detailreichtum in qualitätvoller handwerklicher Ausführung. Die beiden spiegelbildlich aufeinander bezogenen Haushälften sind von unterschiedlichem Erhaltungszustand. Die originale einfache Einfriedung ist erhalten.
Auch als Unikat im Wiesbadener Villenbau ist der Bau Kulturdenkmal aus künstlerischen Gründen.

Mainzer Str. 58/Lessingstr. 4
Doppelvilla
Fl. 41 Flst. 559/134; 560/134

S. Lessingstr. 4

Mainzer Str. 60 / Lessingstr. 1
Doppelvilla
Fl. 117 Flst. 38/1; 93/38

S. Lessingstr. 1

Martinstraße

1872 zur Erweiterung des östlichen Villengebiets im ersten Abschnitt eröffnet. Benannt nach Bauunternehmer Martin.

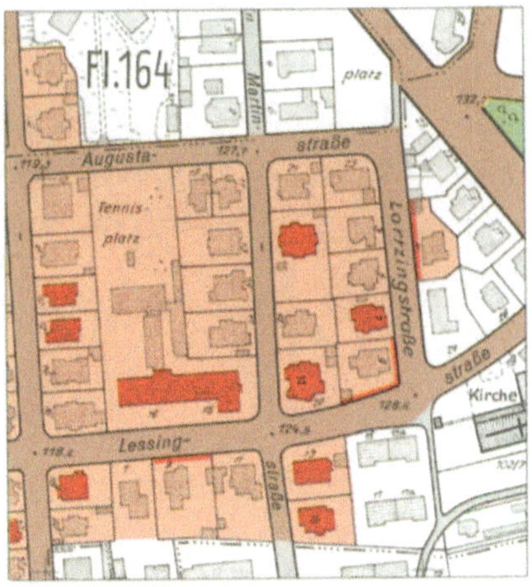

Martinstr. 10
Fl. 41 Flst. 949/165

Bauantrag: 8. 6. 1901
Antragsteller: C. Römer
Architekt: Hermann Reichwein

Nach klassizistischem Modus entworfene Villa, die Fassade symmetrisch mit zwerchhausartig überhöhtem Mittelrisalit. Der Risalitgiebel auf weit vorkragenden Holzkonsolen vermittelt ländliche Vorstellungen. Der barockisierende Balkon mit kunstvoll in Rankenformen geschmiedetem Gitter ist ebenso Ausdruck eklektizistischer Formadaption wie der renaissancistische Dekor im Bereich der seitlichen Fensterachsen. Die beliebige Stilmischung kennzeichnet die historistische Spätphase. Die üppig skulptierten hellockerfarbenen Sandsteinelemente bewirken zusammen mit der polychromen Ziegelverblendung, Schmiedeeisenteilen und Holz einen malerischen Gesamteindruck, trotz schlichter, regelmäßiger Anlage des Baukörpers. Nur im Detail und auch hier eher unfreiwillig ist der Jugendstil in die Gestaltung eingegangen. Zur Villa gehört eine schwere schmiedeeiserne Einfriedung mit aufwendigen Stützgliedern.
Kulturdenkmal aus künstlerischen Gründen.

Martinstr. 14
Fl. 41 Flst. 924/164

Bauantrag: 20. 6. 1901
Antragsteller: F. Stamm, Maurermeister
Architekt: Alfred Schellenberg

Mächtige, in Ziegel und Sandstein üppig malerisch konzipierte Villa in prominenter Ecklage, der durch diagonale Erschließung des Erscheinungsbildes entsprochen wird. Angelpunkt des Entwurfs ist der polygonale Diagonalturm, der mit seinem runden Balkon im 1. OG zu den beiden straßenparallelen Ansichten mit je einem seitlichen Risalit überleitet. Der aufwendig gestaltete Risalit der Lessingstraße verbindet mit dem im ganzen mehr der Neorenaissance verpflichteten Entwurf den Pomp des

wilhelminischen Neobarock. Verwirrend ist der Dekorreichtum, der nach dem Prinzip der Überfülle einem die Dekoration über alles stellenden Zeitgeschmack entspricht. Der gute Erhaltungszustand der Villa zeigt sich nicht zuletzt in Einzelheiten wie den Dachgaupen. Auch die Einfriedung mit schwerem geschmiedetem Eisengitter und Toren zu beiden Straßen ist erhalten.
Kulturdenkmal aus künstlerischen und städtebaulichen Gründen, wobei ein helmbekrönter Erkerturm auch zur Bergseite der Lessingstraße einen straßenräumlichen Bezug schafft.

Martinstr. 16
Fl. 41 Flst. 965/168

Bauantrag: 9. 1. 1905
Antragsteller: Krawinkel & Wiederspahn
Architekt: Theodor Wiederspahn

Dem ebenfalls von Wiederspahn erbauten Nachbarhaus Lessingstr. 13 (vgl.) vergleichbare, vom Darmstädter Jugendstil beeinflußte Villa. Dabei ist der Entwurf auch im Dachbereich stärker pittoresk verschachtelt. Auch hier sind die unterschiedlichen Fenstereinschnitte nicht von der Stilisierung der Fassade abhängig, sondern folgen den innenräumlichen Bedingungen. Als tiefe Loggia in den Baukörper integriert ist der Aufgang zum über hohem Sockkel gelegenen Eingang. Die mit schwerer Rustika archaisierende Bogenstellung setzt die Steinqualität anstelle historischer Pathosformen. Dabei bleibt die Wirkung gerade in Verbindung mit den gebündelten Säulen der darüberliegenden Loggia nicht ohne Assoziation an Frühmittelalterliches. In einem gewissen Gegensatz dazu steht das schöne secessionistische Bogengitter mit Blumenkorb. Ganz durch die Secession beeinflußt ist auch das individuelle Einfriedungsgitter. Auch als einer der wenigen moderneren Bauten im Viertel ist die guterhaltene Villa mit ihrem ländlichen Habitus Kulturdenkmal aus künstlerischen Gründen.

Parkstraße

1843 mit erstem Landhausbau eröffnet, aber erst seit 1864 planmäßig ausgebaut. Führt am Kurpark und an den Kuranlagen entlang.

Parkstr. 6
Fl. 123 Flst. 7/1

Erbaut: um 1845

Das auf großem Grundstück zurückgesetzt liegende Landhaus ist eines der wenigen erhaltenen Beispiele des kubisch geschlossenen Typus als späte Verkörperung eines klassizistischen Villenideals. Die bescheidene biedermeierliche Dimension ist repräsentativ für die Anfänge des Wiesbadener Villenbaus. Eine ausgesprochen heitere Note verleiht dem wohlproportionierten Gebäude der zierlich verspielte Dekor im Bereich der rechteckig gerahmten Rundbogenfenster und -türen. Von besonderem Wert und in Wiesbaden heute einmalig ist die gotisierende gußeiserne Einfriedung in der Form flammenbekrönter Spitzbogenmotive.
Kulturdenkmal aus künstlerischen und stadtbaugeschichtlichen Gründen.

Parkstr. 13
Fl. 124 Flst. 47/7

Bauantrag: 28. 10. 1889
Antragsteller: Jean Fürstchen, Architekt
Architekt: ders.

Durch eine schwere Dekorationsarchitektur von manieristischer Überfülle ganz auf Fassadenwirksamkeit angelegter Villenkubus. 3½ Geschosse über hohem Sockel und in Verbindung mit der frontispizartigen Bildung der seitlichen Dachgaupen erwecken den Eindruck vertikaler Mächtigkeit, welcher der langgestreckte Verandavorbau kaum ausgleichend entgegenwirkt. Vielmehr vergrößert er das Bauvolumen auch durch Verringerung des Abstandes zur Straße mit imposanter Herrschaftsgebärde. Das weiche Lichtspiel der vornehmlich auf gekurvten Linien beruhenden Modellierung kommt im Gegensatz zu den relativ einfach gebildeten Seiten sprechend zum Ausdruck. Im Inneren ist die Mietetagenvilla mit repräsentativem Vestibül und Treppenhaus von vergleichbar hohem Anspruch. Adäquat dazu verhält sich auch die aus schwerem

Parkstr. 13 im Jahr 1911

Eisen geschmiedete Einfriedung mit ihren bossierten und kugelbekrönten Pfosten.
Kulturdenkmal aus künstlerischen und stadtbaugeschichtlichen Gründen. Letzteres wegen der Bedeutung als Zeugnis der ehemaligen Bebauung der exklusiven Parkstraße im unteren Abschnitt.

Parkstr. 14
Fl. 124 Flst. 8/1

Erbaut: ca. 1872

Besonders elegante und schöne spätklassizistische Villa als klar begrenzter Kubus mit flachem Dach. Zur Straße und zum Kurpark ist die symmetrische 4achsige Front mit Mittelrisalit und tiefem Verandavorbau ausgerichtet. Die auffallend schlanke Form der Brüstungsbaluster vermeidet noch die allzu körperhaft plastische Dimension. Als mehr graphisches Element entspricht ihr die Bildung weiterer vor die Fassade tretender Motive wie der Fensterverdachung mit Konsolen im 1. OG u. a. Äußerst differenziert gebildet ist die Ornamentik im Bereich des Kranzgesimses sowie im Attikageschoß des Risalits. Noch ohne großen repräsentativen Anspruch liegt der Eingang des allseitig durchgestalteten Baukörpers in der Mitte des EG auf der Rückseite. Die Einfriedung ist als Balusterbrüstung ausgeführt.
Kulturdenkmal aus künstlerischen und in Korrespondenz mit dem Kurpark aus städtebaulichen Gründen.

Parkstr. 16
Fl. 136 Flst. 5

S. Bodenstedtstr. 2

Parkstr. 18
Fl. 125 Flst. 33/2

Erbaut: um 1860

Einziger noch erhaltener neogotischer Villenbau des romantischen Historismus in Wiesbaden. Die spätklassizistische Grundhaltung bei klarer kubischer Kernform mit Mittelrisalitbildung auf allen vier Seiten wird vor allem in der zu Garten und Park orientierten Hauptansicht mit flankierenden Erkertürmchen im Sinne romantischer „picturesque variety“ umgedeutet. Bemerkenswert ist die in roten Sandsteinkonturen vorgetragene Feingliedrigkeit des Entwurfs. Staffagebauten im englischen Landschaftspark vergleichbar, ist die von Baumriesen umgebene Villa mit ihrem Garten für das Ambiente des Kurparks bedeutend. Das der Epoche wesentliche ästhetische Prinzip des „stimmungsvollen Gesamteindrucks“ ist hier beispielhaft zur Anschauung gebracht. Die heutige unmittelbare Angrenzung an das Trottoir beruht auf späterer Verbreitung der Parkstraße. Der noch erhaltene Abschnitt der Einfriedung, ein geschmiedetes Gitter mit üppigen Pflanzenmotiven (Eichenlaub, Sonnenblumen) ist, wie auch die Balkongitter, um 1900 entstanden.
Der anmutig souveräne Bau ist Kulturdenkmal aus künstlerischen und städtebaulichen Gründen.

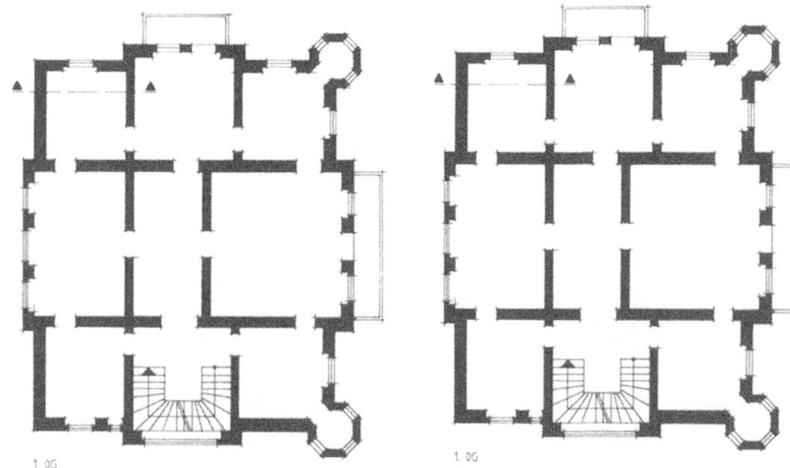

Parkstr. 20/22
Doppelvilla
Fl. 125 Flst. 40/2; 2/5

Bauantrag: 13. 8. 1897
Antragsteller: Karl Schramm
Architekt: Bruno Rüdiger

Eine der in den 90er Jahren beliebten kleineren Doppelvillen im wilhelminischen Stil. Beherrschendes Motiv der beiden spiegelbildlich aneinandergefügten Haushälften ist der barockisierend überkuppelte Mittelrisalit. Einen ebenso starken wie charakteristischen Akzent setzen die unterschiedlich gebildeten Balkone vor dreiteiligem Fenster und Fenstertür. Von großer kunsthandwerklicher Qualität ist das im Régence-Stil gestaltete Flach- und Rundeisengitter an den Balkonen des 1. OG. Diversität der Einzelform wie die Verteilung der Baumassen vermitteln den Eindruck rhythmischer Bewegtheit. Verschleifend leitet ein Altan von der Südseite über zur parkseitigen Fassade. Die Süd- und Eingangsseite mit deutlich ablesbarem Verlauf des Treppenhauses überrascht durch ihre Tiefe bei eher intimen Dimensionen der straßenseitigen Ansicht. Die hohe Ausnutzung des Bauplatzes ist für die 90er Jahre bereits die Regel. Die historische Einfriedung mit den häufig bei Putzbauten auftretenden Ziegelpfosten wurde unter Verwendung originaler Teile erneuert. Kulturdenkmal aus künstlerischen Gründen und wegen der Bedeutung für das Parkkonzept auch mit städtebaulicher Begründung.

△

Parkstr. 23
Fl. 136 Flst. 1

Bauantrag: 14. 3. 1878
Antragsteller: August Schramm
Architekt:

Große kubische Villa von klarer, wohlproportionierter Formgebung im Stil der Beaux-Arts-Renaissance. Die ausdrucksvolle Rustizierung der Kanten verstärkt den Eindruck kubischer Geschlossenheit und vermittelt zusammen mit den Fensterrahmungen und der Mittelrisalit- und Altangliederung einen plastisch-räumlichen Eindruck. Die barocke Bewegtheit des kunstvollen Verandagitters im 1. OG dürfte auf einer späteren Veränderung (um 1890) beruhen, wie auch die Öffnung des Wintergartens im EG des halbkreisförmigen Altans mit einfachem Stabgitter (um 1910). Auf ansteigendem Gelände liegt die Villa hoch über der Straße, zu der sie durch die Erschließung von der Hans-Sachs-Straße zusätzlich Distanz durch weites Zurücksetzen in den Garten gewinnt. Von dieser Position aus setzt der von wertvollen alten Bäumen gerahmte Bau – nicht ohne eine gewisse herrschaftliche Gebärde – einen starken städtebaulichen Akzent. In Teilen ist die ursprüngliche Gartenanlage über der hohen Stützmauer der um 1890 erneuerten Einfriedung erhalten. Hinter dem Haus befindet sich ein besonders großes, vermutlich um 1890 umgebautes Kutscherhaus in ländlicher Ziegel-Holz-Bauweise.
Kulturdenkmal aus künstlerischen und städtebaulichen Gründen.

Parkstr. 24
Fl. 38 Flst. 11/1

Erbaut: um 1870
Umbau: Antrag auf bauliche Veränderungen 1909

In Proportion und Ausmaßen in der lokalen Tradition der 60er Jahre stehender Villenkubus zu je 3 Achsen. Der flächenhafte Charakter der Wände wird durch plastische, verschattende Gesimse und entsprechende Fensterrahmungen mit renaissancistischen Dekormotiven tendenziell ins Malerische umgedeutet. In diesem Sinne ist auf der Parkseite ein repräsentativer Vorbau über 2 Geschosse angefügt. Über halbkreisförmigem Grundriß in der Art einer Exedra vermittelt er im Zusammenhang mit der Würfelform des Baukörpers den Eindruck palladianischer Klarheit. Das gestalterische Prinzip mathematischer Gesetzmäßigkeit führt zu einem ästhetisch befriedigenden Gesamteindruck. Die spezifische Qualität der spätklassizistischen Villa kommt im Gegensatz zu dem äußerst pittoresken Gebäude Nr. 26 (vgl.) um so wirksamer zur Entfaltung. Als Teil der malerischen Villenkulisse der Parkanlage, die auf größte Diversität angelegt ist, ist das Gebäude von hohem Reiz. Erhalten ist die das Bild vervollständigende Einfriedung: ein Gitter aus Rundstäben mit gußeisernen Palmettenspitzen, Sandsteinpfosten und Tore.
Kulturdenkmal aus künstlerischen und städtebaulichen Gründen.

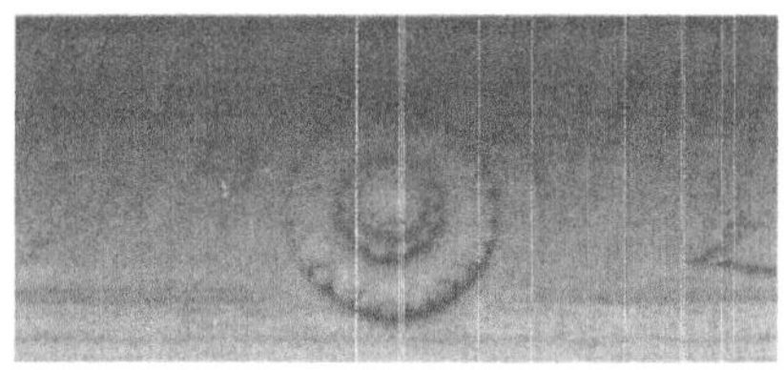

Parkstr. 26

Fl. 38 Flst. 395/9

Bauantrag: 24. 7. 1882
Antragsteller: L. Schuster, Generalagent
Architekt: Ludwig Euler
Inschrift: „Concordia" in einer Kartusche über der Fenstertür des 1. OG

Durch französische Vorbilder inspirierte prächtige Neorenaissance-Villa. Von herrschaftlichem Habitus ist die Risalitbildung zur Straße und zum Park mit mächtigem Verandavorbau. Imposant und pittoresk erscheint im Straßenbild der helmbekrönte Turm der Südseite mit anschließendem offenem Altan in Verbindung mit der zum Eingang führenden Freitreppe. Innerhalb der üppigen Formendichte von unterschiedlichster Licht-Schattenwirkung sei auf die „manieristischen" Fensterpilaster der Straßenseite hingewiesen. Als vorzügliches Beispiel malerischer Vielschichtigkeit in der Architektur repräsentiert die Villa die durch Makart und seinen Atelierstil geprägte Epoche der Neurenaissance. Zur vollen Wirkung gelangt sie in der Zusammensicht mit dem parkartigen Garten und der sie umgebenden historischen Einfriedung. Im ganzen ein malerisches Ensemble im Rahmen der auf impressionistische Sehweise angelegten Kuranlage.
Kulturdenkmal aus städtebaulichen und künstlerischen Gründen.

Parkstr. 28

Fl. 38 Flst. 312/8

Erbaut: um 1875
1909 Antrag auf Umbau durch H. Himmels mit Eduard Didion als Architekt

Spätklassizistische Villa mit Orientierung am Beaux-Arts-Stil, die 1909/10 vor allem im Inneren modernisiert wurde. Auf der Parkseite beeindruckt der mächtige Kubus durch steiles Emporragen, bedingt durch den Geländeabfall und das daraus resultierende hohe Sockelgeschoß. Der idealen Würfelform nähert sich der Umriß auf der Straßenseite. Elegant wirkt die graphisch-klare Rustizierung der Gebäudekanten im EG sowie die im Relief feinere Spundierung des Putzes mit Keilsteinritzungen über den Fenstern. Entsprechend feingliedrig steigen die Pilaster im 1. OG auf. Die antikisierenden Kapitelle sind von ebenso differenzierter Bildung wie die Stuckzier unterhalb des Hauptgesimses u. a. Unverkennbares Element des 1909/10 erfolgten partiellen Umbaus ist der mittige Eingangsportikus mit geschweifter Verdachung. Die Einfriedung mit eisernem Ziergitter ist in Teilen ergänzt oder vereinfacht erneuert.
Kulturdenkmal aus künstlerischen Gründen und wegen der Bedeutung im Rahmen der architektonischen Hintergrundkulisse des Parks.

Parkstr. 29
Fl. 137 Flst. 3

Bauantrag: 12. 7. 1884
Antragsteller: Wilhelm Kaufmann, Architekt
Architekt: ders.
Inschrift: „Saint Cyr" im Brüstungsfeld des Mittelfensters im 2. OG

Renaissance und Manierismus niederländischer Provenienz beeinflußten vorwiegend die Stilgebung der ockerfarbenen Ziegelvilla mit Sandsteingliederung. Ein besonders originärer Entwurf ist die symmetrisch angelegte Fassade mit 2 giebelbekrönten Trakten, die durch einen Mittelabschnitt mit pittoreskem polygonalem Vorbau miteinander verbunden werden. In der Sockelzone nimmt das Polygon den Eingang auf. Über der hohen Sockelzone entfaltet sich zunehmend ein großer ornamentaler Reichtum, namentlich im Bereich der Fensterglieder in Form skulptierter Pfosten u. a. Die in den beiden Hauptgeschossen fensterlosen Seiten werden im besonders üppig gezierten OG durch Figurennischen mit antikisierenden Statuen akzentuiert.
Mit der original erhaltenen Einfriedung (über niedriger Ziegelmauer ein Ziergitter; das zweiflügelige Tor zwischen hohen Pfosten) ist die ihren Detailreichtum wahrende Villa Kulturdenkmal aus künstlerischen Gründen.

Parkstr. 30
Fl. 38 Flst. 470/7

Bauantrag: 16. 7. 1892
Antragsteller: C. Schiemann, Kaufmann
Architekt: Ludwig Euler

Pittoreske Neorenaissancevilla in orangen und roten Ziegeln mit roter Sandsteingliederung. Die kubische Grundform des Baukörpers wird durch Risalitbildung mit hohen Frontispizen zu malerischer Bewegtheit gebracht. Hinzu kommen als weitere, den Grundriß in gewünschter Form verunklärende Motive ein Erker zur Straßenseite und ein seitlicher polygonaler Vorbau auf der Parkseite. Auf die unterschiedlichen Fensterformen mit z. T. steinerner Teilung wurde – freilich bei Einhaltung der Axialität – Wert gelegt. Neben zahlreichen dekorativen ornamentalen Details, häufig in skulptiertem Sandstein, werden die Möglichkeiten schmuckfreudigen Blendmauerwerks in zweifarbigem Ziegel vorbildlich zur Anschauung gebracht. Der Eindruck der gut erhaltenen Villa wird vervollständigt durch die Einfriedung: auf niedriger Ziegelmauer ein geschmiedetes Eisengitter, das dreiteilige Tor

zwischen hohen renaissancistischen Sandsteinpfosten.
Kulturdenkmal aus künstlerischen Gründen und wegen der Bedeutung als Teil der Hintergrundkulisse des Parks.

Parkstr. 31
Fl. 137 Flst. 4

Bauantrag: 15. 9. 1885
Antragsteller: Mary Lohn, Rentnerin
Architekt: –
Inschrift: „Villa Florence" im Balkongitter über dem Eingang zum Sockelgeschoß

Die Straßenecke überragender Villenkubus mit malerischer Ziegelverblendung in toniger Farbmischung, dazu Streifen- und Dekorlagen sowie die reiche Verwendung von Formsteinen. Zur Vielfalt des Ziegelmaterials kommt als zweiter dominierender Werkstoff Eisen in Form der Eingangsüberdachung (mit Glas) und vor allem des dekorativen Geländers am doppelgeschossigen Balkon vor dem Mittelrisalit der Parkstraßenseite. Zur Heßstraße ist ein seitlicher Wintergartenvorbau markant sowie eine Nische mit Steinvase. Das dem Geländegefälle zufolge hohe Sockelgeschoß hebt die Villa empor und verschafft ihr durch einprägsame eckige Formen, überhöht von Frontispizen über niedrigem Zeltdach, eine beherrschende Stellung an der Einmündung der Heßstraße und als Pendant zur Nachbarvilla Nr. 33 (vgl.).
Kulturdenkmal aus städtebaulichen und künstlerischen Gründen.

Parkstr. 33
Fl. 137 Flst. 11

Bauantrag: 16. 7. 1892
Antragsteller: von Göckingk, Kammerherr
Architekt: Paul A. Jacobi

Neorenaissance-Villa mit Zügen des Louis-Seize in orangefarbenen Ziegeln und heller Sandsteingliederung. In Wiesbaden selten für die späte Bauzeit ist die strenge kubische Form in Verbindung mit einem flachen Dach. Die metopenartig von Fenstern durchbrochene Balustrade des Attikageschosses bildet in ihrer ungewöhnlichen Form einen harmonischen Abschluß. Gleichzeitig findet darin, ebenso wie in der farblich abgesetzten Sandsteingliederung, das plastisch-malerische Formdenken der Zeit seinen Ausdruck. Durch Öffnung des Kubus mittels Einziehung der Nord-Westecke wird der städtebaulichen Situation an der Kreuzung in Verbindung mit der Richtungsänderung der Parkstraße Rechnung getragen. Der Eindruck wird verstärkt durch die ehemalige über Eck angelegte Einfahrt mit wertvollem barockisierendem Tor zwischen hohen Sandsteinpfosten. Relativ einfach ist dagegen das Spießgitter der Einfriedung.
Kulturdenkmal aus künstlerischen und städtebaulichen Gründen.

Parkstr. 34
Fl. 38 Flst. 7/2

Bauantrag: 19. 4. 1881
Antragsteller: Wilhelm Kaufmann, Architekt
Architekt: ders.
Inschrift: über der Eingangstür: „Dem Gaste möge die Pforte zum Ein- und Ausgang gesegnet sein."

Schlichter, an Straßen- und Parkseite durch Risalite gegliederter Villenbau. Im ganzen von spätklassizistischer Strenge, tendiert die Gestaltung durch die malerisch farbige Materialwirkung (Ziegelverblendung, Sandsteingliederung) und verschiedene skulptierte und präfabrizierte Dekorelemente zum Renaissancestil nordischer Prägung. Besonders reizvoll ist das im EG des mittigen Treppenhausrisalits liegende Portal mit gläsernem Pultdach auf schmiedeeisernen Stützen. Die oben zitierte Inschrift im Architrav des eckig gerahmten Rundbogenportals läßt auf die ursprüngliche Nutzung als Pension schließen. Die Eingangstür ist mit der Vergitterung des Oberlichtes original erhalten. Die einfache Einfriedung entspricht dem bescheidenen Anspruch des Gebäudes. In der Kette der Hintergrundsvillen der Kuranlagen ist die maßstäblich dem Ort wohlangepaßte Villa unverzichtbar.
Kulturdenkmal aus künstlerischen und städtebaulichen Gründen.

Parkstr. 35
Fl. 137 Flst. 12

Erbaut: um 1875
Umbau: 1905 bauliche Veränderungen durch A. Schellenberg

In der Tradition des Berliner Klassizismus stehende Villa, die mit seitlichem Risalit und ehemals eingeschossigem Wintergartenanbau den asymmetrischen Typ vertritt. Traditionsgemäß ist die Gliederung von besonderer Klarheit bei ausgewogener Ponderation. Die konservative Grundhaltung legte eine auffallend flache Bildung der Gliederungselemente nahe. Linear und flächenhaft ist auch die Gliederung des Attikageschosses, die durch spätere (nach 1950) Vergrößerung der Fenster beeinträchtigt ist.
Kulturdenkmal aus künstlerischen Gründen und wegen der städtebaulichen Wirkung als Teil der malerischen Architekturkulisse im Hintergrund der Kuranlagen.

Parkstr. 36/38
Doppelvilla
Fl. 38 Flst. 358/6; 357/6

Bauantrag: 28.4.1894
Antragsteller: Geschwister Zais
Architekt: Zais & Wojtowski

Im deutschen Renaissancestil errichtete Doppelvilla, malerisch in der Anlage und Wirkung der Baumaterialien (rote Ziegel mit Musterlagen, rote Sandsteingliederung, Dekorteile in Ton, Schablonenmalerei). Repräsentatives, unmittelbar auf den Straßenraum bezogenes Motiv ist der schmale Diagonalrisalit mit Balkon und Ädikularahmung der Fenstertür im 1. OG. Die gleichmäßige Reihung der Fensterachsen wird durch einen abschließenden Risalit aufgehalten. Die ebenfalls fassadenhaft behandelte Parkseite wird bei symmetrischer Konzeption durch zwei seitliche Risalite mit hohen Frontispizen unverkennbar geprägt. Die Einfriedung, ein gebogt geführtes Ziereisengitter auf niedriger Ziegelmauer, ist mit den Toren erhalten. In der relativ bescheidenen Art vertritt das Gebäude speziell als Doppelhaus bei hoher Grundstücksausnutzung den für die 90er Jahre durchschnittlichen Typ der von Bauunternehmer zum Verkauf und zur Vermietung erstellten Villen. Dem wichtigen Gestaltungsprinzip der Varietät wurde mit verhältnismäßig wenigen Mitteln entsprochen.
Kulturdenkmal aus künstlerischen Gründen und wegen der Bedeutung als Hintergrundarchitektur für den Park.

Parkstr. 37
Fl. 137 Flst. 13/1

Bauantrag: 2.8.1909
Antragsteller: Carl Prieger
Architekt: Alfred Schellenberg

Am Beaux-Arts-Stil orientierte Ziegelvilla mit für die Spätphase des Historismus auffallend reichem Dekor. Die in Sandstein skulptierte Ornamentik konzentriert sich auf die Fensterachsen. Ihre Vertikalität im Rahmen der seitlichen Risalitbildung mit barockisierend gebogtem Hauptgesims wirkt in der symmetrischen Fassade dem querrechteckigen Grundriß des Gebäudes entgegen. Auch der schwere Ovalvorbau im EG der Mittelachse fungiert als richtungsausgleichendes Element. In der formalen Dichte des Gesamtentwurfs zeigt sich das souveräne Können des Architekten. Unverwechselbare Gestalt verleiht dem Entwurf das mehrfach verkröpfte, wellenartig geschwungene Hauptgesims, ein Moment rhythmischer Bewegtheit in dem in seinen Umrissen klar begrenzten Erscheinungsbild. Von hoher Qualität sind die handwerklichen Arbeiten. Die Einfriedung zeichnet sich durch kunstvoll gestaltete steinerne Mauerabschnitte mit Ovalfenstern aus. Das Gitter ist secessionistisch einfach.
Kulturdenkmal aus künstlerischen Gründen und wegen der handwerklichen Qualität.

Parkstr. 40/42
Doppelvilla
Fl. 38 Flst. 359/5; 360/5

Bauantrag: 6. 8. 1892
Antragsteller: Geschwister Zais
Architekt: Zais & Wojtowski

Die malerisch angelegte Doppelvilla in roten Ziegeln und Sandsteinverblendung wurde alternativ zur benachbarten Doppelvilla Nr. 36/38 (vgl.) ebenfalls durch Zais & Wojtowski errichtet. Als Stirnbau der westlichen Villenreihe der Parkstraße ist die freiliegende Nordseite als Fassade gestaltet, akzentuiert durch einen repräsentativen Verandavorbau mit Freisitz im 1. OG vor gekuppelten Rundbogentüren, darüber eine zwerchhausartige Gaupe. Zur langen Straßenseite vermittelt eine einachsige Abfasung. Prominentes Motiv ist ein barock empfundener Treppenhausrisalit zur Erschließung der rechten Haushälfte. Die Nr. 40 wird auf der südlichen Schmalseite betreten. Beide Eingänge haben ihre originalen Eingangstüren und darüber die gläsernen Pultdächer auf dekorativen Schmiedeeisenträgern bewahrt. Kunstvolle Schmiedeeisengeländer in für die 90er Jahre typischen Rankenmustern in Rundeisen finden sich am ausschwingenden Balkon im 1. OG der Nr. 40. Die Einfriedung ist mit ihrem Ziergitter und den beiden doppelflügeligen Toren zwischen Ziegelpfosten erhalten. Kulturdenkmal aus künstlerischen und städtebaulichen Gründen, letzteres auch als Teil der architektonischen Hintergrundkulisse des Parks.

Parkstr. 43
Fl. 157 Flst. 16/2

Bauantrag: 27. 6. 1896
Antragsteller: C. Mertens, Architekt
Architekt: Albert Wolff
Inschrift: „Villa Elsa" am mittleren Balkonvorbau

Mächtige Mietetagenvilla mit voluminös bewegtem Habitus als Ausdruck des wilhelminischen Neobarock. Bei hoher Ausnutzung des Bauplatzes beherrscht der Baukörper die exponierte Situation am Kreuzungspunkt dreier Straßen. Die symmetrische Hauptschauseite mit leicht vorspringenden äußeren Achsen und mittlerem Verandavorbau ist zur Parkstraße ausgerichtet und ordnet sich harmonisch in die Kette der die Kuranlage hinterfangenden Architekturkulisse. Charakteristisch für das mehrschichtige Relief der Fassadengestaltung ist die kräftige Rustika. Ihrer Strenge entgegen wirkt der reiche ornamentale und figürliche Dekor. Im Inneren beeindruckt ein aufwendiges Treppenhaus mit noch originaler Linkrusta-Wandverkleidung. Die jeweils eine Etage einnehmenden Wohneinheiten haben Haupt- und Nebeneingang. Die Einfriedung mit

dekorativem Ziergitter umzieht wirkungsvoll das Eckgrundstück.
Kulturdenkmal aus künstlerischen und städtebaulichen Gründen.

Parkstr. 44
Ehemalige Kaltwasserheilanstalt Dietenmühle
Fl. 36 Flst. 32/4

Erbaut: 1889/90 für die Aktiengesellschaft Dietenmühle von Alfred Schellenberg

Das langgestreckte rote Ziegelgebäude mit üppiger Sandsteingliederung liegt auf der Innenseite der großen Kurve der Parkstraße gegenüber der Einmündung des Amselberges. Mit 5 zu 8 Achsen bei 3½ Geschossen ist es zu den benachbarten Villen relativ groß dimensioniert, ohne jedoch als Störfaktor zu mißfallen. Der pittoreske Entwurf in den auch beim Villenbau häufigen Materialien – Ziegel, Sandstein, Schiefer – paßt sich harmonisch in das Villenviertel ein; hinzu kommt die erhöhte Lage der Villen auf der gegenüberliegenden Straßenseite, die den Höhenunterschied auszugleichen scheint. Schellenberg orientierte seinen Bau mit einer 5achsigen Veranda, darüber Balkons, zum Park. In der Blickachse der Kurve erscheint die Schmalseite, ebenfalls mit Balkons und einem reizvollen Diagonalerker mit darüberliegender Loggia im 2. OG. Unmittelbar zur Straße ist die Eingangs-und Rückseite ausgerichtet, die durch Risalitbildung und kräftige Fensterprofile freilich nicht ohne Gestaltung bleibt. Stilistisch gehört der Bau ganz in die nordische Neorenaissance der 80er Jahre, besonders sprechend hier auch der parkseitige Risalit mit hohem renaissancistischem Giebel.
Das ehemalige Kurhotel (als solches verdiente der Bau besondere Beachtung im Rahmen des damaligen Hotelbaus) der 1861 gegründeten Kaltwasserheilanstalt Dietenmühle (der Mühlenbetrieb wurde 1864 eingestellt) ist Kulturdenkmal aus künstlerischen, städtebaulichen und stadtbaugeschichtlichen Gründen. Letzteres insbesondere in balneologischer Hinsicht.

Die Dietenmühle mit Restauration, um 1830

Kaltwasserheilanstalt Dietenmühle, um 1875

Parkstr. 53
Fl. 36 Flst. 4/6

Bauantrag: 14. 4. 1893
Antragsteller: Nico Ritter von Kosmitza
Architekt: Philipp Schmidt

Nach Unterbrechung durch die Aukammanlage sowie verschiedene Straßeneinmündungen ist die Villa auf spitzwinkligem Eckgrundstück Kopfbau in der weiteren Abfolge der Parkstraßenbebauung. Durch die frontale Ausrichtung der Hauptansicht und die Schaffung zweier seitlicher Fassaden wurde die durch Lage und Form des Grundstücks vorgegebene Bauaufgabe sinnvoll gelöst. Für den pittoresken Gesamteindruck der polychromen Ziegelarchitektur renaissancistischer Prägung ist der seitliche Risalit mit polygonalem 2geschossigem Vorbau neben einem weiteren eingeschossigen Vorbau charakteristisch. Im einzelnen zeichnet sich der in bewegtem Umriß gestaltete Bau durch die Vielfalt der gestalterischen Details aus. Von großem Seltenheitswert ist der in Eisen ausgeführte Wintergarten-Erker der Westseite.
Kulturdenkmal aus städtebaulichen und künstlerischen Gründen.

Parkstr. 57
Fl. 36 Flst. 4/12

Bauantrag: 27. 2. 1903
Antragsteller: Sigmund Langrod, Architekt
Architekt: ders.

Großvolumige Villa mit pittoresken architektonischen Motiven und maßvollem flächigem Dekor in einem durch die Secession purifizierten Louis-Seize-Stil. Der mächtige geputzte Kubus mit Mansarddach öffnet sich zur Straße durch Bildung eines seitlichen Risalits über dem EG. Ebenfalls in der oberen Zone artikuliert sich ein polygonaler Eckturm, der mit dem benachbarten Risalitgiebel eine wichtige städtebauliche Funktion erfüllt. Die Häufung der Motive erschließt in ihrer spezifischen Formation den Bau in der Diagonalansicht. Charakteristisch für die Bauzeit bleibt bei aller malerischen Auflockerung die im EG deutlich ablesbare Tendenz zur formalen Geschlossenheit im Rahmen einer erneut vom Klassizismus inspirierten Periode des Historismus. Nicht gleichzeitig mit der Villa ist die historische Einfriedung.
Kulturdenkmal aus künstlerischen und städtebaulichen Gründen.

Parkstr. 67
Fl. 36 Flst. 262/2

Bauantrag: 21. 2. 1905
Antragsteller: C. Junior
Architekt: Franz M. Fabry

Besonders schöne Villa im Landhausstil, hoch über der Straße auf steilem Hanggrundstück gelegen. Noch ganz unter dem Einfluß des Jugendstils steht der hohe Schweif-Knick-Giebel des seitlichen Risalits der park- und straßenseitigen Hauptansicht. Das weite Giebelfeld wird mit Verwendung verschiedener Putzqualitäten radial gegliedert, seine Mitte nimmt ein dekoratives Fenster in Bogenform ein. Während die sonst fensterlose Risalitwand auf der rechten Seite durch ein Flachrelief (Darstellung eines Sonnenaufganges) geziert wird, wird die linke Hälfte durch einen polygonalen Vorbau in beliebter pittoresker Weise verstellt. Daran schließt sich, ebenfalls mehreckig, eine hölzerne Veranda mit Freisitz im 1. OG an. Die Rückseite der Villa schließt unmittelbar an das Gebäude Amselberg 2 an, ohne daß ein Doppelhauskonzept vorliegt. Die Einfriedung mit hoher Bruchsteinstützmauer zur Parkstraße wurde bei einer jüngst erfolgten Renovierung leider ihres secessionistischen Gitters beraubt.
Kulturdenkmal aus künstlerischen Gründen.

Parkstr. 89
Fl. 36 Flst. 136/1

Bauantrag: 12. 12. 1907
Antragsteller: Carl Müller, Steinmetz
Architekt: Eduard Banatz

Elegante längsrechteckige Villa mit Giebelmansarddach als Ausdruck des zeittypischen Neoklassizismus mit Bezug auf das Louis-Seize. In der schmaleren Straßenfront bleiben die beiden tiefliegenden Fensterachsen im Rahmen der durch die Basis des oberen Giebeldreiecks vorgegebenen Breite. Die Wandstreifen daneben sind fensterlos. In der Tradition des Jugendstils steht der sie gliedernde Stuckdekor: von Zopfornamentik umrahmte weibliche Masken, davon ausgehend in Halbkugeln endende Bänder, darunter reliefierte Quadrate. Eine männliche Maske als Gegenstück dekoriert das obere Giebelfeld, wobei sich hier wie dort die Jugendstil-Tradition mit dem zeitgemäßen Louis-Seize verbindet. Beeindruckend ist der gute und komplette Erhaltungszustand der Fassade wie der Villa im ganzen, bis hin zu den Details der Fensterbildungen (Ornamentsprossen u. a.). Das secessionistische Einfriedungsgitter ist erhalten.
Kulturdenkmal aus künstlerischen Gründen.

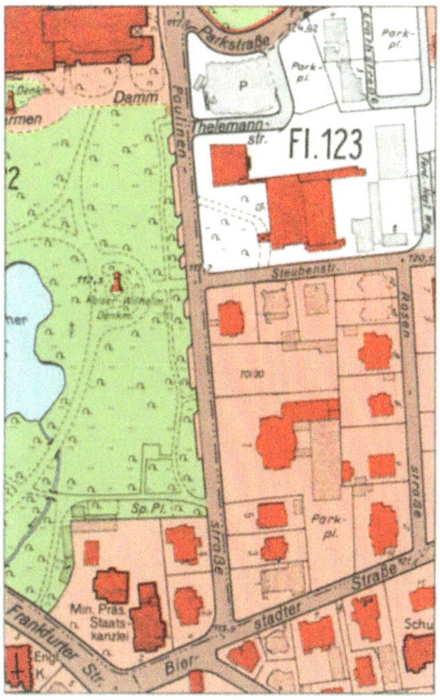

Paulinenstraße

Um 1845 eröffnet und erster Villenbau. Benannt nach Herzogin Pauline, der Frau Herzog Wilhelms von Nassau, Tochter des Prinzen Paul Karl von Württemberg.

Paulinenstr. 2
Fl. 122 Flst. 14/1

Erbaut: ca. 1875
Umbau: 1886 Anbau eines „Erkers"
1909 durch den Architekten Sigmund Langrod auf Antrag des Rentners Wolfer

Die im Kern spätklassizistische Villa in Ecklage läßt mit der zur Paulinenstraße orientierten Langseite und ehemaligen Hauptansicht ihre einstige Gestalt gut erkennen. Symmetrische Dreiteilung mit risalitartiger Betonung der Mittelachsen bildete das Grundrezept; der steinerne Verandavorbau mit tuskischen Säulen trat vermutlich an die Stelle eines gußeisernen Vorgängers. Ein zweiter altanartiger Vorbau mit schweren Stützen wurde an der nördlichen Schmalseite wohl erst 1909 angefügt. Die erneute größere Veränderung am Bau brachte die Erweiterung um eine südliche Achse, woraus die Asymmetrie der Langseite resultiert. Der Anbau galt vor allem der Schaffung einer zweiten repräsentativen Schauseite zur Bierstadter Straße. Der Entwurf Langrods paßt sich in seiner neoklassizistischen Formensprache gut der Zierlichkeit des spätklassizistischen Kernbaus an. In Anlehnung an Villen der Schinkel-Schule entstand der seitliche Trakt mit Turmgeschoß, während die archaisierende Gestaltung des Erkers die Secession voraussetzt. Besonders schön ist die Versprossung der Erkerfenster mit auf der Spitze stehenden Quadraten im Oberlicht. Die Einfriedung mit Ziegelmauer und Dekoreisengitter stammt vermutlich aus den 80er Jahren.
Kulturdenkmal aus künstlerischen und städtebaulichen Gründen.

Paulinenstr. 3
Fl. 123 Flst. 100/33

Erbaut: ca. 1878

Asymmetrisch konzipierter Villenkubus mit steilem Pyramidenstumpf-Dach im Beaux-Arts-Stil. Dem seitlichen 3achsigen Risalit ist ein gußeiserner Balkon über 2 Geschosse in gotisierten maurischen Formen vorgesetzt. Romantisch-historisierende Formen als Fensterrahmungen sind dem renaissancistischen Dekor integriert. Außergewöhnlich ist die Überhöhung des Risalits durch einen mächtigen Pyramidenstumpf und die dadurch hervorgerufene Steilheit des Baukörpers. Wie auch die folgenden Villen Nr. 5 und Nr. 7 der Paulinenstraße (vgl.) ist das Gebäude relativ weit von der Straße zurückgesetzt. Der Villengarten mit seiner ursprünglichen Einfriedung erstreckt sich vor dem Haus.
Kulturdenkmal aus künstlerischen Gründen.

Paulinenstr. 4
Fl. 122 Flst. 15/1

Bauantrag: 12. 3. 1890
Antragsteller: Julius Brahm, Architekt
Architekt: ders.

Großzügige Mietetagenvilla als breitgelagerter Baukörper mit lebhaftem plastischem Neorenaissancedekor. In der nach spätklassizistischem Muster symmetrisch angelegten Fassade dominiert der schmale Mittelrisalit mit doppelstöckigem Verandavorbau (nachträglich verglast) und zwerchhausartigem Ziergiebel. Durch besonders üppige Rahmung der Fenster ist das 1. OG als Beletage gekennzeichnet. Typisch für den Zeitgeschmack ist die organisch-plastische Qualität von tektonischer Gliederung und Dekor auch im Bereich der Balustraden. Die dazugehörige Spundierung der Wandflächen als reliefierter Dekorgrund fiel einer kürzlich erfolgten Renovierung zum Opfer. Bis auf das Tor mit den dazugehörigen Pfosten ist die ursprüngliche Einfriedung erhalten.
Kulturdenkmal aus künstlerischen Gründen und aufgrund seiner bereichsprägenden Bedeutung.

Paulinenstr. 5
Fl. 123 Flst. 107/34

Erbaut: um 1880

Besonders ausdrucksvoll gegliederte Villa im Stil der italienischen Renaissance bei asymmetrischer Konzeption. Die 3 engstehenden Fensterachsen des weit vorgezogenen seitlichen Risalits werden im EG und 1. OG als formale Einheit behandelt. Charakteristisch ist die mächtige Serliana im 1. OG, dazu als Äquivalent der zurückliegenden

breiten Achse eine Loggia mit halbkreisförmig ausschwingender Exedra. Im EG ist das starke Relief der Gliederung vor die parallel spundierten Putzflächen gesetzt, während die Wandbehandlung im 1. OG glatt bleibt. Eine Vereinfachung dürfte bei den rahmenden Pilastern und Lisenen stattgefunden haben.
Als besonders eleganter Entwurf von ausgewogenen Proportionen ist die mit ihrer Einfriedung erhaltene Villa Kulturdenkmal aus künstlerischen Gründen.

Paulinenstr. 7
Villa Söhnlein-Pabst
Fl. 123 Flst. 199/31

Bauantrag: 23. 7. 1903
Antragsteller: Söhnlein-Pabst
Architekt: Pfleghard & Häfeli, Zürich

Anstelle eines Vorgängerbaus der 50er Jahre errichtete hochherrschaftliche Villa des bekannten Sektfabrikanten, die in zeitgenössischen Fachzeitschriften als „Villenbau größten Stils" in „vornehmer Lage" gerühmt wurde. Der am „Weißen Haus" in Washington orientierte Entwurf des renommierten Schweizer Architekturbüros beruht auf dem persönlichen Wunsch der Frau des Fabrikanten, die Amerikanerin war. Im historischen Hintergrund steht das Petit Trianon im Park von Versailles. Wie beim „Weißen Haus" ist der Mittelrisalit mit der ionischen Kolossalordnung konvex geschwungen und bildet bei Betonung der zentralen Achse eine schattige Loggia. Eingeschossige Vorbauten an den Seiten und an der Rückfront dienen als Fundament für eine Reihe von terrassenartigen Freisitzen in der ersten Etage. An dem Hauptbau mit den Repräsentationsräumen (EG) und Privaträumen (1. OG) ist ein rückwärtiger

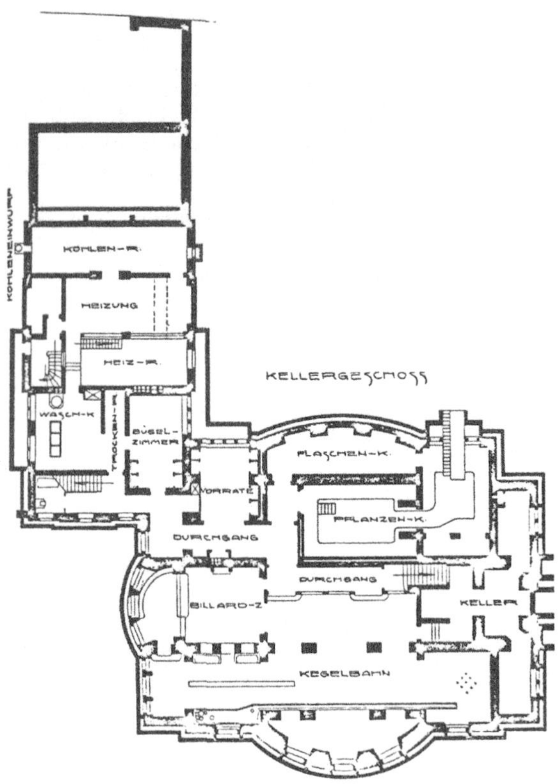

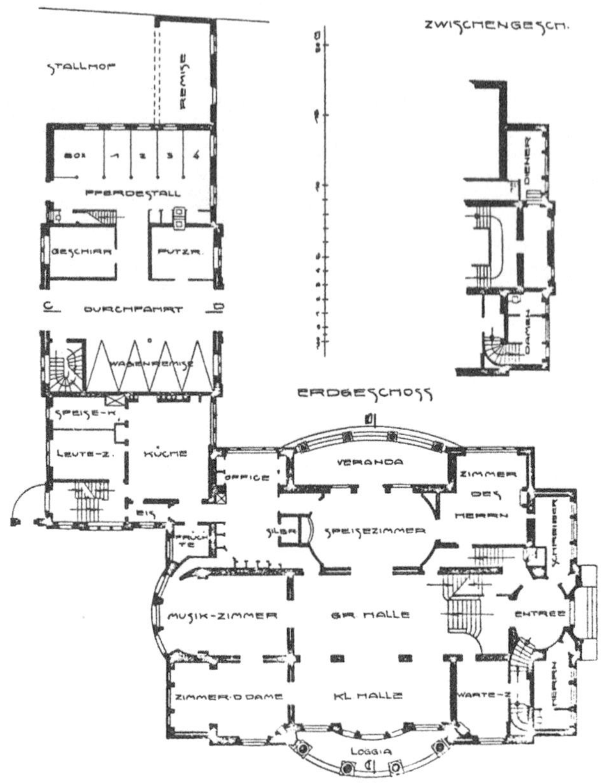

Paulinenstr. 7, Reproduktionen nach Der Profanbau 3. 1907, Nr. 1.

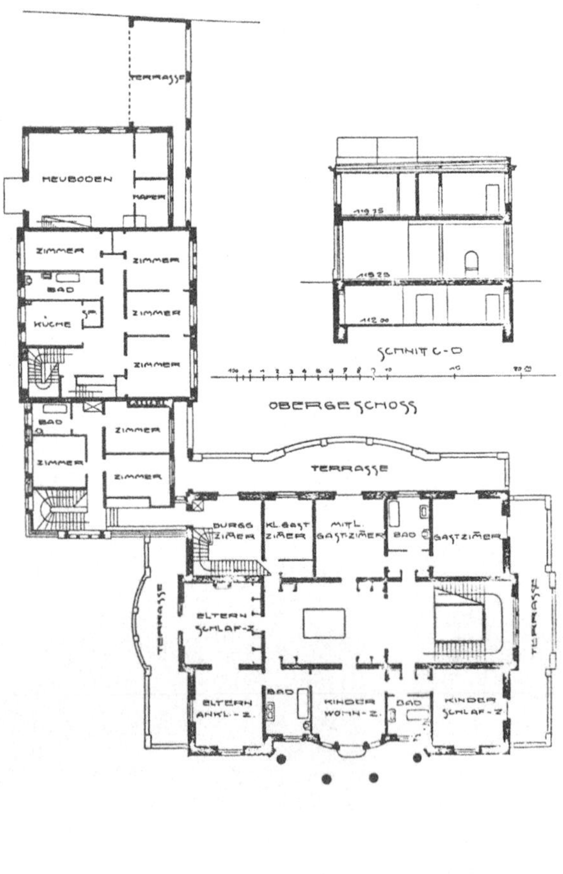

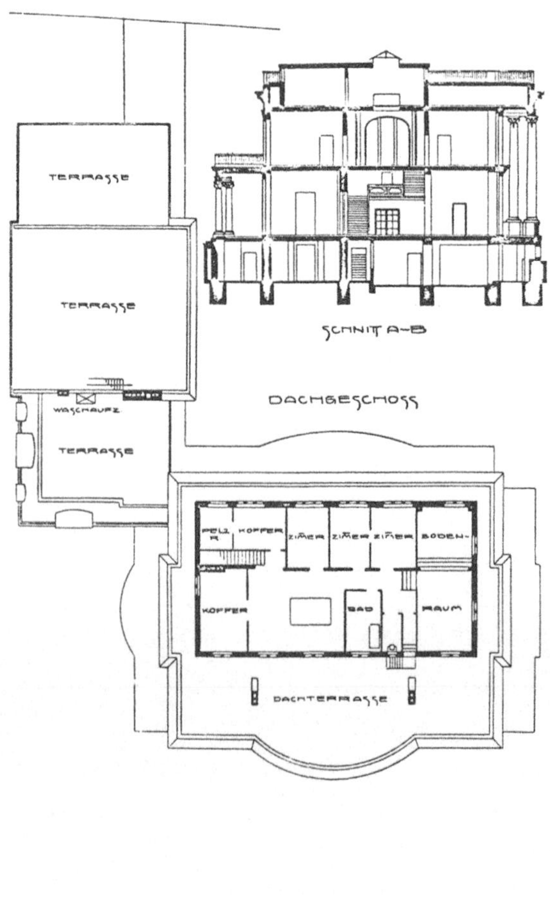

Seitenflügel angefügt, der die Wirtschafts-und Dienerschaftsräume aufnimmt sowie den Stall nebst Remise. Das bei kleineren Villen lediglich als Wirtschaftstrakt genutzte Sockelgeschoß bietet somit Raum für eine Kegelbahn nebst Billardzimmer und „gemeinsamem Kneippplatz“ etc. Es ist relativ flach und setzt das Gebäude in engeren Bezug zum umgebenden Park, der von der Firma Siesmeyer in Frankfurt/Main angelegt wurde. Die kostbare Innenausstattung mit reichen Stuckarbeiten, Verwendung edler Hölzer und von Marmor u. a. ist bis in zahlreiche Details gut erhalten. Dem palaisartigen Charakter der Villa entspricht die aufwendige Einfriedung mit einer feudalen Portalarchitektur im Stil-Louis XVI und besonders edlem, schwerem geschmiedetem Gitter aus Spießen, die Pfosten mit Vasenaufsatz in Gußeisen.
Kulturdenkmal aus künstlerischen und historischen Gründen und in seiner raumschließenden Funktion östlich des Warmen Dammes und gegenüber der Wilhelmstraßenbebauung aus städtebaulichen Gründen. Lit.: Der Profanbau 3. 1907, Nr. 1, S. 13–20; Deutsche Bauhütte 10. 1906, S. 136, S. 138.

Paulinenstr. 11
Fl. 123 Flst. 151/29

Bauantrag: 2. 2. 1899
Antragsteller: Julius Brahm, Architekt
Architekt: ders.

Anstelle eines klassizistischen Vorgängerbaus errichtete Etagenvilla. Der Typus des repräsentativen freistehenden Mietshauses ist exemplarisch für die bis zu den 90er Jahren ums Mehrfache gestiegenen Bodenpreise im Viertel und die daraus resultierende Ausnutzung der rar gewordenen Bauplätze. Besonderen Anreiz bot, zumal bei der geringen Grundstücksgröße, die unmittelbare Nähe zum Warmen Damm, für welche der Bau im Osten einen Teil des malerischen Hintergrundprospekts bildet. Als imposantes Eckgebäude und westliche Begrenzung des „Grünen Viertels“ gewinnt er zusätzliche städtebauliche Bedeutung. In der Gestaltung mischen sich bei durchgehender differenzierter Spundierung der Wandflächen üppige Dekorformen in Barock- und Renaissancestil. Charakteristischer Schmuck am Gebäude sind die wertvollen schmiedeeisernen Balkongitter in reichen Zierformen vorwiegend des 18. Jahrhunderts. Unter den architektonischen Details von hoher gestalterischer Qualität geben die Maskenkonsolen an Balkonen und Kranzgesims die gewünschte individuelle Note.
Kulturdenkmal aus städtebaulichen, stadtbaugeschichtlichen und künstlerischen Gründen.

Paulinenstr. 15
Deutsche Pfandbriefanstalt
Fl. 123 Flst. 15/1

Erbaut: 1953–1955 von Alexander von Branca und Wilhelm Wichtendahl als Preisträger eines Wettbewerbs

Die Deutsche Pfandbriefanstalt, eine Körperschaft des öffentlichen Rechts im Besitz des Bundes, verlegte 1947 ihren Sitz von Berlin nach Wiesbaden. Zunächst notdürftig in zwei Villen in der Beethovenstraße und Uhlandstraße untergebracht, konnte 1955 der elegante, repräsentative Neubau bezogen werden. Die Verteilung des Bauvolumens in dem parkartig großen Grundstück ist mit Berücksichtigung der leicht ansteigenden Hanglage am Warmen Damm hervorragend gelöst. Weit zurückgesetzt steht parallel zur Paulinenstraße der Hauptbaukörper, ein querrechteckiger Skelettbau mit Flachdach bei zurückgesetztem Obergeschoß. Die hangseitig über zwei höheren Untergeschossen aufsteigende Rasterfassade mit Betonung der waagrechten Skelettstruktur umfaßt 7 Stockwerke bei 18 Achsen. Die Glasflächen sind nahezu quadratisch, die Brüstungsfelder werden durch einen transparenten blaugrauen Anstrich entmaterialisiert. Die beiden höheren Untergeschosse sind als flacher Baukörper weit vorgezogen. Ihre gläserne Front wird durch einen mit Marmormosaik verzierten Brüstungsstreifen horizontal gegliedert. Linksseitig schließt sich im rechten Winkel ein langer, in der Höhe gestaffelter Flügel mit travertinverkleideten Wandflächen an. Mit ihm korrespondiert der pavillonartig vorgerückte seitliche Abschnitt des frontalen Vorbaus, der in der Front mit in Travertin eingetieftem Kontur das Adler-Signum der Anstalt zeigt. Auch die bei Verglasung der Mitte jeweils ein Drittel der Schmalseite einnehmenden Wandflächen sind mit Travertin verkleidet. Ein durchgängiges waagrechtes Vordach überdeckt den über eine Freitreppe und Terrasse zu erreichenden Haupteingang. Um 1980 entstand ein ebenfalls von Branca durchgeführter Anbau an die nördliche Schmalseite des Hauptbaukörpers.

Der Bau ist wegen seiner künstlerischen Gestaltung und vorzüglichen Plazierung Kulturdenkmal. Die gediegene Ausführung läßt die Bescheidenheit des ersten Wiederaufbaus hinter sich. Die benachbarten Großbauten von Theater und Kurhaus schaffen den Dimensionsbezug. Gerade in diesem Umfeld signalisiert der Bau augenfällig die Wandlung Wiesbadens von der ehemaligen Kur- und Pensionärsstadt zu einem neuen Zentrum öffentlicher und privatwirtschaftlicher Verwaltung.

Rheinstraße

Ab ca. 1855 von der Wilhelmstraße verlängert bis zur Mainzer Straße, in den 80er Jahren bis zur Frankfurter Straße weitergeführt. In beiden Abschnitten mit Villen bebaut ab ca. 1860.

Rheinstr. 1

Fl. 120 Flst. 183/38

Erbaut: im Kern ca. 1860
Umbau: 1895 Antrag der Witwe Flach auf Veränderung mit Erhöhung des Daches durch Kreizner & Hatzmann

Die mit Anklängen an die Beaux-Arts-Renaissance überformte Villa ist von verwirrend pittoresker Vielgestalt. Ursprünglich vermutlich ein schlichter spätklassizistischer Baukörper, sucht die Neukonzeption der städtebaulich markanten Situation Rechnung zu tragen. In der Blickachse der Rheinstraße erscheint ein Eckerkerturm, parallel zur Straße ein tiefer Vorbau mit offenen Arkaden als Vorhalle im EG, darüber farbig verglaste (gut erneuert) verandaartige Räume mit Anschluß an das Treppenhaus. Für die Wohnnutzung bleibt er ohne Funktion. Die schmale Front zur Rheinstraße erhielt einen polygonalen Vorbau mit Austritt im DG, das mit überhöhendem Giebel und Laterne zwerchhausartig akzentuiert wird. Zwischen Front und Abseite vermittelt ein in den Rücksprung eingestellter Treppenturm sowie die Abfasung der Nordostecke. Das Gebäude bewahrt einen großen Detailreichtum. In jüngerer Zeit wurde es denkmalgerecht restauriert. Das schlichte Einfriedungsgitter ist erhalten.

Kulturdenkmal aus künstlerischen Gründen und wegen der Bedeutung des Erscheinungsbildes für die städtebauliche Situation.

Rosenstraße

Um 1875 zur Erweiterung des östlichen Villengebiets eröffnet. Phantasiename.

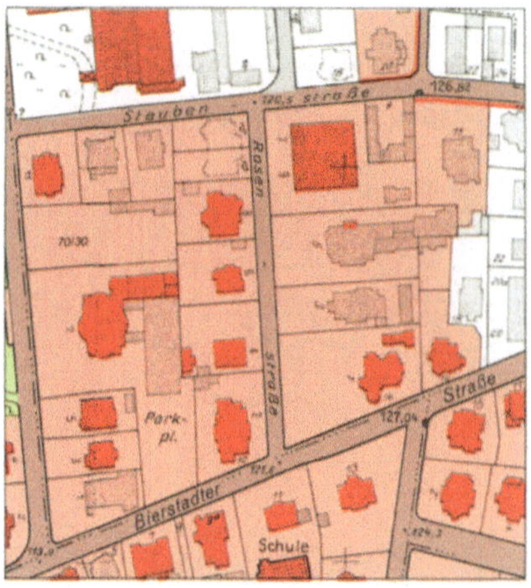

Rosenstr. 2
Fl. 123 Flst. 204/28

Erbaut: ca. 1874

Große, repräsentative Villa des Spätklassizismus in prominenter Ecklage. Der zur Rosenstraße breitgelagerte Bau mit flachem Walmdach ist in den beiden Hauptgeschossen mit Quadrierung vortäuschender Putzstruktur versehen. Die symmetrisch angelegte Hauptfassade erhielt nach 1900 einen üppigen neuen Dekor im Bereich des giebelbekrönten Mittelrisalits. Unverkennbar ist bei den figürlichen Motiven (Karyatiden oder weibliche Masken bei den Pilasterkapitellen) der Einfluß des Jugendstils. Die Neuerungen im Geschmack eines barockisierenden Neoklassizismus sind mit sicherem Formgefühl angepaßt. Charakteristisch ist dabei die Tendenz zum Pompösen im Rahmen einer eher schlichten Klassizität.
Kulturdenkmal aus künstlerischen und städtebaulichen Gründen.

Rosenstr. 4
Fl. 123 Flst. 214/27

Erbaut: um 1875 für Adolf Roth, Maler

Eleganter, proportional ausgewogener Villenkubus des Spätklassizismus mit reicher tektonischer Gliederung. Die

straßenseitige Fassade des allseitig repräsentativ gestalteten Baukörpers ist asymmetrisch gegliedert. Besonders reizvoll ist die antikisierende Gliederung der dreiteiligen Fenster, im EG mit Hermenpilastern. Charakteristisch ist für den in der Tradition der Schinkel-Schule stehenden Entwurf das abschließende Mezzanin mit flacher Pilastergliederung zur Rahmung von Fenstern und metopenartigen Feldern mit reichem Reliefdekor (Akanthus- und Kandelabermotive, weibliche Masken etc.). Darüber kragt das Hauptgesims mit kräftigem Schattenschlag weit vor. Als Fassade durchgestaltet ist auch die Südseite mit Mittelrisalit und einachsigen Seiten. Dem Eingang auf der Nordseite ist ein repräsentativer Portikus vorgestellt. Zur Villa gehört ein pittoreskes Kutscherhaus mit Fachwerk. Die schlichte Einfriedung ist erhalten.
Kulturdenkmal aus künstlerischen Gründen.

Rosenstr. 5
Sachteil Portal
Fl. 123 Flst. 25/1

Neoklassizistisch überformte Villa mit denkmalwerter Portalgestaltung in Kalksandstein von ca. 1930. Das Portal liegt in einem über 3 Stufen errichteten strengen dorischen Portikus. Nischenartig vertieft liegt der rechtwinklig gerahmte Eingang. Ein stark plastisches Relief über der zweiflügeligen Tür zeigt eine liegende Venus mit Cupido. Es ist eine originäre Schöpfung, in der sich die Tradition der Antike im Stil des Expressionismus bricht. Die sehr gute bildhauerische Arbeit ist im Zusammenhang mit der formal übereinstimmend antikisierenden Portalgestaltung Kulturdenkmal aus künstlerischen Gründen.

▽

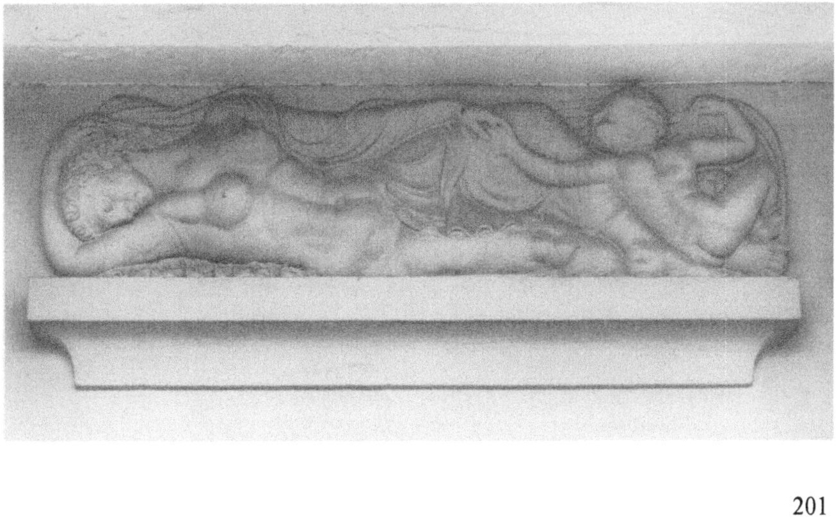

Rosenstraße 6
Fl. 123 Flst. 60/26

Erbaut: um 1875
Umbau: 1905/06

Mit seitlichem Risalit mit Dreiecksgiebel bei kleineren Dimensionen ähnlich konzipierte spätklassizistische Villa wie das Nachbargebäude Nr. 4 (vgl.). Charakteristisch für das Erscheinungsbild ist die sich kräftig von den Wandflächen abhebende Eckverzahnung. Auffallend fein gebildet erscheint daneben der Dekor der tektonisch gerahmten Fenster im 1. OG sowie die Ausführung der den Altan im EG stützenden Wandpfeiler. Vom Umbau 1905/06 stammt die gut angepaßte flach gewölbte Fenstergruppe im Altan u. a. Zur Gliederung nicht durchfensterter Wandflächen der südlichen Abseite sind Relieftondi mit mythologischen Motiven nach Thorwaldsen angebracht. Unverkennbar bei der sich durch besonders ausgewogene Maßverhältnisse auszeichnenden Villa ist die Anknüpfung an die durch Schinkel und seine Schule begründete Berliner Tradition.
Kulturdenkmal aus künstlerischen Gründen.

Rosenstr. 7–9/Ecke Steubenstraße
Lotterie-Treuhandgesellschaft m.b.H., Hessen
Fl. 123 Flst. 25/1

Erbaut: 1958–59 vom Staatsbauamt Wiesbaden unter Leitung von Adolph Möreke mit Joseph Staudt

Repräsentativer Staatsbau der Ära Persicke als Leiter der Hessischen Staatsbauverwaltung. Der über quadratischem Grundriß errichtete niedrige Kubus mit eingezogenem Sockelgeschoß antizipiert Züge der Container-Architektur der 60er Jahre. Die fensterlose Straßenfront des 1. OG (ist Außenwand des Sitzungssaales und verbirgt das Sheddach) ist mit dem ersten Abschnitt der südlichen Eingangsseite künstlerisch gestaltet. Flächige Formen und geritzte Linien bilden eine in der Tradition des Kubismus stehende abstrakte Komposition in immateriellen grauen und hellblauen Farbwerten. Die Transparenz der von Günther Heinemann gestalteten Fassade entmaterialisiert den Baukörper zum Eindruck großer Leichtigkeit. Die dadurch begünstigte Einordnung des Großbaus in die

benachbarte Villenbebauung geschieht auch durch die relativ geringe Höhe, wobei ein städtebaulicher Abschluß durch das große Verwaltungsgebäude der Pfandbriefanstalt in der Steuben- bzw. Paulinenstraße gegeben ist.
Der Bau ist aufgrund seiner guten baukünstlerischen Qualität Kulturdenkmal.
Lit.: Staatlicher Hochbau in Hessen, hrsg. von Erhard Persicke, Wiesbaden 1962. Hans G. Evers, Kunst des 20. Jahrhunderts in Hessen, Architektur. Hanau 1968. (Beide mit Farbabbildung).

Rosenstr. 8
Fl. 123 Flst. 59/26

Erbaut: um 1875

Großer spätklassizistischer Villenkubus mit 2 Hauptgeschossen und Mezzanin unter niedrigem Walmdach. Zur Straße springen in der Mitte zwei Achsen mit Risalitwirkung kräftig vor. Die beiden einachsigen Seiten der Straßenfront zeichnen sich durch Ädikularahmung der Fenster im 1. OG aus. Klar und plastisch stehen die Fenstermotive vor dem Relief des geschoßweise unterschiedlich stark spundierten Putzes. Elegant wirkt die Öffnung des Gesimses zwischen Fenstergiebel und Mezzanin. Mit stark verschattendem Effekt ist das Dach weit vorgezogen und wird von Akanthuskonsolen über antikisierend ornamentiertem Fries gestützt. Diverse Freisitze befinden sich auf der der Eingangsseite gegenüberliegenden Parkseite sowie auf der Nordseite. Die spätklassizistische Einfriedung mit schlichtem Eisengitter und gußeisernen Pfosten nebst gemauerten Torpfosten ist erhalten.
Kulturdenkmal aus künstlerischen Gründen mit bereichsprägender Wirkung.

Schubertstraße

1897 zur Erweiterung des östlichen Villengebiets eröffnet. Benannt nach dem Komponisten Franz Schubert.

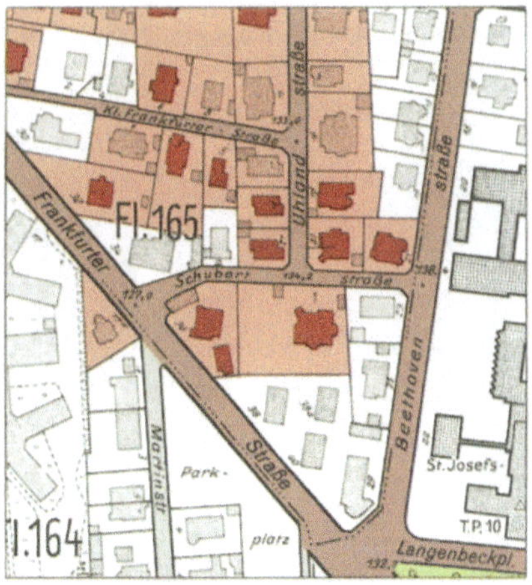

Schubertstr. 1

Fl. 165 Flst. 38/2

Bauantrag: 17. 8. 1896
Antragsteller: Dr. L. Dreyer, Konsul
Architekt: Ludwig Euler
Inschrift: „1897" über dem Eingang, darüber: „Im Hause Freud uns Gott bescheid."

Die herrschaftliche Villa gehört zu den größten und aufwendigsten Villenbauten im Viertel. Charakteristisch für die Entwürfe Eulers ist die Adaption des englischen Landhausstils im Rahmen des ortstypischen historistischen Villenbaus der Zeit. Mit seiner üppigen roten Sandsteingliederung vor hellen Putzflächen bei meist gotisierenden Formen entsteht ein altertümelnder Gesamteindruck als Ausdruck einer seit den 80er Jahren in Deutschland favorisierten Geschmacksrichtung. Zur malerischen Gestalt der Architektur mit mächtigem Eckturm, Diagonalturm und Verandavorbauten sowie Erkern und Balkonen kommt im einzelnen u. a. die hohe Qualität der Steinmetzarbeit. Besonders beeindrucken die Tiermotive, vor allem in den Brüstungsfeldern der Fenster: darunter Exoten wie Straußen und ein Elefantenkopf in einer Lünette seitlich des Eingangs. Sehenswert ist die hervorragende Innenausstattung.

Kulturdenkmal aus künstlerischen Gründen und wegen der bereichsprägenden städtebaulichen Bedeutung, wobei dem Eckturm mit seinem ländlichen Obergeschoß und hohem Helm Merkzeichenqualität zukommt. Wohlerhalten ist die schwere, schmiedeeiserne Einfriedung mit Tor zwischen hohen Sandsteinpfosten.

Solmsstraße

1890 zur Erweiterung des östlichen Villengebiets eröffnet. Benannt nach dem Prinzen von Solms, der erster Anwohner war (vgl. Solmsstr. 1).

Solmsstr. 1

Fl. 39 Flst. 100/24

Bauantrag:	9. 6. 1890
Antragsteller:	Prinz Albrecht zu Solms-Braunfels
Architekt:	Ferdinand Schorbach, Hannover mit Kreizner & Hatzmann
Inschrift:	„Solmsschlößchen" am Haupteingang (ab der 1930er Jahre)

Besonders große und malerische Villa im englisch-neogotischen Landhausstil mit Motiven des cottage-style. Offensichtlich ist der Einfluß der Arts and Crafts-Bewegung mit ihrem Versuch, vor allem das ländlich einfache Handwerk wiederzubeleben, und dem Anspruch auf die natürliche Wirkung der Materialien. Über mit roten Ziegeln verblendetem EG sind 1. OG und DG in Fachwerk mit ockertoniger Ziegelfüllung ausgeführt. Zum Fachwerk in vorwiegend frühgotischen Formen harmonieren die Dreipaßbogenfenster mit abgefastem Gewände. Insgesamt ist die architektonische Motivik verwirrend reich. Die besonders fruchtbare Perspektive aus der Diagonalachse der Straßenkreuzung zeigt vor einem turmartig hohen Trakt mit Erkertürmchen einen zur Solmsstraße giebelständigen Flügel, daran angefügt ist ein Eckturm mit spitzem hohem Helm. In der Verkürzung der Vorderfront mit ihrer reizvollen Vorhalle erscheint ein polygonaler Eckturm, der zur Gartenseite mit deren Freisitzen vermittelt. Der enorme Detailreichtum der Villa ist nahezu vollständig erhalten. Von unschätzbarem Wert ist die Innenausstattung mit Vertäfelung, Alkoveneinbauten, Holzdecken mit wertvollen Schnitzereien, Kaminen u. a. Ganz im zierlichen neogotischen Stil des Gebäudes ist die geschmiedete Einfriedung zwischen hohen Ziegelpfosten gestaltet. Der von der Epoche angestrebte

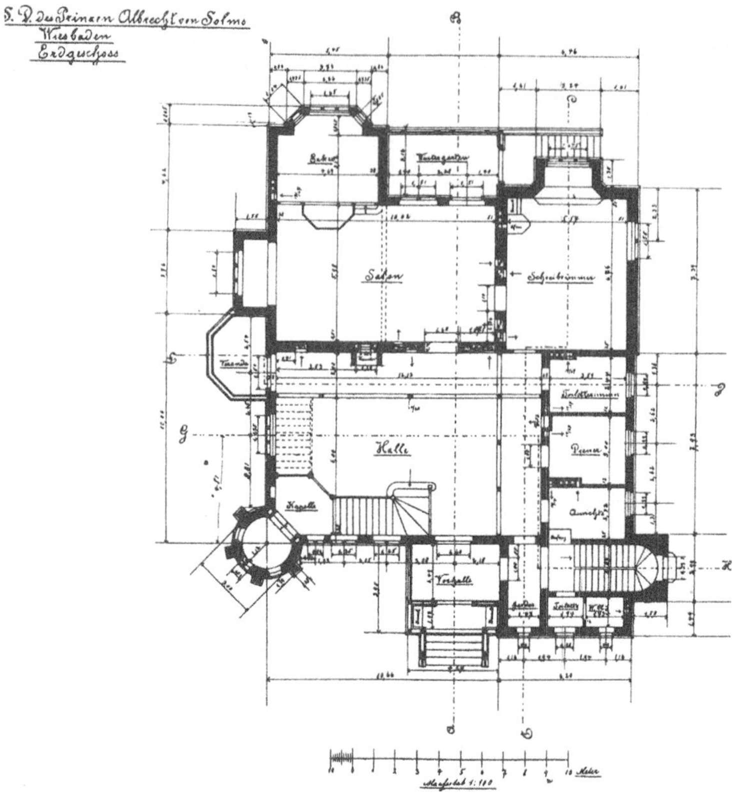

Solmsstr. 1, Reproduktionen nach den Originalplänen von F. Schorbach

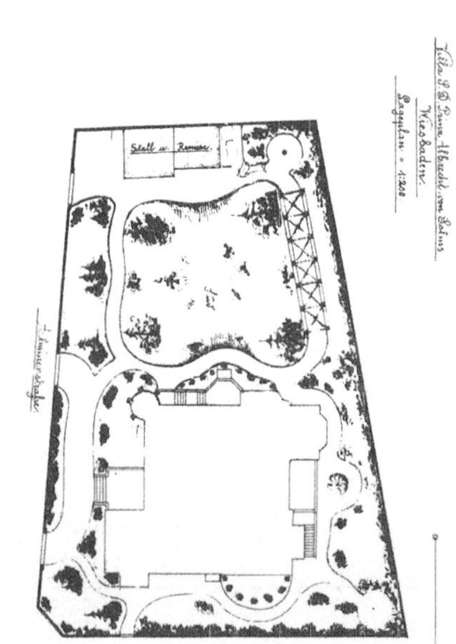

stimmungsvolle Gesamteindruck wird bereichert durch die Koniferen im Villengarten.
Kulturdenkmal aus künstlerischen Gründen und wegen seiner bereichsprägenden Wirkung aus städtebaulichen Gründen.

Solmsstr. 3
Fl. 39 Flst. 295/24

Bauantrag: 20. 7. 1891
Antragsteller: Dr. jur. Romeiss, Rechtsanwalt
Architekt: Friedrich Lang

Große, pittoreske Ziegelvilla, die in ihrer Stilgebung Formen der norddeutschen Backsteingotik rezipiert. Durch ausdrucksvolle Risalitbildung artikuliert sich das Gebäude in den beiden Hauptachsen sowie in der Blickachse der Solmsstraße im diagonalen Bezug. Romantisierend evoziert die nach Norden orientierte Eingangsseite burgenhafte Vorstellungen, verstärkt durch einen Treppenturm zur Aufnahme der Nebentreppe. Zur pittoresken Motivik des Entwurfs kommt die malerische Qualität der unterschiedlichsten zweifarbigen Ziegelverbände. Formsteine profilieren die Fenstergewände in feinen gotisierenden Stäben. Charakteristisch für den aufwendigen Ziegelbau der Zeit ist die Schablonenmalerei in der Art von Grisaillen in den Lünetten der Spitzbogenfenster im 1. OG. In Ziegeln ist auch die niedrige Mauer der Einfriedung nebst Pfosten gebildet, dazu ein geschmiedetes Dekoreisengitter mit entsprechendem Tor.
Kulturdenkmal aus künstlerischen und städtebaulichen Gründen.

Solmsstr. 9
Fl. 41 Flst. 26/4

Bauantrag: 6. 10. 1921
Antragsteller: Dr. Fölsche, Regierungsrat
Architekt: Prof. Georg Metzendorf, Essen

Das vornehme Einfamilienhaus figuriert als gutes Beispiel für den Villenbau der 20er Jahre. Es gehört zu den wenigen Villen dieser Zeit im vom Historismus geprägten Wiesbaden. Charakteristisch für den Entwurf ist eine latent historisierende Formgebung als Ausdruck konservativer Tendenzen neuen Bauens nach dem 1. Weltkrieg. Das 1918 erschienene Buch von Paul Mebes mit dem Titel „Um 1800“ wirkte sich stilgebend auf die gesamte Richtung aus. In Anlehnung an Landhäuser des späten 18. Jahrhunderts ist der zur Straße querstehende Baukörper unter streng rechtwinkliger Trauflinie des Walmdaches von leicht bewegtem Umriß. Die Hauptseite ist nach Süden zum ehemals großen Garten orientiert. Wie in zeitgenössischen Publikationen als vorbildlich hingestellt, tritt die vor den Wohnräumen gelegene Terrasse aus einer Loggia hervor. Neben ausdrucksvollen Zitaten vergangener Stilformen wie die Volutenkonsolen des die Loggia verdachenden Balkons treten zeittypische expressionistische Motive wie die abgetreppte Dachkonsole der Straßenseite oder das spitzwinklige Dreieck im Sturz der Eingangstür. Die Gestaltung der nach Norden gerichteten Eingangsseite folgt in ihrer Gliederung ganz funktionalen Gesichtspunkten. Die Villa zeigt innen wie außen einen kompletten Erhaltungszustand.
Sie ist mit ihrer Einfriedung aus Lattenzaun und Lattentor zwischen einfachen Pfosten Kulturdenkmal aus künstlerischen und stadtbaugeschichtlichen Gründen.

Sophienstraße

Kurz nach 1890 zur Erweiterung des östlichen Villengebiets angelegt. Name einer Privatperson.

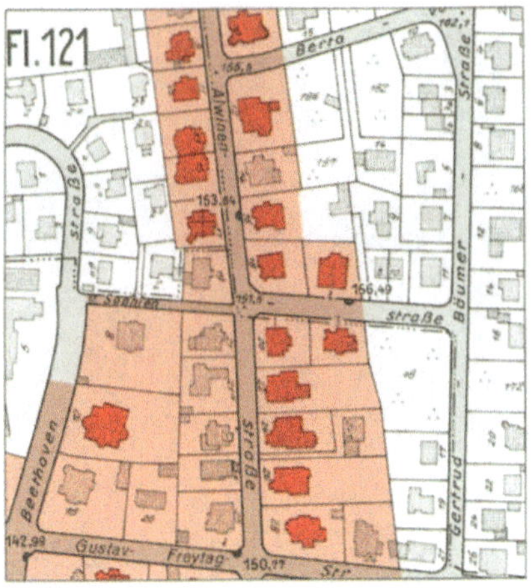

Sophienstr. 3
Fl. 39 Flst. 118/16

Bauantrag: 29. 7. 1902
Antragsteller: Adolf Lautz, Architekt
Architekt: ders.

Ockertonige Ziegelvilla im Landhausstil der 90er Jahre. Mit der gegenüberliegenden Villa Sophienstr. 4 (vgl.) markiert der Bau die äußerste Ausdehnung des östlichen Villengebiets südlich der Bierstadter Straße. In der Blickachse der ansteigenden Straße ist der viereckige Diagonalturm mit abgewalmtem Helm markant. Er wird durch Sandsteinbossen akzentuiert wie auch die seitlichen Risalite mit ihren vorkragenden flachen Satteldächern. Zur Straße ist dem Risalit eine Veranda angefügt, während zur Westseite ein sandsteingerahmtes sgraffitoartiges Motiv die in den beiden Hauptgeschossen fensterlose Wandfläche gliedert. Renaissancistische Sgraffitomotive (als Schablonenmalerei) schmücken auch die Drempelzone seitlich der rundbogigen, gekuppelten Risalitfenster. Ein skulptiertes Schmuckmotiv – ein Löwenwappen mit Helm und üppigem Akanthus – befindet sich am Eckturm über dem Fenster des 1. OG.
Die mit ihrer Einfriedung erhaltene pittoreske Villa ist Kulturdenkmal aus künstlerischen und stadtbaugeschichtlichen Gründen.

Sophienstr. 4
Fl. 38 Flst. 66/1

Bauantrag: 30. 4. 1891
Antragsteller: Ferdinand Eichen, Architekt
Architekt: ders.

Auf ein malerisches Erscheinungsbild angelegte, mächtige rote Ziegelvilla mit heller Sandsteingliederung. Der Gesamteindruck ist renaissancistisch altertümelnd, trotz verschiedener neobarocker Motive wie der Zwiebelbekrönung des Turmhelmes in der straßenseitigen Fassade. Hier, wie auch bei den benachbarten Dachgaupen, beeindruckt der komplette Erhaltungszustand, wie der Bau im ganzen seinen reizvollen und für die Epoche typischen Detailreichtum wahrt. Erneuert ist die an den Turmrisalit anschließende Veranda im 1. OG mit ihren Stützen. Zur Villa gehört eine Einfriedung mit einer Ziegel-Sockelmauer und schwerem geschmiedetem Dekoreisengitter nebst Tor.
Der Bau ist Kulturdenkmal aus künstlerischen Gründen und wegen seiner städtebaulichen Funktion. Im Weichbild des östlichen Villengebiets markiert er die Randzone und den Übergang zum Einfamilienhausbau nach dem 2. Weltkrieg. Die pittoreske Dachlandschaft gewinnt besondere Qualität aus der Perspektive des bis zur Bierstadter Höhe ansteigenden Hanges.

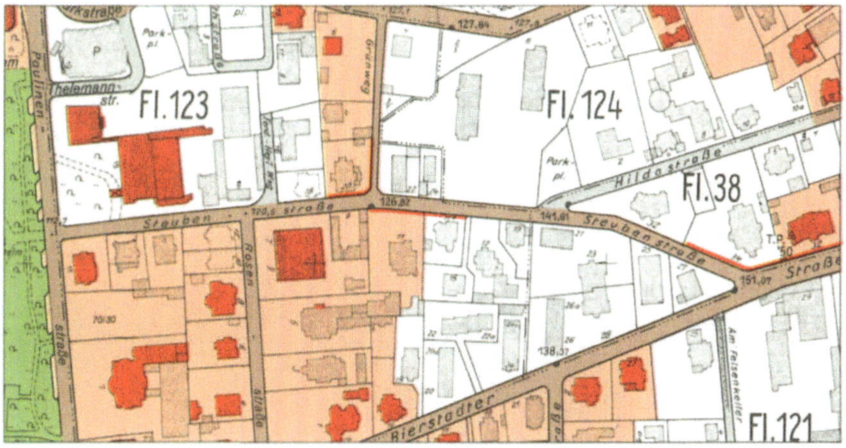

Steubenstraße

Um 1857 straßenmäßig ausgebauter und 1865 als Gartenstraße eröffneter ehemaliger Feldweg. Umbenennung nach dem deutsch-amerikanischen General Friedrich Wilhelm von Steuben nach dem 1. Weltkrieg. Erste Villenbebauung kurz nach 1840.

Steubenstr. 11 und 11a
Sachteil Einfriedung
Fl. 123 Flst. 189/24; 162/19

Die heute 2 Grundstücke zur Straße begrenzende Einfriedung gehörte ehemals zur Villa Steubenstr. 11, einem herrschaftlichen Bau der 80er Jahre in parkartigem Garten. Die aufgrund des steilen Straßenanstiegs gestufte Sockelmauer ist aus roten Ziegeln mit gewölbter Sandsteinabdeckung, ebenso sind die hohen Pfosten der Tore sowie einzelner Mauerabschnitte in roten Ziegeln ausgeführt und z. T. mit Sandsteinquadern renaissancistisch gestaltet. Besonders qualitätvoll sind die aus schwerem Schmiedeeisen bestehenden Gittersegmente: quadratische Stäbe mit geflammten Enden, dazwischen reiche Füllungsornamentik mit Kreismotiven und rankenartigen Formen u. a. Etwas einfacher ist die Bildung bei den Gittern der heutigen Nr. 11; hier ist auch das Tor erneuert. Hervorragend sind das zweiflügelige Tor und die Pforte der Nr. 11a. Beide mit hohen Aufsätzen in Ranken geschmiedeter Rundeisen, dazu vegetabilische Flacheisenmotive und Spiralblumen. In der Pforte ist ein rundes Feld mit den Initialen des Villenerbauers vermutlich.
Die kunsthandwerklich wertvollen Einfriedungen sind denkmalwert, auch als ausdrucksvolle Überreste der ehemaligen Villa als Teil der Villenbebauung der in ihrer Bausubstanz weitgehend erneuerten Steubenstraße.

Steubenstr. 20
Sachteil Einfriedung
Fl. 123 Flst. 179/5

Denkmalwert ist die das am Grünweg gelegene Grundstück an 2 Seiten umziehende Einfriedung. Kennzeichnend für die Erbauungszeit der Villa – 1907/08 – ist die Orientierung am Louis-Seize-Stil im Rahmen des Neoklassizismus der letzten Historismus-Phase. Die zierlichen Stabgittersegmente haben bogenförmige Aufsätze und werden im gleichmäßigen Rhythmus durch kleine geschmiedete Pfosten in der Bogensenke und hohe in den Spitzen gegliedert. Liegende Ovalmotive mit dreieckigen Abschlüssen bekrönen die Pfosten, spiralförmig gedrehte Eisen füllen die Stabzwischenräume. Nach gleichem Muster ist das zweiflügelige Tor gestaltet sowie die Pforte. Zum niedrigen Steinsockel passen die schlichten Torpfosten.

Die individuelle wie dekorative und künstlerisch gut gestaltete Einfriedung ist bei gestörtem Erscheinungsbild der Villa zur Erläuterung des historischen Ortes von Bedeutung. Als ehemals exklusive Straße im „Grünen Viertel" sind die meisten Gebäude der Steubenstraße (ehemals Gartenstraße) heute durch Wohnhäuser aus neuerer Zeit ersetzt.

Steubenstr. 34
Sachteil Einfriedung
Fl. 38 Flst. 54/3

Hervorragende Einfriedung der neoklassizistischen Historismusepoche mit Orientierung am Louis-Seize-Stil. Sie begrenzt das parkartige Grundstück einer in den 60er Jahren heutiger Zeit niedergelegten großbürgerlichen Villa, die 1884 von Alfred Schellenberg errichtet worden war. Im Zuge mehrerer Umbauten in der Folgezeit wurde um 1905 die Einfriedung erneuert. 1928 erwarb Wilhelm von Opel das Anwesen; die Villa hieß seitdem „Opel-Villa". Die Gestaltung der Einfriedung mit ihrem schweren Gitter in der Art aneinandergereihter Jagdspieße erinnert an Schloßeinfriedungen des Barock. Entsprechend feudal ist auch die Toranlage mit begrenzenden hohen Mauerwangen, darin Ovalfenster und die Gartenpforte. Die bereichsprägende Einfriedung ist Kulturdenkmal aus künstlerischen Gründen und wegen ihrer Bedeutung zur Kennzeichnung des historischen Ortes im Verlauf der in ihrer alten Bausubstanz weitgehend gestörten Steubenstraße. Stadtgeschichtlich ist sie Reminiszenz des Wohnsitzes der Industriellen-Familie W. von Opel in den späten 20er und 30er Jahren. (S. Neroberg, Opelbad).

Theodorenstraße

Um 1870 zur Erweiterung des östlichen Villengebiets eröffnet. Benannt nach Freifrau Theodora von Knoop.

Theodorenstr. 3
Fl. 39 Flst. 274/7

Erbaut: ca. 1874
Umbau: 1886 Anfügung eines achteckigen Anbaus, Balkonanbau, Änderung verschiedener Souterrainfenster, Anbau 1896

Spätklassizistischer Villenkubus, der 1886 auf der Westseite einen langgestreckten oktogonalen Anbau erhielt. Die ehemals symmetrische Front mit risalitartiger Mittelachse und Verandavorbau (der Freisitz im 1. OG wurde in neuerer Zeit geschlossen) erhielt somit mehr malerische Qualität. Der Anbau wurde stilistisch auch in der Ornamentik gut angepaßt. Deutliches Indiz für die Neuerung sind im einzelnen nur die dreiteiligen Bogenfenster zur Straßenseite. Zwischen Oktogon und Verandavorbau vermittelt ein kleiner Altan, der vermutlich mit dem „Balkon" des Bauantrages identisch ist. Da die Änderung mit Takt erfolgte, hat der Bau an Qualität nicht verloren und beeindruckt weiter durch seinen maßvollen Dekor sowie die feine Profilbildung bei Gesimsen und Fenstergewänden. Im Zuge des Umbaus wurde auch die Einfriedung erneuert.
Kulturdenkmal aus künstlerischen Gründen.

Theodorenstr. 4
Fl. 121 Flst. 109/11

Bauantrag: 10. 9. 1909
Antragsteller: Karl Kähler
Architekt: ders.

Frontal zur Straße orientierte neoklassizistische Villa mit kräftig akzentuiertem Risalit in der Mitte der symmetrischen Fassade. Kubische Geschlossenheit und strenge Axialität sind die wesentlichen Gestaltungsmerkmale. Charakteristisch ist die Dachform als Stufenwalm mit eingestellter Attika, deren Lisenengliederung das Kolossalmotiv im Hauptbaukörper wiederaufnimmt. Eingetieft liegen die seitlichen gekuppelten Fenster mit vom Zopfstil abgeleiteter Ornamentik in den Brüstungsfeldern. Die für die Epoche typische breite Fensterform setzt die architektonische Reform der Jahrhundertwende voraus, ebenso die Abkehr vom malerisch historistischen Bildungsprinzip. Dem strengen klassizisierenden Stil des Gebäudes entspricht die Einfriedung mit schlichten Gittern nebst Tor zwischen hohen Mauerpfosten. Daran anschließend an der rechten Grundstücksgrenze eine Garage als einer der ersten Wiesbadener Garagenbauten.
Kulturdenkmal aus künstlerischen Gründen.

Theodorenstr. 5
Fl. 39 Flst. 271/8

Erbaut: im Kern um 1860
Umbau: 1902 Antrag auf „Veränderung des Landhauses" von Gustav Ritscher mit Architekt J. Brahm

Der dem Jugendstil verpflichtete Villenbau zu $2^1/_2$ Geschossen ist mit seiner Staffelung des Bauvolumens Resultat der 1902 erfolgten Überformung eines bescheidenen spätklassizistischen Vorgängers. Größtes Gewicht wurde dabei auf die Schaffung einer repräsentativen Fassade gelegt, die entsprechend der Grundstücksproportion nur 2 Achsen breit ist. Diese werden in symmetrischer Doppelung durch gebogte Ausluchten und Rundfenster gegliedert, in der Mitte des verschindelten Giebelfeldes ein gebogter Erker. Zu den architektonischen Motiven kommen farblich abgesetzte ornamentale Ritzungen im insgesamt rauhen Putz der Wandflächen. Die ebenfalls 1902 erneuerte Einfriedung besteht aus einer niedrigen Mauer mit in Bogenform verbundenen Pfosten, dazwischen Holzlatten als Füllung.
Kulturdenkmal aus künstlerischen Gründen.

Theodorenstr. 8
Fl. 121 Flst. 167/12

Bauantrag: 8. 11. 1911
Antragsteller: Eduard Didion
Architekt: ders.

Durch Kolossalgliederung besonders anspruchsvoll gestaltete neoklassizistische Eckvilla. In der schmaleren 4achsigen Hauptansicht stützen ionische Wandsäulen ein weit vorkragendes Gebälk, darüber im Attikageschoß ein Zwerchhaus mit kartuschengeschmücktem Segmentgiebel. Zwerchhaus und ein kubischer Wintergartenvorbau lassen einen risalitartigen Eindruck entstehen. Zur Juliusstraße erfolgt die Betonung der Mittelachse durch eine flache Auslucht im EG, darüber eine Loggia. Der zu monumentaler Strenge tendierende Bau erhält ein formales Äquivalent durch zahlreiche dekorative Details: u. a. das handwerklich hervorragend gearbeitete Loggiagitter im Osten oder die südlichen Brüstungsfelder mit Kunststeinreliefs tanzender Faune. Letztere ganz dem antikisierenden Habitus der Villa entsprechend, wobei verschiedentlich Louis XVI-Motive darin Aufnahme finden. Am 18. Jahrhundert orientiert ist auch das Tor der Einfriedung, die selbst einfachst aus senkrechten Stäben gebildet ist. Großes Volumen, strenge Geschlossenheit und Rechtwinkligkeit der Form mit Bezug auf den Straßenraum bewirken die städtebauliche Qualität des Gebäudes.
Kulturdenkmal aus künstlerischen und städtebaulichen Gründen.

▽

Uhlandstraße

1892 zur Erweiterung des östlichen Villengebietes eröffnet. Benannt nach dem Dichter Ludwig Uhland.

Uhlandstr. 3

Fl. 39 Flst. 233/10

Bauantrag: 12. 8. 1904
Antragsteller: Ludwig von Knoop
Architekt: Christian Dähne

Ganz im Gegensatz zu den Eckvillen Uhlandstr. 3 und 5 (vgl.) gestaltet Dähne den eleganten Entwurf der kleineren Villa im Louis XVI-Stil, wie er nach 1900 Mode wurde. Die symmetrisch angelegte Fassade des rechteckigen Baukörpers ist motivreich gestaltet. Konvexe Formen sind ganz barockisierend gegen konkave gesetzt und werden in ihrer Bewegung durch rechtwinklige Bildungen wieder aufgehalten. Phantasiereich ist die Form der kolossalen Pilaster, im Detail wie auch der Kammputz mancher Wandfelder von der Secession herkommend. Die Villa ist im ganzen gut erhalten.

Eine besonders schöne Einzelheit ist das gewölbte Vordach über dem seitlichen Eingang. Wie auch die Gitter an den Balkonen ist das massive Einfriedungsgitter (zur Zeit der fotografischen Aufnahme entfernt) von guter Qualität. Ebenso das Gartentor mit Lorbeerkranzdekor u. a.
Kulturdenkmal aus künstlerischen Gründen.

Uhlandstr. 4
Fl. 39 Flst. 294/10

Bauantrag: 28. 8. 1903
Antragsteller: Christian Dähne, Architekt
Architekt: ders.

Die Ecklage beherrschende, großartige Villa von außerordentlich pittoresker Gestalt. Der in der Tradition der Neorenaissance stehende altertümelnde Entwurf verarbeitet englische Einflüsse, namentlich in der Verbindung gotisierender Formen mit ländlichen Motiven (in der Dachzone). Neben der phantasievoll unregelmäßigen Anlage und den reichen Dekorationsformen beruht die malerische Wirkung auf den kontrastreichen Materialien – roter Sandstein in kräftigem Relief gegen hellen Putz. In ausdrucksstarken Gebärden wird durch die unterschiedlichste Form von Freisitzen Kommunikation zur parkartigen Umgebung aufgenommen, wobei eine wirkliche Öffnung nach außen nicht stattfindet. Von den wertvollen handwerklichen Details können hier nur die hervorragenden Steinmetzarbeiten erwähnt werden. Im Inneren findet sich eine dem englischen Vorbild folgende Treppenhalle mit Stuckdecke im Tudorstil. Zur Villa gehört eine kleine Remise im Schweizerhausstil.
Kulturdenkmal aus künstlerischen und städtebaulichen Gründen.

Uhlandstr. 5
Fl. 39 Flst. 217/10

Bauantrag: 25. 8. 1903
Antragsteller: Ludwig von Knoop
Architekt: Christian Dähne

Eine der großen Villen des Viertels, die mit der ebenfalls von Dähne 1903/04 gebauten gegenüberliegenden Eckvilla (vgl. Uhlandstr. 4) die städtebauliche Situation an der Kreuzung Gustav-Freytag-Straße beherrscht. Charakteristisch ist die renaissancistisch altertümelnde Gestalt der pittoresken Anlage in Verbindung mit den Verblendermaterialien Ziegel und Sandstein. Zu beiden Straßen ist je eine symmetrische Schauseite gerichtet, deren Zusammensicht über die Diagonalachse die höchste malerische Qualität ergibt. Das gilt in gleicher Weise für die reiche Dachlandschaft mit den hohen, laternenbesetzten Helmen der beiden Turmgeschosse über den Eckrisaliten. Seltene Sandsteinreliefs mit Jagdszenen in der Brüstung des Freisitzes über der mittleren Loggia der Ostseite sind leider stark verwittert. Wie in Nr. 4 befindet sich im Inneren eine große Treppenhalle nach englischem Vorbild.
Die Villa in parkartigem Garten ist mit ihrem konservativen Entwurf Kulturdenkmal aus künstlerischen und städtebaulichen Gründen.

Uhlandstr. 6
Fl. 39 Flst. 146/28

Bauantrag: 7. 5. 1900
Antragsteller: W. Wolff
Architekt: Paul A. Jacobi

Maßvoll barockisierende Eckvilla mit polygonalem Diagonalrisalit, der den straßenräumlichen Bezug an der Kreuzung aufnimmt. Die Fassaden des repräsentativen Gebäudes sind ganz mit Kalksandstein verkleidet und dabei die Gliederungselemente nebst Ornamentik in vorzüglicher Steinmetzarbeit ausgeführt. Hinzu kommen handwerklich ebenfalls hervorragende Schmiedeeisengitter an den Balkonen: so über dem flach konvexen Vorbau zur Gustav-Freytag-Straße, zur Ecke und im EG der durch einen Verandavorbau akzentuierten Langseite zur Uhlandstraße. Der Vergleich mit dem zeitgleichen Palast-Hotel oder Villen wie Humboldtstr. 14 (vgl.) legt nahe, daß Jacobi mit der historisierenden Stilgebung bei Vermeidung des Jugendstils dem Bauherrenwunsch entsprach. Von sehr guter Qualität ist auch die wirkungsvoll die Ecke umziehende Einfriedung mit hohen Sandsteinpfosten und schwerem, stilistisch der Architektur entsprechendem Gitter und Tor.
Kulturdenkmal aus künstlerischen und städtebaulichen Gründen.

Uhlandstr. 8
Fl. 39 Flst. 149/28

Bauantrag: 21. 6. 1900
Antragsteller: Frau Consul Bouterweck
Architekt: Adolf Lautz

Die Villa vertritt in hervorragender Weise den Typus der im Viertel wiederholt auftretenden Ziegelvilla mit heller Sandsteingliederung. Charakteristisch ist die markante Eckgestaltung in der Blickachse der Straße, hier mit polygonalem Vorbau und loggiaartigem Freisitz im 1. OG mit Palladiobogen. Ein konsolengestützter Erker vor seitlichem Risalit vermittelt zusätzlich malerische Qualität. Das große Erkerfenster mit steinerner Teilung entspringt altertümelnd renaissancistischen Formvorstellungen, während die Villa im großen ganzen an der italienischen Renaissance orientiert ist, so auch mit der Sgraffiti nachahmenden Schablonenmalerei zwischen den Fenstern des unter flachem Dach liegenden Mezzanins. Von der ehemaligen Einfriedung ist nur die niedrige Ziegelmauer erhalten.
Kulturdenkmal aus künstlerischen Gründen mit besonderer Bedeutung für den malerischen Rhythmus des Straßenbildes.

Uhlandstr. 9
Fl. 39 Flst. 293/28

Bauantrag: 4. 12. 1892
Antragsteller: Jakob Vohwinkel
Architekt: Ludwig Meurer

Kleinere pittoreske Villa mit asymmetrisch angeordnetem Risalit und eingeschossigem polygonalem Vorbau zur Straße. Die plastische Sandsteingliederung und Ornamentik im vorwiegend nordischen Renaissancestil zeigt besonders plastische Formen bei den Fenstern des 1. OG und im Frontispiz. Mit Rückblick in die 80er Jahre dominieren als Schmuckformen Obelisken, Vasen und Beschlagwerk. Besonders reizvoll ist der schräg situierte kleine Portikus vor dem Eingang, der einen Freisitz für das 1. OG bildet. Die ebenfalls renaissancistische Haustür ist gut erhalten. Von der Einfriedung sind die Ziegelmauer nebst Pfosten überkommen.
Die Villa, die in überzeugender Form die Vielfalt des bürgerlich determinierten Renaissancestils nationaler bzw. nordischer Prägung vor Augen führt, ist Kulturdenkmal aus künstlerischen Gründen.

Uhlandstr. 18
Fl. 165 Flst. 24

Bauantrag: 17. 9. 1898
Antragsteller: Val. Schäfer, Glasermeister
Architekt: Wilhelm Rehbold
Inschrift: „1899“ in der Giebelkartusche

In wilhelminischen Barockformen pompös dekorierte Villa bei asymmetrischer Konzeption. Der längsrechteckige Baukörper folgt mit flachem seitlichem Risalit einem seit der Neorenaissance der 80er Jahre verbreiteten Typus. Die Anpassung an den Geschmack der 90er Jahre erfolgt vor allem durch den Dekor, der im Risalit besonders reich und üppig ist. Hinzu kommen hier als Motive ein Altan im EG und ein auf Konsolen sitzender Balkon mit kunstvollem Ranken-Korbgitter im 1. OG. Die Fenster- und Fenstertürbekrönungen

verwenden reichlich Rokokoformen, die z. T. frei stuckiert sind. Unter den vielen wertvollen Details beeindruckt u. a. die seitlich gelegene, mit Schnitzereien verzierte Eingangstür mit dekorativem Glasdach. Das prachtvolle Treppenhaus bewahrt in den Fenstern Fragmente der bemalten Buntglasscheiben. Die Treppe begleitet ein preziöses Rankengitter, die Wandfelder rahmt stuckiertes Bandelwerk mit Einfluß des Jugendstils. Zur Villa gehört eine schöne Einfriedung mit ornamentiertem Gitter und gebänderten Pfosten nebst dreiteiligem Tor.
Kulturdenkmal aus künstlerischen Gründen.

Uhlandstr. 19
Fl. 165 Flst. 28

Bauantrag: 23. 8. 1900
Antragsteller: Hermann Reichwein
Architekt: ders.

Die längsrechteckige Villa auf relativ schmalem Gartengrundstück zeichnet sich durch einen originären Entwurf unter Einfluß des Jugendstils aus. Vor den Hauptbaukörper mit ländlichem Krüppelwalm tritt ein flacher seitlicher Risalit. Charakteristisch ist der hohe Schiffskielbogen des Risalitgiebels mit innerem Rundbogen und kräftiger, die Mitte betonender Stabwerkvorlage. Die in rotem Sandstein und Ziegeln betonte Linienführung erinnert an die Peter Behrens-Villa auf der Darmstädter Mathildenhöhe. Doch ist die Form hier im Sinne des Historismus eine rein dekorative. Hinter dem hohen Aufbau

verbirgt sich ein schlichtes Sparrendach. Neogotik und Jugendstil bestimmen wiederum die Bildung der modern anmutenden 3teiligen Risalitfenster. Als drittes Element treten neben dem erwähnten Walmdach andere ländliche Motive hinzu. Sehr reizvoll ist die in Holz konstruierte Eingangsveranda (heute zugesetzt) mit gesägtem Geländer am darüberliegenden Freisitz. Im Inneren befindet sich u. a. eine vertäfelte Treppenhalle. Die originale Einfriedung mit Dekoreisengitter und Tor ist in gutem Zustand. Bemerkenswert ist u. a. auch das vorzüglich gearbeitete schmiedeeiserne Geländer der Freitreppe.
Kulturdenkmal aus künstlerischen und stadtbaugeschichtlichen Gründen in Zusammenhang mit der Nachbarvilla Uhlandstr. 21.

Uhlandstr. 20
Fl. 165 Flst. 26

Bauantrag: 4. 10. 1900
Antragsteller: Fritz Müller
Architekt: Wilhelm Boué

Mit Diagonalturm auf die Ecksituation bezogene Villa in eklektizistischer Stilgebung zwischen Renaissance und Barock. Dabei bleibt der Baukörper mit Mittelrisalit und rechteckigem Vorbau zur Uhlandstraße insgesamt konservativ kubisch. Auch das Relief in Gliederung und Ornament wahrt eher spätklassizistisch zurückhaltende Formen. Wenig gestaltet ist die zur Schubertstraße gewandte Südseite mit nur geringem Abstand zur Grundstücksgrenze. Die hohe Grundstücksausnutzung mit quasi einseitiger Betonung der Hauptansicht ist kennzeichnend für die Zeit um 1900. Der malerische Reiz der künstlerisch und städtebaulich denkmalwerten Eckvilla wird durch die gut erhaltene Einfriedung mit besonders schönem Tor erhöht. Im Zugang beeindruckt ein besonders schönes Kleinpflaster.

Uhlandstr. 21
Fl. 165 Flst. 27

Bauantrag: 27. 11. 1900
Antragsteller: Hermann Reichwein
Architekt: ders.

Die Villa vertritt mit einiger Variation den gleichen Typus wie das Nachbarhaus Uhlandstr. 19 (vgl.). Auch hier ist der Einfluß des Jugendstils in der Linienführung des Blendgiebels u. a. unverkennbar, wobei nicht die secessionistische Neuerung ausschlaggebend gewesen sein dürfte, sondern der Versuch, die Gotik in neue phantasievolle Formen zu kleiden. Eine Besonderheit des Dekors sind hier Reliefs mit Tieren des Waldes vor allem in einigen zugesetzten Fenstern der Süd- und Nordseite. Die Bogenfelder der großen Risalitfenster zeigen vergleichbare Tiermotive. Die Eingangsveranda ist hier noch offen, doch sind Verdachung und Geländer vereinfacht erneuert. Die ursprüngliche Einfriedung – in Abwandlung derjenigen des Nachbargebäudes – ist mit dem Tor gut erhalten. Beide Villen sind beispielhaft für die planmäßig und kostensparend erstellte Villa, die dennoch den Anspruch des Individuellen und Repräsentativen zu wahren sucht.
Mit dem Nachbarhaus Nr. 19 Kulturdenkmal aus künstlerischen und stadtbaugeschichtlichen Gründen.

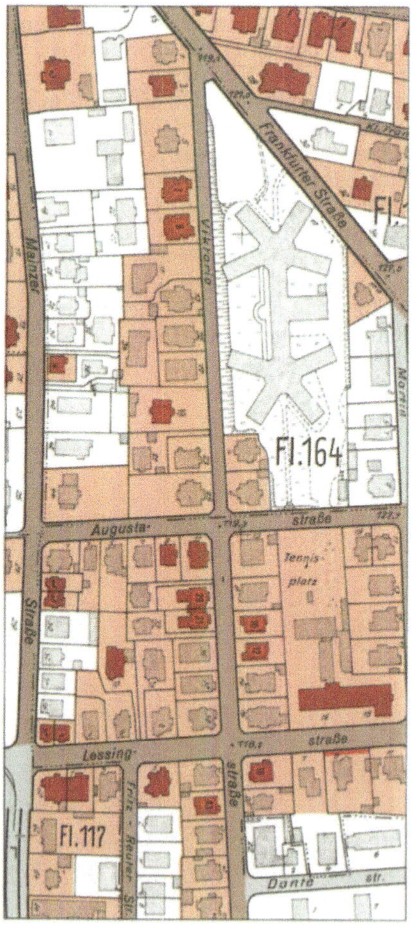

Viktoriastraße

1869 zur Erweiterung des östlichen Villengebiets eröffnet. Benannt nach Viktoria Adelaide Marie Luise, der Gemahlin Kaiser Friedrichs III., nach dessen Tod als Kaiserin Friedrich populär.

Viktoriastr. 3
Fl. 164 Flst. 7

Erbaut: 1871/72

Wohlproportionierter spätklassizistischer Villenkubus mit preziöser Rokokodekoration in Verbindung mit Formen der Renaissance. Da Barock und Rokoko als „Stile des Erzfeindes" vor dem Sieg im Deutsch-Französischen Krieg 1870/71 in Deutschland kaum Verbreitung fanden, legt die für die Erbauungszeit seltene Stilwahl eine Datierung nach 1871 nahe. Zu bedenken bleibt allerdings die kosmopolitische Situation der Bäderstadt. Der desolate Zustand der besonders schönen Villa hat seine Ursache in der Spekulation um die „City-Ost" in den 60er Jahren. Die Restaurierung ist beschlossen, auch wegen der ortsbildprägenden Qualität des Gebäudes für das platzartig weite Zusammentreffen von vier Straßen (Frankfurter, Viktoria-, Rhein- und Humboldtstraße).
Kulturdenkmal aus künstlerischen und städtebaulichen Gründen.

Viktoriastr. 7
Fl. 164 Flst. 15

Bauantrag: 12. 7. 1884
Antragsteller: Christian Dähne
Architekt: ders.

Große Mietetagenvilla als spiegelbildliches Pendant zum Nachbargebäude Nr. 9 (vgl.). Die künstlerische Gestaltung des mit gelblichen Ziegeln verblendeten Baus mit roter Sandsteingliederung steht unter dem Einfluß der Pariser École des Beaux-Arts und des dort gelehrten Neorenaissancestils. Die unterschiedliche Behandlung der Geschosse nobilitiert das 1. OG, wobei die Innenausstattung (heute verändert) für die 3 Hauptetagen fast identisch war. Im Gesamtentwurf überwiegt der Eindruck blockhafter Geschlossenheit, ja einer gewissen Klassizität. Die Qualität wird weniger durch Detailreichtum als durch Großzügigkeit definiert. Im Eingangsbereich der Viktoriastraße und im Sichtbereich der Frankfurter Straße ist aufgrund der großen Freifläche vor dem gegenüberliegenden großen Hotelbau die Villa als Ensemble mit Nr. 9 von bereichsprägender Wirkung. Kulturdenkmal aus künstlerischen und städtebaulichen Gründen.

Viktoriastr. 9
Fl. 164 Flst. 16

Bauantrag: 12. 7. 1884
Antragsteller: Christian Dähne
Architekt: ders.
Inschrift: „1886" im Risalitgiebel

Die von Dähne als Pendant zum Nachbarhaus Nr. 7 konzipierte Mietetagenvilla ist Kulturdenkmal aus künstlerischen und städtebaulichen Gründen. Zum Denkmalwert vgl. Viktoriastr. 7.

Viktoriastr. 10
Fl. 41 Flst. 473/149

Bauantrag: 17. 9. 1892
Antragsteller: Christian Dähne, Architekt
Architekt: ders.

Villa im altdeutschen Renaissancestil bei asymmetrischer Anlage mit seitlichem Risalit mit Verandavorbau und hohem Schaugiebel. Zu den gerade für den Neorenaissancestil beliebten Baumaterialien – Ziegel, Sandstein, Schiefer, Eisen – tritt als zusätzliches, die Polychromie verstärkendes Element auf Hochglanz polierter Marmor in den Säulen des Verandavorbaus. Gegenüber der beeindruckend reichen Fassadengestaltung sind die wegen des schmalen Grundstücks wenig einsehbaren Abseiten relativ einfach behandelt. Der insgesamt gute Erhaltungszustand bringt die handwerklich sorgfältig behandelten Details voll zur Geltung. Mit geringen Abweichungen in der Fassadenbildung tritt der Typus der kleineren Neorenaissance-Villa in der Viktoriastraße mehrfach auf (s. die Nrn. 10, 12, 39 sowie das Eckgebäude Nr. 43). Von Dähne als Bauunternehmer und Architekt in einer Person erstellt, entsprach der Entwurf der Nachfrage eines durchaus konservativen Geschmacks. Die Bauten wurden in der Zeitschrift „Moderne Neubauten", 1895, neben Beispielen aus

Frankfurt, Köln, München, Wien u. a. veröffentlicht und großformatig abgebildet. Die stilistisch entsprechende Einfriedung mit eisernem Ziergitter auf niedriger Ziegelmauer ist wohlerhalten. Kulturdenkmal aus künstlerischen und stadtbaugeschichtlichen Gründen.

Viktoriastr. 12
Fl. 41 Flst. 474/149

Bauantrag: 17. 9. 1892
Antragsteller: Christian Dähne
Architekt: ders.
Inschrift: „1893“ im Risalitgiebel

Die Neorenaissancevilla ist spiegelbildliches Pendant zum Nachbarhaus Nr. 10 bei veränderter Frontispizgestaltung wie Variation der schmückenden Einzelformen insgesamt. Als bauunternehmerisches Projekt (typengleich sind auch die ebenfalls von Dähne erstellten Villen Viktoriastr. 39 u. 43) verbindet sie den geforderten individuellen Repräsentationswert mit Rentabilität. Die zum Entwurf gehörende Einfriedung in der Art von Nr. 10 ist gut erhalten und vervollständigt den Eindruck. Kulturdenkmal aus künstlerischen und baugeschichtlichen Gründen. Zum Denkmalwert vgl. auch Viktoriastr. 10.

Viktoriastr. 18
Fl. 41 Flst. 951/152

Bauantrag: 25. 7. 1896
Antragsteller: H. J. Wiederspahn
Architekt: Theodor Wiederspahn

Städtebaulich markante Eckvilla mit roter Ziegelverblendung und hellockerfarbener Sandsteingliederung. Die abgefaste Ecke durch Verandavorbau und Giebelbekrönung mit Risalitwirkung schafft den diagonalen straßenräumlichen Bezug auch zu der als städtebauliches Pendant konzipierten Eckvilla Viktoriastr. 39. Repräsentative Seitenrisalite mit Frontispiz und Verandavorbauten in Sandstein bzw. Naturstein vorgebenden Teilen verleihen den straßenparallelen Ansichten die gewünschte anspruchsvolle Note. Gerade bei der hohen Ausnutzung des Grundstücks und der damit verbundenen räumlichen Knappheit erscheinen Veranden und Balkone wie Zitate. Deren räumliche Qualität entspricht dem Modus im Stil von Renaissance und Barock.
Kulturdenkmal aus künstlerischen und städtebaulichen Gründen.

Viktoriastr. 19
Fl. 164 Flst. 34

Erbaut: um 1860

Die heiter anmutende Villa in zurückgesetzter Gartenlage verkörpert einen späten Höhepunkt im Rahmen des romantischen Klassizismus in Wiesbaden. Gradlinigkeit und strenge Geschlossenheit des Kubus scheinen durch den halbrunden Altan, der dem Mittelrisalit über 2 Geschosse vorgebaut ist, aufgelöst. Zur plastischen Qualität seiner architektonischen Glieder stimmt die körperhafte Schwere der die Bogenstellung des Belvedere im 1. OG stützenden Karyatiden. Im Gegensatz zu dem reichen Licht-Schatten-Spiel im Belvedere steht die Flächigkeit auf darübersitzender Giebelwand. Der klassizistischen Spröde und Schwerelosigkeit wird innerhalb der Seitenachsen durch organisch anmutenden Dekor auch im Bereich der Fenster begegnet. Von ausgewogenen Proportionen ist die auf vornehme Repräsentation bedachte Villa frühes Zeugnis der Integration industriell gefertigter Elemente (Karyatiden von der Wiesbadener Firma Höppli) in einen individuellen Entwurf.
Kulturdenkmal aus künstlerischen Gründen.

Viktoriastr. 29/31
Doppelvilla
Fl. 41 Flst. 938/144; 386/144

Bauantrag: 27. 5. 1890
Antragsteller: C. Otto und F. Eschenbrenner
Architekt: Wilhelm Runge

Die beiden in sich symmetrisch gestalteten Trakte der Mietetagenvilla sind mit ihren Treppenhausachsen zu einem langgestreckten blockhaften Baukörper aneinandergefügt. Seine Geschlossenheit und Schwere wird durch die sich zum Straßenraum öffnenden Verandavorbauten aufgelockert. Einen Akzent malerischer Verspieltheit setzen die dekorativen geschmiedeten Balkongitter. Zurückhaltend ist der Baudekor in stuckierten Motiven der nordischen Renaissance, die in einem gewissen Gegensatz zur kubischen Grundkonzeption der Anlage stehen. Der Erhaltungszustand der beiden Gebäudehälften ist unterschiedlich. Bei Nr. 29 ist die stilistisch konforme Einfriedung mit Dekoreisengitter und renaissancistischen Torpfosten erhalten.
Kulturdenkmal aus künstlerischen Gründen.

Viktoriastr. 43
Fl. 41 Flst. 570/146

Bauantrag: 30. 9. 1893
Antragsteller: Christian Dähne, Architekt
Architekt: ders.

Die in „Moderne Neubauten" 2. 1895 veröffentlichte Villa wiederholt noch einmal den von Dähne auch mit den Villen Viktoriastr. 10 u. 12 (vgl.) verwirklichten Typus. Die Änderungen sind geringfügig. Auch hier verwendete Dähne Ziegel und roten Sandstein in stilistisch altertümelnder Manier, wie sie in der nordischen Neorenaissance der 80er Jahre als nationaler Epochenstil besonders beliebt war und in die 90er Jahre fortwirkte. Der seitliche Risalit mit hohem Frontispiz, vor dem Risalit ein Verandavorbau mit polierten Säulen, schafft das gewünschte pittoreske wie repräsentative Erscheinungsbild. Dabei konnten durch quasi serielle Herstellung die Baukosten relativ niedrig gehalten werden.
Die mit ihrer stilistisch adäquaten Einfriedung erhaltene Villa ist Kulturdenkmal aus stadtbaugeschichtlichen und künstlerischen Gründen.

Viktoriastr. 43, um 1895

Warmer Damm

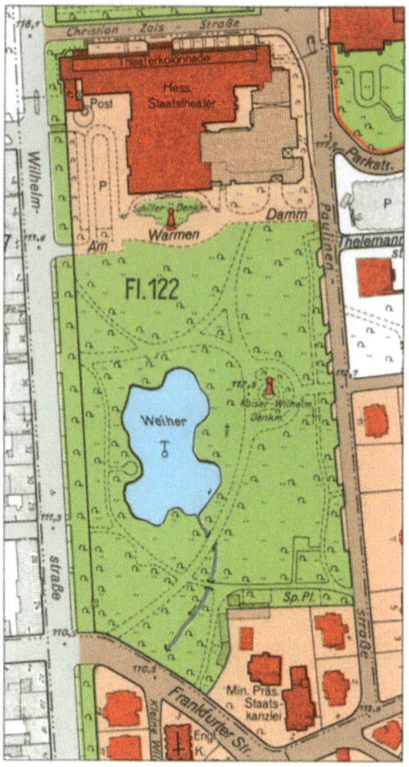

Die 1859/60 als Landschaftspark gestaltete öffentliche Grünanlage Warmer Damm ist Teil der Gesamtanlage I, östliches Villengebiet (vgl.). Das Areal zwischen Wilhelmstraße und Paulinenstraße, Frankfurter Straße und Theaterkolonnade wurde auf Betreiben des Herzogs aus dem Ertrag der Spielgelder von der Stadt angekauft. Die auf dem Gebiet befindliche Pletzmühle und eine Ziegelhütte wurden abgeräumt. Der Weiher wurde als Teil des malerischen Parkkonzepts neu angelegt. Die Planung lag in den Händen des Biebricher Gartenbaudirektors Carl Friedrich Thelemann. Der Name ist die alte Distrikt-Bezeichnung. Im Parkbereich befinden sich zwei Denkmäler, die den Rang von Kulturdenkmalen haben.

Kaiser Wilhelm-Denkmal
Fl. 122 Flst. 4/1

Das Denkmal Kaiser Wilhelm I. befindet sich in Höhe des Zuganges von der Paulinenstraße im Bereich des Ringwegs. Der halbkreisförmige Platz mit kleinem Mittelrondell liegt in der tiefen Blickachse, die den Park von der Wilhelmstraße über den Weiher hin in seiner Tiefe erschließt. Das am 16. 10. 1894 enthüllte Denkmal wurde nach einem Entwurf von Johannes Schilling von dem Florentiner Bildhauer Rafaelo Celai geschaffen. Das 3,52 m hohe Standbild des Kaisers besteht, wie auch der würfelförmige Hauptsockel, aus weißem Marmor, der Untersockel ist aus rötlichem Granit. Der Monarch ist als etwa 70jähriger in kleiner Generals-Uniform dargestellt, die linke Hand neben dem Degen, die rechte in einem huldvollen Gruß-Gestus vorgestreckt. Die Inschrift auf der Vorderseite des mit Festons gezierten Sockels lautet: „Kaiser Wilhelm I./Die dankbare Stadt/ Wiesbaden." Die Abseiten sind mit Reliefs geziert, in deren Motiven Psyche, Hygieia und eine Quellnymphe die jeweiligen Hauptfiguren sind.
Als man 1888 in Wiesbaden begann, Spenden für die Errichtung eines Denkmals für den vormaligen Kaiser zu sammeln, wurde auf die für die Attraktivität der Kurstadt wichtigen Besuche Wilhelms I. verwiesen: so im Sommer 1867 der erste Besuch in dem neu erworbenen Landesteil, im Juli 1871, August 1872, Mai 1874, April 1875, 76 und 77, im November 1878, nach den Attentaten Hödels (1. 5. 1878) und Nobilings (2. 6. 1878), ferner im April 1879, 80, 81, 82, 83 sowie am 27. und 29. September 1883 anläßlich der Enthüllung des Niederwalddenkmals und zuletzt 1884. Die Enthüllung des Denkmals erfolgte anläßlich des ersten offiziellen Besuches Kaiser Wilhelm II. am selben Tag wie die Eröffnung des neuen Hoftheaters (16. 10. 1894).

Schiller-Denkmal
Fl. 122 Flst. 4/4

Im Jubiläumsjahr 1905 (100. Wiederkehr von Schillers Todestag) entstand das Schiller-Denkmal vor dem Südportikus des neuen Hoftheaters. Die Parkanlage grenzte damals auch seitlich unmittelbar an den Theaterneubau, bzw. wurde dieser als Anbau an die Kolonnaden in den Warmen Damm hineingebaut. Das Denkmal wurde von dem Berliner Bildhauer Joseph Uphues geschaffen; sein Standort ist unmittelbar auf die Mittelachse des Portikus bezogen. Auf hohem Sockel erscheint das Standbild des ewig jungen Schillers in deklamatorischer Pose. Auf einer Sockelbank zu seinen Füßen sitzt in der vorderen Mitte eine als Tragödie inschriftlich bezeichnete Frauengestalt. Die beiden Abseiten schmücken antikische Masken der Tragödie und Komödie. Die schlichte Inschrift „SCHILLER" auf der Vorderfront des Sockels findet in der Architravinschrift des als Hintergrundskulisse beziehungsreich erscheinenden Theaterportikus ihre Ergänzung. Mit den Worten Schillers besagt sie: „Der Menschheit Würde ist in Eure Hand gegeben. Bewahret sie!"
Dem Schiller-Denkmal am Warmen Damm ging 1866 ein Schiller-Denkmal mit galvanoplastischer Büste des Dichters am Kaiser-Friedrich-Platz voraus, das Johann Baptist Scholl d. J. schuf. Die Bemühungen um dieses Denkmal hatten den 100. Geburtstag Schillers zum Anlaß. 1859 kam es jedoch lediglich zur Pflanzung einer Schiller-Linde am ehemaligen Friedrichsplatz, der damit zum Schillerplatz umbenannt wurde. 1897 wurde das Denkmal durch ein von Joseph Uphues geschaffenes Standbild Kaiser Friedrichs ersetzt.

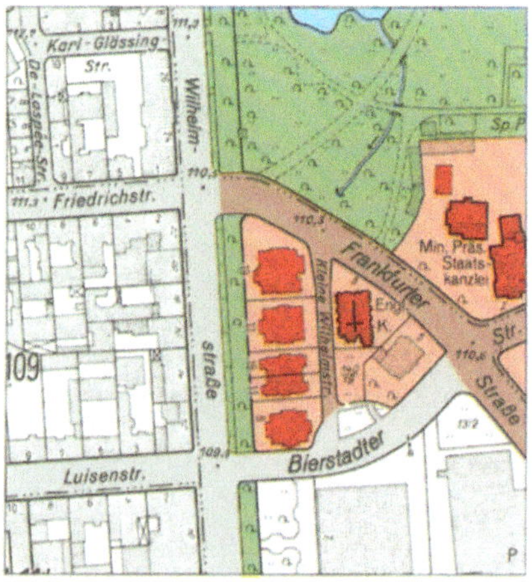

Wilhelmstraße

1805 von Baudirektor C. F. Goetz geplant und 1817 angelegt. Ab 1876 Villenbebauung der Ostseite bis zum Warmen Damm. Benannt nach Herzog Wilhelm von Nassau (Regierungszeit 1816–1839).

Wilhelmstr. 9
Fl. 120 Flst. 65/1

Erbaut: ca. 1874

Hervorragender Villenkubus in der Art der italienischen Neorenaissance der 70er Jahre. Der exponiert stehende 3½geschossige Bau mit auskragendem Flachdach ist aufgrund der Ecklage auf Allseitigkeit angelegt. Durch Risalitbildung oder Betonung durch Pilasterrahmung werden jeweils die Mittelachsen hervorgehoben. Hinzu kommen Verandavorbauten an 3 Seiten; die Stützglieder folgen der klassischen Ordnung – dorisch, ionisch, korinthisch. Die mehrere Reliefschichten ausbildende Plastizität der Gliederung schafft ein malerisches Erscheinungsbild, wie es die impressionistische Sehweise der Zeit wünschte. Im ganzen beeindruckt die Stilsicherheit des Entwurfs.
Die guterhaltene Villa ist Kulturdenkmal aus künstlerischen und städtebaulichen Gründen, letzteres auch im Ensemble mit den Nachbarvillen.

Wilhelmstr. 11/15
Doppelvilla
Fl. 120 Flst. 74/2; 73/2

Bauantrag: 14. 8. 1880
Antragsteller: Dr. med. C. Wiegandt
Architekt: Alfred Schellenberg

Im italienischen Neorenaissancestil konzipierte Doppelvilla in der in den 80er Jahren besonders beliebten Materialverbindung von roten Ziegeln mit rotem Sandstein. Im malerischen Erscheinungsbild der symmetrischen Anlage dominieren in der Hauptansicht die seitlichen Risalite mit Segmentgiebelabschluß und schwerem Verandavorbau. Der dorischen Ordnung in den Säulen der Veranda folgen 1. OG und Mezzanin zusammenfassende Kolossalpilaster mit Kompositkapitellen, wobei die ionische Ordnung in der Fensterteilung des 1. OG vertreten ist. Die insgesamt feudale Wirkung wird auf den Seiten und der zur Kleinen Wilhelmstraße orientierten Rückseite

abgeschwächt. Auf die Wandflächen gliedernde Säulen wie auf Pilaster wurde verzichtet, ebenso auf die ädikulaartige Rahmung der Fenster, mit Ausnahme der Beletage (= 1. OG). Risalite und Verandavorbauten schaffen freilich auch hier eine profilierte Ansicht, die ihre Qualität vor allem in Zusammensicht mit der ebenfalls in Ziegeln errichteten Anglikanischen Kirche (vgl. Frankfurter Str. 3) entfaltet.
Kulturdenkmal aus künstlerischen Gründen und wegen der städtebaulichen Bedeutung im Ensemble mit den Nachbarvillen.

Wilhelmstr. 17
Fl. 120 Flst. 97/1

Bauantrag: 21. 2. 1881
Antragsteller: Alfred Schellenberg, Architekt
Architekt: ders.

Der im Stil der italienischen Renaissance vorzüglich gestaltete Villenkubus nimmt die Proportionen des Eckgebäudes Nr. 9 (vgl.) wieder auf. Beide Villen sind als Putzbauten mit farblich angepaßten Sandsteingliedern konzipiert, während die Doppelvilla Nr. 11/15 (vgl.) durch ihre Ziegel-Sandstein-Ästhetik einen pittoresken Akzent setzt und die folgende Neorenaissancevilla (Frankfurter Str. 1, Villa Clementine, vgl.) in Werkstein ausgeführt ist. Im Gegensatz zur etwa 10 Jahre älteren Nr. 9 häufen sich hier die Gliederungs- und Ornamentmotive zu füllender Dichte. Stilecht ist der weite Dachüberstand empfunden, dazu das kräftig profilierte Kranzgesims. Zu den Besonderheiten der in ihren Details gut erhaltenen Villa gehören die Schiebeläden. Kleinere Veränderungen am Bau wurden um 1910 vorgenommen. Aus dieser Zeit stammen auch die Glasdächer der Freisitze im 2. OG bzw. EG der Rückseite. Hier dürfte allerdings der gesamte Verandavorbau um 1910 entstanden sein.
Kulturdenkmal aus künstlerischen Gründen und wegen der städtebaulichen Bedeutung im Ensemble mit den Nachbarvillen.

Gesamtanlage II: Nördliches Villengebiet

Abeggstraße 1 - 21; 2 - 10
Adolfsberg 2; 3
Ahornweg 1/1a/1b - 3
Dambachtal 1 - 19, 37 - 45; 2 - 40
Dambachtalanlage
Demminsweg 1
Freseniusstraße 7 - 53
Geisbergstraße 6 - 24, 44 - 46
Händelstraße 8 - 14
Hohenlohestraße 7
Idsteiner Straße 1 - 25; 2 - 18
Kapellenstraße 1 - 39, 43 - 97; 2 - 46, 66 - 82
Königstuhlstraße 3
Kreidelstraße 1 - 11; 2a - 4
Kuranlage (Parkanlage in Verlängerung des Kurparks)
Kurbezirk mit Kurhaus, Brunnenkolonnade, Theaterkolonnade, Theater, Bowling-Green, Kurpark
Leberberg 4, 14
Mozartstraße 1 - 9
Neubauerstraße 4 - 12
Neuberg 12 - 14, 20
Richard-Wagner-Straße 19 - 25; 26 - 36
Rößlerstraße 1 - 7; 10 - 12
Rosselstraße 1 - 9, 19, 35; 2 - 8, 18 - 22
Schöne Aussicht 5 - 7, 29 - 59; 8 - 46
Sonnenberger Straße 3 - 47; 14 - 80a
Thomaestraße 1 - 13
Tränkweg

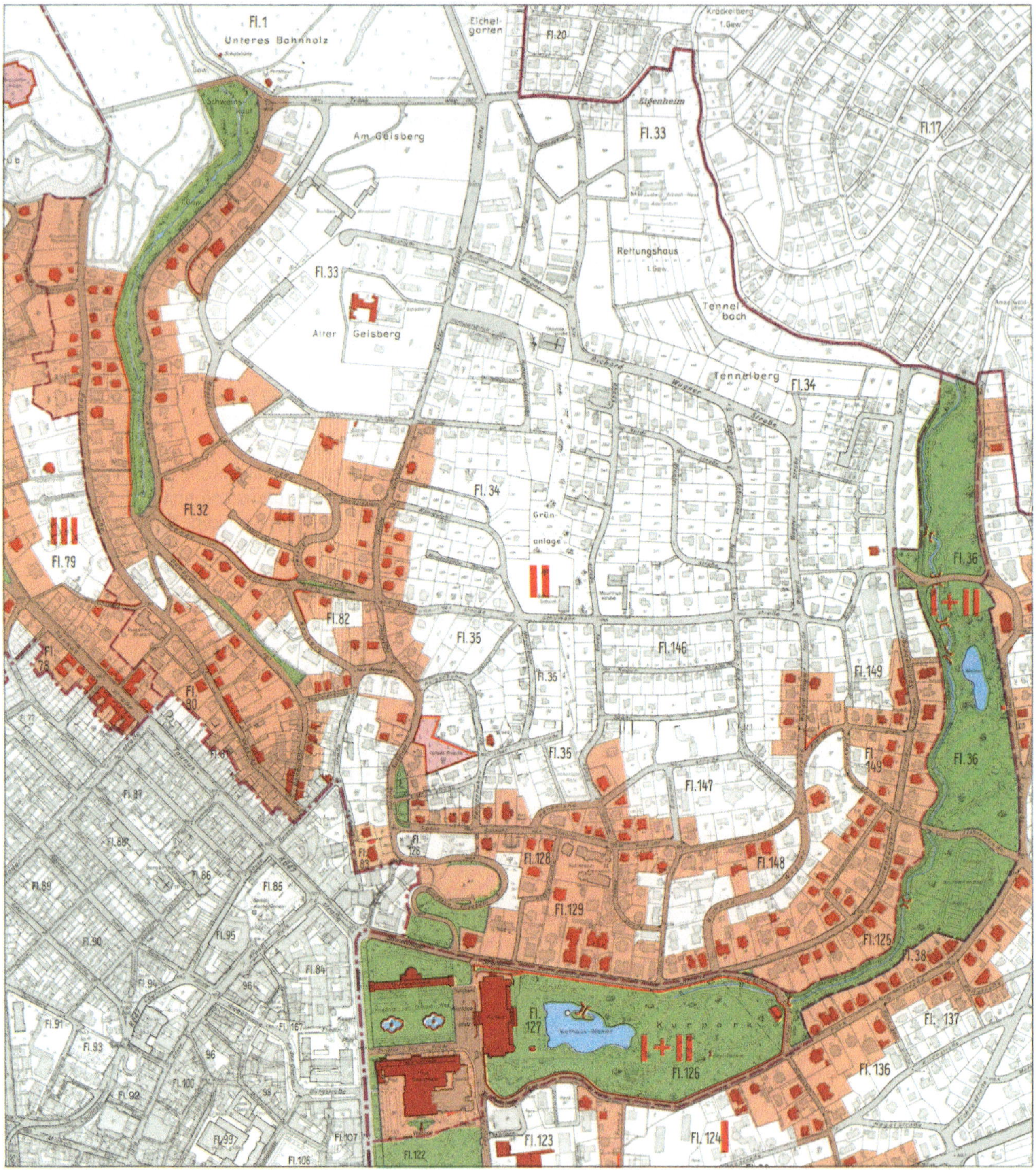

Gesamtanlage II: Nördliches Villengebiet

M 1:10000

Luftaufnahme des Nördlichen Villengebiets aus Richtung Süden

Äußere Abgrenzung der Gesamtanlage
Die Gesamtanlage erstreckt sich jenseits von Sonnenberger Straße und Taunusstraße über die nördlichen Hanglagen der Stadt. Im Norden verläuft die Grenze im Weichbild der historischen Bebauung. Die südwestliche Grenze markiert die in den Stadtwald mündende Kapellenstraße. Die südliche verläuft oberhalb der Taunusstraße, umfaßt den Kurbezirk und führt weiter entlang der Parkstraße, die Richtung Norden dreht und somit auch die östliche Grenzlinie markiert. Der kurze Abschnitt der linksseitigen Bebauung der Parkstraße bleibt ausgenommen. Mit Kurbezirk, Kurpark und Kuranlagen deckt sich die Gesamtanlage II mit dem östlichen Villengebiet (Gesamtanlage I).

Fläche der Gesamtanlage
Wie auch im östlichen Villengebiet ist die Fläche der Gesamtanlage innerhalb der angegebenen Grenzen von unregelmäßiger, nicht immer geschlossener Gestalt. Größere Lücken entstanden vor allem durch mangelhaft angepaßte Ersatzbauten aus Nachkriegs- und neuerer Zeit. Zudem entwickelte sich das Wachstum des nördlichen Villengebiets nicht in gleicher Weise flächendeckend wie im Osten. Die größte Dichte erreicht die historische Bebauung vor allem an den langen Radialwegen: der Sonnenberger Straße, Idsteiner Straße, Dambachtal, Freseniusstraße und Kapellenstraße, ebenso beidseitig der in Ost-West-Richtung verlaufenden Schönen Aussicht.

Grundsätzlich wurde die Gesamtanlage dort ausgewiesen, wo die Bebauung in ausreichender Dichte von der historischen Struktur des Viertels zeugt und damit Architektur und Geschichte des Städtebaus als Dokument der Stadtentwicklung Wiesbadens lebendig zur Anschauung bringt. Einbezogen sind die zugehörigen Straßen, in wenigen Fällen über die Bebauung der Gesamtanlage hinaus, wenn sie in ihrer historischen Gestalt unverändert weiterführen oder besonders charakteristisch im historischen Straßennetz sind. Die Integration des alten Judenfriedhofs auf der schönen Aussicht in die Gesamtanlage ist sinnvoll, da gerade im 19. Jahrhundert seine malerisch parkartige Ästhetik romantisierend in den Kontext des benachbarten Villen- und Gartenbaus miteinbezogen wurde. Hinzu kommt als Teil des städtebaulichen Konzepts des frühen 20. Jahrhunderts die Dambachtalanlage als öffentlicher Park.
Kurbezirk, Kurpark und die daran anschließende Kuranlage wurden bereits als Bereiche des östlichen Villengebiets beschrieben. Tatsächlich sind sie vom nördlichen Villengebiet ebensowenig zu trennen und für Genese und Gestalt beider Viertel gleich bedeutend. Zudem schaffen die Parkanlagen zwischen beiden Villenvierteln einen städtebaulichen Zusammenhang von großer malerischer Qualität. Eine Grenzziehung im Sinne einer Zäsur zwischen den beiden Gesamtanlagen ist nicht möglich. Topographisch und städtebaulich sind die Übergänge fließend. Dasselbe gilt für die Grenzziehung entlang der Kapellenstraße, deren einseitige Bebauung das Bild der anschließenden Gesamtanlage Nerotal mitbestimmt.

Blick von Südosten, im Vordergrund das Dambachtal und die Geisbergstraße

Blick von Südosten, im Vordergrund der Adolfsberg und die Schöne Aussicht

Unterteilung der Gesamtanlage

Zur besseren Übersicht läßt sich eine Unterteilung der großflächigen und weitverzweigten Gesamtanlage in den östlichen Abschnitt IIa und den westlichen Abschnitt IIb vornehmen. Eine mögliche Trennung ist durch die aus dem Idsteiner Weg hervorgegangene Idsteiner Straße gegeben. Als Radialweg und Hauptachse in Nord-Süd-Richtung durchläuft sie das nördliche Villengebiet in ganzer Länge, dabei zwei Hälften scheidend.

Topographie und Straßennetz

Das nördliche Villengebiet erstreckt sich oberhalb der Taunusstraße und der Tallage von Kurbezirk, Kurpark und Kuranlage über die Nordhänge der im Kessel gelegenen Stadt. Anders als im Osten der Stadt gehen die Nordhänge über in die bewaldete Hügellandschaft des Taunus. Mit der Platte (500 m) erreichen sie für Wiesbaden ihren höchsten Punkt. Zum Stadtinneren und dem in Kurpark und Kuranlagen aufgegangenen Tal des Rambachs senkt sich ein weiter gerundeter Hangrücken. In der Fallinie wird er durch die Geisbergstraße und Idsteiner Straße (ehemals Trompeterstraße, dann Idsteiner Weg) erschlossen. Westlich der oberen Geisbergstraße und Idsteiner Straße senkt sich das Gelände zum hoch gelegenen Dambachtal. Jenseits des Dambachtals läuft entlang der Kapellenstraße als Gratweg eines auf der Gegenseite über den Thorberg zum Nerotal abfallenden Höhenrückens die Grenze der Gesamtanlage.

Im Straßennetz der Gesamtanlage sind im Unterschied zum östlichen Villengebiet die gekurvten Wege in der Mehrzahl. Die Ursache liegt vor allem in der Notwendigkeit, steilere Hanglagen sowie größere Geländeunebenheiten zu bewältigen. Ein Großteil der Straßen – und gerade derjenigen, die den Hang radial erschließen – sind organisch aus landwirtschaftlichen Verkehrswegen hervorgegangen. Zu den Verkehrsadern, die Wiesbaden mit den Nachbarorten verbinden, gehörte die aus dem Idsteiner Weg hervorgegangene Idsteiner Straße. Der nach Sonnenberg führenden Sonnenberger Straße ging der Sonnenberger Weg voraus.

Beim Ausbau der bereits vorgezeichneten Straßen wurde der Verlauf in Innenstadtnähe in einigen Fällen korrigiert. Nur wenige Straßen entstanden im Zuge der Villenbebauung planmäßig. Angaben zur Konzeption neuer Straßen sind in den Generalbebauungsplänen (Carl Boos 1856, Carl Friedrich Thelemann 1862, Alexander Fach 1871, Reinhold Baumeister 1894, Karl Frobenius 1905) im einzelnen kaum zu finden. Bei Boos wird die Notwendigkeit angesprochen, die Steigung am Cansteinberg um einige Prozent zu senken, womit er ein allgemeines Problem bei den oft für die verkehrliche und bauliche Erschließung zu steilen Hanglagen aufgreift. Boos war es auch, der für die Schöne Aussicht die gleichnamige Straße projektierte, die oberhalb von Kurpark und Kuranlagen auf einer Hangterrasse verläuft.

Die Dambachtal-Anlage um 1910

Historisch-städtebauliche und baukünstlerische Qualität

Die Gesamtanlage umfaßt bei wohlerhaltenem historischem Straßennetz mehrere ineinanderübergehende Bereiche von hervorragender, den Städtebau des 19. Jahrhunderts bis heute repräsentierender Qualität. An Kurpark und Kuranlage hat das nördliche Villengebiet den gleichen Anteil wie das östliche Villengebiet. Eine vergleichbare Situation malerischen Übergangs von bebauter Fläche zu den öffentlichen Grünanlagen bietet sich mit der unter Stadtbaumeister Felix Genzmer 1898/99 zwischen Kapellenstraße und Freseniusstraße geschaffenen Parkanlage Dambachtal. Das gestalterische Konzept der Anlage folgt der für den Gartenbau des ganzen 19. Jahrhunderts verbindlichen Vorstellung vom romantisierenden Landschaftspark. Wie in der Theorie des Landschaftsparks als vorbildlich beschrieben, geht die Anlage hier über in die freie Natur des Wiesbadener Stadtwaldes.

Das Stadtbild bewahrt im Dambachtal eine atmosphärische Dichte, die beispielhaft den gegen 1900 von Camillo Sitte und Karl Henrici propagierten künstlerischen Städtebau vor Augen führt. Den Tendenzen dieser allen Schematismus im Städtebau bekämpfenden neuen Richtung kam die im nördlichen Villenviertel oft anzutreffende gekurvte Wegeführung sehr entgegen. Neue Straßen, wie 1906 die Rosselstraße, wurden in Serpentinen angelegt, als gerade im Abschnitt IIb der Gesamtanlage um 1900–1914 eine Vielzahl neuer Villen entstanden: so in der oberen Kapellenstraße, im oberen Dambachtal und in der Freseniusstraße, in der Thomaestraße und Rosselstraße. Vorbildlich ist mit diesem Zeitabschnitt die Villenarchitektur der letzten Historismusphase repräsentiert: im von England beeinflußten Landhausstil, neoklassizistisch, seltener in secessionistischer Tendenz, aber auch nach wie vor im altertümelnden Stil in der Nachfolge der Neorenaissance der 80er Jahre. Der pittoreske Motivreichtum spielt nicht zuletzt für die phantasievollen, oft ländlich anmutenden Dachlandschaften eine wichtige Rolle, vollzieht sich doch hier besonders augenfällig die gewünschte Korrespondenz zwischen Architektur und Natur. Als bis heute überzeugende städtebauliche Lösung gestaltet sich der harmonische Übergang von Villa zu Garten, Park und Landschaft.

Das im ganzen malerisch durchgrünte Bild der Gesamtanlage umfaßt freilich mehrere historische Dimensionen. Aufgrund

Die Villen Kapellenstr. 91/93/95, 1909

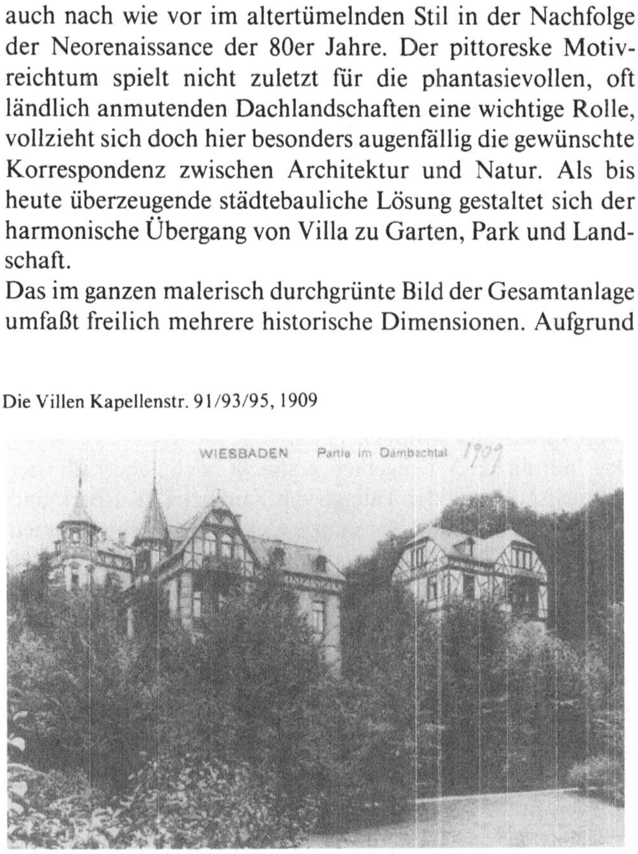

Blick von Südwesten auf die Schöne Aussicht, ganz rechts das Rotes-Kreuz-Krankenhaus

der sukzessiven Bebauung der Straßen von innen nach außen dominieren nahe der Innenstadt die kleineren Landhauskuben nassauisch-spätklassizistischer Bauart. In der Kapellenstraße und im Dambachtal folgen sie erst im Anschluß an die noch zu erläuternde geschlossene Bebauung der unteren Straßenabschnitte. Während hier die weitere Bebauungsabfolge – wenn auch z. T. mit großen Sprüngen – durchaus chronologisch verläuft, ist die Chronologie in der langen und historisch besonders intensiven Sonnenberger Straße vielfach gebrochen. Alte Villen wurden durch damals moderne, größere und oftmals wirtschaftlichere Neubauten ersetzt und mischen mit Ersatzbauten heutiger Zeit das Bild zu größter Vielschichtigkeit. Vertreten sind darin letztlich alle historistischen Stilphänomene zwischen Spätklassizismus und Neoklassizismus, ja eine Reihe damals moderner Einfamilienhäuser in der Richard-Wagner-Straße führen die Abkehr vom repräsentativen Historismus parallel zu dessen letzten Spielarten vor Augen.

Kreuzung Sonnenberger / Gustav-Mahler- / Mozartstraße

Für die Ästhetik der immer wieder anders gestalteten Villen gilt auch das im Zusammenhang mit der baukünstlerischen Qualität des östlichen Villengebiets Gesagte (vgl. Gesamtanlage I). Schon in den Baumaterialien weichen die Villenentwürfe phantasievoll voneinander ab. Zusammen mit den ebenso abwechslungsreich gestalteten Einfriedungen der noch heute oft parkartig bepflanzten Villengärten konstituieren sie in Verbindung mit dem Straßengrün und den Straßen selbst den städtebaulichen Raum, dessen Gesamtgestalt der gut geschulte historistische Architekt zur Schaffung eines stimmungsvollen Gesamteindrucks immer im Auge behielt. So verläuft die Abfolge der meist im „Alignement" erstellten Villen in Rhythmen und wird Monotonie durch markante pittoreske Motive vermieden, die als Merkzeichen den Straßenraum akzentuieren.

Zu den hervorragenden Straßen im Viertel gehört die Schöne Aussicht mit vielen besonders reichen Villenbauten. Als Straße im gleichnamigen Distrikt wurde sie von Boos geplant, doch fand der Ort als „locus amoenus" schon bei Zais Erwähnung. Zu den Besonderheiten der Schönen Aussicht gehört das kleine Rotes-Kreuz-Krankenhaus (Nr. 14), ein der Villenbebauung gut angepaßter pittoresker Ziegelbau der 90er Jahre.

Wie auf der auch so benannten Schönen Aussicht bietet der Nordhang im Ganzen die mannigfachsten Blickzüge und

Abeggstraße, Nr. 11 abwärts

Dambachtal, Nr. 14 abwärts

Dambachtal, Nr. 15 abwärts

Freseniusstraße, Nrn. 27 u. 29

Kreuzung Idsteiner / Geisbergstraße

Kreuzung Idsteiner / Königstuhlstraße

Kapellenstraße Nr. 1 ff.

Kapellenstraße Nr. 79 ff.

Kapellenstr. 42, ehem. Augenheilanstalt

Kapellenstr. 91/93/95 zur Dambachtal-Anlage

Kreuzung Mozart- / Sonnenberger Straße

Neubauerstraße, Nr. 12 abwärts

Schöne Aussicht, Nr. 43 ff.

Sonnenberger Straße, Nr. 60 ff.

Sonnenberger Straße, Nr. 20 ff.

Rosselstraße, Nr. 3 ff.

Dambachtal-Anlage

Blick durch die Kuranlage mit Villen der Sonnenberger Straße

Kuranlage / Chaisenweg

Kuranlage / Gehweg

Rundblicke über weite Teile von Stadt und Land bis hin zum Rhein und die jenseits davon gelegene Hügellandschaft. Schon Goethe pries den Fernblick von der Höhe des Geisbergs (vgl. Goethewarte, Liebigstraße im Katalog der Kulturdenkmale), wenn auch unter anderen Vorzeichen als das fortgeschrittene 19. Jahrhundert, das eine besondere Vorliebe für das Panorama entwickelte, ja diesen Begriff recht eigentlich prägte. Organisch setzt sich das Bild der Stadtlandschaft über Kurpark und Kuranlage hin fort und verbindet sich mit dem östlichen Villengebiet zu einem großen Ganzen.

Palais von Hagen

Dokument von Stadtbaugeschichte und Stadtentwicklung

Am Nordhang entstanden oberhalb der Wilhelmstraße mit dem Haus des Anwalts Bermbach und dem Palais des Freiherrn von Hagen zwischen 1824 und 1827 die ersten beiden Landhäuser der Stadt. Christian Zais selbst legte 1818 das Bauprojekt des Obersten von Hagen der Regierung vor, begleitet von dem Kommentar: „Es würde ganz der Natur und Bestimmung der Anlagen am Gesellschaftshaus entgegen sein, auf diesem mittägigen Abhang, der den Anlagen ihren schönsten Reiz gibt, das Aufbauen gemeiner bürgerlicher Häuser zu gestatten, indem diejenigen, welche diese Anlagen besuchen, ein erhöhtes Leben und besseres Daseyn genießen und empfinden und nicht in gemeyne Scenen eingeführt seyn wollen, welche ihnen durch solche Niederlassungen überall begegnen würden.“ Zais hatte sich zum Anwalt des „edleren Teils des Publikums“ gemacht und wohl begriffen, „daß hier in einer sich von Politik und Revolution zurückziehenden Gesellschaft Abgeschlossenheit und Reserviertheit gefordert wurde.“

1840 wurde das Palais des Freiherrn von Hagen abgeräumt und bis 1845 durch das Paulinenschlößchen, den Witwensitz der Herzogin Pauline, ersetzt. Die Ruine des im 2. Weltkrieg zerstörten Schlößchens wurde in den 60er Jahren beseitigt. Der historisch bedeutsame Ort, heute eine Freifläche in der oberen Schleife der 1905 angelegten Prinzessin-Elisabeth-Straße, ist aus geschichtlichen Gründen Teil der Gesamtanlage. Bis zum Jahre 1847 war die Zahl der Landhäuser oberhalb der Sonnenberger Straße bereits auf zehn angewachsen, womit der Landhausbau auch durch vereinzelte Gebäude am unteren Geisberg in gleicher Weise voranschritt wie in dem 1850 noch weniger bebauten östlichen Villengebiet.

Im Generalbebauungsplan von 1856 projektierte Boos die Anlage der Schönen Aussicht als einen Weg, der die „schönsten Fernsichten Wiesbadens“ eröffne. Die Höhenlage oberhalb von Kurpark und Kuranlagen erschien ihm besonders zur Landhausbebauung geeignet, wobei er für den „südlichen Abhang längs und hinter der Sonnenberger Chaussee bis hinauf zu dem alten Geisberge“ auf das für Erschließung und Verkehr nicht unproblematische steile Gefälle des Geländes verwies. Er empfahl stadtnahe Bauplätze mit ausreichender oder leicht herzustellender Verkehrsverbindung.

Wie vor ihm Carl Boos begrenzte auch der Biebricher Gartendirektor Thelemann in seinem Generalplan von 1862 das nördliche Villengebiet auf den Bereich zwischen Sonnenberger Straße und Schöner Aussicht und verzeichnete ansonsten wenige Inseln schon bebauter Gartengrundstücke am

Panorama von Wiesbaden, Stich von Tanner, um 1835

Promenadenplatz im Kurpark mit Blick auf Villen der Sonnenberger Straße, Stahlstich von Ludwig Rohbock, um 1850

unteren Geisberg. Obwohl bereits mit einigen Landhäusern besetzt, blieb das Gebiet jenseits des Geisbergs mit Dambachtal und Kapellenstraße aus seinem Projekt ausgeklammert. An der geschlossenen Bebauung im unteren Abschnitt beider Straßen zeigt sich wie auch am Geisberg, daß hier bis in die 1860er Jahre Unklarheit über die Form der Bebauung herrschte. Zunächst war offensichtlich beabsichtigt, den schlichten Miethausbau jenseits der Taunusstraße nicht nur über die Geisbergstraße, sondern auch entlang der von ihr abzweigenden Kapellenstraße mit dem Dambachtal fortzusetzen. Die engen Geländeverhältnisse dürften dabei eine Rolle gespielt haben. Noch im geschlossenen Abschnitt der Kapellenstraße etablierte sich 1848 in der Nr. 13 und wenig später auch in den Nachbarhäusern Nr. 11 und Nr. 15 das bekannte Chemische Laboratorium Fresenius.
Noch der Generalbebauungsplan des Stadtbaumeisters Alexander Fach von 1871 beschränkte sich für den oben besprochenen Bereich wie für das gesamte nördliche Villengebiet auf das vorhandene Netz von Wegen und Straßen, während das östliche Villengebiet bis an die von Fach geplanten Ringstraße streng rechtwinklig weitergeführt wurde.
Wie in keiner anderen Straße im Viertel reihten sich die Landhäuser indessen entlang der Sonnenberger Straße, wo u. a. der Regierungsrat von Roeßler sowie der Prokurator und nachmaliger Staatsminister August Hergenhahn wohnten. Dagegen hat im gleichen Zeitraum die Bebauung in den Hanglagen aus schon oben genannten, von Boos formulierten Gründen nur wenig zugenommen. Insgesamt stieg die Zahl der Villen von sieben Gebäuden in 1843 bis zu ca. 280 in

Paulinenschlößchen

1910. Prozentual beträgt die Zuwachsrate von 1843 bis 1857 = 100%, von 1857 bis 1868 = 400%, von 1868 bis 1879 = 87%, von 1879 bis 1888 = 22%, von 1888 bis 1900 = 35%, von 1900 bis 1910 = 29%.

Mehr als im Osten der Stadt blieb aufgrund geringerer Bebauung in den oberen Hanglagen der vom Villenbewohner so geschätzte Charakter ländlicher Idylle gewahrt. Zahlreiche Baugrundstücke grenzten unmittelbar an Wiesen und Felder. Bis 1860/70 verzichtet eine Vedute der Stadt selten auf das Motiv des pflügenden Bauern, eine Schafherde oder Ernteszenen. Erst nach 1900 fiel die Ziegelei Boos oberhalb der Schönen Aussicht. Die Brauerei mit Restauration in der hinteren Sonnenberger Straße blieb bestehen.

Die 80er Jahre brachten keine wesentliche Erweiterung des nördlichen Villengebiets. Erst ab den 90er Jahren, als die Ausdehnung im Osten bereits die Alwinenstraße erreichte, veränderte sich die Struktur im Zuge weiterer Besetzung bereits vorhandener Straßen und durch Straßenneueröffnungen. Auch wurden Stichwege zur Erschließung nach Teilung entstandener tiefliegender Grundstücke angelegt. Eklatant ist gerade im Dambachtal die enge Nachbarschaft spätklassizistischer Bauten mit um 1900 entstandenen Villen, ohne daß diese Vorgänger ersetzten. Charakteristisch für die Spätzeit ist das häufige Vorkommen der Mietetagenvilla, zumeist schon kenntlich durch ihre dreieinhalb Geschosse gegenüber der zweieinhalbgeschossigen Einfamilienvilla. Letztere ist im Viertel – auch in Form der Doppelvilla – in der unbedingten Mehrzahl (heute meist umgewandelt zum Mehrfamilienhaus). Wie im östlichen Villengebiet dienten zahlreiche, vor allem dem Kurpark nahe Villen als Kurpensionen, ohne sich äußerlich von Privatvillen zu unterscheiden. Auch die in Kurparknähe errichteten kleineren Hotels (heute meist mit Wohnnutzung) wahrten Villencharakter.

Wie schon in anderem Zusammenhang angesprochen, fand der künstlerische Städtebau der Jahrhundertwende sowohl topographisch als auch im Netz der unregelmäßig geführten Wege ein geeignetes Terrain zur Verwirklichung seiner Vorstellung malerisch landschaftsbezogener Stadtgestalt. Vom ästhetischen Gesichtspunkt erfreute sich die meist steile Hanglage mit Blick in Talsenken oder weit in die Ferne wachsender Beliebtheit. Als neue Wohnqualitäten wurden schließlich auch Licht und Sonne entdeckt, wie der nach Süden geneigte Hang sie reichlich bot. Geringer geworden waren zudem die technischen Probleme zur Bewältigung großer Niveauunterschiede im Gelände. Die Verkehrssituation selbst blieb freilich vielfach problematisch. Noch heute ist an der Einmündung der besonders steilen Rößlerstraße ein altes Emailleschild mit der Aufschrift zu sehen: „Schont Eure Zugtiere".

Ansichtskarte von 1910 mit der Kuranstalt Friedrichshöhe / Schöne Aussicht 30 (zerstört)

Abeggstraße

1890 zur Erweiterung des nördlichen Villengebiets eröffnet. Benannt nach dem Geh. Medizinalrat Georg Friedrich Heinrich Abegg (geb. 1826 in Königsberg, gest. 1900 in Wiesbaden).

Abeggstr. 13
Fl. 129 Flst. 145/21

Bauantrag: 3. 5. 1900
Antragsteller: Philipp Schmidt & Cons.
Architekt: ders.
Inschrift: „1900“ im Risalitgiebel zur Schönen Aussicht

Der durch Vor- und Rücksprünge gegliederte Kubus ist stilistisch an Renaissance und Barock bzw. Rokoko orientiert. Er verbleibt damit ganz in der Tradition des Historismus der 90er Jahre. Der Jugendstil wird nur latent im Ornament wirksam. Als Eckbau ist die Villa von straßenraumprägender Bedeutung. Zudem reflektiert sie ihre Lage in der steil ansteigenden Abeggstraße durch einen auf die Blickachse ausgerichteten Diagonalturm. Der Putzbau ist reich mit Ornamentik versehen, die vornehmlich aus präfabrizierten Teilen besteht. Dekorativ wirken die die fensterlosen Seitenwände im 1. OG gliedernden Motive: ein Medaillon mit Frauenbüste und ein Wappen in aufwendiger Einfassung. Von dem hellen Putzhintergrund des Gebäudes hebt sich die Ornamentik des dunklen Einfriedungsgitters und des Gartentores detailliert ab. Mauer und Pfosten sind stark reduziert.
Kulturdenkmal aus städtebaulichen Gründen.

Abeggstr. 15/Schöne Aussicht 42
Fl. 147 Flst. 41

Bauantrag: 20. 1. 1893
Antragsteller: Felix Braidt, Generalagent
Architekt: Karl Schultze

Durch Risalitbildung aufgelockerter Villenkubus spätklassizistischer Provenienz, der vor allem durch einen Eckturm ins Pittoreske umgedeutet wird. Der Turm erwächst aus einem zur Schönen Aussicht orientierten Verandavorbau, der die Südseite zudem als Hauptschauseite ausweist. Die Gliederungselemente – Gesimse, Fenstereinfassungen, Balustraden – gewinnen vor den glatten Wandflächen stark plastische Qualität zur Steigerung des malerischen Gesamteindrucks. Preziös wirkt der rokokohafte Stuckdekor (Putten,

Muschelmotive) in den Bogenfeldern der gekoppelten Risalitfenster, die in ihrer phantasievollen Gestalt die späte Bauzeit signalisieren. Die Villa wurde – vermutlich nach einer Grundstücksteilung – als zurückliegendes Gebäude der Schönen Aussicht konzipiert. Durch ihre versetzte Lage wahrt sie die Blickachse zum Tal.
Kulturdenkmal aus künstlerischen Gründen.

Abeggstr. 19
Fl. 147 Flst. 9

Erbaut: um 1900

Besonders große Mietetagenvilla über 3½ Geschosse, in deren Gestaltung sich altertümelnde Züge mit Elementen ländlicher Bauweise mischen. Angestrebt ist ein vielseitig pittoreskes Erscheinungsbild, das je nach Standpunkt veränderte Aspekte bietet. Die erhöhte Lage bringt das Eckgebäude zu besonderer städtebaulicher Geltung. In der Blickachse der steil ansteigenden Abeggstraße dominiert der seitliche Verandavorbau, der durch sein Fachwerkobergeschoß mit Erker turmartig erhöht wird. Die Lang- und Eingangsseite mit hervorgehobenem Treppenhaustrakt ist asymmetrisch aufgeteilt. Sehr eindrucksvoll ist die besonders gut erhaltene Eingangssituation mit glasüberdachtem Portal, davor eine zweiarmige, geschwungene Freitreppe. Individuell wie wertvoll ist der in Sandstein skulptierte Dekor, wie er allenthalben am Gebäude auftritt. Mit der Gestaltung aller Seiten behauptet sich der exponiert liegende Bau als freistehend. Von außerordentlicher Qualität ist die Einfriedung mit Stützmauer in Ziegel und Bruchstein, hohen Pfosten und schweren Gitterteilen bzw. Tor. Mit einem eingemauerten Greif zeigt der die Straßenecke akzentuierende Mauerabschnitt ein originelles Motiv.
Kulturdenkmal aus städtebaulichen und künstlerischen Gründen.

Adolfsberg

Seit ca. 1858 mit Villen bebauter Weg am Adolfsberg, vormals Fußberg. Benannt nach König oder Herzog Adolf von Nassau.

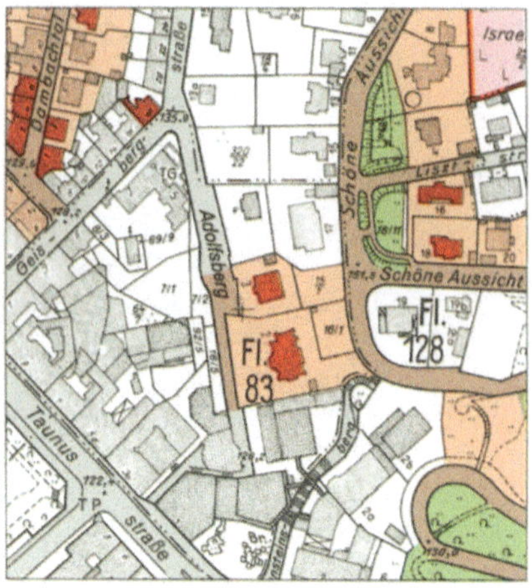

Adolfsberg 2
Fl. 83 Flst. 16/6

Erbaut: gegen 1860

Palaisartig große und repräsentative Mietetagenvilla in parkartigem Grundstück am steilen Hang zwischen Kureck und Schöner Aussicht. Die landläufige Meinung, daß die Villa ursprünglich ein Damenstift gewesen sei, wird durch das Adreßbuch von 1860/61 widerlegt. Neben der Eigentümerin, der Rentner-Witwe Boudon, sind zwei weitere Mieter verzeichnet. Charakteristisch für den spätklassizistischen Entwurf sind die schlanken Strebepfeiler nach englisch neogotischem Vorbild. Sie rahmen den talseitigen Mittelrisalit und besetzen die Kanten des breitgelagerten kubischen Baukörpers mit dem um eine Achse zurückgesetzten Treppentrakt. Zu den zeittypischen Besonderheiten gehört auch die orientalisierende Ornamentik der Fensterbrüstungen. Bei den Fenstern mit gotisierendem Rundstab im Laibungsprofil selbst dominiert der Rundbogen.
Die zu den bedeutenden Objekten der nassauischen Ära gehörende Villa ist Kulturdenkmal aus künstlerischen Gründen.

Adolfsberg 3
Fl. 83 Flst. 14/6

Erbaut: um 1860

Spätklassizistisches Landhaus aus nassauischer Zeit, das durch die Stringenz des strengen Entwurfs beeindruckt. Der nahezu würfelförmige Baukörper ist scharfkantig begrenzt. Die nach Süden, zu Stadt und Tal orientierte Front wird von flach aufgeputzten Lisenen gerahmt. Bei drei Achsen ist die Mittelachse risalitartig akzentuiert und durch ein Zwerchhaus überhöht. Reizvoll sind die diversen Formen der Fenster, die mit ihren feinen Profilen vor den ununterbrochen glatten Wandflächen sitzen. Nur die Mezzaninfenster überschneiden die Lisenenrahmung mit eleganter Wirkung. Leider fehlen die dem Charakter des Gebäudes notwendigen Fensterläden.
Kulturdenkmal aus künstlerischen Gründen und wegen der exponierten Hanglage auch aufgrund der städtebaulichen Bedeutung. Stadtbaugeschichtlich dokumentiert sie mit dem Nachbargebäude Nr. 2 (vgl.) die nassauische Epoche im Wiesbadener Villenbau.

Ahornweg

Nach dem 1. Weltkrieg entstandener Stichweg, ausgehend von der Rosselstraße. Phantasiename.

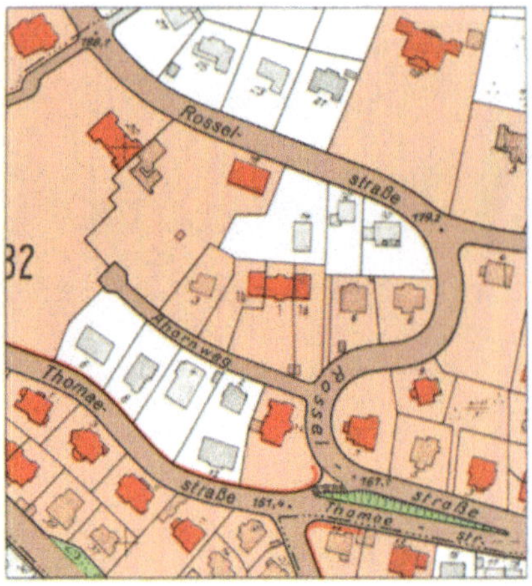

Ahornweg 1, 1a, 1b
Restbauten des „Neuen Geisberg"
Fl. 32 Flst. 27/10; 511/27; 27/9

Baugeschichte
Erbaut im Kern ca. 1835 als Gast- und Gartenwirtschaft „Neuer Geisberg". In den 90er Jahren erfolgte die Umnutzung zur Villa.
1893: Als „Villa Friedberg" bei noch unveränderter Gesamtanlage im Besitz von C. Koch aus Berleburg/Westf., Direktor der Wittgensteiner Holzwaren-Industrie. Der rückwärtige Wirtschaftstrakt wurde niedergelegt und in Form einer Dreiflügelanlage ein entsprechender Neubau errichtet.
1907: Friedrich König, Fabrikant und Rentner, erwirbt die Villa mit dem großen Gelände zwischen der späteren Rosselstraße, Thomaestraße und Kreutzerweg. Umbauten durch P. A. Jacobi. König verkauft den Besitz vermutlich 1909 an Prof. Dr. Weintraud aus Wiesbaden, Humboldtstr. 8. Weintraud ließ 1911/12 durch Prof. Hugo Eberhardt aus Offenbach in der Nordwestecke des Grundstücks eine neue Villa bauen (s. Rosselstr. 20).
1936: Abbruch des Mitteltraktes und Neugestaltung durch den Architekten und Eigentümer E. Fabry. Teilung des Gebäudes in drei separate Wohneinheiten mit Einrichtung der notwendigen Eingänge, Treppenanlagen etc.

Der Bau des „Neuen Geisberg" als Ausflugslokal (mit Schießstand, Kegelbahn und Billard) erfolgte nach Schließung des Restaurationsbetriebes im Gutshof „Alter Geisberg" mit Einrichtung der neuen Landwirtschaftsschule. Durch Erhaltung der beiden Eckpavillons bleibt das Erscheinungsbild der ehemaligen Anlage weitgehend gewahrt. Der heutige zweigeschossige Mitteltrakt trat an die Stelle des ursprünglich eingeschossigen und leicht zurückgesetzten Verbindungstrakts. Vier Rundbogentüren führten auf eine davor angelegte Terrasse; Rundbogenform haben auch die Fenster bzw. Türen der Pavillons. Die Balkons in der Mittelachse des 1. OG sind eine spätere Hinzufügung, vielleicht erst der 90er Jahre, im Zuge der Umnutzung des Gebäudes. Auf den Umbaumaßnahmen von 1936 beruht die Einrichtung der Terrassen mit Stützmauern in Bruchstein. Die mit Einfühlungsvermögen vorgenommenen Änderungen am Bau haben den Charme der ursprünglich biedermeierlich klassizistischen Anlage nicht zerstört. Sie wirkt weiterhin durch ihren unprätentiösen, heiteren Charakter. Der heute dreigeteilte Garten wahrt ungewöhnlichen wertvollen Baumbestand, u. a. Redwoods. Die Einfriedung mit z. T. Ziegel- z. T. Kunststeinmauer ist von ca. 1910.
Kulturdenkmal aus stadtgeschichtlichen und künstlerischen Gründen.

Werbeprospekt, um 1845

Dambachtal

1841 zunächst mit geschlossener Bebauung eröffnet. Ab ca. 1855 erste Villenbebauung. Ab ca. 1862 auch geschlossen bebaut.

Dambachtal 1
Fl. 82 Flst. 326/27

Bauantrag: 3. 4. 1882
Antragsteller: Bernhard Jacob, Zimmermeister
Architekt: –

Die nicht unproblematische Bebauung des Eckgrundstücks erfolgte ca. 20 Jahre nach Besetzung der gegenüberliegenden Ecke (vgl. Dambachtal 2). Die Aufgabe erforderte auf der Seite der Kapellenstraße den unmittelbaren baulichen Anschluß (heute durch veränderten Wiederaufbau des Nachbargebäudes formal gestört) bei freistehender Schmalseite im Dambachtal aufgrund nachfolgender offener Bauweise. Die plastische Sandsteinfassade im italienisierenden Neorenaissancestil bildet über drei polygonal gebrochene Achsen eine markante risalitartige Ecklösung aus. Verschiedenartige Gliederungsmotive und üppige, z. T. skulptierte Ornamentik schaffen ein reiches plastisches Erscheinungsbild. Ladeneinbau und Balkon nehmen auf das städtebauliche Pendant der Gegenseite Bezug. Die Gegenüberstellung der beiden in ihrer Dimensionierung vergleichbaren Gebäude zeigt eklatant den Wandel in Selbstverständnis und Wohnkultur der bürgerlichen Mittelschicht.
Als prominentes Eckgebäude ist das Haus Kulturdenkmal aus künstlerischen Gründen.

Dambachtal 2, um 1900

Dambachtal 2
Fl. 82 Flst. 70

Erbaut: ca. 1862

Spätklassizistisches Eckgebäude zu 3½ Geschossen als Kopfbau des Dambachtals und der unteren Kapellenstraße. Durch Abfasung der spitzwinkligen Ecke wird eine Fensterachse der Fassade zur Straßenmitte orientiert. Schwerpunkte im Sinne der dem Gebäude gemäßen Diagonalsicht bilden der Ladeneinbau im EG (durch Einschnitt eines zweiten Schaufensters zur Kapellenstraße verändert) sowie der Balkon im 1. OG (Gitter erneuert). Der Balkon verweist zudem auf den Beletage-Charakter des 1. OG. Die hier aufwendigen Fensterrahmungen mit antikisierendem Stuckdekor im Brüstungsfeld und unterhalb des Verdachungsgesimses stehen mit den anderen Motiven plastischer Gliederung in einem lebhaften Gegensatz zur planen Wandbehandlung der Obergeschosse. Das in der Art eines Metopenfrieses gebildete Mezzanin unter vorkragendem Konsolgesims führt den mit der Tendenz zum Malerischen angelegten Entwurf zu gestalterischer Geschlossenheit. Der Gefälligkeit des Gebäudes unverzichtbar sind die Fensterläden.
Kulturdenkmal aus künstlerischen und städtebaulichen Gründen sowie als Dokument der Stadtentwicklung in nassauischer Zeit.

Dambachtal 3
Fl. 82 Flst. 190/27

Erbaut: ca. 1855

Das schlichte spätklassizistische Landhaus eröffnet die offene Bebauung des Dambachtals. Das fast unmittelbar am Wegrand errichtete Gebäude legte mit seiner Front die Straßenbreite fest und bildete die Fluchtlinie für das 1882 erstellte Eckhaus Nr. 1. Der querrechteckige Baukörper mit Satteldach auf ornamentierten Pfettenstreben nach Art der Schweizerhäuser ist zur Straße traufständig orientiert. Risalitartig werden die beiden mittleren der vier Achsen mit überhöhendem Zwerchhaus akzentuiert und ihrerseits von einem in Gegenrichtung laufenden Satteldach gedeckt. Die durch die symmetrische Dreiteilung entstehenden Wandfelder, wie auch die giebligen Schmalseiten, rahmen flache Lisenenbänder. Besonderen Reiz gewinnt das angenehm proportionierte, unprätentiöse Gebäude durch die stockwerkweise unterschiedlichen Fenster – Stichbogen, Rechteck, Rundbogen –, die sich mit fein profilierter Rahmung und versproßten Flügeln von den planen Wandflächen abheben. Die für das Gesamtbild wichtigen Fensterläden sind im 1. OG mit einem mauresk gezackten Vierpaß geziert.
Kulturdenkmal aus künstlerischen und stadtbaugeschichtlichen Gründen.

Dambachtal 4
Fl. 82 Flst. 69

Erbaut: ca. 1865

3½geschossiges Wohnhaus mit schlichter spätbiedermeierlicher Fassade zu 4 Achsen. Bei symmetrischer Dreiteilung mit ausmittigem Eingang werden die beiden inneren Achsen risalitartig betont. Mittels Überhöhung durch ein Zwerchhaus mit antikisierendem Dreiecksgiebel wird die nahezu einheitlich hohe Firstlinie mit angenehmer Wirkung für das Gesamtbild der Zeile Nrn. 2, 4, 6 unterbrochen. Stärker als beim Nachbargebäude Nr. 2 (vgl.) dominiert die glatte Wandfläche, wobei auch hier das EG ohne Nutung bleibt. Die Bauzier ist auf einfachste Formen reduziert. In guter Anpassung an die benachbarte Fassade wird das Motiv des Mezzanin durch eine breite Frieszone mit gerahmten Feldern quasi wiederaufgenommen. Die wohlproportionierte, mit Klarheit gestaltete Front ist unverzichtbar im Erscheinungsbild der spätklassizistischen Kulisse des linksseitig am Anfang geschlossen bebauten Dambachtals. Der gute Erhaltungszustand wahrt die reizvolle originale Haustür.
Kulturdenkmal aus künstlerischen Gründen (vgl. auch Dambachtal 6).

Dambachtal 6
Fl. 82 Flst. 149/68

Erbaut: ca. 1865

Weitgehende formale Übereinstimmungen lassen auf denselben Baumeister schließen wie beim Nachbargebäude Nr. 4 (vgl.). Die beiden Wohnhäuser wurden vermutlich zusammen mit der folgenden Nr. 8 als bauunternehmerisches Projekt in einem Zug erstellt. Auch hier bleibt die einfache spätklassizistische Fassade auf 4 Achsen beschränkt. Die beiden mittleren Achsen sind bei Verkröpfung des Hauptgesimses leicht vorgezogen. Der Eingang mit der original erhaltenen Haustür liegt abweichend von der Symmetrie seitlich. Im Gegensatz zur Nr. 4 (vgl.) ist das Erdgeschoß rustiziert, der schlichte Dekor in den Obergeschossen ist nahezu identisch, wobei auf die abschließende Frieszone mangels Höhe verzichtet wurde, um trotz Ansteigen des Geländes die Firstlinie einhalten zu können. Strenge axiale Gebundenheit in der Vertikalen und Horizontalen in Verbindung mit der Schlichtheit im ganzen bewirken den spröden Charme der Gestaltung.
Kulturdenkmal aus künstlerischen Gründen, gerade im Zusammenwirken mit den Nachbarfassaden Nr. 2 und Nr. 4 (vgl.) als Gruppe nassauisch-spätklassizistischer Wohnhäuser in geschlossener Bauweise.

Dambachtal 9
Fl. 82 Flst. 245/37

Erbaut: ca. 1870

Gebäude im ländlichen Villenstil, wie er seit den 20er Jahren in der Schinkel-Schule gepflegt wurde. Kennzeichnend sind die asymmetrische Konzeption mit seitlichem Turmtrakt, das flache Satteldach des Hauptbaukörpers sowie die Schlichtheit im ganzen. Dabei wird der Typus hier durch dekorreiche Fensterrahmung und das üppige Kranzgesims u. a. ins Repräsentative umgedeutet. Der mit einem Eigentümerwechsel um 1880 erfolgte Umbau verstärkt die Tendenz zu fassadenwirksamer Gestaltung durch eine Attikabalustrade beim Turm (nicht mehr vorhanden). Auch ein Entrée (Südseite) wurde angefügt und bei gleichzeitiger Nutzung als Freisitz für das 1. OG mit einer Balustrade versehen. In Zusammensicht mit den schlichten kubischen Nachbarvillen setzt das Haus einen malerischen Akzent im Straßenbild. Als Typus beendet es die Vorherrschaft des rein kubischen Villenideals. Die alte Einfriedung mit Spießgitter ist erhalten. Die Torpfosten wurden nach 1900 in Kunststein erneuert.
Kulturdenkmal aus künstlerischen und stadtbaugeschichtlichen Gründen.

Dambachtal 13
Fl. 82 Flst. 107/38

Erbaut: ca. 1865

Kleine spätbiedermeierliche Villa in fast idealer Würfelform mit scharfkantig aneinanderstoßenden Wandflächen. Bei durchlaufendem, weit vorkragendem Dach (leider sind die Konsolen verloren) ist die mittlere der drei Frontachsen leicht vorgezogen. Einen weiteren Akzent setzt der Verandavorbau mit Balkon im 1. OG. Der auf gemauertem Sockel in Holz konstruierte Altan war – worauf vor allem der Stichbogen im EG schließen läßt – ursprünglich mit einem steinfarbenen Anstrich versehen. Die seltene orientalisierende Ornamentik der Gußeisenelemente des Stein vorgebenden Geländers steht in einem gewissen formalen Gegensatz zu der antikisierenden Stuckzier am Haus selbst: so vor allem das Weinrebenmotiv des Brüstungsdekors bei den Fenstern der Beletage. Die breite Einfahrt in der einfachen alten Einfriedung führt zum Eingang auf der Rückseite. Erst später entstand seitlich davon ein kleiner Anbau.
Die noch der nassauischen Zeit angehörende Villa mit ihrem liebenswerten, heiteren Erscheinungsbild ist Kulturdenkmal aus künstlerischen Gründen.

Dambachtal 15
Fl. 82 Flst. 246/39

Erbaut: um 1868

Für die Bebauung des unteren Dambachtals charakteristischer Villenbau von spätbiedermeierlicher Schlichtheit, wie sie in Wiesbaden bis Ende der 60er Jahre anzutreffen ist. Der querrechteckige Baukörper mit ländlichem Satteldach verhält sich zur Straße traufständig. Mit wenigen Mitteln wird die dreiachsige Front fassadenwirksam gestaltet. Der Mitte wird eine gußeiserne Verandakonstruktion – das Geländer mit filigranen Radmotiven – vorgestellt, ein Zwerchhaus mit angestütztem Giebel überhöht die Achse. Der einfache Dekor bleibt auf die Fensterrahmung im 1. OG (= Beletage) beschränkt, ansonsten wirken die schmucklosen, glattgeputzten Wandflächen, die von Ecklisenen eingefaßt werden. Das Haus wäre unvollständig ohne die belebende Wirkung der Klappläden. Leider ist die Einfriedung verloren.
Kulturdenkmal aus künstlerischen Gründen als Einzelgebäude und als Glied der Kette spätklassizistischer Villen.

Dambachtal 20
Fl. 82 Flst. 228/60

Bauantrag: 24. 10. 1901
Antragsteller: Friedrich Werz und Frau Walther
Architekten: Werz & Huber
Inschrift: „1902“ im Blumenfries am Mittelrisalit

Die hangseitig über hohem Sockel errichtete imposante Villa zu 3½ Geschossen mit pagodenartig geschwungenem Mansarddach wird in der Zeitschrift „Der Profanbau“ von 1907 (3, Nr. 2) als „Etagenlandhaus“ vorgestellt. Der unter Einfluß der Secession stehende Entwurf erscheint unkonventionell, doch vertritt er die modernen architektonischen Strömungen mit der für den Wiesbadener Villenbau kennzeichnenden Ambivalenz. So steht der verstärkt durch die erhöhte Lage steil wirkende Bau mit Mittelrisalit und Gliederung durch Vor- und Rücksprünge in historistischer Tradition. Die großzügige Wandbehandlung und vor allem die Vermeidung von Historismen in der Ornamentik markieren neue Wege. Die Wahrung der Achsigkeit sowie die Bildung einer repräsentativen Fassade mit den dahinterliegenden Hauptwohnräumen wiederum blei ben Altem verpflichtet. Ländliches Flair, wie es im Villenbau der Jahrhundertwende besonders beliebt war, wird durch malerische Holzveranden oder Spaliere im Sockel vermittelt. Allseitige Landschaftsbezogenheit wird durch Freisitze geschaffen. Das dem Architekturverständnis auch des Jugendstils wesentliche Kunstwollen findet seinen schönsten Ausdruck in dem breiten freskierten Blumenfries, der das Gebäude unterhalb des Daches umzieht und im Mittelrisalit bis zum 1. OG heruntergezogen wird. Der Entwurf im besten Jugendstil stammt von Christiansen, der auch die Vorlagen für die farbige Verglasung der Treppenhausfenster (zum größten Teil verloren) und der mehrteiligen Abschlußtüren der Wohnungen lieferte.
Kulturdenkmal aus künstlerischen Gründen und wegen der imposanten Wirkung für die Blickachse der gegenüber einmündenden Neubauerstraße.

Reproduktion nach Der Profanbau 3. 1907, Nr. 2.

Dambachtal 24
Fl. 82 Flst. 274/55

Bauantrag: 17. 11. 1908
Antragsteller: August Rossel
Architekt: Walther Kraitzsch

Durch die Vielfalt der architektonischen Motive malerischer Villenbau der letzten Historismusphase. Der Entwurf der großvolumigen Mietetagenvilla in erhöhter Lage bietet in den beiden Blickachsen der Straße ein besonders reiches Erscheinungsbild. Risalitbildungen artikulieren die Mittelachsen, während die straßenseitigen Kanten durch Diagonalmotive – Erkerturm und runder Verandavorbau über drei Geschosse – besetzt werden. Hinzu kommen zahlreiche Balkone und ein großer Freisitz im DG als Teil der pittoresken Dachlandschaft. In der an spätbarocken Formen orientierten Stilgebung wurde auf Ornamentik weitgehend verzichtet. Schmuckmotive bilden vor allem die noch secessionistischen Gitter der Freisitze oder Balustraden. Die Einfriedung mit schlichtem Gitter auf einer Stützmauer in Naturstein ist erhalten.
Kulturdenkmal aus künstlerischen Gründen.

Dambachtal 30
Fl. 82 Flst. 53/1
Bauantrag: 2. 5. 1901
Antragsteller: F. W. Werz und Witwe Walther
Architekten: Werz & Faesch

Ein dem „Etagenlandhaus" Dambachtal 20 (vgl.) verwandter Entwurf, der sich jedoch insgesamt konservativer verhält. So verzichtet der zur Straße breitdimensionierte Kubus in der Fassadengestaltung nicht auf Historismen. Das EG ist kräftig rustiziert, und seine Fenster sind mit Keilsteinen und konsolengestützten Bänken versehen; barock sind die Balkone mit ihren vom Jugendstil beeinflußten Korbgittern empfunden. Moderner ist die großflächige Behandlung der beiden rauh geputzten Obergeschosse mit schlichtem Einschnitt der streng rechteckigen Fenster. Dabei wird die obere Wandzone, dem gemalten Fries bei Dambachtal 20 vergleichbar, durch ein breites stuckiertes Jugendstilornament dekoriert. Als Zitat englischer Landhausarchitektur erscheint über den polygonal gebrochenen Mittelachsen eine Dachloggia in Holzkonstruktion. Ihr Walmdach ist Annex des prachtvollen vielgliedrigen Mansarddaches mit leuchtend grün glasierten Ziegeln. Zu der über Straßenniveau gelegenen Villa gehört als Einfriedung eine Stützmauer mit barockisierendem Torbogen. Die schweren Spießgitter zwischen den hohen Pfosten sind in gebogte Abschnitte unterteilt.
Die markante Villa ist Kulturdenkmal aus künsterlerischen Gründen bei besonderer städtebaulicher Wirkung aus der Blickrichtung Thomaestraße.

Dambachtal 31
Fl. 32 Flst. 66/10

S. Neuberg 12

Dambachtal 41/43
Doppelvilla
Fl. 32 Flst. 498/6; 5/1

Bauantrag: 15. 7. 1904
Antragsteller: Karl Heuer, Architekt
Architekt: ders.
Inschrift: „Villa Tilde" im Erker der Nr. 41

Mächtige Doppelvilla als Aneinanderfügung zweier nahezu identischer Kuben. Die Fassadengestalt ist im einzelnen und insgesamt quasi symmetrisch. Der blockhaften Schwere des kantigen Baukörpers mit massivem Vorbau im streng spundierten Sockel wirkt jeweils ein polygonaler Erker entgegen. Auf elegant geschwungenen Konsolen sitzt er flach vor den risalitartig betonten Mittelachsen, die von Zwerchhäusern mit bewegtem Kontur überhöht werden. Der Einfluß des Jugendstils ist in der geschwungenen und verschleifenden Linienführung auch der leichten Balkonkonsolen sowie der individuellen wie kunstvollen Balkongeländer unverkennbar. Vom Jugendstil kommt auch die Gliederung der Wandfläche durch unterschiedliche Putzqualitäten (Kammputz, Spritzwurf, glatter Putz), während andererseits das historisierende Ornament (Louis XVI-Stil) gestalterische Schwerpunkte setzt. Diese Qualität zwischen altem und neuem Bauen ist kennzeichnend für die am Ort versuchte Auseinandersetzung mit modernen architektonischen Formen. Ganz im Stil der die echten Materialqualitäten wiederentdeckenden Zeit ist die schwere Bossenmauer der Einfriedung; bei Nr. 43 noch unversehrt erhalten mit hohen Torpfosten und seltenem Gitter. Das einfache Bandeisengitter zeichnet sich durch in regelmäßigen Abständen angebrachte Platten in getriebenem Eisenblech aus, deren Motive jeweils einen Vogel im Geäst eines Weinstocks zeigen.
Kulturdenkmal aus künstlerischen Gründen.

Dambachtal 45
Sachteil Einfriedung
Fl. 32 Flst. 497/18

Die charakteristische Einfriedung ist Teil der in veränderter Form nach Kriegszerstörung wiederaufgebauten Villa, die A. P. Jacobi 1907/08 erbaute. Der markanten, schweren Bossen-Stützmauer mit breiten Pfosten ist an ihrer höchsten Stelle eine Garage integriert. Darüber, an der Grenze zum Nachbargrundstück, steht ein kleiner Pavillon, ein bei Jacobi beliebtes Motiv für Einfriedung und Vorgarten. Von guter individueller Qualität sind die zwischen den Pfosten verlaufenden Gitterabschnitte: ein querrechteckiges Raster in Bandeisen, darüber ein wellenförmiges Band, das von Stützen mit je einem Paar plastisch getriebener Weinblätter gehalten wird.
Die Einfriedung ist Kulturdenkmal aus künstlerischen Gründen auch im formalen Zusammenhang mit der stilistisch vergleichbaren Einfriedung der Nachbarvilla 41/43 (vgl.).

Parkanlage Dambachtal

Die 1898/99 angelegte öffentliche Parkanlage ist innerhalb der Gesamtanlage II, nördliches Villengebiet, erfaßt. Sie erstreckt sich entlang der Freseniusstraße zwischen dem Ende des Dambachtals und dem Tränkweg. Als Kulturdenkmale befinden sich im Parkbereich:

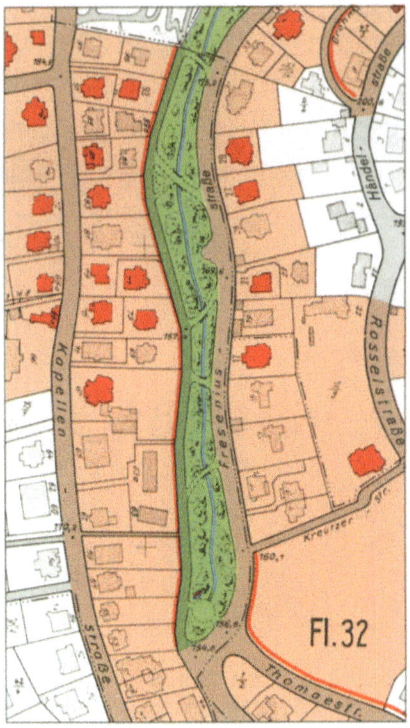

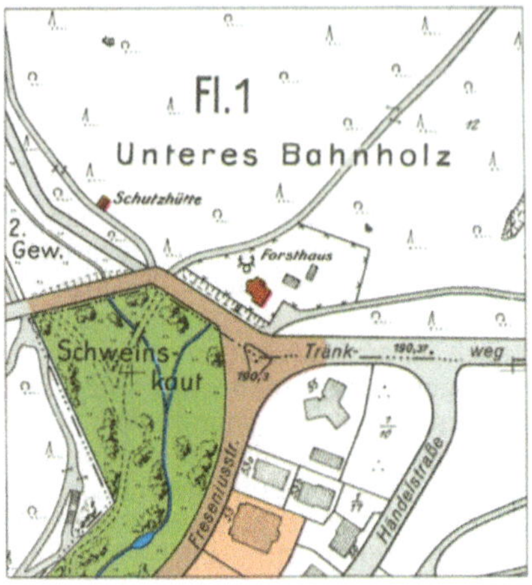

Fresenius-Denkmal
Fl. 31 Flst. 939/138

Das Denkmal des Wiesbadener Chemikers Prof. Dr. Carl Remigius Fresenius steht im südlichen Eingangsbereich der Parkanlage. Es wurde in weißem Marmor mit Teilen in rotem Kunststein 1904 (Enthüllung am 11. 9. 1904) von dem Berliner Bildhauer Karl Reinert geschaffen. Eine hohe Stele mit der Büste des Geehrten wird von zwei Balustradenelementen bogenförmig gefaßt. Die beiden Anfänge der Balustrade akzentuieren sphinxartige Köpfe. Die Stele schmückt auf der Vorderseite das flache Relief einer weiblichen Figur, die in den Händen ein Reagenzglas und eine Waage trägt, darüber die Inschrift: Remigius Fresenius. 1848 hat Fresenius ein chemisches Laboratorium in Wiesbaden (Kapellenstraße) begründet, das weit über die nassauischen Grenzen hinaus von Bedeutung war. 1884 wurde das noch heute bestehende Unterrichtslaboratorium um eine hygienisch-bakteriologische Abteilung erweitert. Fresenius nahm auch Anteil an den Einrichtungen städtischer Selbstverwaltung. Am 2o. Oktober 1891, nach der Verabschiedung eines neuen Gesetzes zur Städteordnung, wählten ihn die Stadtverordneten zum Vorsteher.

Die strenge Komposition des Denkmals steht wie die Formensprache unter dem Einfluß der Secession. Der in entgegengesetzter Richtung konvex gebogte Platz ist durch eine Baumkulisse im Hintergrund und allmählich ansteigende Bepflanzung vor dem Denkmal malerisch gestaltet.

Einfriedungen der Parkseite

Sachgesamtheit, bestehend aus den Einfriedungen:

Kapellenstr. 53
Fl. 31 Flst. 302/114
Kapellenstr. 55
Fl. 31 Flst. 113/2
Kapellenstr. 57
Fl. 31 Flst. 226/112
Kapellenstr. 59
Fl. 31 Flst. 110/2
Kapellenstr. 63
Fl. 31 Flst. 1073/108
Kapellenstr. 63a
Fl. 31 Flst. 1073/108
Kapellenstr. 65
Fl. 31 Flst. 107/1
Kapellenstr. 67
Fl. 31 Flst. 104/1 (vgl. im Katalog der Kulturdenkmale)
Kapellenstr. 69
Fl. 31 Flst. 359/102
Kapellenstr. 73
Fl. 31 Flst. 529/101 (vgl. im Katalog der Kulturdenkmale)
Kapellenstr. 77
Fl. 31 Flst. 591/98 (vgl. im Katalog der Kulturdenkmale)
Kapellenstr. 79
Fl. 31 Flst. 592/98
Kapellenstr. 81
Fl. 31 Flst. 593/98
Kapellenstr. 83
Fl. 31 Flst. 494/98 (vgl. im Katalog der Kulturdenkmale)
Kapellenstr. 85
Fl. 31 Flst. 567/97
Kapellenstr. 89a
Fl. 31 Flst. 96/2
Kapellenstr. 93
Fl. 31 Flst. 1071/95 (vgl. im Katalog der Kulturdenkmale)
Kapellenstr. 95
Fl. 31 Flst. 1076/95

Für das auf malerischen Reiz angelegte Erscheinungsbild der nur wenig breiten Parkanlage Dambachtal sind die durch das Grün hindurchscheinenden Einfriedungsmauern der angrenzenden Hanggrundstücke der Kapellenstraße

von hervorragender Bedeutung. Die oft mit Blendbögen gebauten Stützmauern sind mit roten Ziegeln verblendet oder aus Bruchstein und werden von gemauerten Balustraden oder eisernen Ziergittern überhöht. Auf den Grundstücksecken sitzen bisweilen kleine Pavillons in der Art der Berliner „Neugierden“. Organisch vollzieht sich durch das naturhafte Material der Einfriedungen der Übergang von Park zu Garten und Bebauung. Nicht zuletzt entsteht durch die Mauerflucht eine dichte historische Atmosphäre von spätromantischem Stimmungswert.

Alfred-Schulte-Hütte

Fl. 1 Flst. 12

Die zum Schutz gegen Witterungsunbilden errichtete Hütte steht, jenseits des Tränkwegs im hinteren Dambachtal am Waldrand gelegen, im optischen Zusammenhang mit der Parkanlage. Sie wurde 1936 erbaut und nach dem damaligen Wiesbadener Oberbürgermeister Alfred Schulte benannt. Nach Kriegszerstörung erfolgte 1951 der getreue Wiederaufbau durch den Wiesbadener Kur- und Verkehrsverein. Der pittoreske Fachwerkbau in Laubenform mit Vorhalle bei steilem Satteldach erinnert an ostdeutsche Dorfschmieden des 17. und 18. Jahrhunderts. Im Hintergrund der als Landschaftspark gestalteten Grünanlage offenbart er mit seinem malerischen Erscheinungsbild seine Herkunft aus der Tradition der Parkstaffagen und der daraus hervorgegangenen Schutzhütten des Historismus. In diesem Sinne ist die Hütte als Motiv für den Park, der hier in idealer Weise übergeht in die freie Natur, Kulturdenkmal aus künstlerischen Gründen.
Im Wiesbadener Stadtwald befinden sich weitere mehr oder weniger pittoresk gestaltete Schutzhütten der 20er und 30er Jahre dieses Jahrhunderts.

Demminsweg

Ca. 1908 durchgeführt. Benannt nach August Demmin (geb. 1817 in Berlin, gest. 1898 in Wiesbaden), Kulturhistoriker und Schriftsteller, der seine umfangreichen kulturhistorischen Sammlungen der Stadt Wiesbaden hinterließ (Sammlung Nassauischer Altertümer, Museum Wiesbaden).

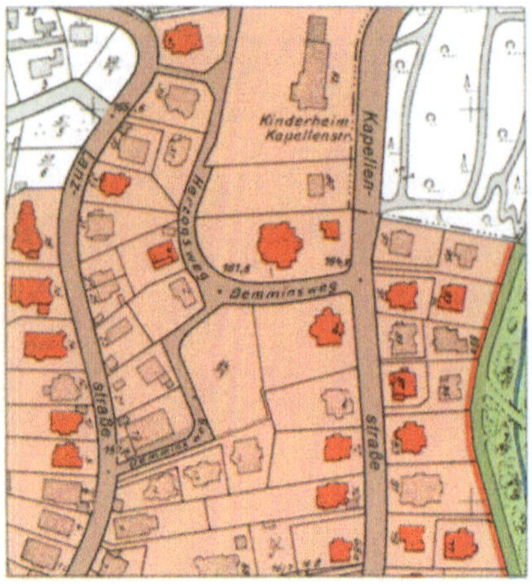

Demminsweg 1
Fl. 31 Flst. 952/94

Bauantrag: 24. 11. 1913
Antragsteller: A. Heintzmann
Architekt: Sigmund Langrod

Villenkubus eines auf dem Louis-Seize basierenden Neoklassizismus in parkartig großem Garten in prominenter Ecklage. Dem kubischen Baukörper mit Mansarddach ist zum nordseitigen Garten eine Exedra über genau halbkreisförmigem Grundriß angefügt, zur Südseite mit Blick auf die Talsenke der Grub eine Veranda. Als dritter Annex figuriert ein besonders reizvoller Portikus auf der zum Weg orientierten Eingangsseite. Aus einem rechtwinkligen Vorbau mit Mansarddach tritt zur Überdachung der Freitreppe eine Säulenexedra. Insgesamt ist der Entwurf der Villa auf Allseitigkeit angelegt, wobei sich 2 Seiten über die Annexe zum Garten hin öffnen. Auf Ornamentik wurde am Außenbau so gut wie verzichtet. Im Inneren beeindruckt die vorzügliche Ausstattung im Louis-Seize-Stil. Ganz außergewöhnlich und kunstvoll ist die Gestaltung der nördlichen Exedra als Wintergarten mit keramischer Verkleidung der Wandstreifen, denen u. a. Brunnen integriert sind. Die aus Natursteinbossen gemauerte Einfriedung mit einfachem Gitter ist mit ihrer konkaven Tornische gut erhalten.
Kulturdenkmal aus künstlerischen Gründen.

Freseniusstraße

1897 zur Erweiterung des nördlichen Villengebiets begonnen. Benannt nach Prof. Dr. Remigius Fresenius, Begründer des gleichnamigen Chemischen Instituts in Wiesbaden (1818–1897 in Wiesbaden).

Freseniusstraße 17
Fl. 32 Flst. 24/3

Bauantrag: 1. 10. 1898
Antragsteller: C. W. Poths, Rentner
Architekt: Wilhelm Kaufmann

Hoch über Straßenniveau situierte Villa im Neorenaissancestil mit Motiven des italienischen Spätbarock. Die zur Straße und Parkanlage orientierte Fassade ist symmetrisch mit Mittelrisalit angelegt. Im Mittelrisalit konzentriert sich die plastische Qualität der Dekorationsformen, wobei dieser größeres Volumen durch den mächtigen Wintergartenvorbau gewinnt. Beim Freisitz darüber setzt eine mittige Rundbogennische einen verspielten Akzent. Das Motiv der Doppelpilaster, die im 1. OG die Seiten besetzen, taucht in gleicher Weise flach gebildet noch einmal im Frontispiz auf. Der hohe Sockel des Gebäudes hat aufgrund der steilen Hanglage talseitig Vollgeschoßhöhe. Der Hang wird zur Straße durch eine malerische Stützmauer in Ziegeln und Bruchstein abgefangen. Das dreiflügelige Gartentor ist original erhalten. Der Weg zum auf der Rückseite gelegenen Hauseingang ist mit Felsgestein romantisierend gestaltet; grottenartig erscheint die hohe Stützmauer gegenüber dem Eingang mit Rundbogennischen und Brunnen.
Die mit ihren Gartenanlagen gut erhaltene Villa ist Kulturdenkmal aus künstlerischen Gründen und wegen der städtebaulichen Bedeutung als architektonischer Kulisse der Parkanlage Dambachtal.

Freseniusstraße 21
Fl. 33 Flst. 334/7

Bauantrag: 16. 2. 1907
Antragsteller: Karl Schultze, Architekt
Architekt: ders.

K. Schultze, der in Wiesbaden den Spätklassizismus bis in die 90er Jahre tradierte (vgl. Schöne Aussicht 40, 42, 44 u. a.), lieferte hier – wie auch bei der Villa Bierstadterstr. 9a (vgl.) – einen durch die Secession beeinflußten Entwurf. Die erhöhte Lage sowie das hangseitige Sockelgeschoß lassen den kubischen Baukörper auffallend hoch erscheinen. Der Eindruck wird durch die Vertikalität der Fassadengestaltung verstärkt. Die Hauptachse wird durch pittoresk vielfältige Fensterformen betont und durch einen zwerchhausartigen Aufsatz überhöht. Durch die großzügige Zusammenfassung von Sockel und EG wirkt auch der polygonale Vorbau mit abschließendem Balkon geradezu steil. Einen gewissen Ausgleich schafft hier freilich die Zweiteilung der Wandfläche durch horizontale Spundierung in Sockel und EG und ebenfalls waagrecht gezogenem Kammputz in den beiden oberen Geschossen. Das die Trennungslinie markierende Gesims öffnet sich über dem großen Rundbogenfenster, doch wird ein mehr fließender Übergang durch das Brüstungsornament des Fensters aufgehalten. Die Lösung ist symptomatisch für die zwischen zwei Richtungen unentschiedene Bauweise, die insgesamt konservativ bleibt. Modernere Formen wie bei der Brüstung des Balkons werden durch Historismen übertönt. So bleibt auch die Giebelspitze dem Motiv eines Geläuts vorbehalten, wobei die dem Zweck nicht angemessene Glocke durch eine geschmiedete Blume ersetzt wird. Auch das Einfriedungsgitter schwankt zwischen bekannten und neueren Formen. Mit der hohen Bruchsteinmauer mit zum Gitter passendem Tor ist die Einfriedung für das Straßenbild bedeutend.
Kulturdenkmal aus künstlerischen und stadtbaugeschichtlichen Gründen.

Freseniusstr. 27
Fl. 33 Flst. 383/3

Bauantrag: 16. 2. 1899
Antragsteller: Max Hartmann, Maurermeister und Bauunternehmer
Architekt: ders.

Prunkvolle Neobarockvilla, die hoch über Straßenniveau situiert ist. Lage und Konzeption schaffen ein steil dimensioniertes Erscheinungsbild. Seiten- und Eckrisalit überragen das Walmdach mit ihren phantastisch dekorierten Aufbauten, wobei die diagonal orientierte Mansarde ohne Anbindung an das Dach bleibt. Unbekümmert um die Logik der Architektur der evozierten Epoche werden Motive versatzstückhaft zu pomphafter Wirkung zusammengefügt. Der kulissenhafte „schöne Schein" genügte der sich hier repräsentierenden Schicht zur Befriedigung von Geschmack und Anspruch gegenüber der Öffentlichkeit. Scheinhaft ist auch die Exklusivität des Entwurfs. Der Vergleich mit der ebenfalls von M. Hartmann erstellten Villa Schützenstr. 10 (vgl.) zeigt z. T. völlig identische Formen des üppigen Dekors vor durchgehend genuteten Wandflächen. Und hier wie dort kulminiert die Dekoration über dem Loggiabogen in zwei posauneblasenden Genien mit dem Portrait Dantes. Zur Straße begrenzt den Villengarten eine hohe Stützmauer mit Ziegelgliederung; das schwere Eisengitter hat geschmiedete Pfosten und Dekorelemente mit reicher vegetabilischer Ornamentik. Den steilen Aufgang zum Portal im Sockel des Eckrisalits säumen noch die Bruch-

steine der ursprünglichen Anlage. Die original erhaltene Haustür im vestibülartigen Vorraum führt in ein reich stuckiertes Treppenhaus mit Marmorstufen. Besonders aufwendig ist das Wendepodest im EG gestaltet: mit großem Spiegel mit z. T. vegetabilischem Stuckdekor zwischen üppigster süddeutscher Rokoko- und Jugendstilornamentik.
Die Villa ist Kulturdenkmal aus künstlerischen und historischen Gründen. Sie verkörpert paradigmatisch den durch die Kulturpolitik Wilhelms II. propagierten Geschmack eines nach den Gründerjahren zu Reichtum gelangten Bürgertums.

Freseniusstr. 29
Fl. 33 Flst. 3/1

Bauantrag: 30. 7. 1898
Antragsteller: Max Hartmann, Maurermeister und Bauunternehmer
Architekt: ders.

Große Mietetagenvilla in erhöhter Lage mit pittoresker, aber symmetrisch angelegter Fassade. Stilistisch basiert der in ockerfarbenen und dunkelroten Ziegeln konzipierte Entwurf auf spätgotischen Formvorstellungen; dabei beruht die starke Betonung des Konturs mit Tendenz zur übergreifenden Linienführung auf Einfluß durch den zeitgleichen Jugendstil. Der sich zunächst eklatant von der ebenfalls durch M. Hartmann errichteten Nachbarvilla Nr. 27 (vgl.) unterscheidende Bau zeigt mehrfach übereinstimmende Züge: so in der Verbindung von Risalitmotiv mit Loggia und Vorbau oder der formalen Zusammenfassung der Fensterachsen durch gliedernden Dekor. In beiden Fällen ist der Hauptbaukörper kubisch. Als markante Einzelform treten hier die Erkertürmchen in Verbindung mit dem dekorativen Frontispiz in Erscheinung. Der einprägsame Entwurf bewegt sich in der altdeutschen Tradition der 80er Jahre, die Gültigkeit bewahrt hat. Passend zum Baumaterial der Villa verhält sich die hohe Stützmauer zur Straße mit zweifarbiger Ziegelverblendung. Tor und Gitter sind relativ schlicht gebildet. Die Haustür im Neorenaissancestil ist gut erhalten.
Kulturdenkmal aus künstlerischen Gründen.

Freseniusstr. 35
Fl. 33 Flst. 52/2

Bauantrag: 23. 2. 1911
Antragsteller: Frau von Geyse, Luisenstr. 44
Architekt: Wilhelm Lücke

Strenger neoklassizistischer Entwurf, der seine Stilzitate aus dem Louis-Seize bezieht. Unverkennbar sind dabei Einflüsse des geometrischen Jugendstils, so z. B. in der Gliederung des Giebelfeldes der Fassade durch senkrechte ornamentierte Streifen. Der Giebel überhöht das Attikageschoß des Mittelrisalits, dem im EG ein halbkreisförmiger Altan mit massiver Balustrade vorgebaut ist. Die Kolossalgliederung des Risalits korrespondiert mit der lisenenartigen Eckrustika, die dem kubischen Baukörper mit hohem Mansarddach zusätzlich Schwere und Körperhaftigkeit verleiht. Auf geschoßtrennende Gesimse über dem Sockel wurde im Sinne einer großzügigen Formgebung verzichtet. Nicht ganz passend ist der doppelgeschossige Verandavorbau auf der Südseite anstelle eines ehemals anders gearteten und niedrigeren Motivs. Der Eingang der mit eleganter Fassadenwirkung auf den Straßenraum orientierten Villa befindet sich auf der gegenüberliegenden Nordseite.
Kulturdenkmal aus künstlerischen Gründen.

Freseniusstr. 37
Fl. 33 Flst. 1/8

Bauantrag: 19. 7. 1907
Antragsteller: Minny Wagner, Kaiser Friedrich-Ring 39
Architekt: Burk & Ohlenschläger

Die großräumige Villa folgt mit ihren ländlichen Motiven und dem weitgehenden Verzicht auf Historismen von England ausgegangenen Anregungen. Die pittoreske Konzeption des Baukörpers schafft unterschiedliche Ansichten bei beeindruckender Geschlossenheit des Gesamtentwurfs. Die meist schmalen, hohen Wandflächen werden durch Fenstereinschnitte mit altertümlich wirkender Sandsteineinfassung gegliedert. Dabei bleibt bei Diversität der Fensterformen die Axialität gerade der straßenseitigen Ansicht gewahrt. Mit pittoresker Wirkung und um gestalterische Schwerpunkte zu bilden, ist auch die schwere Bossenrustika im Sockel der Südwestecke verwandt. Materialgerechtigkeit und Sichtbarmachung konstruktiver Logik stehen weiterhin zurück vor dem Erfordernis, ein gefälliges malerisches Erscheinungsbild zu schaffen.
Kulturdenkmal aus künstlerischen Gründen.

Freseniusstr. 45/47
Doppelvilla
Fl. 33 Flst. 167/1; 166/1

Bauantrag: 24. 3. 1905
Antragsteller: Schultze u. K. Koch
Architekt: Karl Schultze
Inschrift: „Sachsenwald" über der Loggia von Nr. 45

Pittoresk verschachtelte Doppelvilla, die in ihrem Entwurf historische Elemente mit Motiven des Cottage-Stil mischt. Polygonale Ecktürme mit flachem Helm rahmen den aus zwei spiegelbildlichen Hälften bestehenden Baukörper. Ein unmittelbar anschließender Altan mit Veranda im EG und Balkon für das 1. OG vermittelt zu den zurückliegenden Achsen, die ein bekrönender Walmgiebel zu einem autonomen Trakt zusammenschließt. Die beiden Obergeschosse sind durch phantasievolles Dekorfachwerk reich gegliedert, ein Motiv, das sich auf den Schmalseiten wiederholt. Die in den Brüstungsfeldern der Turmfenster reiche Stuckornamentik zeigt zwischen renaissancistischem Blattwerk Getier wie Eule und Eichhörnchen. Auf die unmittelbare Nähe des Waldes scheint Bezug genommen. Die zur Villa gehörende Einfriedung mit niedrigem Ziegelsockel und Dekoreisengitter nebst Toren ist erhalten und vervollständigt das vielfältige Erscheinungsbild.
Kulturdenkmal aus künstlerischen Gründen.

Händelstraße

Entstand um 1910 zur Erweiterung des nördlichen Villengebiets. Benannt nach dem Komponisten Georg Friedrich Händel.

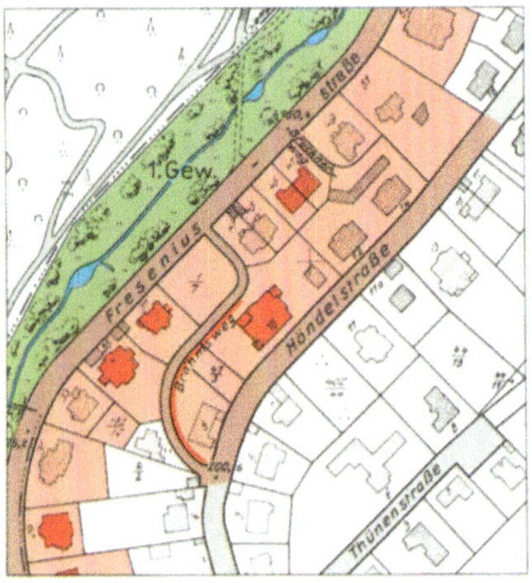

Händelstr. 10
Fl. 33 Flst. 47/2

Bauantrag: 4. 10. 1912
Antragsteller: Gustav A. Runken, Bremen
Architekt: Karl Kähler

Hervorragende Villa in Anlehnung an englische Landhausarchitektur der Arts and Crafts-Bewegung, wie sie durch H. Muthesius seit der Jahrhundertwende in Deutschland Verbreitung fand. Der auf steilem Hanggrundstück errichtete Bau erscheint zur Händelstraße mit nur niedrigem Sockel breit gelagert. Dominierend im Erscheinungsbild für den Straßenraum ist das mächtige Walmdach, das auf drei Seiten von den steilen Satteldächern risalitartig betonter Gebäudeteile durchdrungen wird. Die Giebelfelder mit Fußwalm werden durch streng senkrecht verlaufendes Fachwerk gegliedert, die Sprossenfenster mit Blumenhalterung rahmen gedrechselte Docken. Ein latenter Gegensatz von gestalterischer Freiheit und repräsentativer Form im ganzen kommt am stärksten in dem nur wenig vorgezogenen Giebeltrakt der Straßenseite zum Ausdruck. Axiale Gebundenheit in Verbindung mit Historismen – in Werkstein anspruchsvoll vorgetragen – schafft eine Fassade, die das Gebäude der wilhelminischen Epoche zuordnet. Durchaus machtvoll repräsentativ erscheint der Bau schließlich zur Gegenseite, wo durch steilen Geländeabfall ein hohes Sockelgeschoß entsteht. Hinzu kommen terrassenartige, architektonisch gestaltete Substruktionen, die ihrerseits zu einem herrschaftlichen Eindruck beitragen. Eine hohe Stützmauer in Bruchstein begrenzt den mit alten Bäumen bestandenen Garten entlang dem Brahmsweg. Zur Händelstraße bildet eine niedrige Mauer mit Gitter (erneuert) und Kunststeinpfosten die Einfriedung.
Kulturdenkmal aus künstlerischen Gründen und wegen der vorzüglichen handwerklichen Qualität im Detail.

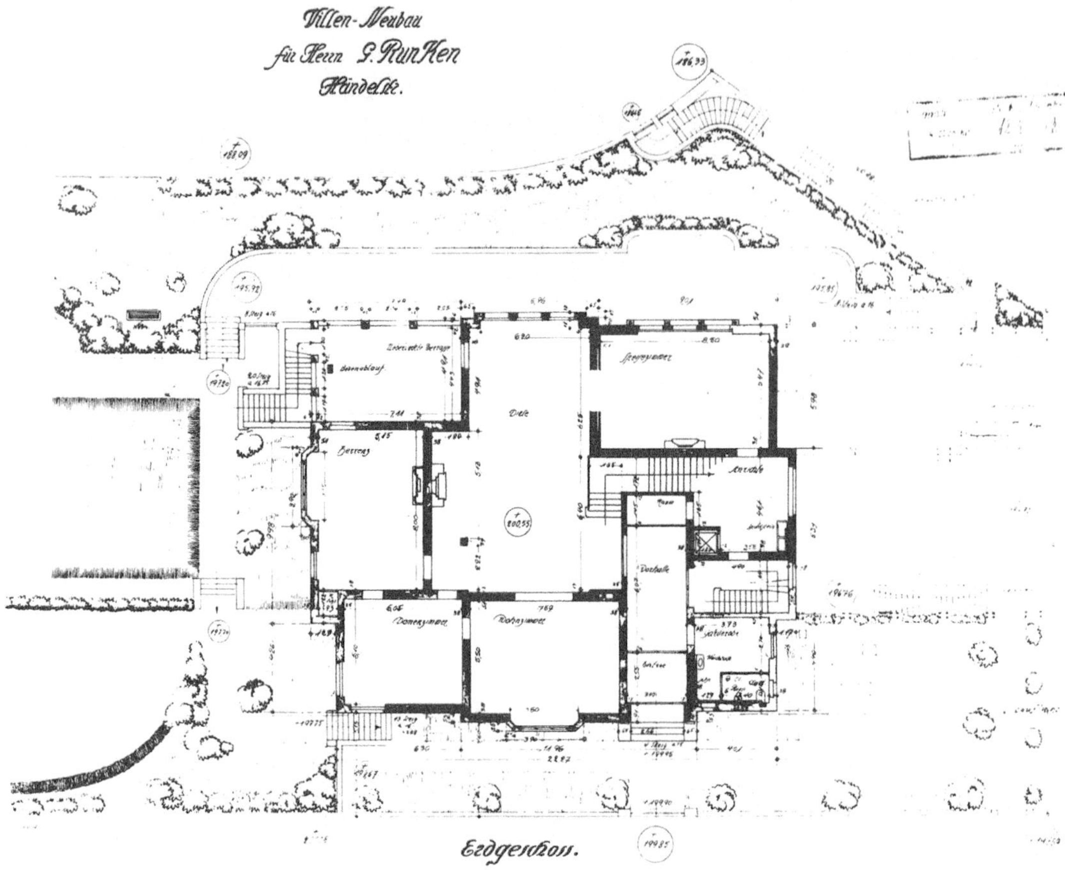

Händelstr. 10, Reproduktionen nach den Originalplänen

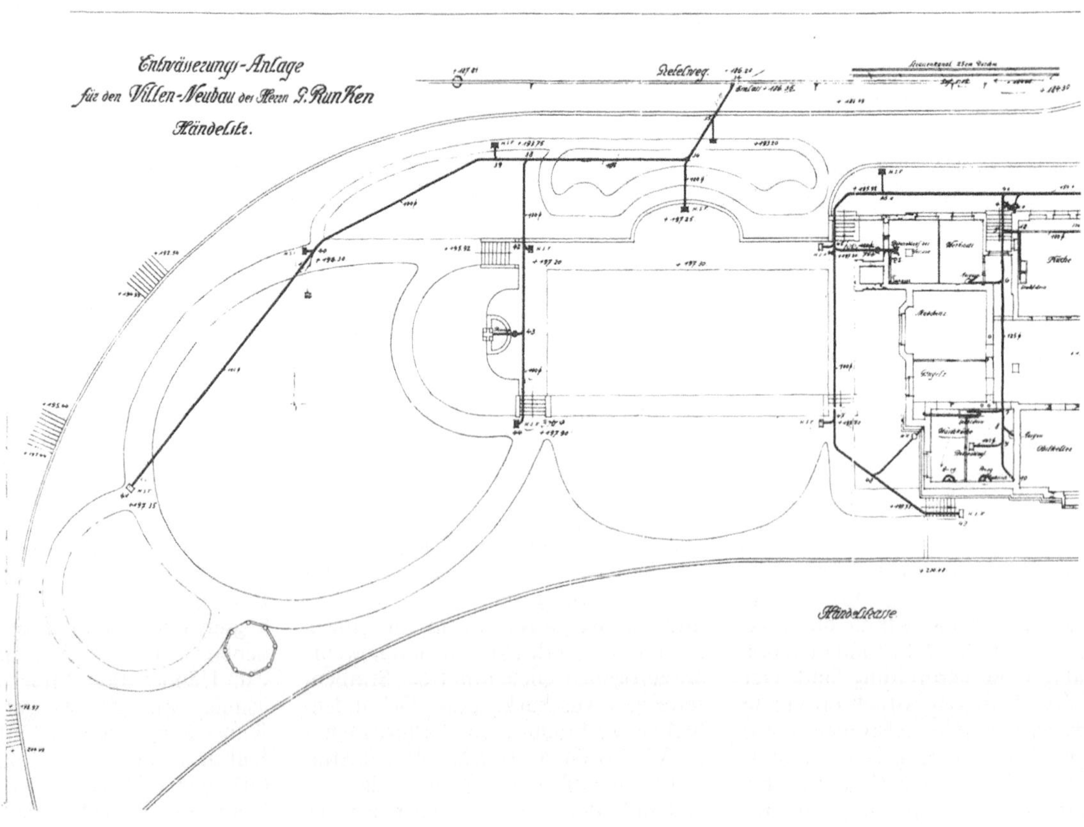

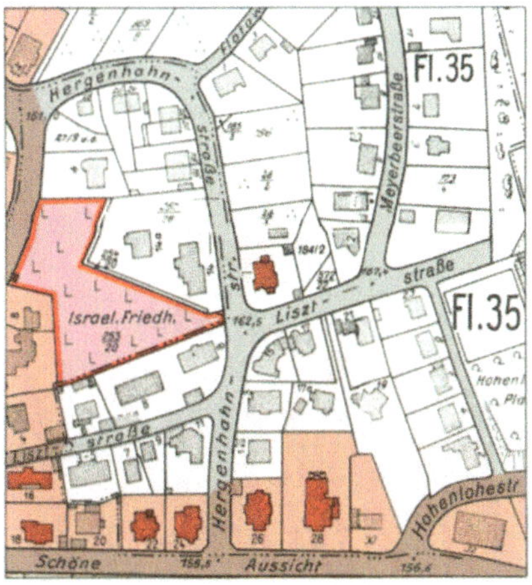

Hergenhahnstraße

1904 zur Erweiterung des nördlichen Villengebiets angelegt. Benannt nach dem nassauischen Ministerpräsidenten von 1848 August Hergenhahn.

Hergenhahnstr. 7
Fl. 35 Flst. 579/26

Bauantrag: 4. 1. 1905
Antragsteller: Dr. Gebhardt, Ziegeleibesitzer
Architekt: Karl Kähler

Eine der großen Einfamilienvillen des Viertels (heute in mehrere Wohneinheiten aufgeteilt) in prominenter Ecklage. Kähler gestaltete den Entwurf in Formen des 18. Jahrhunderts – vorwiegend in Anlehnung an das Louis XVI – mit der für ihn charakteristischen Sicherheit. Gestaltungsschwerpunkt der im Kern kubischen Anlage ist der diagonal auf die Straßenkreuzung ausgerichtete Polygonalturm mit barockisierendem Helm mit niedriger Laterne. Die beiden straßenseitigen Fassaden sind je durch einen risalitartigen Vorsprung mit zwerchhausartigem Frontispiz gegliedert. Größere Flächigkeit auf der einen Seite wird auf der anderen durch einen massiven Verandavorbau (heute verglast) ausgeglichen. Der Eingang mit sehr schöner Tür im Louis-Seize-Stil liegt auf der Nordwestseite und ist aufgrund des hohen Sockelgeschosses über eine Freitreppe zu erreichen. Das den Bau überziehende ornamentreiche Relief sowie eine gewisse Kleinteiligkeit der Gliederung geben der Villa eine betont konservative Note.
Kulturdenkmal aus künstlerischen und städtebaulichen Gründen.

Hohenlohestraße

1903 zur Erweiterung des nördlichen Villengebiets eröffnet. Benannt nach dem Reichskanzler Fürst Hohenlohe.

Hohenlohestr. 7
Fl. 147 Flst. 28

Bauantrag: 28. 5. 1903
Antragsteller: Hoffmann & Becker
Architekt: Wilhelm Rehbold

Dem spitzwinkligen Eckgrundstück ist die Villa durch Staffelung der Baumasse bei hoher Flächennutzung angepaßt. Durch additive Elemente wie Vorbauten, Erker oder turmartige Glieder werden Nahtstellen malerisch überspielt. Dominierendes Motiv mit starker städtebaulicher Wirkung ist der auf die Straßenkreuzung bezogene Risalit mit geschwungenem Wintergartenvorbau. Der Frontispiz mit seinem Fachwerk vermittelt Landhausatmosphäre, während der barockisierende Turmhelm im Hintergrund wilhelminischen Pomp perpetuiert. Die Verbindung semantisch verschiedenartiger Motive auch in der Ornamentik ist charakteristisch für die Zeit um 1900, die vielfach moderne Ideen aufgreift, ohne sich vom Historismus zu emanzipieren. Der stimmungsvolle Gesamteindruck unter Wahrung des Repräsentationsanspruchs ist nach wie vor Ziel der Gestaltung. Die Qualität wird durch die wertvolle Einfriedung mitbestimmt, die aus Bossenmauerwerk besteht, Pfosten mit kunstvollen Aufsätzen und schweren geschmiedeten Gitterteilen.
Kulturdenkmal aus städtebaulichen und künstlerischen Gründen.

Idsteiner Straße

1878 als Villenstraße eröffnet. Vorher Idsteiner Weg oder Trompeterstraße (nach dem dort verkehrenden fürstlich-nassauischen Postboten) als Höhenweg nach Idstein. Erste Landhausbebauung um 1860.

Idsteiner Str. 2
Fl. 82 Flst. 221/10

Erbaut: um 1860

Biedermeierlich schlichtes Landhaus aus den Anfängen der Villenbebauung am Geisberg. Der rechteckige Baukörper mit Satteldach ist mit seiner Langseite auf Garten und Tal ausgerichtet. Als Hauptansicht wird sie durch einen wenig vortretenden Mittelrisalit gegliedert, der ebenfalls mit einem Satteldach abschließt. Zur Idsteiner Straße wendet sich die Giebelseite über drei Achsen mit mittigem Eingang. Sie wird wie auch der Risalit durch ein Lisenenband gerahmt. Ansonsten beschränkt sich die Gliederung auf ein geschoßtrennendes Gesims sowie die Profilierung der rechtwinkligen Fenstereinschnitte. Als Schmuckmotiv figurieren die sporenartigen Blendkonsolen der Fensterbänke. Zusammen mit der waagerechten Verdachung kennzeichnen sie das 1. OG im Sinne des „piano nobile“ gegenüber dem durch die Hanglage und niedrigen Sockel tiefliegenden EG. Der guterhaltene Bau repräsentiert den Typus des schlichten landhausartigen Villenbaus herzoglich nassauischer Epoche gegenüber dem

Gartenhaustypus oder der repräsentativen spätklassizistischen Villa der Zeit. Die Einfriedung mit abgetreppter Ziegelmauer und einfachem Spießgitter ist bis auf das Tor erhalten.
Kulturdenkmal aus stadtbaugeschichtlichen und siedlungsgeschichtlichen Gründen.

Idsteiner Str. 5
Fl. 34 Flst. 74/7

Bauantrag: 8. 12. 1890
Antragsteller: Chr. Lamsbach und Wilhelm Bind, Bauunternehmer
Architekt: Ludwig Bind

Die polychrome Ziegelvilla auf hohem Sockel überragt weithin sichtbar die Talseite. Durch ihre Größe und pittoreske Gestalt nimmt sie eine prominente Stellung an der platzartig erweiterten Straßenkreuzung ein und setzt andererseits einen starken Akzent im Verlauf der Idsteiner Straße. Mit ihrer altertümelnden Formgebung in Verbindung mit der Materialqualität steht die Mietetagenvilla in der Tradition der durch Rezeption der nationalen Renaissance geprägten 80er Jahre. Die Ziegelverblendung zeigt die unterschiedlichsten Möglichkeiten der Ornamentbildung und dokumentiert das hohe Niveau des Maurerhandwerks. Für das lebhafte Erscheinungsbild der Fassaden ist der Verlust der Sgraffiti vortäuschenden Schablonenmalerei in den Bogenfeldern der Fenster des 1. OG zu bedauern. Die Einfriedung mit hoher Ziegelstützmauer, Ziegelpfosten und relativ einfachem Dekoreisengitter ist größtenteils erhalten und trägt zum bereichsprägenden Eindruck der Villa bei.
Kulturdenkmal wegen der städtebaulichen, künstlerischen und handwerklichen Qualität.

Idsteiner Str. 7
Fl. 34 Flst. 654/74

Bauantrag: 31. 8. 1891
Antragsteller: Chr. Lamsbach und Wilhelm Bind, Bauunternehmer
Architekt: Ludwig Bind

Einfachere Ziegelvilla mit altdeutschem Habitus, die vom selben Bauunternehmer und Architekten errichtet wurde wie die Eckvilla Nr. 50 (vgl.). Die zurückgesetzte Lage beruht auf der Schaffung von drei getrennten Bauplätzen aus den ehemals zusammengehörenden Grundstücken Idsteiner Str. 5, 7 u. 9 (vgl.). Sie ist Ausdruck der hohen Ausnutzung; gleichzeitig wird die Vertiefung des Straßenraums dem ästhetischen Anspruch eines malerischen Städtebaus gerecht. Zu dessen Konzept gehört auch die Wahrung der Blickachse zur Stadt. Mit ihrer Hauptansicht mit Mittelrisalit und vorgebautem Wintergarten, Balkon und Holzveranda ist die Villa zum Tal orientiert. Richtung Straße akzentuiert eine erkerartige Betonung der rechten Fensterachse die Fassade. Der Eingang der auch im Inneren gut erhaltenen Mietetagenvilla liegt auf der Rückseite. Teile der Einfriedung sind erhalten.
Die Villa ist Kulturdenkmal aus städtebaulichen Gründen und wegen ihrer stadtbaugeschichtlichen Aussage als Teil eines bauunternehmerischen Konzepts der 80er Jahre.

Idsteiner Str. 8 / Rosselstr. 1
Doppelvilla
Fl. 32 Flst. 500/33; 327/13

S. Rosselstr. 1

Idsteiner Str. 9
Fl. 34 Flst. 74/4

Bauantrag: 14. 4. 1894
Antragsteller: Wilhelm Bind
Architekt: Ludwig Bind

Auf malerische Wirkung im Straßenbild angelegte Ziegelvilla mit Sandsteingliederung, letztere mit üppiger Ornamentik. Die Einfamilienvilla in der Nachfolge der altertümelnden Neorenaissance der 80er Jahre ist das aufwendigste der drei Objekte, die der Bauunternehmer W. Bind in unmittelbarer Nachbarschaft errichtete (vgl. Idsteiner Str. 5 u. 7). Mit Ausnahme des talseitigen Vorbaus ist das kubische Gebäude mit polygonalem Eckturm gut intakt. Besonders beeindrucken die geschweiften Verdachungen der Gaupen mit bekrönendem Knauf und vor allem der Turmhelm mit Wetterfahne und pittoreskem Ausguck als burgenhaftes Motiv. Unter den zahlreichen Details sind für das reiche Erscheinungsbild der Fassaden die dekorativen Zieranker charakteristisch. Gut erhalten ist die renaissancistische Eingangstür. Das Treppenhaus mit Marmorstufen im unteren Bereich ist mit einem kunstvoll geschmiedeten Geländer versehen. Der Vorgarten wahrt mit der Pflasterung des Weges und steingesäumten Beeten Aspekte seiner ehemaligen Anlage. Die Einfriedung mit abgetreppter Ziegelmauer und schwerem dekoriertem Stabeisengitter und Tor vervollständigt den stimmungsvollen Gesamteindruck.
Kulturdenkmal aus künstlerischen und städtebaulichen Gründen.

Idsteiner Str. 11
Fl. 34 Flst. 653/73

Erbaut: 1876/77

Flach gedeckter spätklassizistischer Villenkubus mit talseitigem Risalit und polygonalem Eckturm in der Tradition der Schinkel-Schule. Die durch den repräsentativen Turm mit Nachdruck erfolgte Orientierung auf den Straßenraum kennzeichnet die gründerzeitliche Phase des Spätklassizismus. Ebenso steht für den Spätstil die Verbindung von Feingliedrigkeit mit z. T. eher schweren Gliederungselementen wie den Pilastern am Altan oder an den beiden oberen Geschossen des Turms. Von unterschiedlicher Qualität ist auch die Stuckornamentik, die dem 1. OG mit der Verdachung der Fenster Beletage-Charakter verleiht. Die konsolengestützte Verdachung verläuft parallel zur Gesimsgliederung streng waagrecht. Die Horizontale wird ferner durch die friesartige Anlage des Mezzanin betont wie durch die bandartige Wirkung der Fensterreihen bei geöffneten Klappläden. Für das landhausmäßige Erscheinungsbild sind die Läden unverzichtbar. Die Fenster wahren mit dem „Berliner Galgen" ihre ursprüngliche Einteilung. Die Eichenholztreppe im Inneren der ehemaligen Einfamilienvilla ist mit einem Geländer mit schönen gußeisernen Traillen mit Weinlaubornamentik versehen.
Kulturdenkmal aus künstlerischen und städtebaulichen Gründen.

Idsteiner Str. 12
Fl. 32 Flst. 496/34

Ehemalige Remise und Stallgebäude der Villa Idsteiner Str. 14. Als solche Kulturdenkmal als Teil des in seltener Geschlossenheit überkommenen Villenanlage Idsteiner Str. 14 (vgl.).

Idsteiner Str. 13
Fl. 34 Flst. 72/1

Bauantrag: 15. 8. 1898
Antragsteller: Chr. Lamsbach, Privatier
Architekt: Ludwig Bind

Ockertonige Ziegelvilla mit ornamentreicher Gliederung in roten Ziegeln und roten Sandsteinelementen. Der pittoreske Baukörper zeigt die typischen Merkmale additiver historistischer Bauweise. Die für den Straßenraum wirksame Schrägansicht vereint synoptisch einen doppelgeschossigen Verandavorbau mit einem turmartigen Diagonalerker mit vorkragender Krüppelwalmverdachung. Letztere mit ihren Holzkonsolen ein durchaus ländliches Motiv, wie es den Villenbau um 1900 kennzeichnet. Der den konzentrierten Entwurf bei kubischer Grundgestalt kennzeichnende Stilpluralismus bewegt sich ansonsten in der Tradition der von der Rezeption der nationalen Renaissance geprägten 80er Jahre. Kennzeichnend für die Bauzeit ist die Aufnahme barockisierender Formen (Erkerverdachung mit Okuli u. a.). Der moderne Jugendstil hat in das Ornament der Balkongitter Eingang gefunden. Außerdem taucht er – wie häufig im konservativen Villenbau in Wiesbaden beobachtet – in der Innenraumgestaltung auf: so im Treppenhaus in Form einer hochqualitätvollen Marmorverkleidung.
Kulturdenkmal aus künstlerischen Gründen und wegen seiner städtebaulichen Bedeutung. Lage und Gestalt der Villa vertiefen die Optik des Straßenraums. Zudem erscheint die versetzt zur Nr. 11 (vgl.) situierte Villa mit repräsentativer Südseite als wirkungsvolles architektonisches Motiv in der Ansicht des Hanges.

Idsteiner Str. 14

Fl. 32 Flst. 496/34

Bauantrag: 20. 7. 1906
Antragsteller: Eduard Weygandt
Architekt: Paul A. Jacobi
Umbau: 1934, Umwandlung zur Mietetagenvilla

Großvolumiger, langgestreckter Villenbau in Ecklage, der durch Risalitbildung sowie Vor- und Rücksprünge rhythmisch gegliedert ist. Der maßvoll historisierende Entwurf rezipiert das Louis-Seize im Rahmen eines zur strengen und großzügigen Form tendierenden Neoklassizismus. Charakteristisch für den zeittypischen Stil sind das Mansarddach – hier mit Biberschwanzdeckung und durch First- und Gratziegel betonte Konturen – sowie das strenge Raster der Sprossenfenster. Regressiv im Sinne der pittoresken Bauweise des fortgeschrittenen 19. Jahrhunderts mutet das Motiv des polygonalen Eckturms an. Für die Langseite mit Risalit und weit vorgezogenem Portikus setzt der Turm einen abschließenden Akzent. Für die schmale Gartenseite ist er gestalterischer Schwerpunkt. Die untere, rundbogige Loggia der Gartenfront wurde vermutlich in den 20er Jahren durch einen sehr gut angepaßten Wintergartenvorbau zugesetzt. Für die Fassadengliederung mit ihrem flachen Relief ist die unterschiedliche Form der Fenster wesentlich. Besonders schön und individuell sind die rundbogigen Dachfenster mit bekrönendem Knauf.

Zur Villa gehört ein großer regelmäßig angelegter Garten, wie ihn fortschrittliche Theoretiker der Gartenkunst (Avenarius, Lichtwark, Muthesius) bei scharfer Verurteilung des historisierenden Landschaftsgartens forderten. Der Garten ist architektonisch konzipiert und schafft mit einem terrassenartigen Parterre und niedriger gelegenem Plateau, das von Pergolen gesäumt wird, die gewünschten „Wohnräume im Freien“. Deutlich zu erkennen ist das ursprüngliche Konzept für die Bepflanzung. Der wertvolle alte Baumbestand ist von bereichsprägender Bedeutung.

An die Stützmauer des unteren Plateaus ist das Stall- und Remisengebäude gebaut, mit eigener Zufahrt und Hof (vgl. Idsteiner Str. 12). Im ganzen ein hochherrschaftlicher Besitz mit entsprechend wertvoller Einfriedung mit hoher Stützmauer in Naturstein und secessionistischem Gitter und Tor. Kulturdenkmal aus künstlerischen Gründen und wegen der Bedeutung des großartigen Gartens für die Geschichte der Gartenkunst.

Idsteiner Str. 15
Fl. 34 Flst. 283

Bauantrag: 21. 1. 1911
Antragsteller: F. A. Kost
Architekt: A. K. Schneider

Anstelle eines sehr viel kleineren Vorgängers erbaute Villa, die mit ihrer hohen Ausnutzung des schmalen Hanggrundstücks beispielhaft die wirtschaftlichen Möglichkeiten additiven historistischen Bauens vor Augen führt. An einen oberen Kubus von etwa quadratischem Grundriß schließt sich versetzt ein weit nach vorn gezogener Flügel an. Im Knick vermittelt ein eingestellter Rundturm. An ihn schließen Balkons an, die dem schmalen Vorderflügel das notwendige Volumen geben. Die giebelständige Front des Flügels setzt das Prinzip des organischen Überleitens durch einen polygonalen Vorbau fort. Die Hauptansicht der erhöht liegenden Villa erschließt sich in der Diagonalen und damit wirkungsvoll aus der Blickachse der Straße. Die Stilgebung beruht auf dem Neoklassizismus der Zeit mit Louis-XVI-Ornamentik. Charakteristisch ist die Betonung der Vertikalen durch Pilaster und Zusammenfassung der Fensterachsen. Das geschoßtrennende Gesims ist ausgeschaltet. Zu erwähnen bleibt der prächtige Portikus auf der nördlichen Eingangsseite. Zu ihm hinauf führt eine zweiläufige Freitreppe mit

begleitenden Balustraden. Das Dekorgitter der Einfriedung mit schönem Tor zeigt retardierende Formen. Zeittypisch dagegen ist die schwere Bossenmauer mit Stützfunktion.
Kulturdenkmal aus künstlerischen und siedlungsgeschichtlichen Gründen.

Idsteiner Str. 23
Fl. 34 Flst. 303/2

Bauantrag: 4. 11. 1903
Antragsteller: Albert Müller
Architekt: Albert Wolff

Ländlich anmutende Villenarchitektur, die auf historische Dekorationsmotive weitgehend verzichtet. Das ansprechende, durch die Ecklage exponierte Erscheinungsbild beruht bei pittoresk verschachtelter Bauweise auf dem Kontrast heller, glatt geputzter Flächen zum Rot der Ziegelgliederung. Besonders reizvoll ist die hölzerne Verandakonstruktion Richtung Süden zum steil abfallenden Gartengelände. Eine weitere hölzerne Veranda im 1. OG erhält durch den nach Osten orientierten Eingangsrisalit Loggiacharakter. Die entgegengesetzte Straßenseite gibt sich mit einem eingeschossigen Wintergartenvorbau repräsentativer. Grundsätzlich ist der Entwurf auf Allseitigkeit angelegt. Die den Villengarten auch entlang dem Corneliusweg umziehende Einfriedung ist mit Sockelmauer aus Ziegeln

und historisierendem Dekoreisengitter gut erhalten.
Kulturdenkmal aus künstlerischen Gründen.

Idsteiner Straße
Alter Hof Geisberg
Fl. 33 Flst. 19/1

Anfang der 80er Jahre des 18. Jahrhunderts legte der Regierungspräsident Freiherr Karl Friedrich von Kruse den landwirtschaftlichen Gutshof Geisberg an. Im Norden der Stadt war er damals das einzige außerhalb gelegene Gebäude. Im Zuge einer wechselvollen Geschichte – ab 1835 war der Hof Sitz des Herzoglich-Nassauischen Landwirtschaftsinstituts, wo ab 1845 auch Remigius Fresenius als Professor der Chemie lehrte – wurde das in drei Flügeln angelegte Gebäude mehrfach verändert bzw. vergrößert. Aus der Gründungszeit stammen noch zwei Flügel des Hauptbaus, wobei sich damals wie heute der durch sie gebildete Hof zu einem vor der Anlage situierten kleinen Park hin öffnete. Im Park steht ein schutzwürdiges Sandsteindenkmal des Wilhelm Albrecht, der mit Adam Haßlach zum Pionier landwirtschaftlicher Reformen im Herzogtum Nassau wurde. Häufig besuchte Johann Wolfgang von Goethe – gerade bei seinem Wiesbaden-Aufenthalt 1815 – den Geisberghof, worüber er sagte: „Man bedarf in Wiesbaden nur einer Viertelstunde Steigens, um in alle Herrlichkeit der Welt zu blicken." Die Bewirtung – mit dem Gutsbetrieb war ein Ausflugslokal verbunden, wo u. a. auch Schützenfeste stattfanden – regte ihn (im Schenkenbuch des West-Östlichen Diwan) zu den Versen an:

Dem Kellner
Setze mir nicht, du Grobian,
Mir den Krug so derb vor die Nase!
Wer mir Wein bringt, sehe mich freundlich an,
Sonst trübe sich der Eilfer im Glase.

Dem Schenken
Du zierlicher Knabe, du komm herein,
Was stehst du denn da auf der Schwelle?
Du sollst mir künftig der Schenke sein,
Jeder Wein ist schmackhaft und helle.

Mit Einrichtung der Landwirtschaftsschule 1835 wurde weiter talwärts der Neue Geisberg angelegt, der mit dem Gutsbetrieb auch die Funktion der Gartenwirtschaft bzw. des Ausflugslokals als Attraktion für die Kurgäste übernahm (s. Ahornweg 1, 1a, 1b). Der Geisberghof ist mit den drei den Innenhof begrenzenden Flügeln als z. T. erhaltenen Gebäuden der ursprünglichen spätbarocken Anlage Kulturdenkmal aus stadthistorischen und stadtbaugeschichtlichen Gründen.

Alter Hof Geisberg, um 1820

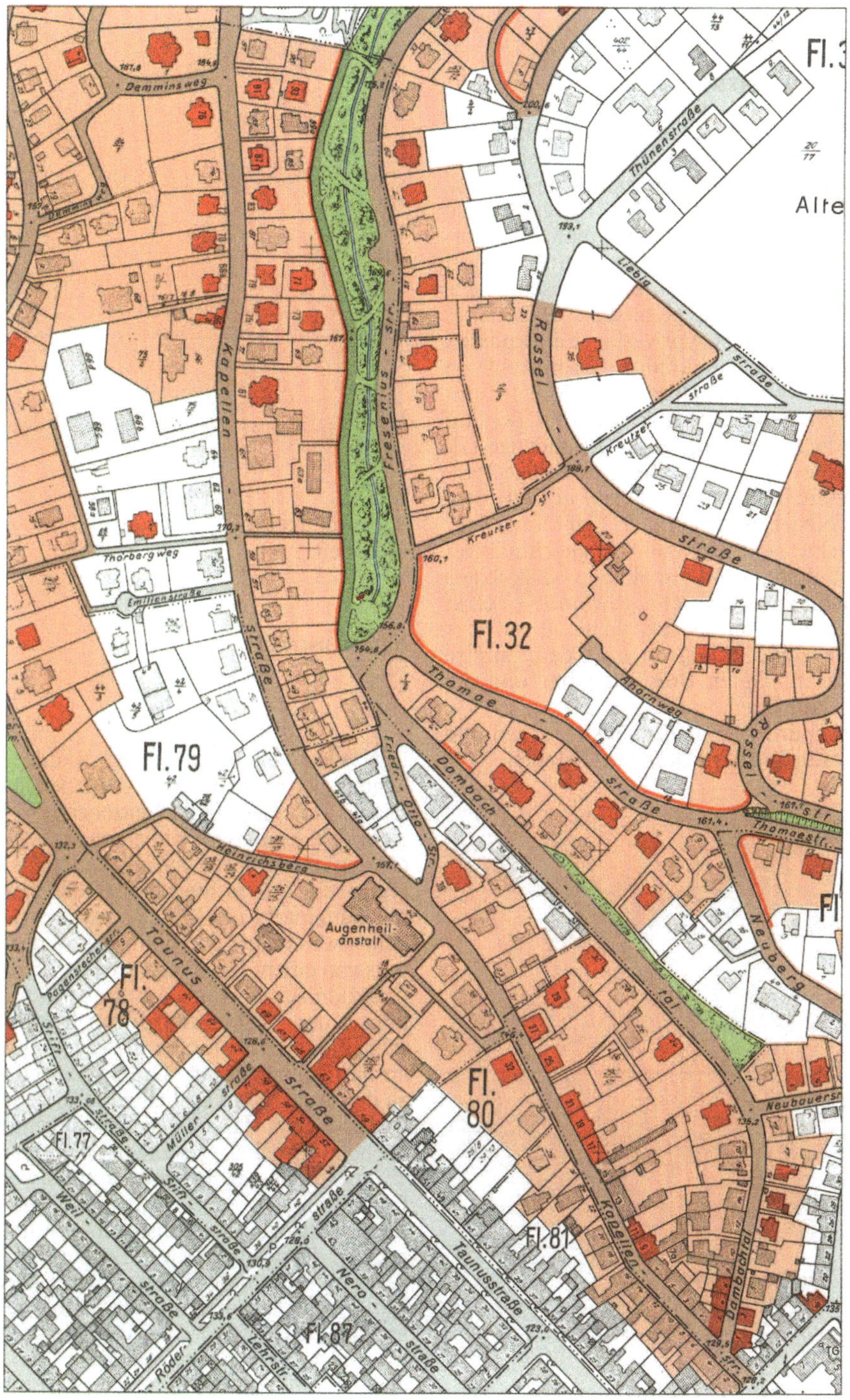

Kapellenstraße

Ehemaliger Steinhohlweg, umbenannt um 1855 nach dem Bau der Griechischen Kapelle. Landhausbau ab etwa 1845.

Kapellenstr. 9
Fl. 82 Flst. 64

Bauantrag: 22. 3. 1888
Antragsteller: Julius Brahm, Architekt
Architekt: ders.

Wohnhaus im Neorenaissance-Stil der 80er Jahre, das mit seiner pittoresken 3½geschossigen Fassade einen starken Akzent innerhalb der geschlossenen Bebauung der unteren Kapellenstraße setzt. Die exponierte Situation in der Innenseite der Straßenkurve verstärkt den merkzeichenhaften Eindruck der dekorativen Fassadenarchitektur in Ziegeln und rotem Sandstein vor hellen Putzflächen. Im einzelnen beeindruckt der wertvolle Detailreichtum bei nahezu komplettem Erhaltungszustand bis hin zu Seltenheiten wie der buntfarbenen Dekorverglasung der EG-Fenster.
Erst nach dem 2. Weltkrieg wurde in dem im Bauantrag als Wohnhaus bezeichneten Gebäude ein Hotelbetrieb eingerichtet.
Kulturdenkmal aus künstlerischen und städtebaulichen Gründen.

Kapellenstr. 11
Fl. 82 Flst. 175/63

Erbaut: um 1845
Umbau: 1875, Bauantrag von Dr. Fresenius auf „Vergrößerung des Laboratoriums in seinen Häusern 11 und 13“

Das 2½geschossige traufständige Gebäude perpetuiert in bescheidener Form den Typus des klassizistischen Wiesbadener Modellwohnhauses mit seitlicher Torfahrt, die den Bauwich markiert. Das altertümelnde Konzept legt eine frühe Datierung nahe, doch dürfte eine Entstehung vor Befestigung der Straße und Festlegung der Fluchtlinien auszuschließen sein. Die Tradierung des biedermeierlichen Typus bis in die 50er Jahre ist in den Handwerker- bzw. Kleinbürgervierteln der Stadt nachweisbar (Bergkirchenviertel u. a.). Neben seinem historischen Wert bietet das Gebäude ein liebenswürdiges Erscheinungsbild. Die vierachsige Fassade wird durch die Fenstergestaltung mit Verdachungsmotiv und Gußgittern nebst Klappläden anmutig belebt. Fein differenziert sind die in Holz gearbeiteten Profile der Gaupen. Das Torgewände wurde in jüngerer Zeit in scharriertem Sandstein erneuert. Wertvoll ist das schöne alte Holztor in drei Teilen mit Pilastergliederung. 1874 erfolgte die Überbauung der Einfahrt durch einen zur Hälfte zurückgesetzten Ziegeltrakt. Darauf wurde in jüngerer Zeit ein weiteres Geschoß gesetzt.
Kulturdenkmal aus städtebaulichen und künstlerischen Gründen.

Kapellenstr. 17
Fl. 82 Flst. 280/59

Erbaut: um 1850

Das vermutlich zu den Projekten des Bauunternehmers Rücker gehörende Haus stellt bei vergleichbarer Einfachheit gegenüber der Nr. 11 (vgl.) einen fortgeschrittenen Typus dar. Die Torfahrt wird überbaut, der Bauwich damit aufgegeben und eine geschlossene Randbebauung geschaffen. Das klassizistische Konzept verlangt ein ruhiges, jedoch nicht eintöniges Gesamtbild von projekthafter Harmonie. Alles räumlich Expandierende wird bei der auf Flächigkeit angelegten Fassadengestaltung vermieden. Die notwendige Individualität im einzelnen obliegt dem Gliederungsrhythmus: hier durch vier gekuppelte Achsen in gleichmäßiger Reihung. Die schlichte spätbiedermeierliche Fassade gewinnt verstärkt Gesicht durch das feine Profil der Fensterrahmung, die noch dem Empire verpflichteten Brüstungsgitter und die Klappläden.
Kulturdenkmal aus künstlerischen und stadtbaugeschichtlichen Gründen.

Kapellenstr. 19
Fl. 82 Flst. 58/2

Erbaut: um 1855

Als Teil der schlichten spätbiedermeierlichen Bebauung der unteren Kapellenstraße variiert das fünfachsige Haus seinen Typus durch malerische Details. Nicht ohne Eleganz werden die beiden äußeren Achsen des Hauptkörpers vertikal zusammengefaßt, mit zierlicher Dreiecksüberdachung im 1. OG und kassettiertem Brüstungsfeld im EG. Besonders reizvoll ist die Gestaltung der seitlichen überbauten Torfahrt. In Abweichung von der Symmetrie wird die mit flachem Stichbogen gebildete Einfahrt von einem palladiesk anmutenden Rundbogenfenster zwischen Doppelpilastern überhöht. Selten ist, wie hier, das originale Tor erhalten. Es besteht aus zwei Flügeln mit rechteckigen Füllungen, die obere mit Mittelrosette, das Oberlicht ist fein versproßt.

Kulturdenkmal aus künstlerischen Gründen.

Kapellenstr. 21
Fl. 82 Flst. 57/2

Erbaut: um 1855

Das Wohnhaus beschließt die Randbebauung der rechten Seite der Kapellenstraße. Zu einer Hälfte freistehend, bezieht sich der Entwurf auf einen schlichten spätbiedermeierlichen Landhaustypus: ein querrechteckiger Baukörper mit Satteldach, die Mittelachse von einem Zwerchhaus überhöht, das seinerseits von einem Satteldach gedeckt wird. Charakteristisch sind das weite Vorkragen des Daches und dessen holzgeschnitzte Giebelkonsolen in Anlehnung an das Schweizerhaus. Die Schmalseite zu drei Achsen mit schlichtem mittigem Eingang zeigt das in der Zeit beliebte Giebelmotiv einer gestaffelten Fenstergruppe. Die palladiesk anmutende Formation verwendet den Stichbogen, der durchgängig die Fenstereinschnitte, auch in der gekuppelten Form der Vorderfront, bestimmt. Elegant wirkt die Lösung des dem Kontur folgenden segmentbogenförmigen Verdachungsmotivs im aufwendiger gestalteten 1. OG, das die Zwillingsfenster zudem als Einheit faßt. Zum Schmuck des unprätentiösen Gebäudes gehören u. a. die schönen gußeisernen Fenstergitter aus efeubesetzten Stäben.
Kulturdenkmal aus künstlerischen und stadtbaugeschichtlichen Gründen sowie in der Funktion als Kopfbau der die untere Kapellenstraße charakterisierenden geschlossenen Bebauung.

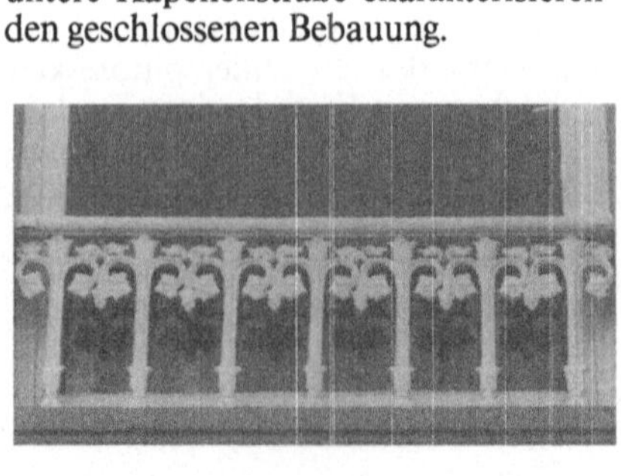

Kapellenstr. 25
Fl. 82 Flst. 54/2

Erbaut: ca. 1855

Das freistehend errichtete Landhaus wahrt die Fluchtlinie der geschlossenen Bebauung. Die Gestaltung ist der Nr. 21 (vgl.) vergleichbar, doch erhält die Fassade hier durch einen filigranen gußeisernen Balkon in der Mitte des 1. OG einen zusätzlichen Akzent. Hinzu kommt die aufwendigere Rahmung der auch hier gekuppelten Fenster: im 1. OG rechteckig mit mittlerem Pfeilerkapitell und angestützter Verdachung, im EG mit doppeltem Stichbogen und kassettierten Brüstungsfeldern. Stärker betont sind die Gebäudekanten durch ausdrucksvolle Ecklisenen. Die schmükkenden Fensterläden sind gut erhalten. Der gehobene Anspruch der Fassade entspricht dem seitens der Anlieger des Steinhohlweges vorgebrachten Wunsch auf einen klingenden Namen ihrer Straße (s. Kapellenstraße).
Der schlichte, wohlproportionierte Bau ist Kulturdenkmal aus künstlerischen und stadtbaugeschichtlichen Gründen.

Kapellenstr. 27
Fl. 82 Flst. 191/2

Bauantrag: 1. 9. 1894
Antragsteller: Hermann Reichwein, Architekt
Architekt: ders.

Nach eingeholter Genehmigung wird das im Bauantrag als Landhaus bezeichnete Gebäude im Anschluß an die ältere Bebauung der Kapellenstraße unmittelbar an den Straßenrand gesetzt. Markant ist der stilistische Unterschied vom biedermeierlichen Spätklassizismus der Nachbarvillen zum hier pittoresken Historismus der späten eklektizistischen Phase. Heterogene Motive bestimmen das Bild der auf malerisch plastische Wirkung angelegten Fassade. Prominentes Merkmal ist der talseitige Risalit mit Polygonerker und hohem renaissancistischem Frontispiz. Auf der westlichen Schmalseite wiederholt sich das Giebelmotiv mit Rundfenstern, die die gleiche gotisierende Kehlung der Sandsteinrahmung aufweisen wie die sonst stehenden Rechteckfenster.
Kulturdenkmal aus künstlerischen Gründen.

Kapellenstr. 29
Fl. 82 Flst. 53/2

Erbaut: ca. 1860
Umbau: um 1870

Die Villa wurde in zurückgesetzter Lage mit ihrer Westseite unmittelbar an die schräg verlaufende Grundstücksgrenze gebaut. Vermutlich handelte es sich ursprünglich um ein bescheidenes vorstädtisches Landhaus, dem erst um 1870 der portikusartige Verandavorbau angefügt wurde. Dafür spricht die spezifische Situierung des Hauses ebenso wie die Innenaufteilung (es gibt keinen zugeordneten zentralen Raum) und stilistische Merkmale (Balusterbrüstung u. a.). Laut Spielmanns Stadtatlas wurde die Villa 1861 von Dr. Pagenstecher zur Nutzung als Dépendance der Augenheilanstalt erworben. Mit Bezug der neuen Augenklinik im Jahr 1870 könnte ein Besitzerwechsel stattgefunden haben, der die Umwandlung mit repräsentativer Fassade initiierte. Aus dieser Zeit stammt auch die in ihren Holzteilen wohlerhaltene Haustür. Nach 1900 erfolgte die Zusetzung der unteren Veranda und die Neugestaltung des Gartentores mit bleiverglasten Laternen auf kantigen Pfosten, das schöne geschwungene Schmiedeeisentor mit Louis-Seize-Motiven. Der Weg zum Haus ist mit Kleinpflaster befestigt.
Der anmutige Bau des Spätklassizismus ist Kulturdenkmal aus künstlerischen Gründen.

Kapellenstr. 32
Fl. 80 Flst. 36/2

Erbaut: um 1875
Umbau: 1902 Antrag auf bauliche Veränderung

Querrechteckiger spätklassizistischer Villenkubus, der nach der Jahrhundertwende barockisierend überformt wurde. Die größten Veränderungen erfuhr der Dachbereich durch zwerchhausartige Aufbauten bzw. Risalitgiebel mit geschweiftem Kontur, dazu rundbogig gedeckte Gaupen. Vermutlich ist auch das Mansarddach neu und an die Stelle eines flachen Walmdaches getreten. Die

dreiteilige symmetrische Fassadengliederung blieb erhalten. Umgestaltet wurde nur die rechte straßenseitige Achse, die unterschiedlich dimensionierte dreiteilige Fenster zur Belichtung des neu angelegten Treppenhauses erhielt. Die Gartenseite beeindruckt durch eine neobarocke Terrasse, die über eine zweiläufige bogenförmige Treppe einen direkten Zugang zum großen parkartigen Garten schafft. Der Balkon im 1. OG ruht noch auf seinen feingliedrigen spätklassizistischen Konsolen. Zur Modernisierung gehört auch die wertvolle Einfriedung, die das Eckgrundstück – die Villa liegt an der Einmündung eines Stichweges – im Sichtbereich der Kapellenstraße umzieht. Besonders schön ist das barockisierende Schmiedeeisentor zwischen hohen Sandsteinpfosten. Die anschließenden Gitterabschnitte verlaufen in Bogenform. Die herrschaftliche Villa in prominenter Ecklage ist mit ihrer stilistisch einfühlsamen Überformung Kulturdenkmal aus künstlerischen Gründen.

Kapellenstr. 39
Fl. 79 Flst. 229/12

Erbaut: im Kern 1855
Umbau: 1905 beantragt durch
Heinrich Knapp, Kaufmann,
mit Architekt C. Krell

Das gegenüber der ehemaligen Gewerbeschule Dr. Schirm errichtete Landhaus der 50er Jahre wurde vermutlich bis auf die Fundamente abgetragen. Das Umbauprojekt konzipierte die Neugestaltung als große Mietetagenvilla von pittoresker und in der Ecklage von städtebaulich wirksamer Gestalt. Zwischen den beiden mit Risaliten besetzten Hauptansichten vermittelt der ausdrucksvolle polygonale Eckturm, der mit seinem Spitzhelm die malerische Dachlandschaft überhöht. Erhebliche Reduktionen in Gliederung und Ornament lassen den Bau heute weniger historisierend erscheinen als konzipiert.
Die Villa ist Kulturdenkmal wegen der künstlerisch wertvollen und städtebaulich bereichsprägenden Gestaltung des im Sinne des malerischen Historismus gestalteten Baukörpers. Vermutlich um 1880 entstand die das Bild der Ecksituation mitprägende Einfriedung aus roter Ziegelmauer mit Ziegelpfosten und einfachem Spießgitter.

Kapellenstr. 46
Sachteil Einfriedung
Fl. 79 Flst. 191/37

Das auf seiner Rückseite an den besonders steil verlaufenden Heinrichsberg grenzende Grundstück wird dort von einer hohen Stützmauer abgefangen. Der in Kompartimenten mit Blendbögen konstruierten Mauer aus roten Ziegeln eignet ganz die pittoreske Qualität historistischen Bauens der 80er Jahre. Auf der Mauer verläuft eine Brüstung mit ebenfalls in roten Ziegeln gemauerten Balustern. Wegen ihres künstlerischen Wertes mit ortsbildprägender Wirkung für den Heinrichsberg ist die Stützmauer Kulturdenkmal.

Kapellenstr. 58
Fl. 31 Flst. 997/68

Bauantrag: 12. 9. 1881
Antragsteller: Wilhelm Normann,
Königl. Oberst a. D.
Architekt: Josef Beitscher

In steiler Hanglage des Thorbergwegs gebaute Ziegel-Villa im nordischen Neorenaissance-Stil. Risalite mit hohen pittoresken Stufengiebeln gliedern die beiden Hauptseiten zum Weg und dem Nerotal mit eindrucksvoller Fernwirkung. Besonders malerisch ist die hangseitige Schräganssicht mit Risalit, doppelgeschossiger Holzveranda und weit vorgezogenem Treppentrakt. Dabei dürfte die durch Schnitzund Drechslerarbeiten üppig gezierte Verandakonstruktion eine Zutat der späten 90er Jahre sein und eine Eisenkonstruktion ersetzen. Ihre verspielte Konzeption harmonisiert mit den Dekormotiven der Ziegelverblendung. Von der Einfriedung ist die hohe Ziegelstützmauer zum Thorbergweg erhalten; die Pfosten wurden rekonstruiert und die alten Gitterabschnitte in reduzierter Form wiedereingefügt.
Die zu den qualitätsvollen historistischen Gebäuden im Viertel gehörende Villa ist Kulturdenkmal aus künstlerischen Gründen und wegen des städtebaulichen Stellenwertes im Erscheinungsbild des Hanges.

Kapellenstr. 66a
Fl. 31 Flst. 184/75

Bauantrag: 4. 7. 1878
Antragsteller: Dr. von Langenbeck
Architekt: Wilhelm Kilb

Das besonders schöne und große Kutscherhaus gehörte zu der 1878/79 ebenfalls von Kilb errichteten Villa Langenbeck (heute Kapellenstr. 66), die nach Kriegszerstörung durch einen Neubau ersetzt wurde. Der über T-förmigem Grundriß exponiert in Querrichtung erstellte Bau ist von pittoresker Wirkung für das Straßenbild. Der ländliche Baustil für nebengeordnete Villengebäude ist seit dem Klassizismus üblich. Er hat seine Wurzeln in ländlichen Staffagebauten des Landschaftsparks und veranschaulicht hier beispielhaft das auf den Landschaftspark zurückgehende malerische Gestaltungskonzept der Villengebiete. Sehr reizvoll ist die Verbindung von Ziegelbauweise im EG und Fachwerk-Obergeschoß mit Giebel bei geschoßweise alternierenden Fensterformen. Um 1900 wurde der seitliche Vorbau mit dreiteiligem Rundbogenfenster angefügt. Modernisierungen erfolgten mit Sinn für Form und Proportion.
Kulturdenkmal aus künstlerischen und städtebaulichen Gründen.

Kapellenstr. 67
Fl. 31 Flst. 104/1

Bauantrag: 31. 3. 1885
Antragsteller: Jakob Levy
Architekt: Friedrich Lang

Mächtige ockerfarbene Ziegelvilla mit blaßroter Sandstein- und Granitgliederung (Sockel) in pittoresker renaissancistischer Konzeption. Die Plastizität des Werksteins vor der dekorlosen mischtonigen Ziegelverblendung schafft ein ausdrucksvolles Erscheinungsbild. Markantestes Motiv ist der schlanke Eckturm, stockwerkweise unterschiedlich polygonal und rund in seinem oberen Geschoß. In der Blickachse der ansteigenden Kapellenstraße erschließt er das Gebäude in der besonders reichen Schrägansicht. Ein vergleichbar den Blick leitendes Diagonalmotiv – risalitartig mit Neorenaissancegiebel – besetzt die abgefaste Ecke. Der auf Allseitigkeit angelegte Entwurf ist auch für den Denkmalbereich Dambachtal bedeutend. Die Kammlage läßt ihn hier mit seiner vielgestaltigen Dachlandschaft überragend erscheinen. Zur Straße vervollständigt die rote Ziegeleinfriedung mit Eisenspießgitter den Eindruck. Die Einfriedungsmauer der Parkseite ist für deren Erscheinungsbild bedeutend (vgl. Dambachtal-Anlage).
Kulturdenkmal aus künstlerischen und städtebaulichen Gründen.

Kapellenstr. 68
Fl. 31 Flst. 76/9

Bauantrag: 30. 10. 1904
Antragsteller: Friedrich König
Architekt: Paul A. Jacobi
Inschrift: „1906“ im Loggiabogen des EG

Jacobi konzipierte den Bau als Pförtnerhaus für die weiter zurückliegende und nach Kriegszerstörung verändert wiederaufgebaute Villa von 1888 (heute Nr. 68a). Der pittoreske Entwurf – die Fassade mit übergreifendem Renaissancegiebel und seitlich vorgebautem Rundturm – verarbeitet von England kommende Anregungen. In der fortschrittlich orientierten Zeitschrift „Deutsche Bauhütte“ (10. 1906) wird das Haus lobend erwähnt. Charakteristisch sei die Verbindung einer „zeitgemäßeren Auffassung“ (der ohne Einziehung glatt an die Seitenwand anschließende Turm im Sinne einer organischen Gestaltung; unorthodoxe Gruppierung der Fenster) mit Althergebrachtem, ein in Wiesbaden nach der Jahrhundertwende häufig zu beobachtendes Phänomen. Gegenüber der konservativen historistischen Komponente ist u. a. die organische Qualität der Materialien zu erwähnen: Wurfputz (nicht getreu erneuert) für die großflächigen Wandabschnitte, Sandstein für die Gliederung, dazu die schweren Bossen im EG zur Veranschaulichung von Tragen und Lasten, schließlich Holz und Kupfer. Die von 1892 stammende Einfriedung mit einfachem Spießgitter ist erhalten.
Kulturdenkmal aus künstlerischen Gründen.

Kapellenstr. 70
Fl. 31 Flst. 483/78

Bauantrag: 18. 2. 1887
Antragsteller: Louis Walther, Stuckateur
Architekt: Friedrich Lang

Typischer Villenbau für den nordischen Renaissancestil der 80er Jahre. Die dafür beliebte Ziegelbauweise führt mit den verschiedensten Musterlagen wie mit den glatten Verbänden den hohen Qualitätsstand des Maurerhandwerks der Zeit vor Augen. Die größte Vielfalt erreicht die ganz plastisch aufgefaßte Bauzier im straßenseitigen Risalit und im Eckrisalit, vor allem im jeweiligen Frontispiz. Den größten Reiz entfaltet das Gebäude in der Diagonalansicht, die durch das Motiv des Eckrisalits gefördert wird. Der Tal- und Südseite ist eine eiserne Verandakonstruktion mit gläserner Verdachung im 1. OG vorgesetzt. Der gute Erhaltungszustand der Villa bewahrt viele wertvolle Details, wie z. B. die Giebelaufsätze im Hauptrisalit oder die Schablonenmalerei in den Lünetten der von Rundbogen gefaßten Fenster im 1. OG. Die schlichte Einfriedung ist original.
Kulturdenkmal aus künstlerischen Gründen.

Kapellenstr. 72
Fl. 31 Flst. 461/79

Bauantrag: 5. 9. 1887
Antragsteller: Carl Zais, Architekt
Architekt: ders.

Einfacher Villenkubus mit flacher asymmetrischer Risalitgliederung und Schieferwalmdach mit Gaupen. Die malerische Wirkung beruht vor allem auf der vielfältigen Anwendung des Ziegelverblenders, der mischtonig ockerfarben die Wandflächen bedeckt, wobei architektonische Strukturen in roten Ziegelstreifen oder durch Musterlagen betont werden. Während die von der Straße einsehbaren Fassaden ohne Freisitz bleiben, ist die zum Nerotal abfallende Talseite mit einem Verandavorbau versehen. Insgesamt bleibt die renaissancistisch-altertümelnde Stilgebung der 80er Jahre zurückhaltend. Auffallend sind die ausgewogenen Proportionen des Entwurfs.
Die Villa ist mit ihrer schlichten Einfriedung Kulturdenkmal aus künstlerischen Gründen.

Kapellenstr. 73
Fl. 31 Flst. 529/101

Bauantrag: 9. 2. 1895
Antragsteller: Louis Schramm, Rentner
Architekt: Stanislaus Wojtowski

Auf einem Rückgrundstück errichtete pompöse neobarocke Villa mit gewölbtem Mansarddach. In der Blickachse des Erschließungsweges erscheint ein besonders reich gebildeter seitlicher Risalit mit tambourartigem Abschluß. Vor Pilastern freistehende Säulen stützen im 1. OG einen gesprengten Rollgiebel, dessen Voluten einen kleinen Balkon rahmen. Zu den dekorativen Details gehört das kunstvolle Rankengitter in der Mitte des auf polygonalem Vorbau gegründeten Freisitzes. Von hervorragender städtebaulicher Bedeutung ist das Erscheinungsbild der Villa für die auf der Rückseite angrenzende Parkanlage Dambachtal und die daran entlanglaufende Freseniusstraße. Der repräsentative Mittelrisalit nimmt das Treppenhaus auf. Die einachsigen Seiten erhalten ihren Schmuck vor allem durch die kunstvollen Rankengitter der geschweiften Balkone im 1. OG. Zum Gesamteindruck gehört die malerische Stützmauer der Parkseite mit ihrem niedrigen Eisengitter (vgl. auch Parkanlage Dambachtal).
Kulturdenkmal aus künstlerischen und städtebaulichen Gründen.

Kapellenstr. 75
Fl. 31 Flst. 528/99

Bauantrag: 25. 3. 1895
Antragsteller: Louis Schramm, Rentner
Architekt: Stanislaus Wojtowski

Im Gegensatz zur Villa Kapellenstr. 87 konzipierte Wojtowski diesen eher renaissancistischen Entwurf als Ziegelbau mit z. T. vorfabrizierten Steinelementen. Städtebaulich relevant ist der zur Talseite diagonal vorgestellte Turmrisalit mit hoher Haube. Im 1. OG bildet er eine Art Belvedere aus. Ebenfalls im 1. OG akzentuiert zur Straßenseite ein auf rechtwinkligem Vorbau gegründeter Freisitz die Fassade. Repräsentativ ist die nach der Serliana gebildete Fenster- bzw. Türfront mit Pilastern und Halbsäulen gegliedert. Darüber erhebt sich der hohe geschweifte Risalitgiebel mit von Hermenpilastern gerahmtem Mittelfeld. In seiner üppig plastischen Bildung hebt sich der Risalit von der im ganzen flach gehaltenen Seitenachse ab. Einen zweiten Schwerpunkt setzt das Eckmotiv, das in seiner Diagonalstellung zur Gartenseite überleitet. Die Villa wahrt viele ihrer dekorativen Details. Zum Haus gehört eine Einfriedung mit zierlichem, ornamentiertem Eisengitter nebst Tor.
Kulturdenkmal aus künstlerischen und städtebaulichen Gründen.

Kapellenstr. 76
Fl. 31 Flst. 947/81

Bauantrag: 15. 7. 1913
Antragsteller: Heinrich Freytag
Architekt: Georg Kohtz

Konsequent durchgestaltete neoklassizistische Villa von bemerkenswert strenger, modern anmutender Formgebung in Ecklage. Die geometrischen Grundformen bestimmen den Entwurf bei Vorherrschen vertikaler Linien in der durchgehenden Lisenengliederung. Die sparsame Verwendung des Ornaments in vom Louis-Seize beeinflußten Motiven erfolgt mit Konzentration auf die Mittelachsen und deren Annexe: so zur Kapellenstraße im Bereich des rechteckigen Vorbaus und der darüberliegenden loggiaartigen Vertiefung. Daneben werden die seitlichen Fensterachsen im EG von einem feinen Perlstab gerahmt. Der Geraden und dem rechten Winkel wirkt die leichte Auswölbung der Seitenachsen als antithetischer Akzent entgegen. Anders an der Rück- und Gartenfront, wo ein halbrunder, risalitartiger Vorbau dominiert. Der Halbkreis tritt noch einmal in dem apsidialen Anbau der Westseite auf, der vermutlich Wintergarten war. Leider ist die zum Entwurf gehörende Gartengestaltung mit pergolabestandener Terrasse und Rundpavillon nicht erhalten. Original ist die Einfriedung aus Kunststeinmauer und Lattenzaun mit passendem Tor.
Kulturdenkmal aus künstlerischen Gründen.

Kapellenstr. 76, 1917

Kapellenstr. 77
Fl. 31 Flst. 591/98

Bauantrag: 2. 7. 1898
Antragsteller: H. u. W. Weygandt
Architekt: Werz & Faesch

Die auf einem Rückgrundstück errichtete Villa entfaltet ihre ganze Qualität mit Wirkung auf die Dambachtalanlage sowie die Blickachsen der Freseniusstraße. Charakteristisch für den in spätbarocken Formen historisierenden Entwurf ist die pittoreske chinoise

Dachgestalt. Durch eigenwillige secessionistische Formreduktion beeindruckt die Bildung der Dachgaupen. Der weite, verschattende Dachüberstand wird von hölzernen Konsolen gestützt. Ländlichkeit wird zudem durch die gedrechselten Pfosten der Verandaverglasung im 1. OG der südlichen Langseite vermittelt. Besonders ausdrucksvolle Motive wie der polygonale Turmrisalit der Parkseite, davor eine halbrunde Terrasse (vermutlich später entstanden) oder eine vergleichbar malerische Bildung Richtung Norden schaffen ein bewegtes Erscheinungsbild von bereichsprägender Wirkung. Dem Gesamteindruck wichtig ist die qualitätvolle Einfriedung: eine hohe, den Hang abfangende Bruchsteinmauer, Ziegelpfosten, schlichte Gitter und als poetisches Motiv eine kleine Neugierde über dem rundbogigen Gartentor.
Kulturdenkmal aus künstlerischen und städtebaulichen Gründen.

Kapellenstr. 79
Fl. 31 Flst. 592/98

Bauantrag: 9. 7. 1898
Antragsteller: H. u. W. Weygandt
Architekt: Friedrich Werz

Der reizvolle kleine Villenbau beeindruckt durch seinen unorthodoxen Entwurf. Kräftige Sandsteinglieder schaffen vor hellen Putzflächen ein ausdrucksvolles Erscheinungsbild. Hinzu kommt das bei F. Werz beliebte chinoise Dach – hier als Walm – mit pittoresken Dachgaupen. Das durch die Dachgestalt vermittelte ländliche Flair – man denkt hier an Bauten im englischen Landschaftspark – wird durch den die Ecke des dreiachsigen straßenseitigen Flügels besetzenden Erker mit reicher Verwendung von Holz verstärkt. Gegenüber späteren Entwürfen des Architekten ist die Villa in ihrem Gliederungssystem noch stärker der historistischen Tradition verpflichtet. Ganz modern für die Zeit ist das schlichte Einfriedungsgitter nebst Tor aus Stäben und Kreismotiven. Zur Einfriedung vgl. Parkanlage Dambachtal.
Kulturdenkmal aus künstlerischen Gründen.

Kapellenstr. 83
Fl. 31 Flst. 494/98

Bauantrag: 9. 7. 1892
Antragsteller: C. Flentje
Architekt: Franz Berger
Inschrift: „1892", im straßenseitigen Giebel

Die kleinere Villa von 1½ Geschossen und teilweise 2½ Geschossen nebst Sockel fällt durch ihre besondere gestalterische Dichte auf. Der Entwurf in orangetonigen Ziegeln, rotem Sandstein und Schiefer addiert verschiedenartige Motive zu einem äußerst pittoresken, altertümelnden Erscheinungsbild. Über die seitlichen Risalite mit renaissancistischen Giebeln dominiert der vordere Ecktrakt mit massivem polygonalem Vorbau, hohem Schaugiebel und Pyramidenstumpfhelm mit wilhelminischer Laterne über quadratischem Grundriß. Von bemerkenswerter Plastizität und Schwere sind die z. T. reich skulptierten architektonischen Glieder. Die zeitgemäße ländliche Note wird durch eine hölzerne Wintergartenkonstruktion auf der Talseite eingebracht. Die Vielschichtigkeit der an den Villenbau der Zeit gestellten Ansprüche spiegelt der Gegensatz von sakral empfundenem EG-Fenster und Wintergarten. Das sehr gut erhaltene Gebäude wahrt seine alte Einfriedung mit schweren, hohen Sandsteinpfosten und barock geschwungenem Schmiedeeisentor nebst reichen schmiedeeisernen Gittern. Für das Erscheinungsbild der Parkseite wertvoll ist die Einfriedung im Osten.
Kulturdenkmal aus künstlerischen Gründen, auch wegen der hervorragenden handwerklichen Qualität.

Kapellenstr. 87
Fl. 31 Flst. 566/97

Bauantrag: 28. 11. 1896
Antragsteller: L. Schramm, Rentner
Architekt: Stanislaus Wojtowski

Reich dekorierte neobarocke Villa des bekannten Wiesbadener Architekten Wojtowski. Ein markantes Motiv ist der zur Talseite orientierte Eckrisalit mit mächtiger, von Graten besetzter Kuppel. Besonders üppig ist die Straßenseite gebildet. Im Risalitbereich gliedern Halbsäulen die Wand des 1. OG. Zwischen ihren hohen Sockeln sitzt über einer Blattkonsole ein seitlich gerundeter Balkon mit dekorativem Rankengitter in der Art der Rokokoornamentik. Ein zweites Gitter ziert den altanartig gegründeten Freisitz der seitlichen Achse, in dem sich zur Mitte hin die im übrigen steinerne Balustrade öffnet. Ganz im Geschmack der Zeit ist die üppig verspielte Ornamentik, die als malerische Reliefschicht den Wandflächen appliziert ist. Zum erhaltenen Gebäude gehört eine Einfriedung mit schlichtem Ziergitter und Tor.
Kulturdenkmal aus künstlerischen Gründen, auch als wichtiger Akzent im Straßenbild.

Kapellenstr. 91
Fl. 31 Flst. 541/95

Bauantrag: 19. 10. 1895
Antragsteller: Kreizner & Hatzmann
Architekt: dies.
Inschrift: „Villa Elisabeth", in der Verandabrüstung im 1. OG

Die Villa repräsentiert den gegen die Jahrhundertwende beliebten landhausartigen Typus in besonders ausdrucksvoller und reicher Form. Der kubische Baukörper ist zur Straße mit drei Achsen giebelständig orientiert. Die Mittelachse wird durch einen Verandavorbau betont, der nach 1900 um ein Geschoß mit Balkon für das DG aufgestockt wurde. Darüber sitzt eine weit vorgezogene Walmnase, die mit dem Fachwerk des Giebels bzw. des DG ländliches Flair vermittelt. In reizvollem Gegensatz dazu steht die Gestaltung der Hauptgeschosse mit Ziegelverblendung und Sandsteingliederung in der Neorenaissance-Tradition

der 80er Jahre. Sie wird unmittelbar in den renaissancistischen Majolika-Köpfen der Nord- und Südseite angesprochen, die zusammen mit den farbigen Majolikamotiven der Fensterbögen und Bogenzwickel u. a. eine seltene wertvolle Bauzier darstellen. Zum Schmuckreichtum des Hauses gehört zudem eine erst kürzlich restaurierte Schablonenmalerei in den geputzten Feldern des Fachwerks. Das pittoreske, von Koniferen umstandene Gebäude mit spitzbehelmtem Turm auf der Rückseite ist von poetisch-malerischer Wirkung auch für den Denkmalbereich Dambachtal. Zur Kapellenstraße wird das Erscheinungsbild durch die alte Ziegeleinfriedung mit hohen Pfosten, Ziergitter und Tor vervollständigt.
Kulturdenkmal aus künstlerischen und städtebaulichen Gründen.

Kapellenstr. 93
Fl. 31 Flst. 1071/95

Bauantrag: 1. 6. 1895
Antragsteller: Kreizner & Hatzmann
Architekt: dies.

Villa im Landhausstil der 90er Jahre. Durch die zurückgesetzte Lage und steile Hangsituation ist der Bau vor allem für den Denkmalbereich Dambachtal markant. Der pittoresk angelegte Baukörper ist hier 2½geschossig mit seitlichem Risalit und Erker im 1. OG. Die hölzerne Erkerkonstruktion, Fachwerk und Dachlandschaft mit hohen Giebeln und Türmchen vermitteln ländliche Stimmungswerte, unterstützt durch die unprätentiöse und kaum historisierende Gesamtgestaltung in Anlehnung an das englische „cottage“. Die pittoreske, romantisierende Qualität des Entwurfs wird verstärkt durch die lebendige Vielfalt der Materialien: zu den weißen Putzflächen treten Holz, roter Sandstein (Fenstergewände, Gesimse, Eckrustizierung), rote Ziegel (im hangseitigen Sockel) und Schiefer auf dem Dach. Im Garten gehört eine stützende Bruchsteinmauer zur ursprünglichen Anlage. Die Stützmauer zum Park ist reduziert.
Kulturdenkmal aus künstlerischen Gründen und wegen der städtebaulichen Bedeutung als unverzichtbares Glied in der Reihe der Hintergrundsbebauung von Dambachtal-Anlage und Freseniusstraße.

Stützmauern

Zu den Stützmauern der an die Dambachtal-Anlagen grenzenden Grundstücke s. auch unter Dambachtal-Anlage.

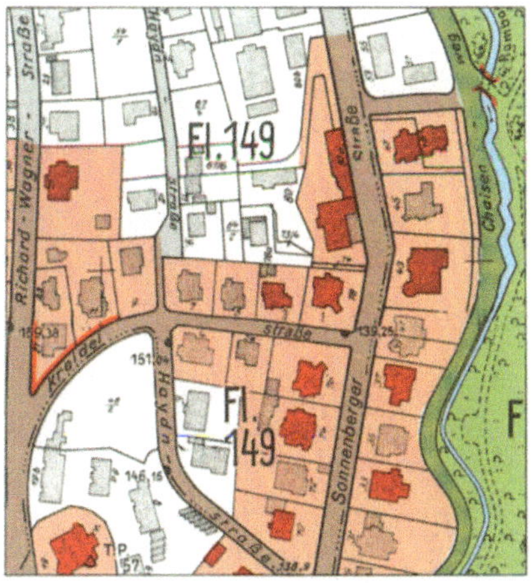

Kreidelstraße

1890 eröffnet und sukzessive mit Villen bebaut. Benannt nach dem um die Stadt verdienten, bekannten Wiesbadener Verlagsbuchhändler Wilhelm Kreidel (1817–1890).

Kreidelstr. 3
Fl. 149 Flst. 76

Bauantrag: 21. 1. 1884
Antragsteller: Adolf Maas, Rentner
Architekt: Ludwig Euler

Durch das rechtwinklige Aneinanderstoßen zweier giebelständiger Trakte pittoresk gegliederte Ziegelvilla. Die zum Park orientierte Seite behauptet sich durch die Konzentration verschiedenartiger Gestaltungselemente als Hauptansicht mit starker städtebaulicher Aussage. Zusätzliches Gewicht erhält diese durch eine hölzerne Wintergartenkonstruktion von hoher handwerklicher Qualität. Die Holzbauweise korrespondiert mit dem kunstvollen Freigespärre mit gesägter Ornamentik im Giebel des weit vorkragenden Daches. Durch den Wintergarten und das alpenländisch anmutende Dach wird der renaissancehafte altdeutsche Charakter der polychromen Ziegelarchitektur zu landhausartigem Habitus umgedeutet. Dergleichen Verbindungen unterschiedlicher Bauideen sind kennzeichnend für die Villa des fortgeschrittenen Historismus. Gut erhalten ist die zur Villa gehörende Einfriedung: eine dem Geländegefälle entsprechend abgetreppte Stützmauer in Ziegeln mit einfachem Gitter, das hohe Tor mit aufwendiger Bekrönung.
Kulturdenkmal aus künstlerischen und städtebaulichen Gründen.

Kurbezirk

Zu den Kulturdenkmalen im Bereich des Kurbezirks mit Kurhaus, Brunnenkolonnade, Theaterkolonnade, Theater, Bowling-Green und Kurpark s. unter Kulturdenkmale im Bereich und Umkreis der Gesamtanlage I/Östliches Villengebiet, Stichwort Kurbezirk.

Kuranlage

Zu den Kulturdenkmalen im Parkbereich s. unter Kulturdenkmale im Bereich und Umkreis der Gesamtanlage I/Östliches Villengebiet, Stichwort Kuranlage.

Luftaufnahme vom Kurbezirk, um 1935

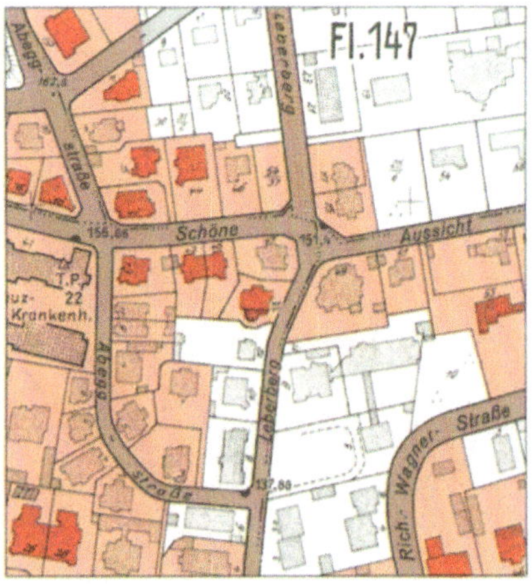

Leberberg

1859 eröffnete und sukzessive mit Villen bebaut. Benannt nach dem ursprünglich „Leiberberg" geheißenen Distrikt.

Leberberg 14
Fl. 129 Flst. 22/1

Bauantrag: 4. 7. 1910
Antragsteller: Phil. Schmidt & Cons.
Architekt: ders.

Bei der Villa des späten Historismus ist die Verbindung historisierender Formen mit reformerischen Bauideen augenfällig. Stilformen des Louis XV und Louis XVI in Verbindung mit antikisierenden neoklassizistischen Motiven treten vor allem im Bereich der Annexe auf: im polygonalen Vorbau zur Straße und im rechteckigen Verandavorbau zur Gartenseite (der Garten heute durch Grundstücksteilung stark beschnitten) mit mittiger Exedra. Der Baukörper ist im Kern querrechteckig mit durchgehendem Walmdach. Die im Gegensatz zu den glatt behandelten Annexen sonst rauh geputzten Wände sind, von den Fenstereinschnitten abgesehen, kaum gegliedert. Im Inneren mit kleinem Vestibül und Empfangshalle ist die kostbare Ausstattung bis hin zu den Deckengemälden vorzüglich erhalten. Unter anderem beeindruckt eine mit reich geschnitztem wandfestem Mobiliar versehene Bibliothek oder ein Marmorbad im maurischen Stil. Anders als beim Außenbau, wo als unbedingte Besonderheit aller Dekor in Kunststein fabriziert ist, kamen innen hochwertige Naturmaterialien zur Anwendung. Auch der reich verzierte Torbogen des kunstvoll geschmiedeten Gartentores sowie die Einfriedungsmauer der Balustrade sind aus Kunststein.
Kulturdenkmal aus künstlerischen Gründen.

Liebigstraße

Ehemaliger Feldweg, der in neuerer Zeit straßenmäßig ausgebaut wurde. Benannt nach dem Chemiker Justus von Liebig.

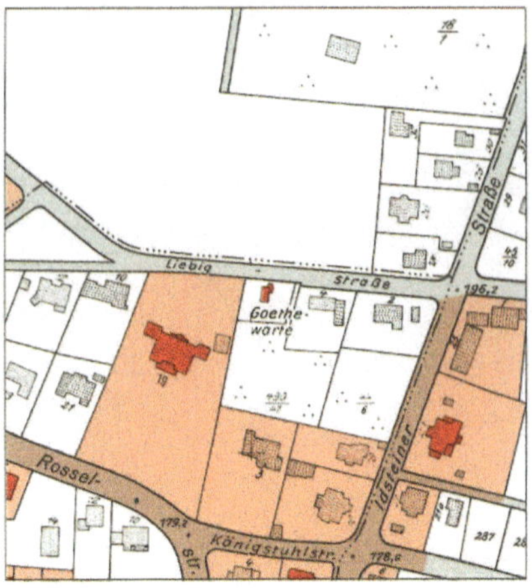

Liebigstraße
Goethewarte
Fl. 32 Flst. 47/8

Erbaut: 1932 auf Initiative des Verschönerungsvereins der Stadt Wiesbaden von Regierungs-Baumeister Finsterwalder. Mitfinanziert von Geheimrat Dr. Wilhelm von Opel, Stifter des Opelbades (vgl.)

Zum hundertjährigen Todestag von Johann Wolfgang von Goethe errichteter Aussichtsturm mit Blick nach Süden über die Stadt und das Rheintal. Goethes „heilsame Badeaufenthalte" in Wiesbaden (29. 7. - 12. 9. 1814 und 27. 5. - 11. 8. 1815) gehören zu den Höhepunkten der Stadt- und Kurchronik. Häufig wanderte der Dichter, insbesondere 1815, hinauf zum Geisberg, von dem er sagt: „Man bedarf in Wiesbaden nur einer Viertelstunde Steigens, um in alle Herrlichkeit der Welt zu blicken." An dieses Zitat erinnert die Warte mit ihrem Fernblick. Die wehrhafte Gestalt des Aussichtsturms, eben im Sinne der die mittelalterliche Stadt umstehenden Warten, ist Ausdruck einer späthistoristischen malerischen Konzeption. 1932 wurde auch der Goethestein in Wiesbaden-Frauenstein, ein zweiter Goethestein auf der Platte aufgestellt. Kulturdenkmal aus stadtgeschichtlichen Gründen.

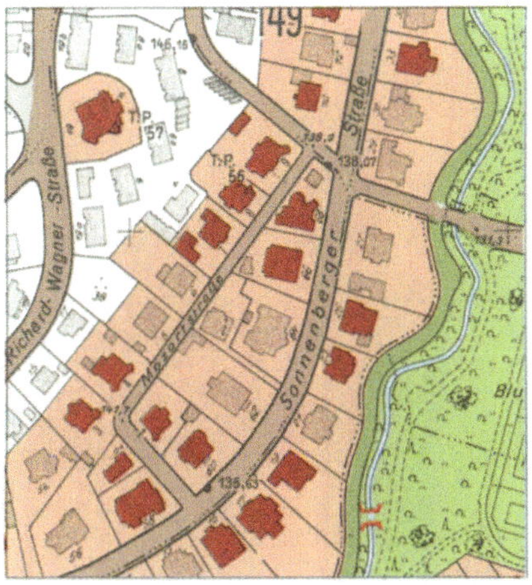

Mozartstraße

1874 eröffnet und sukzessive mit Villen bebaut. Benannt nach dem Komponisten Wolfgang Amadeus Mozart.

Mozartstr. 1
Fl. 148 Flst. 55

Erbaut: um 1875

Spätklassizistische Villa mit renaissancistischem Einschlag in klarer, harmonischer Gliederung. Mit der Gestaltung zweier Hauptfassaden und verbindendem Eckrisalit ist der Entwurf ganz auf die Wirkung im Straßenbild angelegt. In der Blickachse der ansteigenden Straße behauptet sich der turmartige Risalit als prägnantes Merkmal. Die Ästhetik des nahezu würfelförmigen Baukörpers mit flachem Dach ist auf Plastizität angelegt. Im Relief abgestuft ist die im Quaderputz aufgebrachte Rustika in Sockel und EG; vor die glatte Wandfläche im 1. OG treten architektonische Gliederungsmotive. Unverkennbar ist bei aller Überschaubarkeit die Tendenz zum Malerischen, wie sie für das Bauschaffen der Zeit zunehmend an Bedeutung gewinnt. Die ursprüngliche Einfriedung in Form eines einfachen spätklassizistischen Stabgitters ist mit entsprechendem Tor erhalten.
Kulturdenkmal aus künstlerischen und städtebaulichen Gründen (vgl. Mozartstr. 3).

Mozartstr. 2
Fl. 148 Flst. 58

Erbaut: um 1850

Das um 1850 entstandene Gebäude über L-förmigem Grundriß vertritt den Gartenhaus-Typus, wie er in den vielfach bescheidenen Anfängen des Wiesbadener Villenbaus häufiger auftrat. Mit Eröffnung der Mozartstraße (1874) wurde die Schmalseite des ehemals inmitten eines großen Gartens gelegenen Hauses zur Fassade. Zu diesem Zweck dürfte eine Erhöhung des Drempels erfolgt sein, die dem bescheidenen, aber anmutigen Gebäude die dem Straßenraum notwendige Proportion verleiht. Für eine Erhöhung spricht neben der mangelnden Gliederung der Wandfläche die ungewöhnliche Größe des Giebelfensters. Auf die bei dieser Größe üblichen Klappläden mußte dabei aus Platzgründen verzichtet werden. Die dem Gebäude eigene ländliche Note wird durch das vorkragende Kreuzdach über dem Eckrisalit sowie eine hölzerne Galerie entlang dem 1. OG der Hangseite verstärkt. Die Anlage der Einfriedung mit schlichtem Spießgitter erfolgte 1874 mit dem Entstehen der Straße.
Ein für die Geschichte des Wiesbadener Villenbaus bedeutendes Gebäude, das im Rahmen der Mozartstraßen-bebauung die zeitliche Dimension verstärkt zum Ausdruck bringt. Kulturdenkmal aus stadtbaugeschichtlichen Gründen.

Mozartstr. 3
Fl. 148 Flst. 34

Erbaut: ca. 1875

Mit gerundetem Diagonalrisalit auf den Straßenknick orientierter Baukörper in klaren, kubischen Dimensionen. Unverkennbar ist die Verwandtschaft des Entwurfs mit der Villa Mozartstr. 1 (vgl.). Die Urheberschaft desselben Baumeisters ist anzunehmen, wobei er sich an Villen der Schinkel-Schule der 60er Jahre orientierte, wie sie in architektonischen Musterbüchern Verbreitung fanden. Der vorzügliche Erhaltungszustand führt beispielhaft die auf kanonischer Formgebung beruhende Geschlossenheit der Gestaltung vor Augen. Ungestört überkommen ist die Risalitattika, in der das antikisierende Profil des Kranzgesimses seine Fortsetzung findet. Der Ansatz des flachen Walmdachs bleibt dahinter verborgen, metopenartige Fenster im Drempel sorgen für die Belichtung des Dachraumes. Das Gitter der Einfriedung und das Tor sind neueren Datums, vermutlich um 1905. Die Sandsteinpfosten mit Radabweisern sind ursprünglich.
Kulturdenkmal aus künstlerischen und städtebaulichen Gründen.

Mozartstr. 4
Fl. 148 Flst. 35/1

Erbaut: ca. 1876
Umbau: 1905 Anbau und partieller Umbau

Spätklassizistischer Villenkubus, der mit die Hauptfassade flankierenden Diagonalrisaliten Bezug zum Straßenraum aufnimmt. Besondere städtebauliche Qualität gewinnt der zum Straßenknick orientierte Risalit vor allem in Blickverbindung mit der Ecklösung der Villen Mozartstr. 1 und Mozartstr. 3 (vgl.). Mit besagten Gebäuden besteht eine stilistische Verwandtschaft, die auf einen gemeinsamen Baumeister schließen läßt. Charakteristisch ist die nach oben abnehmende Gliederungsdichte der Wandflächen bei zunehmender Bedeutung der architektonischen Motive. Das 1. OG wird als Beletage hervorgehoben. Die nur sparsame Anwendung des Ornaments konzentriert sich auf feine Stuckzier (Lorbeerzweige und -kränze) im Bereich der Risalitfenster des 1. OG. Die mit der Nachbarvilla Nr. 3 identische Einfriedung wurde vermutlich im Zuge der Neubaumaßnahmen in ihren Gitterteilen erneuert (vgl.). Zur Villa gehört eine Remise im Schweizerhausstil.
Kulturdenkmal aus städtebaulichen und künstlerischen Gründen.

Mozartstr. 7
Fl. 148 Flst. 42

Bauantrag: 28. 3. 1881
Antragsteller: Philipp Roth, Bäckermeister
Architekt: –
Umbau: 1934 Unterteilung in Mehrfamilienhaus

Blockhafter Baukörper des Spätklassizismus mit symmetrischer Dreiteilung der Fassade. Nur vorgeblendet erscheint der flache Risalit mit antikisierendem Dreiecksgiebel und Akzentuierung durch einen Balkon mit besonders schönem Gußeisengitter (Palmettenornament). Letzteres in dem als Beletage gekennzeichneten EG, das aufgrund der Hanglage und des hohen Sockelgeschosses eher als Obergeschoß erscheint. Die zur Strenge tendierende, scharfkantige Gesamtform wird durch rokokohafte Stuckzier im Bereich der Fenstereinfassungen ins Gefällige, Preziöse umgedeutet. Heiter verspielt wirken dabei die Gliederungsmotive der seitlichen Wandflächen mit Figurennische und Relief. Dem auf der linken Seite gelegenen Eingang gegenüber steht eine im Winkel gebaute Remise bzw. Kutscherhaus mit bemerkenswertem Staffelgiebel; über dem Tor ein Tondo mit plastischem Pferdekopf. Die Einfriedung mit einfachem Eisengitter über einer Ziegel-Sockelmauer ist erhalten.
Kulturdenkmal aus künstlerischen Gründen.

Mozartstr. 8, um 1900

Mozartstr. 8
Fl. 148 Flst. 43

Bauantrag: 30. 8. 1894
Antragsteller: A. Bodewig, Rentner
Architekt: Tann
Umbau: 1901 Anbringung eines Glasdaches über dem Eingang

Polychrome Ziegelvilla von pittoresker Vielgestalt, die durch ein hangseitig hohes Sockelgeschoß zudem burgartig steil und hoch wirkt. Dominierende Gestaltungselemente sind Diagonal- und Seitenrisalit, letzterer mit Balkon im 1. OG auf mächtigen Renaissancekonsolen. Die Rezeption der nationalen Renaissance in den 80er Jahren bestimmt den Baustil im ganzen. Die solide Ziegelverblendung ist charakteristisch für die Stilwahl und den damit verbundenen bewußt bürgerlichen Repräsentationsanspruch. Musterlagen, Farbwechsel und Formsteine bringen die Oberfläche zu lebhafter Wirkung. Insgesamt dokumentiert der Bau das hohe Qualitätsniveau damaligen Maurerhandwerks. In der Abfolge der Villen der Mozartstraße städtebaulich wirkungsvoll ist vor allem der turmartige Diagonalrisalit. Wünschenswert wäre die Rekonstruktion des eliminierten Turmhelms.
Kulturdenkmal aus städtebaulichen und künstlerischen Gründen.

Mozartstr. 9
Fl. 148 Flst. 44

Erbaut: um 1875

Spätklassizistische Eckvilla mit Ausstrahlung auf den Denkmalbereich der Sonnenberger Straße. Von bereichsprägender Wirkung ist vor allem der polygonale Eckturm über 4 Vollgeschosse, der mit 5 Fensterachsen besonders großvolumig ist. Die unterschiedlichen Fensterformen sowie Rustika und Gesimse steigern seine malerische Wirkung, die mit den Eckmotiven der Villa Sonnenberger Str. 68 (vgl.) korrespondiert. Streng kubisch steht daneben der flach überdachte Kernbau mit symmetrischer Hauptfassade, vor dem Mittelrisalit ein mächtiger Verandavorbau mit ausgefallener Balustrade mit Gußeisensegmenten im 2. OG. Unverkennbar ist im ganzen die Verwandtschaft mit Berliner Villen der Schinkel-Schule. Im Treppenhaus und Vestibül dominiert eine spätere Jugendstilausstattung von guter Qualität. Der Haupteingang liegt auf der Rückseite. Ihm gegenüber, bei der Toreinfahrt an der Gustav-Mahler-Straße, steht die gut erhaltene Remise als 2geschossiger Ziegelbau mit Satteldach. Die Einfriedung ist mit schlichtem Gitter und den Toren erhalten.
Kulturdenkmal aus städtebaulichen und künstlerischen Gründen.

Neubauerstraße

1879 zur Erweiterung des nördlichen Villengebiets eröffnet. Benannt nach Prof. Dr. C. T. L. Neubauer (Chemiker), gest. 1879.

Neubauerstr. 4
Fl. 82 Flst. 139/47

Bauantrag: 4. 4. 1884
Antragsteller: Fr. u. Wilh. Wendenius
Architekt: Ludwig von Heemskerck

Für die Bebauung der Neubauerstraße charakteristische Villa im Stil der Beaux-Arts-Renaissance. Die plastische Putzgliederung überzieht den kubischen Baukörper mit einer unterschiedlich starken Rustika. Vor dem Reliefgrund kommen die vor allem präfabrizierten Dekorelemente um so üppiger zur Geltung. Der Gestaltungsreichtum konzentriert sich sinngemäß auf die zur Straße orientierten Schmalseite und Hauptfassade. Ein mit Pyramidenstumpf überdachter Eckrisalit akzentuiert den Entwurf mit Wirkung in der Blickachse der ansteigenden Straße. Vermehrtes Gewicht verleiht der ihm vorgesetzte Verandavorbau in der beliebten Form mit Freisitz für das 1. OG. Unter den Details fällt die elegante Rahmung der Hauptgaupe auf, die aus bautechnischen Gründen aus leichtem Material – hier Zinkguß – hergestellt ist. Dekorativ steht das ornamentierte Eisenspießgitter der alten Einfriedung vor der schmuckvollen Architektur.
Kulturdenkmal aus künstlerischen Gründen.

Neubauerstr. 6
Fl. 82 Flst. 170/47

Bauantrag: 16. 8. 1886
Antragsteller: Louis Schweitzer, Schlossermeister
Architekt: Emil Schott
Inschrift: „Villa Trudi" im Verandavorbau

Ein der benachbarten Villa Nr. 4 (vgl.) ähnlicher Entwurf, der nicht zuletzt aus Gründen der Varietät Ziegel und roten Sandstein als Baumaterialien wählt. Die Wirkung des an der französischen Renaissance orientierten Gebäudes tendiert damit mehr zum Altdeutschen. Entsprechend der Bauaufgabe Mietetagenvilla und dem Erfordernis, gleichwertige Wohnungen in den Hauptstockwerken zu schaffen, ist der seitliche Verandavorbau hier über zwei Geschosse geführt. Vor dem hohen Eckrisalit bildet er mit seiner qualitätvoll skulptierten Pilastergliederung den gestalterischen Schwerpunkt der Anlage. Gleichzeitig wird durch die gestaffelte Massenverteilung in der Hauptansicht ein möglicher Eindruck blockhafter Schwere des doch mächtigen Baus vermieden. Einem pittoresken Qualitätsanspruch wurde in hohem Maße entsprochen. Für den Eindruck mitbestimmend ist die alte Einfriedung aus niedriger Ziegelmauer und Dekoreisengitter mit gut erhaltenem Tor.
Kulturdenkmal aus künstlerischen Gründen.

Neubauerstr. 12
Fl. 82 Flst. 187/47

Bauantrag: 24. 1. 1887
Antragsteller: Wilhelm Wendenius
Architekt: ders.

Das feingliedrige Eckgebäude fügt sich mit Vorgarten in die Villenzeile der Neubauerstraße, während es am Geisberg mit Besetzen der Parzellengrenze die Randbebauung fortsetzt. Dominierendes Motiv ist auch hier der für die Villen der Straße typische seitliche Risalit, der durch einen doppelgeschossigen Verandavorbau verstärkt räumliche Qualität gewinnt. Der Ecklage und besonderen Situation wird zudem durch einen leider um seinen Helm beraubten Erkerturm über 1. u. 2. OG entsprochen. Er erschließt die Diagonalansicht mit der Ostfassade, deren Mittelachse betont ist und durch einen Balkon im 1. OG ein räumliches Motiv erhält. Stilistisch ist die ringsum freistehende Mietetagenvilla mit aufgeputzter Rustizierung in allen Etagen bei einem gewissen spätklassizistischen Habitus an der Renaissance orientiert. Die ursprüngliche Einfriedung mit runden, knaufbesetzten Metallpfosten, gemauerten Torpfosten, Ziergitter im Stil der 80er Jahre und passendem Gartentor ist erhalten. Am Geisberg schließt sie an die Fassade an.
Kulturdenkmal aus künstlerischen und städtebaulichen Gründen.

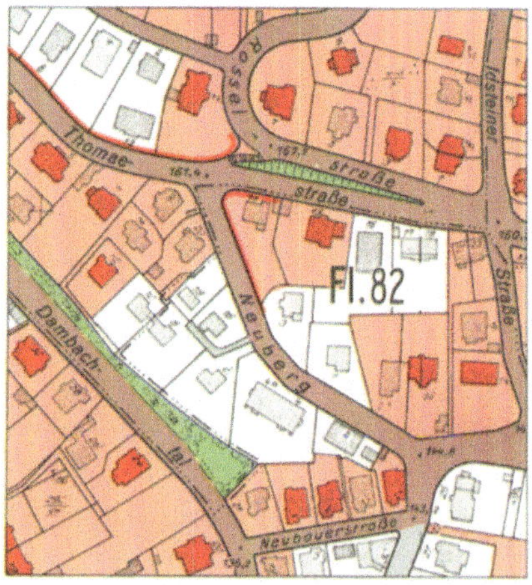

Neuberg

Ehemals Feldweg, dann notdürftig straßenmäßig ausgebaut. Ab 1906 Korrektur der Führung und Ausbau. Villenbau seit 1851.

Neuberg 1 b
Fl. 82 Flst. 6/11

Erbaut: 1851

Die als Point de vue in der Blickachse der Geisbergstraße liegende Villa ist vermutlich die älteste des Nordhanges. Demzufolge dürfte sie ihren schweren körperhaften Verandavorbau erst in späterer Zeit erhalten haben (80er Jahre wahrscheinlich). Insgesamt ist unschwer der schlichte, spätklassizistische Landhaustypus erkennbar: Mit der Breitseite ist der Bau Richtung Garten, Straßenraum und Tal bzw. Stadt orientiert bei hier traufständigem Satteldach, das durch ein mittiges Zwerchhaus als Frontispiz des Mittelrisalits unterbrochen wird. Unversehrt erhalten ist die einfache Gliederung des Gebäudes, mit Lisenen zur Akzentuierung der Kanten und einfachen Fensterprofilen mit geradem Verdachungsmotiv bei den Zwillingsfenstern im 1. OG. Bei jüngster Restaurierung erfolgte Modernisierungen wie die attikaartigen Gaupen der Dachzone, ersetzen bereits in der Gründerzeit vorgenommene Neuerungen (vgl. historische Aufnahme, Postkarten-Sammlung im Museum Wiesbaden).
Die in ihrem Charakter wohlerhaltene Villa hat eine bereichsprägende Funktion. Ihr Wert als Kulturdenkmal besteht zudem in ihrer stadtbaugeschichtlichen Bedeutung.

Neuberg 12/Dambachtal 31
Fl. 32 Flst. 64/10

Erbaut: um 1870

Haus im italienischen Villenstil, wie ihn Persius in Anlehnung an die antike „villa rustica“ und deren Rezeption in der Renaissance in die Schinkel-Schule einbrachte. Kennzeichnend ist bei asymmetrisch gestaffelter Gesamtanlage der Eckturm mit landschaftsbezogenem Belvedere im oberen Geschoß. Schlichte Satteldächer decken den Hauptbaukörper (leider leicht verändert) und das ihn in der Gegenrichtung durchdringende Zwerchhaus mit Giebel und Fenstergruppe zur Akzentuierung der Fassadenmitte. Die dem Baustil gemäße Schmucklosigkeit glatt geputzter und scharfkantig aufeinanderstoßender Wände ist hier durch Pilaster- und Lisenengliederung und antikisierende Friesornamentik aufgehoben. Der Repräsentationsanspruch auch in der Portalbildung mit flachem Portikus kennzeichnet die Spätstufe. Das gilt vor allem für die zum Dambachtal gerichtete Ansicht. Der Bau erscheint hier eher kubisch geschlossen. Dreiteilige Fenster mit Pilastergliederung nobilitieren die Front.
Die Villa ist Kulturdenkmal aus künstlerischen Gründen, auch wegen ihres Erscheinungsbildes im Denkmalbereich Dambachtal.

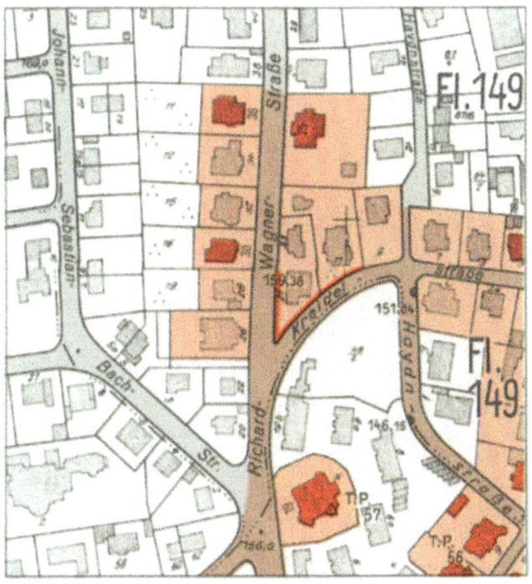

Richard-Wagner-Straße

Um 1910 zur Erweiterung des nördlichen Villengebiets eröffnet und sukzessive mit meist kleineren Villen bebaut. Benannt nach dem Komponisten.

Richard-Wagner-Str. 19
Fl. 148 Flst. 47/6

Bauantrag: 4. 10. 1900
Antragsteller: Aug. Allhausen
Architekt: Friedrich Lang

Mit Anschluß an die Kreidelstraße gebaute Villa im barockisierenden Stil mit Sandsteinverblendung und wertvollen Steinmetzarbeiten. Bei Allansichtigkeit entfaltet der Bau besondere Pracht auf der heute rückwärtigen Eingangsseite. Üppige Ornamentik erweckt palaishafte Vorstellungen. Der Baukörper ist als ein durch Vor- und Rücksprünge aufgelokkerter Kubus mit additiven Gliedern auch in der Struktur dem Historismus zuzuordnen. Unter den qualitätvollen Details am Gebäude sind u. a. die unterschiedlichen Schmiedeeisengeländer hervorzuheben: am Balkon, als Brüstungsgitter oder als Dachgalerie sowie als Geländer der weit vorgezogenen, konvex ausschwingenden Freitreppe am Haupteingang. Die Originaleinfriedung mit stilistisch entsprechendem Dekorgitter bzw. -tor ist bei Reduktion der Pfosten erhalten. In dem nach mehreren Grundstücksteilungen verkleinerten Garten vermitteln Baumriesen etwas von der Atmosphäre des ehemaligen Parks. Kulturdenkmal aus künstlerischen Gründen.

Richard-Wagner-Str. 25
Fl. 149 Flst. 42/1

Bauantrag: 9. 5. 1925
Antragsteller: Michael Groskopf
Architekt: P. Auber

Konservative Villa der 20er Jahre, die mit der rationalen Einfachheit eines breitgelagerten Blocks zu 2½ Geschossen historisierende Gestaltungselemente vereint. Letztere sind unmittelbar auf die Ausbildung einer repräsentativen Fassade bezogen. Flankiert von serlianaartigen Fenstern dominiert ein mittiges Portikusmotiv im Rahmen einer auf klassizistische Dreiteilung angelegten Frontgliederung. Als Besonderheit des an Werte vergangener Kunstarchitektur anknüpfenden Entwurfs figuriert der frei angetragene Dekor des Portikus. Nach einer Zeit des totgesagten Ornaments in der Architektur steht er für die Bestrebungen von Wiederbelebung und Erneuerung der Ornamentik als Reaktion auf das Bauhaus. Entgegen neuen Formfindungen des Expressionismus der 20er Jahre werden hier antikisierende Motive expressionistisch verfremdet. Anspruchslos ist die Gestaltung der Einfriedung mit einfachstem Stabgitter.
Für den Wiesbadener Villenbau, der Formen des Bauhauses erst nach 1930 zuläßt, ist der Bau von dokumentarischem Wert. Er ist Kulturdenkmal aus stadtbaugeschichtlichen und künstlerischen Gründen.

Richard-Wagner-Str. 30
Fl. 149 Flst. 17

Bauantrag: 22. 7. 1909
Antragsteller: Walther Benz
Architekt: Adolf Kann

Langgestreckter Baukörper mit Mansardgiebeldach, die schmale straßenseitige Ansicht mit hohem Schweif-Knickgiebel und entsprechend historisierendem Giebelfenster im Stil Louis-Seize. Charakteristisch für die Straßenseite ist die Addition verschiedener ineinander verschachtelter Vorbauten,

die für die Innenräume Annexe schaffen. Ihre Behaglichkeit suggerierende Qualität ist Ausdruck des nach 1900 auftretenden Heimatstils in Verbindung mit der Reform im Einfamilienhausbau, die Wohnlichkeit an die Stelle kalter Repräsentation setzt. Der im neuen Hausbau geforderten Identität von Innen- und Außenbau wird jedoch nicht wirklich entsprochen. Die Gestaltung der Vorbauten erfolgt eher im Sinne einer ebenso pittoresken wie dekorativen Motivanhäufung. Mit der Konzentration ausdrucksstarker Formen auf die Schauseite erfüllt diese ihre dem Historismus gemäße Funktion im Straßenraum. Innerhalb des Wiesbadener Villenbaus der späten Kaiserzeit steht das relativ bescheidene Gebäude für den Anspruch eines gehobenen Mittelstandes. In seiner gleichwohl ansprechenden Ästhetik ist er Dokument einer Zeit des Umbruchs.
Die Villa ist mit ihrer secessionistischen Einfriedung Kulturdenkmal aus stadtbaugeschichtlichen und künstlerischen Gründen.

Richard-Wagner-Str. 36
Fl. 149 Flst. 11/1

Bauantrag: 15. 12. 1913
Antragsteller: Max Châlons, Oberst
Architekt: Ludwig von Heemskerck

Quer zum Straßenraum stehende Villa, die mit ihren schlichten ländlichen Formen die Alternative zur neoklassizistischen Villa der letzten Historismusphase darstellt. Charakteristisch ist das hohe Mansardgiebeldach mit Zwerchhäusern sowie die relativ kleinen Sprossenfenster mit Klappläden und Halterungen für Blumenschmuck. Der auch durch den weiten Dachüberstand hervorgerufenen ländlich-regionalistischen Note widerspricht die straßenseitige Eckbetonung im EG. Mit ihren mächtigen Pfeilern und dem antikisierend ornamentierten Architrav verwendet sie latent historisierende Formen mit der Tendenz zur repräsentativen Fassadenbildung. Für die Ästhetik des ansonsten fast schmucklosen Gebäudes ist das klare Raster der Sprossenfenster in seiner gliedernden Qualität unverzichtbar. Von zeitgenössischen Theoretikern wird die Sprossenfelderteilung der Fenster wegen ihrer „Freundlichkeit" im äußeren Erscheinungsbild empfohlen, während sie den Innenraum durch ein „Gefühl des Abschlusses" behaglicher machten.
Kulturdenkmal aus künstlerischen Gründen und wegen der stadtbaugeschichtlichen Bedeutung im Rahmen des Wiesbadener Villenbaus vor dem 1. Weltkrieg.

Rößlerstraße

Bereits in den späten 50er Jahren als Weg mit vereinzeltem Landhausbau vorhanden. 1879 als Erweiterung des nördlichen Villengebiets straßenmäßig eröffnet. Benannt nach der nassauischen Familie von Roeßler.

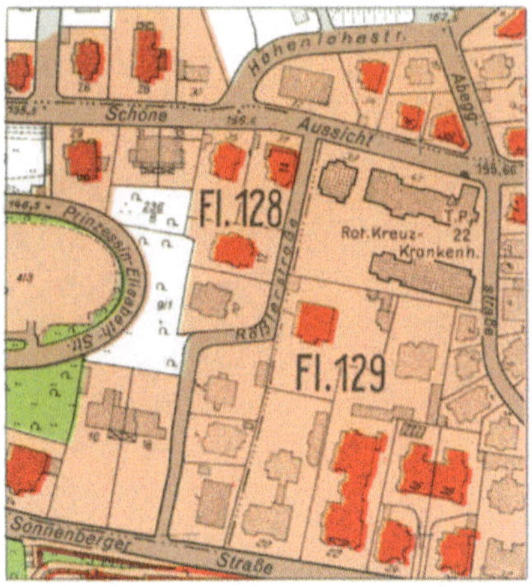

Rößlerstr. 7
Fl. 129 Flst. 4/1

Erbaut: um 1875
Umbau: 1891 durch Carl von Rößler auf Antrag von R. Kolb und K. Braun

Mächtige spätklassizistische Villa, die 1891/92 in Anlehnung an die Beaux-Arts-Renaissance umgestaltet wurde. Wie auch die durch von Roeßler erbaute Villa Humboldtstr. 15 (vgl.) oder die gegenüberliegende Rößlerstr. 12 erhielt das Gebäude ein steiles Pyramidenstumpfdach. Die geputzten Wandflächen wurden mit einer feinen Quadrierung versehen, die Kanten durch kräftige Rustizierung verstärkt. Auch der weit vorgezogene Portikus mit dorischen Säulen vor dem rückwärtigen Haupteingang ist im Zuge des Umbaus entstanden. Unverändert blieb die strenge spätklassizistische Einfassung der Fenster im 1. OG sowie die schlichte Profilierung der Fenstergewände im EG. Mit sicherem Formgefühl gelang von Roeßler die Verbindung von Altem und Neuem zu einem harmonischen, wohlproportionierten Erscheinungsbild. Der allseitig gestaltete Bau ist mit seiner symmetrisch gegliederten dreiteiligen Hauptansicht und Gartenfront zu Tal und Kurpark orientiert.
Kulturdenkmal wegen der künstlerischen Qualität.

Rößlerstr. 12
Fl. 129 Flst. 54/14

Bauantrag: 21. 7. 1892
Antragsteller: Carl von Roeßler, Architekt
Architekt: ders.

Tiefer Ziegelbau mit Sandsteingliederung, der zur Straße eine repräsentative Fassade mit lebhaftem Formenarrangement ausbildet. Auch diese Villa von Roeßlers (vgl. Rößlerstr. 7, Humboldtstr. 15) orientiert sich am Beaux-Arts-Stil, der verstärkt seit den 70er Jahren in Deutschland rezipiert wurde. Der rechteckige Risalit mit Pyramidenstumpfdach wird durch einen polygonalen Vorbau ins Malerische umgedeutet. Auf seiner linken Seite öffnet sich die Fassade in einer doppelgeschossigen Loggia mit feudalem Säulen- und Balustradenmotiv. Die stilvollen Hängemarkisen in der Loggia des 1. OG wahren die Tradition des 19. Jahrhunderts. Die im Knie der Rößlerstraße sich erstreckende Lang- und Gartenseite der Villa gibt dem ersten Straßenabschnitt einen räumlichen Abschluß. Ein durchdachter Entwurf von städtebaulicher und künstlerischer Qualität. Mit der Villa harmoniert das schlichte modernisierte Einfriedungsgitter auf niedriger Ziegelmauer nebst Sandsteinpfosten.

Rosselstraße

1906 zur Erweiterung des nördlichen Villengebiets eröffnet. Benannt nach Dr. Karl Rossel, Historiker.

Rosselstr. 1/Idsteiner Str. 8

Doppelvilla
Fl. 32 Flst. 327/13; 500/33

Bauantrag: 22. 8. 1907
Antragsteller: August Werz, Glasermeister
Architekt: Karl Kähler

Repräsentative Villa in erhöhter Ecklage, die ihre Konzeption als Doppelhaus durch pittoreske Unregelmäßigkeit des Entwurfs nicht unmittelbar zu erkennen gibt. Der in zwei Trakte gegliederte Baukörper richtet mit seiner Schauseite zur Rosselstraße eine Fassade im Stil Louis-Seize. Souverän beherrscht sie die Situation an der platzartig erweiterten Straßenkreuzung. Dabei erscheint die Villa bei entsprechendem Blickwinkel von relativ kleiner, kubischer Dimension. Das gesamte Volumen der Anlage gibt erst die Diagonalansicht im Zuge der Idsteiner Straße zu erkennen. Die Baumasse ist pittoresk gestaffelt. Zum breiteren rückwärtigen Trakt, der aufgrund der Hanglage auch höher ist, vermittelt eine Rundung mit Turmcharakter. Der seitliche Risalit wiederholt in variierter Form das herrschaftliche Motiv der Südfassade.
Von besonderem Wert und imposanter Wirkung ist die das Grundstück umziehende Einfriedungsmauer aus schweren Granitbossen, z. T. mit abschließender Balusterbrüstung, z. T. mit Brüstungsgittern, an den Enden jeweils ein hölzerner Pavillon. Die elementar zur Anschauung gebrachte Qualität des Natursteins reflektiert moderne Erfordernisse nach Materialechtheit und gerechter Behandlung der Werkstoffe. Das Gebäude selbst – bis auf den die Mauerschwere abschwächenden Altan – gibt mit seiner Putzgliederung dagegen nur vor, aus Werkstein zu sein. Eine Verbindung historistischer Scheinhaftigkeit mit Ideen neuen Bauens, wie sie auch formal zum Ausdruck kommt. Die motivreiche Ansicht mit Tendenz zu organischer Formverschleifung hat ihre Schwerpunkte in Zitaten feudaler Herrschaftsarchitektur.
Kulturdenkmal aus künstlerischen und städtebaulichen Gründen.

Rosselstr. 2
Fl. 32 Flst. 440/27

Bauantrag: 16. 4. 1912
Antragsteller: Fritz Hoog, Rentner
Architekt: Karl Friedrich
Inschrift: „1912" am Gartentor

Eine der modernen Villen der Zeit vor dem 1. Weltkrieg im nördlichen Villengebiet wie in Wiesbaden überhaupt. Die Wirkung beruht auf der Klarheit der Formen in Raum und Fläche sowie auf der lebendigen Wirkung der für Wiesbaden ungewöhnlichen Baumaterialien: kleinformatiger blauroter Klinker bis zur Fensterzone des 1. OG, grauer Sandstein im gleichen Bereich

beim halbrunden mittleren Vorbau (ehemals mit Helm), darüber Putzflächen, das geschweifte Walmdach mit roten Biberschwänzen. Unverkennbares Kennzeichen des späten Historismus ist die freilich sparsam verwendete Ornamentik zur Markierung der Brüstungsfelder der Fenster im 1. OG u. a. Besonderer Schmuck des Gebäudes sind vollplastische Puttenfigürchen auf den gliedernden Säulen zwischen den Fenstern des Vorbaus. Die heftig gegen den Wiesbadener Historismus polemisierende „Deutsche Bauhütte" (Wiesbadener Neubauten, 20. 1916, S. 142) preist „die gediegene, vornehme Wirkung" des Hauses bei insgesamt

„schlichten, guten Formen". Der Architektur gut angepaßt ist die Einfriedung mit Mauer und breiten Pfosten in Klinker; die Mauer mit einer Abdeckung aus glasierten Formziegeln. Im Dekor von Gitter und Toren klingt die Secession nach. Der Erker der Südseite ist laut Inschrift von 1676 und stammt aus Bernkastel/Mosel. Ein späterer Eigentümer hat ihn anbringen lassen. Kulturdenkmal aus künstlerischen und stadtbaugeschichtlichen Gründen.

Rosselstraße 3
Fl. 32 Flst. 359/31

Bauantrag: 26. 10. 1908
Antragsteller: August Werz
Architekt: Wilhelm Rehbold

Malerische Villa, die ihre mannigfaltigen architektonischen Motive in übergeordneten Formzusammenhängen zu einen sucht. Mit der angestrebten Überwindung des additiven Prinzips sowie dem Verzicht auf Historismen und Ornamentik hat Rehbold hier seinen modernsten Villenbau am Ort geschaffen. Freilich wird das historische Zitat noch durch Formen ländlicher Bauweise ersetzt, die sich vor allem im Dachbereich eklektizistisch häufen. Sie verstärken den ländlichen Charakter der Villa im ganzen, die durch eine heitere Note und ihre Schlichtheit besticht und dabei den herrschaftlichen Repräsentationsanspruch zurückstellt. Besondere Wirkung bezieht der Bau vielmehr aus den Materialien, die mit Natursteinbossen in Sockel, Putzflächen, Dachbelag und ehemals verschindelten Giebelflächen u. a. im Sinne des deutschen Werkbundes stoffgerecht am Bau eingesetzt wurden. Besonders schön ist die Einfriedung mit halbhoher, wellenförmig verlaufender Bossenquadermauer und Pfosten wie Gitter und Tor im Stil der Secession.
Kulturdenkmal aus künstlerischen Gründen mit bereichsprägender Wirkung im exponiert liegenden Straßenabschnitt.

Rosselstraße 7
Fl. 32 Flst. 363/29

Bauantrag: 6. 4. 1910
Antragsteller: Bilso & Böhlmann
Architekt: Rehbold & Kraitzsch

Der großvolumige Villenkubus liegt im Scheitelpunkt der ersten Kurve der Rosselstraße in prominenter Lage. Wie bei den anderen Villen des unteren Straßenabschnitts ist auch hier die Hauptansicht nach Süden zu Tal und Stadt gerichtet, womit das Gebäude als Glied einer Reihe begriffen wurde. Ein seitlicher Wintergartenvorbau weicht von der sonst eingehaltenen Symmetrie der Fassade ab. Die in der Kurve liegende Eingangsseite ist wie auch die Rückseite relativ schlicht gebildet. Ein flacher Portikus rahmt den Eingang mit ornamentierter Tür und Freitreppe. Letztere bedingt durch das hohe Sockelgeschoß, das durch die Hanglage talseitig die Qualität eines Vollgeschosses hat. Stilistisch ist der strenge kubische Entwurf mit Mansarddach im Rahmen des Neoklassizismus am Louis XVI orientiert. Die Einfriedung, eine niedrige Mauer und Pfosten in Kunststein, ist mit ihrem einfachen Gitter nebst Tor erhalten.
Kulturdenkmal aus künstlerischen und städtebaulichen Gründen.

Rosselstraße 9
Fl. 32 Flst. 463/31

Bauantrag: 30. 1. 1923
Antragsteller: Marie Ergo
Architekt: Wilhelm Weygandt

Renaissancistisch historisierende Villa der 20er Jahre, die als unbedingtes Unikat in ihrer Zeit beispielhaft für die weiterhin vorwiegend konservative Privatarchitektur in Wiesbaden ist. Die tektonische Struktur der südländisch anmutenden Fassade mit kräftiger Rustika, Portikus und Attikabalustrade ist in Kunststein vorgeblendet. In ihrer mangelnden Folgerichtigkeit – durchgehend gleichstarke Rustizierung, Säulen, die sich nach unten verjüngen, zu leichtes gratiges Geländer auf den vollplastischen Balustern – erscheint sie expressionistisch kulissenhaft. In der Gestalt der Portikussäulen ebenso wie in der Ornamentik in Gesimszone und Brüstungsfeld der Fenster zeigt sich die Suche nach unverbrauchten neuen Formen. Der Einfluß des Expressionismus bedingt auch den zum Teil durch schräge Linien gekennzeichneten Umriß der Villa. Die Einfriedung mit Bossenpfosten und Bossenmauer nebst Balustrade mit auffallend gedrungenen Docken ist ebenfalls in Kunststein ausgeführt.
Kulturdenkmal aus künstlerischen und baugeschichtlichen Gründen.

Rosselstr. 18
Fl. 32 Flst. 27/14

Erbaut: 1928 als Garagengebäude „nebst Chauffeur-, Diener- und Gärtnerwohnung" für die Henkell-Villa, Rosselstr. Nr. 20

Das schlichte querrechteckige Garagen- und Wohnhaus mit Krüppelwalmdach bietet durch gute Proportionierung ein angenehmes, ländlich anmutendes Erscheinungsbild in der von Villen besetzten Rosselstraße. Es ist Kulturdenkmal als Teil der Henkell-Villa, Rosselstr. 20 (vgl.) und dokumentiert deren Dimension als großbürgerliche Fabrikantenvilla. Die mit der Nr. 20 identische Einfriedung aus Bruchsteinmauer und Pfosten, zwischen den Pfosten rechteckig gerasterte Lattenabschnitte, gibt die beiden Gebäude als zusammengehörig zu erkennen.

Rosselstr. 19
Wohnsitz des Hessischen Ministerpräsidenten
Fl. 32 Flst. 485/29

Bauantrag: 17. 3. 1928
Antragsteller: Freifrau R. Schertel v. Burtenbach
Architekt: Ernst Haiger, München

Eine der wenigen großen, repräsentativen Villen der 20er Jahre in Wiesbaden. Die weit zurückgesetzte Lage am höchsten Punkt des parkartigen Gartens orientiert den Bau mit großartigem Fernblick nach der Südseite. Der palaisartige Entwurf der Villa als Dreiflügelanlage vertritt mit seinem maßvoll historisierenden Charakter vorbildlich die konservative Richtung der 20er Jahre. Modern im Sinne der 20er Jahre ist die Verwendung des Klinkers (in der hier auftretenden blauroten Färbung vor allem im Rheinland gebräuchlich), der sich wegen seiner lebhaften Oberflächenstruktur im expressionistischen Zeitstil besonderer Beliebtheit erfreute. Dezent wirkt dazu das helle Grau der Sandsteinglieder (Loggia u. a.), aufhellend der schmükkende Kontrast der weißen Sprossenfenster und Läden. Die rein zur Anschauung gebrachte Wirkung der Materialien – auch in Verbindung mit den Bruchsteinmauern des terrassierten Gartens – steht in der Tradition des Werkbundes.
Die mit Einfriedung (Klinkermauer mit Eisengitter bei hoher Mauer im Eingangsbereich) sehr gut erhaltene Villa ist Kulturdenkmal aus künstlerischen Gründen. Der namhafte Münchner Architekt E. Haiger lieferte auch den Entwurf zum Wiederaufbau der Henkell-Villa, vgl. Rosselstr. 20.

Rosselstr. 19

Rosselstr. 20

Rosselstraße 20
Henkell-Villa
Fl. 32 Flst. 27/16

Erbaut: 1947 auf den im Umriß begradigten Fundamenten des 1944 kriegszerstörten Vorgängerbaus durch den Wiesbadener Architekten Stadtmüller-Boldt nach dem Entwurf von Ernst Haiger/München

Die Vorgängervilla wurde 1911/12 von Prof. Hugo Eberhard aus Offenbach/-Main für Dr. med. Dornblüth errichtet. Der Nacheigentümer Prof. Dr. Weintraud verkaufte die Villa 1922 an den Sektfabrikanten Karl Henkell. Der bemerkenswerte Bau im secessionistischen Landhausstil wurde in der Deutschen Bauhütte (20. 1916, M. Heeren, Wiesbadener Neubauten) publiziert. 1921 beantragte Weintraud bauliche Veränderungen, ferner die Errichtung eines Hühnerhauses und Bienenhauses. 1923 wurde das streng geometrisch angelegte seitliche Gartenparterre im Rokokostil umgewandelt, wie es heute noch mit Freitreppe und Springbrunnen u. a. besteht. 1928 wurde das Grundstück vergrößert und ein Garagenbau mit Bedienstetenwohnung errichtet (s. Rosselstr. 18). Die Einfriedung erhielt durch Vereinfachung und Änderung der Holzteile die bis heute bestehende Form.

Die qualitätvolle Neubauplanung bezieht einen alten Seitentrakt durch Überformung mit ein (auf Plan schraffiert). Im Umriß erreicht der streng rechtwinklige Neubau die Dimension der Vorkriegsanlage. Die Höhe wird jedoch auf durchgehend 1½ Geschosse reduziert, auf hangseitig hohem Sockelgeschoß des Vorgängers. Der an amerikanische Filmstarvillen in Beverly Hills/Los Angeles erinnernde Entwurf verbindet Palladio-Villen entlehnte Motive (Loggien, Villa Maser) mit Formen des französischen 18. Jahrhunderts (pagodenhaftes Dach, Sprossenfenster) bei vor allem zur Straßenseite modernem Bungalow-Habitus. Zu ihrem großen Landschaftspark öffnet sich die Villa über Loggia und Terrasse mit panoramahaftem Fernblick. Für ihren Standort wurde bereits 1911 die höchste Stelle des Grundstücks ausgewählt. Entlang der Thomaestraße wird das ehemals von vier Straßen begrenzte Areal (Rosselstraße, Kreutzerstraße, Freseniusstraße, Thomaestraße) von einer hohen formschönen Stützmauer eingefaßt. Der parkartige Garten bewahrt wertvolle Überreste der Gestaltung von 1911/12: so ein im Louis-Seize-Stil gestaltetes Parterre mit reichem Skulpturenschmuck.

Kulturdenkmal aus künstlerischen und historischen Gründen zur Dokumentation der Villa einer namhaften Wiesbadener Fabrikantenfamilie mit Sitz der Produktionsstätte am Ort.

Rosselstr. 20, Der Vorgängerbau „Villa Weintraud"

Rosselstr. 22
Fl. 33 Flst. 12/17

Bauantrag: 11. 7. 1906
Antragsteller: Purmann, Major
Architekt: Friedrich Lang

Großer längsrechteckiger Baukörper mit Krüppelwalmdach, der durch zahlreiche Annexe sowie die Verwendung unterschiedlicher Materialien pittoreske Qualität gewinnt. Der Entwurf ist dem englischen Landhaus verpflichtet: so in seinen ländlichen Motiven, der Ebenerdigkeit (durch Hanglage nur teilweise möglich) und im weitgehenden Verzicht auf eine repräsentative Fassadengestaltung mit entsprechenden Herrschaftsmotiven zum Straßenraum, wobei die schmale Straßenfront in den späten 20er Jahren vermutlich vereinfachend überformt wurde. Durchaus repräsentativ ist jedoch der zum Gartenparterre gelegene ehemalige Haupteingang. Seine Gestaltung in der Tradition des Historismus umfaßt die beiden mittleren Fensterachsen. Die skulptierten Sandsteinglieder mit Portal tragen neobarocke Züge. Unverkennbar dienen die gekoppelten Fenster zur Belichtung der „englischen" Treppenhalle. In ihrer regelmäßigen Gruppierung bilden sie eine Art ruhenden Pol in der asymmetrisch konzipierten Anlage.
Kulturdenkmal aus künstlerischen Gründen.

Reproduktionen nach Joseph Popp, Bruno Paul, München 1916.

Rosselstraße 35
Villa Herxheimer
Fl. 33 Flst. 13/2

Bauantrag: 16. 2. 1911
Antragsteller: Prof. Dr. med. Herxheimer
Architekt: Bruno Paul

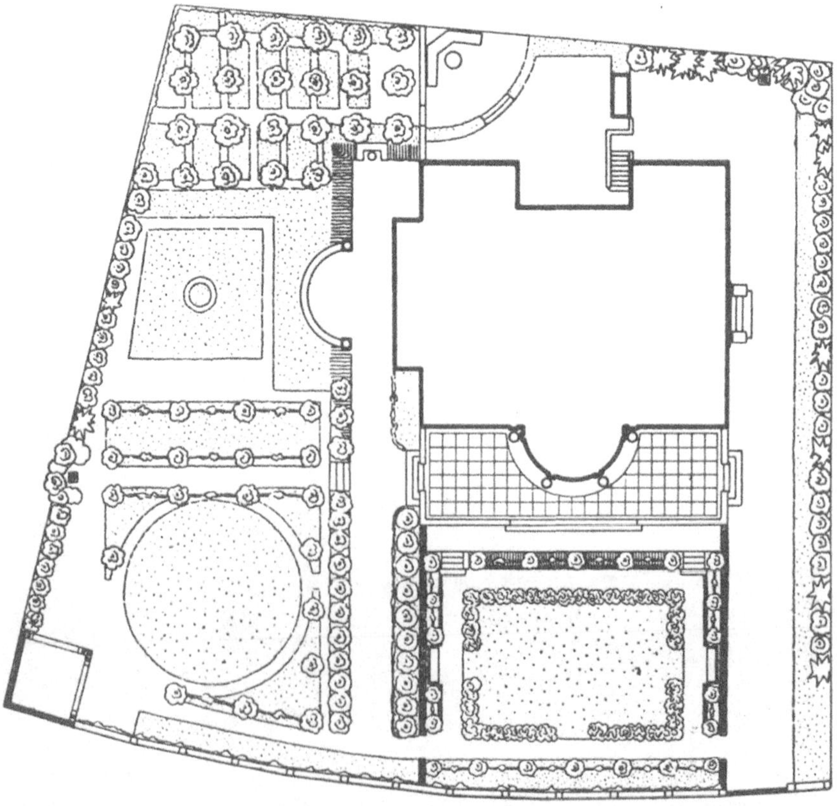

B. Paul gestaltete seinen Entwurf in der klaren Rechtwinkligkeit und strengen Schlichtheit preußischer Landhäuser des frühen Klassizismus (letztes Drittel des 18. Jahrhunderts, D. Gilly u. a.). Die Rückseite ist durch 2 Flügelansätze ebenso symmetrisch gegliedert wie die Vorderfront mit halbrundem Altan in der Mitte. Als Seite mit den Hauptwohnräumen nutzt sie die Südlage und die Aussicht über Stadt und Landschaft. Bewußt wurde die höchstgelegene Stelle des Grundstücks bebaut, der größte Teil des Gartens liegt hinter dem Haus. Zwischen Innen- und Außenraum vermittelt die große Exedra. Sie ist Teil des anschließenden Raumes, in dem bei unmittelbarem Zugang zum Garten die Idee der Sala terrana der Renaissance-Villa (Palladio) wiederauflebt.
Die im Originalzustand mehrfach publizierte Villa (J. Popp, Bruno Paul, München (1916), S. 127ff; Die Architektur des XX. Jahrhunderts 14.1914, H. 3, S. 27ff) hat im Inneren mit der von Paul selbst konzipierten Ausstattung in den 30er Jahren erhebliche

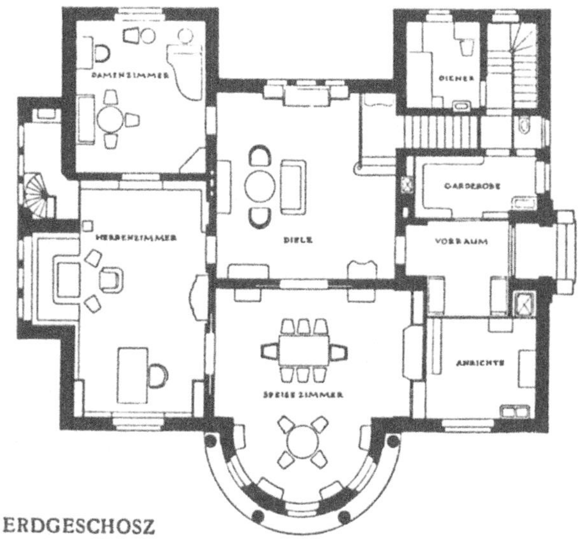

ERDGESCHOSZ

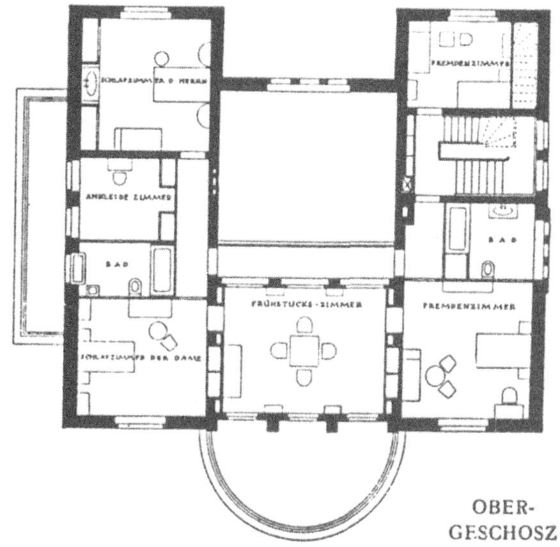

OBER-
GESCHOSZ

Reproduktion nach Joseph Popp, Bruno Paul, München 1916.

Änderungen erfahren. Erneute, den Intentionen des Architekten zuwiderlaufende Veränderungen brachte eine Renovierung in jüngster Zeit. Im ursprünglichen Zustand war der Bau grau geputzt im Ton der Muschelkalksteinglieder (Exedra), die Läden waren dunkelgrün, Sprossenfenster und Dachgesimse weiß. Die Deckung des Mansarddaches bestand aus roten Biberschwänzen. Auch die Einfriedung – ein weißer Lattenzaun mit entsprechendem Tor – fiel der Neuerung zum Opfer.
Kulturdenkmal aus künstlerischen Gründen als Werk eines international renommierten Architekten.

Schöne Aussicht

Straßenmäßig angelegt in den 90er Jahren. Vorher bis zum Leberberg als Feldweg. Erster Villenbau um 1870. Benannt nach dem Distrikt.

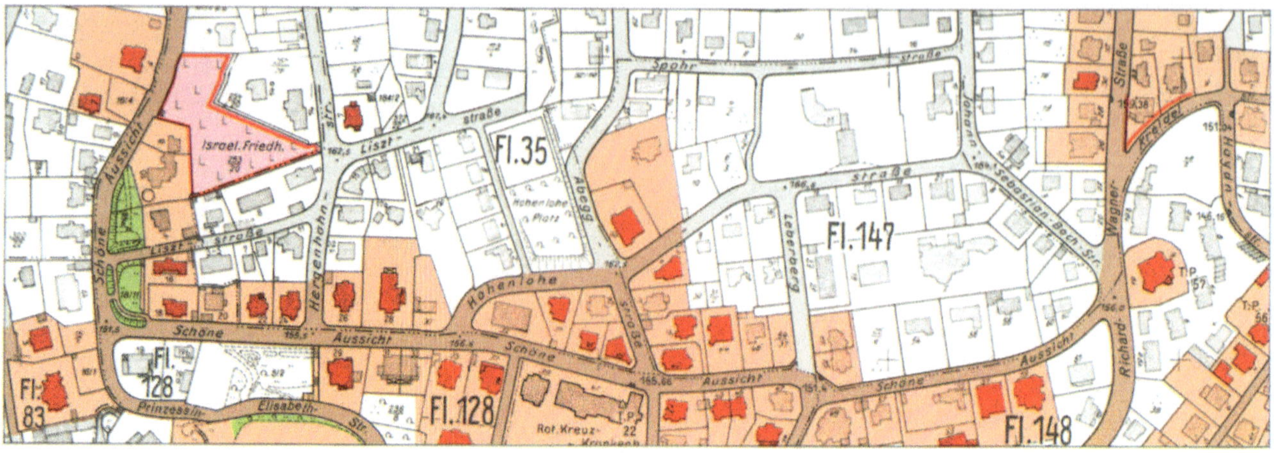

Schöne Aussicht
Alter Jüdischer Friedhof
Fl. 128 Flst. 253/20

Der Friedhof wurde ca. 1750 auf dem Kuhberg am alten Idsteiner Weg als erster jüdischer Begräbnisplatz der Stadt eröffnet. Vorher sollen die jüdischen Bestattungen in Wehen erfolgt sein (Begräbnisverband), wofür jedoch bisher kein Nachweis vorliegt. Der Friedhof wurde 1890 geschlossen und gleichzeitig die neue jüdische Begräbnisstätte an der Platter Straße, angrenzend an den Nordfriedhof, eröffnet. Der älteste der ungefähr 800 Grabsteine (die meisten noch hebräisch beschriftet, neuere zweisprachig oder nur deutsch; neben der Mehrzahl der stelenförmigen Steine auch christliche Grabmalformen) stammt von 1752. Die letzte Beisetzung fand in einem Familiengrab nach 1929 statt. Das kleine Ziegelportal der Einfriedung entstand in den 70er Jahren des 19. Jahrhunderts.

Aufschluß über den Stellenwert des alten Wiesbadener Judenfriedhofs im hessischen Vergleich (insgesamt 330 jüdische Friedhöfe, davon die meisten ländliche Begräbnisstätten) wird eine derzeit in Arbeit stehende Dokumentation bringen. Beauftragt ist die „Kommission für die Geschichte der Juden in Hessen" in Zusammenarbeit mit dem Hess. Hauptstaatsarchiv in Wiesbaden. Unter 8 ausgesuchten Beispielen repräsentiert der Friedhof auf der Schönen Aussicht die großen städtischen Begräbnisplätze der jüdischen Gemeinden in Hessen. Mit seinem verwunschenen, Vergänglichkeit evozierendem Erscheinungsbild hat sich der parkartige Friedhof den Charakter alter jüdischer Begräbnisstätten bewahren können.

Er ist mit Einfriedung und Baumbestand Kulturdenkmal im Sinne der Sachgesamtheit wegen seiner geschichtlichen Bedeutung für Stadt und Land.

Schöne Aussicht 5
Fl. 82 Flst. 13/2

Erbaut: ca. 1874
Umbau: 1875 Antrag auf Errichtung einer Einfriedung durch Marie Hoffmann

Hervorragende spätklassizistische Villa in der Tradition der Berliner Schinkel-Schule. Charakteristisch ist die asymmetrische Konzeption mit seitlichem Turm zur Straße, zum Garten mit risalitartigem Vorbau mit großem Portikus als Belvedere. Gerade Linien, Rechteck und Dreieck bestimmen die Formen der Gliederung vor den glatten, scharfkantig abschließenden Wandflächen. Eine Ausnahme bildet der Rundbogen in Form der straßenseitigen Figurennische (1. OG) sowie des seitlichen Hauptfensters im vorgezogenen einachsigen Treppentrakt. Für den im ganzen landhausmäßigen Habitus wäre die Rekonstruktion der Fensterläden wünschenswert. Die ebenso schlichte wie elegante Villa liegt in einem parkartig großen Grundstück mit wertvollem altem Baumbestand von bereichsprägender Bedeutung.
Kulturdenkmal aus künstlerischen und städtebaulichen Gründen.

Schöne Aussicht 7
Brahmshaus
Fl. 82 Flst. 293/16

Erbaut: 1859/60

Kleiner spätklassizistischer Kubus mit Walmdach von guter Proportion und Gliederung. Der 1½geschossige Bau mit hohem Sockelgeschoß zur Hangseite wendet sich mit seiner Hauptansicht zu Tal und Stadt. Alte Stichansichten des Wiesbadener Nordhangs zeigen den ehemals völlig frei gelegenen Bau als weithin sichtbar. Ludwig Knaus ließ sich das Gebäude nach seiner Verheiratung mit der Wiesbadener Hotelierstochter Henriette Hoffmann im letzten Jahr seines Paris-Aufenthaltes als Sommeratelier erbauen. Den Winter verbrachte das Paar in Berlin. 1861 ließ Knaus das Atelier durch einen seitlichen Anbau erweitern und das Sockelgeschoß zu Wohnzwecken ausbauen. Als Dauerbewohner zogen sein Vater und seine Schwester Sophie ein. 1879 verkaufte Knaus das Haus an die Leutnantswitwe Bertha von Drewitz, geb. von Kracht. Von Mai bis Oktober 1883 mietete Johannes Brahms die Hauptetage und vollendete in diesem Haus seine 3. Symphonie. An Theodor Bielroth schrieb Brahms: „Ich wohne hier reizend, aber als ob ich es Wagner nachtun wollte! Ursprünglich von Knaus als Atelier gebaut, ist es nachträglich zum hübschesten Landhaus geworden, und so ein Atelier gibt ein herrliches hohes, kühles, luftiges Zimmer!" Der große Atelier-Saal ist in seiner Ausstattung erhalten.
Kulturdenkmal aus historischen und künstlerischen Gründen.

Schöne Aussicht 16
Fl. 128 Flst. 18/9

Erbaut: im Kern ca. 1861 als Remise der Villa Schöne Aussicht 18 (vgl.)

Der Umbau zur landhausartigen Villa erfolgte in künstlerisch überzeugender Form durch die Anfügung höherer Seitentrakte. Gleichzeitig wurde dem Zwischentrakt eine doppelgeschossige Veranda als hölzerne Ständerkonstruktion vorgesetzt. Mit den turmartigen Seitentrakten reflektiert der Entwurf den früheren Villenstil der Schinkel-Schule (Typus der „villa rustica"). Der stark retardierende spätklassizistische Baustil der Seitentrakte mit Satteldach und ädikulaartiger Rahmung der Fenster der einachsigen Vorderfront tritt gleichzeitig mit den spätklassizistischen Villen Schöne Aussicht 34, 36, 40, 44 auf. Als einzige Villa der Schönen Aussicht hat der reizvolle Bau einen durchaus ländlichen Charakter.

Am Rand des öffentlichen Grüns stehend, ist er von großer malerischer Wirkung für den gesamten Straßenraum.
Der Wert als Kulturdenkmal ist sowohl künstlerisch als auch städtebaulich zu begründen.

Schöne Aussicht 18
Fl. 128 Flst. 18/8

Erbaut: ca. 1861

Nach der Nr. 7 (vgl.) dürfte die spätklassizistische Villa das älteste Haus auf der Schönen Aussicht sein. Es zeichnet sich durch eine klare, strenge Formgebung aus, wie sie im noch nassauischen Wiesbaden mit betonter Schlichtheit kultiviert wurde. Vorherrschend ist die Qualität der glatten Wandflächen. Zur Straße gliedert den nur 2 Achsen tiefen Bau ein Mittelrisalit mit zwerchhausartiger Überhöhung. In seinen beiden oberen Geschossen wird der Risalit von Pilastern gerahmt, deren besonderer Reiz die flachen orientalisierenden Konsolen sind. Im gleichen orientalisierenden Stil dürfte auch das gußeiserne Balkongeländer gestaltet gewesen sein. Die Einfriedung wurde in jüngerer Zeit durch eine Bruchsteinmauer ersetzt. Durch Verbreiterung der Straße Anfang dieses Jahrhunders verlor der Vorgarten an Tiefe.
Kulturdenkmal aus künstlerischen und stadtbaugeschichtlichen Gründen. Bei der Bewertung spielt auch die besondere Lage des Gebäudes am Anfang der Villenzeile des zweiten Abschnitts der Schönen Aussicht eine Rolle.

Schöne Aussicht 22
Fl. 35 Flst. 309/32

Bauantrag: 9. 1. 1897
Antragsteller: Karl Schultze, Marie Bräcking
Architekt: Karl Schultze

„Cottage" und Schweizerhaus inspirierten den Entwurf der pittoresken Ziegelvilla in erhöhter Lage. Die ländlichen Bauformen finden sich vor allem im DG, das bei nur einem Hauptgeschoß des bescheidenen Baus die Funktion eines zweiten Vollgeschosses erfüllt. Ungewöhnlich ist das Motiv des in die Dachgaupe eingestellten polygonalen Zwerchhauses. Dessen Dachhelm wird von einem Knauf bekrönt, wie auch die Giebelspitzen der Satteldächer oder der Helm des rückwärtigen Turms je von einem Knauf überhöht werden. Harmonisch ist der Architektur des Hauses die Einfriedung angepaßt: eine hohe Ziegelstützmauer mit Blendbögen, darauf ein einfaches gebogtes Spießgitter, das Tor zwischen hohen Ziegelpfosten. Mit dem alten Baumbestand und Bewuchs des Vorgartens im ganzen ein Ensemble von hohem atmosphärischen Wert.
Kulturdenkmal aus künstlerischen Gründen.

Schöne Aussicht 24
Fl. 35 Flst. 304/32

Bauantrag: 27. 4. 1895
Antragsteller: H. G. Followfield, Kapitän
Architekt: Karl Schultze

Kubische Eckvilla des renaissancistisch geprägten späten Klassizismus, wie er in Wiesbaden in den 90er Jahren noch häufiger auftritt. Der durchgängig genutete Putzbau gewinnt durch die kräftige Eckverzahnung an Schwere.

Von noch stärkerem Relief sind die Verdachungsmotive der Fenster und Türen im 1. OG. Insgesamt werden die unterschiedlichsten plastischen Werte erzeugt, um den gewünschten malerischen Gesamteindruck zu erzielen. Dabei werden die geradlinigen Konturen des Baukörpers in den beiden Hauptansichten durch polygonale Vorbauten aufgelockert. Die Korbgitter der darüberliegenden Freisitze sind in ihrer schlichten Form gut angepaßt erneuert. Das Eckgrundstück umzieht eine dekorative Einfriedung mit verziertem Spießgitter über niedriger Sockelmauer nebst passendem Tor.
Kulturdenkmal aus künstlerischen Gründen von bereichsprägender Wirkung.

Schöne Aussicht 26
Fl. 35 Flst. 384/34

Bauantrag: 14. 5. 1888
Antragsteller: H. Schmidt-Casella, Rentner
Architekt: Wilhelm Rehbold

Spätklassizistischer Villenkubus, der im Stil der 80er Jahre renaissancistisch umgedeutet wird. Kräftige Rustizierung, plastische Einfassung der Fenster sowie ein mächtiger Verandavorbau vermitteln den gewünschten Eindruck des Massiven, Körperhaften. Die dreiteilige Gliederung der Fassade ist von unbedingter Regelmäßigkeit. Der Vertikalen der Fensterachsen wirkt die Waagrechte von Gesimsen, Architraven, Fensterverdachungen und Brüstungen entgegen. Besonders reizvoll ist die Gestaltungsdichte im Balkonbereich des 1. OG: Auf den 4 Pfosten der Brüstung stehen antikisierende Vasen, im Hintergrund zwischen den beiden Fenstertüren eine Rundbogennische mit der Figur eines jungen Mädchens in der Art klassizistischer Plastik. Die Einfriedung der Villa besteht aus einem schlichten Spießgitter mit Ziegelmauer. Die Torpfosten aus Sandstein sind mit Beschlagwerkornamentik verziert.
Kulturdenkmal aus künstlerischen Gründen.

Schöne Aussicht 26, 1908

Schöne Aussicht 28
Fl. 35 Flst. 1003/35

Bauantrag: 17. 7. 1889
Antragsteller: Jean Fürstchen
Architekt: ders., vermutlich in Zusammenarbeit mit Karl Schultze
Umbau: 1904 Antrag auf einen rückwärtigen und seitlichen Anbau durch Oberstleutnant a. D. Auer von Herrenkirchen
Inschrift: „1890" im Frontispiz

Herrschaftliche Villa, in der Kaiser Wilhelm II. mehrmals logiert haben soll. Die durchgehend genutete Putzarchitektur mit diamantquaderbesetzten Kanten rezipiert den Renaissancestil in der Mischung deutscher und niederländischer Formen. Die symmetrisch gegliederte Fassade ist von hohem Repräsentationsanspruch. Eine reiche Dekorfülle weisen die beiden risalitartig betonten Mittelachsen mit hohem Frontispiz und mächtigem Verandavorbau auf. Beschlagwerk sowie Puttenmotive, Voluten und Muscheln dominieren in der z. T. frei stuckierten, z. T. präfabrizierten Ornamentik. Die Veranda wurde um 1900 mit einer wertvollen Jugendstil-Verglasung geschlossen. Der Bauantrag von 1904 dürfte auch die Errichtung des seitlichen Treppenturmes beinhaltet haben, der in den alten Kellerplänen nicht auftaucht. Seitlich angefügt wurde ein gläserner Windfang mit sehr schönem Fußboden in Terrazzo und Mosaik. Die Gartenanlage mit bruchsteingesäumten Wegen läßt

die ehemalige Konzeption erkennen. Der Zugangsweg bewahrt sein Kleinpflaster mit weißem Sternmuster. Das Gitter der Einfriedung auf halbhoher Ziegelmauer ist gut erhalten, Tor und Pfosten sind reduziert.
Kulturdenkmal aus künstlerischen Gründen.

Schöne Aussicht 29
Fl. 128 Flst. 144/5

Bauantrag: 30. 11. 1895
Antragsteller: von Erlanger
Architekt: –

Besonders individuelle und reich ornamentierte Villa im italienischen Renaissancestil, in den sich Formen der Romanik und Gotik mischen. Die Eingangsseite der an den Hang gebauten Villa ist mit einem ausmittigen Treppentrakt zur Straße orientiert. Das Prinzip scharfkantiger Vor- bzw. Rücksprünge bestimmt auch die Gestaltung der anderen Seiten. Die Haupt- und Südansicht hat ihren Schwerpunkt in einem massiven Verandavorbau in hellem Sandstein. Säulen, Bögen und Maßwerkbrüstung sind, wie auch die profilierten Fensterlaibungen des Gebäudes, individuell skulptiert. Neben diversen Gestaltungsschwerpunkten wie der östlichen Fenstergruppe im EG konzentriert sich der Schmuckreichtum auf Mezzanin und Kranzgesims. Die Einfriedung ist reduziert erhalten, zur Prinzessin-Elisabeth-Straße mit hoher Stützmauer in Bruchstein.
Kulturdenkmal aus künstlerischen Gründen und in städtebaulicher Hinsicht. Durch die steile Hanglage ist die Villa weithin sichtbar.

Schöne Aussicht 34
Fl. 35 Flst. 998/55

Bauantrag: 11. 12. 1897
Antragsteller: Felix Braidt, Generalagent
Architekt: Karl Schultze

Bescheidene Putzvilla mit Stilanleihen an Renaissance und Barock. Die weit zurückgesetzte Lage und Staffelung der im Kern kubisch angelegten Massen ermöglicht eine hohe Ausnutzung des zur Straße spitzwinklig zulaufenden Grundstücks. Alle zur Straße gerichteten Flächen sind in die Fassadengestaltung miteinbezogen. Die Konzentration der repräsentativen Schmuckformen erfolgt im Bereich des weit vorgezogenen Verandatrakts, der von dem hohen Schaugiebel eines Pseudorisalits überragt wird. Die weit gespannten Fensteröffnungen im EG des Vorbaus signalisieren ebenso die Zeit um 1900 wie die vom Jugendstil beeinflußte Bildung des Hermenpilasters oder die Abrundung der linken äußeren Ecke. Zur Villa gehört eine Remise, die an die straßenseiti-

ge Stützmauer angebaut ist. Die schöne Stützmauer aus Ziegeln ist in der linken Hälfte mit einer Ziegelbalustrade versehen, in der rechten mit einem kunstvoll geschmiedeten Gitter mit Sonnenblumenmotiven.
Kulturdenkmal aus künstlerischen Gründen und wegen seiner bauhistorischen Bedeutung als Teil eines bauunternehmerischen Konzepts. Dazu vgl. die Nachbarvillen Nr. 36, Nr. 40, Nr. 44 sowie Abeggstr. 15 (17).

Schöne Aussicht 35
Fl. 128 Flst. 50/15

Bauantrag: 18. 2. 1889
Antragsteller: Geschwister Oeffner
Architekt: –
Inschrift: „Anno", „1889" in den Kartuschen seitlich des oberen Treppenhausfensters

Spätklassizistischer Villentypus mit der Tendenz zur italienischen Renaissance. Die Vorliebe für den Renaissance-Stil in den 80er Jahren geht zusammen mit der Bevorzugung des Ziegelmaterials (hier in toniger Farbmischung), wobei Strukturglieder und Dekor bei den reicheren Villen gern in Haustein (hier ockerfarbener Sandstein) ausgeführt werden. Die repräsentative Gestaltung des ausmittigen Treppenhausrisalits beruht auf der Konzentration der Motive. Aller Dekorreichtum entfaltet sich in der oberen Zone. Vor allem der Dreiecksgiebel beeindruckt durch das stark plastisch vor dem Grund stehende Wappen, das von Greifen gehalten wird, darüber das mächtig vorkragende Gebälk. Bezeichnend für das eklektizistische Formverständnis der Zeit ist u. a. der die Frieszone durchstoßende Einschnitt des oberen Treppenhausfensters. Der Eingangsseite entgegengesetzt ist die talwärtige Südseite mit doppelgeschossigem Balkonvorbau aus Gußeisen. Im Inneren der Mietetagenvilla mit den originalen Abschlußtüren (und noch originalen Klingelschildern) ist das Treppenhaus mit gußeisernem Geländer gut erhalten. Auch die Einfriedung mit schlichtem Eisengitter und 2 Toren ist aus der Erbauungszeit. Im Vorgarten zeugen Beeteinfassungen aus Bruchstein und mit Kleinpflaster gefestigte Wege von der ursprünglichen Anlage.
Kulturdenkmal aus künstlerischen Gründen.

Schöne Aussicht 36
Fl. 35 Flst. 281/56

Bauantrag: 1. 6. 1891
Antragsteller: Felix Braidt, Generalagent
Architekt: Karl Schultze

Typus der bescheideneren Villa, wie sie planmäßig durch Bauunternehmer erstellt wurde. Schultze perpetuierte den spätklassizistischen Stil in geradezu orthodoxer Schlichtheit und Strenge. Der scharfkantige Baukörper ist zur Straßenseite durch einen seitlichen Risalit mit antikisierendem Giebel markant. Die Fenstergruppe wird im EG von Pilastern gegliedert (Verlust des Verdachungsmotivs). Zwischen Risalit und traufständigem Hauptbaukörper vermitteln Balkone mit dekorativen Gußeisengittern. Die Balkone wahren die kubische Geschlossenheit der Anlage, wie sie mit dem ohne Rücksprung verlaufenden Sockel angestrebt ist. Vom strengen Prinzip abweichend ist die Gestaltung des Eingangs mit zeittypischer Treppenbalustrade. Über dem Eingang eine sehr schöne Glas-Eisen-Verdachung. Im Entrée bilden farbige Mosaikbodenplatten ein renaissancistisches Motiv, während der Stuckdekor der Räume Formen des 18. Jahrhunderts zeigt. Von der Einfriedung sind nur die beiden Torpfosten in Ziegelmauerwerk erhalten.
Kulturdenkmal aus künstlerischen und stadtbaugeschichtlichen Gründen.

Schöne Aussicht 37
Fl. 128 Flst. 29/16

Erbaut: ca. 1876 im Kern
Umbau: 1902 Antrag auf bauliche Veränderung durch Frau Gustav Schulze, geb. von Roeßler mit Architekt Ludwig Euler. Einfriedung 1903

Die im Kern spätklassizistische Villa wurde 1902 barockisierend mit Anklängen an das Louis XVI überformt. Dabei wurde der Bau um ein zweites Vollgeschoß erhöht, das einen besonders reichen Stuckdekor vor allem im Bereich der Giebel erhielt. Das organisch Weiche des Ornaments zeigt den Einfluß des Jugendstils. Im Sinne des Jugendstils mit der Tendenz zur übergreifenden und Härten ausgleichenden Form erfolgte die Erweiterung des EG um ein pompöses Entrée mit entsprechendem Portal. Das konkav geschwungene Sandsteinportal ist mit seiner in tiefer Nische sitzenden Flügeltür mit schönen schmiedeeisernen Rankengittern intakt überkommen. Die den Vorbau abschließende Balustrade ist leider in ihren längsovalen Ausschnitten zugesetzt. Zur feudal anmutenden Villa gehört eine prachtvolle, ebenfalls barockisierende Einfriedung, die bereichsprägend für beide Straßenseiten ist. Das schwere geschmiedete Gitter schwingt in konvexen und konkaven Linienzügen; an Tore barocker Schloßgärten erinnert das dreiteilige Tor mit hoher Mitte.
Kulturdenkmal aus künstlerischen Gründen und wegen der städtebaulichen Bedeutung, die neben der Einfriedung auf der Wirkung der Baumriesen auf Straßenbild und Bereich beruht.

Schöne Aussicht 38
Fl. 35 Flst. 264/56

Bauantrag: 28. 8. 1891
Antragsteller: Felix Braidt, Generalagent
Architekt: Karl Schultze

3½geschossige Mietetagenvilla, die mit ihrer Trapezform das spitzwinklige Eckgrundstück hoch ausnutzt. Die Villa variiert mit ihrer diagonalsymmetrischen Anlage einen Typus der Blockrandbebauung. Als freistehendes Wohnhaus im Grünen behauptet sich der Entwurf vor allem durch die doppelgeschossige Veranda vor der abgefasten Ecke. Die Veranden sind mit gußeisernen Radgittern versehen, der obere Balkon mit einer Balusterbrüstung: eine beim Spätklassizismus der 90er Jahre häufiger zu beobachtende Abfolge (vgl. Augustastr. 9 u. 11). Die Gliederung beschränkt sich ansonsten auf einfache Rahmung der Fenster mit waagrechter Verdachung im EG und 1. OG.
Kulturdenkmal wegen der guten Einpassung in das Straßenbild mit entsprechender Wirkung für den Bereich.

Schöne Aussicht 40
Fl. 147 Flst. 40

Bauantrag: 17. 12. 1891
Antragsteller: Albert Kirberg
Architekt: Karl Schultze

Mächtige, kubische Eckvilla, die Schultze wie auch die Nachbarvillen Schöne Aussicht 36, 38 u. 44 (vgl.) im spätklassizistischen Modus errichtete. Durch die durchgehende Putznutung wie auch vereinzelte Gliederungsmotive kommt es jedoch im ganzen zu einem mehr renaissancistischen Eindruck. Die 3 Schauseiten der exponiert liegenden Villa sind als Fassaden gestaltet, jeweils mit Mittelrisalit; die

Rückseite bleibt ohne Gestaltung. Während der Westrisalit der Abeggstraße den Eingang (mit dekorativem Glasdach) sowie das Treppenhaus aufnimmt, ist der Risalit zur Südseite von herrschaftlichem Habitus. Ihn zieren u. a. renaissancistische Balustersäulen zur Rahmung der Fenster im 1. OG mit verdachendem Gebälk. Das Motiv wiederholt sich im zwerchhausartigen Giebel, wobei es zu einer besonders eigentümlichen Verbindung streng klassizistischer Formen mit organisch-plastischen kommt.
Kulturdenkmal aus künstlerischen und städtebaulichen Gründen.

Schöne Aussicht
Fl. 147 Flst. 41

S. Abeggstr. 15.

Schöne Aussicht 43/45
Fl. 129 Flst. 161/22; 162/22

Bauantrag:	10. 8. 1900
Antragsteller:	Phil. Schmidt & Cons.
Architekt:	ders.
Inschrift:	„Anno Domini 1901" im Wappenfeld der rechten Eingangsseite

Spiegelsymmetrische Doppelvilla, in der sich herrschaftlich repräsentative Formen mit ländlichen verbinden. Das Phänomen ist charakteristisch für den Historismus gegen die Jahrhundertwende, der den englischen Cottage-Stil aufnimmt. Englisch beeinflußt sind hier auch die tudorartigen, z. T. mehrteiligen Steinfenster, während sich in der Ornamentik altbekannte Formen aus Renaissance und Barock mischen. Einzelne Ornamentmotive lassen den Jugendstil durchscheinen, der kosequenter nur beim Rankendekor des in Nr. 45 erhaltenen Einfriedungsgitters auftritt. Die zugehörigen Ziegelpfosten bleiben konservativ (vgl. Schöne Aussicht 36). Das pittoreske Erscheinungsbild der Villa gewinnt an Ausdruck durch Details wie die Bleiglasscheiben im Oberlicht des 3teiligen Risalitfensters.
Kulturdenkmal aus künstlerischen Gründen auch wegen der harmonischen Einfügung ins Straßenbild.

Schöne Aussicht 44
Fl. 147 Flst. 39

Bauantrag:	27. 2. 1892
Antragsteller:	Felix Braidt, Generalagent des Feuer-Assecuranz-Vereins in Altona
Architekt:	Karl Schultze

Mietetagenvilla mit 3 Vollgeschossen im spätklassizistischen Modus. Der bis zum Jahrhundertende perpetuierte Spätklassizismus nimmt Anfang der 90er Jahre noch einmal an Beliebtheit zu. Formal stellt er den relativ größten Gegensatz zum wilhelminischen Barock dar. Den eleganten Entwurf kennzeichnen klare Gliederungsstrukturen. Die rechte Seite wird risalitartig betont, nach klassischer Ordnung (tuskisch, ionisch, korinthisch) verläuft die Abfolge der Säulen der erst in jüngerer Zeit verglasten Loggien. Die Gliederung der Fassade ist auffallend schlicht, wobei dieser Eindruck durch den Verlust der Ornamentik am Hauptgesims sowie der Verdachung der Fenster des 1. OG verstärkt wird. Der durch die zurückgesetzte Lage zur Straße sich erstreckende Villengarten ist durch die Schaffung von Stellplätzen gestört.
Kulturdenkmal aus künstlerischen Gründen.

Schöne Aussicht 53
Villa Harnischmacher II
Fl. 148 Flst. 3/3

Erbaut: 1954/55 nach dem Entwurf von Marcel Breuer unter der Bauleitung von Neuser

Nach Kriegszerstörung der ersten Villa Harnischmacher (völlig verändert wiederaufgebaut, heute Schöne Aussicht 55), die Breuer 1932 für das mit ihm befreundete Ehepaar Harnischmacher entwarf, entstand 1954/55 als Ersatzbau die Villa Harnischmacher II, ebenfalls nach Breuers Entwurf. Die durch sein Büro in New York gezeichneten Originalpläne von 1953 sind erhalten. Der ausgeführte Bungalow beruht auf Modifikation des ursprünglich 2geschossigen Entwurfs. In für Breuer charakteristischer Weise verbinden sich in seinem Entwurf die Rationalität des internationalen Stils (funktionelle Planung, funktional in den Details) mit dem organischen Architekturverständnis eines F. L. Wright. Bezeichnend ist die Vorliebe für Holz und Naturstein, die bereits durch Gropius, den Lehrer Breuers, vermittelt wurde. Dem konsequenten Erscheinungsbild im Äußeren der Villa entspricht die Innenausstattung. Zu den Besonderheiten gehört ein repräsentativer Marmorkamin im Wohnraum, zwischen Wohn- und Eßraum eine leichte Schiebewand mit Schilfmatten, in den Nebenräumen wandfestes Mobilar u. a. Die große Küche mit separiertem Wirtschaftstrakt, die auch von außen zu begehen ist, folgt ganz amerikanischen Mustern. Die Villa ist der einzige Wohnbau der Zeit nach 1945 von Marcel Breuer in der Bundesrepublik.
Kulturdenkmal aus künstlerischen Gründen als Werk eines der großen Architekten der klassischen Moderne.

Reproduktion nach Kopie des Originalplans

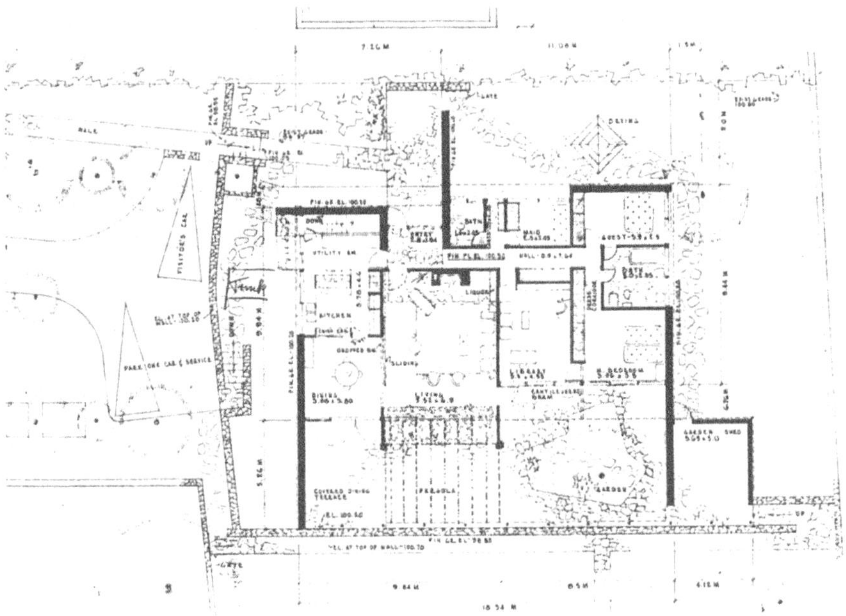

Schöne Aussicht 57
Fl. 148 Flst. 4

Bauantrag: 20. 2. 1902
Antragsteller: K. Seufert, Rentner
Architekt: Ludwig Euler

Eine der großen Villen der Schönen Aussicht, die Euler wie auch die gleichzeitige Nachbarvilla Nr. 59 (vgl.) im englischen Landhausstil erbaute. Als Baumaterialien sind Putzflächen, Sandsteingliederung und Schieferdeckung aufeinander abgestimmt. Modern mutet die großzügig zusammenfassende Form bei kubischer Grundgestalt mit einfachem Satteldach mit Fußwalm an. Dagegen stehen die pittoresken Motive – Erker und Diagonalturm – mit ihrer Tendenz zu Eigenständigkeit mehr in der Tradition des additiven Historismus (allerdings dürfte für diesen Eindruck der helle bzw. stark kontrastierende Anstrich eine Rolle spielen). Ausdrucksvoller Schmuck des auf Ornamentik verzichtenden Entwurfs sind die Steinfenster im Tudorstil. Im ganzen berücksichtigt die Villa die exponierte Lage an der Biegung der Straße. Ihre Wirkung im Straßenbild gewinnt besonderen Reiz in Zusammensicht mit der Nachbarvilla Nr. 59 (vgl.). Die Einfriedung ist mit einem zum Louis-Seize tendierenden Gitter mit Tor erhalten.
Kulturdenkmal aus künstlerischen und städtebaulichen Gründen.

Schöne Aussicht 59
Fl. 148 Flst. 5

Bauantrag: 29. 7. 1902
Antragsteller: E. Suhr, Rentner
Architekt: Ludwig Euler

Große, herrschaftliche Villa im englischen Landhausstil mit ockertoniger Ziegelverblendung bei reicher Sandsteingliederung. Die Materialqualität wird zudem von den glasierten roten Ziegeln des Mansarddaches bestimmt. Die malerisch effektvolle Dachgestalt steigert die pittoreske Wirkung des Kubus. Straßen- und Gartenseite weisen einen besonderen Gestaltungsreichtum auf. Zur Straße dominiert das Riesenfenster im Tudorstil, das die „englische" Treppenhalle belichtet. Sehr viel kleinteiliger daneben die Bildung des schmalen Risalits mit polygonalem Vorbau und darüber vorkragendem Zwerchhaus mit verschindeltem Giebelfeld. In der reichen Innenausstattung mischt sich die Tradition der 80er Jahre mit dem englischen Geschmack. Vereinzelt treten Jugendstilformen auf. Im EG ist das Speisezimmer mit Balkendecke und Vertäfelung und in diese integrierten Wandschränken erhalten. Aufwendig ist der große Kamin in der Eichenhalle. Von der Einfriedung mit niedriger Ziegelmauer und Ziegelpfosten sind der letzte gemauerte Abschnitt und die Tore (einflügelig und zweiflügelig) erhalten. Die Tore sind mit schwerem geschmiedetem Bandeisendekor im frühmittelalterlichen Stil versehen.
Kulturdenkmal aus künstlerischen Gründen.

Sonnenberger Straße

Ehemals Sonnenberger Weg. Chausseemäßiger Ausbau ab Mitte der 20er Jahre. 1824 Eröffnung einer neuen Baulinie für erste Landhäuser. Erst zwischen 1839 und 1847 entstehen die ersten 10 Landhäuser. Um 1857 Umbenennung in Sonnenberger Straße.

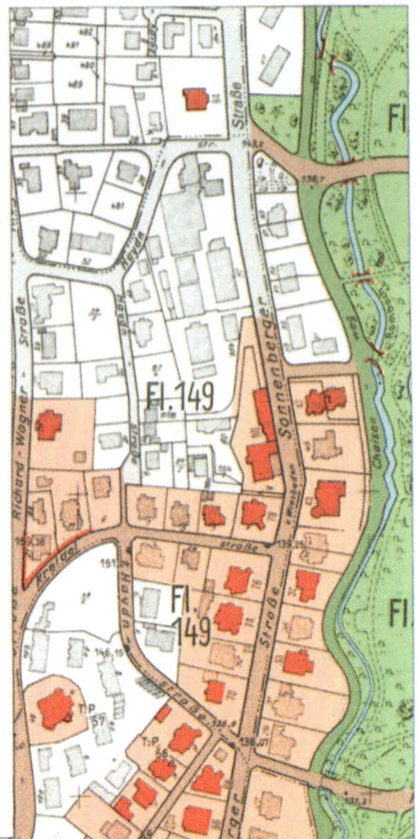
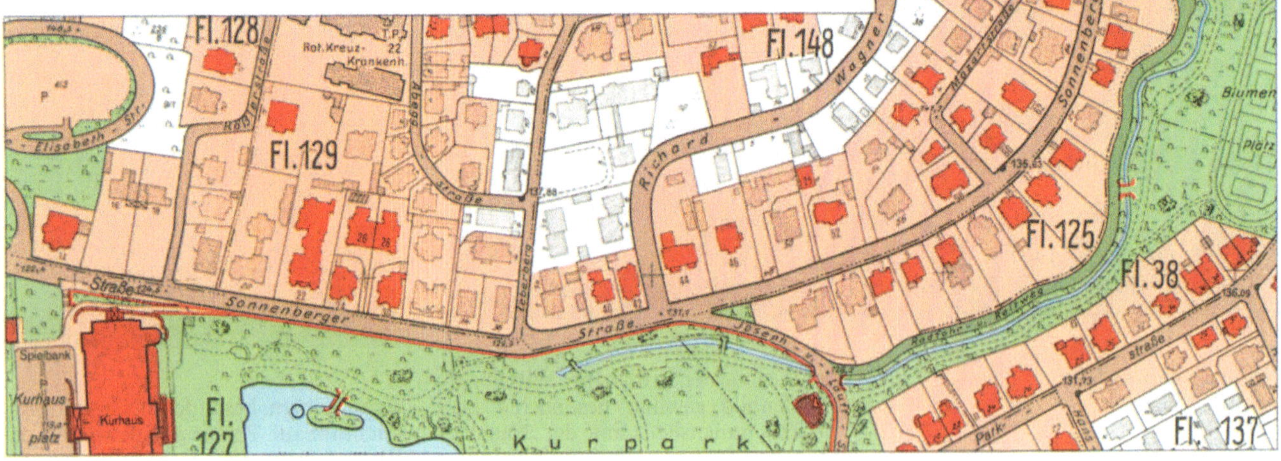

Sonnenberger Str. 7
Fl. 125 Flst. 27/6

Erbaut: gegen 1862

Spätklassizistischer Villenkubus, der in Schlichtheit und Klarheit der Disposition kennzeichnend für die nassauische Ära ist. Der allseitig 3achsige Baukörper ist zur Straße und zu den Seiten gleichermaßen einfach konzipiert. Erst später wurde der Portikus vor dem mittigen Eingang errichtet. Durch die Rahmenmotive der Fenster ist das 1. OG als Beletage ausgewiesen; ohne weiteres geschoßtrennendes Gesims liegt darüber ein Mezzanin. Besonders qualitätvoll ist die feine stukkierte Ornamentik im Verdachungsfries der Fenster sowie im Hauptgesims, letzteres unter vorkragendem

flachem Walmdach. Bemerkenswert sind die nur durch Fenstereinschnitte gegliederten großen Wandflächen, die an den präzis konturierten Kanten von Lisenen gerahmt werden. Aufwendiger ist die zum Park orientierte Gartenseite mit die Traufe durchstoßendem Mittelrisalit. Nicht mehr original sind die Risalit-Balkone, während die Gartenfront mit ihren Klappläden ansonsten den kompletten Zustand der Villa zeigt. Kulturdenkmal aus künstlerischen Gründen und wegen der städtebaulichen Bedeutung als architektonische Hindergrundkulisse des Parks.

Sonnenberger Str. 9
Fl. 125 Flst. 7

Erbaut: ca. 1860
Umbau: 1898/99 durch Paul Jacobi
Inschrift: „1899" im straßenseitigen Giebelfeld

Barockisierend überformte Villa der 60er Jahre. Dem ehemals schlichten spätklassizistischen Kubus wurde im Sinne des malerischen Bildungsprinzips in Architektur und Städtebau ein turmartiger Diagonalrisalit mit Zwiebelbekrönung angefügt. Teil der gelungenen Modernisierung ist auch der Treppenhausrisalit mit Dekor in starkem Relief. Mit der Verlegung von Eingang und Treppenhaus auf die Straßenseite sowie der Schaffung eines dekorativen geschoßübergreifenden Fensters weist der Bau typische Merkmale der 90er Jahre auf. Bemerkenswert sind die wertvollen Details wie die Eingangsüberdachung (über Originaltür) oder das mit Bandelwerk gezierte Balkongitter am Eckrisalit. Das geschmiedete Gitter bzw. Tor ist besonders üppig. Die Einfriedung mit den dazugehörigen Pfosten ist erhalten. Kulturdenkmal aus künstlerischen und städtebaulichen Gründen, letzteres wegen der Bedeutung im Rahmen der architektonischen Kulisse des Parks.

Sonnenberger Str. 11
Ehemals Hotel Villa-Royale
Fl. 125 Flst. 38/8

Erbaut: um 1900, z. T. als Überformung eines spätklassizistischen Villenkubus

Neobarocker Hotelbau im malerischen Villenstil der wilhelminischen Ära. Durch geschickte Verteilung der Baumasse paßt sich der langgestreckte 3½geschossige Bau störungsfrei in die Reihe der benachbarten Villen ein. Besonders ansprechend ist die Lösung auf der Parkseite, wo ein turmartiger Diagonalrisalit den Blick auf die Langseite verstellt und somit die Dimension der Nachbarvillen gewahrt bleibt. Die Langseite gibt mit der Vielzahl der Balkone u. a. die Funktion des Gebäudes unschwer zu erkennen. Der Haupteingang lag ehemals auf der 4achsigen Vorderseite, die mit hohem, zwerchhausartigem Giebel risalitartig gegliedert ist. Auch hier schaffen ge-

Sonnenberger Str. 11, Hotelwerbung von 1910

schwungene Balkons „barockes“ Volumen vor der insgesamt üppigen Fassadengliederung mit reicher plastischer Ornamentik. In den vegetabilischen Formen der Balkongeländer zeigt sich der Jugendstil. Im Inneren ist das repräsentative Treppenhaus mit Aufzug u. a. beachtenswert. Nicht ganz ungestört überkommen ist das geschmiedete Einfriedungsgitter.
Kulturdenkmal aus künstlerischen sowie städtebaulichen und stadtgeschichtlichen Gründen.

Sonnenberger Str. 14
Fl. 128 Flst. 62/5

Bauantrag: 5. 10. 1895
Antragsteller: von Erlanger, Frankfurt
Architekt: Ferdinand Eichen

Nach teilweiser Kriegszerstörung in reduzierter Form wiederhergestellte Villa im Stil der italienischen Renaissance. Bei ästhetisch befriedigendem Gesamteindruck durch Ausgewogenheit der Proportionen und Klarheit der gestalterischen Disposition liegt die eigentliche Bedeutung in der stadtbaugeschichtlichen und städtebaulichen Funktion. Ursprünglich als eine Art Enklave am Paulinenhang angelegt, erhielt die Villa nach Eröffnung der Prinzessin-Elisabeth-Straße (um 1900) die Funktion eines Kopfbaus in der Reihe der sich in dichter Folge am Hang der Sonnenberger Straße anschließenden Villen. Auch maßstäblich wird sie diesem Anspruch gerecht, den sie um so mehr erfüllt, als die ehemals am Eingang der Sonnenberger Straße gelegenen Villen für den Bau des benachbarten Hochhauses niedergelegt wurden. Für die nördliche Blickachse des Platzes vor dem Kurhaus ist der im Hintergrund sichtbar werdende Bau ein unverzichtbares, den genius loci erläuterndes Motiv.
Kulturdenkmal aus städtebaulichen und stadtbaugeschichtlichen Gründen.

Sonnenberger Str. 15
Fl. 125 Flst. 59/10

Erbaut: gegen 1868
Umbau: 1888 Antrag auf bauliche Veränderungen im Eingangsbereich

Ein in nassauischer Tradition stehender Villenkubus mit kanonischer Dreiteilung der Fassade bei äußerer Rahmung der Wandflächen durch gedoppelte Pilaster. Anregungen durch die Schinkel-Schule fanden in dem turmartig hochgebauten und weit vorkragenden Mittelrisalit ihren Niederschlag. Von hoher Qualität ist die romantisierende Ornamentik in den antikisierenden wie mittelalterlichen Motiven (Rundbogenfries). Die Ausrichtung der gegenüber der Villa ansteigenden Mozartstraße erfolgte 1874 mit axialem Bezug auf die Fassade. Sie schließt den Straßenraum in Richtung Südosten ab. Städtebaulich ebenso bedeutend ist die ebenfalls als Schauseite gestaltete Parkansicht mit mittlerem

Verandavorbau. Im Inneren weist das Treppenhaus u. a. feine Stuckarbeiten auf. Sehr ansprechend ist die seltene Form der mit Weinlaub besetzten gußeisernen Traillen des Treppengeländers. Harmonisch zum Erscheinungsbild der Villa ist die erhaltene alte Einfriedung mit zwei doppelflügeligen Toren zur Straßen- und Eingangsseite.
Kulturdenkmal aus künstlerischen und städtebaulichen Gründen.

△

Sonnenberger Str. 17
Fl. 125 Flst. 31/11

Bauantrag: 2. 6. 1887
Antragsteller: Otto Freytag, Rentner
Architekt: Alfred Schellenberg

Villa im Stil der Beaux-Arts-Renaissance mit stark plastischer Gliederung. Von hervorragender Qualität ist die Gestaltung des im Mittelrisalit gelegenen Eingangs. Eine ganz individuelle Lösung stellt die baldachinartige Überdachung dar. Zusammen mit der mit üppigem Schmiedeeisengeländer versehenen Freitreppe, den reichen Fenstergittern und den Details wie die Leuchterweibchen kommt es zu einem zeittypisch pompösen Gesamteindruck. Wie bei den meisten Villen der rechten Straßenseite ist entgegen der Eingangsseite die Hauptfassade als stimmungsvolle architektonische Kulisse zum angrenzenden Park orientiert. Der durch die Hanglage hier zum Vollgeschoß werdende Sockel hebt den Bau repräsentativ empor. Im Garten ist die ursprüngliche Wegeführung erhalten, ebenso die originale Einfriedung zu Park und Straße. Charakteristisch für die Sonnenberger Straße ist das Vorhandensein zweier Gartentore zur Ein- und Ausfahrt der Kutschen.
Kulturdenkmal aus künstlerischen und städtebaulichen Gründen.

Sonnenberger Str. 19
Fl. 125 Flst. 24/12

Erbaut: um 1865

Zur Straßenseite auffallend bescheidener spätklassizistischer Villenkubus. Die

Disposition der 3achsigen Front mit mittigem Eingang im EG ist von spröder Klarheit. Die Wände sind porzellanglatt geputzt und scharfkantig geknickt bei schlichter horizontaler Gesimsgliederung, wobei zwischen Gurt- und Sohlbankgesims das Brüstungsmotiv integriert ist. Im Gegensatz zur Vorderfront ist die Gartenseite anspruchsvoll repräsentativ mit antikisierendem Belvedere im seitlichen Risalit. Vermutlich ist die Gestaltung Resultat eines Umbaus der 70er Jahre. An den seitlichen Risalit schließt sich eine lange Veranda an, die im EG ihre wertvollen Gußeisengitter bewahrt. Im Garten ist die originale Wegeführung ablesbar. Die schlichte Einfriedung mit den für die Parkseite der Sonnenberger Straße üblichen zwei Toren ist erhalten.
Kulturdenkmal aus künstlerischen Gründen und als Dokument der frühesten Bebauung der Sonnenberger Straße aus stadtbaugeschichtlichen Gründen.

Sonnenberger Str. 22
Fl. 129 Flst. 8/2

Bauantrag: 6. 4. 1905
Antragsteller: G. Pfeiffer & Consorten
Architekt: Sigmund Langrod

Aus dem Bauantrag geht hervor, daß es sich um den Typus der Pensionsvilla handelt, der in Wiesbaden gerade in Kurparknähe häufiger auftritt. Ungewöhnlich ist der Zusammenschluß zweier dicht aneinandergestellter Baukörper vergleichbarer Ausmaße durch einen niedrigen Verbindungstrakt. So wurde bei höchster Ausnutzung des Bauplatzes dem ästhetischen Prinzip einzelner, freistehender Kuben entsprochen. Gleichzeitig erschließt der repräsentative Haupteingang an der Sonnenberger Straße beide Gebäude. Dem feudalen Charakter des Zugangs mit Auffahrt, Freitreppe und Portikus entspricht die Ausstattung des breiten Ganges als Zugang zu den Appartements und Treppenhäusern. Ein kleines Gesamtkunstwerk ist der beide Gebäude verbindende Pavillon mit farbig verglastem Oberlicht und entsprechenden Ovalfenstern in den durch Pilaster und Säulen gestützten Bögen der die Wölbung vorbereitenden Wandgliederung. Die Fassade des vorderen Gebäudes hat durch Aufstockung im Zuge der Wiederherstellung des im 2. Weltkrieg beschädigten Gebäudes eine nicht allzu beeinträchtigende Veränderung erfahren. In ihrer Monumentalität wird sie weiterhin von der großzügigen neoklassizistischen Gliederung beherrscht, belebt durch maßvoll verteilte dekorative Details wie die hervorragenden Balkongitter im Stil Louis-Seize. Das rückwärtige Gebäude im gleichen Baustil ist einfacher, wenngleich nicht ohne den der Bauaufgabe gerecht werdenden gestalterischen Anspruch. Die Einfriedungsmauer ist in reduzierter Form erhalten.

Kulturdenkmal aus künstlerischen Gründen und wegen der städtebaulichen Bedeutung als Hintergrundarchitektur für den Kurpark.

Sonnenberger Str. 23
Fl. 125 Flst. 43/14

Erbaut: 1872 auf Antrag von General-Leutnant z. D. von Gerstein-Hohenstein
Umbau: 1876 Antrag auf „Aufsetzen eines sog. Mansarddaches"
Inschrift: „Anno 1872" im Brüstungsfeld des mittleren Balkons der Parkseite

Unverkennbares Merkmal der durch flache Risalitbildung gegliederten Villa ist der hohe Eckturm mit Belvedere. In der Straßenbiegung nimmt er als gliederndes Element eine prominente Stelle ein. Der Bau steht als asymmetrisch gebildeter Kubus mit Eckturm in der Tradition der Schinkel-Schule (Persius, Stier, Hitzig, Strack). Die für die Konzeption relativ späte Bauzeit manifestiert sich in der Vielfalt und zunehmenden Plastizität von Gliederung und Ornamentik. Das nur wenige Jahre nach der Erbauung an das ehemals flache Dach getretene Mansarddach mit seinen „barocken" Oculi ist Beispiel für die Beliebigkeit historistischen Bauens. Von besonderer städtebaulicher Bedeutung ist auch bei dieser Villa die parkseitige Fassade mit kräftig akzentuiertem Mittelrisalit und Belvedere im 1. OG. Bezüglich der sehr gut erhaltenen Innenausstattung von dem Außenbau adäquater Qualität muß hier der Hinweis auf das Treppenhaus mit wertvollem Gußeisengeländer genügen. Erhalten ist auf der Park- und Straßenseite die schlichte spätklassizistische Einfriedung.
Kulturdenkmal aus städtebaulichen und künstlerischen Gründen.

Sonnenberger Str. 24
Fl. 129 Flst. 103/10

Erbaut: ca. 1872

Die spätklassizistische Villa muß zusammen mit ihrem spiegelbildlich identischen Pendant (Nr. 30, vgl.) gesehen werden. Bei späterer Verdichtung wurden beide Neubauten formal auf die bereits vorhandene höher gelegene Villa bezogen, die man 1899 durch die Doppelvilla Nr. 26/28 ersetzte (vgl. Sonnenberger Str. 26/28). In Anlehnung an axialsymmetrische Anlagen des Barock entstand ein reizvolles städtebauliches Ensemble, das den Straßenraum im Sinne einer malerisch abwechslungsreichen Ästhetik vertieft. Ihrer Funktion als Flügelbauten gemäß ist die Fassadenbildung: in beiden Hauptrichtungen mit repräsentativer Risalitbildung, als Eckmotiv ein runder, turmartiger Diagonalrisalit (leider heute ohne die ihn ehemals bekrönenden Balustraden der oberen Aussichtsplattform). Künstlerisch sind die auch durch das obere Mezzanin dem Berliner Spätklassizismus (Hitzig z. B.) nahestehenden Fassaden in ihrer tektonischen Konzeption von hoher Qualität. Die beiden Bauten sind in unterschiedlichem Erhaltungszustand. Im ganzen ist die Nr. 24 kompletter überkommen (vgl. die Fenster mit ihren Rahmenmotiven). Von der originalen Einfriedung sind einzelne Pfosten erhalten. Die niedrige Sockelmauer ist überformt.
Kulturdenkmal aus städtebaulichen und künstlerischen Gründen.

Sonnenberger Str. 25
Fl. 125 Flst. 44/15

Erbaut: ca. 1872
Umbau: 1910 Anbau eines Erkers und eines Altans auf der Südseite durch Karl Kähler

Spätklassizistische Villa mit risalitartiger Gliederung der zur Straße orientierten Eingangsseite. Die in der

Straßenachse sichtbar werdende Seitenansicht ist durch einen Risalit mit antikisierendem Dreiecksgiebel asymmetrisch angelegt. 1910 wurde der leicht konvexe Vorbau historisierend zu mehr malerischer Wirkung angefügt. An den Erkervorbau schließt eine über Eck zur Ostseite geführte Terrasse an. Wie auch bei den Nachbarvillen erfolgte die aufwendigere Fassadengestaltung zur Ost- und Gartenseite, wobei ein von korinthischen Säulen gestützter Portikus ein Belvedere im 1. OG bildet. Entgegen diesem eher pompösen Akkord beeindruckt aus dem Blickwinkel der Straße die vornehme feingliedrige Pilastergliederung der Risalitmotive sowie die differenzierte Bildung der Ornamentik. Von der ursprünglichen Einfriedung sind die Torpfosten erhalten; Teile der alten Tore (auch hier gibt es zwei Tore als Ein- und Ausfahrt) sind einer Erneuerung integriert. Kulturdenkmal aus künstlerischen Gründen und wegen der städtebaulichen Bedeutung im Zusammenhang mit dem Parkkonzept.

Sonnenberger Str. 26/28
Doppelvilla
Fl. 129 Flst. 137/10; 181/11

Bauantrag: 3. 8. 1899
Antragsteller: Witwe Kamberger und H. Fischer, Privatier
Architekt: Wilhelm Boué
Umbau: 1907 „zur Verbesserung der Hotelanlage"

Anstelle eines Vorgängers der 50er Jahre errichtete Doppelvilla mit späterer Umwandlung zum Hotel (Hotel Regina); ab ca. 1928 Nutzung als Mietshaus. Der hervorragende Neubau erfolgte in der pompösen Formensprache der wilhelminischen Ära mit Anklängen an den Jugendstil. Der im Grunde blockhafte Baukörper wird durch Vorblendung einer Kalksandsteinfassade in kurvigen plastischen und linearen Formen barockisiert. Von besonders raumplastischer Wirkung ist eine dem EG in ganzer Länge vorgestellte Arkadenreihe, die an den Seiten zweigeschossig ausschwingt. Der Höhe des Gebäudes über 4½ Geschosse wirkt sie durch Überbetonung der Horizontalen ausgleichend entgegen. In den Arkaden kommt es außerdem zu einem lebhaften Lichtspiel, wie grundsätzlich das Licht wesentlich am Zustandekommen des vielschichtig-malerischen Gesamteindrucks der Fassade beteiligt ist. Städtebaulich behauptet das Gebäude die Position des Kopfbaus im Gefüge mit den die Stellung von Flügelbauten einnehmenden Nachbarvillen Nr. 24 und Nr. 30 (vgl.). Es ist unverzichtbar im Erscheinungsbild des mit Villen besetzten Hanges als nördliche Hintergrundkulisse des Kurparks. Ganz auf Fassadenwirkung angelegt, ist die an einen terrassierten Steilhang stoßende

Sonnenberger Str. 24 mit dem Vorgängerbau der Nrn. 26/28, um 1875

Rückseite des Baus denn auch von prosaischer Einfachheit. Im Vergleich zur überaus repräsentativen Fassade ist die Ausstattung der beiden Treppenhäuser mit ihren Vestibülen wenig aufwendig. Auffallend ist im Inneren das Vorherrschen von Jugendstil-Formen.
Kulturdenkmal aus künstlerischen und städtebaulichen Gründen.

Sonnenberger Str. 30
Fl. 129 Flst. 141/11

Erbaut: um 1872

Zum Denkmalwert vgl. die Villa Sonnenberger Str. 24.
Kulturdenkmal aus städtebaulichen und künstlerischen Gründen.

Sonnenberger Str. 33
Fl. 36 Flst. 90/59

Erbaut: ca. 1873
Umbau: 1885 Antrag auf „Bauveränderung" von Sr. Exzellenz Freiherr von der Capellen mit Architekt Schellenberg.

Die schlichte spätklassizistische Villa folgt mit 3achsigem Mittelrisalit und einachsigen Seiten – der Mittelrisalit mit mittigem Eingang und durch ein Attikageschoß überhöht – dem am Ort in den 60er und 70er Jahren verbreiteten Gestaltungsprinzip. Angenehme Proportionen und Klarheit der Disposition, dazu die Feinheit von Profilen und Ornamentik bedingen die Qualität dieser Architektur. 1885/86 erfolgten bauliche Veränderungen, die vor allem die Modernisierung der Innenausstattung sowie die Neugestaltung des Einganges betreffen. Die Eingangstür wurde dabei in eine tiefe renaissancistische Rundbogennische verlegt und der Platz davor aufs prächtigste überdacht. Gußeiserne Balustersäulen und reich verzierte Träger stützen ein Glasdach von ungewöhnlicher Größe. Die derart anspruchsvoll gestaltete Vorfahrt erfolgt mittels zweier Tore in der original erhaltenen Einfriedung.
Kulturdenkmal aus künstlerischen Gründen und im Rahmen der architektonischen Parkkulisse.

Sonnenberger Str. 37
Fl. 36 Flst. 83/57

Bauantrag: 12. 2. 1883
Antragsteller: Gebrüder Fürstchen, Architekten, und J. Bella, Rentner
Architekt: Gebrüder Fürstchen

Durch Risalitbildung ausdrucksvoll gestalteter Villenkubus in roten Ziegeln mit plastischer roter Sandsteingliederung. Gliederung und antikisierende Motive wie Dreiecksgiebel und Ädikulafenster evozieren das Bild italienischer Renaissancevillen, noch verstärkt durch das parkseitige Belvedere; letzteres ein der venezianischen Villa des Cinquecento entlehntes Motiv von hohem Repräsentationswert, das die städtebauliche Bedeutung des Gebäudes für die angrenzende Grünanlage mitbegründet. Ungewöhnlich dabei ist die Verbindung mit dem Baumaterial Ziegel, das jedoch in der Neorenaissance-Ära der 80er Jahre besondere Wertschätzung erfuhr. In Details wie im Gesamtentwurf gibt es Übereinstimmungen mit der 1881/82 von Georg Friedrich Fürstchen erbauten Villa Clementine (vgl. Frankfurter Str. 1). Das schlichte Einfriedungsgitter auf niedriger Ziegelmauer ist gut erhalten.
Kulturdenkmal aus künstlerischen und städtebaulichen Gründen.

Sonnenberger Str. 40
Fl. 148 Flst. 16

Umbau: 1904 auf Antrag von Helene Freund mit Architekt Heinz Berg

Vermutlich handelt es sich bei dem vorderen Kubus um einen Anbau an eine schon seit etwa 1860 bestehende Villa, die gleichzeitig mit überformt wurde. Der qualitätvolle Um- und Neubau erfolgte im neoklassizistischen Stil der letzten Historismus-Phase. Die mit kolossaler Pilastergliederung und Dreiecksgiebelabschluß streng stilisierte Fassade zeigt eine besonders eigenwillige Lösung in der Form der Architrav und Fries durchbrechenden Fenstertüren des Mezzaningeschosses. Als Ausdruck eines konsequenten Entwurfs, in dem Gradlinigkeit und rechter Winkel dominieren, wird dieses Prinzip in Zusammensicht mit der Schräge des Giebels in der Attikabalustrade wiederaufgenommen. Zur edlen Einfachheit der Fassadengliederung harmoniert die feine Linienführung der schlichten, der Wiener Secession entlehnten Balkongitter. Secessionistisch ist auch die seltene Form der Einfriedungspfosten, deren konisch zulaufende obere Enden jeweils die Fassung für eine Schale bilden. Die dazugehörige niedrige Mauer mit in Bögen gefaßtem Spießgitter ist im rechten Teil erhalten.
Kulturdenkmal aus künstlerischen Gründen.

Sonnenberger Str. 42
Fl. 148 Flst. 5

Bauantrag: 14. 1. 1892
Antragsteller: Helene Freund
Architekt: Alfred Schellenberg

Zwischen wilhelminischem Barock und Beaux-Arts-Stil anzusiedelnde Eckvilla von städtebaulicher und künstlerischer Bedeutung. Nach beiden Straßenseiten ist eine voluminöse Fassade gerichtet: die südliche mit überkuppeltem Seitenrisalit und altanartigem Vorbau, die östliche mit bewegt konturiertem Erker auf weit vorkragenden Konsolen. Die Reflexion der Ecklage erfolgt auch durch die zur Zeit den Eindruck verfälschend zugesetzte Loggia im EG und den Wintergarten im 1. OG. Umbauter Raum und Freiraum verbanden sich somit in der Diagonalsicht. Malerische Vielschichtigkeit ist das zugrundeliegende Gestaltungsprinzip, dem die pittoreske Dachlandschaft ebenso entspricht wie der pastos aufgesetzte Dekor, der selbst wieder raumbildend wirkt. Neben der hohen Qualität der auf Allseitigkeit angelegten Außengestalt ist die Villa von größtem kunst-bzw. kulturhistorischen Wert in ihrem Inneren. Ein vorzüglich erhaltenes neobarockes Prunktreppenhaus veranschaulicht den die Überfülle schätzenden Geschmack wie das Repräsentationsbedürfnis der Epoche. Ein in seiner wandfesten und mobilen Ausstattung nahezu komplett überkommenes Speisezimmer dokumentiert

beispielhaft das Interieur der Zeit. Der aufwendigen Architektur und Innenausstattung entspricht das schwere, individuell gefertigte Schmiedeeisengitter der Einfriedung auf niedriger Steinmauer. Im Eingangsbereich ist das originale Kleinpflaster erhalten. Reste der historischen Gartengestaltung sind die den Weg säumenden felsartigen Steine mit Farnbewuchs u. a.
Kulturdenkmal aus künstlerischen und städtebaulichen Gründen.

Sonnenberger Str. 43
Fl. 36 Flst. 188/55

Bauantrag: 2. 3. 1899
Antragsteller: F. Braidt, Generalagent (Feuer-Assecuranz-Verein in Altona).
Architekt: Karl Schultze
Inschrift: „Villa Fortuna" in der Giebelkartusche des Treppenhausrisalits.

Großvolumige Mietetagenvilla mit mächtigen Risaliten zur asymmetrischen Verteilung der Baumassen und Orientierung des Baukörpers im Gefüge von Straße und Park. Bei eher spätklassizistischem Kontur ist der Putzbau üppigst mit barockisierender Ornamentik versehen. Besonders ist der in 3 breite Fensterachsen unterteilte Ostrisalit geschmückt. Als dekorative Hintergrundkulisse ist er von städtebaulich hohem Wert für das malerische Parkkonzept. Den Risalit der Straßenseite charakterisiert das monumentale Treppenhausfenster. Das noch mit einem Aufzug aus der Erbauungszeit ausgestattete Treppenhaus ist in einem ungewöhnlich kompletten Erhaltungszustand. Es wurde, wie auch die Wohnungen, aufs repräsentativste ausgestattet. Von der ehemaligen Einfriedung ist die niedrige Einfassungsmauer erhalten.
Kulturdenkmal aus städtebaulichen und künstlerischen Gründen.

Sonnenberger Str. 43, um 1905

Sonnenberger Str. 44
Fl. 148 Flst. 21

Erbaut: um 1860
ehemaliger Eigentümer war Prinz Nicolaus von Nassau, dann Gräfin Merenberg
Umbau: 1921 durch Jacob Doppler/München für die Flottmann Treuhand
1929 rückwärtiger und seitlicher Anbau durch Walter Schnabel/Dortmund

In den späten 20er Jahren historisierend überformte und durch Anbauten erweiterte Villa aus nassauischer Zeit. Der relativ frühen Bauzeit entsprechend wahrt das auf tiefem Grundstück errichtete Gebäude reichlich Abstand von der Straße. Vor ihm liegt somit ein Großteil des Villengartens, der durch eine von der Veranda herabführende Freitreppe unmittelbar erschlossen wird. Im rückwärtigen Garten steht eine Remise bzw. Kutscherhaus als Teil des spätklassizistischen Gesamtkonzepts. Im Remisenbau zeigt sich der gleiche elegante Entwurf, der die Villa in ihrer symmetrischen Gliederung bei gut angepaßter Überformung mancher Teile kennzeichnet. In der Fassadengestaltung fällt der sehr niedrige Risalitgiebel auf, der die auch durch das Flachdach gewahrte rechteckige Form nicht verletzt. Sehr aufwendig und qualitätvoll ist die Einfriedung der 20er Jahre im Stil des 18. Jahrhunderts. Zwischen schlanken, hohen Kunststeinpfosten sitzen bogige Gittersegmente; im Bereich des Eingangs wird der Eindruck gesteigert.
Kulturdenkmal aus künstlerischen Gründen und wegen der historischen Bedeutung als Wohnhaus des Prinzen von Nassau.

Sonnenberger Str. 46
Fl. 148 Flst. 22

Erbaut: ca. 1865
Umbau: 1888 Antrag auf „Vergrößerung des Balkons" durch den Architekten Mecklenburg

Ein noch der nassauischen Zeit angehörender Villenkubus, dem 1888 ein neuer Balkonvorbau angefügt wurde. Gleichzeitig erhielten die seitlichen

Fenster als formales Äquivalent neue Überdachungselemente mit Diamant-Keilsteinen und wurde das Relief der Rustizierung verstärkt. Mit wenigen Mitteln gelang somit ein Modernisierungsvorhaben im Geschmack einer zu malerisch-plastischen Gestaltungswerten tendierenden Epoche. Die klare Grundkonzeption wurde dadurch ebensowenig beeinträchtigt wie die sie unterstreichende Gliederung in antikisierender Transparenz. Im einzelnen beeindruckt die Feinheit des stuckierten Ornaments, vor allem der Gesimse. Vergleichbar differenziert in Entwurf und Ausführung ist auch die individuelle Rahmung der mittleren Fenstertür im 1. OG. In ihrem Bereich entfaltet sich ein feines Lichtspiel im Unterschied zu dem malerischen Schattenschlag, den die Motive der 80er Jahre verursachen. Nicht zuletzt beeindruckt der gute Erhaltungszustand; so sind u. a. auch die für das Erscheinungsbild so notwendigen Fensterkreuze überkommen. Im Garten, auch rückwärts im Bereich der zur Villa gehörenden Remise, finden sich mit einem Rondell u. a. noch Strukturen der ursprünglichen Anlage. Die Einfriedung mit schlichtem Spießeisengitter über niedriger Mauer vervollständigt das Bild des Entwurfs.
Kulturdenkmal aus künstlerischen Gründen.

Sonnenberger Str. 46, um 1885

Sonnenberger Str. 47/49
Doppelvilla
Fl. 36 Flst. 198/54; 199/54

Bauantrag: 13. 5. 1899
Antragsteller: E. Roos, Rentner
Architekt: Theodor Barthel
Inschrift: „Villa Sonja“ im Risalit über der Fenstertür des 1. OG

Mit der Schmalseite zur Straße stehende Doppelvilla im barockisierenden Stil der 90er Jahre mit Anleihen am Beaux-Arts-Stil. Beispielhaft sind für die gewünschte malerische Gesamtwirkung die verschiedensten architektonischen Motive vereint und dem Zeitgeschmack zufolge mit stuckierten und präfabrizierten Elementen üppig dekoriert. Der damals moderne Jugendstil ist mehrfach im Detail und auch in der Innenausstattung zu finden und bestimmt zudem ganz die Gestaltung des auf der Nordseite an die Nr. 47 angefügten Wintergartens. Mit seiner Eisenkonstruktion und kunstvollen farbigen Verglasung hat er bei zudem komplettem Erhaltungszustand Seltenheitswert.
Die Villa ist Kulturdenkmal aus künstlerischen Gründen und wegen der städtebaulichen Bedeutung. So beschließt bzw. eröffnet der Bau die Reihe der historischen Villen der Südostseite der Sonnenberger Straße an derjenigen Stelle, wo ein Verbindungsweg zum Park eine Grenze zieht. Der polygonale Eckturm mit Zwiebelhaube und Wetterfahne im Osten setzt zudem einen letzten pittoresken Akzent in dem als stimmungsvollen Erlebnisraum konzipierten Park.

Sonnenberger Str. 52
Fl. 148 Flst. 29

Erbaut: ca. 1868

Repräsentative spätklassizistische Mietetagenvilla zu 3½ Geschossen, die durch ihre besonders elegante, schlichte Formgebung auffällt. Zur Schaffung weiträumiger Etagenwohnungen schließen an einen mittleren Kubus mit Verandavorbau Seitenflügel an, die sich geschoßweise in weiten Loggien öffnen (heute z. T. zugesetzt). Deutlich ist die Parallele zu Berliner Mietetagenvillen der 60er Jahre (z. B. Hitzig). Hier wie dort werden scharfkantig begrenzte Wandflächen durch klare Gliederungsmotive unterteilt und bleibt die Ornamentik maßvoll zurückhaltend. Die zur Villa gehörige Einfriedung mit einfachem Eisengitter ist erhalten.
Kulturdenkmal aus künstlerischen Gründen und für die Typologie des Villenbaus am Ort aus architekturgeschichtlicher Sicht. Eine völlige Wiederherstellung des besonders schönen Gebäudes wäre wünschenswert.

Sonnenberger Str. 52a
Fl. 148 Flst. 28

Erbaut: ca. 1868

Giebelständiges Rückgebäude zu 3½ Geschossen bei 3 Achsen in der Front. Der Konzeption als Gartenhaus der vorderen Mietetagenvilla entsprechen ländliche Motive wie die vorkragenden Pfetten bei weitem Dachüberstand oder das dreifache Bogenfenster im Giebel als über den Klassizismus vermitteltes Zitat antiker Landhäuser. Die Gliederung bleibt ansonsten schlicht. Mit feinem Rahmenprofil und kräftigerem Überdachungsmotiv sitzen die rechteckigen Fenster vor den planen und scharfkantig begrenzten Wandflächen. Die zum Charakter des Gebäudes gehörenden Fensterläden sind erhalten. Ein repräsentatives Moment ist der von Säulen mit Kompositkapitellen gestützte Eingangsportikus in der Mitte des EG; darin die originale Haustür. Originale Wandausstattung im Treppenhaus.
Kulturdenkmal aus künstlerischen Gründen und als Typus im Zusammenhang mit dem Hauptgebäude Nr. 52 (vgl.).

Sonnenberger Str. 58
Fl. 148 Flst. 57

Bauantrag: 2. 8. 1884
Antragsteller: Hofrat Wachenhausen
Architekt: Wilhelm Rehbold

Das mächtige Querformat gibt bei 3½ Geschossen die Mietetagenvilla zu erkennen. Durch den bewegten Umriß und dekorreiche Gliederungsmotive in Zusammensicht mit der lebhaften Materialwirkung (roter Ziegel, roter Sandstein, Schiefer) kommt es trotz symmetrischer Fassade zu einem malerischen Gesamteindruck. An seinem Zustandekommen ist zudem ein geradezu pathetisches Lichtspiel beteiligt, das einen bühnenhaften Eindruck hervorruft. Abweichend von der Symmetrie ist seitlich ein zurückliegender Treppenhaustrakt angefügt, der durch ein polygonales Obergeschoß turmartig überhöht wird. Ihm vorgesetzt ist ein

tiefer Portikus mit Freitreppe; in seinem Inneren ein Sgraffito, starkfarbige gemusterte Mosaikplatten am Boden, eine schwere geschnitzte Eichentür und u. a. das originale Klingelschild. Von gutem Erhaltungszustand ist auch das Treppenhaus mit den ursprünglichen Wohnungstüren. Alle Einzelelemente sind, wie der Bau im ganzen, im Stil der französischen oder niederländischen Renaissance gebildet. Die Verbindung von Ziegel und Werkstein erfreute sich im Zuge der Neurenaissance der 80er Jahre besonderer Beliebtheit. Stilistisch, im Sinne harmonischen Zusammenwirkens, ist auch die heute in Teilen reduzierte Einfriedung angepaßt. Gitter und Zweiflügeltor sind überkommen.
Kulturdenkmal aus künstlerischen Gründen und wegen der bereichsprägenden Wirkung.

Sonnenberger Str. 60
Fl. 148 Flst. 56

Bauantrag: 29. 5. 1908
Antragsteller: Franz Uthemann
Architekt: Karl Kähler

Der qualitätvolle Entwurf Kählers zeichnet sich durch Großzügigkeit und formale Geschlossenheit aus. Mit seinem vom Louis-Seize geprägten Neoklassizismus folgt er französischen Vorbildern. Die feudal anmutende Hauptfassade ist bei geringer Grundstücksgröße quasi unmittelbar auf den Straßenraum bezogen. Auch die nur auf den schmalen Vorgartenstreifen führende Freitreppe folgt dem der Bauzeit noch wesentlichen Repräsentationsprinzip. Als Eckbau setzt der markante Kubus ein unverkennbares Merkzeichen. Er ist nach allen Seiten durchgeformt und bildet mit Vorbau und Freitreppe auch zur Nebenstraße eine anspruchsvolle Fassade aus. Der Detailreichtum im Schmuck des Äußeren bestimmt auch die trotz Umgestaltung gut erhaltene Innenausstattung. Einer prachtvollen Eichenhalle mit Vertäfelung und vorzüglichem antikisierendem Kamin schließen sich – meist vertäfelt und mit Einbauten versehen – Räume mit aufwendigen Stuckdecken an. In der Dekoration tritt bei vorwiegend antikisierender Ornamentik vielfach das Puttenmotiv auf. Im einzelnen beeindrucken farbige und geschliffene Glasfenster oder die vollständig erhaltene Heizungsverkleidung mit Gehängen aus gestanzten Blechplättchen. Gut erhalten ist die stilgerechte Einfriedung aus schwerem Schmiedeeisen. Die einzelnen Abschnitte akzentuieren geschmiedete Pfosten mit üppigem Dekor. Im Garten steht ein stilistisch angepaßter Pavillon mit Verbindungstrakt, der 1949/50 errichtet wurde.
Kulturdenkmal aus künstlerischen und städtebaulichen Gründen.

Sonnenberger Str. 66
Fl. 148 Flst. 50

Erbaut: um 1875

Elegante spätklassizistische Villa von strenger symmetrischer Gestaltung. Die zur Straße gerichtete Front zeichnet sich durch den Mittelrisalit flankierende Verandavorbauten aus (heute um ein Geschoß erhöht). Alternierend zur Balustrade im EG sind die ehemals mit leichtem Glasdach überdachten Freisitze im 1. OG mit einer Gußeisenmotive nachahmenden Steinbrüstung versehen. Charakteristisch für den Entwurf sind die kräftig profilierten Rundbogenfenster im 1. OG sowie in der Attika des Mittelrisalits. Mit malerischer Wirkung kennzeichnen sie die zur italienischen Renaissance tendierende Spätstufe des Stils. Im Rahmen der klaren Konzeption des kubischen Gebäudes überzeugt der Verzicht auf füllende Ornamentik. Ausdrucksvoll bestimmen die tektonischen Glieder die Ästhetik. Die relativ zierliche, einfache Einfriedung ist nach der Jahrhundertwende entstanden.
Kulturdenkmal aus künstlerischen Gründen.

Sonnenberger Str. 68
Fl. 148 Flst. 49

Erbaut: ca. 1874

Mit 2 verschiedenen Eckmotiven (rechteckiger Diagonalrisalit und gerundeter Vorbau) reflektiert die in ihrem Umriß der Grundstücksform folgende Villa ihre doppelte Ecksituation. Die kubische Grundgestalt des Baukörpers wird dadurch ins Pittoreske umgedeutet; je nach Blickwinkel verändert sich die Ansicht zu überraschender neuer Wirkung. Die Konzeption beruht auf Anregungen durch die Berliner Schinkel-Schule (Hitzig z. B.). Die spätklassizistische Gliederung wird vor allem im 1. OG durch Renaissancemotive italienischer Herkunft bereichert. Gegenüber dem EG ist die sehr viel stärkere Plastizität auffallend. Sie verhilft dem Bau zu prominenterer Wirkung. Vermutlich erst im Laufe der 80er Jahre erhielt die Villa anstelle eines flachen Walms das

Mansarddach mit Pyramidenstumpf über dem Diagonalrisalit. Letzterer dürfte ehemals einen Dreiecksgiebelabschluß gehabt haben (vgl. Mozartstr. 4), der runde Vorbau eine Attika (vgl. Mozartstr. 3). Die Einfriedung ist in Rudimenten erhalten. Im Garten gibt es Spuren der ehemaligen Gestaltung in Form des damals beliebten, die Wege säumenden Felsgesteins. Der spätere Ladeneinbau sowie die Verglasung des straßenseitigen Freisitzes im EG könnte formal besser angepaßt sein.
Die exponiert liegende Villa ist Kulturdenkmal aus städtebaulichen und künstlerischen Gründen.

Sonnenberger Str. 70
Fl. 144 Flst. 61

Erbaut: ca. 1867

Im Vergleich mit den Nachbarbauten des ausdrucksstarken Historismus eine zierlich wirkende Villa mit noch biedermeierlichem Habitus. Gleichwohl sucht auch sie mit ihrer polychromen Ziegel-Putz-Architektur und Ausrichtung zu Straße und Park die malerische Wirkung im Rahmen des stimmungsvollen Gesamteindrucks. Die fein profilierte Ziegelgliederung läßt die Wandflächen des streng kubischen Baukörpers immateriell zurücktreten. Einen gewissen Ausgleich schaffen die Tondi mit Motiven nach Thorwaldsen inmitten der besonders großen seitlichen Wandflächen der Hauptfassade. Der noch in nassauischer Tradition stehende Entwurf mit markantem Rundbogenmotiv in der Beletage ist heute singulär im Wiesbadener Villenbau.
Neben ihrem künstlerischen Wert ist die Villa städtebaulich und stadtbaugeschichtlich von Bedeutung. Indem sie inmitten eines großen Gartens gelegen die Ecksituation entscheidend prägt, gibt sie gleichzeitig Auskunft über die erste Bebauung entlang der Sonnenberger Chaussee mit den teilweise nur zu Sommeraufenthalten bestimmten schlichten Landhäusern. Die Einfriedung wurde nach 1900 erneuert, das Tor unter Verwendung alter Dekorteile.

Sonnenberger Str. 74

Fl. 149 Flst. 59

Erbaut: 1906, laut Inschrift im Giebel des Mittelrisalits

Die großvolumige Villa mit prächtiger Sandsteinfassade ersetzt einen spätklassizistischen Vorgängerbau. Die Rezeption des Louis-Seize-Stils im Rahmen eines rationalen Neoklassizismus kennzeichnet nach vorausgegangenen Reformen neue konservative Tendenzen in der Architektur des frühen 20. Jahrhunderts. In Wiesbaden war die konservative Tradition freilich nie abgerissen. Stil und hohe Qualität des Entwurfs, verbunden mit einem anspruchsvollen Repräsentationshabitus, sprechen für die Urheberschaft von Karl Kähler als einem der bedeutendsten Architekten des späten Historismus am Ort. Kähler bevorzugte die kubisch geschlossene Grundgestalt bei symmetrischer Fassade mit Mittelrisalit, das ganze unter hohem und ausgeprägt geschweift konturiertem Mansarddach. Auffallend ist der Schmuckreichtum der Fassade in Form individueller Steinmetzarbeiten (Rosenranke im Giebel u. a.) oder in Metall als Zopfgirlande an den Balkongittern. Besonders üppig dekoriert ist die Zinkblechrahmung der Mansarden mit seitlichen Früchtegebinden. Im Inneren wurde im Zuge der Umwandlung zur Mietetagenvilla das Treppenhaus verändert. Die Wohnräume sind mit wertvollen Stuckdecken ausgestattet, die noch dem Jugendstil nahestehen. Zum vollständigen Bild der Villa gehören Garten und Einfriedung. In der ungewöhnlichen Form von Gitter und Tor zeigt sich der Einfluß der Wiener Secession. Dasselbe gilt für die hohen Kunststeinpfosten.
Kulturdenkmal aus künstlerischen Gründen.

Sonnenberger Str. 76

Fl. 149 Flst. 58/1

Bauantrag: 21. 8. 1882
Antragsteller: Adolf Maas, Rentner
Architekt: Ludwig Euler

Zusammen mit der Nr. 78 (vgl.) spiegelbildlich einander entsprechende Eckbauten mit Bezug auf die Einmündung der Kreidelstraße als Mittelachse. Die beiden identischen Villen sind auf Diagonalsicht angelegt; auch die beiden Gartentore zwischen hohen Ziegelpfosten liegen auf der inneren Grundstücksecke, analog den beiden Eckrisaliten mit Belvedere (bei Nr. 78 später verglast) und turmartiger Verdachung. Die beiden straßenseitigen Fassaden werden durch einen seitlichen Risalit mit hohem Frontispiz gegliedert. Zur Kreidelstraße ist einem weiteren Risalit ein Verandavorbau angefügt. Auf der Höhe ihrer Zeit, sind die Gebäude stilistisch an der Renaissance, vorwiegend an der norddeutschen, orientiert. Die

Gestalt ist bewußt pittoresk und entspringt der malerisch impressionistischen Sehweise der Epoche. Auch die in den 80er Jahren im Zusammenhang mit der Renaissancerezeption so beliebte Ziegelverblendung – polychrom mit dekorativen Verbänden – schafft eine malerisch bewegte Wirkung. Die Einfriedung ist in großen Teilen vollständig erhalten, ansonsten stilgerecht rekonstruiert.
Beide Villen sind Kulturdenkmale als künstlerisch gute Eckgebäude und als solche auch aufgrund der städtebaulichen Bedeutung. Wie Flügelbauten signalisieren die Gebäude den Auftakt zur Erschließung einer weiteren Nebenstraße im Villengebiet. Das stimmungsvolle Ambiente wird stark mitgeprägt durch zwei am Grundstücksrand stehende Baumriesen, die die Straßeneinmündung überdachend flankieren.

Sonnenberger Str. 78, um 1900

Sonnenberger Str. 78
Fl. 149 Flst. 75

Bauantrag: 17. 4. 1882
Antragsteller: Adolf Maas, Rentner
Architekt: Ludwig Euler

Kulturdenkmal aus künstlerischen und städtebaulichen Gründen. Zur Begründung des Denkmalwertes vgl. Sonnenberger Str. 76.

Sonnenberger Str. 80–80a
Fl. 149 Flst. 72/1

Erbaut: 1864/65

Zur 1863 gegründeten „Wiesbadener Actien-Bierbrauerei-Gesellschaft" gehörendes Wohn- und Verwaltungsgebäude. Ein traufständiger Backsteinbau über 4 Achsen mit Balkon im 1. OG wird durch einen seitlichen Risalit zu mehr malerischer Wirkung gebracht. Auch das Relief der ebenfalls in Backstein ausgeführten Gliederung wirkt malerisch belebend; feste Konturen in der Oberfläche setzen allein die steinernen Fensterstöcke. Die 3achsige Schmalseite wird wie der Risalit im Sinne des Klassizismus durch eine Giebelattika mit bekrönendem Akrotermotiv überhöht. In der Blickachse des kurvigen Straßenverlaufs ist das Gebäude, auch bedingt durch seine erhöhte Lage, bereichsprägend. Die markante städtebauliche Wirkung wird durch die Verbindung mit der unmittelbar angebauten Restaurationsgalerie in Fachwerk mit darunterliegenden Lagerräumen bzw. Kellern erhöht. Die vordere Terrasse mit Pergola entstand vermutlich um 1910. Die ursprüngliche Einfriedung mit Ziegelmauer und Pfosten mit 2 Gittertoren schließt sich an.
Kulturdenkmal aus städtebaulichen und stadtbaugeschichtlichen Gründen.

Die Wiesbadener Actien-Bierbrauerei-Gesellschaft um 1900

Sonnenberger Str. 84

Fl. 34 Flst. 170/10

Bauantrag: 11. 1. 1896
Antragsteller: Friedrich Wilhelm Schulte, Bergwerksbesitzer
Architekt: H. Seelgen, Maurermeister
Umbau: Errichtung des Verandavorbaus sowie einer Gartenmauer 1907
Inschrift: „Liebenau." über der Fenstertür des 1. OG

Laut Bauakte und Spielmanns Stadtatlas handelt es sich um eine Villa der 90er Jahre. Der Augenschein spricht jedoch für eine Entstehung vor 1870, die stadtbaugeschichtlich im Zusammenhang mit der benachbarten Brauerei oder der Dietenmühle wahrscheinlich wäre. Wenn ein letzter Spätklassizismus in Wiesbaden auch noch bis gegen die Jahrhundertwende auftritt (s. Alwinenstr. 17 u. a.), ist die orthodoxe, noch der nassauischen Ära angehörende Gestalt der „Liebenau" zu der in Frage kommenden Spätzeit auch bei dem am Ort herrschenden Konservatismus auszuschließen. Identisch mit der Gesamtkonzeption des klar gegliederten Kubus mit dem das flache Walmdach überragenden Mittelrisalit ist auch die Einzelform. So die fein ziselierten Greifenkapitelle oder das zierliche Kranzgesimsornament. Auch der rückwärtige Eingang mit dem um die Villa herumführenden Zufahrtsweg spricht für eine frühe Datierung. Die den Zugangsweg eingangs säumenden und auch die vordere Terrasse konstituierenden Steinblöcke sind Teil der noch vielfach ablesbaren originalen Gartengestaltung. Die Einfriedung von 1907 wurde später vereinfacht. Ein parkartiges Ambiente schaffen die das Tor flankierenden Baumriesen, in deren Ausschnitt in malerischer Tiefenwirkung prospektartig die Villa erscheint.

Kulturdenkmal aus künstlerischen Gründen und wegen der städtebaulichen Bedeutung. In der Blickachse der gegenüber einmündenden Straße, An der Dietenmühle, gelegen, markiert der Bau die äußere Grenze der die Kuranlagen begleitenden Villen des Historismus.

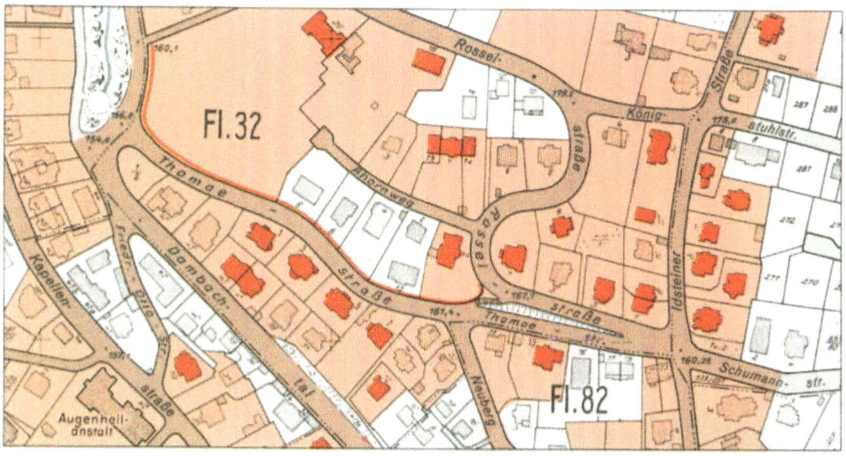

Thomaestraße

1908 zur Erweiterung des nördlichen Villengebiets eröffnet. Im 2. Abschnitt zwischen Neuberg und Idsteiner Straße vormals als Feldweg mit vereinzeltem Villenbau ab ca. 1870. Benannt nach Prof. Dr. Carl Thomae, Direktor des landwirtschaftlichen Instituts Hof Geisberg (1808–1895).

Thomaestr. 1
Fl. 32 Flst. 327/13

Bauantrag: 6. 2. 1907
Antragsteller: Fr. König
Architekt: Paul A. Jacobi

Die palaisartige Villa bildet mit den folgenden Villen Thomaestr. 3 und 5 (vgl.) ein hervorragendes Ensemble. Charakteristisch für die 3 annähernd identischen Entwürfe Jacobis ist der kubische Umriß mit Mansarddach in Verbindung mit barockisierenden Einzelformen. Die wohlproportionierte straßenseitige Hauptansicht wird hier durch kolossale Pilaster gegliedert. Die risalitartig betonte Mitte überragt ein mehrfach geschweifter Volutengiebel. Mehr räumliche Qualität vermittelt der doppelgeschossige Balkonvorbau auf ionischen Säulen. Ein das Dachgesims überragendes Giebelmotiv akzentuiert auch die schlichter gebildeten Seiten bei leichter Akzentuierung der Mittelachse. Im Gegensatz zur repräsentativen Front sind sie unter Berücksichtigung funktionaler Aspekte nicht symmetrisch gebildet. Die Wandflächen bleiben durchweg glatt. Im ganzen beeindruckt das zum festlich Heiteren tendierende Erscheinungsbild.
Kulturdenkmal aus künstlerischen und städtebaulichen Gründen im Rahmen eines bauunternehmerischen Projektes.

Thomaestr. 3
Fl. 32 Flst. 328/13

Bauantrag: 24. 1. 1907
Antragsteller: Fr. König
Architekt: Paul A. Jacobi

Als mittlere Villa des Ensembles Thomaestr. 1, 3, 5 (vgl.) weicht der besonders originäre Entwurf stärker von seinen beiden Nachbarn ab. Die Einziehung der Ecke schafft mächtige risalitartige Trakte zu allen 4 Seiten; die vordere Mitte wird durch eine halbkreisförmige Säulenexedra und ein konvex gebogtes Zwerchhaus betont, das in das Dach hineingestellt ist. Über der Mittelachse der Seitenansichten werden durch Abknicken des Dachgesimses Giebel gebildet. Neben den fein gestalteten Brüstungsgittern im

Louis XVI-Stil ist auch das zierliche Einfriedungsgitter nebst Tor erhalten. Die rokokohaft preziös wirkende Villa ist Kulturdenkmal aus künstlerischen Gründen und wegen der städtebaulichen Bedeutung als Teil eines hervorragenden Ensembles als Ergebnis eines bauunternehmerischen Projekts. Zum Denkmalwert vgl. auch Thomaestr. 1 und Nr. 5.

Thomaestr. 5
Fl. 32 Flst. 325/13

Bauantrag: 11. 2. 1907
Antragsteller: Fr. König
Architekt: Paul A. Jacobi

Die dritte der Villen des bemerkenswerten Ensembles Thomaestr. 1, 3, 5 ist ähnlich wie die Nr. 1 gestaltet. Die beiden äußeren Villen flankieren somit eine reicher gestaltete Mitte. Die in verschiedenen Stilarten des 18. Jahrhunderts historisierenden Entwürfe zeigen Jacobi nach einer am Jugendstil orientierten Phase erneut im konservativen Lager. Im Rahmen des späten Historismus sind die gemeinsam mit Fr. König erstellten und zum Verkauf bestimmten Villen bauunternehmerisches Projekt bei einer Gestaltung von guter künstlerischer Qualität.
Zum Denkmalwert in künstlerischer und städtebaulicher Hinsicht vgl. auch Thomaestr. 1 und 3.

Thomaestr. 7
Fl. 32 Flst. 11/4

Erbaut: um 1866

Spätklassizistische Villa zu $2^1/_2$ Geschossen in einfachen, klaren Formen. Der geputzte Bau ist zum hangseitigen Garten durch einen einachsigen Risalit mit Dreiecksgiebelabschluß gegliedert. Daran schließt seitlich über hohem genutetem Sockel ein Verandavorbau mit dorischem Säulenpaar an. Mit schwächerem Relief als der Sockel ist das EG genutet. Das 1. OG ist wie das Attikageschoß des Risalits glatt geputzt, die Wände knicken scharfkantig um. Die Bauzier beschränkt sich, vom Verandavorbau abgesehen,

auf die schlichte, fein profilierte Rahmung der Fenster, im 1. OG mit konsolengestützten Verdachungen. Flache Pilaster rahmen die Fenster im Attikageschoß und stützen ein mehrfach gestuftes Hauptgesims mit markantem Zahnschnitt.
Der in seiner Konzeption völlig harmonische, unprätentiös heitere Bau ist Kulturdenkmal aus künstlerischen Gründen.

Thomaestr. 13
Fl. 82 Flst. 4/1

Erbaut: 1875 durch Leonhard Jacob, Zimmermeister
Umbau: 1904 Antrag auf „bauliche Veränderung" von Chr. Sager durch den Architekten W. Rehbold
Inschrift: „1906" im Giebel des Treppentraktes

Dem wilhelminischen Neobarockgeschmack angepaßter Villenkubus des Spätklassizismus. Der Umbau dürfte in unmittelbarem Zusammenhang mit dem Anschluß des Grundstücks an die bereits projektierte und 1908 fertiggestellte Thomaestraße stehen. Dem starken Repräsentationsbedürfnis der Zeit entspricht die durch Anfügung eines Treppenhaustraktes entstandene Fassade. Der Trakt verringert mit zunehmender Höhe sein Volumen. Der bekrönende Schaugiebel nimmt die Breite des EG's wieder auf. Bei mangelnder Räumlichkeit seines Aufbaus ist die gebälktragende Funktion der beiden dekorativen Hermenpilaster im Grunde überflüssig. Der Anspruch an Architektur war durch den „schönen Schein" befriedigt. Mit Fertigstellung der Fassade wurde ein Antrag auf Errichtung einer Einfriedung gestellt. Die Ornamentik von Pfosten und Gitter ist mit Einfluß der Secession historisierend.
Kulturdenkmal aus künstlerischen Gründen und wegen seiner Wirkung für den Bereich Thomae- und Rosselstraße sowie im Erscheinungsbild des Nordhanges. Letzteres bedingt durch die weithin sichtbare neobarocke Kuppel auf dem noch spätklassizistischen Turmgeschoß der Gartenseite.

Stützmauer

Die formschöne Stützmauer mit Balustraden und geschmiedeten Gittern begrenzt das große Parkgrundstück der Henkell-Villa. S. Rosselstr. 20.

Tränkweg

Die Benennung erfolgte nach dem 1. Weltkrieg mit Ausbau des ehemaligen Waldweges zur Straße.

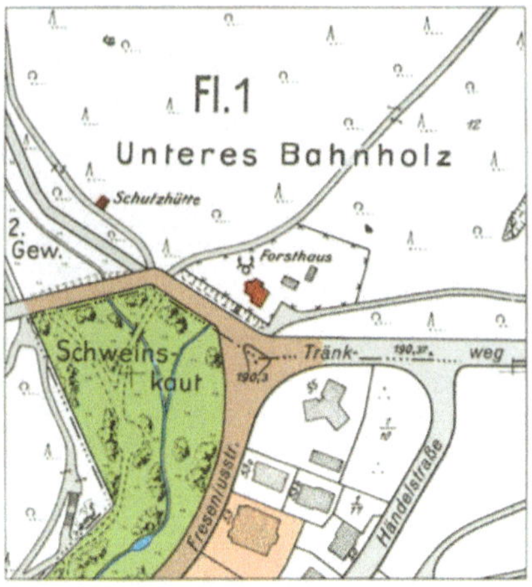

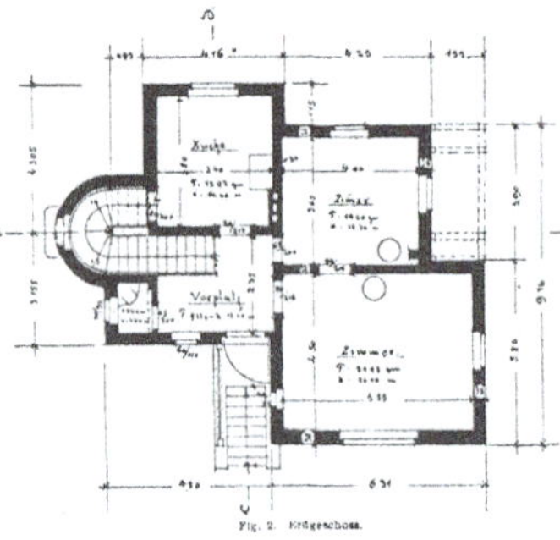

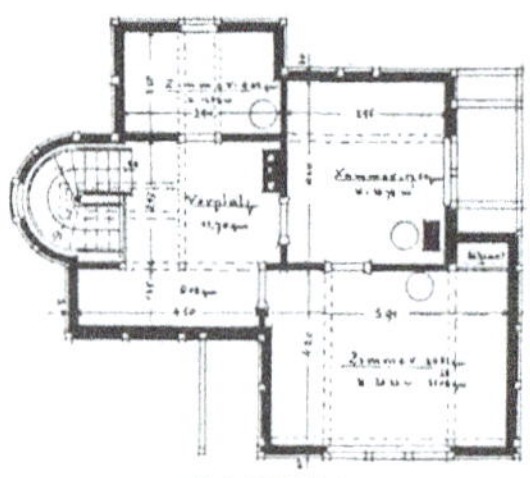

Reproduktion nach
Süddeutsche Bauzeitung 2. 1898, S. 258.

Tränkweg
Forsthaus Dambachtal
Fl. 1 Flst. 12

Erbaut: 1895/96 durch Felix Genzmer, Stadtbaumeister

Genzmer selbst kommentiert seinen Entwurf in der Deutschen Bauhütte (2. 1898, S. 396 f) und Süddeutschen Bauzeitung (2. 1898, S. 257 f). Da die Lage „eine gewisse Rücksichtnahme auf die sich hier neuerdings rasch entwickelnde Villenkolonie“ geboten habe, hielt er „einen malerischen Aufbau in farbenfreudiger Erscheinung“ für sinnvoll. Dabei legte er auf die „äußerste Beschränkung der Architekturformen“ Wert. Der durch das „cottage“ inspirierte Bau meidet weitgehend das historische Zitat. Die pittoreske Massengliederung erfolgt durch Staffelung mit besonders reizvoller Wirkung im vielgestaltigen Dachbereich. In der Frontansicht dominiert der seitliche Haupttrakt mit Krüppelwalmverdachung mit Fachwerk im Giebel. Die für das Erscheinungsbild wichtige Farbigkeit wurde von Genzmer im Sinne materialgerechter Behandlung der Werkstoffe festgesetzt: über dem rohen grauen Bruchsteinsockel eine Rollschicht roter Ziegel; der Spritzbewurf des aufgehenden Mauerwerks differenziert vom glatten Verputz der Gefache (grau-grün und gelblich-weiß), alle Tür- und Fensterumrahmungen in roten Ziegeln mit weißen Fugen, die Holzteile im Fachwerk braun, die Läden grün. Leider ist das buntfarben glasierte Ziegeldach durch Kriegszerstörung verloren. Verloren ist auch der aus Ästen gefertigte Zaun.
Kulturdenkmal aus künstlerischen Gründen, auch als Werk eines überregional bedeutenden Architekten. Städtebaulich ist das Forsthaus am Waldrand am Ende des Dambachtals und der es begleitenden Freseniusstraße von einprägsamer, ja poetischer Wirkung.

Gesamtanlage III: Nerotal (mit Neroberg)

Franz-Abt-Straße 1 – 5; 2 – 14
Friedrich-Lang-Straße 1/3
Heinrichsberg 2 – 10
Herzogsweg 2 – 4
Kleine Weinbergstraße 2
Lanzstraße 1 – 41; 2 – 18
Neroberg
Nerobergstraße 1 – 25; 2 – 24
Nerotal-Anlage
Nerotal
  Nördliches Nerotal 1 – 77
  Südliches Nerotal 2 – 66
Pagenstecher Straße 2 – 4
Taunusstraße 59 – 87; 52 – 78
Weinbergstraße 1 – 39; 2 – 32
Wilhelminenstraße 1 – 5, 25 – 49; 2 – 14, 40 – 56

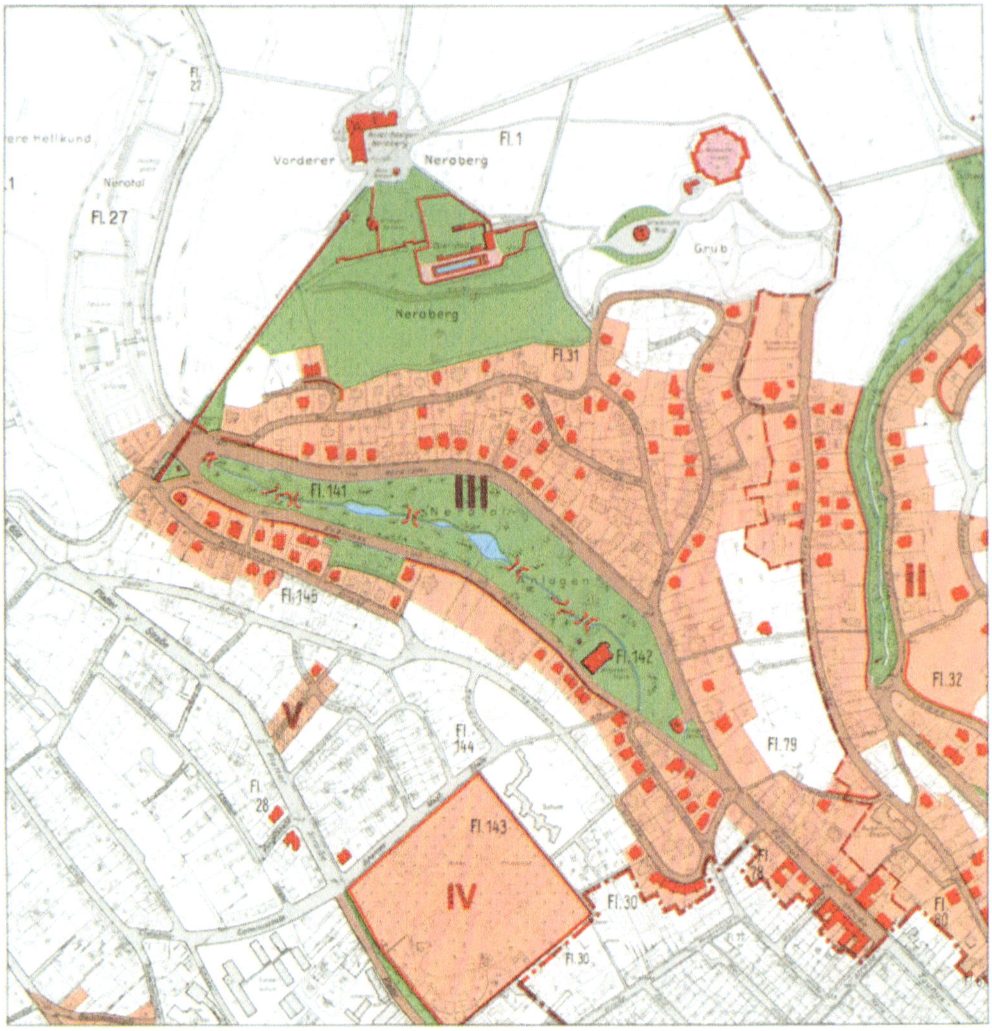

Gesamtanlage III: Nerotal (mit Neroberg) M 1:10000

Äußere Abgrenzung der Gesamtanlage

Die Gesamtanlage umfaßt das nordwestliche Villengebiet im Nerotal mit den ansteigenden Hängen bis hinauf zum Neroberg. Sie grenzt im Norden mit den Baulichkeiten am Neroberg an den Stadtwald, im Nordosten an die linksseitigen Grundstücke der Kapellenstraße.

Die nordwestliche Grenze beschreibt die Nerobergbahn mit der Schleife der Nerotalstraße und der Beausite. Die südwestliche Fortsetzung bildet die Wilhelminenstraße und daran anschließend die ehemals als Elisabethenstraße selbständige hintere Taunusstraße mit zur Kapellenstraße steil ansteigendem Heinrichsberg.

Fläche der Gesamtanlage

Die sich in der weiten Mulde des ersten Nerotal-Abschnitts ausbreitende Gesamtanlage Nerotal ist von bemerkenswerter topographischer wie historisch-städtebaulicher Geschlossenheit. Lücken aufgrund inadäquater Ersatzbauten gibt es nur wenige. Vereinzelte und gut angepaßte Ersatzbauten konnten integriert werden. Die große historische Dichte des Gebiets berechtigt zur geschlossenen Erfassung der Bebauung ganzer Straßenzüge und Bereiche in unmittelbarem Anschluß an die Nerotal-Anlagen als das Herzstück des Gebiets. Einbezogen wurden auch die zugehörigen Straßen selbst, in manchen Fällen über die Grenze der erfaßten Bebauung hinaus, wenn sie in ihrer historischen Gestalt weiterlaufen oder charakteristisch im historischen Straßennetz sind. Zu den Besonderheiten der Gesamtanlage gehört u. a. der am Abhang des Nerobergs liegende Weinberg, welcher von bedeutenden Kulturdenkmalen – Neroberghotel, Monopteros, Opelbad – überhöht wird.

Die Grenze zum nördlichen Villengebiet (GA II) ist nicht als Zäsur zu verstehen. Vielmehr ist der Übergang zwischen den Gesamtanlagen fließend wie auch derjenige zwischen nördlichem und östlichem Villengebiet (GA II und GA I). Im Erscheinungsbild der Gesamtanlage Nerotal wirkt gerade aus der Sicht des gegenüberliegenden Hanges die Bebauung der Kapellenstraße als höchstgelegene Villen abrundend mit.

Luftaufnahme der Gesamtanlage III/Nerotal (mit Neroberg) aus östlicher Richtung

Blick auf die Nordseite des Nerotals mit dem Neroberg

Topographie und Straßennetz

Das leicht ansteigende Nerotal mit dem darin verlaufenden Schwarzbach wird durch den steilen Abhang des Nerobergs im Norden und den von der als Höhengrat verlaufenden Platter Straße abfallenden Hang im Süden gebildet. Im Norden beschreibt das steile Gelände über die Mulde der Grub (alter Distrikt zwischen Neroberg- und Lanzstraße) einen Bogen zu dem von der als Gratweg verlaufenden Kapellenstraße zu Nerotal und Taunusstraße sich senkenden Abhang. Das bebaute und als Park angelegte Gebiet endet an der Beausite hinter der Nerobergbahn, wo das im weiteren Verlauf enge Tal Richtung Rabengrund weiterführt.

Hauptzufahrtsweg zum Nerotal ist die Taunusstraße, die ab der Röderstraße bis 1910 noch als Elisabethenstraße selbständig war. Die im Tal verlaufende Elisabethenstraße ist wiederum aus dem Nerotalweg hervorgegangen, der hier beginnend seit altersher das land- und forstwirtschaftlich genutzte Nerotal erschloß. Mit Eintritt in das Nerotal am 1909 entstandenen Kriegerdenkmal gabelt sich die Taunusstraße in die beiden die 1897/98 angelegte Parkanlage begrenzenden Hauptverkehrsachsen Nördliches und Südliches Nerotal.

Das Nördliche Nerotal folgte im Zuge der gegen 1860 einsetzenden Villenbebauung dem weiteren Verlauf des Nerotalweges. Anstelle des südlichen Nerotals verlief bis etwa zur Hälfte der Strecke ein schon seit dem 18. Jahrhundert bestehender Promenadenweg, der in den 60er Jahren des 19. Jahrhunderts mit dem nördlichen Weg in Höhe der Beausite zusammengeführt wurde. Der damit insgesamt vorgegebene Verlauf der Südstraße bestand bis 1875 als Promenadenweg und wurde dann im unteren bebauten Abschnitt zunächst als Echostraße neu angelegt.

Den Hauptwegen vergleichbar entstand die Mehrzahl der Nebenstraßen im Nerotal durch Ausbau vorhandener land- und forstwirtschaftlicher Wege (Lanzstraße, Strecken der Weinbergstraße) oder von Promenaden und Wanderwegen (Nerobergstraße, Franz-Abt-Straße). Die 1890 in entgegengesetzter Richtung eröffnete Wilhelminenstraße folgte zunächst dem Alten Weinbergweg, um dann mit Drehung nach Osten parallel zum Südlichen Nerotal weitergeführt zu werden. Die inzwischen auch auf der Gegenseite eröffnete und bebaute Wilhelminenstraße war 1914 noch nicht durchgezogen.

Wie auch im nördlichen Villengebiet (Gesamtanlage II) ist das im ganzen unregelmäßige und vielfach gekurvte Wegenetz organisch gewachsen. Durchgangsstraße gibt es im ganzen Viertel keine.

Der Villenbau breitete sich ab ca. 1860 sukzessive entlang der vorhandenen und schließlich verlängerten und ausgebauten Wege aus. Eine dem östlichen Villengebiet vergleichbare planmäßige Erfassung des Gebiets in den bekannten Generalbebauungsplänen (vgl. Gesamtanlage I und Gesamtanlage II) erfolgte nicht. Carl Boos erwähnte 1856 als möglichen Ort für den Villenbau die hintere Taunusstraße

Ansichtskarte von ca. 1900 mit Blick auf die Nordseite des Nerotals mit Neroberg

Ansichtskarte von 1909 mit Blick von der Nordseite auf die Südseite des Nerotals

Blick auf die obere „Grub"

und schlug prinzipiell vor, „den Baulustigen und Baubedürftigen Localitäten für Landhäuser anzuweisen und, um die Kosten gepflasterter Straßen zu sparen, bestehende Wege zu benutzen." Karl Friedrich Thelemann klammerte das Nerotal wie auch einen Großteil der nördlichen Hänge aus seinem Generalprojekt von 1862 aus. Alexander Fach plante 1871 über die vorhandenen Wege hinaus keine weiteren Baulinien. So 1894 auch Reinhold Baumeister und 1906 schließlich Karl Frobenius, wobei zu berücksichtigen bleibt, daß einmal die Bebauung zu diesem Zeitpunkt noch nicht allzuweit fortgeschritten war und zum anderen im Talbereich nur begrenzt Raum zur Verfügung stand.

Baukünstlerische und historisch-städtebauliche Qualität

„Harmonie und sinnberückende Wirkung" waren „zur Erhebung des Gemüts" für Camillo Sitte ideale Kriterien des künstlerischen Städtebaus, wie er ihn 1889 in seiner Publikation „Der Städtebau" propagierte. In hervorragender Weise war das Nerotal-Gebiet geeignet, seine Vorstellungen zu verwirklichen. Gerade das topographisch gewachsene Wegenetz mit unmittelbarem Übergang in die freie Natur mit bewaldeten Höhen bot alle Voraussetzungen, eine malerisch harmonisierende Verbindung von Stadtgestalt und Landschaft zu schaffen. Dabei maß gerade Sitte als Vertreter einer Zeit, die das Ozon entdeckte und die ersten Messungen über Luftwerte in Stadt und Land anstellte, dem Stadtgrün (Parkanlagen, Gärten, Straßengrün) nicht nur ästhetischen, sondern in hohem Maß hygienischen Wert zu. Als unbedingt vorrangig erachtete Karl Frobenius in seinem 1906 veröffentlichten Generalkonzept für Wiesbaden die Bedeutung der Täler mit ihren Grünanlagen als Luftschneisen für die Stadt und empfahl zu deren Erhaltung für die Randzonen auch für die Zukunft die offene Bebauung, namentlich mit Landhäusern. 1917 sagte Josef Stübben anläßlich eines Vortrags im Kurhaus, daß Wiesbaden durch das Tal der Kuranlagen und das Nerotal für Deutschland vorbildlich geworden sei.

1897/98 entstand als Herzstück des Nerotals anstelle der natürlichen Wiesen-, Baum- und Bachlandschaft in der Talsenke der in der Tradition des englischen Landschaftsparks gestaltete Herzogin-Elisabeth-Park. Sprunghaft stieg von da an die Beliebtheit des Gebiets, und ein regelrechter Boom neuer Landhausbebauung – gerade in der Ära Sitte wurde statt Villa der Begriff Landhaus wieder gebräuchlich – setzte ein. So gehören zum besonderen baukünstlerischen Reiz des Viertels, eingebunden in den zeittypischen Historismus und unter Einfluß des Jugendstils, die mannigfaltigsten ländlichen Zitate: darunter Fachwerk, Schindeln, Krüppelwalm, Holzveranden oder -balkone. Erreicht ist die gewünschte Korrespondenz von Bauformen und Naturformen oder, wie Camillo Sitte sagt, „eine gute Zusammenstimmung der Silhouette sowohl der Gebäude als auch des Baum- und Strauchwerks und dazu die Anbringung von solchen architektonischen Kleinformen, wie wir gewohnt sind, sie in Gartenanlagen oder auf dem Lande in Verbindung mit den Naturformen zu sehen und wie sie zum Pflanzenwuchs in der Tat passen."

Mosaikpflaster, Trottoir im Südlichen Nerotal

Blick durch den Park auf das Nördliche Nerotal

Nördliches Nerotal, Nr. 55 abwärts

Franz-Abt-Straße, Nr. 6 ff.

Heinrichsberg, Nr. 4 abwärts

Lanzstraße, Nr. 8 ff.

Lanzstraße über die Prangestraße

Kreuzung Neroberg-/Lanzstraße

Nerobergstraße, Nr. 19 ff.

Nördliches Nerotal, Nr. 33 ff.

Nördliches Nerotal, Nr. 47 ff.

Nördliches Nerotal, Nrn. 49 u. 51

Nördliches Nerotal, Nr. 59 ff.

Südliches Nerotal, Nr. 2 ff.

Südliches Nerotal, Nrn. 22/24 ff.

Taunusstraße, Nr. 60 ff.

Weinbergstraße, Nr. 3 ff.

Weinbergstraße, Nr. 16 abwärts

Wilhelminenstraße, Nr. 40 ff.

Nerotal-Anlage

Nordseite des Nerotals vor Anlage des Parks, um 1890

In bis heute oft ungestört dichter Aufeinanderfolge reihen sich die Villen zu abwechslungsreichen Straßenbildern von hohem malerischem Reiz, verstärkt durch die Gestaltung der Straßen selbst mit alleeartiger Bepflanzung und Trottoirs, die z. T. ihr altes Mosaikpflaster bewahren. Im weiten Spektrum der stilistischen Spielarten des Historismus wechselt die Gestalt der Häuser zu ständig neuer Ausdrucksform und mit ihr die Materialien: Putz, Ziegel, Werkstein, Schiefer, Dachziegel, Holz, Schmiedeeisen, farbiges Glas. Rhythmisch sind die Gebäude mit ihren immer dekorativen und oft prächtigen Fassaden aufeinander bezogen, wenden sich in Paaren einander und wieder dem nächstfolgenden zu, dabei Bezüge zur Umgebung durch Erker, Türme, Eckmotive u. a. herstellend. Verbindend, ja harmonisierend wirkt dazwischen das sich in Villengärten, in den Straßen und im Park ausbreitende Grün. Ohne Zäsur verläuft der Übergang vom bebauten Raum in die freie Landschaft des Stadtwaldes. Dabei wollte im damaligen Erleben der Blick durchaus nicht festgehalten sein, sondern gleitend als Panorama die wohlarrangierte Szenerie erfassen. Zahlreiche aus der Jahrhundertwende stammende Ansichtskarten des Nerotals führen quasi in Breitwand den stimmungsvollen Gesamteindruck vor Augen. Als besonders reizvoller Point de vue erscheint in dieser Szenerie aus den verschiedensten Blickrichtungen immer wieder die Griechische Kapelle sowie der Neroberg mit Hotel und Aussichtsturm, darunter der Weinberg. Daneben bietet sich als ebenso interessanter wie reizvoller Aspekt die 1888 mit großem Viadukt errichtete Bergbahn. Vom Neroberg selbst hat man den schönsten Blick über die ganze Stadt wie auf das Nerotal und dessen Südseite mit der Wilhelminenstraße.

Noch einmal ist zusammenfassend die außerordentliche topographische wie städtebauliche Einheit des Villengebiets hervorzuheben. In Verbindung mit der landschaftlichen Schönheit der Lage spiegelt die Gesamtanlage noch das Flair der einstigen Weltkurstadt.

Parkbereich im Südlichen Nerotal zwischen den Hausnrn. 48 u. 50/52

Nerotal mit Kaltwasserheilanstalt, daneben der Vorgängerbau der Villa Nr. 16 als erste Villa im Tal, kolorierter Stahlstich, um 1855

Die Bebauung des Viertels ist mit dem so ausführlich beschriebenen Landhaustyp der historistischen Villa freilich nicht ausreichend charakterisiert. Mit Einsetzen der Villenbebauung im Nerotal gegen 1860 entstanden eine ganze Anzahl schlichter spätklassizistischer Gebäude namentlich auf der Nordseite entlang des Nerotalwegs. Aber nur zögernd schritt der Villenbau der 70er und 80er Jahre voran, um dann in den 90er Jahren verstärkt einzusetzen. Bemerkenswert ist ab dieser Zeit gerade entlang des Parks, aber auch in der Wilhelminenstraße, die Häufung großbürgerlicher Villen von reichster Gestaltung. In den steilen Straßen der Grub (Lanzstraße, Nerobergstraße) hingegen stehen in der Mehrzahl vergleichsweise bescheidene Einfamilienvillen. Die vor allem wegen Kriegszerstörung entstandenen Ersatzbauten der Grub können aufgrund ihrer gut angepaßten Dimensionen und sonstigen Einfachheit der Gesamtanlage integriert werden.

Dokument der Stadtbaugeschichte und Stadtentwicklung

In einem langgezogenen Bogen wird der erste Abschnitt der Parkanlage Nerotal um das ehemalige Kurhotel Bad Nerotal und seinen Garten herumgeführt. Die exklusive Lage des Hotels als einzigem Bau auf der Parkseite der beiden Nerotalstraßen ist kein Privileg der Erbauungszeit 1905/06. Vielmehr wurde das stattliche Hotelgebäude anstelle eines biedermeierlich-spätklassizistischen Vorgängers errichtet. 1838/39 begründete der Kaufmann Samuel Löwenherz hier eine Tuchwalkmühle, die er 1851 zu einer Kaltwasserheilanstalt umbauen ließ. Die damals neu entwickelten Kaltwasserkuren erfreuten sich besonderer Beliebtheit. Auch die aus der alten Gipsmühle 1838 hervorgegangene Lohmühle am nordwestlichen Ende der Gesamtanlage am Eingang des Wolkenbruchs wurde zur Kaltwasserheilanstalt umgebaut. 1850 wurde sie als Beausite in Betrieb genommen, um dann nach 1877 mit erneuter Umwandlung zu einem der beliebtesten Ausflugslokale der Stadt zu werden. Als dritte Kaltwasserheilanstalt entstand 1853 das Badehaus Guckuck als kleines Landhaus und erstes Gebäude auf der Südseite des Nerotals, heute die als Wohnhaus genutzte Nr. 6 (vgl. im Katalog der Kulturdenkmale).

Das vorher in erster Linie landwirtschaftlich und gewerblich genutzte Nerotal begann also Mitte des 19. Jahrhunderts eine Rolle im Leben der Kurstadt Wiesbaden zu spielen. Zwar

Ausflugslokal Beausite, davor die Talstation der Neroberg-Bahn

war die liebliche Wiesen-, Baum- und Bachlandschaft schon vorher Ziel von Ausflügen gewesen – es gab dort ein beliebtes Ausflugslokal –, doch fehlte es der „fashionable“ Badewelt noch an den notwendigen Attraktionen, die mit Einrichtung der Badeanstalten allerdings auf den Fuß folgten: 1851 entstand der Aussichtstempel auf dem Neroberg, dazu 1859 zwei Kaffeehäuschen und bald auch eine kleine Halle des Verschönerungsvereins, 1855 wurde die Griechische Kapelle gebaut, 1861 erhielt das vorher wenig beachtete Marienbrünnchen im Tal eine neue Fassung (nicht erhalten) und – nicht zu vergessen – 1856 ließ der Verschönerungsverein der Stadt die Höhle des Räubers Leichtweiß im hinteren Nerotal am Weg zum Rabengrund instandsetzen (vgl. im Katalog der Kulturdenkmale unter Nerotalweg).

Badeanstalten und Sehenswürdigkeiten zogen den Villenbau nach sich. Gegen 1860 entstanden die ersten Villen auf der rechten Seite entlang dem ehemaligen Nerotalweg in Verlängerung der Bebauung der Elisabethenstraße, heute hintere Taunusstraße. Der Landhaustyp der Anfänge war schlicht. Wie an der Bausubstanz noch heute gut ablesbar, schritt die Bebauung in den ersten beiden Jahrzehnten nur langsam voran. Unter den möglichen Ursachen spielte die relativ weite Entfernung vom eigentlichen Kurbezirk als dem Mittelpunkt des gesellschaftlichen Lebens der Stadt eine wichtige Rolle. Wer es sich leisten konnte, baute, erwarb oder mietete eine Villa im „Grünen Viertel“ im Osten oder nördlich vom Kurpark. Hinzu kam die noch mangelnde verkehrstechnische Erschließung des Gebiets. Eine größere Verkehrsachse oder Durchgangsstraße fehlte. Die Ansiedlung erfolgte zunächst mehr oder weniger zwanglos entlang den bestehenden Wege, die schon Carl Boos in seinem Generalbebauungsplan von 1856 zu nutzen empfahl, um „für den Landhausbau in weniger bevorzugten Lagen . . . die Kosten für gepflasterte Straßen zu sparen.“ Die häufig steilen Hanglagen im Viertel erschwerten zudem das Anlegen neuer Wege. Weder Boos (1856) noch Carl Friedrich Thelemann (1862) oder Alexander Fach (1871) berücksichtigten das Nerotal in ihren Projekten zur weiteren Ausdehnung des Villenbaus.

Ein neuer Bebauungsschub setzte in den 80er Jahren ein. Ausschlaggebend dürfte hier neben der Errichtung des Nero-berg-Hotels mit dem Aussichtsturm (1881) auch der Bau der 1888 eingeweihten Nerobergbahn am Ende des ersten Talabschnitts gewesen sein. Gleichzeitig erfolgte die Einrichtung einer Dampfstraßenbahnlinie von Biebrich mit Endstation Beausite, die 1900 durch die „Elektrische“ ersetzt wurde. Der jetzt nicht mehr abreißende Zuzug erhielt schließlich seinen größten Anreiz durch die 1897/98 durch Stadtbaurat Felix Genzmer erfolgte Umwandlung der Tallandschaft zu einem Park in der Tradition des englischen Landschaftsgartens. Seinerseits bot er der ständig Abwechslung suchenden Badewelt zahlreiche Attraktionen: so das noch erhaltene Schweizerhäuschen, kleine Grotten, Wasserfälle oder Villen en miniature, malerisch aufgestellt am Rande des zum Weiher aufgestauten Schwarzbachs. Die Errichtung des neuen Kriegerdenkmals 1909 gestaltete an der Gabelung der beiden Talstraßen den Eingang zum Park auf eindrucksvolle Weise.

Südöstlicher Randbereich des Nerotals vom Heinrichsberg

Der Zuwachs an Villen noch einmal in Zahlen: Von 23 Villen in 1868 stieg bis 1879 die Anzahl um 75%, bis 1880 um weitere 80%, zwischen 1880 und 1900 um 44% und bis 1910 noch einmal um 52% bis zu insgesamt ca. 180 Villen. Im Rahmen der historischen Nerotal-Bebauung überwiegt bei weitem die Einfamilienvilla (heute meist umorganisiert zu Mietetagen oder Teileigentum). Gegenüber den bescheidenen Anfängen zeugt gerade ab den 90er Jahren eine ganze Reihe großbürgerlicher Villen von der gestiegenen Wertschätzung des Viertels. Dazwischen gibt es auch hier repräsentative Doppelvillen; die ersten entstanden in den 80er Jahren gleichzeitig mit den frühen Mietetagenvillen der Gesamtanlage. Im selben Zeitraum wurde in der unteren Kurve der Wilhelminenstraße gegenüber der Einmündung der bereits geschlossen bebauten Stiftstraße ein Schulbau in roten Ziegeln errichtet (heute ein Druckereibetrieb). In unmittelbarer Nachbarschaft schloß sich damals auf den Eckgrundstücken Franz-Abt-Straße und Nerotal das 1859 dort begründete Paulinenstift an, das 1890 in die Schiersteiner Straße verlegt wurde. An der Stelle des Stifts entstanden weitere Villen.

In der Grub, wo die Bebauung am oberen Ende des fahrbaren Grubwegs mit Kleinbauten von Gärtnereien Ende der 70er Jahre ihren Anfang nahm, bildete sich ebenso wie im ersten Abschnitt der Weinbergstraße nach 1880 ein bescheidener Typus der Einfamilienvilla aus. Mit den großdimensionierten, reichen Villen entlang der Parkanlage und in der Wilhelminenstraße bezeichnen sie die soziologische Spanne im Viertel. Im Gegensatz zum Osten und Norden der Stadt gab es mit Ausnahme in der zum Nerotal führenden Elisabethenstraße (heute hintere Taunusstraße) kaum eine Kurpension.

Als die Villenbebauung in Wiesbaden mit Ausbruch des ersten Weltkriegs ein jähes Ende fand, war auch die an ihrem jetzigen Ende eröffnete Wilhelminenstraße noch nicht durchgezogen, und in den höheren Lagen der Weinbergstraße sowie der Lanzstraße und Nerobergstraße gab es noch reichlich unbesetzte Plätze. Die wirtschaftliche Krisenzeit der 20er Jahre brachte nur wenig Neues. Das schöne Bauhaus-Gebäude Herzogweg 4 wurde als Beispiel damals moderner Baugesinnung der Gesamtanlage integriert. Eine Reihe weiterer großer Einfamilienhäuser entstand in den 30er Jahren zusammen mit dem Opelbad auf dem Neroberg. Erst nach dem 2. Weltkrieg füllten sich die verbliebenen Parzellen vornehmlich mit Einfamilienhäusern. Der weite Hang zwischen Wilhelminenstraße und Platter Straße wurde erst in heutiger Zeit fast vollständig bebaut.

Franz-Abt-Straße

Bis 1890 Stiftstraße (nach dem alten Paulinenstift). Benannt nach dem Tondichter Franz Abt (geb. 1819 in Eilenburg, gest. 1885 in Wiesbaden). Erster Villenbau Anfang der 80er Jahre.

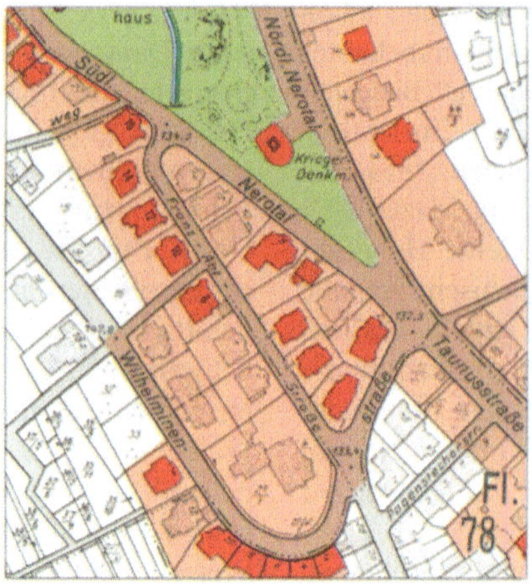

Franz-Abt-Str. 1
Fl. 143 Flst. 12

Bauantrag: 14. 5. 1898
Antragsteller: Louis Hees, Rentner
Architekt: Albert Wolff
Inschrift: „Anno domini 1899" an den Erkern

Prächtige Mietetagenvilla in prominenter Ecklage, vergleichbar dem benachbarten Eckgebäude Nerotal 2 (vgl.), das ebenfalls von Hees mit Wolff als Architekten errichtet wurde. Der hier noch reichere Entwurf gliedert den langgestreckten Baukörper durch die räumliche Konzeption der mittleren Achsen. Zwei schmale Risalite mit spitzen Giebeln und über sphärischen Bögen elegant aufsteigenden Polygonerkern flankieren die durch einen rechtwinkligen Verandavorbau im EG und 1. OG vortretende Zentralachse. Von seltener Vielfalt ist die Form der Fensterbildungen, von altertümelnder Kupplung bis zu zeittypisch modernen, weiten Bogenöffnungen. Wie die Gliederung sind sie mit dem plastischen Dekor ein Musterbeispiel an eklektizistischer Formenfreiheit, der alle Stile der Vergangenheit beliebig zur Verfügung standen. Dem auf Überfülle gestimmten Geschmack der Zeit kam dabei die Vielschichtigkeit des Reliefs als malerisches, den eigentlichen Baukörper völlig verkleidendes Gestaltungsmittel sehr entgegen. Die zur

Franz-Abt-Straße orientierte dreiachsige Schmalseite springt bei höchster Ausnutzung des Bauplatzes um eine Achse zurück. Gleichwohl entsteht dadurch eine markante Nebenansicht. Das relativ schlichte Ziergitter der Einfriedung auf niedriger Ziegelmauer trägt mit zur Qualität des Erscheinungsbildes bei.
Kulturdenkmal aus künstlerischen Gründen.

Franz-Abt-Str. 3
Fl. 143 Flst. 13

Bauantrag: 4. 6. 1898
Antragsteller: L. Hees, Rentner
Architekt: Wilhelm Boué

Charakteristisch für die Villa der späten 90er Jahre ist die zeittypische, im Geschmacksermessen des Architekten wie des Bauherren stehende Stilmischung. Insgesamt überwiegt ein altertümelnd renaissancistischer Eindruck in der Tradition der 80er Jahre, doch ist auch der Jugendstil in die Gestaltung eingegangen. Letzterer in der freieren Kontur des Risalitgiebels der Front oder im floralen Dekor des Hauptgesimses u. a. Boué konzipierte den mit seiner schlichten Einfriedung erhaltenen Bau mit der Nachbarvilla Nr. 5 (vgl.) als malerisches Ensemble. Die Fassaden verhalten sich spiegelbildlich zueinander. Abweichungen finden sich im Detail, namentlich in der Bildung des seitlichen Treppenhausrisalits.
Die durch ihren guten Erhaltungszustand ausgezeichnete Villa ist mit der Nachbarvilla Nr. 5 Kulturdenkmal aus künstlerischen Gründen. Für die Bauwirtschaft der Zeit ist das Ensemble aufschlußreich, wie es auch über die Scheinhaftigkeit der späthistoristischen Villa als individuellem Exklusivwohnsitz Auskunft gibt.

Franz-Abt-Str. 5
Fl. 143 Flst. 14

Bauantrag: 14. 5. 1898
Antragsteller: L. Hees, Rentner
Architekt: Wilhelm Boué

Die als Pendant zum Nachbargebäude Nr. 3 (vgl.) konzipierte Villa entspricht diesem in Anlage und Gliederung spiegelbildlich. Abweichungen finden sich im Detail. Die Erhaltung ist hier nicht ganz so vollständig. Der Gesamteindruck mit Einfriedung vermittelt jedoch ein geschlossenes Bild.
Zum Denkmalwert in künstlerischer und historischer Hinsicht vgl. Franz-Abt-Str. 3.

Franz-Abt-Str. 6
Fl. 143 Flst. 24

Bauantrag: 5. 3. 1883
Antragsteller: Heinrich Eckerlin, Maurermeister
Architekt: ders.
Umbau: Balkonvorbau durch Wilhelm Rehbold 1902

Die den hohen Stand des Maurerhandwerks der Zeit beispielhaft demonstrierende Mietetagenvilla ist bis in alle Gliederungs- und Dekorteile in mischtonigem, mit Rot konstruiertem Ziegel gebildet. Der Bauplatz ist hoch ausgenutzt. Zur Ecke des hier einmündenden Weges ist ein steiler Risalit mit Attikaabschluß gerichtet. Ein zweiter Risalit, das Treppenhaus aufnehmend, akzentuiert die Wegseite. Erst 1902 wurde die straßenparallele Ansicht durch einen Balkonvorbau in der Mittelachse stärker betont. Die in der Tradition des Spätklassizismus stehende Fassadengliederung mit zeittypisch renaissancehafter Note vertritt gleichsam musterbuchartig die Möglichkeiten der damals preiswerten Ziegelbauweise. Die stattliche Villa ist Kulturdenkmal aus künstlerischen, technischen und städtebaulichen Gründen.

Franz-Abt-Str.10
Fl. 143 Flst. 23

Bauantrag: 5. 7. 1883
Antragsteller: Louis Hack
Architekt: –

Die gleichzeitig mit dem Nachbarhaus Nr. 6 (vgl.) an der Einmündung des zum Alten Friedhof führenden Weges gebaute Villa in spätklassizistisch-renaissancistischem Modus belebt das Straßenbild malerisch. Die Hauptansicht des querrechteckigen Baukörpers verläuft straßenparallel. Der Mittelrisalit ist bei hohem SG im EG und 1. OG mit Balkonen versehen. Die Spätstufe des kubischen Typus mit Satteldach zeigt sich in der gesteigerten Plastizität der Gliederung, namentlich der Eckverzahnung. Sie verleiht dem Entwurf mit der Sockel-Rustika standfeste Schwere. Vergleichsweise leicht

erscheint das stärker dem Klassizismus verhaftete Zwerchhaus.
Die in ihren Details mit ihrem schlichten Einfriedungsgitter gut erhaltene Villa ist Kulturdenkmal aus künstlerischen und baugeschichtlichen Gründen. Innerhalb der Entwicklung eines Typus (vgl. Dambachtal 3 als Frühstufe) stellt sie mit ihrer reichen Verkleidung die Endstufe dar.

Franz-Abt-Str. 12
Fl. 143 Flst. 22

Bauantrag: 23. 11. 1886
Antragsteller: Louis Hack
Architekt: Georg Schlink

Große Mietetagenvilla als polychromer Ziegelbau im altertümelnden Renaissancestil der 80er Jahre. Mit Eckturm und doppelgeschossigem Verandavorbau wird bei dichtem Heranrücken an die Grundstücksgrenze der straßenräumliche Bezug aufgenommen. Der besondere Reiz des Entwurfs besteht in den zahlreichen Musterlagen und Reliefverbänden des Ziegelmaterials; letzteres auch unter Verwendung unterschiedlicher Formsteine. Den Höhepunkt erreicht das ocker-rot-farbene Ziegelornament im phantasievollen flächendeckenden Dekor des 2. OG. Von erhöhter Plastizität ist die Bildung des Vorbaus bei zusätzlichem Dekor durch das abschließende Schmiedeeisengitter. Das gut gearbeitete Ziergitter der Einfriedung nebst Tor verstärkt den auf eine impressionistische Sehweise gestimmten Gesamteindruck.
Kulturdenkmal aus künstlerischen Gründen und wegen der guten handwerklichen Qualität.
Lit.: Moderne Neubauten. 2. 1895.

Villa in Wiesbaden. (Tafel 59.)

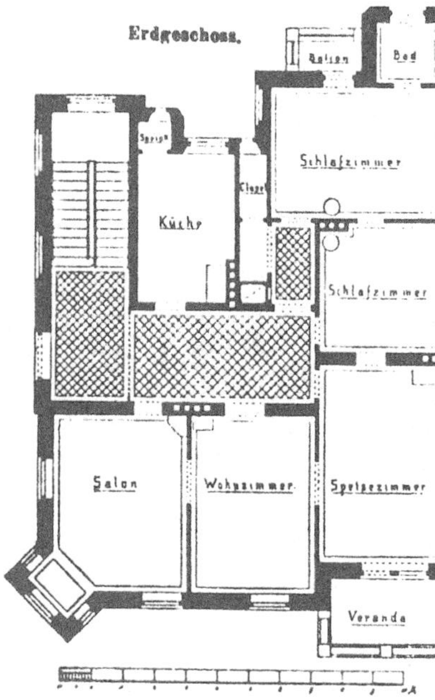

Franz-Abt-Str. 12, Reproduktion nach Moderne Neubauten 2. 1895.

Franz-Abt-Str. 14
Fl. 143 Flst. 21

Bauantrag: 17. 8. 1885
Antragsteller: Baronin von Kleydorff
Architekt: Heinrich Ph. Franke

Die in Ziegel und Sandstein gestaltete Neorenaissance-Villa liegt im Mündungsbereich der Franz-Abt-Straße zum Nerotal. Direkt im Blickfeld erscheint der seitliche Risalit mit Frontispiz und Verandavorbau. In Gegenrichtung nimmt den Bezug zur Blickachse der Straße ein Diagonalturm auf, der mit abschließendem polygonalem Fachwerkgeschoß und spitzem Helm ländlich romantisierend empfunden ist. Die Gliederung ist z. T. in Ziegeln in kräftigem Relief der Fassade vorgeblendet und bedingt mit der lebhaften Farbigkeit einen malerischen Eindruck von großer Dichte. Dabei spielt der gute Erhaltungszustand aufgrund des Detailreichtums und der differenziert gestalteten Einzelformen eine wichtige Rolle. Die mit der Straßenkurve konkav verlaufende Einfriedung mit gemauerten Pfosten vervollständigt das Bild.
Kulturdenkmal aus städtebaulichen, künstlerischen und die Qualität des Handwerks betreffenden Gründen.

Friedrich-Lang-Straße

1911 zur Erweiterung des Villenbaus im Nerotal angelegt. Benannt nach dem Wiesbadener Architekten Friedrich Lang.

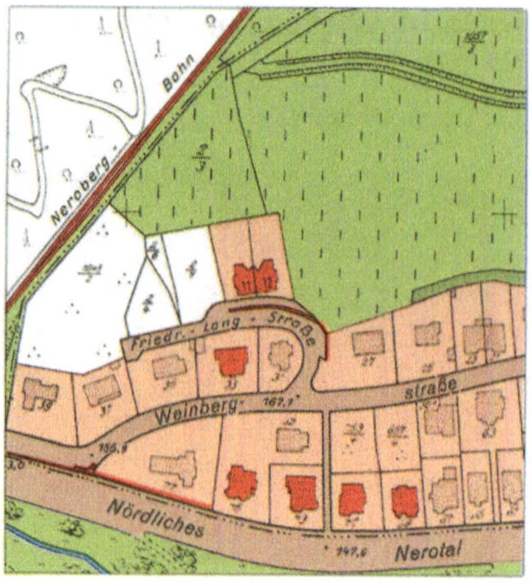

Friedrich-Lang-Str. 1/3

Doppelvilla
Fl. 31 Flst. 898/2; 886/2

Bauantrag: 10. 12. 1910
Antragsteller: Friedrich Lang-Erben
Architekt: Lang & Wolff

Direkt an den Weinberg gebaute Doppelvilla nach dem Vorbild englischer Landhäuser der Zeit. Unmittelbar zum Entwurf gehört die hohe Bruchstein-Stützmauer entlang der Straße mit den Zugängen zum Haus. Aus der Hangunterfangung heraus erwächst bei hoher Nutzung des steilen Grundstücks der ebenfalls in Bruchstein errichtete Gebäudesockel. Die beiden in sich asymmetrisch angelegten Haushälften verhalten sich zueinander spiegelbildlich. Nur das 1. Hauptgeschoß ist im ganzen geputzt, während Teile des 1. OG verschiefert sind, in Schiefer auch die Verdachung mit den Giebelfeldern kreuzweise sich durchdringender Satteldächer. Giebel und spitzwinklige Dachformen evozieren Vorstellungen von Ländlichkeit wie die Materialqualität Naturbezogenheit. Große Fenster und die Vielzahl unterschiedlicher Freisitze an der zur Sonne orientierten Front sind Ausdruck moderner und aufgeklärter Wohnbedürfnisse jenseits des herrschaftlich repräsentativen Historismus.
Kulturdenkmal aus künstlerischen Gründen und wegen der städtebaulichen Bedeutung für die Bebauung der Zone unterhalb des Weinberges.
Lit.: Die Architektur des XX. Jahrhunderts. 12. 1912, H. 3.

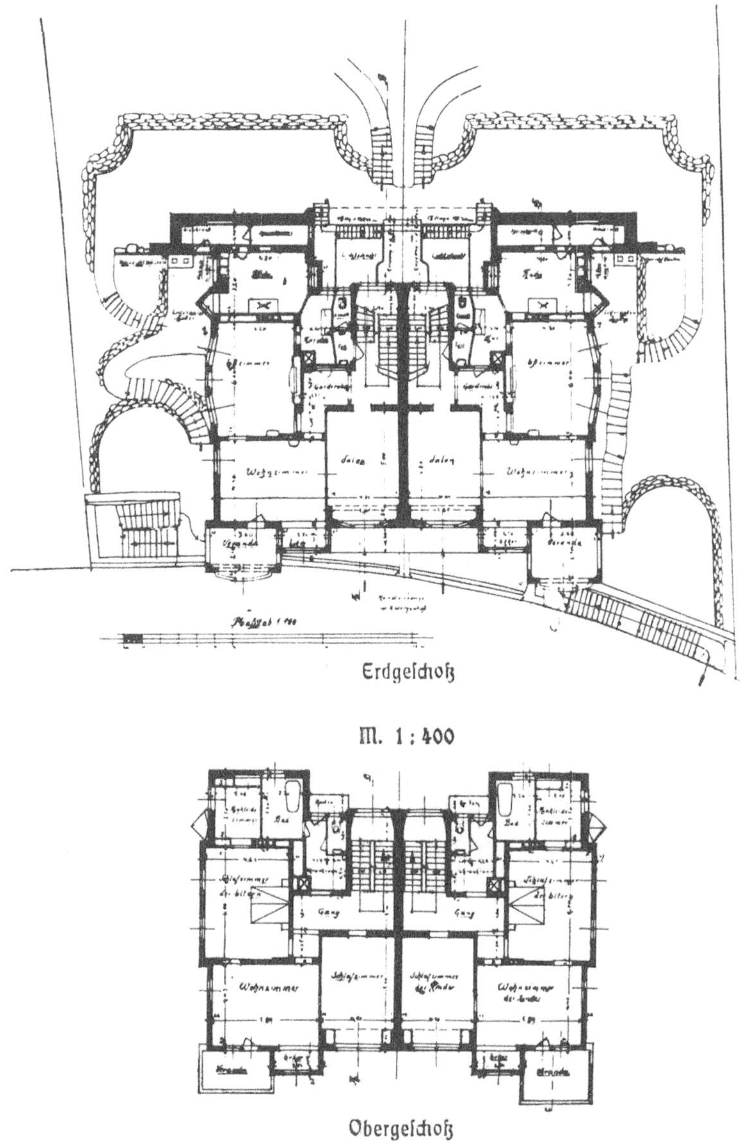

Reproduktion nach Die Architektur des XX. Jahrhunderts 12. 1912, H. 3.

Friedrich-Lang-Straße Treppenanlage und Stützmauer

Fl. 31 Flst. 2/2

Auf der rechten Seite der Mündungskurve wird das Gefälle gegen den Weinberg durch eine hohe Stützmauer aus Bruchstein abgefangen. Die mit Entlastungsbögen konstruierte Mauer entstand zusammen mit dem zum Weinberg führenden Treppenweg bei Anlage der Straße 1911. Die Behandlung des schweren Bruchsteins auch beim Treppengewände steht unter dem Einfluß der vom Deutschen Werkbund vertretenen Bauideen. In Übereinstimmung zum Mauerwerk verhält sich das schwere Brüstungsgeländer aus waagrecht verlaufendem Eisenrohr, das scheinbar ohne Unterbrechung die ebenfalls eisernen Pfosten durchläuft. Die für das historische Straßenbild charakteristische Stützmauer ist mit dem Treppenweg aufgrund der ästhetischen Qualität und aus stadtbaugeschichtlichen Gründen Kulturdenkmal.

Heinrichsberg

1884 als Verbindung zwischen Kapellenstraße und Nerotal zur Erweiterung des Villengebiets angelegt. Benannt nach Geh. Reg.-Rat Prof. Dr. Heinrich Fresenius und Stadtrat Heinrich Weil, die die Straße eröffneten.

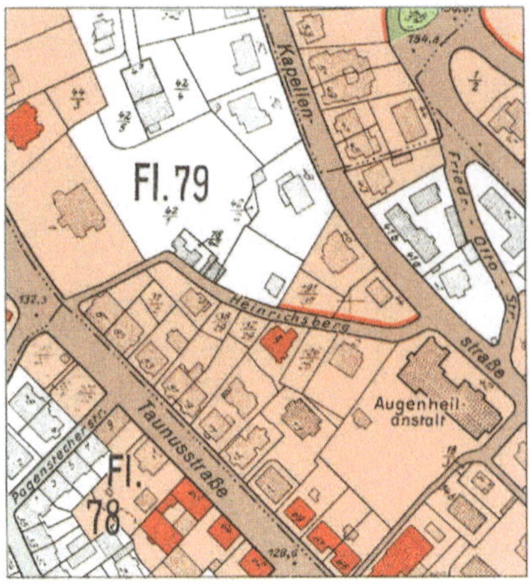

Heinrichsberg 4
Fl. 79 Flst. 127/27

Bauantrag: 18. 12. 1892
Antragsteller: Heinrich Weil, Stadtrat
Architekt: Zais & Wojtowski

Kleinere Mietetagenvilla auf steil zur Taunusstraße abfallendem Grundstück. Die verschiedenen Ansichten des im Neorenaissancestil konzipierten Ziegelgebäudes sind durch Vor- und Rücksprünge gegliedert und erhalten einen besonders pittoresken Aspekt im Südosten durch einen Eckturm mit hohem, spitzem Helm. Im Osten schließt ein verglaster Verandavorbau an, während ein zweiter verandaartiger Vorbau mit Freisitz im 1. OG auf der Straßenseite gleichzeitig die Funktion eines Portikus für den Eingang erfüllt. Akzente innerhalb der malerisch mischtonigen Ziegelverblendung setzen rote Ziegelkonturen. Farblich harmonisch stimmt dazu das graue Schieferdach. Die wohlerhaltene Villa zeichnet sich auch im Inneren durch einen guten Erhaltungszustand aus. Besonders beeindruckend sind die leuchtenden Buntglasfenster im Treppenhaus, die alten Abschlußtüren mit originaler Verglasung und zahlreiche Details der Raumausstattung. Weitgehend unberührt ist zudem der Villengarten, der für die Gartengeschichte des 19. Jahrhunderts ein wertvolles Zeugnis ist.

Kulturdenkmal aus künstlerischen und wissenschaftlichen Gründen, sowie aufgrund der städtebaulichen Bedeutung im Erscheinungsbild des Hanges.

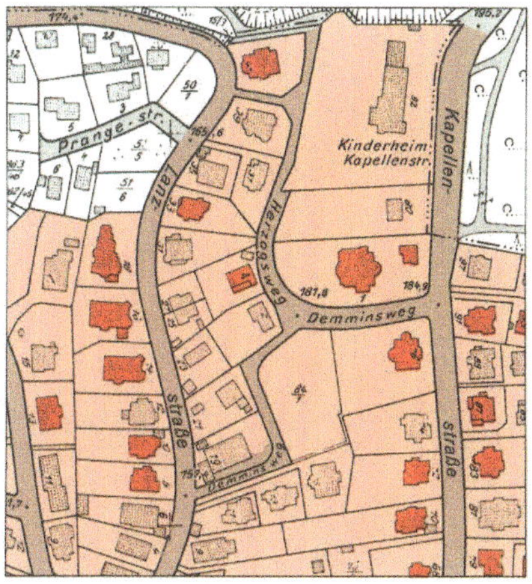

Herzogsweg

Um 1908 durchgeführt. Zunächst unbebaut.

Herzogsweg 4

Fl. 31 Flst. 86/2

Bauantrag: 8. 11. 1927
Antragsteller: Franz Hoffmann, Generaldirektor, Essen-Bredeney
Architekt: Johann W. Lehr

Die große, formschöne Bauhausvilla entstand wenige Jahre bevor Marcel Breuer auf der Schönen Aussicht (Nr. 53 vgl.) die Villa Harnischmacher errichtete. Der Entwurf Lehrs ist ganz auf die Topographie bezogen. Die steile Hangseite begründet unterschiedlich dimensionierte und gestaltete Ansichten. Als Kubus tritt der Bau mit seiner rein funktionellen Eingangsseite zur Straße in Erscheinung. Talseitig ist er mit Sockel 5 Geschosse hoch und öffnet sich zum Nerotal. Charakteristisch sind die über Eck geführten Fensterbänder und Balkone und vor allem die große, von einer Pergola umzogene Dachterrasse mit ihrem Geländer in der Art einer Schiffsreling. Der scheinbaren Schwerelosigkeit der Architektur ist die Transparenz der weißen Farbe notwendig.
Die hervorragende Villa ist als einer der wenigen modernen Bauten der 20er Jahre in der Stadt Kulturdenkmal aus künstlerischen und stadtbaugeschichtlichen Gründen.

Kleine Weinbergstraße

Nach 1900 angelegte Verbindung zwischen Weinbergstraße und Nerobergstraße. Vgl. Weinbergstraße.

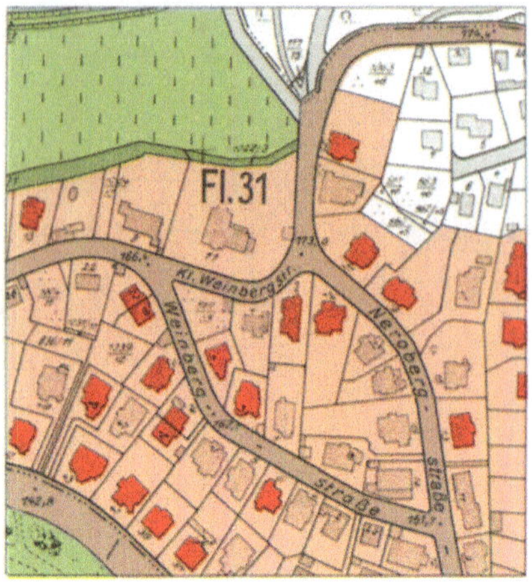

Kleine Weinbergstr. 2

Fl. 31 Flst. 16/1

Bauantrag: 1. 6. 1906
Antragsteller: Adam Ellmer
Architekt: Albert Wolff

Bei der insgesamt nur wenig historisierenden Villenarchitektur wird die Fassade durch eine Fensterüberdachung in üppiger Barockmanier nobilitiert. Auffallend ist der Gegensatz zwischen den schlichten Langseiten des tiefen Gebäudes und dem Gestaltungsreichtum der relativ schmalen Fassade. Charakteristisch für die Fassade ist die pittoreske Vielfalt des historistischen Gestaltungsprinzips, besonders augenfällig in der verspielten Motivfülle des seitlichen Risalits. Ländliches Flair vermittelt der Krüppelwalm mit verschiefertem Giebelfeld. Hier hat das Fenster eine unkonventionelle Bogenform des Jugendstils, während die im Oberlicht versproßten Rechteckfenster der beiden Hauptgeschosse in Form und axialer Anordnung konservativ bleiben. Die schlichte Einfriedung mit bogenförmig angeordneten Eisenspießen ist mit Tor und Torpfosten erhalten.

Kulturdenkmal wegen der künstlerischen Bedeutung.

Lanzstraße

1888 zur Erweiterung des Villengebiets Nerotal angelegt. Benannt nach dem Wiesbadener Oberbürgermeister Wilhelm Lanz (1868-1882).

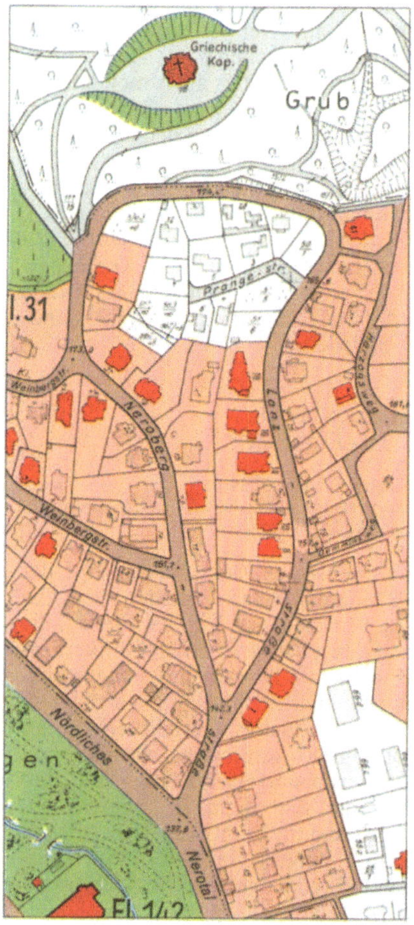

Lanzstr. 1

Fl. 31 Flst. 469/57

Bauantrag: 17. 2. 1890
Antragsteller: Wilhelm Kaufmann
Architekt: ders.
Inschrift: „Villa Alexandra", im Mittelrisalit

Große und besonders aufwendige Mietetagenvilla in exponierter Lage an der Gabelung von Lanz- und Nerobergstraße. Der nordische Renaissancestil wird in der dafür beliebten Materialverbindung von Ziegel und Haustein vorgetragen. Die damit verbundene Farbigkeit verstärkt den gewünschten pittoresken Charakter, der in der Anlage durch zahlreiche schmückende Details bei großer Formdiversität zustandekommt. Dabei ist der Bau, dem Villenanspruch gemäß, mit unterschiedlichsten Freisitzen ausgestattet: u. a. die logenartige Loggia im 1. OG des Eckrisalits, ein Motiv, das an die Theaterbesessenheit der Zeit erinnert und die Vorliebe für das Kulissenhafte in Architektur und Natur. Zur Villa gehört eine stattliche Einfriedung in Bruchsteinmauerwerk mit Ziegelpfosten und geschmiedeten Gitterabschnitten.
Das von einem führenden Architekten der Stadt entworfene Gebäude (W. Kaufmann beginnt im selben Jahr mit den Entwürfen zum Erweiterungsbau des pompösen Hotels Rose) ist Kulturdenkmal aus künstlerischen Gründen und wegen der städtebaulichen Bedeutung.

Lanzstr. 3
Fl. 31 Flst. 468/57

Bauantrag: 6. 2. 1892
Antragsteller: Wilhelm Kaufmann
Architekt: ders.

W. Kaufmann errichtete die Mietetagenvilla zwei Jahre nach dem Nachbarhaus Lanzstr. 1 (vgl.). Die Stilwahl zeigt erneut den Rückgriff auf spätklassizistische Bauformen bis in die 90er Jahre des Jahrhunderts. Ungewöhnlich sind hier die breitgelagerten Proportionen in Verbindung mit den mächtigen Ausmaßen. Die der symmetrischen Fassade aufgelegte Gliederung nimmt dabei auch mangels Binnenstruktur geradezu monumentale Züge an. Wie die Stilwahl frei ist und nach Geschmacksempfinden bzw. Mode vorgenommen wird, ist es auch möglich, die Serliana im Giebel zu Gunsten der Axialität der Fenster zu dehnen.
Die palladiesk wirkende, über steilem Vorgarten errichtete Villa ist Kulturdenkmal aufgrund des individuellen, künstlerisch wertvollen Entwurfs. Zu ihren talseitigen Nachbarn verkörpert sie den größtmöglichen Gegensatz auch in der Materialqualität (Putz mit Sandsteingliedern).

Lanzstr. 8
Fl. 31 Flst. 53/1

Bauantrag: 6. 5. 1889
Antragsteller: C. Manker, Gärtner bzw. Rentner
Architekt: Hermann Frorath

Die zweifarbige Ziegelvilla ist eine der 6 kleineren Villen (erhalten sind die Nrn. 8, 10, 12), zu 2½ Geschossen, die der Gärtner und Rentner Manker zusammen mit Frorath auf seinem ehemaligen Gärtnereigelände errichtete. Sein individuelles Gesicht erhält der Bau durch keramische Reliefs von Jagdszenen und Tieren aus Wald und Flur, die vor allem im oberen Abschnitt und im Frontispiz des seitlichen Risalits eingelassen sind. Die altertümelnd-renaissancistische Architektur zeichnet sich zudem durch Kleinteiligkeit und Fülle der Detailform aus. Einen großzügigeren Formzusammenhang schaffen die 4 Sandsteinsäulen der Rundbogenstellung der EG-Veranda. Passend zum Gebäude ist die Einfriedung mit Ziegelmauer und -pfosten nebst Dekoreisengitter und geschmiedetem Tor.
Kulturdenkmal aus künstlerischen Gründen.

Lanzstr. 10
Fl. 31 Flst. 53/2

Bauantrag: 28. 7. 1890
Antragsteller: Heinrich Klett, Kapitän und Leutnant a. D.
Architekt: Hermann Frorath

Ganz im Gegensatz zum renaissanceistischen Nachbarhaus Nr. 8 (vgl.) steht die ebenfalls von Frorath errichtete Villa mit ihrem spätklassizistischen Modus. Der Reiz des Entwurfs besteht in der Zierlichkeit der Gliederung bei insgesamt harmonischer Proportionierung, die den geschulten historistischen Architekten erkennen läßt. Erst bei näherer Betrachtung weicht der Eindruck größter Diversität den strukturellen Gemeinsamkeiten, ja letztlich der Identität des Entwurfs bei Seitenverkehrung. Wie auch bei den Villen Lanzstr. 14, 16, 18 (vgl.) steht hinter dem Anschein des malerisch Individuellen das Gebot der Wirtschaftlich-

keit. Auch hier ist die Einfriedung gut erhalten und trägt zur Geschlossenheit des Erscheinungsbildes bei.
Kulturdenkmal als guter, harmonischer Entwurf und aufgrund der bau-und wirtschaftsgeschichtlichen Aussage.

Lanzstr. 14
Fl. 31 Flst. 1065/52

Bauantrag: 17. 2. 1902
Antragsteller: G. Racky, Rentner
Architekt: Stanislaus Wojtowski

Mit Diagonalturm und sechseckigem Vorbau pittoresk angelegte Mietetagenvilla zu 3 Vollgeschossen über halbhohem Sockel. Der üppige, vorwiegend spätgotische Dekor entfaltet mit krabbenbesetzten Kielbögen im 1. OG seine größte Pracht. Barockisierend sind dagegen die geschmiedeten Korbgitter der zwischen Vorbau und Turm gespannten Balkone empfunden. Beispielhaft ablesbar ist der Stilpluralismus der späten Historismusphase, wobei der Jugendstil nur ganz zurückhaltend auftritt (im Dekor des Bogenzwickels im 3. OG des Vorbaus z. B.). Die insgesamt konservative Baugesinnung ist wiederholt als ortstypisch festgestellt worden. Den Gesamteindruck, für den auch die Bepflanzung eine wesentliche Rolle spielt, vervollständigt die originale Einfriedung.

Kulturdenkmal aus künstlerischen Gründen und zusammen mit den Nachbarvillen Nr. 16 und Nr. 18 (vgl.) wegen der baugeschichtlichen Bedeutung.

Lanzstr. 16
Fl. 31 Flst. 1064/52

Bauantrag: 17. 2. 1902
Antragsteller: G. Racky, Rentner
Architekt: Stanislaus Wojtowski

Auf gleichem Grundriß wie das Nachbarhaus Nr. 14 (vgl.) errichtete Mietetagenvilla, die durch einige Veränderungen im Umriß und vor allem eine andere Dekoration renaissancistisch umgedeutet wird. Der für den Villenbau geforderte individuelle Entwurf, aus dem wiederum die Diversität des straßenräumlichen Erscheinungsbildes resultiert, wird mit den von der Bauindustrie angebotenen Versatzstücken relativ kostengünstig realisiert. Offensichtlich ist die kulissenhafte Qualität späthistoristischer Fassadenarchitektur, die ohne Konsequenzen für den Innenraum appliziert wird. Der Anschein der Exklusivität bleibt gewahrt. Das wohlproportionierte, malerisch angelegte Gebäude ist mit seiner Einfriedung Kulturdenkmal aus künstlerischen Gründen und zusammen mit den Nachbarvillen Nr. 14 und Nr. 18 (vgl.) wegen der baugeschichtlichen Bedeutung.

Lanzstr. 18
Fl. 31 Flst. 1074/52

Bauantrag: 21. 3. 1903
Antragsteller: L. J. Simon, Bauunternehmer
Architekt: Stanislaus Wojtowski

Ursprünglich sollte auch diese Mietetagenvilla über gleichem Grundriß errichtet werden wie die Nachbargebäude Nr. 14 und Nr. 16 (vgl.). Die erfolgreiche Klage der Witwe Prange um Erhaltung der Blickachse zur Griechischen Kapelle bedingte jedoch die langgezogene und gestaffelte Anlage. Alternativ zur Gotik und zum Renaissancestil der Nrn. 14 und 16 kamen hier in der Fassadengestaltung Stile des feudalen 18. Jahrhunderts zur Anwendung. Zur individuell pittoresk konzipierten Villa gehört eine sehr schöne geschmiedete Einfriedung mit plastischen Sonnenblumenmotiven. Insgesamt bestimmt der Bau aufgrund der exponierten Lage wesentlich das Straßenbild. Wichtig ist seine Position im Gesamtgefüge der von der Höhe der Griechischen Kapelle aus voll einsehbaren Geländeabschnitte.
Kulturdenkmal aus künstlerischen und historischen Gründen.

Lanzstr. 33
Fl. 31 Flst. 810/88

Bauantrag: 10. 11. 1899
Antragsteller: Dr. Jünger, Rechtsanwalt
Architekt: Paul A. Jacobi

Steil dimensionierter Villenbau der Jahrhundertwende, in dem Jugendstil und Historismus eine für den Wiesbadener Villenbau charakteristische Verbindung eingehen. Proportion, Gliederung und einzelne Motive stehen, wie die repräsentative Fassadengestaltung insgesamt, in historistischer Tradition. Der Jugendstil zeigt sich in der Tendenz zu organisch gerundeten Formen (Risalit mit diademartigem Frontispiz, SW-Ecke). Organisch ist auch die Qualität des Kammputzes. Die Rahmung der Putzfelder durch glatt aufgelegte Pilaster und Gesimse über rustiziertem Sockel verstärken die historisierende Komponente des Entwurfs. Modern sind die ganz unterschiedlichen und z. T. ungewöhnlichen Fensterformate. Zur Geschlossenheit des Gesamteindrucks trägt wesentlich die schwere Bruchsteinmauer der Einfriedung bei. Auf dem breiten Torpfosten posiert ein Sedanlöwe. Kunstvoll ist das geschmiedete Eisengitter von Tor und Mauerabschnitten.
Der besonders gute Villenbau Jacobis, der u. a. das Wiesbadener Palast-Hotel schuf, ist Kulturdenkmal aus künstlerischen Gründen.

Lanzstr. 41
Fl. 31 Flst. 998/92

Bauantrag: 23. 10. 1901
Antragsteller: Dr. Jünger, Rechtsanwalt
Architekt: Paul A. Jacobi
Inschrift: „Villa Kapellenthal", über dem Loggiabogen im EG

Im Entwurf des steilen Villenkubus mischen sich Züge des Jugendstils mit einer um die Jahrhundertwende beliebten Landhausbauweise historistischer Provenienz. Damit verbunden sind moderne Vorstellungen eines werkstoffgerechten Bauens, das zusammengeht mit einer schlichter werdenden Detailbildung und einer daran geknüpften Abkehr vom Ornament. Zu Ziegel, Holz und Schiefer als dominierenden Baustoffen tritt als Ergänzung der schwere Bruchstein der Einfriedungsmauer. Die ausgeprägte Dachlandschaft der auch farblich pittoresken Anlage steht in einem malerischen Konsens zu den die Villa umgebenden Nadelbäumen. Unmittelbar am Waldrand, in der letzten Kurve der Lanzstraße gelegen, ist der künstlerisch wertvolle Entwurf auch städtebaulich bedeutsam und daher Kulturdenkmal.

Lanzstr. 41, Reproduktionen nach Hengsbach/Eberwein, Modernisierung und Denkmalpflege am Beispiel einer Villa in Wiesbaden, Projektarbeit an der GH Kassel 1984/85.

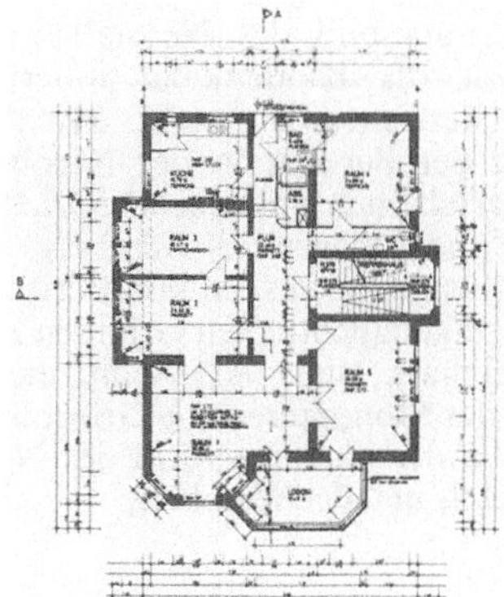

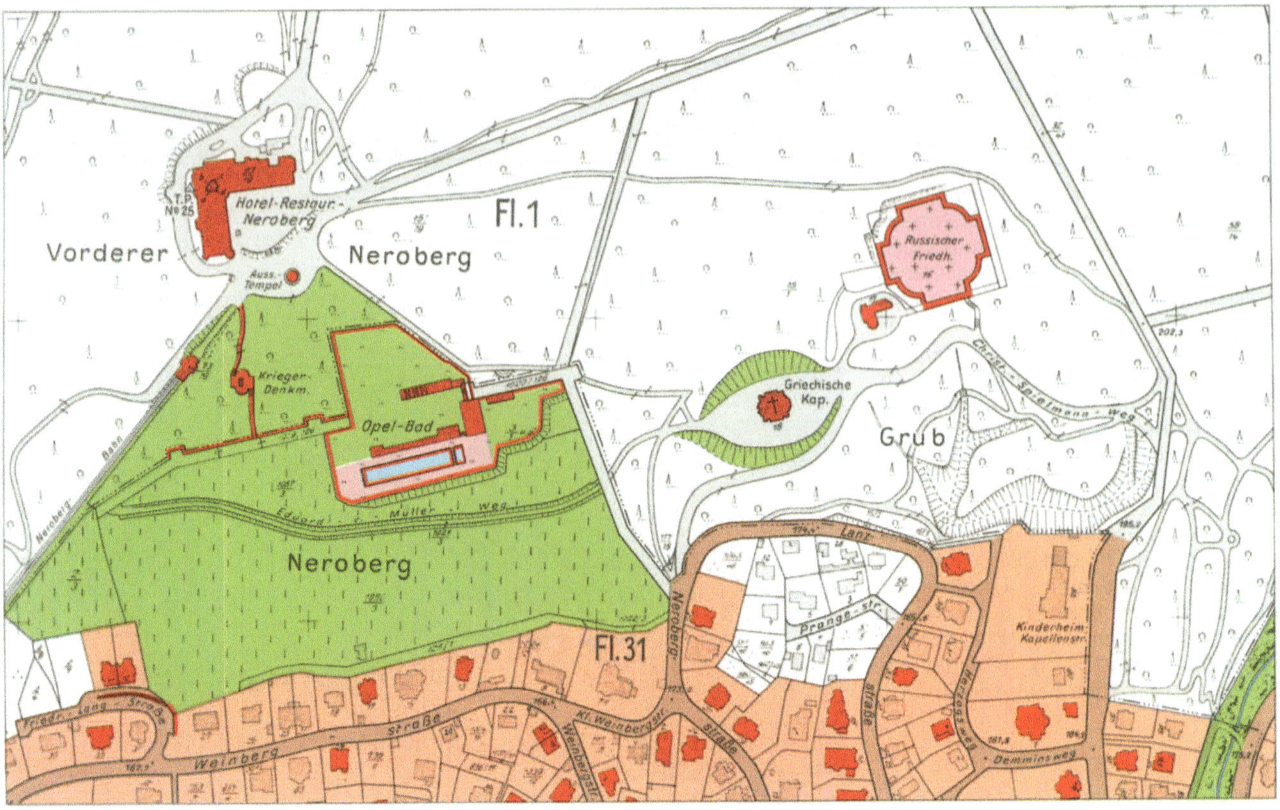

Der im Norden der Stadt gelegene Neroberg (245 m ü. M.) entwickelte sich als Hausberg Wiesbadens seit der Mitte des letzten Jahrhunderts zu einem beliebten Ausflugsziel für Kurgäste wie Einheimische. Im Jahr 1525 wird die zu den Ausläufern des Taunus gehörende Erhebung zum ersten Mal urkundlich erwähnt, und zwar als „mersberg“ oder „ersberg“. Wenige Jahre später ist in den Urkunden von „örsberg“ oder auch „arsberg“ die Rede. Erst ab 1800 setzt sich der Name „Neroberg“ durch und gleichzeitig damit „Nerotal“. Die Bedeutung des Namens ist unklar. Ein Zusammenhang mit dem römischen Kaiser Nero ist aufgrund des römischen Ursprungs der Stadt nicht auszuschließen, zumal ab ca. 1750 bei Grabungen auf dem Neroberg römische Funde zutage traten. So auch die Fundamente einer Villa, die jedoch nicht aus neronischer Zeit stammen.

Die Erschließung des Berges für den Fremdenverkehr fällt in die Zeit des Baus der Griechischen Kapelle. Dem Baubeginn im Jahre 1849 folgte 1851 der Monopteros. Zwei Kaffeebuden wurden 1859 errichtet und kurz darauf eine Halle des Verschönerungsvereins als Vorgänger des ab der 80er Jahre entstandenen großen Hotels mit Aussichtsturm. Die Nerobergbahn wurde 1888 in Betrieb genommen. Da sie mit ihrem großen Viadukt vor allem das Erscheinungsbild des Nerotals prägt, wird sie als Baudenkmal innerhalb dieses Bereiches dargestellt. Mit Ausnahme der Bergstation der Nerobergbahn erscheinen im folgenden die Gebäude und Anlagen des Nerobergs, die ohne Ausnahme aus baukünstlerischen und stadtgeschichtlichen Gründen Kulturdenkmale sind. Als Wahrzeichen gelten der Monopteros, die Griechische Kapelle, der Aussichtsturm des Nerobergs hotels und der Weinberg.

Weinberg
Fl. 31 Flst. 1050/3

Der Weinberg bedeckt eine weite Fläche des oberen Südhanges. Die meisten Hinweise der seit dem 16. Jahrhundert den Neroberg betreffenden Urkunden beziehen sich auf den Weinbau. Damals wurde noch überall auf den Hügeln im Norden der Stadt Wein angebaut. Die Weinberge gehörten zum Teil dem Landesherren, zum Teil Wiesbadener Bürgern. 1720 legte ein Bürger namens Eisen einen neuen Weingarten am Neroberg an. Seinem Beispiel folgten andere Wiesbadener, worauf der Landesherr den Bürgern das Recht absprach, eigenmächtig den Wald zu roden. 1744 kaufte Fürst Karl von Nassau nach langwierigen Verhandlungen die privaten Weinberge und vereinigte sie mit dem herrschaftlichen Weinbesitz. Er ließ um seinen Besitz eine Mauer ziehen, die in Teilen bis heute erhalten ist. Der Weinberg ist heute im Besitz der Stadt. Der durch die Bebauung des Nerobergs bereits mehrmals verkleinerte Weinberg ist der letzte Weingarten der Stadt und als solcher Kulturdenkmal aus stadtentwicklungsgeschichtlichen Gründen. Für Wiesbaden gilt er als Wahrzeichen.

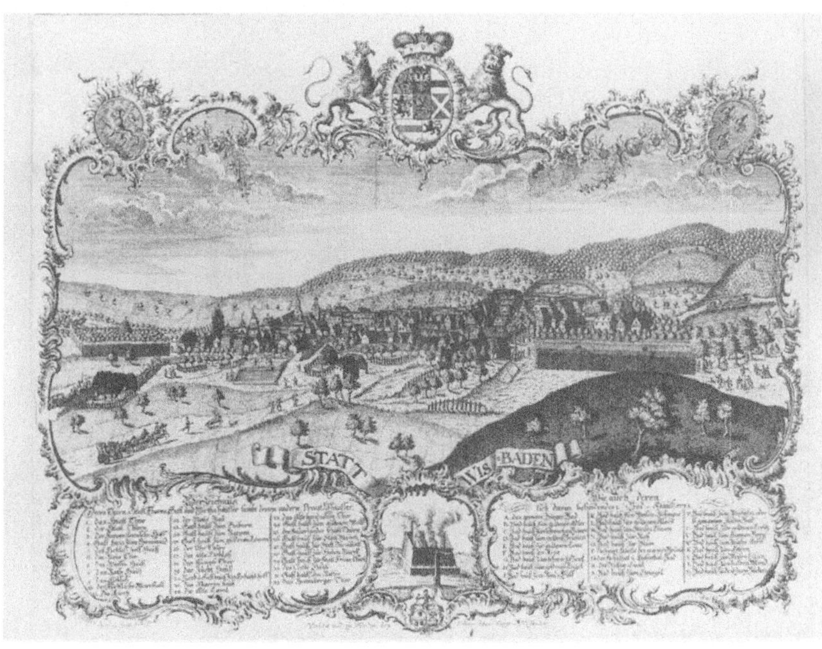

Ansicht von Wiesbaden,
Kupferstich von H. Cöntgen von ca. 1775,
rechts im Hintergrund der Neroberg
und angrenzende Hanglagen mit Weinanbau

Monopteros
Fl. 1 Flst. 19/16

Erbaut: 1851 von Philipp Hoffmann

Während Hoffmann 1849–1855 die Griechische Kapelle baute, errichtete er 1851 auf der Kuppe des Nerobergs einen kleinen runden Aussichtstempel, der für Wiesbaden ebenso wie die Kapelle zum Wahrzeichen wurde. Den Anstoß zum Bau gab eine Petition von 38 Wiesbadener Bürgern. Dabei wurde empfohlen, als Säulen die Kandelaberstützen der durch Einführung der Gasbeleuchtung (erstmalig in Wiesbaden 1848) überflüssig gewordenen Öllaternen der Wilhelmstraße zu verwenden. Hoffmann gestaltete daraus in zierlicher Renaissancemanier einen in zehn Bogenstellungen geöffneten Monopteros mit halbkugelförmiger Kuppel. Ursprünglich erwuchs der Stufenunterbau romantisierend aus kunstvoll naturhaft angehäuftem Felsgestein. Heute ist er über die Hälfte von einer niedrigen Bruchsteinmauer eingefaßt. Zur Schaffung einer malerischen Blickachse zur Griechischen Kapelle ließ Hoffmann eine Schneise in den dazwischen liegenden Wald schlagen.

Monopteros, um 1870

Griechische Kapelle, Lithographie um 1855

Griechische Kapelle
Fl. 1 Flst. 18

Erbaut: 1849–55 von Philipp Hoffmann

Die unterhalb der Kuppe des Nerobergs am Waldrand gelegene Kapelle ist – mit ihren 5 vergoldeten Kuppeln weithin sichtbar – das wohl schönste Wahrzeichen Wiesbadens. Hoffmann baute die Kapelle von 1849–1855 im Auftrag Herzog Adolfs von Nassau als Grabeskirche für dessen frühverstorbene erste Gemahlin Elisabetha Michailowna (zweite Tochter des russischen Großfürsten Michael, Sohn des Zaren Paul und seiner Gemahlin Jelena Pawlowna). Herzog Adolf schickte Oberbaurat Hoffmann eigens nach Moskau und Petersburg, um die Authentizität des Bauwerks gewährleistet zu sehen. Anregend wirkte für den Entwurf Hoffmanns die gerade im Bau befindliche Erlöserkirche von Konstantin Thon im „wahrhaft russischen Stil". Dabei ist die als Zentralbau konzipierte Wiesbadener Kapelle nur zum Schein eine Kreuzkuppelkirche, da im Inneren die Kreuzform durch tonnengewölbte Arme gebildet wird und nur die Mittelkuppel einsehbar ist. Hoffmann plante den außen in hellem Sandstein, innen in weißem Marmor gestalteten Bau bis in jedes Detail der Ausstattung selbst. Die Freskogemälde der Engel, Propheten und Evangelisten in der Kuppel malte August Hopfgarten aus Berlin. Die Bilder der Ikonostase führte der Deutschbalte Karl Timoleon von Neff aus. Der Münchner Bildhauer Emil Alexander Hopfgarten, ein Vetter des Berliner Malers, schuf aus weißem Marmor den Sarkophag der Herzogin Elisabeth und ihrer Tochter in Anlehnung an des Grabmal der Königin Luise von Rauch. Von ihm stammen auch die Portraitmedaillons am Außenbau. Am 25. Mai 1855 wurde die Kapelle der hl. Elisabeth nach griechisch-orthodoxem Ritus geweiht (daher der Name). In der Nacht vom 25. auf den 26. Mai 1855 wurden die beiden Särge überführt. Der ursprüngliche Plan, den der Kirche nach Süden vorgelagerten Platz mit einer Balustrade einzufassen und den Bau selbst mit gärtnerischen Anlagen zu umgeben, kam nicht mehr zur Ausführung. Um den farblichen Kontrast der strahlend hellen Kirche gegen den dunklen Waldhintergrund noch zu steigern, wurde im Hintergrund eine Reihe von Tannen angepflanzt, die erhalten sind und das Bild ins Phantasmagorische steigern. Für den späten romantischen Historismus ist die Griechische Kapelle ein hervorragendes Beispiel.

Zur künstlerischen Bedeutung kommt die historische. Die Kapelle wurde zum Zentrum der schon seit 1844 (Jahr der Vermählung des Herzogs mit der Russenprinzessin) in Wiesbaden bestehenden russischen Gemeinde. Deren Bestehen mochte für Russen, aber auch andere Angehörige des orthodoxen Glaubens einen zusätzlichen Anreiz zu vorübergehendem oder sogar dauerndem Aufenthalt in Wiesbaden geboten haben. So auch im Zuge der russischen Revolution, als sich in Wiesbaden eine neue russische Kolonie bildete. Nach dem Tode des Großherzogs Adolf (1905) und dessen Sohnes – des Großherzogs Wilhelm (1912) – wurde die vorher dem nassauischen Herzogshaus gehörende Kirche mit den zugehörigen Waldungen von den Russen käuflich erworben. Bis heute finden in der von einem Propst betreuten Kapelle regelmäßig Gottesdienste statt. Die dem Metropoliten in New York unterstehende „russisch-orthodoxe Kirche im Ausland" hat hier einen wichtigen Stützpunkt gefunden.

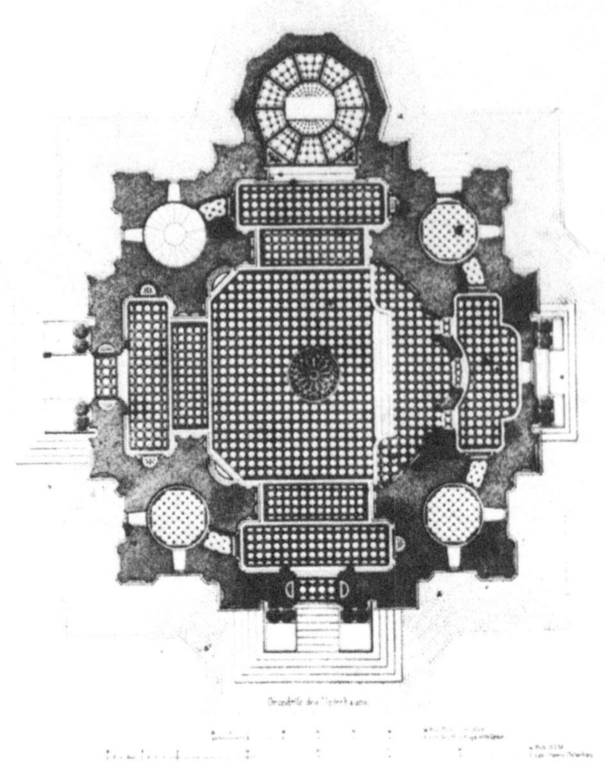

Reproduktion nach B. Bubner,
Die Erich-Haub-Zais-Stiftung für Denkmalpflege in Wiesbaden. 1975–1981. Wiesbaden 1981.

Pfarrhaus
Christian-Spielmann-Weg 2
Fl. 1 Flst. 17

Erbaut: um 1855 von Philipp Hoffmann

Wenige Schritte östlich der Griechischen Kapelle liegt im Wald das ebenfalls von Philipp Hoffmann erbaute Pfarrhaus der orthodoxen Gemeinde. Hoffmann gestaltete den 1½geschossigen Ziegelbau pittoresk mit Anklängen an altrussische Bauweise. Die im wesentlichen L-förmige Anlage ist aus Diagonalsicht in der Blickachse des zum Haus führenden Weges angelegt. Mit geschwungener Dachnaht sind ein querstehender Giebeltrakt mit Satteldach und ein tonnenüberdachter Kopfbau mit dekorativem Schweif-Knick-Giebel ineinandergefügt. Eine kleine Vorhalle mit besonders dickbauchigen Sandsteinbalustern ist dem im Winkel sitzenden Eingang (mit Originaltür!) vorgestellt: ebenso eine Annäherung an russische Bauweise wie das gekoppelte Rundbogenfenster des Frontgiebels mit seiner gestaffelten Rundbogenbekrönung oder die gezackten Bogen der orientalisch anmutenden Rundbogenloggia auf der Rückseite des Gebäudes. Vor schmalem Verbindungstrakt ist die Loggia zwischen Haupthaus und einem Pavillon gesetzt, offen zu dem kleinen Hof, den die auch auf der Rückseite rechtwinklig fortgesetzte Anlage bildet. Der durch einen ebenso wie das Giebelfenster sakral empfundenen Vorbau gekennzeichnete Hauptraum des Hauses soll ursprünglich zu Vorbereitungen für den Geistlichen bestimmt gewesen sein. Eine mystische Raumstimmung erzeugte u. a. die ehemals farbige Verglasung seiner Fenster. Einer um 1865 entstandenen Lithographie zufolge war der Hauptgiebel ehemals als Stufengiebel gebildet. Tatsächlich ist der renaissancistische Giebel zumal mit seinen S-förmigen Zugankern für die 50er Jahre des 19. Jahrhunderts auch als phantasievolle russische Form unwahrscheinlich und dürfte erst in den 80er Jahren entstanden sein. Bei der gerade im querstehenden Giebeltrakt unverkennbaren spätklassizistischen Grundform wäre die auf der Lithographie gezeigte Lösung überzeugend (Abbildung im Katalog der Ausstellung Wiesbaden im Bild. 1840–1870. Reihe Museum Wiesbaden, Dezember 1979, Heft 15, S. 14).

Russischer Friedhof
Fl. 1 Flst. 16

An das Pfarrhaus der Griechischen Kapelle grenzt der idyllisch im Wald gelegene Russische Friedhof. Er wurde nach Plänen Philipp Hoffmanns kurz nach Vollendung der Kirche 1855/56 angelegt. Das von einer hohen Mauer umgebene terrassenförmige alte Gräberfeld hat die Form eines griechischen Kreuzes in Verbindung mit einem Vierpaß. Die durch die gebogten Vierpaßmauern nach außen kaum in Erscheinung tretenden Kreuzarme werden im Inneren durch Mauern mit rundbogigen Durchgängen (nicht immer unversehrt erhalten) durchgezogen. Das mit einem großen roten Sandsteintorbogen gestaltete Hauptportal liegt auf der Südseite, ein zweiter, weniger aufwendig gestalteter Eingang auf der Nordseite. Beide zweiflügeligen Tore aus Gußeisen mit Kreuz über dem Mittelpfosten sind gut erhalten.
In der die Eingänge verbindenden Mittelachse steht auf der oberen Terrasse eine kleine von Hoffmann gestaltete Gruftkapelle. Eine Bronzetafel über dem Eingang verzeichnet in russischer Sprache: „Friedhof für Rechtgläubige. Angelegt auf Veranlassung der allerchristlichen Großfürstin Jelena Pawlowna [Mutter der in der Griechischen Kapelle beigesetzten Großfürstin Elisabeth] aus Mitteln ihrer Kaiserlichen Hoheit und des russischen Ministeriums für Auswärtige Angelegenheiten. Eingeweiht am 19./31. VIII. 1856."
Vor diesem Zeitpunkt wurden Angehörige der griechisch-orthodoxen Glaubensgemeinschaft, russischer und anderer Nationalität, auf dem Alten Friedhof in der Platter Straße bzw. auf dem 1832 geschlossenen und später überbauten Friedhof an der Heidenmauer (Coulinstraße) bestattet. Inzwischen war die schon 1844 anläßlich der Vermählung des Herzogs begründete orthodoxe Gemeinde weiter angewachsen. Im Gefolge der Großfürstin siedelten sich zahlreiche Russen in Wiesbaden an, das zudem an Beliebtheit als exklusiver Kurort bei russischem Adel, Militär und Großbürgertum immer mehr zunahm. Schon etwa 10 Jahre nach seiner Gründung mußte der Friedhof erweitert werden. Wie aus einer Inschrift im Inneren der erwähnten Gruftkapelle hervorgeht: „. . . erweitert und neu angelegt aus Mitteln der Kirchenspender in den Jahren 1863–1866." Vermutlich erhielt das Gräberfeld erst jetzt die eingangs beschriebene Kreuzesform und den damit verbundenen Umfang.
Unter den Bestatteten sind sowohl dauerhaft in Wiesbaden ansässige Russen als auch zum vorübergehenden Aufenthalt weilende und währenddessen verstorbene, ebenso auswärtige Russen, die hier ihre letzte Ruhestätte

wünschten und fanden. Hinzu kommt eine große Zahl Deutscher, viele Baltendeutsche, aber auch Angehörige anderer Nationalitäten, die als Militärs oder aus anderer Verpflichtung in russischen Diensten standen und zur Glaubensgemeinschaft gehörten. Die Liste der Toten nennt viele hervorragende und geschichtlich bedeutende Namen: Fürst Peter W. Repnin (gest. 1856), Graf Michael W. Orlow-Denissow (gest. 1863), Elisabeth Skoropadskij (Mutter des berühmten berühmten Generals, gest. 1864), Alexander von Menschikow (gest. 1895), Generaladjutant Fürst Victor S. Kotschubei (gest. 1923), Gräfin Woronzow-Daschkow, Fürstin Schachowskaja, Baron Karl Friedrich von der Osten, Kaiserlich-Russischer Generalmajor und Ritter (gest. 1878), Prinzessin Sayn-Wittgenstein-Hohenstein (gest. 1894 in Darmstadt), A. Th. von Grimm, wirklicher Staatsrat, und seine Frau Alexandrine von Grimm (gest. 1878, 1917), Gruft der Familie von Günderode. Die aufwendigen Grabmäler, darunter einige Mausoleen, schmücken häufig lebensgroße Reliefportraits oder Büsten des Verstorbenen aus Marmor und Bronze. Bescheidenere Gräber sind mit Porzellanphotographien der Verstorbenen versehen. Noch heute wird auf dem in jüngerer Zeit nochmals erweiterten Friedhof bestattet. 1941 fand hier der in Wiesbaden verstorbene russische Maler Alexei Jawlenskij seine letzte Ruhestätte.

In seiner Art einmalig in Deutschland ist der Russische Friedhof in Wiesbaden ein Kulturdenkmal von künstlerischer (Anlage und Grabmale) und hervorragender geschichtlicher Bedeutung. Mit den vielen prominenten Namen versammelt er zugleich die Mitglieder einer Gesellschaftsschicht, die in Rußland mit der Revolution ihren Untergang fand. Die Geschichte der von der russischen Aristokratie favorisierten Weltkurstadt weitet sich hier zur Geschichte Rußlands selbst. Zahlreiche Emigranten suchten in Wiesbaden nicht zuletzt aufgrund der bestehenden orthodoxen Gemeinde eine Bleibe. Bei heute stattfindenden Bestattungen liegt das Geburtsdatum noch häufig vor 1918.

Neroberghotel
Fl. 1 Flst. 19/15

Der Hotelkomplex mit Turm entstand als Zweiflügelanlage in verschiedenen Bauabschnitten zwischen 1880 und 1900 auf der Kuppe des Nerobergs. Nach Errichtung der Griechischen Kapelle (1849–1855 vgl.) und des Monopteros (1851 vgl.) wurden auf dem Gelände des Hotels 1859 zwei Kaffeebuden und eine Halle des Verschönerungsvereins errichtet und mit gutem Erfolg betrieben. 1865 entstanden von der Hand des damaligen Stadtbaumeisters Alexander Fach Pläne für ein erstes Restaurationsgebäude. Eine eigens gegründete „Kommission für die Herrichtung einer Wasserleitung für den Neroberg und Erbauung eines Restaurationsgebäudes daselbst“ legte im Oktober 1874 einen ausführlichen Bericht vor, worauf der Gemeinderat u. a. beschloß, in das „außerordentliche Budget“ 15 000 - 20 000 Mark für ein Restaurationsgebäude aufzunehmen. Nach einem am 30. 3. 1876 ausgeschriebenen Wettbewerb wurde der 1. Preis zur Ausführung nicht empfohlen. 1880 schließlich erhielt der Stadtbaumeister Johann Lemcke den Auftrag, die Pläne fertigzustellen und vorzulegen. Im Kommentar dazu heißt es: „An Stelle der auf dem Neroberg vorhandenen, für Restaurationszwecke dienenden provisorischen Holzbaracken, welche als nicht mehr den modernen Ansprüchen bei der Wichtigkeit des Nerobergs für den Verkehr der Weltkurstadt Wiesbadens genügend abgebrochen werden sollen, beabsichtigt die Stadtgemeinde, ein solides Restaurationsgebäude nebst Zubehör zu errichten...“ Am 12. 8. 1880 wurde die Baugenehmigung erteilt. Im Juli 1881 konnte das Haus seinem ersten Pächter, den Gebrüdern Adler, übergeben werden, die zum 1. August 1881 eröffneten.

In der jetzigen geschlossenen Zweiflügelanlage ist das am östlichen Ende liegende Gebäude noch gut als ehemals eigenständig zu erkennen. Der Entwurf ist durch Bauaufgabe und Lage ländlich empfunden: ein schlichter querrechteckiger Ziegelbau zu 2½ Geschossen mit hohem alpenländischen Krüppelwalmdach und krüppelwalmverdachtem Mittelrisalit auf beiden Langseiten, vor dem Haus eine überlange überdachte Terrasse. 1887 erfolgte die erste Erweiterung durch einen in Ziegeln gemauerten Saalbau in Nord-Süd-Richtung, vielleicht bereits in Hinsicht auf den durch die im Bau befindliche Nerobergbahn (September 1888 eröffnet) zu erwartenden Ansturm. Gleichzeitig wurde über quadratischem Grundriß der Aussichtsturm angefügt, der zunächst in Höhe seines Umganges mit einer über Rundbogenkonsolen auskragenden Plattform abschloß. Dergestalt erinnerte der rote Ziegelturm an mittelalterliche Wohntürme (in Norditalien z. B.), während die ebenfalls in Ziegeln erstellte Halle mit ihren großen, weiten Rundbogenarkaden renaissancehaft anmutete, dabei aber formal auch mit ihrer Attika der Turmarchitektur gut angepaßt war.

Panorama vom Aussichtsturm auf dem Neroberg, Stich um 1905

Neroberg, Lithographie von 1863

Noch einmal wurde das Gebäude 1897–98 erweitert, und zwar durch den damaligen Stadtbaumeister Felix Genzmer, der das Bild Wiesbadens durch zahlreiche malerische Bauten prägte. Die Lücke zwischen Erstgebäude und Turm schließt seitdem pittoresk gestaffelt ein altertümelnder Verbindungstrakt mit landhausartigen Motiven wie u. a. einem hölzernen Verandavorbau. Als Putzbau mit roten Sandsteingliedern setzt er sich von seinen Nachbarn ab, bleibt aber im pittoresken Gesamtbild harmonisch. Die Höherlegung des Firstes sowie Überformung und Erhöhung der Halle erforderten zudem eine Aufstockung des jetzt auch ästhetisch nicht mehr befriedigenden Turmes. Genzmer gelang dies durch einen phantasievollen, mit zwei Umgängen gestaffelten Aufbau mit Helm und Laterne. Die barockisierende Stilgebung zeigt ländliche Züge mit

Neroberghotel, um 1890

leichter Tendenz zum exotisch Pagodenhaften. Ähnlich der nun ganz malerische Hallen- bzw. Saalbau mit zwei Reihen großer Rundbogenfenster, viel Fachwerk, Pavillon, Wintergarten und Veranda. Unverkennbar ist hier der Einfluß des Jugendstils, insbesondere bei den geschweiften Formen der Giebel und der weit vorkragenden holzunterfütterten Fensterüberdachungen. Leider eliminiert ist die grottenartige Formation von Felsgestein mit Brunnen auf der Südseite des von der zweiflügeligen Hotelanlage gebildeten Platzes. Über diesen baumbestandenen Platz hinweg entfaltet der Komplex seinen ganzen malerischen Reichtum in der Diagonalansicht. Der in der Mitte erscheinende Turm hat als städtebaulich markanter Orientierungspunkt Wahrzeichencharakter.

Neroberghotel nach kürzlich erfolgtem Brand und Abriß des Gründungsbaus von 1880/81, s. Abb. S. 47

Nerobergbahn
Fl. 1 Flst. 19/16

Nahe bei Neroberghotel und Monopteros liegt die Bergstation der im September 1888 eingeweihten Nerobergbahn. Zum Denkmalwert der gesamten Bahnanlage s. unter Nerotal, Nerobergbahn.

Opelbad
Fl. 31 Flst. 126/1; 3/1

Erbaut: 1933–34 von Franz Schuster

1933–34 wurde am oberen Nerobberghang zwischen Weinberg und Waldrand unweit der Griechischen Kapelle das Opelbad errichtet. Das Bad ist eine Stiftung des damals in Wiesbaden ansässigen Großindustriellen Wilhelm von Opel. Als Architekt beauftragt wurde Franz Schuster, ein Schüler Tessenows. Mitarbeiter waren der Wiesbadener Architekt Edmund Fabry und der Wiesbadener Wilhelm Hirsch als Gartenbauarchitekt. Franz Schuster gehört als sozial engagierter Architekt zu den Protagonisten des „Neuen Bauens" in Österreich. 1928–34 war er Mitarbeiter von Ernst May in Frankfurt und Lehrer an der dortigen Kunstgewerbeschule. Während dieser Zeit entstand das Wiesbadener Opelbad als eines der qualitätvollsten Werke seines Schaffens. Die Ästhetik der terrassenförmig am Hang gestaffelten Anlage wird im wesentlichen durch Geradlinigkeit und asketisch weiße Farbgebung bestimmt, die in bewußtem Gegensatz stehen zu den unterschiedlichen sinnlich erfahrbaren Baumaterialien: Stein, Holz, Metall. Zur Anlage gehören: die Hauptterrasse mit großem Schwimmbecken, mit Sprungturm und Rutschbahn sowie einem Planschbekken, daneben Sonnenplätze und eine ringförmige Duschanlage; weitere Duschanlagen befinden sich im hangseitigen EG des insgesamt 3geschossigen Restaurations- und Verwaltungsgebäudes; auf gleicher Höhe mit der Hauptterrasse liegt ein Teil der in Holz

gefertigten Kabinen, darüber eine Sonnenterrasse mit anschließender Liegewiese bis zur oberen Kabinenreihe, die an den Eingangstrakt mit den Kassen anschließen. Weitere Liegewiesen befinden sich auf Höhe der Hauptterrasse bzw. am Waldrrand, der das Bad auf der Nord- und Nordostseite umschließt. Besonders wertvoll sind die zahlreichen Details wie Geländer in der Art der Schiffsreling, Pergola-Konstruktion, Trennwände aus Holzgeflecht, Markisen, Bänke, Dusch- und Waschanlagen bis hin zu den Armaturen. Das aus dem Geist des Bauhauses hervorgegangene Opelbad ist eines der ersten Freibäder Deutschlands und bis heute fraglos eines der schönsten. Letzteres auch aufgrund der hervorragenden Süd- und Höhenlage mit Fernblick bis weit über den Rhein. Mit seiner freilich nicht zu leugnenden Exklusivität wurde es anläßlich seiner Einweihung (18. 6. 1934) im Wiesbadener Tagblatt (Nr. 148, 1934) als „neuer Werbefaktor der Weltkurstadt" angepriesen. Tatsächlich soll es als neue Attraktion für den Kurbetrieb zahlreiche schaulustige Gäste aus dem In- und Ausland angezogen haben. Zum künstlerischen Wert, der den städtebaulichen mit einschließt, kommt auch, unbedingt durch den Stiftungscharakter, eine stadtgeschichtliche Aussage.

Lit.: Franz Schuster. 1892–1972. Ausstellungskatalog der Hochschule für angewandte Kunst in Wien 1976.

Gefallenen-Ehrenmal
Fl. 1 Flst. 19/16

Einweihung: 5. 10. 1930
Architekt: Edmund Fabry
Bildhauer: Arnold Hensler

Das sogenannte Denkmal der „Achtziger“ ist laut Inschrift auf der Vorderseite des Denkmalblocks den Gefallenen des Füsilier-Regiments von Gersdorff (Kurhessen) Nr. 80 und seinen Kriegstruppenteilen gewidmet. Die Anlage mit dazugehöriger Aussichtsterrasse erstreckt sich auf dem kurzen Hangabschnitt zwischen Bergbahn, Weinberg und Opelbad unterhalb des Monopteros. Der auf eingezogenem Sockel mächtige, quaderförmige Denkmalblock ist aus sandsteinrot gefärbtem Kunststein. Die Langseiten sind mit geritzten Darstellungen in Steinguß versehen; eine Seite mit reihenweise in den Krieg ziehenden Soldaten, die Gegenseite mit gefallenen oder fallenden Soldaten. Die schmale Vorderfront zeigt die Inschrift, die Gegenseite in Relief das Eiserne Kreuz. Der Platz um das Denkmal ist oval mit niedriger Einfassungsmauer in Bruchstein gestaltet. Der durch einen alten Eichenhain führende Zugangsweg vom Neroberg läuft in Denkmalhöhe versetzt auf der Gegenseite zur Aussichtsterrasse weiter. Der als Treppenweg angelegte zweite Abschnitt wird von je 4 Gedenksteinen in rotem Sandstein für die verschiedenen Kriegstruppenteile flankiert. Die oberhalb des Weinbergs liegende Aussichtsterrasse – in Bruchstein gemauert – wird von zwei in Sandstein gehauenen Sedanlöwen älteren Datums gerahmt.
Kulturdenkmal aus geschichtlichen und künstlerischen Gründen.

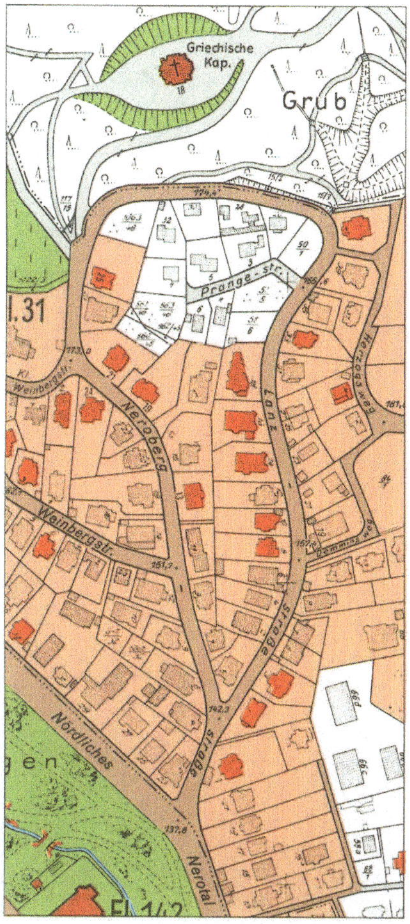

Nerobergstraße

Um 1890 aus dem ehemaligen Grubweg hervorgegangen. Villenbau seit 1884. Ableitung des Namens von Neroberg, ehemals Neresberg.

Nerobergstr. 1
Fl. 31 Flst. 325/57

Bauantrag: 26. 7. 1880
Antragsteller: Adolf Lautz
Architekt: ders.
Inschrift: „Villa Christine“ unterhalb des Risalitgiebels

Kubische Ziegelvilla im Stil der italienischen Renaissance mit besonders repräsentativer, zur Nerotal-Anlage gerichteter Fassade. Beherrschendes Motiv ist das Palladio nachempfundene triumphbogenartige Belvedere im Mittelrisalit. Überraschend klein erscheinen darin die beiden gekuppelten Fenstertüren, doch fehlt hier der übergreifende und überhöhende Dekor. Das Bogenfeld darüber ziert ein auf Leinwand in Ölfarben gemaltes Bild, vermutlich die Caritas darstellend. Die Kassetten im Tonnengewölbe sind farbig gefaßt. Der italienischen Idee widerspricht im Grunde das eher der nordischen Neorenaissance zuzuordnende Ziegelmaterial. In polychromer Verwendung entsteht in Verbindung mit Sandsteingliedern und Sandstein angepaßten präfabrizierten Teilen eine lebhafte Oberflächenwirkung. Zu den schönen Details am Bau gehören die Schiebeläden. Durch Garageneinbauten ist die Einfriedung mit hoher Ziegelstützmauer und Ziergitter z. T. gestört. Im Garten steht ein kleiner orientalisierender Pavillon, wie er nur in seltenen Fällen erhalten ist.
Kulturdenkmal aus künstlerischen Gründen.

Nerobergstr. 13
Fl. 31 Flst. 585/40

Bauantrag: 18. 6. 1898
Antragsteller: August Meister, Ziegeleibesitzer, Karl Cramer, Schlossermeister
Architekt: Bruno Rüdiger

Wilhelminische Villa, die ihren ganzen Prunk an der zur Straße orientierten Fassade entfaltet. Beispielhaft für den pompliebenden Geschmack der Zeit ist die ins Vollplastische reichende Üppigkeit des Dekors, namentlich im Bereich der hohen Fensterverdachungen. Wappenmotive und Portraitköpfchen u. a. sollen wie die gesamte Stilgebung, Tradition und Bildung eines zu Reichtum und Macht gekommenen Bürgertums repräsentieren. Der im Rahmen präfabriziert angebotener Dekorationselemente originäre Entwurf erhält sein Charakteristikum durch den freistehenden Bogen als bekrönendes Element der stark akzentuierten Mittelachse. Letztere nimmt im Sockel bescheidenerweise den Eingang mit Entrée auf.
Die mit ihrer Einfriedung gut erhaltene Villa ist Kulturdenkmal aus künstlerischen und historischen Gründen.

Nerobergstr. 19
Fl. 31 Flst. 43/3

Bauantrag: 5. 7. 1883
Antragsteller: J. Matthiesen, Rentner, und W. Kaufmann, Architekt
Architekt: Kaufmann & Hatzmann

Die besonders schöne Villa verbindet romantisierend eine renaissancistische Ziegelarchitektur mit ländlichen Motiven. Gerade von Koniferen umgeben und dicht am Waldrand gelegen, erhält der Entwurf seinen besonderen Reiz. Dabei nimmt die Anlage durch Staffelung der Baumassen unmittelbar auf die steile Hanglage Bezug. Zwei nahezu gleichgebildete Trakte wenden sich mit ihrem Fachwerkobergeschoß zu Tal und Straße. Der obere Abschnitt gewinnt mit Turm und hölzernem Verandavorbau zusätzlich pittoreske Qualität. Die Villa ist mit Einfriedung in ihrem guten Zustand Ergebnis einer

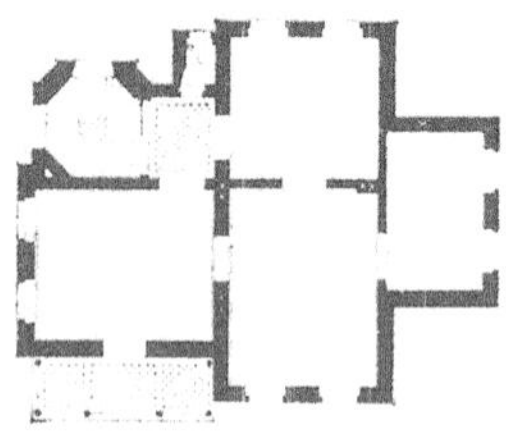

sorgfältigen Restaurierung. Sie war von Spekulanten zur Durchsetzung von Neubauabsichten dem Verfall preisgegeben. Unterhalb der Griechischen Kapelle nimmt das Gebäude an einem Straßen-und Geländeknick eine akzentuierende Stellung ein.
Kulturdenkmal aus künstlerischen und städtebaulichen Gründen.

Nerobergstr. 21
Fl. 31 Flst. 377/44

Bauantrag: 20. 2. 1882
Antragsteller: Hetzel, Metzgermeister
Architekt: Zais & Wojtowski
Inschrift: „Villa Uruguay" über den oberen Rundbogenfenstern des Risalits

Orangetonige Ziegelvilla mit heller Sandsteingliederung im Stil der italienischen Renaissance. Die Anlage des klar gegliederten Gebäudes hält sich an kubische Formen in formaler Übereinstimmung mit dem relativ flachen, weit vorgezogenen Dach. Ein Rücksprung in der Fassade nimmt das für den Villenbau der Zeit so beliebte Verandamotiv auf; letzteres gewichtig nahezu ganz in Sandstein mit säulengestützten Rundbögen gebildet. Leider fehlt die Balustrade des darüberliegenden Freisitzes. Während die Veranda die Betonung auf das EG legt, wird der Akzent im risalitartig vorspringenden Fassadenabschnitt auf das 1. OG gesetzt. Elegant ist die Zwillingsachse der Rundbogenfenster in der Vertikalen zusammengefaßt, wobei der differenziert behauene Sandstein das gewünschte üppige Relief vor den tonigen Flächen der Ziegelwände bildet. Passend zum Baumaterial der Villa ist die Ziegelmauer der Einfriedung mit einfacherem Dekoreisengitter und Gußpfosten.
Kulturdenkmal aus künstlerischen Gründen.

Nerobergstr. 24
Fl. 31 Flst. 762/17

Bauantrag: 11. 9. 1888
Antragsteller: Dr. E. Hintz
Architekt: Ludwig Euler

In rotem Ziegel und Sandstein ausgeführte Neorenaissance-Villa der national orientierten Stilrichtung. Durch die Hanglage besonders steil erscheint der talseitige Risalit mit phantasievollem hohem Frontispiz mit einer Giebelähre als bekrönendem Motiv. In beliebter Anordnung wendet sich ein

zweiter, ähnlich gebildeter Risalit zur Straße. Der obligate Verandavorbau ist an der Gartenseite angefügt, wodurch insgesamt ein vielfältig gestaffeltes Erscheinungsbild entsteht. Die Ziegelbauweise steht nach damaligem Ermessen für eine kostengünstige wie materialbeständige Bauweise bei hoher malerischer Qualität durch Wirkung der Farbe u. a.
Die pittoreske Villa ist Kulturdenkmal aus künstlerischen Gründen.

Nerobergstr. 25
Fl. 31 Flst. 460/46

Bauantrag: 12. 7. 1887
Antragsteller: Frau Anton Prange, Witwe
Architekt: Zais & Wojtowski

An französisch-niederländische Vorbilder anknüpfender Villenbau, als letztes Haus der Nerobergstraße gegenüber dem Waldrand gelegen. Die zierlichen Dekorationsformen gerade im Bereich der Dachfenster entsprechen den bescheideneren Dimensionen des fast kubischen Baukörpers mit Pyramidenstumpf-Dach. Schlicht sind in der Front die beiden zurückliegenden Achsen gebildet. Dagegen treten die beiden enger stehenden Risalitachsen durch Pilaster- und Halbsäulengliederung plastisch hervor. Sehr schön ist die Detailform des sich verkröpfenden Kranzgesimses mit vortretendem Dachabschnitt hinter der zwerchhausartigen Zwillingsgaupe mit Frontispizaufsatz. Verandavorbau und Balkon auf der Gegenseite sind auf das von hier steil abfallende Gebiet der ‚Grub' gerichtet. Die Villa ist mit ihrer dekorativen Einfriedung erhalten.
Kulturdenkmal aus künstlerischen Gründen und wegen der städtebaulichen Bedeutung im Weichbild des Villengebiets Nerotal.

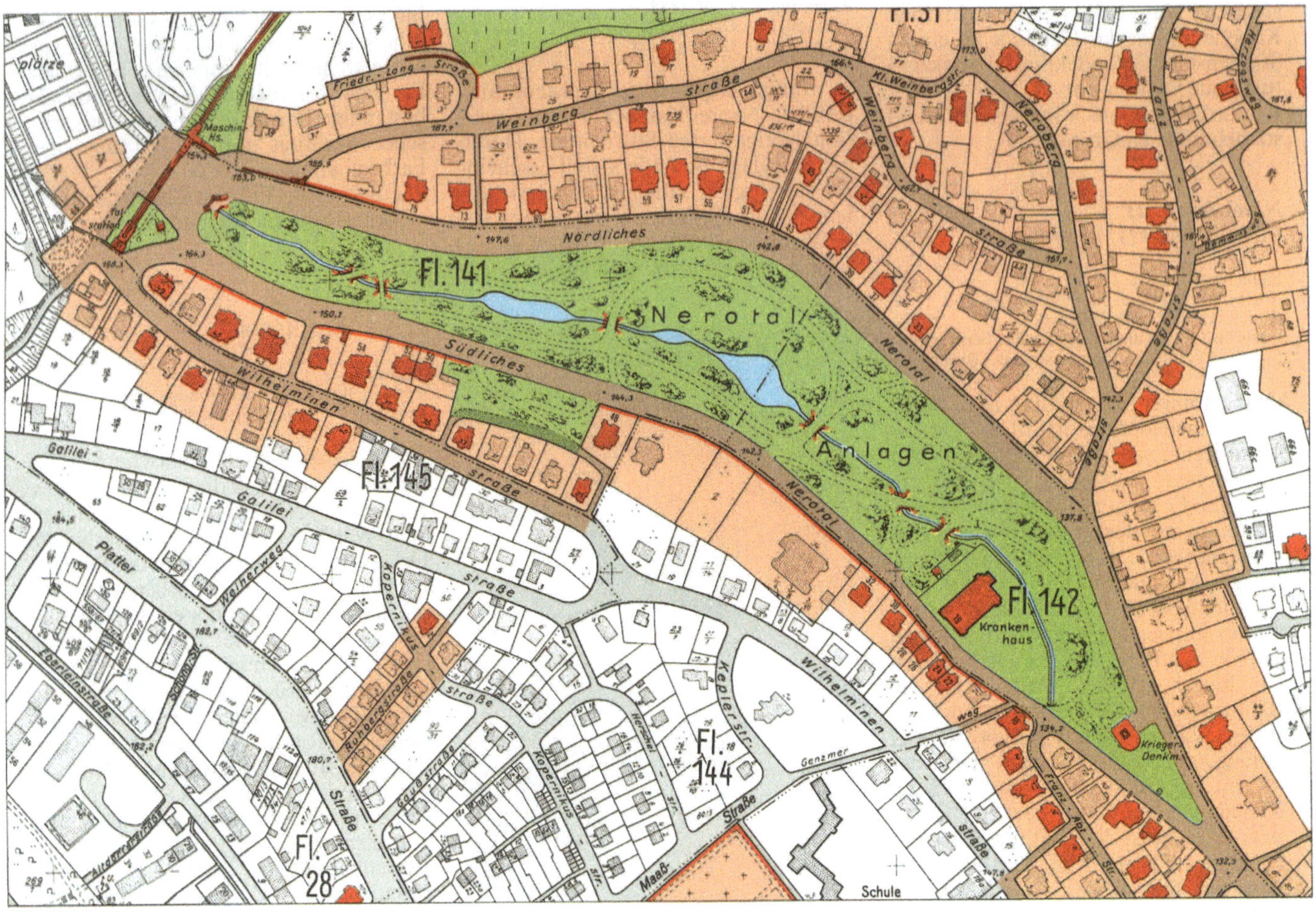

1897/98 wurde das zwischen den beiden Nerotal-Straßen noch ungestaltete Wiesental nach der Planung des Stadtbaumeisters Felix Genzmer zu einer öffentlichen Parkanlage umgewandelt. Der eigentliche Name „Herzogin-Elisabeth-Park" hat sich in der Öffentlichkeit nie durchgesetzt. Der als Teil der Gesamtanlage III/Nerotal erfaßte und beschriebene Park, der sich vom Ende der Taunusstraße bis zur Nerobergbahn erstreckt, steht in der

Plan nach Fertigstellung der Parkanlage Nerotal

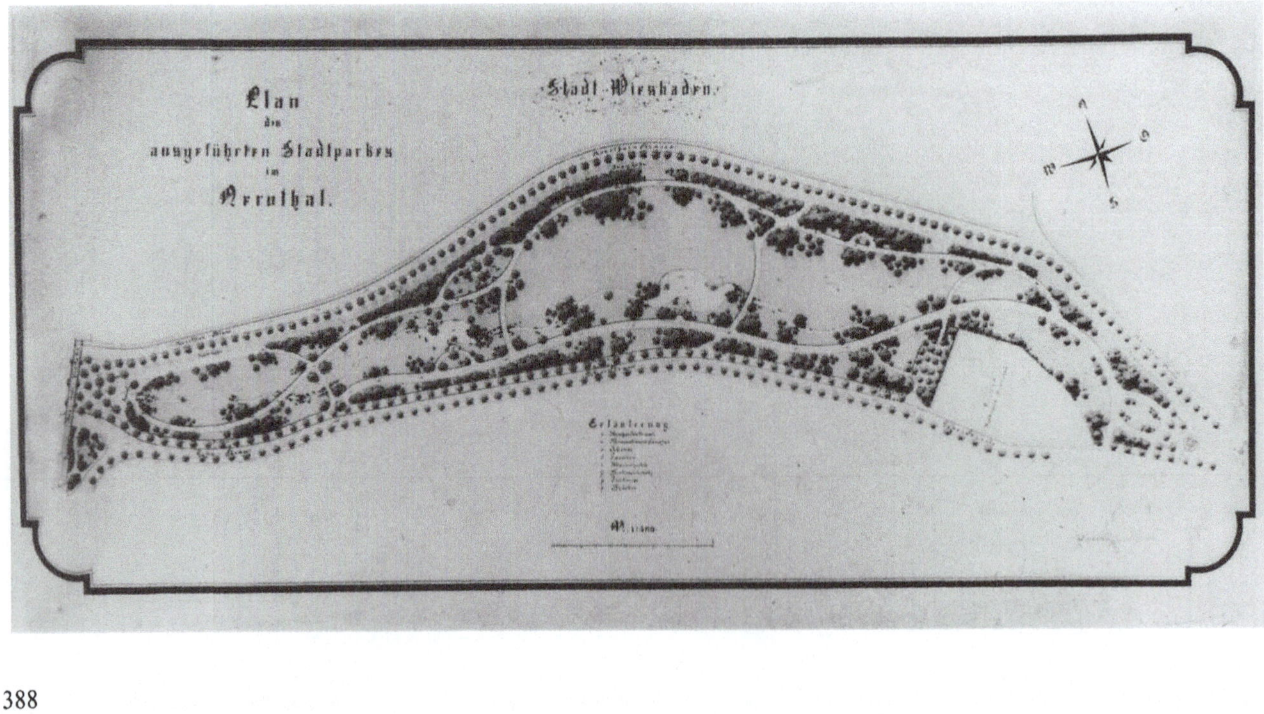

Tradition des englischen Landschaftsgartens. In der historisch gut erhaltenen Parkanlage sind aus künstlerischen und stadtgeschichtlichen Gründen als Einzeldenkmale schützenswert:

Kriegerdenkmal
Fl. 142 Flst. 2

Schweizerhäuschen
Fl. 141 Flst. 2

Die Schwarzbach-Brücken
Fl. 141 Flst. 2; 3
Fl. 142 Flst. 1; 2

Bismarck-Denkmal
Fl. 141 Flst. 3

Bodenstedt-Denkmal
Fl. 141 Flst. 3

Die Treppenanlage
Fl. 141 Flst. 2

Kriegerdenkmal
Fl. 142 Flst. 2

Das Reiterstandbild auf hohem Sockel über einem Stufenunterbau wurde 1909 von dem Berliner Bildhauer Franz Prietel nach Entwurf des Berliner Architekten Carl Krause geschaffen. Die Materialien sind Granit und Muschelkalk. Das Denkmal wurde zu Ehren der beiden nassauischen Infanterieregimenter Nr. 87 und Nr. 88 und deren Gefallenen im deutsch-französischen Krieg 1870/71 errichtet. Es ersetzt ein ehemals etwas versetzt vom heutigen Standort plaziertes Kriegerdenkmal von Hermann Schies, das aufgrund von Witterungsschäden abgeräumt wurde. Das im spitzwinklig zulaufenden Eingangsbereich der Parkanlage stehende neue Denkmal ist städtebaulich auf die Blickachse der Taunusstraße bezogen, wobei die Bepflanzung des Parks als Hintergrundskulisse eine gewollt pathetische Wirkung erzeugt. Der Stufenunterbau der ca. 10 m hohen Anlage ist der Dreiecksform des Platzes angepaßt. An dem mit leichter Entasis aufsteigenden Steinpfeiler sind an den Seiten Schrifttafeln mit den Namen von annähernd 400 Gefallenen angebracht. Der Reiter, ein herkulisch kraftvoller nackter Mann mit geschulterter Keule, sitzt auf ungesatteltem, streng frontal ausgerichtetem Pferd. Der Entwurf von C. Krause wurde aus 235 eingesandten Arbeiten anläßlich eines im Frühjahr 1907 von der Stadtverwaltung veranstalteten Wettbewerbs ausgesucht. 1908 war er auf der Großen Berliner Kunstausstellung ausgestellt. Die archaisierende Reiterskulptur zeigt wie das gesamte Denkmal im Rahmen des zeittypischen Neoklassizismus den Einfluß der Sezession.

Altes Kriegerdenkmal 1870/71 von Hermann Schies

Das Schweizerhäuschen 1905

Schweizerhäuschen
Fl. 141 Flst. 2

Das malerisch im Schweizerstil gebaute Holzhäuschen steht am Parkweg, der entlang der seitlichen Grenze des Kurhotels Nerotal die Grünanlage erschließt. Das vernachlässigte Häuschen mit seitlicher Veranda ist in seiner Substanz noch gut erhalten. Erhalten ist auch der romantisierend schroff mit Felsgestein gestaltete Zugang, der allerdings seines pittoresken Astwerkgeländers beraubt ist. Die zum Konzept der Parkanlage gehörende idyllische Szenerie steht in der Tradition der dem Landschaftsgarten zugehörigen Staffagen. Dergleichen Überraschungseffekte beim Durchqueren eines Parks waren im 19. Jahrhundert bei freilich sich wandelnder Erlebnisqualität außerordentlich beliebt. Auch der Kurpark wies ehemals eine ganze Reihe solcher Staffagen auf. So zeugt das Schweizerhäuschen als Teil der Nerotalanlage von der Gartenbaukunst seiner Zeit und ist auch als seltenes Beispiel einer in den Wiesbadener Parkanlagen erhaltenen Staffage Kulturdenkmal.

Die Schwarzbach-Brücken
Fl. 141 Flst. 2; 3
Fl. 142 Flst. 1; 2

Die unregelmäßig geführten Wege überqueren mehrfach den Schwarzbach. Die kleinen Brücken sind in der Art von Staffagen romantisierend grottenhaft gestaltet. Vier der Brücken bewahren ihre schönen Jugendstilgeländer und sind aufgrund ihrer künstlerischen Qualität Kulturdenkmale.

1. Die erste überquert den Bach mit dem zum Schweizerhäuschen führenden Weg hinter dem Kurhotel Nerotal. Der Viadukt ist bogenförmig aus mächtigem Felsgestein gestaltet, das sich am Brückenrand wie wild gewachsen auftürmt. Mächtige Felsblöcke liegen auch im Bachbett und verdichten den Eindruck des Grottenhaften. Besonders schön ist das geschmiedete Jugendstil-Brückengeländer mit Schilfblattdekor. Die Halterung der Pfosten ahmt Wurzelwerk nach, das ganz naturgetreu im Felsgestein Halt sucht.

2. Die nächste Brücke mit erhaltenem Geländer befindet sich kurz vor dem ersten Weiher. Die Gestaltung gleicht ganz der geschilderten zum Schweizerhäuschen führenden Brücke.

3. Die in der Reihenfolge 5. Schwarzbachbrücke zeichnet sich durch eine künstlerisch besonders freie Geländergestaltung aus. Ganz organisch gebildete Lotosblüten alternierend mit Schilfblättern – beide naturalistisch im Felsgestein wurzelnd – bilden die Halterung für einen runden Geländerstab.

4. Die benachbarte 6. Brücke bewahrt ihr kunstvolles Jugendstil-Rankengeländer. Die geschmiedete Schilfblatt-

ornamentik ist hier stärker ornamental gebunden. Die Verbindungen mit den das Geländer rechtwinklig rahmenden Stegen zeigen besonders phantasievolle vegetabilische Details.

Bismarck-Denkmal
Fl. 141 Flst. 3

Am Rande des linksseitigen Parkweges in Höhe des großen Weihers steht auf hohem Sockel das Bronzestandbild des Reichskanzlers Fürst Bismarck. Sockel und Standbild mit Schriftrolle der Kaiserproklamation sind Rudiment des ehemaligen Bismarck-Denkmals, das der Berliner Bildhauer Ernst Herter 1898 für das Rondell des 1966 eliminierten Bismarck-Platzes (zwischen Wilhelmstraße und Frankfurter Straße) schuf. Die beiden Begleitfiguren des Denkmals, eine Frauengestalt als Provinz Nassau und ein die zukünftige Generation verkörpernder Knabe, wurden nach der 1966 erfolgten Demontage des Denkmals eingeschmolzen. Das als markantes städtebauliches Monument konzipierte Großdenkmal ist an seinem neuen Standort auch als Rudiment topographisch wie inhaltlich fehl am Platz.
Das Standbild ist als Überrest Kulturdenkmal aus stadtgeschichtlichen und künstlerischen Gründen.

Bodenstedt-Denkmal
Fl. 142 Flst. 2

Das seitlich des rechten Parkwegs stehende Denkmal für den Dichter Friedrich von Bodenstedt (1819–1892; Lieder des Mirza Schaffy u. a.) wurde 1952 von dem Wiesbadener Bildhauer Ernst Dostal geschaffen. Das Denkmal ersetzt ein 1894 seitlich der Brunnenkolonnade aufgestelltes Bodenstedt-

Das ehemalige Bismarck-Denkmal am Bismarck-Platz um 1900

Denkmal des Bildhauers Berwald aus Schwerin. Das frühere Denkmal, eine Bronzebüste auf hohem Sockel, wurde 1936 ins Nerotal transloziert. 1942 wurde die Bronzebüste eingeschmolzen. Der neue hochrechteckige Gedenkstein von Dostal zeigt als Relief in einer Nische die ganz in die Fläche projizierte Darstellung eines zur Seite gewendeten Mannes. Nach antikem Vorbild ist er in einen Mantel gehüllt, wobei Brust, Arme und Schienbeine unbedeckt bleiben. Die als ideale Darstellung des Dichters an sich zu verstehende Darstellung zielt mit Mitteln einer abstrahierenden Formensprache auf ein modernes Menschenbild, wie es in der klassischen Moderne (Picasso u. a.) eine frühe Ausprägung fand.

Das Denkmal ist aus künstlerischen und stadtgeschichtlichen Gründen schützenswert. 1877 wählte der aus Peine bei Hannover stammende Bodenstedt Wiesbaden als dauernden Wohnsitz, wo er bald Mittelpunkt eines ausgewählten Freundeskreises war. Bodenstedt ist auf dem Wiesbadener Nordfriedhof beigesetzt. Nach ihm wurde die 1890 eröffnete Bodenstedtstraße benannt. In der benachbarten großen Mietetagenvilla Bierstadter Str. 34 hat er längere Zeit gewohnt, worüber eine Gedenktafel am Hause Auskunft gibt (vgl.).

Die Treppenanlage um 1900

Die Treppenanlage
Fl. 141 Flst. 2

Die Parkanlage schließt im Nordwesten mit einer sehr reizvollen architektonischen Treppenanlage im Neobarockstil. Eine heute leider zugesetzte Balustrade begrenzt auf Straßenniveau eine Terrasse, von der herab zwei bogenförmige Treppen mit seitlichen Balustraden führen. Die symmetrische Anlage gestaltet den Ort, wo der unter der Straßenschleife verrohrte Schwarzbach wieder ins Freie fließt. Der unter der oberen Balustrade mittig gelegene Bachausgang ist romantisierend grottenartig gestaltet. Grottenartige Motive, die im ganzen Jahrhundert beliebt waren, sind heute noch vielfach im Park zu finden und schützenswert.

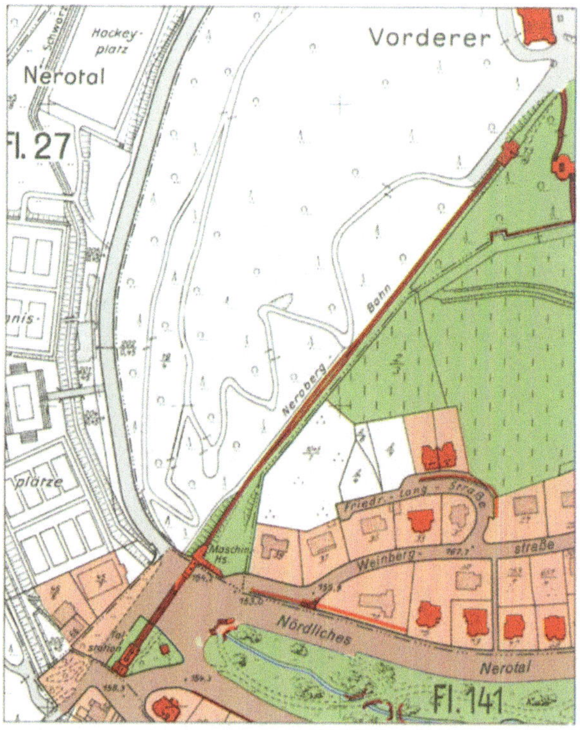

Nerotal
Nerobergbahn
Fl. 1 Flst. 19/16

Die am Ende des bebauten Talabschnitts über einem Viadukt zum Neroberg aufsteigende Nerobergbahn wurde 1888 in Betrieb genommen. Sie ist als technisches Denkmal und aufgrund ihrer baukünstlerischen und städtebaulichen Qualität Kulturdenkmal im Sinne der Sachgesamtheit. Die Sachgesamtheit besteht aus: Talstation, Bergstation, Gleiskörper und Viadukt sowie den beiden Wagen. Ferner gehört dazu eine der Talstation benachbarte Toilettenanlage. Das Terrain der Talstation ist als Grünfläche gestaltet. Das sie umziehende Trottoir ist mit Dekor-Kleinpflaster versehen.

Die Bahn wurde auf private Initiative des Rentners Karl Rudolph aus Baden-Baden errichtet und von der Maschinenfabrik Eßlingen AG hergestellt. Die Technik beruht auf einem „Drahtseil-Zahnstangen"-System mit Antrieb auf dem Schienenweg durch Wasserballast. Die Wassertanks der beiden Wagen

fassen je 7 000 Liter. Die Strecke vom Nerotal über den Viadukt auf den Neroberg ist 440 m lang, der Höhenunterschied beträgt 80 m und die maximale Steigung 25%. Die Fahrt dauert knapp vier Minuten. Im Erscheinungsbild des Nerotals ist die pittoreske Anlage von hohem Reiz. Über allem dominiert der mächtige, in fünf weiten Bögen die Talsenke überspannende Viadukt in hellockerfarbenen Ziegeln mit roten Konturen. In Ziegeln im gleichen Ockerton ist auch das quer zum Gleiskörper stehende Bahnwärterhäuschen der Talstation gebaut, das durch Fachwerkvorlagen und Freigespärre im Cottage-Stil pittoresken Reiz gewinnt. L-förmig daran angefügt ist die kleine offene Bahnhalle, eine alpenländisch anmutende Holzkonstruktion mit Pfettendach und verspieltem Giebelgespärre mit Hängezapfen. Ein stilistisch gut angepaßter Lattenzaun umgibt die Halle, die ebenso über einem gemauerten Sockel errichtet ist wie die Bergstation. Die kleinere Bergstation verbindet unter einem flachen Satteldach Bahnhalle und Stationshäuschen. Sie ist im gleichen Stil pittoresk gestaltet. Ein beidseitig dem Sockel angefügter Altan verbreitert den Zugang.

Zur Sachgesamtheit gehört auch das Toilettenhäuschen im Bereich der Talstation. In der Art eines Gartenpavillons erhebt sich das kleine Fachwerkgebäude mit hölzernem Drempel über viereckigem Grundriß, darüber ein Zeltdach mit Belüftungslaterne. Das dem Jugendstil verpflichtete Toilettenhäuschen entstand etwa 10 Jahre später als die Bahnanlage. Mit seiner Errichtung wurde der Platz als Grünfläche angelegt und mit dem erwähnten Mosaikpflaster umgeben. Ausschlaggebend wirkte hier der künstlerische Städtebau der 90er Jahre, wie er von F. Genzmer in Wiesbaden vertreten wurde. Auch eine Toilettenanlage in einen malerischen Gesamtzusammenhang zu integrieren, entsprach ganz den propagierten Vorstellungen.

Nerotal

Auch die beiden die Parkanlage säumenden Straßenzüge heißen Nerotal. Zur Unterscheidung ist die Bezeichnung Nördliches Nerotal und Südliches Nerotal gebräuchlich. Das Nördliche Nerotal ist um 1880 aus dem ehemaligen Nerotalweg hervorgegangen. Das Südliche Nerotal entstand um 1900 aus dem ehemaligen südlichen Promenadenweg und der um 1870 im unteren Verlauf des Weges angelegten Echostraße. Der nördliche Straßenzug verzeichnet die ungeraden Hausnummern, der südliche die geraden.

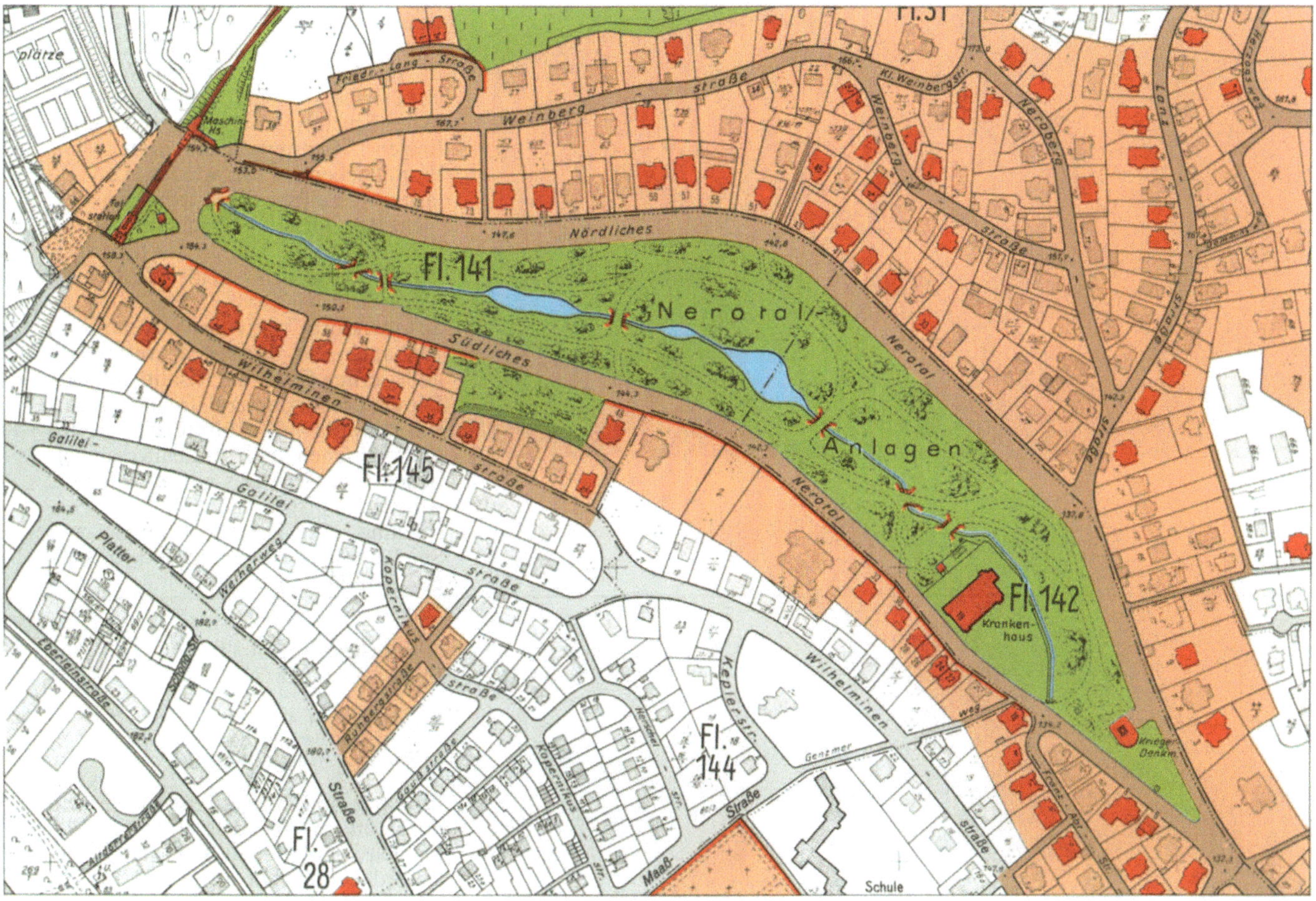

Nördliches Nerotal 3
Fl. 79 Flst. 44/3

Bauantrag: 20. 6. 1901
Antragsteller: Otto Leverkus, Fabrikant
Architekt: Ludwig Euler

Eine der großen Villen der Jahrhundertwende in Anlehnung an englische Landhäuser im Tudorstil. Konservativ historistisch ist das additive Gestaltungsprinzip bei pittoresker Zuordnung malerischer Einzelmotive. Überragt wird der durch die erhöhte Hanglage besonders steil wirkende Bau durch den quadratischen bzw. polygonalen Eckturm mit barockisierend behelmtem Belvedere und Umgang. Gestalterisches Äquivalent der Gegenseite ist ein Risalit mit ländlich hölzerner Dachlaube mit Krüppelwalm, wie sie im Jugendstil (Darmstadt, Mathildenhöhe u. a.) auftaucht. Altertümlichstes Moment des an den Kanten und im Sockel rustizierten Gebäudes ist die Loggia der Mittelachse mit gedrungener romanisierender Säule und Sandsteinbalustrade mit spätgotischem, an die Vorhangbögen der Fenster anknüpfendem Maßwerk. Das Prinzip malerischer Vielgestalt bestimmt auch die Seitenansichten. Zum gotisierenden Portikus der ehemaligen Einfamilienvilla führt ein von Bruchsteinen gesäumter Weg. Wertvoll ist die Einfriedung aus einer schweren Stützmauer in Naturstein und schmiede-

eisernem Gitter mit ornamentierten Stützgliedern.
Kulturdenkmal aus künstlerischen Gründen von bereichsprägender Wirkung.

Nördliches Nerotal 9
Fl. 79 Flst. 47/2

Erbaut: um 1865

Der schlichte spätklassizistische Bau gehört zu den ältesten Villen im Nerotal. Gegenüber späteren Villen wahrt er einen größeren Abstand zur Straße, wobei der Vorgarten – wie bis heute nachzuvollziehen – parkartig bepflanzt wurde. Der Entwurf mit 2achsigem Mittelrisalit und einachsigen Seiten bei traufständigem Baukörper ist charakteristisch für die späte nassauische Ära in Wiesbaden. Vor glatten Wandflächen sitzen als Schmuckform die Profile der Fensterrahmungen und der gradlinigen Fensterverdachungen. Die Wandflächen selbst werden von Pilastern gerahmt. Eine einfache Segmentbogenform überdacht die beiden Fenster des die Traufe durchbrechenden Risalitgiebels. Leider fehlen die bei diesem Haustyp immer auch als Schmuckform wirkenden Fensterläden wie auch die originalen, vermutlich gußeisernen Gitter der Risalitbalkone. Die gut proportionierte, freundlich wirkende Villa ist Kulturdenkmal aus künstlerischen und stadtbaugeschichtlichen Gründen. Das gilt auch für die stilistisch entsprechende einfache Einfriedung, eine Ziegelsockelmauer mit Spießgitter zwischen schlanken gußeisernen Pfosten.

Nördliches Nerotal 33
Fl. 31 Flst. 328/23

Bauantrag: 14. 4. 1883
Antragsteller: Baron A. Fossard de Lillebonne
Architekt: Wilhelm Rehbold

In roten und orangefarbenen Ziegeln mischtonig verblendete Villa mit Elementen in rotem Sandstein und Schieferverdachung. Die insgesamt malerische Farbgebung entspricht der formalen Konzeption. In Anlehnung an Bauten des späten Mittelalters und der nationalen Renaissance ist der Entwurf pittoresk altertümelnd. Ausdrucksvoll korrespondiert der Diagonalerker mit schlankem hochgezogenem Helm und Ausguck mit der Blickachse der Straße. Parallel steht ein seitlicher Risalit, der im Frontispiz noch die bekrönende Wetterfahne aufweist, wie der Erkerhelm Knäufe und Firstgalerie bewahrt. Der in den meisten Motiven in Ziegeln gemauerte Dekor demonstriert die Möglichkeiten des Ziegelbaus im pittoresken Historismus sowie das hohe handwerkliche Können der Zeit. Hervorzuheben ist unter den besonders ansprechenden Details die gemustert verglaste Randleiste des Erkers, die mit

ihrem Grünton die farbliche Qualität des Entwurfs bereichert.
Kulturdenkmal aus künstlerischen Gründen und mit Bezug auf die Parkanlage aus städtebaulichen Gründen.

Nördliches Nerotal 37
Fl. 31 Flst. 511/22

Erbaut: gegen 1870
Umbau: Verandavorbau 1916

Die in ihrem spätklassizistischen Modus retardierende Villa ist beispielhaft für die Perpetuierung des biedermeierlichen Villenideals. Dabei wurde – dem Zeitgeschmack entsprechend – der schlichte landhausartige Typus mit Satteldach plastisch gegliedert und üppig dekoriert. Eckpilaster mit Kompositkapitellen geben dem kubischen Baukörper Kontur und rahmen die relativ kleinen Wandfelder. Die große Wandfläche der Giebelseite wird durch Pilaster unterteilt und in ihren fensterlosen Abschnitten durch je ein Relieftondo belebt. Größte Form und Ornamentdichte zeigt die symmetrische Fassade mit Mittelrisalit, die sich mit Repräsentationsanspruch zur Straße wendet und als Hauptansicht gleichzeitig mit der Parkanlage korrespondiert. 1916 wurde der zu mächtige Vorbau über dem mittigen Eingang (mit noch originaler Haustür!) angefügt. Abgesehen von dieser Störung ist die Villa mit ihrer schlichten Einfriedung selten vollständig erhalten.
Kulturdenkmal aus künstlerischen und städtebaulichen Gründen sowie im Zusammenhang mit der Nachbarvilla Nr. 39 (vgl.) in stadtbaugeschichtlicher Hinsicht.

▽

Nördliches Nerotal 39
Fl. 31 Flst. 531/21

Erbaut: gegen 1870
Umbau: Verandavorbau 1928

Die in manchen Details reduzierte und leicht veränderte Villa (Verlegung des ehemals mittigen Eingangs) ist baugleich mit dem Nachbarhaus Nr. 37 (vgl.). Die ungewöhnliche Dopplung ist noch den bauunternehmerischen Projekten des frühen Wiesbadener Villenbaus (in der Mainzer Straße u. a.) zuzuordnen. Die damals kaum diskutierte Attraktivität des Nerotals für den Villenbau – Thelemann klammert in seinem Bebauungsplan von 1862 das Gebiet noch aus – dürfte mit ein Grund für den relativ geringeren Gestaltungsaufwand sein.
Kulturdenkmal aus künstlerischen und stadtbaugeschichtlichen Gründen sowie mit Bezug auf die Parkanlage wegen der städtebaulichen Bedeutung.

Nördliches Nerotal 41
Fl. 31 Flst. 605/20

Bauantrag: 10. 5. 1883
Antragsteller: Jul. Fölsche, Rentner, ehem. Eisenbahndirektor in Magdeburg
Architekt: –
Umbau: Antrag auf Erweiterung 1927 durch Karl Kähler

Die große Ziegelvilla mit Sandsteingliederung fällt durch ihr über dem Mezzanin weit vorgezogenes Dach auf mächtigen hölzernen Streben auf. Der Entwurf orientiert sich an norditalienischen Vorbildern auch in der renaissancistischen Stilgebung. Der Baukörper über hohem, aufgeböschtem Sandsteinsockel ist durch markante Vor- und Rücksprünge gegliedert. Durch Abfasung der Südostecke und Vorsetzen einer Veranda wird ein mehrdimensionaler räumlicher Bezug hergestellt und der Bau in der Blickachse des ansteigenden Nerotals diagonal erschlossen. Zu den wichtigen stilvollen Details am Bau gehört die Sgraffitti nachahmende Schablonenmalerei in den Wandfeldern des Mezzanins.
Die großzügig und mit gestalterischer Entschiedenheit konzipierte Villa ist Kulturdenkmal aus künstlerischen Gründen und mit Bezug auf die Parkanlage wegen der städtebaulichen Bedeutung.

Nördliches Nerotal 43
Fl. 31 Flst. 447/19

Bauantrag: 4. 8. 1890
Antragsteller: Max Ulrich, Reg.-Baurat a. D.
Architekt: Carl von Roeßler u. Max Ulrich
Umbau: um 1910

Vornehme renaissancistische Villa in Putz und Sandstein. Der kantige 2½geschossige Baukörper mit Mezzanin und Flachdach ist durch verschieden tiefe Einschnitte von unregelmäßiger Gestalt. Risalitartig steht die Hauptachse mit polygonalem Sandsteinvorbau (Wintergarten) im Vordergrund. Um 1910 wurden die EG-Fenster und Türen im Stil der Louis XVI-Epoche erneuert und seitlich ein leicht geschwungener Altan angefügt. Der zurückliegenden rechten Achse ist im hoch gelegenen EG, eine Portalarchitektur in Sandstein vorgeblendet, hinauf führt eine Freitreppe. Zu den reizvollen Details am Bau zählen die ländliche Stimmungswerte vermittelnden Klappläden der Mezzaninfenster. Die in ihren in Ziegeln gemauerten Teilen straßenseitig renovierte Einfriedung wahrt Dekorgitter und Tor.
Kulturdenkmal aus künstlerischen und städtebaulichen Gründen im Sinne des städtebaulichen Konzepts vom bebauten Landschaftspark.

Nördliches Nerotal 45
Fl. 31 Flst. 12/1

Bauantrag: 22. 12. 1890
Antragsteller: Carl Schäfer, Kunstgärtner
Architekt: Wilhelm Rehbold

Auf steilem Rückgrundstück errichtete Neorenaissancevilla mit vollem Sichtbezug zur Nerotalstraße und -anlage aufgrund des platzartig erweiterten Zugangs. Wirkungsvoll tritt der seitliche Risalit mit Veranda talseitig in den Vordergrund. Auf Fernwirkung konzipiert ist der hohe dekorative Schaugiebel mit zwei Reihen Rundbogenfenstern und Blendarkaden (in einem Fall zugesetzt). Die plastischen Glieder und Ornamente des Putzbaus sind individuell in Sandstein gefertigt oder in Terrakotta präfabriziert. Die städtebauliche Situation erreicht hier eine besondere Dichte, indem in den offenen Blickachsen die Villen der unteren Weinbergstraße mit pittoresken Giebelmotiven sichtbar werden.
Der gegenüber den an der Straße gelegenen Villen des Nerotals bescheidenere Bau ist mit der Geschlossenheit des Entwurfs Kulturdenkmal aus künstlerischen Gründen mit besonderer städtebaulicher Wirkung.

Nördliches Nerotal 51
Fl. 31 Flst. 943/9

Bauantrag: 19. 9. 1889
Antragsteller: Emil Roos
Architekt: Zais & Wojtowski

Der Villenkubus wird durch Eckturm und Risalitbildung vielgestaltig gegliedert. Die Dekorationsarchitektur mit stark plastischen Säulen, Keilsteinmotiven, Fensterverdachungen u. a. bezieht wie die Ornamentik Formen aus Renaissance und Barock in symptomatisch eklektizistischer Weise. Charakteristisch für die wilhelminische Ära ist die neobarocke Zwiebelhaube des polygonalen Turms mit Oculi. Die Laterne mit Zwiebelbekrönung wahrt in seltener Vollständigkeit Knauf und Wetterfahne. Der Ecklage am Stichweg zu den zurückliegenden Villen wird durch zweifache Risalitbildung mit üppigen Dachaufbauten entsprochen. Der straßenseitige Risalit erhält zusätzlich einen den Wohn- und Repräsentationsbedürfnissen der Zeit notwendigen Verandavorbau (leider im Sockel gestört). Der an Details reiche Bau weist bei den Turmfenstern reizvolle Jugendstil-Oberlichter auf (1. OG). Um 1900 entstand auch das mit Ranken und Rosetten dekorierte Einfriedungsgitter mit entsprechendem Tor. Auf dem letzten, gemauerten Abschnitt steht ein kleiner Pavillon mit malerischer Wirkung für das Straßenbild.
Kulturdenkmal aus künstlerischen und städtebaulichen Gründen.

Nördliches Nerotal 55
Fl. 31 Flst. 474/8

Bauantrag: 16. 4. 1885
Antragsteller: Joh. Hetzel, Metzgermeister
Architekt: Heinrich Ph. Franke
Inschrift: „Villa Sanitas“ mit Eigentümerwechsel 1893

Großvolumige kubische Mietetagenvilla in erhöhter Ecklage an einem seitlichen Stichweg. Die Dekorationsarchitektur im Renaissancestil fällt durch Überfülle und Großteiligkeit im Detail auf. In eigentümlicher Weise mischen sich nordische altertümelnde Formen mit italienischen Zügen. Die spezifische städtebauliche Situation reflektiert der massiv und körperhaft schwer in Erscheinung tretende Bau durch Risalitbildung an den symmetrisch dreigeteilten Fassaden. Zu Straße und Park ist der Mittelrisalit mit doppelgeschossigem Verandavorbau orientiert. Letzterer zeichnet sich durch eine besondere Dekorationsfülle namentlich im 1. OG aus. Die in ihrem Detailreichtum erhaltene herrschaftliche Villa repräsentiert beispielhaft Geschmack und Wohnkultur einer neuen, zu Reichtum gekommenen bürgerlichen Schicht.
Kulturdenkmal aus künstlerischen Gründen und wegen der städtebaulichen Bedeutung als Hintergrundarchitektur der Parkanlage.

Nördliches Nerotal 57
Fl. 31 Flst. 560/6

Bauantrag: 29. 9. 1894
Antragsteller: Moritz Fr. Sperling, Regierungsrat
Architekt: Zais & Wojtowski

Villa in Anlehnung an die französische Renaissance mit blaß orangefarbener Ziegelverblendung und hell ockertonigen Sandsteingliedern. Bei relativ großem Volumen ist die Hauptansicht dennoch von zierlicher Wirkung. Gestalterischer Schwerpunkt ist der Eckrisalit mit polygonalem Vorbau im EG und balustradengesäumtem Freisitz im 1. OG. Die zurückliegenden Achsen erhalten durch Säulen und Rundbogentür mit reicher skulptierter Ornamentik eine preziös verspielte Gestalt, welche die Dachform – ein Pyramidenstumpf mit starker Einziehung – vorbereitet. Besonderen Reiz gewinnt der erhöht liegende Bau in Zusammensicht mit der Stütz- und Einfriedungsmauer aus roten Ziegeln mit Natursteinfüllung in den Bogennischen und großem Gittertor. Im gewünschten Sinne malerisch erscheint dazu der Pflanzenwuchs des Vorgartens.
Kulturdenkmal aus künstlerischen Gründen wegen der städtebaulichen Wirkung im Zusammenhang mit der Parkanlage.

Nördliches Nerotal 59
Fl. 31 Flst. 1062/6

Bauantrag: 21. 8. 1882
Antragsteller: Moritz Fr. Sperling, Regierungsrat
Architekt: Zais & Wojtowski

In pittoreskem Gegensatz zum Nachbarhaus Nr. 57 (vgl.) ließ Sperling die ebenfalls erhöht liegende Villa im Stil der italienischen Renaissance errichten. Der querrechteckige Baukörper mit Flachdach und flachem Risalitgiebel besticht durch seine ausgeglichenen Proportionen und die freundlich heitere Note des Entwurfs. Orangefarbene Ziegel und heller Sandstein sind auch hier die Baumaterialien; dazu die roten Ziegel der in gleicher Form wie bei Nr. 57 errichteten Einfriedungsmauer, hier mit ornamentiertem Spießgittertor. Die ohne Verzierung gemauerten Ziegelverbände bringen die Sandsteingliederung mit Klarheit zum Ausdruck. Im Mittelrisalit mit Vorbau wird die Plastizität durch Halb- bzw. Dreiviertelsäulen verstärkt. Das Dekormotiv in den Lünetten der gekuppelten Rundbogenfenster ist in Ton präfabriziert und dem Farbwert des Sandsteins angepaßt.
Kulturdenkmal aus künstlerischen und städtebaulichen Gründen mit besonders malerischer Wirkung im Hintergrund der Parkanlage.

Nördliches Nerotal 69
Fl. 31 Flst. 658/4

Bauantrag: 15. 6. 1895
Antragsteller: J. Kirchholtes, Kaufmann
Architekt: Stanislaus Wojtowski

Reichdekorierte Neobarockvilla mit besonders pittoreskem Turmaufbau über dem seitlichen Risalit. Im Risalitbereich ist bei polygonalem Vorbau im EG das darüberliegende Balkongeschoß markant plastisch gestaltet. Die Fenster bzw. Türen werden von freistehenden Säulen gerahmt, die einen Architrav mit gesprengtem Rollgiebel tragen. Dahinter steigt ein Turmgeschoß mit Diadembogen auf, bekrönt von einer Zwiebel mit verziertem Knauf. Zu den üppigen Zierformen am Bau gehört der rokokohafte Fensterdekor des 1. OG ebenso wie das geschmiedete Korbgitter des abgerundeten Risalitbalkons, der in der vorderen Mitte noch einmal halbrund ausbogt. Die in ihren vielen Details gut erhaltene Villa ist mit der Geschlossenheit des Entwurfs Kulturdenkmal aus künstlerischen Gründen. Auch ist sie bedeutend als Teil der baulichen Hintergrundkulisse der Parkanlage. Zur Villa, die von alten Bäumen malerisch gerahmt wird, gehört eine schöne Einfriedung mit Ziegelmauer, Ziergitter und -tor.

Nördliches Nerotal 71
Fl. 31 Flst. 4/4

Bauantrag: 29. 10. 1892
Antragsteller: J. Kirchholtes, Kaufmann
Architekt: Stanislaus Wojtowski

Pompöse neobarocke Villa mit gewölbtem Mansarddach bei kubisch rechtwinklig konzipiertem Baukörper. Besonders originär ist die motivreiche Gestaltung des seitlichen Risalits. Ein kantig gegründeter Altan schwingt im 1. OG zur Mitte barockisierend aus; die Fenstergruppen der beiden Obergeschosse werden bei Sprengung des Giebels in einem großen Bogen zusammengefaßt, darüber ein bekrönendes Motiv vor dem ehemals mit einer Kuppel versehenen Dach. Die Gestaltung mischt geometrische und organische Formen im Sinne des Stilpluralismus der Zeit nach subjektivem ästhetischem Empfinden. Der dabei zustandekommende kulissenhafte Eindruck wurde in einer dem „schönen Schein" verpflichteten Epoche bereitwillig für das Sein genommen. Der Zugang zur Villa, mit Kleinpflaster und Platten belegt und von Gestein und Farngewächsen u. a. gesäumt, bewahrt im wesentlichen seine ursprüngliche Gestalt. Trotz Umwandlung zum Mietetagenhaus ist das Treppenhaus mit Marmorstufen und geschmiedetem Rankengitter (vgl. die qualitätsvollen Balkongitter an der Fassade) mit Haustür gut erhalten.

Kulturdenkmal aus künstlerischen Gründen mit hervorragender städtebaulicher Wirkung als bauliche Kulisse der Parklandschaft.

Nördliches Nerotal 73
Fl. 31 Flst. 644/2

Bauantrag: 7. 3. 1901
Antragsteller: Frau H. Wulfson
Architekt: Friedrich Lang
Umbau: 1935 Umwandlung zum Etagenmietshaus

Prunkvolle Villa des wilhelminischen Neobarock. Die malerische Gestaltung des ganz mit Sandstein verkleideten Kubus mit Mansarddach erfolgt durch Auflösung der Front mittels Eckturm, seitlichem Risalit und dazwischenliegenden Loggianischen, die untere mit weitem und konkav gehöhltem Rundbogen. Durch diverse Vorbauten und die Freitreppe ist auch die linke Eingangsseite in charakteristisch additiver Weise von unregelmäßiger Bildung, aber dabei deutlich als Abseite kenntlich. Der pomphafte ornamentale und figürliche Dekor konzentriert sich vielmehr auf die zur Straße gerichtete Hauptansicht und gipfelt in den beiden mächtigen Karyatiden, die mit je einem Arm das leichte Glasdach der oberen Loggia stützen. Zu den handwerklich hervorragenden Details am Bau ge-

hören die vorwiegend vegetabilisch aufgefaßten Schmiedeeisenarbeiten. Zudem wahrt die besonders gut und vollständig erhaltene Villa so kunstvolle Details wie die leuchtertragende Kore auf dem unteren Treppenpfosten oder die als Ritter (man beachte den Gegensatz!) gebildete Stütze der gläsernen Eingangsverdachung.
Identisch mit der aufwendigen Außengestalt ist die Innenausstattung der Villa. In beiden Hauptetagen sind die Decken der zur Straße orientierten Räume illusionistisch bemalt. Das Treppenhaus mit Marmorstufen ist über den marmorverkleideten Wandsockeln mit Spiegeln und Stuck prunkvoll dekoriert. Den oberen Treppenabsatz ziert ein im Stuck in Teilen vollplastisch gebildeter Weinstock. Das Souterrain wiederum beeindruckt durch maureske Türlaibungen aus blauen und weiß glasierten Ziegeln. Innen wie außen ist der Jugendstil nur latent spürbar. Zum aufwendigen Villenentwurf gehört auch die entsprechend schwere Einfriedung mit zyklopischer Mauer, barockisierendem Schmiedeeisentor und geschmiedetem Dekorgitter.
Kulturdenkmal aus künstlerischen und städtebaulichen Gründen. Wie alle Villen des Nerotals ist die Korrespondenz von Parkanlage und Bebauung wesentlich.

Nördliches Nerotal 75
Fl. 31 Flst. 643/3

Bauantrag: 29. 3. 1902
Antragsteller: E. Metzkes, Fabrikant
Architekt: Friedrich Lang

Mächtige pittoreske Sandsteinvilla in vorwiegend an Spätgotik und Renaissance bzw. Manierismus angelehnten Formen. Vereinzelt treten neben barockisierender Ornamentik secessionistisch abstrakte Dekorationsformen auf. Der seitenverkehrt zu der ebenfalls von Lang gebauten Nachbarvilla Nr. 73 (vgl.) konzipierte Entwurf beruht in gleicher Weise auf dem historistisch additiven Prinzip: Eckturm (mit Belvedere), Altan, seitlicher Risalit mit Polygon, Freitreppe, Treppentrakt sind die um den kubischen Kern mit malerischer Wirkung für Außenbau und innere Raumgestaltung angeordneten Motive. Die Qualität des Sandsteins wird dabei werkstoffgerecht zum Ausdruck gebracht: in der schweren Bosse des Sockels, plangeschliffen an den Wänden und skulptiert in Gliedern und Ornament. Der gute Erhaltungszustand weist seltene Details wie die Blumenhalterung vor dem Zwillingsfenster des 1. OG auf. Zu den wertvollen individuellen Schmiedeeisenarbeiten gehört neben dem Treppengeländer auch das prächtige barock empfundene Gartentor. Geschmiedete Pfosten verbinden es

mit dem Einfriedungsgitter auf schwerer Bossenmauer in formalem Anschluß an die Nr. 73.
Kulturdenkmal aus künstlerischen Gründen.

Nördliches Nerotal
Stützmauer und Treppenweg
Fl. 141 Flst. 27/1

Die am Ende der nördlichen Nerotal-Straße spitzwinklig abzweigende Weinbergstraße wird von einer der Straßensteigung folgenden Mauer abgestützt. Im letzten Abschnitt verläuft ein Treppenweg zur Weinbergstraße. Das auf ein organisch malerisches Erscheinungsbild angelegte Mauerwerk besteht aus Natursteinquadern mit Sandsteinabdeckung. Auf der Mauer verläuft ein schweres Eisengeländer waagrechter Stäbe zwischen alternierenden Pfosten aus Eisen und Sandstein. Im Bereich des Treppenweges geht das Geländer in eine Balustrade mit aus Ziegeln gemauerten Docken mit Sandsteinabdeckung über. Geländeranfänger und -abschluß bestehen aus je einem klassizisierendem Sandsteinsockel mit gußeisernem Kandelaber. In der Stützmauer des dem Treppenweg benachbarten Baugrundstücks (Nr. 77) findet die Stützmauer der Straße ihre optische Fortsetzung.
Die gesamte Anlage ist Kulturdenkmal im Sinne der Sachgesamtheit bestehend aus: Stützmauer der Straße und des Baugrundstücks Nerotal 77 (vgl.), Treppenweg, Geländer und Brüstung von Straßenstützmauer und Treppe, Laternen mit Sockeln. Die künstlerische Qualität der für das hintere Nerotal charakteristischen Anlage dokumentiert das hohe Niveau des Städtebaus der Genzmer-Ära (1894–1902).

Nördliches Nerotal 77
Stützmauer
Fl. 141 Flst. 683/2

Die Stützmauer der Einfriedung ist als Teil der Sachgesamtheit Nerotal, Stützmauer und Treppenweg (vgl.), Kulturdenkmal aus künstlerischen und städtebaulichen Gründen.

Südliches Nerotal 2
Fl. 142 Flst. 11/2

Bauantrag: 4. 9. 1897
Antragsteller: L. Hees, Rentner
Architekt: Albert Wolff

Der prosaisch als „Neubau“ eingereichte Entwurf des prächtigen Mietshauses ist durchaus als Villa empfunden. Als Eckgebäude behauptet der zur Stiftstraße längsrechteckige Baukörper eine wichtige Position. Unmittelbar straßenräumlich bezogen ist der über abgefaster Ecke sitzende Eckturm mit seiner barockisierenden Zwiebelhaube. Zum Nerotal sind Verandavorbau und Balkon gerichtet. Wilhelminischer Pomp dominiert im Stilpluralismus der Fassadenarchitektur mit Hervorhebung des 1. OG. Ein besonderer Reiz der Ornamentik sind die weiblichen Masken in den Füllungsmotiven der Fensterüberdachungen u. a. Das große Motiv des Erkerturms nimmt das Wiesbadener Wappen auf. Unterschwellig macht sich in der Ornamentik der Jugendstil bemerkbar. Von der Secession beeinflußt ist das schlichte Einfriedungsgitter.
Kulturdenkmal aus künstlerischen und städtebaulichen Gründen.

Südliches Nerotal 6
Fl. 142 Flst. 9

Erbaut: um 1850

Bei dem wohlerhaltenen spätklassizistischen Villenkubus handelt es sich um die ehemalige Kaltwasserbadeanstalt Guckuck (geführt bis 1874). Der schlichte würfelförmige Bau mit Zeltdach gehört zu den ersten Bauten im Nerotal und repräsentiert zwischen seinen mächtigen Nachbarn das bescheidene Landhaus des Biedermeiers. Dimension, Proportionen und Feingliedrigkeit der die Fassade gestaltenden Motive sind einander adäquat und bilden den Reiz dieser unprätentiösen Architektur. Die ihr eigene ländliche Note wird durch die Fensterläden verstärkt, die ebenso erhalten sind wie die in zierlichem Gußeisen ausgeführte Verandakonstruktion vor den beiden Mittelachsen. Zu den Besonderheiten im Detail gehört die Form der Fenstergewände mit gebogten Profilen innerhalb eines rechteckigen Blendrahmens. Das dekorative Eisengitter der Einfriedung stammt aus späterer Zeit (vermutlich 90er Jahre).
Kulturdenkmal aus künstlerischen und stadtbaugeschichtlichen Gründen.

Südliches Nerotal 8
Fl. 142 Flst. 8

Bauantrag: 9. 2. 1884
Antragsteller: Louis Hack, Rentner
Architekt: Heinrich Ph. Franke
Inschrift: „Villa Nerotal" über der EG-Veranda

Große, elegante Mietetagenvilla, die den spätklassizistischen Modus unter Aufnahme von Renaissancemotiven perpetuiert. Das Prinzip strenger Rechtwinkligkeit wird nur im Bereich des Mittelrisalits der Front durchbrochen. Der flach gebogte Verandavorbau mit Balusterbrüstung, eine üppige Gliederung mit der gefüllten Rundbogenrahmung der oberen Fenstertüren, davor das ausladende Korbgitter, schaffen organische Formwerte. Dagegen zeichnen sich die seitlichen Achsen und Nebenfassaden durch Flächigkeit der Wände aus, von denen Gesimse und Fensterrahmungen sich klar plastisch abheben und somit den formalen Zusammenhang zur Mitte herstellen. Gut ist die Qualität der Ornamentik. In späterer Zeit erhielt die das Grundstück hoch ausnutzende Villa noch einen rückwärtigen Anbau. Der seitlich gelegene Eingang hat die originale Neorenaissancetür bewahrt.
Kulturdenkmal aus künstlerischen Gründen und wegen der städtebaulichen Funktion als Architekturkulisse für die beginnende Parkanlage.

Südliches Nerotal 16
Fl. 143 Flst. 20

Bauantrag: 19. 5. 1883
Antragsteller: Louis Hack
Architekt: –
Inschrift: „Villa Beaulieu" über der Veranda des EG

Die über aufgeböschtem Sockel errichtete Eckvilla hat eine wichtige Funktion für das Straßenbild. Den unmittelbaren Eckbezug nimmt der malerische Diagonalrisalit mit repräsentativem Belvedere im 1. OG auf. Symmetrisch ist die zum Nerotal gerichtete Front gebildet, mit Mittelrisalit und Verandavorbau in kanonisch spätklassizistischem Modus. Kennzeichnend für den im Spätklassizismus wurzelnden Typus ist die starke Plastizität der Fassadengliederung. Vor allem die üppige Rustizierung von Sockel und EG sowie die Eckverzahnung verraten den vorwiegend an der Renaissance orientierten Geschmack der 80er Jahre. Hinzu tritt insgesamt eine auf die von der Epoche vielzitierte malerische Sehweise angewiesene Vergröberung im Detail, die anzeigt, daß ein effektvoller Gesamteindruck wesentlich ist.
Die weitgehend ungestört überkommene Villa ist mit ihrer in Teilen leider eliminierten Einfriedung Kulturdenkmal aus städtebaulichen und künstlerischen Gründen.

„Kurhaus Bad Nerotal", Reproduktion nach Baugewerkszeitung 39. 1907.

Südliches Nerotal 18
Ehemaliges „Kurhaus Bad Nerotal"

Fl. 142 Flst. 4

Bauantrag: 19. 4. 1905
Antragsteller: Dr. Josef Schubert
Architekt: Albert Wolff

Die am 1. 4. 1907 wiedereröffnete Kurklinik entstand anstelle eines spätklassizistisch-biedermeierlichen Vorgängerbaus. 1838/42 hatte der Kaufmann Samuel Löwenherz hier eine Tuchwalkmühle errichtet, die er 1851 zur Kaltwasserheilanstalt umbauen ließ. Der 4½geschossige (gegenüber 2½ Geschossen zu 14 Achsen) repräsentative Neubau erfolgte nach einem Artikel in der Baugewerkszeitung 39, 1907 „in einfachen, wirkungsvollen Formen modernisierter Renaissance". Tatsächlich erfolgte die Stilgebung in einer durch das Wirken der Secession gemäßigten wilhelminisch-neobarocken Formensprache (heute durch das Fehlen der beiden Risalitkuppeln u. a. vereinfacht). Die symmetrische Hauptansicht mit breitem dreiachsigen Mittelrisalit und polygonal gebildetem Seitenrisaliten, ferner charakteristisch durch die zahlreichen Balkone über der Terrasse des 1. OG, ist zum 2.600 qm großen Park orientiert. Als einziges auf der rechten Seite des südlichen Nerotals gelegenes Gebäude geht der Park unmittelbar in die Grünanlage über. Zur Straße ist die schmale

Eingangsseite mit Eckrisalit gerichtet. Im EG des Risalits beeindruckt das glasüberdachte Portal, das neben beschlagwerkähnlichen Formen ganz moderne Bildungen aufweist. Dergleichen im Inneren, wo von den Aufenthaltsräumen im EG und den Verkehrsräumen u. a. die mit Marmorverkleidung äußerst repräsentativ gestaltete Empfangshalle erhalten ist.
Die Kurklinik ist Kulturdenkmal wegen ihrer guten baukünstlerischen Qualität und wegen ihrer stadtbaugeschichtlichen Bedeutung. Zu ihr gehört die Einfriedung mit einem für die Zeit bemerkenswert modernem Gitter.

Südliches Nerotal 22/24
Doppelvilla
Fl. 144 Flst. 9; 8

Bauantrag: 30. 10. 1895
Antragsteller: Karl Schramm, Tünchermeister
Architekt: Georg Schlink

Pittoresk angelegte Doppelvilla, die durch die Zweifarbigkeit des Ziegelmaterials (rot und ocker), Ornament und Musterlagen sowie „Sgraffiti" oder dekorative Gitter nebst Zuganker u. a. zu malerischer Wirkung gebracht wird. Die beiden Haushälften mit seitlichen Risaliten und verschattenden Verandavorbauten entsprechen einander spiegelbildlich. Die Stilgebung geht betont konservativ auf die nordische, national gefärbte Neorenaissance der 80er Jahre zurück bei lebhafter und üppiger werdendem Dekor im Geschmack der wilhelminischen Ära. Für den insgesamt altertümelnden Eindruck steht charakteristisch das als falsches Sgraffito ausgeführte Wappen mit Ritterhelmen im bekrönendem Bogenfeld des Risalits im 1. OG. Aufschlußreich für das vermehrt auf Wirkung bedachte Architekturverständnis des späten Historismus ist die für die Fassadenproportion zwar günstige, doch funktionslose Überhöhe der Frontispize. Zum erhöht liegenden Gebäude führen Treppen. Die hohe Stützmauer ist in Bruchstein ausgeführt, die Pfosten in Ziegel.
Kulturdenkmal aus künstlerischen Gründen mit hohem städtebaulichem Wert mit Bezug auf die Parkanlage.

Südliches Nerotal 26/28
Doppelvilla
Fl. 144 Flst. 1; 6

Bauantrag: 28. 5. 1895
Antragsteller: Karl Cramer, Schlossermeister
Architekt: Albert Wolff

Im Gegensatz zum Nachbar-Doppelhaus Nr. 22/24 (vgl.) errichtete Wolff die pittoreske Villa mit geputzter Fassade und barockisierenden Details. Gerade im Verandavorbau (Verglasung erst nach 1900) mit besonders schönem Glasdach schwingen die Brüstungen konvex aus, üppige kartuschenartige Motive sitzen im 1. OG in den Feldern

der hohen Fenstergiebel. Renaissancistisch altertümelnd wirkt dagegen der seitliche Risalitgiebel, dem auf der sonst identischen Gegenseite lediglich eine aufwendig gerahmte Gaupe entspricht. Tatsächlich hätte ein weiterer Giebel an dieser Stelle eine zu starke Häufung der Motive bedeutet und bei der leichten Steigung der Straße einen zu starken Sprung verursacht. Weit weniger aufwendig als die Front sind die bei der hohen Bodennutzung kaum einsehbaren Eingangsseiten gestaltet. Die durchgehende Spundierung des Putzes ist durchgehalten. Die obere Zone gliedern halbkreisförmige Felder mit auch an der Fassade auftretendem üppigem Kartuschendekor. Leider ist die Einfriedung des erhöht liegenden Gebäudes gestört.
Kulturdenkmal wegen der stadtbaugeschichtlichen Qualität in Korrespondenz mit der Parkanlage.

Südliches Nerotal 30
Fl. 144 Flst. 5

Bauantrag: 13. 6. 1894
Antragsteller: G. Bargen, Rentner
Architekt: Bruno Rüdiger
Umbau: 1903 durch W. Rehbold

Die im spätklassizistischen Modus mit barockisierendem Dekor und französischem Mansarddach errichtete Villa erhielt 1903/04 den ausschwingenden Wintergartenvorbau. Zudem wurden im Sinne eines am Louis XVI orientierten Neoklassizismus die Oberlichter der Fenster versproßt. In einer für den Eklektizismus der Zeit typischen Weise verbinden sich hier unterschiedliche wie einander widersprechende Bauideen (Klassizismus contra Barock) zu einem vom damaligen Bewohner einer solchen Villa geschätzten stimmungsvollen Gesamteindruck. In diesem Sinne hat Rehbold als geschulter Historizist seine Veränderungen aufs harmonischste vorgenommen und das qualitätsvolle Erscheinungsbild der Villa gewahrt, ja bereichert. Leider fehlt das ursprüngliche Einfriedungsgitter. Das gebogte Tor zwischen hohen Ziegelpfosten ist mit der Ziegelmauer erhalten.
Kulturdenkmal wegen der städtebaulichen Bedeutung in Korrespondenz mit der Parkanlage.

Südliches Nerotal 32
Fl. 144 Flst. 4

Bauantrag: 29. 4. 1893
Antragsteller: E. Schulz, Witwe
Architekt: Wilhelm Rehbold
Umbau: 1928 bauliche Veränderungen

Die durch ihre guten Proportionen und Klarheit der Formen auffallende Villa wurde in den späten 20er Jahren in manchen Teilen verändert. Vermutlich erhielt der spätklassizistische Bau zu diesem Zeitpunkt seinen neoklassizistischen Habitus mit der Tendenz zur monumentalen Dimension. Letzteres vor allem im 1. OG des Mittelrisalits durch das die Fenstertüren optisch vergrößernde Motiv der tranparenten Vorsatzgitter. Ein im ganzen palaisartiger Eindruck wird durch die in jüngerer Zeit erfolgte Versprossung der Fenster verstärkt. Die erfolgten Veränderungen sind für die Tradierung historistischer Baugesinnung bis in die heutige Zeit aufschlußreich. Für den Denkmalbereich Nerotal ist die anspruchsvolle Villa von städtebaulicher Bedeutung. Anspruch und Qualität geben Auskunft über die gerade gegen 1900 gestiegene Wertschätzung des Nerotals als Villengebiet. Sie ist Kulturdenkmal auch aus künstlerischen Gründen.

Südliches Nerotal 48
Fl. 141 Flst. 4

Bauantrag: 17. 6. 1908
Antragsteller: H. Besier
Architekt: Rehbold & Kraitzsch

Großbürgerliche Villa in neoklassizistischem Zopfstil bei vielgestaltiger, malerischer Konzeption. Gerade am Rand der benachbarten Grünanlage hat der polygonale Eckturm eine prägnante, merkzeichenhafte Wirkung, die durch die erhöhte Lage noch verstärkt wird. Im Ausdruck gleichgewichtig behauptet sich der seitliche Risalit mit leicht ausschwingendem Verandavorbau. Mit den geschweiften Formen der Dachlandschaft wirkt letzterer den z. T. geometrisch strengen Formen des differenziert gebildeten Baudekors entgegen. Während der Bau in Anlage und Stilgebung erneut in den Historismus einlenkt, künden sich Ideen neuen Bauens (Werkbund) in der Naturstein-Bossenmauer des Sockels an. Zur Straße begrenzt das Grundstück eine ▽

halbhohe Bruchsteinmauer mit mächtigen Pfosten und relativ schlichtem Spießgitter nebst Tor.
Der bis in die Details – dazu gehört auch die Versprossung der Oberlichter – wohlerhaltene Bau ist Kulturdenkmal aus künstlerischen und städtebaulichen Gründen, letzterer auch in Verbindung mit der Nerotal-Anlage.

Südliches Nerotal 50/52
Doppelvilla
Fl. 141 Flst. 18; 19

Bauantrag: 15. 3. 1901
Antragsteller: Louis Schramm, Rentner
Architekt: Carl Krell

Pompöse Doppelvilla im Beaux-Arts-Stil, der hier unverkennbar Züge des wilhelminischen Neobarock annimmt. Der bewegte Umriß schafft mit der Materialqualität (orangefarbene Ziegel mit grautoniger Sandsteingliederung) und der Plastizität von Gliederungsmotiven nebst Dekor ein reiches, malerisches Erscheinungsbild. Charakteristisch für den Entwurf sind die beiden zurückgesetzten Ecktrakte mit Turmgeschoß und Kuppel. Die risalitartig exponierte Mittelpartie mit üppiger Motivhäufung hat im aufwendigeren 1. OG einen logenartigen Austritt, der als Indiz einer auf bühnenhafte Effekte (auch im Naturerlebnis) gestimmten Zeit erscheint. Die erhöht liegende Anlage ist bei geringen Abweichungen symmetrisch gestaltet. Die

Nr. 50 bewahrt das wertvolle, vom Jugendstil beeinflußte Einfriedungsgitter mit Tor, letzteres ist auch bei Nr. 52 erhalten. In der restaurierten Nr. 52 beeindruckt u. a. ein Prunktreppenhaus.
Kulturdenkmal aus künstlerischen Gründen wegen der bereichsprägenden Bedeutung für Grünanlage und Park.

Südliches Nerotal 54
Fl. 141 Flst. 20

Bauantrag: 21. 5. 1907
Antragsteller: Reinh. Crüwell, Rentner
Architekt: Wilhelm Rehbold

Der in seiner Zeit moderne Villenbau steht in sprechendem Gegensatz zu seinen historistischen Nachbarn (vgl. Nr. 50/52). Die durch Secession und Werkbund vorangetriebenen Reformen sind maßgebend für die von den Stilen der Vergangenheit befreite Architektur. Für die Ästhetik sind im hohem Maß die im Zusammenhang mit der Form sinnvoll verwendeten Materialien im Sinne eines werkstoffgerechten „ehrlichen" Bauens: die schwere rohe Sandsteinbosse im Sockel, organisch-rauhe Putzflächen, Holz (im Schindelbehang des Hauptgiebels u. a.), rote Ziegel. Bei zeittypischer Überbetonung des archaisch Schweren schaffen Material und Anlage ein landhausmäßiges Erscheinungsbild. Deutlich ist die Identität von Innen- und Außenbau ablesbar. Zum Charakter des Gebäudes passend ist die nachgerade zyklopische Einfriedungsmauer.
Kulturdenkmal aus künstlerischen Gründen und wegen der städtebaulichen Bedeutung in Korrespondenz mit der Parkanlage.

Südliches Nerotal 56
Fl. 141 Flst. 21

Bauantrag: 18. 5. 1905
Antragsteller: Richard Kolb, Hotelier
Architekt: Wilhelm Rehbold

Kleinere, mit schmückendem Fachwerkgiebel zwischen hohen Koniferen romantisch empfundene Villa. Relikte historisierender Bauweise (gotisierende Verandabrüstung u. a.) verweisen auf die historistischen Anfänge Rehbolds. Seine Ideen eines ländlichen Villenbaus bezieht er aus regionalen Eigenheiten, hinzu kommt eine durch den Jugendstil vorbereitete freiere Formfindung. Nicht zu verkennen ist in der Verbindung unterschiedlicher Gestaltungsansätze ein auf das wirkungsvolle Bild zielender Eklektizismus, wie er den historistisch geschulten Architekten der Zeit kennzeichnet. Bei aller projizierten Idylle bleibt der liebenswürdige Entwurf frei von Prätention im Sinne eines demonstrativen Repräsentationshabitus.
Kulturdenkmal aus künstlerischen Gründen mit guter bereichsprägender Wirkung im Zusammenhang mit dem Park.

Taunusstraße

Ab ca. 1820 aus dem ehemaligen Neuen Sonnenberger Weg entstanden. Nach 1900 in Verbindung mit der um 1858 als Villenstraße eröffneten Elisabethenstraße, dem ehemals selbständigen Abschnitt zwischen Röderstraße und Nerotal.

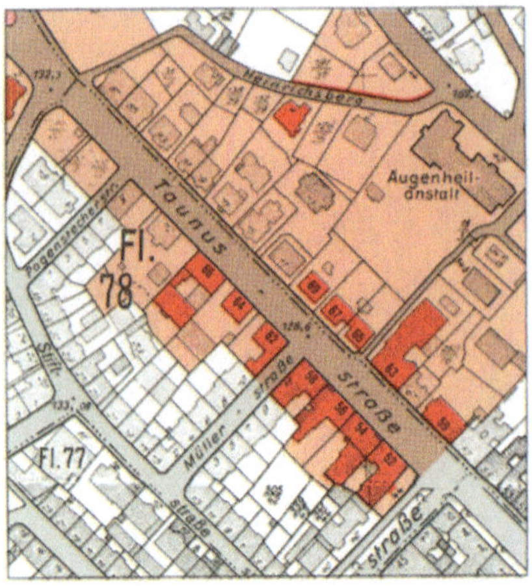

Taunusstr. 52–58
Sachgesamtheit, bestehend aus:

Taunusstr. 52/Röderstr. 44
Fl. 78 Flst. 301/48
Taunusstr. 54/56
Fl. 78 Flst. 299/48; 295/48
Taunusstr. 58/Müllerstr. 11
Fl. 78 Flst. 314/36

Bauantrag: 8. 2. – 7. 5. 1898
Antragsteller: Carl Rud. Müller Erben
Architekt: Wilhelm Müller, Regierungsbaumeister

Der als ästhetische Einheit konzipierte neoklassizistische Komplex aus 2 Einzelwohnhäusern und einem Doppelwohnhaus nimmt die gesamte Blockbreite zwischen Röderstraße und Müllerstraße ein. Bei den beiden Eckbauten (Nr. 52 und Nr. 58) mußten spätklassizistische Vorgängerbauten der früheren Elisabethenstraße dem Vorhaben weichen. Mit 4½ Geschossen schließt die Häusergruppe maßstäblich an die späte historistische Bebauung der Röderstraße und Taunusstraße an. Ihre baukünstlerische Qualität entfaltet die Nr. 52 vor allem in der durch die Ecklage begünstigten Diagonalansicht. Rechts die symmetrische Front mit flachen doppelgeschossigen Erkern in den beiden äußeren Achsen und einem Zwerchhaus mit Dreiecksgiebel über den 3 mittleren Achsen, links mit mittigem Verandavorbau und attikaartigem Zwerchhaus bei sonst gleicher Anlage. Besonderes Gewicht erhält die Ecklösung durch das Volumen der sich hier begegnenden Erker sowie den diagonal in einer Nische liegenden Eingang zum großen Verkaufsladen im EG. Ein reliefiertes Portraitmedaillon nebst Inschrifttafel in Bronze im 1. OG der Röderstraßen-Seite macht darauf aufmerksam, daß der Komponist Franz Abt seine letzten Lebensjahre im Vorgängerhaus verbrachte (gest. 1885).
An das Eckgebäude schließt das aus 2 spiegelgleichen Hälften bestehende Doppelhaus Nr. 54/56 an. Die langgestreckte Fassade mit den in den beiden mittigen Achsen liegenden Eingängen ist als Einheit erfaßt. An die 4 Mittelachsen mit kolossaler Pilaster-

gliederung schließen beidseitig Achsen mit zu Gruppen zusammengefaßten schmalen Fenstern an, wobei sich im 1. und 2. OG das Motiv des flachen Doppelerkers wiederholt. Bei der Gestaltung der Dachzone mit 2 jeweils zurückgesetzten Obergeschossen mit abschließender Attika dürfte eine spätere Veränderung mitwirken.
Der folgende Eckbau Nr. 58 gleicht der Nr. 52, ist jedoch weniger voluminös. Durch Verringerung des Volumens wird der Übergang zur spätklassizistischen Randbebauung der Müllerstraße harmonisiert.
Das ausdrucksvolle Erscheinungsbild des großzügigen Ensembles beruht nicht zuletzt auf der Betonung der Strukturglieder durch Haustein vor sonst glatt geputzten Wandflächen. Hinzu kommt der schlichte, durchaus elegant wirkende Dekor durch die Gitter der z. T. einachsigen, z. T. über die Fassadenbreite gezogenen Balkone. Charakteristisch für den Baustil sind die Sprossenfenster.

Taunusstr. 59
Ehemals Armen-Augenheilanstalt
Fl. 79 Flst. 252/18

Erbaut: 1856/57

Das nur zur linken Seite freistehende Gebäude war ehemals Kopfbau der offen bebauten Elisabethenstraße. Es ist aus stadt- wie landesgeschichtlichen und künstlerischen Gründen Kulturdenkmal. Der Erbauer war Dr. Alexander Pagenstecher, der Begründer der Wiesbadener Augenheilanstalt, die zugleich einzige Augenklinik des Herzogtums war. Auf der Grundlage einer Stiftung wurde am 1. 1. 1856 eine „Armen-Augenheilanstalt“ in der Kirchgasse 7 eröffnet, deren Leitung Pagenstecher als Initiator des Unternehmens übernahm. Am 1. 4. 1857 verlegte er die Klinik in das von ihm erbaute Haus in der Taunusstraße. Gleichzeitig bezog er darin eine Privatwohnung. Am 3. 1. 1861 erwarb er ein weiteres Gebäude in der Kapellenstraße hinzu (vgl. Kapellenstr. 29). Der gute Ruf der Anstalt hatte einen großen Zulauf zur Folge, der mit der Preußischwerdung Nassaus nach 1866 weiter anstieg. 1868 wurde die gesamte Klinik in das inzwischen erworbene Schirm'sche Anwesen (ehemals Villa Astheimer, 1843 erbaut) in der Kapellenstraße verlegt, wo 1903–05 ein Neubau entstand, der heute Teil der Gesamtanlage ‚Nördliches Villengebiet‘ ist. 1981 wurde die Augenheilanstalt in die neuen städtischen Kliniken integriert und das Gebäude einer neuen Nutzung zugeführt.
Baukünstlerisch stellt das erste Klinikgebäude, Taunusstr. 59, eine Besonderheit dar. Nur wenige Beispiele eines von der englischen Neugotik geprägten Spätklassizismus sind in der Stadt erhalten. Klassizistische Strenge der Gliederung und romantisierender Dekor schaffen ein reizvolles biedermeierliches Erscheinungsbild. Eine leichte Tendenz zum Burgenhaften entsteht durch die turmartige Überhöhung der beiden rechten Achsen, die zur Erweiterung des kubischen Hauptbaukörpers erst später hinzugefügt wurden. Alten Abbildungen zufolge stand der ganz villenartig konzipierte 3geschossige Kubus zunächst allein und war durch einen Vorgarten vom Trottoir getrennt. Der Anbau erfolgte 4geschossig, vermutlich um einen gleichhohen Anschluß an das Nachbargebäude zu schaffen, das erst in späterer Zeit durch einen höheren Neubau ersetzt wurde. Zu den vielen bemerkenswerten Details der feinen, differenzierten Bauzier gehört auch die gußeiserne Balkonbrüstung im 1. OG der in sich symmetrisch gegliederten Fassade des Kubus. Das dreiteilige Hoftor mit einfachen, in Bogenform gefaßten Eisenspießen entstand erst mit der Verbreiterung der Straße.

Taunusstr. 62
Fl. 78 Flst. 264/35

Erbaut: um 1868

Als freistehender Villenkubus konzipiertes Eckgebäude, das bereits im Hinblick auf die Eröffnung der Müllerstraße (1871) entstanden ist. Dafür spricht vor allem die Ausbildung zweier Fassaden, einmal mit Balkon im 1. OG (der Balkon im 2. OG ist eine Zutat der 90er Jahre), zum anderen mit Betonung durch eine flache, hohe Risalitbildung in der Mittelachse. Die Lücke zur Blockrandbebauung schließt ein späterer galerieartiger Verbindungstrakt zu 2 Geschossen. Seine Gliederung und Dekoration ist mit deutlicher Tendenz zur plastischen Form identisch mit dem spätklassizistischen Hauptbaukörper, der insgesamt klare kubische Formen wahrt. Der für einen Villenbau ungewöhnliche direkte Anschluß an das Trottoir beruht auf einer späteren Verbreiterung der Taunusstraße.
Die wohlproportionierte, konsequent durchgestaltete Villa ist Kulturdenkmal aus künstlerischen Gründen und wegen der städtebaulichen Bedeutung als markantes Eckgebäude am Eingang der in ihrer spätklassizistischen Bebauung erhaltenen Müllerstraße.

Taunusstr. 63
Ehemalige Augenheilanstalt
Fl. 79 Flst. 222/20

Bauantrag: 4. 7. 1909
Antragsteller: Prof. Dr. Hermann Pagenstecher
Architekt: Philipp Holzmann & Co. und
E. Rückgrauer, Frankfurt a. M.

Der die Grundstückstiefe hoch ausnutzende Bau zu ursprünglich 4½ Geschossen entstand als private Augenklinik Prof. Dr. Hermann Pagenstechers, der bis 1909 Leiter der Augenheilanstalt war (s. Taunusstr. 59). Über dem EG mit weiten Rundbogenfenstern und -türen erheben sich die 3 Hauptgeschosse mit kolossaler Pilastergliederung im Modus des Spätklassizismus. Die breiten äußeren Achsen sind risalitartig mit durchgehenden Erkern und ehemaliger Überhöhung durch Zwerchhäuser konzipiert. Leider wurde der Dachbereich durch Aufsetzen eines weiteren Geschosses in den 50er Jahren verändert. Die streng rechtwinklige Gliederung der 3 Hauptgeschosse wird durch Ornamentik in einem z. T. secessionistisch reduzierten Louis-Seize-Stil aufgelockert. Ganz dem Jugendstil verpflichtet ist die organisch wulstige Auskragung der Erkerträger im EG. An der einfacher gestalteten Langseite entlang dem Treppenweg zur Kapellenstraße dominieren kolossale Pilaster und Pfeiler vor nachfolgender axialer Fenstergliederung. Zwischen Treppenweg und Haus ist eine antikisierende Hoftorrahmung mit

Taunusstr. 63, Grundriß der ehemaligen Augenklinik (heute Wohngebäude) nach Der Profanbau 6. 1910, Nr. 10.

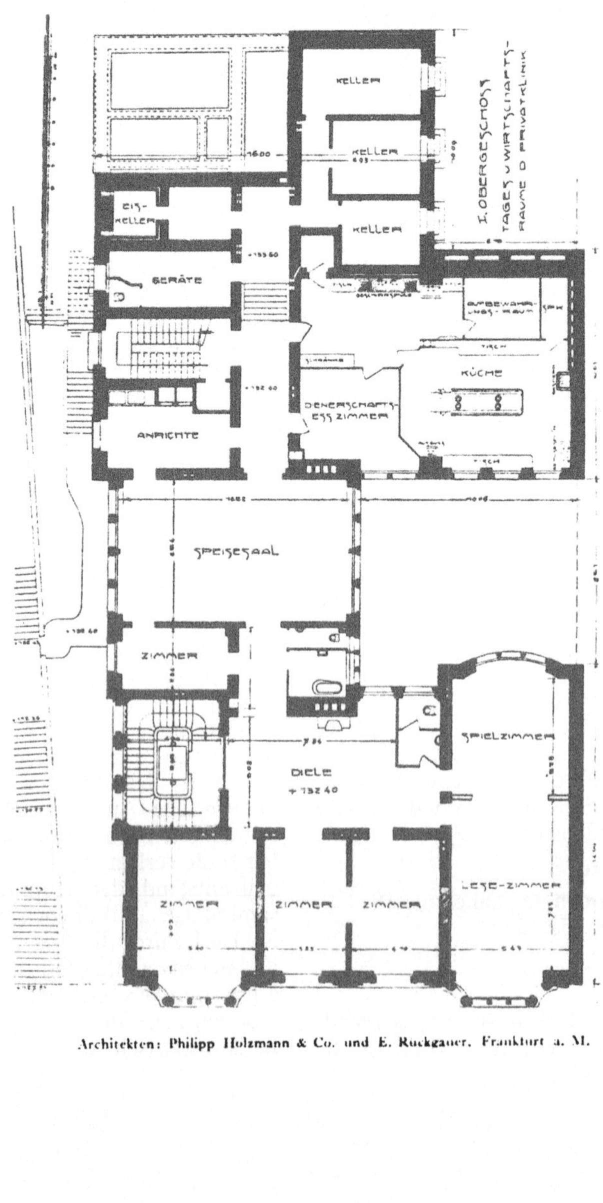

Architekten: Philipp Holzmann & Co. und E. Ruckgauer, Frankfurt a. M.

Angabe der Jahreszahl in römischen Lettern gestellt. Der mit seiner reichen Werksteinfassade im Erscheinungsbild der Taunusstraße besonders markante Bau ist Kulturdenkmal aus künstlerischen sowie aus stadtgeschichtlichen Gründen.

Taunusstr. 64
Fl. 78 Flst. 25/1

Erbaut: um 1866

Schlichter spätklassizistischer Villenkubus zu 3½ Geschossen bei flachem Walmdach. Die 5achsige Fassade des ehemals durch einen Vorgarten vom Trottoir getrennten Gebäudes war ursprünglich durch einen Balkon in der Mitte des 1. OG akzentuiert (heute mit neuem Balkon im 2. OG). Fenster und Fenstertüren haben durchweg Stichbogenform bei dezenter Profilierung der Laibungen. Auch im genuteten EG waren die Fenster mit den in den Obergeschossen meist erhaltenen Klappläden versehen. Durch reichere Gestaltung der Fensterzone wird das 1. OG nobilitiert. Ein Zackenmotiv schmückt den Geschoßgurt darüber, während zierliche Konsolen den Dachüberstand stützen. Im Gegensatz zum ähnlichen Eckgebäude (vgl. Nr. 62) knicken die oberhalb des EG glattgeputzten Wände scharfkantig um. Bei beiden Gebäuden liegt der Eingang seitlich.

Der in seiner Formensprache für die Spätzeit des Herzogtums beispielhafte Villenkubus ist Kulturdenkmal aus künstlerischen Gründen. Mit seinem Nachbarn Nr. 62 vermittelt er ein Bild der ehemaligen Bebauung der früheren Elisabethenstraße.

Taunusstr. 65/67
Doppelvilla
Fl. 79 Flst. 173/21; 174/22

Erbaut: ca. 1872

Bei der spätklassizistischen Mietetagen-Doppelvilla verbindet der Plan zwei 4achsige Kuben durch einen zurückgesetzten 2achsigen Eingangstrakt. Dadurch wird das Bauvolumen optisch verringert, wodurch bei günstigem Blickwinkel der Eindruck zweier separater Villenkuben entsteht. Der gute Entwurf besticht durch Klarheit und eine dem Stil eigentümliche heitere Note. Vorbildlich war der Berliner Villenstil in der Schinkel-Nachfolge. Die Fassade wird seitlich durch einen einachsigen Risalit mit Verandavorbau und Dreiecksgiebel-Abschluß gegliedert (leider gestört bei der auch im Dach veränderten Nr. 65). Prächtige Gußgitter zieren die Brüstungen des in der Abfolge dorisch und ionisch von Säulen gestützten Verandavorbaus. Kassettierte Brüstungsfelder zeichnen das 1. OG als Beletage aus. Die Ornamentik im Rahmen der Fensterverdachung ist im 1. und 2. OG mit vollplastischen Köpfchen geschmückt. Die schlichte Einfriedung ist erhalten. Kulturdenkmal aus künstlerischen Gründen mit besonderer Wirkung für das Bild der gegenüber einmündenden Müllerstraße.

Taunusstr. 66
Fl. 78 Flst. 262/24

Bauantrag: 6. 2. 1908
Antragsteller: Conrad Manker, Rentner
Architekt: Rehbold & Kraitzsch

Das als Teil einer geschlossenen Bebauung konzipierte 4½geschossige Gebäude wurde als Hotel gebaut. Das EG ist heute durch einen großen Ladeneinbau verändert. Die darüber aufsteigende repräsentative Werksteinfassade wird durch konvexe Balkone in Abwechslung mit konkaven Erkern in Schwingung versetzt, eine Bewegung, die freilich im planen seitlichen Mauerstreifen mit Lisenenrahmung wieder aufgefangen wird. Hinzu kommt ein der waagrechten Bewegung entgegengesetzter vertikaler Zug durch die Überhöhung der 3 Balkonachsen durch frontispizartige Giebel. In Verbindung mit Figurationen des zeittypischen Louis-Seize ist der Jugendstil in der Formgebung nachhaltig wirksam.
Der gut durchgestaltete Bau ist Kulturdenkmal aus künstlerischen und stadtbaugeschichtlichen Gründen. Als Glied einer geschlossenen Bebauung angeleg, läßt er darauf schließen, daß für die linke Seite der Elisabethenstraße ein neuer Bebauungsplan vorgelegen haben muß, der vermutlich mit Ausbruch des 1. Weltkrieges zum Stillstand kam. Als geschlossener Block entstanden bereits um 1900 die Gebäude Taunusstr. 52–58 (vgl.).

Taunusstr. 69
Fl. 79 Flst. 23/1

Erbaut: um 1865

Eleganter 3½geschossiger Villenkubus des noch nassauischen Spätklassizismus. Die Fassade ist durch 2 seitliche Risalitvorsprünge gegliedert, welche die 3 mittleren Achsen rahmen. In die strenge, klare Gliederung ist auch die flache Dachzone einbezogen. Die 3 Frontgaupen sind genau auf die Fensterachsen der Hauptgeschosse ausgerichtet. Die vornehme Note des Gebäudes beruht auf der sehr feinen, fast filigranen Stuckzier im Bereich der Fenster und im Hauptgesims. Dazu kommen die dekorativen Gußeisengitter in den Brüstungen der von Konsolen gestützten Balkone im 1. OG als der Beletage. Auffallend einfach sind die Seiten des ganz auf Fassadenwirkung angelegten Gebäudes beschaffen. Die Einfriedung mit Sockelmauer und schlichtem Gitter ist bis auf das Tor erhalten.
Kulturdenkmal aus künstlerischen Gründen.

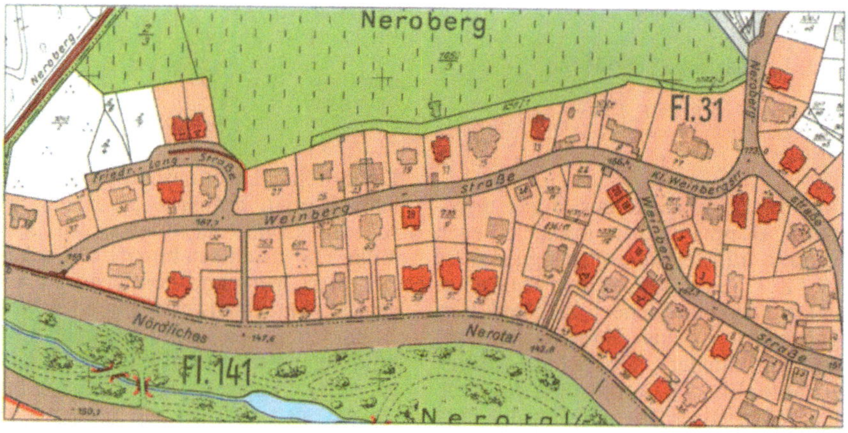

Weinbergstraße

1892 zur Erweiterung des Villengebiets Nerotal eröffnet. Grenzt unmittelbar an den Weinberg des Nerobergs.

Weinbergstr. 3
Fl. 31 Flst. 817/13

Bauantrag: 28. 9. 1895
Antragsteller: Ph. Besier
Architekt: Wilhelm Boué

Die in ihrem Detailreichtum gut erhaltene Villa zeichnet sich wie auch die übrigen Villen der unteren Weinbergstraße durch relativ bescheidene Dimensionen aus. Markant ist der schwere, durch Wurfputz gestaltete Rustikasockel, darüber das EG mit tiefen Lagerfugen bei glattem Putz. Zur Hangseite ist diagonal ein Risalit mit turmartiger Bekrönung gestellt. Parallel zur Straße gliedert ein gebogter Verandavorbau mit pittoresker Wirkung die Front. Der Stilpluralismus der Zeit ergeht sich in den unterschiedlichsten Motiven und Ornamentformen im Sinne eines malerisch-plastischen Erscheinungsbildes. Der Eindruck wird durch die dekorative Einfriedung mit Ziegelmauer und Ziergitter nebst Tor ergänzt. Kulturdenkmal aus künstlerischen Gründen.

Weinbergstr. 5
Fl. 31 Flst. 621/13

Bauantrag: 10. 9. 1900
Antragsteller: W. Cramer, Tünchermeister
Architekt: Hermann Frorath

Kleinere Putzvilla, die bei pittoresker Staffelung der Baumasse Motive verschiedenster Stilepochen in zeittypisch eklektizistischer Mischung verarbeitet. Nicht unproblematisch war dabei die Form des Richtung Süden spitzwinklig zulaufenden Grundstücks in der Biegung des älteren Abschnitts der Weinbergstraße. In der Blickachse der Straßenkurve erscheint als gestalterischer Schwerpunkt ein reichgegliederter Risalit mit Verandavorbau bzw. verbinden sich hier ein Altan und ein Loggiamotiv. Entlang der Straße setzt ein polygonaler Erkerturm einen malerischen Akzent. Die gut erhaltene Einfriedung besteht aus niedriger gestufter Ziegelsockelmauer mit entsprechenden Pfosten, die eher zierlichen Gitter schmücken Rankenformen.
Kulturdenkmal aus künstlerischen

Gründen, das mit seiner guten städtebaulichen Plazierung von bereichsprägender Wirkung ist.

Weinbergstr. 6
Fl. 31 Flst. 490/23

Bauantrag: 17. 9. 1892
Antragsteller: Carl Schmidt
Architekt: Hermann Frorath

Im Entwurf der kleineren Ziegelvilla mischen sich in für die 90er Jahre charakteristischer Weise altertümelnd-renaissancistische Züge mit Motiven ländlicher Bauweise. Letztere sind besonders markant im dekorativen Freigespärre des weit vorgezogenen Krüppelwalms mit dazugehörigem Balkon. Der aus unterschiedlichen Einzelelementen pittoresk gebildete Baukörper repräsentiert die additive Bauweise der Zeit. Im Rahmen der kleinteiligen Gliederung – z. T. in farblich kontrastierendem Sandstein ausgeführt – sind der altdeutscher Skulptur nachempfundene Männerkopf über dem verschieferten Pultdach des Eingangs sowie die Wappen der Frontseite (EG) von besonderem Wert. Die Einfriedung wahrt das dreiteilige Tor mit entsprechendem Dekoreisengitter über der niedrigen Ziegelmauer.
Kulturdenkmal aus künstlerischen Gründen.

Weinbergstr. 12/14
Doppelvilla
Fl. 31 Flst. 642/20; 641/20

Bauantrag: 6. 8. 1901
Antragsteller: C. Cramer
Architekt: –

Mit der Schmalseite zur Straße orientierte Doppelvilla in orangefarbenen Ziegeln mit heller Sandsteingliederung und z. T. reich skulptiertem Sandsteindekor. Die nördliche Lang- und Eingangsseite ist als Hauptansicht bei spiegelbildlicher Doppelung durch Risalite, Erker u. a. pittoresk gestaltet. Charakteristisch für die Bauzeit sind die durchgehenden Treppenhausfenster oberhalb des mit üppiger Rahmung und gläsernem Pultdach versehenen Eingangs. Relativ schlicht verhält sich die zur Straße parallele Schmalseite, wobei die damals mit dekorativen Korbgittern versehenen Freisitze allerdings formale Einbußen erlitten haben. Mit größerem Aufwand ist die zum Tal gerichtete Schmalseite aufgrund der exponierten Höhenlage konzipiert. Zum Gesamteindruck des insgesamt wohlerhaltenen Gebäudes ist das mit Rankenmotiven geschmiedete Einfriedungsgitter wesentlich.
Kulturdenkmal aus künstlerischen Gründen mit Wirkung auch für das Nerotal.

Weinbergstr. 13
Fl. 31 Flst. 561/9

Bauantrag: 16. 6. 1902
Antragsteller: E. Roos
Architekt: Franz M. Fabry

Die erhöhte Lage und ein hoher mittlerer Vorbau bedingen ein steiles Erscheinungsbild der großvolumigen Villa. Die durch den bossierten Sockel, Eckrustizierung und Fensterprofile angelegte Mauerschwere findet in den Zinnen der Loggiabalustrade in Verbindung mit dem altertümlichen Erkermotiv eine historisierende Deutung. Im ganzen setzt sich der auf Ornamentik verzichtende Entwurf jedoch mit modernen Strömungen auseinander. Materialgerechtigkeit und eine in den Materialien begründete Ästhetik, wie sie in der englischen Arts and Crafts-Theorie zuerst programmatisch wurden, sind für Fabry (später Mitarbeiter am Opelbad) Voraussetzung. Die Suche nach neuen, historisch unbelasteten und der Bauaufgabe Landhaus gemäßen Formen scheint am besten im DG des Mitteltrakts gelöst. Unverkennbar ist im flachen, weiten Loggiabogen der Einfluß des Jugendstils. Die Villa steht auf terrassiertem Gelände, das zur Straße mit Mauer und Gitter architektonisch gestaltet ist. Zusammen mit der Bruchsteinmauer der Ein-

Weinbergstr. 6
Reproduktion nach Moderne Neubauten I. 1894.

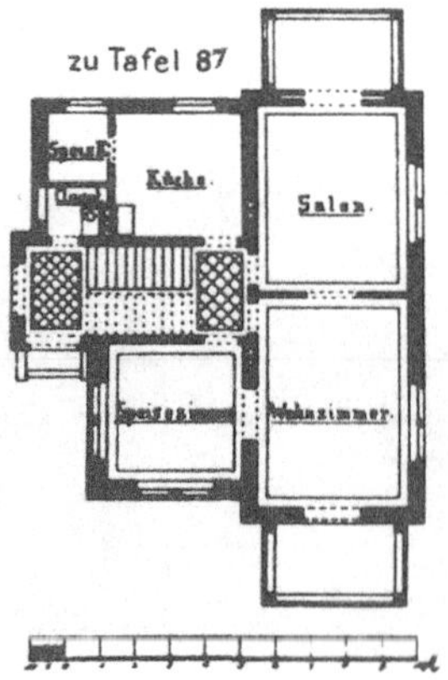

friedung mit ebenfalls secessionistischem Gitter (und Tor) entsteht der Eindruck einer gestuften Terrassenanlage. Auf gleicher Ebene mit dem Haus befindet sich ein im Louis XVI-Stil angelegtes Gartenparterre mit Pavillon in Form eines polygonal gebrochenen Ovals.
Die Villa ist mit Gartengestaltung und Einfriedung Kulturdenkmal aus künstlerischen Gründen.

Weinbergstr. 16
Fl. 31 Flst. 595/12

Bauantrag: 17. 9. 1898
Antragsteller: J. Eichhorn, Privatier
Architekt: Carl Dormann
Inschrift: „Deutsches Haus/Deutsches Land./ Schirm es Gott mit starker Hand.“ in der Altanbrüstung des 1. OG

Mit vielfältig gotisierenden Motiven in Gliederung und Dekor sucht die Villa Werte deutsch-nationaler Vergangenheit zu evozieren. Charakteristisch für den kleinteilig pittoresken Entwurf sind u. a. die Keilsteine in Form von Ritterportraits oder -büsten, dazu ein Ritter in Ganzfigur an der linken Traufecke mit Bezug auf den seitlich gelegenen Eingang. Der zeitgleiche Jugendstil kommt in den weiten Bogenfenstern sowie im durchgehenden Treppenhausfenster zum Ausdruck. Der Detailreichtum des mit skulptierten Sandsteinelementen reichlich versehenen

Putzgebäudes ist bis in Einzelheiten der bizarr gebildeten Helmspitzen der den Frontispiz flankierenden Erkertürme gut erhalten. Zur Villa gehört eine Einfriedung aus einem kunstvoll mit Blattmotiven geschmiedeten Dekoreisengitter mit Tor.
Kulturdenkmal aus künstlerischen Gründen und wegen der städtebaulichen Bedeutung aus den Sichtachsen des Nerotals. So erscheint der talseitige Risalitgiebel zwischen den Villen Nerotal 45 und 47.

Weinbergstr. 17
Fl. 31 Flst. 674/6

Bauantrag: 13. 5. 1907
Antragsteller: Sperling, Witwe
Architekt: Ludwig Minner

Hoch über der Straße situierte orange- und ockerfarbene Ziegelvilla mit heller Sandsteingliederung. Hanglage, Sockelvollgeschoß und schmale Dimensionierung des Baukörpers bedingen ein steiles Erscheinungsbild. Der Eindruck wird durch den polygonalen Vorbau verstärkt, der mit barockisierend aufgebogenem Gesims und Balustrade die Traufline übersteigt und durch quasi durchgehende Pilaster in der Vertikalen betont wird. Überraschend an dem durch Anlage und skulptierte Ornamentik – diese vorwiegend in Formen des 18. Jhs., aber eher ma-

nieristisch kleinteilig und füllig – charakterisierten Bau ist die secessionistische eiserne Wintergartenkonstruktion an der rechten Fassadenhälfte. Die originale Verglasung ist z. T. erhalten. Auf die Materialqualität der Villa abgestimmt ist die hohe Stütz- und Einfriedungsmauer an der Straße. Die in roten Ziegeln gemauerten Blendbögen sind mit Bruchsteinmauerwerk gefüllt; das über der Mauer laufende Gitter einfach, mit Anklang an die Secession gebildet.
Kulturdenkmal aus künstlerischen Gründen und wegen der städtebaulichen Bedeutung für das Erscheinungsbild des Hanges aus der Sicht des jenseits des Nerotals ansteigenden Geländes.

Weinbergstr. 18/20
Doppelvilla
Fl. 31 Flst. 12/3; 12/3

Bauantrag: 4. 10. 1900
Antragsteller: Bilse & Böhlmann
Architekt: –

Die beiden pittoresk unregelmäßig konzipierten Doppelhaushälften ergeben mit 2 mittigen Treppenhausrisaliten zur Straßenseite ein symmetrisches Gesamtbild (heute leicht gestört). Der vor zart spundierten Wandflächen in feinen Profilen gotisierende Putzbau ist vom Jugendstil beeinflußt. Stärksten Ausdruck findet dieser in der Fensterbildung der Risalite, wobei in Nr. 20 noch die farbige Verglasung erhalten ist. Das im Knick der Weinbergstraße bereichsprägende Gebäude – in West-Ost-Richtung erscheint die Schmalseite mit pittoresken Erkern – ist auch mit Fernwirkung in der gestaffelten Hangbebauung zum Tal markant. Die Einfriedung mit schlichtem Dekorgitter ist erhalten.
Kulturdenkmal aus künstlerischen und städtebaulichen Gründen.

Weinbergstr. 28
Fl. 31 Flst. 6/2

Bauantrag: 25. 2. 1902
Antragsteller: Sperling, Regierungsbaurat
Architekt: Jakob Martin

Kleinere Putzvilla mit Pyramidenstumpfdach, die im Modus der Neorenaissancevillen der 80er Jahre retardiert und dabei zeitgemäß neobarocke Motive aufnimmt. Das durch Gliederungsmotive und Ornament zustandekommende Relief ist von geradezu verwirrender Vielschichtigkeit. Auf malerisch plastische Qualität zielt auch die Konzeption des Plans. Zur Straße ist seitlich ein polygonaler Vorbau angefügt mit abschließendem balustradengesäumten Freisitz vor einem dekorativen Frontispiz. Die abgefaste Nordostecke erhält einen ebenfalls polygonalen, doch eingeschossigen Annex. Risalitbildung gliedert auch die Talseite, während die Seiten – die rechte mit dem Eingang – aufgrund optimaler Ausnutzung des Grundstücks gerade verlaufen. Zur Villa gehört eine dekorative Einfriedung mit in vegetabilischem Ornament geschmiedeten Gitterpfosten, die von einer plastisch geformten Blume überragt werden.
Kulturdenkmal aus künstlerischen Gründen.

Weinbergstr. 33
Fl. 31 Flst. 858/2

Bauantrag: 24. 7. 1913
Antragsteller: Frau Siller, Witwe
Architekt: Kurt Hoppe

Die hoch über der Straße situierte Villa ist mit ihrem am Baustil um 1800 orientierten unprätentiösen und freundlichen Entwurf eine Alternative zur historistischen Herrschaftsvilla der Zeit. Die weit vorgezogene Dachhaube integriert alle Teile der durch polygonal vortretende Seiten und zurückgesetzte Mitte aufgelösten Front mit z. T. großen Südfenstern. Unaufdringlich wird der bürgerliche Repräsentationsanspruch in ästhetischen Normen von Symmetrie und axialer Gebundenheit vorgetragen, wobei die zurückhaltend historisierende Mittelloggia in Werkstein mit ihrem großzügigen Oval den eigentlichen künstlerischen Akzent setzt. Zum Erscheinungsbild der Villa gehört die mächtige Naturstein-Substruktionsmauer entlang der Weinbergstraße mit pergolaüberwölbtem Tor, neoklassizistischem Holzgeländer und angrenzend an den letzten Abschnitt einem Pavillon. Der Charme des Gebäudes wird durch im Louis XVI-Stil historisierende Details wie Kassettenfenster mit Wölbscheiben, geschweifte Sprossen im Oberlicht (EG) oder die Klappläden der vorderen Dachgaupe mit oval geordneten Schlitzen mitbestimmt. Die Garage ist von 1926.
Kulturdenkmal aus künstlerischen Gründen.

Wilhelminenstraße

1890 im ersten und letzten Abschnitt angelegt und sukzessive mit Wohnhäusern in geschlossener Bauweise (erster Abschnitt) und Villen bebaut. Durchgezogen erst nach dem 1. Weltkrieg. Privatname.

Wilhelminenstr. 2 – 8

Geschlossene Baugruppe als Sachgesamtheit, bestehend aus:

Wilhelminenstr. 2

Fl. 78 Flst. 230/17

Bauantrag: 27. 7. 1895
Antragsteller: Christian Maurer, Tünchermeister
Architekt: Albert Wolff

Wilhelminenstr. 4

Fl. 78 Flst. 229/17

Bauantrag: 31. 8. 1895
Antragsteller: Adolf Scheid, Tapezierermeister
Architekt: Wilhelm Rehbold

Wilhelminenstr. 6

Fl. 78 Flst. 237/16

Bauantrag: 10. 4. 1897
Antragsteller: Christian Maurer, Tünchermeister
Architekt: Wilhelm Rehbold

Wilhelminenstr. 8

Fl. 78 Flst. 239/16

Bauantrag: 10. 4. 1897
Antragsteller: Christian Maurer, Tünchermeister
Architekt: Wilhelm Rehbold

Die im Stadtbild einmalige Gruppe dem Straßenverlauf folgend in Bogenform aneinandergebauter Wohnhäuser ist Kulturdenkmal im Sinne der Sachgesamtheit aus künstlerischen und städtebaulichen Gründen.

Den Auftakt bildet die von Wolff erbaute Nr. 2, die mit 4 Vollgeschossen und DG bei 5 bzw. 6 Achsen die Dimension des Einzelgebäudes vorgibt. In den barockisierenden Balkonen der Mittelachse weicht der Entwurf von den folgenden Rehbolds ab. Dem Prinzip malerischer Varietät entsprechend, konzipiert Rehbold die Fassade Nr. 4 im Anschluß an den Putzbau mit Ziegelverblendung. Die renaissancistische, durch gekuppelte Rundbogenfenster charakteristische Front erhält in der Mittelachse einen 3geschossigen gußeisernen Balkonvorbau. Das gleiche leichte Balkonmotiv zeigt auch die folgende, in ihrem Dekor mehr üppig wilhelminische Fassade, die wieder in Putz angelegt ist. Besonders plastisch tritt hier die EG-Rustika als Sockel hervor. Der Eingang liegt seitlich, die Haustür ist wie bei allen Gebäuden der Gruppe original erhalten. Mit dem Ansteigen der Straßenkurve gewinnt das zurücktretende Sockelgesims mit kleinen Kellerfenstern an Höhe und nimmt ab der Nr. 4 noch ein seitliches, höher werdendes Tor auf. Das EG ist als schwere Sockelzone auch bei der Nr. 8 rustiziert. Wieder akzentuiert die Balkonkonstruktion, die auch hier ihre secessionistische Verglasung bewahrt, die Mitte. Daneben sind symmetrisch je 2 Seitenachsen angelegt. Dem ausmittigen Eingang entspricht die Lage des Treppenhauses, das pro Etage eine große Wohnung erschließt. Wohnungsgröße und repräsentative Fassadengestaltung sind einander adäquat und berücksichtigen die gehobene Wohnlage. Insgesamt bildet die Gruppe eine hervorragende malerische Kulisse auch aus der Sicht des gegenüberliegenden Hanges.

Wilhelminenstr. 10
Fl. 78 Flst. 259/16

Bauantrag: 1899
Antragsteller: Christian Maurer, Tünchermeister
Architekt: Wilhelm Rehbold

1899/1900 wird an die Baugruppe Wilhelminenstr. 2–8 (vgl.) ein weiteres Wohnhaus angebaut, mit dem die geschlossene Bebauung linksseitig endet. Rehbold schließt hier nicht mehr an den vorgegebenen Typus an. Vielmehr schafft er einen pittoresken, renaissancistisch anmutenden Baukörper zu drei Vollgeschossen über hohem Sockel. In den 4 vorderen, unmittelbar an die Grundstücksgrenze gebauten Achsen vollzieht die Front die Biegung der auslaufenden Kurve. Zurückgesetzt schließt eine weitere Achse mit Verandavorbau an; den Abstand zum Blockrand füllt ein Vorgarten mit Dekoreiseneinfriedung: eine geschickte Lösung, um den allmählichen Übergang zur offenen Villenbebauung zu schaffen. Ein Treppenhausrisalit akzentuiert die freiliegende Nordwestseite, während ein doppelgeschossiger Erker mit frontispizartiger Bekrönung über 2 Achsen der Vorderfront einen Schwerpunkt verleiht, um den Unterschied in der Geschoßhöhe zum Nachbarn auszugleichen. Verstärkt ist im Dekor des Gebäudes der Einfluß des Jugendstils.
Kulturdenkmal aus künstlerischen Gründen und wegen der städtebaulichen Bedeutung als Abschluß der geschlossenen Kurvenbebauung und Übergang zur offenen Bauweise.

Wilhelminenstr. 14
Fl. 143 Flst. 34

Bauantrag: 20. 3. 1902
Antragsteller: S. Chr. Maurer, Tünchermeister
Architekt: Reinhard Hildner

Die große Mietetagenvilla steht am Anfang der offenen Bebauung der Wilhelminenstraße. In erhöhter Lage über hohem Sockelgeschoß erscheint der Bau besonders mächtig und beherrscht das Straßenbild im Anschluß an die große Kurve. Die Front und Eingangsseite

beeindruckt durch die reiche, vorwiegend gotisierende Gestaltung der risalitartigen Mittelachse. Über dem mittigen Eingang (Originaltür) mit Stabwerkgliederung umfaßt ein Kielbogen ein großes dreiteiliges Fenster. Unverkennbar ist der Einfluß des Jugendstils z. B. in der Linienführung der Ornamentik bei den Brüstungsfeldern des 2. OG-Fensters. Ländliche Giebelformen im DG verweisen gerade in Verbindung mit gotisierenden Formen auf englische Vorbilder. Charakteristisch für deren Rezeption ist im wilhelminischen Deutschland und gerade in Wiesbaden die Umdeutung ins Repräsentative mit Ausbildung einer Schauseite. Eine hohe Stützmauer in Ziegel und Bruchstein begrenzt das Grundstück zur Straße. Teile des secessionistischen Gitters sind auch als Geländer der Freitreppe erhalten.
Die Villa ist mit ihrem originären Entwurf Kulturdenkmal aus künstlerischen und städtebaulichen Gründen.

Wilhelminenstr. 25 ▷
Fl. 141 Flst. 1

Bauantrag: 25. 10. 1902
Antragsteller: Franz M. Fabry, Architekt
Architekt: ders.

Die kleinere Villa steht in Ecklage an der Einmündung des zum Nerotal herunterführenden Weges. So ist sie nach 3 Seiten repräsentativ gestaltet. Eine reiche, renaissancistisch anmutende Sandsteingliederung schafft einen altertümelnden Eindruck, kaum beeinträchtigt durch vereinzelte Jugendstilformen oder vom Jugendstil beeinflußte Bildungen. Besonders ausdrucksvoll ist die zum Nerotal gerichtete Gartenseite, wobei im Rahmen des insgesamt sehr guten Erhaltungszustandes der Balkon im 1. OG sein elegantes Glasdach bewahrt hat. Eine große Vielfalt von dekorativ zusammengestellten Einzelformen – ganz im Geschmack des das Überreiche liebenden Bürgertums der Zeit – zeigen auch die seitliche lange Eingangsseite und die zur Wilhel-

minenstraße gerichtete Front. Eine Sonnenuhr im Frontispiz tritt an die Stelle des sonst üblichen Giebeldekors. Zur Villa gehört eine besonders reiche, geschmiedete Einfriedung mit Torbogen. Mit ihrer von der Secession beeinflußten Ornamentik umzieht sie das Grundstück auf einer hohen Bruchstein-Stützmauer auch entlang dem in Bogenform verlaufenden Verbindungsweg.
Kulturdenkmal aus künstlerischen Gründen mit städtebaulicher Bedeutung auch für den Denkmalbereich Nerotal.

Wilhelminenstr. 33
Fl. 141 Flst. 14

Bauantrag: 25. 1. 1902
Antragsteller: C. Grebe, Rentner
Architekt: Franz M. Fabry

Am Verbindungsweg zum Nerotal gelegene kleinere Villa von körperhaft schwerer Wirkung. Mit seitlichem Risalit zum Tal und Garten und mittlerem Treppenhausrisalit auf der Straßenseite folgt der Entwurf mit Eckrustika, geschoßtrennendem Gesims und ungebrochener Axialität bekannten Vorbildern. Hinzu kommen so orthodox historisierende Motive wie der talseitig angeböschte Verandavorbau mit Pfeilern und Säulen nebst Balusterbrüstung. In der Ornamentik dagegen zeigt sich insgesamt der Einfluß des Jugendstils im Duktus der freilich von barocken Formen abgeleiteten Motive. Besonders schön ist das vor die Front tretende barockisierende Portal.
Kulturdenkmal aus künstlerischen Gründen und wegen der städtebaulichen Bedeutung an der Wegeinmündung wie für den Denkmalbereich Nerotal.

Wilhelminenstr. 35
Fl. 141 Flst. 15

Bauantrag: Dezember 1899
Antragsteller: Karl Schramm
Architekt: Carl Krell

Große Mietetagenvilla des Historismus der 90er Jahre mit Einfluß des Jugendstils in der plastisch hervortretenden Ornamentik. Der Entwurf entfaltet seinen ganzen pittoresken Reichtum auf der zum Nerotal orientierten Gartenseite. Zum Weg der seitlich ans Grundstück grenzenden Grünanlage ist wirkungsvoll ein polygonaler Eckturm mit barockisierender Haube gerichtet. Daneben dominiert ein Risalit mit schweren steinernen Balkons und vor allem einem prachtvollen barockisierenden Fachwerkgiebel. Letzterer vermittelt das im Villenbau der Zeit so beliebte ländliche Flair, ebenso wie der Fachwerkdrempel des Turms oder der Krüppelwalm des straßenseitigen Treppenhausrisalits, wobei zwei mächtige geschnitzte Schwäne als Konsolmotiv den weit vorkragenden Ortgang abstützen. Der Gegensatz von ländlichen Stimmungswerten zu der sonst städtisch repräsentativen Architektur wurde durchaus nicht als Widerspruch empfunden.
Die mit ihrer Einfriedung erhaltene Villa ist Kulturdenkmal aus künstlerischen Gründen, auch wegen ihrer Bedeutung für den Denkmalbereich Nerotal.

Wilhelminenstr. 40
Fl. 145 Flst. 12

Bauantrag: 29. 11. 1901
Antragsteller: Louis Schramm, Rentner
Architekt: Carl Krell

Ganz romantisch empfundenes Landhaus der Jahrhundertwende, das in seinem historistisch pittoresken Entwurf Ideen des Jugendstils aufnimmt. Vor allem in der Detailform ist der Jugendstil gegenwärtig, besonders reizvoll in dem stuckierten Rosenrankendekor im Bereich des Erkers. Auch das Auftreten ländlicher Motive wie des Fachwerkzwerchhauses und der Holzveranda ist in der durch das englische Landhaus beeinflußten Villenarchitektur des Jugendstils häufig. Der hier im ganzen jedoch eher altertümelnde Eindruck – mitverursacht durch die rote Ziegelgliederung mit renaissancistischer Verzahnung – bindet den malerischen Entwurf stärker an den historistischen Landhaustypus der 90er Jahre. Der Architektur und ihren ausdrucksvollen Materialien angepaßt ist die in roten Ziegeln mit Bruchsteinfüllung gefertigte Stützmauer der Einfriedung mit dekorativem secessionistischem Gitter und aufwendigem geschmiedetem Tor.
Die überaus detailreiche und in ihren kunstvollen Details erhaltene Villa ist Kulturdenkmal aus künstlerischen

Wilhelminenstr. 37
Fl. 141 Flst. 16

Bauantrag: 12. 4. 1900
Antragsteller: Louis Schramm, Rentner
Architekt: Carl Krell

Mächtige Mietetagenvilla von bereichsprägender Wirkung. In der straßenseitigen Ansicht dominiert ein schlank aufstrebender Treppenhausrisalit mit geschoßübergreifendem gotisierendem Fenster. Deutlich ist der Einfluß des Jugendstils in der Maßwerkbildung sowie im Duktus des Ornaments. Der Bau an sich bleibt jedoch mit seiner rechteckigen Grundform bei strenger Axialität konservativ historistisch. Den gewünschten pittoresken Reiz erhält er vor allem durch den wilhelminisch-üppigen Dekor im Bereich der Fenster, die Risalit- und Verandabildung sowie durch die mit knaufbesetzten Dachgaupen belebte Dachlandschaft. Zum Erscheinungsbild der Villa gehört die Einfriedung mit Dekoreisengitter und dem Tor zwischen Sandsteinpfosten.
Kulturdenkmal aus künstlerischen Gründen und wegen der bereichsprägenden Wirkung.

Wilhelminenstr. 39
Fl. 141 Flst. 20

S. Südliches Nerotal 54

echter und funktionsgerechter Materialien: die schweren Bossenquader im Sockel, darüber z. T. verschiedenartig behandelte Putzflächen, Holz im ländlichen Dachbereich, schließlich Schiefer. Aus schweren Bossen besteht auch die hohe Einfriedungsmauer, die mit einfachen Gitterabschnitten versehen ist.

Die in ihrem Detailreichtum gut erhaltene Villa ist Kulturdenkmal wegen der hervorragenden Qualität des Entwurfs und ihrer Bedeutung für das Erscheinungsbild der Wilhelminenstraße, das vom Neroberg her einsehbar ist.

Gründen. Städtebaulich ist sie wie die meisten Bauten der Hangseite der Wilhelminenstraße für das Panorama vom Aussichtspunkt Neroberg von großer Bedeutung.

Wilhelminenstr. 42
Fl. 145 Flst. 11/1

Bauantrag: 19. 5. 1904
Antragsteller: Ernst Müller, Schreinermeister
Architekt: Carl Krell

Im Unterschied zur Nachbarvilla Nr. 40 (vgl.) lieferte Krell hier einen Entwurf im Landhausstil von größerer formaler Geschlossenheit. Die eigene Entwicklung spielt eine Rolle, doch dürfte der Wunsch eines moderner gesinnten Bauherrn mit ausschlaggebend gewesen sein. Einerseits dem Jugendstil verpflichtet, tendiert der pittoresk gegliederte Baukörper gerade in seiner Kantigkeit zum Neoklassizismus der letzten Historismusphase vor dem 1. Weltkrieg. Vereinzelt zeigt die Ornamentik Züge des Louis XVI (Guttae, Kanneluren), während im ganzen Historismen vermieden werden. Die Suche nach neuen Formen führt zu erstaunlichen und phantasievollen Lösungen, darunter die seltene Bildung der ausladenden und in Kämpferhöhe mit einer Schwellung versehenen Pfosten der dreiteiligen Fenster. Modern ist auch die zur Anschauung gebrachte Verwendung

Wilhelminenstr. 43
Fl. 141 Flst. 22

Bauantrag: 17. 9. 1902
Antragsteller: S. von Alten, General z. D.
Architekt: Kayser & v. Groszheim, Berlin

Maßvoll, mit der Tendenz zum Louis-Seize historisierende Villa mit symmetrischer Fassade zum Nerotal und asymmetrischer Eingangsseite parallel zur Wilhelminenstraße (vgl. dazu auch die ebenfalls von Kayser & v. Groszheim im Auftrag des Generals S. von Alten gebaute Nachbarvilla Wilhelminenstr. 45). An 3 Kanten wird der querrechteckige Baukörper mit Ziegelmansarddach von polygonalen Ecktürmen besetzt. Auf der Hauptseite flankieren sie einen mächtigen, aufgrund des Geländegefälles angeböschten Verandavorbau. Mit der Tendenz zur moderneren, übergreifenden Form ist zwischen die Turmhauben ein weiterer Giebel zu risalitartiger Wirkung gesetzt. Mehr pittoresk wirkt die Eingangsseite mit nur einem seitlichen Turm. Entlang beider Straßenseiten läuft das originale Einfriedungsgitter mit stelenartigen Pfosten und reichverziertem Gartentor.
Die Villa ist mit ihrem großzügigen, im Dekor zurückhaltenden Entwurf sowie als Bau eines hochrenommierten Berliner Architekturbüros der Zeit Kulturdenkmal aus künstlerischen Gründen mit zusätzlicher Bedeutung für den Denkmalbereich Nerotal.

Wilhelminenstr. 45
Fl. 141 Flst. 23

Bauantrag: 17. 9. 1902
Antragsteller: S. von Alten, General z. D.
Architekt: Kayser & v. Groszheim, Berlin

Die wie Nr. 43 von dem renommierten Berliner Architekturbüro im Auftrag S. v. Altens errichtete Villa ist mit ihrer

prächtigen Fassade zum angrenzenden südlichen Nerotal orientiert. Reichskulptierte Sandsteinglieder vor hellen Ziegelwänden schaffen ein üppiges neobarockes Erscheinungsbild mit zeitgemäßen Stilanleihen am Louis XVI. Die an den Kanten des querrechteckigen Baukörpers elegant umbiegende Fassade ist palaisartig symmetrisch angelegt. Der Mittelrisalit wird durch einen schweren polygonalen Vorbau (Wintergarten) betont, an den sich seitlich glasüberdachte Freisitze anschließen; zur linken Seite mit großer ausschwingender Terrasse. Mit der Tendenz zur Schaffung größerer Formzusammenhänge sind die seitlichen Achsen vertikal zusammengefaßt. In den Rahmenmotiven der Fenster verebbt der überaus reiche Dekor der Mitte. Von der Einfriedung ist die niedrige Bossenmauer original.
Die vorzüglich erhaltene (man beachte Details wie die kostbare Verglasung des Wintergartens oder die seltene Zierversprossung der Fenster-Oberlichter mit gebogtem Kämpfer), großzügige Villa ist Kulturdenkmal aus künstlerischen Gründen. Zur Wilhelminenstraße von markanter, repräsentativer Gestalt, ist sie für den Denkmalbereich des Nerotals von besonderer Bedeutung.

Wilhelminenstr. 48
Fl. 145 Flst. 7

Bauantrag: 20. 10. 1890
Antragsteller: C. W. Muchall
Architekt:

Die pittoreske Villa im nordischen Renaissancestil ist durch ihren polygo- ▷

nalen Turmvorbau mit hohem Helm in Form eines Pyramidenstumpfes markant. Das mischtonige Ziegelmauerwerk wird hier durch rote Sandsteinglieder plastisch belebt. In asymmetrischer Konzeption ist seitlich über gemauertem Sockel im EG eine Veranda in ländlicher Holzbauweise angefügt (später verglast). Der darüberliegende Freisitz mit ebenfalls hölzernem Geländer zeichnet sich durch eine besonders schöne Verdachungskonstruktion in Eisen aus (auch hier die Zusetzung durch Fenster später). Ein Unikat ist das in vegetabilischen Jugendstilformen geschmiedete Einfriedungsgitter. Die einzelnen Stäbe stellen Schilfrohr dar; in den Pfosten mit freiplastisch gebildeten Lilienblüten sitzt in lustig frecher Pose jeweils ein sich an der oberen Querleiste festhaltender Frosch. Die im Straßenbild charakteristische Villa gewinnt besondere Bedeutung für das vom Neroberg sichtbare Panorama. Kulturdenkmal aus künstlerischen und städtebaulichen Gründen.

Wilhelminenstr. 49
Fl. 141 Flst. 25

Bauantrag: 4. 6. 1901
Antragsteller: S. von Alten, General z. D.
Architekt: Wilhelm Kaufmann

Die in der Schleife zum Nerotal exponiert liegende große Villa ist mit der Hauptansicht zum Park orientiert. Mit herrschaftlichem Anspruch ist die Fassade symmetrisch gegliedert; die Mitte wird risalitartig betont und zudem durch einen massiven Verandavorbau akzentuiert. Eine blockhafte Wirkung des langgestreckten Baukörpers wird durch Abfasung der Ecken vermieden, die zudem mit einem pittoresken, doppelgeschossigen Erker und Balkonen versehen sind. Einfacher ist die zur Wilhelminenstraße gerichtete Eingangsseite. Markant erscheint der seitliche Risalit mit portalartigem Eingang und geschoßhohem Treppenhausfenster. Das in Teilen seiner farbigen Verglasung mit illusionistischen Architekturmotiven erhal-

tene Fenster zeigt den Einfluß des Jugendstils. Ansonsten ist die Stilgebung ganz wilhelminisch barockisierend. Durch die Secession verbreitete Formen zeigt das den Garten umziehende Einfriedungsgitter mit zweiflügeligem Tor. Der Grundstückproportion angepaßt ist die polygonale Anlage der in der Kurve liegenden Schmalseite. Zum Antragsteller vgl. die Nrn. 43 und 45.
Kulturdenkmal aus künstlerischen und städtebaulichen Gründen.

△

Wilhelminenstr. 52
Fl. 145 Flst. 5

▷

Bauantrag: 28. 4. 1904
Antragsteller: Christian Heilhecker, Zimmermeister
Architekt: Franz Berger

Unter Einfluß des Jugendstils unorthodoxer Villenbau, der durch die Betonung der Vertikalen markant ist. Die Fassade bildet 2 identische risalitartig betonte Achsen, die über einer rundbogigen Balkonnische mit Walmhauben abschließen. Das ländliche Motiv des von hölzernen Konsolen gestützten Krüppelwalms kehrt auf der Eingangsseite wieder. Harmonisch dazu sind die Wandflächen durch einen organisch wirkenden Rauhputz strukturiert, während sich historisierende Gliederungselemente wie Lisenen, Eckrustizierung u. a. durch einen glatten Putz abheben. Unter den qualitätvollen Details sind die formschönen, z. T. aus Eisenblech gearbeiteten Balkongitter hervorzuheben. In Übereinstimmung mit den Rundbögen von Fenstertüren und Nischen sind sie, wie auch das Lisenenmotiv, durch die Romanik inspiriert, die nach 1900 neben dem Barock zum wilhelminischen Hofstil wurde.
Die maßvoll historisierende Villa ist Kulturdenkmal aus künstlerischen Gründen.

Gesamtanlage IV: Alter Friedhof/Platter Straße

Platter Straße

Klingerstraße

Nordfriedhof

Die Gebäude der Platter Straße sind mit der Hausnr. 2 der Gesamtanlage VII/Nordwestliches Villengebiet zugeordnet, mit den Hausnrn. 4–10 der Gesamtanlage VI/Philippsberg. Die einzelnen Kulturdenkmale werden im Katalogteil der jeweiligen Gesamtanlage dokumentiert.
Die hier aufgeführten Gebäude der Platter Straße und Klingerstraße liegen außerhalb der Gesamtanlagen. Aus topographischen Erwägungen werden sie im Anschluß an die Gesamtanlage IV/Alter Friedhof behandelt. Dasselbe gilt für den an der Platter Straße gelegenen Nordfriedhof, der als Sachgesamtheit erfaßt ist.

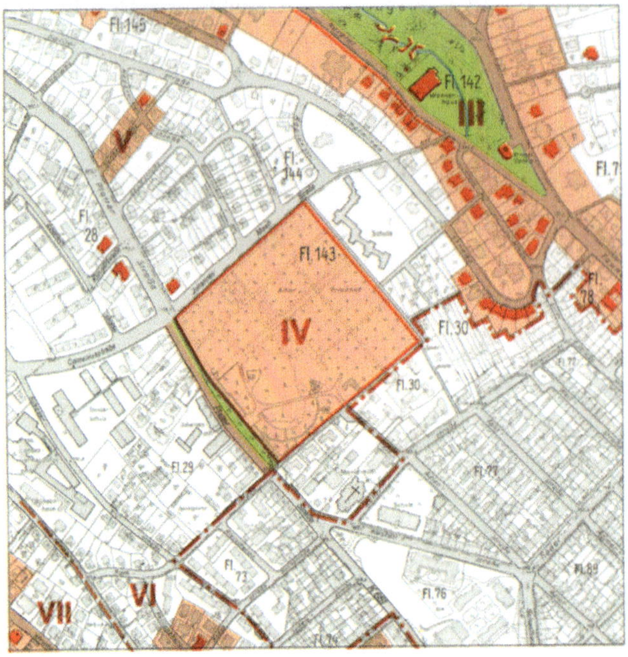

Gesamtanlage IV/Alter Friedhof/Platter Straße M 1:10 000

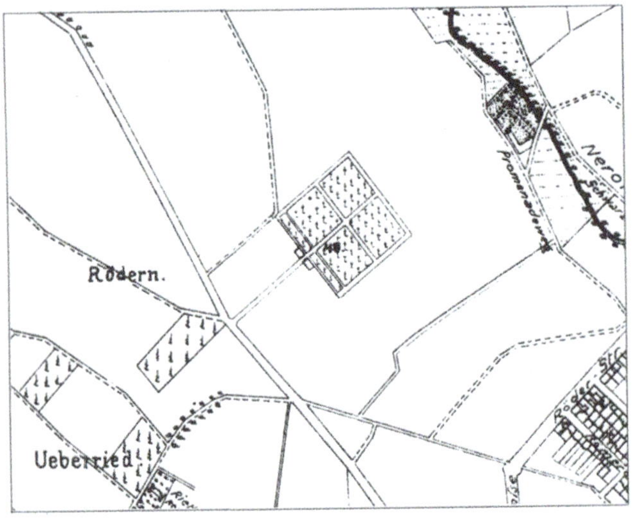

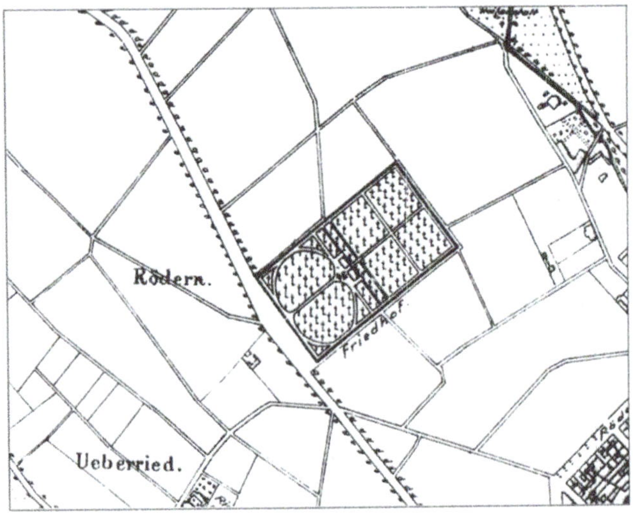

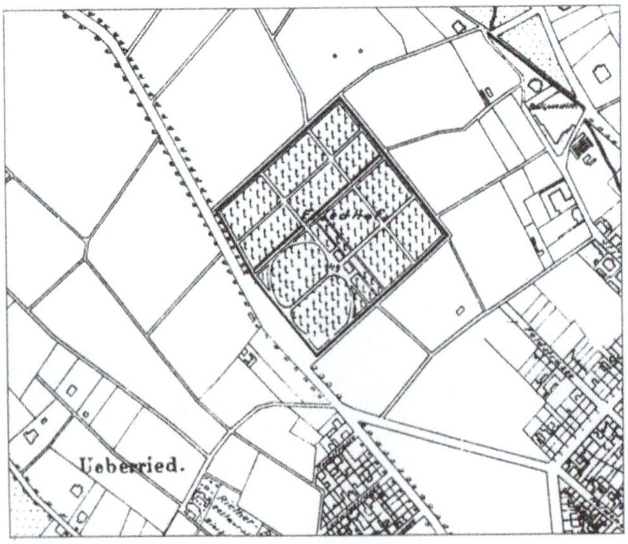

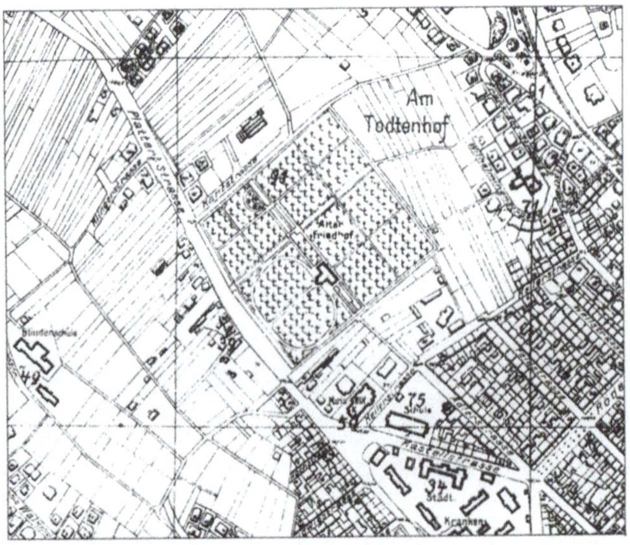

Der Alte Friedhof mit Umgebung, Luftaufnahme aus südlicher Richtung

Geschichte, Anlage, Topographie

Der 1973 entwidmete und zum Freizeitgelände für die angrenzenden Wohngebiete (1977 eröffnet) umgestaltete Friedhof wurde 1832 eingerichtet. Im selben Jahr wurde der am Heidenberg (Coulinstraße) gelegene erste christliche Friedhof der Stadt geschlossen und Anfang der 60er Jahre im Zuge neuer Planungsmaßnahmen ganz eliminiert. Der neue, herzoglich-nassauische Friedhof entstand außerhalb der Stadt auf dem damals freien Gelände des von der Platter Straße zum Nerotal allmählich abfallenden Hangrückens. Sein Umfang betrug zunächst etwa ein Viertel seiner schließlichen Ausdehnung, die er nach zwei großen Erweiterungen um 1865 erreichte. Die erste Erweiterung verdoppelte die ursprünglich quadratische Fläche zu einer längsrechteckigen. Erst jetzt erreichte das Gräberfeld die Platter Straße, wobei sich die beiden ursprünglich vor dem Gräberfeld angeordneten Friedhofsgebäude nun in dessen Mitte befanden (um 1870 zu einem größeren Gebäudekomplex umgebaut, fiel dieser der Umwandlung zum Freizeitgelände zum Opfer). Die zweite Vergrößerung verdoppelte annähernd die rechteckige Fläche zu erneut fast quadratischem Grundriß. Während das Ursprungsquadrat durch eine streng rechtwinklige Wegeführung erschlossen wurde, erfolgte die erste Erweiterung mit zwei symmetrisch gekurvten Hauptwegen. Das zweite Erweiterungsgebiet wurde erneut rechtwinklig gegliedert.

Der mit wertvollem Baumbestand parkartig angelegte Friedhof wird von einer hohen Bruchsteinmauer eingefaßt. Das Hauptportal liegt in der straßenseitigen Mitte der südöstlichen Hälfte und dürfte demzufolge im Zuge der ersten Erweiterung entstanden sein (um 1850). Das große Portal aus roten Sandsteinquadern ist dreiteilig mit hohem rundbogigem Durchgang in der Mitte, der von kleinen Rundbogenpforten flankiert wird. Feingliedrige schlichte Gittertore verschließen die Durchgänge. Distanz zur Platter Straße schafft eine vor der Friedhofsmauer verlaufende schmale Grünzone.

Freizeitpark Alter Friedhof

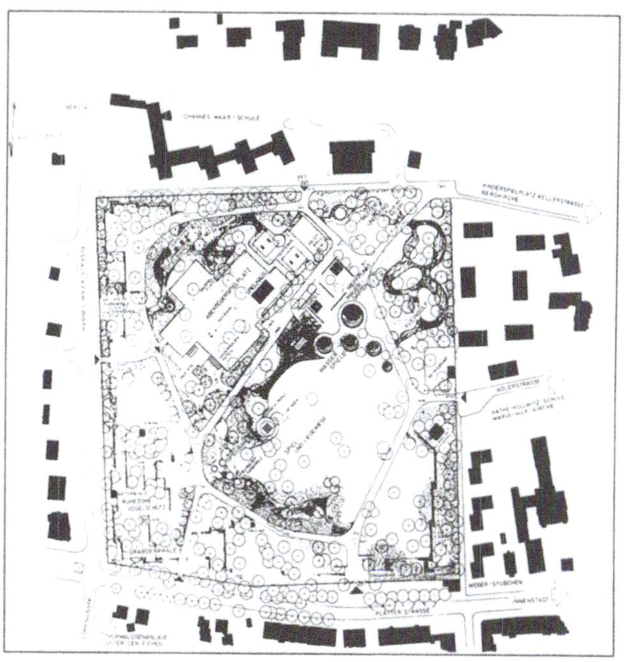

Hauptportal des Alten Friedhofs

Grabmäler entlang der Mauer im Südwesten

Grabmäler an der Mauer im Nordwesten

Posthumes Grabmal des Architekten Philipp Hoffmann

Grabmal der Eheleute Fanny Lewald – Stahr und Adolf Stahr

Gefallenen-Ehrenmal 1870/71

Mausoleum der Herzogin Pauline, 1858 von Carl Boos u. J. F. Drake

Spätromantische Grabmäler in Säulenform

Das Grabmal von Bernhard Scholz, Gouache von 1873, Kaspar Kögler zugeschrieben

Die leider stark gestörte Friedhofsanlage – sie galt Zeitgenossen als „schönster Friedhof Deutschlands" – ist in ihren Überresten – Umfassungsmauer, Portal und Nebeneingänge sowie die verbliebenen 128 Grabmäler – Kulturdenkmal im Sinne der Sachgesamtheit. Die Flächenfigur ist bei weitgehender Erhaltung des alten Baumbestandes trotz veränderter Wegeführung aus stadtentwicklungsgeschichtlichen Gründen als Gesamtanlage schützenswert.

Grabmäler

Bis zur Schließung des Friedhofs im Jahre 1900 war die Zahl der Grabmäler auf über 1 000 angewachsen. Von 1832 angefangen, führten sie beispielhaft die Sepulkralkultur des 19. Jahrhunderts vor Augen. Als Typen gab es Mausoleen, Grabkapellen, durch Reliefplatten geschlossene Grüfte, Aedicula-Grabmäler, Säulentorsi, Obelisken, Stelen mit lebensgroßen Vollplastiken oder Büsten u. a. Der Friedhof diente als allgemeine Begräbnisstätte. Viele bedeutende Persönlichkeiten der Wiesbadener und nassauischen Geschichte fanden hier ihre letzte Ruhestätte, ebenso namhafte Fremde aus dem In-und Ausland.

Bei Einrichtung des Freizeitparks veranlaßte die Stadt Wiesbaden eine fotografische Dokumentation des Grabmalbestandes. Unter historischen, künstlerischen und restaurierungstechnischen Gesichtspunkten wurden von den ehemals über 1 000 Monumenten 128 ausgewählt und in einer dafür an der nordwestlichen und südwestlichen Peripherie eingerichteten Ruhezone vereinigt. Am Platz verblieben ist das aufwendige Mausoleum der Herzogin Pauline von Nassau und das Gefallenen-Ehrenmal von 1870/71.

Platter Straße

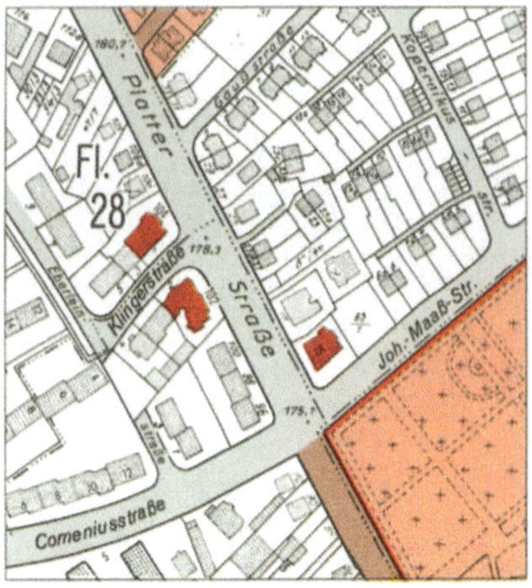

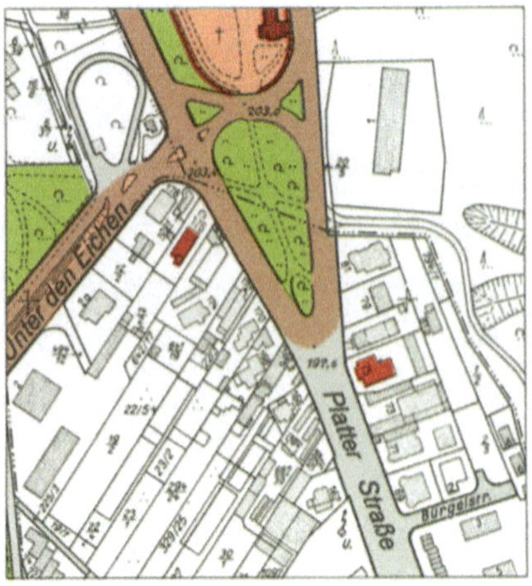

Um 1800 aus der ehemaligen Neuhofer Straße hervorgegangen. Ab ca. 1870 vereinzelter Villenbau. Führt über die gleichnamige Anhöhe mit dem ehemaligen Herzoglich Nassauischen Jagdschloß.

Platter Str. 15
Fl. 144 Flst. 61

Bauantrag: 14. 7. 1902
Antragsteller: Karl Ranke, Gärtner
Architekt: Albert Wolff

Große Mietetagenvilla zu 3½ Geschossen in prominenter Ecklage. Der in Anlehnung an englische Landhausarchitektur – diese fand um 1900 auch in der Rezeption durch den Jugendstil besondere Verbreitung – gestaltete Entwurf berücksichtigt die spezifische städtebauliche Situation durch Bildung eines markanten Eckrisalits. Die im 2. OG polygonal verbreiterte Ecklösung findet über einem Stufenwalm einen turmartigen Abschluß mit geschweiftem Helm. Der Dachbereich ist zudem durch die beiden Zwerchhäuser mit Loggia beeindruckend, die jeweils eine risalitartig vorgezogene Achse überhöhen. Ein Turmgeschoß mit spitzem Helm besetzt die nordöstliche Dachecke. Zu den Besonderheiten der Gliederung des in sich kubischen Baukörpers gehört das Ornamentband in Fensterkämpferhöhe im 1. OG zur Unterteilung der rauh geputzten Wandflächen. Ein ebenfalls antikisierender Ornamentfries akzentuiert das Kranzgesims.
Die Villa ist mit ihrer schlichten Einfriedung Kulturdenkmal aus künstlerischen und städtebaulichen Gründen.

Platter Str. 75
Fl. 28 Flst. 5/1

Bauantrag: 17. 9. 1903
Antragsteller: F. C. Roth, Grabdenkmäler en gros
Architekt: Emil Schott, Gesundheitsingenieur und Architekt

In Anlage und Farbwirkung pittoresker großer Villenkubus. Der rote Ziegelsockel mit heller Sandsteingliederung umfaßt EG und 1. OG, während 2. OG und DG durch kontrastfarbene Putzflächen und Fachwerk u. a. ebenfalls zu einer optischen Einheit zusammengeschlossen werden. Bei klarem kubischem Umriß häufen sich die pittoresken Motive in der straßenseitigen Front: vor den beiden Mittelachsen mit Krüppelwalm und Fachwerkgiebel ein polygonaler Vorbau nebst Veranda und Balkon, seitlich darüber ein zwerchhausartiger Erker. Neben historistischen Elementen ist die Anlehnung an englische Landhausarchitektur offensichtlich. Dabei wird im moderneren Sinne die Ästhetik stark von der Materialqualität bestimmt, Bruchsteinsockel, Ziegel, Sandstein, Putz, Holz, ehemals Schiefer im Dach (heute Zement-Asbest-Belag).
Kulturdenkmal aus künstlerischen Gründen..

Platter Str. 102
Fl. 29 Flst. 1129/67

Erbaut: um 1907

Das große Wohngebäude (4 Vollgeschosse) in Ecklage ist in der Platter Straße freistehend, während es in der Klingerstraße an das Nachbarhaus anschließt. Die zur Straßeneinmündung orientierte abgefaste Ecke wird durch einen 2geschossigen Erkerturm akzentuiert. Als Mitte erschließt er die den Gesamteindruck schaffende Diagonalansicht. Unterschiedliche Risalitbildungen gliedern die straßenparallelen Fassaden, mit besonders ansprechender Wirkung in der Platter Straße, wo hölzerne Balkonkonstruktionen über 3 Geschosse den Risalit flankieren. Aus Holz waren ursprünglich auch die Geländer der anderen Balkone am Bau. Stilvoll harmonierten sie mit den großen Fachwerkgiebeln der Risalite oder dem Fachwerkdrempel des Gebäudes als Ausdruck englischen Landhausstils und dessen Rezeption durch den Jugendstil. Die Einfriedung mit schlichtem secessionistischem Gitter ist gut erhalten.
Das bereichsprägende Wohnhaus ist Kulturdenkmal aus künstlerischen Gründen und wegen der städtebaulichen Bedeutung an exponiertem Ort.
Zum Denkmalwert s. auch Klingerstraße 1.

Platter Str. 176 um 1910

Platter Str. 176
Fl. 28 Flst. 841/16

Bauantrag: 19. 10. 1895
Antragsteller: Franz Grünthaler, Bildhauer
Architekt: Bruno Rüdiger

Laut Bauantrag handelt es sich bei dem längsrechteckigen Bau von 2:4 Achsen um das Wohn- und Werkstattgebäude des Grabmal-Bildhauers F. Grünthaler. Die ehemals zwischen weiten Stichbogenarkaden offene Ausstellungshalle für Sepulkralskulptur ist heute bei veränderter Innenaufteilung zugesetzt. Mit seiner plastischen Gliederung und üppigen Dekorbildung ist der Entwurf ganz im Geschmack der wilhelminisch neobarocken Epoche der 90er Jahre gestaltet. Noch heute Sitz einer Grabstein-Manufaktur, gibt das Gebäude Auskunft über die Baustruktur in unmittelbarer Nähe des Nordfriedhofs. Es ist mit seiner Einfriedung Kulturdenkmal aus stadtbaugeschichtlichen Gründen sowie als künstlerisch gut gestalteter Sondertypus im von Villen geprägten oberen Abschnitt der Platter Straße.

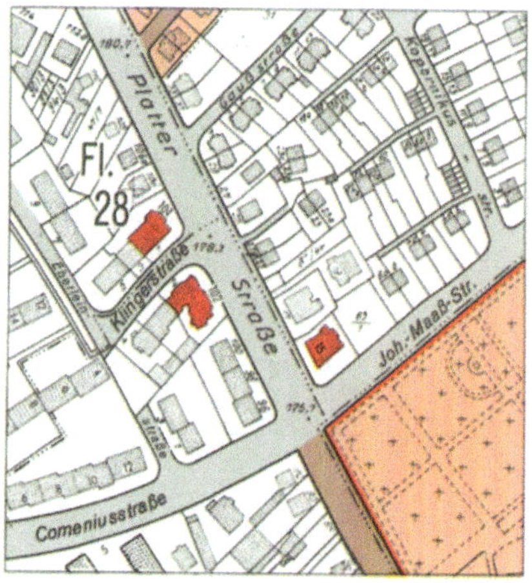

Klingerstraße

Um 1907 eröffnet. Benannt nach dem Maler, Graphiker und Bildhauer Max Klinger.

Klingerstr. 1
Fl. 28 Flst. 102/2

Erbaut: um 1907

Das 4½geschossige Wohnhaus in Ecklage bildet mit dem gegenüberliegenden Eckgebäude Platterstr. 102 (vgl.) ein gut gestaltetes Ensemble. Als die Straßenmündung flankierende Bauten sind diese als Pendants aufgefaßt. Für die Stilgebung maßgebend wirkt der durch den Jugendstil vermittelte englische Landhausstil. Motive wie Fachwerkerker und Risalite mit pittoresken Giebeln schaffen ein malerisches Erscheinungsbild. Dabei bleibt die achsige Gliederung der Fassaden bei hochrechteckigen Fenstern streng gewahrt. Die Fenster zeichnen sich durch die gut erhaltene Versprossung der Oberlichter aus, wobei die weißen Fensterrahmen als Schmuckform bei insgesamt schlichter rauher Wandbehandlung gedacht sind. Zum Gebäude gehört die einfache secessionistische Einfriedung.
Kulturdenkmal aus künstlerischen und städtebaulichen Gründen.

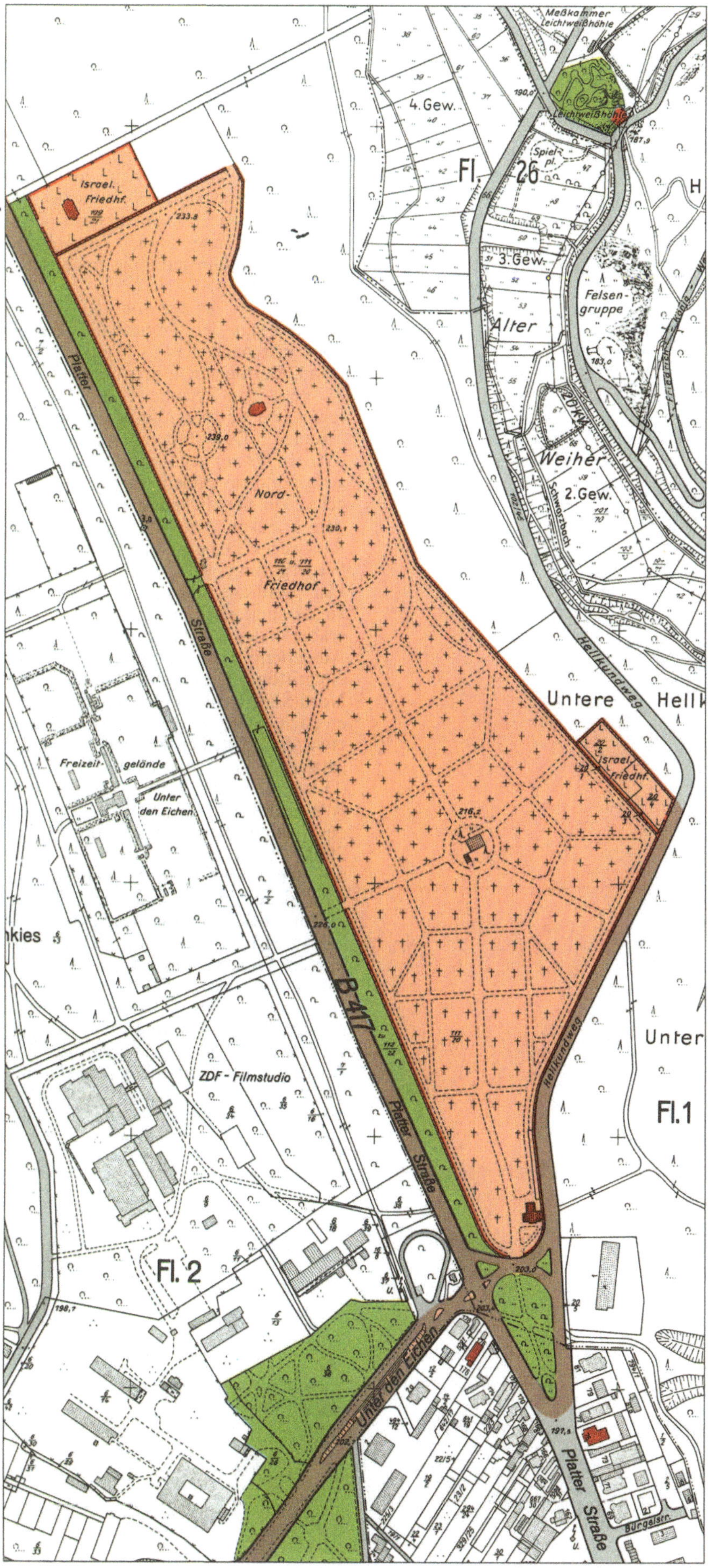

Nordfriedhof
Sachgesamtheit

Fl. 1 Flst. 111/20; 110/21; 21/6

Der Wiesbadener Nordfriedhof ist ein herrvoragendes Zeugnis deutscher Sepulkralkultur sowie der städtischen Bau- und Entwicklungsgeschichte. Er ist mit beiden jüdischen Abteilungen Kulturdenkmal im Sinne der Sachgesamtheit. Die Sachgesamtheit umfaßt das gesamte Areal in seiner historischen Aufteilung und gärtnerischen Gestaltung sowie im einzelnen: Einfriedungsmauer und Portale, Toilettenanlage, Verwaltungsgebäude, Urnenhalle, Jüdische Trauerhalle, historische Grabmäler.

Geschichte, Lage, Ausdehnung

Der Nordfriedhof wurde am 18. 4. 1877 eröffnet. Als „neuer Todtenhof" trat er als Hauptfriedhof an die Stelle des sogenannten „Alten Friedhofs" an der unteren Platter Straße, der bis zu diesem Zeitpunkt als allgemeine Begräbnisstätte gedient hatte (vgl.). Während die innerstädtischen Erweiterungen in den 70er Jahren bereits das Areal des „Alten Friedhofs" erreichten, entstand die neue Friedhofsanlage an der oberen Platter Straße noch weit außerhalb der städtischen Bebauung in der Randzone des Taunuswaldes.

Das in Nord-West-Richtung langgestreckte Friedhofsgelände läuft mit seiner südwestlichen Langseite der ansteigenden Platter Straße parallel. Die Grenzziehung ist hier schnurgerade wie auch an der nordwestlichen Schmalseite mit angrenzendem rechteckigem Gräberfeld der liberalen jüdischen Abteilung. Die nordöstliche Begrenzung verläuft unmittelbar im Wald, halb unregelmäßig, halb gradlinig, und biegt im unteren Drittel im stumpfen Winkel Richtung Südwesten ab. An die Abteilung 17 schließt bis zum Richtungsknick die von einer eigenen gradlinigen Mauer umgebene ältere jüdische Abteilung an. Sie wird separat vom Hellkundweg aus betreten. Parallel zum Hellkundweg trifft die Grenzlinie nach anfänglich geradem Verlauf in einer engen Schleife beim Haupttor mit der Nordwestgrenze zusammen.

Das in der Längsausdehnung stetig steigende Friedhofsgelände fällt nach Nordosten hin ab. Bis auf die Nordseite und einen kurzen Abschnitt der Ostseite ist es in der geschilderten Umgrenzung von einer hohen Mauer umgeben. Das bereits erwähnte Haupttor befindet sich im Süden, ein Nebentor am Hellkundweg und drei Nebentore an der Platter Straße. Ein breiter Grünstreifen schirmt den Friedhof von der Straße selbst ab.

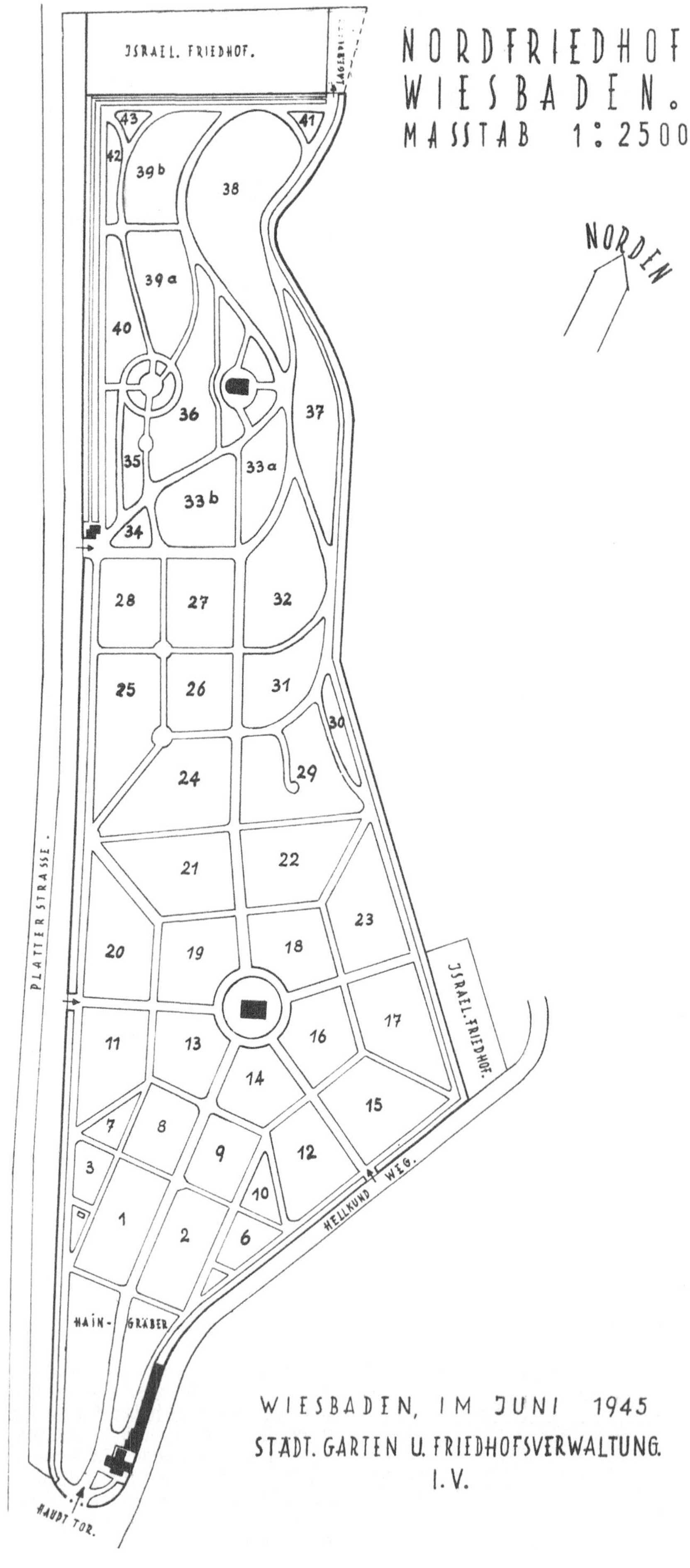

Das Gräberfeld

Seine heutige Ausdehnung erreichte der Friedhof um 1900. Seine Genese wird im einzelnen eine zur Zeit am Kunsthistorischen Institut in Mainz vorbereitete Dissertation erhellen. In der Anlage des Gräberfeldes sind deutlich zwei Entwicklungsphasen zu unterscheiden: eine ältere im unteren Bereich mit klarer geometrischer Gliederung und eine jüngere im oberen Bereich mit unregelmäßig malerischer Aufteilung.

Zentrum der Anlage von 1877 ist das Rondell mit der Trauerhalle, die jedoch erst nach dem 2. Weltkrieg entstand. Sternförmig führen vom Rondell 5 Wege zur Peripherie des Gräberfeldes, wo sie in den äußeren Ringweg münden. Der äußere Ringweg beschreibt bis zur gekurvt angelegten Eingangszone im Süden ein großes Fünfeck. Von den Ecken führen Wege zu den 5 Ecken eines kleineren inneren Ringweges. Die durch die geometrische Wegeführung gebildeten Abteile sind klar gradlinig begrenzt im Gegensatz zu der malerischen Anlage der Haingräber in der Eingangszone.

Ausgehend vom Haupttor erschließt ein mittlerer Fahrweg das Gräberfeld in Nord-Süd-Richtung. Im Rondell dreht er nach Nordwesten ab und bildet in etwa die Mittelachse einer Art Übergangszone, die zur Hälfte organisch (Ostseite), zur Hälfte geometrisch (Westseite) strukturiert ist. In der Höhe des zweiten Nebentores in der Platter Straße biegt der Fahrweg in einer weichen Kurve nach Norden ab und wird dabei in die malerische Wegeführung des oberen Gräberfeldes integriert. Schwerpunkt des vielfigurigen oberen Gräberfeldes ist die 1901/02 entstandene Urnenhalle von Felix Genzmer, der als damaliger Stadtbaumeister für die gesamte obere Anlage verantwortlich gewesen sein dürfte.

An das obere Gräberfeld schließt mit querrechteckigem Grundriß der liberale jüdische Freidhof an. Er wird durch einen eigenen Eingang, das dritte Nebentor an der Platter Straße, erschlossen.

Die baulichen Anlagen

Friedhofsmauer und Portale

Wie eingangs dargestellt, ist der Friedhof bis auf die schmale Nordseite mit der anschließenden jüdischen Sektion und eine kurze daran anschließende Strecke im Osten von einer hohen Mauer umgeben, die von insgesamt 5 großen Portalen unterbrochen wird.
Das besonders aufwendig gestaltete Hauptportal befindet sich an der schmalen südlichen Eingangsseite. Ein großes Rundbogentor für Fahrzeuge wird von je einer Seitenpforte für Fußgänger flankiert. Pforten und Portal werden von zweiflügeligen Gittertoren im spätklassizistischen Modus geschlossen. Die in mischtonigen roten Ziegeln verblendete Torarchitektur reflektiert durch die beiden mächtigen Hauptpfeiler mit oben eingestelltem Blendbogen wie durch die Sichtbarmachung der Mauerstärke mittels mehrfacher Profilierung und dem Konsolfries den normannischen Stil der Jahrhundertmitte. Statt von Zinnen wird das Mitteltor freilich von einem Kreuz überhöht.
Drei weitere Portale sind in regelmäßigen Abständen entlang der Platter Straße angeordnet. Das untere Tor erschließt das Gräberfeld mit direktem Zugang zum Rondell mit der Trauerhalle. Das mittlere Tor führt auf einen zunächst gerade verlaufenden und dann im Bogen nach Norden abzweigenden Weg, der die Grenze zwischen dem unteren geometrischen und dem oberen malerisch-ornamental gebildeten Grä berfeld markiert. Die dritte Pforte erschließt separat die liberale jüdische Abteilung.
Wie das Hauptportal sind auch die Nebenportale der Platter Straße mit mittlerer Durchfahrt und seitlichen Pforten dreigeteilt. Identisch ist auch die rote Ziegelverblendung. Die Gestaltung ist jedoch insgesamt einfacher, vor allem ist die malerische Vielschichtigkeit der Oberfläche reduziert. Dies gilt auch für das große Rundbogenportal am Hellkundweg, das keine Seitenpforten hat. Einen eigenen, gestalterisch anspruchslosen Zugang vom Hellkundweg aus hat die ältere jüdische Abteilung.

Toilettenanlagen

Fl. 1 Flst. 110/21

Die Anlage befindet sich seitlich vom zweiten Nebenportal der Platter Straße. Das mit Fachwerk pittoresk gestaltete Häuschen entstand im Zuge der oberen Friedhofserweiterung um 1900. Die Schaffung eines insgesamt malerischen, stilistisch harmonischen Gesamtbildes als oberstem Gestaltungsgebot erfaßte auch die kleinste und prosaischste Bauaufgabe im Friedhofsbereich.

Verwaltungsgebäude
Fl. 1 Flst. 111/20

Das auf der rechten Seite nächst dem Haupttor gelegene Verwaltungsgebäude entstand mit dem ersten Friedhofsabschnitt 1876/77. Das 1½geschossige malerische Gebäude im Schweizerhausstil ist über kreuzförmigem Grundriß errichtet. Der zum Weg giebelständige Flügel mit ornamental gesägter Giebelschabracke wird von einem Dachreiter überhöht. Vor dem langen traufständigen Flügel, dessen nach Norden gerichteter Giebel in gleicher Weise verziert ist, verläuft eine hölzerne Veranda mit mittigem Zugang. In seinem roten Ziegelmaterial harmoniert der pittoreske Bau mit der benachbarten Torarchitektur.

Trauerhalle
Fl. 1 Flst. 110/21

Die im Rondell des ersten Abschnitts situierte Trauerhalle entstand erst 1958. Vorher verfügte der Nordfriedhof nicht über eine eigene Trauerhalle. Die Aussegnungen fanden in der Trauerhalle des „Alten Friedhofs" in der unteren Platter Straße statt (vgl. Platter Straße, Alter Friedhof), während auf dem neuen Friedhof nurmehr die Beisetzung erfolgte.

Urnenhalle
Fl. 1 Flst. 21/6

1901/02 entstand auf einem annähernd runden Platz im ornamentalen Wegenetz des oberen Friedhofsabschnitts die nach Plänen von Stadtbaumeister Felix Genzmer gebaute Urnenhalle, auch Columbarium genannt. Die mit 580 Nischen zur Aufnahme von Urnen ausgestattete Halle ersetzte eine Urnenwand mit 60 Nischen, die 1895 vom Verein für Feuerbestattung errichtet worden war. Da erst 1911 die Gesetzesgrundlage für Feuerbestattung in Preussen geschaffen wurde (vgl. Gesamtanlage Südfriedhof, Krematorium), konnten in Wiesbaden keine Verbrennungen vorgenommen werden. Erlaubt war jedoch die Urnenbeisetzung bei außerhalb Preußens vorgenommenen Verbrennungen.
Genzmer entwarf die aus Bruchstein und hellem Sandstein gebaute Halle im frühromanischen Stil. Der archaisch wirkende Baukörper aus Bruchstein und Sandstein gliedert sich in einen giebligen Portikus mit Rundbogenportal, daran anschließend – höher und breiter – die mit einem Satteldach gedeckte Halle mit rückwärtiger Apsis. Über dem mit zweiflügeligem Schmiedeeisentor zu schließenden Portal trägt der Sandsteinsturz die Reliefinschrift: „Die Liebe höret nimmer auf". Die 5 Rundbogenfenster der Apsis waren wie auch die beiden halbkreisförmigen Hallenfenster ehemals farbig verglast. Eine ursprünglich vorgesehene Ausmalung des Inneren kam nicht mehr zur Ausführung. Schon 1902 ging Genzmer nach Berlin, wodurch sich die Bauarbeiten erheblich verzögerten und schließlich manche Planänderung vorgenommen wurde. Die Nachfolge übernahm der Wiesbadener Architekt Albert Wolff, der auch die Aufstellung der von dem Wiesbadener Bildhauer Ballmann geschaffenen Marmorstatue mit Apsisbogen veranlaßte: auf hohem Sockel eine lebensgroße trauernde Frau

mit einer von Tüchern verhängten Urne in den Händen.
Die unregelmäßig geformten Felder um die Halle sind als Urnenhain höchst malerisch angelegt.

Jüdische Trauerhalle
Fl. 1 Flst. 110/21

Seit 1897 verfügen die jüdischen Abteilungen über eine eigene Trauerhalle. Sie befindet sich in der liberalen jüdischen Abteilung im nördlichsten Abschnitt der Friedhofsanlage und zwar in der breiten Mittelachse, die vom großen Tor der Platter Straße ausgehend das längsrechteckige Gräberfeld in der Länge erschließt. Das im Kern kubische Gebäude mit Flachdach und orientalisierender Laterne mit Kuppel ist im Synagogenstil errichtet, wie er im 19. Jahrhundert durch die Berliner Synagoge E. Knoblauchs für vergleichbare Bauaufgaben richtungsweisend wurde. Leider ist die stark farbig vorzustellende Verglasung der von maurischen Bögen überhöhten Rechteckfenster verloren. Im Souterrain auf der Ostseite des an einem Geländeknick errichteten Gebäudes liegen von der allgemeinen Friedhofsverwaltung unabhängige Verwaltungsräume.

Gestaltungskonzept, Würdigung

Der Nordfriedhof ist ein Waldfriedhof in hervorragender landschaftlicher Lage im stadtnahen Wald der südlichen Taunusausläufer. Lage und Gestaltung in Verbindung mit dem historischen Grabmalbestand machen ihn zu einem der schönsten Friedhöfe des 19. Jahrhunderts in Deutschland. Damalige Stadtführer nennen die Anlage als reizvolles Ausflugsziel oder nicht zu versäumende Station auf dem Weg zu entfernter liegenden Attraktionen wie dem Jagdschloß Platte. Beim Bau des Südfriedhofs wurde mit Bedauern festgestellt, daß ein Friedhof in vergleichbar schöner landschaftlicher Situation für Wiesbaden nicht wiederholbar sei.

Die Wahl des Platzes erfolgte Mitte der 70er Jahre mit der für die Zeit charakteristischen Vorliebe für das Malerische in Architektur und Landschaft. Zur Schaffung des Gräberfeldes wurde der Wald nur teilweise gerodet. Mächtige Baumriesen blieben in Gruppen oder als Solitäre erhalten, so daß gerade bei der nur wenig korrigierten Modellierung des Waldgeländes der Eindruck einer Art natürlichen Landschaftsparks von Anbeginn vorherrschte, ringsum eingeschlossen vom Taunuswald.

Malerisch ist auch die Gestaltung des Gräberfeldes. Größte Freiheit herrscht im Bereich der eingangsnahen Haingräber. Das an diesen Bereich anschließende Wegenetz ist zwar geometrisch, aber die einzelnen Gewanne sind selten rechteckig, und auch die regelmäßigen Abteile entziehen sich durch das Geländegefälle einer klaren Übersichtlichkeit. Der schon in der Ära des malerischen Städtebaus angelegte obere Abschnitt kommt der Projektion eines malerischen Gesamteindrucks noch mehr entgegen. Zahlreiche pittoreske Details, vor allem auch durch Anordnung und Beschaffenheit der historischen Grabmäler im Rahmen der parkartigen Bepflanzung, verstärken den Eindruck.

Grabmäler

Obwohl der Friedhof weiterhin belegt wird, bewahrt er einen reichen und teilweise hervorragenden Bestand an historischen Grabmälern. Die Sepulkralkultur von 1877–1918, aber auch der Folgezeit, ist beispielhaft repräsentiert. Hinzu kommen die Grabstätten bedeutender Persönlichkeiten, die vielfach auch Ehrengräber sind. Die Erfassung soll im einzelnen in einem gesonderten Band der Wiesbadener Denkmaltopographie vorgenommen werden. Hier kann sie nur paradigmatisch erfolgen. Eine vollzählige Auswahl der Kulturdenkmale ist damit nicht vorgenommen.

◁ Grabmal der Familie Julius Freiherr von Knoop, 1880

Mausoleum in Tempelform über hohem rustiziertem Sockel mit Mittelportal. Der Entwurf stammt von dem Wiesbadener Architekten Christian Dähne. Das ehemalige Marmorstandbild ersetzt heute eine bronzene Jünglingsstatue.

◁ Grabmal der Familie Ostermann, 1896 (heute umgewidmet)

Neuromanische Grabkapelle aus hellem Sandstein mit säulengerahmtem Mittelportal.

Grabmal der Familie des Wiesbadener Architekten Otto Kreizner, 1905

Neugotische Grabkapelle aus hellem Sandstein auf terrassiertem, von Maßwerkbalustraden umgebenem Platz. Auf der tiefer gelegenen Terrasse vor dem Eingang verschließt eine Bronzeplatte die Gruft. Das besonders feine Relief verbindet Formbildungen der Neogotik und des Jugendstils; der Entwurf stammt von dem Wiesbadener Architekten Ludwig Euler, der auch den Plan zur Kapelle geliefert haben dürfte.

Grabmal Christian Schlichter, Carl Keil, Agnes Keil-Schlichter, um 1885

Antikisierende Hausfront mit zweiflügeliger Tür auf hohem Stufenunterbau. Die Tür flankieren eine junge Frau und ein Genius mit gesenkter Fackel. Vor der Tür mit sich öffnendem linken Flügel ein Putto mit Palmzweig. Im Giebelfeld das Reliefportrait des Wiesbadener Bürgermeisters Schlichter mit der Inschrift „Erster Bürgermeister". Das weiße Marmorgrabmal führte Carl Keil, Schüler von Emil A. Hopfgarten sowie Schüler und späterer Mitarbeiter von Drake in Berlin, im Auftrag der Witwe Schlichters aus, mit der er in zweiter Ehe verheiratet war.

Grabmal der Familie Bartling, um 1905

Mausoleum des Neoklassizismus in Form eines dorischen Portikus; die aufgrund der Terrainunebenheit 2geschossige Rückseite mit vorgezogenem säulengerahmtem Portal. Im Portikus steht eine Marmorgruppe des Berliner Bildhauers Ernst Herter. Sie zeigt Kronos mit einer jungen Frau als Darstellung des Lebens und einen athletischen jungen Mann als Idealbildnis des hier zuerst beigesetzten Eduard Bartling.

Gruftkapelle Familie Aschoff, 1912

Gruftkapelle aus Kalksandstein, Formen des Neobarock und des Neoklassizismus mischend.

Grabmal der Familie H. Koenig, 1895 ▷

An die Friedhofsmauer gestellte renaissancistische Portalarchitektur mit freistehenden Säulen, die eine zweiflügelige Bronzetür rahmen. Seitlich schließen im rechten Winkel steinerne Sitzbänke an.

Grabmal der Familie Goedecker, um 1910

Antikisierende Hausfront mit zweiflügeliger Bronzetür. Seitlich der Tür in Anlehnung an antike Vorbilder die Marmorstatue eines jungen Mannes, vor dem rechten, leicht geöffneten Türflügel ein sitzender Putto.

Grabmal der Familie Heinrich Albert, 1908 ▷

Secessionistischer Portikus, die Säulen mit Perlstabraster und Sporen versehen, Basen und Kapitelle mit Verkleidung in Bronzeblech. Entwurf von Johannes Baader, Dresden.
Lit.: Deutsche Bauzeitung 14. 6. 1905; Süddeutsche Bauhütte 7, 1907.

Grabmal der Familie von Herrenkirchen, 1917

Neogotische Nischenarchitektur mit gestaffelten Strebepfeilern aus hellem Sandstein mit der Sandsteinskulptur eines geharnischten Ritters als Nischenfigur.

Grabmal der Familie Johann, Jon. Schmidt, 1879

Aediculagrabmal aus hellem Sandstein im Renaissancestil.

Grabmal der Familie Adolph Wollweber, 1904

Neoklassizistisches Aediculagrabmal aus schwarzem Marmor mit seitlichen Balustraden. In der Nische ein ruhender Löwe.

Grabmal des Komponisten Franz Abt, 1885

Von dem Wiesbadener Bildhauer Hermann Schies geschaffenes Sandsteingrabmal mit der Bronzebüste des Komponisten auf girlandengeschmückter Säule. Auf dem Sockel mit der Inschrift: „Gewidmet vom Deutschen Gesangverein" sitzen seitlich der reichskulptierten Säulenbasis ein jugendlicher Lautenspieler und ein Knabe mit Gesangbuch.

Grabmal des Komponisten Ferdinand Möhring, 1887

Lautenspielender Engel auf hohem Sockel mit dem Medaillonbildnis des Komponisten. Vor dem Sockel ein aufgeschlagenes Buch mit den Geburts- und Sterbedaten (1913) der Ehefrau Hedwig Möhring. Die gute Arbeit in hellem Sandstein und weißem Marmor stammt von dem Wiesbadener Bildhauer Hermann Schies.

Grabmal des Kurdirektors Ferdinand Hey'l, 1897

Schwarzer Marmorobelisk mit umkränztem Medaillonbildnis in weißem Marmor.

Grabmal der Familie des Steinhauers Carl Jung, 1879

Roter Sandstein-Kenotaph im Renaissancestil mit besonders reichem und gut gearbeitetem Reliefschmuck auf blockhaftem Sockel.

Grabmal der Familie Conrad Sengel, 1886

In Sandstein skulptierter Sockel mit vollplastischer Sitzfigur einer jungen Frau mit Palmzweig als Figuration des ewigen Lebens.

Grabmal der Familie Kranz, 1893

Segnender Christus auf hohem Sockel mit seitlichen Mauerwangen.

Grabmal Bücher, Hendann, Dörr, 1880

Marmorstele im Neorenaissancestil. Originale Grabstätteneinfassung mit Obeliskenstümpfen und Vasenpostamenten, dazwischen als weitere Stützglieder für die Ketten Bronzebaluster.

Grabmal Sigmund Schuckert, 1895

Mächtiger Marmorobelisk, davor eine Bank mit überlebensgroßer Engelsfigur (Aluminiumlegierung).

Grabmal Carl Frank, 1882

Neogotische Sandsteinstele mit reliefiertem Medaillonbildnis des Bestatteten.

Grabmal Eduard Brönne, 1880

Neogotisches Sandsteingrabmal in Fialenform.

Grabmal der Familie Heinrich Weil, 1884

Antikisierende Sandsteinstele mit reliefiertem Kranz auf blockhaftem Sockel.

Grabmal Helmut Häuser, Flugzeugführer, 1933

Roh belassener Steinblock als Stele, darauf ein Bronzeadler mit ausgebreiteten Flügeln.

Grabmal Felix und Elise Braidt, 1901

Renaissancistische Sandsteinstele als Doppelgrabmal mit bronzenen Medaillonbildnissen der beiden Eheleute.

◁ **Grabmal der Familie des Bildhauers Franz Grünthaler, 1909**

Marmorstele mit Bruchkante, daran seitlich angelehnt die weiße Marmorfigur einer jungen Frau. Auf der Stele (als Relief) im Bronzemedaillon das Bildnis des Verstorbenen mit Frau.

Grabmal Erich Stenger, Königl. Fahnenjunker, 1911

Neoklassizistische Marmorstele mit von einem Kranz umgebenem reliefiertem Portrait des Verstorbenen über weißmarmorner Relieftafel, Helios mit dem Sonnenwagen darstellend.

Grabmal August und Julie Haniel, 1925

Mächtiger Findling mit ovaler Bronzetafel.

◁ **Grabmal der Familie Eduard Philipp, 1902**

Aus schwarzem Marmor skulptiertes Kreuz auf übereck gestelltem Sockel. Die Grabstätte umgeben von schwarzen Marmorobelisken, dazwischen Ketten. Die äußere Einfassung mit Steinblöcken. Eine Arbeit von Carl Jung, Wiesbaden.

Grabmal der Familie Haniel, 1907

Säulentorso aus Granit mit Bronzestandbild einer trauernden jungen Frau (vgl. Haniel-Villa, Bierstadter Str. 14).

Grabmal John Goldenberg, 1882

In weißem Marmor skulptierte Statue einer jungen Frau neben einer Urne auf hohem Sockel.

Grabmal der Lina Walter, geb. Otto, 1907

Neoklassizistische Sockelarchitektur mit Engelsstatue aus Bronze in symmetrischem Aufbau.

Grabmal Wilhelm August Schmidt und Frau Ida, geb. Baum, 1903

Obelisk mit seitlicher Sitzfigur einer verschleierten jungen Frau in Marmor vortäuschendem Zinkguß.

Grabmal der Familie Schmitt und Schmitt-Rau, um 1900

Hohe, von einem Tuch verhangene Stele mit Medaillonbildnis. Vor der auf breitem Sockel stehenden Marmorstele als Relief eine knieende junge Frau. Eine Arbeit des Bildhauers R. C. Cauer aus Bad Kreuznach.

Grabmal Emilie Schlaffhorst, 1900

Auf mächtigem Sockel Figurengruppe „Des Vaters Trost“ von E. Herter, einen alten sitzenden Mann mit jungem Mädchen darstellend. Sockel und Figuren Marmor.

Grabmal der Cl. Becker, geb. Liebe, 1907

Dem Jugendstil verpflichtete Grabskulptur von G. Runtz aus Düsseldorf in Form eines Findlings mit daraus emporwachsender Frauengestalt.

Grabmal Marie John, 1910

Jugendstilgrabmal aus Kunststein. Aus von Rosen berankten Pfeilern herauswachsende Figuren, die rechte, eine junge Frau, mit Trauergestus.

Urnengrabmäler

Der die Urnenhalle mit unregelmäßigen Abteilen umgebende Urnenhain bewahrt zahlreiche historische Urnengrabmäler. Die Anordnung ist stimmungsvoll malerisch.

Urnengrabmal Sanitätsrat Dr. Friedrich Cuntz

Antikisierender hoher Pfeiler mit Frontrelief nach altgriechischem Vorbild.

△

Grabmal Fritz Baum, 1906

Trauernde weibliche Sitzfigur auf hohem, stelenartigem Sockel, beide Marmor. Bildhauer: Hans Dammann.

Urnengrabmal Julie Hillesheim, 1910

Hoher Obeliskenstumpf aus Muschelkalk mit secessionistischer Bronzeurne.

Grabmal des Bildhauers Carl Wilhelm Bierbrauer und seiner Frau Ida, geb. Wissmann, 1962

Stele als Sockel mit der Figur einer knieenden Frau.

Urnengrabmal Friedrich und Hedwig Landskron, 1908

Antikisierende Urne auf hohem gestaffeltem Sockel in poliertem schwarzem Marmor.

Grabmäler der jüdischen Abteilungen

In beiden jüdischen Abteilungen – die orthodoxe angrenzend an Abteil 17 im unteren Drittel des Friedhofs, die liberale als rechtwinkliges Gräberfeld am nördlichen Ende – sind die historischen Grabmäler auch aufgrund des ewigen Ruherechts im jüdischen Bestattungsbrauch in großer Dichte erhalten.
Die 1877 eröffnete orthodoxe Abteilung verfügt über 284 Grabsteine (von insgesamt 372 Gräbern), die alle hebräisch beschriftet sind. Die meisten Grabmäler zeigen die klassische gebogte Stele, darunter finden sich vereinzelt untypische, ganz allgemein übliche Formen der Zeit wie der Obelisk.
Die liberale Abteilung, heute „Freier jüdischer Friedhof", wurde 1891 eröffnet und verzeichnete bis 1943 1802 Gräber. Bei den traditionsgemäß in gleichmäßiger Reihung angeordneten Grabstätten überwiegt die orthodoxe Form der gebogten Stele. Hinzu kommt eine Vielzahl allgemein zeittypischer Formen wie das Aediculagrabmal, der Obelisk oder antikisierende Stelen. Die meisten Grabsteine sind hebräisch und deutsch beschriftet, ein Teil nur deutsch. Statt leichtem, vergänglichem Gestein wurde häufig Marmor und Granit verwendet. Unverändert bleibt die Symbolik mit Kelch, Stern, Kanne und segnenden Händen. Auf den Tod im KZ oder nach 1933 begangenen Selbstmord sind zumeist die Urnenbegräbnisstätten zurückzuführen (vgl. Paul Arnsberg, Die jüdischen Gemeinden in Hessen Bd. II, Frankfurt 1971, S. 400 f).

Grabmäler der orthodoxen jüdischen Abteilung

Grabmäler der liberalen jüdischen Abteilung

Gustel Strauss
Bertha Strauss

Ehrenmal

Im unteren Abschnitt der Mittelachse – das Gräberfeld hat in seiner Längsrichtung erhebliches Gefälle – befindet sich ein Ehrenmal für die jüdischen Gefallenen des 1. Weltkriegs in Form eines mächtigen Granitfindlings mit Bronzetafel.

Gesamtanlage V: Ruhbergstraße

Gesamtanlage V / Ruhbergstraße M 1:10000

Die 1894/95 als Querstraße zur Platter Straße angelegte Ruhbergstraße mündet in die ca. 1920 aus dem Alten Weinbergweg hervorgegangene Galileistraße am südlichen Nerotalhang. Von der auf dem Grat eines Platteausläufers verlaufenden Platter Straße ausgehend, fällt die Ruhbergstraße bis zur Kreuzung Kopernikusstraße erst mit geringem Gefälle, dann steiler zum Nerotal hin ab.

Die Gesamtanlage besteht aus zwei Abschnitten:

Blick in die Ruhbergstraße von der Platter Straße

Blick in die Ruhbergstraße von der Kopernikusstraße

Abschnitt I, Ruhbergstraße 1 – 11; 2 – 12
Gleichzeitig mit der 1894/95 erfolgten Eröffnung der Ruhbergstraße wurde der erste Abschnitt bis zur projektierten Kreuzung der späteren Kopernikusstraße bebaut. Der Bauunternehmer Heinrich Wollmerscheit errichtete auf beiden Straßenseiten in Gartengrundstücken je drei freistehende Einfamilien-Doppelhäuser zu eineinhalb Geschossen über hohem Sockelgeschoß. Die Reihe der paarweise einander zugeordneten Doppelhäuser bildet ein reizvolles Ensemble schlichter, ländlich anmutender Bauart. Als Kopfbauten stehen an der Kreuzung Platter Straße zwei traufständige Ziegelgebäude, deren pittoresker Schmuck in weiß angelegten Ziegelmotiven vor rotem Grund besteht. Es folgen zwei reichere, malerische Putzbauten mit roten Ziegelkonturen und reicher Verwendung von Holz vor allem in den alpenländisch anmutenden Ziergiebeln. Die anschließenden Eckgebäude zur Kopernikusstraße sind bescheidene kubische Ziegelhäuser zu vier Achsen mit axial gebundenen Dachgaupen. Einfache Stabgitter mit zur Berankung bogenförmig gerahmten Toren trennen die Vorgärten vom noch original kopfsteingepflasterten Trottoir. Die vom englischen Cottage beeinflußten Doppelhäuser stehen in engster Verbindung zur Bebauung des Bereichs obere Platter Straße mit seiner auch aufgrund kleinerer Gewerbebetriebe gemischten Sozialstruktur. Durch die Ausrichtung der Ruhbergstraße auf die Griechische Kapelle partizipieren sie dabei auch am Glanz des herrschaftlichen Villengebiets Nerotal. In seiner Art ist das reizvolle Ensemble im unmittelbaren Stadtbereich singulär.

Die Doppelhäuser Ruhbergstr. 1/3 u. 2/4

Das Doppelhaus Ruhbergstr. 6/8

Das Doppelhaus Ruhbergstr. 10/12

Blick durch die Ruhbergstraße, Nr. 2/4 ff.

Ruhbergstr. 14 u. 15, Abschnitt II der Gesamtanlage V

Abschnitt II, Ruhbergstraße 15; 14

Jenseits der Kreuzung Kopernikusstraße wird die Bebauung der Ruhberstraße mit zwei individuellen Villen im eklektizistischen Baustil des Historismus um die Jahrhundertwende fortgesetzt. Schon in steilerer Hanglage und mit Orientierung zum Nerotal errichtet, setzen sie sich nicht nur als Typus von der schlichten siedlungsmäßigen Bebauung im ersten Abschnitt der Straße ab. Sie suchen den Anschluß an die Villenbebauung des Nerotals, auf das herab sie eine schöne Aussicht bieten. Auf das Malerischste erscheint auch hier in der Blickachse zwischen den beiden Villen die Griechische Kapelle mit ihren weithin sichtbaren vergoldeten Kuppeln.

Ruhbergstr. 14

Ruhbergstr. 15

Ruhbergstraße

1895 eröffnet und mit kleinen Einfamilienhäusern nebst 2 Villen bebaut. Benannt nach dem Distrikt.

Ruhbergstr. 14
Fl. 145 Flst. 49

Bauantrag: 13. 9. 1899
Antragsteller: Heinrich Wollmerscheidt
Architekt: Carl Bormann

In ihrem zierlichen Detailreichtum besonders vollständig erhaltene Villa des um 1900 konservativen pittoresken Historismus. Einen wichtigen straßenräumlichen Akzent setzt der diagonale Erkerturm mit malerischer Laterne als Bestandteil der vielgestaltigen Dachlandschaft. Risalite mit hohem Frontispiz zu beiden Seiten unterteilen die Hauptansichten. Dabei wird in der Staffelung mittels Vorbau mit schmalen Fenstern parallel zur Kopernikusstraße ein zeitgemäßer Ansatz zur unkonventionelleren, der innenräumlichen Struktur folgenden Bildung des Außenbaus sichtbar. Die obligate Veranda befindet sich auf der zum Nerotal gerichteten Gartenseite. Die das Grundstück umziehende Einfriedung ist in ihrer schlichten Form erhalten.
Kulturdenkmal aus künstlerischen und städtebaulichen Gründen.

Gesamtanlage VI: Philippsberg

Gustav-Adolf-Straße 3 – 9; 4 – 16
Hartingstraße 4 – 8
Knausstraße 1; 2 – 4
Philippsbergstraße 1 – 37, 49 – 53; 2 – 16, 36 – 38
Platterstraße 4 – 10
Querfeldstraße 7
Riederbergstraße 5 (Schulgebäude)

Gesamtanlage VI / Philippsberg   M 1:10000

Abgrenzung der Gesamtanlage

Die Gesamtanlage Philippsberg besteht aus drei Abschnitten der Bebauung der Philippsbergstraße mit angrenzenden Gebäuden ihrer Querstraßen sowie aus den zugehörigen Straßen selbst:

1. Abschnitt: beidseitig zwischen Platter Straße und Querfeldstraße bzw. Hartingstraße. Hinzu kommen in der Hartingstraße das Eckgebäude zur Gustav-Adolf-Straße und in der Querfeldstraße die Hausnummer 7.
2. Abschnitt: die rechte Seite zwischen Hartingstraße und Gabelsbergerstraße mit der Riederbergschule auf der linken Seite.
3. Abschnitt: beidseitig ab der Knausstraße und dem Treppenweg zur Emser Straße mit zwei Gebäuden der Knausstraße im Anschluß an die Eckbebauung.

Topographie und Straßennetz

Die vor allem aus drei Abschnitten der Philippsbergstraße bestehende Gesamtanlage erstreckt sich Richtung Nordwesten auf dem Abhang zwischen der als Gratweg ansteigenden Platter Straße im Nordosten und der annähernd parallel und eben verlaufenden Emser Straße im Süden. Auf der Süd- und Südwestseite der Philippsbergstraße fällt das auf der Gegenseite nur allmählich sich senkende Gelände steil zur Emser Straße ab. Die stark abschüssige, gekurvte Querfeldstraße als Verbindung zwischen Philippsbergstraße und Emser Straße ging aus einem Feldweg hervor, der, nach Westen umbiegend, die ehemalige Riether-Bergrestauration erreichte. Die 1885 eröffnete Philippsbergstraße geht von der Platter Straße aus und mündet in die 1910 eröffnete Rothstraße. Als nach rechts abbiegende Seitenstraßen folgten Eröffnung planmäßig die Hartingstraße (1888), die Gabelsbergstraße (1888) und die Knausstraße (1892).

Künstlerische und historisch städtebauliche Qualität

Die Gesamtanlage gliedert sich aufgrund von Störungen in der historischen Bausubstanz der sie hauptsächlich kostituierenden Philippsbergstraße in die drei eingangs genannten Abschnitte.

Besondere Geschlossenheit bei großer atmosphärischer Dichte weist der erste Abschnitt zwischen Platter Straße und Querfeldstraße bzw. Hartingstraße auf. Das eindrucksvolle Bild straßenräumlicher Einheitlichkeit entsteht durch die nahezu ungestörte historische Bebauung, Vorgärten mit ornamentreichen Einfriedungen und die Anlage der Straße selbst mit beidseitigem Baumbestand entlang den Trottoirs. Die in hoch ausgenutzten begrünten Grundstücken freistehenden Mietshäuser von dreieinhalb bis viereinhalb Geschossen haben Villencharakter. In malerisch abwechslungsreicher Folge stehen schlichte renaissancistische Ziegelgebäude neben geputzten Bauten im Renaissancestil. Hinzu kommen barockisierende Fassaden und um 1900 unter dem Einfluß des Jugendstils Häuser im englisch beeinflußten Landhausstil. Für das Stadtbild im größeren Zusammenhang von besonderer Bedeutung sind die meisten der talseitigen Ansichten der Gebäude der Südseite, wo sie durch das steile Hanggefälle weithin sichtbar sind. Zum ersten Abschnitt der Gesamtanlage gehört die platzartige Erweiterung der Philippsbergstraße, wobei sich die historische Dichte in die Querfeldstraße und Hartingstraße hinein fortsetzt.

Mit dem Eckgebäude Philippsberg- und Hartingstraße schließt an den ersten Abschnitt der Gesamtanlage der zweite Teil mit drei weiteren Gebäuden villenartiger Bebauung auf der rechten Seite an. Auf der gegenüberliegenden Seite wird die historische Qualität des Bereichs durch die Rückseite der Riederbergschule gewahrt, eines stattlichen Schulbaus der neoklassizistisch orientierten letzten Historismusphase vor dem 1. Weltkrieg.

Hohe historische Qualität gewinnt das Straßenbild der Philippsbergstraße erneut im dritten Abschnitt, wobei die in ihrer historischen Führung und Gestalt erhaltene Straße

Gesamtanlage VI/Philippsberg mit Umgebung, Luftaufnahme aus südlicher Richtung

Gustav-Adolf-Str. 2 aufwärts

Gustav-Adolf-Str. 16 abwärts

Gustav-Adolf-Straße Ecke Hartingstraße

Gustav-Adolf-Straße Ecke Hartingstraße

Philippsbergstraße Ecke Platter Straße

Philippsbergstraße mit den Nrn. 22/24 und Rückseite der Riederbergschule

Philippsbergstraße Ecke Knausstraße, Nr. 36 ff.

Philippsbergstraße Nrn. 36 u. 38

Die Wohngebäude Philippsbergstr. 36 u. 38 vom Dürerplatz gesehen

Die Philippsbergstraße um 1910

Blick in die Philippsbergstraße von der Kreuzung Querfeldstraße

Das ehemalige Landgut Philippsberg, 1840

ohne Unterbrechung durchläuft. Auf der linken Seite dominieren zwei große quergelagerte Mietshäuser (Zweispänner) mit landhausartiger Fassadengestaltung bei erheblicher Fernwirkung gerade in der Blickachse der vom Ring abzweigenden Weißenburgstraße. Rechtsseitig folgen durch Erschließung eines Rückgrundstücks und mit zwei Gebäuden der hier abzweigenden Knausstraße mehrere Mietetagenvillen in Putz oder Ziegeln. Durch Vorgärten und ihre Einfriedungen sowie die alleeartige Gestaltung der Straße ist der Bereich gut erhalten.

Dokument der Stadtbaugeschichte und Stadtentwicklung

Im Jahr 1826 erwarb der Gastwirt Düringer das Gelände zwischen Platter Straße und Emser Straße (damals noch Schwalbacher Chaussee) und eröffnete dort einen öffentlichen Vergnügungspark. Zwei Gartenhäuser wurden auf dem Terrain gebaut. 1836 kaufte Freiherr von Malapert-Neufville die Gartenanlagen und errichtete darin weitere Gebäude zur Betreibung eines Hofguts. Das Hofgut Philippsberg geheißene Anwesen wurde 1878 aufgelassen, zur selben Zeit wie der benachbarte Querfeldsche Güterkomplex. 1879 entstand mit dem Gebäude Philippsbergstr. 4 das erste der die Gesamtanlage konstituierenden freistehenden Mietshäuser in hoch ausgenutzten begrünten Grundstücken. Die enge offene Bebauung erfolgte zunächst im ersten Abschnitt der Philippsbergstraße entlang der Nordseite und setzte sich hier nach Besetzung aller Parzellen über die Hartingstraße fort. Bis 1914 war auch die Südseite im ersten Abschnitt lückenlos bebaut. Zwischen 1900 und 1914 entstand indessen der dritte Abschnitt der Gesamtanlage im Zuge des weiteren Ausbaus der Straße. Zu den planmäßig angelegten Nebenstraßen gehört auch die 1885 eröffnete Gustav-Adolf-Straße, wo einer der Freiherren von Malapert-Neufville in dem als Villa anzusprechenden Gebäude Nr. 5 (vgl. im Katalog der Kulturdenkmale) selbst eine Etage bewohnte. Die Familie Malapert-Neufville, die auch Etagen der benachbarten Häuser der Gustav-Adolf-Straße bezog, markiert die obere Grenze der Sozialstruktur des an die kleinbürgerliche Siedlung „Maria-Hilf" im Nordwesten und die Villen der Emser Straße im Süden angrenzenden neu entstandenen Viertels. Bei meist sehr ansprechend und detailreich gestalteten Fassaden sind die Häuser aller drei Abschnitte im Inneren relativ einfach. Während die Wohnungen der Hauptgeschosse noch einen gewissen Repräsentationsanspruch wahren, ist der Unterschied bei den zu aller Einfachheit häufig auch knapp bemessenen Treppenhäusern zu den Villen im Osten und Norden der Stadt offensichtlich. Als Typus stellen die Gebäude in der Mehrzahl eine Mischung aus freistehendem Mietshaus und Mietetagenvilla dar und werden im Bauantrag unprätentiös als „Wohnhaus" bezeichnet. Im Rahmen der Wiesbadener Villengebiete nimmt die Gesamtanlage Philippsberg somit eine Sonderstellung ein.

Gustav-Adolf-Straße

1885 nach Auflassung der Malapertschen Besitzungen eröffnet und sukzessive villenartig bebaut. Benannt nach den Vornamen der Väter der beiden Eröffner.

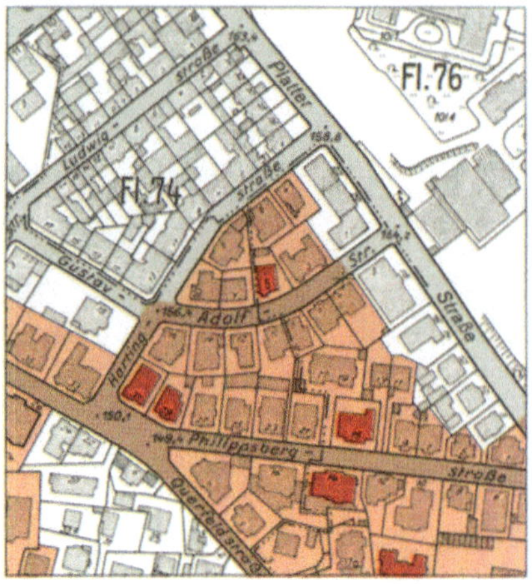

Gustav- Adolf-Str. 5

Fl. 75 Flst. 155/2

Bauantrag: 29. 4. 1887
Antragsteller: Freiherr von Malapert-Neufville
Architekt: Albert Wolff

Das durch den Kontrast roter Ziegelgliederung gegen helle Putzflächen schmucke Neorenaissancegebäude hat mit seinen 2½ Geschossen bei pittoresker Anlage ausgesprochenen Villencharakter. Das gilt um so mehr im Vergleich zu den benachbarten 3½geschossigen Wohnhäusern (z. T. durch Neubauten ersetzt). Der Typus mit Garten erklärt sich hier aus der Baugeschichte: Nach Auflassung und Teilung des ehemaligen Malapertschen Besitztums (ab 1878, s. Gesamtanlage Philippsberg) wurde der Bau auf Antrag des Freiherrn Malapert-Neufville selbst erstellt und im EG bewohnt. Die 1. Etage mietete Baron von den Osten-Sacken. Im DG waren wie üblich die Dienstboten untergebracht.

Kulturdenkmal aufgrund der guten baukünstlerischen Qualität und aus stadtbaugeschichtlichen Gründen.

Gustav-Adolf-Str. 5, um 1900

Knausstraße

1892 eröffnet und sukzessive landhausmäßig bebaut. Benannt nach dem 1829 in Wiesbaden geborenen Maler Ludwig Knaus (gest. 1910 in Berlin).

Knausstr. 2

Fl. 73 Flst. 154/26

Bauantrag: 27. 4. 1895
Antragsteller: Heinrich Burck Witwe
Architekt: Bruno Rüdiger

Mietetagenvilla in prominenter Ecklage. Bei hoher Ausnutzung des Bauplatzes wird das Gebäude durch Abfasung der in der Blickachse der Philippsbergstraße sichtbaren Ecke seiner Situation gerecht. Die Bildung der mit der Knausstraße parallel laufenden Haupt- und Langseite ist mit mittigem Eingang nahezu symmetrisch. Abweichend von der Symmetrie akzentuieren 2 dekorative eiserne Balkons die rechte äußere Achse zu risalitartiger Erscheinung. Architektonische Motive und Ornamente sind für die wilhelminische Epoche als Entstehungszeit relativ zurückhaltend, zudem weniger neobarock als noch spätklassizistisch renaissancistisch.
Der architektonisch gut gestaltete Bau ist aus künstlerischen und städtebaulichen Gründen Kulturdenkmal. Er ist charakteristisch für die Bebauung des Viertels mit Wohngebäuden zwischen Villa und freihstehendem mittelständischem bis kleinbürgerlichem Mietshaus.

Philippsbergstraße

Um 1880 nach Auflassung der Malapert'schen Besitzungen eröffnet und sukzessive landhausmäßig bebaut. Benannt nach dem Distrikt.

Philippsbergstr. 2/Platter Str. 4
Doppelhaus
Fl. 75 Flst. 14/5; 14/6

Bauantrag: 7. 9. 1881
Antragsteller: Heinrich Wollmerscheidt, Zimmermeister
Architekt: ders.

Im historischen Straßenbild erfüllt das $3^1/_2$geschossige Doppelhaus mit Landhauscharakter eine wichtige städtebauliche Funktion am Eingang der Philippsbergstraße. Der schräg zur Platter Straße stehende Bau setzt die Baulinie der Philippsbergstraße fort. Stadteinwärts erscheint in der Blickachse die pittoreske Breitseite des querrechteckigen Ziegelbaukörpers mit Schieferwalmdach. Charakteristisch sind die beiden polygonalen Turmrisalite bei jeweils asymmetrischer Anordnung, aber symmetrischem Erscheinungsbild im ganzen. Die Türme sind durch Verwendung roter zu ockertonigen Ziegeln mit Steigerung zum Turmhelm vielfältig ornamentiert. Einfacher dagegen ist die Gestaltung der Fensterachsen. Betont ist jeweils die äußere durch rundbogengerahmte Zwillingsfenster.
Kulturdenkmal aus städtebaulichen Gründen bei wirkungsvoller Gestaltung.

Philippsbergstr. 14
Fl. 75 Flst. 1/3

Bauantrag: 2. 5. 1901
Antragsteller: Reichwein & Kadesch
Architekt: Hermann Reichwein

Mächtiger Zweispänner im anglisierenden Landhausstil mit städtebaulich besonders wirkungsvollem Erscheinungsbild für die Hangseite des Philippsbergs. Risalitbildungen, Erker, Balkone gliedern den Baukörper auch im Bereich der Dachgestalt zu pittoresker, mehr bewegter Gesamtwirkung. Hinzu kommt die Zweischaligkeit der Fassadengestaltung, rote Ziegel vor hellen Putzflächen mit Gliederungsmotiven von z. T. graphischer Klarheit. Unverkennbar ist vor allem bei den gotisierenden Formen der Einfluß des Jugendstils, der seinerseits die englische Landhausarchitektur der Arts-and-Crafts-Ära rezipierte. Die bemerkenswert einfache Gestaltung des Treppenhauses widerspricht dem äußeren villenmäßigen Habitus. Be-

wahrt ist die schmiedeeiserne Einfriedung.
Das gut erhaltene Gebäude ist in der Geschlossenheit und Formdichte des Entwurfs Kulturdenkmal aus künstlerischen und städtebaulichen Gründen. In der Geschichte des Villenbaus repräsentiert der im Bauantrag als „Landhaus" bezeichnete Entwurf eine Spätphase städtischer Villenarchitektur.

Philippsbergstr. 15
Fl. 75 Flst. 114/4

Bauantrag: 9. 2. 1884
Antragsteller: Heinrich Wollmerscheidt, Zimmermeister
Architekt: ders.
Umbau: Antrag auf den Anbau von Veranden 1905

3½geschossiges zweispänniges Wohnhaus in Anlehnung an den pittoresken renaissancistischen Villenstil der 80er Jahre. Mischtonige rote und hellockerfarbene Ziegel schaffen in Verbindung mit Musterlagen ein lebhaftes Erscheinungsbild der Oberfläche bei vor allem in der Front zwar symmetrischer, doch malerischer Gliederung des Baukörpers. Ein mittlerer Risalit – darin mittig der Eingang – wird von zwei Turmhelmen überhöht. Stilistisch übereinstimmend sind auch die Dachgaupen behelmt. Die in den Risalitvorsprung eingestellten Veranden über 3 Geschosse von 1905 sind entsprechend mit Rankengittern aus Flacheisen im Jugendstil versehen. Die Einfriedung mit hohen sandsteingebänderten Ziegelpfosten ist mit ihrem schlichten Stabgitter nebst Tor original.
Der in seinem Detailreichtum gut erhaltene Bau ist Kulturdenkmal aus künstlerischen Gründen.

Philippsbergstr. 29
Fl. 72 Flst. 214/45

Bauantrag: 22. 2. 1886
Antragsteller: Schwalbach-Krauß, Tünchermeister
Architekt: –

Mietetagenvilla in spätklassizistisch renaissancistischem Modus von bereichsprägender Wirkung an der platzartig weiten Einmündung der Riederbergstraße. Die symmetrische Fassade des streng hochrechteckigen Gebäudes wird durch eine gußeiserne Balkonkonstruktion vor allen 3 Hauptgeschossen charakteristisch akzentuiert. Im 1. OG ruht der Balkon auf schweren, den mittigen Eingang flankierenden Maskenkonsolen. Adäquat zum kräftigen Profil der Eckverzahnung auch am Mittelrisalit war das EG als schweres Sockelgeschoß ehemals rustiziert. Die Einfriedung mit schlichtem Gitter nebst Tor zwischen hohen Ziegelpfosten ist erhalten. Bemerkenswert ist wie auch bei den Nachbargebäuden die

hohe Ausnutzung des relativ kleinen Bauplatzes.
Kulturdenkmal aus städtebaulichen Gründen.

Philippsbergstr. 31
Fl. 72 Flst. 213/43

Bauantrag: 19. 4. 1886
Antragsteller: Georg Steiger, Schlossermeister
Architekt: Bruno Rüdiger

Markantes freistehendes Wohnhaus in Ecklage, das sich mit 4 Vollgeschossen der Dimension der Rothstraßen-Bebauung anpaßt, während das gefällige Äußere sich der villenartigen Bebauung des Philippsbergs anzugleichen versucht. Die Ecke gewinnt besondere städtebauliche Prägnanz durch risalitartige Betonung mittels Balkonen auf mächtigen Volutenkonsolen, dazu das passende Pyramidenstumpfdach mit hoher dekorativer Rahmung der Gaupen. Geschoßweise unterscheiden sich die Rahmenmotive der Fenster bzw. Fenstertüren; gekuppelte Bogenfenster im 3. OG verstärken die Tendenz zur villenartig malerischen Gestaltung. Das relativ einfache ornamentierte Einfriedungsgitter auf niedriger Ziegelmauer ist erhalten.
Kulturdenkmal aus städtebaulichen Gründen.

Platter Str. 4/ Philippsbergstr. 2
Doppelhaus
Fl. 75 Flst. 14/5; 14/6

Zum Denkmalwert siehe Philippsbergstr. 2 / Platter Str. 4.

Gesamtanlage VII: Nordwestliches Villengebiet

Aarstraße 2 – 10
Bachmayerstraße 5 – 9; 4, 14
Drudenstraße 1
Emser Straße 1 – 19, 35 – 59, 75; 8 – 24, 32 – 38
Platter Straße 2
Querfeldstraße 1 – 5
Riederbergstraße 1 – 5
Schellingstraße 1; 2 – 6
Schützenstraße 1 – 7; 2 – 18
Walkmühlstraße 13 – 43, 47 – 89; 2 – 32, 58 – 76
Weißenburgstraße 12
Van-Dyck-Straße 1

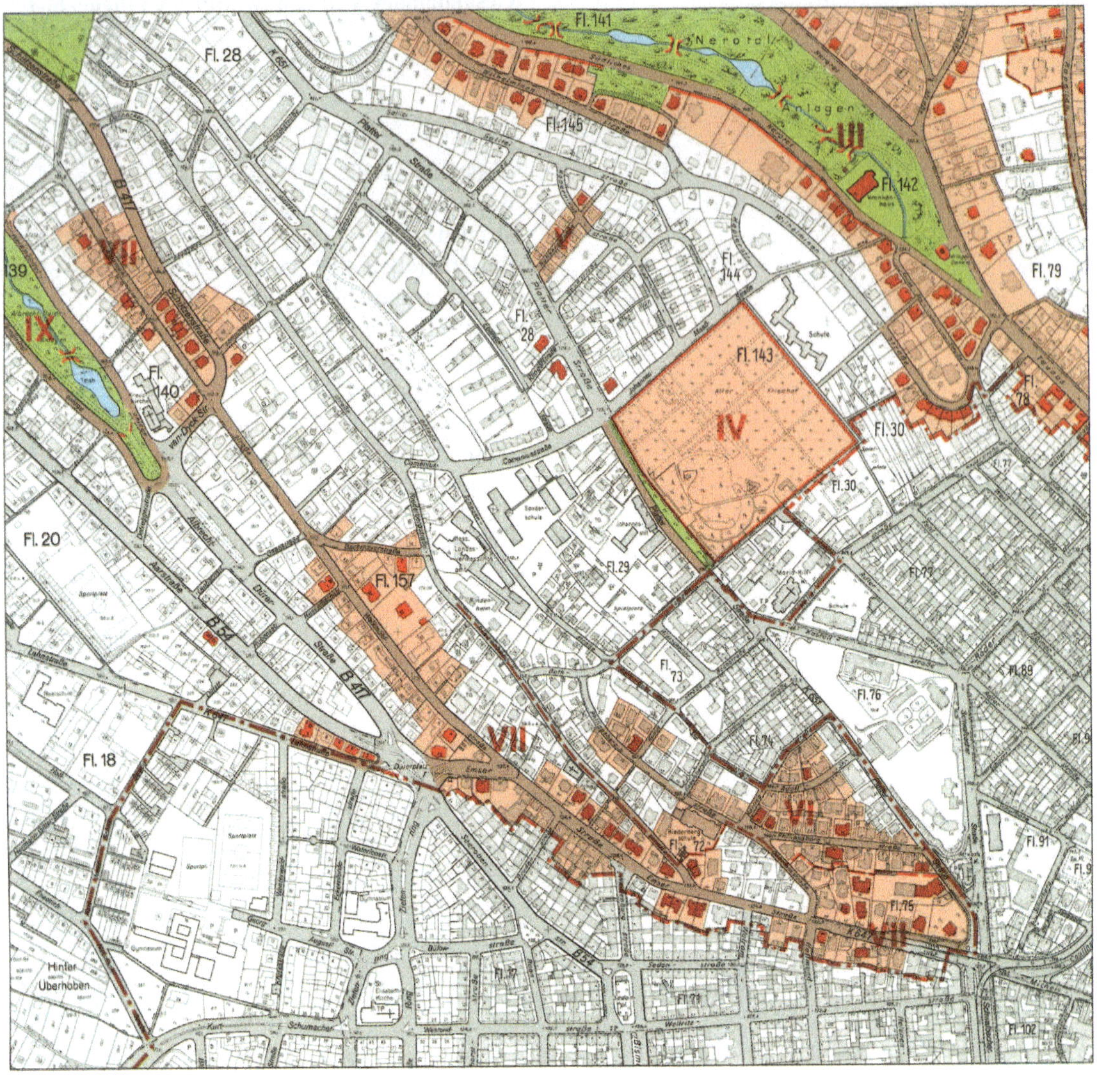

Gesamtanlage VII / Nordwestliches Villengebiet M 1:10000

Abgrenzung der Gesamtanlage

Die Gesamtanlage erstreckt sich hauptsächlich in einem langen Zug entlang der Emser Straße und der Walkmühlstraße. Sie gliedert sich wegen einer größeren Unterbrechung der historischen Bebauung in zwei Abschnitte. Der erste, längere Abschnitt umfaßt zunächst den Verlauf der Emser Straße, wobei trotz verschiedener Lücken der optische Zusammenhang auch durch die historische Gestalt der Straße selbst gewahrt bleibt. Größere Tiefe gewinnt der Straßenzug durch hinzukommende Gebäude in der rechts von der Emser Straße abzweigenden steilen Querfeldstraße und der Riederbergstraße. Die Gesamtanlage grenzt hier, wie auch mit dem zurückliegende Gebäude Emser Straße 11, an die nördlich anschließenden Gesamtanlage V, Philippsberg. Im Anschluß an die Emser Straße verzweigt sich der erste Abschnitt der Gesamtanlage einerseits entlang der Walkmühlstraße mit den Seitenstraßen Bachmayerstraße und Kesselbachstraße, andererseits über den Dürerplatz mit den ersten Häusern der Aarstraße und Lahnstraße.

Der zweite Abschnitt der Gesamtanlage umfaßt einen Großteil der hinteren Walkmühlstraße sowie die untere Schützenstraße, dazu ein Gebäude der rechts von der Schützenstraße als Treppenweg abzweigenden Schillingstraße.

Topographie und Straßennetz

Das nordwestliche Villengebiet erstreckt sich entlang dem südlichen Abhang von Philippsberg, Riederberg und Atzelberg als Ausläufer der Platte und erreicht über den Dürerplatz mit je einem kurzen Abschnitt der Aarstraße und Lahnstraße den dort aufsteigenden Gegenhang. Die Hauptachse, die Emser Straße, ging 1868 aus der Schwalbacher Chaussee hervor, einer der alten Landstraßen der Stadt. Die vom „Stumpen Tor" am Ende des Michelsbergs (1817 niedergelegt) Richtung Nordwesten ausgehende Schwalbacher Chaussee folgte dem Lauf des Kesselbachs, der in den 1870er

Luftaufnahme des Nordwestlichen Villengebiets von Süden

Jahren kanalisiert wurde. Mit demselben Richtungswechsel, den auch die Emser Straße vornimmt, verlief sie dann über die Eiserne Hand weiter nach Langenschwalbach (heute Bad Schwalbach). An der Stelle des Richtungswechsels schließt an die Emser Straße, sie gradlinig fortsetzend, die aus dem alten Walkmühlweg um 1870 hervorgegangene Walkmühlstraße an. Am Beginn ihres zweiten Abschnitts, der hinteren Walkmühlstraße, zweigt im spitzen Winkel die in Serpentinen zum Distrikt Unter den Eichen aufsteigende Schützenstraße ab. Als Verbindung des Wiesbadener Westens mit der Platter Straße wurde sie 1897/98 angelegt. 1908 folgte die nach der ersten Kurve der Schützenstraße nach rechts abbiegende Schillingstraße.

Wie die Schützenstraße und Schillingstraße im zweiten Abschnitt der Gesamtanlage sind im ersten Abschnitt die von der Emser Straße schräg zum Riederberg hinaufführende Bachmayerstraße (1888) und die links abzweigende kurze Kesselbachstraße (1896) Neueröffnungen. Die von der Emser Straße schräg Richtung Nordwesten bergan führende Riederbergstraße ging aus einem ehemaligen Weg zur alten Riederberg-Restauration hervor (s. Gesamtanlage V, Philippsberg), als 1905–07 die auch zur Gesamtanlage V, Philippsberg, gehörende Mittelschule gebaut wurde. Gewachsene Straßen sind schließlich die Lahnstraße (ehemals Schwalbacher Chaussee) und die zur Eisernen Hand führende Aarstraße (ehemals Bleidenstadter Weg).

Baukünstlerische und historisch-städtebauliche Qualität

Die Gesamtanlage ist bei vielfach großer historischer Dichte von insgesamt hoher baukünstlerischer Qualität. Sie dokumentiert den Wiesbadener Villenbau des 19. Jahrhunderts im weiten Spektrum von 1840–1914 zumeist im städtebaulichen Zusammenhang seiner Entstehungszeit. Die größte Zeitspanne umfaßt die Bebauung der Emser Straße: angefangen bei schlichten, ja einfachsten Landhäuschen über heitere antikisierende Villen des Spätklassizismus zur repräsentativen Neorenaissance unterschiedlichster Prägung. In den 90er Jahren kam das pompöse Neobarock hinzu sowie pluralistische Stilmischungen, dann Jugendstil als Dekorationsstil, und der Einfluß des Jugendstils auf die letzte Historismusphase, daneben der englische Landhausstil. Eine besondere Vielfalt an Villen der Neorenaissance und des Neobarock auch bei üblicher Stilmischung zeigt die in den 90er Jahren zügig bebaute hintere Walkmühlstraße mit der benachbarten Schützenstraße. Die Mehrzahl der Villen war Teil bauunternehmerischer Projekte und veranschaulicht gerade durch die planmäßige Entstehung beispielhaft das befriedigte Bedürfnis des Villenbewohners nach individueller Gestaltung seines Hauses. Vor allem durch versatzstückartige Handhabung architektonischer Motive – Türme, Veranden, Erker, Balkone, Loggien – sowie die quasi beliebige Handhabung des Dekors und der daran gebundenen Stilgebung erhielt jedes Gebäude seinen unverkennbaren, es vom Nachbargebäude unterscheidenden Habitus. Gleichzeitig wurde dadurch ein pittoreskes Straßenbild geschaffen, wie es für den Villenbau insgesamt, aber für den Städtebau der Zeit ganz allgemein angestrebt wurde. Der Diversität der Baumaterialien kam dabei eine wichtige Rolle zu. So wechseln Putzbauten mit Ziegelbauten, Schieferdächer mit Ziegeldächern, zieren Holz oder dekoratives Eisen die Einzelmotive. Der größte Form- und Materialreichtum konzentriert sich auf die ganz auf Repräsentation gestellten Fassaden, wobei auf dem zu nur einreihiger Bebauung geeigneten Parzellenstreifen zwischen hinterer Walkmühlstraße und Schützenstraße jeweils zwei Schauseiten ausgebildet sind. Mit Ausnahme der frühen, mitten im Garten liegenden Villen sind die Gebäude ab den späten 1870er Jahren in der Flucht gebaut, freilich ohne dabei als langweilige Reihung zu erscheinen. Einen monotonen Eindruck verhindern die schon genannten Ein, dazu aber ein offenbar von jedem durchschnittlich gebildeten Baumeister der Zeit entwickelter Sinn für städtebauliche Zusammenhänge und damit für Kategorien wie Bezugnahme, Strahlung und Rhythmus. Oft merkzeichenhaft werden die Eckbauten hervorgehoben, schwächere Akzente und Korrespondenzen untereinander in der Reihe angestrebt. Höher am Hang aufsteigende Villen benachbarter Straßen erscheinen stimmungsvoll in den Zwischenräumen und verdichten mit dem Gartengrün die Atmosphäre ins Parkhafte.

Für den malerischen Gesamteindruck unverzichtbar sind die durchweg dekorativen alten Einfriedungen, meist mit niedriger Sockelmauer und geschmiedetem Gitter und Tor. Dadurch transparent, wirken sie nicht als Zäsur, sondern

Emser Straße Nrn. 10 abwärts

Emser Straße Nrn. 45 ff.

Hintere Walkmühlstraße mit Rückseiten der Villen Schützenstr. 14 ff.

Schützenstr. 3 ff.

Obere Bachmayerstraße mit Blick auf die ehemalige Blindenschule

Bachmayerstraße Nrn. 9 abwärts

Emser Straße Nrn. 5 abwärts

Walkmühlstraße Nrn. 43 abwärts

Emser Straße Ecke Riederbergstraße mit Riederbergschule

Schützenstraße Ecke Walkmühlstraße

Walkmühlstr. 39/41

Walkmühlstr. 13–19

Walkmühlstr. 16a – 18c

Walkmühlstr. 13–19, Stichweg mit Mosaikpflaster

Emser Str. 16

Emser Str. 18

Walkmühlstr. 2

Bachmayerstr. 14

Emser Str. 22

Schützenstr. 14

schaffen fließende Übergänge von der oft alten und hochgewachsenen Bepflanzung der Gärten zum Baumbestand der Straßen bei parkartigem Gesamteindruck. Erst die Verbindung von Diesseits und Jenseits der Einfriedung schafft den historischen Erlebnisraum Straße, der hier von besonders ansprechender städtebaulicher Qualität mit hohem Wohnwert ist. Bei Störungen der Gesamtanlage übernimmt die in historischer Form erhaltene Straße selbst mitunter die überbrückende Funktion. Die geschilderte Vielschichtigkeit der Villenbebauung reicht bis zum modernen Einfamilienhaus vor dem 1. Weltkrieg (vgl. im Katalog der Kulturdenkmale Walkmühlstraße 74) und zu einem neobiedermeierlichen Reihenhauskomplex (Walkmühlstr. 16–18). Zu den besonders malerischen Gebäuden der Gesamtanlage gehört das im spitzen Kreuzungswinkel von Emser Straße und Walkmühlstraße stehende kleine Ziegelgebäude im Schweizerhausstil sowie die halb englisch halb venezianisch anmutende neogotische Villa Emser Straße 47 (vgl. im Katalog der Kulturdenkmale). Die gegenüberliegende kurze Strecke Blockrandbebauung wird im folgenden erläutert. Sie paßt sich mit ihrem pittoresken Erscheinungsbild bei relativ bescheidener Dimensionierung dem Straßenbild an.

Dokument der Stadtbaugeschichte

Nach Festlegung des innerstädtischen „Fünfecks" – so benannt nach der gradlinigen Ummantelung des unregelmäßigen innerstädtischen Kerns durch Christian Zais 1818 ff. – sah der Bebauungsplan im Rahmen eines die Stadt allseitig umgebenden Grüngürtels auch für den Westen Landhausbebauung vor. Um 1840 entstanden die ersten Landhäuser auf der Westseite der Schwalbacher Straße. Gleichzeitig wurden die ersten Landhäuser beidseitig der Emser Straße, damals noch Schwalbacher Chaussee, gebaut. Zu den ersten Landhausbewohnern der Emser Straße gehörten die Oppositionsführer der nassauischen Stände, die Prokuratoren Friedrich Lang und Karl Braun (die Häuser Nr. 10 und Nr. 19, letzteres ersetzt).

Wie auch die alten über Land führenden Ausfallstraßen im Osten der Stadt (Bierstadter Straße, Mainzer Straße) schien die in Hanglage idyllisch am Kesselbach entlangführende Schwalbacher Chaussee für den Landhausbau besonders geeignet. Noch ausdrücklich sagte Carl Boos in seinem Generalbebauungsplan von 1856 zum Thema Landhausprojekte: „Was diese betrifft, so bieten sich nach allen Seiten der Stadt in größter Nähe und in weiterer Entfernung noch viele passende und schöne Lagen dar." Und es „bietet sich zur Errichtung von Landhäusern im geraden Alignement das Feld vis à vis der Schwalbacher Straße von dem neuen Faulbrunnen an bis hinauf zur Mühle . . .".

Die drei am Kesselbach gelegenen Mühlen, die Erkelmühle, Steinermühle und Lohmühle, mußten nacheinander den neuen Bauvorhaben weichen. Der Kesselbach selbst wurde ab den 1870er Jahren in Abschnitten verrohrt und somit der unmittelbaren wirtschaftlichen Nutzung entzogen, darunter auch dem Wäschewaschen und anschließendem Bleichen auf den nun zunehmend durch Bebauung in Beschlag genommenen Wiesen. Namentlich trat in den Anfängen vor allem der Bauunternehmer Querfeld hervor, der in der Emser Straße mit angrenzendem Bereich eine ganze Reihe von schlichten Landhäusern erstellte und nach dem auch die erste rechte Querstraße benannt ist. Bei zügigem Voranschreiten – dabei wurden die Bauplätze nicht in systematischer Reihenfolge besetzt – entstanden noch in den 60er Jahren die ersten Villen am Walkmühlweg, der nachmaligen Walkmühlstraße.

Emser Straße Nrn. 50 abwärts

Emser Straße Ecke Schwalbacher Straße, um 1910

Die Emser Straße um 1910, Nrn. 40 abwärts

Die Walkmühlstraße 1912

Ehemalige Villenpension (Pension Marie) in der Schützenstraße

Die weitere Ausdehnung der Villenbebauung in der hinteren Walkmühlstraße erfolgte freilich erst gegen 1900, so auch die Besetzung der Schützenstraße (z. T. identisch mit den Häusern der hinteren Walkmühlstraße) sowie der Aarstraße und Lahnstraße. Bis 1857 wurde am Beginn der damals neu eröffneten Aarstraße noch die Dampfschneidemühle des Schreiners Dochnahl betrieben.
Eine grundsätzliche Änderung des ursprünglichen Bauvorhabens betraf indessen das Gebiet südlich der Emser Straße und westlich der Schwalbacher Straße. Hier war die Landhausbebauung aufgrund der drängenden Wohnungsnot – zwischen 1855 und 1865 hatte die Einwohnerzahl Wiesbadens um fast die Hälfte ihres absoluten Bestandes zugenommen – zugunsten der Blockrandbebauung schon Anfang der 60er Jahre aufgegeben worden. Die im Sinne eines gemischten Wohngebiets geschaffenen Wohneinheiten für Handwerker und Kleingewerbetreibende grenzen an die Parzellen der Emser Straße. Zwischen Weißenburgstraße, Drudenstraße und Seerobenstraße wurden zwei Blöcke auch auf ihrer Nordseite entlang der Emser Straße geschlossen. Als Teil der Emser Straße wird der geschlossen bebaute Abschnitt in die Gesamtanlage integriert, obwohl städtebaulich einer anderen Einheit zugehörig.
Innerhalb der Villenbebauung ist das typologische Spektrum besonders weit. Es umfaßt zwischen dem schlichten Landhaus der Anfänge und großbürgerlichen Villen der letzten Historismusphase eine der ersten Mietetagendoppelvillen der Stadt (Emser Straße 43, vgl. Katalog der Kulturdenkmale), bescheidene und reiche Einfamilienvillen sowie Mietetagenvillen, auch als Zweispänner, die sich dem Villenhabitus der

Die Walkmühlstraße 1912

Nachbargebäude anpassen, aber treffender als freistehende Mietshäuser zu bezeichnen wären (vgl. im Katalog der Kulturdenkmale Walkmühlstr. 37 und Kesselbachstr. 1). Überhaupt ist die Mietetagenvilla häufig vertreten. Schließlich ermöglichten noch große Baulücken auf der Südwestseite der Walkmühlstraße in den 20er Jahren die Errichtung des schon oben erwähnten neobiedermeierlichen Reihenhauskomplexes sowie nachfolgender Bauten auch der Zeit nach dem 2. Weltkrieg. Die Anzahl der Villen stieg von 17 Gebäuden in 1857 auf ca. 40 in 1868, auf ca. 60 in 1879, auf ca. 100 in 1888, auf ca. 135 in 1900 und auf ca. 165 in 1910. Das sind in Prozent: 1857 - 1868 = 135%, 1868 - 1879 = 50%, 1879 - 1888 = 100%, 1888 - 1900 = 36%, 1900 - 1910 = 18%.

Aarstraße

1853 als Chaussee über die Eiserne Hand mit Fortsetzung ins Aartal angelegt. Villenbau ab etwa 1890. Durch Verbreiterung der Fahrbahn in neuerer Zeit teilweiser Verlust von Vorgärten und Einfriedungen.

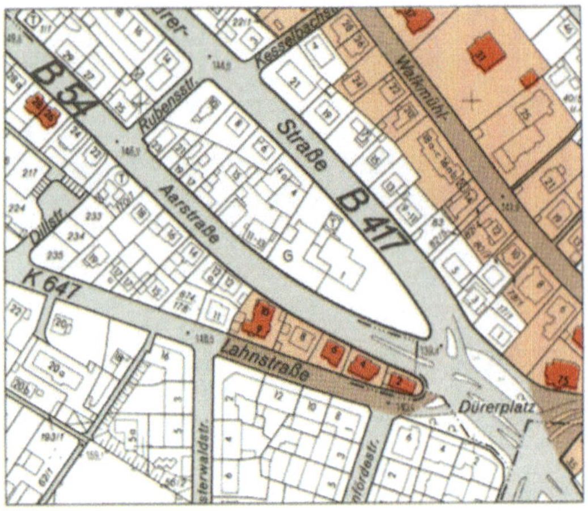

Aarstraße und Lahnstraße Ecke Dürerplatz, um 1910

Aarstraße 2
Fl. 20 Flst. 182/2

Bauantrag: 6. 5. 1903
Antragsteller: August Heinrichsen, Hauptmann
Architekt: Wilhelm Lieser

Als Kopfbau der hier am Dürerplatz spitzwinklig zusammentreffenden Aar- und Lahnstraße eine städtebaulich bedeutende Villa. Der Entwurf ist ganz auf die Grundstückssituation bezogen. Der langgestreckte, zur Spitze schmaler werdende Baukörper bildet eine ebenso repräsentative wie malerische Front mit Orientierung zu Platz und einmündender Emser Straße und Ringstraße auf der gegenüberliegenden Seite. Zwei übereinandergesetzte Erker akzentuieren die schmale Hauptansicht mit darüber hoch aufsteigendem Stufengiebel. Entlang der Lahnstraße springt der sich trapezförmig verbreiternde Baukörper zweimal leicht vor, zuerst mit Schaffung einer pittoresken Fensterachse, dann mit einem hohen Treppenhausrisalit mit dem Eingang im EG und großem weitem Fenster. Leider ist der in Putz und roten Sandsteingliedern dekorativ gotisierende Entwurf heute mancher Detailform beraubt.
Kulturdenkmal als bereichsprägende Villa von guter künstlerischer Gestaltung.

Aarstr. 4
Fl. 20 Flst. 181/2

Bauantrag: 16. 3. 1895
Antragsteller: H. Dötschmann, Glasermeister
Architekt: Carl Dormann

Die üppig dekorierte wilhelminische Villa ist wegen der Grundstückssituation im spitzen Mündungswinkel von Aar- und Lahnstraße für beide Straßenräume markant. Wie auch beim Kopfbau Aarstraße 2 (vgl.) ist eine repräsentative Schmalansicht gegen den Dürerplatz orientiert. Nach hinten erweitert sich der Baukörper durch Staffelung in Anpassung an die Form des Grundstücks. Ein Polygonalerker über barockisierendem Hermenpilaster akzentuiert die rechte Langseite. Sein Säulenmotiv kehrt in der besonders plastischen Dekorationsarchitektur mehrfach wieder. So auch in der zwerchhausartigen Gaupe über den beiden risalitartigen Achsen mit ebenfalls von Dreiviertelsäulen gestütztem Portal. In ihrem großen Detailreichtum ist die Villa kaum gestört. Beachtenswert ist u. a. die originale Eingangstür mit ihrer farbigen Verglasung sowie ihrem Glasdach in seltener Sattelform. Zur Lahnstraße reagiert der Entwurf mit Abfassung der unteren Ecke und flacher Risalitbildung. Das schlichte Einfriedungsgitter ist hier erhalten. Kulturdenkmal aus künstlerischen und städtebaulichen Gründen.

Aarstr. 6
Fl. 20 Flst. 180/8

Bauantrag: 4. 1. 1904
Antragsteller: August Heinrichsen
Architekt: Wilhelm Lieser

Mit Ausbildung zweier Hauptansichten ist der in roten Ziegeln mit heller Sandsteingliederung gebaute Villenkubus für die Lahnstraße ebenfalls von Bedeutung. In Farbe und Anlage setzt der Entwurf beiderseits einen wichtigen Akzent. Charakteristisch ist der jeweils zur Straße orientierte hohe Staffelgiebel des die Mittelachse bzw. seitliche Achse betonenden Zwerchhauses. Mehrfach wiederholen sich gotisierende Formen, während der Stichbogen dominiert. Der in der Ornamentik u. a. sichtbare Einfluß des Jugendstils beeinträchtigt kaum das insgesamt altertümelnde Erscheinungsbild. Neben der lebhaften Gliederung der rechtwinkligen Wandflächen schaffen Verandavorbauten in skulptiertem Sandstein pittoreske Qualität, ebenso die besonders für die Blickachse der Aarstraße wichtigen Nischenmotive, ein Landsknecht im EG und eine Vase im 1. OG. Die Unterschiedlichkeit der nur selten in Wiesbaden erhaltenen Nischenfiguren ist allein schon Indiz für die Beliebigkeit der Formwahl im späten Historismus. Die Villa, die kaum mehr als einen schmalen Streifen um das Haus als Garten aufweist, ist Kulturdenkmal aus künstlerischen und städtebaulichen Gründen. Mit ihren Nachbarn markiert sie die äußerste Ausdehnung der Villenbebauung im Westen vor dem 1. Weltkrieg.

Aarstr. 10/Lahnstr. 9
Doppelhaus
Fl. 20 Flst. 180/2

Bauantrag: 23. 4. 1912
Antragsteller: Alfred Burk
Architekt: ders.

Im unteren Abschnitt der Aarstraße dominantes Doppelhaus mit Bedeutung für das Bild der das Grundstück auf der anderen Seite begrenzenden Lahnstraße. Das wegen seiner Größe und äußersten Ausnutzung des Bauplatzes kaum mehr als Mietetagenvilla zu bezeichnende freistehende Wohnhaus gleicht das Geländegefälle zwischen den beiden Straßen durch Höhenstaffelung der Baumassen aus. Die dadurch erfolgte Aufteilung des Daches in Zeltdach und Stufenwalm verhindert, wie auch die Schaffung pittoresker Gliederungselemente (polygonaler Erker und Risalite u. a.), eine allzu mächtige, blockhafte Erscheinung. Besonders repräsentativ ist bei allseitiger Durchgestaltung die zur Aarstraße gerichtete Ansicht mit risalitartigem Vorbau, der im Giebelfeld über dem Fußwalm des Daches seine reichdekorierte Fortsetzung findet. Ansonsten beschränkt sich der zeitgemäß reduzierte Dekor hauptsächlich auf die Rhombenmotive in den Brüstungsfeldern der Fenster. Ihrer geometrisch angelegten Form, wie dem kantig strengen Erscheinungsbild im ganzen, entspricht das rechtwinklige Raster der Oberlichtversprossung der Fenster. Das schlichte Eisengitter der Einfriedung ist nebst Kunststeinpfosten erhalten.
Kulturdenkmal aus künstlerischen und städtebaulichen Gründen.

Aarstr. 26/28
Doppelvilla
Fl. 20 Flst. 167/16; 167/14

Bauantrag: 30. 4. 1898
Antragsteller: L. Blum, F. Schmidt, E. Berger
Architekt: Friedrich Rock

Als Doppelhaus angelegte Mietetagenvilla, die stilistisch die gerade für Wiesbaden zeittypische Verbindung konservativer und moderner Strömungen zeigt. Der Baudekor des durch rote Ziegel altertümelnd gegliederten Putzbaus ist stark reduziert. Schmückend wirken vielmehr die lebhafte Farb- und Materialzusammenstellung sowie die Zierformen der hölzernen Loggien, mit welchen die beiden Gebäudehälften spiegelbildlich einander entsprechend zusammengefügt sind. Die Holzkonstruktion der galerieartigen Loggien sind mit dem Fachwerk und Krüppelwalm der seitlichen Risalite ländliche Motive, wie sie sich um die Jahrhundertwende besonderer Beliebtheit erfreuten.
Die Villa ist mit ihrem relativ einfachen, aber geschlossenen, klar durchstrukturierten Entwurf Kulturdenkmal aus künstlerischen Gründen.

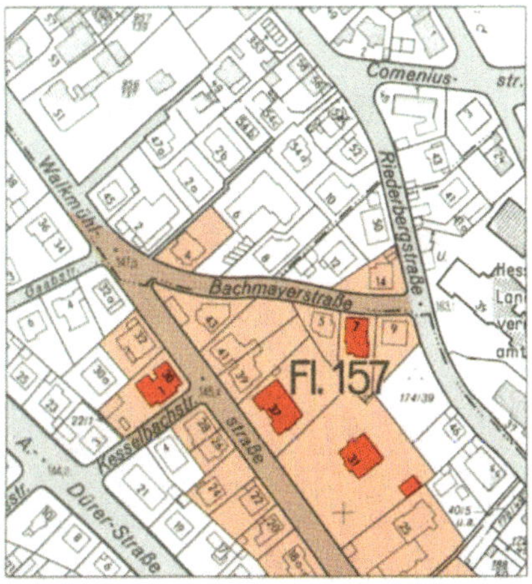

Bachmayerstraße

1888 als Seitenstraße der Walkmühlstraße eröffnet und sukzessive mit Villen bebaut. Benannt nach dem um die Stadt verdienten Bürger Christoph Josef Bachmayer (1816–1887).

Bachmayerstr. 7
Fl. 157 Flst. 37

Bauantrag: 8. 12. 1903
Antragsteller: Adam Gräf
Architekt:

Eine dem steilen Gefälle der Straße gut angepaßte Ziegelvilla zu 2½ Geschossen von bereichsprägender Wirkung.

Bei der pittoresken Anlage mit markantem Eckturm und seitlicher Risalitbildung ist der Einfluß des Jugendstils offensichtlich. Die großzügige Wandgliederung geschieht besonders wirkungsvoll im Bereich der Risalite durch die Bildung rechteckiger, farblich kontrastierender Felder und durch Musterverbände. Letztere z. B. in der an Stabwerk erinnernden vertikalen Gliederung der Frontispize. Dagegen ist das Gitterwerk der Balkongeländer eher vegetabilisch bewegt. Ganz dem Historismus verpflichtet bleibt das Eisengitter der Einfriedung, letztere mit gemauertem Torbogen.
Der gute, für das Bild der Bachmayerstraße bedeutende Bau ist Kulturdenkmal aus künstlerischen und städtebaulichen Gründen.

Emser Straße

Aus der Schwalbacher Chaussee hervorgegangen und bereits in den 40er Jahren vereinzelt mit Landhäusern bebaut.

Emser Str. 1
Fl. 75 Flst. 18

Erbaut: gegen 1865
Umbau: 1890 Antrag auf Errichtung eines Mansarddaches

Hoch über Straßenniveau und damit vor allem in der Blickachse der Schwalbacher Straße exponiert gelegene Villa der 60er Jahre. Mit malerischer Wirkung für das Straßenbild steht der an den Ecken abgefaste Kubus diagonal zur Emser Straße und orientiert seine Hauptansicht unmittelbar auf die platzartig weite Straßenkreuzung. Äußerst qualitätvoll ist die feine, die glattgeputzten bzw. zart spundierten Wandflächen eher graphisch gliedernde Plastizität von Gesimsen, Pilastern, Fenstergewänden und Ornamentik. Die Dacherneuerung von 1890 erfolgte mit gutem Gespür für Proportion und Anlage des spätklassizistischen Baus. So halten die nun üppig dekorierten Gaupen die vorgegebene Axialität genau ein, auf der Westseite mit entsprechender Kupplung von Fenstern. Zur Schaffung eines harmonischen Übergangs wurden über den Fenstern des 1. OG stuckierte Felder angelegt. Anstelle des eliminierten Risalitgiebels trat die Dachgalerie als bekrönendes Element.
Kulturdenkmal aus städtebaulichen und künstlerischen Gründen. Zudem dokumentiert die Villa als einziger noch erhaltener Villenbau entlang der Schwalbacher Straße die Stadtbaugeschichte nassauischer Zeit.

Emser Str. 3
Fl. 75 Flst. 14/7

Bauantrag: 5. 7. 1877
Antragsteller: Dr. med. Friedrich Greiß
Architekt:

Herrschaftliche Neorenaissance-Villa in mischtonigen Ziegeln und rotem Sandstein. Besonders ausdrucksvoll sind die skulptierten roten Sandsteinglieder in der frontal zur Straße gerichteten Fassade, so im Motiv der dreiteiligen Risalitfenster oder der antikisierenden Säulen- bzw. Pfeilerkonstruktion der weit vortretenden Veranda mit Freisitz für das 1. OG. Die Konzeption der Risalitachse mit dreiteiligen Fenstern in beiden Geschossen, das obere ädikulaartig ausgebildet, folgt gerade in Verbindung mit dem abschließenden Mezzanin

Entwürfen von Gropius & Schmieden (Kunstgewerbemuseum Berlin), die gerade für die italienische Neorenaissance Schule machten. Besonders schön ist die Grisaille-Bemalung der Metopenfelder des Mezzanins. Zu den wertvollen Details am Bau gehören auch die dekorativen Gußeisengitter des Verandavorbaus.
Die auch mit seitlichem Portikus konsequent durchstilisierte Villa ist in ihrer hervorragenden Qualität Kulturdenkmal aus künstlerischen Gründen.

Emser Str. 11
Fl. 75 Flst. 174/13

Bauantrag: 30. 1. 1904
Antragsteller: Carl Althansse
Architekt: Albert Wolff

Nach der Jahrhundertwende läßt C. Althansse auf seinem mit einer spätklassizistischen Villa besetzten Grundstück zwischen Emser und Philippsbergstraße drei Mietetagenvillen errichten. Die hohe Verdichtung ist für die letzte historistische Bauphase kennzeichnend. Als Garten verbleiben kaum mehr als schmale Grünstreifen um die Gebäude. Auch auf engem Raum gilt für die großvolumige, 3½geschossige Villa das malerische Bildungsprinzip. Verandavorbau, polygonaler Erker und Balkone beleben die Ost- und Südfassade vor dem Hintergrund einer flächigen Wandgliederung mit Verwendung verschiedener Putzsorten und ornamentalen Schmucks. Letzterer vor allem in vegetabilischen Jugendstilformen. Die Fenstergewände hingegen folgen mit ihren feinen Rundstabprofilen neogotischen Bildungen. Zu der Qualität des Gebäudes gehört das gut erhaltene repräsentative Vestibül. Der Haupteingang mit original erhaltener Flügeltüre liegt unter dem von einer Säule abgefangenen Verandavorbau.
Kulturdenkmal aus künstlerischen und stadtbaugeschichtlichen Gründen.

Emser Str. 12
Fl. 70 Flst. 4/2

Erbaut: im Kern um 1855
Inschrift: „DOMINUS PROVIDEBIT" im Gebälk der Fensterrahmung

Die schräg im Straßenraum stehende Villa ist in ihrer spätklassizistischen Formgebung Resultat einer gegen 1870 erfolgten Überformung. Die besonders elegante Lösung beeindruckt durch das die beiden mittleren Achsen der Fassade akzentuierende Rahmenmotiv: Pilaster und Halbsäulen bzw. Karyatiden tragen auf antikisierende Weise das Gebälk oder die mit Palmetten fein gezierte Verdachung. Ein besonders schönes Gußeisengitter am Frontispiz des flachen eingeschossigen Verandavorbaus steht dekorativ im Vordergrund. Im Rahmen der qualitätvollen Fassadengestaltung sind auch die durch einen Mittelpfosten zweigeteilten Fenster der beiden seitlichen Achsen zu erwähnen. Neben Brüstungsdekor und Verdachung sind die Kompositkapitellchen der Pfosten von sehr feiner, differenzierter Bildung. An die rechte Seitenachse schließt sich zurückgesetzt eine außerhalb der Symmetrie liegende Nebenachse an, die im EG den Eingang aufnimmt. Links hat das Gebäude in neuerer Zeit einen Anbau erhalten, der es mit der Nachbarvilla Nr. 10 verbindet.
Kulturdenkmal aus künstlerischen Gründen.

Emser Str. 13
Fl. 75 Flst. 175/13

Bauantrag: 5. 11. 1903
Antragsteller: Dr. med. Oskar Althansse
Architekt: Albert Wolff

Mit großem Volumen in die Tiefe gebaute neobarocke Mietetagenvilla. Die Hanglage bedingt ein hohes Sockelgeschoß im vorderen Abschnitt, so daß die straßenseitige Front zu 4 Vollgeschossen und bekrönendem Zwerchhaus besonders schlank und hoch erscheint. Von den beiden reichdekorierten Mittelachsen vermitteln viertelkreisförmige Balkons symmetrisch zu den schmalen einachsigen Seiten. Im Anschluß daran verbreitert sich das Gebäude z. T. durch Staffelung in Anpassung an das trapezförmige schmale Grundstück. Der villenmäßige Habitus des Gebäudes verbindet sich somit mit großer wirtschaftlicher Rentabilität.
Der im Rahmen der Bauaufgabe gute Entwurf ist Kulturdenkmal aus künstlerischen Gründen und aufgrund der stadtbaugeschichtlichen Aussage. Der gute Erhaltungszustand erhöht gerade aufgrund des Detailreichtums der Fassade den architekturhistorischen Wert der Villa.

Emser Str. 15
Fl. 75 Flst. 12

Erbaut: um 1855

Der glatt geputzte, kubisch erscheinende Baukörper mit flachem Schieferwalm repräsentiert in seiner Bescheidenheit den einfachsten Landhaustyp frühen Wiesbadener Villenbaus entlang den Landstraßen. Die 4achsige Front des wenig tiefen Gebäudes wird durch ein Zwerchhaus in beiden Mittelachsen gestaltet, hinzu kommt ein Verandavorbau (erneuert). Schlichtes antikisierendes Ornament begleitet die gerade, durchaus fein profilierte Verdachung der Fenster im 1. OG, während die übrigen, durchweg mit Klappläden versehenen Fenster ansonsten schmucklos bleiben. Das noch weiter von der Straße zurückgesetzte, auf einem Hanggrundstück erhöht liegende Gebäude ist Kulturdenkmal aus stadtbaugeschichtlichen Gründen.

Emser Str. 20
Fl. 70 Flst. 2/3

Bauantrag: 17. 12. 1877
Antragsteller: Carl Schäfer, Maurermeister
Architekt: –
Umbau: 1893

Die kubische Villa zu 3 Vollgeschossen entstand noch vor dem Durchbruch der Hellmundstraße. Die ursprüngliche Situation erläutert die Konzentration

der Dekorationsarchitektur auf den vorderen Gebäudeabschnitt. Die spätklassizistische Fassadengestaltung nimmt Züge der Neorenaissance an. Über kräftiger Putzrustika im EG erheben sich die beiden Obergeschosse mit ausdrucksvoller Eckverzahnung; weit kragt das konsolengestützte Hauptgesims vor und betont mit Nachdruck, wie auch die stockwerktrennenden Gesimse, die Horizontale. Die Gesimse begleitet reizvoller ornamentaler Schmuck in Form eines Lorbeerbandes im 1. OG. Unterschiedliche Rahmungsmotive der Fenster ergänzen das reiche Erscheinungsbild mit Wirkung auf den der Front parallellaufenden Straßenraum.
Kulturdenkmal aus künstlerischen Gründen.

Emser Str. 32/34
Doppelvilla
Fl. 72 Flst. 350/60; 60/2

Bauantrag: 8. 7. 1901
Antragsteller: Philipp Lenz, Privatier
Architekt: Wilhelm Lenz

Im Entwurf der großvolumigen Mietetagen-Doppelvilla verbinden sich Historismus und Jugendstil, wobei letzterer in der Ornamentik, aber auch z. T. in der Formgebung überwiegt. Besonders reizvoll ist die Bildung der seitlich angeordneten spitzgiebligen Risalite mit leichter Auswölbung der vertieft liegenden Fensterachse. Der dadurch u. a. zustandekommenden Betonung der Vertikalen wirkt der durchgehende Fußwalm über dem als Sockelzone aufgefaßten EG entgegen. Im DG wiederholt sich das Motiv des Fußwalms über einem breiten stuckierten Ornamentfries von lebhafter, üppiger Bildung (zwischen Blättern und Blüten gibt es Eulen und Hähne). Vergleichbare vegetabilische Jugendstilornamentik rahmt die Fenstergruppe im Frontispiz oder ziert die Brüstungsfelder der Fenster zu dekorativer Gesamtwirkung. Zu den Schönheiten des Hauses gehören auch die lasierten Ziegel seines hohen Walmdaches. Die Einfriedung mit starkem Eisenspießgitter in mehrfach gebogten Abschnitten ist mit den Toren erhalten.
Kulturdenkmal aus künstlerischen Gründen.

Emser Str. 36/38
Doppelvilla
Fl. 72 Flst. 502/61; 426/61

Bauantrag: 22. 1. 1907
Antragsteller: Christian Fischer, Maurermeister und Bauunternehmer
Architekt: ders.

Anstelle eines kleinen spätklassizistischen Landhauses errichtete Doppelvilla mit Mietetagen. In den Louis-Seize-Stil des Entwurfs mischen sich Formen des Jugendstils. Charakteristisch ist der doppelgeschossige Verandavorbau mit 4 weiten Arkaden

aufgrund der in seiner Mitte ansetzenden spiegelbildlichen Verdopplung der Gebäudehälften. Daran schließt ein flach gewölbter Risalit mit frontispizartigem Zwerchhaus an. Schlicht, mit Balkon im 1. OG, ist die äußere Achse gebildet. Insgesamt beeindruckt die Diversität der Fensterbildungen, wobei die originalen Teilungen mit senkrecht versproßten Oberlichtern erhalten sind. Dekorativ sitzen die Rahmenmotive der Fenster vor den unterschiedlich strukturierten Putzflächen. Die alte Einfriedung ist mit ihren Toren erhalten.
Der wohlproportionierte, individuell gestaltete Bau ist Kulturdenkmal aus künstlerischen Gründen.

Emser Str. 39
Fl. 72 Flst. 421/29

Bauantrag: 2. 10. 1905
Antragsteller: W. Reitz
Architekt: Reinhard Hildner

Die in der Ecklage markante Mietetagenvilla gehört zu den wenigen Wiesbadener Villenbauten um und nach der Jahrhundertwende mit ausgeprägtem und im Entwurf dominierendem Jugendstildekor. Weit geringer ist der Einfluß des Jugendstils auf die Anlage des Baukörpers. Hier überwiegt das pittoreske historistische Bildungsprinzip als Addition malerischer Einzelmotive um einen kubischen Kernbau. Die verwirrende Formenvielfalt im Umriß mit polygonalem und rundem Eckturm, Erker, Altan u. a. findet im Dachbereich ihre Fortsetzung. Der skulptierte und stuckierte Dekor gipfelt in den beinahe vollplastisch gebildeten Harpyenwesen unterhalb des Kranzgesimses der Ecktürme. Die die Ecke umziehende Einfriedung mit Natursteinmauer und einfachem Eisengitter ist erhalten.
Kulturdenkmal aus künstlerischen und städtebaulichen Gründen.

Emser Str. 43
Fl. 72 Flst. 515/23

Erbaut: um 1865

Für Wiesbaden ein besonders frühes Beispiel einer großen Mietetagenvilla, die als Doppelhaus gebaut wurde. Der elegante spätklassizistische Entwurf orientiert sich an Vorbildern der Berliner Schinkel-Schule (Arnim, Hitzig, Schwatlo). Die Aneinanderfügung zweier spiegelbildlich einander entsprechender Haushälften schafft einen breitgelagerten querrechteckigen Baukörper. Risalit und Verandavorbauten vor den beiden Mittelachsen der 3geschossigen Flügel gliedern die blockhafte Grundform zu angenehm bewegter Gestalt. Für die Blickachse der gegenüber der Front einmündenden Weißenburgstraße ist der Bau auch aufgrund seiner erhöhten Lage Point de

vue, der den historischen Straßenraum auf der Nordseite schließt.
Der in seinen Details (Wandgliederung, Ornamentik, Fensterrahmen oder -teilung) gut erhaltene Bau ist aufgrund der hohen Qualität des Entwurfs Kulturdenkmal aus künstlerischen Gründen. Zudem liegt der Denkmalwert in der städtebaulichen und stadtbaugeschichtlichen Bedeutung.

Emser Str. 45
Fl. 72 Flst. 22/4

Erbaut: um 1860
Umbau: 1907 Antrag auf bauliche Veränderung
Inschrift: „Villa Maria" im Mittelrisalit

Noch mit größerem Abstand zur Straße errichtetes Landhaus des Spätklassizismus. Der querrechteckige, traufständige Baukörper mit mittlerem Giebelrisalit vertritt einen in nassauischer Zeit häufigen Typus. Dabei ist hier von besonderem Interesse die von 1907/08 erfolgte Renovierung im Geschmack der späten wilhelminischen Ära. Im Gegensatz zu klassizistischer Flächigkeit und Feingliedrigkeit zielt die neue Fassadengestaltung auf malerisch plastische Werte, die appliziert wurden: so in Form der Eckrustika oder der Motive von Fensterüberdachung und Fensterbrüstung u. a. Zu den Neuerungen gehört auch das Veranda- bzw. Balkongeländer in filigranen geschmiedeten Rankenmotiven. Um 1860 entstand das schlichte Eisengitter der Einfriedung über hoher Ziegelstützmauer.
Kulturdenkmal aus künstlerischen Gründen und wegen der architekturhistorischen Bedeutung.

Emser Str. 47
Fl. 72 Flst. 21/7

Bauantrag: 27. 3. 1882
Antragsteller: H. Koch-Filius, Rentner
Architekt: -

Die aufgrund der ornamentalen Wandbehandlung venezianisch anmutende neogotische Villa ist in ihrer Art ein Unikat im Wiesbadener Villenbau des Historismus. Motivvielfalt und Dekorreichtum konzentrieren sich auf die straßenseitige Fassade mit seitlichem Risalit und diagonalem Erkertürmchen u. a. Die großzügige Verwendung von hellem Sandstein in Verbindung mit der polychromen, in Mustern verlegten Ziegelverblendung der Wände schafft auch vom Material her ein pittoreskes Erscheinungsbild. Der in seinen Details gut erhaltene Bau beeindruckt auch durch seine Fensterbildungen mit gotisierend versproßten Oberlichtern. Die Hanglage des zur Straße durch eine hohe Mauer abgestützten Bauplatzes verschafft der Villa durch erhöhte Situation eine größere städtebauliche Wirkung.
Kulturdenkmal aus künstlerischen Gründen.

Emser Str. 51
Fl. 72 Flst. 14/1

Bauantrag: 25. 6. 1903
Antragsteller: Bernhard Scheer
Architekt: Hermann Reichwein

Besonders originärer Entwurf einer Mietetagenvilla in exponierter Lage an der Einmündung des Treppenweges zum Philippsberg. Die ausdrucksvolle Durchbildung der Süd- und Ostfassade ist auf Diagonalsicht angelegt. Der Modus des hohen kubischen Gebäudes verbindet die traditionelle historistische Bauweise mit Formen englischen Landhausstils. Prägnante Motive sind vor allem die in Holz konstruierten Veranden der Vorderfront sowie die malerische Dachlaube über dem doppelgeschossigen Erker der Mittelachse. Zur Expressivität der Formgebung kommt die pittoreske Wirkung von Material und Farbe. Rote Ziegelflächen und Konturen stehen in einem lebhaften Gegensatz zu hellen Putzflächen. Die Linienführung zeigt den Einfluß des Jugendstils bei gotisierender Grundtendenz. Auf Betonung des Materialcharakters ist auch mit der kräftigen Sockelrustika Wert gelegt. Das dekorative Ziergitter der Einfriedung mit geschmiedeten Pfosten ist erhalten.
Kulturdenkmal aus künstlerischen und städtebaulichen Gründen.

Emser Str. 55
Fl. 72 Flst. 10/1

Bauantrag: 7. 8. 1876
Antragsteller: Friedrich Knauer, Rentner
Architekt: –
Umbau: Balkon- und Eingangsverdachung von 1914

Schlichte spätklassizistische Villa, die durch die rustizierte Eckverzahnung des Risalits u. a. von orthodoxen Lösungen abweicht. Entsprechend körperhaft ist der Balkon im EG empfunden, der 1914 sein Glasdach erhielt. Aufwendiger als im EG sind die Fenster im glattgeputzten 1. OG behandelt. Ein durchgehendes Gebälk verbindet die beiden von Pilastern gerahmten Fenster des seitlichen Risalits. Durchweg sind die originalen Fensterkreuze erhalten, wie der Bau insgesamt zwar renovierungsbedürftig, aber doch relativ vollständig erhalten ist; dazu gehört auch die typische spätklassizistische Einfriedung mit einfachem Spießgitter in bogenförmigen Segmenten.
Der strenge, wohlproportionierte Bau ist Kulturdenkmal aus künstlerischen Gründen. Im Rahmen des Spätklassizismus stellt er eine zu größerer Plastizität drängende Variante dar.

Emser Str. 60
Fl. 72 Flst. 75/2

Bauantrag: 22. 2. 1896
Antragsteller: Jakob Beckel und Wilhelm Westenberger
Architekt: –
Inschrift: „Haus Lahntal" in der Loggia des 2. OG

Eine der großen Mietetagenvillen des Viertels, die nach späterer Verbreiterung der Straße unmittelbar an das Trottoir grenzt. Eine blockhaft schwere Wirkung wird durch Auflösung der symmetrischen Fassade in seitliche Risalite mit dazwischen eingespanntem verandaartigem Vorbau vermieden. Zudem sorgen seitliche Rundbogenveranden für pittoreske Vielgestalt im Rahmen der renaissancistischen und z. T. barockisierenden Dekorationsarchitektur. Charakteristisch ist das vielschichtige Relief der Gliederung im Sinne einer malerischen, licht-schattenreichen Oberflächengestaltung. Der Bauzeit entsprechend weit sind namentlich die verschiedenen Rundbogenfenster. Rundbogig auch der in tiefer Nische des EG mittig gelegene Eingang. Die hohe Ausnutzung des Grundstücks beläßt nurmehr schmale Grünstreifen auf den Seiten bzw. der Rückseite.
Kulturdenkmal aus künstlerischen Gründen mit stadtbaugeschichtlicher Aussage für die Struktur der linksseitig im letzten Abschnitt vorwiegend geschlossen bebauten Emser Straße.

Emser Str. 75
Fl. 157 Flst. 74/2

Bauantrag: 19. 9. 1905
Antragsteller: Reinhard Hildner
Architekt: ders.

Großvolumige Mietetagenvilla in prominenter Ecklage mit Ausrichtung der breiten Hauptansicht zum Dürerplatz. Die Konzeption ist bei organischer Verbindung zu den in den Blickachsen der Straßen erscheinenden Schmalseiten vielgestaltig malerisch. En face dominiert ein über großem Rundbogenfenster in organischer Wölbung auskragender Erker. Seine risalitartige Wirkung wird durch den über einem Fußwalm zurückgesetzten hohen Schweifgiebel verstärkt. An den Erker schließt als Landhauszitat eine doppelgeschossige, in Holz konstruierte Veranda an; den Übergang zu den beiden gleichfalls pittoresk gestalteten Schmalseiten vermitteln polygonale Eckmotive: Turm und Erker, beide leider nicht mehr mit originaler Überdachung. In Verbindung mit historisierenden Formen des Louis XVI dominiert in Anlage und Ornamentik der Jugendstil mit für Wiesbaden seltener Dominanz. Aufgrund dieser Sonderstellung im Wiesbadener Villenbau und wegen der guten künstlerischen Qualität und städtebaulichen Bedeutung ist der Bau Kulturdenkmal.

Platter Straße

Um 1800 aus der ehemaligen Neuhofer Straße hervorgegangen. Ab ca. 1870 vereinzelter Villenbau. Führt über die gleichnamige Anhöhe mit dem ehemaligen Herzoglich Nassauischen Jagdschloß.

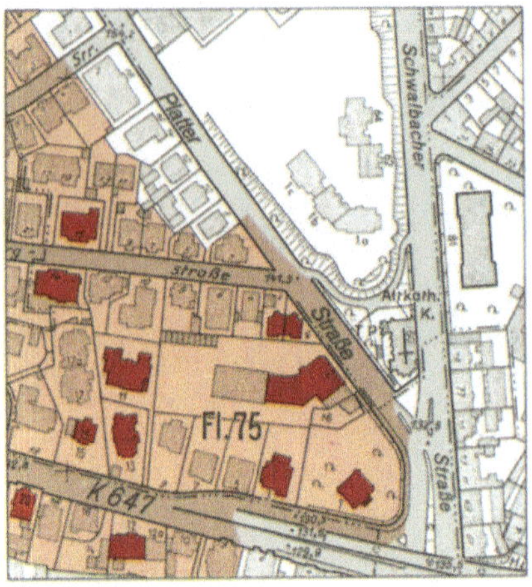

Platter Str. 2
Ehemals Christliches Hospiz
Fl. 75 Flst. 15/1

Bauantrag: 1908
Antragsteller: Evangelischer Verein
Architekt: Wilhelm Boué

Kubischer Baukörper zu 3½ Geschossen mit mächtigem Turmrisalit in der straßenseitigen Südost-Ecke. Der geschweifte Knickgiebel überragende Turmhelm ist barockisierend empfunden, während die Dekorationsarchitektur im ganzen vorwiegend spätgotische Bildungen zeigt. In Verbindung mit den weiten Bogenfenstern im EG und den Thermenfenstern in den wimpergartigen Turmgiebeln kommt es zu einer zeittypischen Stilmischung, wobei Duktus und diverse Einzelmotive die Brechung durch den Jugendstil zeigen. Als besonders reizvolles Motiv erscheint als vollplastische Baldachinfigur ein Wandergeselle auf der Südost-Ecke des 1. OG. Mit zum Gruß erhobener Hand verweist er auf die ehemalige Funktion des heute als Hotel genutzten Gebäudes als Gemeinnütziger Evangelischer Gasthof vor allem für fahrende Handwerksburschen und Wanderarbeiter.
Kulturdenkmal aus künstlerischen und stadtbaugeschichtlichen Gründen. Am Beginn der Platter Straße ist der markante Bau von bereichsprägender Wirkung.

Riederbergstraße

1903 eröffnet und im unteren Abschnitt bis 1914 mit Villen bebaut. Distriktbezeichnung, ehemals Riether-Berg.

Riederbergstr. 1/3
Doppelvilla
Fl. 72 Flst. 420/29; 419/29

Bauantrag: 23. 6. 1906
Antragsteller: Gebr. Haberstock
Architekt: Wilhelm Weygandt

Bereichsprägende Doppelvilla in der Mündung der Riederbergstraße. Der moderne Entwurf, in dem sich Züge englischer Landhaus- und Cottage-Bauweise mischen, steht in offensichtlichem Gegensatz zur spätklassizistischen und historistisch gründerzeitlichen Bebauung der Emser Straße. Charakteristisch ist die bewegte Dachgestalt mit hohen Dreiecksgiebeln, auf der Schmalseite verschachtelt mit einem Krüppelwalm. Dach und Flächen der Dreiecksgiebel sind verschiefert, ebenso der polygonale Erker der rechten Haushälfte. Vergleichbare Formen ländlicher Bauweise finden sich u. a. in der Holzkonstruktion der Veranden. Auf historische Zitate und Ornamentierung im Sinne des Historismus wird ganz verzichtet. Schmuckformen werden vielmehr unkonventionell durch Strukturierung des Putzes u. a. geschaffen. Grundsätzlich werden die Baumaterialien in ihrer Eigenheit zur Anschauung gebracht. Zur Qualität der angewandten Stoffe harmoniert die das Grundstück umziehende Stützmauer aus Bruchstein.
Kulturdenkmal aus künstlerischen und städtebaulichen Gründen.

Schützenstraße

1896 zur Erweiterung des Villengebiets im Walkmühltal und zur Verlegung der Elektrischen Bahn nach Unter den Eichen angelegt. Führte zu den Schützenhallen Unter den Eichen.

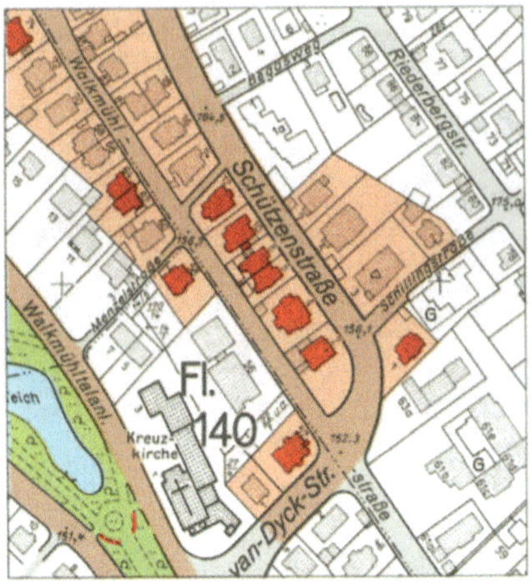

Schützenstr. 1
Fl. 28 Flst. 796/152

Bauantrag: 1902
Antragsteller: Max Hartmann, Maurermeister und Bauunternehmer
Architekt: ders.

Steil dimensionierte Villa der Jahrhundertwende in prominenter Lage im Scheitel der ansteigenden Mündungskurve der Schützenstraße. Ausdrucksvoll artikuliert sich der Bau durch einen hohen seitlichen Risalit in der Blickachse des Straßenverlaufs. Ein geschwungener Balkon im EG über talseitig besonders hohem Sockel schafft die Verbindung zur einachsigen Seite. Die anschließende Abfasung der Ecke mit Balkons in EG und 1. OG sowie einer bekrönenden, diagonal gestellten Gaupe schaffen einen zweiten, unmittelbaren straßenräumlichen Bezug in die Gegenrichtung, wobei die Einmündung der Schillingstraße berücksichtigt wird. Bei traditioneller historistischer Gesamtstruktur mischen sich in den Dekorationsformen eklektizistisch verschiedene Stile bei überwiegend und teilweise bizarrer gotischer Bildung. Zu einer freieren, secessionistischen Linienführung kommt es dabei vor allem im Risalitgiebel.
Die pittoreske Villa ist Kulturdenkmal aus städtebaulichen und künstlerischen Gründen gerade im Rahmen eines auch die folgenden Gebäude umfassenden bauunternehmerischen Projekts.

Schützenstr. 2
Fl. 28 Flst. 153/1

Bauantrag: 20. 7. 1895
Antragsteller: Max Hartmann, Maurermeister
Architekt: ders.

Kopfbau der Reihe von Hartmann errichteter Villen auf von Schützen- und Walkmühlstraße begrenzten Grundstücken. Der durch Vor- und Rücksprünge malerisch aufgelockerte Kubus ist markant durch einen polygonalen Eckturm mit Ausrichtung auf die Blickachse der Walkmühlstraße. Die Aussicht der Villa wird hier zudem durch einen Verandavorbau mit Freisitz im 1. OG bereichert. Die zur

Schützenstraße orientierte Eingangsseite wird durch einen leichten doppelgeschossigen Verandavorbau in Eisen mit dekorativen geschmiedeten Geländern akzentuiert. Die im ganzen eher spätklassizistische Anlage erhält durch eine besonders üppige stuckierte Ornamentik vor allem im Bereich der Fensterglieder ihren unverwechselbaren zeittypischen Charakter. Zur Qualität der städtebaulich prominenten Villa gehört auch die das zur Straßenkreuzung spitzwinklig zulaufende Grundstück säumende Einfriedung: eine Natursteinmauer mit wellenförmig geführtem schwerem Eisengitter mit Zierelementen (im Eingangsbereich leider gestört).
Kulturdenkmal aus künstlerischen und städtebaulichen Gründen insbesondere im Rahmen eines bauunternehmerischen Projekts.

Schützenstr. 4
Fl. 28 Flst. 450/153

Bauantrag: 20. 7. 1895
Antragsteller: Max Hartmann, Maurermeister und Bauunternehmer
Architekt: ders.

Durch Vor- und Rücksprünge gegliederter mächtiger Villenkubus zu 3 Vollgeschossen mit Walmdach. Die eklektizistische Stilgebung mischt Züge der Neorenaissance der 80er Jahre mit neobarocken Formen. Durchgehende Nutung mit alternierend glatten Flächen und rauhgeputzter Rustika im EG und 1. OG gibt der Fassadengestaltung die vom Zeitgenossen gewünschte Plastizität. Sie wird verstärkt durch ornamentale Applikationen mit besonderer Betonung des Mittelrisalits mit 2geschossigem Verandavorbau der als Hauptansicht behandelten Seite der Walkmühlstraße. Hier ist die originale Einfriedung – eine Ziegelmauer mit Ornamentgitter nebst Gartentor – erhalten.
Die Mietetagenvilla ist aus künstlerischen Gründen Kulturdenkmal, wobei sie ihren besonderen Reiz im Zusammenhang mit den immer andersartig gestalteten zeitgleichen Nachbarvillen im Rahmen eines bauunternehmerischen Projekts entfaltet.

Schützenstr. 6/8
Doppelvilla
Fl. 28 Flst. 451/154; 452/154

Bauantrag: 1896
Antragsteller: Max Hartmann, Maurermeister und Bauunternehmer
Architekt: ders.

Sukzessive bebaute Hartmann die durch ihn parzellierten schmalen Grundstücke zwischen Schützen- und Walkmühlstraße. Auch hier nimmt der Entwurf der Ziegel-Sandstein-Doppelvilla mit der Ausbildung zweier Schauseiten auf die spezifische Lage Rücksicht. Der langgestreckte Baukörper mit Walmdach wird in seiner Masse zu beiden Seiten durch seitliche Risalite gegliedert. Zur Gartenseite kommen Verandavorbauten hinzu, während die Vorderseite durch Balkone vor den Risaliten Fassadenqualität gewinnt. Ungewöhnlich ist die üppig barockisierende Stilgebung in Verbindung mit dem vor allem in der Neorenaissance der 80er Jahre propagierten Ziegelmaterial. Mit dem Wechsel von Putz- und Ziegelbauten sucht Hartmann ein abwechslungsreiches Bild im Sinne pittoresker Straßenraumgestaltung zu erreichen. Die zum Teil erneuerte Einfriedung wahrt zur tiefer gelegenen Walkmühlstraße ihre hohe Ziegelstützmauer nebst Gitter.
Kulturdenkmal aus künstlerischen

Gründen sowie als Teil eines bauunternehmerischen Projekts als stadtbaugeschichtliches Dokument der Zeit.

Schützenstr. 10
Fl. 28 Flst. 453/154

Bauantrag: 1897
Antragsteller: Max Hartmann, Maurermeister und Bauunternehmer
Architekt: ders.
Inschrift: „Villa Margarethe" in der Balkonbrüstung

Im entschiedenen Gegensatz zur eher renaissancistisch anmutenden Ziegelvilla Nr. 6/8 baute Hartmann die Villa als üppigsten wilhelminisch-neobarocken Putzbau. Gerade auf der Gartenseite mit markanter Wirkung für das Bild der Walkmühlstraße ist im Rahmen einer traditionellen Grundstruktur ein enormer motivischer Pomp aufgeboten, wie er sich beim schnell zu Reichtum gelangten Bürgertum besonderer Beliebtheit erfreute. Die beachtliche Detailvielfalt beruht auf dem Angebot dekorativer architektonischer Versatzstücke, wobei diese mit dem Anspruch auf Einmaligkeit vorgetragen wird. Tatsächlich hat Hartmann mit der Villa Freseniusstr. 27 (vgl.) eine ganz ähnliche, z. T. motivgleiche Fassade zusammengestellt. In beiden Fällen ist die Anbindung der hohen Frontispizgaupe wenig gelungen, wobei hier zwischen den sie flankierenden Balustern und Gaupe ein Balustradenelement fehlen dürfte. Im Vergleich zur Gartenansicht ist die straßenparallele Eingangsseite einfacher, im Umriß mehr kubisch gebildet. Sehr schön sind auf beiden Seiten die qualitätvollen geschmiedeten Balkongeländer. Zur Walkmühlstraße ist die hohe Bruchsteinstützmauer mit dem ornamentierten Gitter erhalten.
Kulturdenkmal aus künstlerischen und baugeschichtlichen Gründen, gerade im Rahmen des bauunternehmerischen Projekts.

Schützenstr. 12
Fl. 28 Flst. 454/151

Bauantrag: 1898
Antragsteller: Max Hartmann, Maurermeister und Bauunternehmer
Architekt: ders.

Konservativer renaissancistischer Villenbau in roten Ziegeln und hellem Sandstein. Der Entwurf nimmt auf den seitlichen Verbindungsweg zwischen Schützen- und Walkmühlstraße keinen Bezug. Vielmehr bildet er 2 straßenparallele Fassaden aus, zu Garten und Walkmühlstraße mit risalitartiger Betonung der Mitte, davor im EG eine repräsentative polygonale Veranda (ehemals offen), an welche über die einachsigen Seiten Balkone mit gleicher Balusterbrüstung anschließen. Auf der ähnlich angelegten Gegenseite ist ein rechtwinkliger Verandavorbau mit Balkon für das 1. OG vor dem Hintergrund der Risalitbildung gestalterischer Schwerpunkt. Die Opulenz der dekorativen architektonischen Motive wie Diamantquader, plastische Rahmung der Fenster u. a. sowie das Applizierte ihrer Erscheinung sind deutliches Indiz für die Entstehungszeit gegen die Jahrhundertwende. Der in seinen Details gut erhaltene Bau wahrt die ursprüngliche Bruchsteinstützmauer der Einfriedung, entlang der Walkmühlstraße noch mit dem geschmiedeten Gitter zwischen Ziegelpfosten.
Die im Bild beider Straßen markante Villa ist Kulturdenkmal aus künstlerischen und aus baugeschichtlicher Sicht als Teil eines bedeutenden bauunternehmerischen Projekts im Wiesbadener Villenbau der Jahrhundertwende.

Walkmühlstraße

1864 zunächst als aus der verlängerten Emser Straße hervorgegangener Walkmühlweg. 1868 erster Villenbau. Als Walkmühlstraße seit den 70er Jahren. Benannt nach der am Ende der Straße gelegenen ehemaligen Walkmühle.

Walkmühlstr. 4
Fl. 157 Flst. 73

Bauantrag: 1890
Antragsteller: Wilhelm Thon
Architekt: Hermann Reichwein

Mächtige Mietetagenvilla im nordischen Renaissancestil, die auf schmalem Grundstück in der spitzwinkligen Gabelung von Walkmühl-und Emser Straße von bereichsprägender Wirkung ist. Die repräsentative Fassade des blockhaften Baukörpers ist zur Walkmühlstraße orientiert. Ein doppelgeschossiger Verandavorbau mit Balkon und abschließendem Glasdach akzentuiert die beiden leicht vorgerückten, mit eigener Dachausbildung gekennzeichneten Mittelachsen. Ganz pittoresk ist die Bildung der Frontispiz-Gaupe mit gesprengtem Giebel über dem 3teiligen Fenster und die Mitte durchstoßendem Obelisk. Die phantasiereiche Ornamentik der gotisierend profilierten Fenster sucht in vegetabilischen Motiven unkonventionelle Wege. Der Detailreichtum der Villa ist mit Eingangstür und schützendem Glasdach darüber sehr gut erhalten. Auch die Einfriedung mit ihrem Tor zwischen roten Ziegelpfosten ist überkommen.
Kulturdenkmal aus künstlerischen und städtebaulichen Gründen.

Walkmühlstr. 30
Fl. 157 Flst. 18

Bauantrag: 1896
Antragsteller: Wilhelm Wendenius
Architekt: ders.

Das zweispännige Wohnhaus in Ecklage wird im Bauantrag als „Landhaus“ bezeichnet. Tatsächlich paßt es sich mit seinem pittoresken Entwurf und Motiven wie Verandavorbauten u. a. ganz der Villenbebauung an. Die Betonung der Glieder durch roten Sandstein nimmt dem Bau bei insgesamt belebtem Erscheinungsbild die mögliche Schwere. Auffallend ist die zeittypische Vielfalt, ja Überfülle von Stilmotiven, die den auf dekorative wie stimmungsvolle Wirkung gestellten Geschmack der 90er Jahre repräsentieren. Beim Zusammenwirken der verschiedenen Materialien spielt das Eisen im feinen, differenziert gebildeten Filigran der Verandakonstruktionen eine wichtige Rolle. Schlicht ist die das hoch ausgenutzte Grundstück umziehende Einfriedung nebst Tor zwischen Ziegel-Sandsteinpfosten.
Kulturdenkmal aus künstlerischen und stadtbaugeschichtlichen Gründen sowie aufgrund der Bedeutung als prominentes Eckgebäude.

Walkmühlstr. 31 ▷
Fl. 157 Flst. 176/43

Erbaut: ca. 1872

Besonders schöne spätklassizistische Villa in erhöhter Lage in parkartigem Garten. Der asymmetrisch gestaffelte Entwurf mit seitlichem Risalit und darin eingestelltem Turm bei insgesamt flacher Dachbildung folgt dem in der Berliner Schinkel-Schule gepflegten Villenideal (Persius, Hitzig, Strack). Ansätze zu einer stärker tektonischen Formensprache finden sich in der durch flache Pilaster charakteristischen Rahmung des Risalitfensters im 1. OG. Im Zuge der zunehmenden Plastizität

der Gliederung stehen auch die ovale Terrasse im EG mit ihrer Balusterbrüstung sowie die Dachkonsolen. Beide Elemente bleiben jedoch bemerkenswert zierlich und haben letztlich mehr graphische Qualität in stimmigem Verhältnis zu den orthodox glatten und scharfkantig begrenzten Flächen der Wände. Vermutlich waren die Wandflächen ursprünglich fein spundiert. Die Einfriedung des Gebäudes ist leider verloren, doch dürfte die in großem Bogen zum Haus geführte Auffahrt der originalen Anlage entsprechen und somit auch die Aufteilung des Gartens.
Kulturdenkmal aus künstlerischen Gründen.

Walkmühlstr. 37
Fl. 157 Flst. 44

Bauantrag: 23. 5. 1887
Antragsteller: C. Walther
Architekt: –

Imposantes Wohnhaus, das als auffallend groß dimensionierter Zweispänner den Habitus der Villenbebauung der Walkmühlstraße zu wahren sucht. Die malerische Ziegelverblendung in Verbindung mit diversen pittoresken Motiven bewirkt eine formale Angleichung im Straßenbild bei der auch für die verwandte Mietetagenvilla ungewöhnlichen Dimension von 4 Vollgeschossen. Im Unterschied zur Mietetagenvilla ist die Wohnqualität der einzelnen Etagen ungleich. Die ersten beiden Geschosse müssen auf einen Freisitz verzichten, und die beiden Risalitachsen im 1. OG liegen im Schatten der darüber auskragenden Balkone. Der Konzeption des Hauses entsprechend ist das Treppenhaus einfach gehalten, und auch das für die Fassade angemessen große Portal zeigt keinen weiteren Repräsentationsanspruch.
Das im Entwurf qualitätvolle Gebäude ist Kulturdenkmal aus stadtbaugeschichtlichen Gründen.

Walkmühlstr. 52
Fl. 140 Flst. 25

Bauantrag: 17. 8. 1910
Antragsteller: Wilhelm Werum, Fabrikbesitzer
Architekt: Weber & Schmidt

Die großvolumige Villa behauptet die Ecksituation. Der durch die Verbindung verschiedener Motive belebte Kubus mit steilem Mansarddach reflektiert die Lage durch Ecktürme, deren Obergeschoß den Fußwalm des Daches durchdringt. Ähnlich durchschneidet der halbkreisförmige exedraartige Verandavorbau die Traufe: von der Idee her ein integrales pittoreskes Gestaltungsprinzip im Gegensatz zur additiven Bildung des älteren Historismus der 80er und 90er Jahre. Die im Entwurf im ganzen herrschende Stringenz findet im Detail ihre Entsprechung in der Reduktion der Ornamentformen. Das Erscheinungsbild dieser die letzte Historismusphase vor dem 1. Weltkrieg in ihrer weitest fortgeschrittenen Form repräsentierenden Villa wird vervollständigt durch die Einfriedung aus Kunststeinsockelmauer und Pfosten mit modern anmutendem, geometrisierendem Gitter (vgl. dazu auch die Geländer der Balkone am Gebäude) nebst Tor.
Kulturdenkmal aus städtebaulichen und künstlerischen Gründen.

Walkmühlstr. 58
Fl. 140 Flst. 13

Bauantrag: 18. 11. 1913
Antragsteller: Wilhelm Nickel, Architekt
Architekt: ders.

Die kurz vor Ausbruch des 1. Weltkriegs entstandene Villa verkörpert in bescheidenen Dimensionen die Baugesinnung des späten Historismus. Auffallend ist die Rückkehr zur Klassizität in Verbindung mit Motiven des Louis XVI- oder Zopfstils. In der Vermeidung von Überflüssigem wie grundsätzlich in der Rationalität des Entwurfs scheint der Weg in die Moderne vorgezeichnet. In diesem Sinne wird auch der Repräsentationsanspruch zurückgestellt. Vielmehr folgt die Anlage des allseitig gefälligen Entwurfs reformerischen Vorstellungen einer zwar künstlerischen, aber funktionalen Gestaltung. Besonders erfreulich ist der gute Erhaltungszustand der Villa, der so liebevolle Details wie das Blumengitter der Dachgaupen bewahrt, ebenso

der Gesamtform wichtige Einzelheiten wie die Versprossung der Oberlichter bei den Fenstern. Züge des Expressionismus nimmt das von der Secession herkommende Ornament des schlichten Einfriedungsgitters an.
Kulturdenkmal aus künstlerischen Gründen.

Walkmühlstr. 62/64
Doppelvilla
Fl. 139 Flst. 32; 31

Bauantrag: 21. 8. 1911
Antragsteller: Wilhelm Nickel, Architekt
Architekt: ders.

Die malerische Doppelvilla verkörpert den vor allem durch Muthesius in Deutschland verbreiteten englischen Landhausstil im kleinen Maßstab. Der an Einzelmotiven reiche Entwurf ist asymmetrisch angelegt. Markant ist die Schieferverkleidung des Dachgeschosses, das als große schützende Dachhaube erscheint, übergehend in die Verschieferung verschiedener Wandflächen im 1. OG. Große Zwerchhäuser im Dach schaffen romantisierend eine Loggia und abgelegene, von außen anheimelnd wirkende Räume. Insgesamt erscheint der verwinkelte Bau mit seinen unterschiedlichen kleinen Fenstern und Erkern als gemütlicher Rückzugsort, die Idylle im bescheideneren Rahmen, der auf historistische Repräsentationsformen fast ganz verzichtet. Die rechte Haushälfte ist auch im Rahmen vieler wertvoller Details (farbige Verglasung des Erkers, Fensterversprossung, Blumenkastenhalterung u. a.) besser erhalten. Wenig gestört ist im ganzen die Einfriedung mit Kunststeinpfosten und schlichtem Gitter mit vereinzelten Stäben aus gewelltem Bandeisen; über dem Tor ein zur Bepflanzung vorgesehener Schmiedeeisenbogen.
Kulturdenkmal aus künstlerischen Gründen.

Walkmühlstr. 74
Fl. 139 Flst. 24

Bauantrag: 1912
Antragsteller: Friedrich Stallforth, Architekt
Architekt: ders.

Im Wiesbadener Villenbau der Zeit auffallend moderne Villa, die mit nur $1\frac{1}{2}$ Geschossen bei Giebelmansarddach die gewohnten Dimensionen verläßt. Der Entwurf verzichtet auf historische Zitate. Durch strenge Symmetrie, Umriß und Proportionen evoziert er jedoch Vorstellungen preußischer Landhäuser des späten 18. Jahrhunderts und läßt sich somit in weitestem Umfang dem zeittypischen Louis-Seize-Klassizismus zuordnen. Der vorzügliche in sich geschlossene Entwurf versieht die langen Giebelseiten durchgehend mit eingeschossigen, zur Front in einer Rundung schließenden Vorbauten, deren Verdachung eine Art Fußwalm für das trapezförmige Giebelfeld bildet. Der linke Vorbau nimmt in seiner Mitte eine Eingangsnische auf, über welcher sich sein Dach leicht anwölbt. Der sonst beim Wiesbadener Villenbau zu konstatierende hohe Sockel entfällt. Statt dessen ist durch Ebenerdigkeit, reiche Durchfensterung und eine Terrasse auf der Südseite der Übergang zum Freiraum geschaffen.
Kulturdenkmal aus künstlerischen Gründen.

Walkmühle
Fl. 28 Flst. 218/30
Zum Denkmalwert der Walkmühle s. Kulturdenkmäler in Hessen, Wiesbaden I.

Gesamtanlage VIII: Unter den Eichen

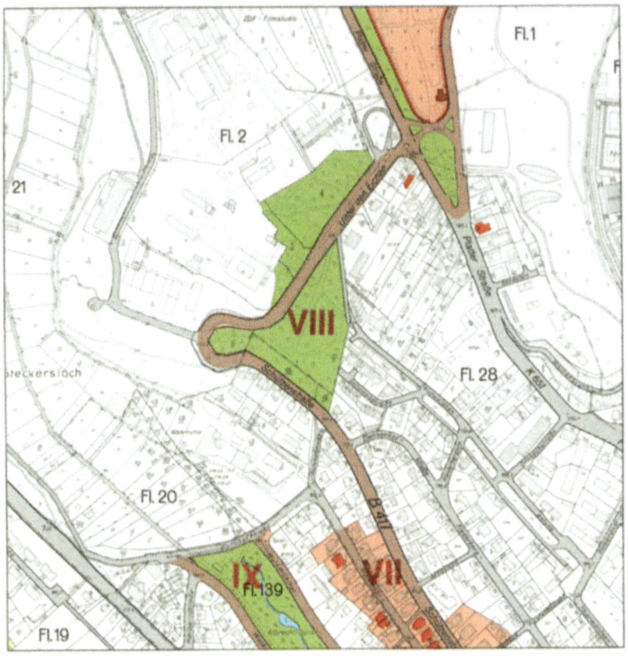

Gesamtanlage VIII / Unter den Eichen M 1:10000

Luftbild der Gesamtanlage Unter den Eichen aus südlicher Richtung

Unter den Eichen, südlicher Abschnitt (Winteraufnahme)

Die Gesamtanlage umfaßt den parkartig angelegten Eichenhain in der Schleife der Schützenstraße und zu beiden Seiten der Straße Unter den Eichen. Der Hain ist Teil des größeren Distrikts Unter den Eichen am südwestlichen Platteausläufer. Seinen Namen erhielt das ehemals zum Stadtwaldverband gehörende Gebiet aufgrund des reichen alten Eichenbestandes in den 70er Jahren des 19. Jahrhunderts.
Zur Schaffung des Eichenhains wurde der Wald bis auf den alten Baumbestand gerodet. In der Art später Landschaftsparks wurde das durch die Straße in zwei Abschnitte geteilte Terrain durch ein unregelmäßiges Wegenetz erschlossen und durch Pflanzung von Gehölzen u. a. malerisch angelegt.
Die Entstehung steht im Zusammenhang mit dem Ausbau der in ihrer historischen Gestalt erhaltenen Schützenstraße 1897–98 und der sie nahtlos fortsetzenden Straße Unter den Eichen.
Der gleichzeitige Ausbau der Straßenbahnlinie von den Bahnhöfen (Rheinstraße) zum Ring und über die Schützenstraße mit Endstation Unter den Eichen verschaffte dem schon vorher als Erholungsort und Ausflugsziel beliebten Distrikt neuen Besucherzustrom. Schon in den 50er Jahren des 19. Jahrhunderts gab es dort einen Turnplatz, ab den 60er Jahren auch Schießstände und ein Schützenhaus (1862), und in den 80er Jahren wurde ein Ausflugslokal eingerichtet, das nunmehr um die 500 Sitzplätze im Freien bot. Hinzu kam um 1900 das im Anschluß an den unteren Abschnitt des Eichenhains errichtete Café Orient, ein großes Restaurationsgebäude im orientalischen Stil von Carl Dormann, das nach unbeschadet überstandenen Kriegen bedauerlicherweise in den 1960er Jahren abgeräumt wurde.
Das Projekt und vermutlich auch die Realisierung des Eichenhains fallen in die Amtszeit Felix Genzmers, der von 1894–1902 Stadtbaumeister war. Genzmer darf mit Recht als hervorragender Vertreter des malerischen Städtebaus der Jahrhundertwende gesehen werden. Wesentlicher Bestandteil des malerischen Städtebaus, der die Stadt als Gesamtkunstwerk zum Ziel hat, sind die Grünanlagen. Dabei wird von den Theoretikern der Richtung wie Camillo Sitte nicht nur auf deren ästhetischen Wert verwiesen, sondern auch auf die hygienische Bedeutung. Eine vorher nicht gekannte Wertschätzung der „reinen Waldluft“ brachte dem Erholungsgebiet Unter den Eichen noch mehr Besucher, und favorisierte gleichzeitig die ansprechende Gestaltung des Einzugsgebiets. Der zeittypische Baumkult – „. . . Baumreste sind auch Reste der Volksgeschichte/Reste der Volkspoesie . . .“ (C. Sitte), demzufolge es galt, einen alten Baum „zu schonen“, „gerade so wie ein altes ehrwürdiges Denkmal der Geschichte oder Kunst“ (C. Sitte) – dürfte zusätzlich Anlaß zur Schaffung der Grünfläche gegeben haben. Unter Naturschutz gestellt wurden die 250–300 Jahre alten Eichen erst 1928 und 1934. Damals entstand auch das weiter nördlich gelegene Luft- und Sonnenbad Unter den Eichen.

Ehemalige Restauration und Schützenhalle, Ansichtskarte um 1900

Das ehemalige Café Orient im Jahr 1912

Gesamtanlage IX: Albrecht-Dürer-Anlage

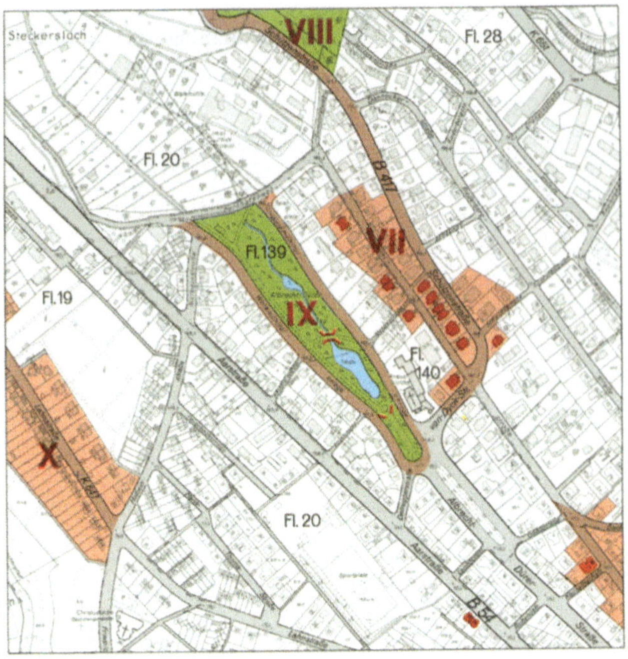

Gesamtanlage IX / Albrecht-Dürer-Anlage M 1:10000

Abgrenzung und Flächengestalt

Die Gesamtanlage umfaßt das sich in Richtung Nordwesten erstreckende Areal der Albrecht-Dürer-Parkanlage. Es wird im Nordosten und Südwesten von den beiden Walkmühltalanlage genannten Straßen begrenzt und vom Bornhofenweg im Nordwesten. Im Südosten läuft die Anlage im spitzen Winkel auf die zu ihr hinführende Albrecht-Dürer-Straße zu. Die von Straßen gesäumte Fläche des Parks hat die Form eines langgezogenen Dreiecks von unregelmäßigem Kontur. Sie folgt damit der natürlichen Form des Wiesentales, aus welchem sie hervorgegangen ist.

Topographie und Straßen

Die Albrecht-Dürer-Anlage erstreckt sich im Ausläufer des vom Kesselbach durchflossenen Adamstals. Das Gelände steigt von hier in nordöstlicher Richtung zum Rödern und der Platter Straße hin an. Der Gegenhang erreicht über die zur Eisernen Hand führende Aarstraße seine höchste Erhebung mit der als Höhenweg verlaufenden Lahnstraße. Beide die Anlage in ihrer Länge begleitenden Straßen mit Namen Walkmühltalanlagen entstanden mit Einrichtung des Parks neu. Der Bornhofenweg als nordwestliche Schmalgrenze ist aus einem alten Feldweg hervorgegangen. Die zum Park hinführende Albrecht-Dürer-Straße wurde im selben Jahr wie der Park, 1909, eröffnet.

Gartenbaukünstlerische Qualität

Anläßlich des 50jährigen Bestehens der Albrecht-Dürer-Anlage schrieb das Wiesbadener Tagblatt am 9. 6. 1959: „In den fünfzig Jahren ihres Bestehens hat sich die große Gartenanlage im Wachstum so entwickelt, daß sie mit zu den schönsten Parkanlagen unserer Stadt gehört, die wegen ihres Pflanzenreichtums und ihrer idyllischen Lage in der Nähe des Waldes täglich von vielen Spaziergängern und Naturfreunden besucht wird.“ Tatsächlich lebt hier im kunstvoll gestalteten Naturbild noch einmal die Landschaftsparkidee auf, wie sie sich, von England kommend, seit dem späten 18. Jahrhundert in Deutschland überall durchzusetzen begann. Von modernen Vorstellungen eines architektonisch gestalteten Gartens ist lediglich die Eingangszone bestimmt, wo zwei axial angeordnete Rundbeete das spitzwinklig zulaufende Areal gliedern. Der zweite, rondellartige Vorplatz öffnet sich zum Park, ein Moment, das durch zwei der Kreisform folgende Pergolaarme auch architektonisch gestaltet ist. Im Blickfeld erscheint die kunstvoll modellierte Tallandschaft (4500 Kubikmeter Schutt und 10000 Kubikmeter Boden wurden aufgeschüttet) mit ihren malerischen Baumgruppen, mächtigen Solitären, Sträuchern und Stauden in weiten Rasenflächen, darin zwei durch Aufstauung des Kesselbachs geschaffene Weiher. Die wenigen Wege sind unregelmäßig in weiten Bögen geführt. Auf der Südwestseite läuft ein Weg der äußeren Grenze parallel, die wie auch die anderen Begrenzungen in leichten Schwingungen verläuft. Jenseits des Bornhofenwegs geht der Park über in die vor allem gärtnerisch genutzte Tallandschaft. Der Gestaltungsplan stammt von Gartenbaumeister Schwarz, der auch den Ehrenhain für die Gefallenen des 1. Weltkriegs auf dem Südfriedhof anlegte.

Die Albrecht-Dürer-Anlage mit Umgebung, Luftaufnahme aus südlicher Richtung

Albrecht-Dürer-Anlage, Blick aus südöstlicher Richtung

Albrecht-Dürer-Anlage, Blick über den Weiher aus südwestlicher Richtung

Albrecht-Dürer-Anlage, hinterer Abschnitt

Albrecht-Dürer-Anlage, Blick über den Weiher aus nördlicher Richtung

Dokument der Stadtentwicklung

Erst ab den 30er Jahren dieses Jahrhunderts wurde der Park Albrecht-Dürer-Anlage genannt. Zunächst hieß er nach seiner Lage Adamsthal-Anlage, dann nach der in der Nähe gelegenen Walkmühle Walkmühltal-Anlage.

Das Adamsthal wurde als letztes der Wiesbadener Wiesentäler in eine öffentliche Grünanlage umgewandelt. „Bei der Lage Wiesbadens, das sich an die bewaldeten Berglehnen anschmiegt, erscheint es natürlich, die Täler, die den Zugang zu den ausgedehnten Waldungen vermitteln, nicht der geschlossenen Bebauung preiszugeben, sondern soweit als dies sich noch ermöglichen ließ, als Anlagen und Spaziergänge auszubilden" schrieb der Wiesbadener Stadtbaurat Karl Froebenius 1906 mit Bezug auf den Generalbebauungsplan von Richard Baumeister von 1894. Baumeister sah den Hauptzweck der Talanlagen „als Luftzuströmungsöffnungen" für die im Kessel liegende Stadt, weshalb es ihm notwendig erschien, die Täler von „enggeschlossenen Häuserreihen" freizuhalten und vielmehr die Landhausgebiete auszudehnen. Dabei empfahl er, „unmittelbar an die Anlagen die vornehmeren Villen mit größeren Gartenflächen" zu legen, „so daß sie gewissermaßen als Erweiterung der Anlage dienen, während hinter ihnen kleine Landhäuser mit kleineren Gärten den Hang hinaufkriechen."

Während die hintere Walkmühlstraße bis 1914 bereits bis zu zwei Dritteln ihrer Länge bebaut war, blieb das Gebiet entlang der Anlage noch weit über 1914 hinaus von Bebauung frei. Hier dürfte eine Rolle gespielt haben, daß die Albrecht-Dürer-Anlage gezielt als Vogelschutzgebiet angelegt wurde. Allein 6000 verschiedene Sträucher, 350 Fichten und 300 Stauden wurden gezielt für den Vogelschutz gepflanzt und zu ihrer Bewässerung eine 900 m lange Gießleitung installiert. Die spätere Bebauung des Randgebiets erfolgte ab den 50er Jahren fast durchweg mit Einfamilienhäusern.

Albrecht Dürer-Anlage

Im Bereich des als Gesamtanlage erfaßten Parks befinden sich bauliche Anlagen, die aus künstlerischen Gründen Kulturdenkmal sind:

Pergola
Fl. 140 Flst. 74

Das zweite Rondell der Parkanlage wird im Halbkreis der Eingangszone von zwei der Kreisform folgenden Pergola-Armen gefaßt. Das im Klassizismus beliebte antikisierende Motiv der Pergola wurde in Gartenbau und Architektur seit der Jahrhundertwende wiederbelebt. Im Gartenbau steht die Wiederbelebung in Verbindung mit der neuen Wertschätzung des architektonischen Gartens. Elemente des architektonischen Gartens werden in der Albrecht Dürer-Anlage mit der malerischen Landschaftsparkgestaltung verbunden.

Kesselbach-Brücke
Fl. 139 Flst. 74

Die mit der Parkanlage 1909 als Teil der Parkwege entstandene Brücke überquert den Tal und Anlage durchfließenden Kesselbach am Eingang des großen Teiches. Über halbrundem Brückenbogen bilden die Mauerwangen ein flaches Dreieck, das der weichen Modellierung des Geländes eine strenge architektonische Sprache entgegensetzt. Der Kontur der Mauerwangen folgt ein einfaches geschmiedetes Geländer, das ebenso wie das Bruchsteinmauerwerk archaisch anmutet. Der schöne Entwurf steht unter dem Einfluß des Deutschen Werkbundes.

Gesamtanlage X: Siedlung „Eigene Scholle"

Am Mühlberg 1 – 9; 2 – 20
Fasaneriestraße 1 – 27; 2 – 36
Holbeinstraße 4
Lahnstraße 55 – 79; 58 – 100

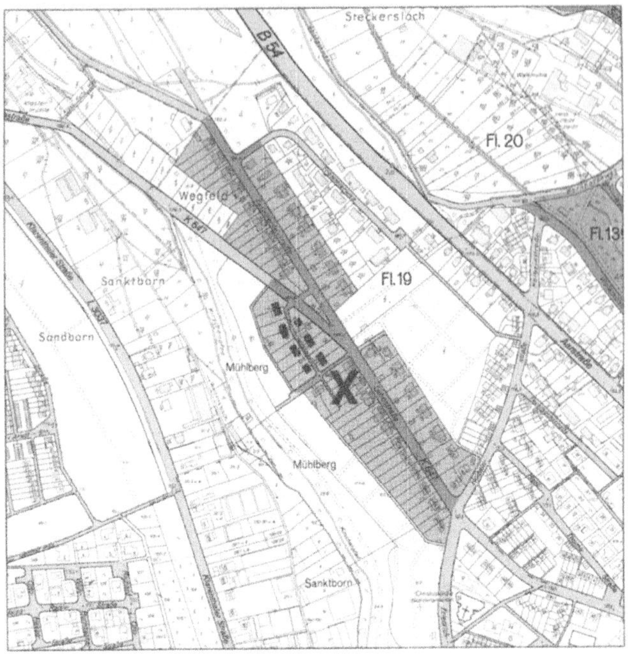

Gesamtanlage X / Siedlung „Eigene Scholle" M 1:10000

Abgrenzung der Gesamtanlage
Die Gesamtanlage erstreckt sich ab der Kreuzung Holbeinstraße und Friedrich-Naumann-Straße beidseitig entlang der Lahnstraße und der die Lahnstraße nach ihrem Abknicken gradlinig fortsetzenden Fasaneriestraße bis hin zum Waldrand. Hinzu kommt der im Sinne der Sachgesamtheit als Kulturdenkmal ausgewiesene Bereich Am Mühlberg (vgl. im Katalog der Kulturdenkmale). Er liegt auf der Südwestseite der spitzwinkligen Straßengabelung Lahnstraße und Fasaneriestraße und wird von der gleichnamigen Straße erschlossen.

Topographie und Straßennetz
Die in nordwestlicher Richtung die Innenstadt verlassende Lahnstraße ersetzte ab der zweiten Hälfte des 18. Jahrhunderts den ersten Abschnitt der ehemals weiter östlich verlaufenen alten Schwalbacher Chaussee als Landstraße nach Langenschwalbach (heute Bad Schwalbach). Sie steigt von ihrem Ausgangspunkt Dürerplatz bis zum Mühlberg gleichmäßig an, um dann mit Richtungswechsel gegen Klarenthal bergab zu führen. Beim Richtungswechsel verzweigt sich die Lahnstraße in die aus dem Fasanerieweg hervorgegangene Fasaneriestraße, die den Verlauf der Lahnstraße bei leichter Steigung gradlinig fortsetzt. Am Scheitelpunkt der Lahnstraße liegt seitlich am oberen Abhang des Mühlbergs der durch eine kurze gebogene Straße gleichen Namens als Teil der Siedlung erschlossene Bereich Am Mühlberg.

Baukünstlerische und historisch-städtebauliche Qualität
Die zwischen 1924 und 1928 entstandene Kleinsiedlung „Eigene Scholle" besteht aus insgesamt 38 freistehenden Einfamilien-Doppelhäusern und fünf separaten Einfamilienhäusern. Für Lahnstraße und Fasaneriestraße, die alleeartig angelegt wurden und als Straßen Teil der Gesamtanlage sind, sind drei Haustypen zu unterscheiden:
Typ 1: Die jeweils linke Straßenseite ist bei versetzt stehendem Kopfbau in der Flucht mit schlichten querrechteckigen Doppelhäusern zu zwei Geschossen mit Walmdach besetzt. Die Eingangsseite ist bei axialsymmetrischer Gestaltung zur Straße orientiert. Zwischen Haus und Straße liegt ein Vorgarten, während der eigentliche Hausgarten ebenso wie der Hauptwohnraum mit Freisitz nach Westen ausgerichtet sind. Der biedermeierlich anmutende Entwurf – nahezu unverändert erhalten in der Fasaneriestr. 18/20 – trennt die beiden rauh geputzten Geschosse durch ein breites, glattes Putzband, das sich unterhalb des Dachansatzes wiederholt. In der vierachsigen Front sind die mit gläsernen Pultdächern überdachten Eingänge seitlich angeordnet, darüber als charakteristisches Motiv ein expressionistisch gezacktes Treppenhausfenster mit Sprossenteilung. Die beiden Mittelachsen der Front sind durch einen leichten Vorsprung akzentuiert. Darüber sitzen im Schieferwalm kleine halbkreisförmige Gaupen (vielfach später bei Ausbau des Dachgeschosses rechtwinklig vergrößert). Zu den wenigen Schmuckformen am Gebäude gehören die hölzernen Fensterläden.
Typ 2: Auf der ebenso in der Flucht bebauten gegenüberliegenden Straßenseite wird der gleiche querrechteckige Doppelhaus-Typus mit Walmdach variiert, zumal hier die

Luftaufnahme der Gesamtanlage X/Siedlung „Eigene Scholle" von Südwesten

Lahnstraße Nrn. 90/92 abwärts

Gartenseite ansichtig wird. Der Hausgarten erstreckt sich vor dem Gebäude, das mit diesem nach Westen orientiert ist. Bei zwei Hauptgeschossen über niedrigem Sockel sind die Dachgeschosse hier planmäßig zu Wohnraum ausgebaut und in den beiden inneren Achsen durch eine bandartige Gaupe belichtet. Den beiden äußeren Achsen ist im EG ein Freisitz angefügt. Die Eingänge liegen auf den seitlichen Schmalseiten. Bei den ebenfalls rauh geputzten Wandflächen entfällt der unterteilende Querstreifen.

Typ 3: Am Anfang und Ende der rechten Seite der Lahnstraße stehen versetzt je zwei Einfamilienhäuser, kleine zweieinhalbgeschossige Kuben mit hohem Walmdach. Das als Wohnraum genutzte Dachgeschoß wird auf der Südwestecke durch eine bandartige Gaupe belichtet.

Die Fasaneriestraße findet auf der rechten Seite ihren Abschluß ebenfalls mit zwei versetzt stehenden Einfamilienhäusern (die Nrn. 25 und 27), die allerdings erst 1933/34 außerhalb des Siedlungskonzepts entstanden sind. Die Gebäude passen sich proportional und gestalterisch gut der Siedlungsarchitektur an. Sie der Gesamtanlage zu integrieren ist sinnvoll, da sie das Straßenbild zu einem befriedigendem Abschluß bringen. Der späteren Bauzeit entsprechend sind die Einfriedungen hier mit Bruchsteinmauern und -pfeilern ausgeführt, während die Siedlung ehemals durchweg schlichte weiße Lattenzäune zwischen Pfosten aus roten Klinkern aufwies, wobei jeweils ein breiter Pfosten in Zackenform Platz für die Mülltonne bot (heute nur bei wenigen Einfriedungen original erhalten).

Gegenüber den Haustypen der Lahn- und Fasaneriestraße stellt die westlich der Lahnstraße gelegene Gebäudegruppe Am Mühlberg eine eigene markante Lösung dar. Da die Gruppe mit sieben Doppel-Einfamilienhäusern und einem separaten Einfamilienhaus als Kulturdenkmal im Sinne der Sachgesamtheit ausgewiesen ist, wird sie im Anschluß an die Gesamtanlage ausführlich gewürdigt. Ihre Schiffskieldächer setzen beim Durchqueren der durchweg ansprechend und heiter gestalteten Siedlung inmitten der ländlich anmutenden Bepflanzung der Gärten einen besonders reizvollen Akzent. Insgesamt wurde mit relativ einfachen Mitteln kostensparenden Bauens in verhältnismäßig großen Gartengrundstücken bei angenehm sonniger Höhenlage in Waldnähe ein bis heute hoher Wohnwert geschaffen. Die konservative Formensprache setzt die durch den Villenbau am Ort begründete Tradition im Einfamilienhausbau der Neuzeit fort.

Dokument der Stadtbaugeschichte

Bauträger der Kleinsiedlung „Eigene Scholle“ ist eine von dem Wiesbadener Architekten Friedrich Werz Anfang der 20er Jahre ins Leben gerufene „Gemeinnützige Siedler-Vereinigung E.G.m.b.H.“. Zwischen 1924 und 1928 entstanden insgesamt 38 Doppel-Einfamilienhäuser und fünf

Fasaneriestr. 6/8 ff.

Fasaneriestr. 18/20

Lahnstraße Nrn. 63/65 abwärts

Lahnstr. 77 u. 79

Am Mühlberg 1/3 ff.

Einfamilienhäuser. Die einheitliche Wohnanlage dokumentiert für Wiesbaden den auf privater Initiative geringerer Einkommensschichten beruhenden Eigenheim-Siedlungsbau der 20er Jahre. Seit der Gartenstadtbewegung zu Beginn des Jahrhunderts spielt das planmäßige Erstellen von Eigenheimen in eigens dafür erschlossenen Wohngebieten im Grünen durch Bauvereine und Genossenschaften eine bedeutende Rolle in der Entwicklung der Großstädte. Wiesbaden hatte 1905 die 100.000er-Grenze überschritten, freilich ohne als in fast allen Wohngebieten begrünte Kurstadt den Industriestädten vergleichbare Bedingungen zum Entstehen solcher grüner Siedlungen zu bieten. Gegenüber dem weite Teile des Stadtbilds beherrschenden exklusiven Villenbau des 19. Jahrhunderts signalisiert die Siedlung den Beginn einer neuen Epoche, auch in bezug auf die Stadtgeschichte. Bezeichnend für das traditionell konservative Wiesbaden ist der retrospektive Baustil, gerade im Unterschied zum Neuen Bauen der kommunalen Großsiedlungen der Zeit in der Nachbarstadt Frankfurt am Main. In dem für die nächsten Jahrzehnte im Innenstadtbereich nur noch langsam wachsenden Wiesbaden ist es in den 20er Jahren zum Bau weiterer Eigenheimsiedlungen nicht gekommen.

Am Mühlberg

Mit Bau der Siedlung „Eigene Scholle" um 1925 entstandene Straße. Benannt nach der historischen Flurbezeichnung.

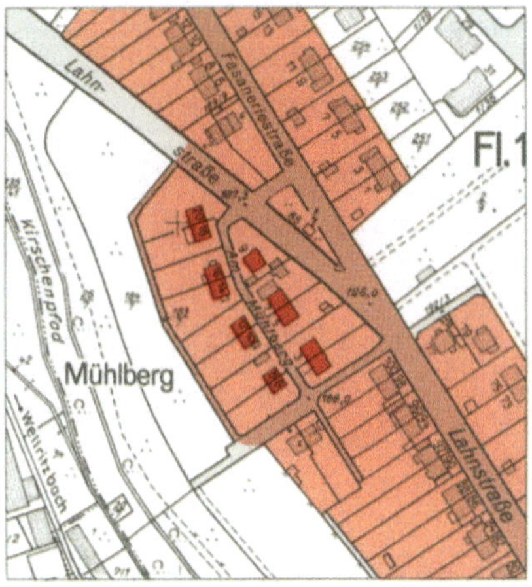

Am Mühlberg 1–9; 6–20
Siedlung „Eigene Scholle"

Sachgesamtheit bestehend aus:

Nr. 1/3 Doppelhaus
Fl. 19 Flst. 120/7; 121/7
Nr. 5/7 Doppelhaus
Fl. 19 Flst. 122/7; 123/7
Nr. 9 Einfamilienhaus
Fl. 19 Flst. 124/7
Nr. 6/8 Doppelhaus
Fl. 19 Flst. 285/7; 131/7
Nr. 10/12 Doppelhaus
Fl. 19 Flst. 130/7; 129/7
Nr. 14/16 Doppelhaus
Fl. 19 Flst. 128/7; 127/7
Nr. 18/20 Doppelhaus
Fl. 19 Flst. 282/7; 288/7

Bauantrag: 16. 6. 1925
Antragsteller: Siedlungsgesellschaft „Eigene Scholle"
Architekt: Friedrich Werz

Die Anlage ist Teil der in den 20er Jahren entstandenen Kleinhaussiedlung „Eigene Scholle" als Bebauung der oberen Lahnstraße sowie der gesamten Fasaneriestraße (vgl.). Topographisch und ästhetisch nimmt der genannte Abschnitt innerhalb der Siedlung eine Sonderstellung ein. Die Gruppe von insgesamt 8 Häusern (7 Einfamilien-Doppelhäuser, ein Einfamilienhaus) ist als selbständiger Bereich auf dem Mühlberg situiert, links der Lahnstrasse, die dort ihren höchsten Punkt erreicht. Das unregelmäßig begrenzte Gebiet wird von einer Wohnstraße erschlossen. Entlang der in ihrem letzten Drittel gekrümmten Straße stehen, von Vorgärten getrennt, die Häuser auf ungleich großen Bauplätzen.

Mit seinen planmäßig erstellten, von Gärten umgebenen Kleinhäusern auf preisgünstigem Bauland außerhalb der Stadt steht das Siedlungskonzept in der Tradition der Gartenstadtbewegung (1907, Hellerau, Dresden). Das Reichsheimstättengesetz von 1917/1918 förderte die Bildung von Hauseigentum für minderbemittelte Bevölkerungsschichten und begründete eine neue Ära des Siedlungsbauwesens.

Neben ihrer ansprechenden Hanglage im Grünen gewinnt die Siedlung durch den guten Entwurf der Einzelhäuser

Am Mühlberg 9

Im Vordergrund die Nrn. Am Mühlberg 5/7

und deren lebendige Anordnung untereinander besondere ästhetische Qualität. Markant und reizvoll sind bei wohlproportionierter Gestalt der Baukörper die Krüppelwalmdächer in Schiffskielform. Die hohen verschieferten Dachhauben sind auf den straßenparallelen Langseiten bis zum EG herabgezogen, dabei werden Schleppgaupen eingefügt oder abgewalmte Zwerchhäuser. Auf den Schmalseiten mit den jeweiligen Eingängen bleiben über einem Stufenwalm 2geschossige verputzte Giebelflächen stehen, darüber die angeschweifte Walmnase. Zum Schmuck der rauh geputzten Gebäude gehören die weiß gestrichenen Sprossenfenster ebenso wie die Klappläden. Der ländliche Charakter der Architektur wird durch die schlichten Lattenzäune der Einfriedung unterstrichen. Unverkennbar eignet den Gebäuden eine historisierende Note. Architekturhistorische Vergleiche lassen an David Gilly's ländliche Bauten in Ostpreußen denken (u. a. Gut Mühlenhof bei Königsberg, um 1800, oder die zum Gut Paretz gehörenden Dorfhäuser, ebenfalls um 1800). Tatsächlich sind die Bauten am Mühlberg dem konservativen Stil der 20er Jahre verpflichtet, der sich gerade durch die Rezeption der Baukunst um 1800 auszeichnet. Um so wirkungsvoller erscheinen die gezackten Treppenhausfenster als zeitnahes Zitat des Expressionismus.
Der Siedlungsabschnitt ist Kulturdenkmal aus künstlerischen und städtebaulichen Gründen als Sachgesamtheit.

Am Mühlberg 10/12

Am Mühlberg, Nrn. 10/12 abwärts

Am Mühlberg 18/20

Am Mühlberg 18/20

Gesamtanlage XI: Südliches Villengebiet

Alexandrastraße 3 – 21; 2 – 16
Am Landeshaus 2 – 4
Biebricher Allee 1 – 61; 4 – 56
Carl- Schuricht-Straße 3 – 9; 2 – 8
Fischerstraße 3 – 7
Grillparzerstraße 1 – 13; 2 – 8
Gutenbergstraße 2 – 4
Kaiser-Friedrich-Ring 77 – 79
Magdeburger Straße 1
Möhringstraße 1 – 13; 2 – 10
Mosbacher Straße 1 – 11, 25 – 31; 2 – 4, 12 – 34
Nußbaumstraße 2 – 6
Sartoriusstraße 4 – 12

Gesamtanlage XI / Südliches Villengebiet M 1:10000

Abgrenzung der Gesamtanlage

Die Gesamtanlage erstreckt sich mit den beiden Hauptachsen Biebricher Allee und Mosbacher Straße Richtung Süden. Mit einem kleinen inselartigen Bereich zwischen der Straße Am Landeshaus und dem ersten kurzen Abschnitt der Biebricher Allee berührt sie den Kaiser-Friedrich-Ring. An den Eingangsbereich anschließend markieren die links von der Allee abzweigende Fischerstraße sowie die Sartoriusstraße und der Anfang der Klopstockstraße auf der Gegenseite die Nordgrenze. Ab der Klopstockstraße verläuft die westliche Grenze entlang der Frauenlobstraße, Gutenbergstraße und Mosbacher Straße mit Einschluß einiger Parzellen der oberen Alexandrastraße. Im Süden findet die Gesamtanlage in Höhe der Einmündung der Mosbacher Straße in die Biebricher Allee ihren Abschluß. Im Osten ist die Grenze mit den Parzellen der linken Seite der Biebricher Allee festgelegt.

Flächengestalt der Gesamtanlage

Die Gesamtanlage umfaßt die denkmalwerte Substanz des südlichen Villengebiets und die dazugehörigen Straßen soweit die historische Gestalt nicht stark gestört ist. Im Rahmen der angegebenen Grenzen ist das entlang der Biebricher Allee und Mosbacher Straße sich relativ schmal nach Süden erstreckende Villengebiet von hervorragender historischer Dichte, sowohl in bezug auf die Bausubstanz als auch auf die gesamte straßenräumliche Qualität. Gerade die Biebricher Allee konnte nahezu lückenlos erfaßt werden, angefangen mit dem spitzwinklig nach Süden orientierten Eingangsbereich im Anschluß an den Ring. Eine der Allee vergleichbare Konzentration historischer Substanz weisen auch die rechts abzweigenden Nebenstraßen und die durch sie mit der Mosbacher Straße gebildeten Quartiere auf. Einige Lücken zeigt die bis zum 1. Weltkrieg rechtsseitig nicht gänzlich bebaute Mosbacher Straße selbst, bei sonst

Luftaufnahme der Gesamtanlage XI/Südliches Villengebiet von Süden

Das Südliche Villengebiet im Anschluß an die Innenstadt aus nördlicher Richtung

gerade auch straßenräumlich besonders hoher Qualität. Die beiden Großbauten an ihrem Anfang – die Gutenberg-Schule und die Lutherkirche – der Gesamtanlage zu integrieren, ist aus topographischen Erwägungen sinnvoll und topogenetisch gerechtfertigt.

Topographie und Straßennetz

Die Gesamtanlage erstreckt sich vom Ring ausgehend Richtung Süden über den vom Bahngelände gegen Süden und Westen ansteigenden Hangrücken. Hauptachse ist die aus der alten Mosbacher Chaussee und nachmaligen Biebricher Chaussee hervorgegangene Biebricher Allee. Die Allee wurde ab 1856 mit einer mittleren Fahrstraße und zwei Nebenstraßen dreispurig angelegt. Zwischen den drei Spuren verliefen ursprünglich von Kastanienbäumen gesäumte Wege, ein Fußweg und ein Reitweg. In jüngerer Zeit fielen die seit dem 1. Weltkrieg beiderseits von Fußgängern genutzten Wege in großen Abschnitten der Verbreiterung der mittleren Fahrbahn zum Opfer. Mit Einmündung der parallel und höher am Hangrücken verlaufenden Mosbacher Straße (eröffnet um 1900) erreicht die heute in Abschnitten aus verkehrstechnischen Gründen veränderte Biebricher Allee ihren höchsten Punkt, verläuft dann eine kurze Strecke eben, bevor sie nach Biebrich am Rhein abfällt. Die im ersten Abschnitt der Allee links abzweigende Fischerstraße (um 1885 befestigt) läuft abschüssig bis zur Grenze des Bahngeländes, während die rechten Nebenstraßen als parallele Nord-Süd-Wege ansteigen. Auffallend ist die rechtwinklige Gliederung des Straßennetzes. Erst jenseits der wie die Biebricher Allee in Nord-Süd-Richtung verlaufenden Mosbacher Straße, die selbst in einer Kurve ausläuft, beschreibt die Wegeführung der Seitenstraßen leichte Biegungen. In ihren geraden Abschnitten war die Mosbacher Straße ebenso wie die Alexandrastraße (1874 angelegt) und Fischerstraße bereits als Feldweg vorgezeichnet. Andere Feldwege wurden eliminiert, um tiefere Quartiere zu schaffen. Die übrigen Seitenstraßen der Allee folgten planmäßig ab etwa 1890, nachdem die 1878 vereinzelt im Viertel beginnende Villenbebauung immer größeren Umfang annahm. Die Rechtwinkligkeit des im ganzen gut erhaltenen Straßennetzes ermöglichte die Ausweisung ebenfalls rechtwinkliger Baugrundstücke.

Charakteristisch für Wiesbaden ist trotz der Hanglage das Festhalten am Rastersystem der Erweiterungsgebiete innerhalb der Ringstraße. Auch die im Sinne des malerischen Städtebaus der beiden Jahrzehnte um die Jahrhundertwende in einer großen Schleife um die Lutherkirche herumgeführte Sartoriusstraße (1907 eröffnet) zweigt im rechten Winkel von der Hauptachse ab. Die Bebauung des dreieckigen Bereichs zwischen dem ersten Alleeabschnitt und der verlängerten Moritzstraße, heute Am Landeshaus genannt, kam den Vorstellungen des malerischen Städtebaus entgegen.

Baukünstlerische und historisch-städtebauliche Qualität

„... so bieten sich nach allen Seiten der Stadt in größter Nähe und in weiterer Entfernung noch viele passende und schöne Lagen dar." Mit diesen Worten faßte Carl Boos in seinem Generalbebauungsplan von 1856 die Vorschläge zur Neuerschließung möglicher Villengebiete zusammen. Das Gebiet entlang und seitlich der schon in den 60er Jahren zur dreispurigen Kastanienallee mit Spazier- und Reitweg ausgebauten Biebricher Allee mußte sich allein schon durch die Hanglage, aber auch als Weg zum Rhein als reizvoller Ort empfohlen haben. Die mit der Hanglage verbundene schöne Aussicht – eine dem damaligen landschaftlichen Erleben eines als idyllischen Rückzugsort gewählten Wohnsitzes wesentliche Kategorie – ist besonders eindrucksvoll in der Blickachse der Allee selbst. Zum Stadtinneren allmählich sich senkend, überrascht sie mit dem malerischen Bild der Innenstadt gegen Nordhang und Waldlandschaft des Taunus, wo als Point de vue die Griechische Kapelle mit ihren vergoldeten Kuppeln phantasmagorisch aufleuchtet.

Noch bis in jüngste Zeit schirmten je zwei Reihen mächtiger Kastanienbäume (wegen einer Straßenerweiterung heute zum Teil eliminiert) die am Rande der Nebenfahrbahnen der Allee im „Alignement" aufeinanderfolgenden Villen von der mittleren Fahrbahn ab. Vorgärten mit transparenten Einfriedungen weiten den Straßenraum parkartig, noch vertieft durch die zwischen den Villen gebotenen Einblicke in die oftmals mit ihrem alten Baumbestand und niedrigen Gehölzen weiterbestehenden Gärten. Die Atmosphäre wird weiter verdichtet durch die in regelmäßigen Abständen abzweigenden Seitenstraßen der Allee, die mit beidseitigem Baumbestand ihrerseits alleeartig gestaltet sind. Seit den 1880er Jahren zeichnen sich die Eckgebäude durch besonders markante, pittoreske Gestaltung aus, die unmittelbar die spezifische städtebauliche Situation reflektieren. Sie setzen Schwerpunkte im Rhythmus der Villenfolge mit ihren ganz auf Repräsentation angelegten Fassaden, die bis heute nur wenige Störungen durch unpassende oder unmaßstäbliche Neubauten aufweist. Als gut angepaßter Wiederaufbau einer kriegszerstörten Villa ist das Gebäude Biebricher Allee Nr. 36 hervorzuheben.

Neben den fast durchweg reichen Alleevillen ist die Bebauung der Seitenstraßen, auch im Unterschied zu den Villen der Mosbacher Straße, bescheidener. Während gerade in der Mosbacher Straße die Villa ab 1900 auch in ihrem moderneren, von England beeinflußten Modus vertreten ist, breitet sich in der Biebricher Allee bei mitunter hervorragenden Beispielen das gesamte Spektrum des Villenbaus von der zweiten Hälfte der 70er Jahre bis gegen den 1. Weltkrieg aus.

Die gleiche pittoreske Qualität, die dem Villenbau eignet, zeigt auch die eingangs der Mosbacher Straße auf großem begrüntem Platz stehende Gutenberg-Schule (vgl. im Katalog der Kulturdenkmale Mosbacher Str. 1). In der Blickachse der Oranienstraße schafft der Schulbau einen großmaßstäblichen Abschluß der geschlossenen innerstädtischen Bebauung und gleichzeitig einen harmonischen Übergang zum Villenviertel.

Der Schule gegenüber steht die bekannte Lutherkirche von Friedrich Pützer (vgl. im Katalog der Kulturdenkmnale Mosbacher Str. 2), ein städtebaulicher Blickpunkt für Innenstadt und Villengebiet. An das östliche Pfarrhaus der Kirche schließen die von dem Wiesbadener Regierungsbaurat Heemskerk 1913 im „Pützerstil" konzipierten „Einfamilienhäuser" als Reihenhäuser in geschlossener Bauweise an. Die Giebelhäuser im Wechsel mit traufständigen Typen vertreten eine neue, auf der Basis englischer Vorbilder zur

Blick vom Gustav-Stresemann-Ring auf das Südliche Villengebiet mit Lutherkirche und Landeshaus

Alexandrastr. 4 ff.

Alexandrastr. 5 ff.

Alexandrastraße Ecke Biebricher Allee

Biebricher Allee Nrn. 41 abwärts

Biebricher Allee 49 ff.

Biebricher Allee 39 ff.

Biebricher Allee 21

Biebricher Allee, Nrn. 30 abwärts

Grillparzerstr. Nrn. 8 abwärts

Gutenbergstr. 2 ff.

Kaiser-Friedrich-Ring 77

Möhringstraße Nrn. 11 abwärts

Möhringstr. 7 ff.

Mosbacher Straße von Ecke Grillparzerstraße

Mosbacher Straße von Ecke Alexandrastraße

Nußbaumstr. 2 ff.

Biebricher Allee 31 ff.

Schlichtheit und Einfachheit findende Architektur vor dem 1. Weltkrieg. Schmuckformen sind lediglich die in Naturstein gefaßten Eingangstüren, Sprossenfenster und Fensterläden. In enger Nachbarschaft zum repräsentativen Villenbau der Zeit verkörpert die ansprechene Gruppe den parallel laufenden bescheidenen Eigenheimbau einer neuen Epoche.

Dokument der Stadtbaugeschichte und Stadtentwicklung

Als um 1875 die ersten Villen im Bereich der Biebricher Allee entstanden, waren im östlichen und nördlichen Villengebiet ebenso wie im Nordwesten schon weite Flächen mit Landhäusern bebaut. So wurde das reizvoll gelegene südliche Villengebiet als letztes historisches Landhausviertel erschlossen. Nach dem wirtschaftlichen Rückschlag auf die Gründerjahre betrug die Progression bis zum Jahr 1888 zunächst nur etwa 20 Villen (533%), 1900 sind es an die 70 Gebäude (Anstieg um ca. 242%), und 1910 ca. 100 an der Zahl (Anstieg um etwa 40%). Die zweieinhalbgeschossige Einfamilienvilla (seit dem 1. Weltkrieg meist umorganisiert zum Mietetagenhaus) ist auch hier in der Mehrzahl, dazu kommen Doppelvillen und gerade in Biebricher Allee und Mosbacher Straße eine stattliche Anzahl an Mietetagenvillen zu dreieinhalb Geschossen.

Wie Carl Boos im Kommentar zu seinem Generalbebauungsplan 1856 berichtete, hatte Carl Friedrich Thelemann angeregt, „dem Eingang zur Stadt nach Biebrich durch großartige Pflanzungen einen imposanten ländlichen Charakter zu geben und die Gründung von Landhäusern nach dieser Stelle hin zu befördern, eventuell Wiesbaden mit Biebrich zu verbinden.“ Als Biebricher Gartendirektor mußte Thelemann besonderes Interesse an der Verschönerung dieser Achse gehabt haben.

Seinen ursprünglichen Plan, die Biebricher Chaussee als neu gestaltete Allee an die verlängerte Marktstraße (heute Bahnhofstraße) anzuschließen, gab Boos wegen Terrainschwierigkeiten auf und verlegte die Trasse mit Richtung Luisenplatz. Im 1871 von Stadtbaumeister Alexander Fach vorgelegten Bebauungsplan für Innenstadt und Villengebiete fand das alsbald mit den ersten Villen besetzte südliche Gebiet keine Berücksichtigung. Der Plan endet im Süden an der projektierten Ringstraße mit dem unmittelbar anschließenden dreieckigen Terrain an der Einmündung der Chaussee. Durch Karl Frobenius erfolgte 1905 die Aufstellung eines General-Bebauungsplans. In einem von Frobenius veröffentlichten Kommentar heißt es dazu: „Ein Villenviertel im Süden der Stadt an einer Stelle, die sonst wohl der geschlossenen Bebauung, namentlich mit Rücksicht auf die Nähe des Bahnhofs angewiesen worden wäre, müßte als solches erhalten werden, einmal weil es bereits ziemlich stark mit Landhäusern bebaut ist, vor allem aber wegen der schönen Aussicht über die Stadt hinweg auf den Taunus.“ Als Anhänger eines malerischen Städtebaus kritisierte Frobenius im übrigen, daß die Biebricher Allee „rücksichtslos geradlinig“ über den „zwischen Biebrich und Wiesbaden liegenden Berg“ hinwegführt. Dabei schien er den gerade auch deshalb so großzügigen, repräsentativen Charakter der Allee verkannt zu haben. Allein schon mit der gebotenen Perspektive auf die Stadt und die Taunushänge mit der Griechischen Kapelle ist sie der eindrucksvollste, ja schönste Zufahrtsweg nach Wiesbaden.

Die Wertschätzung der Allee in den Augen der Zeitgenossen erhellt die Ansiedlung einer Vielzahl der reichsten historistischen und vor allem späthistoristischen Villen, vergleichbar z. B. gleichzeitiger Bauten im Nerotal. Dazwischen stehen freilich auch bescheidenere und sogar kleinstdimensionierte Villen, so der gleich zweimal vertretene Typus „Klein aber Mein“ (Biebricher Allee 26, vgl. Katalog der Kulturdenkmale, und Biebricher Allee 21), wobei die zu beobachtende Spanne die relative Freiheit privatwirtschaftlichen Bauens veranschaulicht.

Mosbacher Straße Nrn. 7 abwärts

Sartoriusstr. 4 ff.

Biebricher Allee Nrn. 60 abwärts

Mosbacher Str. 3

Biebricher Allee 8–10

Das Südliche Villengebiet um 1890

Aus dem Blickwinkel der topographischen Erfassung der Baudenkmale ist die Einbeziehung der Gutenberg-Schule sinnvoll, wenngleich sie als Grundschule für das gesamte angrenzende und meist geschlossen bebaute Gebiet eingerichtet wurde (vgl. im Katalog der Kulturdenkmale Mosbacher Str. 1). Im Rahmen der baukünstlerischen und städtebaulichen Qualität des südlichen Villengebiets wurde bereits die im malerischen Empfinden harmonisierte Verbindung so unterschiedlicher Gebäudetypen wie Schule und Villa gewürdigt. Das gleiche gilt für die Lutherkirche (vgl. im Katalog der Kulturdenkmale Mosbacher Str. 2–4), die als Kirche der vierten evangelischen Gemeinde der Stadt erbaut wurde. Die Bebauung der kurzen Querstraßen wie der Alexandrastraße oder Möhringstraße erfolgte zügig. Auch im Verhältnis zur Mosbacher Straße finden sich hier kleinere und bescheidenere Villen in durchschnittlich auch kleineren Grundstücken. Das damit angezeigte Spektrum der Sozialstruktur weitet sich bis zu den eher als freistehende Mietshäuser zu bezeichnenden Gebäuden der Carl-Schuricht-Straße (vgl. im Katalog der Kulturdenkmale die Nrn. 2–8 sowie das Gebäude Biebricher Allee 39). Besagte Gebäude sind ebenso bauunternehmerisches Projekt wie die Mehrzahl der Villen der Alexandrastraße, die Otto Laux erstellte. In ungebrochenem Unternehmerstolz wurde die Alexandrastraße denn auch nach Alexandra Laux, der Frau von Otto Laux benannt, ebenso wie die Alwinenstraße im östlichen Villengebiet nach Alwine Seyd, der Frau des Bauunternehmers Josef Seyd.

Alexandrastraße

1874 angelegt und erster Villenbau. Benannt nach Alexandra Laux, Frau des Bauunternehmers Otto Laux.

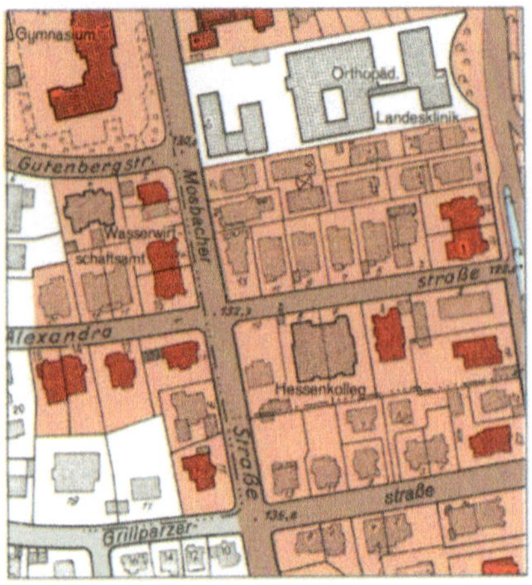

Alexandrastr. 4

Fl. 58 Flst. 57/1

Bauantrag: 9. 11. 1895
Antragsteller: Otto Laux
Architekt: Karl Mohr

Reich dekorierte renaissancistisch altertümelnde Mietetagenvilla in zweifarbig roten Ziegeln, Sandstein und Terracottaelementen. Pittoreske Motive sind bei kubischem Kernbau der im EG quadratische, dann polygonale Eckturm mit spitzem Helm und Wetterfahne sowie der seitliche Risalit mit hohem Frontispiz und doppelgeschossigem, rechteckigem Vorbau, im 2. OG mit altem gläsernen Windschutz und Glasdach auf verzierter eiserner Trägerkonstruktion. Zu dem reizvollen Schmuck des durch polychrome Musterverbände ornamental dekorierten Ziegelgebäudes gehören Terracottareliefs im Bereich des Eckturms: der Renaissance entlehnte Portraitmedaillons in den Fensterbrüstungen des 2. OG sowie Wappenmotive in den Bogenfeldern der gekuppelten EG-Fenster. Zwischen quadratischem Unterbau und oberem Polygon des Turms vermitteln kunstvoll geschmiedete Gitter, vorwiegend in Rundeisen. Desgleichen auch die ganz individuellen Einfriedungsgitter nebst Tor, beide zwischen Ziegelpfosten.
Kulturdenkmal aus künstlerischen Gründen und wegen der bereichsprägenden städtebaulichen Bedeutung.

Alexandrastr. 10
Fl. 58 Flst. 30

Erbaut: 1874/75

Mit der in großem Gartengrundstück in Ecklage situierten spätklassizistischen Villa beginnt die Villenbebauung im Bereich der Biebricher Allee. Selten für die Wiesbadener Villa der Zeit ist die vom Beaux-Arts-Stil inspirierte Verbindung eines kubischen Baukörpers mit Mansarddach. Dabei dürfte bei der damals noch weit außerhalb der Stadt gebauten Villa die Tradition der „maison de plaisance" eine Rolle spielen. Auch der unmittelbare, fast ebenerdige Zugang zum Garten fände somit eine Erklärung, neben dem Nachwirken der Villenarchitektur der 1. Jahrhunderthälfte. Exquisit ist die feine Plastizität der Gliederung, namentlich im Bereich des Mittelrisalits. Eine Zutat späterer Zeit (80er Jahre des 19. Jahrhunderts) sind die daneben fast schwülstigen Neorenaissancemotive in den Bogen über den EG-Fenstern sowie an den lisenenartigen Eckpilastern. Die schlichte gebogte spätklassizistische Einfriedung ist erhalten.
Kulturdenkmal aus künstlerischen und stadtbaugeschichtlichen Gründen.

Alexandrastr. 12
Fl. 151 Flst. 117/29

Bauantrag: 27. 1. 1902
Antragsteller: Rudolf Blumenthal
Architekt: Christian Burk

Große pittoreske Ziegelvilla mit skulptierter Sandsteingliederung. In der altertümelnden Stilgebung in Anlehnung an die Tudorgotik kommt der zeitgleiche Jugendstil nur latent zum Ausdruck (Reduktion und Zusammenschluß von Formen, Duktus der skulptierten Ornamentik u. a.). Insgesamt ist die Wirkung konservativ historistisch. Der in Teilen inzwischen vereinfachte Bau (Frontispiz des straßenseitigen Risalits z. B.) wahrt besonders wertvolle Details, so u. a. den seitlich angefügten Portikus mit originaler Eingangstür. Der ganz in hellem Mainsandstein ausgeführte Portikus mit mächtiger geschwungener Ecksäule und wimpergartiger Bekrönung wirkt durch eine reich verzierte geschmiedete Laterne besonders pittoresk. Auch das phantasievoll gestaltete Gartentor nebst Einfriedungsgitter aus geschmiedetem Eisen ist von guter kunsthandwerklicher Qualität.
Kulturdenkmal aus künstlerischen Gründen.

Alexandrastraße 14/16
Doppelvilla
Fl. 151 Flst. 28; 27

Bauantrag: 1. 5. 1908
Antragsteller: Hermann Reichwein, Architekt
Architekt: ders.

Auffallend moderne asymmetrische Doppelvilla der letzten Historismusphase vor dem 1. Weltkrieg. Stärker als bei Nr. 14 zeigen sich bei Nr. 16 mit über bandartigem Fenster verschindeltem Giebelfeld Züge englischer Landhausarchitektur (Muthesius). Pittoresker Akzent der Fassade ist hier ein halbrunder seitlicher Altan. Linksseitig liegt auf Sockelebene das rundbogige Eingangsportal mit Pilastern und gewölbter Verdachung. Klassizisierende Züge zeigt die Nr. 14, namentlich durch die beiden dorischen Loggiasäulen. Landschaftsbezogen dominiert hier ein mächtiges Eckpolygon mit Turmgeschoß. Der seitlich in EG-Höhe gelegene Eingang sitzt vor funktionell unregelmäßig durchfensterter Wand, die ohne Anspruch auf Fassadenwirkung bleibt. Die überwiegend axial angeordneten Fenster zeichnen sich durch zeittypische Versprossung der Oberlichter aus. Insgesamt ein Entwurf von bewegter Vielgestalt, der die Doppelhausidee im Sinne eines malerischen Einzelhausentwurfes vorträgt. Die historische Einfriedung mit breiteren Mauerstreifen zur Grundstücksgrenze ist gut erhalten. Tore und Gitter bzw. deren geschmiedete Pfosten zeigen ans Louis-Seize angelehnte Motive.
Kulturdenkmal aus künstlerischen Gründen.

Alexandrastr. 15/Mosbacher Str. 5
Doppelhaus
Fl. 151 Flst. 21; 20

Bauantrag: 16. 9. 1902
Antragsteller: Wilhelm Reitz, Bauunternehmer
Architekt: Jakob Martin

Großes 3½geschossiges Doppelhaus in Ecklage, das einerseits an die geschlossene Eckbebauung Mosbacher Straße/Gutenbergstraße anschließt, andererseits mit seiner Schmalseite zur Alexandrastraße die Integration in die Villenbebauung sucht. Der aufwendig wilhelminisch-neobarock dekorierte Bau wirkt durch vielgestaltig malerische Gliederung blockhafter Monumentalität entgegen. Diagonal zum Raum der sich kreuzenden Straßen ist die Gebäudeecke abgefast und mit einem rechteckigen Vorbau versehen. Risalit und Verandavorbau setzen auf der Südseite einen entscheidenden Akzent; auf der westlichen Langseite das gleiche Motiv, dazu ein weiterer Risalit mit Balkonen. Der von den Zeitgenossen gewünschte Eindruck dichter und vielschichtiger Dekorationsfülle bei entsprechend reicher architektonischer Motivik ist voll erreicht. Die gute Qualität des Entwurfs bedingt die bereichsprägende Wirkung des mit seiner Einfriedung gut erhaltenen Gebäudes. Über die Unentschiedenheit in Fragen der Baustruktur im ersten Abschnitt der Mosbacher Straße gibt der Haustypus Auskunft.
Kulturdenkmal aus künstlerischen und städtebaulichen Gründen.

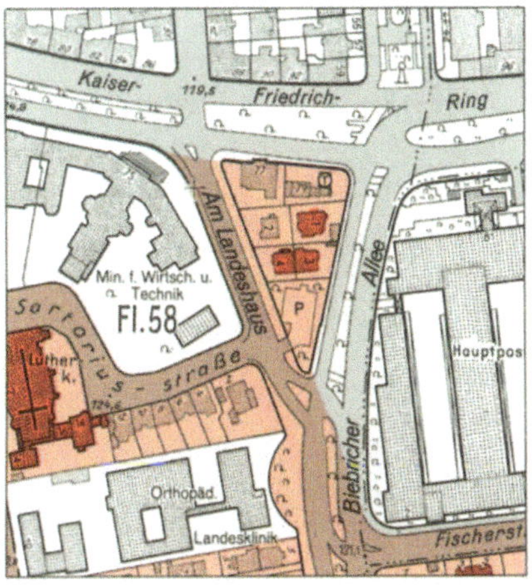

Am Landeshaus

Verbindungsweg zwischen Kaiser-Friedrich-Ring und Biebricher Allee, der bei Errichtung des Landeshauses um 1905 straßenmäßig ausgebaut wurde. Bis in die 1970er Jahre als Verlängerung der Moritzstraße ausgewiesen.

Am Landeshaus 4/Biebricher Allee 3
Doppelvilla
Fl. 58 Flst. 577/118; 578/18

S. Biebricher Allee 3.

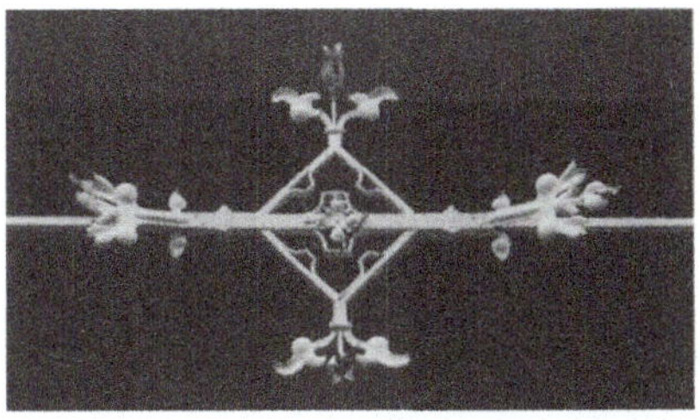

Biebricher Allee

1808 durch chausseemäßigen Ausbau der Neuen-Mosbacher-Straße und späteren Biebricher Chaussee hervorgegangene Verbindungsstraße nach Biebrich. 1854–1856 Ausbau zur dreispurigen Allee mit Reitweg (links) und Promenadenweg (rechts). 1878 erste Villenbebauung.

Biebricher Allee 1
Fl. 58 Flst. 576/118

Bauantrag: 12. 1. 1899
Antragsteller: W. Fürstchen, Schreinermeister
Architekt: Wilhelm Boué

Pittoreske Villa im letzten Abschnitt der Adolfsallee, die in ihrem Hauptabschnitt jenseits des Ringes geschlossen bebaut ist. Signalhaft setzt der hoch über Straßenniveau errichtete Bau den Auftakt zum südlichen Villenviertel und dessen Hauptachse, der Biebricher Allee. Boué, der die Villa gleichzeitig mit der benachbarten Doppelvilla Biebricher Allee 3/Am Landeshaus 4 (vgl.) entwarf, schuf hier einen lichten Putzbau mit ausdrucksvoller roter Sandsteingliederung. Der Entwurf ist in gleicher Weise altertümelnd. Das zeittypische Neobarock kommt vereinzelt in Formen wie der Kuppel über dem Diagonalerker zum Ausdruck, während der Jugendstil bis auf die Ornamentik der geschmiedeten Balkongeländer kaum Einfluß gewinnt. Zu den wertvollen Schmiedeeisenarbeiten gehört auch das hohe zweiflügelige Gartentor sowie das Gitter der Einfriedung auf hoher Stützmauer.
Kulturdenkmal aus künstlerischen und städtebaulichen Gründen.

Biebricher Allee 3/Am Landeshaus 4
Doppelvilla
Fl. 58 Flst. 578/18; 577/118

Bauantrag: 30. 3. 1899
Antragsteller: Georg Müller, Fabrikant in Eltville
Architekt: Wilhelm Boué

Zusammen mit der Nachbarvilla Biebricher Allee 1 (vgl.) signalisiert die hochstehende Doppelvilla den Beginn des an den Ring anschließenden südlichen Villenviertels. Zur Allee ist die pittoreske Hauptansicht mit seitlichem Risalit und anschließendem Verandavorbau orientiert. Die blaßrote Ziegelverblendung wird durch eine altertümelnde Sandsteingliederung markant. Insgesamt steht der konservative Baustil der als Nationalstil apostrophierten nordischen Neorenaissance der 80er Jahre nahe. Kaum merklich sind die Anzeichen des Jugendstils bis auf die vegetabilisch verschlungenen Formen der geschmiedeten Geländer der Freisitze. Ähnlich repräsentativ ist die zur Gegenseite gerichtete Ansicht, wobei die Fronten im Verhältnis zur Länge des Gebäudes relativ schmal sind. Während die nördliche Langseite den jeweiligen Eingang aufnimmt, betont durch risalitartige Achsen, akzentuieren die Südseite in gleicher Weise an der Nahtstelle des Doppelhauses angelegte Risalitachsen hier mit polygonalen Erkern. Ansonsten bleiben die Wandflächen fensterlos. Die der dicht

am Haus verlaufenden Grundstücksgrenze parallele Fassade dürfte im ursprünglichen Konzept nur bedingt sichtbar gewesen sein, da der anschliessende spitz zulaufende Terrainabschnitt als Grünfläche gestaltet war.
Die mit ihrer dekorativen Einfriedung nebst Tor gut erhaltene Villa ist Kulturdenkmal aus künstlerischen und städtebaulichen Gründen.

Biebricher Allee 14
Fl. 130 Flst. 17

Bauantrag: 9. 3. 1893
Antragsteller: A. Winter, Oberstleutnant a. D.
Architekt: Kreizner & Hatzmann
Inschrift: „Villa Paula" im Mittelrisalit

In orangefarbenen Ziegeln mit heller Sandsteingliederung gebauter Villenkubus in der Neorenaissance-Tradition der 80er Jahre. Die Frontalität des Entwurfs wird durch den nordwestlichen Diagonalerker kaum beeinträchtigt. Dominant steht dagegen rechtsseitig des ausdrucksvollen Mittelrisalits ein doppelgeschossiger Verandavorbau mit schweren steinernen Balustraden. Durch Asymmetrie ist der Eindruck im ganzen pittoresk, verstärkt durch so unterschiedliche Motive wie die hohen Rundbogenarkarden der Veranden und die z. T. zum Neobarock tendierende Form der Fenster und deren Überdachung. Die insgesamt großzügige Wirkung beruht auch auf dem Verzicht auf allzuviel Detailform. Dem Gebäude entsprechend stattlich ist die gut erhaltene Einfriedung: zwischen äußeren Sandsteinpfosten gebogte Gitterabschnitte mit geschmiedeten Pfosten, das hohe Tor dreiteilig.
Kulturdenkmal aus künstlerischen Gründen.

Biebricher Allee 15/17
Doppelvilla
Fl. 58 Flst. 524/62; 525/62

Bauantrag: 6. 7. 1891
Antragsteller: Karl Wilhelm Grün, Bauunternehmer und Zimmermeister
Architekt:

Die im spätklassizistischen Modus erbaute Mietetagen-Doppelvilla in Ecklage ist symptomatisch für die lange Tradition der Klassizismen der 60er und 70er Jahre in Wiesbaden. Der zur Allee langgestreckte Bau ist auffallend großvolumig. Während die 4achsige Schmalseite nur durch risalitartiges Vorziehen einer Achse gegliedert wird, ist die repräsentative Hauptansicht durch seitliche Risalite mit Dreiecksgiebeln und vor allem deren doppelgeschossige Veranda-Vorbauten prägnant. Formal besonders herausgehoben wird das 1. OG durch aufwendige Rahmung der Fenster mit Segmentgiebelverdachung. Dergleichen Motive sind aus Sandstein gebildet und verleihen dem Bau vor glatten Putzflächen Ausdruck. Die schlichte historische Einfriedung ist bei Nr. 15 mit Tor erhalten. Der wohlproportionierte und maßstäblich durchaus der Allee angepaßte Bau ist Kulturdenkmal aus künstlerischen Gründen. Für die straßenräumliche Situation mit Einmündung der Seitenstraße hat er Merkzeichenqualität.

Biebricher Allee 16
Fl. 130 Flst. 18

Bauantrag: 31. 1. 1903
Antragsteller: Moritz König, Gärtner
Architekt: August Mayer

Auf einem Rückgrundstück gelegene Mietetagenvilla mit aufwendiger Dekorationsarchitektur. Zum heranführenden Stichweg orientiert ist ein schlanker Eckturm, viereckig, mit polygonalem Obergeschoß mit Helm, Laterne

und Wetterfahne. Straßenparallel liegt zum Vorplatz die Eingangsseite mit risalitartiger Treppenachse und durchgehendem Fenster, wie es mit dem Jugendstil Verbreitung fand. Das den Treppenrisalit abschließende Pultdach auf Holzkonsolen ist Teil der landhausartigen Dachzone, die in ihrer kleinteiligen Motivik Fachwerk u. a. aufweist. Dagegen bleibt die Dekorationsarchitektur der Hauptgeschosse mit ihrer eklektizistischen Formwahl auch in der Ornamentik ganz im Bereich feudaler und bürgerlich repräsentativer Architektur. Somit ist auch das gut erhaltene Treppenhaus besonders prächtig. Die originale Eingangstür ist überkommen; leider sind die farbigen ornamentierten Treppenhausfenster zum größten Teil verloren.
Die pittoreske, an Einzelformen reiche Putzvilla ist Kulturdenkmal aus künstlerischen Gründen.

Biebricher Allee 19
Fl. 58 Flst. 58/1

Bauantrag: 30. 6. 1894
Antragsteller: Karl Kayser, Kaufmann in Mailand
Architekt: Rufus Fach

Orangefarbene Ziegelvilla im nordischen bzw. französischen Renaissancestil. Zum roten Ziegelsockel harmonieren die roten Sandsteinglieder: Gesimse, Fensterrahmungen, Frontispizkontur u. a. Der durch Eckverzahnung profilierte seitliche Risalit ist mit hohem Knick-Schweif-Giebel durch seine dreiteilige Fenstertür im 1. OG markant. Das zierliche Rankengitter des auf Volutenkonsolen ruhenden Balkons ist typisch für die vor allem am 17. und 18. Jahrhundert orientierten 90er Jahre. Der Entwurf im ganzen bleibt konservativ den 80er Jahren verpflichtet. Für das lange Fortleben des gerade in Ziegelbauweise verwirklichten Neorenaissancestils in Wiesbaden ist die Villa repräsentativ. Zur hoch stehenden Villa gehört eine Einfriedung mit Dekoreisengitter auf einer Ziegelstützmauer und besonders schönem, hohem zweiflügeligem Tor mit gechmiedeten Rankenmotiven.
Kulturdenkmal aus künstlerischen Gründen.

Biebricher Allee 22
Fl. 130 Flst. 33/2

Erbaut: um 1910

Maßvoll historisierende Villa der späten neoklassizistischen Historismusphase in Ecklage. Das additive Bauprinzip des Historismus ist weitgehend aufgegeben zugunsten einer integralen Konzeption. Die dabei gleichwohl erreichte Vielgestalt bleibt bis auf Exedra und Vorbau im Rahmen des streng rechtwinkligen Konturs des

weiten Dachüberstandes. Krüppelwalmgiebel überhöhen über niedrigem Fußwalm die in den Blickachsen exponierten Fassaden. Die durch das Louis XVI inspirierte Ornamentik beschränkt sich – vom Kranzgesims abgesehen – auf die Rahmenmotive der Fenster. Aufwendiger ist das EG gestaltet, das in der Exedra zwischen den beiden Fenstertüren zudem eine Figurennische aufweist. Reizvoll sind die in Rhombenform versproßten Oberlichter der EG-Fenster. Das Grundstück umzieht eine schlichte Einfriedung mit Kunststeinpfosten und einem einfachen Gitter, das nur seitlich des Gartentores Verzierungen zeigt.
Kulturdenkmal aus künstlerischen und städtebaulichen Gründen.

Biebricher Allee 23
Fl. 57 ' Flst. 3/3

Bauantrag: 18. 1. 1900
Antragsteller: Wilhelm Rehbold, Architekt
Architekt: ders.

Zur einmündenden Grillparzerstraße 7achsige Mietetagenvilla mit relativ schmaler, durch die erhöhte Lage fast steil erscheinender Fassade zur Allee. Durch Ausbildung eines Eck-Erkerturms (Helm leider verloren) ist das Gebäude vorrangig auf Diagonalsicht angelegt, womit der Entwurf gleichzeitig die Ecklage reflektiert. Die wilhelminisch neobarocke Formgebung der Putzarchitektur findet ihren stärksten Ausdruck im seitlichen Risalit der Allee-Fassade. Neben dem gesprengten Schweifgiebel ist der doppelgeschossige Verandavorbau markant. Auch die Langseite ist durch einen risalitartigen Vorsprung mit Frontispiz gegliedert, dem, nach Bedingung des Grundstücks, wenig tiefe Balkons angefügt sind. Zum vielschichtigen Relief des üppigen Stuckdekors bilden die Spundierung des Putzes und die Rustika der Pilaster im 1. OG den Hintergrund. Die Einfriedung mit Ziegelsockelmauer und geschmiedetem Rankengitter in der Art der 90er Jahre ist erhalten.
Der markante Eckbau ist Kulturdenkmal aus künstlerischen Gründen.

Biebricher Allee 24
Fl. 130 Flst. 47

Bauantrag: 21. 4. 1890
Antragsteller: L. Hansohn, Schreinermeister
Architekt: Friedrich Lang

Große pittoreske Ziegelvilla, die mit zwei Diagonalmotiven und je einem Risalit in den Hauptachsen ihre exponierte Ecklage reflektiert. Merkzeichenqualität im Verlauf der Allee hat der runde Eckturm mit seinem hohen, spitzen Helm. Dem malerischen Gestaltungsprinzip wird auch durch die Behandlung der Ziegeloberfläche ent-

Biebricher Allee 24, reproduziert nach Moderne Neubauten 1. 1894.

sprochen. Zu den mischtonig und mit polychromen Musterverbänden verblendeten durchfensterten Abschnitten kommen durch Musterverbände und farbliche Kontraste ornamentierte fensterlose Wandflächen. Eine bemerkenswerte Formvielfalt tritt im Rahmen der fast durchweg bogigen Fenster auf. Im 1. OG beeindrucken dreifach gekuppelte Rundbogenfenster im umfassenden Blendbogen, den radial gesetzte Ziegel im Farbwechsel rahmen. Beispielhaft repräsentiert das Gebäude die im letzten Drittel des 19. Jhs. besonders hoch entwickelte Kunst der Ziegelverblendung. Ebenso ist die in einer zeitgenössischen Fachzeitschrift vorgestellte Villa (Moderne Neubauten 1. 1894). Kulturdenkmal aus künstlerischen und städtebaulichen Gründen.

Biebricher Allee 26, Villa „Klein aber Mein“ reproduziert nach Moderne Neubauten 1. 1894.

Biebricher Allee 26
Fl. 130 Flst. 48

Erbaut: 1890/91 durch Friedrich Lang
Inschrift: „Klein aber Mein“ im Frontispiz
Umbau: 1905 Anbau einer Veranda auf der Rückseite

Die kleine, nur 1½ Geschosse hohe Villa wurde in der Zeitschrift „Moderne Neubauten“ 1. 1894 veröffentlicht. Im Wiesbadener Villenbau nach 1870 ist sie in ihrer bescheidenen Dimensionierung quasi singulär (tatsächlich baute Lang den gleichen Typus noch einmal auf der gegenüberliegenden Seite der Allee, Nr. 21). Der Reiz des Entwurfs liegt in einem fast hexenhausartigen Reichtum des Details, namentlich im seitlichen Risalit und in dessen Frontispiz mit stabwerkartiger Bekrönung. Auch hier fehlt nicht die beinahe kanonische Veranda (heute verglast) mit Freisitz für das obere Geschoß. Letzterer mit schönem, in Rankenform geschmiedetem Rundeisengeländer mit naturalistisch gebildeten Blattmotiven. Insgesamt hält die Stilgebung an der nordischen Renaissance der 80er Jahre fest, die dem Ziegelbau mit seiner malerischen Farbigkeit zu besonderer Beliebtheit verhalf. Die dazugehörige Einfriedung mit Ziegelpfosten und Dekoreisengitter nebst geschmiedetem zweiflügeligem Tor ist erhalten. Kulturdenkmal aus künstlerischen Gründen und aufgrund der typologischen Sonderstellung wegen der baugeschichtlichen Bedeutung.

Maßstab 1:200

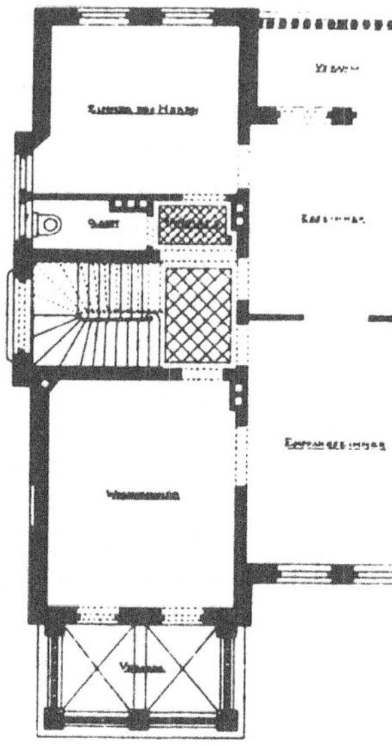

Biebricher Allee 29
Fl. 57 Flst. 173/7

Erbaut: ca. 1882 für Julius Zintgraff, Rentner
Umbau: 1902 Antrag auf bauliche Veränderungen

Kleinerer spätklassizistischer Villenkubus mit flachem Walmdach, der 1902 mit sicherem Gespür für Proportion und formale Zusammenhänge modernisiert wurde. Von 1902 sind vor allem die an den mittleren Wintergarten (ehemals offene Veranda) in Bogenform zur seitlichen Wand geführten Veranden in beiden Hauptgeschossen. Ferner wurde die Attika des Mittelrisalits durch eine Balustrade um die obere Plattform erhöht. Unverändert blieb die Bildung der Fenster mit ihrem feinen antikisierenden Dekor unter den geraden Verdachungen im 1. OG. Insgesamt ist die Ornamentik gerade auch unterhalb des Hauptgesimses von differenzierter, feiner Plastizität. Das gut erhaltene Ziergitter der Einfriedung umzieht das in Ecklage zu einem Stichweg situierte Grundstück auf zwei Seiten. Das Tor zwischen hohen Sandsteinpfosten liegt auf der Ecke.
Die künstlerisch reizvolle Villa ist Kulturdenkmal. Sie gehört zu den frühen Villenbauten entlang der Biebricher Allee.

Biebricher Allee 31
Fl. 57 Flst. 10/1

Bauantrag: 9. 8. 1908
Antragsteller: Daniel Seng
Architekt: Albert Wolff

Langgestreckter, mit der 4achsigen Schmalseite zur Allee orientierter Villenbau. Im Modus mischen sich Züge englischer Landhausarchitektur mit dem für die späte Historismusphase typischen Louis-Seize-Stil. Pittoresk unregelmäßig ist die Hauptansicht konzipiert, mit Wintergartenvorbau links der Mitte, die beiden rechten Achsen im 1. OG als flache Erker und ein gewölbter Erker im Giebelfeld unter ländlichem Krüppelwalm. Die Brüstungsfelder der Fenster u. a. sind mit stuckierter Zopfornamentik verspielt geschmückt, dazu passend auch das fein gebildete Geländer am Freisitz über dem Wintergarten. Die verputzten Wandflächen des Gebäudes sind durch Ritzung quadriert, Werkstein auch in der Farbe des Anstrichs vorgebend. Die Villa ist relativ vollständig erhalten und wahrt somit viele wertvolle Details. Die schöne Einfriedung mit geschmiedetem Gitter und Tor (zwischen Sandsteinpfosten) ist ebenfalls unversehrt.
Kulturdenkmal aus künstlerischen Gründen.

Biebricher Allee 33
Fl. 57 Flst. 11/20

Bauantrag: 7. 5. 1892
Antragsteller: W. Franz, Königl. Regierungs-Bauführer
Architekt: Ludwig Euler

Die von dem renommierten Wiesbadener Architekten Euler erbaute Villa beeindruckt durch die Eigenwilligkeit des Entwurfs. Die nur drei Achsen breite Hauptansicht ragt über angeböschtem Sockel und zwei Hauptgeschossen mit Mezzanin hoch auf, noch überhöht durch den Frontispiz der risalitartigen Mitte mit ihrem vielgestaltigen Verandavorbau. Besonders reizvoll ist die Zone zwischen den beiden oberen Freisitzen gestaltet, mit landhausartigem Fußwalm bei der Verdachung im 1. OG, im Mezzanin ein Windfang mit Glasdach. Mit abnehmender Stützlast wird die Konstruktion leichter; gegenüber den unteren Steinbalustraden ist oben ein schmiedeeisernes Geländer angebracht. Der im Risalit renaissancistisch anmutende Modus verzichtet auf den Seiten auf Ornamentik. Statt dessen vermittelt die schlichte rote Sandsteinrahmung vor heller Putzfläche eine gewisse monumentale Strenge. Wie auch die Nachbarvilla Nr. 35 (vgl.) ist der Bau mehrachsig in die Tiefe gestreckt.
Der formsichere Entwurf bedingt auch durch die Sinnfälligkeit im einzelnen die künstlerische Qualität der Villa als Kulturdenkmal.

Biebricher Allee 34
Fl. 131 Flst. 58

Bauantrag: 5. 2. 1905
Antragsteller: Heinz Berg, Architekt
Architekt: ders.

In ihrer pittoresken Anlage mit polygonalen Ecktürmen und Risalitbildung bleibt die Villa in Ecklage dem Historismus verpflichtet. Dabei verzichtet der Entwurf auf eine historisierende Stilgebung in Form einer Dekorationsarchitektur. Die Fassaden sind – von ihren Annexen abgesehen – vielmehr schlicht als rauhgeputzte Flächen behandelt, die Fenster durch flache, glatte Rahmung profiliert. Der schwere Sockel in roten Sandstein-Bossenquadern trägt die Idee eines werkstoffgerechten Bauens ausdrucksstark vor. Unverkennbar ist der Einfluß des Werkbundes wie die Aufnahme durch den Jugendstil propagierten Bauens, letzteres in Ideen organischer Bildungen wie dem Übergang von der Hauskante zum Eckpolygon u. a. Zeittypisch wie zur Konzeption des Gebäudes passend ist die die Ecke umziehende Einfriedungsmauer aus schweren Bruchsteinen. Prägnant sind die hohen Pfosten, dazwischen secessionistische Gitter nebst Tor.

Die durch ihren schlichten, landhausartigen Charme auffallende Villa ist Kulturdenkmal aus künstlerischen Gründen. Ihrer Ecklage wird der Entwurf voll gerecht.

Biebricher Allee 35
Fl. 57 Flst. 11/18

Bauantrag: 7. 5. 1892
Antragsteller: Ludwig Euler, Architekt
Architekt: ders.

Hoch über Straßenniveau errichtete, reichgeschmückte Neorenaissance-Villa im deutschen bzw. nordischen Modus. Abweichend von der Symmetrie ist der Fassade seitlich eine doppelgeschossige Veranda vorgebaut mit oberem Freisitz für das DG. Pfeiler und Säulen sowie die Balustraden der pittoresken Sandsteinkonstruktion sind üppig skulpiert mit Beschlagwerk u. a. Einen weiteren gestalterischen Schwerpunkt bildet der ebenfalls in Sandstein gebildete Frontispiz des Mittelrisalits mit malerischen Aufbauten. Darunter ist die Mittelachse wie auch die rechte Seitenachse relativ einfach behandelt, wobei jeweils Sandsteinglieder die Fenster rahmen. Ein vielschichtiges wie vielgestaltiges Bild bewirkt auch das Zusammenspiel der Baumaterialien: zu dem hellen Sandstein die mischtonigen Ziegelflächen der Wände bei rotem Sockel, unterhalb vom Hauptgesims ein polychromer Musterverband. Ferner wirken zu dem in der Epoche gewünschten stimmungsvollen Gesamteindruck die geschmiedeten Gitter mit sowie das grauschillernde Ziegeldach. Das Rankengitter der Einfriedung auf hoher Stützmauer mit bruchsteingefüllten Bogenfeldern ist nebst Tor wohlerhalten.
Kulturdenkmal aus künstlerischen Gründen.

Biebricher Allee 39
Fl. 57 Flst. 789/16

Bauantrag: 21. 6. 1886
Antragsteller: Friedrich Pimmel, Bauunternehmer
Architekt: —

Im Straßenbild prägnante große Mietetagenvilla in Ecklage. Charakteristisch ist die kubische Geschlossenheit des Baukörpers mit mächtigem dreiachsigem Verandavorbau zur Allee. Mit geradezu archaischer Einfachheit sind die Baumaterialien – mischtonige Ziegel und einzelne Diamantquader in rotem Sandstein – zur Anwendung gekommen. Materialien und Baustil sind kennzeichnend für die von der Neorenaissance geprägten 80er Jahre des 19. Jhs. Wie auch die anschließenden kubischen Miethausbauten der Carl-Schuricht-Straße handelt es sich um eine relativ kostensparende Lösung villenartig repäsentativen Bauens in exklusiver Lage. Entsprechend einfach ist die Einfriedung gebildet.
Kulturdenkmal aus künstlerischen und städtebaulichen Gründen.

Biebricher Allee 42
Fl. 131 Flst. 46

Bauantrag: 8. 3. 1902
Antragsteller: Frau L. Wintermeyer, Witwe
Architekt: Georg Schlink
Umbau: 1914 Antrag auf Anbau einer Veranda

Die herrschaftliche Villa wird der exponierten Ecklage durch drei gestalterische Schwerpunkte gerecht. Den diagonalen Bezug zum Straßenraum schafft der polygonale Eckturm mit markantem barockisierendem Kuppelhelm über den wimpergbesetzten Fenstern seines Obergeschosses. Parallel zur Allee setzt ein breiter Risalit mit

schwerem Verandavorbau und steilem Frontispiz in pittoresken altertümelnden Formen den entscheidenden Akzent. Ihm formal untergeordnet ist der Risalit der Seitenstraße mit polygonalem Vorbau. Der die Neorenaissance der 80er Jahre evozierende Gesamteindruck beruht auch auf den Baumaterialien: Ziegel in Verbindung mit z. T. üppig skulptiertem Sandstein. Der zeitgleiche Jugendstil kommt im Duktus der Ornamentik, weniger in der Motivwahl zum Ausdruck. Der Verandaanbau von 1914 erfolgte auf der Gartenseite. Nach seinem zweiten Eigentümer heißt das Gebäude „Villa Schnitzler". Dem auch mit der Innenausstattung vorgetragenen hohen Anspruch der Villa entspricht die Qualität der Einfriedung mit geschmiedetem Gitter mit kleinem und großem zweiflügeligem Gartentor.
Kulturdenkmal aus künstlerischen und städtebaulichen Gründen.

Biebricher Allee 44
Fl. 131 Flst. 44

Bauantrag: 11. 8. 1905
Antragsteller: Paul Schetter
Architekt: Carl Diener

Palaisartige Villa in spätbarockem Modus französischer Prägung. Der ganz mit Sandstein verkleidete herrschaftliche Bau ist mit symmetrischer Fassade zum Straßenraum orientiert, wobei der alte Baumbestand mit den Baumriesen der Allee ein parkartiges Ambiente schafft. Asymmetrisch ist die längere Südseite gegliedert. Zugang zum Garten ermöglicht über eine Terrasse eine weite gebogte Fenstertür.

In handwerklich vorzüglicher Arbeit ist der Sandstein in den Laibungen von Fenstern und Türen konkav profiliert oder ornamental skulptiert: so gerade im prächtigen straßenseitigen Rahmenmotiv der Fenstertür im 1. OG oder in der Bildung des Frontispiz. Die Villa zeichnet sich durch einen sehr guten Erhaltungszustand aus. Das gilt auch für die dem Anspruch des Gebäudes entsprechende schwere geschmiedete Einfriedung mit zweiflügeligem Tor.
Die Villa ist Kulturdenkmal aus künstlerischen Gründen.

Biebricher Allee 46
Fl. 131 Flst. 43

Bauantrag: November 1911
Antragsteller: Eduard Didion, Architekt
Architekt: ders.

Der durch seine neoklassizistischen Entwürfe bekannte E. Didion baute den kleineren Villenkubus mit Walmdach im Anschluß an die Villa Nußbaumstr. 6 (vgl.). Er verwendete die

gleichen antikisierenden Kunststeinreliefs mit tanzenden Mänaden und Satyrn, setzt sie aber hier metopenartig in die Fensterbrüstungen des 1. OG ein. Die von ionischen Säulen in ganzer Höhe flankierte 4achsige Front ist durch ihren tiefen rechtwinkligen Verandavorbau markant sowie durch den hohen zwerchhausartigen Schweifgiebel mit streng dreieckigem Abschluß. Charakteristisch für den Zeitstil ist die Verbindung antikisierender Formen mit Anleihen vom Louis-Seize-Stil, wobei letzterer hier auf das Zwerchhaus beschränkt bleibt.
Die durch die Geschlossenheit des Entwurfs beeindruckende Villa ist mit ihrer schlichten Einfriedung Kulturdenkmal aus künstlerischen Gründen.

Biebricher Allee 49
Fl. 57 Flst. 381/26

Bauantrag: 28. 12. 1907
Antragsteller: Karl Kähler, Architekt
Architekt: ders.

Eine der großen repräsentativen Villen der letzten Historismusphase vor dem 1. Weltkrieg. Im Rahmen des zeittypischen Neoklassizismus eignet dem Eckgebäude eine besonders herrschaftliche Note durch das feudale spätbarocke Risalitmotiv der zur Allee orientierten Fassade. Kolossale ionische Säulenpaare auf hohen Sockeln tragen über mächtigen Kämpfern einen im Architrav gesprengten Dreiecksgiebel, im Giebelfeld über dreiteiliger, gebogter Fenstertür eine Kartusche im Louis-Seize-Stil. Durch eine große rechteckige Fenstertür öffnet sich das EG auch auf der Südseite auf eine Terrasse und diese sich wiederum über eine mittige Freitreppe zum freilich nur schmalen Gartenstreifen. Die Villa ist gleichsam unmittelbar auf den Straßenraum und den Betrachter bezogen. Der sich als Werksteinarchitektur gebende

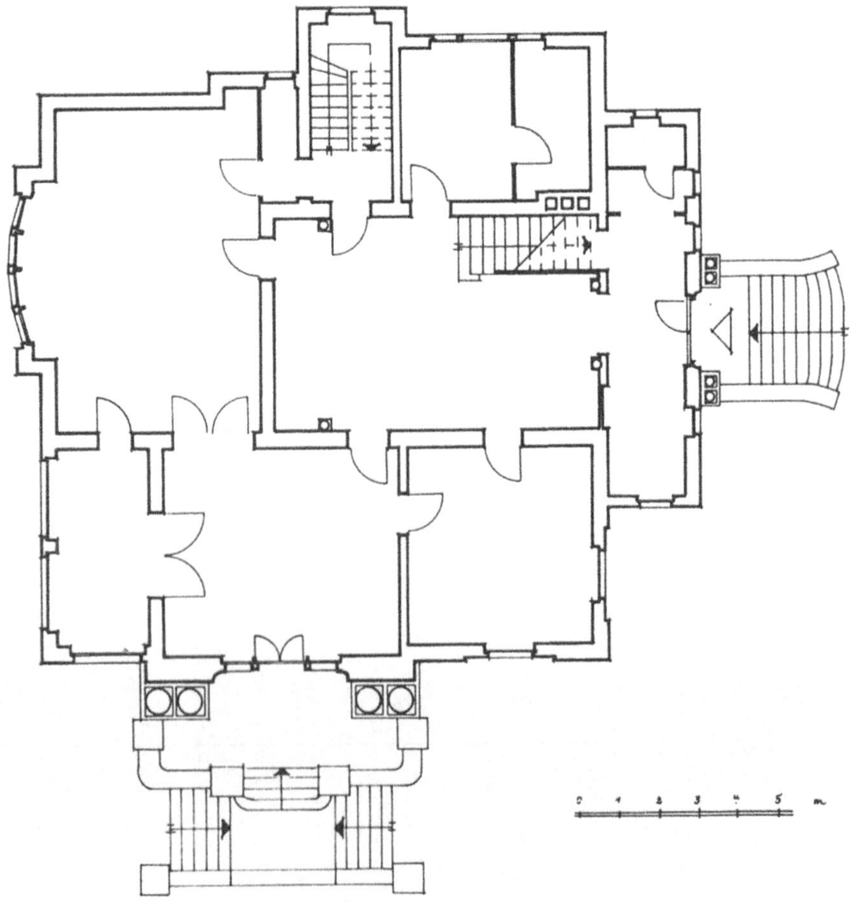

Putzbau ist in seinem Motivreichtum (u. a. Sprossenfenster, wertvolle geschmiedete Gitter auch bei der Einfriedung) gut erhalten. Im Inneren (der Eingang liegt zur Nußbaumstraße) beeindruckt im Rahmen der prächtigen und wohlerhaltenen Ausstattung eine neoklassizistische Treppenhalle.
Kulturdenkmal aus künstlerischen Gründen und wegen der bereichsprägenden städtebaulichen Bedeutung.

Biebricher Allee 51
Fl. 57 Flst. 27/2

Bauantrag: 20. 3. 1908
Antragsteller: Friedrich Frey, Rentner
Architekt: Georg Schlink

Die mächtige pittoreske Ziegelvilla mit polygonalem Eckturm neben seitlichem Risalit ist in ihrem altertümelnden, eklektizistischen Modus bemerkenswert konservativ. Das für den Wiesbadener Villenbau charakteristische Festhalten gerade auch an der als national apostrophierten deutschrenaissancistischen Bauweise wird hier gleichwohl noch einmal zu einer durchaus individuellen Lösung geführt. Besonderer Reiz der reich mit Sandsteinelementen versehenen Hauptansicht sind die kunsthandwerklich guten Steinmetzarbeiten: in Form gotisierender Maßwerkbrüstungen, ornamentaler Motive oder und vor allem in den verschiedensten Tierdarstellungen. Neben den Brüstungsreliefs am Eckturm beeindruckt die fabelhafte Giebelszene mit einem Fuchs, der nach Weintrauben schnappt. Die außerordentlich detailreiche Villa zeichnet sich mit ihrer historischen Einfriedung durch einen sehr guten Erhaltungszustand aus.
Sie ist Kulturdenkmal aus künstlerischen Gründen, zudem ein städtebaulich markantes Gebäude auf der Anhöhe der Biebricher Allee.

Biebricher Allee 55
Fl. 57 Flst. 636/33

Bauantrag: 7. 5. 1892
Antragsteller: J. Hohlwein, Schlossermeister
Architekt: Manz

Pittoreske renaissancistisch altertümelnde Villa in Ecklage in ockerfarbenen und roten Ziegeln. Besonders malerische Effekte werden bei bewegtem Umriß und vielgestaltiger Gliederung durch kontrastfarbene Musterverbände erreicht. Der zur Seitenstraße tiefe Baukörper tritt mit seiner Hauptansicht zur Allee schlank und hoch in Erscheinung, verstärkt durch die strebepfeilerartigen Motive im Frontispiz des seitlichen Risalits. In gleicher Weise berücksichtigt wurde die Diagonalachse. Sie erschließt simultan beide Straßenansichten mit dem großen Verandavorbau als Angelpunkt. Zum Gesamteindruck gehört die das Eckgrundstück

umziehende alte Einfriedung mit zweiflügeligem Tor.
Die in ihren Details gut erhaltene Villa (zu den wenigen Verlusten gehört die unschwer zu ersetzende Schablonenmalerei in den Lünetten der Bogenfenster im 1. OG) ist Kulturdenkmal aus künstlerischen und städtebaulichen Gründen.

Biebricher Allee 56
Fl. 57 Flst. 35

Bauantrag: 16. 4. 1913
Antragsteller: Georg Müller, Eltville
Architekt: Wilhelm Gerhardt

Die kurz vor dem 1. Weltkrieg gebaute kleinere Villa führt noch einmal beispielhaft den strengen neoklassizistischen Modus der letzten Historismusphase vor Augen. Kolossale ionische Säulen rahmen die zur Straße gerichtete Schauseite. Streng axial sind die hochrechteckigen Fenster angeordnet, vor den beiden mittleren Achsen ein kubischer Verandaaltan bei in gleicher Weise kubisch konzipiertem Baukörper mit Walmdach. Entsprechend der formalen Strenge insgesamt bleibt die Ornamentik in einem teilweise secessionistischen Louis-Seize-Stil maßvoll: ein Zopfmedaillon im Giebel des Front-Zwerchhauses, ähnliche Motive in den Brüstungsfeldern der Fenster, ferner Dekor an den Verandapfeilern und Pilastern im 1. OG. Mit zum Schmuck des Hauses gehört die Fensterteilung mit senkrecht versproßten Oberlichtern.
Die mit ihrer schlichten Einfriedung durch formale Geschlossenheit beeindruckende Villa ist Kulturdenkmal aus künstlerischen Gründen. Städtebaulich ist sie als markanter Bau gegenüber der Einmündung der Mosbacher Straße am Rande des südlichen innerstädtischen Villenviertels von Bedeutung.

Biebricher Allee 59/61
Doppelvilla
Fl. 131 Flst. 445/36; 528/37

Bauantrag: 31. 7. 1909
Antragsteller: Dr. Drückenmüller
Architekt: Franz Markloff

Der Entwurf der großvolumigen neoklassizistischen Villa steht noch unter dem Einfluß des Jugendstils. Markant sind die beiden seitlichen Risalite des symmetrisch angelegten Baukörpers. Sie werden von kolossalen Doppelpilastern gerahmt, der Giebel ist wellenförmig konturiert, das über einem Fußwalm in konvexer Nische sitzende Korbbogenfenster ist von einem in flachem Relief skulptierten Ornamentstreifen umgeben. Ein besonders reizvolles Detail ist die Gliederung des Fensterrahmens mit radial versproßten Randfenstern (bei Nr. 61 leider nicht erhalten). Jeweils ein zweiter Risalit auf den Schmalseiten nimmt den über eine Freitreppe zu erreichenden Eingang und das Treppenhaus auf: die Freitreppen mit originalen secessionistischen Geländern, die Eingänge mit den alten Haustüren gläsern überdacht. Gut erhalten ist das secessionistische Einfriedungsgitter mit je einem zweiflügeligen und einem einflügeligen Tor zwischen Kunststeinpfosten.
Der imposante Bau ist Kulturdenkmal aus künstlerischen Gründen und wegen seiner städtebaulichen Bedeutung als letzte bzw. erste historische Villa des innerstädtischen Abschnitts der Biebricher Allee als Hauptachse des südlichen Villengebiets.

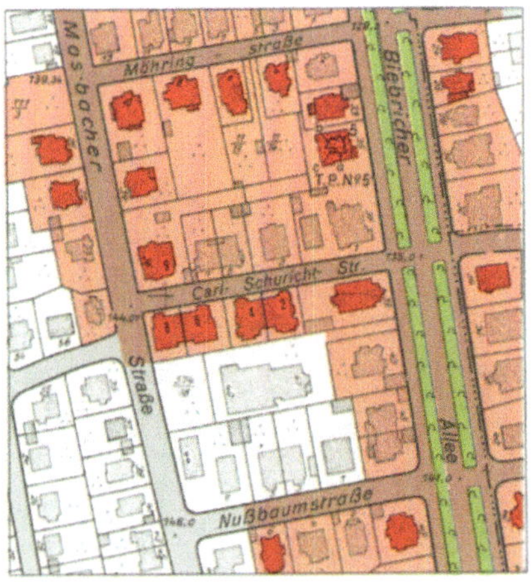

Carl-Schuricht-Straße

Ca. 1893 als Martinsthaler Straße zur Erweiterung des südlichen Villengebiets eröffnet. Umbenennung 1973 nach dem Wiesbadener Ehrenbürger und ehemaligen Generalmusikdirektor Carl Schuricht (geb. 1880 Danzig, gest. 1967 Coreaux/Schweiz).

Carl-Schuricht-Str. 2/4
Doppelhaus
Fl. 57 Flst. 243/16; 242/16

Bauantrag: 29. 4. 1893
Antragsteller: Friedrich Pimmel, Bauunternehmer
Architekt:

Im Bauantrag als „Doppelwohnhaus“ apostrophiertes Gebäude. Der markante, groß und blockhaft dimensionierte Ziegelbau gibt der Carl-Schuricht-Straße zusammen mit dem im ganzen identischen Nachbarhaus Nr. 6/8 (vgl.) sowie dem ähnlichen Eckgebäude Biebricher Allee 29 (vgl.) eine unverwechselbare Gestalt. Bei sparsamsten Mitteln beruht die renaissancistische Stilgebung beinahe ganz auf dem mischtonig roten Ziegelmaterial. Dekormotive akzentuieren vor allem die Fenster und gestalten die den seitlichen Risaliten der symmetrischen Fassade vorgebauten doppelgeschossigen Veranden. Mit den beiden zitierten Nachbarbauten ist das Doppelhaus Teil eines bauunternehmerischen Projekts zur Errichtung preiswerterer und dabei noch repräsentativer Wohnungen in Villenlage.
Das gut gestaltete Gebäude ist Kulturdenkmal aus künstlerischen Gründen und wegen seiner Bedeutung für die Siedlungsstruktur in den Wiesbadener Villengebieten.

Carl-Schuricht-Str. 6/8
Doppelhaus
Fl. 57 Flst. 256/16; 257/16

Bauantrag: 29. 4. 1893
Antragsteller: Friedrich Pimmel, Bauunternehmer
Architekt:

Für das Doppelhaus in Ecklage gelten die gleichen Kriterien wie für die vom selben Bauunternehmer errichteten Gebäude Carl-Schuricht-Str. 2/4 und Biebricher Allee 39 (vgl.). Die relativ schmucklosen Bauten überraschen in dem von herrschaftlichem Villenbau geprägten Viertel. Sie dokumentieren einen sozialen Strukturwandel im

Villengebiet. Im Vergleich zum Nachbargebäude Nr. 2/4 ist der Eckbau noch schlichter, wobei die jeweiligen Rückseiten mit den Eingängen kaum gestalterische Unterschiede aufweisen. Die Treppenhäuser sind einfach, vergleichbar den Treppenhäusern der freistehenden Wohnhäuser auf dem Philippsberg (vgl.). Der herbe Reiz der Architektur wird voll bewußt angesichts der renovierten Biebricher Allee 39. Die einfache Einfriedung ist erhalten. Zum Denkmalwert vgl. Carl-Schuricht-Str. 2/4.

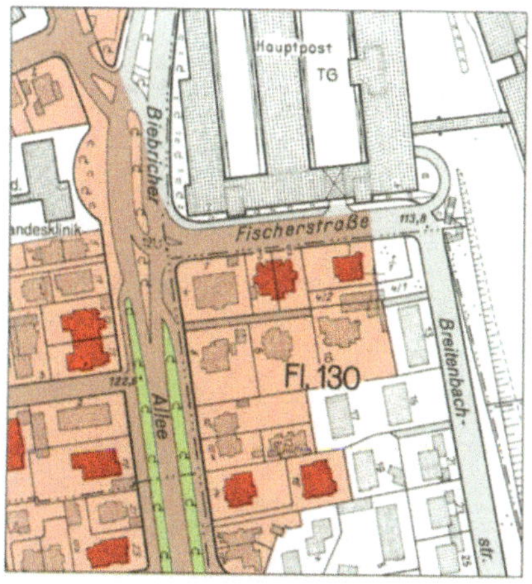

Fischerstraße

1887 angelegt und mit Villen bebaut. Benannt nach dem 1849 ersten frei gewählten Bürgermeister Wiesbadens, Heinrich Fischer (1812–1883).

Fischerstr. 3/5
Doppelvilla
Fl. 130 Flst. 6; 5

Erbaut: um 1885 durch Kreizner & Hatzmann

Doppelvilla im nordischen Neorenaissancestil als Epochenstil der 80er Jahre. Die beiden Gebäudehälften bilden eine symmetrische Anlage. Risalite mit polygonalen Vorbauten akzentuieren den Baukörper mit malerischer Wirkung an den Seiten; dazwischen liegen insgesamt vier nebengeordnete Achsen mit Freisitzen im EG. Für die Dimension im ganzen sehr vorteilhaft ist die einachsige Risalitbildung auf den Schmalseiten, an die der über eine Freitreppe zu erreichende Eingang anschließt. Für Bauzeit und Baustil typisch ist die Verwendung von Ziegeln in Verbindung mit Sandstein zur Hervorhebung der Gliederungsmotive. Von der Einfriedung sind die Tore und Teile des Gitters erhalten.
Innerhalb des bereits weitgehend durch Neubauten zerstörten Bereichs Fischerstraße ist die Villa ein gutes Beispiel der ehemaligen historistischen Bebauung. Sie ist Kulturdenkmal aus stadtbaugeschichtlichen und künstlerischen Gründen.

Fischerstr. 7
Fl. 130 Flst. 1/2

Erbaut: um 1875

Der spätklassizistische Villenkubus nimmt auf die Ecksituation durch Ausbildung eines polygonalen Diagonalturmes Bezug. Besonders reizvoll ist das den Turm bekrönende Belvedere mit umlaufender Galerie, die bei weiter Auskragung von Konsolen gestützt wird. Der Typus der kubischen Eckvilla mit Turm steht in der Tradition der Berliner Schinkel-Schule der 1. Jahrhunderthälfte. Die insgesamt retardierende Stilgebung tendiert in der Plastizität der architektonischen Glieder und in einzelnen Motiven wie der Rahmung oder Verdachung der Fenster im 1. OG zur Neorenaissance. Erst in späterer Zeit wurde die seitliche Veranda mit dem Haupteingang zugesetzt und aufgestockt. Von der Einfriedung ist das schlichte zweiflügelige Tor in Bogenform zwischen hohen Sandsteinpfosten erhalten, zudem die niedrige Ziegelmauer mit vereinzelten Pfosten.
Kulturdenkmal aus künstlerischen, städtebaulichen und stadtbaugeschichtlichen Gründen. Zusammen mit der Villa Alexandrastr. 10 (vgl.) ist der Bau der älteste im südlichen Villenviertel. In weitgehend modernisierter und dadurch heute verfremdeter Umgebung setzt er ein markantes historisches Zeichen.

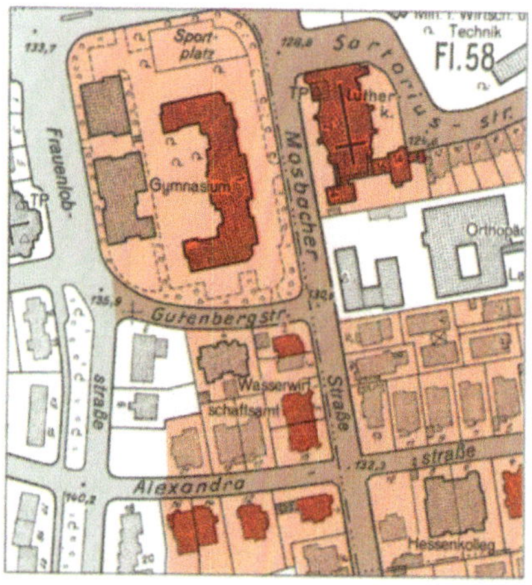

Gutenbergstraße

Um 1900 angelegt. Benannt nach dem Erfinder der Buchdruckerkunst.

Gutenbergstr. 2
Fl. 151 Flst. 18

Bauantrag: 25. 7. 1904
Antragsteller: Wilhelm Reitz
Architekt:

Das nur zur Gutenbergstraße freistehende repräsentative Wohnhaus in Ecklage wahrt hier in Dimension und Gestaltung den Habitus der Mietetagenvilla. Der aufwendigst dekorierte Putzbau steht in seiner Ornamentik, namentlich der vegetabilischen Formen, unter dem Einfluß des Jugendstils. Insgesamt steht der Entwurf in der wilhelminischen Tradition der 90er Jahre bei zeitgemäßer Reduktion der malerischen Qualität zu mehr Strenge. Als Eckbau artikuliert sich die Architektur durch markante Risalitbildung in den beiden Hauptachsen. In ihrem ausdrucksstarken Modus schafft sie zusammen mit dem Nachbarhaus Gutenbergstr. 4 einen maßstäblich befriedigenden Übergang vom gegenüberliegenden Schulbau zur anschließenden Villenbebauung. Deutlich ist dabei das malerische städtebauliche Konzept ablesbar. Für den Gesamteindruck wichtig ist der Vorgarten mit seinem dekorativen Gitter auf niedriger Stützmauer.
Kulturdenkmal aus künstlerischen und städtebaulichen Gründen.

Möhringstraße

Um 1890 zur Erweiterung des südlichen Villengebiets eröffnet. Benannt nach dem 1887 in Wiesbaden verstorbenen Tondichter Franz Möhring.

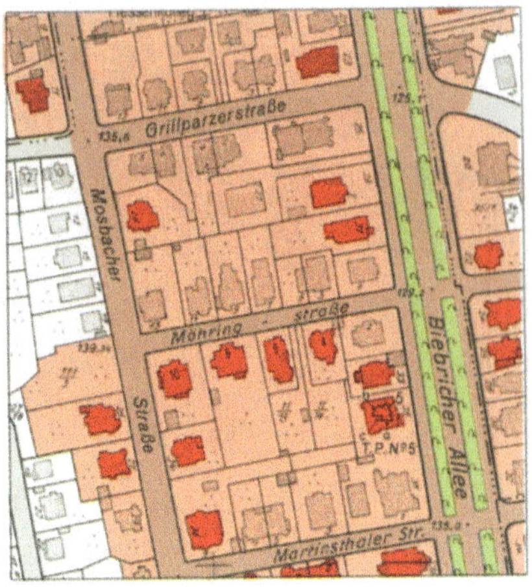

Möhringstr. 4
Fl. 57 Flst. 11/11

Bauantrag: 5. 11. 1892
Antragsteller: F. Berger und Wilh. Wendenius
Architekt: Franz Berger „1893“ im Giebelfeld

Pittoreske Putzvilla mit reicher roter Sandsteingliederung. Der renaissancistische Modus wird in Anlehnung an das englische Cottage landhausartig umgedeutet. Sehr reizvoll ist die in ihren Details – Firstknäufe, Wetterfahne, Dachgalerie – wohlerhaltene Dachlandschaft mit Krüppelwalm und Turmhelm. Der quadratische Eckturm ist zum ansteigenden Straßenverlauf orientiert. Risalitartige Trakte mit Krüppelwalm und polygonalem Vorbau mit Balkon für das 1. OG zur Straße festigen den Entwurf in den beiden Hauptachsen. Zu den malerischen Einzelmotiven gehören u. a. die geschnitzten hölzernen Konsolen des vorkragenden Walmgiebels. Die historische Einfriedung mit zweiflügeligem schmiedeeisernem Tor zwischen Ziegel-Sandsteinpfosten mit bekrönender Kugel ist überkommen. Vom Gartentor führt eine zweiläufige Freitreppe zum seitlich im hohen EG gelegenen Eingang.
Kulturdenkmal aus künstlerischen Gründen.
Lit.: Moderne Neubauten, 1. 1894.

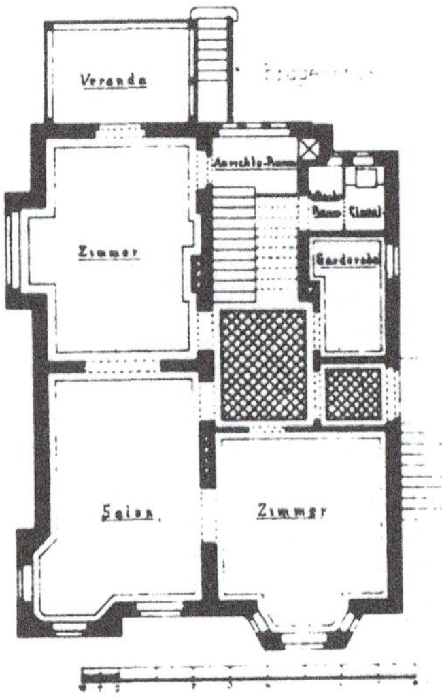

Möhringstr. 4, reproduziert nach Moderne Neubauten 1. 1894.

Möhringstr. 6
Fl. 57 Flst. 11/14

Bauantrag: 28. 5. 1892
Antragsteller: Carl Heilhecker, Bauunternehmer
Architekt: Adolf Brühl

Stilistisch an der École des Beaux-Arts inspirierte Villa der Neorenaissance. Der Bau ist auffallend tief dimensioniert. Die 4achsige Front ist durch einen seitlichen Risalit mit turmartigem Obergeschoß mit Pyramidenstumpfdach markant. Im EG schließt an den Risalit eine loggiaartige Veranda an, darüber im 1. OG ein balustradengesäumter Freisitz mit originalem Glasdach auf verzierter eiserner Stützkonstruktion. Besonderes Merkmal der mit reicher Sandsteingliederung versehenen Ziegelvilla ist die in Sandstein skulptierte Figur eines geharnischten Hellebardenträgers in der Bogennische zwischen den beiden OG-Fenstern des Risalits. Die gut erhaltene Villa wahrt ihre historische Einfriedung aus Ziegelmauer, Dekoreisengitter und zweiflügeligem Tor.
Kulturdenkmal aus künstlerischen Gründen.

Möhringstr. 8
Fl. 57 Flst. 763/11

Bauantrag: 11. 7. 1889
Antragsteller: C. Gerhardt, Amtsgericht-Sekretär
Architekt: Adolf Brühl

Vom Beaux-Arts-Stil beeinflußter Villenkubus mit steilem Mansarddach. Wie auch bei der ebenfalls von Brühl gebauten Nachbarvilla Nr. 6 (vgl.) kamen orangefarbene Ziegel für die Wände und heller Sandstein für die Gliederung zur Anwendung. Im Gegensatz zum altertümelnden, pittoresken Entwurf ist hier auf Symmetrie und Klassizität der Anlage Wert gelegt. Weniger renaissancistisch bürgerlich als feudal ist der Gesamteindruck. Dem pittoresken Bildungsprinzip hinsichtlich der Gestaltung des Straßenraumes wurde dabei Rechnung getragen, ebenso unterschiedlicher Projektion von Selbstdarstellung seitens des Bauherrn bzw. eines mit dem Entwurf anzusprechenden Käufers.
Der wohlproportionierte, herrschaftlich-elegante Villenbau ist Kulturdenkmal aus künstlerischen Gründen.

Möhringstr. 10
Fl. 57 Flst. 11/15

Bauantrag: 8.4.1909
Antragsteller: R. Schneider
Architekt: Alfred Schellenberg

Die in der Ecklage für beide Straßen markante Villa ist in ihrer vielgestaltigen Konzeption an englischer Landhausarchitektur orientiert. Charakteristisch ist das steile Krüppelwalmdach mit weit herabgezogenem Fachwerkgiebel. Zur Mosbacher Straße setzt auf der Langseite ein hoher Satteldachgiebel einen schwächeren Akzent. Während der Baukörper im 1. OG kubisch rechteckig bleibt, ist der Grundriß im EG malerisch verunklärt durch diverse Ausbauten, polygonal tief auf der Schmalseite und zweimal flach ausgebogt mit verbindendem Balkon nach Westen. Zu den zeittypischen Eigentümlichkeiten am Bau gehören neben den diversen und weiten Fensterformen mit Sandsteingewänden die im Bereich der Fenster und an den Gebäudekanten auftretenden Rustikamotive als Zitat eines materialechten und materialgerechten Bauens. Von seltener Form ist die Einfriedung mit gebogten Mauerabschnitten über der abgerundeten Ecke.
Kulturdenkmal aus künstlerischen und städtebaulichen Gründen.

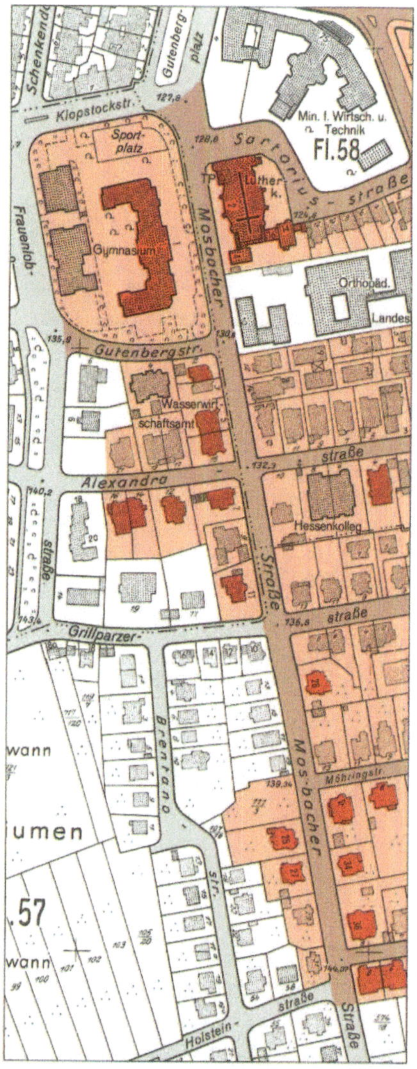

Mosbacher Straße

Um 1900 zur Erweiterung des südlichen Villengebiets angelegt. Benannt nach dem ehemals selbständigen, seit 1891 mit Biebrich vereinten Dorf.

Mosbacher Str. 1
Gutenberg-Schule
Fl. 151 Flst. 14/1

Erbaut: 1900–05 von Stadtbaumeister Felix Genzmer

Hervorragender Schulbau des bedeutenden Stadtbaumeisters Felix Genzmer, des Erbauers auch der Blücher-Schule und der kriegszerstörten Schloßplatz-Schule. Die um den weiten Schulhof gruppierte Dreiflügelanlage folgt innerhalb einer funktionsgerechten Regelmäßigkeit dem pittoresken Bildungsprinzip. Eine reiche Motivik von Risaliten, dazwischen die Baumasse auflockernde Vor- und Rücksprünge gliedern den Baukörper zu bewegter romantizistischer Vielgestalt in vorwiegend gotisierendem Stil. Malerisch zudem wirken die Baumaterialien: Rote Ziegel rahmen vielfach weiße Putz-Schmuckfelder, farbig glasierte Ziegel akzentuieren die Sohlbänke der wiederum ganz unterschiedlich geformten Fenster. In seiner durchaus liebevoll detailreichen Gestaltung wird der Bau aus dem Nachbarbereich des südlichen Villenviertels nicht als Störfaktor emp funden. Das Erscheinungs-

Gutenberg-Schule, Ansichtskarte um 1908

bild der rotweißen Architektur hat in ihrer Ausstrahlung auf den Gutenberg-Platz eine wichtige städtebauliche Funktion. Wichtig für den gewünschten malerischen Gesamteindruck ist der die Schule umgebende alte Baumbestand. Die ehemalige Volksschule – heute höhere Schule – deckte den Bedarf für die an den Kaiser-Friedrich-Ring grenzenden Wohngebiete. Sie ist auch Kulturdenkmal aus stadtbaugeschichtlichen Gründen.

Mosbacher Straße 2-4
Lutherkirche
Fl. 58 Flst. 891/73

Grundsteinlegung: 1. 11. 1908
Weihe: 8. 1. 1911
Architekt: Friedrich Pützer

Nach Ausschreibung eines engeren Wettbewerbs, an dem auch Johannes Otzen teilnahm, wird die Lutherkirche als vierte evangelische Kirche der Stadt von Friedrich Pützer aus Darmstadt gebaut. Der Bau ist gegenüber der Gutenbergschule am Eingang der Mosbacher Straße straßenparallel situiert. Der nach dem „Wiesbadener Programm" strukturierte Kirchenraum beschreibt im Grundriß ein in die Länge gezogenes Achteck; daran ist in der Vorderansicht seitlich der quadratische Hauptturm angefügt und in der Mittelachse das Gemeindehaus mit einer Vorhalle im EG. In der rückwärtigen Mittelachse schließt an den Chor die Sakristei an. Sie steht in Verbindung zu je einem Pfarrhaus an der Mosbacher und Sartoriusstraße. In der Außenansicht dominieren der mächtige Hauptturm mit hohem Schieferhelm sowie das steile Schieferwalmdach des eigentlichen Kirchenraums. Sie prägen das Stadtbild städtebaulich gezielt in der Blickachse der Oranienstraße. Doch ist die Wirkung für die gesamte Umgebung eindrucksvoll. Hervorragend ist der vielgliedrige Baukörper dem nach Osten zur Biebricher Allee abfallenden Gelände angepaßt. In der Kurve der Sartoriusstraße wurde dafür eine Terrasse vorgebaut, während in der Mosbacher Straße eine rechtwinklig zum Gemeindehaus gestellte Torhalle einen markanten Bezug zum Straßenraum herstellt. Die Torhalle ist mit steilem Satteldach gedeckt, so auch das in der Hauptansicht giebelständige Gemeindehaus und die beiden Pfarrhäuser. Unverkennbar eignen den Annexbauten Züge englischer Landhausarchitektur. Die ihr zugehörige pittoreske Qualität gewinnt der Kirchenbau auch durch die an den Übergängen eingestellten Rundtürme. Die polygonalen, verschieferten Turmhelme sind freilich in gleicher Weise streng wie die romanisierende Stilgebung im ganzen. Unverkennbar ist der Einfluß des über Darmstadt vermittelten Wiener Secessionsstils. Die Bild-

Grundriß der Lutherkirche, reproduziert nach Architektonische Rundschau 23. 1907, H. 12.

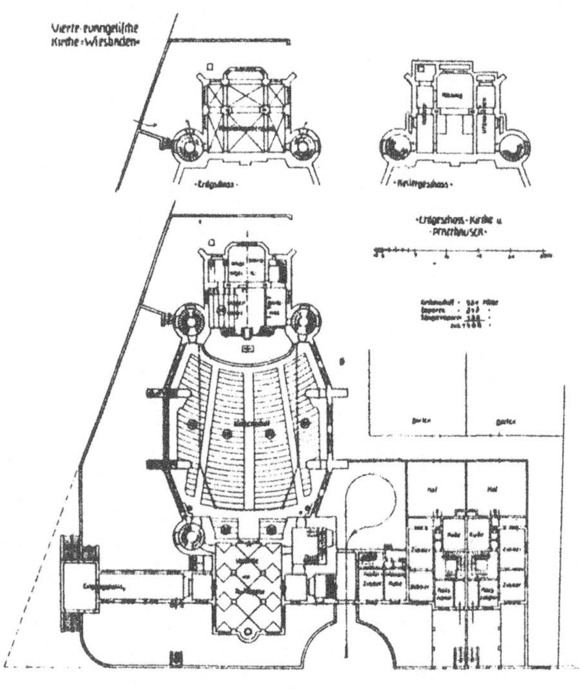

hauerarbeiten und Mosaiken in der Eingangshalle stammen von Agusto Varnesi, damals Professor für Dekorative Plastik an der TH Darmstadt, wo auch Pützer lehrte. Pützer selbst entwarf die gesamte weitere Innenausstattung einschließlich Orgelprospekt. Sie ist in vielen Teilen erhalten; die Bemalung der Deckengewölbe ist unter einem neueren Anstrich verborgen.
Auch als Werk des berühmten Architekten ist die städtebaulich und baukünstlerisch hervorragende Kirche Kulturdenkmal.

Mosbacher Str. 5/ Alexandrastr. 15
Doppelhaus
Fl. 151 Flst. 20 ; 21

S. Alexandrastr. 15.

Mosbacher Str. 7
Fl. 151 Flst. 30

Bauantrag: 19. 6. 1899
Antragsteller: Stumpf, Landgerichtsdirektor
Architekt: Franz Berger

Historistischer Villenkubus mit landhausartiger Dachzone in prominenter Ecklage. Zur Mosbacher Straße ist das Gebäude mit 2 identischen zwerchhausartigen Krüppelwalmgiebeln ausgerichtet. Die rechte Achse akzentuiert ein polygonaler Vorbau mit balustradengesäumtem Freisitz im 1. OG. Die ebenfalls 2achsige, aber tiefere Fassade zur Alexandrastraße bildet als markantes Merkmal ein breiteres Zwerchhaus, ebenfalls mit Krüppelwalm, aus. Zur Rückseite ist ein hölzerner Ve randavorbau angefügt, der mit den Holzteilen des Daches (Ortgang, Konsolen) harmoniert. Die historisierenden Schmuckformen in Fensterrahmungen, Brüstungen etc. gehen eklektizistisch auf verschiedene zeitlich voneinander entfernte Stile zurück. Ihre Anwendung erfolgte mit einiger Zurückhaltung, so daß im ganzen ein großzügiges, vornehmes Erscheinungsbild von bereichsprägender Wirkung entsteht. Sehr schlicht ist die Einfriedung mit einfachem Spießgitter.
Kulturdenkmal aus künstlerischen und städtebaulichen Gründen.

Mosbacher Str. 11
Fl. 151 Flst. 32/1

Bauantrag: 16. 3. 1922
Antragsteller: Hummel, Direktor
Architekt: Kurt Hoppe

Großbürgerliche Villa der 20er Jahre, die in ihrer konservativen Haltung in der Tradition der letzten neoklassizistischen Historismusphase steht. Der Entwurf des $2^1/_2$geschossigen Gebäudes reflektiert die prominente Ecklage durch Ausbildung zweier repräsentativer Ansichten. Zur Mosbacher Straße

mit halbrundem, exedraartigem Vorbau, zur Grillparzerstraße mit terrassenartigem Freisitz auf antikisierenden Säulen für das 1. OG über großer Veranda, beide in weiter Bogenform mit seitlichen Mauerwangen. In der Gliederung des Gebäudes ist die Axialität bei mehrteiligen Fenstern eingehalten, wobei durchlaufende Gesimse als Fortsetzung der Sohlbank im 1. OG die Waagrechte markieren. Auf Ornamentik wurde ganz verzichtet. Die Wände sind mit einem rauhen Putz versehen, der Sockel damit harmonierend in Bruchstein gestaltet. Modern ist neben zitierter Schlichtheit der Gestaltungsmittel die relative Ebenerdigkeit des Gebäudes mit unmittelbarem Zugang zum Garten.
Kulturdenkmal aus künstlerischen und stadtbaugeschichtlichen Gründen.

Mosbacher Str. 25
Fl. 57 Flst. 111/8

Bauantrag: 19. 10. 1911
Antragsteller: Julius Morian
Architekt: Heinrich Dörr

Kleinerer neoklassizistischer Villenkubus mit pittoresker Fassadenbildung. Die zum Straßenraum orientierte Hauptansicht vereint die unterschiedlichsten Motive in asymmetrischer Anordnung. Einprägsam ist das Zwerchhaus im Schiefermansarddach mit 2 von hohen Dreiecksgiebeln bekrönten Loggien. Noch in den weiten Dachüberstand integriert bleibt der polygonale Vorbau der rechten Hauptachse. Seine Fenstertüren öffnen sich im EG auf eine Terrasse, die an den tiefen rechteckigen Verandavorbau der linken Achse anschließt. Die Verandafenster zeigen neben den originalen klassizisierenden Pfosten noch die wertvollen Ziergläser der mit Rhombenmotiv versproßten Oberlichter. Die z. T. stukkierte, z. T. präfabrizierte Ornamentik des Gebäudes ist an den Louis-Seize-Stil angelehnt. Gut erhalten ist das secessionistische Einfriedungsgitter mit Tor, das zum seitlichen Eingangsportikus führt.
Kulturdenkmal aus künstlerischen Gründen.

Mosbacher Str. 26
Fl. 57 Flst. 530/8

Bauantrag: 10. 1. 1910
Antragsteller: Eugen Buderus, Rentner
Architekt: Alfred Schellenberg

Mit der Tendenz zur Reduktion und Abstraktion historischer Formen der Secession nahestehender Villenbau. Zur spezifischen Gestaltung gehört die porzellanglatte Flächigkeit der Wände, wobei die graphisch wirkenden, flachen Gliederungselemente mehrfach in der Negativform erscheinen. Die Anlage des Gebäudes hält am beliebten asymmetrischen Modus fest: ein seitlicher Risalit mit Frontispiz, die seitliche Achse hier mit polygonalem Vorbau. Insgesamt ist die Axialität im Sinne des neoklassizistischen Zeitstils konsequent durchgehalten. Die durchgängige Betonung der Vertikalen findet auch in Details wie der senkrechten Versprossung der Oberlichter ihre Fortsetzung. Stilistisch der Villa adäquat ist das individuelle Einfriedungsgitter nebst Tor.
Kulturdenkmal aus künstlerischen Gründen.

Mosbacher Str. 27
Fl. 57 Flst. 111/1

Bauantrag: 29. 2. 1912
Antragsteller: Karl Vietor
Architekt: Alfred Schellenberg

Villenkubus der vom Neoklassizismus geprägten letzten Historismusphase. Die repräsentative, zum Straßenraum orientierte Schauseite verwendet reichlich Dekormotive des Rokoko in guter Stuckarbeit. Namentlich im Risalitgiebel, der als strenges Halbrund in sprechendem Gegensatz zu der mehr organischen Form des Mansarddaches steht, konzentrieren sich die Ziermotive über rundbogiger Dreifenstergruppe. Der die Fassade vor allem akzentuierende Mittelrisalit zeichnet sich durch den vor kolossalen Pilastern sitzenden Veranda- bzw. Balkonvorbau aus. Im EG mit Balustrade über alle 3 Achsen geführt, nimmt der obere Freisitz nurmehr die Mittelachse ein. Ein besonders kunstvolles, diademförmig gebogenes Schmiedeeisengitter verleiht einen exquisiten Akzent. Die modernere Tendenz am Bau bezeichnen u. a. die zu den Langseiten vermittelnden Runderker auf den Seiten des EG. Kulturdenkmal aus künstlerischen Gründen.

Mosbacher Str. 34
Fl. 57 Flst. 11/16

Bauantrag: 13. 4. 1910
Antragsteller: Alfred Schellenberg, Architekt
Architekt: ders.

Besonders formdichte Villa im englischen Landhausstil. Die ausdrucksvolle Materialwirkung beruht auf reicher Verwendung von Haustein vor

glatten Putzflächen, dazu Holz und Schiefer. Charakteristisch für den Entwurf ist die den ausgebogten Risalit der Straßenfront überhöhende Dachlaube (heute zugesetzt), zwerchhausartig mit Krüppelwalmverdachung unter reichlicher Verwendung von Holz. Bemerkenswert ist der latente Historismus in den verschiedensten Motiven (Eckloggia im 1. OG, Korbgitter des Balkons ebenda, gekuppelte Rundbogenfenster im Risalit). In der Einfriedung mischen sich secessionistische Züge (Pfosten vor allem) mit altertümelnden Merkmalen (geflammte Eisenspieße bei Gitter u. a.) zu in gleicher Weise das Alte bewahren wollender Form.
Die in ihren Details wie im ganzen wohlerhaltene Villa ist Kulturdenkmal aus künstlerischen Gründen.

Mosbacher Str. 36
Fl. 57 Flst. 531/14

Bauantrag: 3. 6. 1909
Antragsteller: August Beckel
Architekt: Heinrich Dörr

Großvolumige Mietetagenvilla des späten Historismus. Für den Modus ist die Anlehnung an das Louis-Seize im Rahmen des die Epoche kennzeichnenden Neoklassizismus charakteristisch. Gegenüber der sparsamen Ornamentik dominiert die architektonische Gliederung, namentlich der Pilaster im 1. und 2. OG vor glatter Wandfläche. Die Anlage ist unregelmäßig, wobei die verschiedenen malerischen Motive – Risalit, Eckturm, Vorbau, Erker – nicht im Sinne des älteren Historismus additiv konzipiert sind, sondern dem kubischen Baukörper weitgehend integriert sind. Der prominenten Ecklage wird der ausdrucksvolle Entwurf voll gerecht. Die Hauptansichten markieren Risalite, während in der Blickachse der Carl-Schuricht-Straße die turmartige Eckgestaltung dominiert. Die gut erhaltene Villa ist mit ihren qualitätvollen Balkongeländern sowie dem dekorativen Einfriedungsgitter überkommen. Kulturdenkmal aus künstlerischen und städtebaulichen Gründen.

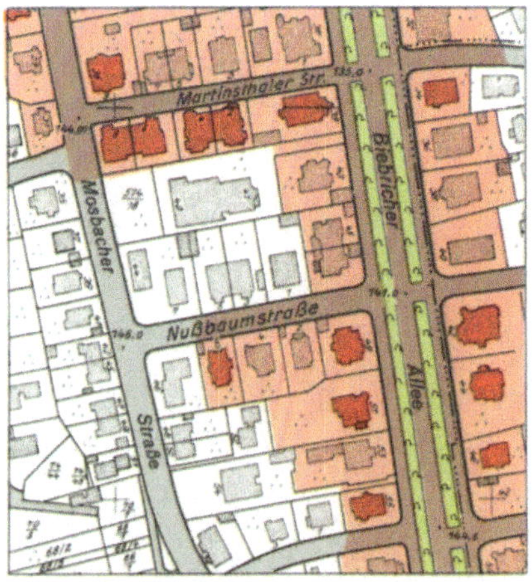

Nußbaumstraße

1906 zur Erweiterung des südlichen Villengebiets angelegt. Benannt nach dem Distrikt.

Nußbaumstr. 6

Fl. 57 Flst. 484/26

Bauantrag: 27. 4. 1910
Antragsteller: Eduard Didion, Architekt
Architekt: ders.

Musterbeispiel einer neoklassizistischen Villa in Anlehnung an das Louis-Seize. Von formaler Geschlossenheit und Dichte ist die Fassadengestaltung: Über hohem Sockel tragen kolossale ionische Säulenpaare das Gebälk, darüber vorkragend ein ausgeschweifter Segmentgiebel. Die beiden dreiteiligen Achsen der beiden Hauptgeschosse treten jeweils in flacher Bogenform vor. Besonders reizvoll und stilecht sind die antikisierenden Brüstungsreliefs im 1. OG mit tanzenden Mänaden und Faunen, ein präfabriziertes Reliefmotiv, das auch an den neoklassizistischen Villen Biebricher Allee 40 und Theodorenstr. 8 (vgl.) auftritt. Außerordentlich feine kunsthandwerkliche Arbeiten sind die klassizisierenden Balkongeländer vor den Fenstertüren im EG und des Giebels. Das Einfriedungsgitter dagegen ist im Stil strenger secessionistisch. Die Villa wahrt in sehr gutem Erhaltungszustand ihre wertvolle Innenausstattung.
Kulturdenkmal aus künstlerischen Gründen. Lit.: Die Architektur des XX. Jahrhunderts, 14. 1914.

Grundriß reproduziert nach Architektur des XX. Jahrhunderts 14. 1914.

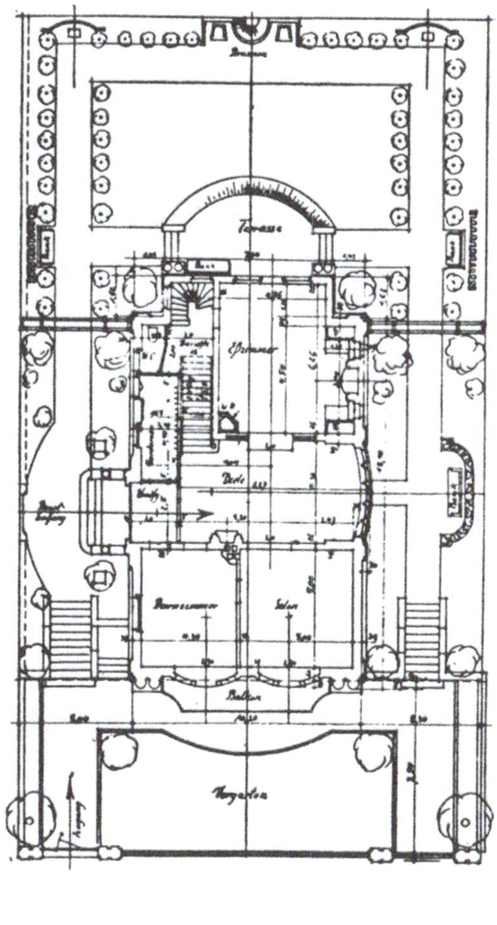

Sartoriusstraße

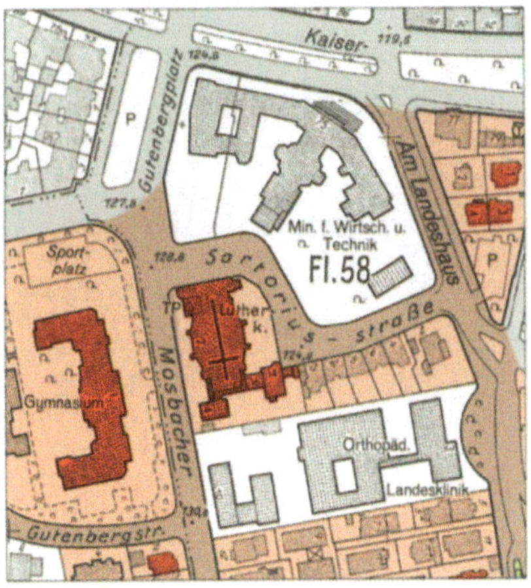

1907 eröffnet. Benannt nach Otto Sartorius, Landeshauptmann, Vorsitzender der Landwirtschaftskammer und Präsident des Vereins der Nassauischen Land- und Forstwirte (geb. 1832 in Biebrich, gest. 1911 in Wiesbaden).

Sartoriusstr. 14

Fl. 58 Flst. 891/73

Zur Lutherkirche gehörendes Pfarrhaus. S. Mosbacher Str. 2–4, Lutherkirche.

Gesamtanlage XII: Südfriedhof

Schwarzenbergstraße

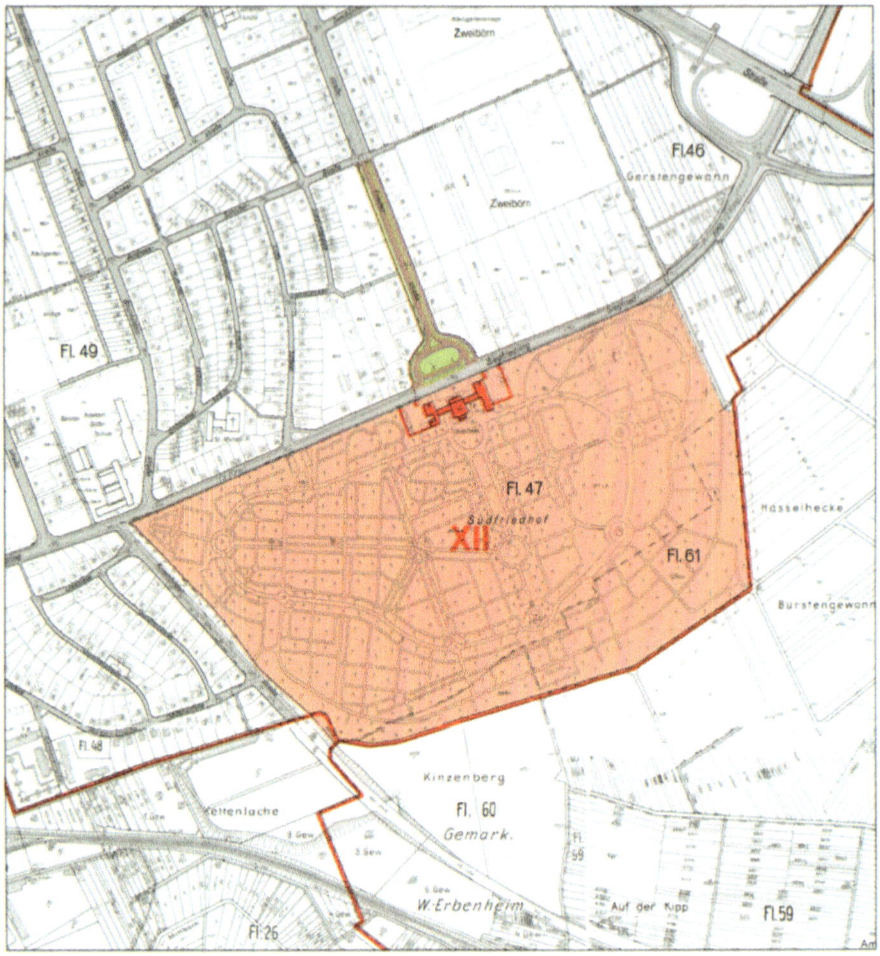

Gesamtanlage XII/Südfriedhof M 1:10000

Zur Geschichte

Der Südfriedhof entstand 1908–09 als zweiter städtischer Hauptfriedhof nach dem Nordfriedhof (1877 eröffnet). Die Planung beinhaltete von Anbeginn den Bau eines Krematoriums, das als Mittelpavillon der symmetrischen Gebäudegruppe am Friedhofseingang ausgeführt wurde. Als eine der ersten Feuerbestattungsanlagen Preußens konnte dieser Bau jedoch nicht vor Dezember 1912 seiner Bestimmung übergeben werden. Erst im September 1911 trat das preußische Gesetz zur Feuerbestattung in Kraft, das die Voraussetzung zum Einbau der notwendigen betrieblichen Anlagen in dem sonst fertiggestellten Gebäude bot. Seit seiner Gründung 1892 suchte der „Verein für Feuerbestattungen in Wiesbaden" die Feuerbestattung gegen alle öffentlichen und persönlichen Widerstände durchzusetzen. Das schon 1902 in Mainz errichtete Krematorium entstand auch mit seiner Unterstützung, um Wiesbadener Bürgern die Einäscherung zu ermöglichen. Am Zustandekommen der in Preußen noch fehlenden Gesetzesgrundlage war der Wiesbadener Verein insofern beteiligt, als er den Trägerverein des Hagener Krematoriums, der eine Grundsatzklage gegen die preußische Verwaltung führte, nach besten Kräften unterstützte.

Planung und Bau des Südfriedhofs lagen zuerst bei Gartenbauinspektor Zeininger. Nach dessen Ausscheiden übernahm 1908 der Stadt-Gartendirektor Johannes Berthold die Aufgabe. Die Friedhofsbauten schuf als eigenverantwortlicher Architekt im städtischen Hochbauamt August O. Pauly. Mit ihm arbeiteten die Architekten H. Döring, A. Diehl (Innenausstattung des Krematoriums), B. Engels und H. Trum.

Topographische Situation

Der Friedhof liegt im südlichen Weichbild der Stadt an der Gemarkungsgrenze von Erbenheim. Das Gebiet wird durch den Verlauf der Radialwege Frankfurter Straße und Mainzer Straße eingegrenzt. Im Gegensatz zum Norden der Stadt (s. Nordfriedhof) ist es nicht bewaldet. Noch heute ist das annähernd trapezförmige Gräberfeld an der südöstlichen und nordöstlichen Grenze von Ackerland umgeben, während im Nordwesten und Südwesten das ehemalige Ackerland inzwischen bebaut ist – meist mit kleinen Wohnhäusern. Im Südwesten begrenzt die Kriemhildenstraße und an der nordwestlichen Lang- und Eingangsseite die Siegfriedstraße die Anlage. Die Siegfriedstraße (heute zu einem Abschnitt des 2. Rings ausgebaut) ging aus einem ehemaligen Feldweg

Luftaufnahme der Gesamtanlage XII/Südfriedhof

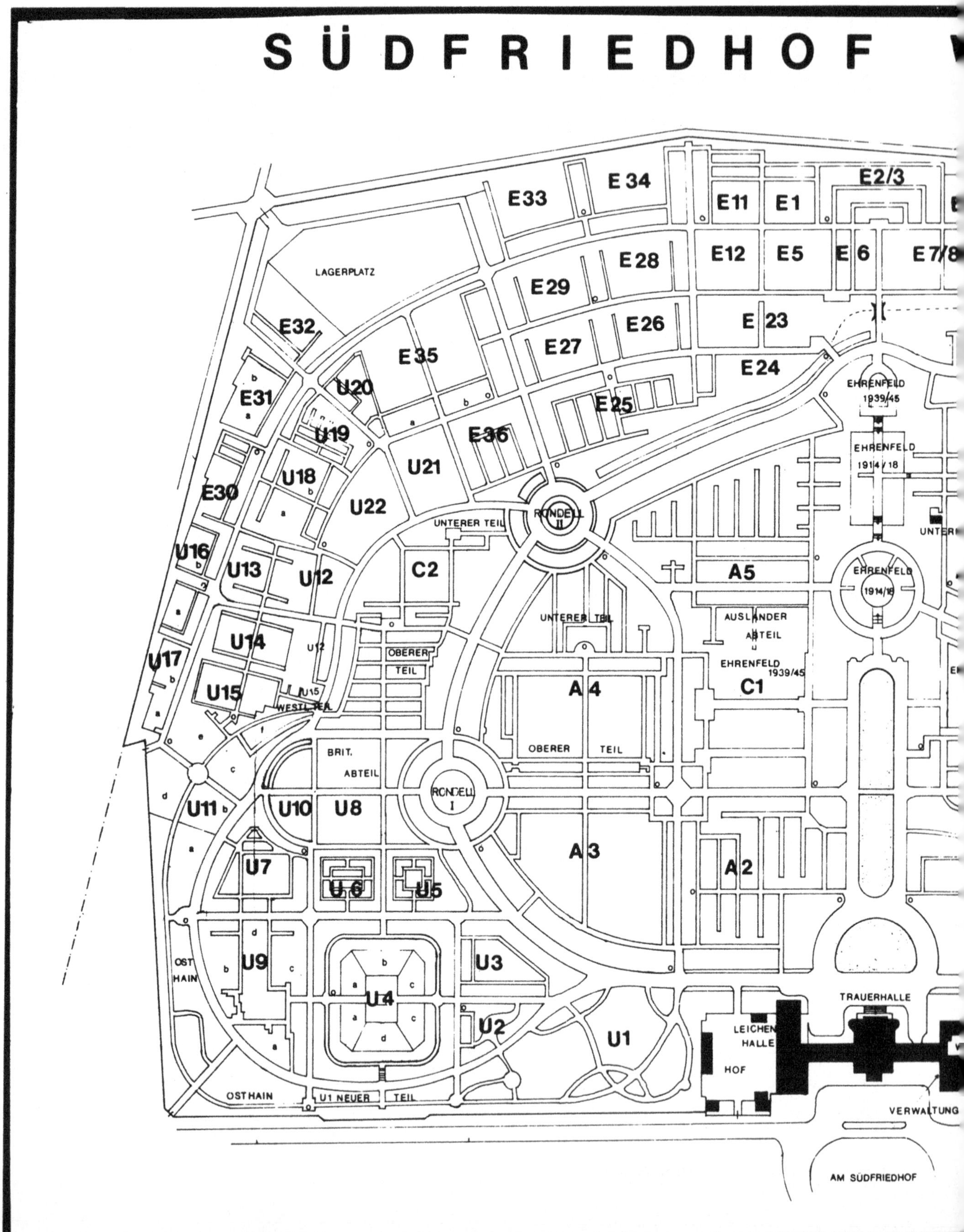

Übersichtsplan vom Südfriedhof, Fortschreibung des Originalplans, Stand ca. 1965, ohne Maßstab verkleinert

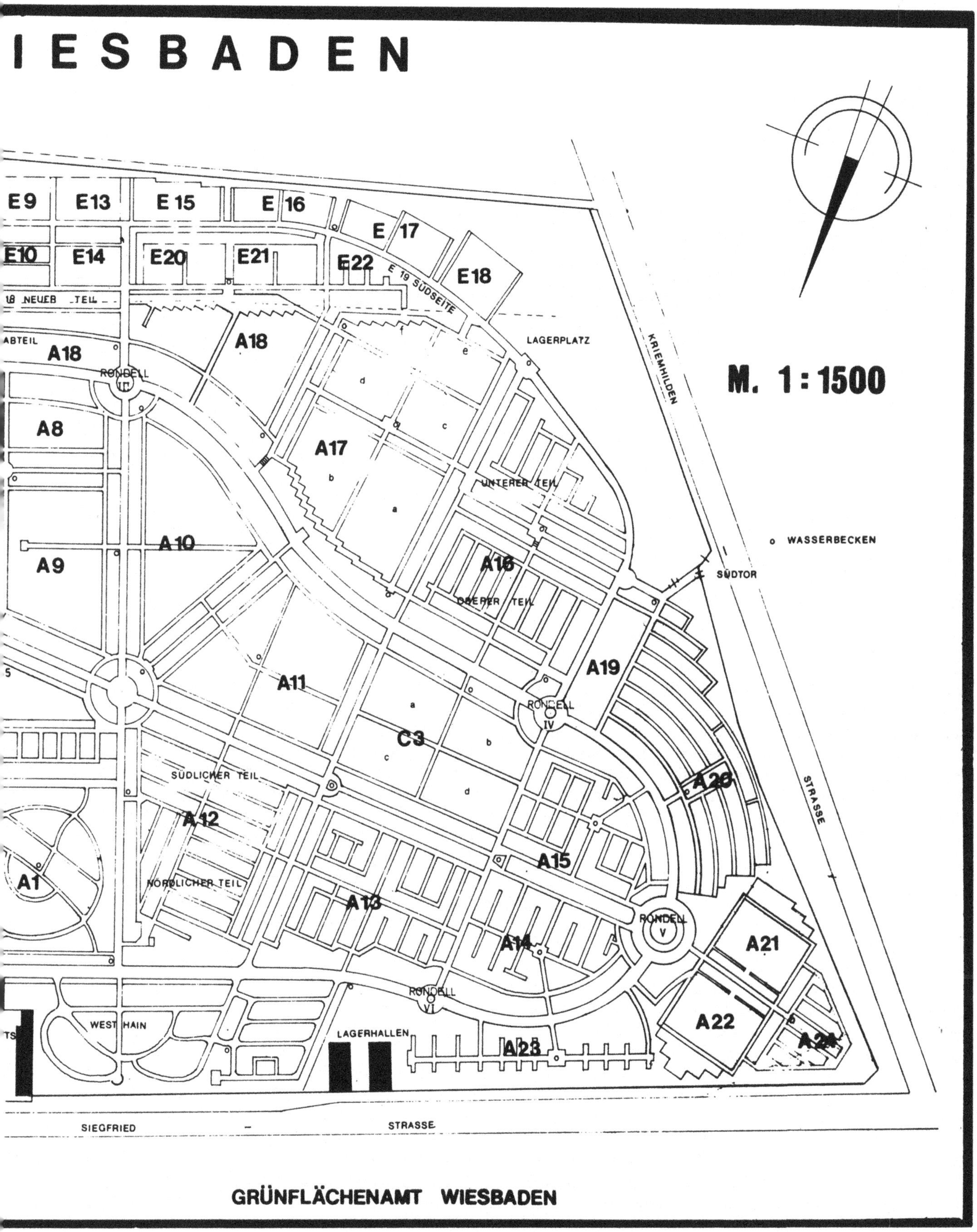
IESBADEN
M. 1:1500
E9
E13
E 15
E 16
E 17
E10
E14
E20
E21
E22
E 19 SÜDSEITE
E18
18 NEUER TEIL
ABTEIL
A18
A18
LAGERPLATZ
KRIEMHILDEN
RONDELL III
A8
A17
UNTERER TEIL
A10
A9
A16
OBERER TEIL
WASSERBECKEN
SÜDTOR
A19
A11
RONDELL IV
C3
SÜDLICHER TEIL
A20
STRASSE
A12
A15
A1
NÖRDLICHER TEIL
A13
RONDELL V
A14
A21
RONDELL VI
WEST HAIN
LAGERHALLEN
A23
A22
A24
SIEGFRIED - STRASSE
GRÜNFLÄCHENAMT WIESBADEN

Die Friedhofsanlage in der Blickachse der Friedenstraße

hervor. Anders die heute an der Siegfriedstraße abgeschnittene Kriemhildenstraße, die beim Bau des Friedhofs bereits bestand. Die Hanglage des Friedhofsgeländes – der Südfriedhof liegt auf einem weiten Hangrücken, der vom Bahnhofsgelände Richtung Osten zum Hainer Berg hin ansteigt und sich gleichzeitig Richtung Süden allmählich senkt – fand in der Schaffung von Blickachsen, namentlich gegen die Rheinebene, im Gestaltungskonzept Berücksichtigung.

Das Gräberfeld

Die auf die Gebäudemitte zuführende Straßenachse findet wie bei idealen Barockanlagen ihre Verlängerung in der breiten Hauptachse des parkmäßig angelegten Gräberfeldes. Seine heutige Ausdehnung und die als Trapez charakterisierte Flächengestalt erreichte es durch sukzessive Erweiterungen vor allem in südlicher Richtung. Nur wenig verlängert wurde dabei die Langseite, die der Siegfriedstraße (jetzt Siegfriedring) parallel läuft. Der beschriebene Gebäudekomplex befand sich auch anfangs nicht in deren Mitte.

Die Trauerhalle öffnet sich gegenüber dem Katafalk über einen Portikus mit Freitreppe nach außen unmittelbar auf die Hauptachse. Im ersten Abschnitt von Lebensbäume symbolisierenden Thuja-Säulen gesäumt, erscheint sie in diesem Augenblick wie ein Prozessionsweg zum großen hölzernen Hochkreuz an ihrem Ende. Tatsächlich ist die Idee barocken Gartenanlagen entlehnt. Den Auftakt bildet ein Parterre, das die trichterförmige Mündung der Friedenstraße reflektiert. Dem Kanal einer barocken Gartenanlage vergleichbar, schließt ein breiter (16 m) Rasenstreifen an, der beidseitig von Wegen begleitet wird. Zusammengeführt münden die Wege in ein Rondell, das, tumulusartig gestaltet, zum Ehrenfeld der Kriegsgefallenen des 1. Weltkriegs umgewandelt wurde. Es folgt auf terrassiert abfallendem Gelände ein zweites, längsrechteckiges Ehrenfeld für Gefallene des 1. Weltkrieges. Ein ehemals abschließendes Rondell wurde zu einem hufeisenförmigen Ehrenfeld für Gefallene des 2. Weltkrieges umgestaltet. Die Hauptachse berührt hier den großen 10 m breiten Ringweg. Sein Verlauf ist organisch unregelmäßig; Schwerpunkte bilden sechs, die großen Wegkreuzungen markierende Rondelle. Im Osten kreuzt den Ringweg ein kleinerer, ebenfalls kurvig verlaufender Rundweg. Ein weiterer Annex schließt mit einem bogenförmigen Weg (heute etwas verändert) im Südwesten an. Mit den unmittelbar daran angrenzenden Abteilen bezeichnen die genannten Wege den Umfang der Entstehungszeit (vgl. Grundplan).

Zu den frühesten Änderungen (zw. 1908 und 1912) des Gräberfeldes gehört die Einrichtung einer gesonderten Urnenbegräbnisstätte, wofür das Gebiet östlich des großen Ringweges reserviert wurde. Besonders reizvoll und gut erhalten ist der sogenannte „östliche Urnenhain“, der ursprünglich für Erdbestattungen eingerichtet war und dadurch großzügige Begräbnisstätten bietet. Die Gestaltung ist hier wie auch im Westhain dem Landschaftsparkgedanken, der das Gesamtkonzept bestimmt, am nächsten. Die latent rationale Planungsstruktur – eine geometrische Wegeführung innerhalb des Hauptringweges zur Schaffung meist rechtwinkliger Abteile – findet ihre künstlerische Überhöhung in der Formgebung der Hauptachse, die den Todesgedanken atmosphärisch nachhaltig vermittelt.

Blick durch die Mittelachse des Gräberfeldes auf das Krematorium als Mittelpunkt der Friedhofsgebäude und Blick in umgekehrter Richtung

Ehrenfeld für Gefallene des 1. Weltkriegs

Die Grabmäler

Der Südfriedhof vereint eine Vielzahl historischer Grabmäler, die aus künstlerischen Gründen oder wegen der geschichtlichen Bedeutung der Bestatteten auch als Ehrengräber schutzwürdig sind. Eine durchschnittlich gute Qualität zeigen die Grabmäler der 20er und 30er Jahre. Besonders repräsentative Erdbegräbnisstätten befinden sich entlang dem großen Ringweg, an den Rondellen und bevorzugt in den durch die Thuja-Säulen gebildeten Nischen der Hauptachse. Die Abteile östlich des Ringweges blieben mit dem östlichen Urnenhain frühzeitig der Feuerbestattung vorbehalten. Gerade in dem durch seine malerische Anlage bemerkenswerten östlichen Urnenhain ist die Entwicklung des Urnengrabmals von der Einrichtung des Krematoriums (1912) bis in neuere Zeit gut ablesbar. Die großzügige Form der Grabstätten resultiert hier vermutlich aus der eigentlich für Erdbestattungen konzipierten Gliederung. Grundsätzlich sind die Abteile für Urnenbestattungen zunehmend streng rationalisiert, wobei im Gegensatz zu den älteren Anlagen heute auf eine künstlerische Gesamtgestaltung der jeweiligen Abteile weitgehend verzichtet wird.

Die Erfassung im Rahmen der Denkmaltopographie begreift den Friedhof als kulturgeschichtliches Ganzes. Nur einzelne Grabmäler können hier herausgestellt werden. Die systematische Erfassung der Abteile muß gesondert vorgenommen werden.

Städtebaulicher Zusammenhang

Die Friedhofsanlage mit annähernd trapezförmigem Gräberfeld und einer zusammenhängenden Gebäudegruppe in der idealen Mitte der langen Eingangsseite steht in einem größeren städtebaulichen Zusammenhang. Nach dem Muster barocker Idealanlagen führt eine von der Frankfurter Straße abzweigende Straßenachse – die als Allee angelegte Friedenstraße – schnurgerade auf die Mitte der wie eine barocke Dreiflügelanlage erscheinenden symmetrischen Gruppe der Friedhofsgebäude zu. In ihrer Mündung weitet sich die Friedenstraße halbkreisförmig zu einer Art erweitertem Ehrenhof in Form eines gärtnerisch gestalteten Platzes. An barocke Schloß- und Gartenanlagen erinnernd, setzt sich die Achse der auf die Gebäude treffenden Friedenstraße als breite Hauptachse des Gräberfeldes fort.

Urnengrabmäler im nordöstlichen Urnenhain

Grabmäler (Erdbestattung und Urnengrabmäler) im Nordosten

Grabmäler entlang dem großen Ringweg (Südosten)

Grabmal der Familie Bylund, um 1935.

Grabmal der Familie Engelhorn, um 1915

Grabmal der Eheleute Pommer, um 1925

Die Friedhofsgebäude/Sachgesamtheit
Fl. 47 Flst. 4/1

Sämtliche Gebäude sind zu einer zusammenhängenden Gruppe an der nordwestlichen Eingangsseite vereinigt. Breit hingelagert schließen sie den Friedhof gegenüber der Außenwelt ab. Zentrum der symmetrisch gruppierten Anlage ist das Krematorium mit großer Trauerhalle, die auch den Feierlichkeiten für Erdbestattungen dient. An diesen Mittelbau schließen beidseitig Bogengänge an (der rechte als offener Durchgang, der linke als verglaste Halle), die ihn mit je einem pavillonartigen Seitenflügel – rechts die Verwalterwohnung mit Wirtschaftstrakt, links die Leichenhalle etc. – verbinden. An die beiden Flügel schließen sich jeweils mauerumschlossene Höfe an und daran, seitlich zur Straße gerückt, je zwei kleine Vorbauten mit Läden für Gräberschmuck.
Wie hier drei große pavillonartige Gebäude durch Galerien zu einer symmetrischen Anlage verbunden werden, wobei die äußeren Bauten als Flügel vortreten, erinnert an die Gartenansicht des Biebricher Schlosses, das Pauly zweifellos gekannt hat. Ein feudaler Anspruch wird jedoch durch die schlichte spätbarocke Stilgebung wie auch durch die eher bürgerlichen Wohnhäusern um 1800 entlehnte Dimension und Gestaltung der eineinhalbgeschossigen Seitenbauten zurückgenommen. So war von den städtischen Gremien für die architektonische Gestaltung auch „ein nicht ausgesprochen kirchliches, sondern mehr bürgerliches Gepräge“ vorgeschrieben worden. Selbst das Krematorium, für das es keinen verbindlichen Typus gab, macht kaum eine Ausnahme. Zwar ist es größer und höher und vermittelt ein archaisierender Portikus und darüberliegendem Thermenfenster in der Front eine gewisse sakrale Weihe, doch wird es im übrigen von einem fast ländlich anmutenden Mansarddach mit Dachreiter beherrscht. Die gartenseitige Ansicht wird von niedrigen überwalmten Annexen flankiert. Im Gegensatz zum Portikus der Außenfront, der nur seitliche Türen aufweist, führen hier ein Mittelportal und zwei seitliche Türen über Portikus und Freitreppe in das parkartige Gräberfeld. Beide Vorhallen sind – wie auch die Strukturglieder der gesamten Anlage – in Muschelkalk verblendet oder ausgeführt. Die Flächen dazwischen sind geputzt. Der Sockel besteht aus hessischem Grünstein.

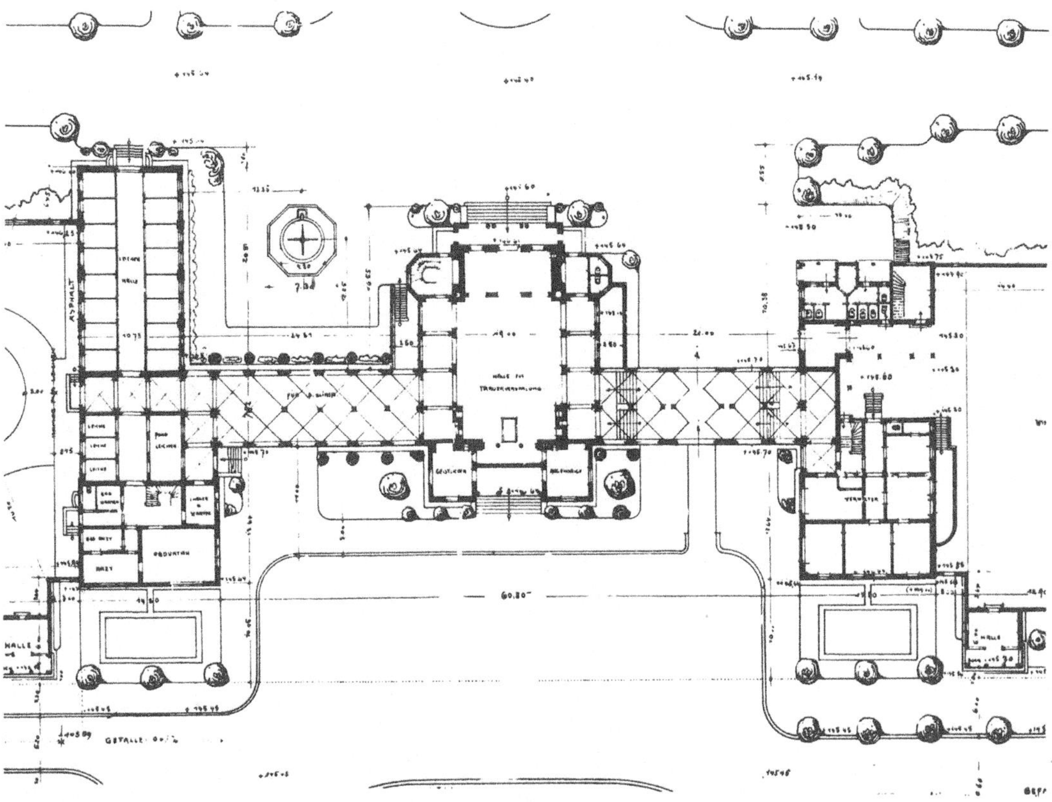

Grundriß der Friedhofsgebäude, reproduziert nach Neues Bauen in Wiesbaden 1900–1914, Ausstellungskatalog 1984.

Besondere Sorgfalt wurde auf die künstlerische Ausstattung des Krematoriums verwandt. Den äußeren Portikus schmücken Reliefs von dem Wiesbadener Bildhauer Carl W. Bierbrauer, als Supraporten über den seitlich angeordneten Eingängen zu den Räumen der flankierenden Vorbauten (der eine für Angehörige des Verstorbenen, der andere für Geistliche) und als Fries in gleicher Höhe an der Stirnwand. Der ikonographisch interessante Fries zeigt einen zur Mitte wallenden Trauerzug. In der vertieft in einer gerahmten Nische angeordneten Mittelachse erscheinen zwei weibliche Figuren, vermutlich Priesterinnen, zu Seiten eines auf Stufen erhöht aufgestellten Sarges, dahinter als Strahlenkranz um einen Halbkreis das Symbol der flammenden Sonne. Stilistisch sind die Darstellungen an spätarchaischer Plastik, z. T. unmittelbar an Grabreliefs orientiert.

Besonders aufwendig ist die Ausstattung der an frühchristliche Kirchenräume (Ravenna/San Vitale z. B.) erinnernden Trauerhalle im Inneren: ein dreischiffiger Raum, dessen Hauptschiff bei einer quadratischen Mitte mit halbkugelförmiger Kuppel zwei tiefe (Längsrichtung) und zwei flache (Querrichtung) tonnengewölbte Kreuzarme ausbildet. In ihrer morbiden Farbstimmung und geometrisierten Formensprache ist die Ausstattung ganz dem Jugendstil verpflichtet. Kennzeichnend ist die Geschlossenheit des Dekorationssystems, die im Sinne des Gesamtkunstwerks die Raumhülle sowie jeden Einzelgegenstand in die künstlerische Gestaltung miteinbezieht. Die über einer 4 m hohen Marmorverkleidung als Fries und in den Kuppelpendentifs ausgeführten Wandmalereien von Hans Völcker beziehen sich inhaltlich auf das in der Südostempore zu lesende Motto: „Ein Geschlecht vergeht, das andere kommt/Die Erde aber bleibet ewiglich.“ Der ikonographische Symbolismus der Malerei wird durch ornamentale Motive ergänzt, die zusammen mit rein schmückender Ornamentik (angeblich von W. Ohly aus Frankfurt ausgeführt) den gesamten Raum überziehen. Dabei wirken die verschiedensten Materialien zusammen: Marmor (zum Teil inkrustiert), Glas, Bronze ...

Im nordwestlichen Kreuzarm befindet sich der Katafalk, der bei Feuerbestattungen im Anschluß an die Feierlichkeiten abgesenkt wird. In zwei Untergeschossen sind die Verbrennungsanlagen untergebracht. Die Räume vor den Verbrennungsöfen haben eine schwarzweiße Wandgliederung nach Art antiker Orthostaten. Die Lampen sind in Ampelform gestaltet.

Der Gebäudekomplex ist innerhalb der Gesamtanlage als Sachgesamtheit Kulturdenkmal.

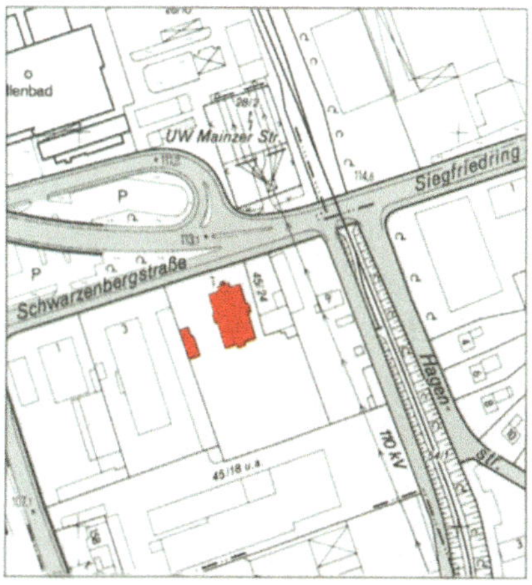

Schwarzenbergstraße

1910 aus einem Feldweg hervorgegangen. Benannt nach dem Distrikt.

Schwarzenbergstr. 7
Ehemals Armenarbeitshaus
Fl. 48 Flst. 45/26

Erbaut: 1896/97 von Stadtbaumeister Felix Genzmer

Das große 3½geschossige Gebäude mit Landhauscharakter wurde als städtisches Armenarbeitshaus errichtet. Der Standort nahe der Mainzer Straße in der südlichen Peripherie der Stadt gehört zum Bearbeitungsgebiet. Er grenzt an die Gemarkung Biebrich, das sich um die Jahrhundertwende zu einer bedeutenden Industriestadt entwickelt hat. Die nach dem Muster der englischen „workhouses" betriebenen Armen-Arbeitshäuser boten Mittellosen Arbeit und Unterkunft gegen Unterstützung aus öffentlichen Mitteln. Auch wurden bei Ausfall des Ernährers oder Obdachlosigkeit Familien aufgenommen. Eine zweite Gruppe bildeten die sogenannten Arbeitsscheuen, die hier „Zucht und Ordnung" lernen sollten.
Genzmer erläutert sein Projekt in der Süddeutschen Bauzeitung (5. 5. 1900) vor allem in bezug auf Struktur und Funktion. Eine in der Länge durchgehende Mittelmauer teilt den längsrechteckigen Baukörper in die östliche Männerabteilung und die gleichgroße westliche Frauenabteilung mit jeweils separaten Höfen. Schmale Risalite auf den Langseiten nehmen den jeweiligen Eingang auf. Der Haupteingang mit Zugang zu den allgemeinen Einrichtungen liegt über einer Freitreppe in einem großen Risalit auf der Nordseite. Die Risalite haben chinoise aufgebogene Krüppelwalmverdachungen mit hölzernen Konsolen. Malerisch heben sie sich von dem großen, in der Höhe gestaffelten Krüppelwalmdach des Hauptbaukörpers ab. In einem kurzen Abschnitt über die ästhetische Gestaltung des Bauwerks legt Genzmer großen Wert auf das malerische Zusammenwirken der Farben: Über einem Sockel aus Sonnenberger Bruchstein und einem mit roten Ziegeln verblendeten EG sind die Wände

weiß geputzt; die architektonischen Glieder bestehen aus roten Ziegeln; letztere bilden die Eckverzahnungen und Rahmung der durchweg mit Stichbögen versehenen weiten Fenster. Das Dach decken rote und schwarze Falzziegel. Die Behandlung des Holzwerks ist mit „braunen und grünen Tönen" angegeben. Das gleiche gilt für die beiden kleinen Nebengebäude, die, je eines pro Hof, unmittelbar an der Grundstücksgrenze stehen. Sie nehmen u. a. einen Geräteraum, einen zum Hof offenen Arbeitsraum und Aborte auf. Auf der Westseite ist das Nebengebäude erhalten.

Genzmer bezeichnet seinen Entwurf als „durchaus einfach". Aus heutiger Sicht erscheint die ansprechende malerische Gestaltung im Widerspruch zur Bestimmung des Gebäudes, während im 19. Jahrhundert das künstlerisch Schöne auch als Erziehungsmittel begriffen wurde, ein Aspekt, der für Genzmer noch selbstverständlich gewesen sein dürfte.

Das Arbeitshaus mit Nebengebäude ist Kulturdenkmal aus sozialgeschichtlichen Gründen in Verbindung mit der Stadtgeschichte. Hinzu kommt die sehr gute baukünstlerische Qualität als Entwurf des namhaften Felix Genzmer.

Grundriß des Armenarbeitshauses mit Nebengebäuden, reproduziert nach Süddeutsche Bauzeitung 5. 5. 1900.

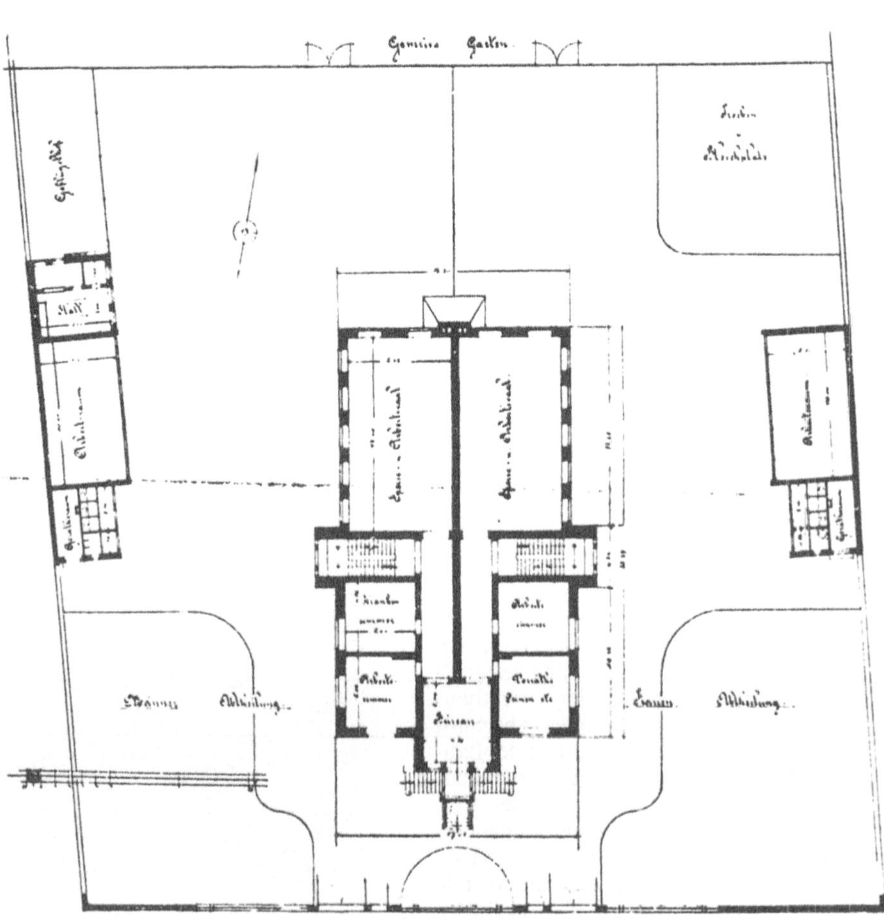

Abbg. 3. Erdgeschoss.

Kulturdenkmäler in Außenbereichen der Gemarkung Innenstadt

Klarenthal

Ehemaliges Klarissenkloster
Gefallenen-Ehrenmal

Fasanerie

Ehemaliges Jagdschloß
Neues Schützenhaus

Klosterbruch

Schläferskopfstollen

Schläferskopf

Kaiser-Wilhelm II.-Gedächtnisturm

Hinteres Nerotal

Carl-Koch-Denkmal
Leichtweißhöhle

Münzberg

Münzbergstollen

Adamstal

Waldhäuschen
Fischzucht

Platte

Ruine Jagdschloß Platte
„Alter Gasthof"

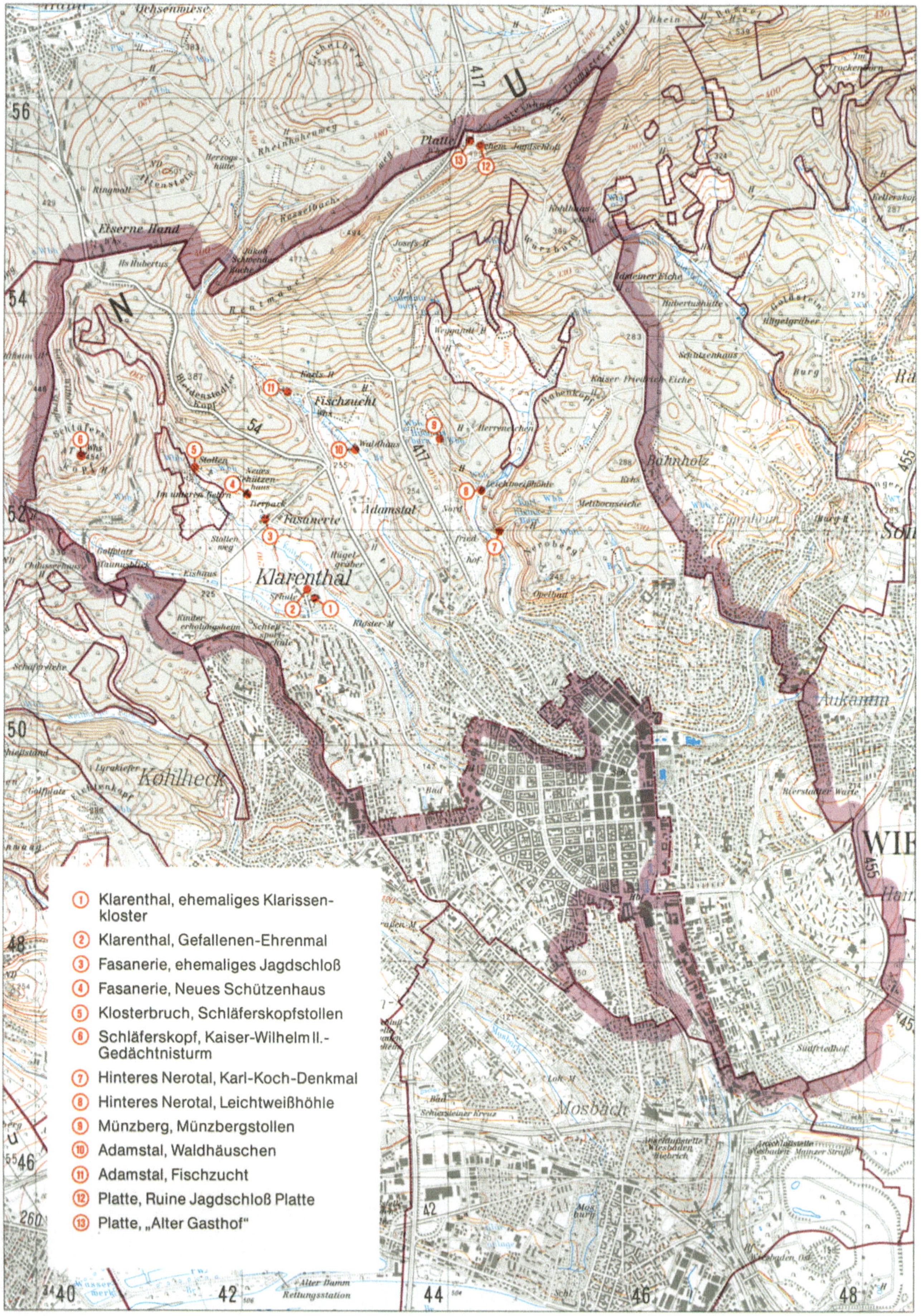

Übersichtskarte mit Markierung der Kulturdenkmäler in Außenbereichen der Gemarkung Wiesbaden Innenstadt M 1:50000

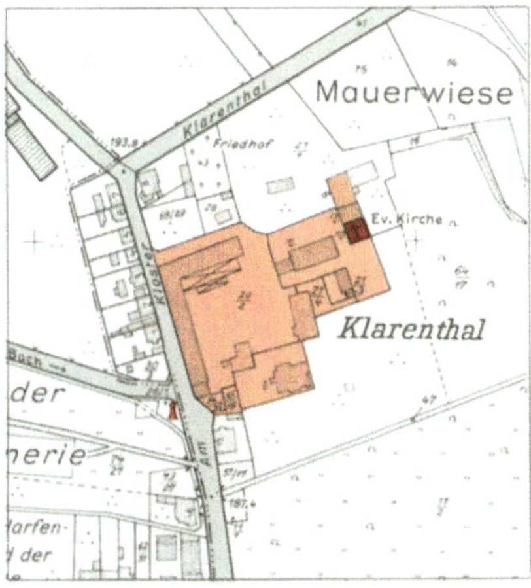

Klarenthal (1)
Ehemaliges Klarissenkloster

Baugeschichte

Klarenthal war als gräflich-nassauisches Hauskloster in enger Verbindung mit der Residenz Wiesbaden gegründet worden und sollte als Erbbegräbnisstätte des nassauisch-walramischen Geschlechts dienen. Die Gründung erfolgte 1296 durch König Adolf, den Regenten der nassauisch-walramischen Lande. Das dem Orden der hl. Klara, dem weiblichen Zweig der Franziskaner unterstellte Kloster entstand weit vor den Toren der Stadt im ursprünglich Bruderrode geheißenen Tal. Zu Wiesbaden hat es während seines ca. 250jährigen Bestehens nie gehört. Der Niedergang setzte bereits in der zweiten Hälfte des 15. Jahrhunderts ein. Im Zuge der Reformation 1559 erfolgte die Schließung. In der Folgezeit dienten die Gebäude als Landeshospital (1607– 1630), nach dem Dreißigjährigen Krieg wurden sie von den Jesuiten vereinnahmt, Anfang des 18. Jahrhunderts wurde eine Glasfabrik eingerichtet, schließlich eine Papiermühle. Der wechselvollen Nutzung des Anwesens in Verbindung mit verschiedenen Brandkatastrophen fielen alle Gebäude des Klosters wie des Klosterguts zum Opfer. Eine genaue Rekonstruktion liegt bisher nicht vor. Die heute auf dem Klostergrund liegenden Bauten stammen aus dem 18. und vor allem dem 19. und 20. Jahrhundert. Der ehemals reiche Grabmalbestand des Klosters ist bis auf drei Steine verloren (vgl. Klarenthal, Kapelle). Ihre letzte Ruhestätte fanden hier u. a. Königin Imagina (1318), die Frau König Adolfs, und dessen Schwester Richardis (1311). Im ganzen vier 1632 noch im Kloster vorhandene Grabmäler der Nassauer wurden in die Wiesbadener Mauritiuskirche gebracht und sind dort verschollen. In Zeichnungen im Epitaphienbuch des Henrich Dors, 1632, sind sie überliefert (Hauptstaatsarchiv Wiesbaden).

Luftaufnahme vom Hofgut Klarenthal mit Kapellenbau aus südwestlicher Richtung

Klarenthal
Kapelle und Anschlußgebäude
Fl. 9 Flst. 23

1730 wurde auf den Fundamenten des Südteils vom östlichen Klausurflügel des ehemaligen Klosters als Gotteshaus der Gemeinde Klarenthal eine Kapelle errichtet. Der schlichte rechteckige Bau mit Walmdach und polygonalem Dachreiter ist mit seiner Nordseite bei gleicher Firsthöhe mit einem langgestreckten 2½geschossigen Gebäudekomplex verbunden. Der im ganzen 12achsige Anschlußbau besteht aus einem Gasthof mit Spitzbogenportal und einem Wohnhaus. Beide entstanden nach einem 1840 ausgebrochenen Großbrand im Klostergelände neu. In der Westwand der Kapelle und der nordwärts anschließenden Gebäude stecken noch als letzte Reste der durchweg untergegangenen Klostergebäude 8 Spitzbogenarkaden, von denen 2 links vom Kapelleneingang freigelegt sind. Aus der Klosterzeit sind zudem 3 Grabmäler erhalten. Das der Oppenheimerin Elisabeth Herold (gest. 1335) mit ihren im Kloster lebenden Töchtern Werntrudis (gest. 1325) und Lieba (gest. 1335) ist in der Kapelle aufgestellt. Außerdem wurde seitlich des Portals der Grabstein der letzten Äbtissin Anna Brendel von Homburg (gest. 1553) angebracht, der bei Ausschachtungsarbeiten zusammen mit dem .Grabstein des Siboldo von Dotzheim (gest. 1331) mit seiner Frau Katharina vor wenigen Jahren gefunden wurde. Ein in der Kirche aufgestelltes Portal mit bekrönendem nassauisch-saarländischem Wappen entstammt dem 1623 erfolgten Umbau des Äbtissinbaus, der 1940 als letztes Klostergebäude abgebrochen wurde. Im übrigen gehört zum Inventar der Kirche ein Taufstein von ca. 1600 sowie eine Kanzel aus dem 17. Jahrhundert. Die letzten Reste der ehemaligen Klosterkirche wurden 1756 abgeräumt.

Der Überreste des Klosters und dessen Nachfolgebauten bewahrende und auf Fundamenten des ehemaligen östlichen Klausurgebäudes errichtete Kapellenbau ist Kulturdenkmal aus landesgeschichtlichen und kulturhistorischen Gründen. Der ebenfalls auf Klosterfundamenten errichtete anschließende Gebäudekomplex ist Teil der Gesamtanlage Klarenthal.

Gesamtanlage Klarenthal

Die wegen der landesgeschichtlichen Bedeutung und aufgrund der malerischen ästhetischen Qualität ausgewiesene Gesamtanlage umfaßt den oben beschriebenen Gebäudekomplex mit der Kapelle als Kulturdenkmal, weiter den dorthin führenden Weg und das am Weg gelegene Spritzenhaus sowie das südlich des Zufahrtsweges gelegene Hofgut Klarenthal.
Das mit der Ausdehnung des ehemaligen Klostergutes nur ungefähr identische Hofgut ist Gesamtanlage als Terrain und in den Teilen: flaches straßenparalleles Stallgebäude im Westen (1846), wegparallele Scheune mit

Krüppelwalm und Lukarnen im Norden (1854), Scheune mit Fachwerk-OG und Krüppelwalm im Hofinneren (1860), spätklassizistisches Ökonomiegebäude in Backstein (um 1860), pittoreskes Pächterwohnhaus (1903), Hoftor. Im Bereich des heutigen Hofgutes lag das erst 1940 abgebrochene Äbtissinhaus.

Klarenthal (2)
Gefallenen-Ehrenmal
Fl. 5 Flst. 26/1

Ehrenmal für die Klarenthaler Kriegsgefallenen des 1. Weltkriegs. Die Gestaltung der archaisch wirkenden Pyramide aus Bruchstein mit rechteckiger Marmortafel und Bekrönungsmotiv (leider verloren) ist vom Werkbund beeinflußt.

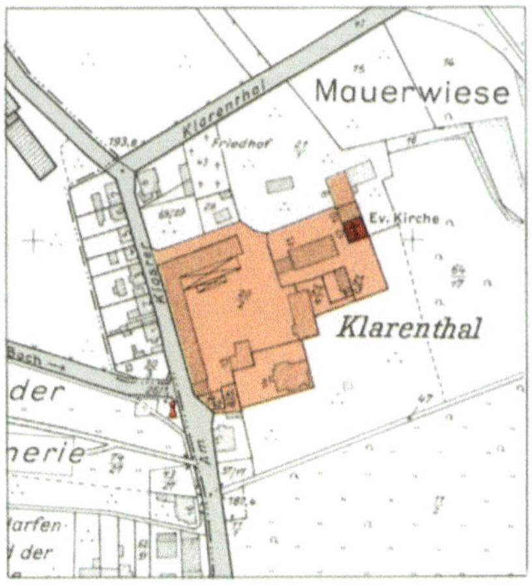

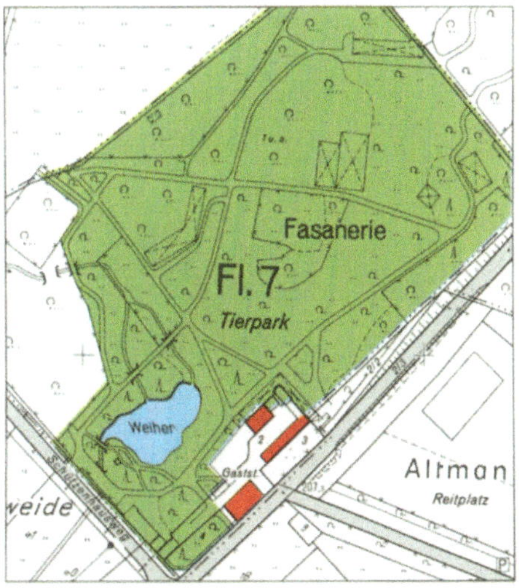

Fasanerie (3)
Ehemaliges Jagdschloß Fasanerie
Fl. 3 Flst. 9/5; 9/7

1744/45 ließ Fürst Karl von Nassau-Usingen, der 1744 seine Residenz im Biebricher Schloß bezogen hatte, als Jagdhaus die Fasanerie erbauen. Der schlichte, wohlproportionierte Barockbau mit Mansarddach und Mittelrisalit mit Zwerchgiebel wurde vermutlich von Joachim Stengel beeinflußt, der bis 1744 am Winterbau des Biebricher Schlosses tätig war. Die im Klarenthaler Grund gelegene Fasanerie wurde relativ selten von der Hofgesellschaft besucht. Schon 1775 wurde die Fasanenzucht wieder eingestellt. Während der Koalitionskriege setzten 1796 Artilleriegeschosse das Gebäude in Brand. 1815 entstand der weitläufige „Forstgarten" mit bemerkenswerten fremdländischen Laub- und Nadelbäumen. Heute ist der Park zum Tiergehege umgewandelt. Im Erdgeschoß des ehemaligen Jagdhauses wurde eine Gaststätte eingerichtet.
Auf der Nordostseite des Jagdhauses stehen in paralleler Anordnung ein Stallgebäude und eine Scheune. Das langgestreckte Stallgebäude mit schiefergedecktem Walmdach entstand um die Mitte des 18. Jahrhunderts im Zusammenhang mit dem Bau des Jagdhauses. Vermutlich erst um 1815 mit der Errichtung des „Forstgartens" kam die Scheune mit ihrem charakteristischen Bogendach dazu. Stall und Scheune sind mit dem Jagdhaus Kulturdenkmal im Sinne der Sachgesamtheit. Der Park ist als Gesamtanlage schützenswert. Maßgebend sind historische und künstlerische Gründe.

Fasanerie **(4)**
Neues Schützenhaus
Fl. 6 Flst. 5/3

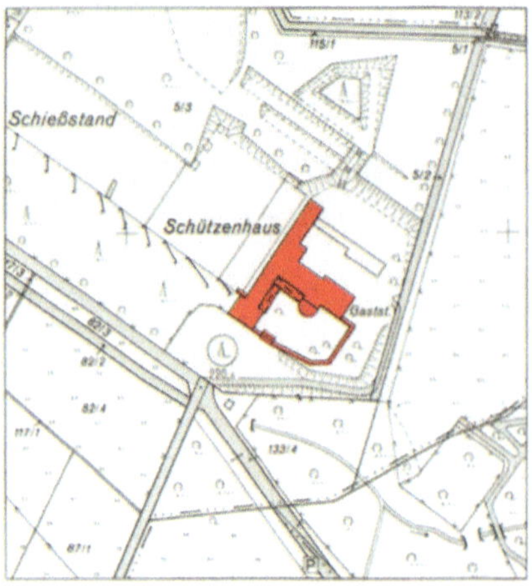

Auftraggeber:	Wiesbadener Schützengesellschaft
Grundsteinlegung:	22. 8. 1911
Eröffnung:	14. 7. 1913
Architekt:	Josef Hötzel, Wiesbaden

Der als erster Preis eines Wettbewerbs ausgeführte Entwurf der Gebäudegruppe ist auffallend modern. Der Modus verbindet Formen des Jugendstils mit dem Heimatstil, wie sie für Darmstadt üblich war und an der dortigen TH gelehrt wurde. Für den Typus Clubhaus waren englische Anlagen vorbildlich. Charakteristisch das Motiv der Veranda, die hier - über Eck geführt und in einen Pavillon ausschwingend - mit einer großen Gartenterrasse in Verbindung tritt. Der Kopfbau der verzweigten Anlage vermittelt durch ein hohes SG zwischen Terrasse und Zufahrt. An ihn schließt die lange Schießhalle an mit Durchgang zum Festsaal (heute Luftpistolenhalle), der in ihrer Mitte rechtwinklig anschließt. Der Saalbau ist mit einem höheren Eckgebäude verbunden, das Restauration und Wirtschaftsräume aufnimmt. Mit Mansarddach und weitem Knick-Schweif-Giebel, im EG breite Bogenfenster, ist der Eckbau reicher gebildet als der zur Aufbewahrung der Waffen bestimmte Kopfbau, ein schlichter rechtwinkliger Baukörper mit Walmdach, das über der vorderen Mitte allerdings elegant aufgebogen ist. Die abwechslungsreiche Dachlandschaft wirkt malerisch. Die für den Baustil typischen Fledermausgaupen sind, wie auch die meisten anderen Fenster, heute noch versproßt. Eine vornehme Note gibt der Anlage die nach antikem Vorbild mit Schwellung versehenen Säulen von Veranda und Pavillon.

Mit ehemals 13 verschiedenen Arten von Schießständen (heute modernisiert und somit stark verändert) wurde die Anlage als „die schönste und vollkommenste in Deutschland" gerühmt. Das Schützenhaus gehörte bis zum 2. Weltkrieg zu den beliebten Ausflugslokalen der Stadt. Es ist Kulturdenkmal aus künstlerischen und ortsgeschichtlichen Gründen.

Zum Wettbewerb eingereichte Vogelschau, nach „Das Wiesbadener Schützenhaus" an der Fasanerie. Ein Gedenkbuch der Wiesbadener Schützengesellschaft e. V. . ., Wiesbaden 1913.

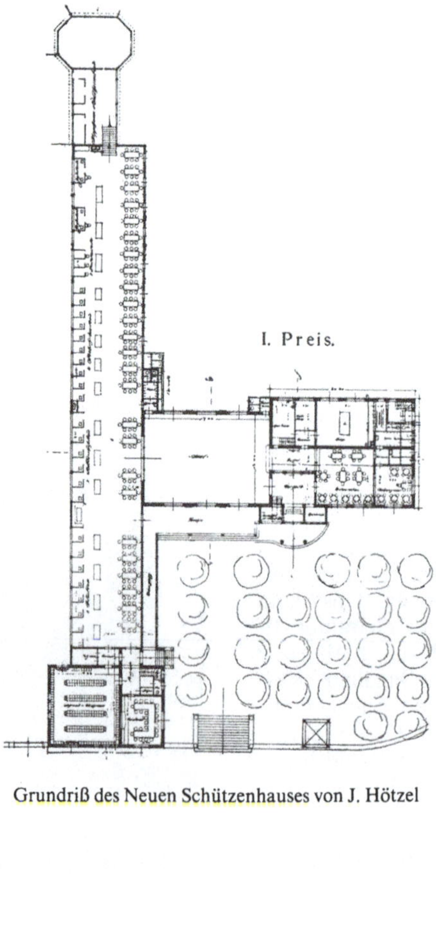

Grundriß des Neuen Schützenhauses von J. Hötzel

Das Neue Schützenhaus um 1913

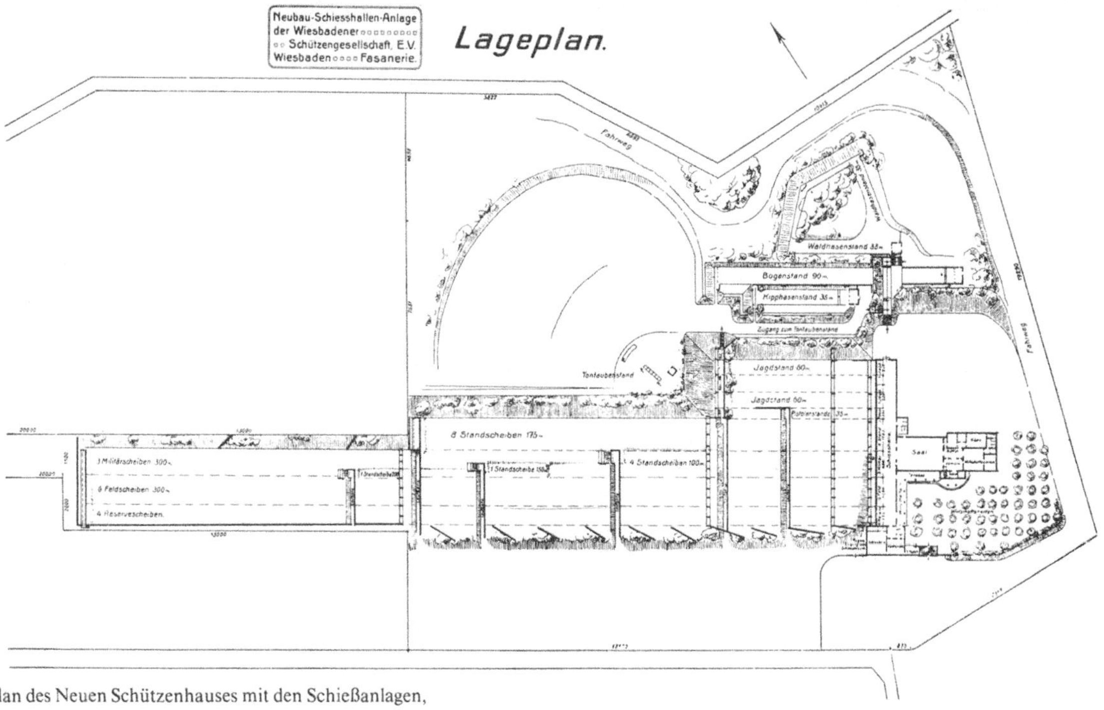

Lageplan des Neuen Schützenhauses mit den Schießanlagen,

Reproduktion nach „Das Wiesbadener Schützenhaus“ an der Fasanerie. Ein Gedenkbuch der Wiesbadener Schützengesellschaft e. V. . ., Wiesbaden 1913.

Klosterbruch **(5)**
Schläferskopfstollen
Fl. 6 Flst. 40/20

1. Bauabschnitt 1896 – 1900
2. Bauabschnitt 1908 – 1910

Wiesbadener Wassergewinnung

Nach Einführung der zentralen Wasserversorgung (ab 1870) drohte gerade nach dem Trockenjahr 1874 die ohnehin schon schwierige Wasserversorgung Wiesbadens zum Notstand zu werden. 1875 ließ die Stadt ein Gutachten zwecks Erschließung weiterer Gewinnungsquellen erstellen. Als Sachverständige wurden bestellt: Dr. Carl Koch als Kgl. Landesgeologe (s. Nerotalweg, Carl-Koch-Denkmal), Bergrat Giebeler, Stadtbaumeister Alexander, Fach und Wasserwerksdirektor Ingenieur Ernst Winter. Der Bau von Tiefstollen in den Taunusausläufern wurde als nächstliegender Schritt erkannt. Von 1875–1910 kam es zum Bau von vier Tiefstollen: Münzbergstollen, Schläferskopfstollen, Kreuzstollen (Gemarkung Wiesbaden-Dotzheim) und Kellerskopfstollen (Gemarkung Wiesbaden-Naurod). Die mit ihren Zugängen im Bereich der Gemarkung Wiesbaden-Innenstadt liegenden Münzberg- und Schläferskopfstollen werden hier als Kulturdenkmale mit aufgenommen. Kreuz- und Kellerskopfstollen erscheinen als Kulturdenkmale der Vorortgemeinden im Band Wiesbaden III.
Wie aus einer erst kürzlich erschienenen Untersuchung zur Wiesbadener Wasserversorgung hervorgeht (Klaus Kopp, Wasser von Taunus, Rhein und Ried. Aus zwei Jahrtausenden Wiesbadener Wasserversorgung. Wiesbaden 1986.), wirkte die Stadt Wiesbaden bei der modernen bergmännischen Erschließung des Taunus bahnbrechend. Notwendige Voraussetzung waren die hervorragenden geognostischen Kenntnisse von Carl Koch, der die geltende Lehre vom tektonischen Aufbau des Taunusgebirges widerlegte. Die Ergebnisse des jeweiligen Stollenvortriebs bestätigten seine Thesen in allen Punkten.
Die Stadt hat nach und nach alles im Wiesbadener Taunusgebiet erschließbare Wasser nutzbar gemacht. Die vier Tiefstollen sind zusammen 11442 m lang und bringen jährlich 5–7 Mio. m³ ausgezeichnetes Trinkwasser, das gegen Verseuchungsgefahr weitgehend geschützt ist. Zusammen mit neun noch bestehenden Flachstellen decken sie heute etwa ein Drittel des Gesamtverbrauchs der Landeshauptstadt. Von besonderer Bedeutung für die Förderungsmenge war die rechtzeitige Entwicklung von Stollenverschlüssen (Stautüren), die es ermöglichen, den Wasservorrat fast wie in unterirdischen Talsperren zu regulieren.
Rainer Slotta, der 1976/77 im Auftrag des Deutschen Bergbau-Museums Bochum eine Dokumentation technischer Denkmäler der Kraft- und Wasserversorgung erstellte, zählt das Befahren (Draisinen) der Wiesbadener Stollen „zu den großen Erlebnissen technischer Anlagen". Die Stollenportale wertet er als „technische Denkmäler von nationaler Bedeutung". Hier zeige „sich der wohl berechtigte Stolz einer Kommune auf eine technische Meisterleistung".

Stollenportal
Das künstlerisch hervorragend gestaltete Stollenportal befindet sich im Distrikt „Klosterbruch" am östlichen Fuß des Schläferskopfs. Die Energie der im Berg erschlossenen und aufgestauten Wassermassen findet in seinem festungsartigen Charakter einen adäquaten Ausdruck. Die trutzige Formensprache ist konsequent durchgehalten. Mächtige Eckpfeiler aus Bossenquadern (Flonheimer Sandstein) korrespondieren mit der Mauerschwere des Mittelrisalits mit der rundbogigen Türöffnung. Die niedrigeren Mauern dazwischen sind mit Bruchstein verblendet und symmetrisch mit Rechteck- und Rundbogenfenstern zur Belichtung des in den Hang hineingebauten Vorraumes versehen, die Fensterlaibungen bestehen ebenso aus bossiertem Haustein wie der zinnenartige Abschluß. Entsprechend massiv und schwer wirkt die schmiedeeiserne Vergitterung der Fenster wie auch die reich mit Eisenbeschlägen versehene Eichentür. Selbst die plastisch vortretenden Stege der Bruchsteinverfugung sprechen mit im Pathos dieser Portalarchitektur, der tatsächlich Monument-Charakter eignet. Die Steinmetzarbeiten führte Philipp Schulz aus, der schon den Auftrag für das identisch gestaltete Portal des Kreuzstollens hatte.

Stollen
Die Notwendigkeit, neue Wasserquellen zu erschließen, wurde seit 1893 laut. Die kurstädtischen Interessen schlossen die mögliche und sehr viel kostengünstigere Gewinnung minderwertigen Wassers (Rheinwasser z. B.) aus. Von 1896–1900 wurde der Stollen auf 1849 m vorangetrieben, zunächst von Hand, um die Voraussetzungen für maschinelle Bohrungen zu schaffen. Die in fast allen Teilen durchgeführte vollrunde Ausmauerung hat als handwerkliche Meisterleistung bis heute so gut wie unversehrt Bestand. Sie gilt vom handwerklichen wie auch vom finanziellen Aufwand her als unersetzlich. Größere Schwierigkeiten mit den mit Recht um ihre Wasserversorgung bangenden Nachbargemeinden jenseits des Schläferskopfgebiets gab es vor Inangriffnahme des 2. Bauabschnitts. Der Vortrieb stoppte schließlich bei 2770 m. Bei 2056 m wurde der erste Stollenverschluß eingebaut, dann auf der ganzen Strecke die Gleise für eine vierrädrige Draisine verlegt. Ein zweiter Verschluß liegt bei 1320 m.
Eine Inschrifttafel im Stollenvorraum nennt die am Bau Beteiligten:

„Schläferskopfstollen, von der Stadt Wiesbaden zwecks Erweiterung der Trinkwasserversorgung unter dem Oberbürgermeister Dr. von Ibell in den Jahren 1896 bis 1900 durch die Unternehmer Gebr. Brötz aus Limburg 1848 m weit vorgetrieben und in den Jahren 1908 und 1909 ohne Unternehmer unter dem Direktor der Wasser- und Lichtwerke Halbertsma und dem bauleitenden Oberingenieur Spieser um 964 m verlängert. Um den Stollen hat sich der Direktor der Wasser- und Lichtwerke Muchall hervorragend verdient gemacht."

Vgl. hierzu Münzbergstollen, S. 614 f.

Reproduktion nach der Bauakte im Archiv der Wiesbadener Stadtwerke (ESWE)

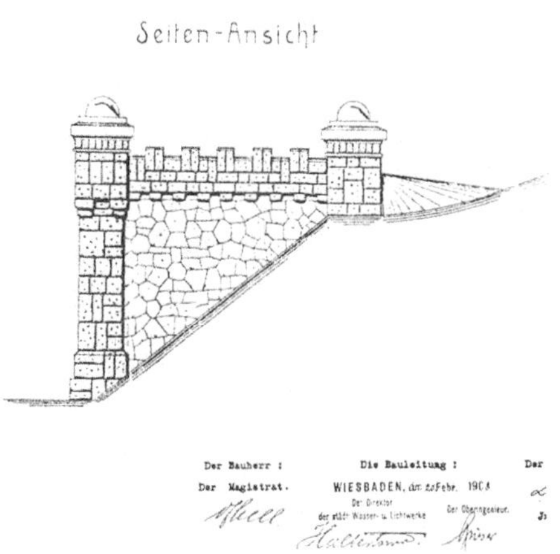

Reproduktion nach Klaus Kopp 1986, S. 94.

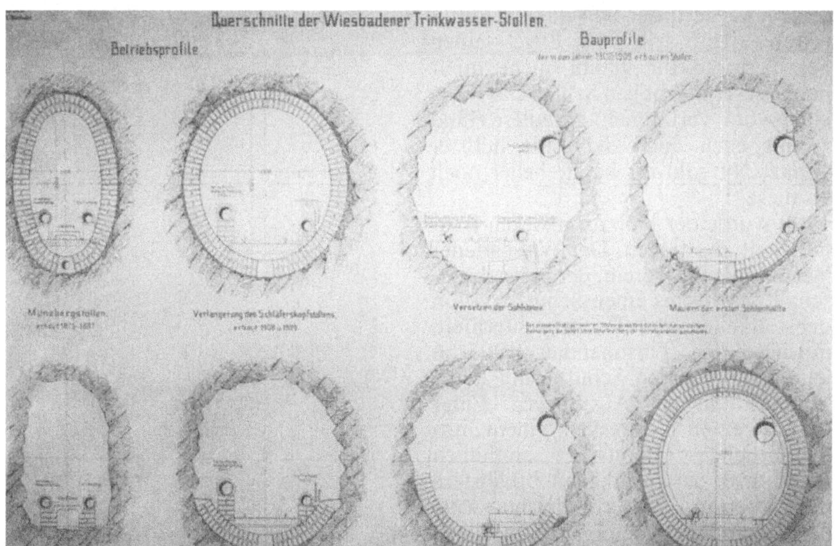

Längenprofil des Schläferskopfstollens nach dem Ausbaustand von 1908 nach K. Kopp 1986

Schläferskopf **(6)**
Kaiser-Wilhelm II.-Turm
Fl. 3 Flst. 3/1

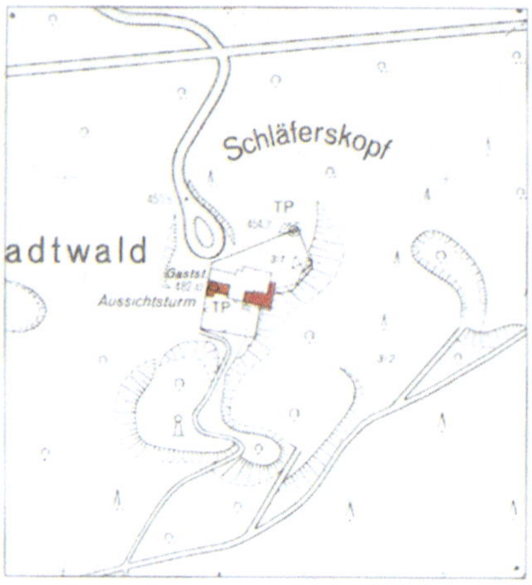

Erbaut: 1905–06 von Ludwig Euler unter Mitarbeit von Karl Birck

Auf dem nordwestlich der Stadt gelegenen Schläferskopf (455 m ü. M.) wurde bereits 1883 ein Aussichtsturm errichtet, der bei einer Höhe von 10 m in Holz konstruiert war. Die stadtnahe Taunushöhe galt und gilt bis heute als beliebtes Ausflugsziel. Im Wiesbaden-Führer des Kurdirektors Hey'l, 13. Auflage 1884, wird der Schläferskopf als „unstreitig einer der schönsten, wenn nicht der schönste Aussichtspunkt der ganzen Umgebung Wiesbadens" gepriesen. Die Aussicht wird als „prachtvolles Panorama" beschrieben, abschließend werden die Verse des damals in Wiesbaden ansässigen Dichters Müller von Königswinter (Rheinfahrt V) zitiert, der von diesem Punkt reimte: „Daß selbst ein Engel seinen Segen priese./Ihr glaubt nicht mehr nach dieser mächt'gen Schau/Das Märchen vom verlorenen Paradiese,/Und strahlt euch auch der Erde hellster Glanz,/Nie saht ihr Lande heller noch als diese."
1900 wurde der Holzturm wegen Baufälligkeit abgetragen. Der Wiesbadener Verschönerungsverein, der in Nachbarschaft des Turms einen Schutzpavillon nebst Bänken und Tischen unterhielt, initiierte den Turmneubau. 1905/06 kam er mit einem Schutz- und Erfrischungsraum zur Ausführung. Euler entwarf einen pittoresken, einem mittelalterlichen Bergfried ähnlichen Rundturm, der in lokalem Bruchstein mit Teilen in Basaltlava errichtet wurde. Seine Höhe beträgt 22 m, dazu auf der oberen polygonalen Plattform höchst malerisch ein 9 m hohes Warttürmchen mit spitzem Helm. Bemerkenswert ist die Treppenanlage mit 2 gegenläufig übereinander gesetzten Spindeln zu jeweils separatem Auf- und Abstieg. Der Ausgang führt zur Steigerung eines unregelmäßigen, gewachsenen Erscheinungsbildes zunächst über eine Freitreppe auf einen 3 m hohen Altan mit eigenem Dachhelm. Eine Inschrifttafel neben dem Aufgang besagt:

Kaiser-Wilhelm II.-Turm auf dem Schläferskopf mit Restauration, 1913

„Nach Kaiser Wilhelm bin ich benannt/Ich schaue weit ins deutsche Land/Und deutscher Sinn bracht mich zu stand."

Der Ostseite des Turms ist eine doppelgeschossige Schutzhütte mit ehemals kleiner Restauration angefügt. Durch den Anbau auch des Altans wird der Eindruck des Burgenhaften verstärkt, wobei Zeitgenossen das Bild mittelalterlicher Rheinburgen assoziierten. Die Burgenromantik des 19. Jahrhunderts findet hier ihre späten Ausläufer. In Verbindung mit der Funktion als Aussichtsturm ist sie zeittypisch. Zum Typus sind die in den 90er Jahren und nach 1900 entstandenen Bismarck-Türme zu vergleichen.

Restaurationsgebäude

Auf der Ostseite der Turmanlage entstand 1907/08 ein neues Restaurationsgebäude, ein ländlich empfundener 1½geschossiger Fachwerkbau über T-förmigem Grundriß. Haupt- und Seitenflügel decken Satteldächer bei dekorativer Gestaltung der Giebelflächen. Sehr gut erhalten ist der kleine Saal im EG des Hauptflügels mit seiner stimmungsvollen Innenausstattung mit hoher Vertäfelung, darüber ein Gemäldefries mit Jagdszenen von W. Rücker (signiert und datiert 1908). Die dem Jugendstil verpflichtete besonders schöne Verglasung des Ostfensters zeigt in kräftig-bunten Farben verschiedene Waldtiere. Es ist anzunehmen, daß auch die 3 verandaartig aneinandergereihten großen Südfenster z. T. farbig verglast waren.

Turmkomplex und Restaurationsgebäude sind als Sachgesamtheit Kulturdenkmal aus historischen und künstlerischen Gründen.

Hinteres Nerotal (7)
Carl-Koch-Denkmal
Fl. 1 Flst. 8

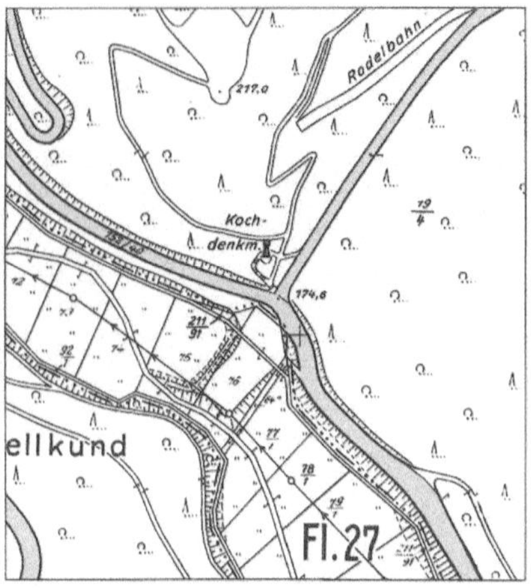

Carl-Koch-Denkmal nach dem im Frühjahr 1987 erfolgten Diebstahl des Bronze-Medaillons

Enthüllung: 4. 11. 1883
Bildhauer: Hermann Schies, Entwurf und Ausführung
Inschrift: auf der Vorderseite des Sockelblocks: „Dem Andenken/des Landesgeologen/Dr. Carl Koch/Gewidmet von seinen Freunden/Mitarbeitern und Schülern/1883"

Die oberhalb des Weges auf einem Stufenunterbau stehende obeliskartige Stele aus Taunusgestein (vor allem Granit und Sylnit) zeigt auf der Vorderseite das reliefierte Medaillonportrait des Geehrten, darunter die oben zitierte Inschrift. Dr. Carl Koch (*1827 Heidelberg, † Wiesbaden 1882) war Landesgeologe, Museumsinspektor und Sekretär des Nassauischen Vereins für Naturkunde in Wiesbaden, wo er seit 1872 lebte. Zu seinen besonderen Verdiensten für die Stadt gehören seine Untersuchungen des Wiesbadener Quellwassers sowie die Kartierung des Taunus und der neozoischen Bildungen an dessen Abhang und Fuß bis zum Rhein und Main. Seine Freunde ließen ihm das Denkmal an seinem Lieblingsplatz am Fuß des Speierkopfs errichten. Es ist Kulturdenkmal aus stadtbaugeschichtlichen und künstlerischen Gründen. Schies wählt mit der Obeliskform einen gerade in der Neorenaissance der 80er Jahre auch in der Sepulkralskulptur beliebten Denkmaltypus. Der Situation am Waldrand ist er gut angepaßt. Schies schuf in Wiesbaden außerdem das alte Kriegerdenkmal im Nerotal (1873), das 1909 ersetzt wurde, vgl. Nerotal, Kriegerdenkmal.

Hinteres Nerotal **(8)**
Leichtweißhöhle
Fl. 1 Flst. 23/3

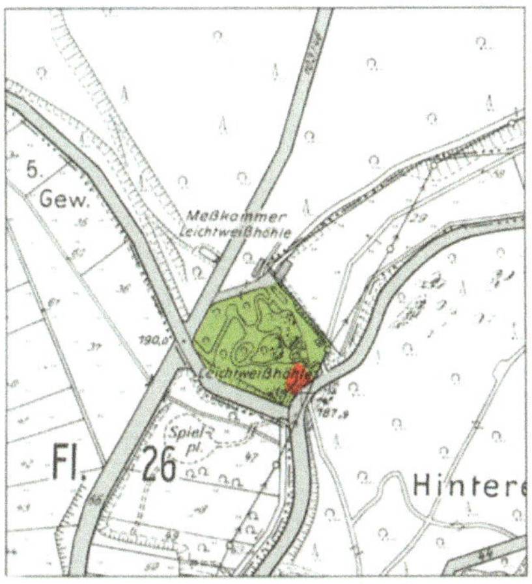

Die Leichtweißhöhle 1906, Ansichtskarte

Die Leichtweißhöhle liegt an einer Wegkreuzung im Wald am Fuß des hinteren Nerobergs. 1856 wurde sie vom Verschönerungsverein der Stadt für den Fremdenverkehr ausgebaut. Grotten und Höhlen übten seit der Romantik eine besondere Anziehung aus. Die ca. 30 m lange Höhle mit Seitenhöhle mit Tisch und Ruhebänken soll dem legendären Räuber und Wilderer Leichtweiß (1723–93) aus Dotzheim als Schlupfwinkel und zur Aufbewahrung des Beutegutes gedient haben. Den Eingang zierten ehemals aus Baumrinde geformte Figuren. Das Gelände darüber war malerisch mit Brücken und Geländern aus Astwerk gestaltet; es gab künstliche Wasserfälle, einen Pavillon und Ruhebänke. „Kühle und anmutige Plätzchen zum Abhalten von Picknicks und Gesellschaftsfesten“, wie es im Stadtführer des Kurdirektors Hey'l heißt (erste Auflage 1868). Bei der Wiesbadener Bevölkerung ist die Höhle bis heute populär. Die leider stark gestörte Anlage ist Kulturdenkmal wegen ihres volkstümlichen Erinnerungswertes sowie aus stadthistorischen und stadtbaugeschichtlichen Gründen Zur Vita von Leichtweiß gibt es eine neue Untersuchung von Walter Zisch.

Münzberg (9)
Münzbergstollen
Fl. 1 Flst. 23/1

erbaut: 1875 – 1888

Eingangsgebäude
Der Zugang zum Münzbergstollen im Distrikt „Münzberg“ am südlichen Platteausläufer ist im Vergleich zum Portal des Schläferskopfstollens bescheiden konzipiert. Die flache Geländebeschaffenheit erforderte hier zur Aufnahme des notwendigen Vorraums ein regelrechtes Gebäude. Dabei wurde der schlichte kubische Baukörper durchaus mit Sinn für seine Umgebung gestaltet. Vor allem durch die Verwendung naturhafter Materialien mit ihrer organischen Farbwirkung paßt er sich der Waldlandschaft gut an. Das Mauerwerk ist in Bruchstein ausgeführt, die seitlichen Fenster rahmen dekorativ rote Ziegel, unter dem Dachgesims verläuft ein schmaler Ziegelfries, und mit roten Ziegeln ist auch der niedrigere Portalvorbau verblendet. Leider nicht erhalten ist die Originaltür, die als schmückendes Beiwerk zu denken ist.
Eine künstlerische Aufwertung besonderer Art erfuhr die Anlage im Inneren. Im Treppenabgang befindet sich eine seitliche Rundbogennische mit der

Längenprofil des Münzbergstollens nach dem Ausbaustand von 1908 nach K. Kopp 1986

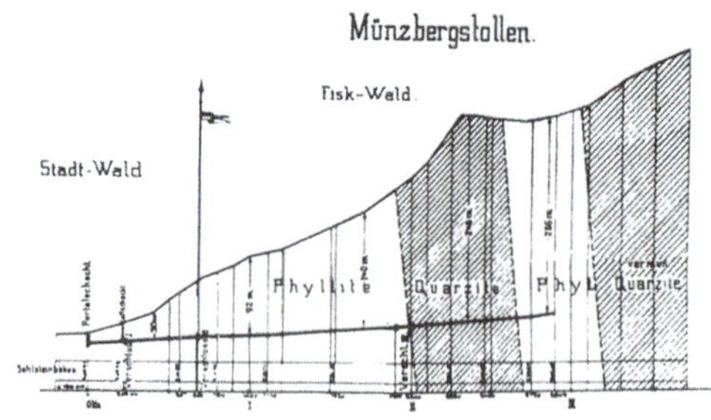

Plastik eines kauernden Berggeistes, eine originelle Steinmetzarbeit mit Bossencharakter.

Stollen
Der Münzbergstollen entstand als erster Tiefstollen der Stadt. Er darf zu Recht als Pionierleistung in der Taunus-Wassergewinnung bewertet werden. Die Berechnungen C. Kochs bestanden hier ihre erste Probe. Mit nur 20 m Differenz zur Prognose wurde bei 1980 m der erste Quarzitzug (wasserführend im Gegensatz zur Phyllitschicht) erreicht. Der Stollen hat eine Gesamtlänge von 2905 m. Von großer Bedeutung war der Einbau des „großen Stollenverschlusses“ bei der 1900-m-Station. Er besteht aus einem 6 m langen wasserdichten Mauerwerkspfropfen, durchbrochen von mehreren Röhren mit Abschlußorganen. Bereits der Münzbergstollen wurde fast durchweg rundum ausgemauert. Für die Qualität der Ausmauerung gilt dasselbe wie für den Schläferskopfstollen (vgl.!). Verantwortlicher Ingenieur war Wasserwerksdirektor Ernst Winter.
Vgl. hierzu Wiesbadener Wassergewinnung und Schläferskopfstollen, S. 608 f.

Adamstal **(10)**
Waldhäuschen
Fl. 22 Flst. 1/1

Erbaut: 1896

Das ehemalige Ausflugslokal „Waldhäuschen“ im Adamstal – so der Name des ersten Abschnitts des Kesselbachtals – wurde 1896 an ein schon bestehendes Gartenhäuschen angebaut. Das später über verkleinertem Grundriß aufgestockte Gartenhäuschen diente Ulrich Graf von Baudissin als Refugium zum Verfassen seiner Romane und Lustspiele. Der Anbau der Waldgaststätte mit großem Saal im Erdgeschoß erfolgte im pittoresken Landhausstil der Zeit mit Turmanbau und Dachreiter über dem krüppelwalmgedeckten Seitenflügel. Fachwerk und buntglasierte Dachziegel verstärken den gewünschten romantisch-ländlichen Stimmungswert. Nur in Überresten ist auf der Südostseite des Gebäudes der ehemalige Gartenplatz überkommen. Wasserspiele und kleine Pavillons bildeten hier eine besondere Attraktion. Das „Waldhäuschen“ ist eine der wenigen erhaltenen Waldgaststätten der Stadt. Seit der Biedermeierzeit sind Ausflugslokale an stadtnahem und dabei landschaftlich reizvollem Ort ein charakteristisches Phänomen des 19. Jahrhunderts. Ziel von Familienausflügen an Sonn- und Feiertagen, waren sie in Wiesbaden ein zusätzlicher Anziehungspunkt für den Kurgast. Das „Waldhäuschen“ ist beispielhaft für den Typus um die Jahrhundertwende. Es ist aus architekturgeschichtlichen und stadtgeschichtlichen Gründen Kulturdenkmal.

Das Waldhäuschen um 1910, Ansichtskarte

Adamstal **(11)**
Fischzucht
Fl. 23 Flst. 52/5; 52/8

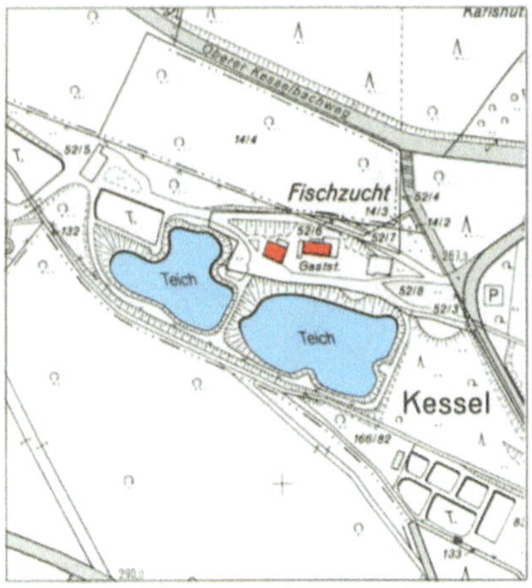

Vom historischen Anwesen der zwischen Platter Straße und Aarstraße gelegenen Fischzucht zeugen ein Restaurationsgebäude im Schweizerhausstil und ein stilistisch entsprechendes Nebengebäude sowie die beiden oberen Teiche. Die beiden malerischen Gebäude mit hölzerner Balkonkonstruktion und verzierter Giebelschabracke entstanden 1894. Noch heute dient das in Teilen leider veränderte Haupthaus als Gaststätte.

1864 wurde die Fischzucht im Distrikt Kessel im oberen Adamstal (Teil des Kesselbachtals) von einer nassauischen Aktiengesellschaft begründet. Der erste Fischteich war in der Längsachse vorgebildet. Zusammen mit den weiteren in der Folgezeit angelegten Teichen wird er vom Kesselbach gespeist. Ein zur Zucht gehörendes Verkaufslokal befand sich von 1864–1877 im Haus des Kaufmanns Bogler, Marktstraße 7 (beim Rathausneubau abgerissen). 1872 wurde, vermutlich auf Anregung des Verschönerungsvereins, ein erstes Restaurationsgebäude nebst Remise errichtet, dazu eine Schutzhalle. Eine Initiative, den von der Wiesbadener Ärzteschaft als heilsam empfohlenen Platz zum kleinen Luftkurort auszubauen, scheiterte. Das bis 1877 von der Aktiengesellschaft, dann privat geführte Unternehmen ging 1895 in das Eigentum der Stadt über. Noch 1894 entstand das neue Restaurationsgebäude mit Nebenbau an den beiden oberen Teichen. Beide sind in Verbindung mit den Teichen vor allem aus historischen Gründen Kulturdenkmal im Sinne der Sachgesamtheit. Als eine der historischen Waldgaststätten war die Fischzucht zudem auch für den Kurgast ein attraktives Ausflugsziel.

Unbekannt ist die Herkunft einiger baulicher Reste aus Sandstein – u. a. ein Weihwasserbecken, Gewölbeteile, ein Brunnentrog mit der Jahreszahl 1517 – die nach dem 2. Weltkrieg auf dem Gelände der Fischzucht bei Bauarbeiten gefunden wurden und dort aufgestellt sind.

Die Fischzucht 1907, Ansichtskarte

Platte **(12)**
Ruine Jagdschloß Platte
Fl. 1 Flst. 106/33

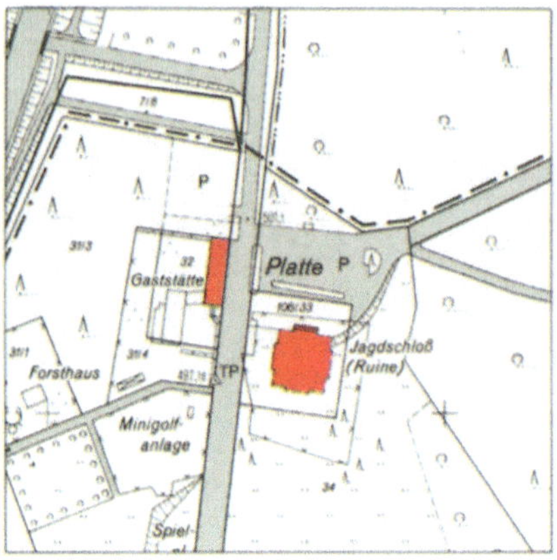

Das seit dem 2. Weltkrieg als Ruine fortbestehende Jagdschloß liegt im Norden hoch über der Stadt auf der Taunusanhöhe Platte (490 m ü. M.). An der Westseite des Schlosses vorbei führt die Platter Straße, ehemals Limburger Chaussee und alter Verbindungsweg zwischen Mainz, Wiesbaden und Limburg. Ein 1776 von Karl Wilhelm von Nassau-Usingen errichtetes Jagdhaus – 1796 von den Franzosen in Brand gesetzt und 1810 beseitigt – ging dem Jagdschloß voran. Das Schloß wurde 1823/24 für Herzog Wilhelm von Nassau von dem aus Weilburg stammenden Friedrich Ludwig Schrumpf (ab 1823 herzoglicher Hofbaudirektor) geschaffen. Der klare kubische Baukörper ist einem strengen Klassizismus verpflichtet. Flach ist die Bänderung der hohen Sockelzone, die sich im Fundament der Hanglage anpaßt; nur auf der nördlichen Eingangsseite wurde das Terrain geebnet. Über dem Sockel erheben sich 2 Hauptgeschosse; ein flacher Walm mit Dachgalerie deckte den Kubus. Die jeweils 5achsigen, allseits gleich strukturierten Fassaden werden durch einen 3achsigen Mittelrisalit gegliedert, den ein Dreiecksgiebel über kolossalen Pilasterstellungen abschloß. Allein die talseitige Ansicht zeichnet sich durch zwei die Mitte des Risalits flankierende ionische Säulen aus. Noch erhaltene Sandsteinpoller grenzten ehemals mit Ketten auf der abschüssigen Wiese davor ein abgerundetes Terrain aus, das der herzoglichen Familie und deren Gästen vorbehalten blieb. Der Eingang im Norden wurde von 2 Großplastiken lagernder Hirsche gerahmt.

Das Innere gliederte im Zentrum ein hoher glasgedeckter Raumzylinder mit zweiarmiger Treppe. Um das Treppenhaus gruppierten sich insgesamt 54 Räume. Im Empfangssalon waren alle Möbel aus Hirschgeweihen hergestellt und die Sitzmöbel mit Hirschleder bezo-

Jagdschloß Platte, Lithographie von A. Fay um 1825

gen. In die Wände waren auf Leinwand gemalte Jagdszenen von Christian Kehrer eingelassen. Um das im Zentrum des Walms befindliche Glasdach zog sich eine Aussichtsplattform als Belvedere.

Der durch Christian Zais beeinflußte, fast nüchtern klare Entwurf rezipiert als Zentralbau den Villenbau Palladios (die Rotonda z. B.), gefiltert durch den englischen Klassizismus des 17. und 18. Jahrhunderts. Unmittelbar bezogen auf die Landschaft in idyllischer Lage am Waldrand, eignen dem Jagdschloß Züge des angehenden romantischen Klassizismus.

1865 hielt der Herzog letztmalig Hof auf der Platte. 1913 wurde das Schloß von der Stadt Wiesbaden erworben. Im 2. Weltkrieg befand sich in seinen Mauern die Fliegerabwehr-Leitstelle für den Wiesbadener Raum. Am 2. 2. 1945 wurde es bis auf die Außenmauern zerstört. Als Kulturdenkmal hat es als Ruine vor allem historische Bedeutung.

Jagdschloß Platte vor dem 1. Weltkrieg

Platte, „Alter Gasthof“ (13)
Fl. 1 Flst. 32

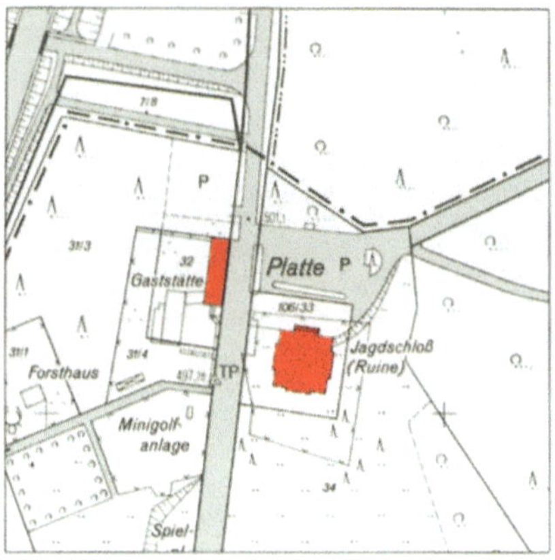

Aussicht vom Jagdschloß Platte Richtung Süden, Lithographie um 1830

Benachbart der Ruine des nassauischen Jagdschlosses, steht auf der Gegenseite der Platter Straße ein als „Alter Gasthof“ bezeichnetes Gebäude. Der einfache Bau mißt 3:8 Achsen, ist 2½ Geschosse hoch und mit einem verschieferten Krüppelwalmdach gedeckt. Die Langseite mit mittigem Eingang und seitlicher Torfahrt läuft parallel der Straße. Ehemals waren die Giebelfronten mit dem gesamten 1. OG im Gegensatz zum geputzten EG verschiefert. Fenster und Türen sind mit ausdrucksvollen Sandsteingewänden versehen. Über die Entstehung und Nutzung des Gebäudes herrscht Unklarheit. Vermutlich ist es Teil des um 1750 durch Fürst Karl von Nassau-Usingen auf der Platte errichteten „Forsthaus mit Nebengebäuden“. So empfiehlt der Wiesbaden-Führer von Ferdinand Hey'l in der vorliegenden 7. Auflage von 1873/4 dem Wanderer eine Rast im „Försterhause mit Restauration“. Ob das Gebäude als Mautstation gedient hat, wie wenig konkret in der älteren Literatur angegeben, wäre zu prüfen. Durch einen niedrigen Verbindungstrakt ist das Haus heute mit einem neuen Restaurationsgebäude verbunden.
Es ist Kulturdenkmal aus stadtgeschichtlichen Gründen.

Anhang

Ortsverzeichnis

(Die kursiven Seitenzahlen beziehen sich auf die Beschreibung in der Gesamtanlage)

Objektverzeichnis

Verzeichnis der Architekten und ihrer Bauten

Der größte Teil der historischen Bauakten Wiesbadens ging im 2. Weltkrieg verloren. Das Verzeichnis nennt vor allem diejenigen Architekten, welche bei Durchsicht der Grundstücksakten im Städtischen Tiefbauamt ermittelt werden konnten. Mit dem 1884 begonnenen Bau eines einheitlichen Kanalsystems wurden die Akten planmäßig geführt. Die Erfassung beschränkt sich im folgenden auf die Kulturdenkmale. Die Abkürzung „BA" verweist auf das Datum des Bauantrages.

Arens, Fritz
Alwinenstr. 6, BA 1900

Auber, P.
Richard-Wagner-Str. 25, BA 1925

Banatz, Eduard
Parkstr. 89, BA 1907

Barthel, Theodor
Sonnenberger Str. 47/49, BA 1899

Beitscher, Josef
Kapellenstr. 58, BA 1881
Bingertstr. 10, BA 1901

Berg, Heinz
Sonnenberger Str. 40, BA 1904
Biebricher Allee 34, BA 1905
Bierstadter Str. 23, BA 1910
Humboldtstr. 32, BA 1912

Berger, Franz
Kapellenstr. 83, BA 1892
Möhringstr. 4, BA 1892
Alwinenstr. 12, BA 1893
Alwinenstr. 10, BA 1893
Beethovenstr. 14, BA 1896
Alwinenstr. 16, BA 1898
Mosbacher Str. 7, BA 1899
Beethovenstr. 9, BA 1903
Wilhelminenstr. 52, BA 1904

Bind, Ludwig
Idsteiner Str. 13, BA 1889
Idsteiner Str. 5, BA 1890
Idsteiner Str. 7, BA 1891
Idsteiner Str. 9, BA 1894

Boué, Wilhelm
Weinbergstr. 3, BA 1895
Franz-Abt-Str. 3, BA 1898
Franz-Abt-Str. 5, BA 1898
Biebricher Allee 1, BA 1899
Biebricher Allee 3/Am Landeshaus 4, BA 1899
Sonnenberger Str. 26, 28, BA 1899
Uhlandstr. 20, BA 1900
Platter Str. 2, BA 1908

Brahm, Julius
Kapellenstr. 9, BA 1888
Paulinenstr. 4, BA 1890
Paulinenstr. 11, BA 1899

Branca, Alexander von
Paulinenstr. 15, 1953–55

Breuer, Marcel
Schöne Aussicht 53, 1954–55

Brühl, Adolf
Möhringstr. 10, BA 1888
Möhringstr. 8, BA 1889
Möhringstr. 6, BA 1892

Burk, Alfred
Aarstr. 10, BA 1912

Burk, Christian
Alexandrastr. 12, BA 1902

Burk & Ohlenschläger
Freseniusstr. 37, BA 1907

Dähne, Christian
Viktoriastr. 7, BA 1884
Viktoriastr. 9, BA 1884
Viktoriastr. 10, BA 1892
Viktoriastr. 12, BA 1892
Viktoriastr. 43, BA 1893
Uhlandstr. 4, BA 1903
Uhlandstr. 5, BA 1903
Uhlandstr. 3, BA 1904

Didion, Eduard
Parkstr. 28, BA 1909
Nußbaumstr. 6, BA 1910
Biebricher Allee 46, BA 1911
Theodorenstr. 8, BA 1911

Diener, Carl
Biebricher Allee 44, BA 1905

Dietzsch, Paul
Beethovenstr. 10, BA 1908

Dörr, Heinrich
Bierstadter Str. 32, BA 1903
Bierstadter Str. 43, BA 1904
Mosbacher Str. 36, BA 1909
Mosbacher Str. 25, BA 1911

Dormann, Carl
Aarstr. 4, BA 1895
Weinbergstr. 16, BA 1898
Ruhbergstr. 14, BA 1899

Eckerlin, Heinrich
Franz-Abt-Str. 6, BA 1883

Eichen, Ferdinand
Sophienstr. 4, BA 1891
Sonnenberger Str. 14, BA 1895

Euler, Ludwig
Parkstr. 26, BA 1882
Sonnenberger Str. 76, BA 1882
Sonnenberger Str. 78, BA 1882
Kreidelstr. 3, BA 1884
Nerobergstr. 24, BA 1888

Biebricher Allee 33, BA 1892
Biebricher Allee 35, BA 1892
Parkstr. 30, BA 1892
Schubertstr. 1, BA 1896
Humboldtstr. 29, BA 1901
Nerotal 3, BA 1901
Schöne Aussicht 57, BA 1902
Schöne Aussicht 59, BA 1902
Kaiser-Wilhelm II.-Turm/
Schläferskopf, 1905–06

Faber, Karl
Neue Kolonnade, Kurbezirk, 1838–1839

Fabry, Edmund
Kriegsehrenmal/Neroberg, 1930
Opelbad, Neroberg, 1933–34

Fabry, Franz M.
Heßstr. 5, BA 1902
Weinbergstr. 13, BA 1902
Wilhelminenstr. 25, BA 1902
Wilhelminenstr. 33, BA 1902
Parkstr. 67, BA 1905

Fabry & Eichholz
Heßstr. 5, BA 1902

Fach, Rufus
Biebricher Allee 19, BA 1894

Fellner & Helmer
Theater, Kurbezirk, 1892–94

Frecher, Christian
Emser Str. 36/38, BA 1907

Franke, Heinrich Ph.
Nerotal 8, BA 1884
Franz-Abt-Str. 14, BA 1885
Nerotal 55, BA 1885

Friedrich, Karl
Rosselstr. 2, BA 1912

Friedrich & Lücke
Bierstadter Str. 9a, BA 1905

Frorath, Hermann
Gustav-Freytag-Str. 19, BA 1889
Lanzstr. 8, BA 1889
Hildastr. 14, BA 1890
Lanzstr. 10, BA 1890
Weinbergstr. 6, BA 1892
Weinbergstr. 5, BA 1894

Fürstchen, Georg Friedrich
Frankfurter Str. 1, 1878–1882

Fürstchen, Jean
Parkstr. 13, BA 1889
Schöne Aussicht 28, BA 1889

Fürstchen, Gebrüder
Sonnenberger Str. 37, BA 1883

Genzmer, Felix
Forsthaus, Tränkweg, 1895/96
Schwarzenbergstr. 7, 1896/97
Neroberghotel, Neroberg, 1897–98
Gutenbergschule, Mosbacher Straße, 1900–1905
Theaterfoyer, Kurbezirk, 1902

Gerhardt, Wilhelm
Biebricher Allee 56, BA 1913

Goetz, Theodor
Anglikanische Kirche,
Frankfurter Str. 3, 1863–65

Haiger, Ernst
Rosselstr. 19, BA 1928
Rosselstr. 20, 1947

Hartmann, Fritz
Lessingstr. 1/Mainzer Str. 60, BA 1895

Hartmann, Max
Kapellenstr. 20, BA 1876
Kapellenstr. 24, BA 1876
Schützenstr. 1, BA 1902
Schützenstr. 2, BA 1895
Schützenstr. 4, BA 1895
Schützenstr. 6/8, BA 1896
Schützenstr. 10, BA 1897
Schützenstr. 12, BA 1898
Freseniusstr. 29, BA 1898
Freseniusstr. 27, BA 1899

Heemskerck, Ludwig von
Neubauerstr. 4, BA 1884
Neubauerstr. 6, BA 1886
Mainzer Str. 10, BA 1913
Richard-Wagner-Str. 36, BA 1913

Heuer, Karl
Dambachtal 41/43, BA 1904

Heydt, A. von der
Mainzer Str. 46/48, BA 1886

Hildner, Reinhard
Wilhelminenstr. 14, BA 1902
Emser Str. 39, BA 1905
Emser Str. 75, BA 1905

Hötzel, Josef
Neues Schützenhaus, 1911–1913

Hoffmann, Reinhold
Mainzer Str. 35, 1952–1954

Holzmann & Co., Philipp
Taunusstr. 63, BA 1909

Hoppe, Kurt
Weinbergstr. 33, BA 1913
Mosbacher Str. 11, BA 1922

Jacobi, Paul A.
Parkstr. 33, BA 1892
Gustav-Freytag-Str. 15, BA 1898
Sonnenberger Str. 9, BA 1898
Lanzstr. 33, BA 1899
Uhlandstr. 6, BA 1900
Lanzstr. 41, BA 1901
Humboldtstr. 14, BA 1903
Kapellenstr. 68, BA 1904
Idsteiner Str. 14, BA 1906
Thomaestr. 1, BA 1907
Thomaestr. 3, BA 1907
Thomaestr. 5, BA 1907

Kähler, Karl
Hergenhahnstr. 7, BA 1905

Biebricher Allee 49, BA 1907
Rosselstr. 1/Idsteiner Str. 8, BA 1907
Biebricher Allee 43, BA 1908
Sonnenberger Str. 60, BA 1908
Bierstadter Str. 15, BA 1909
Blumenstr. 2, BA 1909
Theodorenstr. 4, BA 1909
Sonnenberger Str. 25, BA 1910
Händelstr. 10, BA 1912

Kann, Adolf
Richard-Wagner-Str. 30, BA 1909

Kaufmann, Wilhelm
Parkstr. 32, BA 1877
Parkstr. 34, BA 1881
Parkstr. 29, BA 1884
Lanzstr. 1, BA 1890
Lanzstr. 3, BA 1892
Freseniusstr. 17, BA 1898
Wilhelminenstr. 47, BA 1901
Wilhelminenstr. 49, BA 1901

Kaufmann & Hatzmann
Nerobergstr. 19, BA 1883

Kayser & v. Groszheim
Mainzer Str. 19, BA 1897
Wilhelminenstr. 43, BA 1902
Wilhelminenstr. 45, BA 1902

Kilb, Wilhelm
Kapellenstr. 66a, BA 1878

Köster, Wilhelm
Gustav-Freytag-Str. 27, BA 1897

Kohtz, Georg
Kapellenstr. 76, BA 1913

Kraitzsch, Walther
Dambachtal 24, BA 1908

Krause, Carl
Kriegerdenkmal, Nerotal, 1909

Kreizner & Hatzmann
Fischerstr. 3/5, um 1885
Biebricher Allee 14, BA 1893
Kapellenstr. 91, BA 1895
Kapellenstr. 93, BA 1895
Rheinstr. 1, BA 1895

Krell, Carl
Wilhelminenstr. 35, BA 1899
Wilhelminenstr. 37, BA 1900
Nerotal 50/52, BA 1901
Wilhelminenstr. 40, BA 1901
Wilhelminenstr. 42, BA 1904

Lang, Friedrich
Schöne Aussicht 39/41, BA 1884
Kapellenstr. 67, BA 1885
Kapellenstr. 70, BA 1887
Biebricher Allee 24, BA 1890
Solmsstr. 3, BA 1891
Biebricher Allee 26, um 1900
Richard-Wagner-Str. 19, BA 1900
Nerotal 73, 1901
Nerotal 75, BA 1902
Rosselstr. 22, BA 1906

Lang & Wolff
Friedrich-Lang-Str. 1/3, BA 1910

Langrod, Sigmund
Bodenstedtstr. 12, BA 1895
Bodenstedtstr. 5, BA 1899
Gustav-Freytag-Str. 23, BA 1901
Gustav-Freytag-Str. 33, BA 1902
Parkstr. 57, BA 1903
Sonnenberger Str. 22, BA 1905
Juliusstr. 2, BA 1907
Demminsweg 1, BA 1913

Lautz, Adolf
Nerobergstr. 1, 1880
Kapellenstr. 70, BA 1887
Hildastr. 12, BA 1891
Alwinenstr. 5, 1891
Uhlandstr. 8, BA 1900
Sophienstr. 3, 1902
Alwinenstr. 26, 1908

Lehr, Johann Wilhelm
Herzogsweg 4, BA 1927

Lemcke, Johann
Neroberghotel, Neroberg, 1880–81

Lenz, Wilhelm
Emser Str. 32/34, BA 1901

Lieser, Wilhelm
Aarstr. 2, BA 1903
Aarstr. 6, BA 1904

Lücke, Wilhelm
Bierstadter Str. 7, BA 1905
Langenbeckstr. 3, BA 1908
Freseniusstr. 35, BA 1911
Juliusstr. 3, BA 1911
Juliusstr. 5, BA 1911
Langenbeckplatz 5, BA 1912

Manz
Biebricher Allee 55, BA 1892

Markloff, Franz
Biebricher Allee 59/61, BA 1909

Martin, Jakob
Alexandrastr. 15/Mosbacher Str. 5, BA 1902
Weinbergstr. 28, BA 1902
Bodenstedtstr. 7, BA 1903

Martin, Karl
Bierstadter Str. 11, BA 1896

Mayer, August
Biebricher Allee 16, BA 1903

Mecklenburg, Eduard
Sonnenberger Str. 46, BA 1888

Metzendorf, Georg
Solmsstr. 9, BA 1921

Meurer, Ludwig
Uhlandstr. 9, BA 1892

Meyer, August
Heßstr. 2, BA 1901

Minner, Ludwig
Weinbergstr. 17, BA 1907
Lessingstr. 16–18, 1950–51

Möreke, Adolph
Mainzer Str. 35, 1952–54
Rosenstr. 7–9, 1952–54

Mohr, Karl
Alexandrastr. 4, BA 1895
Alexandrastr. 6/8, BA 1896

Müller, Wilhelm
Taunusstr. 52–58, BA 1898

Müller-Cuntz, A.
Bierstadter Str. 9, BA 1917

Nickel, Wilhelm
Walkmühlstr. 62/64, BA 1911
Walkmühlstr. 58, BA 1913

Paul, Bruno
Rosselstr. 35, BA 1911

Pauly, August O.
Südfriedhof, Gebäudegruppe, um 1907

Pfleghardt & Häfeli
Paulinenstr. 7, BA 1903

Pützer, Friedrich
Lutherkirche, Mosbacher Straße, 1908–1911

Rehbold, Wilhelm
Nerotal 33, BA 1883
Sonnenberger Str. 58, BA 1884
Schöne Aussicht 26, BA 1888
Nerotal 45, BA 1890
Sonnenberger Str. 39, BA 1892
Nerotal 32, BA 1893
Nerotal 30, BA 1894
Wilhelminenstr. 4, BA 1895
Bachmayerstr. 5, BA 1897
Wilhelminenstr. 6, BA 1897
Wilhelminenstr. 8, BA 1897
Humboldtstr. 24, BA 1898
Uhlandstr. 18, BA 1898
Wilhelminenstr. 10, BA 1899
Biebricher Allee 23, BA 1900
Biebricher Allee 21, BA 1901
Hohenlohestr. 7, BA 1903
Thomaestr. 13, BA 1904
Nerotal 56, BA 1905
Nerotal 54, BA 1907
Rosselstr. 3, BA 1908
Sonnenberger Str. 45, BA 1913

Rehbold & Kraitzsch
Nerotal 48, BA 1908
Taunusstr. 66, BA 1908
Rosselstr. 7, BA 1910

Reichwein, Hermann
Parkstr. 18, BA 1884
Humboldtstr. 3, BA 1887
Walkmühlstr. 4, BA 1890
Humboldtstr. 5, BA 1891
Humboldtstr. 1, BA 1892
Kapellenstr. 27, 1894
Uhlandstr. 19, BA 1900
Uhlandstr. 21, BA 1900
Martinstr. 10, BA 1901
Philippsbergstr. 14, BA 1901
Emser Str. 51, BA 1903
Blumenstr. 3/5, BA 1904
Gustav-Freytag-Str. 12, BA 1904
Bierstadter Str. 9, BA 1906
Alexandrastr. 14/16, BA 1908

Rock, Friedrich
Bierstadter Str. 3, BA 1892
Aarstr. 26/28, BA 1898

Roeßler, Carl von
Nerotal 43, BA 1890
Rößlerstr. 7, BA 1891
Rößlerstr. 12, BA 1892
Humboldtstr. 15, BA 1893

Rüdiger, Bruno BA 1886
Philippsbergstr. 31, BA 1886
Nerotal 30, BA 1894
Knausstr. 2, BA 1895
Platter Str. 176, BA 1895
Parkstr. 20/22, BA 1897
Nerobergstr. 13, BA 1898

Runge, Wilhelm
Augustastr. 11, BA 1890
Viktoriastr. 29/31, BA 1890
Augustastr. 9, 1891

Scheidt
Erathstr. 15, BA 1875

Schellenberg, Alfred
Bierstadter Str. 14, BA 1876
Wilhelmstr. 11/15, BA 1880
Wilhelmstr. 17, BA 1881
Nerotal 2, BA 1883
Mainzer Str. 21, BA 1885
Sonnenberger Str. 17, BA 1887
Parkstr. 44, BA 1889
Alwinenstr. 13/15, 1891/92
Sonnenberger Str. 42, BA 1892
Martinstr. 14, BA 1901
Parkstr. 35, BA 1905
Möhringstr. 10, BA 1909
Parkstr. 37, BA 1909
Mosbacher Str. 26, BA 1910
Mosbacher Str. 34, BA 1910
Bierstadter Str. 17, BA 1912
Mosbacher Str. 27, BA 1912

Schellenberg & Jacobi
Alwinenstr. 11, BA 1890
Alwinenstr. 18, BA 1890
Alwinenstr. 20, BA 1890
Bierstadter Str. 2, BA 1891

Schlink, Georg
Franz-Abt-Str. 12, BA 1886
Nerotal 22/24, BA 1895
Biebricher Allee 42, BA 1902
Biebricher Allee 51, BA 1908

Schmidt & Cons., Philipp
Parkstr. 53, BA 1893
Abeggstr. 13, BA 1900
Schöne Aussicht 43/45, BA 1900
Leberberg 14, BA 1910

Schneider, A. K.
Idsteiner Str. 15, BA 1911

Schorbach, Ferdinand
Solmsstr. 1, BA 1890

Schott, Emil
Neubauerstr. 6, BA 1886
Frankfurter Str. 28, BA 1903
Platter Str. 75, BA 1903

Schultze, Karl
Schöne Aussicht 28, BA 1889
Alwinenstr. 9, BA 1891
Alwinenstr. 17, BA 1891
Schöne Aussicht 36, BA 1891
Schöne Aussicht 38, BA 1891
Schöne Aussicht 40, BA 1891
Humboldtstr. 7/9, BA 1892
Schöne Aussicht 44, BA 1892
Abeggstr. 15, BA 1893
Bierstadter Str. 5, BA 1893
Bierstadter Str. 7, BA 1893
Lessingstr. 4/Mainzer Str. 58, BA 1893
Schöne Aussicht 24, BA 1895
Bierstadter Str. 16, BA 1896
Schöne Aussicht 22, BA 1897
Schöne Aussicht 34, BA 1897
Gustav-Freytag-Str. 13, BA 1899
Sonnenberger Str. 43, BA 1899
Freseniusstr. 45/47, BA 1905
Freseniusstr. 21, BA 1907

Schuster, Franz
Opelbad, Neroberg, 1933–34

Seulberger, Ferdinand
Humboldtstr. 11a, 1876

Stallforth, Friedrich
Walkmühlstr. 74, BA 1912

Stamm, Friedrich
Beethovenstr. 21, BA 1901

Staudt, Joseph
Rosenstr. 7–9, 1958–59

Stein, Ernst August
Blumenstr. 7/Gustav-Freytag-Str. 9, BA 1884

Thiersch, Friedrich von
Kurhaus, Kurbezirk, 1905–1907

Weber & Schmidt
Walkmühlstr. 52, BA 1910

Wendenius, Wilhelm
Neubauerstr. 12, BA 1887
Alwinenstr. 2/Bierstadter Str. 31, BA 1893
Walkmühlstr. 30, BA 1896

Werz, Friedrich
Kapellenstr. 79, BA 1898
Am Mühlberg 1–9; 2–20, 1925

Werz & Faesch
Kapellenstr. 77, BA 1898
Dambachtal 30, BA 1901

Werz & Huber
Dambachtal 20, BA 1901

Weygandt, Wilhelm
Riederbergstr. 1/3, BA 1906
Rosselstr. 9, BA 1923

Wiederspahn, Theodor
Viktoriastr. 18, BA 1896
Viktoriastr. 13, BA 1905
Lortzingstr. 7, BA 1905
Martinstr. 16, BA 1905

Wittmann, Josef
Alwinenstr. 22, 1892
Alwinenstr. 24, 1892

Woas, Franz
Alwinenstr. 8, BA 1896
Schöne Aussicht 51, BA 1902

Wojtowski, Stanislaus
Nerotal 69, BA 1892
Nerotal 71, BA 1892
Kapellenstr. 73, BA 1895
Kapellenstr. 75, BA 1895
Kapellenstr. 87, BA 1896
Lanzstr. 14, BA 1902
Lanzstr. 16, BA 1902
Lanzstr. 18, BA 1903

Wolff, Albert
Gustav-Adolf-Str. 5, BA 1887
Kapellenstr. 87, BA 1889
Nerotal 26/28, BA 1895
Wilhelminenstr. 2, BA 1895
Parkstr. 43, BA 1896
Nerotal 2, BA 1897
Franz-Abt-Str. 1, BA 1898
Lessingstr. 10, BA 1899
Platter Str. 15, BA 1902
Emser Str. 13, BA 1903
Idsteiner Str. 23, BA 1903
Emser Str. 11, BA 1904
Nerotal 18, BA 1905
Kleine Weinbergstr. 2, BA 1906
Biebricher Allee 31, BA 1908

Wollmerscheidt, Heinrich
Platter Str. 4/Philippsbergstr. 2, BA 1882
Philippsbergstr. 15, BA 1884
Alwinenstr. 3, BA 1891

Zais, Carl
Kapellenstr. 72, BA 1887

Zais & Wojtowski
Nerobergstr. 21, BA 1882
Nerotal 59, BA 1882
Frankfurter Str. 6, BA 1883
Nerotal 51, BA 1889
Heinrichsberg 4, BA 1892
Parkstr. 40/42, BA 1892
Nerotal 57, BA 1894
Parkstr. 36/38, BA 1894

Zengerle, Heinrich J.
Alte Kolonnade, Kurbezirk, 1826–27

Glossar

Abgefast, abgeschrägt.

Achse, gedachte senkrechte oder waagerechte Linie als Merkmal der Gebäudestruktur.

Ädikula, aus Stützgliedern und Giebel bestehende Rahmung von Fenstern, Türen u. a.

Akanthus, im Mittelmeerraum verbreitete Distelart (Bärenklau), in stilisierter Form als Dekorationsmotiv der griechischen und römischen Baukunst.

Akroterion, (griech.: höchstes Teil) meist aufrecht stehende Verzierung der Ecken des klassischen Giebeldreiecks.

Altan, fest gegründeter Auftritt bzw. Freisitz an höher gelegenen Stockwerken.

Amortissement, bekrönendes Dekormotiv.

Apsis, im Kirchenbau ein an den Hauptbau oder Chor anschließender Raum über ursprünglich halbkreisförmigem Grundriß, niedriger und mit eigener Verdachung.

Architrav, durchlaufender Stein-„balken" (als vom antiken Holzbau kommend) über einer Säulen- oder Pfeilerstellung. Hauptteil des → Gebälks.

Arkade, ein auf Stützgliedern (Säule, Pfeiler) ruhender Bogen.

Arts and Crafts-Bewegung, in den 80er Jahren des 19. Jhs. begründete Reformbewegung englischer Künstler, Kunsthandwerker und Architekten in Auseinandersetzung mit der industriellen Warenproduktion. Ziel war die Schaffung einer künstlerisch gestalteten Umwelt auf der als ideal deklarierten Basis kunsthandwerklicher Zusammenarbeit nach dem Vorbild des mittelalterlichen Bauhüttenwesens. Die Bewegung gewann Einfluß auf den kontinentalen Jugendstil und den Deutschen → Werkbund.

Attika, niedriger mauerartiger Aufbau über dem Hauptgesims eines Gebäudes.

Auslucht, gegründeter Vorbau.

Balkon, frei vorkragender Austritt bzw. Freisitz.

Baluster, Stützglied aus Stein oder Holz mit meist rund profiliertem Schaft an einer Brüstung oder einem Geländer.

Balustrade, durch Reihung von → Balustern oder → Docken gebildetes Geländer.

Basilika, Raumform mit drei oder fünf Schiffen, bei überragendem, durchfenstertem Mittelschiff.

Bauhaus, von Walter Gropius 1919 in Weimar gegründete staatliche „Hochschule für Bau und Gestaltung", 1925 nach Dessau verlegt. Begründete den auf Klarheit, Sachlichkeit und Funktionalität beruhenden Bauhaus-Stil.

Beaux-Arts-Stil, von der Pariser École des Beaux-Arts im 19. Jahrhundert gelehrte Wiederaufnahme der nationalen Renaissancebaukunst in Verbindung mit der römischen Renaissancearchitektur.

Beletage, Hauptgeschoß eines herrschaftlichen Gebäudes mit repräsentativer Ausstattung.

Belvedere, Architekturmotiv bei Schlössern oder Villen, zum Genuß einer schönen Aussicht bestimmt (offene Turmgeschosse, Dachterrassen → Loggien mit weiten, hohen → Arkaden u. a.). Auch freistehende Architekturen zu Aussichtszwecken.

Beschlagwerk, in der nordischen Renaissance gebräuchliches Ornament in Nachahmung bandeiserner Zierbeschläge.

Biberschwanz, abgerundeter oder rechtwinklig konturierter flacher Dachziegel.

Blendarkade, der geschlossenen Wand vorgeblendete Bogenstellung.

Blendbogen, → Blendarkaden.

Brüstung, → Balustrade.

Bosse, Werksteinquader mit scheinbar unbearbeiteter Vorderseite.

Cottage, in England freistehendes Kleinwohnhaus auf dem Land mit oft pittoresker Qualität.

Cottage-Stil, vom → cottage beeinflußter Baustil englischer Landhausarchitektur, die wiederum Einfluß auf die deutsche Villenarchitektur gegen 1900 gewann.

Dachreiter, dem Dachfirst aufsitzendes Türmchen mit Geläut, auch mit Uhr.

Diamantquader, Werksteinquader mit facettierter Vorderseite.

Docke, profiliertes Stützglied besonders an hölzernen Geländern → Balustrade.

Dorisch, → Ordnung.

Entasis, (griech.: Ausspannung), die leichte Schwellung des Schaftes der griechischen Säule.

Entrée, (franz.: Eingang), Eingangsraum bzw. -halle eines repräsentativem Wohnhauses.

Erker, frei auskragender Vorbau eines Gebäudes, ein- oder mehrgeschossig.

Exedra, Vorbau über halbkreisförmigem Grundriß u. a.

Feston, Dekorationsmotiv in der Art bogenförmig hängender Girlanden aus Laub, Blüten, Früchten.

Fries, als waagerechter Streifen verlaufender Dekor zur Gliederung von Wandflächen u. a. Beim antiken Tempel die zwischen → Kranzgesims und → Architrav verlaufende Zone des → Gebälks.

Frontispiz, Giebel des → Risalits.

Fußwalm, Abwalmung des unteren Giebelabschnitts.

Gaupe, (Gaube), stehendes Dachfenster.

Gebälk, Gesamtheit der über Stützgliedern (Säule, Pfeiler, Pilaster) durchlaufenden Steinlagen der klassischen → Ordnung: → Architrav, → Fries, → Kranzgesims u. a.

Gekuppelt, gekoppelt, unmittelbar nebeneinanderliegende oder zusammenhängende Bauelemente.

Gesims, meist horizontales Profil zur Gliederung von Außenwänden.

Gewände, Mauereinschnitt eines Fensters oder einer Tür, meist schräg.

Grisaille, Grau in Grau Malerei.

Groteske, fabelhafte Ornamentmotive des Manierismus nach antiken römischen Vorbildern.

Guttae, zur dorischen → Ordnung gehörende tropfenartige Gebilde im Gebälkbereich.

Hauptgesims, Abschlußgesims eines Baukörpers.

Heimatstil, kurz nach 1900 aufkommende Architekturbewegung mit reformerischem Anspruch gegenüber dem Historismus. Propagierte die Rückkehr zu einer schlichten, handwerklich soliden Bauweise mit regionalem Bezug.

Hermenpilaster, aus einem sich nach unten verjüngenden Pilaster erwachsende Halbfigur oder Büste.

Hochparterre, durch Ausbildung eines hohen Souterrains hoch gelegenes Erdgeschoß, oft bei Hanglage von Gebäuden.

Inkrustation, Wandverkleidung durch verschiedenartige Steinsorten.

Ionisch, → Ordnung.

Kämpfer, Auflager eines Bogens oder Gewölbes. Auch Querholz zur Unterteilung eines Fensters, das zusammen mit dem Setzholz das Fensterkreuz bildet.

Kannelierung, → Kanneluren.

Kanneluren, senkrechte Rillen am Schaft eines Stützgliedes der klassischen → Ordnungen.

Kapitell, Haupt einer Säule oder eines Pfeilers.

Kartusche, Zierrahmen für Wappen, Inschriften und dergl.

Karyatide, Mädchengestalt als → gebälktragende Stütze.

Kassettendecke, flache oder gewölbte Decke mit geometrischen eingetieften Feldern.

Kenotaph, Ehrengrabmal für einen an anderem Ort beigesetzten Toten.

Kielbogen, (Sattelbogen, Eselsrücken), doppelt geschweifter Spitzbogen.

Kolonnade, Säulengang.

Kolossalordnung, Säulen oder Pilaster über mehrere Geschosse einer Fassade.

Korbbogen, gestelzter → Segmentbogen.

Krabbe, (Kriechblume), gotisches Ziermotiv in Blattform als Kantenbesatz bei kleineren Giebeln z. B.

Kranzgesims, stark ausladendes → Hauptgesims.

Krüppelwalm, im oberen Teil abgewalmter Giebel.

Korinthisch, → Ordnung.

Lagerfugen, waagerechte Fuge im Mauerwerk.

Laterne, runder oder polygonaler Aufsatz einer Kuppel oder Turmhaube sowie bei Zelt- und Mansarddächern, ursprünglich zur Belichtung.

Laibung, (Leibung), durch Einschnitt einer Tür oder eines Fensters entstehende Schnittfläche in der Stärke der Mauer.

Lisene, Wandvorlage ohne Basis und Kapitell.

Loggia, innerhalb der Bauflucht liegender Freiraum.

Lukarne, die Traufe durchstoßendes stehendes Dachfenster.

Maison de Plaisance, in Frankreich geprägter Typus für ein zu Sommeraufenthalten bestimmtes Lustschloß.

Mansarddach, nach dem französischen Baumeister J. H. Mansart benanntes geknicktes Dach mit steiler Neigung im unteren Teil und dadurch günstiger Ausnutzung des Dachraumes.

Mansarden, Fenster im → Mansarddach.

Maßwerk, ornamentale Unterteilung gotischer Fenster, auch als Füllung von Brüstungen u. a.

Metopen, meist plastisch dekorierte Felder zwischen den → Triglyphen im → Fries des → Gebälks der dorischen → Ordnung.

Mezzanin, Halbgeschoß.

Neues Bauen, der Funktionalismus in der Architektur der 1920er Jahre als internationale Bewegung mit dem Schwerpunkt in Deutschland, Wegbereiter industrialisierten Bauens.

Nutung, Profilierung des Putzes durch parallele Rillen mit dem Effekt von → Lagerfugen.

Oculus, kleines Rundfenster.

Ordnung, Proportionierung klassischer Säulen und Gebälke, bezogen auf die drei klassischen griechischen Säulenordnungen:dorisch, ionisch, korinthisch und deren Sonderformen (Tuskische Ordnung, Kompositordnung u. a.) in der römischen Architektur.

Ortgang, konstruktiver Abschluß der Dachdeckung am Giebel. Giebelkontur.

Palladiomotiv, → Serliana.

Parterre, Erdgeschoß. Auch ebene Gartenfläche im Barockgarten.

Pergola, Rankgerüst, bestehend aus Stützen und Gebälk.

picturesque-variety, auf das Malerische oder Pittoreske in der Ästhetik des englischen Landschaftsparks gemünzter Begriff, der für die Architektur des Historismus große Bedeutung gewann.

Pilaster, pfeilerförmige Wandvorlage mit Basis und Kapitell.

Point de vue, Blickpunkt oder Blickfang einer Straßen- oder Gartenachse.

Polygon, Vieleck.

Portikus, von Stützen getragener repräsentativer Vorbau einer Fassade.

Pultdach, nur nach einer Seite geneigtes Dach.

Putto, (ital.: Kind, Kindlein), in der bildenden Kunst seit dem 14. Jh. aufkommende Kinderfiguren, auch als Engel und Amoretten oder Eroten.

Remise, Wagenschuppen, im 19. Jh. auch für Kutscherhaus mit kleiner Wohnung.

Risalit, vor den Hauptbaukörper tretender Gebäudeteil mit eigener Verdachung, der auch höher sein kann.

Rustika, Werksteinquader mit kunstvoll „roh" behauener Stirnseite.

Satteldach, Giebeldach, bei dem zwei geneigte Dachflächen gegen einen gemeinsamen First stoßen.

Scharrieren, Oberflächenbehandlung von Stein mit einem Scharriereisen, wodurch schmale parallele Kerben entstehen.

Schindel, Holzplättchen zur Deckung von Dächern oder als Wandbehang.

Schleppgaupe, stehendes Dachfenster mit langgezogenem Pultdach.

Secessionistisch, vom Wiener Jugendstil herkommend.

Segmentbogen, (Flachbogen), Bogen in Form eines Kreissegments.

Segmentgiebel, Giebel mit oberem Kontur in Form eines Kreissegments.

Serliana, nach dem italienischen Architekten Sebastiano Serlio benannte Fenster- oder Türgruppe, bei der eine Bogenstellung von zwei Öffnungen mit geradem Sturz flankiert wird.

Sgraffito, Fassadendekoration in Kratzputztechnik bei unterschiedlich getönten Putzschichten.

Sohlbank, Fensterbank.

Souterrain, Untergeschoß.

Spundierung, von spunden als Herstellung eines Spundes = einer Feder oder Nut an einem Brett. Hier übertragen als parallele Gravierung des Putzes mit dem Effekt von Lagerfugen.

Stabwerk, senkrechte steinerne Stäbe als Wandvorlage besonders in der gotischen Architektur.

Stele, schmale, hohe Steinplatte, meist als Grabmal.

Stichbogen, → Segmentbogen.

Strebepfeiler, der Wand außen vorgestellter Pfeiler zum Abfangen des Gewölbeschubs. Charakteristisch für die gotische Architektur.

Stuck, mit Leimwasser angerührter Gipsmörtel für frei aufzutragende Dekorationen oder Dekorationen in serieller Fertigung

Thermenfenster, weites großes Fenster in Halbkreisform mit Dreiteilung in Anlehnung an römische Thermenarchitektur.

Triglyphen, Dreischlitzplatte am Fries der → Dorischen Ordnung. Als im Steinbau nachgebildete Balkenköpfe zu verstehen.

Tudorgotik, englische Form der Spätgotik.

Tuskisch, → Ordnung.

Veranda, vorgebauter überdachter Freiraum, auch verglast.

Vestibül, Vorhalle eines repräsentativen Gebäudes.

Volute, schneckenförmig eingerollte Zierform, häufig zur Vermittlung zwischen vertikalen und horizontalen Baugliedern.

Walmdach, auch an den Schmalseiten abgeschrägtes Dach mit First, keine Giebelausbildung.

Walmnase, Walmansatz auf der Giebelseite eines Gebäudes.

Werkbund, Deutscher, 1907 in München gegründete Kulturorganisation für die gesamte Umweltgestaltung, insbesondere für Architektur, Kunsthandwerk und Industriedesign. Materialechtheit und Materialgerechtigkeit gelten als seine wichtigsten ästhetisch-moralischen Grundsätze als Reaktion auf den Historismus.

Wilhelminisch, in der deutschen Architektur der pompöse Neobarockstil unter Kaiser Wilhelm II.

Zahnschnitt, aus Balkenköpfen abstrahierter Fries aus rechtwinkligen kleinen Blöcken. Zur → Ionischen Ordnung gehörend.

Zeltdach, Pyramidendach über quadratischem oder vieleckigem Grundriß.

Zwerchhaus, mit Giebel ausgebildeter Dachaufbau, quer zum First stehend.

Literatur (Auswahl)

Christian Spielmann, Das Kurhaus zu Wiesbaden. 1908-1904. Wiesbaden 1904.

Friedrich von Thiersch, Das Kurhaus zu Wiesbaden, Berlin 1908.

Camillo Sitte, Der Städtebau nach seinen künstlerischen Grundsätzen. 4. Aufl. ver mehrt um Großstadtgrün. Wien 1909.

Christian Spielmann, Julius Krake, Die Entwicklung des Weichbildes der Stadt Wiesbaden, Wiesbaden 1912.

Josef Stübben, Der Städtebau, Handbuch der Architektur 4. T., 9. Hbd. 3. Aufl. Leipzig 1924.

Albert Herrmann, Gräber auf den Wiesbadener Friedhöfen, Wiesbaden 1928.

Heinz Hildner, Wiesbadens Wohnbauten der klassizistischen Zeit, Wiesbaden 1931.

Herbert Müller-Werth, Zur städtebaulichen Gestaltung Wiesbadens in der zweiten Hälfte des 19. Jahrhunderts, in: Nassauische Annalen Bd. 70, 1959. 243–258.

Rudolf Hartog, Stadterweiterungen im 19. Jahrhundert. Schriftenreihe des Vereins zur Pflege kommunalwissenschaftlicher Aufgaben e.V. Berlin. Stuttgart 1962.

Herbert Müller-Werth, Geschichte und Kommunalpolitik der Stadt Wiesbaden, Wiesbaden 1963.

Ludwig Grote (Hrsg.), Die deutsche Stadt im 19. Jahrhundert. Stadtplanung und Baugestaltung im industriellen Zeitalter. Studien zur Kunst des 19. Jahrhunderts Bd. 24, München 1974.

Ulrike von Hase, Wiesbaden – Kur- und Residenzstadt, in: Die deutsche Stadt im 19. Jahrhundert, hrsg. von Ludwig Grote. Studien zur Kunst des 19. Jahrhunderts Bd. 24, München (1974).

Helmut Schoppa, Wiesbadens römische und alamannisch-merowingische Vergangenheit. Wiesbaden 1974.

Monika Steinhauser, Das europäische Modebad des 19. Jahrhunderts. Baden-Baden, eine Residenz des Glücks. In: Die deutsche Stadt im 19. Jahrhundert, hrsg. von Ludwig Grote. Studien zur Kunst des 19. Jahrhunderts Bd. 24, München (1974).

Wolf-Heino Struck, Wiesbaden in der Goethezeit, Wiesbaden 1979.

Wiesbaden. Stadtgestalt und Denkmalschutz im Städtebau. Hrsg. von der Stadt Wiesbaden, Wiesbaden 1979.

Otto Renkhoff, Wiesbaden im Mittelalter, Wiesbaden 1980.

Wolf-Heino Struck, Wiesbaden im Biedermeier, Wiesbaden 1981.

Berthold Bubner, Wiesbaden. Baukunst und historische Entwicklung. Wiesbaden 1983.

Wiesbaden. Geschichte im Bild von der Römerzeit bis zur Gegenwart. Essen 1983.

Gerda Haddenhorst, Wiesbadener Kaiserfestspiele. 1896–1914. Wiesbaden 1985.

Klaus Kopp, Wasser von Taunus, Rhein und Ried. Aus zwei Jahrtausenden Wiesbadener Wasserversorgung. Wiesbaden 1986.

Zur Villenarchitektur

Bernhard Rupprecht, Villa. Zur Geschichte eines Ideals, in: Probleme der Kunstwissenschaft, Band II, Berlin 1966.

Reinhard Bentmann, Michael Müller, Die Villa als Herrschaftsarchitektur. Versuch einer kunst- und sozialgeschichtlichen Analyse, Frankfurt a. M. 1970.

Klaus Merten, Christoph Mohr, Das Frankfurter Westend, Materialien zur Kunst des 19. Jahrhunderts, Bd. 10, München (1973).

Peter Werkner, Villenarchitektur der Gründerzeit in Innsbruck, Innsbruck 1979.

Andreas Ley, Die Villa als Burg, München 1981.

Hartwig Schmidt, Das Tiergartenviertel. Baugeschichte eines Berliner Villenviertels. Teil I: 1790–1870. Die Bauwerke und Kulturdenkmäler von Berlin, Beih. 4, Berlin 1981.

Landhaus und Villa in Niederösterreich. 1840–1914. Hrsg. von der Österreichischen Gesellschaft für Denkmal- und Ortsbildpflege, Wien, Köln, Graz, Böhlau, 1982.

Villa Hügel. Das Wohnhaus Krupp in Essen. Hrsg. Tilmann Buddensieg, Berlin 1984.

Reinhard Dauber, Aachener Villenarchitektur. Die Villa als Bauaufgabe des 19. und frühen 20. Jahrhunderts, Recklinghausen 1985.

Wolfgang Brönner, Die bürgerliche Villa in Deutschland, 1830–1890, Düsseldorf 1987.

Archivalien

Handschriftliche Quellen und historische Karten und Baupläne wurden von folgenden Institutionen zur Verfügung gestellt:

Hessisches Hauptstaatsarchiv Wiesbaden
Stadtarchiv Wiesbaden
Museum Wiesbaden, Sammlung Nassauischer Altertümer
Hessische Landesbibliothek Wiesbaden
Registratur im Tiefbauamt der Stadt Wiesbaden
Registratur im Bauaufsichtsamt der Stadt Wiesbaden

Abbildungsnachweis

Die zeitgenössischen Abbildungen in diesem Band wurden photographiert von Christine Krienke und Günther Kilian vom Landesamt für Denkmalpflege.

Die historischen Abbildungsvorlagen stellte zum größten Teil das Museum Wiesbaden, Sammlung Nassauischer Altertümer zur Verfügung. Weitere stammen aus dem Hessischen Hauptstaatsarchiv in Wiesbaden und aus dem Wiesbadener Stadtarchiv.

Darüber hinaus wurden Abbildungsvorlagen von folgenden Photographen und Photoarchiven bezogen:
S. 7, 74, 147, 153, 162: Presse- und Informationsamt der Stadt Wiesbaden.
S. 8: Wiesbaden – Geschichte im Bild von der Römerzeit bis zur Gegenwart. Herausgeber: NOBEL-Verlag GmbH, Essen.
S. 39, 42, 56: Kunstverlag Michel & Co., 6000 Frankfurt/Main, Bertramstr. 73.
S. 61: Foto Rudolph, 6200 Wiesbaden, Moritzstr. 13.
S. 579: Foto Oschatz, 6200 Wiesbaden, Nußbaumstr. 6.

Die Villen des Titelbildes photographierte Christine Krienke, Landesamt für Denkmalpflege Hessen.

Luftaufnahmen
Die Freigabe der Luftaufnahmen erfolgte durch den Regierungspräsidenten in Darmstadt unter der Nr. 889/87.

Verwaltungskarten
Kartengrundlage: 1:2500 vervielfältigt mit freundlicher Genehmigung des Magistrats der Landeshauptstadt Wiesbaden.

Kartengrundlage: Hessen 1:200000 Verwaltungsgrenzausgabe (H 200 V) und Topographische Karte 1:50000 (TK 50) mit freundlicher Genehmigung des Hessischen Landesvermessungsamtes vervielfältigt – Vervielfältigungsnummer 84-1-157.

Abkürzungsverzeichnis

Abb. – Abbildung
BA – Bauantrag
bzw. – beziehungsweise
ca. – circa
dergl. – dergleichen
ders. – derselbe
dies. – dieselben
DG – Dachgeschoß
EG – Erdgeschoß
Einw. – Einwohner
etc. – et cetera
ff. – folgende
Fl. – Flur
Flst. – Flurstück
franz. – französisch
GA – Gesamtanlage
griech. – griechisch
H. – Heft
ital. – italienisch
Jg. – Jahrgang
Jh. – Jahrhundert
Jhs. – Jahrhunderts
Kgl. – Königlich
Lit. – Literatur
M – Maßstab
Mio. – Millionen
Nass. – Nassauisch
Nr. – Nummer
Nrn. – Nummern
OG – Obergeschoß
o. J. – ohne Jahr
resp. – respektive
s. – siehe
S. – Seite
SG – Sockelgeschoß
sog. – sogenannt
Str. – Straße
TH – Technische Hochschule
u. – und
u.a. – unter anderem
vgl. – vergleiche
z. B. – zum Beispiel
z. T. – zum Teil
zw. – zwischen

Vorwort zur 2. Auflage

Die 1988 erschienene Denkmaltopographie zu den Wiesbadener Villengebieten war schnell vergriffen. Die seitdem immer wieder angestrengten Bemühungen um eine Neuauflage durch den Herausgeber, das Landesamt für Denkmalpflege Hessen, waren aus finanziellen Gründen zum Scheitern verurteilt. Die anhaltende große Nachfrage hat nun den Vieweg-Verlag veranlaßt, die Neuauflage auf eigene Kosten vorzunehmen. Dafür sind wir zu Dank verpflichtet.

Zweifellos wäre es wünschenswert, den neuen Band durch zwischenzeitlich gewonnene Erkenntnisse und Informationen bereichert zu sehen. Doch zwangen wirtschaftliche Erwägungen, auf eine Überarbeitung zu verzichten. Lediglich Ergänzungen konnten vorgenommen werden. Das sind vor allem Nachträge zu den einzelnen Kulturdenkmälern und Gesamtanlagen.

Im besonderen Blickpunkt der Neuauflage stehen die Jahre des Wiederaufbaus nach dem 2. Weltkrieg, die Aera der Fünfziger Jahre. Als Zeugnis eines politisch, wirtschaftlich und kulturell längst abgeschlossenen Zeitraums ist das bauliche Erbe – mit Werken der Bildenden Kunst wie des Kunstgewerbes – zwangsläufig Gegenstand denkmalpflegerischer Untersuchung. Beschränkte sich die bis zum Erscheinungsjahr der Erstauflage getroffene Auswahl aus einer allgemeinen Unsicherheit heraus auf nur wenige Monumente, hilft der mittlerweile hinzugewonnene Abstand, die Phänomene klarer und differenzierter zu sehen. Zahlreiche seitdem erschienene Publikationen bieten Einblick in die Rahmenbedingungen jener Zeit, ihre inhaltlichen Anliegen und damit verbunden die speziellen Bauaufgaben wie die daraus entstandenen Bauleistungen.

Wie eine kürzlich erfolgte systematische Untersuchung der gesamten Wiesbadener Architektur der Fünfziger Jahre ergab, ist die Stadt – obwohl hessische Landeshauptstadt – nicht allzu reich an herausragenden oder vorbildlich durchgestalteten Gebäuden der Epoche. Bevorzugtes Baugebiet im Bereich der Gemarkung Innenstadt waren wohl wegen der relativ geringen Kriegszerstörung im Zentrum die Randlagen der Villengebiete. Es entstanden Bürogebäude und große Verwaltungsgebäude mit dem dazugehörigen Siedlungsbau oder Wohnblöcken, auch Ein- und Mehrfamilienhäuser. Hinzu kamen Kirchen als Zeichen neu entstandener Gemeinden. Erfüllen die städtebaulichen Strukturen wie das gestalterische Gesamtbild auch nicht die Qualitätsmerkmale des Kulturdenkmals im Sinne der Gesamtanlage, war es dringend geboten, mehrere Einzelgebäude oder einzelne Baukomplexe als Kulturdenkmäler nachzutragen.

Nicht in den Band mitaufgenommen wurden die zum Teil an die Villengebiete angrenzenden oder an der Peripherie des Bearbeitungsgebiets liegenden denkmalwerten Wohnsiedlungen für amerikanische Militärangehörige. Schon wegen ihrer großen Ausdehnung würden sie den eigentlichen Inhalt des Bandes überfrachten. Zudem wäre eine für die Nachträge nicht vorgesehene Plandarstellung unbedingt erforderlich. Ein gesonderter Teil des in Arbeit befindlichen Bandes „Wiesbaden I", Zentrum und Stadterweiterung in geschlossener Bauweise umfassend, wird die Anlagen darstellen.

Auch bei dieser Gelegenheit möchte sich das Landesamt für Denkmalpflege Hessen bei der Landeshauptstadt Wiesbaden für die konstruktive Zusammenarbeit bei der Fortführung der Denkmaltopographie bedanken.

Im Haus gilt der Dank der Verfasserin vor allem Frau Christine Krienke als Photographin und Herrn Dr. Dieter Griesbach-Maisant für die Hilfe beim Korrekturlesen.

Wiesbaden, September 1995 — Dr. Sigrid Russ

Nachträge

Kulturdenkmäler nach § 2 Abs.1 HDSchG

Kulturdenkmäler nach § 2 Abs. 2 Nr. 1 HDSchG

Verluste

Errata

Bereich Gesamtanlage I/Östliches Villengebiet

Dantestr. 6
Bürohaus
Fl. 41 Flst. 156/6

Erbaut: 1955/56 von Kurt Mehlhart für die Firma Hugo Petersen, Ingenieurbüro für die chemische Industrie

Der Entwurf beeindruckt durch das höhenversetzte Ineinanderschieben zweier verschieden langer, formal deutlich unterschiedener Baukörper. Als Trägerelement fungiert ein scharfkantiger, dünnwandiger Kubus mit abgeschrägter, in langer Bahn verglaster Schmalseite. Dieser wird in den beiden oberen Geschossen quasi überfangen durch einen langgestreckten Kubus mit kräftig konturiertem Stahlbetonrahmen, der zur freien Seite auf Stützen steht. Die äußere Gestaltung ist Ausdruck einer konsequenten Trennung von Arbeitsräumen und Neben- und Verkehrsräumen. Letztere sind mit dem breitseitig liegenden Eingang im containerartigen Träger untergebracht, der mit Klinkern in zwei verschiedenen Farbtönen in Streifen verkleidet ist. Die Arbeitsräume befinden sich sämtlich in den beiden hochsitzenden durchfensterten Geschossen, gekennzeichnet auch durch die höherwertige zeittypische Verblendung aus Marmor (Rahmen) und Glasmosaik (Brüstungen). Im Kontur leicht gekurvte Scheiben als Wandpfeilervorlagen eines in der Breite alternierenden senkrechten Rasters wirken hier möglicher Starrheit entgegen.

Das durch seine spannungsvolle asymmetrische Gestaltung für die Bauzeit exemplarische Gebäude am Rande des östlichen Villengebiets ist Kulturdenkmal aus künstlerischen Gründen.

Lit.: Das Beispiel. BDA Gruppe Wiesbaden. Darmstadt 1957, S. 88.

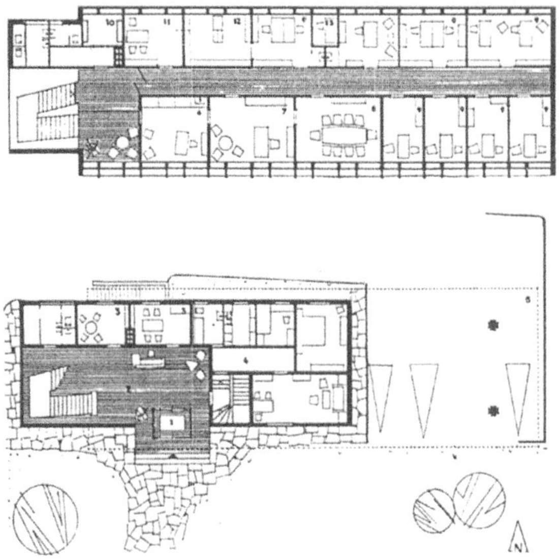

Dantestr. 6, Grundriß aus: Das Beispiel. BDA Gruppe Wiesbaden. Darmstadt 1957.

Gertrud-Bäumer-Str. 16, aus: Das Beispiel. BDA Gruppe Wiesbaden. Darmstadt 1957.

Gertrud-Bäumer-Str. 16
Fl. 38 Flst. 171

Erbaut: 1955 von Rainer Schell

Das aufgrund der konsequenten künstlerischen Gestaltung als sogenanntes Architektenhaus zu charakterisierende Einfamilienhaus, ein 2geschossiger Kubus mit wenig geneigtem Satteldach, besetzt den höchsten Punkt eines Hanggrundstücks, damit weite Aussicht nach Süden und Westen über die tiefer liegende Stadt bietend. Diele und zeittypisch großer Wohnraum mit mehreren einscheibigen Fenstertüren nehmen fast die ganze gartenseitige (westliche) Breitseite des EG ein. Schiebeläden vermitteln im geöffneten Zustand den Eindruck einer insgesamt durchfensterten, mit ihrem dunkelblauen Anstrich fast entmaterialisierten Zone. Ansonsten bewahren die wenig durchfensterten Wandflächen ihren konstruktiven Charakter. Die annähernd quadratischen Ausschnitte der wenigen einscheibigen Fenster sind Funktion und Rhythmus gleichermaßen verpflichtet. Noch einmal öffnet sich das Gebäude in Form einer leicht vorkragenden Südloggia im 1. OG. Schon spartanisch wirken die beiden schmalen Fenstertüren zusammen mit dem einfachen Stabgeländer. Eine blau-weiß lackierte Holzverschalung, die sich auf der Dachunterseite fortsetzt, macht einen seitlichen Raumannex zum Gestaltungselement. An die Nordwestkante des Hauses schließt ein schräg überdachter Sitzplatz an, der mit einer Garage mit in Gegenrichtung diagonaler Dachscheibe verbunden ist. Insgesamt trägt die Lackierung der Holzteile in frischen ungebrochenen Farbtönen wesentlich bei zur Leichtigkeit des durch Klarheit und Einfachheit beeindruckenden Entwurfs.
Das Gebäude ist mit seiner schlichten Holzlatteneinfriedung Kulturdenkmal aus künstlerischen Gründen.

Lit.: Das Beispiel. BDA Gruppe Wiesbaden. Darmstadt 1957, S. 26.

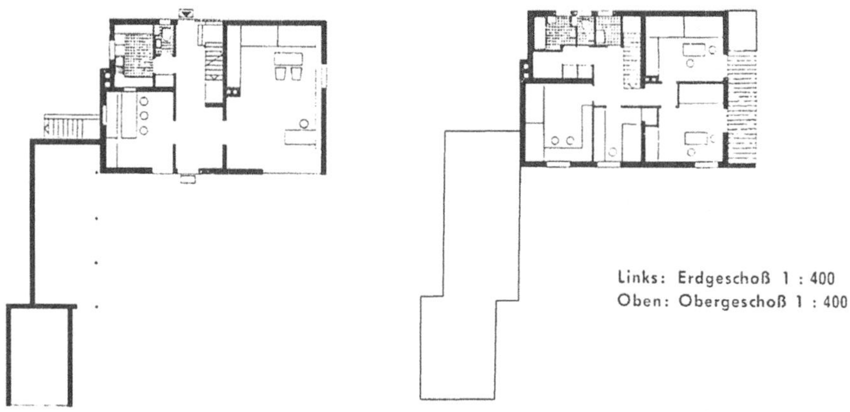

Gertrud-Bäumer-Str. 16, Grundriß aus: Das Beispiel. BDA Gruppe Wiesbaden. Darmstadt 1957.

Gustav-Stresemann-Ring 11, Statistisches Bundesamt.

Grundriß aus: Das Beispiel. BDA Gruppe Wiesbaden. Darmstadt 1957.

Grundriß 1 : 1000

Bauteil A = Hochhaus
Bauteil B = Querbau (Lochkartenabteilung)
Bauteil C = Querbau (Techn. Betriebe, Wohnungen)
Bauteil D = Kasino

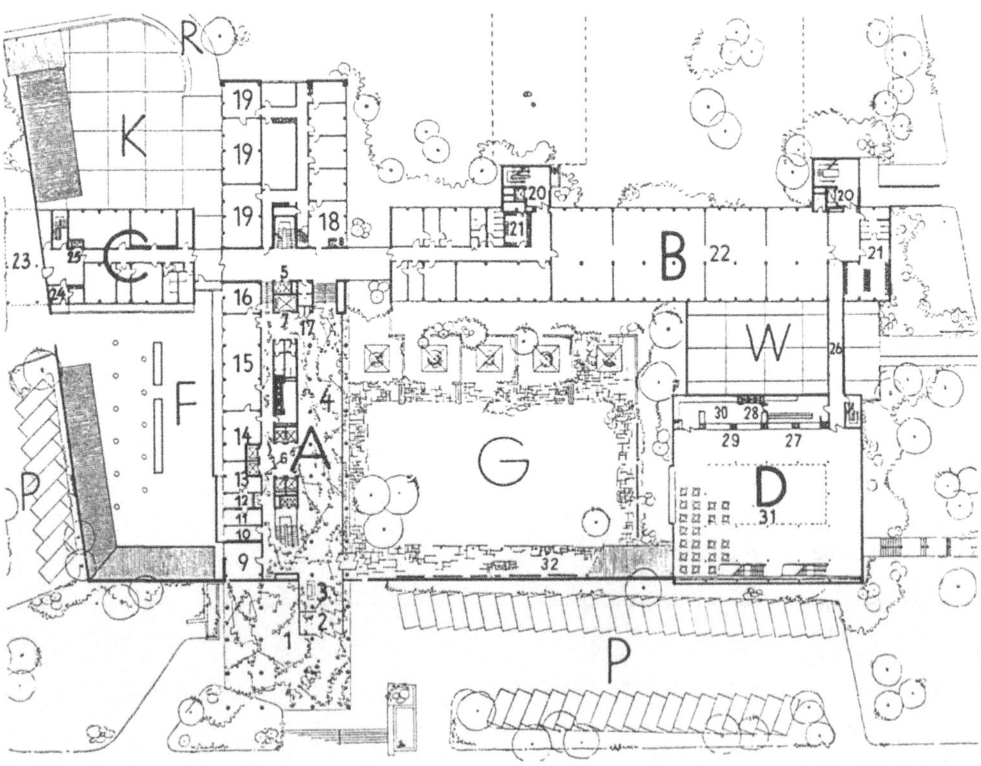

Gustav-Stresemann-Ring 11
Statistisches Bundesamt
Sachgesamtheit aus: Hochhaus, Querbau, Casino, Pferdeskulptur
Fl. 52 Flst. 27/8, 33/4

Erbaut: 1954–56 von Paul Schaeffer-Heyrothsberge

Der durch Eleganz beeindruckende Entwurf erhielt den 1. Preis eines engeren bundesdeutschen Wettbewerbs im Jahr 1952. Die im Hangbild trotz unangepaßter neuerer Bebauung immer noch markante 14 Geschosse hohe und ca. 100 m lange Hochhausscheibe faßte alle Büroräume des Amtes zusammen. Tatsächlich entstand sie als städtebauliche Dominante eines Bebauungsplanes, der südlich des Rings, erschlossen von einer parallel laufenden Nebenstraße und durchsetzt von Grünzügen, ansonsten 6geschossige Verwaltungsgebäude vorsah. Dem zeittypischen Topos fließender Raumverhältnisse genügend, steht der rechtwinklige Bau in Stahlkonstruktion mit der Schmalseite zu den beiden Straßenläufen. Zusätzlich raumverschleifend wirkt das zu den Enden sich verschmälernde Flugdach über einem kürzeren Penthousegeschoß (Sitzungssaal). Das Hochhaus wird am südlichen Ende im rechten Winkel von einem langgestreckten Querbau durchstoßen, der bei 4 bzw. hangseitig 6 Geschossen die gleiche horizontalbetonte Rasterbauweise zeigt. Dem Querbau vorgelagert ist ein Saalbau als Casino (mit Großküche), ein schlichter kubischer Baukörper, der mit gläserner nordseitiger Vorhangfassade die Baumassen stadtwärts ausklingen läßt.
Die 3 Baukörper sind im Material klar voneinander geschieden. Entmaterialisierend, gemäß einer auf Leichtigkeit und Schwerelosigkeit abhebenden Ästhetik, wirkte das hell türkise Glasmosaik als Brüstungsverkleidung des Hauptgebäudes, inzwischen verdeckt durch zu voluminöse, (immerhin etwa gleichfarbige) Isolierplatten. Entsprechend der Ersatz für ehemals großformatige Kunststeinplatten mit starkem Fugenraster als Verkleidung der durch mittige Loggien unterbrochenen Schmalseiten. Erhalten sind die unglasierten gelben Spaltklinkerplatten in den Brüstungsstreifen des Querflügels mit noch intakten Stahlfenstern (doppelt verglast als Drehflügel mit feststehendem Unterteil). Kleinformatige Kunststeinplatten kennzeichnen die auf 2 Seiten geschlossenen Wandflächen des Casinos. Der Bau bewahrt seine gesamte Innenausstattung mit kunstvoller Wanddekoration aus bemalten Fliesen. Auch das nach damaliger Aussage innen „bewußt schlicht und sparsam“ gehaltene Hauptgebäude beeindruckt durch die ebenso gut erhaltene wie durchaus großzügige, in Teilen kunstvolle Innengestaltung. Die dazugehörigen Paternoster sind voll in Funktion.

Pferdeskulptur
Merkmal der Verwaltungsbauten der Epoche sind Elemente künstlerischer Gestaltung, an den Gebäuden selbst oder als freistehendes Monument: Die sogenannte Kunst am Bau zur staatlichen Förderung der über einen langen Zeitraum unterdrückten freien Künste.
Von Stützen abgefangen, bildet das Hauptgebäude auf seiner Nordseite eine offene Halle als überdachten Eingangsbereich. Diesem zugeordnet steht seitlich davor auf schmaler, langer Sockelmauer eine monumentale Pferdeskulptur aus Muschelkalk, ein Werk des Bildhauers Fritz von Graevenitz (1892–1959), Direktor der Stuttgarter Akademie von 1938–1945. Die abstrahierende Form erinnert archaische Vorbilder.
Die von überdurchschnittlicher künstlerischer Qualität geprägte Sachgesamtheit ist trotz der Beeinträchtigung durch die genannten Änderungen im Rahmen ihrer Freiräume Kulturdenkmal, auch in städtebaulicher und stadtbaugeschichtlicher Hinsicht.

Lit.: Das Beispiel. BDA Gruppe Wiesbaden. Darmstadt 1957, S. 111 ff.

Lessingstr. 19
Zur Heiligen Familie
Katholische Pfarrkirche und Pfarrhaus
Fl. 41 Flst. 103/3
Erbaut: 1956 von Martin Braunstorfinger

Die Rückansicht zeigt einen von franziskanischer Einfachheit und Klarheit geprägten kubischen Kirchenbau. Mit Orientierung nach Osten steht er in spannungsvollem Bezug zum campanileartigen Turm (36 m). Das schwach geneigte Betondach wirkt als windversteifendes Element. Mit ihm zusammen ermöglichen Stahlbetonrahmen in Abständen von 5,5 m die vorgeblendeten dünnen Wandscheiben, zusätzlich schwerelos durch ein schmales Fensterband unterhalb der südlichen Traufe. Licht erhält das Kirchenschiff zudem durch eine Fensterrose auf der Westseite. Ein im vertikalen Raster verglaster Wandabschnitt belichtet und kennzeichnet den innen liegenden Chor. Das kastige niedrige Seitenschiff auf der Nordseite stößt an das in Chorhöhe querlaufende 2geschossige Pfarrhaus (z. T. verändert). Die Felder zwischen den Betonrahmen sind mit quadratischen, z. T. ehemals starkfarbig verglasten Formsteinen verfüllt. Seitlich öffnet sich ein Rahmenfeld als Eingangsnische, allein hervorgehoben durch die Darstellung der Hl. Familie im Wandfeld darüber. Sichtbetonrahmen und Klinkerausfachung beherrschen nach wie vor die Ästhetik des kastenartigen Kircheninneren. Die gewollte Kargheit dominiert die Beeinträchtigung durch eine formal und farblich widersprechende Kunstverglasung von 1964 und gefällige bunte Malereien (80er Jahre) auf der erst später eingefügten Trennwand zum Seitenschiff. Der auf 500 Sitzplätze angelegte Kirchenbau am Rande des Villengebiets dokumentiert das starke Anwachsen der Gemeinden nach dem 2. Weltkrieg. Vorbilder von Rudolf Schwarz und Egon Eiermann reflektierend, ist er mit Pfarrhaus im Rahmen der Platzanlage Kulturdenkmal aus stadtbaugeschichtlichen und städtebaulichen Gründen.

Lit.: Das Beispiel. BDA Gruppe Wiesbaden. Darmstadt 1957, S. 77.

Lessingstr. 19, Zur Heiligen Familie.
Abbildung und Grundriß aus: Das Beispiel. BDA Gruppe Wiesbaden. Darmstadt 1957.

Gesamtgrundriß 1 : 1000

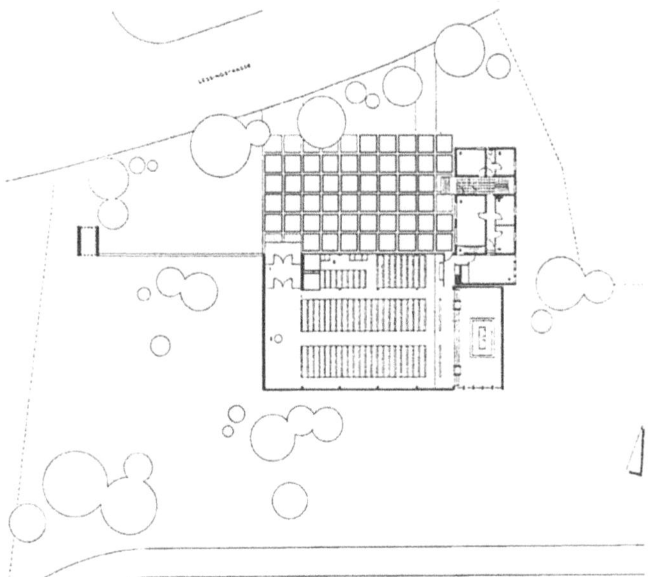

Ahornweg 4
Fl. 32 Flst. 508/13

Bauantrag: 1912
Antragsteller: Dr. Walther Geppert, Landgerichtsrat, vormals Berlin
Architekt: Breslauer & Salinger, Berlin

Das schmale, nach Südwesten steil abfallende Grundstück erlaubte nicht den für das namhafte Berliner Büro charakteristischen breitgelagerten Landhaustyp mit ebenerdigem Zugang zum Garten. Der gleichwohl an frühklassizistischen Vorbildern orientierte kubische Baukörper mit Mansarddach ist mit einem Vollgeschoß über hohem hangseitigem Sockel in Längsrichtung orientiert. Jeweils die Dachmitte einnehmende übergiebelte Zwerchhäuser vermitteln klare Axialität wie landschaftliche Bezogenheit. Den besonderen Fernblick wie die Sonnenseite nutzend, sind im südlichen Gebäudeabschnitt die Hauptwohnräume mit verglaster Eckloggia gruppiert. Anders als bei den traditionellen kaiserzeitlichen Villen bleibt die Nord- und Straßenseite bei unüblicher Eingeschossigkeit ohne besondere Repräsentationsmerkmale. Sie ist den Eingängen mit entsprechenden Folgeräumen vorbehalten. Auflockerndes Motiv ist die loggiaartige Vertiefung der Nordostecke mit Nebeneingang. Der über einen terrassenartigen Zugang erschlossene Haupteingang auf der Südwestseite (störendes neues Vordach), hervorgehoben lediglich durch eine schmückende Haustür im Louis-Seize-Stil, unterbricht kaum den von der Funktion mitbestimmten Rhythmus der gleichmäßigen Fenstereinschnitte. Wie die ländlich wirkenden Klappläden das Erscheinungsbild beleben, so ehemals auch Sprossenfenster als gleichzeitig gliederndes Element. Die schlichte Einfriedung wird durch einen für Kletterpflanzen geeigneten schmiedeeisernen Torbogen aufgewertet. Weniger auf Repräsentation als auf Wohnqualität im modernen Sinne bedacht, steht das im konservativen Wiesbadener Villenbau eher singuläre Gebäude am Wendepunkt zu einer neuen Aera des Einfamilienhausbaus nach dem 1. Weltkrieg. Zum Oeuvre eines auch international renommierten Architekturbüros gehörend, ist es Kulturdenkmal aus künstlerischen Gründen und wegen seiner städtebaulichen Bedeutung im Erscheinungsbild der Hanglage.

Lit.: Alfred Breslauer, Ausgeführte Werke. 1897–1927.

Geisbergstr. 18
Fl. 82 Flst. 101/29

Erbaut: um 1840

Das wegen des Straßenknicks zu einer Seite freistehende Wohnhaus – ein 2geschossiger Kubus mit risalitartiger Mitte, die durch ein Zwerchhaus überhöht wird – verkörpert einen einfachen biedermeierlichen Fachwerktypus lokaler Prägung. Dazu gehört der dreizonige Aufbau bei 2 1/2 Geschossen mit durch Höhe und Ausstattung höherwertigem 1. OG. Nur ein einfaches Gesimsband trennt es vom EG mit vermutlich späterem Ladeneinbau. Lisenen gliedern die Front in der Vertikalen. Vermutlich fehlen die gradlinig vorzustellenden Verdachungen der Fenster im 1. OG. Wie auch der kräftig profilierte hölzerne Ortgang am

◁ Zwerchhaus wirkten sie als verschattendes Element vor ursprünglich glatt geputzten Wandflächen. Durchaus schmückendes Beiwerk waren auch die straßenseitig in den beiden oberen Geschossen verlorenen Schlagläden. An der übergiebelten Schmalseite mit mittigem Eingang und oberem kleinen Halbkreisfenster vorbei führt der Weg zu einem rückwärtigen Seitenflügel (z. T. abgebrochen) mit einigen zusätzlichen Wohneinheiten und vermutlich einer Werkstatt. Das Adreßbuch des Jahres 1857 verzeichnet insgesamt 15 Mietparteien, vom Tagelöhner über Kutscher und Weißbinder bis zum Assessor und pensionierten Hauptmann. Das seine ursprüngliche Form weitgehend bewahrende Gebäude zeugt von der einstigen Bebauung des Geisberges. Es ist Kulturdenkmal aus stadtbaugeschichtlichen Gründen.

Johann-Sebastian-Bach-Str. 6c
Sachteil Südfassade und Teil der Ostfassade
Fl. 147 Flst. 25/13

Die heute vielfach veränderte herrschaftliche Villa, mit von Paul A. Jacobi 1904 errichtetem Nebengebäude Teil der Gesamtanlage II/Nördliches Villengebiet, wurde von Regierungsbaumeister W. Schleicher im renaissanceistischen Stil 1893 im Auftrag des Düsseldorfer Rentners Louis Weddigen ▽

gebaut. Als Sachteil aus künstlerischen Gründen geschützt ist die gut erhaltene in Mainsandstein verkleidete Südfassade, die ehemalige Hauptansicht mit Orientierung zum parkartigen Garten, der bis zur Schönen Aussicht und zum Leberberg reichte. Das von dieser Seite intakte Gebäude erinnert mit risalitartigem Vorbau zwischen höheren Seitenflügeln, zumal mit den weit vorstehenden flach geneigten Dächern, an römische Villen des 17. Jhs. Serliana-Motive im Hochparterre der Seitenflügel wirken als Rahmen für eine Reihung von Rundbogen auf vorgelagerten Halbsäulen als Fenster und mittlere Figurennische im Vorbau. Darüber ein niedriges OG mit metopenartigen Fenstern zwischen Halbsäulen und einem mittigen Figurenfries mit singenden Knaben (wohl als Darstellung der Musik) in der Art der della Robbia, geschaffen vom Kölner Bildhauer Wilhelm Fassbinder, von dem auch die auf Ernst J. Hähnel zurückgehende Nischenfigur stammt, mit Papierrolle und Schreibstift vermutlich die allegorische Gestalt eines Dichters. Mit dem Garten, genauer einem halbkreisförmigen Parterre, verbinden im Bogen um einen mittigen exedraartigen Altan geführte Freitreppen.
Die mit orangefarbenen Ziegeln verblendete Ostseite beeindruckt durch einen an Renaissance-Loggien entlehnten Altan in Sandstein mit Säulenarkaden und Balustrade.

Thaerstr. 11
Bundeskriminalamt
Fl. 33 Flst. 44/26

Erbaut: 1952/53 von Herbert Rimpl

Die notwendige Höhenlage des Interpolsenders bedingte u.a. die Wahl des Bauplatzes auf dem Geisberg, oberhalb der Stadt. Der mit der Schmalseite in den Hang gestellte Hauptbau – ein Stahlbetonskelett mit 5 Vollgeschossen in streng kubischer Form – ist für das Stadtbild markant durch das Schalendach (Stahlbeton mit Wellblech als Untersicht) über der fast die ganze Breitseite einnehmenden Loggia (Motiv des zeittypischen zurückgesetzten DG mit programmatischem Fernblick) vor den Direktionsräumen im obersten Geschoß. Jeweils zwei Achsen werden zusammengefaßt: Insgesamt ein auflockerndes Moment für die strenge Rasterfassade als Spiegel nach Achsen unterteilter Funktionsräume. Das nicht zwischen tragenden und sekundären Stützen unterscheidende Raster vermeidet eine Überbetonung traditionsbewußter vertikaler Axialität. Zur unprätentiösen Sachlichkeit des Baus tragen die einfachen Materialien – Sichtbeton mit Mineralfarbenanstrich, Kunststein für Brüstungen, ursprünglich Holzschwingfenster mit Doppelt- und Einfachverglasung – hervorragend bei.

Eine verglaste Brücke auf der hangseitigen Schmalseite verbindet mit einem benachbarten Altbau. Eine rechtwinklig anschließende 2geschossige verglaste Verbindung erschließt einen kubischen Saalbau mit niedrigem Untergeschoß. Als Binnenstruktur im weiten Raster der Stahlbetonstützen wirken die Stahlsprossen der jeweils die ganze Fläche einnehmenden Fenster. Wiederaufgenommen wird das charakteristische Motiv des Schalendachs, hier in Verbindung mit Stahlrohrstützen mit eingespannter leichter Balkonplatte: insgesamt eine zum Außenraum vermittelnde Zwischenzone.

Der Gebäudekomplex ist der Kernbau des seit den 1950er Jahren mit Dependancen auch an anderen Orten Wiesbadens ständig erweiterten Bundeskriminalamtes. Er ist Kulturdenkmal aus ortsgeschichtlichen Gründen und wegen seiner städtebaulichen und künstlerischen Qualität, gerade auch als Werk eines namhaften deutschen Architekten.

Lit.: Das Beispiel. BDA Gruppe Wiesbaden. Darmstadt 1957, S. 92. Herbert Rimpl. Verwaltungsbauten – Organisation, Entwurf, Konstruktion. Ausgeführte Bauten und Projekte. Berlin 1959, S. 190 ff.

Thaerstr. 11, Bundeskriminalamt, Grundriß aus: Das Beispiel. BDA Gruppe Wiesbaden. Darmstadt 1957.

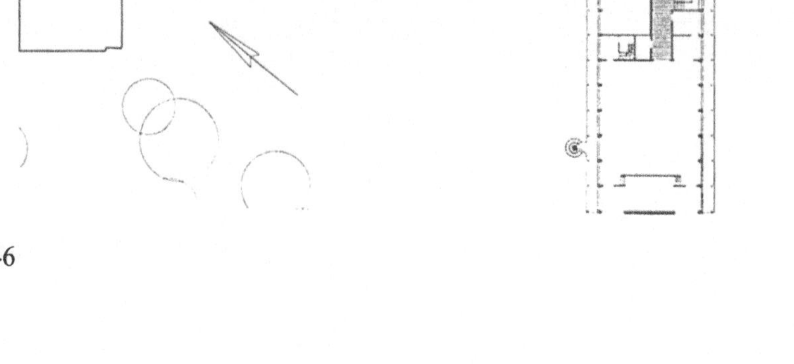

Bereich Gesamtanlage III/Nerotal (mit Neroberg)

Weinbergstr. 10

Bauantrag: 27.6.1895
Antragsteller: Ferdinand Mäurer, I. Sekretär der städtischen Kurverwaltung
Architekt: Sigmund Langrod

Der mit verschiedenen altertümelnden Motiven eklektizistisch historisierende Entwurf ist in seiner konservativen Haltung charakteristisch für die wilhelminische Wiesbadener Bauszene. Die additive, bewußt asymmetrisch malerische Formgebung mit Mittelrisalit (Eingang und Treppenhaus) und seitlicher doppelgeschossiger Loggia (Verglasung neu) bringt die straßenseitige Ansicht zu der gewünschten repräsentativen Wirkung. Zeichen eines neuen Landhausstils im Zuge der nahenden Jahrhundertwende ist das hölzerne Trägerwerk mit geschnitzten Balken und Docken bei der stilistisch zugehörigen abgeschleppten Verdachung der oberen Loggia. Insgesamt bietet sich ein bewußt vielfältiges Bild, zumal in Verbindung mit den dekorativen Ziergittern von Einfriedung und Tor mit Sockelmauer und Pfosten mit roter Ziegelverblendung. Das Innere bewahrt einen Großteil der reichen Ausstattung, auch in Form von wandfestem Mobiliar. Kulturdenkmal aus künstlerischen Gründen mit guter städtebaulicher Wirkung.

Bereich Gesamtanlage IV/Alter Friedhof, Platter Straße

Klingerstr. 3
Fl. 28 Flst. 101/1

Bauantrag: 27.9.1907
Antragsteller: Ernst Kneisel, Bildhauer
Architekt:

Die Tendenz zum pittoresk Historisierenden unterscheidet das 4 1/2geschossige Wohnhaus mit polygonalem Erker und altertümlich erscheinendem Frontispiz von den mit ihm zusammen entstandenen augenfälligen Eckgebäuden Platter Str. 2 und Klingerstr. 1 (vgl. S. 441 ff.). Gleichwohl mischen sich im Kontur des steilen Giebels wie auch in der Bauzier Formen des Jugendstils mit den Historismen. Gerade im konservativen kaiserzeitlichen Wiesbaden hat sich der Jugendstil allein nie wirklich durchsetzen können. Stadtbaugeschichtliches Merkmal der Epoche sind Mischformen. Dabei unterscheiden sich die Strukturen der Gebäude meistens nicht von den historistischen Vorläufern der 1880er/90er Jahre. Symmetrische Dreizonigkeit und hochrechteckige Standardfenster (mit freilich versproßtem Oberlicht) erlangen durch gesimslose rauh geputzte Wände über flächig klinkerverblendetem Sokkel als Ausdruck einer neuen Materialbewußtheit eine andere Wertigkeit. Kulturdenkmal aus künstlerischen und städtebaulichen Gründen.

Walkmühltalanlagen 3
Kreuzkirche
Evangel. Pfarrkirche mit Gemeindehaus und Pfarrhaus
Fl. 140 Flst. 27/6

Erbaut: 1957/58 von Wilhelm Herr

Der an den Schmalseiten auf Stützen stehende kubische Baukörper mit Satteldach ist im Innenraum mit schlanken Sichtbetonsäulen dreischiffig gegliedert. Durch die offene Dachuntersicht im weiten Mittelschiff erscheint er, latent historisierend, als Staffelhalle mit mittelschiffbreitem außen vortretenden Chor (heute mit auch proportional gut angepaßter neuer Orgel) und rückwärtiger Empore. Stahlbetonrahmen ermöglichen im oberen Abschnitt der Langhauswände einen in Formsteinen farbig verglasten Lichtgaden. Durch die gleichen ornamentalen Formsteine, mit farbigen Gläsern rechteckig und wabenförmig verfüllt, wird die Eingangsseite bis in den Giebel transparent, während der Chor sein – in anderen Farbwerten gehaltenes – Licht von den jeweils transparenten Seiten erhält. Eine gewisse konservative Materialschwere zeigt das Äußere mit rauh verputzten Wandflächen und werksteinverkleideter Chorwand. Vorbilder finden sich im Schweizer Kirchenbau um 1948–1950, der durch Neutralität bestimmte Maßstäbe gerade für die weniger experimentierfreudigen, gleichwohl geschichtsbe-

wußten deutschen Architekten der Nachkriegszeit setzte. Fritz Metzger steht als Pate für den sich nach oben verschlankenden freistehenden Turm mit Austritt über der großen Uhr.
Ein rückwärtiger Hof wird auf der Nordostseite von Gemeindehaus und Pfarrhaus begrenzt, schlichte, funktionell durchgestaltete Gebäude mit Betonung der Eingänge. Das langgestreckte eingeschossige Gemeindehaus ist im ersten Abschnitt mit dem Kirchenschiff verbunden. Der freistehende Trakt mündet unvermittelt in die Stirnwand des tieferen 2geschossigen Pfarrhauses. Flach geneigte Satteldächer harmonieren mit dem Kirchenbau, wie auch der Rauhputz in gleicher Färbung oder die Wiederholung schmückender Motive wie der Rundstützen im Bereich der Eingänge. Insgesamt beeindruckt der gute Erhaltungszustand, gerade auch der in Teilen künstlerisch wertvoll ausgestalteten Kirche selbst.
Das in Proportionierung und Verteilung der Baukörper der Situation am Rand der Albrecht-Dürer-Anlage (vgl. S. 519–524) wie der Straßenkreuzung gut angepaßte Ensemble ist mit Einfriedung auch eines zum Pfarrhaus gehörigen Gartens Kulturdenkmal aus künstlerischen und städtebaulichen Gründen.

Kulturdenkmäler nach § 2 Abs. 2 Nr. 1 HDSchG

Ergänzungen und Berichtigungen zu den Gesamtanlagen

Gesamtanlage I/Östliches Villengebiet

Fritz-Reuter-Str. 2
Hildastr. 5
Mainzer Str. 36–38a, 58–66
Zur Erläuterung vgl. jeweils S. 65–77.

Gesamtanlage II/ Nördliches Villengebiet

Ahornweg 4 (s. auch Nachträge Kulturdenkmäler nach § 2 Abs.1 HDSchG.)
Johann-Sebastian-Bach-Str. 6b–c (s. auch Nachträge Kulturdenkmäler nach § 2 Abs.1 HDSchG.)
Neubauerstr. 1–3
Neuberg 16–20; 1–3
Zur Erläuterung vgl. jeweils S. 229–241.

Sonnenberger Str. 67–73

Die an die historische Villenbebauung der Sonnenberger Straße anschließende Gruppe aus vier gleichartigen Wohngebäuden mit Eigentumswohnungen wurde 1955 von Klaus Gehrmann für die Gemeinnützige Bau- und Siedlungsgenossenschaft e.G.m.b.H. 1950 Wiesbaden errichtet.

Auf dem relativ schmalen Grundstück zwischen Sonnenberger Straße und Kuranlage wird durch Schrägstellung der blockhaften Baukörper eine dem besonderen Ort angemessene gute städtebauliche Wirkung erzielt. Weite Zwischenräume gewährleisten fließende räumliche Verhältnisse zwischen bebautem Grundstück und Parklandschaft. Zum tiefer liegenden Park sind die Balkonseiten der als Dreispänner angelegten Gebäude orientiert. Einfach und differenziert zugleich ist der architektonische Entwurf. Das Geländegefälle ermöglicht ein freistehendes Kellergeschoß, zurückgesetzt hinter Stützsäulen, damit eine reizvolle räumliche Zwischenzone schaffend. Umso leichter im Sinne der damaligen Ästhetik wirken die aufgehenden Geschosse mit abschließendem Galeriegeschoß im Schatten einer weit vorgezogenen Dachscheibe. Vor den dreiteiligen Fenstern bzw. Fenstertüren

Dreispännertyp 1 : 400

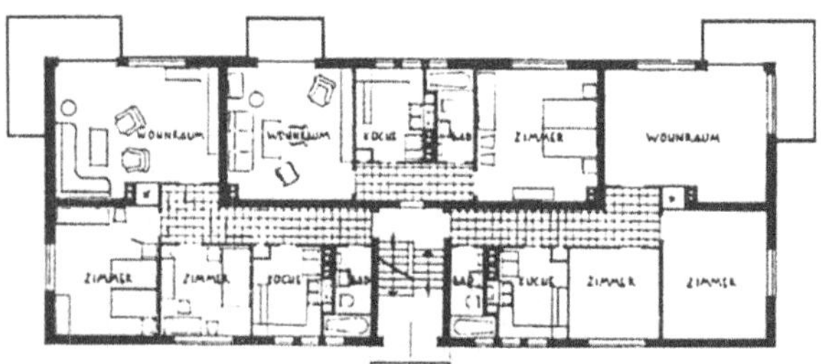

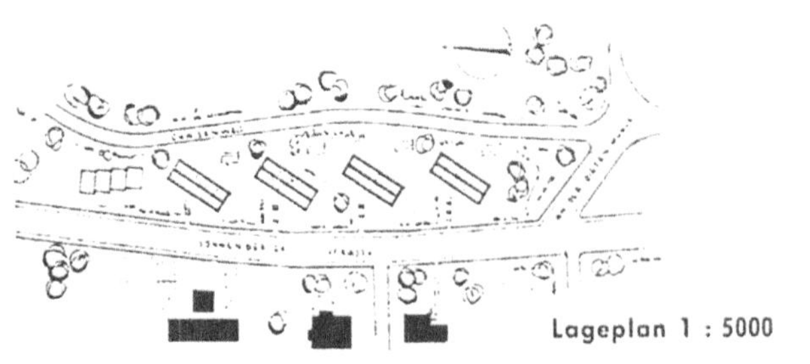

Sonnenberger Str. 67–73, Grundriß und Lageplan aus: Das Beispiel. BDA Gruppe Wiesbaden. Darmstadt 1957.

dominieren die zu jeder Wohneinheit gehörenden Einzelbalkone. Die asymmetrische Anordnung belebt das Gesamtbild; Übereckstellung wirkt starrer Blockhaftigkeit entgegen wie es zu räumlichen Verschleifung beiträgt. Räumlich zwischen Park und Straßenseite vermittelnd wirken auch die asymmetrisch gegliederten Schmalseiten der Gebäude. Eine den gesamten Entwurf immanente Funktionalität beherrscht das Erscheinungsbild der zur Straße gerichteten Eingangseite, ohne die künstlerische Aufgabe aus den Augen zu verlieren. Die Aufteilung im Inneren ist im Rahmen der spezifischen Bauaufgabe aus der topographischen Situation entwickelt.

Lit.: Das Beispiel. BDA Gruppe Wiesbaden. Darmstadt 1957, S. 52 f.

Gesamtanlage III/Nerotal

Im Verzeichnis der Gesamtanlage S. 345 fehlt die im Plan gekennzeichnete Stiftstr. 30. Es handelt sich um die ehemalige zweite Höhere Mädchenschule und Vorschule, die 1882/83 als Rohziegelgebäude in der unteren Schleife der Wilhelminenstraße errichtet wurde. Vgl. S. 357.

Gesamtanlage VII/Nordwestliches Villengebiet

Emser Str. 4–24
Zur Erläuterung vgl. S. 483–493.

Verluste

Idsteiner Str. 2
Fl.82 Flst.221/10

Das auf S. 267 beschriebene Landhaus aus nassauischer Zeit konnte nicht erhalten werden. Es wurde 1990 durch einen 2 1/2 geschossigen Neubau mit dem Versuch stilistischer Angleichung ersetzt.

Errata

S. 17, Bildlegende oben: richtig: um 1820.

S. 49, linke Spalte, Zeile 21: richtig: Reinhard Baumeister.

S. 61, Bildlegende: Die Abbildung ist mit Humboldtstraße falsch bezeichnet. Mangels Angaben kann der Ort nicht näher bestimmt werden.

S. 91: Die hier irrtümlich abgebildete Villa von Erath befand sich in der vorderen Parkstraße. Sie wurde im 2. Weltkrieg zerstört.

S. 120, Plan: Die Hausnummern der Gustav-Freytag-Straße stimmen aufgrund einer älteren Planvorlage nur im unteren Abschnitt mit der heutigen Zählung überein.

S. 174, linke Spalte, Zeile 34: richtig: Adolph Möreke.

S. 201, Rosenstr. 5: Hinzufügung: die Villa wurde von Max Laeuger erbaut. Das Venusrelief ist eine Arbeit von Bernhard Hoetger.

S. 203, Rosenstr. 7–9: Das vor dem Gebäude aufgestellte Relief der drei Grazien, eine Arbeit von Karl Albiker, stammt aus dem Garten der Nachbarvilla Rosenstr. 5.

S. 230: Der Abschnitt Geisbergstraße 6–24 ist als Teil der Gesamtanlage II/Nördliches Villengebiet rosa zu kennzeichnen.

S. 372, Plan: Der Gleiskörper der Nerobergbahn ist als Teil der Sachgesamtheit nach § 2 Abs. 1 HDSchG rot zu kennzeichnen.

S. 388, linke Spalte, Zeile 4: Für die Planung der Nerotalanlage verantwortlich war der Gartenbauarchitekt Paul Schetter.

S. 502, Emser Str. 43: Die Doppelvilla entstand durch Überformung zweier Einzelgebäude.

S. 546, Plan: Die Villa Alexandrastr. 10 ist als Kulturdenkmal nach § 2 Abs. 1 HDSchG rot zu kennzeichnen.

SPRINGER NATURE

GPSR Compliance

The European Union's (EU) General Product Safety Regulation (GPSR) is a set of rules that requires consumer products to be safe and our obligations to ensure this.

If you have any concerns about our products, you can contact us on ProductSafety@springernature.com

In case Publisher is established outside the EU, the EU authorized representative is:

Springer Nature Customer Service Center GmbH
Europaplatz 3
69115 Heidelberg, Germany

The manufacturer's authorised representative in the EU is Springer Nature Customer Service Centre GmbH, Europaplatz 3, 69115 Heidelberg, Germany. If you have any concerns regarding our products, please contact ProductSafety@springernature.com

Printed and bound by CPI Group (UK) Ltd, Croydon, CR0 4YY
19/08/2026
02200211-0005